DAS WASSERSTOFFPEROXYD UND DIE PERVERBINDUNGEN

VON

WILLI MACHU

DIPL.-ING., DR. TECHN. HABIL., PROFESSOR AN DER UNIVERSITÄT FOUAD I., CAIRO, ÄGYPTEN

ZWEITE, NEUBEARBEITETE UND ERWEITERTE AUFLAGE

MIT 47 TEXTABBILDUNGEN

SPRINGER-VERLAG WIEN GMBH 1951

ISBN 978-3-7091-2042-2 ISBN 978-3-7091-2041-5 (eBook)
DOI 10.1007/978-3-7091-2041-5

URSPRÜNGLICH ERSCHIENEN BEI SPRINGER-VERLAG IN VIENNA 1951

MEINEM LEHRER

HERRN PROF. DR. WOLF JOHANNES MÜLLER

GEWIDMET

Vorwort zur ersten Auflage.

Nach zähem Kampf haben sich die aktiven Sauerstoffverbindungen in Industrie, Technik, Medizin und Haushalt usw. eine ausgedehnte Verwendung und teilweise auch Vorrangstellung erworben, die immer noch im Ansteigen begriffen ist. Die Industrie der Perverbindungen hat namentlich in den letzten zwei Jahrzehnten durch den Ausbau der elektrochemischen Darstellungsmethoden einen ausgedehnten Aufschwung erfahren. Über diese Entwicklungszeit existiert wohl eine große Zahl von Abhandlungen, aber eine eingehende zusammenfassende Behandlung der Perverbindungen ist seit dem im Jahre 1914 erschienenen Büchlein von Girsewald über „Anorganische Peroxyde und Persalze“ nicht mehr veröffentlicht worden. Das im Jahre 1931 erschienene Buch von A. Rieche über die Alkylperoxyde und Ozonide gibt nur über die organischen Perverbindungen, insbesondere aliphatischer Natur, die vorläufig doch nur eine geringere Bedeutung haben, Auskunft. Dazu kommt, daß die Herstellung der Perverbindungen eine der schwierigsten auf dem Gebiete der anorganischen Großindustrie ist, über die verhältnismäßig sehr wenig in die Öffentlichkeit gedrungen ist. Die vorhandene Fachliteratur ist nicht sehr verläßlich. So wird z. B. allen Ernstes geschrieben, daß Bleirohre zur Destillation von Überschwefelsäurelösungen, die tatsächlich eine Länge von 30 m und eine lichte Weite von 70 mm aufweisen, „Kapillaren“ darstellen. Nirgends findet sich ferner eine scharfe Auseinanderhaltung der echten Perverbindungen von den Anlagerungsverbindungen usw.

Das vorliegende Buch versucht die seit über zwei Jahrzehnten bestehende Lücke auszufüllen und zur Beseitigung der vorhandenen Unsicherheiten auf dem Gebiete der Perverbindungen beizutragen. Der Verfasser war dabei von der Absicht geleitet, sowohl dem Praktiker als auch dem Theoretiker etwas für ihn Brauchbares zu bieten. Auf den neuesten Erkenntnissen über die Perverbindungen aufbauend, sollte eine ausführliche Zusammenfassung alles Wissenswerten auf dem Gebiete der Chemie, Physik, technischen Herstellung usw. des Wasserstoffperoxyds und seiner Derivate gegeben werden. Wegen der großen Bedeutung, die die Perverbindungen im Haushalt der Natur bei allen biologischen Oxydationsprozessen, beim Assimilations- und Dissimilationsvorgang spielen, sind im vorliegenden Buch auch alle derartigen Randgebiete, in denen die Peroxyde eine Rolle spielen, eingehend berücksichtigt worden. Zur Erleichterung des weiteren Eindringens in das Gebiet wurden alle Ausführungen mit Literaturzitaten belegt. Dem Techniker wird auch die am Schlusse des Buches gegebene Patentliteraturzusammenstellung der in- und ausländischen Patentschriften über das Wasserstoffperoxyd und seine Derivate wertvoll und willkommen sein.

Bemerkt sei noch, daß es sich für ein eingehenderes Studium der technischen Abschnitte empfiehlt, auch die zugehörige Patentliteratur zu Rate zu ziehen, da wegen der Fülle des Stoffes oder der Abwegigkeit mancher Angaben nicht alle Patentschriften im Text der Abschnitte berücksichtigt werden konnten. Die Literatur ist so angeordnet, daß jeder Abschnitt die zu ihm gehörende Literatur in fortlaufender Numerierung bringt.

Hoffentlich wird das Buch seinen angestrebten Zweck erfüllen und zur weiteren Entwicklung der Chemie und Technik der aktiven Sauerstoffverbindungen einen Beitrag leisten.

Wien, im Herbst 1936. Der Verfasser.

Vorwort zur zweiten Auflage.

In dem seit dem Erscheinen der ersten Auflage verstrichenen Jahrzehnt haben die Wissenschaft und Technik auf dem Gebiete der Perverbindungen eine Reihe wichtiger Fortschritte erzielt, die bei der Neubearbeitung des Stoffes eingehend berücksichtigt wurden. Die wesentlichste Neuerung war wohl die im Kriege in Deutschland in größtem Umfange durchgeführte Erzeugung von höchstkonzentriertem, reinem und stabilem 85%igem Wasserstoffperoxyd, das zum Antriebe von Torpedos, Unterseebooten, motorlosen Düsenflugzeugen und Geschossen verwendet werden sollte und teilweise auch zum Einsatze kam. Es ist zu hoffen, daß die im letzten Jahrzehnt gewonnenen Erfahrungen und Kenntnisse über Erzeugung, Handhabung, Lagerung, Transport usw. von höchstkonzentriertem Wasserstoffperoxyd auch im Frieden der Industrie, Technik und Wirtschaft zugute kommen und dem Wasserstoffperoxyd neue und nützliche Anwendungsgebiete verschaffen werden.

Sämtliche Abschnitte des Buches wurden einer gründlichen Durchsicht und Überarbeitung unterzogen und unter Berücksichtigung der jüngsten Fortschritte in Wissenschaft und Technik auf dem Gebiete der Perverbindungen auf den neuesten Stand unserer Erkenntnisse gebracht. Zahlreiche neue Literaturstellen des in- und ausländischen Schrifttums wurden aufgenommen und die Zusammenstellung der Patentliteratur ergänzt.

Aus Zweckmäßigkeitsgründen wurde die Patentliteraturübersicht gleich nach dem Literaturverzeichnis des betreffenden Abschnittes angeordnet, um die Übersicht über ein bestimmtes Gebiet zu erleichtern und Zusammengehöriges nur an einer Stelle zu bringen.

Ich hoffe, daß auch die verbesserte, erweiterte und neubearbeitete Auflage meines Buches das gleich große Interesse und dieselbe gute und freundliche Aufnahme wie die erste finden möge.

Wien, im Winter 1950. Der Verfasser.

Inhaltsverzeichnis.

I. Historisches über das Wasserstoffperoxyd und seine Derivate.

Die erste Mitteilung, welche auf die Beobachtung eines Peroxyds schließen läßt, finden wir bei A. von Humboldt[1], der schon im Jahre 1799 fand, daß Bariumoxyd beim Erhitzen auf Luft zersetzend einwirke und den Sauerstoff in Form von Bariumperoxyd aufnimmt.

Zwölf Jahre später beobachteten L. J. Gay-Lussac und L. J. Thénard[2] die gleiche Erscheinung. In derselben Abhandlung wurde von diesen beiden Forschern auch bereits die Darstellung der Peroxyde des Natriums und Kaliums (S. 159) durch Verbrennung der Alkalimetalle in einem Überschusse von Sauerstoff beschrieben. Obwohl sich Gay-Lussac und Thénard auch experimentell mit diesen Verbindungen beschäftigten und unter anderem auch deren Zersetzlichkeit durch Wasser, Kohlensäure und Salzsäure angaben, beobachteten sie damals das Auftreten des Wasserstoffperoxyds noch nicht. Trotzdem sie unzweifelhaft zumindest auf kurze Zeit das Wasserstoffperoxyd in Händen gehabt hatten, gingen sie damals an der Entdeckung des Wasserstoffperoxyds vorbei.

Diese erfolgte erst im Jahre 1818 durch Thénard[3], als er bei seinen Untersuchungen über die Einwirkung von verschiedenen Säuren auf Bariumperoxyd einen neuen Körper auffand, den er ursprünglich für einen Vertreter einer besonders sauerstoffreichen Klasse von Säuren hielt. Nachdem er aber im weiteren Verlaufe seiner Versuche aus dieser neuen Substanz alle darin enthaltenen freien Säuren entfernt hatte, stellte er auch die Zusammensetzung der von ihm entdeckten Verbindung als H_2O_2 fest und fand, daß diese nur aus Sauerstoff und Wasserstoff bestand. Er faßte diese daher als „oxydiertes Wasser" oder „Wasserstoffhyperoxyd" auf.

Wie schon aus der großen Zahl der angeführten Veröffentlichungen Thénards ersichtlich ist[3], befaßte sich dieser sehr eingehend mit dem Studium der neuen Verbindung, wobei er verschiedene weitere Wege zu ihrer Herstellung auffand und bereits zahlreiche charakteristische Eigenschaften beschreiben konnte. Er nahm an, daß in diesem „oxydierten Wasser" das eine O-Atom nur sehr lose gebunden sei, woraus sich ohne Schwierigkeit die oxydierende Wirkung der neuen Verbindung erklären ließ. Wegen dieser losen Bindung zerfalle das Molekül aber auch leicht bei katalytischen Einwirkungen, unter dem Einfluß von Wärme und bei vielen anderen Reaktionen in Wasser und Sauerstoff, weiters gäbe das H_2O_2 leicht seinen Sauerstoff an oxydable Körper ab und sei daher eine stark oxydierende Substanz, welche alle Metalle, die edlen ausgenommen, zu oxydieren vermöge, wie z. B. Arsen zu Arsensäure, phosphorige Säure zu Phosphorsäure usw. Besonders merkwürdig erschien Thénard die Zersetzlichkeit des H_2O_2 durch viele Körper, die sich mit seinen Bestandteilen, nämlich vor allem mit dem freiwerdenden Sauerstoff, nicht verbinden. Viele Metalle, Oxyde und Salze brachten nämlich eine katalytische Zersetzung zustande, manche mit geringer, andere mit heftigerer Sauerstoffentwicklung.

Mit dieser merkwürdigen, sauerstoffreichsten aller anorganischen Verbindungen beschäftigten sich in den folgenden Jahrzehnten fast alle namhafteren Chemiker. Auf Grund zahlreicher und gründlicher Untersuchungen gelang es, viele wesentliche Eigenschaften des H_2O_2 zu erkennen, während die theoretischen Anschauungen über diesen Körper oft sehr wesentlich auseinandergingen. Dies hatte seine Ursache namentlich in dem Umstande, daß erst verhältnismäßig spät nach der Entdeckung des H_2O_2 über dessen Reaktionen auch in quantitativer Hinsicht Untersuchungen angestellt wurden. Weiters erklären auch die Umständlichkeiten bei der damaligen Herstellung des H_2O_2 im reinen Zustande sowie die leichte Zersetzlichkeit des sicherlich immer stark verunreinigten „reinen H_2O_2“ dieser Forscher, daß sehr häufig widersprechende Ergebnisse erhalten wurden. Deshalb standen auch die Hypothesen, die auf Grund dieser Resultate geschaffen wurden, bisweilen mit den Tatsachen in augenfälligstem Widerspruch, wie z. B. die Schönbeinsche.

So schrieb noch im Jahre 1860 Weltzien[4], daß sich alle bis dahin beschriebenen Reaktionen des H_2O_2 niemals auf die reine Substanz bezogen haben, sondern immer nur auf die Flüssigkeit, welche entweder durch Einwirkung von HCl auf BaO_2 erhalten wurde, somit neben H_2O_2 noch $BaCl_2$ und überschüssige HCl enthielt, oder durch Zersetzung von BaO_2 mittels H_2SiF_6 gewonnen wurde, demnach noch immer etwas $BaSiF_6$- und H_2SiF_6-haltig war. „Es scheine überhaupt, als ob nach Thénard kein Chemiker mit der reinen Substanz gearbeitet habe, wenigstens ist es mir nicht gelungen, eine Angabe darüber zu finden“, sind die Worte Weltziens.

Besonders schwierig gestaltete sich die Erklärung der reduzierenden Wirkung des H_2O_2, wie z. B. die Einwirkung auf Kaliumpermanganat, welche Reaktion zuerst von Brodie[5] beobachtet wurde. Dieser deutete die O_2-Entwicklung damit, daß das eine, schwächer gebundene O-Atom des H_2O_2 sich mit dem seiner Ansicht nach entgegengesetzt polarisierten O-Atom des $KMnO_4$ zum neutralen O_2-Molekül vereinige.

Damit legte er den Grundstein zu der besonders von Chr. Fr. Schönbein vertretenen Theorie der Ozonide und Antozonide[6]. Schönbein beurteilte sämtliche sauerstoffhaltigen Körper nur vom Standpunkte des Sauerstoffes aus und leitete deren chemisches Verhalten nur von diesem Element ab. Er nahm an, daß der Sauerstoff in drei verschiedenen Modifikationen vorkomme, und zwar für sich als auch in chemischen Verbindungen: als negativ aktives $\ominus$ (Ozon), als positiv aktives $\oplus$ Antozon und als gewöhnlicher inaktiver Sauerstoff $\bigcirc$, welcher aus der Vereinigung beider entstehen sollte $\ominus\,\oplus$. Schönbein bezeichnete auf Grund dieser Einteilung diejenigen Verbindungen, in welchen er negativ aktiven Sauerstoff annahm, als Ozonide, hingegen jene, die positiv aktiven Sauerstoff enthalten sollten, als Antozonide. Nach seiner Auffassung war Bleidioxyd ein Ozonid $PbO\ominus$, Wasserstoffperoxyd hingegen ein Antozonid $HO\oplus$. Der gewöhnliche Sauerstoff sollte der Polarisation fähig sein, durch welche Operation er mittels gewisser Körper in den negativ aktiven, durch andere in den positiv aktiven Zustand übergeführt werden sollte. Schönbein bezeichnete sogar das von Houzeau[7] bei der Einwirkung von Schwefelsäurehydrat auf BaO_2 erhaltene Gas, das aus $O_2 + O_3$ besteht, und welches Houzeau als „riechenden“ Sauerstoff (oxygène naissant) beschrieben hatte, bei einer gelegentlichen Nachprüfung dieses Versuches als den freien positiv aktiven Sauerstoff, also als das Antozon.

Die Antozontheorie Schönbeins half über den Widerspruch zwischen der Auffassung des H_2O_2 als oxydiertes Wasser und dem Versuch, wonach sich damals H_2O selbst mit den stärksten Oxydationsmitteln nicht zu H_2O_2 oxydieren ließ, hinweg.

Zu den Ozoniden rechnete Schönbein die Dioxyde des Ag, Pb, Mn, Ni, Co, Bi usw., ferner die Übermangansäure, Chromsäure, Vanadin-, unterchlorige Säure usw., zu den Antozoniden das H_2O_2, die Peroxyde des Ba, Sr, Ca und der Alkalimetalle. Zur Unterscheidung dieser beiden Gruppen gab Schönbein bereits einige Reaktionen an. Nur die Antozonide sollten imstande sein, bei Behandlung mit Mineralsäuren, wie HCl oder H_2SO_4, H_2O_2 zu ergeben, die Ozonide dagegen entwickeln mit HCl immer freies Chlor. Die Ozonide bläuen auch frisch bereitete alkoholische Guajaktinktur, während die Antozonide die durch Ozonide bereitete Tinktur wieder entfärben.

Bei Berührung eines Ozonids mit einem Antozonid sollten sie sich gegenseitig zerlegen und der positiv aktive Sauerstoff des Antozons mit dem negativen des Ozonids sich ausgleichen und gewöhnlichen, inaktiven Sauerstoff ergeben[8].

Obwohl Schönbein mit seiner Theorie der Ozonide und Antozonide große Verwirrung in der damaligen chemischen Fachwelt hervorrief, gebührt ihm aber das große Verdienst, als erster Forscher das Auftreten von H_2O_2 bei der langsamen Oxydation („Autoxydation") von P, Zn, Pb, Fe und anderen unedlen Metallen beobachtet zu haben, wenn diese mit Wasser bei Luftzutritt geschüttelt wurden. Durch eingehende Untersuchungen glaubte er festgestellt zu haben, daß bei allen langsamen Oxydationen gleichviel Sauerstoff zur Oxydation des reduzierenden Körpers wie zur Oxydation des Wassers oder anderer schwer oxydierbarer Stoffe verwendet werde. So fand er z. B., daß bei der langsamen Oxydation von Blei in verdünnter Schwefelsäure auf ein Molekül $PbSO_4$ stets auch ein Molekül H_2O_2 entstehe. Schönbein nahm daher an, daß von jedem Molekül O_2 ein Atom zur Überführung von Pb in $PbSO_4$ und eines zur „Oxydation" des Wassers verbraucht werde. Nach seiner Antozontheorie sollte eben der oxydierbare Stoff den Sauerstoff vorher in zwei allotropen Modifikationen des negativ aktiven Ozons $\ominus$ und des positiv aktiven Antozons $\oplus$ umwandeln. Während sich der oxydierbare Körper sofort mit dem Ozon verbindet, oxydiert das Antozon das Wasser und bildet mit diesem das H_2O_2.

Die Ansicht Thénards, daß das H_2O_2 als oxydiertes Wasser aufzufassen sei, blieb ebenso wie die Antozontheorie Schönbeins lange Zeit hindurch vorherrschend. Zahlreiche andere Forscher brachten ähnliche Gedankengänge zum Ausdruck. So faßte Meißner[9] das Wasserstoffperoxyd als „durch Antozon positiv polarisiertes Wasser" auf.

Noch weiter ging Lenssen[10], der in den sauren Lösungen des H_2O_2 einen positiv aktiven und in den alkalischen einen negativ aktiven Sauerstoff annahm.

R. Clausius[11] nahm an, daß das Sauerstoffmolekül aus zwei Atomen bestehe und daß diese durch zwei entgegengesetzt gerichtete Ladungen, ähnlich jenen in NaCl, zusammengehalten seien.

Hoppe-Seyler[12] nahm eine Spaltung des Sauerstoffmoleküls durch naszierenden Wasserstoff an, der ein Atom Sauerstoff an sich reiße, während das andere als Sauerstoff mit überaus hoher Reaktionsfähigkeit in Freiheit gesetzt werde, daher aktiver Sauerstoff sei und demnach so starke Oxydationen wie jene von H_2O zu H_2O_2 veranlassen könne.

Es fehlte jedoch auch nicht an gegenteiligen Ansichten. Ja, auf Grund eingehender und genauer Untersuchungen brach sich immer mehr die Erkenntnis Bahn, daß die Antozontheorie mit den tatsächlichen Erscheinungen eigentlich in direktem Widerspruch stehe. Einer der ersten Gegner Schönbeins war Weltzien. Dieser[13] nahm an, daß die Reaktionen der Ozonide und Antozonide Schönbeins untereinander durch doppelte Zersetzung bei Annahme gewisser Lagerungen der Atome im Molekül zustande kommen. Er war der erste, der der Anschauung, das Wasserstoffperoxyd sei ein oxydiertes Wasser, mit aller Entschiedenheit entgegentrat. Er führte als Grund für diese Ansicht an, daß das Wasser durch Chlor erst bei Siedehitze oder durch Sonnenlicht zerlegt werde, eine Zerlegung durch O_3 aber nicht bekannt sei. Dagegen werde das H_2O_2 sehr leicht durch Cl_2, Br_2, J_2 oder O_3 unter O_2-Entwicklung zerlegt, wobei aber sämtlicher freiwerdender Sauerstoff nur aus dem

H_2O_2 stamme. Weltzien sprach auch die Anschauung aus, daß der Wasserstoff im H_2O_2 viel weniger fest gebunden sei als im H_2O, weshalb es auch eine stark reduzierende Substanz sei. Die Ansichten Weltziens haben aber bis zu den Arbeiten Traubes keine eingehendere Würdigung gefunden.

Brodie[14] vertrat einen sehr ähnlichen Standpunkt. Er erklärte auf Grund seiner Untersuchungen die Annahme Schönbeins von zwei verschiedenartigen Sauerstoffmodifikationen für unrichtig und nahm an, daß die gegenseitige Einwirkung zweier Oxyde aufeinander durch Zusammenlagerung zweier in verschiedenem polarem Zustande befindlicher Sauerstoffatome zustande komme.

C. Hoffmann[15] trat gleichfalls gegen die Annahme einer Spaltung des Sauerstoffes in eine negativ und positiv aktive Modifikation auf, zu welcher Auffassung er durch Untersuchungen über die Elektrolyse des Wassers gekommen war.

Auf den Anschauungen Schönbeins fußte noch die Theorie Richarz[16], der die Unterschiede im chemischen Verhalten der Ozonide und Antozonide durch verschieden starke Bindung zwischen Sauerstoff und Sauerstoff oder Sauerstoff und Metall erklärte. Die Antozonide enthielten nach Richarz den Sauerstoff in Form von lockeren O-Ketten $-O-O-$, z. B. als $H-O-O-H$ im H_2O_2 oder als $\mathrm{Me}\!\left\langle \begin{array}{c} O \\ | \\ O \end{array}\right.$ in den Peroxyden zweiwertiger Metalle, während bei den Ozoniden das O-Atom immer am Metall und daher fester gebunden sei ($M=O$). Diese letztere Ansicht von Richarz hat mit der heute üblichen bereits weitgehende Ähnlichkeit.

Erst durch die eingehenden Untersuchungen von Moritz Traube[17] konnte der eindeutige Beweis geliefert werden, daß die Schönbeinsche Ansicht von der Zusammensetzung des indifferenten Sauerstoffes aus den beiden Modifikationen, $\ominus$ dem Ozon, und dem $\oplus$, Antozon, und die Annahme der Entstehung des Wasserstoffperoxyds durch Oxydation von Wasser unrichtig ist. Traube wies nach, daß bei der Autoxydation von Zink in Gegenwart von Wasser und Luft zu Zinkhydroxyd und Wasserstoffperoxyd keine Aktivierung der Sauerstoffmoleküle auftritt, da anwesende leicht oxydable Körper, wie Indigosulfosäure, nicht oxydiert werden. Das Wasserstoffperoxyd stellt daher entgegen der bis dahin fast allgemein verbreiteten Ansicht keine höhere Oxydationsstufe des Wassers, sondern im Gegenteil das Reduktionsprodukt des Sauerstoffmoleküls dar. Nicht die Moleküle des Sauerstoffes werden zerlegt, sondern die des Wassers, dessen Anwesenheit nach Traubes Ansicht bei jeder langsamen Verbrennung notwendig sei. Die Autoxydation von Zink in Gegenwart von Wasser und Sauerstoff verlaufe demnach nach

$$\boxed{Zn + O}\ \boxed{\begin{array}{c} H \\ H \end{array} + \begin{array}{c} O \\ O \end{array}} = ZnO + \begin{array}{c} H\cdots O \\ \vdots \\ H\cdots O \end{array}$$

und $ZnO + H_2O = Zn(OH)_2$ nicht unter Spaltung des Sauerstoffmoleküls in zwei Atome, sondern das Sauerstoffmolekül trete mit zwei Wasserstoffatomen in Verbindung. Die beiden Sauerstoffatome sind daher nicht ungleich gebunden, der Aufbau des H_2O_2-Moleküls ist also ein symmetrischer.

Wie durch quantitative Versuche auch gezeigt werden konnte, entsteht das H_2O_2 bei den Autoxydationsvorgängen nicht als Nebenprodukt, sondern sämtlicher in Reaktion tretender O_2 geht in H_2O_2 über. Traube erkannte auch, daß die Ursache für das bei vielen Autoxydationsvorgängen mitunter nur spurenweise Auftreten des H_2O_2 eine sekundäre Reaktion des Autoxydators mit dem H_2O_2 ist, bei welcher das Metall von einer bestimmten H_2O_2-Konzentration ab nach $Zn + H_2O_2 = Zn(OH)_2$ das primär gebildete H_2O_2 wieder zerstört.

Als einen weiteren Beweis für die Richtigkeit seiner Annahme vom H_2O_2 als erstes Reduktionsprodukt des O_2-Moleküls führte Traube auch an, daß sich beim Einleiten von Sauerstoff an die Kathode einer galvanischen Wasserzersetzung unter geeigneten Versuchsbedingungen durch Verbindung des O_2-Moleküls mit naszierendem Wasserstoff die quantitative Menge H_2O_2 bildet. Hier sei jedoch gleich erwähnt, daß Traube ursprünglich[18] noch behauptet hatte, daß bei der elektrolytischen Zersetzung von verdünnter Schwefelsäure an der positiven Platinelektrode keine Spur von H_2O_2 auftrete. Er betrachtete diesen Umstand als eine der kräftigsten Stützen für seine Ansicht, daß das H_2O_2-Molekül das erste Reduktionsprodukt des O_2 und nicht das Oxydationsprodukt von H_2O sei, da ja der naszierende Sauerstoff die stärkste Oxydationswirkung besitzen müsse. Später widerrief Traube diese Behauptungen aber.

Mit Hilfe seiner neuen Theorie der Bildung des H_2O_2 konnte Traube nunmehr auch dessen auffallendste Reaktionen, wonach es sowohl oxydierend als auch reduzierend wirken kann, erklären. Die oxydierenden Eigenschaften ergaben sich durch das O_2-Molekül, dessen Atome nach Traubes Ansicht nur mehr durch eine einzige Bindungseinheit gebunden seien, die reduzierenden durch seine beiden H-Atome. Beim Zusammentreffen von Wasserstoffperoxyd mit oxydablen Körpern werden diese daher oxydiert, während alle leicht desoxydierbaren Körper, wie Übermangansäure, Chromsäure, Silberoxyd, Ozon usw., reduziert werden. Die bisherige Annahme, daß das H_2O_2 beim Zusammentreffen mit diesen Oxydationsmitteln reduziert wird, hielt Traube für unrichtig, da es vielmehr oxydiert werde. Die H-Atome des H_2O_2 verbinden sich mit dem Sauerstoff der leicht reduzierbaren Körper und sein Sauerstoffmolekül werde frei. Der freiwerdende O_2 stamme daher nur aus dem H_2O_2.

Die oxydierende Wirkung des Wasserstoffsuperoxyds sollte nach Traube nicht darauf beruhen, daß es ein Atom Sauerstoff abgibt, sondern in einem gewöhnlichen Zerfall in zwei OH-Gruppen bestehen: $Zn + H_2O_2 = Zn(OH)_2$. Diese Annahme hat sich aber als nicht richtig erwiesen, da Reaktionen, bei denen das Wasserstoffperoxyd unter Anlagerung zweier OH-Gruppen reagiert, bisher mit Sicherheit nur ganz ausnahmsweise beobachtet wurden. Gerade in dem Freiwerden eines Sauerstoffatoms beim Zerfall beruhen die vielen Oxydationsreaktionen, wie z. B. beim Bleichen usw.

C. Engler[19] stand ähnlich wie Traube auf dem Standpunkt, daß das Wasserstoffperoxyd durch Reduktion des Sauerstoffmoleküls entstehe. Der Sauerstoff stellt nach Engler ebenso wie das Acetylen ein ungesättigtes System dar, dessen ungesättigte Valenzen sich mit denen eines anderen ungesättigten Stoffes abzusättigen streben. Dieser zweite Körper, der autoxydable Stoff, vermag eine teilweise Dissoziation des O_2-Moleküls unter Lösung einer Bindung nach $O{=}O \rightarrow O{-}O$, aber keine Sprengung herbeizuführen.

Brühl[20] konnte durch spektroskopische Untersuchungen nachweisen, daß die beiden O-Atome nicht bloß durch eine, sondern durch mehrere Valenzen miteinander verbunden sein müssen.

Spring[21] kam auf Grund seiner Untersuchungen über die Farbe des Wasserstoffperoxyds zu der Ansicht, daß in diesem der Sauerstoff weniger seine charakteristischen Eigenschaften verloren habe als im Wasser. Es ist daher anzunehmen, daß im Wasserstoffperoxyd der Sauerstoff in einem dem molekularen Sauerstoff ähnlichen Zustand evorliegt. Das Wasserstoffperoxyd stellt dann eine ungesättigte Verbindung des molekularen Sauerstoffes mit Wasserstoff in Form einer Atomverbindung dar. Durch die Ergebnisse der Untersuchungen Brühls und Springs hatte die Theorie Traubes eine wesentliche Stütze erfahren.

Wie wir bei der späteren Erörterung der chemischen und physikalischen Eigenschaften sowie der Konstitution des Wasserstoffperoxyds und seiner Derivate sehen werden, war mit diesem Ergebnis im großen und ganzen für die weitere Erkenntnis der Eigenschaften des Wasserstoffperoxyds bereits eine geeignete Grundlage geschaffen worden.

Im Laufe der geschichtlichen Entwicklung unserer Kenntnisse von den aktiven Sauerstoffverbindungen waren auch die Anschauungen über die Konzentrierung von Wasserstoffperoxydlösungen durch Destillation grundlegenden Änderungen unterworfen. Meißner[9] (a. a. O. S. 98) behauptete noch, daß das Wasserstoffperoxyd in Dampfform überhaupt nicht bestehen könne. Jedoch schon von Schönbein[22] wurde festgestellt, daß es sich beim Kochen seiner Lösungen mit den Wasserdämpfen verflüchtige. Er hielt es jedoch für derart zersetzlich, daß er es als solches nicht für destillierbar erachtete[23]. Von diesem Forscher[24] sowie von Houzeau[25] wurde gezeigt, daß es schon bei gewöhnlicher Temperatur aus seinen Lösungen entweicht. Weltzien[26] hielt nur eine Konzentrierung durch Eindampfen einer Lösung von Wasserstoffperoxyd bei einer Temperatur, die unterhalb seines Siedepunktes liegt, für möglich.

Erst R. Wolffenstein[27] konnte feststellen, daß eine Wasserstoffperoxydlösung, die frei von alkalisch reagierenden Verbindungen, von jeder Spur von Schwermetallverbindungen und von festen Körpern jeder Art, und zwar auch von ganz indifferentem Charakter ist, gegen den Einfluß der Wärme bedeutend widerstandsfähiger ist, so daß sie ohne weiteres konzentriert und destilliert werden kann.

In dieser Strenge erwiesen sich jedoch die Anforderungen Wolffensteins an die Möglichkeiten einer Destillation in der Folgezeit als nicht haltbar. So wurde die Bedingung, daß die Wasserstoffperoxydlösung frei von festen Körpern sein müsse, schon im Jahre 1904 von der Firma E. Merck[28] widerlegt, da sich zeigte, daß auch rohe Wasserstoffperoxydlösungen, die aus Natriumperoxyd und Schwefelsäure erhalten worden waren, auch ohne vollkommene Entfernung des gelösten oder festen Natriumsulfats destilliert und konzentriert werden konnten.

In den letzten Jahrzehnten des vorigen Jahrhunderts und um die Jahrhundertwende erfolgte auch die Entdeckung zahlreicher technisch heute recht bedeutsamer Perverbindungen. Im Jahre 1876 entdeckte Berthelot[29] die Überschwefelsäure, als er einen elektrischen Strom von hoher Spannung auf ein Gemenge von trockener schwefeliger Säure und Sauerstoff einwirken ließ: $2\,SO_2 + \frac{3\,O_2}{2} = S_2O_7$. Auch durch Elektrolyse einer mehr oder weniger stark verdünnten Schwefelsäurelösung konnte Berthelot die wäßrige Überschwefelsäure herstellen. 1895 erfolgten dann die ausgedehnten und grundlegenden Untersuchungen von Elbs und Schönherr[30], wodurch die Verhältnisse bei der Bildung der Überschwefelsäure bereits weitgehend geklärt wurden.

Tanatar[31] entdeckte dann im Jahre 1898 das Natriumperborat; die Percarbonate, insbesondere das Kaliumpercarbonat, wurden 1896 von Constam und Hansen[32] auf elektrolytischem Wege hergestellt. Natriumperhydratphosphat wurde 1902 von G. J. Petrenko[33] durch Einwirkung von Wasserstoffperoxyd auf Trinatriumphosphat erhalten usw. Wiede[34] entdeckte die Eigenschaft des Wasserstoffperoxyds, mit vielen Salzen ebenso wie Wasser Molekülverbindungen einzugehen, in denen man es analog dem Kristallwasser als Kristallhydroperoxyd aufzufassen hat.

Das technische Interesse und die Bedeutung des Wasserstoffperoxyds erwachte in verstärktem Maße durch die Entdeckung dieser Derivate. Sie enthielten den Sauerstoff in fester Form und hoher Konzentration und waren dabei auch recht gut haltbar. Ihre technische Anwendbarkeit war aber wegen ihrer kostspieligen Herstellungsart nur sehr beschänkt. Auch die bis dahin im Handel erhältlichen 3%igen, fast ausschließlich aus Bariumperoxyd erzeugten Wasserstoffperoxydlösungen, die wegen des Gehaltes an schädlichen Verunreinigungen, wie Schwermetallverbindungen, nur eine geringe Beständigkeit aufwiesen, waren für eine ausgedehntere industrielle oder technische Verwendbarkeit nur wenig geeignet. Auch der Transport der mit 97% Ballast behafteten technischen Wasserstoffperoxydlösungen war mit untragbaren Kosten verbunden, so daß im Verein mit der ungenügenden Stabilität ein Versand auf größere Entfernungen nicht möglich war. Eine technische Verwendung beschränkte sich meist auf den Erzeugungsort und auch da nur auf die Behandlung von solchen Gegenständen, bei denen der Preis des Behandlungsmittels nur eine untergeordnetere Rolle spielte, wie z. B. beim Bleichen von Federn, zum Aufhellen von dunklem Frauenhaar u. dgl.[35].

Dabei hatte man schon bald die Anwendungsmöglichkeiten des Wasserstoffperoxyds erkannt, so daß die geringe tatsächliche Verwendung nicht mit einem mangelnden Bedürfnis erklärt werden kann. So hatte schon im Jahre 1866 Tessie du Motay die Verwendung des Wasserstoffperoxyds zum Bleichen vorgeschlagen. Seine desinfiszierende Wirkung wurde von Kingzett[36] im Jahre 1877 erkannt. Kingzett beobachtete, daß die durch Oxydation von Terpentinöl bei Gegenwart von Wasser und Luft entstehenden Produkte, nämlich Kampfersäure und Wasserstoffperoxyd, die in dem Wasser gelöst bleiben, diesem stark desinfiszierende Eigenschaften verleihen. Er verkaufte sogar derartige Lösungen unter dem Namen „Sanitas".

Über eine erfolgreiche technische Anwendung als Bleichmittel liegen gleichfalls schon recht frühzeitige Mitteilungen vor[37].

Da die Derivate des Wasserstoffperoxyds in wäßriger Lösung dieselben Eigenschaften aufweisen als die Muttersubstanz, aber nach den damaligen Verhältnissen haltbarer waren und in höherer Konzentration versandt werden konnten, stieg nach der Entdeckung der Derivate des Wasserstoffperoxyds der Verbrauch an aktiven Sauerstoff enthaltenden Verbindungen zusehends. Die erste fabrikmäßige Erzeugung des Wasserstoffperoxyds erfolgte schon im Jahre 1873 in Berlin bei E. Schering, wie v. Schrötter[35] berichtete. In größerem Umfange wurde dann im Jahre 1896 von der Firma E. Merck die Fabrikation von H_2O_2 aufgenommen.

Die eigentliche Grundsteinlegung für die Wasserstoffperoxydindustrie als Großindustrie erfolgte aber im Jahre 1905, als der Firma Konsortium für elektrochemische Industrie mit dem DRP. 217 539 ein Verfahren zur Herstellung von Wasserstoffperoxyd durch elektrolytische Oxydation von Schwefelsäure zu Überschwefelsäure und Destillation der entstandenen Perschwefelsäure im Vakuum erteilt wurde. Im Jahre 1909 erfolgte dann die Gründung der ersten Wasserstoffperoxydfabrik in Weißenstein a. d. Drau in Kärnten, in der nach diesem Verfahren auf elektrochemischem Wege Wasserstoffperoxyd hergestellt wurde.

Auch Pietsch und Adolph[38] fanden einen Weg zur elektrochemischen Herstellung von Wasserstoffperoxyd, wobei die im Elektrolyseur hergestellte Ammonpersulfatlösung mit Kaliumbisulfat in das Kaliumpersulfat übergeführt und dieses dann mit Schwefelsäure und Wasserdampf behandelt wird, wobei das Wasserstoffperoxyd dampfförmig entweicht und dann kondensiert wird.

Das Verfahren von Riedel und Löwenstein[39] erlaubte es auch, unmittelbar aus elektrolytisch erhaltenen schwefelsauren Ammonpersulfatlösungen kontinuierlich Wasserstoffperoxyd abzudestillieren. Nach einem ähnlichen Verfahren arbeitet auch der jüngste, in die Technik eingeführte elektrolytische Prozeß von Heinrich Schmidt.

Mit diesen elektrochemisch arbeitenden Verfahren waren die Grundlagen für eine ausgedehntere technische Anwendbarkeit des Wasserstoffperoxyds geschaffen worden. Mit einem Schlage waren die beiden schwerwiegendsten Nachteile, die geringe Haltbarkeit und niedrige Konzentration beseitigt, da das auf elektrochemischem Weg erzeugte Wasserstoffperoxyd nur durch Destillation gewonnen werden kann, daher sehr rein ist, während aus dem Wasserstoffperoxyd-Wasserdampf-Gemisch das Wasserstoffperoxyd in jeder gewünschten Konzentration kondensiert werden kann.

Durch ständige Vervollkommnung der elektrochemischen Darstellungsverfahren wurde die rein chemische Gewinnungsart aus Bariumperoxyd und Säuren, die bis vor etwa drei Jahrzehnten die Hauptmenge des Wasserstoffperoxyds lieferte, immer mehr zurückgedrängt, so daß sie heute nur mehr eine untergeordnete Rolle spielt.

Da es schon früher gelungen war[41], die Zersetzlichkeit des Wasserstoffperoxyds durch gewisse Zusätze, Stabilisatoren genannt, weitgehend einzuschränken, stand nunmehr einer längeren Aufbewahrung des Wasserstoffperoxyds und einem Versand in fernere Länder und damit einer weitgehenderen technischen Anwendbarkeit kein wesentliches Hindernis mehr im Wege. Durch unentwegte und mühevolle Arbeit ist es, wie in den folgenden Kapiteln gezeigt werden wird, gelungen, seine Eigenschaften und Reaktionen kennenzulernen, in den Reaktionsmechanismus der Umsetzungen des Wasserstoffperoxyds und seiner Derivate weitgehend Einblick zu erlangen und die Industrie der aktiven Sauerstoffverbindungen zu einer Großindustrie zu machen. Das heute hergestellte Wasserstoffperoxyd ist durch eine hervorragende Reinheit, große Stabilität und hohe Konzentration gekennzeichnet. Der seit etwa 20 Jahren eingesetzte mengenmäßige Anstieg in der Produktion und im Verbrauch an Wasserstoffperoxyd und seiner Derivate ist im Zusammenhange mit der Verbesserung der Qualität des Wasserstoffperoxyds in dauerndem Anstieg begriffen, wobei das Maximum der Erzeugung und des Verbrauchs sicherlich noch lange nicht erreicht ist. Es ist zu hoffen und anzunehmen, daß das derzeit in manchen Kreisen noch immer bestehende Vorurteil gegen das Wasserstoffperoxyd im Laufe der Zeit auf Grund seiner anerkannten Vorzüge und Eigenschaften überwunden und diesem neue Anwendungs- und Absatzgebiete erschlossen werden.

Die Herstellung der Ursubstanzen der Industrie der Perverbindungen, des Wasserstoffperoxyds, Natriumperoxyds und Perborats usw. hat heute eine bereits derart hohe Stufe erreicht, daß für die nächste Zeit grundlegende Änderungen und Verbesserungen der derzeitigen Fabrikationsmethoden wohl kaum zu erwarten sind. Eine wesentliche Verbesserung würde es nur bedeuten, wenn es noch gelänge, die Darstellung des Wasserstoffperoxyds aus den Elementen Wasserstoff und Sauerstoff oder Wasser und Sauerstoff mit größerer Energieausbeute und konstruktiv einfacher zu ermöglichen.

Im zweiten Weltkriege gelang in Deutschland die großtechnische Erzeugung auch von höchstkonzentriertem Wasserstoffperoxyd, das in einer Konzentration von 80—85% vorwiegend zum Antrieb von Raketen, Torpedos und Unterseebooten sowie mit etwa 60% auch als Treibstoff von motorlosen Düsenflugzeugen verwendet werden sollte. (R. A. Cooley[42]; J. Mc Auley, D. B. Clapp, V. W. Slater, K. A. Cooper und W. H. Gormley[43]; E. Burgess[44]; W. G. A. Perring[45], L. Mc Kee[45a]). Die Tatsache der Herstellung, Lagerung und Transportmöglichkeit fast reinen Wasserstoffperoxyds eröffnet ganz neuartige Anwendungsmöglichkeiten und ungeheure Aussichten für die weitere Entwicklung der Technik des H_2O_2, insbesondere für Verbrennungsvorgänge in reinem Sauerstoff oder bei Sauerstoffmangel wie z. B. in der Stratosphäre, als reinstes, höchst wirksames Oxydations-, Bleich-, Polymerisations-, Hydroxilierungsmittel usf. Seine niedrige Dichte von 1,34 bei 20° C, seine flüssige Beschaffenheit, vollständige Vergasungsfähigkeit usw. im Verein mit der starken Oxydationskraft und hohem Sauerstoffgehalt lassen das höchstkonzentrierte Wasserstoffperoxyd als das drucklos in offenen Gefäßen zu lagernde ideale Oxydationsmittel der Zukunft erscheinen. Man kann es als gleichwertigen, praktisch sogar einfacher zu handhabenden „flüssigen Sauerstoff“ bezeichnen.

Literaturverzeichnis.

[1] A. von Humboldt, Versuche über die chemische Zerlegung des Luftkreises und über einige andere Gegenstände der Naturlehre, S. 130, Braunschweig 1799. — [2] L. J. Gay-Lussac und L. J. Thénard, Recherches physicochimiques, Bd. I, S. 169 und 159, Paris 1811. — [3] L. J. Thénard, Ann. Chim. Phys. **8,** 306, 1818; **9,** 51, 94, 314, 414, 1818; **10,** 114, 335, 1819; **11,** 85, 208, 1819; **50,** 80, 1832; Gilberts Ann. Phys. **64,** 1; Traité de Chim. éd. 4, T. **2,** 41. — [4] Weltzien, Ann. Chem. Phys. **122,** 115. — [5] Brodie, Philos. Trans. Roy. Soc. London, part. II., 759, 1850. — [6] Chr. Fr. Schönbein, Journ. prakt. Chem. **77,** 138, 1859; Verhandl. Naturforsch.-Ges. Basel **1,** 467, 1857; **2,** 113, 1860; **4,** 3, 1864. — [7] Houzeau, Ann. Chim. Phys. (3), **62,** 1922; Jahresber. Chem. **1855,** 286. — [8] Chr. Fr. Schönbein, Verhandl. Naturforsch.-Ges. Basel **2,** 113, 153, 155, 161, 259, 1860; Journ. prakt. Chem. **77,** 137, 263, 269, 271, 276, 1859; Ann. Physik (2) **106,** 307, 313, 1859. — [9] Meißner, Untersuchungen über den Sauerstoff, S. 189, Hannover, 1863. — [10] Lenssen, Journ. prakt. Chem. **81,** 276, 1860. — [11] R. Clausius, Ann. Physik, (2), **103,** 644, 1858, **121,** 230, 250, 1864. — [12] Hoppe-Seyler, Ztschr. physiol. Chem. **2,** 1, 1878/79; **5,** 244, 1881. — [13] Weltzien, Ann. Chem. Pharm. **115,** 124, 1860; **138,** 155, 1866. — [14] Brodie, Proceed. Roy. Soc. London, **11,** 442, 1861. — [15] C. Hoffmann, Ann. Phys. (2), **132,** 442, 1867. — [16] Richarz, Ber. Dtsch. chem. Ges. **21,** 1678, 1888. — [17] M. Traube, Ber. Dtsch. chem. Ges. **15,** 222, 659, 2421, 2423, 1882; **18,** 1881, 1894, 1885; **19,** 1111, 1115, 1886; **22,** 1496, 1515, 1889, **26,** 1476, 1893. — [18] M. Traube, Ber. Dtsch. Chem. Ges. **15,** 2435, 1882. — [19] C. Engler u. J. Weißberg, Krit. Studien über die Vorgänge bei der Autoxydation, S. 47, Braunschweig, 1904; Ber. Dtsch. chem. Ges. **31,** 3046, 3055, 1898; **33,** 1097, 1900; Engler u. Wild, Ber. Dtsch. chem. Ges. **30,** 1669, 1897; Engler, Ber. Dtsch. chem. Ges. **33,** 1090, 1900; Engler u. Frankenstein, Ber. Dtsch. chem. Ges. **34,** 2934, 1901; Engler, ebenda **36,** 2642, 1903; Engler u. Lothar Wöhler, Ztschr. anorgan. allg. Chem. **29,** 1, 1902. — [20] Brühl, Ber. Dtsch. chem. Ges. **28,** 2860, 1895; 30, 162, 1897; **33,** 1709, 1900. — [21] Spring, Ztschr. anorgan. allg. Chem. **8,** 424, 1895. — [22] Schönbein, Journ. prakt. Chem. **98,** 67, 1866. — [23] Schönbein, ebenda, **78,** 92, 1846. — [24] Schönbein, ebenda, **98,** 71, 1866; **102,** 222, 1866. — [25] Houzeau, Compt. rend. Acad. Sciences **66,** 316, 1868. — [26] Weltzien, Ann. Chem. Pharm. **138,** 149, 1866. — [27] R. Wolffenstein, Ber. Dtsch. chem. Ges. **27,** 3307, 1894. — [28] E. Merck, DRP 152 173. — [29] Berthelot, Compt. rend. Acad. Sciences **86,** Nr. 1, 20, 1878; **90,** 269, 1880. — [30] Elbs und Schönherr, Ztschr. Elektrochem. **1895,** 162, 245, 417, 468, 473. — [31] Tanatar, Ztschr. physikal. Chem. **26,** 132, 1898. — [32] Hansen, Ztschr. Elektrochem. **3,** 137, 1896; DRP 91 612. — [33] G. J. Petrenko, Journ. Russ. phys.-chem. Ges. (russ.) **34,** 204, 1902; Chem. Ztrbl. **1902 I,** 1263. — [34] Wiede, Ber. Dtsch. chem. Ges. **31,** 516, 1898. — [35] v. Schrötter, Ber. Dtsch. chem. Ges. **7,** 980, 1874. — [36] Kingzett, Moniteur scient. (3), **7,** 715, 1877; J. B. **1877,** 1178. — [37] Ebell, Chem. News **45,** 71, 1882; Witz, Dinglers polytechn. Journ. **250,** 271, 1883; Kayser, ebenda, **257,** 436, 1885 u. a. — [38] Pietzsch und Adolph, DRP. 243 366, 241 702, 256 148. — [39] Riedel und Löwenstein, DRP. 510 064; Chem. Ztg. **53,** 821, 1929; **54,** 877, 1930; Ztschr. Elektrochem. **34,** 784, 1928. — [40] DRP. 249 893. — [41] DRP. 174 190, 196 370. — [42] R. A. Cooley, Chem. Industries **58,** 957—61, 1946. — [43] J. Mc. Auley, D. B. Clapp, V. W. Slater, K. A. Cooper und W. H. Gormley, Chimie et Industrie **55,** 431—34, 1946. — [44] E. Burgess, J. Amer. Rockett Soc., Nr. **65,** 18—19, 23, 1946. — [45] W. G. A. Perring, ebenda Nr. **65,** 1—17, 1946. — [45a] L. McKee, Mech. Eng. **68,** 1045—48, 1946.

II. Die Nomenklatur des Wasserstoffperoxyds und seiner Derivate.

Beim Studium der zahlreichen Verbindungen mit aktivem Sauerstoff ist bereits frühzeitig das Bestreben zutage getreten, bei der immer größer werdenden Anzahl der bekannten und neuentdeckten Verbindungen diese in ein bestimmtes System zu bringen und nach einheitlichen Gesichtspunkten zu ordnen. Da es häufig sehr schwierig ist, die richtige Bezeichnung für eine bestimmte Perverbindung anzugeben und in der einschlägigen Fachliteratur immer noch unzutreffende oder für ein und denselben Körper verschiedene Bezeichnungen zu finden sind, ist es vorerst noch notwendig, einiges über die Nomenklatur der Perverbindungen zu sagen.

Zur Zeit Thénards war für das Wasserstoffperoxyd, das man als oxydiertes Wasser auffaßte, die Bezeichnung „Sauerstoffwasser" oder auch „oxydiertes Wasser" gebräuchlich. Schönbein, der Begründer der Antozontheorie, bezeichnete sämtliche aktive Sauerstoffverbindungen als „Antozonide". Von Traube wurde auf Grund seiner Anschauung, daß in den Peroxyden ein unzerlegtes Sauerstoffmolekül enthalten sei, der Name „Holoxyde" vorgeschlagen, der vom griechischen Worte ὅλος = ganz abgeleitet war. Wasserstoffperoxyd sollte also als Wasserstoffholoxyd, Natriumperoxyd als Natriumholoxyd bezeichnet werden.

Als charakteristisches Merkmal für die Holoxyde erblickte Traube ganz zutreffend eine paare Anzahl von O-Atomen, da nur diese bei der Behandlung mit verdünnter Säure Wasserstoffperoxyd ergeben können. Er rechnete daher zu den Holoxyden die Peroxyde des Natriums, Kaliums, Bariums, Strontiums, Calciums, Zinks, Kadmiums, Kupfers und Dydyms, nicht aber die Oxyde Co_2O_3, Ni_2O_3, Ti_2O_3, da aus diesen mit verdünnter Säure kein Wasserstoffperoxyd in Freiheit gesetzt werden kann. Zu den Holoxyden sollten daher alle sauerstoffhaltigen Körper der allgemeinen Formel $Me^{\cdot}_2O_2$ oder $Me^{\cdot\cdot}O_2$ gehören. Die Bezeichnung der aktiven Sauerstoffverbindungen als Holoxyde hat sich aber nicht einbürgern können, weil für viele andere Derivate des Wasserstoffperoxyds, wie z. B. die Persulfate, Percarbonate oder Perborate, keine geeigneten Bezeichnungen mit Hilfe des Wortes „Holoxyd" zu finden waren.

Die Anregung Traubes, nur Körper mit der —OO—-Gruppe, die also zwei O-Atome unmittelbar aneinandergebunden enthalten, zu den aktiven Sauerstoffverbindungen zu rechnen, war recht glücklich gewählt und hat sich bis heute unverändert beibehalten. Man kann die beiden miteinander verbundenen O-Atome —OO— direkt als das Radikal des Wasserstoffperoxyds ansprechen. Da in der anorganischen und organischen Chemie aber allgemein die höchste Oxydations- oder Verbindungsstufe als Super- oder Hyperoxyd u. dgl. bezeichnet wird, wird im vorliegenden Buche zur Unterscheidung von jenen Verbindungen, die wohl die höchste Oxydationsstufe darstellen, wie z. B. Bleidioxyd PbO_2, in welchen aber jedes O-Atom für sich an das Metall gebunden ist $\left(Pb\begin{smallmatrix}\diagup O\\ \diagdown O\end{smallmatrix}\right)$, die Bezeichnung „Per"-verbindung nur für solche Stoffe gebraucht werden, die die —OO—-Gruppe enthalten.

Während die „echten" Perverbindungen, worunter stets nur die wirklichen Derivate des Wasserstoffperoxyds verstanden werden, mit verdünnter Säure H_2O_2 abspalten, wird aus dem Mangandioxyd z. B. mit Salzsäure nur Chlor in Freiheit gesetzt.

Für die große Klasse jener Sauerstoffverbindungen, bei denen der Sauerstoff in irgendeiner Form der —OO—-Brücke auftritt und die verhältnismäßig leicht ein O-Atom abgeben können, das sich durch ein besonderes Oxydationsvermögen auszeichnet und daher in einer stark aktiven, d. h. reaktionsfähigen Form vorhanden ist, wird auch der Name „aktive Sauerstoffverbindungen" gebraucht. Mit der Bezeichnung „echte oder wahre Perverbindungen" soll der Unterschied zwischen jener Gruppe von Verbindungen hervorgehoben werden, die die —OO—-Brücke nicht im Molekül der Grundsubstanz selbst enthalten, sondern wo diese noch in Form eines oder mehrerer unveränderter Wasserstoffperoxydmoleküle durch bloße Addition an das ebenfalls unveränderte Molekül des Grundstoffes angelagert ist. Diese Verbindungen, in welchen das Wasserstoffperoxyd an Stelle oder neben Krystallwasser tritt, werden als „Verbindungen mit Krystallhydroperoxyd", „Pseudo-" oder „Anlagerungs-" oder am besten als „-perhydrat"-Verbindungen bezeichnet.

Die Verbindung H_2O_2 wird daher als Wasserstoffperoxyd und nicht als Wasserstoffhyper- oder Wasserstoffsuperoxyd bezeichnet werden, so daß schon mit dieser Benennung zum Ausdruck gebracht wird, daß dieser Stoff die Sauerstoffatome in der Bindung $-OO-$, also „Peroxy"-Radikal enthält.

Eine einheitliche und rationelle Nomenklatur wurde erstmalig von A. Baeyer und V. Villiger vorgeschlagen[46], auf die auch die heutige Nomenklatur zum großen Teile zurückgeht.

Vom Wasserstoffperoxyd als Ursubstanz leitet sich eine ganze Reihe von Derivaten ab, da es, wie schon aus seiner sauren Reaktion hervorgeht, wie eine echte Säure Salze zu bilden vermag, wobei es sowohl als einbasische als auch zweibasische Säure auftreten kann. Durch Ersatz eines oder beider H-Atome im HOOH durch Metalle oder Radikale sind daher zwei verschiedene Reihen von Derivaten möglich, und zwar Monosubstitutionsprodukte $R \cdot OOH$ oder „-hydroperoxyde" und Disubstitutionsprodukte $R \cdot OO \cdot R$ oder „-peroxyde". Beide Radikale R können natürlich voneinander verschieden sein. Ersetzt man z. B. ein H-Atom durch die CH_3-Gruppe, so entsteht das Monomethylhydroperoxyd $CH_3 \cdot OOH$, durch Ersatz beider H-Atome durch CH_3-Gruppen das Dimethylperoxyd $CH_3 \cdot OO \cdot CH_3$. Wird ein H-Atom durch die CH_3-, das andere durch die C_2H_5-Gruppe ausgetauscht, so erhält man ein gemischtes Peroxyd, nämlich das Methyläthylperoxyd $CH_3 \cdot OO \cdot C_2H_5$. Die Monoalkylhydroperoxyde können wegen der Säurenatur des Wasserstoffperoxyds auch als Alkylester der Hydroperoxydsäure, die Dialkylperoxyde $R \cdot OO \cdot R$ als Dialkylester des Wasserstoffperoxyds aufgefaßt werden. Die Verbindung NaOOH, durch Ersatz eines H-Atoms des HOOH durch Natrium hervorgegangen, ist als Natriumhydroperoxyd anzusprechen. Die für das NaOOH in der Literatur manchmal anzutreffenden Bezeichnungen „Natrylhydrat", „Natriumhydroxat" oder „Natriumperoxydhydrat" sind nicht einwandfrei, da in der genannten Verbindung ja kein „Hydrat" im Sinne dieses Wortes vorliegt.

Besteht das Radikal, das an die Stelle eines H-Atoms im H_2O_2 tritt, aus einem Säurerest, wie z. B. der Acetylgruppe, so wird diese Verbindung als „Persäure", im gewählten Beispiel als Peressigsäure, Essigpersäure oder Acetpersäure $CH_3CO \cdot OOH$ bezeichnet. Von D. M. Yost[47] ist für derartige Säuren auch der Ausdruck „Peroxysäure" vorgeschlagen worden, so daß also die Peressigsäure als Peroxyessigsäure zu benennen wäre. Diese Bezeichnung ist in manchen Fällen genauer, da sie Mißverständnisse hinsichtlich jener Säuren ausschließt, die sich von einer höchsten Oxydationsstufe ableiten, wie z. B. Perchlorsäure $HClO_4$ oder Permangansäure $HMnO_4$ (abgeleitet vom $Cl^{VII}{}_2O_7$ bzw. $Mn^{VII}{}_2O_7$). Für Säuren mit mehreren $-OOH$-Gruppen, wie den Diperoxy-, Triperoxysäuren usw., ist diese Nomenklatur vorzuziehen.

Persäuren, charakterisiert durch die Gruppe $-OOH$, sind daher solche Säuren, welche bei der Behandlung von Oxysäuren mit Wasserstoffperoxyd entstehen oder welche durch Hydrolyse in dieses übergehen. Man kann sie sich auch durch Addition von H_2O_2 an die Säureanhydride entstanden denken: $SO_3 + H_2O_2 = SO_2(HO) \cdot OOH$. Diese Persäure ist die Sulfomonopersäure, die nach ihrem Entdecker meist Caro sche Säure genannt wird.

Sind beide H-Atome des Wasserstoffperoxyds durch Säureradikale ersetzt, wie

z. B. bei der Überschwefelsäure $SO_3H \cdot OO \cdot SO_3H$, so spricht man von „Säureperoxyden". Die Überschwefelsäure ist daher das Schwefelsäureperoxyd. Durch Ersatz eines oder beider Wasserstoffatome der SO_3H-Gruppen kann die Perschwefelsäure saure oder neutrale Salze bilden. Das neutrale Kaliumsalz ist z. B. das allgemein als Kaliumpersulfat bezeichnete Salz.

Theoretisch wäre auch eine Säure $SO_2(OOH)_2$, die Diperoxyschwefelsäure sowie deren saure und neutrale Salze möglich, jedoch sind bisher weder die freie Säure noch deren Salze bekanntgeworden.

Die Persäuren unterscheiden sich von den Säureperoxyden durch ihr chemisches Verhalten sehr deutlich, da die Persäuren sofort die Reaktionen des Wasserstoffperoxyds mit Kaliumpermanganat, Titanschwefelsäure und Chromsäure, die Säureperoxyde hingegen erst nach einiger Zeit infolge Hydrolyse ergeben. Beide Säuren geben aber wohldefinierte Salze.

Ist die die Persäure bildende Säure einbasisch, so sind die verschiedenen Verbindungsmöglichkeiten leicht zu überblicken. Schwieriger liegen aber die Verhältnisse, wenn es sich um zwei- oder mehrbasische Säuren handelt, da in diesem Falle schon eine ungleich größere Kombinationsmöglichkeit vorhanden ist und auch Isomerie auftreten kann.

So sind bei der zweibasischen Kohlensäure eine ganze Reihe von hypothetischen Perkohlensäuren möglich, von denen aber nur die Salze beständig und bekannt sind. Durch Austausch eines H-Atoms des Wasserstoffperoxyds durch die COOH-Gruppe erhält man Monoperoxykohlensäure oder Kohlensäurehydroperoxyd, die die gewöhnliche hypothetische Perkohlensäure $H_2CO_4 = CO\begin{smallmatrix}\diagup OH \\ \diagdown OOH\end{smallmatrix}$ I darstellt. Ersetzt man beide H-Atome im HOOH durch COOH-Gruppen, so entsteht das Kohlensäureperoxyd $H_2C_2O_6$ mit der Konstitution

$$\begin{matrix} & OO & \\ CO & & CO. \\ OH & & HO \end{matrix}$$

Dem Kohlensäureperoxyd isomer ist die hypothetische Säure

$$\begin{matrix} & O & \\ CO & & CO \\ OOH & & HO \end{matrix} \quad II,$$

die aber nur in Form ihrer Salze bekannt ist und auch praktische Bedeutung besitzt.

Von R. Wolffenstein und E. Peltner[48] ist für die Verbindungen, die sich von der hypothetischen Perkohlensäure I H_2CO_4 ableiten, der Name „Dioxydcarbonate", für die auf die Säure II

$$\begin{matrix} & O & \\ CO & & CO \\ OOH & & HO \end{matrix}$$

zurückzuführenden Verbindungen die Bezeichnung „Dioxydbicarbonate" in Vorschlag gebracht worden. Da der Ausdruck „Dioxyd" nach vorliegender Nomenklatur aber nur für die Oxyde der vierwertigen Oxydationsstufe angewendet werden soll und der Bezeichnungsweise von Wolffenstein und Peltner nicht zu entnehmen ist, daß es sich bei diesen Verbindungen um echte Perverbindungen handelt, werden im folgenden die hypothetische Säure I als Monoperoxykohlensäure, die der gewöhnlichen Perkohlensäure entspricht und die sich von ihr ableitenden Salze als Percarbonate, die von der Säure II hergeleiteten Salze als Monoperoxydicarbonate und die freie Säure als Monoperoxydikohlensäure bezeichnet.

Durch Ersatz beider H-Atome des Kohlensäureperoxyds erhält man das symmetrisch gebaute peroxydkohlensaure Natrium $NaCO_3 \cdot NaCO_3$, durch Austausch beider H-Atome durch Kalium das von Constam und Hansen auf elektrolytischem Wege dargestellte peroxydkohlensaure Kalium $K_2C_2O_6$. Möglich sind ferner noch die hypothetischen Persäuren $CO(OOH)_2$, die Diperoxykohlensäure, das Monoperoxykohlensäureperoxyd und das Diperoxykohlensäureperoxyd von E. H. Riesenfeld und W. Mau[49], von denen

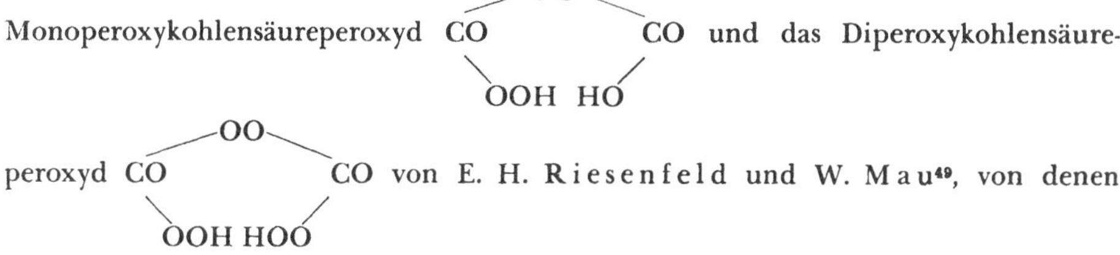

aber weder die freien Säuren noch Salze bisher bekanntgeworden sind.

Ähnlich wie bei der Kohlensäure, gibt es auch bei der Phosphorsäure echte Perphosphate, die sich von der Phosphormonopersäure H_3PO_5 bzw. vom Phosphorsäureperoxyd $H_4P_2O_8$ ableiten[50].

Die echten Perborate sind auf die hypothetische Perborsäure HBO_3 (H—OO—BO = Borylhydroperoxyd) zurückzuführen. Gerade bei den aktiven Sauerstoff enthaltenden Borverbindungen hat sich aber gezeigt, daß eine einfache Konstitution, die einer echten Perverbindung entsprechen würde, bei den technisch wichtigsten Vertretern dieser Klasse von Verbindungen nicht vorliegt, sondern daß es sich hier vielmehr um Anlagerungsverbindungen von H_2O_2 an die Metaborate handelt. Die Unterscheidung zwischen den echten und Anlagerungsverbindungen ist gerade beim Natriumperborat des Handels besonders schwierig. Auch heute noch ist die Konstitution dieser Verbindungen noch nicht eindeutig feststehend. Da aber das echte Perborat $NaBO_3$ nur rein wissenschaftliches Interesse besitzt, hingegen das Natriumperborat des Handels mit der wahrscheinlichen Konstitution $NaBO_2 \cdot H_2O_2 \cdot 3\,H_2O$ bereits allgemein unter dieser Bezeichnung bekannt ist, wird für das Handelsprodukt der Name „Perborat" beibehalten und nur bei den wirklich echten Perboraten dies stets ausdrücklich hervorgehoben werden.

Zu den echten Persäuren sind auch die Metallpersäuren, wie die Perchrom-, Permolybdän-, Perwolframsäure usw. zu rechnen. Die Permolybdän- und Perwolframsäure sind zweibasische Persäuren, denen die Formeln $\begin{matrix}O \\ O\end{matrix}\!\!>\!Mo\!<\!\!\begin{matrix}OOH \\ OOH\end{matrix}$ (Diperoxymolybdänsäure) bzw. $\begin{matrix}O \\ O\end{matrix}\!\!>\!W\!<\!\!\begin{matrix}OOH \\ OOH\end{matrix}$ (Diperoxywolframsäure) zukommen[51]. Die Orthotitan-, -zirkon-, -hafnium- und -cersäure können die entsprechenden Peroxyorthotitan- usw. Säuren $Me(OOH)(OH)_3$ bilden[52]. Eine vielbasische Peroxysäure kann gleichfalls von der Orthotitan- und -zirkonsäure hergeleitet werden, deren Kaliumsalze bekannt sind: $Me(OOK)_4 \cdot 6\,H_2O$ (Tetraperoxyorthotitansaures Kalium-Hexahydrat).

Ebenso wie viele andere Verbindungen, besitzen manche Peroxyde die Eigenschaft, sich mit Wasser zu verbinden. Diese Körper, die meist sehr gut kristallisiert sind, haben eine konstante Zusammensetzung. Man bezeichnet sie als „Hydrate". Natriumperoxyd gibt z. B. beim langsamen Verdunsten einer in der Kälte hergestellten wäßrigen Lösung das $Na_2O_2 \cdot 8\,H_2O$, das Natriumperoxydoctohydrat genannt wird. Durch langsame Entwässerung im Vakuum über Schwefelsäure entsteht das Dihydrat $Na_2O_2 \cdot 2\,H_2O$.

Eine besondere Klasse von aktiven Sauerstoff enthaltenden Verbindungen stellen solche Stoffe dar, in denen die —OO— -Brücke nicht im Molekül selbst enthalten ist, sondern in Form von völlig unverändertem Wasserstoffperoxyd vorhanden ist. Bei ihnen hat man es ähnlich wie bei den Hydraten mit Verbindungen zu tun, in denen das H_2O_2-Molekül durch Nebenvalenzen als Krystallhydroperoxyd gebunden ist. Die Nomenklatur dieser Verbindungen lehnt sich daher eng an jene der Hydrate an. Die Verbindung $SrO_2 \cdot 2\,H_2O_2$ z. B. ist daher als Strontiumperoxyddihydroperoxyd oder besser Strontiumperoxyddiperhydrat anzusprechen. Von Ammann[53] und R. Blankart[54] wurde für die Anlagerungsverbindungen der Ausdruck „Perhydro-" vorgeschlagen, der aber im Hinblick auf die organischen Hydrierungsprodukte zu Mißverständnissen Anlaß geben könnte. Das Wasserstoffperoxyd kann sich nicht nur an Verbindungen anlagern, die bereits aktiven Sauerstoff enthalten, sondern auch an beliebige andere. So gibt es ein Ammoniumsulfatperhydrat (Ammoniumsulfathydroperoxyd) $(NH_4)_2SO_4 \cdot H_2O_2$, ein Carbamidperhydrat (Harnstoff mit Krystallhydroperoxyd) $CO(NH_2)_2 \cdot H_2O_2$ u. a. m. Weiters sind auch Verbindungen bekannt, in denen sowohl Krystallwasser als auch Krystallhydroperoxyd enthalten sind, wie z. B. $NaSO_4 \cdot 2\,H_2O \cdot H_2O_2$, Natriumsulfatdihydratmonoperhydrat genannt (Natriumsulfatdihydratmonohydroperoxyd). Das Natriumperborat des Handels mit der Formel $NaBO_2 \cdot H_2O_2 \cdot 3\,H_2O$ ist als das Natriummetaborattrihydratmonoperhydrat (Natriummetaborattrihydratmonohoydroperoxyd) anzusprechen.

Um über die komplizierten Verhältnisse bei der Nomenklatur der Perverbindungen einen besseren Überblick geben zu können, sind in der nachstehenden Tabelle für einige charakteristische Perverbindungen neben den bisher gebräuchlichen Bezeichnungen die gemäß vorliegender Nomenklatur verwendeten Ausdrucksweisen angegeben.

Formel	Ältere Bezeichnung	Neue Bezeichnung
H_2O_2, HOOH	Wasserstoffsuperoxyd	Wasserstoffperoxyd
NaOOH	Natrylhydrat, -hydroxat, Natriumperoxydhydrat	Natriumhydroperoxyd
Monosubstitutionsprodukte $R \cdot OOH$ = -hydroperoxyde.		
$CH_3 \cdot OOH$	—	Methylhydroperoxyd
$C(Cl_3)CH(OH) \cdot OOH$	Chloralperoxydhydrat	Trichloroxyäthylhydroperoxyd
Disubstitutionsprodukte $R \cdot OO \cdot R$ = -peroxyde.		
Na_2O_2	Natriumsuperoxyd	Natriumperoxyd
$CH_3 \cdot OO \cdot CH_3$	—	Dimethylperoxyd
$C_6H_5 \cdot CH\langle{}^{OO}_{OO}\rangle CH \cdot C_6H_5$	—	Dibenzaldiperoxyd
$Cl_3 \cdot C \cdot CH \cdot (OH) \cdot OO \cdot C(OH) \cdot H \cdot C \cdot Cl_3$	Dichloralperoxydhydrat	Di-trichloroxyäthylperoxyd
$H_2(OH)C \cdot OO \cdot C(OH)H_2$	Diformalhydroperoxydhydrat	Dimethylolperoxyd oder Bisoxymethylperoxyd

Formel	Ältere Bezeichnung	Neue Bezeichnung
Persäuren, Charakteristikum: Säureradikal · OOH.		
$C_6H_5CO \cdot OOH$	Benzoylwasserstoffsuperoxyd	Perbenzoesäure, Benzopersäure
$CH_3CO \cdot OOH$	—	Peressigsäure, Acetpersäure
$HO \cdot SO_2 \cdot OOH$	—	Sulfomonopersäure, Carosche Säure
Säureperoxyde, S · OO · S (S = Säureradikal).		
$HO \cdot SO_2 \cdot OO \cdot SO_2 \cdot OH$	—	Perschwefelsäure, Überschwefelsäure, Schwefelsäureperoxyd
$COOH \cdot OO \cdot COOH$	Dioxyddikohlensäure	Kohlensäureperoxyd
$HOOC \cdot C_6H_4 \cdot CO \cdot OO \cdot CO \cdot C_6H_4 \cdot COOH$	—	Phthalsäureperoxyd
Acylperoxyde, Acyl · OO · Acyl.		
$CH_3 \cdot CO \cdot OO \cdot CO \cdot CH_3$	—	Diacetylperoxyd
$C_6H_5CO \cdot OO \cdot CO \cdot C_6H_5$	Benzoylsuperoxyd	Dibenzoylperoxyd, Benzoylperoxyd
Hydrate.		
$Na_2O_2 \cdot 8\,H_2O$	—	Natriumperoxydoctohydrat
Anlagerungsverbindung: Molekül H_2O_2.		
$(NH_4)_2SO_4 \cdot H_2O_2$	Ammonsulfathydroperoxyd	Ammonsulfatperhydrat
$CO(NH_2)_2 \cdot H_2O_2$	Carbamidhydroperoxyd	Carbamidperhydrat
$Na_2SO_4 \cdot 2\,H_2O \cdot H_2O_2$	Natriumsulfatdihydratmonohydroperoxyd	Natriumsulfatdihydratmonoperhydrat
$NaBO_2 \cdot H_2O_2 \cdot 3\,H_2O$	Natriummetaborattrihydratmonohydroperoxyd	Natriummetaborattrihydratmonoperhydrat

Literaturverzeichnis.

[46] A. Baeyer und V. Villiger, Ber. Dtsch. chem. Ges. **33**, 2479, 1900. — [47] D. M. Yost, Journ. Amer. Chem. Soc. **48**, 152, 1926; Chem. Ztrbl. **1926**, I, 2429. — [48] R. Wolffenstein und E. Peltner, Ber. Dtsch. chem. Ges. **41**, 285, 1908. — [49] E. H. Riesenfeld und W. Mau, Ber. Dtsch. chem. Ges. **44**, 3595, 1911. — [50] J. Schmidlin und Massini, Ber. Dtsch. chem. Ges. **43**, 1162, 1910. — [51] A. Rosenheim, M. Hakki, O. Krause, Ztschr. anorgan. allg. Chem. **209**, 175, 1932. — [52] R. Schwarz und H. Giese, ebenda **176**, 209, 1928. — [53] Ammann, Schweiz. Chem.-Ztg. **1920**, H. 22/23, 244; H. 28, 293. — [54] R. Blankart, Dissert. Techn. Hochschule Zürich 1922, S. 12.

III. Vorkommen und Bildung des Wasserstoffperoxyds und seiner Derivate.

Das Vorkommen in der Atmosphäre. Der Sauerstoff ist das verbreitetste Element auf der Erde überhaupt. Unter der ungeheuren Zahl der Sauerstoffverbindungen gibt es auch eine ganze Reihe, die sich durch einen besonders hohen Sauerstoffgehalt auszeichnen und in welchen er in Form des Wasserstoffperoxydradikals —OO— enthalten ist.

In der Natur sind die Perverbindungen nur in äußerst geringen Mengen vorhanden. Die erste Feststellung, daß das Wasserstoffperoxyd im Gewitterregen vorkomme, machte G. Meißner[55]. Er führte dessen Existenz im Gewitterregen auf die elektrischen Entladungen der Gewitter zurück. Seine Beobachtung wurde später von Schönbein[56], H. Struwe[57] und anderen bestätigt. Struwe gelang auch der Nachweis von Wasserstoffperoxyd im Schnee.

Sehr eingehend wurden von Em. Schöne[58] die in der Nähe von Moskau gefallenen Niederschläge auf einen Gehalt an Wasserstoffperoxyd untersucht. Schöne faßte seine Ergebnisse in folgende Feststellungen zusammen: Die Regen, die bei SSW-Wind, also unter der Einwirkung des Golfstromes, fallen, waren weit wasserstoffperoxydreicher als jene, die unter dem überwiegenden Einfluß der Polarwinde fielen. Ferner nahmen sowohl die absoluten als auch die relativen Mengen von Wasserstoffperoxyd im Regen von der Zeit des Sommersolstitiums an bis zu derjenigen der herbstlichen Tag- und Nachtgleiche sowie darüber hinaus ab. Die absoluten Mengen des im Gewitterregen zum Erdboden gelangten Wasserstoffperoxyds sind von jenen im gewöhnlichen Regen nur wenig verschieden, wegen der größeren Niederschlagsmengen aber, die in Form des gewöhnlichen Regens fallen, übertrifft der relative Gehalt des Wasserstoffperoxyds im Gewitterregen denjenigen der gewöhnlichen nicht unbeträchtlich. Die Menge schwankte zwischen 0,04 und 1 mg H_2O_2/l Regenwasser. Im natürlichen Tau und Reif erhielt Schöne niemals Reaktionen auf Wasserstoffperoxyd. Er schloß daraus, daß diese entweder kein Wasserstoffperoxyd enthalten oder jedenfalls weniger als die Erfassungsgrenze der von ihm verwendeten qualitativen Reaktion, nämlich $^1/_{25\,000\,000}$, enthielten. Im künstlich durch Kondensation erhaltenen Tau und Reif wurde jedoch stets H_2O_2 gefunden, und zwar stehen die erhaltenen Mengen in ganz unverkennbarer Abhängigkeit von der Tages- und Jahreszeit. Während in den Nachts erhaltenen Kondensationsprodukten nur Spuren von H_2O_2, meist nur 0,04 bis 0,05 mg/l nachweisbar waren, stieg der Gehalt an Wasserstoffperoxyd im Tau und Reif in dem Maße, als sich die Sonne über den Horizont erhob. Der durchschnittliche Gehalt an H_2O_2 im künstlichen Tau und Reif nimmt auch in dem Maße ab, als mit fortschreitender Jahreszeit die Tage kürzer werden. So sinkt z. B. das monatliche Maximum des Gehaltes an H_2O_2/l Tau oder Reif von 0,40 mg im Juli auf 0,35 mg im August, 0,15 mg im September und 0,09 mg im Oktober. Unter sonst gleichen Umständen ist die Menge H_2O_2 im künstlichen Tau oder Reif auch um so größer, je höher die Temeratur, je weniger bewölkt der Himmel und je höher die absolute und je geringer gleichzeitig die relative Feuchtigkeit der Luft ist. Durch Regen wird oft die Menge des künstlichen Taues sehr erheblich vermindert. Aus diesem Grunde schloß Schöne ganz richtig, daß das Wasserstoffperoxyd in der Atmosphäre vornehmlich in dampfförmigem Zustand enthalten ist. Zwischen Tau und Reif bestehen keine wesentlichen Unterschiede hinsichtlich des Gehaltes an Wasserstoffperoxyd. Im Rauhfrost und Glatteis konnten hingegen stets nur sehr geringe Mengen H_2O_2, nämlich 0,04 bis 0,05 mg/l nachgewiesen werden. Im Nebel ist gleichfalls im allgemeinen nur sehr wenig Wasserstoffperoxyd vorhanden.

In der atmosphärischen Luft selbst fand Schöne nur sehr geringe Mengen Wasserstoffperoxyd. Während als Maximum eines ganzen Beobachtungsjahres in 600 kg Regen oder Schnee nur 110 mg H_2O_2 auf 1 qm niedergefallen waren, betrug das in der Luft enthaltene H_2O_2 maximal nur 1,4 ccm H_2O_2-Dampf in 1000 cbm Luft, durchschnittlich aber nur 0,38 ccm. Nach seinen Berechnungen ergab sich, daß in 1 l Luft durchschnittlich nur $4{,}07 \cdot 10^{-10}$ g H_2O_2 vorhanden waren.

Diese Menge ist aber noch ungleich größer als jene, die sich nach Nernst[59] aus der Affinität der Reaktion $2\,H_2O_2 \rightleftharpoons 2\,H_2O + O_2$ berechnet, denn darnach sollten sich bei gewöhnlicher Temperatur in der Luft nur $10^{-18,8}$ Mole H_2O_2/l im Gleichgewichtszustande mit Wasserdampf und Sauerstoff befinden.

Aus der Gesamtheit aller seiner Beobachtungen zog Schöne folgende Schlüsse: Die von ihm untersuchten Schichten der Atmosphäre enthalten eine um so größere Menge H_2O_2-Dampf, je höher sich sowohl während des Tages als auch während des Jahres die Sonne über dem Horizont erhebt und je weniger Hindernisse die Sonnenstrahlen auf ihrem Wege durch die Atmosphäre antreffen. Je höher sich über der Erdoberfläche die Verdichtung des atmosphärischen Niederschlages vollzieht, desto reicher ist dieser im allgemeinen an Wasserstoffperoxyd.

Durch die Untersuchungen Kerns[60] wurden die Ergebnisse Schönes sowohl in qualitativer als auch in quantitativer Hinsicht vollkommen bestätigt.

Aus dem starken Einfluß des Sonnenlichtes auf den Wasserstoffperoxydgehalt der Atmosphäre läßt sich der Schluß ziehen, daß der Ursprung des atmosphärischen H_2O_2 durch Einwirkung der Sonnenstrahlen bedingt ist. Eine Stütze findet diese Annahme durch die Beobachtungen von Thiele[61], A. Tian[62], W. Chlopin[63] und M. Kernbaum[64], wonach sich durch die Einwirkung von ultravioletten oder der Sonnenstrahlen aus dem Wasser Wasserstoffperoxyd bildet.

D. I. Ssaposhnikow[65] vertritt jedoch die Ansicht, daß die Bildung von H_2O_2 oder anderer Peroxyde bei der Photosynthese auf chemischem Wege erfolgt. Gestützt wird diese Hypothese durch das Auftreten von H_2O_2 bei der Einwirkung von Joddampf auf Wasser in Gegenwart von Schwefelsäure und Silbersulfat, wobei ein Oxydations-Reduktions-Prozeß bei einem Potential von etwa 1 V vor sich gehen soll. Bei diesem Potential erwirbt das Jod 1 Elektron, während das Hydroxylion des Wassers sein Elektron verliert.

Vorkommen in pflanzlichen und tierischen Organismen. Der erste, der darauf hinwies, daß bei der Tätigkeit des pflanzlichen und tierischen Organismus häufig aktiver Sauerstoff entstehe, war Schönbein. J. Clermont[66] erhielt mittels des von Schönbein angegebenen Nachweises für Peroxyde oder Wasserstoffperoxyd (KJ, Stärkelösung und Ferrosalze) gleichfalls in verschiedenen Pflanzen, wie in Tabak, verschiedenen Latticharten usw., positive Reaktionen. E. Griesmayer[67] glaubte, in zerriebenen Ahornblättern Ozon und Wasserstoffperoxyd nachgewiesen zu haben. Von C. Wursterer[68] wurde angegeben, daß die von ihm gefundene Blaufärbung von Tetramethylparaphenylendiamin durch Einwirkung von angefeuchteter Menschenhaut, Speichel, einzelnen Fermenten, frischen Muskeldurchschnitten und frischen Pflanzensäften die Anwesenheit von Wasserstoffperoxyd in diesen Stoffen erweise. Molisch[69] wies nach, daß das Wurzelsekret vieler Pflanzen oxydierend wirke.

Wegen der Unzulänglichkeit der manchmal verwendeten Nachweise sowie den Schwierigkeiten eines Nachweises von Wasserstoffperoxyd in Pflanzen überhaupt ist jedoch die Richtigkeit dieser Versuchsergebnisse mit Recht bezweifelt worden. G. Bellucci[70] konnte auf die oben angeführte Art in Pflanzen kein H_2O_2 nachweisen. Er schrieb die von Clermont[66] beobachtete Blaufärbung einem Tanningehalt sowie der Einwirkung der Luft zu. Bokorny[71] und O. Löw[72] bezweifelten die Ergebnisse Wursterers[68], da das von diesem verwendete Tetramethylenparaphenylendiaminpapier von vielen Stoffen gebläut wird, so daß ein eindeutiger Schluß auf das Vorhandensein von Wasserstoffperoxyd nicht zulässig sei. Auch J. Wolff[73] führt die durch Kaliumjodid und Stärke in Pflanzen hervorgerufene Blaufärbung nicht auf Peroxyde, sondern auf das Vorhandensein eines Diphenols zurück.

Mit ziemlicher Sicherheit gelang jedoch A. Bach und Chodat[74] der Nachweis von Peroxyden in der lebenden Pflanze durch Behandlung des frisch ausgepreßten Saftes von Lathraea squamaria mit einem Luftstrom unter tropfenweisem Zusatz von Barytwasser. Sie erhielten einen Niederschlag, der wohl mit verdünnter Säure die Wasserstoffperoxydreaktion mit Titanschwefelsäure nicht gab, hingegen Kaliumjodstärkepapier sofort und stark bläute. Da Nitrit fehlte, konnte die positive Reaktion nur von einem azylierten Peroxyd herrühren.

P. H. Gallagher[75] wies nach, daß Pflanzensäfte, z. B. von Beta vulgaris (Kartoffel), am besten in alkoholischer Lösung durch Einwirkung von Luft Peroxyde bilden, also Stoffe, die in Gegenwart von Guajakharz und Peroxydase Blaufärbung ergeben.

Von ganz besonderer Bedeutung für die Erörterung der biologischen Oxydationsprozesse war der Umstand, daß es A. Bertho[76] gelang, bei der sog. eisenlosen Atmung lebender Zellen, u. zw. an Bakterien der Milchsäuregärung zu zeigen, daß der gesamte terminale Stoffwechsel darin besteht, daß sich Wasserstoff an molekularen Sauerstoff zu H_2O_2 bindet. Da diese Zellen keine Katalase enthalten, ein sonst in fast allen Zellen vorkommendes, Wasserstoffperoxyd spaltendes Ferment, konnte Bertho das Wasserstoffperoxyd quantitativ bestimmen.

K. Tanaka[77] konnte bei der Belichtung von Chlorella Wasserstoffperoxyd als Primärprodukt des Atmungsprozesses nachweisen.

Die Bildung von Wasserstoffperoxyd als Zwischenprodukt von biologischen Oxydationsvorgängen kann demnach als erwiesen gelten. Wenn es auch mitunter in höheren Zellen nicht gefunden wird, so ist dies in dem ganz sekundären Umstand begründet, daß die in diesen Zellen vorkommende Katalase das Wasserstoffperoxyd sofort nach seiner Bildung wieder zerstört. Da auch Schwermetallsysteme das Wasserstoffperoxyd zersetzen, ist auch bei Anwesenheit von Oxydasen oder Peroxydasen ein Nachweis von H_2O_2 in der Zelle wegen der katalytischen Wirksamkeit der biologischen Materialien nicht möglich. So haben O. T. Avery und H. J. Morgan[78] als Bedingungen, welche die Bildung und Ansammlung von Wasserstoffperoxyd in Bouillonkulturen von Pneumokokken erlauben, freien Luftzutritt und die Abwesenheit von Kalalase, Peroxydase und von anderen Wasserstoffperoxyd spaltenden Katalysatoren festgestellt. Unter diesen Voraussetzungen war H_2O_2 während des Wachstums 6 bis 12 Tage lang nachweisbar.

Von C. Fromageot und J. Rone[79] konnte bei der Vergärung von Zucker durch Bac. bulgaricus in Gegenwart von Sauerstoff die Bildung von Wasserstoffperoxyd festgestellt werden, dessen Menge mit steigendem O_2-Gehalt anwächst.

Mit Ausnahme dieser meist nur als Zwischenprodukte auftretenden Moloxyde oder Peroxyde ist nur ein einziges natürlich vorkommendes Peroxyd bekannt, das zugleich auch das einzige bekannte ungesättigte Peroxyd darstellt, nämlich das Ascaridol. Es wurde zuerst von Wallache[80] im ätherischen Öl der Samen von Chenopodium ambrosoides L. var. anthelminthicum gefunden, das etwa 60 bis 70% Ascaridol enthält. Es ist ein Terpenderivat der Formel (Sechsring mit O–O-Brücke). Von K. Bodendorf[81] wurde weiters festgestellt, daß sich Ascaridol erst oberhalb 130° zu einer Verbindung isomerisiert, die von Thoms und Dobke[82] mit großer Wahrscheinlichkeit als

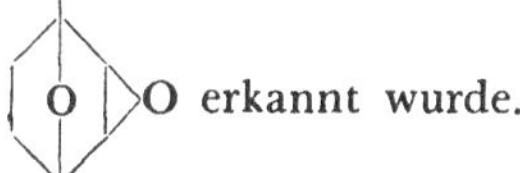

O erkannt wurde.

Darstellungsarten. Eine sehr wichtige und früher auch die technologisch vorherrschende Darstellungsart von Wasserstoffperoxyd geht bei der Zersetzung der Alkali- und Erdalkaliperoxyden mit Säure vor sich. Die Bildung von Wasserstoffperoxyd oder dessen Derivaten ist ferner allgemein bei allen jenen Reaktionen zu beobachten, bei denen freie Atome oder ungesättigte Moleküle durch molekularen Sauerstoff addiert werden, wie z. B. $2\,H + O_2 = H_2O_2$ (kathodische Reduktion von Sauerstoff nach Traube, Reaktion von atomarem Wasserstoff mit Sauerstoff nach Bonhoeffer); weiters nach $2\,Na + O_2 = Na_2O_2$; $2(C_6H_5)_3C + O_2 = (C_6H_5)_3C-OO-C(C_6H_5)_3$ (Ditriphenylperoxyd).

Bildung an der Anode. Auch an der Anode bildet sich Wasserstoffperoxyd, wie z. B. Riesenfeld und Reinhold[83] durch Elektrolyse einer sehr konzentrierten Lösung von Kalilauge bei sehr niedriger Temperatur (Maximum bei $-40°$) und A. Rius[84] von verdünnterer Kalilauge mit einem Zusatz vom Kaliumfluorid fanden. Rius erhielt maximale Stromausbeuten von 5,35% (s. auch Richarz[85] und S. 124). Mittelbar entsteht H_2O_2 an der Anode auch bei Überlagerung von Gleichstrom mit Wechselstrom, wenn die Wechselstromstärke ein erhebliches Vielfaches derjenigen des Gleichstromes beträgt (G. Grube und B. Dukh[86]). Es wird dabei durch den kathodischen Stromstoß Wasserstoff abgeschieden, der mit dem vom vorangehenden anodischen Stromstoß entstandenen Sauerstoff nach $O_2 + 2\,H = H_2O_2$ reagiert. Wegen der zersetzenden Wirkung des Platins verwendete E. Bürgin[87] Zinkanoden, die durch anodische Polarisation in alkalischen Elektrolyten mit einer Deckschicht von Zinkhydroxyd bzw. -carbonat versehen sein müssen, um an ihnen Sauerstoff entweckeln zu können. Bei einer Gleichstromdichte von etwa 0,1 Amp/qcm erhält man in einer auf 0° abgekühlten Lösung von 5 Molen NaOH und 1 Mol H_3BO_3/l eine Stromausbeute von etwa 60%, kann jedoch nur kleine Wasserstoffperoxyd- bzw. Natriumperboratkonzentrationen erzielen.

Die Darstellung der Hauptmenge des heute erzeugten Wasserstoffperoxyds beruht auf der Verkettung von Anionen der Sauerstoffsäuren, wie z. B. der Schwefelsäure, unter dem Einfluß des elektrischen Stromes an der Anode: $2\,HSO_4 \rightarrow H_2S_2O_8$. Aus der Überschwefelsäure entsteht durch Hydrolyse die Sulfomonopersäure und aus dieser durch weitere Hydrolyse Schwefelsäure und Wasserstoffperoxyd.

Wird dem Gleichstrom ein Wechselstrom überlagert, so wird das an einer Zinkanode gebildete H_2O_2 durch die negative Phase des Wechselstromes wieder teilweise reduziert (A. Klemenc und G. Heinrich[88]).

Interessanterweise erhält man bei der Funkenelektrolyse, wobei sich die eine Elektrode in der Flüssigkeit, die andere über derselben befindet, in 0,1 n Na_2SO_4- oder 0,1 n KNO_3-Lösung als Elektrolyt in Sauerstoffatmosphäre Stromausbeuten von 210%, in Wasserstoff von 140%. In Lösungen von Essigsäure oder Acetaten steigt sie bis auf 300%, während sie in Kochsalzlösung nur 90% in O_2-, bzw. 80% in H_2-Atmosphäre beträgt. In alkalischen Lösungen ($p_H = 13$) wie z. B. in 0,1 n Baryumhydroxydlösung sinkt die Stromausbeute auf nur 10% (B. de Beco[89]).

Die Metallperoxyde entstehen entweder bei höherer Temperatur durch direkte Einwirkung von Sauerstoff, ferner durch Einwirkung von Sauerstoff auf die Lösungen mancher Metalle in flüssigem Ammoniak bei niedriger Temperatur oder durch Einwirkung von Wasserstoffperoxyd auf Lösungen der Hydroxyde oder der Salze der betreffenden Metalle.

Autoxydation. Eine besonders vom wissenschaftlichen Standpunkt aus interessante Bildungsweise von Wasserstoffperoxyd ist die sog. langsame Verbrennung oder die Autoxydation, wie die langsame Sauerstoffaufnahme vieler Stoffe genannt wird und die schon von Schönbein[90] beobachtet wurde. So treten bei der Autoxydation von naszierendem Wasserstoff, Phosphor, Natrium, Kalium, Zink, Kadmium, Eisen. Blei, Chrom, Mangan, Wismut, Aluminium, Nickel, Kobalt, Zinn, Kupfer, Magnesium, Palladiumwasserstoff, bei der Reduktion von Molybdän-VI-, Eisen-III- und Vanadin-V-Salzen mit Quecksilber in salzsaurer Lösung (W. M. Murray jr. und N. H. Furman[91]), ferner von zahlreichen organischen Verbindungen, wie Methyl-, Äthyl-, Propyl-, Amylalkohol; Essig-, Oxal-, Weinsäure; Glycerin, Phenol, Resorzin, Brenzcatechin; Form-, Acet-, Benzaldehyd; Dimethyl-, Diäthylanilin, Phenylhydrazin, Tannin, Gerbsäuren, Pyrogallussäure, Hämatoxylin, Pyrogallol, Dimethyl-, Diäthylamin, Acetamid, Terpentinöl, Zimtöl, Benzol, Furfurol, Petroleumäther, Diäthyläther, Chininsulfat, Morphinacetat, Brucin, Strychnin, Indigoküpe, Ascorbinsäure, Cysteîn, Thioglykolsäure, beim Befeuchten von frisch ausgeglühter Kohle usw. sowohl Wasserstoffperoxyd als auch Peroxyde sowie in manchen Fällen, wie z. B. bei der Autoxydation von Phosphor in feuchter Luft, auch Ozon als Oxydationsprodukte auf. Auch bei der langsamen Verbrennung von Kohlenwasserstoffen, wie z. B. Acetylen oder Äthylen, kann sich Wasserstoffperoxyd bilden.

Das Auftreten von Wasserstoffperoxyd bei der Autoxydation vieler Metalle erfolgt häufig nur im amalgamierten Zustand, wie z. B. beim Eisen, Nickel und Zinn nachgewiesen wurde. Die Menge des bei der langsamen Oxydation von Metallen gebildeten Wasserstoffperoxyds ist aber nur sehr gering. Sie überschreitet im Maximum etwa $^{1}/_{5000}$ der vorhandenen Wassermenge nicht. Bei vielen der angeführten Metalle wird nach Schönbein selbst noch bei Temperaturen von etwa 100° bei der gemeinsamen Einwirkung von Wasser und Luft Wasserstoffperoxyd gebildet. Ein Zusatz von Schwefelsäure begünstigt seine Bildung, ein solcher von Alkali wirkt sehr stark hemmend. Fängt man das entstehende Wasserstoffperoxyd sofort durch Überführung in die unlöslichen Erdalkaliperoxyde mittels Calcium- oder Bariumhydroxyd ab, so kann man bis zu einer bestimmten Konzentration der entstehenden Metallsalze und solange diese auf die gebildeten unlöslichen Alkaliperoxyde noch nicht zersetzend einwirken, das bei der Autoxydation entstandene Wasserstoffperoxyd unmittelbar quantitativ ermitteln. Auf diese Weise untersuchte M. Traube[92] den Verlauf des Autoxydationsvorganges. Viele Stoffe, wie z. B. flüssige Kohlenwasserstoffe, Camphene, Bittermandelöl, Zimtöl und andere sauerstoffhaltige Öle, Lebertran, Ölsäuren, Crotonöl u. a., vermögen den in Berührung mit Sauerstoff und eventuell auch unter Lichteinwirkung aufgenommenen Sauerstoff bei Schütteln mit säurehaltigem Wasser in Form von Wasserstoffperoxyd an dieses abzugeben. (Näheres über Autoxydation s. S. 69 ff.)

Oxydation mit Fluor. Sehr mannigfaltig sind auch die Bildungsweisen von Perverbindungen, die durch Oxydationswirkungen des gasförmigen Fluors zustande kommen. Beim Einleiten von Fluor in Wasser entsteht, wie F. Fichter und K. Humpert[93] fanden, Wasserstoffperoxyd, dessen Menge nach Fichter und W. Bladergroen[94] in einer mit Eis gekühlten Platinschale ein Maximum von 0,2% Wasserstoffperoxyd erreicht. Beim weiteren Einleiten nimmt die Menge des Wasserstoffperoxyds wieder ab und es tritt Ozon auf. Wird Fluor in eine auf $-10°$ gekühlte Kalilauge eingeleitet, so entsteht ein gelber explosiver Körper, offenbar das Kaliumozonat von Baeyer und Villiger[95]. Analog entsteht beim Einleiten von Fluor in eine Lösung von Bisulfaten Persulfat neben Sulfomonopersäure. Die chemische Wirkung von Fluor auf wäßrige Lösungen ist demnach die gleiche wie die der elektrolytischen Oxydation, abgesehen von Störungen durch die gebildete Flußsäure. N. C. Jones[96] konnte aus den Lösungen von Phosphaten, Boraten und

Carbonaten durch Einleiten von Fluor die entsprechenden Perverbindungen darstellen. F. Fichter und W. Bladergroen[97] stellten bei der Einwirkung von Fluor auf mit Eis und Kochsalz gekühlte Lösungen von Natrium-, Kalium- oder Rubidiumcarbonat fest, daß die maximalen Ausbeuten an Percarbonat bei mittleren Konzentrationen erhalten werden. Die Verfasser nehmen an, daß die Percarbonatbildung nach

$$2\,KHCO_3 + F_2 = K_2C_2O_6 + 2\,HF$$

erfolgt. Lösungen von Natriumborat oder Kaliumborat mit den entsprechenden Alkalicarbonaten ergeben bei Behandlung mit Fluor Perborat. Nach einer weiteren Untersuchung von Fichter und Bladergroen[98] entsteht bei der Einwirkung von Fluor auf stark gekühlte Schwefelsäure ein äußerst stark oxydierend wirkender Körper, der eine verdünnte Mangansulfatlösung in der Kälte sofort zu Permangansäure oxydiert und aus Silbernitratlösung augenblicklich Silberperoxyd fällt. Die Verfasser nehmen an, daß es sich um das Schwefeltetroxyd handelt, das nach der Gleichung $H_2SO_4 + F_2 = SO_4 + 2\,HF$ entsteht.

Bei der Fluorierung einer Lösung von Ammonmolybdat in wäßriger Flußsäure erhielten Fichter und A. Goldach[99] Permolybdänsäure und in Analogie Pertitan- und Pervanadinsäure aus den Lösungen von Titanhydroxyd in Flußsäure oder von Ammoniummetavanadat in verdünnter Schwefelsäure. Bei der Einwirkung von Fluor auf Silbernitrat-, -sulfat, -chlorat und -fluorid bilden sich schwach kristalline Niederschläge von Silberperoxyd (dieselben[100]).

Bildung bei hohen Temperaturen. Auf die Tatsache, daß sich bei der Verbrennung des Wasserstoffes in Sauerstoff Wasserstoffperoxyd bildet, das im Kondenswasser nachgewiesen werden kann, hat bereits Schuller[101] hingewiesen. Durch seine Untersuchungen über die Verbrennung von Kohlenmonoxyd kam sodann M. Traube[102] auf die Vermutung, daß es sich beim Auftreten von Wasserstoffperoxyd in der Flamme nicht um ein zufällig auftretendes Reaktionsprodukt, sondern um einen in allen Fällen entstehenden Stoff handelt, der unter gewöhnlichen Umständen eine nahezu vollständige Zerstörung einleitet, aber beim Auftreffen der Flamme auf Wasser, Eis u. dgl., demnach durch eine plötzliche Abkühlung, der Zerstörung teilweise entgeht. Traube erzielte eine Ausbeute von 7 bis 11,3 mg H_2O_2 für einen Liter verbrannten Wasserstoff. Zutreffenderweise nahm Traube an, daß die Verbrennung des Wasserstoffes auf jeden Fall zunächst zu Wasserstoffperoxyd und dann erst zu Wasser führt.

C. Engler[103] bestätigte das Versuchsergebnis Traubes, wonach das bei der Verbrennung des Wasserstoffes primär gebildete Wasserstoffperoxyd, welches in der gewöhnlichen, nicht gekühlten Flamme durch die große Hitze wieder zerstört wird, beim Richten der Flamme gegen Eis aber in nachweisbaren Mengen auftritt. Auch beim Verbrennen von dünnen Streifen eines Magnesiumbandes, das an Eis angehalten wurde, konnte Engler im Schmelzwasser nachher Wasserstoffperoxyd nachweisen.

Nernst[104] leitete für die Reaktion $2\,H_2O + O_2 \rightleftharpoons 2\,H_2O_2$ auf Grund thermodynamischer Betrachtungen und den damals bekannten Daten des Wasserstoffperoxyds die prozentischen Mengen ab, die bei der betreffenden hohen Temperatur neben Wasserstoff und Sauerstoff bei einem Druck von 0,1 Atm. koexistieren können. Darnach sollten bei einer absoluten Temperatur von 2784° 0,66%, bei 2154° 0,24%, bei 1493° 0,028%, bei 1140° 0,0032% und schließlich bei 923° 0,00036% H_2O_2 vorhanden sein. Auf experimentellem Wege konnte Nernst die Bildung von Wasserstoffperoxyd bei hohen Temperaturen durch Anspritzen Nernstscher Glühstifte mit Wasser nachweisen. Dasselbe Ergebnis wurde von K. Finckl[105] bei der Explosion von Knallgas mit überschüssigem Sauerstoff und von W. Nernst[106] durch hohe Erhitzung und rasche Abkühlung einer Funkenentladung unter Wasser erhalten. In glühenden Magnesiakapillaren, durch die Gemische von Wasserdampf und Sauerstoff mit großer Strömungsgeschwindigkeit hindurchgeleitet wurden, konnten F. Fischer und O. Ringe[107] die Bildung von Wasserstoffperoxyd nachweisen. Von diesen Forschern wurde auch festgestellt, daß das Anblasen von Wasserstoffflammen, Lichtbogen und Funkenstrecken mit Wasserdampf bei genügender Abkühlungsgeschwindigkeit der erhitzten Gase Wasserstoffperoxyd liefert.

In Widerspruch zu den Berechnungen von Nernst stehen die von G. N. Lewis und M. Randall[108] auf Grund neuerer Daten des Wasserstoffperoxyds ausgeführten Berechnungen, wonach die Menge Wasserstoffperoxyd, die sich in Gegenwart von H_2 und O_2 bei absoluten Temperaturen von 2000 und 3000° bilden, ganz unmerklich und nicht mehr als $^1/_{100\,000}$ des von Nernst berechneten Wertes erreichen sollen. Da sie auch errechneten, daß das Wasserstoffperoxyd nur unterhalb 1000° in merklicher Menge aus H_2 und O_2 entsteht, erklärten sie das Experiment Traubes durch die Annahme, daß sich H_2 und O_2 nur in den kälteren Teilen der Flamme, vermutlich zwischen 500 und 1000°, unmittelbar unter H_2O_2-Bildung vereinigen.

Nach den Untersuchungen von E. H. Riesenfeld und H. V. Gündell[109] besteht in der Knallgasflamme ein Gleichgewicht,

$$\begin{array}{ccccc} & & \text{I} & & \\ & H_2 + O_2 & \rightleftarrows & H_2O_2 & \\ \text{III} & \uparrow\downarrow & & \uparrow\downarrow & \text{II,} \\ & H_2O & + & {}^1/_2O_2 & \end{array}$$

so daß sich diese Vorgänge eigentlich nicht nach der Nernstschen Formel beschreiben lassen.

Eine nähere Aufklärung über die Bildungsverhältnisse von Wasserstoffperoxyd oder Peroxyd bei höheren Temperaturen ist erst durch eine ganze Reihe jüngerer Arbeiten erbracht worden. Über diese Untersuchungen, die die Reaktion zwischen Wasserstoff und Sauerstoff betreffen und die sowohl an sich als auch im Hinblick auf den Verbrennungsmechanismus von Kohlenwasserstoffen von besonderem Interesse sind, wurde eingehend von C. N. Hinshelwood und A. T. Williamson[110] zusammenfassend berichtet. Der Reaktionsverlauf ist je nach Temperatur, Druck, Zusammensetzung des Ausgangsgemisches, Gefäßmaterial, Dimensionen usw. sehr verschieden. Unter dem Einfluß von Katalysatoren geht die Vereinigung bereits bei gewöhnlicher Temperatur vor sich. Bei erhöhter Temperatur gehen offenbar von der Gefäßwand Reaktionsketten aus, die auch von der Wand wieder abgebrochen werden. Unter Reaktionsketten werden solche Reaktionsfolgen verstanden, bei denen sich ein oder mehrere Ausgangsstoffe zurückbilden und die hintereinander so lange verlaufen, bis durch sekundäre Einflüsse die Kette abbricht. Besonders das Überziehen der Gefäßwände mit Salzen, wie z. B. Kaliumjodid hat auf den Reaktionsverlauf einen großen Einfluß. Als Kettenglieder der Wasserstoffverbrennung kann man sich nach dem gegenwärtigen Stande unserer Kenntnisse über diese Vorgänge folgende Reaktionsstufen vorstellen[111, 112, 112a]:

Im Zweierstoß:

1. $H + O_2 \rightarrow OH + O - 12{,}2$ kcal.
2. $O + H_2 \rightarrow OH + H + 2{,}4$ kcal.
3. $OH + H_2 \rightarrow H_2O + H + 10{,}8$ kcal.
4. $OH + OH \rightarrow H_2O + O + 8{,}4$ kcal.

Im Dreierstoß:

5. $H + O_2 + M^* \rightarrow HO_2 + M + 40$ kcal.
6. $H + HO_2 + M \rightarrow H_2O_2 + M$.
7. $OH + OH + M \rightarrow H_2O_2 + M$.
8. $H + O_2 + H_2 \rightarrow H_2O + OH \rightarrow$
   $\rightarrow H_2O_2 + H$.

Als Ausgangsreaktionen kommen folgende in Betracht (ketteneinleitende Reaktionen):

10. $H_2 \rightarrow 2\,H - 102{,}4$ kcal.
11. $O_2 \rightarrow 2\,O - 117$ kcal.
12. $2\,H_2O \rightarrow H_2 + OH - 124$ kcal.
13. $H_2O \rightarrow H + OH - 113{,}2$ kcal.
14. $H_2 + O_2 \rightarrow H_2O + O - 1{,}4$ kcal.
15. $H_2 + O_2 \rightarrow 2\,OH - 9{,}8$ kcal.

Die stark endothermen Reaktionen 10 bis 12 kommen als Ausgangsreaktionen zur Einleitung der Reaktionsketten wohl nur in sehr heißen Flammen oder starken Detonationswellen in Betracht, während bei der Verbrennung bei niedrigeren Temperaturen wohl vornehmlich die von Bonhoeffer und Haber[113] angegebenen Reaktionen 14 und 15 maßgebend sein werden. Von den Reaktionen des Wasserstoffes mit Sauerstoff kommen für eine praktisch nachweisbare Wasserstoffperoxydbildung nur jene in Betracht, die sich bei niederen Temperaturen abspielen. Tatsächlich hat man auch bei jenen bei verhältnismäßig niedriger Temperatur vor sich gehenden Vorgängen eine mehr oder weniger starke Wasserstoffperoxydbildung nachweisen können, bei denen durch elektrische Entladung erzeugter atomarer Wasserstoff, atomarer Sauerstoff oder freie Hydroxylradikale untereinander sowie molekularer Wasserstoff und Sauerstoff miteinander reagierten, weiters bei der auf photochemischem Wege eingeleiteten Knallgasreaktion sowie schließlich bei der mit Quecksilber, Ammoniak, Nitrit oder Chlor sensibilisierten photochemischen Reaktion zwischen Wasserstoff und Sauerstoff.

Man nimmt bei diesen Reaktionen nach dem Vorschlag von H. S. Taylor[114], A. L. Marshall[115] und G. Kornfeld[116] die Bildung des Radikals HO_2 als Zwischenstufe an, wobei folgende Reaktionsschemen für die Kettenreaktion in Betracht kommen:

15 a. Reaktion 5 und anschließend
16. $HO_2 + H_2 = H_2O_2 + H$.

Jost[111] erwähnt eine Privatmitteilung von Eisenhut, wonach in verbrennenden Kohlenwasserstoffen gelegentlich das Radikal HO_2 tatsächlich auf massenspektroskopischem Wege nachgewiesen wurde.

M. Bodenstein und P. W. Schenk[117] nehmen die HO_2-Bildung überhaupt bei jedem sterisch begünstigten Dreierstoß an. Nach diesen ist aber die Reaktion 16. nicht vorherrschend, sondern es tritt auch die Reaktion

17. $HO_2 + H_2 = H_2O + OH$

auf, wobei als Folgereaktion auch

18. $2\,OH + M = H_2O_2 + M$

vor sich geht, die zur Bildung von H_2O_2 führt.

Diese Auffassung ist sehr ähnlich der von Klinkhardt und Franken-

---

*) M ist eine beliebige Molekel, die bloß als Stoßpartner dient und unverändert aus der Stoßreaktion wieder hervorgeht.

burger[118] vertretenen über den Reaktionsverlauf für die durch Quecksilberatome sensibilisierte Reaktion zwischen Wasserstoff und Sauerstoff.

F. Haber, L. Farkas und P. Harteck[119] halten eher die Reaktion 8 für vorherrschend, während Salley[120] und J. R. Bates[121] die Reaktion

19. $2\,HO_2 \rightarrow H_2O_2 + O_2$

für die Bildung eines hochprozentigen Wasserstoffperoxyds neben

20. $HO_2 + H + M \rightarrow H_2O_2 + M$

in Betracht ziehen.

Beim schnellen Erhitzen von Alkalinitraten auf über 800° C treten höhere Gehalte von Peroxyden auf (K. Leschewski und G. Zulla[121a]).

Bei der Verbrennung von Kohlenwasserstoffen treten im wesentlichen CO_2, CO und H_2O auf, während bei deren Explosion auch H-Atome und OH-Radikale eine bevorzugte Rolle spielen. Im Verlauf des Oxydationsvorganges von Kohlenwasserstoffen, z. B. von Äthylen, entstehen auch als sekundäre Reaktionsprodukte Wasserstoffperoxyd und Dioxymethylperoxyd, wie dies von S. Lenker[122] nachgewiesen wurde. Lenker vermutete, daß sich primär der Sauerstoff an das Äthylen anlagert, $C_2H_4 + O_2 \rightarrow C_2H_4 : O_2$, das dann entweder in zwei Moleküle Formaldehyd nach $C_2H_4 : O_2 \rightarrow 2\,HCHO$ zerfällt oder mit einem weiteren Molekül Äthylen Äthylenoxyd bildet. Der Formaldehyd kann mit entstandenem Wasserstoffperoxyd auch nach $H_2O_2 + 2\,HCHO \rightarrow CH_2 \cdot OH \cdot OO \cdot OH \cdot CH_2$ reagieren.

Bei der Oxydation von Acetaldehyd bei Temperaturen unter 100° hatte M. Bodenstein[123] festgestellt, daß bei dieser Reaktion Peressigsäure nach intermediärer Bildung von Peroxyden entsteht. Es kommt hierbei zunächst zur Bildung von sog. „angeregten" Molekülen, das sind sehr energiereiche reaktionsfähigere Molekel, wahrscheinlich $CH_2\langle{}^{O-}_{H}$ und $CH_3CH\langle{}^{O}_{O}\rangle O$, mit denen er den Reaktionsverlauf zu deuten vermochte. In ähnlicher Weise nimmt Bodenstein zur Erklärung der von R. Spence und G. B. Kistiekowsky[124] untersuchten Oxydation von Acetylen eine intermediäre Bildung der angeregten Molekel HC=CH und H—C=C—H an.

O=O

Die Existenz derartiger freier Atome oder Radikale als Primärprodukte von Verbrennungsprozessen ist auf spektroskopischem Wege einwandfrei erwiesen worden, wobei im Absorptionsspektrum auch das Vorhandensein von Peroxyden als sehr wahrscheinlich gefunden wurde (A. C. Egerton und L. M. Pidgeon[125]. Der chemische Nachweis von Peroxyden ist vielfach gelungen, so z. B. H. L. Callendar[126] und P. Dumanois, P. Mondain-Monval und B. Quanquin[127]. Es muß demnach als feststehend angenommen werden, daß bei der langsamen Verbrennung von Kohlenwasserstoffen als erstes Zwischenprodukt nach Bildung einer aktivierten Form des Ausgangsmoleküls ein instabiles Peroxyd entsteht. Diese Auffassung ist sehr ähnlich mit der von A. Bach[128] sowie Engler und Wild[19] geschaffenen Autoxydationstheorie. Es bildet sich also wahrscheinlich bei einer noch verhältnismäßig niederen Temperatur des Verbrennungsvorganges ein Peroxyd, und zwar wahrscheinlich nur ein sehr unstabiles Sauerstoffanlagerungsprodukt, das dann bei Temperaturen von etwa 300° fast explosionsartig zerfällt[126—130]. Nach Untersuchungen von M. W. Poljakow und P. M. Stadnik entsteht bei Knallgasexplosionen gleichfalls H_2O_2, wobei die Ausbeuten mit sinkendem Druck und niedrigen Temperaturen (Kühlung mit flüssiger Luft) steigen. Die Temperatur des als Katalysator dienenden Platindrahtes hat auf die Ausbeute an H_2O_2 einen größeren Einfluß als die Temperatur bei der Explosion. (M. W. Poljakow und A. G. Elkenbard[131]). Es liegt eine heterogen-homogene $H_2 + O_2$-Katalyse vor, wobei die Reaktion der Bildung von H_2O_2 im Knallgasgemisch an der Oberfläche des Platins von einem Kettenprozeß im Volumen begleitet ist. Die Ausbeute an H_2O_2 ist auch von den Gefäßdimensionen und der Wandtemperatur abhängig.

Nach A. H. Willbourn und C. N. Hinshelwood[132] gibt es bei 550° je nach dem Druck 3 bestimmte Explosionsgrenzen bei einigen mm, etwa 100 mm und einigen 100 mm Druck.

Da zwischen der Reaktionsfähigkeit der Kohlenwasserstoffe und ihren Klopfeigenschaften sehr enge Beziehungen bestehen, sollen auch noch kurz über den Klopfvorgang wegen dessen Bedeutung für den Verbrennungsvorgang im Explosionsmotor einige Worte gesprochen werden. Unter „Klopfen" wird jenes Geräusch eines Explosionsmotors verstanden, das auftritt, wenn der Verbrennungsvorgang in seinem letzten Abschnitt eine sehr starke Geschwindigkeitserhöhung erfährt. Nach Brettie[128], Callendar[126], M. Holmes[133], P. Dumanois[134] u. a. sind für den plötzlichen Druckanstieg und die Klopferscheinung in der letzten Phase des Verbrennungsvorganges Peroxyde verantwortlich zu machen, die sich vor der Zündung und auch noch während der Verbrennung im unverbrannten Gasanteil gebildet haben. Die organischen Peroxyde, deren explosionsartiger Zerfall beim Erhitzen bekannt ist[135], verursachen dann durch ihren schnellen Zerfall das Klopfen. Im Einklang mit dieser Anschauung steht auch die Tatsache, daß ein Zusatz von kleinen Mengen von Nitriten, Ozon oder Alkylperoxyden die Klopferscheinung sehr stark vergrößert. Hingegen wirken Bleitetraäthyl und Eisencarbonyl schon in sehr kleinen Mengen auf das Klopfen unterdrückend ein, so daß aus diesem Verhalten hervorgeht, daß es sich bei den Klopfvorgängen um Reaktionsketten handelt. Im Sinne der Theorie der negativen Katalyse von Bäckström[136] besteht der Einfluß dieser „Antiklopfmittel" genannten Stoffe darin, daß in deren Gegenwart die Reaktionsketten vorzeitig abgebrochen werden. Ob dabei die Metallverbindungen dadurch wirksam sind, daß sie mit dem Kohlenwasserstoffradikal vor dessen Reaktion mit dem Sauerstoff reagieren oder schon gebildetes Peroxyd reduzieren, also zersetzen, ist wohl Gegenstand zahlreicher Diskussionen gewesen, aber noch nicht endgültig geklärt worden.

Die Beschleunigung des Zündvorganges läßt sich aber zur Beeinflussung der Verbrennungsvorgänge von Schwerölen im Dieselmotor ausnützen. Die Wirksamkeit nimmt in der Reihe: Dimethyl-, Diäthyl-, Diacetondi-, Monooxydiathyl-, Äthylen-, Acetylbenzoyl-, Tetralinperoxyd ab (A. W. Schmidt und F. Mohry[137]).

Die Bildung organischer Peroxyde wie Diäthylperoxyd und ihre Dissoziation soll nach M. Neumann und P. Toutakin[138], die Entstehung kalter Flammen in Kohlenwasserstoffgasen bei 200—450° verursachen. Peroxyde treten auch bei der langsamen Oxydation der höheren Paraffine auf, während bei der langsamen Verbrennung der niederen Paraffine Persäuren eine wesentliche Rolle spielen (R. N. Pease[139], K. Ivanov[140]). Von Bedeutung sind dabei Oberflächenreaktionen sowie für den Übergang der kalten Flammen in Entzündung und Explosion die Überschreitung einer kritischen Peroxydkonzentration.

Bildung bei elektrischen Entladungen. Wie bereits erwähnt, entsteht Wasserstoffperoxyd auch bei elektrischen Entladungen, wie z. B. der stillen elektrischen Entladung durch Ionisierung von Wasserstoff und Sauerstoff als primäres Zwischenprodukt. Zum erstenmal erwähnen Losanitsch und Jovitschitsch[141], daß sie bei der stillen elektrischen Entladung in feuchter Kohlensäure neben der Bildung von Ameisensäure und Sauerstoff auch das Auftreten von Wasserstoffperoxyd beobachten konnten, dessen Entstehung sie durch die Einwirkung des naszierenden Sauerstoffes auf das Wasser erklärten.

Nach Teslaentladungen in Luft und Wasserdampf wies Finlay[142] im Kondenswasser das Vorhandensein von Wasserstoffperoxyd nach.

Läßt man einen Glimmlichtbogen zwischen einer negativ geschalteten Wasserelektrode (verdünnte Schwefelsäure) und einem Nernst-Stift in einer Stickstoffatmosphäre brennen, so bildet sich in der Flüssigkeit eine gewisse Menge von Wasserstoffperoxyd.

Von F. Fischer und O. Ringe[143] wurde auch in der Ozonröhre Wasserstoffperoxyd erhalten, als sie ein Gemisch von Wasserdampf und Sauerstoff einer stillen elektrischen Entladung aussetzten und dafür Sorge trugen, daß durch geeignete Temperatur (130°) des Entladungsrohres eine Kondensation von Wasser und damit Isolationsstörungen vermieden wurden. Die Ausbeuten waren jedoch nur sehr gering, die erhaltene Lösung enthielt nur 0,003% H_2O_2.

Bei einer Fortsetzung dieser Versuche verwendeten F. Fischer und M. Wolf[144] als Gasgemisch ein nicht explosives Gemisch von Knallgas, und zwar ein solches von 97% H_2 und 3% O_2. Die Ausbeuten der Reaktion in der Berthelotschen Röhre waren um so höhere, je niedriger die Temperatur des Gefäßes war. Während bei 20° als bestes Ergebnis 6,4% der Theorie an H_2O_2 gebildet wurde, stieg die Ausbeute bei Durchführung der Versuche bei −20° auf 34,1%, bei −80° auf 54,0% und bei einer Temperatur der flüssigen Luft sogar auf 87,5% der Theorie. Die entstehende Wasserstoffperoxydlösung enthielt in diesem Falle 86,9% H_2O_2, so daß sie es für möglich hielten, durch stille elektrische Entladungen bei sehr tiefen Temperaturen selbst 100%iges Wasserstoffperoxyd gewinnen zu können. Tatsächlich ist dies auch später P. Wolf[145] gelungen.

Einwirkung von atomarem Wasserstoff. K. F. Bonhoeffer[146] stellte „aktiven Wasserstoff" durch Geißler-Entladungen in einer Wasserstoffatmosphäre von 0,1 bis 1 mm Druck bei 5000 Volt und etwa 100 mAmp her. Die Aktivierung oder Anregung der Moleküle rührte davon her, daß diese die Lichtenergie in Form von Lichtquanten *hν* aufnehmen, sie erhalten also erhöhten Energiegehalt, weshalb sie im allgemeinen auch reaktionsfähiger sind.

Der atomare Wasserstoff vermag sehr viele Metalloxyde oder Metallverbindungen zu Metall zu reduzieren. Mit molekularem Sauerstoff reagiert er unter Bildung von hochprozentigem Wasserstoffperoxyd. Die Existenz des aktiven Wasserstoffes in Form von freien H-Atomen konnte spektroskopisch durch das Auftreten des für den atomaren Wasserstoff charakteristischen Balmer-Spektrums an Stelle des Viellinienspektrums des gewöhnlichen Wasserstoffmoleküls nachgewiesen werden.

E. Böhm und K. F. Bonhoeffer[146] erhielten bei diesen Versuchen mit Glimmentladung ein rund 60%iges Wasserstoffperoxyd, K. H. Geib und P. Harteck[147] sogar ein über 70%iges. Bei −190° verläuft die Bildung von H_2O_2 aus durch Glimmentladungen hergestellten H-Atomen praktisch quantitativ (P. Harteck[148]).

Taylor und Marshall[149] sowie K. F. Bonhoeffer und S. Loeb[150] gelang es auch, die H_2O_2-Reaktion zu sensibilisieren, d. h. anzuregen, indem sie Wasserstoff mit der Linie 2537 Å Quecksilberdampf anregten, d. h. energiereicher machten und durch Stoß zweiter Art in Wasserstoffatome dissoziierten. Bei dieser Stoßreaktion wirkt der Sensibilisator als Energieüberträger, da die Anregungsenergie um 12 kcal größer ist als die Dissoziationsenergie des Wasserstoffes. Bonhoeffer und Loeb ließen z. B. ein Gasgemisch von O_2 und H_2 über eine Quecksilberoberfläche streichen, wobei es sich mit Quecksilberdampf belädt. Dieses Gemisch wurde dann in eine Reaktionszelle aus Glas mit einem Quarzfenster gebracht und mit einer Quarzlampe bestrahlt. War die Quecksilberdampflampe nicht gekühlt, so wurde nie Wasserstoffperoxydbildung beobachtet. Hingegen konnte mit gekühlter Quecksilberdampflampe stets H_2O_2 erhalten werden. Beim Ausfrieren zersetzt sich jedoch das gebildete Wasserstoffperoxyd an dem sich gleichfalls ausscheidenden Quecksilber. Beide Forscher nahmen an, daß die gesamte umgesetzte Menge von H_2 und O_2 primär in H_2O_2 übergeführt wird, während die Wasserbildung erst durch sekundäre Reaktion zustande kommt.

Die Bildung von Wasserstoffperoxyd bei der photochemisch angeregten Reaktion der mit Quecksilberatomen sensibilisierten Oxydation des Wasserstoffes bei normaler Temperatur wird auch von H. Klinkhardt und W. Frankenburger[151] angenommen. Die auf optischem Wege durch Zusammenstoß zweiter Art mit angeregten Quecksilberatomen erzeugten Wasserstoffatome reagieren mit dem Sauerstoff vorwiegend unter Wasserstoffperoxydbildung. Die Quantenausbeute an Wasserstoffperoxyd ist temperaturunabhängig und liegt zwischen den Werten 1 und 1,5 (1,2) Moleküle pro Quant. Nach weiteren Versuchen dieser Forscher[133] hängt die Menge des gebildeten Wasserstoffperoxyds vom Partialdruck des Quecksilbers im Gas ab. und zwar liegt der Maximalwert bei einer Beladung mit etwa 9,035 mm Hg. Temperaturänderungen zwischen 50 bis 200°, ebenso Druckänderungen von 1 bis 11 Atm. sind auf die Wasserstoffperoxydausbeute ohne Einfluß. Diese steigt mit dem Sauerstoffgehalt bis 1,7% O_2, um dann konstant bei 20 g H_2O_2/kWh zu bleiben. Für die Wasserstoffperoxydbildung nehmen Frankenburger und Klinkhardt[152] die Reaktionen $2\,OH + M \rightarrow H_2O_2 + M + 19$ kcal und $H + O_2 + H_2 \rightarrow OH + H_2O_2 +$ $+ 27$ kcal (Dreierstoßreaktion) an.

Von G. J. Lavin und F. B. Steward[153] wurde im Einklang mit dieser Auffassung bei der Wasserdampfentladung festgestellt, daß die Intensität der OH-Bande bei 3064 A und die Menge des gebildeten Wasserstoffperoxyds parallellaufen. Das Wasserstoffperoxyd entsteht daher durch Wechselwirkung zweier OH-Gruppen oder durch eine ähnliche Reaktion, deren eine Stufe die Bildung angeregter OH-Gruppen ist.

Neben dem Quecksilber gibt es aber noch eine andere Klasse von Sensibilisatoren, die imstande sind, durch Lichtadsorption Wasserstoff- und Sauerstoffatome abzudissoziieren und deren Wirkung letzten Endes gleich ist der direkten photochemischen Dissoziation von Wasserstoff oder Sauerstoff. Als derartige Sensibilisatoren, die im Lichte H- und O-Atome liefern, kommen neben den Halogenwasserstoffen oder dem N_2O, die ein Gebiet kontinuierlicher Adsorption aufweisen, auch noch andere Moleküle, wie z. B. NH_3, H_2S, SO_2, NO_2 usw., in Betracht. Bei Ammoniak z. B. hat K. Bonhoeffer und L. Farkas[154] beobachtet, daß die Lichtadsorption eine direkte Dissoziation des NH_3 in $NH_2 + H$ bewirken kann. Der äußerst reaktionsfähige atomare Wasserstoff bewirkt sodann die Reaktion im Knallgasgemisch. Ebenso spaltet sich z. B. das N_2O im ultravioletten Licht in $N_2 + O$, das dann ähnlich wie die H-Atome liefernden Sensibilisatoren eine schnelle Kettenreaktion, z. B. nach $O + H_2 = H + OH + 5$ kcal einleitet. Eine direkte Addition der O-Atome an H_2O tritt nicht auf, da die Reaktion $H_2O + O = 2\,OH$ mit 6000 cal endotherm wäre und die direkte Addition zu H_2O_2 bei niedrigen Drücken nur schwer vor sich gehen kann. Außerdem würde eventuell bereits entstandenes Wasserstoffperoxyd durch die freien überschüssigen O-Atome sehr schnell nach $H_2O_2 + O = H_2O + O_2$ zerstört werden (P. Harteck und U. Kopsch[155]). Es ist meiner Meinung nach nicht unwahrscheinlich, daß diese Sensibilisatoren bei der Bildung des atmosphärischen Wasserstoffperoxyds unter dem Einflusse der wirksamen Strahlen des Sonnenlichtes eine Rolle spielen.

Bei niedrigen Drucken (0,8 mm) bestehen die Reaktionsprodukte aus in einer elektrodenlosen Entladung dissoziiertem Wasserdampf bei − 180° C zu etwa 40% H_2O, 50% H_2O_2 und 10% permanenten Gasen. Mit steigendem Druck fällt die H_2O_2-Bildung und wächst die Bildung permanenter Gase (W. H. Rodebuch, C. W. J. Wende und R. W. Campbell[156].

Metastabiler Sauerstoff entsteht auch beim Überleiten von O_2 über Hämoglobin,

Knochenasche, an Silicagel adsorbiertes Eosin, Chlorophyll, ein gelbes Präparat aus Hefezellen usw. unter Belichtung.

Bestrahlung mit ultraviolettem Licht. Beim Belichten von wäßrigen Zinkoxydaufschlämmungen im Sonnenlicht mit Zusätzen von Glyzerin, Glukose oder Benzidin konnten E. Bauer und E. Neuweiler[157] bei Gegenwart von Luft Wasserstoffperoxyd nachweisen.

Beim Bestrahlen von reinem Wasser, das sich in einem Bergkristallgefäß befand, mit dem gesamten Spektrum der Quarzlampe gelang O. Risse[158] nur bei Sensibilisierung durch Zusatz von Zinkoxyd bei Gegenwart von Sauerstoff der Nachweis einer Bildung von Wasserstoffperoxyd. Hingegen entsteht bei Bestrahlung mit Röntgen- und β-Strahlung aus reinem Wasser bei Gegenwart von Sauerstoff nach einiger Zeit stets H_2O_2 in titrierbaren Mengen. Zu seiner Bildung wird hauptsächlich der gelöste Luftsauerstoff herangezogen, da durch Kochen des Wassers oder durch einen luftdichten Abschluß die Wasserstoffperoxydbildung verhindert wird.

Die photochemische Bildung von H_2O_2 geht wahrscheinlich nach folgendem Reaktionsschema vor sich:

1. $2\,H_2O = H_2O_2 + 2\,H$; 2. $2\,H + O_2 = H_2O_2$; 3. $AH_2 + O_2 = H_2O_2 + A$, wobei A irgendeine oxydierbare Substanz ist.

Auch in der durchdringenden Radiumstrahlung (β- und γ-Strahlen) bildet sich z. B. in 1 n Schwefelsäure bei 5 bis 9° Wasserstoffperoxyd in einer Konzentration von $5 \cdot 10^{-4}$ Grammäquivalenten. Pro Stunde bilden sich in neutraler Lösung $4 \cdot 10^{-8}$ Grammäquivalente, jedoch findet auch gleichzeitig eine Zersetzung statt, die der Gleichung für monomolekulare Reaktionen gehorcht (A Kailan[159]).

Bei der Vereinigung von H_2 und O_2 (Knallgas) und unter der Einwirkung von Ra-Emanation wird Wasser und Wasserstoffperoxyd gebildet, und zwar ersteres zum größten Teil durch Zersetzung des letzteren (O. Scheuer[160]).

Röntgen-, α-, β- und γ-Strahlen, Ultraschallwellen. Bei der Einwirkung von Röntgenstrahlen auf in Wasser gelösten Sauerstoff beobachtete H. Fricke[161] die Bildung von Wasserstoffperoxyd, das durch eine primäre Aktivierung und Reduktion des Sauerstoffes entstanden ist. Die Menge des gebildeten Wasserstoffperoxyds ist unabhängig vom Sauerstoffdruck (bis 70 cm), hängt aber sehr stark von der H-Ionenkonzentration in der Lösung ab, indem in saurer Lösung doppelt soviel Wasserstoffperoxyd gebildet wird als in basischer. Fricke nimmt als Ursache dieses merkwürdigen Verhaltens an, daß in saurer Lösung beide Atome des Sauerstoffes in Wasserstoffperoxyd umgewandelt werden, in alkalischer Lösung aber nur eines. Möglicherweise entsteht bei der Röntgenbestrahlung von in Wasser gelöstem CO_2 Perkohlensäure.

Auch in luftfreiem Wasser bildet sich bei der Bestrahlung mit α-Strahlen H_2O_2, wobei die Bildung und Zersetzung des H_2O_2 nach folgenden Gleichungen vor sich geht (C. E. Nurnberger[162]):

$$2\,H_2O\,(+\,\alpha) = 2\,H_2 + O_2\uparrow;\ 2\,H_2O + O_2\uparrow \rightarrow H_2O_2 + H_2\uparrow;\ H_2O_2\,(+\,\alpha) = \\ = H_2 + O_2.$$

Verschiedentlich ist auch schon behauptet worden, daß höhere Hydroperoxyde, wie z. B. H_2O_3 (Baumert[163] und Berthelot[164]) oder H_2O_4 (A. Bach[165]), sowie ein Wasserstoffsuboxyd (Kastner[166]) existieren sollen. Jedoch haben alle diese Behauptungen einer genaueren Nachprüfung nicht standhalten können.

Bei der Einwirkung von Ultraschallwellen auf verdünnte H_2O_2-Lösungen nimmt deren Konzentration zu, da nach S. Kusano[167] dabei das Wasser durch den gelösten Sauerstoff oxydiert werden soll.

Deuteriumperoxyd. Hingegen ist es möglich, den Wasserstoff oder Sauerstoff in H_2O_2 durch die Isotopen, z. B. den schweren Wasserstoff (Deuterium), zu ersetzen (H. Erlenmayer und H. Gärtner[168] und H. S. Taylor und A. Y. Gold[169]). Beim Blasen von D_2O-Dampf durch eine 70 bis 90° warme $K_2S_2O_8$-Mischung kann 100%iges D_2O_2 erhalten werden (F. Fehér[170]). DHO_2 gewinnt man durch Vermischen gleicher Volumina von reinem H_2O_2 und D_2O_2.

Wie E. Abel, O. Redlich und W. Stricks[171] durch Ermittlung der Geschwindigkeitskonstanten des Zerfalles des Deuteriumperoxyds bei der Jodionenkatalyse feststellten, ist das D_2O_2 beständiger als das normale H_2O_2, denn bei 25° ist $k_{H_2O_2} = 1{,}57$, $k_{HDO_2} = 1{,}19_5$ und $k_{D_2O_2} = 1{,}13$.

Literaturverzeichnis.

[55] G. Meißner, Göttinger Nachrichten v. J. **1863**, 264. — [56] Schönbein, Journ. prakt. Chem. **106**, 272, 1868. — [57] H. Struwe, Ztschr. anorgan. allg. Chem. **8**, 315, 1869; **11**, 28, 1872. — [58] Em. Schöne, Ber. Dtsch. chem. Ges. **7**, 1693, 1874; **11**, 483, 561, 874, 1028, 1878. — [59] Nernst, Ztschr. physikal. Chem. **46**, 720, 1903. — [60] Kern, Chem. News **37**, 35, 1878; J. B. **1878**, 201. — [61] Thiele, Ber. Dtsch. chem. Ges. **40**, 4914, 1908. — [62] A. Tian, Compt. rend. Acad. Sciences **152**, 1483, 1910; **155**, 141, 1912; Chem. Ztrbl. **1910 II**, 2621; **1912 II**, 798. — [63] W. Chlopin, Ztschr. anorgan. allg. Chem. **71**, 198, 1911. — [64] M. Kernbaum, Anz. Akad. Wiss. Krakau **1911**, 583; Chem. Ztrbl. **1912**, II, 1966. — [65] D. Ssaposhnikow, Chem. Ztrbl. 1938, II, 2603. — [66] J. Clermont, Comp. rend. Acad. Sciences **80**, 1591, 1875. — [67] E. Griesmayer, Ber. Dtsch. chem. Ges. **9**, 835, 1876. — [68] C. Wursterer, Ber. Dtsch. chem. Ges. **19**, 3195, 1886. — [69] Molisch, Ber. Wiener Akad. XCVI, 1887. — [70] G. Bellucci, Gazz. chim. Ital. **8**, 392, 1878; J. B. **1878**, 948; Ber. Dtsch. chem. Ges. **12**, 136, 1879. — [71] Bokorny, Chem. Ztrbl. **1888**, 766. — [72] O. Löw, Chem. Ztrbl. **1889**, I, 221. — [73] J. Wolff, Ann. Inst. Pasteur **31**, 92, 1917; Chem. Ztrbl. **1917 II**, 204. — [74] A. Bach und Chodat, Ber. Dtsch. chem. Ges. **35**, 2466, 1902. — [75] P. H. Gallagher, Biochemical Journal **17**, 515, 1923; Chem. Ztrbl. **1923 III**, 1624. — [76] A. Bertho, Naturwiss. **1932**, 484; Liebigs Ann. **494**, 159, 1932. — [77] K. Tanaka, Biochem. Ztschr. **157**, 425, 1925. — [78] O. T. Avery und H. J. Morgan, Journ. exp. Med. **39**, 275, 1924; Chem. Ztrbl. **1924 I**, 1260. — [79] C. Fromageot und J. Rone, Biochem. Ztschr. **267**, 202, 1933; Chem. Ztrbl. **1934 I**, 1208. — [80] Wallache, Liebigs Ann. **392**, 59, 1912. — [81] K. Bodendorf, Arch. Pharmac. u. Ber. Dtsch. pharmaz. Ges. **271**, 1, 1933; Chem. Ztrbl. **1933 I**, 1774. — [82] Thoms und Dobke, Chem. Ztrbl. **1930 I**, 1796. — [83] Reinhold, Ber. Dtsch. chem. Ges. **42**, 2977, 1909. — [84] A. Rius, Helv. chim. Acta **3**, 347, 1920; Chem. Ztrbl. **1920 III**, 71. — [85] Richarz, Ztschr. allg. anorgan. Chem. **78**, 269. — [86] G. Grube und B. Dukh, Ztschr. Elektrochem. **24**, 237, 1918. — [87] E. Bürgin, Dissertation Berlin, 1911, Labor. von Knorre. — [88] A. Klemenc und G. Heinrich, Z. Elektrochem. **49**, 143, 493—95, 1943. — [89] B. de Beco, Bull. soc. chim. **12**, 779—88; 789—95, 1945. — [90] W. M. Murray jr. und H. Furman, J. Amer. Chem. Soc. **58**, 1843—47, 1936. — [91] Schönbein, Verhandl. Naturforsch.-Ges. Basel **I**, 467, 1857; II, 113, 1860; IV, 3, 1864. — [92] M. Traube, Ber. Dtsch. chem. Ges. **26**, 1471, 1893. — [93] F. Fichter und K. Humpert, Helv. chim. Acta **9**, 467, 1926; Chem. Zrbl. **1926 II**, 367. — [94] W. Bladergroen, Chem. Ztrbl. **1927 II**, 1802; Helv. chim. Acta **10**, 549, 1927. — [95] Baeyer und Villiger, Ber. Dtsch. chem. Ges. **35**, 3038, 1902. — [96] N. C. Jones, Journ. physical Chem. **33**, 1801, 1929; Chem. Ztrbl. **1929 II**, 1783. — [97] F. Fichter und W. Bladergroen, Helv. chim. Acta **10**, 566, 1927. — [98] Dieselben, ebenda **10**, 553, 1927. — [99] F. Fichter und A. Goldach, Helv. chim. Acta **13**, 1200, 1930; Chem. Ztrbl.**1930 II**, 3525. — [100] Dieselben, ebenda **13**, 99, 1930; Chem. Ztrbl. **1930 II**, 3525. — [101] Schuller, Wiedemanns Ann. Chem. Pharm. **15**, 289, 1882. — [102] M. Traube, Ber. Dtsch. chem. Ges. **18**, 1890, 1894, 1885. — [103] C. Engler, Ber. Dtsch. chem. Ges. **33**, 1109, 1900. — [104] W. Nernst, Ztschr. physikal. Chem. **46**, 720, 1903. — [105] K. Finckl, Ztschr. anorgan. allg. Chem. **45**, 116, 1905. — [106] W. Nernst, Ztschr. Elektrochem. **11**, 710, 1905. — [107] F. Fischer und O. Runge, Ber. Dtsch. chem. Ges. **41**, 945, 1910. — [108] G. N. Lewis und M. Randall, Thermodynamik, deutsch von O. Redlich, S. 464, Springer Wien, 1927. — [109] E. H. Riesenfeld, und H. V. Gündell, Ztschr. physikal. Chem. **191**, 319, 1926. — [110] C. N. Hinshelwood und A. T. Wil-

liamson, The reaction between hydrogen and oxygen, Oxford, 1934. — [111] Jost, Mechanismus von Explosionen und Verbrennungen, Ztschr. Elektrochem. **41,** 236, 1935. — [112] G. v. Elbe und B. Lewis, J. Amer. chem. Soc. **59,** 1937, 656–62. — [112a] P. G. Ashmore und F. S. Dainton, Nature **158,** 416, 1946. — [113] Bonhoeffer und Haber, Ztschr. physikal. Chem. **137,** 263, 1928. — [114] H. S. Taylor, Trans. Faraday Soc. **21,** 560, 1926. — [115] A. L. Marshall, Journ. Amer. chem. Soc. **49,** 2763, 1927. — [116] G. Kornfeld, Z. pysikal. Chem. (B) **35,** 236–38, 1937. — [117] P. W. Schenk, Ztschr. physikal. Chem. (B) **30,** 420, 1933. — [118] Klinkhard und Frankenburger, Ztschr. Elektrochem. **36,** 757, 1930; Ztschr. physikal. Chem. (B), **8,** 138, 1930; **15,** 421, 1932. — [119] F. Haber, L. Farkas und P. Harteck, Naturwiss. **18,** 266, 1930. — [120] Salley, Journ. chem. Soc. London **55,** 110, 426, 1933; Ztschr. physikal. Chem. (B) **22,** 469, 1933. — [121] J. R. Bates, Ztschr. physikal. Chem. (A) **170,** 1, 1934. — [121a] K. Leschewski und G. Zulla, Ber. Ges. Freunde Techn. Hochsch. Berlin 1 (N. F.) 168–70, 1942. — [122] S. Lenker, Journ. Amer. chem. Soc. **53,** 1962, 3737, 3752, 1931. — [123] M. Bodenstein, Ztschr. physikal. Chem. (B) **12,** 151, 1931. — [124] R. Spence und G. B. Kistiekowsky, Journ. Amer. chem. Soc. **52,** 4837, 1930. — [125] A. C. Egerton und L. M. Pidgeon, Proceed. Roy. Soc., London, Serie A, **142,** 26, 1933. — [126] H. L. Callendar, Engin. Mining Journ. **123,** 147, 182, 210, 1927. — [127] P. Dumanois, P. Mondain-Monval und B. Quanquin, Compt. rend. Acad. Sciences **192,** 1158, 1931; **191,** 299, 1930. — [128] A. Bach, Compt. rend. Acad. Sciences **126,** 2, 951, 1897. — [129] Ann. Off. nat. Combustibles liquides **6,** 7, 269, 533, 1931, mit Literaturzusammenstellung; **7,** 699, 1932; Bull. Soc. chim. France (4), **51,** 1132, 1932. — [130] Compt. rend. Acad. Sciences **191,** 329, 414, 1930. — [131] M. W. Poljakow und Mitarbeiter, Chem. Ztrbl. 1934 II, 2650; 1935 I, 1630; 1936 I, 273; 1937 I, 9; 1937 I, 4459; 1939 II, 1432. — [132] A. H. Willbourn und C. N. Hinshelwood, Proc. Roy. Soc. London A, **185,** 353–69, 369–76, 376–80; 1946. — [133] Nature **133,** 179, 1934. — [134] P. Dumano, Compt. rend. Acad. Sciences **186,** 292, 1928; **197,** 393, 1933. — [135] A. Rieche, Alkylperoxyde und Ozonide, Dresden, 1931. — [136] Bäckström, Journ. Amer. chem. Soc. **49,** 1460, 1927. — [137] R. W. Schmidt und F. Mohry, Öl, Kohle, Petrol. **36,** 122, 1940. — [138] M. Neumann und P. Toutakin, Compt. rend. Acad. Sciences **205,** 278–80, 1937. — [139] R. N. Pease, Chem. Reviews **21,** 279–86, 1937. — [140] K. Ivanov, Acta physicochim. URSS **9,** 421–51, 1938. — [141] Losanitsch und Jovitschitsch, Ber. Dtsch. chem. Ges. **30,** 135, 1897. — [142] Finlay, Ztschr. Elektrochem. **12,** 129, 1906. — [143] F. Fischer und O. Ringe, Ber. Dtsch. chem. Ges. **41,** 950, 1908. — [144] F. Fischer und M. Wolf, Ber. Dtsch. chem. Ges. **44,** 2956, 1911. — [145] P. Wolf, Ztschr. Elektrochem. **20,** 204, 1914. — [146] E. Böhm und K. F. Bonhoeffer, Ztschr. physikal. Chem. **113,** 199, 1924; **119,** 385, 1926. — [147] K. H. Geib und P. Harteck, Ber. Dtsch. chem. Ges. **65,** 1551, 1832. — [148] P. Harteck, Rdsch. techn. Arb. **17,** Nr. 27, 1937. — [149] Taylor und Marshall, Journ. physical. Chem. **29,** 842, 1925; **30,** 1078, 1926. — [150] K. F. Bonhoeffer und S. Loeb, Ztschr. physikal. Chem. **119,** 385, 474, 1926. — [151] H. Klinkhardt und W. Frankenburger, Ztschr. physikal. Chem. **48,** 138, 1930; Trans. Faraday Soc. **27,** 441, 1931. — [152] Dieselben, Ztschr. physikal. Chem. (B) **15,** 421, 1932. — [153] G. B. Lavin und F. B. Steward, Proceed. National Acad. Sciences, Washington, **15,** 829, 1929; Chem. Ztrbl. **1930 II,** 15. — [154] K. Bonhoeffer und L. Farkas, Ztschr. physikal. Chem. **132,** 235, 1928. — [155] P. Harteck und U. Kopsch, Ztschr. Elektrochem. **36,** 714, 1930. — [156] W. H. Rodebusch, C. W. Wende und R. W. Campbell, J. Amer. chem. Soc. **59,** 1924–31, 1937. — [157] E. Bauer und E. Neuweiler, Helv. chim. Acta **10,** 901, 1927; Chem. Ztrbl. 1928 I, 1147. — [158] O. Risse, Strahlentherapie **34,** 578, 1930; Chem. Ztrbl. 1930 I, 1748. — [159] A. Kailan, Ztschr. physikal. Chem. **98,** 474, 1921. — [160] O. Scheuer Compt. rend. Acad. Sciences **159,** 423, 1914. — [161] H. Fricke, Journ. chem. Physics **2,** 349, 1934; Chem. Ztrbl. 1934 II, 3733. — [162] C. E. Nurnberger, J. chem. Physics **4,** 697–702, 1936. — [163] Baumert, Pogg. Ann. **89,** 38. — [164] Berthelot, Ann. Chim. Phys. (5) **21,** 176, 1880; J. B. **1880,** 253. — [165] A. Bach, Ber. Dtsch. chem. Ges. **33,** 1506, 1900. — [166] Kastner, Berlin. Jahrb. **1820,** 472. — [167] S. Kusano, Tohoku J. exp. Med. 30, 175–80, 1936. — [168] H. Erlenmayer und H. Gärtner, Helv. chim. Acta **17,** 970, 1823, 1934; Chem. Ztrbl. 1934 II, 3711. — [169] H. S. Taylor und A. Y. Gold, Journ. Amer. chem. Soc. **56,** 1823, 1934; Chem. Ztrbl. 1934 II, 3712. — [170] F. Fehér, Ber. Dtsch. chem. Ges. **72,** 1789–98, 1939. — [171] E. Abel, O. Redlich und W. Strick, Monatsh. f. Chem. **65,** 380, 1935.

IV. Die physikalischen Eigenschaften des Wasserstoffperoxyds.

Die Ermittlung der meisten physikalischen Konstanten des Wasserstoffperoxyds im reinen wasserfreien Zustande konnte erst sehr spät nach seiner Entdeckung in Angriff genommen werden, da die Gewinnung eines wirklich reinen Produktes äußerst schwierig und auch tatsächlich erst in den letzten Jahrzehnten gelungen ist. Schon die geringsten Wassermengen verändern die physikalischen Eigenschaften ganz wesentlich, so daß verläßliche Daten über das reine Wasserstoffperoxyd nur bei äußerst sorgfältiger Darstellung zu erhalten sind. In diesem Zusammenhang sind vor allem die Arbeiten von Maaß und seiner Schule zu erwähnen, die in besonders sorgfältig durchgeführten Untersuchungen reinstes Wasserstoffperoxyd herstellten und nahezu seine sämtlichen Konstanten ermittelten.

Von Maaß und Hatcher[172] wurde technisch reines 3%iges Wasserstoffperoxyd im Vakuum einer Schwefelsäurepumpe der Destillation unterworfen, wobei eine reine 30%ige Lösung erhalten wurde, die dann mittels eines Schwefelsäurekonzentrators auf 90% eingeengt wurde. Durch Ausfrierenlassen und systematische fraktionierte Kristallisation wurde aus dieser Lösung schließlich reinstes Wasserstoffperoxyd gewonnen, das dann den Untersuchungen zugrunde gelegt wurde.

Bei früheren Arbeiten, wie jenen von Wolffenstein[27], Brühl[173], Spring[21, 174] und Staedel[175] war wohl gleichfalls ein ziemlich reines Produkt verwendet worden, das durch Ausfrieren, Ausäthern oder Destillation gewonnen worden war, das aber doch nicht jenen Reinheitsgrad des Wasserstoffperoxyds von Maaß aufwies, so daß die neueren Untersuchungen der Schule Maaß als verläßlicher zu gelten haben.

Das wasserfreie Wasserstoffperoxyd ist in dünner Schicht eine farblose, viskose Flüssigkeit, die nicht so leicht wie Wasser benetzt. In dicker Schicht erscheint es nach den Untersuchungen von Spring[21] hellblau mit einem Stich ins Grünliche gefärbt. Eine Schicht von 1 m Dicke hat ungefähr denselben blauen Farbton als eine 1,8 m dicke Wasserschicht.

Spezifisches Gewicht. Die Angaben über das spezifische Gewicht des wasserfreien Wasserstoffperoxyds sind in der Fachliteratur sehr schwankend, was darin seine Erklärung findet, daß bereits geringste Wassermengen eine erhebliche Veränderung der Dichte bewirken. Brühl[173] gibt z. B. an, daß sein reinstes 100%iges H_2O_2 eine Dichte $s_4^\circ = 1{,}4584$ aufwies, während eine 99,48%ige Lösung eine solche von 1,4094 besaß. Die neuesten, verläßlichsten Bestimmungen der Dichte von A. G. Cuthberton, G. L. Matheson und O. Maaß ergeben einen Wert von $s_4^\circ = 1{,}4649$. Von diesen Forschern ist auch die Änderung des spezifischen Gewichtes durch das Wasser mit Hilfe einer Formel angegeben worden. Enthält eine Wasserstoffperoxydlösung A% H_2O_2, so ist $s_4^\circ = 0{,}9486 + 0{,}005\,163\,A$, wobei diese Beziehung aber nur bis zu einem Wassergehalt von 5% Gültigkeit besitzt.

Schmelzpunkt. Der Gefrierpunkt des reinen wasserfreien Wasserstoffperoxyds wurde zum ersten Male von Staedel[175] bestimmt. Er impfte eine 95%ige Lösung mit Kristallen des festen Wasserstoffperoxyds, die er durch Kühlen eines Teiles der 95%igen Lösung mit Äther-Kohlensäure erhalten hatte. Sofort nach dem Impfen schossen prachtvoll säulenförmige, wasserhelle Kristalle des wasserfreien Wasserstoffperoxyds an, die nach Entfernung der Mutterlauge und nochmaligem Umkristallisieren einen Schmelzpunkt von $-2{,}0^\circ$ besaßen. O. Maaß und O. W. Herzberg[176] fanden ursprünglich gleichfalls für das 99,91% H_2O_2 einen Schmelzpunkt von $-1{,}7^\circ$. Für die Mischungen mit Wasser stellten sie, ebenso O. Maaß und P. A. Giguère[177], eine Gefrierpunktskurve auf, aus welcher sich die Existenz der

Verbindung $H_2O_2 \cdot H_2O$ mit einem Schmelzpunkt von $-50,3°$ und 48,6% H_2O_2 ableiten läßt. Die wäßrigen Lösungen des Wasserstoffperoxyds zeigen folgende Schmelzpunkte:

Tabelle 1.

% H_2O_2	86,0	69,2	61,14	56,2	53,7	49,8	47,0	46,21	42,02	27,72	9,96
F°	−14,0	−39,0	−52,5	−54,3	−52,5	−51,7	−50,8	−51,8	−46,25	−23,4	−6,1

Tabelle 2.

g wasserfreier Substanz in 100 g H_2O	Gefriertemperatur in Grad	g Mol in 1000 g H_2O	Molare Erniedrigung
0,228	— 0,123	0,0669	$1,8_4$
0,445	— 0,243	0,1309	$1,85_5$
0,675	— 0,371	0,1984	1,87
1,060	— 0,576	0,3115	1,85
1,657	— 0,907	0,4870	1,86
2,319	— 1,268	0,6817	$1,86_0$
3,017	— 1,631	0,887	$1,84_0$
3,810	— 2,088	1,120	1,864
5,766	— 3,177	1,695	1,874

In einer späteren Untersuchung wird jedoch angegeben, daß der früher gefundene Wert für den Schmelzpunkt des wasserfreien Wasserstoffperoxyds zu tief sei und dieser richtiger bei $-0,89°$ liegt. Die Dichte des flüssigen H_2O_2 bei $-7,5°$ beträgt 1,4719, bei 0° 1,4649 und bei 19,9° 1,4419, jene der Kristalle bei $-7,5°$ 1,4637. Über die Gefrierpunktserniedrigungen von verdünnten wäßrigen Lösungen von Wasserstoffperoxyd gibt die vorstehende Tabelle 2 von W. Menzel[178] Auskunft.

Dampfdruck. Die Dampfdruckkurve von reinem wasserfreien Wasserstoffperoxyd wurde von O. Maaß und P. G. Hiebert[179] bestimmt und folgende Werte gefunden (Tab. 3):

Tabelle 3.

Druck in mm Hg . .	0,55	1,9	11,8	15,0	21,3	31,0	40,0	49,5	72,3
Kp. in Grad C	4,65	24,45	51,95	57,3	63,05	71,25	76,10	81,05	90,35

Bei 90° C beginnt die Zersetzung des Wasserstoffperoxyds. Die graphische Darstellung von log P als Funktion von $1/T$ ergibt eine Gerade, deren Gleichung lautet: $\log_{10} P = -(0{,}05\,223 \cdot 48\,530)/T + 8{,}843$. Das Verhältnis der Temperaturen von H_2O_2 und H_2O, bei denen die Dampfdrucke gleich groß sind, nämlich $\frac{T_{H_2O_2}}{T_{H_2O}}$, beträgt 1,138. Auf Grund dieser Beziehung ergibt sich der Siedepunkt bei normalem Druck zu 151,4°, der wahrscheinlich genauer ist als der auf direktem Wege aus der Dampfdruckgleichung folgende Wert von 152,1°. Beim Siedepunkt unter gewöhnlichem Druck von 152,0° erleidet das konzentrierte wasserfreie Wasserstoffperoxyd zunächst ruhige Zersetzung, die sich aber plötzlich bis zur Explosion steigert. Die von manchen Autoren beobachtete Explosion bei der Erwärmung oder Destillation von hochprozentigem Wasserstoffperoxyd ist wahrscheinlich nicht auf den explosionsartig gesteigerten Verlauf der Zersetzung des Wasserstoffperoxyds zurückzuführen, sondern dürfte eher auf einem Gehalt von organischen Peroxyden beruht haben, die bei der Darstellung von hochprozentigem Wasserstoffperoxyd durch Reinigung mittels der Ätherextraktion oder sonstwie in dieses hineingelangt waren. Setzt man dem wasserfreien Wasserstoffperoxyd beim Siedepunkt Kaliumchlorid oder Wasser zu, so tritt keine Explosion, sondern bei einer Temperatur von 160° nur eine sehr schnelle Zersetzung auf, die unter Flammenerscheinung vor sich gehen kann (G. L. Matheson und O. Maaß[180]). Die Entfernung von Peroxyden aus Äthern oder anderen organischen Lösungsmitteln gelingt durch Schütteln mit Zinn-II-chlorid oder Bleidioxyd sowie Aufbewahrung über Natriumdraht. Die molare Verdampfungswärme ergibt sich aus der oben angegebenen Dampfdruckgleichung zu 11 610 cal, die Trouton sche Konstante zu 27,3 woraus hervorgeht, daß das Wasserstoffperoxyd assoziiert ist. Die kritische Temperatur des Wasserstoffperoxyds beträgt 458,8°[152].

Oberflächenspannung. Die Oberflächenspannung des Wasserstoffperoxyds beträgt 78,73 Dyn bei 0,2° und 75,94 Dyn bei 18,2° C, sie ist demnach etwas höher als die des Wassers. H_2O_2 ist diamagnetisch (O. Maaß und W. H. Hatcher[181]). Seine magnetische Suszeptibilität von $8,8 \cdot 10^{-7}$ ist größer als die des Wassers.

Dissoziation. Die Lösungen des Wasserstoffperoxyds röten Lackmus nicht, hingegen werden Lackmus- und Curcumapapier allmählich gebleicht. Nach Hanriot[182] reagiert reines Wasserstoffperoxyd sauer. Eine verdünnte, z. B. 1,5%ige Lösung reagiert aber vollkommen neutral. In quantitativen Versuchen wurde von Bredig und H. T. Calvert[183] die Eigenschaft des Wasserstoffperoxyds, als Säure wirken zu können, festgelegt. Dabei bildet das H_2O_2 vornehmlich die Ionen $H^{\cdot}$ und OOH'. Sie fanden durch Versuche, daß Wasserstoffperoxyd in wäßriger Natronlauge chemisch gebunden wird, wobei sich Salze der Formel $MeHO_2$ bilden, die in Lösung sehr stark hydrolysiert sind, wobei die Hydrolyse durch Zugabe von mehr H_2O_2 zurückgedrängt werden kann, bis sogar die Bildung eines Peroxyds der Formel MeO_2 mit einwertigem O_2' eintritt:

$$H_2O_2 + NaOH \rightleftarrows NaOOH + H_2O;\ 2\,NaOOH + H_2O_2 \rightleftarrows 2\,NaO_2 + 2\,H_2O.$$

Auch Carrara und Bringhenti[184] schlossen aus ihren Versuchen, daß das Wasserstoffperoxyd als einbasische Säure auftritt und in die Ionen $H^{\cdot}$ und $-OOH'$ zerfallen ist, aber auch weiter als zweibasische Säure in $H^{\cdot}$ und O''-Ionen gespalten sein soll. Für die ziemlich unwahrscheinliche Annahme des Zerfalls des Wasserstoffperoxyds in das einwertige O_2-Ion liegen noch keine verläßlichen Beweise vor (s. z. B. J. Meyer[185]). Hingegen sind in wäßriger alkalischer Lösung nach J. D'Ans und W. Friederich[186] die Ionen $(O_2)''$ und HOO' anzunehmen.

Leitfähigkeit. Die spezifische elektrische Leitfähigkeit von Perhydrol wurde von Joyner[189] bei 25° zu rund $7 \cdot 10^{-6}$ reziproke Ohm, jene einer 4,5%igen Lösung von Calvert[187] zu $2,89 \cdot 10^{-8}$ gefunden. Von Mumm[188] wurde außer der Dissoziation in die Ionen $H^{\cdot}$ und $-OOH'$ auch eine solche in $OH^{\cdot}$ und HO' sowie $HO^{\cdot}$ und OH' angenommen, die jedoch wenig wahrscheinlich ist. Nach der Bestimmung der Dissoziationskonstante der Dissoziationsstufe in $H^{\cdot}$ und $-OOH'$ durch R. A. Joyner[189], der bei 0° für K einen Wert von $6,7 \cdot 10^{-13}$ und bei 25° von $2,4 \cdot 10^{-12}$ ermittelte, ist schon die Dissoziation des Wasserstoffperoxyds für die erste Dissoziationsstufe sehr gering, so daß man praktisch nur mit $H^{\cdot}$ und $-OOH'$ zu rechnen hat. Bei dem Zerfall des Wasserstoffperoxyds nach $H_2O_2 \rightleftarrows H^{\cdot} + OOH'$ werden nach Joyner pro Mol rund $8,6 \cdot 10^3$ cal als Ionisationswärme verbraucht. Von A. C. Cuthberton und O. Maaß[190] wurde in Einklang mit Joyner ein oberer Grenzwert der Leitfähigkeit von reinem Wasserstoffperoxyd von $2 \cdot 10^{-6}$ ermittelt. Auf Grund dieser Dissoziation kann man die Peroxyde usw. als Salze des Wasserstoffperoxyds auffassen, aus denen durch verdünnte Mineralsäuren das H_2O_2 in ähnlicher Weise in Freiheit gesetzt wird wie sonst eine schwache Säure durch eine starke.

Die Leitfähigkeitsmessungen von Lösungen von Kaliumchlorid und Essigsäure in Wasserstoffperoxyd ergaben, daß der Dissoziationsgrad von KCl in H_2O_2 etwa der gleiche ist wie in Wasser, hingegen zeigte die Essigsäure eine viel kleinere Leitfähigkeit als die entsprechende wäßrige Lösung. Untersuchungen der Leitfähigkeit von Ameisen-, Glykol-, Essig- und Propionsäure mit H_2O_2 (W. H. Hatcher und M. G. Scurrock[191]) bei 0,5° zeigen zeitliche Änderungen, die auf die Bildung von

Persäuren zurückzuführen sind. Aus der Gefrierpunktserniedrigung von Lösungen von Natriumchlorid, Natriumnitrat, Natriumsulfat und Rohrzucker geht hervor, daß beim Wasserstoffperoxyd fast dasselbe Dissoziationsvermögen vorhanden ist als beim Wasser (O. M a a ß und W. H. H a t c h e r[192]).

Die spektroskopisch bestimmte Dissoziationsarbeit des Wasserstoffperoxyds nach $H_2O_2 \rightleftharpoons 2\,OH'$ von H. C. U r e y, L. H. D a w s e y und F. O. R i c e ergab eine Dissoziationsarbeit von weniger als 2,0 Volt und eine Dissoziationswärme von weniger als 46 kcal, nach der Methode der kontinuierlichen Absorption und Bandenfluoreszenz ermittelt.

Assoziation. Über die Teilchengröße des gelösten Wasserstoffperoxyds liegen gleichfalls Untersuchungen und Berechnungen vor. Aus Messungen der Oberflächenspannung des reinen Wasserstoffperoxyds bei 0,2° und 18,2° berechneten M a a ß und H a t c h e r[172] nach der Formel von R a m s a y und S h i e l d s einen Assoziationsgrad, das ist das Verhältnis von scheinbarem Molekulargewicht zum einfachen Molekulargewicht von 34 zu 3,48 bei 0°. A. R i e c h e[135] leitete daraus sowie aus kryoskopischen Molekulargewichtsbestimmungen an Alkylperoxyden, namentlich in organischen Lösungsmitteln, die Annahme ab, daß die konzentrierten Lösungen des Wasserstoffperoxyds assoziiert sind. Für diese Anschauung spricht auch die von S c h e i b e[193] und seinen Mitarbeitern und R i e c h e auf optischem Wege nachgewiesene Dipolnatur der Peroxyde mit Einschluß des Wasserstoffperoxyds, was besonders durch Verschiebung der Absorption durch polare Lösungsmittel in Abhängigkeit vom Dipolmoment nachgewiesen wurde. So erleiden meistens die Absorptionsbande der Peroxyde und besonders deutlich des Wasserstoffperoxyds in wäßriger Lösung eine Verschiebung nach kürzeren Wellen hin gegenüber der Normallage in Heptan. Die Annahme der Assoziation als Ursache einer geringeren Beweglichkeit der Wasserstoffperoxydteilchen besitzt daher eine große Wahrscheinlichkeit, obwohl z. B. kryoskopische Messungen von G. T a m m a n n[194], W. O r n d o r f f und J. W a i t e[195], G. C a r r a r a[196] und H. T. C a l v e r t[183] zu der Annahme führten, daß das Wasserstoffperoxyd in wäßrigen Lösungen verschiedener Konzentration in einer monomolekularen Verteilung vorhanden sei. Kurt G. S t e r n[197] berechnete hingegen aus der Diffusionsgeschwindigkeit des Wasserstoffperoxyds in Wasser, Methylalkohol, Aceton und Äther auf Grund der E u l e r schen Gleichung $\frac{D_1}{D_2} = \frac{\sqrt{M_2}}{\sqrt{M_1}}$ für Wasserstoffperoxyd in Wasser einen Assoziationsgrad von 2,7, in 99,4%igem Äthylalkohol von 5,1, in Methylalkohol von 20, in Aceton von 24 und in Äther von 10, so daß das Wasserstoffperoxyd in gelöster Form sehr wahrscheinlich assoziiert anzunehmen ist. Die Messungen der Diffusionsgeschwindigkeit durch S t e r n ergaben ferner, daß diese mit der Konzentration des Wasserstoffperoxyds merklich ansteigt.

Potential. Das Wasserstoffperoxyd vermag einer Platin- oder Palladiumelektrode zwei Potentiale zu verleihen, ein Reduktions- und ein Oxydationspotential. Das erstere beträgt nach K. B o r n e m a n n[198] wahrscheinlich $\varepsilon_0 = +0{,}66 \pm 0{,}03$ V, das letztere $\varepsilon_0 = +1{,}80 \pm 0{,}03$ V, nach S. H a k o m o r i[199] + 0,6819 bzw. + 1,7693 V. Das Potential einer reversiblen Wasserstoffperoxydelektrode wird von H a k o m o r i zu $\varepsilon_0 = +0{,}7855 \pm 0{,}004$ V angegeben.

Dielektrizitätskonstante. Die Dielektrizitätskonstante von Wasserstoffperoxyd und Gemischen mit Wasser wurde von C u t h b e r t o n und M a a ß[190] gemessen und folgende Werte gefunden (Tab. 4):

T a b e l l e 4.

% H_2O_2	99,45	98,87	81,27	63,8	50,23	20,8	14,0	6,9
DE.	98,2	91,2	101,6	108,8	115,0	113,5	108,5	94,0

Es zeigt sich demnach bei einer Konzentration von 35% ein Maximum in der DE. Nach neueren Messungen von L. B. Linton und O. Maaß[200] beträgt die DE. für das reine Wasserstoffperoxyd 93,7 gegenüber jener des Wassers von 84,4 bei 0°. Von diesen Forschern wurde das Dipolmoment des Wasserstoffperoxyds in Äther und Dioxan als nicht polare Lösungsmittel bestimmt und zu 2,06 bzw. $2{,}13 \cdot 10^{-18}$ e.-st. E. (Wasser als Vergleich 1,71 bzw. $1{,}90 \cdot 10^{-18}$ e.-st. E.) gefunden.

Ausdehnungskoeffizient, Schmelz- und Verdampfungswärme. Der mittlere Ausdehnungskoeffizient des reinen Wasserstoffperoxyds zwischen Temperaturen von − 10° bis 20° beträgt nach Maaß und Hatcher[172] 0,00107, die latente Schmelzwärme 74 cal/g, die spezifische Wärme des flüssigen reinen Wasserstoffperoxyds 0,579, jene des festen 0,470. Besonders hoch ist die Verdampfungswärme, die 11610 cal/Mol beträgt. Nach de Forcrand[201] beträgt die Schmelzwärme von Wasserstoffperoxyd 2,70 cal/g bzw. 9,18 kcal/Mol.

Viskosität. Die innere Reibung beträgt bei 0,04° 0,01828, bei 12,20° 0,01447 und bei 19,60° 0,01272. Die Viskosität der wäßrigen Lösungen bei 0° und 18° wird durch folgende Wertepaare wiedergegeben (Tab. 5; alle Angaben nach Maaß und Hatcher[172, 202]).

Tabelle 5.

% H_2O_2	5,71	14,98	44,83	68,50	83,15
0°	0,01662	0,01734	0,01846	0,01938	0,01909
18°	0,01061	0,01072	0,01204	0,01285	0,01300

Brechungsindizes. Als Brechungsindex des flüssigen Wasserstoffperoxyds erhielten Maaß und Hatcher[172] für n_D^{23} den Wert von 1,4139. Für die Brechungsindizes eines Wasserstoffperoxyds der Dichte $s_4^0 = 1{,}4581$ und einem Siedepunkt von 69,2° bei 26 mm Druck bei verschiedenen Wellenlängen gibt Brühl[20] für eine Temperatur von 20,4° folgende Werte an (Tab. 6):

Tabelle 6.

Li	H_α	Na	Tl	H_β	H_γ
1,40379	1,40421	1,40624	1,40850	1,41100	1,41494

Spezifische Refraktion und Dispersion: $\dfrac{n^2 - 1}{(n^2 - 2)\,d} = n.$

n_α	n_{Na}	n_γ	$n_\gamma - n_\alpha$
0,1703	0,1710	0,1742	0,0039

Molekulare Dispersion und Refraktion: $\dfrac{n^2 - 1}{n_2 + 2} \cdot \dfrac{P}{d} = m.$

m_α	m_{Na}	m_γ	$m_\gamma - m_\alpha$
5,789	5,814	5,924	0,135

Der Atomraum des flüssigen Wasserstoffperoxyds in Steren wurde von J. Traub[203] zu 7,5 gefunden. Das Absorptionsspektrum von H_2O_2-Dampf im UV-Spektralbereich zeigt keine Bande. Es setzt bei 2055 Å scharf ein, entsprechend einer Energie von 139,7 kcal. Auch das Rekombinationsspektrum ist kontinuierlich und beginnt bei 4800 Å entsprechend 59,6 kcal[204].

Bildungswärme. Das Wasserstoffperoxyd ist eine endotherme Verbindung in bezug auf das Wasser, da die Bildungswärme aus den Elementen $H_2 + O_2 = H_2O_2$ flüssig − 45 320 cal beträgt (J. Thomsen[205]). Es besitzt somit die Neigung, nach der Gleichung $H_2O_2 = H_2O + O + 23\,450$ cal in Wasser und Sauerstoff zu zerfallen,

d. h. es befindet sich in einem Gleichgewichtszustand, der fast vollkommen zugunsten des Wassers verschoben ist (M a t h e s o n und M a a ß[180]). Für die Reaktion H_2O + + O = H_2O_2 beträgt die Bildungswärme nach B e r t h e l o t[206] —21 600 cal, nach T h o m s e n[205] —23 059 cal. Die maximale Nutzarbeit A'_m von gasförmigem Wasserstoffperoxyd beträgt nach L e w i s und R a n d a l l[108] 24 730 kcal, des flüssigen 28 230 kcal und des festen 27 980 kcal, der erste Wert nach der Dampfdruckmethode, die letzteren aus der Schmelzwärme bestimmt.

Mischbarkeit. Mit Wasser ist das Wasserstoffperoxyd in allen Verhältnissen mischbar. Aus diesen Lösungen friert in der Kälte ein Teil des Wassers aus. Die Lösungswärme von flüssigem Wasserstoffperoxyd in Wasser beträgt ungefähr 460 cal (F o r c r a n d[207]). Hochkonzentriertes Wasserstoffperoxyd verursacht auf der Haut Verätzungen, Brandblasen und Brandwunden. 99,6- bis 88,4%iges Wasserstoffperoxyd ist in allen Verhältnissen in Alkohol mischbar, jedoch nur teilweise mit Äther. In reinem trockenen Benzol ist reines H_2O_2 unlöslich, auch beim Zusatz von Alkohol zeigt sich keine vollständige Mischbarkeit. In nicht zu verdünnten wäßrigen Lösungen kann es dem Wasser durch verschiedene Lösungsmittel wieder entzogen werden. So beträgt der Verteilungskoeffizient von Wasserstoffperoxyd zwischen Wasser und Äther 0,043 (P e r s c h k e und T s c h u f a r o w[208]). Es ist daher möglich, mit viel Äther aus wäßrigem Wasserstoffperoxyd dieses zu entziehen. In der ätherischen Lösung ist es weit beständiger als in wäßriger. Bei der Destillation destilliert es unzersetzt mit. Aus der ätherischen Lösung kann das Wasserstoffperoxyd wieder umgekehrt mit mindestens der vierfachen Menge Wasser oder schon geringeren Mengen Kalilauge wieder herausgelöst werden. Für H_2O_2 in Wasser zu H_2O_2 in Chinolin fanden J. H. W a l t o n und H. A. L e w i s[209] einen Wert von 0,276 bei 0°.

Dichte. Die Angabe der Konzentration der wäßrigen Lösung des Wasserstoffperoxyds erfolgt in der Medizin nach Gewichtsprozent, d. i, g H_2O_2 in 100 g Lösung, ansonsten in Volumprozenten, d. h. nach g H_2O_2 in 100 ccm Lösung. In manchen Ländern steht auch die Angabe nach jenem Volumen aktiven Sauerstoffs in Litern in Gebrauch, der aus der betreffenden Wasserstoffperoxydlösung durch Zersetzung entwickelt werden kann. In der Tabelle 7 sind für die verschiedenen Konzentrationen wäßriger Wasserstoffperoxydlösungen die Dichte der betreffenden Lösung bei 18°, die Gewichtsprozente, g H_2O_2/l, Mole/l und Volumina aktiver Sauerstoff in Litern angegeben.

T a b e l l e 7.

%	1—Gew.	G/l	Mol./l	Vol. aktiv O	%	1—Gew.	G/l	Mol./l	Vol. aktiv O
1	1002,2	10,022	0,2946	3,3	30	1112,2	333,660	9,8090	110
2	1005,8	20,116	0,8860	6,6	35	1132,7	396,445	11,6548	132
4	1013,1	40,524	1,1931	13	40	1153,6	461,440	13,5655	153
6	1020,4	61,224	1,7999	23,7	45	1179,9	528,705	15,5430	175
8	1027,7	82,216	2,4170	28	50	1196,6	598,300	17,5890	208
10	1035,1	103,510	3,0430	34	55	1218,8	670,340	19,7068	228
12	1042,5	125,100	3,6777	41	60	1241,6	744,960	21,9005	248
14	1049,9	146,986	4,3211	48	65	1265,2	822,380	24,1766	274
16	1057,4	169,184	4,9737	57	70	1287,7	902,790	26,5405	300
18	1064,9	191,682	5,6351	63	75	1314,9	986,175	28,9918	327
20	1072,5	214,500	6,3059	70	80	1340,6	1072,480	31,5291	355
22	1080,2	237,644	6,9863	77	85	1366,7	1161,695	34,1538	385
24	1088,0	260,120	6,3536	85	90	1393,1	1253,790	36,8593	415
26	1095,9	284,934	8,3766	92	95	1419,7	1348,715	39,6499	445
28	1104,0	309,120	9,0876	101	100	1446,5	1446,500	42,5246	475

Es entsprechen 1 kg 30-vol.-%iges H_2O_2 0,77 kg 40-vol.-%igem H_2O_2 oder 1 l 30-vol.-%iges H_2O_2 0,75 l 40-vol.-%igem H_2O_2, bzw. 1 kg 40-vol.-%iges H_2O_2 1,30 kg 30-vol.-%igem H_2O_2 oder 1 l 40-vol.-%iges H_2O_2 gleich 1,33 l 30%igem H_2O_2.

Strahlung. Sehr interessant und Gegenstand zahlreicher Untersuchungen ist auch die schwärzende Wirkung des Wasserstoffperoxyds und mancher Derivate auf die photographische Platte gewesen. Es tritt hierbei bei hochempfindlichen Trockenplatten eine Reduktion des Bromsilbers auch an solchen Stellen ein, die überhaupt kein Licht erhalten haben. Da sich auch bei der Einwirkung von Dämpfen von Terpentin, Harzen und Firnis auf die photographische Platte Schwärzungen einstellen, ist die Annahme sehr wahrscheinlich, daß vor allem das Wasserstoffperoxyd bei der Einwirkung dieser und anderer Körper, wie Metalle, die im Dunkeln die Bromsilberplatte schwärzen, das wirksame Agens ist, das durch Autoxydation dieser Stoffe an feuchter Luft entstanden ist. Wasserstoffperoxyd und andere Peroxyde üben auch auf das latente photographische Bild eine bemerkenswerte verstärkende Wirkung aus, so daß z. B. das m-Chlorbenzoylperoxyd eine praktisch verwertbare Verstärkung zeigt (C. B. Barnes, W. R. Whitstone und W. A. Lawrence[210]). Für eine Schwärzung der Platten ist es nicht erforderlich, daß die Wasserstoffperoxydlösung mit dieser in Berührung kommt, so daß die Annahme aufgetaucht ist, daß vom Wasserstoffperoxyd eine Strahlung ausgeht (Graetz[211]). S. E. Sheppard und E. P. Wightman[212] fassen die verschleiernde Wirkung des Wasserstoffperoxyds als eine Chemilumineszenzerscheinung mit kurzer Wellenlänge auf, die durch seine fortschreitende Zersetzung hervorgerufen wird. Auch E. Fuchs[213] schließt sich der Auffassung der Schleierbildung durch eine Lummeszenzstrahlung an (Näheres s. auch Lüppo-Cramer, Die Grundlagen der photographischen Negativverfahren, 3. Aufl., S. 337 ff., Knapp, 1927). A. Berthoud und M. Cruchaud[214] sowie L. Falla[215] nehmen bei der Einwirkung von Wasserstoffperoxyd auf die photographische Schicht ähnlich wie bei der Belichtung die Bildung von Silberkeimen an. Auf hochempfindliche photographische Emulsionen besitzt H_2O_2 eine desensibilisierende Wirkung. Eine allgemein anerkannte Erklärung für den Verschleierungsvorgang gibt es jedoch nicht.

In der folgenden Zusammenstellung sind die wichtigsten physikalischen Konstanten des Wasserstoffperoxyds angegeben:

Spezifisches Gewicht (flüssig) . . . . s_4^0 =	1,4649
„ „ (Kristalle) . . . . . . $s^0_{-7,5}$ =	1,4637
Schmelzpunkt des reinen wasserfreien H_2O_2	— 0,89° C
Siedepunkt bei normalem Druck	151,4°
Molare Verdampfungswärme	10,27 kcal/Mol
Troutonsche Konstante	27,3
Oberflächenspannung des reinen H_2O_2 bei 18,2° C. . . .	75,94 Dyn
Magnetische Suszeptibilität	$8,8 \cdot 10^{-7}$ e.-st. E.
Spez. Leitfähigkeit von Perhydrol bei 25°	$7 \cdot 10^{-6}$ Ohm^{-1}
„ „ einer 4,5%igen H_2O_2-Lösung	$2,89 \cdot 10^{-8} \cdot Ohm^{-1}$
Oberer Grenzwert der Leitfähigkeit von reinem H_2O_2 . .	$2 \cdot 10^{-6} \cdot Ohm^{-1}$
Dissotiationskonstante von $H_2O_2 \rightleftarrows H^{\cdot} + OOH'$ bei 25°	$2,4 \cdot 10^{-12}$
Ionisationswärme pro Mol	$8,6 \cdot 10^3$ cal
Oxydationspotential von H_2O_2	$+ 1,80 \pm 0,03$ Volt
Reduktionspotential von H_2O_2	$+ 0,66 \pm 0,03$ „
Dielektrizitätskonstante von reinem H_2O_2	93,7
„ „ 20,8% H_2O_2	113,5
„ „ 10% H_2O_2	101
Mittlerer Ausdehnungskoeffizient von reinem H_2O_2 zwischen — 10 und 20°	0,00107
Latente Schmelzwärme	74 cal/g

Spezifische Wärme von flüssigem H_2O_2 0,579
" " " festem H_2O_2 0,470
Molwärme (0 bis 18° C) . . . . $C_p =$ 19,67 cal · mol⁻¹ · grad⁻¹
Kryoskopische Konstante . . . . ∾ 2,0
Bindungsenergie O — O . . . . 2,26 e. v.
Schmelzwärme . . . . 2,52 kcal/Mol
Innere Reibung von reinem H_2O_2 bei 19,60° 0,01272
" " " 5,71% H_2O_2 bei 18° 0,01061
Brechungsindex . . . . $n_D^{22} =$ 1,6139
Atomrefraktion R_D für die Natriumlinie D (5893 Å) des Peroxydsauerstoffes $-O_2-$ in Äther 4,035, Atomdispersion $R_F - R_C$ für die Wasserstofflinie F (4861 Å) und C (6563 Å) 0,052
Bildungswärme . . . . $H_2 + O_2 = H_2O_2$ (flüssig) = 45 320 cal
Zerfall . . . . $H_2O_2 \rightarrow H_2O + O + 23\,450$ cal
Lösungswärme von flüssigem H_2O_2 in Wasser . . . . . 460 cal
Verteilungskoeffizient von H_2O_2 zwischen Wasser und Äther 0,043

Literaturverzeichnis.

[172] Maaß und Hatcher, Journ. Amer. chem. Soc. **42**, 2548, 1920; Chem. Ztrbl. **1921 I**, 555. — [173] Brühl, Ber. Dtsch. chem. Ges. **28**, 2247, 1895. — [174] Spring, Ztschr. anorgan. allg. Chem. **8**, 424; **9**, 205, 1895. — [175] Staedel, Ztschr. angew. Chem. **15**, 642, 1902. — [176] O. Maaß und O. W. Herzberg, Journ. Amer. chem. Soc. **42**, 2569, 1920; Chem. Ztrbl. **1921 I**, 535. — [177] O. Maaß und P. A. Giguère, Canad. J. Res. Sect. **B 18**, 66—73, 1940. — [178] W. Menzel, Ztschr. anorgan. allg. Chem. **164**, 10, 1927. — [179] O. Maaß und P. G. Hiebert, Journ. Amer. chem. Soc. **46**, 2693, 1924; Chem. Ztrbl. **1925 I**, 2213. — [180] G. L. Matheson und O. Maaß, Journ. Amer. chem. Soc. **44**, 2472, 1922; Chem. Ztrbl. **1923 I**, 1211. — [181] O. Maaß und W. H. Hatcher, Journ. Amer. chem. Soc. **44**, 2472, 1922. — [182] Hanriot, Compt. rend. Acad. Sciences **100**, 772, 1885; J. B. **1885**, **378**. — [183] Bredig und H. T. Calvert, Ztschr. physical. Chem. **38**, 513, **1901**; Ztschr. Elektrochem. 7, **622**, 1901. — [184] Carrara und Bringhenti, Gazz. chim. Ital. **33**, 362, 1903; Chem. Ztrbl. **1904 I**, 246. — [185] J. Meyer, Journ. prakt. Chem. **72**, 278, 1905. — [186] J. D'Ans und W. Friedrich, Ztschr. anorgan. allg. Chem. **73**, 325, 1912. — [187] Calvert, Ann. Physik (4) **1**, 483, 1900. — [188] Mumm, Ztschr. physikal. Chem. **59**, 459, 492, 497, 1907. — [189] Joyner, Ztschr. anorgan. allg. Chem. **77**, 103, 1912. — [190] A. C. Cuthberton und O. Maaß, Journ. Amer. chem. Soc. **52**, 489, 1930. — [191] W. H. Hatcher und M. G. Scurrock, Canadian Journ. Res. **4**, 35, 1931. — [192] O. Maaß und W. H. Hatcher, Journ. Amere. chem. Soc. **44**, 2472, 1922. — [193] Scheibe, Ber. Dtsch. chem. Ges. **59**, 1321, 2616, 2617, 1926. — [194] G. Tammann, Ztschr. physikal. Chem. **4**, 441, 1889; **42**, 431, 1893. — [195] W. Orndorff und J. Waite, ebenda **12**, 498, 1893. — [196] G. Carrara, ebenda **12**, 498, 1893. — [197] G. Stern, Ber. Dtsch. chem. Ges. **66**, 547, 1933. — [198] K. Bornemann, Nernst-Festschrift 1912, 118; Chem. Ztrbl. 1912 II, 999. — [199] S. Hakomori, Chem. Ztrbl. 1931 II, 1109. — [200] L. B. Linton und O. Maaß, Canadian Journ. Res. **4**, 322, 1931; Chem. Ztrbl. **1931 I**, 3334; **1931 II**, 2571. — [201] de Forcrand, Compt. rend. Acad. Sciences **130**, 1620, 1900. — [202] Maaß und Hatcher, Journ. Amer. chem. Soc. **51**, 1371, 1929. — [203] J. Traub, Ber. Dtsch. chem. Ges. **40**, 431, 1907. — [204] Chem. Ztrbl. **1935 I**, 3888. — [205] Thomson, Thermodynam. Untersuchungen, Leipzig **2**, 58. — [206] Berthelot, Compt. rend Acad. Sciences **90**, 331, 897, 1880. — [207] de Forcrand, ebenda **130**, 1250, 1620, 1900. — [208] Perschke und Tschufarow, Chem. Ztrbl. **1926 I**, 2427: Ztschr. anorgan. allg. Chem. **151**, 121, 1926. — [209] W. H. Walton und H. A. Lewis, Journ. Amer. chem. Soc. **38**, 633, 1916; Chem. Ztrbl. **1916 I**, 1009. — [210] C. B. Barnes, W. R. Whitestone und W. A. Lawrence, Journ. physical. Chem. **35**, 2637, 1931; Chem. Ztrbl. **1932 I**, 1614. — [211] Graetz, Physikal. Ztschr. **5**, 688. 1904; Chem. Ztrbl. **1904 II**, 1561. — [212] S. E. Sheppard und E. P. Wightman, Journ. Franklin Inst. **195**, 337, 1923; Chem. Ztrbl. **1923 IV**, 555. — [213] E. Fuchs, Photogr. Industrie **1924**, Nr. 3/4, 5/6. — [214] A. Berthoud und M. Cruchaud, Helv. chim. Acta **21**, 909—12, 1938. — [215] L. Falla, Bull. Soc. rex. Sci. Liège **10**, 667—75, 1941.

V. Die chemischen Eigenschaften des Wasserstoffperoxyds.

Die überaus mannigfaltigen Reaktions- und Verbindungsmöglichkeiten des Wasserstoffperoxyds haben diesen Körper schon bald nach seiner Entdeckung zu der interessantesten anorganischen Verbindung werden lassen. Besonders das Vermögen, unter Umständen sowohl oxydierende als auch reduzierende Wirkungen hervorzurufen, bildeten den größten Anreiz für viele Forscher, sich mit dieser merkwürdigen Verbindung näher zu befassen und ihre Reaktionen gründlicheren Untersuchungen zu unterziehen. Auch die richtige Erwägung, daß auf Grund einer genaueren Kenntnis des Verhaltens des Wasserstoffperoxyds unter Umständen ein näherer Einblick in den Reaktionsmechanismus der Lebensvorgänge erhalten werden könnte, war der Anlaß für zahlreiche Untersuchungen.

Die vielen Reaktionen des Wasserstoffperoxyds lassen sich im allgemeinen in folgende große Gruppen einteilen: 1. Die Oxydationserscheinungen. 2. Die Reduktionsvorgänge. 3. Die Übertragung der —OO—-Brücke. 4. Die Molekülanlagerung.

Oxydation. Die Oxydationsfähigkeit des Wasserstoffperoxyds beruht darauf, daß ein Atom Sauerstoff verhältnismäßig leicht abgespalten wird. Bringt man z. B. ein Sulfit oder schweflige Säure mit Wasserstoffperoxyd zusammen, so werden diese glatt zu Sulfat oder Schwefelsäure oxydiert. Auch bei der Einwirkung auf Bleisulfit entsteht Bleisulfat, während bei der Oxydation von Arsensulfid neben Arsen- auch Schwefelsäure gebildet wird. Phosphorige und arsenige Säure werden schnell in die entsprechenden Säuren übergeführt. Die Umwandlung der niedrigeren Wertigkeitsstufe der komplexen Kaliumcyanverbindungen des Eisens oder Kobalts in die höhere erfolgt mittels Wasserstoffperoxyds ganz leicht. Thiosulfat wird nach Willstädter[217] in zwei Phasen zu Sulfat oxydiert:

$$\text{a)}\quad 3\,Na_2S_2O_3 + 4\,H_2O_2 = 2\,Na_2S_3O_6 + 2\,NaOH + 3\,H_2O,$$

$$\text{b)}\quad Na_2S_2O_3 + 2\,NaOH + 4\,H_2O_2 = 2\,Na_2SO_4 + 5\,H_2O.$$

Dieser Reaktionsverlauf wurde von N. Tarugi und G. Vitali[218] bestätigt.

Organische Thiosäuren, Dithiosäuren und viele andere organische Schwefelverbindungen werden durch alkalische H_2O_2-Lösungen zu Carbonsäuren und Schwefelsäuren oxydiert (R. Kitamura[219]). Bei der Oxydation von Sulfiten tritt auch Dithionat über Monothionsäureion-SO_3' oder Isomonothionsäureion-OSO_2' als unbeständiges Zwischenprodukt auf (P. Baumgarten und H. Erbe[220]).

Selen wird von reinem Wasserstoffperoxyd zu Selensäure, Arsen zu Arsensäure, Molybdän zu Molybdäntrioxyd, Wolfram zu Wolframtrioxyd, Chrom zu Chromsäure oxydiert (Thénard[3]). Kristallisiertes Tellur löst sich in 60%igem H_2O_2 schwer, amorphes und kolloidales Tellur aber leicht zu Tellursäure auf (G. Schluck[216]).

Wäßriges Ammoniak wird nach Schönbein, Weith und Weber[221] zu Ammonnitrat oxydiert. Desgleichen erfolgt bei 40° eine quantitative Oxydation von Hydroxylamin (Wurster[222]) nach folgendem Reaktionsschema:

$$\begin{pmatrix} NH_2OH \\ NH_2OH \end{pmatrix} \cdot H_2SO_4 + 6\,H_2O_2 = H_2SO_4 + 2\,HNO_3 + 6\,H_2O.$$

In alkalischer Lösung bildet sich aus Hydroxylamin durch Wasserstoffperoxyd neben N_2O und NO auch salpetrige Säure.

Mit Ausnahme der Flußsäure, die auf Wasserstoffperoxyd direkt als Stabilisator wirkt, verursachen alle anderen Halogenwasserstoffsäuren bei allen Konzentrationen eine Zersetzung, die bei Salzsäure mit relativ geringer Geschwindigkeit vor sich geht. O. Maaß und P. G. Hiebert[223] nehmen an, daß hierbei an der Reaktion undissoziierte H_2O_2-Moleküle teilnehmen, und zwar dürften sich die HCl-Moleküle mit dem Wasserstoffperoxyd zunächst zu einem Komplex nach $H_2O_2 + HCl \rightleftarrows H_2O_2 \cdot HCl$ verbinden. Die Reaktion selbst würde dann nach folgenden Gleichungen vor sich gehen, wobei Maaß und Hiebert eine unsymmetrische Konstitution des Wasserstoffperoxyds mit vierwertigem Sauerstoff annehmen.

1. $H_2O_2 \cdot HCl \rightarrow H_2O\langle{}^{OH}_{Cl} \rightarrow H_2O + HOCl.$
2. $HOCl + H_2O_2 \rightarrow H_2O + O_2 + HCl.$
3. $HOCl + HCl \rightleftarrows Cl_2 + H_2O.$

Eine Stütze für den wahrscheinlichen Reaktionsverlauf über die unterchlorige Säure bietet die experimentell bewiesene Tatsache, daß die Zersetzung des Wasserstoffperoxyds durch Halogene allein offenbar durch die Hydrolyse der letzteren verursacht wird und daß die resultierende Oxysäure (Gleichung 3) die Zersetzung des Wasserstoffperoxyds unter gleichzeitiger Bildung von Halogenwasserstoff (Gleichung 2) bewirkt. Gasförmiger Bromwasserstoff verhält sich sehr ähnlich. Beim Einleiten in reines wasserfreies Wasserstoffperoxyd sinken in der Flüssigkeit Tropfen von Brom zu Boden (O. Maaß und W. H. Hatcher[224]). In 87%iger und 70%iger Lösung von H_2O_2 entwickelt sich beim Einleiten von HCl Chlor, dagegen nicht in 21%iger Lösung, in 50%iger erst nach einiger Zeit. Reines wasserfreies Wasserstoffperoxyd ist ein vorzügliches Mittel, um Chlorgas von den kleinsten Spuren von Salzsäure zu befreien. Aus den Bromiden und Jodiden von Natrium und Kalium wird von reinem H_2O_2 stürmisch Brom und Jod abgeschieden. M. Bobdelsky[225] gibt an, daß Chlorwasserstoff- und Bromwasserstoffsäure durch Wasserstoffperoxyd nur in konzentrierten Elektrolytlösungen oxydiert werden, nicht aber in verdünnteren. Die Reaktionsgeschwindigkeit ist dabei direkt dem Bromgehalt proportional. Der Salzeffekt scheint hauptsächlich auf der Wirkung des Kations zu beruhen, da besonders beim Chlorwasserstoff die Reaktionsgeschwindigkeit vom Kation abhängig ist.

Reaktion mit Jodverbindungen. Sehr eingehend ist die Einwirkung des Wasserstoffperoxyds auf Lösungen von Kaliumjodid untersucht worden. Versetzt man eine Wasserstoffperoxydlösung mit Kaliumjodid, so nimmt die Lösung eine deutlich alkalische Reaktion an, was auf eine intermediäre Bildung von Hypojodit schließen läßt. Die Reaktion, die zur Ausscheidung von freiem Jod führt und äußerst empfindlich ist — es kann mit Hilfe der Kaliumjodid-Stärke-Reaktion nach Schöne[226] noch ein Teil H_2O_2 in 5 Millionen Teilen Lösung nachgewiesen werden —, nimmt einen äußerst langsamen Verlauf, der nach dem Zeitgesetz der Reaktionen erster Ordnung vor sich geht: $H_2O_2 + J' = H_2O + JO'$. Es bildet sich demnach durch monomolekularen Zerfall des Wasserstoffperoxyds das Hypojodition, das dann in äußerst kurzer Zeit mit einem zweiten Molekül Wasserstoffperoxyd nach der Gleichung

$$H_2O_2 + JO' = H_2O + O_2 + \frac{J_2}{2}$$

reagiert. In saurer Lösung erfolgt die Einwirkung von Wasserstoffperoxyd auf Jodide viel rascher als in neutraler oder alkalischer Lösung. Die Reaktion

$$H_2O_2 + 2\,KJ + H_2SO_4 = J_2 + K_2SO_4 + 2\,H_2O$$

wird vielfach zur quantitativen Bestimmung des Wasserstoffperoxyds herangezogen, jedoch verläuft die Oxydation der Jodwasserstofflösung zu Jod nur in nicht allzu verdünnten Lösungen entsprechend rasch. Schöne[227] gibt an, daß in einer Lösung von 1 g Wasserstoffperoxyd in 1 l Wasser fast 24 Stunden zur Vollendung der Reaktion erforderlich sind. Sehr stark beschleunigt wird aber die Reaktion von Kaliumjodid und Wasserstoffperoxyd durch Gegenwart geringerer Mengen von Ferrosulfat, Kupfersulfat, Wolfram- oder Molybdänsäure (Brodie[228]).

Die Kinetik der Jodion- und Wasserstoffperoxydreaktion ist sehr eingehend von E. Abel[229] bearbeitet worden. Eine Zusammenstellung für die Möglichkeiten der Reaktionen zwischen Wasserstoffperoxyd, Jod, Jodion und Jodation bringen W. C. Bray und H. A. Liebhafsky[230], die in nachstehender Tabelle wiedergegeben ist.

p_H	J'	J_2	$J_2 + JO_3'$	JO_3'
13	—	$J_2 \rightarrow J'$ sehr schnell	$J_2 \rightarrow J'$ sehr schnell	—
5	$J' \rightarrow J_2$ mäßig rasch	$J_2 \rightarrow J'$ mäßig rasch (a)	—	$JO_3' \rightarrow J_2 + J'$ sehr langsam (b)
1	$J' \rightarrow J_2$ schneller als (a)	—	$J_2 \rightarrow JO_3'$ schnell	$JO_3' \rightarrow J_2$ schneller als (b)

Von diesen Reaktionen sind besonders interessant $J_2 + 5\,H_2O_2 = 2\,H^{\cdot} + 2\,JO_3' + 4\,H_2O$ und $2\,JO_3' + 2\,H^{\cdot} + 5\,H_2O_2 = J_2 + 6\,H_2O + 5\,O_2$. Die Bromide, wie z. B. Kaliumbromid, wirken auf Wasserstoffperoxyd langsamer, die Chloride am langsamsten und auch nur unvollständig ein.

Die Oxydation von Jodiden durch Persulfate verläuft praktisch bimolekular, da die Reaktion 1 weitaus überwiegt:

1. $K_2S_2O_8 + KJ \rightarrow K_2SO_4 + KSO_4 + J$
   $KSO_4 + KJ \rightarrow K_2SO_4 + J$; $2\,J \rightarrow J_2$; $2\,KSO_4 \rightarrow K_2S_2O_8$.
2. $K_2S_2O_8 + 2\,KJ \rightarrow 2\,K_2SO_4 + J_2$.

Ein Ionenmechanismus kommt nur für die katalysierte Reaktion in Frage.

Bildung von Peroxyden als Zwischenstufe. Im Hinblick auf zahlreiche Oxydationsvorgänge in der lebenden Zelle sowie bei der Autoxydation und Katalyse ist die Einwirkung von Wasserstoffperoxyd auf Ferrosalze bereits Gegenstand zahlreicher Untersuchungen gewesen. Ferroeisen wird durch Wasserstoffperoxyd unter allen Umständen mit außerordentlich großer Geschwindigkeit in Ferrieisen übergeführt. W. Manchot und Wilhelms[231] waren zu dem Ergebnis gekommen, daß das zweiwertige Eisen ungefähr drei Äquivalente Sauerstoff oder 1½ Mole Wasserstoffperoxyd verbraucht, woraus sie den Schluß gezogen hatten, daß das Eisen ein „Primäroxyd" von der Stufe Fe_2O_5 bildet. Dieses höherwertige, besonders aktive Eisenperoxyd soll nun seinen Sauerstoff besonders leicht an fremde Substrate unter Zurücksinken auf Ferrieisen abgeben und dadurch sehr leicht Oxydationen bewirken können. Nach dieser Auffassung wäre demnach von einer katalytischen Aktivierung des zweiwertigen Eisens nicht die Rede, da der Oxydationsvorgang sein Ende mit dem Übergang von Ferroeisen in Ferrieisen finden müßte.

Nach neueren Untersuchungen von W. Manchot und G. Lehmann[232] beansprucht bei großer Verdünnung (etwa 1/Mol H_2O_2 auf mindestens 500 l Wasser) ein Atom Fe^{II} drei Äquivalente H_2O_2, von denen zwei als Sauerstoff gasförmig entweichen oder bei Gegenwart eines Akzeptors, wie z. B. von Kaliumjodid oder irgendeiner anderen oxydablen Substanz, auf diese übertragen werden, während sich gleichzeitig Ferrihydroxyd bildet. Die Reaktion ist nicht katalytisch und endet mit dem Übergang des gesamten Eisens in die Ferriform. Diese Umsetzung ist in dieser Form auch nur mit Ferrosalzen, aber nicht mit Ferrisalzen zu erzielen. Dabei entsteht nach der Auffassung von Manchot dreiwertiges Eisen überhaupt nicht direkt aus der Ferrostufe, sondern nur über das Eisenperoxyd, welches entweder sofort zu Fe^{III} zerfällt oder aber durch Ferrosalz zum dreiwertigen Eisen reduziert wird. Es spielen sich demnach nach Manchot folgende Einzelvorgänge in verdünnten Lösungen ab:

$$2\,FeSO_4 + 3\,H_2O_2 = Fe_2O_5 + 2\,H_2SO_4 + H_2O;\; Fe_2O_5 \rightarrow Fe_2O_3 + 2\,O.$$

Bei Gegenwart des Kaliumjodidakzeptors verläuft die Reaktion folgendermaßen:

$$2\,FeJ_2 + 3\,H_2O_2 + 6\,KJ = 2\,FeJ_5 + 6\,KOH;$$
$$2\,FeJ_5 \rightarrow 2\,FeJ_3 + 2\,J_2;$$
$$2\,FeJ_3 + 6\,KOH = 2\,Fe(OH)_3 + 6\,KJ.$$

Für die Annahme eines Primäroxyds sprechen nach Manchot folgende Untersuchungsergebnisse: 1. Der quantitative Umsatz von drei Äquivalenten Wasserstoffperoxyd ist stets reproduzierbar. 2. Vom Kaliumjodidakzeptor wird eine bestimmte Anzahl von Äquivalenten mitoxydiert, was auch als Zerfall eines Eisenpentajodids aufgefaßt werden kann. Aus der Annahme eines Eisenperoxyds ergibt sich auch eine Erklärung für die Verminderung des Verbrauches von Wasserstoffperoxyd und des Umfanges der Oxydation des Kaliumjodids durch lokale Anhäufungen des Eisens.

Auch zeigt sich bei der Bestimmung der Potentialkurve bei der potentiometrischen Titration von verdünnten Wasserstoffperoxydlösungen mit Ferrosalzlösungen im Äquivalenzpunkt bei Zusatz von 1½ Molen H_2O_2 nicht sogleich ein steiler Abfall des Potentials, sondern eine Verzögerung, die sehr für die Existenz des Eisenperoxyds spricht. In dem eigentümlichen Verhalten der Potentialkurve erblickten auch Goard und Rideal[233] einen direkten Beweis für das Auftreten des Eisenperoxyds.

H. Wieland und E. Stein[234] konnten tatsächlich ein Eisenperoxyd Fe_2O_6 aus alkalischer Lösung von $FeCl_2$ mit 30% H_2O_2 bei — 60° und Fällung mit alkalischer KOH darstellen, das 1 bis 2 Tage bei — 30° beständig war. Seine Oxydationswirkung auf HCOOH war jedoch nicht größer als der gleichen Menge Fe-III-Salz entsprach. Wieland und Stein zogen daraus den Schluß, daß die Aktivierung von H_2O_2 durch Eisen nicht durch ein intermediär gebildetes Eisenperoxyd bewirkt wird.

Wesentlich andere Resultate werden bei der Reaktion zwischen Ferrosalzen und neutralen Wasserstoffperoxydlösungen von stärkerer Konzentration erhalten. Mit Zunahme der Wasserstoffperoxydmenge wächst die Menge des freiwerdenden Sauerstoffes immer mehr und geht schließlich über jedes stöchiometrische Verhältnis hinaus. So werden z. B. bei einer Konzentration von 1 Mol H_2O_2 in 0,468 l Wasser pro Atom Fe^{II} bereits 24,5 Äquivalente Wasserstoffperoxyd verbraucht. Als Erklärung für den Mehrverbrauch des Wasserstoffperoxyds kann man annehmen, daß auf Grund der bekannten Eigenschaft des Wasserstoffperoxyds. sauerstoffreiche Substanzen unter Sauerstoffentwicklung zu reduzieren, bei höherer Konzentration das entstandene höhere Eisenperoxyd sofort wieder durch Wasserstoffperoxyd reduziert wird. Dabei bildet sich wieder Ferrosalz zurück, das dann immer wieder aufs neue reagiert. Tatsächlich konnte in den konzentrierteren Wasserstoffperoxydlösungen im Gegensatz zu den verdünnteren bei der Einwirkung auf Ferrosalzlösungen noch nach zwei Minuten mittels des Reagens α, α'-Dipyridyl in Aceton, das die Gegenwart von Ferrosalz an der auftretenden blutroten Farbe erkennen läßt, eindeutig das Vorhandensein von Eisen in der Ferrostufe nachgewiesen werden. Dieser Nachweis gelingt auch, wenn man vom Ferrisalz ausgeht. Aber selbst in den stärkeren Wasserstoffperoxydkonzentrationen ist die Reaktion nicht katalytisch, weil die H_2O_2-Konzentration durch die stärkere Anfangswirkung sehr schnell erheblich heruntergeht und damit auch die reduzierende Wirkung des Wasserstoffperoxyds abnimmt. Gleichzeitig geht auch das zweiwertige Eisen in die viel unwirksamere dreiwertige Stufe über. Diese übt wohl eine katalytische Wirkung aus, die aber gegenüber dem ungleich stärkeren Effekt der zweiwertigen Stufe zu vernachlässigen ist.

In saurer Lösung gehen im allgemeinen wohl die gleichen Vorgänge vor sich, jedoch sind die Verhältnisse schwieriger zu überblicken als in neutralem Medium. Durch die Anwesenheit der Säure wird namentlich das Verhältnis der Geschwindigkeiten der einzelnen Reaktionen zueinander verschoben und dadurch ihre Trennung voneinander erschwert. Bei sehr großer Verdünnung wird durch Zugabe von wenig Säure das Verschwinden des zweiwertigen Eisens verzögert, der Oxydationsvorgang durch die Säure demnach verlangsamt. Setzt man hingegen mehr Säure zu, so wird das zweiwertige Eisen besonders schnell oxydiert. Es hat demnach den Anschein, als ob der primäre Oxydationsprozeß, d. i. die Bildung des Eisenperoxyds, durch die Säure verzögert, der sekundäre Reduktionsprozeß des Eisenperoxyds durch noch vorhandenes Ferrosalz hingegen sehr stark beschleunigt wird. Der gesamte Umsatz, den ein Atom Fe^{II} bewirkt, ist in Anwesenheit von Säure viel geringer als in neutraler Lösung, wenngleich er auch hier den Umsatz von drei Äquivalenten H_2O_2 pro Atom Fe^{II} weit übersteigt. Die Säure vermittelt somit den Umsatz des Wasserstoffperoxyds und verlangsamt ihn gegenüber den Verhältnissen in neutraler Lösung.

Manchot und Lehmann nehmen auch in einem System Fe^{II}, H_2O_2 und organischem Akzeptor eine Reaktion von Wasserstoffperoxyd und Ferroeisen an, die vorerst zur Bildung von Eisenperoxyd führt, worauf sekundär Eisenperoxyd mit noch vorhandenem Fe^{II}-Salz reagiert. Schließlich ist in diesen Systemen auch die Reduktionswirkung von nicht allzu verdünnten Wasserstoffperoxydlösungen auf das Eisenperoxyd möglich, so daß im Grunde genommen auch bei Gegenwart z. B. einer organischen Säure, wie Ameisensäure, der Vorgang zwischen Wasserstoffperoxyd und Ferrosalze prinzipiell nicht verändert wird.

Eine sehr ähnliche Auffassung vertreten H. Goldschmidt, P. Askenasy und Sp. Pierros[235]. Im Gegensatz dazu nehmen H. Wieland und W. Franke[236] an, daß wohl ein Übergang des Eisenions durch Wasserstoffperoxyd in eine höhere Oxydationsstufe möglich sei, diese aber bei der Aktivierung des H_2O_2 in Gegenwart organischer Akzeptoren keine wesentliche Rolle spiele. Vielmehr sei der primäre Oxydationsstoß, der weit über das Äquivalent jedes stöchiometrischen Verhältnisses für ein Eisenperoxyd hinausgeht, von wesentlicher Bedeutung. Als Erklärung für das Wesen dieser Erscheinung nehmen Wieland und Franke an, daß Fe^{II} durch Komplexbildung mit dem Substrat vor der Oxydation zu Fe^{III} eine Zeitlang geschützt bleibt, so daß es das wahrscheinlich angelagerte Wasserstoffperoxyd zur Oxydation des Substrats aktivieren kann. Es wäre aber auch möglich, daß in dem Fe^{II}-Komplex die von der Oxydation betroffenen Wasserstoffatome aktiviert und so dem Wasserstoffperoxyd dargeboten werden, wodurch das Eisen längere Zeit geschützt bleibt. Die Frage, ob tatsächlich bei der Oxydation von Fe^{II} durch Wasserstoffperoxyd ein Primäroxyd, und zwar ein Eisenperoxyd, die wichtigste Rolle spielt, ist nach den Untersuchungen von Manchot für reine Lösungen wohl als wahrscheinlich anzusehen. Ob aber derselbe Reaktionsmechanismus auch bei Gegenwart eines oxydablen organischen Substrats vorliegt, ist noch nicht mit voller Eindeutigkeit geklärt.

Die oxydierende Wirkung des Wasserstoffperoxyds äußert sich auch bei der Einwirkung auf Metalle, die in Oxyde übergeführt werden. Von besonderem

Interesse ist das Verhalten gegenüber Aluminium und Aluminiumlegierungen. Während in 60%igen Lösungen die oxydierende Wirkung des Wasserstoffperoxyds überwiegt, wobei sich Schutzschichten von Aluminiumoxyd ausbilden, die jeden weiteren Angriff verhindern, findet in ganz verdünnten Lösungen ein punktförmiger Angriff statt, der aber durch Zusatz von Natriumsilicat herabgemindert werden kann (W. Wiederholt[237]). Wasserstoffperoxyd begünstigt auch sehr stark die Auflösung vieler Metalle in Schwefelsäure, wie z. B. von Quecksilber, Kupfer und Nickel.

Promotorwirkung. Die Reaktionsgeschwindigkeit vieler Oxydationsvorgänge ist von der Anwesenheit von Promotoren abhängig, die gleichzeitig auf das Wasserstoffperoxyd katalytisch zersetzend einwirken. So werden in alkalischen Lösungen, in welchen es stark zur Zersetzung neigt, Chromoxyd zum Alkalichromat, Manganoxydul zum Mangandioxyd usw. oxydiert. Viele Oxydationen verlaufen überhaupt erst bei Gegenwart von Katalysatoren mit bedeutender Geschwindigkeit. Während Schwefelwasserstoff von Wasserstoffperoxyd nur sehr langsam oxydiert wird, erfolgt bei Anwesenheit von Eisensalzen, wie z. B. von Ferrichlorid oder von Hämin, ungleich raschere Oxydation. Als Reaktionsprodukte werden Schwefel und Schwefelsäure gebildet. Unter den optimalen Bedingungen der Wasserstoffionen-, Eisenkonzentration, Temperatur und Schüttelperiode vermag nach A. Wassermann[238] ein Atom Eisen pro Sekunde mindestens 7 Moleküle Wasserstoffperoxyd zur Reaktion zu bringen. Die peroxydatische Wirksamkeit des Eisens ist im vorliegenden Falle etwa 10^4mal so groß als die katalytische oder oxydative Wirksamkeit mit Schwefelwasserstoff als Substrat.

Bei Gegenwart von Ferrieisen wird Alkohol durch Wasserstoffperoxyd quantitativ zu Essigsäure und schließlich zu Kohlensäure und Wasser oxydiert (J. H. Walton und C. J. Christensen[239]). Nebenher verläuft die Reaktion der katalytischen Zersetzung des Wasserstoffperoxyds durch das Ferriion, wobei beide Reaktionen annähernd monomolekular vor sich gehen. Die Oxydationsgeschwindigkeit wächst mit der Konzentration des Wasserstoffperoxyds, ein Säurezusatz wirkt hingegen in der Reihenfolge Essig-, Salpeter-, Salz- und Schwefelsäure stark hemmend. Ferroionen sind genau so wirksam als Ferriionen, da sie ja sofort in die dreiwertige Stufe übergeführt werden. Kupferionen sind ohne Einfluß, sie beschleunigen nur die Zersetzung des Wasserstoffperoxyds. Walton und Christensen nehmen an, daß die Oxydation über die Bildung von H_2FeO_4 (Eisensäure) vor sich geht.

Hydrazin, das von Wasserstoffperoxyd bei Abwesenheit von Katalysatoren, wie bereits erwähnt wurde, zu Salpetersäure oxydiert wird, wird bei Gegenwart von Eisen, Kupfer oder Eisen und Kupfer praktisch bis zum Stickstoff oxydiert: $N_2H_4 + 2\,H_2O_2 = 4\,H_2O + N_2$ (D. P. Graham[240]). Ungesättigte Kohlenwasserstoffe werden mit Pervanadinsäure als Katalysator zu α-Oxyden und α-ungesättigten Alkoholen oxydiert (W. Treibs[241]).

Ungesättigte organische Verbindungen, wie Olefine, Kautschuk usw. werden in Kettenreaktionen oxydiert, wobei freie Kohlenwasserstoffradikale entstehen, die O_2 absorbieren und mit einem anderen Molekül des Olefins unter Bildung von H_2O_2 und neuem freiem Radikal weiterreagieren (J. L. Bolland und G. Gee[241a]).

Typische Kohlehydrate, wie Rohrzucker, Maltose, Lactose usw., werden von Wasserstoffperoxyd bei gewöhnlicher Temperatur nicht angegriffen, wohl aber sehr rasch bei Anwesenheit von Eisensulfat. Beim Rohrzucker wird zuerst die CH_2OH-Gruppe oxydiert, wobei die so entstandene Säure eine Hydrolyse und Disaccharidbildung bewirkt. Es entsteht Ameisensäure und Essigsäure, aber keine Glukonsäure (J, Croik[242]). β-Glukosan ist bei gewöhnlicher Temperatur gegenüber Wasserstoffperoxyd allein gleichfalls beständig, erfährt dagegen bei Anwesenheit von Ferrosulfat eine rasche Veränderung, wobei neben flüchtigen und nicht flüchtigen Säuren auch eine erhebliche Menge von Glukose entsteht. Pyrogallol wird von Wasserstoffperoxyd gleichfalls in Gegenwart bestimmter metallischer Katalysatoren als Oxydationskatalysatoren oxydiert (S. F. Cook[243]). Die Wirksamkeit der Metalle nimmt in der Reihe Eisen, Kupfer, Silber, Kobalt und Mangan ab, wobei das Kupfer z. B. 1000mal so stark wirksam ist als das Kobalt und Mangan. Unwirksam waren Magnesium, Quecksilber, Kadmium, Zink, Zinn, Nickel und Wasserstoffionen (HCl). Die Katalyse der Metalle findet im homogenen System, also im ionisierten Zustande statt. Wahrscheinlich entstehen intermediär Peroxyde, die als Sauerstoffüberträger dienen. Beim Vergleich des Aufbaues der Katalysatormetalle ergibt sich, daß mit Ausnahme von Mangan einerseits und Nickel anderseits die äußeren Elektronenschalen der wirksamen Metalle aus einem einzigen Elektron oder aus einem Ring mit nur einem fehlenden Elektron bestehen.

Die Oxydation von Dicarbonsäuren, wie z. B. Oxalsäure, Weinsäure, Milchsäure, Apfelsäure sowie Ameisensäure, Äthylenglykol und Glyzerin, wird durch gleichzeitige Anwesenheit von Eisen oder Kupfer katalysiert (J. H. Walton und D. P. Graham[244]). Die Endprodukte der Oxydation sind meist Kohlensäure und Wasser, wobei die Oxygruppe die Säure leichter oxydierbar macht. Eine Erhöhung der Azidität vermindert die Geschwindigkeit der Zersetzung des Wasserstoffperoxyds und die Oxydation der Säure.

Indigo und zahlreiche Farbstoffe werden durch Wasserstoffperoxyd entfärbt und zerstört, von welcher Eigenschaft man in der Bleicherei von Textilien ausgedehnten Gebrauch macht. Gallenfarbstoffe, wie Bilirubin, werden durch Wasserstoffperoxyd über grün, blau, violett und farblos oxydiert (W. F. v. Öttingen und T. Lohmann[245]). Steigende p_H und Temperaturerhöhung beschleunigen den Oxydationsvorgang, in gleichem Sinne wirken auch Eisen, Kupfer und Mangan, während Kadmium-, Merkuri- und Kuproionen sowie Chinon einen verzögernden Einfluß ausüben.

Die Ursache der Promotorwirkung dürfte wahrscheinlich darin bestehen, daß sich an der Oberfläche des mikroheterogenen oder kolloidalen Katalysators eine höhere Konzentration des Promotors als in der Lösung ausbildet.

Polymerisation ungesättigter Verbindungen. Wasserstoffperoxyd vermag die Polymerisation ungesättigter organischer Verbindungen, wie z. B. von Acrylonitril, Methanylsäure usw. einzuleiten und zu beschleunigen. Die Kinetik dieses Vorganges wurde von J. H. Baxendale, M. G. Evans und G. S. Park[246] untersucht, wonach bei Gegenwart von Ferroionen folgender Reaktionsmechanismus angenommen wird:

$$H_2O_2 + Fe^{\cdot\cdot} \rightarrow HO' + HO + Fe^{\cdot\cdot\cdot}; \quad HO + M \quad (M = \text{das Monomer}) \rightarrow HOM-;$$
$$HOM- + M = HO(M)_2-; \quad HO(M)_2 + M \rightarrow HO(M)_{n+1}.$$

Die OH-Radikale scheinen daher sowohl für die Oxydationsreaktion als auch die Aufsprengung der Doppelbindung verantwortlich zu sein. Die Aktivierungsenergie der Primärreaktion wurde zu $k_1 = 1{,}78 \cdot 10^9 e^{-10,100/RT}$ Mol/l. sek. gefunden.

Die Oxydation von Aldehyden. Wichtig ist auch die Reaktion zwischen Wasserstoffperoxyd und Aldehyd, namentlich im Hinblick auf den Assimilationsprozeß in der lebenden Zelle. In alkalischer Lösung erfolgt glatt und quantitativ Oxydation zu ameisensaurem Kalium nach $2\,CH_2O + 2\,KOH + H_2O_2 = 2\,HCOOK + 2\,H_2O + H_2$. Diese Reaktion ist eine der merkwürdigsten des Wasserstoffperoxyds überhaupt, da bei dem Oxydationsvorgang molekularer Wasserstoff entweicht. Bei Abwesenheit von Alkali kommt die Reaktion, wahrscheinlich zufolge der hemmenden Wirkung der entstandenen Ameisensäure, vor dem völligen Verbrauch der Komponenten zum Stillstand. Wird Wasserstoffperoxyd im Überschuß verwendet, so bildet sich mehr Ameisensäure, als dem entwickelten Wasserstoff entspricht, woraus sich ergibt, daß in diesem Falle die Reaktion nicht nur nach

$$CH_2O + H_2O_2 = H_2C(OH) \cdot OOH = HCOOH + H_2O,$$

sondern auch unter Mitwirkung des Wassers nach

$$H_2O \cdot \boxed{O + \begin{matrix} H \\ H \end{matrix}} \; \boxed{\begin{matrix} HCO \\ HCO \end{matrix} + \begin{matrix} OH \\ HO \end{matrix}} \begin{matrix} H \\ H \end{matrix} = 2\,H_2O + 2\,HCOOH + H_2$$

verläuft. Der entwickelte Wasserstoff stammt hierbei nach Ansicht von A. Bach und A. Generosow[247] nur aus dem an der Reaktion beteiligten Wasser. Das Formaldehydmolekül als solches ist aber nicht imstande, sich auf Kosten des Wassers zu Ameisensäure unter Entwicklung von Wasserstoff zu oxydieren. Dagegen wird es dazu befähigt, wenn ihm durch irgendein Oxydationsmittel eines seiner Wasserstoffatome entzogen wird. Für die auffallende Tatsache, daß das Wasserstoffperoxyd durch den freiwerdenden Wasserstoff nicht reduziert wird, ist anscheinend der Umstand maßgebend daß das Formaldehyd und Wasserstoffperoxyd sich zu einem Komplex vereinigen, in welchem der aktive Sauerstoff gegen den Angriff des Wasserstoffes geschützt ist (s. Blanck und Finkensteiner[248]). Die Oxydation des Formaldehyds kann daher auf eine primär vor sich gehende Addition des Wasserstoffperoxyds als H und OOH an die Carbonylgruppe zurückgeführt werden. Hierher gehört z. B. auch die Oxydation von Ketonsäuren durch Wasserstoffperoxyd, die sehr rasch zu Kohlensäure und der nächst niederen Ketonsäure verbrannt werden, wie am Beispiel der Oxydation der Brenztraubensäure gezeigt werden soll:

$$CH_3 \cdot CO \cdot COOH + HOOH \rightarrow CH_3 \cdot C(OH)(OOH)(COOH) \rightarrow CH_3 \cdot \underset{\large OH}{\underset{|}{C}} = CO_2 + H_2O.$$

Von H. Wieland[249] wird die Oxydation des Aldehyds durch Wasserstoffperoxyd als eine Dehydrierung aufgefaßt. Da der wasserfreie Aldehyd z. B. mit Silberoxyd nicht zur Carbonsäure oxydiert wird, wie Wieland am speziellen Fall der Lösung des Chlorals und des Chloralhydrats in trockenem Benzol gezeigt hat, von welchem nur die Lösung des Hydrats von Silberoxyd oxydiert wird, ist anzunehmen, daß der Aldehyd in Form des Hydrats oxydiert wird. Aus diesem wird nach

$$R{-}C\begin{matrix} \diagup OH \\ {-}OH \\ \diagdown H \end{matrix} \xrightarrow{-2H} R{-}\underset{\underset{\large O}{\|}}{C}{-}OH$$

der Wasserstoff oxydativ abgespalten. Wieland nimmt im Sinne seiner Dehydrierungstheorie überhaupt an, daß das Wasserstoffperoxyd außer auf Grund einer primären Addition auch durch direkte Aufnahme von Wasserstoff aus dem zu oxydierenden Substrat oxydierend wirkt.

Die Anlagerung des Wasserstoffperoxyds beim Oxydationsvorgang in Form von 2 OH-Gruppen ist ungleich seltener als jene als H und OOH. Ein Beispiel für eine derartige Oxydation ist die der Krotonsäure. Aus dieser entsteht die α, β-Dioxybuttersäure, die nach Wieland[249] unter Dehydrierung zu Acetaldehyd und zwei Molen Kohlensäure abgebaut wird. Dabei ist aber in der ersten Dehydrierungsstufe eine neuerliche Oxydation zur Säure die notwendige Voraussetzung dieses Reaktionsverlaufes.

$$CH_3 \cdot CH = CH \cdot COOH + HOOH \rightarrow CH_3 \cdot CHOH \cdot CHOH \cdot COOH \xrightarrow{-2H} CH_3 \cdot$$
$$\cdot CHOH \cdot CO \cdot COOH \rightarrow CH_3 \cdot CHOH \cdot COOH + CO_2 \xrightarrow{-2H} CH_3 \cdot CHO + CO_2.$$

Die Krotonsäure kann aber durch Wasserstoffperoxyd nicht nur zu Acetaldehyd, sondern auch zu Aceton unter Bildung von Acetessigsäure als Zwischenprodukt oxydiert werden. Diese Reaktionsweise ist aber nur möglich, wenn die Anlagerung des Wasserstoffperoxyds an die Krotonsäure auch als H und OOH vor sich gehen kann:

$$CH_3 \cdot CH = CH \cdot COOH + H \cdot OOH \rightarrow CH_3 \cdot CH \cdot OOH \cdot CH_2 \cdot COOH \rightarrow$$
$$\rightarrow CH_3 \cdot CO \cdot CH_2 \cdot COOH \rightarrow CH_3 \cdot CO \cdot CH_3 + CO_2.$$

Auch bei der Bildung von Aminooxyden aus tertiären Aminen und Wasserstoffperoxyd, wobei also dieses dem Amin Sauerstoff zuführt, ist eine primäre Addition anzunehmen:

$$R_3N + HOOH \rightarrow R_3N\begin{matrix} \diagup H \\ \diagdown O\,|\,OH \end{matrix} \rightarrow R_3N = O + H_2O.$$

In gleicher Weise können z. B. aus Sulfiden Sulfoxyde entstehen.

Bemerkenswert ist die Bildung von Formaldehyd aus Percarbonat. So entsteht bei der Destillation von wässerigen K_2CO_3-Lösungen und H_2O_2 in Gegenwart von PbO_2 (verbesserter Thunberg-Versuch) sowie bei der Einwirkung von H_2O_2 auf K_2CO_3 in Gegenwart von Peroxydase Formaldehyd (Bauer[250]).

Übertragung der —OO— -Brücke. Als Oxydationsvorgänge sind schließlich auch jene Reaktionen anzusprechen, bei denen durch Einwirkung von HOOH eine Übertragung der —OO— -Bindung stattfindet. Hier reagiert das Wasserstoffperoxyd auf Grund seiner Säurenatur mit den Basen unter Bildung von Peroxyden. Bringt man z. B. Natronlauge in wäßriger Lösung mit Wasserstoffperoxyd zusammen, so entsteht Natriumperoxyd:

$$2\,NaOH + HOOH = Na_2O_2 + 2\,H_2O.$$

Nach D'Ans ist diese Reaktion aber als Substitution nach der Gleichung $2\,Na + 2\,H_2O_2 \rightarrow 2\,NaOOH + H_2$ aufzufassen.

In ähnlicher Weise entstehen aus den wäßrigen Lösungen oder Aufschlemmungen der Hydrate der Erdalkalioxyde von Calcium, Barium, Magnesium sowie von Kadmium- und Zinkhydroxyd bei der Einwirkung von Wasserstoffperoxyd die Peroxyde der betreffenden Metalle, die als unlösliche Niederschläge ausfallen.

Auch bei der Einwirkung von konzentriertem Wasserstoffperoxyd auf Säuren, wie z. B. Schwefel- oder Essigsäure, bilden sich Persäuren, in denen eine Hydroxylgruppe durch die —OOH— -Gruppe ersetzt ist:

$$CH_3COOH + HOOH \rightleftharpoons CH_3COOOH + H_2O \text{ oder}$$
$$H_2SO_4 + H_2O_2 \rightleftharpoons H_2SO_5 + H_2O.$$

Es handelt sich bei diesen Bildungsweisen um umkehrbare chemische Reaktionen, bei welchen durch Erhöhung der Konzentration des Wasserstoffperoxyds das Gleichgewicht der Reaktion auf die Seite der Persäurebildung zu liegen kommt.

Eine der empfindlichsten Reaktionen des Wasserstoffperoxyds überhaupt, nämlich die Bildung von gelbgefärbter Pertitansäure TiO_3, beruht auf der Oxydation einer farblosen Lösung von Titandioxyd nach der Gleichung

$$TiO_2 + H_2O_2 = TiO_3 + H_2O.$$

Von M. Billy und J. Saugalli[251] wurde auch die Bildung der Peroxyde Ti_2O_5 und der Anlagerungsverbindung $Ti_2O_5 \cdot 3\,H_2O_2$ nach Zusatz von bestimmten Mengen Wasserstoffperoxyd zu einer Titantetrachloridlösung festgestellt.

Auch der sehr empfindliche Nachweis der Bildung der blaugefärbten Überchromsäure beruht auf der Oxydation von Chromat durch Wasserstoffperoxyd. Diese Perchromsäuren werden aus Chromaten, z. B. Kaliumbichromat, in schwefelsaurer Lösung und Wasserstoffperoxyd erhalten. Den blauen Perchromaten kommt die Zusammensetzung $MeCrO_5$ zu, jedoch können diese auch noch ein Mol Kristallhydroperoxyd enthalten. So konnte ein Salz $NH_4CrO_5 \cdot H_2O_2$ isoliert werden, welches ein violettschwarzes Pulver, ähnlich dem gepulverten Kaliumpermanganat, darstellt. In trockenem Äthylacetat bildet sich bei tiefen Temperaturen aus CrO_3, H_2O_2 und NH_3 gelbbraunes, bei Raumtemperatur entflammendes $H_2CrO_5 \cdot 2\,NH_3$ (D. G. Nicholson[252]). R. Schwarz und H. Giese[253] geben den blauen Perchromaten der Zusammensetzung KH_2CrO_7 die Formel $KCrO_6 \cdot H_2O$ und nicht $KCrO_5 \cdot H_2O_2$, da diese nach der Methode von Willstädter[254] kein Wasserstoffperoxyd enthalten. Die blaue Lösung, welche bei der Einwirkung von Wasserstoffperoxyd auf Chromsäurelösungen erhalten wird, ist Gegenstand zahlreicher Untersuchungen gewesen. Durch Ausschütteln mit Äther wird die blaue Perchromsäure von diesem aufgenommen. Bei der Ausführung der Reaktion muß man aber jeden Überschuß von Wasserstoffperoxyd vermeiden, da sich gegenüber der sehr sauerstoffreichen Perchromsäure sofort nach ihrer Entstehung das Reduktionsvermögen des Wasserstoffperoxyds bemerkbar macht. So wird eine reine Chromsäurelösung nach anfänglicher Oxydation zu Überchromsäure sogleich wieder unter Sauerstoffentwicklung zu gelbem chromsaurem Chromoxyd, eine salpeter- oder schwefelsaure Lösung dagegen bis zum grünen Chromioxyd reduziert. In alkalischer Chromatlösung erhält man durch Zugabe von Wasserstoffperoxyd rote Perchromate der Formel Me_3CrO_8, am besten unter Anwendung von tiefen Temperaturen.

Auch mit vielen anderen Metallverbindungen, wie solchen von Molybdän, Wolfram, Uran, Vanadin, Tantal, Niob, entstehen bei der Einwirkung von Wasserstoffperoxyd die entsprechenden Persäuren. So erhält man aus Uranylnitrat oder fester Uransäure und Wasserstoffperoxyd z. B. die Peruransäure $UO_4 \cdot n$ aqu. (A. Sieverts und E. L. Meyer[255]). Die konzentrierten Lösungen der Kalisalze der Pertantalsäure K_3TaO_8 und $K_3TaO_8 \cdot 0{,}5\,H_2O$ ergeben nach Sieverts und Meyer bei Versetzen mit Schwefelsäure unter Vermeidung eines Überschusses die freie Pertantalsäure H_3TaO_8. Diese wird auch aus Tantalsäure und 30%igem Wasserstoffperoxyd und Aussalzen mit Natriumchlorid und Alkohol erhalten, wobei in ihr das Verhältnis von Tantal zu aktivem Sauerstoff wie 1 : 1 ist.

Cerosalze werden nach Cleve mittels Ammoniaks und Wasserstoffperoxyds in ein höheres Oxyd des Cers von intensiv gelber Farbe, das Monoperoxycertrihydroxyd $Ce(OH)_3(OOH)$ übergeführt. Diese Reaktion wird bei vielen Umsetzungen des Sauerstoffes, bei denen sich durch Autoxydation usw. Peroxyd bildet, zum quantitativen Abfangen des bei dieser Reaktion entstehenden H_2O_2 verwendet. Nach A. Lawson und E. W. Balson[256] erfolgt die Einwirkung von Wasserstoffperoxyd auf eine Suspension von $Ce(OH)_3$ in zwei Stufen:

1. $Ce(OH)_3 + H_2O_2 = Ce(OH)_2OOH + H_2O$ (sehr schnell).
2. $3\,Ce(OH)_2OOH + H_2O = 2\,Ce(OH)_3OOH + Ce(OH)_3$ (weniger schnell).

Langsamer verläuft die Reaktion $2\,Ce(OH)_3 + H_2O_2 = 2\,Ce(OH)_4$.

Sehr kompliziert sind die Reaktionsverhältnisse bei der Einwirkung von Wasserstoffperoxyd auf schwefelsaure Vanadinverbindungen. Es bildet sich hierbei eine braunrote, aktiven Sauerstoff enthaltende Verbindung, die nach Leitfähigkeits- und Überführungsmessungen von J. Mayer und A. Pawleta[257] aber nicht als eine Pervanadinsäure der Formel HVO_4, sondern als ein Peroxovanadat $[V(O_2)]_2(SO_4)_3$ aufzufassen ist, in dem das fünfwertige Vanadin als Kation enthalten ist. Sowohl die Konzentration der Schwefelsäure als auch jene des Wasserstoffperoxyds sind auf die Braunfärbung von Einfluß. So tritt bei Zusatz von Wasserstoffperoxyd zur braunroten Lösung Gelbfärbung ein. Die entstehende hellgelb gefärbte freie Peroxyvanadinsäure ist erst die wahre Pervanadinsäure, die der Orthophosphorsäure sehr ähnlich ist, da sie ungefähr so stark ist wie diese und ebenfalls eine dreibasische Säure der Formel $V(O_2)(OH)_3$ oder $H_3[V(O_2)(O_3)]$ darstellt. Konzentrierte Schwefelsäure und Wasserstoffperoxyd reagieren daher mit peroxovanadylsaurem Salz wie folgt:

$$V(O_2)(SO_4)_3\ (\text{rotbraun}) + 6\,H_2O \underset{H_2SO_4}{\overset{H_2O_2}{\rightleftarrows}} 2\,V(O_2)(OH)_3\ (\text{hellgelb}) + 3\,H_2SO_4.$$

Das Auftreten des rotbraun gefärbten Peroxovanadinsalzes ist eine sehr empfindliche qualitative Reaktion sowohl auf V_2O_5 als auch auf H_2O_2, da sie mit möglichst wenig Wasserstoffperoxyd in einer 15- bis 20%igen Schwefelsäure noch einen Teil V_2O_5 in 160 Teilen Lösung nachzuweisen gestattet.

In allen verdünnten schwach alkalischen bis schwach sauren H_2O_2-haltigen Vanadatlösungen existiert das Anion der gelben, mittelstarken Diperoxyorthovanadinsäure: $[VO_2\,(O_2)_2 \cdot aq]\,H_3$ (K. F. Jahn[258]).

Auch aus manchen Wolfram- und Molybdänverbindungen entstehen bei der Einwirkung von Wasserstoffperoxyd Perwolframate und Permolybdate. So bildet sich beim Versetzen von Lösungen von Wolframaten mit Wasserstoffperoxyd selbst bei Siedehitze Perwolframat der Formel $H_2WO_5 = \begin{matrix} O \\ O \end{matrix}\!\!>\!W\!\!<\!\begin{matrix} OOH \\ OH \end{matrix}$, bei tiefen Temperaturen noch peroxydreichere Produkte, wie $K_2WO_8 \cdot H_2O$. M. E. Rumpf-Nordmann[259] erhielt bei der Einwirkung von 2 Mol H_2O_2 auf 1 Mol Na-Wolframat das Na-Salz einer Perwolframsäure H_2WO_6.

Aus neutralen oder schwach alkalischen Alkaliwolframatlösungen und viel H_2O_2 entstehen gelbe Perwolframate $Me^I_2 \cdot 1\,WO_3 \cdot 4\,O_{akt} \cdot aq$, aus schwach sauren Lösungen farblose Alkalitetraperoxy-(1 : 2)-wolframate der Zusammensetzung $Me^I_2 \cdot 2\,WO_3 \cdot 4\,O_{akt} \cdot aq$ (K. F. Jahn und E. Loher[260]).

Die Darstellung der Perwolframate $K_2WO_8 \cdot 0{,}5\,H_2O$, $Rb_2WO_8 \cdot 3\,H_2O$, $Na_2WO_8 \cdot H_2O$ und $BaWO_8 \cdot 4\,H_2O$ bei der Einwirkung von Wasserstoffperoxyd auf die wasserfreien Wolframate beschreiben A. Rosenheim, M. Hakki und O. Krause[261]. Etwas schwieriger gelingt die Herstellung von Permolybdaten der Formel $x\,R_2O \cdot y\,MoO_4$. Als sauerstoffreichste Verbindung des Molybdäns wurde das Cäsiumsalz $CsO_2 \cdot 4\,MoO_4$ erhalten. Das Kaliumdimolybdat $K_2MoO_7 \cdot H_2O$ z. B. gibt beim schwachen Erwärmen mit Perhydrol eine Lösung, aus der sich in groben Nadeln die Verbindung $8\,K_2O \cdot 2\,MoO_3 \cdot 4\,O \cdot 4\,H_2O_2 \cdot 4\,H_2O$ mit einem peroxydisch gebundenen Sauerstoff abscheidet. Nach K. F. Jahn[262] entsteht bei geringem H_2O_2-Überschuß fast ausschließlich Diperoxymolybdänsäureion $HMoO_6'$, bei großem H_2O_2-Überschuß Tetraperoxymolybdänsäureion MoO_8''. Wasserstoffperoxyd verhindert die Fällung von Phosphorammonmolybdat, es entsteht nur eine gelbe Lösung. Für alle diese Metallpersäuren ist ihre Färbung charakteristisch, die häufig zum analytischen

Nachweis der betreffenden Metalle oder des Wasserstoffperoxyds herangezogen wird. Ihre Färbung ist meist gelb bis orange, nur die Pertantalate sind farblos.

Reduktionswirkungen. Neben diesen zahlreichen und starken Oxydationswirkungen des Wasserstoffperoxyds ist dieses aber auch imstande, Reduktionswirkungen hervorzurufen. Dieses Verhalten ein und derselben Substanz mag vielleicht etwas merkwürdig erscheinen, wird aber ohne weiteres verständlich, wenn wir bedenken, daß es das erste Reduktionsprodukt des Sauerstoffmoleküls und eine sehr labile Verbindung darstellt, in welcher das eine Sauerstoffatom sehr leicht abgegeben werden kann. Die reduzierende Wirkung des Wasserstoffperoxyds erstreckt sich hauptsächlich auf solche Verbindungen, die gleichfalls lose gebundene Sauerstoffatome enthalten, wie z. B. Silberoxyd, Kaliumpermanganat, Ozon, Persäuren usw. Theoretisch ist diese Eigenschaft des H_2O_2 damit zu erklären, daß es auf Grund seines Reduktionspotentials von + 0,66 Volt alle Substanzen mit einem höheren Oxydationspotential als + 0,66 Volt zu reduzieren vermag. Bei der Reaktion von Wasserstoffperoxyd mit diesen Körpern tritt das eine leicht abgebbare Sauerstoffatom des H_2O_2 und jenes der zu reduzierenden Substanz zufolge deren gegenseitiger Anziehung, welche sie zu molekularem Sauerstoff zu vereinigen trachtet, zusammen. Diese Vereinigung kann natürlich nur dann vor sich gehen, wenn die Kraft der Bildung des Sauerstoffmoleküls größer ist als jene, mit welcher die beiden losen Sauerstoffatome einerseits im Wasserstoffperoxyd, anderseits in der sauerstoffreichen Verbindung gebunden sind. Es wird demnach bei der reduzierenden Wirkung sowohl dem Wasserstoffperoxyd als auch der zu reduzierenden Substanz je ein O-Atom entzogen, die vereinigt als gasförmiger Sauerstoff entweichen. Die H-Atome des HOOH sind daher nach dieser richtigeren Auffassung an der Reduktion von sauerstoffreichen Substanzen überhaupt nicht beteiligt (s. diesbezüglich Bayrley und Berthelot[263], Bach[264] und Tanatar[265]). Den durch Wasserstoffperoxyd bewirkten Reduktionen gehen nach der Auffassung dieser Autoren immer Oxydationen voraus, so daß dieses nicht im eigentlichen Sinne als Reduktionsmittel bezeichnet werden kann. Nur der Umstand, daß die gebildeten Oxydationsprodukte meist nur von sehr kurzer Lebensdauer sind und bloß eine unbeständige Zwischenstufe darstellen, erweckt den Anschein eines Reduktionsvorganges. Beim Chrom konnte jedoch, wie oben gezeigt wurde, die Bildung von Perchromsäure bei der Überführung von Bichromaten in Chromiverbindungen eindeutig verfolgt werden.

Von manchen Autoren werden die reduzierenden Wirkungen des Wasserstoffperoxyds auch dadurch erklärt, daß das H_2O_2-Molekül wieder zum Sauerstoffmolekül wird und seine beiden H-Atome in statu nascendi an reduzierbare Körper abgibt. Die reduzierende Wirkung des Wasserstoffperoxyds kann daher auch durch seinen Gehalt an H-Atomen bedingt sein. Sind diese aber durch Metalle ersetzt, wie z. B. im Natriumperoxyd, so wirkt diese Substanz immer nur mehr oxydierend. Es kann daher als ungefähre Richtlinie angesehen werden, daß in stark alkalischen Lösungen, in denen stets Salze des Wasserstoffperoxyds und nicht dieses selbst vorliegt, vorwiegend oxydierende Wirkungen, in sauren hingegen auch Reduktionen ausgeführt werden können. Jedoch ist diese Regel nicht allgemein gültig, da z. B. Jod in Gegenwart von kohlensaurem Alkali in HJ (Lenssen[266]) übergeführt, also zum Jodid reduziert wird, während in saurer Lösung aus HJ und KJ durch Wasserstoffperoxyd besonders leicht Jod in Freiheit gesetzt wird, also eine Oxydation vor sich geht. Auch werden gerade in alkalischer Lösung zahlreiche Metallverbindungen bis zum Metall reduziert.

Sehr häufig findet an ein und derselben Substanz sowohl eine Oxydation als auch eine Reduktion statt und sind für das Eintreten der einen oder der anderen Reaktion nur die jeweiligen Versuchsbedingungen maßgebend. So werden durch

Wasserstoffperoxyd in saurer oder neutraler Lösung Ferrocyanide in Ferricyanide übergeführt, während in alkalischem Medium diese Reaktion in umgekehrter Richtung verläuft. Die Reaktion:

$$2\,K_3Fe(CN)_6 + 2\,KOH + H_2O_2 = 2\,K_4Fe(CN)_6 + 2\,H_2O + O_2$$

wurde von J. Quincke[267] zur quantitativen Bestimmung von Kaliumferricyanid und von Wasserstoffperoxyd empfohlen. Metallisches Quecksilber wird in saurer Lösung zum Oxyd oxydiert, während in alkalischem Medium Merkurisalze sogar quantitativ bis zum Metall reduziert werden, wenn die Lösung an Alkali mindestens 1-normal ist. Ferrosalze und metallisches Silber werden in saurem Medium oxydiert, in alkalischem hingegen werden Ferrisalze und Silberoxyd reduziert.

Kaliumpermanganat wird in saurer Lösung nach der Gleichung

$$2\,KMnO_4 + 5\,H_2O_2 + 3\,H_2SO_4 = K_2SO_4 + 2\,MnSO_4 + 8\,H_2O + 5\,O_2$$

sofort und in quantitativer Reaktion zum Mangansulfat reduziert. In Analogie mit der Bildung der Perchromsäure in saurer Lösung, die bei Überschuß von Wasserstoffperoxyd sofort wieder reduziert wird, kann man auch bei der Reduktion des Kaliumpermanganats oder der Permangansäure $HMnO_4$ durch HOOH die intermediäre Bildung einer Per-permangansäure annehmen (Ephraim: Lehrbuch der anorg. Chemie), die aber ein sehr labiles Produkt darstellt und daher in sehr kurzer Zeit bis zur Manganostufe zerfällt oder abgebaut wird. Über die Reaktionskinetik dieser Reaktion wird auch auf die Arbeiten von W. Simanowsky[268] verwiesen, dessen Ergebnisse auf eine autokatalytische Reaktion zwischen Kaliumpermanganat und dessen Reaktionsprodukten schließen lassen. Unter geänderten Versuchsbedingungen, wie z. B. in alkalischer Lösung, verläuft die Reaktion nach der Gleichung

$$2\,KMnO_4 + 3\,H_2O_2 = 2\,KOH + 2\,MnO_2 + 2\,H_2O + 3\,O_2,$$

wobei aber die Reduktion nur dann zu Produkten bestimmter Zusammensetzung führt, wenn NH_3 oder KOH in der theoretischen Menge vorhanden ist. So erhielt z. B. P. Dubois[269] bei einem p_H von 4,2 einen Niederschlag von $MnO_{1\cdot 58}$.

Mangandioxyd wird ebenso wie Kaliumpermanganat in saurer Lösung zum Manganosalz reduziert, welche Reaktion schon von Thénard beobachtet wurde, in alkalischer Lösung wird umgekehrt MnO zu MnO_2 oxydiert. Während aber in saurer Lösung bei der Einwirkung von Wasserstoffperoxyd auf Mangandioxyd auf 1 Mol H_2O_2 1 Molekül O_2 entwickelt wird, bleibt in alkalischer Lösung das Mangandioxyd unverändert, und es entwickelt sich nur 1 Atom Sauerstoff, das nach Weltzien[270] nur aus dem Wasserstoffperoxyd stammt.

Bei der Reaktion von Ozon und Wasserstoffperoxyd stellten V. Rothmund und A. Burgstaller[271] fest, daß die Reaktion $H_2O_2 + O_3 = H_2O + 2\,O_2$ nur bei einem großen Ozonüberschuß nach dieser Formel verläuft. Mit abnehmender Konzentration des Wasserstoffperoxyds wird die Menge des verschwindenden Ozons immer größer, was auf eine Erhöhung der Zerfallsgeschwindigkeit des Ozons durch Wasserstoffperoxyd zurückgeführt wird. W. C. Bray[272] erklärte dieses Verhalten durch die Annahme von Kettenreaktionen mit einer Zwischensubstanz H_2O_3 oder $HO + HO_2$.

Versetzt man eine Silbernitratlösung mit Wasserstoffperoxyd und dann mit Kalilauge, so fällt nicht Silberoxyd, sondern metallisches Silber aus, während Sauerstoff entweicht:

$$Ag_2O + H_2O_2 = 2\,Ag + H_2O + O_2.$$

Perjodat wird durch Wasserstoffperoxyd sofort zu Jodat reduziert, Cerisalze zu den entsprechenden Ceroverbindungen. Eine $KAuCl_4$-Lösung wird durch Wasserstoffperoxyd gleichfalls bis zum Metall reduziert. In der ersten Reduktionsstufe hydrolisiert das Goldsalz zu $Au(OH)_3$, das dann über $Au(OH)$ bis zum metallischen Gold reduziert wird. Auch $Pt(OH)_4$ wirkt nicht nur zersetzend auf das Wasserstoffperoxyd ein, sondern wird von diesem auch bis zum Metall reduziert. Phosgen wird in alkalischer Lösung zu Formaldehyd reduziert:

$$COCl_2 + 2\,KOH + H_2O_2 = 2\,KCl + CH_2O + \frac{3}{2}O_2$$ (M. Kleinstück[273]).

Unterchlorige, unterbromige und unterjodige Säure werden in quantitativen, stöchiometrischen Verhältnissen zu den Chloriden, Bromiden und Jodiden reduziert:

$$NaOJ + H_2O_2 = NaJ + H_2O + O_2$$ (Lunge[274]);

$$Ca(OCl)_2 + 2\,H_2O_2 = CaCl_2 + 2\,H_2O + 2\,O_2$$ (B. Dodt[275]).

Die letztgenannte Reaktion wird in Laboratorien manchmal dazu benutzt, um aus gepreßten Chlorkalkstückchen und angesäuerter verdünnter Wasserstoffperoxydlösung einen regelmäßigen Sauerstoffstrom zu entwickeln. Auch durch Zusatz von Zersetzungsperlen (Hersteller Elektrochem. Werke, München) kann man reinsten, manchmal aber auch ozonhaltigen Sauerstoff aus Wasserstoffperoxydlösungen herstellen.

Auch Chlorgas kann nach $Cl_2 + H_2O_2 = 2\,HCl + O_2$ eine Zersetzung, also Reduktion des Wasserstoffperoxyds bewirken. Die Reaktion verläuft in 2 Stufen: $H_2O_2 + Cl_2 \rightarrow H^{\cdot} + Cl' + HOOCl$ und $HOOCl \rightarrow O_2 + H^{\cdot} + Cl'$, deren Teilgeschwindigkeiten stark von der Konzentration der HCl abhängig sind (R. E. Connick[275a]).

Von R. Kuhn und A. Wassermann[276] wurde in quantitativen Versuchen gezeigt, daß Ferrisalz durch Wasserstoffperoxyd in Gemischen mit α, α'-Dipyridil oder Orthophenantrolin vollständig zu Ferroeisen reduziert wird. Bei Gegenwart von geringen Mengen von Ferrisalzen bildet sich in Lösungen von Natriumbicarbonat und Wasserstoffperoxyd Ameisensäure, die das erste Reduktionsprodukt der Kohlensäure darstellt.

Bei der Elektrolyse wird gelöstes Wasserstoffperoxyd an der Kathode durch den naszierenden Wasserstoff zu Wasser reduziert, während es an der Anode durch den naszierenden Sauerstoff nach $O + H_2O_2 = H_2O + O_2$ zerlegt wird. Je konzentrierter die Wasserstoffperoxydlösung ist, um so stärker und vollständiger ist die Einwirkung dieser naszierenden Gase. Bei einem Gehalt von 3% Wasserstoffperoxyd ist die Einwirkung des Sauerstoffs quantitativ, bei 6% ist es auch jene des Wasserstoffs (Tanatar).

Zu den charakteristischesten Eigenschaften gehört das bereits beschriebene Verhalten, daß sauerstoffreiche Substanzen, wie Übermangansäure u. dgl., reduziert werden. Es besitzt insbesondere auch die Eigenschaft, Peroxyde, die es selbst erst gebildet hat, gleichzeitig wieder zu reduzieren, wie dies ebenfalls am Beispiel der Perchromsäure schon gezeigt wurde. Dies gilt auch für die Sulfomonopersäure, die Pervanadinsäure[219], Pertitansäure und ähnliche Säuren. Auch beim Versetzen einer konzentrierten Wasserstoffperoxydlösung mit gelöstem Bleiacetat bildet sich anfangs ein braunroter Niederschlag von wasserhaltigem Bleidioxyd, der bald wieder heller wird und sich unter Reduktion und Sauerstoffentwicklung in das wasserhaltige, farblose Bleioxyd umwandelt (Gawalowskyi[277]). Thallium oxydiert sich bei Gegenwart von Wasserstoffperoxyd vorerst zu Thallohydroperoxyd, TlOOH, welches sich dann mit überschüssigem Wasserstoffperoxyd wieder zu Wasser, Thallohydroxyd TlOH und Sauerstoff umsetzt.

Wie C. Neuberg und S. Miura[278] festgestellt haben, besitzt das Wasserstoffperoxyd auf hochmolekulare Verbindungen, wie Ovalbumin, Glykogen, Stärkearten, Insulin, Hefenukleinsäure, Chondroidinschwefelsäure und Lezithin eine deutliche hydrolysierende Wirkung.

Molanlagerung. Die Reaktionsmöglichkeiten des Wasserstoffperoxyds werden noch durch seine Fähigkeiten vermehrt, sich ähnlich dem Wasser als Molekül in Form von Kristallhydroperoxyd an anorganische oder organische Verbindungen anzulagern, wie z. B. an Natrium- oder Ammoniumsulfat, Metaborat, Natriumphosphat und -acetat oder -carbonat, Harnstoff usw. Seiner Säurenatur entsprechend vereinigt es sich auch als Molekül mit Basen, vor allem mit den Peroxyden der Alkali- und Erdalkalimetalle zu gut kristallisierten Verbindungen, wie $Na_2O_2 \cdot 2\,H_2O_2$, $Ba_2O_2 \cdot H_2O_2$ usw. Von Matheson und Maaß[180] wurden die Verbindungen $NH_3 \cdot H_2O_2$, $C_2H_5 \cdot NH_2 \cdot 2\,H_2O_2$; $C_3H_7 \cdot NH_2 \cdot 2\,H_2O_2$; $C_4H_9 \cdot NH_2 \cdot 2\,H_2O_2$; n- und tert. Pyperidin $\cdot\, H_2O_2$; $(C_2H_5)_2 \cdot NH \cdot 3\,H_2O_2$ und $(C_2H_5)_3 \cdot N \cdot 4\,H_2O_2$ aufgefunden. Wie aus diesen Verbindungsmöglichkeiten ersichtlich ist, wächst die Zahl der angelagerten Wasserstoffperoxydmoleküle offenbar mit der Stärke der Base.

Wirkungen auf die Haut. Auf die Haut gebracht, macht es in sehr kurzer Zeit die Epidermis weiß und verursacht ein starkes Jucken, das jedoch nach 15 bis 20 Minuten wieder vergeht. Die weißen Flecken selbst verschwinden erst nach einigen Stunden, ohne irgendwelche Schädigungen bewirkt zu haben. Dabei hat sich gezeigt, daß die Wirkung z. B. einer 30%igen Wasserstoffperoxydlösung die Tätigkeit der Schweißdrüsen sehr stark herabsetzt, so daß das Perhydrol in der Therapie direkt zur Verringerung der Schweißabsonderung verwendet wird.

Chemische Eigenschaften des konzentrierten Wasserstoffperoxyds. Reines wasserfreies Wasserstoffperoxyd ist nur um 0° vollkommen beständig, während es sich beim Erhitzen in Glas zersetzt. Holz zersetzt es, bei Gegenwart einer kleinen Menge Säure oder metallischen Katalysationen, wie Eisen, Rost usw. sogar unter Feuererscheinung. Wolle kommt beim Auftropfen von wasserfreiem Wasserstoffperoxyd gleichfalls zur Entzündung. Metalle bewirken Zersetzung, Natrium z. B. ruft Explosionen hervor. Lebendes tierisches Gewebe wird durch reines Wasserstoffperoxyd nicht verletzt, totes aber in immer stürmischer werdender Reaktion zerstört. Blut zersetzt stürmisch. Gegen Erschütterungen ist reines Wasserstoffperoxyd sehr empfindlich, es tritt Sauerstoffentwicklung auf, die sich bis zur Explosion steigern kann, so daß es z. B. in 100%iger Lösung einen Eisenbahntransport nicht verträgt. Mit sinkender Konzentration und zunehmendem Reinheitsgrad nimmt jedoch die Empfindlichkeit gegen Erschütterungen rasch und stark ab.

Beim heftigen Reiben oder der Berührung mit oxydablen Körpern ereignen sich außerordentlich starke Explosionen. Selbst 90%iges Wasserstoffperoxyd gibt bei Berührung mit Platin oder Mangandioxyd eine Explosion. Bleioxyd und Kaliumchromat zersetzen 90%iges H_2O_2 mit sehr stürmischer Reaktion (F. Bellinger, H. B. Friedmann, W. H. Bauer, J. W. Eastes und W. C. Bull[282]). Reines Wasserstoffperoxyd ist durch eine Knallquecksilbersprengkapsel nicht zur Explosion zu bringen, liefert aber mit organischen Beimischungen wirksame Sprengstoffe. 90%iges H_2O_2 ist noch beschußsicher. Ein Gemisch von 80%igem H_2O_2 mit 12,5% Methylalkohol detoniert in Röhren mit einem Durchmesser von 3 bis 18 mm mit 200 m/sec, in weiteren Glasröhren aber mit 6000 m/sec (R. K. R. Kurbangalina[280a]). Viele organische Stoffe, wie Stärke, Zellulose und deren Abbauprodukte, von Proteinen das Eiweiß und die Seide, sind in konzentriertem, mindestens 60%igem H_2O_2 löslich. Wolle löst sich nicht auf, wird aber nach dem Auswaschen kautschukartig elastisch und verliert diese Eigenschaft nach dem Trocknen wieder (M. Bamberger und J. Nußbaum[281]).

Im 2. Weltkrieg wurde 80- bis 85%iges H_2O_2 in Deutschland großtechnisch hergestellt (s. S. 178) und damit ein langes Vorurteil über die große Gefährlichkeit und Unbeständigkeit höchstkonzentrierten Wasserstoffperoxyds gebrochen. Voraussetzung für die Stabilität war nur eine nahezu vollkommene Reinheit der Apparaturen und Lösungen. Die Sauerstoffverluste betrugen pro Jahr bei normaler Lagerung nur 0,2–0,3%. Unfälle kamen durch Selbstzerfall nie vor. In vielen Eigenschaften, wie z. B. der starken Oxydationskraft ähnelt das 85%ige H_2O_2 bereits dem reinen 100% Produkt. So entflammen oxydierbare Stoffe, wie Stroh, Holz, Öle usw., besonders leicht bei Anwesenheit von Katalysatoren, bei bloßer Berührung. Mit vielen reaktionsfähigen organischen Verbindungen entstehen selbstzündende Gemische, die für Energielieferung in Verbrennungssytemen ausgenützt werden können. 1 Liter 90%iges H_2O_2 liefert bei seinem Zerfall 589 g Sauerstoffgas und 801 g Dampf. Unter adiabatischen Bedingungen beträgt die berechnete Temperatur dieser Produkte 750° C, ihr berechnetes Volumen bei 750° C und 1 Atm. etwa 5000 l.

Sonstige Eigenschaften. Peroxyde üben bei der Addition von Reagentien an ungesättigte Verbindungen, bei Chlorierungen usw. einen katalytischen Einfluß aus oder bewirken eine Lenkung der Reaktion in neue Bahnen. So wird z. B. bei Abwesenheit von O_2 HBr von Butadien zu 2-Brom-2-buten, (1,2-Addition), bei Luftzutritt oder bei Zusatz von Peroxyden zum 1-Brom-2-buten (Crotylbromid) addiert (M. S. Kharasch, E. T. Margotis und F. R. Mayo[279]). Peroxyde katalysieren die Halogenierung aromatischer Seitenketten stärker als andere Katalysatoren. Außerdem wird durch Peroxyde die Kernsubstitution außerordentlich verstärkt (dieselben[280]). Die Flotierbarkeit sulfidischer Minerale, wie Pyrit und Chalkopyrit wird durch Wasserstoffperoxyd gehemmt, was auf die Bildung von dünnen $Fe(OH)_3$-Schichten zurückzuführen ist. Peroxyde bewirken eine Alterungsverzögerung von vulkanisiertem Kautschuk.

Am Froschherzen bewirkt H_2O_2 eine Kontraktur.

Literaturverzeichnis.

[217] Willstädter, Monatsh. Chem. **37**, 253, 1916; Ber. Dtsch. chem. Ges. **36**, 1831, **1903**. — [218] N. Tarugi und G. Vitali, Gazz. chim. Ital. **39**, I, 418, 1909; Chem. Ztrbl. **1909 II**, 173. — [219] R. Kitamura, J. pharmac. Soc. Japan **57**, 29–37; 51–54; 54–57; 58–62; 142–47, 1937. — [220] P. Baumgartner und H. Erbe, Ber. Dtsch. chem. Ges. **70**, 2235–64, 1937. — [221] Schönbein, Weith und Weber, Ber. Dtsch. chem. Ges. **7**, 174, 1874. — [222] Wurster, Ber. Dtsch. chem. Ges. **20**, 2631, 1887. — [223] O. Maaß und P. G. Hiebert, Journ. Amer. chem. Soc. **46**, 290, 1924. — [224] O. Maaß und W. H. Hatcher, Journ. Amer. chem. Soc. **44**, 2472, 1922. — [225] M. Bobdelsky, Chem. Ztrbl. **1932 II**, 3049. — [226] Schöne, Liebigs Ann. **195**, 228, 1879; Chem. News **43**, 149, 249, 1881. — [227] Schöne, Ztschr. analyt. Chem. **18**, 145, 1879. — [228] Brodie, Ztschr. physikal. Chem. **37**, 257, 1901. — [229] E. Abel, ebenda **96**, 1, 1920; Monatsh. f. Chem. **41**, 405, 1920. — [230] W. C. Bray und H. A. Liebhafsky, Journ. Amer. chem. Soc. **53**, 38, 1931. — [231] W. Manchot und Wilhelms, Bull. Soc. chim. France (2) **43**, 53, 1884. — [232] W. Manchot und G. Lehmann, Liebigs Ann. **460**, 179. 1928. — [233] Goard und Rideal, Proceed. Roy. Soc. London, Serie A, **105**, 135, 1924. — [234] H. Wieland und E. Stein, Z. anorgan. allg. Chemie. **236**, 361–68, 1938. — [235] H. Goldschmidt, P. Askenasy und Sp. Pierros, Ber. Dtsch. chem. Ges. **61**, 223, 1928. — [236] H. Wieland und W. Franke, Liebigs Ann. **457**, 1, 1927. — [237] W. Wiederholt, Korrosion und Metallschutz **8**, 4. 1932. — [238] A. Wassermann, Ber. Dtsch. chem. Ges. **65**, 704, 1932; Liebigs Ann. **503**, 249, 1933. — [239] J. H. Walton und C. J. Christensen, Journ. Amer. chem. Soc. **48**, 2083, 1926. — [240] D. P. Graham, ebenda **52**, 3035, 1930. — [241] W. Treibs, Ber. Dtsch. chem. Ges. **72**,

178–81, 1939. — [241a] J. L. Bolland und G. Gee, Trans. Faraday Soc. **42,** 236–43, 244–52, 1946. — [242] J. Croik, Journ. Soc. chem. Ind. **43,** I. 171, 1924. — [243] S. F. Cook, Journ. gen. Physiol. **10,** 289, 1926. — [244] J. H. Walton und D. P. Graham, Journ. Amer. chem. Soc. **50,** 1641, 1928. — [245] W. F. v. Öttingen und T. Lohmann, Journ. biol. Chemistry **72,** 635, 1927. — [246] J. H. Baxendale, M. G. Evans und G. S. Park, Trans. Faraday Soc. **42,** 155–69, 1946. — [247] A. Generosow, Ber. Dtsch. chem. Ges. **55,** 3560, 1922. — [248] Blanck und Finkensteiner, ebenda **31,** 2979, 1927. — [249] H. Wieland, Über den Verlauf von Oxydationsvorgängen, 1931. — [250] Bauer, Chem. Ztrbl. **1937 II,** 90; **1938 II,** 705; **1939 I,** 2401. — [251] M. Bily und J. Saugalli, Compt. rend. Acad. Sciences **66,** 310, 1933. — [252] D. G. Nicholson, J. Amer. chem. Soc. **58,** 2525–26, 1936. — [253] R. Schwarz und H. Giese, Ber. Dtsch. chem. Ges. **66,** 310, 1933. — [254] Willstädter, Ber. Dtsch. chem. Ges. **36,** 903, 1828, 1903. — [255] A. Sieverts und E. L. Meyer, Ztschr. anorgan. allg. Chem. **173,** 297, 1928. — [256] A. Lawson und E. W. Balson, Journ. chem. Soc. London, **1935,** 362. — [257] J. Mayer und A. Pawleta, Ztschr. angew. Chem. **39,** 1284, 1926; Ztschr. anorgan. allg. Chem. **173,** 297, 1928. — [258] K. F. Jahr, Z. Elektrochem. **47,** 810, 1941. — [259] M. E. Rumpf-Nordmann, Comptes rend. Sciences **212,** 485–86, 1941. — [260] K. F. Jahr und F. Loher, Ber. Dtsch. chem. Ges. **71,** 894–903; 903–907; 1127–42, 1938. — [261] A. Rosenheim, M. Hakki und O. Krause, Ztschr. allg. anorgan. Chem. **209,** 175, 1932. — [262] K. F. Jahr, Ges. Freunden Techn. Hochschule Berlin, Ber. **1939,** 91–93. — [263] Bayrley und Berthelot, Compt. rend. Acad. Sciences **90,** 1880; Ann. Chim. Phys. (5) **21,** 146, 1880; Philos. Magazine (5) **7,** 126, 1879. — [264] Bach, Ber. Dtsch. chem. Ges. **33,** 1506, 1900. — [265] Tanata, Ber. Dtsch. chem. Ges. **32,** 1013, 1899. — [266] Lenssen, Journ. prakt. Chem. **81,** 276, 1860. — [267] J. Quincke, Ztschr. analyt. Chem. **31,** 1, 1892. — [268] W. Simanowsky, Roczniki Chemji **12,** 638, 1933; Chem. Ztrbl. **1933 I,** 178. — [269] P. Dubois, Compt. rend. Acad. Sciences **196,** 1401, 1933. — [270] Weltzien, J. B. **1860,** 57. — [271] V. Rothmund und A. Burgstaller, Monatsh. Chem. **38,** 295, 1917. — [272] W. C. Bray, Journ. Amer. chem. Soc. **60,** 82–87, 1938; **62,** 3357–73, 1940. — [273] M. Kleinstück, Ber. Dtsch. chem. Ges. **51,** 108, 1918. — [274] Lunge, Ber. Dtsch. chem. Ges. **19,** 154, 1886. — [275] B. Dodt, Chem. News **80,** 193, 1889. — [275a] R. E. Connick, Journ. Amer. chem. Soc. **69,** 1509–14, 1947. — [276] R. Kuhn und A. Wassermann, Liebigs Ann. **503,** 203, 1933. — [277] Gawalowsky, Chem. Ztrbl. **1890 I,** 730. — [278] C. Neuberg und S. Miura, Biochem. Ztschr. **36,** 37, 1911. — [279] M. S. Kharasch, E. T. Margolis und F. R. Mayo, J. Soc. chem. Ind. Chem. & Ind. **55,** 1936, 663; Chem. Rewiews **27,** 351–412, 1940. — [280] Dieselben, J. Amer. chem. Soc. **59,** 1937, 1405–06; **61,** 2139–42; 2142–49, 1939; Chem. and Ind. London **57,** 752, 774–75, 1938; J. organ. Chemistry **3,** 175–92, 48–54, 574–76, 1938. — [280a] R. Kh. Kurbangalina, J. Phys. Chem. USSR **22,** 49–51, 1948. — [281] M. Bamberger und J. Nußbaum Monatsh. Chem. **40,** 411, 1920. — [282] F. Bellinger, H. B. Friedmann, W. H. Bauer, J. W. Eastes und W. C. Bull, Ind. Eng. Chem. **38,** 310–20, 1946.

VI. Die Zersetzung des Wasserstoffperoxyds.

Auf der Zersetzung des Wasserstoffperoxyds unter Freiwerden eines Atoms Sauerstoff beruht im Grunde genommen die ganze technische, medizinische, kosmetische und desinfizierende usw. Anwendbarkeit des Wasserstoffperoxyds und seiner Derivate überhaupt, so daß es wegen der Wichtigkeit dieser Reaktion angezeigt erscheint, sich hier etwas näher mit ihr zu befassen.

Das Wasserstoffperoxyd gibt bei seinem Zerfall nach $H_2O_2 = H_2O + O + 23\,450$ cal eine erhebliche Energiemenge ab. Als endotherme Verbindung neigt es daher zum freiwilligen Zerfall unter Abgabe von Energie. Trotzdem ist die auch heute noch recht häufig vertretene Anschauung, daß das Wasserstoffperoxyd eine überaus leicht zersetzliche Substanz sei, unzutreffend. Vor einigen Jahrzehnten mag für eine derartige Ansicht vielleicht noch Grund gewesen sein, aber heute, wo fast alles Wasserstoffperoxyd auf elektrolytischem Wege und durch Destillation gewonnen wird, dieses daher praktisch frei von schädlichen Verunreinigungen und Katalysatoren ist, müssen derartige Einwände gegen die Haltbarkeit des Wasserstoffperoxyds als unbegründet fortfallen. Außer der Reinheit des auf elektrochemischem Weg erhaltenen Produktes ist dieses auch mindestens zehnmal so konzentriert als die früher aus Bariumperoxyd hergestellten, bloß 3%igen und dabei noch stark verunreinigten Lösungen, wodurch die Haltbarkeit abermals verbessert ist. Die heute aus BaO_2 erhaltenen, durch Destillation auf 30%iges H_2O_2 verarbeiteten Lösungen sind gleichfalls sehr rein. Durch Zusatz von Stabilisatoren wird die Beständigkeit derart gesteigert, daß man das Wasserstoffperoxyd heute ohne weiteres auch in die Tropen versenden kann. Da der freiwillige Zerfall nur äußerst langsam vor sich geht, kann man das Wasserstoffperoxyd heute als praktisch stabile Substanz ansprechen. Die Zersetzung des Wasserstoffperoxyds wird dann erst fühlbar, wenn es unter Bedingungen aufbewahrt wird oder mit Stoffen in Berührung kommt, die als Katalysatoren die Zerfallsgeschwindigkeit ins Vielfache steigern können. Die Zersetzung von Wasserstoffperoxyd durch einen Katalysator läßt sich experimentell derart gut verfolgen, daß die Zerfallsreaktion des H_2O_2 vielfach zur Bestimmung der Aktivität von Katalysatoren, Enzymen usw. herangezogen wird.

Zersetzung durch das Licht, Bestrahlung. Entgegen der vielfach verbreiteten Ansicht hat das Licht nur einen ganz schwach beschleunigenden Einfluß. Von F. D'Arcy[283] ist nachgewiesen worden, daß die Zersetzung von Wasserstoffperoxydlösungen im Lichte größer ist als unter sonst gleichen Bedingungen im Dunkeln. Auch das Bestrahlen mit ultraviolettem Licht übt einen beschleunigenden Einfluß auf seine Zersetzung aus[284].

Obwohl die bei der Zersetzung des Wasserstoffperoxyds durch Licht vor sich gehende chemische Reaktion sehr einfach ist, ist ihr Mechanismus Gegenstand zahlreicher Untersuchungen gewesen, da die Erscheinungen äußerst schwierig zu erfassen sind. Erst in letzter Zeit ist einigermaßen eine Klarheit geschaffen worden.

Die Natur der Reaktion entspricht am ehesten der Auffassung von O. Stern und M. Volmer[285], wonach die primäre photochemische Reaktion im Übergang der Wasserstoffperoxydmoleküle durch Aufnahme von absorbierter Lichtenergie aus dem normalen in einen angeregten, d. h. also energiereicheren Zustand, besteht. Erst sekundär schließt sich dann eine Umsetzung der angeregten Moleküle an. Nach dem photochemischen Äquivalenzgesetz $E = hr$ müßte von einem Energiequant nur ein Molekül Wasserstoffperoxyd umgesetzt werden. Jedoch fand z. B. J. Kornfeld[286] bei einer wirksamen Bestrahlung mit Wellenlängen $\gamma < 4000$ Å eine Quantenausbeute von etwa 80, d. h. von einem Energiequant werden etwa 80 Moleküle Wasserstoffperoxyd zersetzt. Diese Zahl schwankt sehr, manche Autoren erhielten Quantenausbeuten bis 500, andere wieder von etwa 20 zersetzten Molekülen.

Von F. O. Rice und M. H. Kilpatrick[287] wurde eine sehr plausible Erklärung für diese schwankenden und auch unerwartet hohen Quantenausbeuten gegeben. Nach diesen Autoren ist vor allem eine Verunreinigung der verwendeten Ausgangslösungen für die Beobachtungsfehler verantwortlich zu machen. Sie fanden z. B., daß bei Verwendung von staubfreiem Wasser und von staubfreiem Wasserstoffperoxyd, das frei von Konservierungsmitteln war, pro eingestrahltem Quant nur ein Bruchteil der früher gefundenen Anzahl von zersetzten Wasserstoffperoxydmolekülen zersetzt wird. So entwickelt die staubfreie Wasserstoffperoxydlösung bei der Bestrahlung nur 1 ccm Sauerstoff, während die verunreinigte Lösung in gleicher Zeit 300 ccm Sauerstoff entwickelt. Durch bloßes Schütteln der Gefäße konnte schon eine starke Verschlechterung der reinen Lösung festgestellt werden. Rice und Kilpatrick schlossen daher aus ihren Versuchen, daß die Zersetzung des Wasserstoffperoxyds vom photochemischen Äquivalenzgesetz nicht abweicht. Die Abhängigkeit der Quantenausbeute von der Reinheit der Lösungen läßt auch vermuten, daß die photochemische Zersetzung des Wasserstoffperoxyds eine Kettenreaktion ist, wobei die Gefäßwände und die Staubteilchen als Starter der Kette dienen.

Von H. C. Urey, L. H. Dawsey und F. O. Rice[288] wurde weiters gezeigt, daß die Absorption sowohl von gasförmigem als auch von wäßrigem Wasserstoffperoxyd bei Wellenlängen von 3000 bis 3100 Å beginnt und nach dem Ultravioletten hin immer stärker wird. Nach diesen Autoren sind folgende Reaktionen möglich:

1. $H_2O_2 + h\nu \rightarrow 2\,OH$;

2. $H_2O_2 + h\nu \rightarrow HO_2 + H$;

3. $H_2O_2 + h\nu \rightarrow H_2O + O$;

außerdem könnte auch

4. $(H_2O_2)\,n + h\nu \rightarrow n\,H_2O_2$

auftreten. Die aufgenommenen Energiebeträge sind für jede der Reaktionen 1 bis 3 ausreichend, jedoch ergibt sich aus Versuchen über das Emissionsspektrum und die Fluoreszenz, daß eine größere Wahrscheinlichkeit für die Reaktion 1 vorliegt.

Diese Annahme wird auch durch Versuche von G. von Elbe[289] erhärtet, der tatsächlich bei Belichtung von Gemischen von Kohlenmonoxyd, Sauerstoff und Wasserstoff mit Licht unter 3000 Å eine sehr langsame Reaktion im Sinne von Reaktion 1, also Dissoziation in zwei Hydroxylradikale, feststellte. Wie weiters gefunden wurde, wird die photochemische Zersetzung der Wasserstoffperoxyds in alkalischer Lösung durch polarisierte und nicht polarisierte Strahlen gleicher Intensität gleich stark beschleunigt[290].

Sehr eingehend wurde von A. J. Allmand und W. G. Style[291] der Einfluß der Strahlungsintensität I, der Wellenlänge λ und der Konzentration des Wasserstoffperoxyds $[H_2O_2]$ auf dessen Zersetzung untersucht. Als wichtigste Ergebnisse dieser Untersuchung sind folgende anzuführen: Über weite Grenzen von I, λ und $[H_2O_2]$ ist die Photolyse proportional $I_0^{0,5}$, wobei I_0 die Gesamtzahl der pro Stunde und Quadratzentimeter eingestrahlten Lichtquanten darstellt. Die Zerfallsgeschwindigkeit bei gleichbleibender Strahlungsstärke geht mit steigender $[H_2O_2]$ durch ein Maximum und fällt dann wieder herunter. Ähnlich steigt auch die Quantenausbeute γ mit steigender $[H_2O_2]$. Die Quantenausbeute und der Temperaturkoeffizient fallen mit steigender Lichtfrequenz. Eine verdünnte Wasserstoffperoxydlösung, die Stabilisatoren enthält, zersetzt sich mit steigender $[H_2O_2]$ mit zunehmender Geschwindigkeit in einem Ausmaße, das proportional ist der Quadratwurzel der absorbierten Energiemenge. Der Temperaturkoeffizient der thermischen Zersetzung ist normal und unabhängig von $[H_2O_2]$. Allmand und Style nehmen ebenfalls an, daß infolge Hydrolyse von Wasserstoffperoxyd nach $H_2O_2 + h\nu \rightarrow 2\,OH$ die OH-Gruppen die Katalysatoren der Reaktionskette sind, die unter Umständen von Staubteilchen aufgenommen werden und entweder nach $2\,OH \rightarrow H_2O_2$ oder $2\,OH \rightarrow H_2O + O$, ja selbst mit Wasserstoffperoxyd nach $H_2O_2 + OH \rightarrow H_3O_3$ reagieren können soll, welcher Körper aber sehr unbeständig ist und sofort mit anderen Molekülen unter Zerfall reagiert.

Bemerkenswert ist, daß die katalytische Zersetzung des Wasserstoffperoxyds durch ultraviolettes Licht durch Spuren von Merkurichlorid, Kaliumcyanid, Schwefelwasserstoff, Jod und Natriumbisulfit gehemmt wird[292]. Aminosäuren, wie Glyzin, begünstigen den Zerfall im ultravioletten Licht, Insulin hemmt ihn hingegen[293].

Auch Röntgenstrahlen zersetzen das Wasserstoffperoxyd. Die Röntgenphotolyse ist unabhängig von der eingestrahlten Wellenlänge[294]. Nach O. Risse[295] steigen bei sehr niedrigen Konzentrationen die zersetzten Mengen von Wasserstoffperoxyd linear mit dem Produkt aus Lichtintensität mal Belichtungszeit, d. h. also, daß die Reaktionsgeschwindigkeit praktisch unabhängig von der Konzentration ist. Für höhere Wasserstoffperoxydreaktionen bis zu $^1/_{10}$ molar folgt der Reaktionsverlauf leidlich gut den Gleichungen für monomolekulare Reaktionen. Da die gefundenen Werte aber auch den Gleichungen für di- und trimolekulare Reaktionen nicht entsprechen, ist ein sehr komplizierter Reaktionsverlauf unter eventueller Beteiligung des Wassers anzunehmen. Bei der Röntgenphotolyse des Wasserstoffperoxyds entsteht im Gegensatz zu der Photolyse im ultravioletten Licht ein brennbares Gas, wahrscheinlich Wasserstoff, in Mengen von 1,5 bis 2% des entwickelten Sauerstoffes. Starke Säuren und Alkalien, wie z. B. $^1/_{1000}$ n HCl und NaOH, hemmen den Röntgenzerfall. Zur völligen Zersetzung eines Moleküls Wasserstoffperoxyd ist für eine $^1/_{600}$ molare Lösung eine Energie von 70 kcal erforderlich.

Der Temperaturkoeffizient der Zersetzung beträgt zwischen 15 und 25° C 1,15 (H. Fricke[296]). Die Zersetzung durch Röntgenstrahlen ist mit jener durch das Licht vergleichbar, wobei der Primärprozeß in einer Aktivierung der Wassermolekeln besteht und die Energie auf H_2O_2 übertragen wird. Bei Platin wurde gelegentlich einer Röntgenbestrahlung aber auch eine Verringerung der Aktivität beobachtet.

Bemerkenswert ist, daß der Polarisationszustand des Lichtes auf die Geschwindigkeit der Photooxydation organischer Substanzen durch Wasserstoffperoxyd und Kolloide, wie Wolfram-, Molybdän-, Vanadinsäure, Chromohydroxyd usw. einen Einfluß ausübt. So ist in Gegenwart von Wolfram-, Vanadinsäure und Chromwolframatsol die Wirksamkeit des l-polarisierten Lichtes größer als von d-polarisiertem (T. Banarjee[297]).

Zersetzung durch Wärmeeinwirkung. In vieler Hinsicht dem photochemischen Zerfall ähnlich ist die thermische Zersetzung des Wasserstoffperoxyds. Schon Wolffenstein[27] hatte nachgewiesen, daß entgegen der bis dahin verbreiteten Ansicht reines Wasserstoffperoxyd, das vor allem frei war von alkalisch reagierenden Verbindungen und von jeder Spur von Schwermetall, gegen den Einfluß der Wärme erheblich widerstansfähiger ist und daher ohne weiteres destilliert und konzentriert werden kann. Die Dämpfe des Wasserstoffperoxyds sind demnach in der Hitze beständig. Von einer 9,3%igen Lösung blieben nach einem zweistündigen Erhitzen auf 80° im Bombenrohr 96,9%. von einer 47,7%igen Lösung 82,5% und von einer 68,1%igen 74,05% unzersetzt. Von C. N. Hinshelwood und Ch. R. Prichard[298] wurde hinsichtlich der thermischen Zersetzung von gasförmigem Wasserstoffperoxyd festgestellt, daß die Reaktion monomolekular verläuft und sich bei Temperaturen, bei denen die Geschwindigkeit des Zerfalles noch nicht allzu groß ist, an der Gefäßwand vollzieht. Die Zersetzung von 30%igem Perhydrol zeigt bei Anwesenheit von gereinigter Glaswolle im Reaktionsgefäß eine erheblich größere Reaktionsgeschwindigkeit als bei deren Abwesenheit. Es handelt sich demnach beim thermischen Zerfall des Wasserstoffperoxyds um eine typische „Wandreaktion". F. O. Rice und O. M. Reiff[299] stellten weiterhin fest, daß bei alkalifreiem, jedoch staubhaltigem Wasserstoffperoxyd die thermische Zersetzung bei 80° sehr langsam verläuft, und zwar im ganzen Konzentrationsbereich linear. Chloride und alkalisch reagierende Substanzen üben eine stark beschleunigende Wirkung aus, wobei der Reaktionsverlauf nie linear ist und häufig einer monomolekularen Zersetzung ähnlich ist. Beide Autoren kamen auf Grund ihrer Ergebnisse zu dem Schluß, daß vollständig staubfreie reine Wasserstoffperoxydlösungen in Berührung mit katalytisch unwirksamen Gefäßwänden wahrscheinlich eine verschwindend kleine Zersetzungsgeschwindigkeit aufweisen. Die thermische Zersetzung des Wasserstoffperoxyds wird von ihnen als Reaktion im heterogenen System angesehen, wobei die Reaktion selbst an der Oberfläche von Staubteilchen vor sich geht.

Diese Ergebnisse wurden von B. H. Williams[300] vollkommen bestätigt. An Reaktionsgefäßen aus Quarz oder Glas ist die thermische Zersetzung des Wasserstoffperoxyds anfänglich eine Reaktion 0-ter Ordnung. Für Glasoberflächen gilt diese Regel für alle Konzentrationsbereiche, im Falle von Quarzgefäßen jedoch nur für eine bestimmte Grenzkonzentration. Die Zersetzung des Wasserstoffperoxyds ist dabei auf eine Absorption von H_2O_2-Molekülen einmal an der Wand des Gefäßes und zweitens an der Oberfläche des in der Lösung vorhandenen Staubes zurückzuführen. Ebenso wie bei der Photolyse des Wasserstoffperoxyds sind demnach auch bei der thermischen Zersetzung die vorhandenen Staubteilchen als Katalysatoren der Zersetzung anzusprechen. Die thermische Zersetzung des Wasserstoffperoxyds dürfte eine Kettenreaktion darstellen.

Nach W. Clayton[301] wird die Zersetzung des Wasserstoffperoxyds durch Wärme durch organische kolloide Stoffe außerordentlich beschleunigt. Auch die Reinheit des Wassers ist von größter Bedeutung. Die Zerfallsgeschwindigkeit von Terpentinolperoxyd beim Erhitzen entspricht einer Reaktion zweiter Ordnung, die des Tetralinperoxyds einer Reaktion erster Ordnung (T. Yamada[302]). Der thermische Zerfall verläuft anfangs (bis 80%) nach einer Reaktion 1. Ordnung, später aber mit erheblich kleinerer Ordnung (P. A. Giguère[303]). Die Aktivierungsenergie beträgt je nach der Gefäßwand 13,5 bis 33 kg · cal/Mol. Nach B. E. Baker und C. Quellet[304] wird der thermische Zerfall des H_2O_2 durch Luft, O_2, CO_2 oder Wasserdampf nicht beeinflußt, sehr stark aber durch die Form und Größe des Behälters. Der Zerfall ist an Pyrexglas gering, groß aber an Sodaglas.

Zersetzung von H_2O_2-Dampf. Die thermische Zersetzung von Wasserstoffperoxyddampf wurde von Max Hauser[305] und von L. W. Elder und E. K. Rideal[306] untersucht. Nach Hauser soll Wasserstoffperoxyddampf bei Temperaturen von 100 bis 500° nur wenig von Kupfer- oder Eisendraht zerstört werden, Glasscherben, Glaswolle und poröse Tonstücke sollen ebenso wenig wirksam sein. Diese Ergebnisse sind jedoch, insbesondere für die hohe Temperatur von 500° C, sehr anzuzweifeln. Vollständige Zerstörung findet statt durch Asbest, Platin und Palladiumasbest, Bimsstein und Aluminiumgrieß. Von Elder und Rideal wurde festgestellt, daß bei 85° die Zersetzung an Quarz als Reaktion 0-ter Ordnung verläuft, wobei Sauerstoffmoleküle hemmend wirken. Am Platindraht wird es monomolekular zersetzt, wobei die Reaktionsgeschwindigkeit anscheinend vor der Diffusion durch eine absorbierte Sauerstoffschicht abhängt. Quecksilber beschleunigt gleichfalls die thermische Zersetzung des Wasserstoffperoxyddampfes, wobei zunächst Hg_2O und schließlich HgO gebildet wird.

Einfluß von festen Grenzflächen. Der allgemein bekannte Einfluß von festen Grenzflächen auf chemische Reaktionen macht sich auch bei der Zersetzung des Wasserstoffperoxyds sehr stark bemerkbar. Unter anderem wurde von Tammann[184] auf die zersetzende Wirkung der Glaswände auf Wasserstoffperoxyd hingewiesen. Fester gereinigter Seesand beschleunigt nach W. Elissafoff[307] die Zersetzungsgeschwindigkeit bereits auf das Vierfache. Sehr fühlbar wird der beschleunigende Einfluß von Oberflächen auf die Zersetzung von Wasserstoffperoxyd dann, wenn die zum Aufbewahren dienenden Gefäße eine rauhe Oberfläche aufweisen oder aufgerauht werden. So ist in Gmelin-Krauts Handbuch der anorganischen Chemie, 7. Aufl., I, S. 137, erwähnt, daß eine 38%ige H_2O_2-Lösung in einer feinpolierten Platinschale ohne Zersetzung bis auf 60° erwärmt werden kann, während in einer geritzten Platinschale schon bei gewöhnlicher Temperatur Zersetzung eintritt (s. O. Erbacher[208]).

Höherer Druck von O_2 und N_2 verzögern die thermische Zersetzung. Bei 1 mm Druck und 50° C beträgt die Geschwindigkeit des H_2O_2-Zerfalls $0{,}70 \cdot 10^{13}$ mol. $10^{-2} \cdot$ $\cdot \sec^{-1}$. In einer Wasserdampfatmosphäre über 10 mm Druck treten periodische

Schwankungen der Reaktionsordnung auf (C. Mackenzie und M. Ritchie[309]). Zur Verhinderung des Einflusses von Glas auf das H_2O_2 werden ja die Flaschen sehr häufig innen paraffiniert, wodurch auch das Herauslösen von Alkali verhindert wird.

Von Elissafoff wurde auch die interessante Tatsache festgestellt, daß die durch die Oberfläche fester Stoffe beschleunigte Zersetzung durch den Zusatz von Schwermetallsalzen, wie Kupfer- oder Mangansulfat, weit stärker beschleunigt wird als der Summe der Einzelwirkungen entspricht. Die gemessenen Zersetzungsgeschwindigkeiten sind den von der Glaswolle absorbierten Mengen Schwermetallsalz direkt proportional. Diese Ergebnisse wurden von W. Wright[310] vollkommen bestätigt. Als besonders wirksam erwies sich Silbernitrat, Kupfersulfat und Bleiazetat. A. C. Robertson[311] kommt hingegen auf Grund von Reaktionsgeschwindigkeitsmessungen zum Schluß, daß von einer auf bloßer Adsorption beruhenden aktivierenden Wirkung der Glaswolle nicht gesprochen werden könne, vielmehr sei eine Änderung des Reaktionsmechanismus infolge Bildung von basischen Mangansalzen bzw. von Kupferperoxyden an der Oberfläche der Glaswolle anzunehmen. Als völlig geklärt kann demnach der gesteigerte Einfluß von Schwermetallkatalysatoren auf die Oberflächenkatalyse noch nicht angesehen werden.

Kohle wirkt gleichfalls auf Wasserstoffperoxyd stark zersetzend ein, wobei das Ausmaß der katalytischen Wirkung von der Porosität und Oberflächengröße abhängig ist. So stellte G. Lemoine[312] fest, daß der Zusatz von $^1/_{20}$ Gewichtsteil Kokosnußkohle von einer Korngröße von 1 bis 2 mm zu einer 3%igen H_2O_2-Lösung, deren Halbwertszeit bei 17° 240 Stunden beträgt, eine Herabminderung derselben auf 15,4 Stunden bewirkte, während das gleiche Gewicht Faulbaumkohle die Halbwertszeit nur auf 212 Stunden herabsetzte. Nach J. B. Firth und F. J. Watson[313] wird die an sich sehr langsame Zersetzung des Wasserstoffperoxyds durch Knochenkohle noch gesteigert, wenn sie nach sorgfältiger Reinigung im Vakuum bei Temperaturen von 600° und dann von 900° erhitzt wird. Die derart vorpräparierte Knochenkohle setzt innerhalb 1 Minute aus einer 10%igen Wasserstoffperoxydlösung 80% des Sauerstoffes in Freiheit. Die Zersetzung durch Kohle verläuft jedoch nicht nach der allgemeinen Formel für monomolekulare Reaktionen $\frac{dx}{dt} = k\,(a - x)$, sondern die Geschwindigkeit der Reaktion nimmt allmählich ab, um nach höchstens 10 Stunden fast Null zu werden[314]. Die freigemachte Menge Sauerstoff ist innerhalb der Versuchsfehler proportional der Menge der Kohle. E. C. Larsen und J. H. Walton[315] fanden jedoch bei einem Zerfall einer mehr als 20%igen H_2O_2-Lösung, daß die Reaktion sogar von 2. Ordnung sein kann. Nach M. Stampfer[316] folgt die Reaktion im Bereiche von etwa 50 bis 90 Molprozent H_2O_2 besser dem Zeitgesetz einer Reaktion 2. Ordnung. Bei einer Erhöhung der Temperatur steigt die Einwirkung der Kohle auf das Wasserstoffperoxyd beträchtlich an. Setzt man der Zuckerlösung vor der Verkohlung des Zuckers Eisensalze zu und nimmt eine Aktivierung durch Erhitzen im Vakuum bei Temperaturen von 600° bis 900° vor, so wird die Aktivität der Kohle bedeutend erhöht[317]. Diese Wirkung scheint nicht bloß auf dem Gehalt an Eisen allein, sondern auch auf einer feineren Struktur der Kohle zu beruhen.

Die Geschwindigkeit der Zersetzung des Wasserstoffperoxyds an Oberflächen, wie normaler Zuckerkohle, aktivierter Zuckerkohle, Eisenoxyd, Magnesiumhydroxyd, Kaolin, Wolframtrioxyd, Glas, Chromtrichlorid, Zinkoxyd, Silberoxyd und Silikagel wird häufig durch Zusatz geringer Mengen Alkalien oder Säuren je nach der Natur der Oberflächen in verschiedenem Sinne beeinflußt. W. M. Wrigh und E. K. Rideal[318] führen dieses Verhalten darauf zurück, daß die größte Zersetzungsgeschwindigkeit bei jenem p_H-Wert auftreten muß, der zur Erreichung des isoelektrischen Punktes der Oberfläche notwendig ist. Mit Ausnahme der Wolframsäure, die von Wasserstoffperoxyd unter Bildung von löslicher Perwolframsäure angegriffen wird, konnte diese Hypothese für die vorstehend angeführten Stoffe innerhalb weiter p_H-Bereiche bestätigt werden. Wesentlich ist aber, daß von der gesamten zur Verfügung stehenden Oberfläche des Fremdkörpers meist nur ein sehr geringer Bruchteil an der Zersetzung beteiligt ist. Nach A. Krause[319] wird die katalytische Zersetzung von Wasserstoffperoxyd durch Eisenhydroxyde und -oxydhydrate durch aktive Stellen, die aus durch Silber austauschbaren Wasserstoffatomen bestehen, verursacht. Fe^{III} in Form von Orthoferrihydroxyd soll in seiner katalytischen Wirksamkeit dem Fe^{II} überlegen sein. Aluminiumoxyjodidsole beschleunigen 1, 2 bis 4 mal so stark als die gleiche Jodidkonzentration (A. W. Thomas und B. Cohen[320]).

Zersetzung durch Fermente. Katalyse im homogenen und heterogenen System. Die stärksten Katalysatoren für die Zersetzung des Wasserstoffperoxyds sind gewisse, in fast allen pflanzlichen und tierischen Zellen vorkommende Fermente sowie zahlreiche Metalle und Metallverbindungen, die oft schon in unglaublich kleiner Konzentration den Zerfall der vielfachen Menge von Wasserstoffperoxyd zu beschleunigen vermögen. Die meisten Schwermetallsalze wirken in allen p_H-Verhältnissen als Katalysatoren durch Umsetzung mit H_2O_2 zu äußerst unbeständigen Peroxyden. Mit steigendem H-Ionengehalt geht der H_2O_2-Zerfall zurück. Da die Katalyse eine ausgesprochene Oberflächenreaktion ist, wird naturgemäß das Ausmaß der Verteilung und die Größe der Oberfläche der Katalysatoren von stärkstem Einfluß sein. Am günstigsten liegen diese Verhältnisse im homogenen System, in welchem die Beweglichkeit aller Teilchen von gleicher Größenordnung ist und das Substrat mit dem Katalysator in innigster Berührung miteinander in Wechselwirkung treten kann. Alle Arten von Katalysen lassen sich grundsätzlich durch Annahme der Bildung einer instabilen Verbindung des Katalysators erklären, wobei die Reaktionsfolgen meist sehr schnell vor sich gehen. Katalysen im homogenen System liegen vor bei der durch Metallionen oder lösliche Fermente bewirkten Zersetzung.

Ein wesentlicher Faktor für die irreversible Zersetzung des Wasserstoffperoxyds ist die Menge des vorhandenen Wassers, das die Rolle eines Katalysators spielt. Im Zusammenhang damit steht die Tatsache, daß die Beständigkeit von Wasserstoffperoxydlösungen mit steigender Konzentration wächst.

Nach Untersuchungen von A. von Kiß und E. Lederer[321] über die Zersetzung des Wasserstoffperoxyds im Dunkeln bei 40° durch Calcium-, Kadmium-, Magnesium-, Strontium- und Zinkionen (Elemente mit konstanter Valenzzahl) in schwach saurer Lösung üben diese keine merkbare katalytische Wirkung aus, ebensowenig unter den Elementen mit wechselnder Valenzzahl Kobalt-, Mangan- und Nickelionen. Ausgeprägte katalytische Wirkung haben dagegen Kupfer- und Eisenionen und eine viel schwächere Chromionen, wobei diejenige des Eisens am größten ist. Die Katalyse durch Ferrosulfat verläuft in saurer Lösung nach einer Gleichung 1. Ordnung und stellt eine echte Katalyse mit genau reproduzierbarem Verlauf dar. Die Reaktionsgeschwindigkeit ist proportional der Eisen- und umgekehrt proportional der Wasserstoffionenkonzentration[322].

Eine ausgesprochen beschleunigende Wirkung üben auch OH-Ionen aus. Die Zersetzungsgeschwindigkeit des Wasserstoffperoxyds in alkalischer Lösung ist abhängig von der OH-Ionenkonzentration, wobei nur die ziemlich stark alkalischen Natriumpyrophosphatlösungen eine Ausnahme machen, die sogar stabilisierend wirken. Aber auch dieser Schutz macht sich nur innerhalb gewisser Alkalitätsgrenzen bemerkbar, da ihn schon ein Zusatz kleiner Mengen von 0,05 n Kalilauge verhindert[323]. Bei $p_H = 6$ verliert eine nicht stabilisierte H_2O_2-Lösung in 1 Monat 12% O, bei $p_H = 7$ 80% O, bei $p_H = 10$ 100% O. Die Gegenwart größerer Alkalimengen hingegen hemmt aber wieder die Zersetzungsgeschwindigkeit.

Die Katalyse durch OH-Ionen ist von großer praktischer Bedeutung, da durch die Aufbewahrung des Wasserstoffperoxyds in Glasballons dieses aus dem Glas Alkali löst, oder bei der Verwendung in alkalischen Lösungen, wie z. B. beim Bleichen, die Beständigkeit des Wasserstoffperoxyds sehr stark herabgesetzt wird. In der nebenstehenden Tabelle 8 ist der Einfluß von verschiedenen alkalisch reagierenden Stoffen auf die Zersetzung einer 4,2-vol.-%igen Wasserstoffperoxydlösung, die eine Stunde auf 72° C erwärmt wurde[324], angegeben:

Tabelle 8.

Zusatz	Alkalinität		% O_2-Verlust
	ohne H_2O_2	mit H_2O_2	
H_2O_2 allein	—	—	3,6
NaOH	n/53,5	n/55,5	81
NH_3	n/55	n/59	42
Na_2CO_3	n/52	n/54	77
$NaHCO_3$	n/44,5	n/50	63
Na-Silikat	n/55,5	n/58	26
$Na_4P_2O_7$	n/45,5	n/49	6,0
Na_3PO_4	n/52	n/58	18
Seife	n/48	n/52	7,3
Borax	n/50	n/55	32

In allen Lösungen ist die Zersetzung größer als die der reinen Wasserstoffperoxydlösung, am stärksten in Natronlauge, am schwächsten in Natriumpyrophosphatlösung.

Die Tatsache, daß der katalytische Effekt nur den OH-Ionen und nicht einem unvermeidlich vorhandenen Eisenhydroxyd zuzuschreiben ist, hat C. Pina[325] dadurch bewiesen, daß bei besonderer Zugabe von wechselnden Mengen von Ferrihydroxyd (0,00001- bis 0,001-molar) das Ferrihydroxyd in Natronlaugelösungen deutlich negativ katalysiert. Nur bei reinem Wasser katalysiert Eisenhydroxyd etwas positiv, jedoch ist der Effekt zu gering, um den stärkeren Einfluß der OH-Ionen verdunkeln zu können.

Die Fähigkeit der Alkalien zur Zersetzung des H_2O_2 nimmt in der Reihe Li, Na, K, Ca, Ba, NH_4 zu. Ebenso steigt die Zersetzung mit der Konzentration des Alkali, nur beim NH_4OH und NaOH gibt es ein Maximum. Das Reduktionsvermögen des H_2O_2 steigt ebenfalls mit der Alkalikonzentration an. Frische Lösungen zersetzen langsamer als ältere, was auf die Zweibasisität des H_2O_2 zurückzuführen sein dürfte (P. Pierron[326]).

Die Katalyse organischer Peroxyde mit platiniertem Platin verläuft entweder wie jene des H_2O_2 unter O_2-Entwicklung oder aber ohne O_2-Abspaltung, wobei sich höher oxydierte Produkte bilden. Bemerkenswert ist, daß die kombinierte Einwirkung von Katalysatoren und einer Bestrahlung mit einer Quarzlampe stets kleiner ist als die Wirkung des Katalysators allein, was wahrscheinlich auf der photochemischen Bildung von Katalysatorgiften beruht[327].

Aktivatorwirkung. In manchen Fällen zeigt sich eine bedeutend erhöhte Wirksamkeit der Katalysatoren, wenn ein anderer zweiter oder gar dritter Katalysator gemeinsam wirksam ist. Derartige Stoffe werden als „Aktivatoren" oder „Verstärker" bezeichnet. Erwähnt sei hier vor allem die Beschleunigung der durch Eisensalze bewirkten katalytischen Zersetzung von Wasserstoffperoxyd im homogenen System durch Kupfersalze. Schon geringe Mengen beschleunigen diesen Prozeß sehr stark[328]. Andere Metalle scheinen diese Wirkung nicht zu haben. Die optimale Menge liegt bei zirka 1 Millimol/l. Als Erklärung nimmt A. C. Robertson[329] an, daß die bei der Katalyse intermediär durch das Wasserstoffperoxyd gebildete Eisensäure mit dem Kupfersalz unter Bildung einer Verbindung reagiert, die katalytisch aktiver ist als das Kupfer- und auch das Eisensalz. Dieser wieder sehr unbeständige Körper ist wahrscheinlich die Kupfersäure H_2CuO_3 und der Mechanismus der Beschleunigung der Katalyse besteht darin, daß das Wasserstoffperoxyd das Ferrisalz zu Eisensäure oxydiert, diese oxydiert das Kupfersalz schneller zu Kupfersäure, als es H_2O_2 allein vermag, und die Kupfersäure ihrerseits wirkt dann wieder viel schneller als die Eisensäure auf das Wasserstoffperoxyd ein. Der Gesamteffekt ist somit viel größer, als es Kupfer oder Eisen allein in der gleichen Konzentration auszuüben vermögen.

Der Verlauf der Katalyse von Wasserstoffperoxyd durch Kupfersalze ist proportional dem intermediär nach $Cu^{\cdot\cdot} + H_2O_2 \rightarrow CuO_2 + 2\,H$; $CuO_2 + H_2O_2 \rightarrow$ $\rightarrow Cu^{\cdot\cdot} + 2\,H_2O + O_2$ gebildeten CuO_2. Bei Zusatz von geringen Eisensalzmengen zu den kupferhaltigen Wasserstoffperoxydlösungen konnte eine Geschwindigkeitszunahme von 2000% beobachtet werden, die viel größer ist als die erwartete Summenwirkung von Eisen und Kupfer zusammen genommen. Ähnlich wirkt Natriumwolframat und Kupfersulfat, wobei gut reproduzierbare Resultate nur dann erhalten werden, wenn zuerst nur ein Salz in das angesäuerte H_2O_2 eingetragen wird[330]. Eine Beschleunigung der Katalyse von Wasserstoffperoxyd tritt im allgemeinen dann ein, wenn die Möglichkeit zur Bildung einer zweiten intermediären Verbindung gegeben ist, die durch Wasserstoffperoxyd schneller autoreduziert wird als die erste Zwischenverbindung. Derartige Fälle liegen z. B. auch bei der durch Gegenwart von Mangansalzen aktivierten homogenen Katalyse von Wasserstoffperoxyd durch Kaliumbichromat vor[331]. Die Reaktion folgt völlig dem Massenwirkungsgesetz, wobei die starke katalytische Beschleunigung auf Grund des Einschlagens völlig neuer Reaktionswege beruht. Die Aktivatorwirkung beruht demnach auf der Überlagerung zweier Reaktionen. Umgekehrt wirkt die Anwesenheit von Bleichlorid, namentlich bei höherem p_H, verzögernd auf die Zersetzung des Wasserstoffperoxyds durch Kupferionen[332]. Auch Kobalt-, Kupfer-, Nickel- und Cersalze beschleunigen die Reaktion zwischen Kaliumbichromat und Wasserstoffperoxyd[333]. Die Konzentrationen, die zur Erzielung der gleichen zusätzlichen Katalysatorwirkung erforderlich sind, verhalten sich wie $Mn^{\cdot\cdot} : Cu^{\cdot\cdot} : Co^{\cdot\cdot} : Ni^{\cdot\cdot} = 1 : 50 : 150 : 7500$[334].

Ungleich häufiger kommen jedoch katalytische Zersetzungen des Wasserstoffperoxyds im heterogenen System, wie z. B. an Metallflächen, durch kolloide Metalle oder Hydroxyde vor. Schon von Thenard[335] und Berzelius[336] ist darauf hingewiesen worden, daß Silber, Gold, Platin, Palladium, Rhodium, Iridium, Osmium, Quecksilber, Manganpulver, Mangandioxyd, Kobaltoxyd, Eisenhydroxyd und -oxyd, Kupferoxyd sowie Blut die Zersetzung des Wasserstoffperoxyds beschleunigen. Schönbein[337] erkannte klar als katalytische Reaktion die Entfärbung von Indigoschwefelsäure durch Wasserstoffperoxyd bei Gegenwart von Platinmohr, Eisenvitriol oder roten Blutkörperchen, die sofortige Bläuung von Kaliumjodidstärkekleister in Gegenwart von Platinmohr und Luftsauerstoff[338] oder von Guajaktinktur bei gleichzeitiger Anwesenheit von Platin, Quecksilber, Gold, Silber, Osmium, Mangandioxyd, Bleidioxyd, Kobalttrioxyd usw. Da auch eine große Anzahl anderer Stoffe die Zersetzung des Wasserstoffperoxyds herbeiführen konnte, wie Kleber, Diastase, Myrosin, Hefe, Auszüge von Samen und Pflanzenteilen, Speichel usw., kam Schönbein zur Auffassung, „daß die Platinkatalyse das Urbild aller Gärung ist“[339].

Sehr eingehend wurde sodann die Zersetzung des Wasserstoffperoxyds durch kolloide Lösungen von Platin, Platincarbonyl, Silber, Gold, Palladium, Iridium, die durch Kathodenzerstäubung im elektrischen Lichtbogen unter Wasser hergestellt worden waren, von Bredig und seinen Schülern[340] untersucht. Diese Lösungen wirken ähnlich wie Platinmohr und wie organische Fermente auf die Zersetzung des Wasserstoffperoxyds ein, so daß sie Bredig als einfache Modelle der Enzymwirkung auffaßte und sie direkt als anorganische Fermente bezeichnete. Die feine Verteilung der kolloidalen Metalle hat den Vorteil, daß die Menge des Platins genau dosiert und das Sol beliebig verdünnt werden kann. Dadurch wurde die Platinkatalyse quantitativ mit den Methoden der chemischen Kinetik meßbar.

Es wurde festgestellt, daß das Platin noch in einer Verdünnung von 1 g-Atom Platin in ungefähr 70 Millionen Litern Wasser die Wasserstoffperoxydzersetzung merklich beschleunigen kann. In alkalischen Lösungen katalysiert noch 1 Mol Mangandioxyd in ungefähr 10 Millionen Litern, Kobalttrioxyd in 2 Millionen, Kupferdioxyd in 1 Million und Bleidioxyd in 1000 l Wasser merklich die Wasserstoffperoxydzersetzung, nicht merklich aber Ferrihydroxyd. In saurer Lösung ist die Wirkung dieser Stoffe viel kleiner. Am stärksten wirkt hier das Eisen, dann folgen Kobalt, Kupfer, Mangan, Nickel und Blei. Kolloidales Eisenoxydhydrat wirkt viel langsamer als ein Zusatz der gleichen Menge von Ferrosulfat, wobei vermutlich basisches Ferrisulfat ausfällt. Ein Überschuß von Säure hat aber großen Einfluß, wahrscheinlich wegen Änderung der Hydrolyse.

Bei konstanter Menge und konstantem Zustand des katalysierenden Platinsols erwies sich die Wasserstoffperoxydzersetzung im neutralen und sauren Medium als eine monomolekulare Reaktion. Der Zersetzungsvorgang am Metall selbst verläuft sehr rasch. Wenn die gesamte Umsetzung jedoch nicht momentan verläuft, so rührt dies davon her, daß vor allem im makroheterogenen System die Diffusion zum Metall eine gewisse Zeit beansprucht. Da das Metall immer wieder regeneriert wird, so genügen schon ungemein geringe Mengen Metallsol zur dauernden Zersetzung ungleich größerer Mengen von Wasserstoffperoxyd. Das Platin bildet vermutlich zuerst ein instabiles Oxyd, das dann mit dem Wasserstoffperoxyd unter Sauerstoffentwicklung reagiert. Die Möglichkeit eines derartigen Zwischenproduktes ist durch die Arbeiten Grubes[341] sehr wahrscheinlich gemacht worden.

Katalysatorgifte. Durch Elektrolyte wird der kolloide Zustand und damit auch die Aktivität des Platins sehr stark beeinflußt. Die Katalyse nimmt mit der Konzentration des Platins sehr schnell zu, und zwar nicht proportional derselben. Bei Verdünnung mit reinem Wasser wurde für die Geschwindigkeit eine einfache Exponentialfunktion der Platinkonzentration gefunden. Ganz auffallend ist die Analogie der Platinflüssigkeit zu den Fermenten und dem Blute hinsichtlich ihrer Eigenschaft, durch geringe Spuren gewisser Gifte inaktiviert zu werden. So verzögert bereits ein Zusatz von $^{1}/_{1\,000\,000}$ Mol Kaliumcyanid bereits sehr stark, etwas weniger Schwefelwasserstoff und sehr stark auch Mercurichlorid. Die Blausäure zeigt in Analogie zu den Fermenten gewisse Erholungserscheinungen, d. h. die lähmende Wirkung der Blausäure verschwindet allmählich und das Platin wird wieder wirksam. Sehr starke Platingifte sind weiters CS_2, Phenol, Strychnin, Jodcyan, Jod, Natriumthiosulfat, P, CO, PH_3 (die letzten drei mit Erholung), AsH_3, Mercuriionen, $HgCN_2$, mittelstarke Gifte sind Anilin, Hydroxylamin, Brom, Salzsäure, Oxalsäure, Amylnitrit, arsenige Säure, Natriumsulfit (mit Erholung), Ammonchlorid. Schwache Platingifte sind phosphorige Säure, Natriumnitrit, salpetrige Säure, Pyrogallol, Nitrobenzol, Flußsäure und Ammonfluorid. Beschleunigend wirken hingegen Ameisensäure, Hydrazin, verdünnte Salpetersäure. Nahezu unwirksam sind verdünnte Kaliumchloratlösung, Äthylalkohol, Amylalkohol, Äther, Glyzerin, Terpentinöl und Chloroform. Auch indifferente Narkotika hemmen nach dem Gesetz der homologen Reihen die Zersetzung durch Platinsol[342]. Die negativen Katalysatoren haben insofern eine gewisse technische Bedeutung, als einige der gebräuchlichen Stabilisatoren als ausgesprochene Katalysatorgifte anzusprechen sind.

Nach der Hochfrequenzmethode hergestelltes Platinsol hat sich nach F. Thoren[343] dem im Lichtbogen hergestellten gegenüber sogar als doppelt aktiv erwiesen. R. Schwarz und W. Friedrich[344] stellten bei der katalytischen Zersetzung des Wasserstoffperoxyds durch Platinsol fest, daß eine Bestrahlung mit Röntgenstrahlen eine wesentliche Verzögerung der Zersetzung bis zu 71% bewirken kann. Das Sol erholt sich aber nach 16 bis 20 Stunden wieder vollständig. Wahrscheinlich dürfte sich die Oberfläche des Platinsols unter dem Einfluß der Strahlen mit Wasserstoff beladen, der erst vom Wasserstoffperoxyd verbrannt werden muß.

Dem Platinsol ähnlich verhält sich das Goldsol[345], dessen Wirksamkeit in neutraler und saurer Lösung gegen die des Platins sehr gering ist, durch einen Zusatz von Alkali aber sehr gesteigert werden kann. $^1/_{840\,000}$ Grammatome Au/l machen sich noch deutlich bemerkbar. $^1/_{10\,000\,000}$ Mol Natriumsulfid oder $^1/_{50\,000\,000}$ KCN können noch eine verzögernde Wirkung ausüben. Quecksilberchlorid in alkalischer Lösung beschleunigt, und zwar durch Eintritt einer neuen Reaktion, da die Reduktion des $HgCl_2$ zum Metall durch Goldsol beschleunigt wird. 1 g kolloidales Palladium katalysiert die Wasserstoffperoxydzersetzung noch in zirka 260 000 000 g Wasser[346, 347].

Die Wirkung der Katalysatorgifte auf die Zersetzung des Wasserstoffperoxyds ist von J. H. Kastle und A. S. Loewenhart[348] dahin erklärt worden, daß die verzögernde Wirkung auf der Bildung dünner unlöslicher und schützender Schichten beruht, die sich durch Einwirkung des Verzögerers auf das Metall ausbilden. Wahrscheinlich beruht die Wirkung der Katalysatorgifte aber darin, daß diese durch bloße Oberflächenkräfte besonders stark angezogen werden, wobei sich die Katalysatoroberfläche mit einer Schicht des Kontaktgiftes bedeckt. Der zu katalysierende Stoff wird demnach von der Oberfläche des Katalysators verdrängt und so dem Einfluß der Oberflächenkräfte entzogen.

Der stärkste metallische Katalysator für die Zersetzung des Wasserstoffperoxyds ist kolloides Osmium, worauf in absteigender Reihe Palladium, Platin und Iridium folgen[349]. Eine Osmiumlösung mit 0,000 000 000 91 g Os in 1 ccm Wasser beschleunigt den Zerfall noch sehr stark.

Der Wirkung der kolloidalen Metalle Platin, Gold und Silber entspricht eine besondere Gruppe von Fermenten, die sog. Katalasen, die in lebenden Zellen von Pflanzen und Tieren überall verbreitet sind und die die spezifische Eigenschaft haben, das Wasserstoffperoxyd unter Freiwerden eines Sauerstoffatoms spalten zu können. Die Wirksamkeit der Katalase ist eine außerordentlich große, sie ist nach H. von Euler und K. Josephon[350] etwa 1000mal so groß wie des kolloidalen Platins.

Theorie und Kinetik des Zersetzungsvorganges. Unter dem Einfluß von Platinmohr zerfällt das Wasserstoffperoxyd annähernd nach der Gleichung für monomolekulare Reaktionen. Geringe Mengen von Natronlauge erhöhen die Zersetzungsgeschwindigkeit, größere sowie ein Zusatz von Schwefelsäure verringern sie hingegen. Die Wirksamkeit des Platinmohrs steht zwischen dem kolloidalen und dem kompakten Platin (Platinblech)[351]. Die katalytische Wirksamkeit von kompaktem Platin, Palladium und Iridium, wird durch eine Vorbehandlung sehr beeinflußt. So kann eine sehr starke anodische Polarisierung die Katalyse direkt zum Stillstand bringen, eine kathodische aber sie um mehr als 50% erhöhen[352, 353].

Bei sämtlichen katalytischen Reaktionen sind als geschwindigkeitserhöhende Faktoren die Zwischenreaktionen des Katalysators mit dem Substrat anzunehmen. So nehmen z. B. F. Haber und J. Weiß[354] für die Katalyse des Wasserstoffperoxyds durch Ferrosulfat an, daß es sich um eine Reaktionskette handelt, deren einzelne Zwischenglieder folgende sind:

A. $Fe^{II} + H_2O_2 = Fe^{III} + (OH)' + OH$,

B. $OH + H_2O_2 = H_2O + O_2H$,

C. $O_2H + H_2O_2 = O_2 + H_2O + OH$,

D. $Fe^{II} + OH = Fe^{III} + (OH)'$,

wobei FeOH eine unlösliche Form, wahrscheinlich $Fe(OH)SO_4$ bedeutet.

Nach H. Wieland[355] ist die katalytische Zersetzung des Wasserstoffperoxyds als Reaktion 1. Ordnung aufzufassen, die aber in zwei Phasen verläuft. In der 1. Phase erfolgt eine Dehydrierung eines Moleküls H_2O_2 unter Bildung von molekularem Sauerstoff: $HOOH \rightarrow O:O + 2\,H$, die mit meßbarer Geschwindigkeit verläuft, während die hydrierende Spaltung eines zweiten Moleküls H_2O_2 nach $HOOH + 2\,H \rightarrow 2\,H_2O$ mit unmeßbar großer Geschwindigkeit verläuft. Die Katalysatoren bewirken dabei nur eine Beschleunigung des Dehydrierungsvorganges.

R. Livingston[355a] nimmt an, daß konzentriertes H_2O_2 nach zwei unabhängigen Prozessen zerfällt: der eine mit niedriger Zerfallsgeschwindigkeit und einer Aktivierungsenergie von 16 kcal ist weder durch Inhibitoren noch durch sorgfältigste Reinigung aufzuhalten; der andere in nicht sehr sorgfältig gereinigten Lösungen hat eine größere Zerfallsgeschwindigkeit sowie eine Aktivierungsenergie von 20 kcal und kann durch „Entfernung von Staub" und Inhibitoren gehemmt werden.

Die katalytische Zersetzung von Wasserstoffperoxyd durch Ferrisalze verläuft nach Van L. Bohnson[356] über folgende Zwischenstufen:

A. $2\,FeR_3 + 3\,H_2O_2 = 2\,H_2FeO_4 + 6\,HR$,

B. $H_2FeO_4 + 3\,H_2O_2 = 2\,Fe(OH)_3 + 2\,H_2O + 3\,O_2$,

C. $2\,Fe(OH)_3 + 6\,HR = 2\,FeR_3 + 6\,H_2O$.

R ist ein einwertiges negatives Radikal. Die meßbare Reaktion ist B, die monomolekular verläuft, jedoch nimmt die Reaktionskonstante gegen Ende der Reaktion wahrscheinlich wegen der störenden Wirkung der Hydrolyse etwas ab. Bei Chloriden und Nitraten ist die Wirkung der Konzentration proportional, während Sulfate weniger wirksam sind. Glyzerin, Rohrzucker, Harnstoff und Acetanilid erwiesen sich als Antikatalysatoren.

R. J. Kepfer und J. H. Walton[357] nehmen bei der Katalyse des Wasserstoffperoxyds durch kolloidales Eisenoxyd, die annähernd monomolekular verläuft, gleichfalls die Bildung von Eisensäure H_2FeO_4 oder höheren Eisenoxyden als Zwischenprodukten an, ebenso Van L. Bohnson und A. C. Robertson[358].

Die Ferrisalzkatalyse beruht nach A. Simon auf durch Reduktion gebildeten ionisiertem Fe^{II}. Die katalytische Wirkung der Ferrisalze steigt mit wachsendem p_H. Die katalytische Wirkung von Fe-III-Hydroxyd wird schon durch geringe Zumischungen von $Ag(OH)_2$ verdoppelt, von $Ag(OH)_2$ und $Cu(OH)_2$ gemeinsam verzehnfacht (A. Krause)[359].

Bei der heterogenen Katalyse von Wasserstoffperoxyd durch Kupferverbindungen, deren Kinetik sehr kompliziert ist, konnte ein Zwischenprodukt, bestehend aus braunem Kupferoxyd und grünem -hydroxyd isoliert werden[360]. Die katalytische Wirksamkeit des Niederschlages sinkt mit der Zeit infolge von Alterungserscheinungen ab.

In alkalischen Lösungen von Mangandioxyd oder schwarzem Kobaltihydroxyd wird vorerst durch das Wasserstoffperoxyd das Mangani- bzw. Kobaltisalz zu Mangano- bzw. Kobaltosalz reduziert, sofort aber durch neues Wasserstoffperoxyd wieder zu den höherwertigen Verbindungen oxydiert, das dann abermals mit H_2O_2 Sauerstoff liefert, welcher Vorgang sich so lange wiederholt, als noch unzersetztes Wasserstoffperoxyd vorhanden ist.

Ein ähnlicher, aber deutlich rhythmisch ausgeprägter Wechsel zwischen Zersetzung und Stillstand findet bei der Katalyse des Wasserstoffperoxyds an metallischem Quecksilber in schwach alkalischen Lösungen statt. Da gleichzeitig das Auftreten und Verschwinden eines gelben Häutchens zu beobachten ist, dürfte die

Reaktionsfolge darin bestehen, daß vorerst das Quecksilber durch Wasserstoffperoxyd zum Peroxyd oxydiert, dieses dann durch H_2O_2 unter Sauerstoffabgabe wieder zum Metall reduziert wird usw.

Beim katalytischen Zerfall des Wasserstoffperoxyds an kolloidem Silber wird nach F. Wiegel[361] vorerst ein Teil des Silbers aufgelöst, das dann an der Oberfläche der Silberteilchen zu AgOOH oxydiert wird, welches dann in gasförmigen Sauerstoff und Silber zerfällt.

Von wesentlicher Bedeutung für die Wirksamkeit eines Katalysators ist dessen Dispersitätsgrad. Wie durch röntgenometrische Bestimmung der Teilchengröße von Platinkatalysatoren festgestellt wurde[362], nimmt die katalytische Aktivität mit der spezifischen Oberfläche sehr schnell zu. Anderseits kann man wieder aus der Zersetzungsgeschwindigkeit umgekehrt auf die Teilchengröße des verwendeten Katalysators schließen, wie dies z. B. Lottermoser bei der Katalyse des Wasserstoffperoxyds durch Wolfram getan hat[363]. Die Zersetzungsgeschwindigkeit von H_2O_2 stellt z. B. auch ein unmittelbares Maß für den Hydrolysengrad von Ferrisalzlösungen dar[364].

Auch die spezifische Bindungsart ist für die Wirksamkeit eines Katalysators maßgebend. Die Katalase, deren Wirkung auf einem Eisengehalt des Enzymsystems zurückzuführen ist, ist ungleich wirksamer als einfache Eisensysteme, wie z. B. aus der nachstehenden Tabelle hervorgeht[365].

1 Mol (Grammatom) Katalaseeisen zerlegt bei 0° $6 \cdot 10^4$ bis $2 \cdot 10^5$ Mole H_2O_2.
1 „ „ Hämin zerlegt bei 0° 0,01 Mole H_2O_2, also 10^6mal weniger.
Fe^{II} bzw. Fe^{III} zerlegen bei 0° nur 0,00001 Mole H_2O_2.

Im Blute wird die blaue Komplexverbindung zwischen Dehydroascorbinsäure, Fe^{III} und H_2O_2 durch Sulfonamide zersetzt (D. Libermann, C. r. 223, 106–08, 1946).

Schutzkolloide, wie Gelatine, Gummiarabicum, protalbin- und lysalbinsaures Natrium sowie Eieralbumin, Dextrin und Stärke, hemmen den katalytischen Zerfall des Wasserstoffperoxyds durch Platinsol, wahrscheinlich zufolge Verminderung der Diffusionsgeschwindigkeit.

Von ganz besonderer technischer Bedeutung für die Haltbarkeit der Wasserstoffperoxydlösungen sind die sog. Stabilisatoren, die die Eigenschaft besitzen, die Zersetzungsgeschwindigkeit des Wasserstoffperoxyds bedeutend herabzusetzen (s. Abschnitt XVI, S. 195).

Erwähnt sei noch, daß in organischen Lösungsmitteln, wie z. B. Amylalkohol, Amylacetat, Isobutylalkohol und Chinolin, die Katalysatoren ebenso wirksam sind wie in wäßriger Lösung. In manchen Fällen findet nur eine Verschiebung der Reaktionsordnung statt[366].

Literaturverzeichnis.

[283] F. D'Arcy, Philos. Magazine (6) 3, 42, 1902. — [284] Ber. Dtsch. chem. Ges. 40, 1914, 1907. — [285] O. Stern und M. Volmer, Ztschr. wiss. Photogr., Photophysik und Photochemie 19, 275, 1920. — [286] J. Kornfeld, ebenda 21, 66, 1921. — [287] F. O. Rice und M. H. Kilpatrick, Journ. physical Chem. 31, 1507, 1927. — [288] H. C. Urey, L. H. Dawsey und F. O. Rice, Journ. Amer. chem. Soc. 51, 1371, 1929. — [289] G. von Elbe, Journ. Amer. chem. Soc. 54, 821, 1932. — [290] Chem. Ztrbl. 1928 I, 2577. — [291] A. J. Allmand und W. G. Style, Journ. chem. Soc. London I, 596, 1930. — [292] V. Henri und R. Wurmser, Compt. rend. Acad. Sciences 157, 284, 1913. — [293] Journ. physical Chem. 33, 825, 1929; Chem. Ztrbl. 1929 II 2013. — [294] Ztschr. Physik 48, 856, 1928. — [295] O. Risse,

Ztschr. physikal. Chem. (A) **140,** 133, 1929. — [296] H. Fricke, J. chem. Physics **3,** 364—65, 1935. — [297] T. Banarjee, J. Indian chem. Soc. **14,** 611—16, 617—26, 1937. — [298] C. N. Hinshelwood und Ch. R. Prichard, Journ. chem. Soc. London **123,** 2725, 1924. — [299] F. O. Rice und O. M. Reiff, Journ. physical Chem. **31,** 1352, 1927. — [300] B. H. Williams, Trans. Faraday Soc. **24,** 245, 1928. — [301] W. Clayton, Chem. News **112,** 309, 320, 1915. — [302] T. Yamada, Res. electrotechn. Lab. (Tokyo) Nr. **443,** 1—2, 1940. — [303] P. A. Giguère, Ann. ACFAS **9,** 89, 1943; Can. J. Research 25 B, 135—50, 1947. — [304] B. E. Baker und C. Quellet, Can. J. Research **23 B,** 167—82, 1945. — [305] M. Hauser, Ber. Dtsch. chem. Ges. **56,** 888, 1923. — [306] L. W. Elder und E. K. Rideal, Trans. Faraday Soc. **23,** 545, 1927. — [307] W. Elissafoff, Ztschr. Elektrochem. **21,** 352, 1915. — [308] O. Erbacher, Z. physikal. Chem. (A) **180,** 141—53, 1937. — [309] C. Mackenzie und M. Ritchie, Proc. Roy. Soc. (London) A **185,** 207—24, 1946. — [310] W. Wright, Z. Elektrochem. **34,** 298, 1928. — [311] A. C. Robertson, Journ. Amer. chem. Soc. **53,** 382, 1931. — [312] G. Lemoine, Compt. rend. Acad. Sciences **162,** 725, 1916. — [313] J. B. Firth und F. J. Watson, Trans. Faraday Soc. **20,** 370, 1924. — [314] Journ. chem. Soc. London **123,** 1750, 1924. — [315] E. C. Larsen und J. H. Walton, J. physical Chem. **44,** 70—85, 1940. — [316] M. Stampfer, Dissert. Univers. Graz 1945. — [317] F. J. Watson, Trans. Faraday Soc. **19,** 601, 1924. — [318] W. M. Wrigh und E. K. Rideal, Trans. Faraday Soc. **24,** 530, 1928. — [319] A. Krause, Ber. Dtsch. chem. Ges. **70,** 443—46, 1937; **71,** 1229—34, 1033, 1296, 1763, 1938. — [320] A. W. Thomas und B. Cohen, J. Amer. chem. Soc. **59,** 268—72, 1937. — [321] A. von Kiß und E. Lederer, Rec. Trav. chim. Pays-Bas **46,** 453, 1927; Chem. Ztrbl. **1927 II** 1783. — [322] E. Spitalsky und N. Petin, Ztschr. physikal. Chem. **113,** 161, 1924. — [323] R. Schenck, F. Vorländer und W. Dux, Ztschr. angew. Chem. **27,** 291, 1914. — [324] V. Makow, Chim. et Ind. **28,** 785, 1932. — [325] C. Pina, Trans. Faraday Soc. **24,** 486, 1928. — [326] C. Pierron, Compt. rend. Acad. Sciences **222,** 1107—09, 1946. — [327] Chem. Ztrbl. **1938 I** 49. — [328] Van L. Bohnson und A. C. Robertson, Journ. Amer. chem. Soc. **45,** 2512, 1924. — [329] A. C. Robertson, ebenda **47,** 1299, 1925. — [330] Chem. Ztrbl. **1938 I** 2307. — [331] A. C. Robertson, Journ. Amer. chem. Soc. **49,** 1630, 1927. — [332] H. W. Rudel und M. M. Haring, Ind. engin. Chem. **22,** 1234, 1930. — [333] E. Spitalsky, Journ. Amer. chem. Soc. **48,** 2072, 1926. — [334] Chem. Ztrbl. **1938 I** 2307. — [335] Thénard, Mém. de l'Acad. Science **3,** 385, 1818. — [336] Berzelius, Lehrbuch der Chemie, 3. Aufl. S. 41, 1835. — [337] Schönbein, Journ. prakt. Chem. **75,** 79, 1858; **78,** 90, 1859. — [338] Schönbein, ebenda **105,** 207, 1868. — [339] Schönbein, ebenda (1) **89,** 335, 1863. — [340] Bredig und Mitarbeiter, Ztschr. physikal. Chem. **31,** 258, 1899; **37,** 1, 1901; **66,** 162, 1909. — [341] Grube, Ztschr. Elektrochem. **16,** 621, 1910. — [342] O. Meyerhof, Pflügers Arch. Physiol. **157,** 307, 1914; Chem. Ztrbl. **1914 II** 2009. — [343] F. T. Thorén, Svensk Kem. Tidskr. **42,** 134, 1930; Chem. Ztrbl. **1930 II** 1654. — [344] R. Schwarz und W. Friedrich, Ber. Dtsch. chem. Ges. **55,** 1040, 1922. — [345] Ztschr. physikal Chem. **37,** 313, 1901. — [346] Ber. Dtsch. chem. Ges. **37,** 798, 1904. — [347] Ztschr. physikal. Chem. **42,** 601, 1903. — [348] J. H. Kastle und A. S. Loewenhart, Journ. Amer. chem. Soc. **26,** 518, 1901; **29,** 397, 563, 1903. — [349] C. Paal und K. Amberger, Ber. Dtsch. chem. Ges. **37,** 124, 1904; **38,** 1398, 1905; **40,** 1392, 2201, 2209, 1907. — [350] H. von Euler und K. Josephson. — [351] A. Sieverts und H. Brüning, Ztschr. allg. anorgan. Chem. **204,** 291, 1932. — [352] E. Spitalsky und M. Kagan, Ber. Dtsch. chem. Ges. **59,** 2900, 1926. — [353] W. G. Roiter und M. G. Leperson, Chem. J. Ser. W. J. physical Chem. (russ.) **4,** 469—74, 1933; Chem. Ztrbl. **1934 II** 2651. — [354] B. F. Haber und J. Weiß, Naturwiss. **20,** 948, 1932. — [355] H. Wieland, Ber. Dtsch. chem. Ges. **54,** 2353, 1921; Liebigs Ann. **456,** 111, 1927. — [355a] R. Livingston, J. physical. Chem. **47,** 260—64, 1943. — [356] Van L. Bohnson, Journ. physical. Chem. **25,** 19, 1920. — [357] R. J. Kepfer und J. H. Walton, Journ. physical. Chem. **35,** 557, 1931. — [358] Van L. Bohnson und A. C. Rovertson, Journ. Amer. chem. Soc. **45,** 2493, 1924. — [359] A. Krause, Ztschr. anorgan. allg. Chem. **230,** 129—47, 160—75, 1936. — [360] E. Spitalsky, N. Petin und B. Konowalowa, Chem. Ztrbl. **1929 I** 1534, 1535. — [361] E. Wiegel, Ztschr. physikal. Chem. (A) **143,** 81, 1929. — [362] G. R. Levy und R. Haardt, Gazz. chim. Ital. **56,** 424, 1926; Chem. Ztrbl. **1926 II** 1820. — [363] Lottermoser, Ztschr. Elektrochem. **35,** 610, 1929. — [364] J. S. Teletow und N. Simonowa, Chem. Ztrbl. **1931 II** 1815. — [365] Chem. Ztg. **59,** 955, 1935. — [366] J. H. Walton, De Witt und O. Jones, Journ. Amer. chem. Soc. **38,** 1956, 1916; Chem. Ztrbl. **1917 I** 302.

VII. Die Autoxydationsvorgänge.

(Siehe auch S. 3, 5 und 21.)

Ein ganz besonderes Interesse beanspruchen die Oxydationsvorgänge mit molekularem Sauerstoff. Während bei hohen Temperaturen alle organischen Stoffe ohne Ausnahme zu Kohlensäure, Wasser und schwefeliger Säure usw. verbrannt und die meisten anorganischen Körper oder Metalle in die Oxyde übergeführt werden, zeichnet sich der Sauerstoff bei gewöhnlicher Temperatur durch eine große Reaktionsträgheit aus. Es gibt jedoch eine ganze Reihe von Stoffen, die diese Passivität des Sauerstoffes bei niederen Temperaturen überwinden können. Welche Bedeutung die Oxydationsvorgänge mit molekularem Sauerstoff haben, geht am besten daraus hervor, daß bei allen biologischen Oxydationsvorgängen, die die Energiequellen für alles Leben darstellen, ausschließlich der molekulare Sauerstoff als universelles Mittel wirksam ist.

Die Sauerstoffaufnahme bei der langsamen Oxydation kann auf zweierlei Art vor sich gehen. Entweder lagert sich das Sauerstoffmolekül als ungesättigtes System an gleichfalls ungesättigte Systeme, wie z. B. an die $-C=C-$-Doppelbindung unter Bildung von Peroxyden oder sog. Primäroxyden (Moloxyden), an, oder aber, und dies gilt namentlich für die Autoxydationsreaktionen in Gegenwart von Wasser, wird der autoxydable Körper durch das intermediär gebildete Wasserstoffperoxyd oxydiert. Als Beispiel für die erstere Bildungsart durch bloße Addition eines Sauerstoffmoleküls an ungesättigte Verbindungen seien die Reaktionen von Stickoxyd, Triphenylmethyl oder Triphenylphosphin mit Sauerstoff angeführt:

$$2\,(C_6H_5)_3C + O=O = (C_6H_5)_3C-OO-C(C_6H_5)_3,\ \text{Ditriphenylperoxyd.}$$

Zwischen den beiden primären Autoxydationsvorgängen gibt es zahlreiche Übergänge und für viele Oxydationsvorgänge, wie z. B. von Zinnchlorür, Kupferchlorür, Chromo-, Ferro-, Mangano- und Kobaltionen, ist der Charakter des Vorganges, ob primär Peroxyd- oder Wasserstoffperoxydbildung erfolgt, noch nicht geklärt.

Die Autoxydationstheorien. Über den Mechanismus der Autoxydationsvorgange ist eigentlich noch nicht genug verläßliches Material vorhanden. Man ist daher bei der Erklärung des Reaktionsverlaufes in den meisten Fällen nur auf Theorien und Hypothesen angewiesen. Von den zahlreichen vorgeschlagenen Theorien haben die drei folgenden die größte Bedeutung erlangt: 1. Die Primäroxydtheorie von Bach, Engler und Wild; 2. die namentlich für die biologischen Prozesse bedeutsame Schwermetallkatalysetheorie von Warburg, und 3. die Dehydrierungstheorie Wielands.

Nach dem Entdecker der Autoxydationsvorgänge Schönbein[367] hat diese zum ersten Male eigentlich M. Traube[92] näher studiert, der in planvollen Untersuchungen diesem Gebiete eine Auffassung zugrunde legte, die auch heute noch als brauchbare Erklärung angesehen werden kann. Im Gegensatz zu Schönbein, der annahm, daß das Sauerstoffmolekül zerlegt und dabei ein Atom O zur Oxydation des Wassers verwendet werde, ging Traube von der Anschauung aus, daß das Sauerstoffmolekül durch Zerlegung des Wassers, dessen Anwesenheit er für jeden Autoxydationsvorgang für notwendig hielt, zum Wasserstoffperoxyd reduziert werde. Es ist dies ein Beispiel für die von Ostwald[368] aufgestellte Regel, wonach bei allen chemischen Vorgängen nicht gleich der beständigste Zustand erreicht wird, sondern der energetisch nächstliegende, wenn er auch unter den gegebenen Bedingungen zur Bildung einer sehr unbeständigen Substanz führt. Die Theorie Traubes krankte jedoch daran, daß sie nur jene Autoxydationsvorgänge zu erklären vermochte, die bei Gegenwart von Wasser vor sich gehen.

Unabhängig voneinander und nahezu gleichzeitig begründeten dann A. Bach[369] und C. Engler und ihre Mitarbeiter[16, 370] eine Theorie der Autoxydationsvorgänge, die den tatsächlichen Verhältnissen schon in viel allgemeineren Formen Rechnung trug. Sie sagt aus, daß bei den Autoxydationen ganze Sauerstoffmoleküle unter Bildung eines Peroxyds aufgenommen werden, welches leicht ein Atom O abgeben kann. Diese primären, mit Ausnahme des Rubren- und Ergosterinperoxyds sehr labilen Anlagerungsprodukte eines O_2-Moleküls an einen anderen Stoff bezeichnet man nach Engler auch als „Moloxyde". Diese Moloxyde können sich entweder durch intramolekulare Umsetzung oder Reaktion mit unverändertem Akzeptormolekül oder aber auch durch Wechselwirkung mit anderen Stoffen unter Bildung von anderen Peroxyden oder sauerstoffhaltigen Verbindungen umsetzen: A (Autoxydator) $+ O_2 = AO_2$; $AO_2 + B$ (Akzeptor) $= AO + BO$. Fehlt ein fremdartiger Akzeptor, so kann auch ein unveränderter Teil des Autoxydators als Akzeptor dienen: $AO_2 + A = 2\,AO$. Der Akzeptor B wäre allein nicht imstande, mit molekularem Sauerstoff zu reagieren, seine Oxydation wird aber durch die Autoxydation des Autoxydators „induziert", da das primär gebildete Peroxyd ein höheres Oxydationspotential aufweist und dadurch in den Stand gesetzt wird, gegen den Sauerstoff ansonsten unempfindliche Stoffe anzugreifen.

Ähnlich wie bei der Auffassung von Traube wird daher auch von Engler und Bach angenommen, daß das O_2-Molekül ein ungesättigtes System ist, das das Bestreben hat, seine ungesättigten Valenzen abzusättigen, und zwar durch diejenigen eines anderen ungesättigten Körpers, des autoxydablen Stoffes. Während Bach aber annimmt, daß die Autoxydation die eine Bindung des Sauerstoffmoleküls leichter sprengt als die andere, glaubt Engler nur an eine teilweise Dissoziation des O_2-Moleküls unter Lösung einer Bindung nach $\begin{matrix} O \\ \| \\ O \end{matrix} \rightarrow \begin{matrix} O— \\ | \\ O— \end{matrix}$. Die Bildung des Wasserstoffperoxyds kann dabei auf indirektem Wege mit Wasser durch Hydrolyse des primär gebildeten Peroxyds über ein Monosubstitutionsprodukt des H_2O_2 vor sich gehen:

$$A + O_2 \rightarrow A\langle\begin{matrix} O \\ | \\ O \end{matrix} + H_2O \rightarrow A\langle\begin{matrix} OO—H \\ \\ OH \end{matrix} + H_2O \rightarrow \underbrace{A\langle\begin{matrix} OH \\ \\ OH \end{matrix}}_{AO\,+\,H_2O} + H_2O_2.$$

Es kann sich aber auch der molekulare Sauerstoff direkt an reaktionsfähigen Wasserstoff anlagern: $\begin{matrix} H \\ + \\ H \end{matrix} \begin{matrix} O \\ \| \\ O \end{matrix} \rightarrow H-OO-H$. Der reaktionsfähige Wasserstoff kann entweder in fertig gebildeter Form, aber in dissoziiertem Zustand (in statu nascendi, als Kathodenwasserstoff, Palladiumwasserstoff usw.) vorliegen, er kann aber auch erst durch einen sog. „Pseudoautoxydator", z. B. in wäßriger Lösung während des Autoxydationsvorganges in dem Maße entstehen (etwa aus ionisiertem Wasserstoff), als er dem Sauerstoffmolekül dargeboten wird. Nach Engler und Bach ist demnach „aktivierter Sauerstoff" chemisch gebundener, aber leicht abspaltbarer Sauerstoff, aber nicht Sauerstoff in Gestalt freier Atome.

Eine wesentliche Stütze erhielt die Auffassung Englers und Bachs durch die Primäroxydtheorie von W. Manchot[371, 231, 232], wonach bei allen Oxydationsvorgängen vorerst ein Primäroxyd mit Peroxydcharakter entsteht, dessen weiteres Verhalten von den obwaltenden Verhältnissen abhängt.

Nach der Theorie Bodländers[372] erfolgt bei Abwesenheit von Wasser die Bildung von Peroxyden nur durch direkte Addition von Sauerstoffmolekülen. Auch bei Gegenwart von Wasser soll eine solche Addition in vielen Fällen wahrscheinlicher sein als eine vorhergehende Spaltung des Wassermoleküls und die Bildung von Wasserstoffperoxyd aus dem vom Wasser abgespaltenen Wasserstoff. Für die langsame Oxydation von Metallen schloß sich Bodländer der Auffassung Traubes an.

Auch F. Haber[373] vertrat die Ansicht, daß sowohl bei der nassen als auch trockenen, d. h. bei Abwesenheit von Wasser vor sich gehenden Autoxydation der Sauerstoff als Ganzes, demnach als Molekül angelagert wird. Ähnlich war die Theorie von v. Baeyer und Villiger[374] über die Oxydation des Benzaldehyds zur Benzoesäure sowie von R. S. Morell und E. O. Phillips[374a] über die Autoxydation trockener Öle.

Erwähnung verdient auch die Korrosionstheorie von W. R. Dunstan, H. A. D. Jowett und E. Gulding[375], die für das Rosten des Eisens gleichfalls die Autoxydation und vorübergehende Bildung von Wasserstoffperoxyd verantwortlich machten: $Fe + H_2O = FeO + H_2$; $H_2 + O_2 = H_2O_2$; $2\,FeO + H_2O_2 = FeO_2(OH)_2$. Da sie aber das Wasserstoffperoxyd als Zwischenprodukt wegen der katalytischen Einwirkung des Eisens im Rostprozeß nicht nachweisen konnten, gaben sie später ihre Rosttheorie wieder auf. In neuerer Zeit ist aber dieser Nachweis H. Wieland und Franke[376] an Eisen sowie J. R. Churchill[377] an Aluminium gelungen, so daß damit die Wasserstoffperoxydtheorie der Korrosion wieder einen Auftrieb erfahren hat (s. S. 42).

Bei ungesättigten Verbindungen, wie z. B. Fettsäuren verläuft die Autoxydation nach folgendem Reaktionsschema:

$$-CH=CH- + O_2 = \underset{\substack{|\\O}}{-CH}-\underset{\substack{|\\O}}{CH-} \rightarrow \underset{\substack{|\\HO}}{-C}=\underset{\substack{|\\OH}}{C-} \rightleftarrows \underset{\substack{\|\\O}}{-C}-\underset{\substack{|\\OH}}{CH-}\,.$$

Nach Absättigung der ersten Doppelbindung durch O_2 wird eine zweite Doppelbindung unter Bildung eines unbeständigen Peroxyds angegriffen, das sich dann weiter umlagert, wobei das Gleichgewicht fast gänzlich auf seiten des Oxyketons liegt (W. Franke und D. Jerchel). Ringförmige Monoolefine nehmen viel leichter Sauerstoff auf als offenkettige Monoolefine.

Von ganz anderen Gesichtspunkten als die bisher erwähnten Theorien betrachtet H. Wieland die Autoxydationsvorgänge[378]. Nach ihm soll der Oxydationswirkung nur da eine Anlagerung von Sauerstoff vorausgehen, wo ungesättigte Systeme oxydiert werden. Dagegen sollen die viel häufigeren Oxydationsvorgänge, die sich an formal gesättigten Systemen vollziehen, auf einem Entzug von Wasserstoff beruhen, d. h. also auf Dehydrierungserscheinungen, denen meist eine Wasseranlagerung vorangeht. Die Autoxydation eines Aldehyds ist daher nach Wieland derart aufzufassen:

$$\underset{\text{Aldehyd}}{R-C\begin{smallmatrix}\diagup H\\ \diagdown O\end{smallmatrix}} \;\underset{\text{Wasser-addition}}{+\,H_2O \longrightarrow}\; \underset{\text{Akzeptor}}{R-C\begin{smallmatrix}\diagup OH\\ -OH\\ \diagdown H\end{smallmatrix}} \;\underset{\text{Dehydrierung}}{\xrightarrow{-H_2}}\; \underset{\text{Säure}}{R-C\begin{smallmatrix}\diagup O\\ \diagdown OH\end{smallmatrix}}\,.$$

Zur Aufnahme des freiwerdenden Wasserstoffes bedarf es besonderer H-Akzeptoren, falls nicht Sauerstoff vorhanden ist und dazu auch bereit ist. An seine Stelle kann aber auch z. B. Methylenblau, m-Dinitrobenzol, Dithioglykolsäure usw. treten. Tatsächlich fördert z. B. Methylenblau die Verbrennung organischer Säuren nach Thunberg[379] ganz auffallend, ebenso wie es auch die anaerobe Atmung fördert.

Nach Wieland übt also nicht der Sauerstoff, sondern das in erster Phase gebildete Wasserstoffperoxyd die starke Oxydationswirkung aus. Wird der Autoxydationsvorgang katalysiert, so setzt die Wirkung des Katalysators auch nicht am Sauerstoff, sondern an den abzugebenden H-Atomen an. Als Beweis für die Annahme einer Dehydrierung bei Autoxydationsprozessen führt Wieland das Auftreten von H_2O_2 bei der Autoxydation von Hydrochinon oder Kobaltoverbindungen an. Daß in manchen Fällen, wie z. B. bei Eisen, in neutraler oder saurer Lösung das Wasserstoffperoxyd nicht nachgewiesen werden kann, ist darauf zurückzuführen, daß die Geschwindigkeit der Reaktion der Oxydation des Eisens durch H_2O_2 bei einer Azidität unterhalb $p_H = 7$ etwa 2000mal größer ist als jene der Bildung durch Autoxydation, so daß ein Nachweis nur schwer möglich ist[380] (s. oben [373, 377]).

In sehr schönen Versuchen mit Palladiumschwarz und Wasserstoff zeigte Wieland, daß sowohl die Reduktion als auch die Oxydation bloß durch Übertritt von H erklärt werden kann. Bei der Reduktion lagert sich zunächst Palladiumwasserstoff an den zu hydrierenden Körper an, worauf Abspaltung des wasserstofffreien Palladiums erfolgt: $X + PdH \rightarrow XPdH \rightarrow XH + Pd$. Bei der Oxydation wird umgekehrt zuerst Palladium angelagert, das dann als Palladiumwasserstoff abgespalten wird: $XH + Pd \rightarrow XHPd \rightarrow X + PdH$. So gibt z. B. Alkohol auch unter Luftabschluß mit völlig sauerstoffreiem Palladiumschwarz Aldehyd, so daß der Reaktionsverlauf wie folgt anzunehmen ist: $CH_3CH_2OH + 2\,Pd \rightarrow CH_3CHO + 2\,PdH$. Die katalytische Wirkung von Palladium oder der Platinmetalle bei Oxydationsvorgängen besteht daher darin, daß intermediär Hydride gebildet werden und nicht, wie früher angenommen wurde, Peroxyde. Es wird nicht der Sauerstoff, sondern der Wasserstoff aktiviert. Es ist demnach nach Wieland das Anwesendsein von Wasser eine Grundbedingung für das Eintreten von Oxydationsvorgängen. Wieland erklärt z. B. die Verbrennung von CO durch eine intermediäre Bildung von Ameisensäure nach $CO + H_2O = HCOOH$, die dann in CO_2 und 2 H zerfällt. Diese Annahme erfährt dadurch eine Stütze, daß vollkommen trockenes CO überhaupt nicht brennt und von v. Wartenberg und Sieg[381] tatsächlich in der CO-Flamme H-Atome nachgewiesen wurden. Beim Abschrecken der Flamme wurde auch Ameisensäure gefunden. Die Dehydrierung tritt selbstverständlich nur dann ein, wenn sie thermodynamisch möglich ist, d. h. in gekoppelten Systemen, bei denen die Phase der Hydrierung eines Stoffes mehr Energie liefert, als in der Dehydrierung verbraucht wird.

N. A. Milas[382] nimmt als Erklärung der Autoxydationsvorgänge an, daß sich das Sauerstoffmolekül durch gemeinsamen Besitz zweier Elektronen an Atome oder Moleküle anlagert, wobei reaktionsbereite metastabile Peroxyde entstehen. Die Oxydation von CO soll daher wie folgt vor sich gehen:

$$:\ddot{\underset{..}{O}}:C + \ddot{\underset{..}{O}}:\ddot{\underset{..}{O}}: \rightarrow :\ddot{\underset{..}{O}}:\ddot{\underset{..}{C}}:\ddot{\underset{..}{O}}:\ddot{\underset{..}{O}}:$$

Durch Reaktion mit unverändertem CO entsteht dann $2\,CO_2$. Die autoxydablen Stoffe besitzen demnach nach der Elektronentheorie der Autoxydation an Bindungen nicht beteiligte Valenzelektronen, die als „molekulare Valenzelektronen" bezeichnet werden[383], deren Energieinhalt sich in der ersten Stufe der Autoxydation ändert. Moleküle ohne freie Elektronen reagieren erst bei äußerer Energiezufuhr. Der chemischen Reaktion geht daher eine gewisse Anregung des Moleküls durch Erhöhung der Umlaufsenergie seiner Valenzelektronen voraus. Den verzögernden Einfluß von Stoffen erklärt Milas damit, daß diese Substanzen mit ihren Valenzelektronen den angeregten Molekülen ihre Überschußenergie wegnehmen. Als Verstärker wirken hingegen jene Substanzen, deren Valenzlektronen dem sich oxydierenden Molekül Energie entweder direkt oder durch intermediäre Bildung eines

Peroxyds zuführen. Dieses energiereiche Peroxyd kann dann Reaktionsketten einleiten.

Nach H. N. Stephens[384] soll der Primäreffekt bei allen Autoxydationen in einer Anlagerung von Sauerstoff an eine Bindung bestehen, deren Schwingung rein thermisch oder aber auch bei den durch Licht katalysierten Reaktionen durch Absorption von Lichtenergie angeregt wurde. Von M. Hosiv und S. Yamashita[385] wurde die Peroxydbildung bei der Belichtung von Pflanzenölen und Fettsäuren durch einen Kettenmechanismus erklärt.

Die beste Erklärung der Autoxydationsvorgänge sowohl ungesättigter als auch gesättigter Systeme ist jedoch jene Wielands. Dadurch, daß er konsequent bei allen oxydoreduzierenden Vorgängen die Abspaltung und Verschiebung des Wasserstoffes in den Vordergrund der Betrachtungen stellt, hat er eine einheitliche und sehr einleuchtende Beschreibung der Autoxydationsvorgänge gegeben. Diese Theorie kann sehr allgemeine Gültigkeit für alle Oxydationsprozesse beanspruchen, da es vollkommen gleichgültig ist, woraus der die beiden H-Atome aufnehmende Akzeptor besteht, ob ein Chinon, Nitrat oder aber molekularer Sauerstoff diese Rolle spielt.

Katalysierte Autoxydation. Für die Autoxydationsprozesse können folgende Kriterien angegeben werden: sie sind autokatalytisch, sprechen auf positive und negative Katalysatoren an, induzieren die Oxydation von gegen molekularen Sauerstoff indifferenten Verbindungen, induzieren Polymerisationsvorgänge und sind häufig von der Struktur (s. Staudinger[386]) der Verbindungen abhängig.

Der autokatalytische Charakter hängt mit dem gewöhnlich exothermischen Verlauf der Autoxydationsprozesse zusammen. Fast alle Autoxydationen, die früher als spontan reaktionsfähig betrachtet wurden, haben sich bei genauerer Untersuchung als katalytische Reaktion erwiesen, die durch Spuren von Verunreinigungen, wahrscheinlich Schwermetallverbindungen, erst überhaupt in die Wege geleitet wurden. Der Begriff der Reinheit der Reagenzien erfährt gerade hier eine vielfach potenzierte Verschärfung, die noch weit unter der Grenze der analytischen Nachweisbarkeit liegt. Dies konnte z. B. R. Kuhn und Meyer[387] bei der Autoxydation des Benzaldehyds zeigen. Enthielt dieser keine Spur von Schwermetallsalzen mehr, war er auch nicht mehr autoxydabel.

Der gesamte Prozeß der Oxydation von Kohlenwasserstoffen kann als Überlagerung zweier Kettenreaktionen angesehen werden, deren eine beim thermischen Zerfall der Ausgangsmoleküle beginnt, deren andere beim Zerfall der intermediär gebildeten und als Autokatalysatoren wirkenden Peroxyde ihren Anfang nimmt (S. S. Medwedew[388]).

Von Ph. George, E. K. Rideal und A. Robertson[389] wurde festgestellt, daß Alkohole sich am langsamsten oxydieren. Die Aktivierungsenergie für die Autoxydation von 1-, 2-, 3-, 4-Tetrahydronaphthalin betrug um 15 kcal ohne und 6,5 kcal für die mit Eisenstearat katalysierte Reaktion.

Von allen Chemikern und Biologen wird heute einheitlich angenommen, daß jene Vorgänge im lebenden Organismus, die Sauerstoff verbrauchen, durch Fermente katalytisch beschleunigt werden. Die wirksamsten Katalysatoren sind Schwermetallsalze, namentlich Eisenverbindungen, von denen die zweiwertige Form wirksamer ist als die dreiwertige. Auf die Bedeutsamkeit des Eisens bei biologischen Oxydationsvorgängen hat vor allem O. Warburg[390] hingewiesen, von dem auch die wichtige Theorie der Eisenkatalyse bei der Atmung stammt. Hierbei sollen aber nicht Eisenperoxyde als Überträger des Sauerstoffes dienen, vielmehr dürfte sich das Eisen in einem Fe^{II}-Komplex befinden[391], in welcher Form es vor Oxydation geschützt ist. Dieser Komplex lagert dann molekularen Sauerstoff ein, der als H-Akzeptor dient, so daß Wasserstoffperoxyd als erstes Produkt der Dehydrierung entsteht. Das ebenfalls angelagerte H_2O_2 wird dann durch das Eisen zur Oxydation des Substrates aktiviert. Dieser Ansicht stimmt A. Bach[392] zu, während W. Manchot und H. Schmied[393] die primäre Bildung eines Eisenperoxyds annehmen.

Eine Belichtung wirkt ausgesprochen fördernd auf die Autoxydation ein, da hierbei der autoxydable Körper in Gegenwart von Sauerstoff viel mehr O_2 aufnimmt als der unbelichtete. So stellt z. B. H. Suida[394] den positiven Einfluß des Lichtes bei der Autoxydation von Xylol und Benzaldehyd fest. A. Windaus und Bounken[395] zeigten ihn am Beispiel des Ergosterins, weitere Beispiele führen G. Ciamician und P. Silber[396] an.

Auf dem Gehalt an Eisen beruht auch die Wirksamkeit von Hämoglobin und Methämoglobin als Katalysatoren für die Autoxydation.

Der Autoxydationsprozeß kann aber auch durch gewisse Stoffe, häufig Antioxygene oder Paralysatoren genannt, verzögert werden. In diesem Sinne wirken J_2, FeJ_2, NaJ, KJ, AgJ, MgJ_2, ZnJ_2, HgJ_2, NH_4J, CH_3NH_2J, CHJ_3, kurz alle Jodverbindungen verzögernd auf die Autoxydation von Aldehyden, Styrol oder Natriumsulfit und Leinöl. Hemmend wirken ferner insbesondere Phenole, Anthrachinon, Hydrochinon, Brenzkatechin, Pyrogallol usw. (Ch. Moureu und Ch. Dufraisse[398]). Schwefelverbindungen verhalten sich sowohl beschleunigend als auch antikatalytisch. So wirken trockenes MnS, CoS, CS_2 auf die Autoxydation von Benzaldehyd beschleunigend, während Äthylxanthogenanilid, Methylxantogenanilid, Diphenylsulfid, P_4S_3, die Sulfide von As, Sb, Bi, Sn, Cd, Fe, Ni, Pb, Cu, Hg in absteigender Reihenfolge antioxygen wirken, und zwar noch in einer Verdünnung von 1 : 10 000[399].

Als Erklärung der antioxygenen Wirkung wird manchmal angenommen, daß die negativen Katalysatoren leicht oxydabel sein müssen. Wie jedoch N. A. Milas[400], Ch. Moureu und Ch. Dufraisse[401] gezeigt haben, bleiben die Antioxygene während des Autoxydationsvorganges unoxydiert und können selbst nach einigen Monaten unverändert wieder isoliert werden. Nach diesen Autoren sind die Antioxygene daher negative Katalysatoren, die die Bildung eines Peroxyds oder Moloxyds AO_2 eines autoxydablen Körpers A durch Sauerstoff verhindern. Sie katalysieren die Zersetzung des Körpers AO_2 etwa in dem Sinne, wie sich peroxydartige Körper gegenseitig reduzieren.

Auch die Oxydation ungesättigter Kohlenwasserstoffe ist ähnlich den Autoxydationen zu deuten[402—407] (s. auch Kap. III, S. 24). Die Autoxydation von Äther kann am besten durch die Annahme gedeutet werden, daß primär ein Oxoniumperoxyd durch Addition von molekularem Sauerstoff an die Ätherbrücke entsteht.

Die Wirkung der Acceleratoren und Inhibitoren der Autoxydation von Kohlenwasserstoffen besteht nach K. I. Ivanov, V. K. Savinova und E. G. Mikhailova[408], zumindest bei niedriger Temperatur und in flüssiger Phase, nicht in einem Einfluß auf die Zerfallsreaktion der intermediären Peroxyde. Es wird vielmehr die Bildungsreaktion dieser Peroxyde bei der Autoxydation weitgehend von diesen Katalysatoren beeinflußt.

Bedeutung für die Technik. Die Autoxydationsvorgänge haben für viele Gebiete der Technik eine erhebliche praktische Bedeutung. Dies gilt namentlich für die Autoxydation und Polymerisation der trockenen Öle (Blasen der Öle), die aber noch ziemlich ungeklärt ist. Nach F. Taradoire[409] erhitzt sich ein Baumwollappen, der mit trocknendem Öl, Terpentin und einem Trockenmittel, wie Mangan- oder Kobaltresinat, als Beschleuniger getränkt ist, bei der Autoxydation bis auf Temperaturen von 300°, so daß sogar Entflammung eintreten kann. Antioxygene verzögern die Reaktion noch in einer Menge von 1 : 100 in der Baumwolle, wie z. B. Phenol, β-Naphtol oder Hydrochinon, während Guajakol, α-Naphtol, Anilin, Dimethylanilin und Hexamethylentetramin eine Entflammung überhaupt verhindern.

Beim Blasen der Öle[410] besteht ein Temperaturoptimum der Peroxydbildung, das durch Metallkatalysatoren, wie Manganabietinat oder Bleilinoleat herabgesetzt wird, bei Sojabohnenöl z. B. von 135° auf 85—90° bzw. 90—95°. Steigende Temperatur zersetzt die Peroxyde wieder, ebenso wirken die Metallkatalysatoren.

Autoxydation und Altwerden des Kautschuks hängen enge zusammen. Allen chemischen Reaktionen des Kautschuks gehen Polymerisationen voraus, die bei Luftzutritt von einer mehr oder weniger starken Oxydation begleitet sind. Darauf beruht auch die in der Industrie häufig beobachtete „Umwandlung" des Rohkautschuks. Schon ein Zusatz von 0,1% öliger Substanz verzögert die Oxydation[411]. Als wirksame Antioxygene haben sich Trane und Hydrochinon in einer Menge von 5%, ferner Stabilisatoren für Sprengstoffe, wie Diphenylamin erwiesen, die die Vulkanisation des Kautschuks nicht stören. Rohkautschuk zeigt erst bei Temperaturen über 130° Autoxydationserscheinungen, während nach der Vulkanisation die Autoxydation sehr stark ausgeprägt ist[412].

Die Ursache des Ranzigwerdens der Fette und Öle scheint gleichfalls in deren Autoxydation begründet zu sein[413, 414]. Nach P. E. Fierz-David[415], W. Ritter und Ths. Nußbaum[416] sowie E. Erbacher und W. Schoppmeyer[417] soll die Ranzigkeit durch Luft, Licht und Wasser hervorgerufen werden, wodurch die ungesättigten Fettsäuren in Aldehyde und Säuren gespalten werden. Hingegen haben M. R. Coe und J. A. LeClerc[418] sowie M. R. Coe[419] gefunden, daß die Peroxydzahl bei vor Licht und Luft geschützten Ölen und Fetten kein Maß für die Ranzigkeitsprüfung ist, da Öle, die unter Lichtschutz aufbewahrt wurden, bei hoher Peroxydzahl noch nicht so ranzig schmecken als an der Luft gelegene Öle, selbst wenn diese eine niedrigere Peroxydzahl aufwiesen. Die Peroxydbildung ist daher für die Ranzidität von Ölen nicht immer verantwortlich zu machen. Die Erhärtung der Teere, das Ausbleichen von Farbstoffen, das Verderben alten Hopfens usw. scheint jedoch durch Autoxydation hervorgerufen zu werden.

Im Kriege wurde von der I.-G.-Farbenindustrie ein Verfahren zur Herstellung von 85%igem H_2O_2 in großtechnischem Maßstabe ausgearbeitet, das auf der Autoxydation von Hydroanthrachinon beruhte (s. S. 96). Das Verfahren war wirtschaftlicher als das elektrolytische Verfahren.

Dissimilation und Assimilation; biologische Oxydationsvorgänge. Die Autoxydationsvorgänge leiten uns auch in ein ungemein wichtiges Grenzgebiet der Chemie hinüber, und zwar zur Assimilation und Dissimilation und zu den biologischen Oxydationsvorgängen. Durch eingehende Untersuchungen namentlich der letzten Jahre ist über den Abbau der Nährstoffe, wie Kohlehydrate, Fette und Eiweißkörper, bis zu den irreversiblen Endprodukten Wasser, Kohlensäure und Ammoniak weitgehende Klärung geschaffen worden.

Nach allgemeiner Ansicht spielt bei der Assimilation der Kohlensäure, also bei der Bildung der Kohlehydrate in der Natur, das intermediäre Auftreten von Peroxyden eine Rolle (Wo. Ostwald[420]). Nach Willstädter und Stoll[421] bildet sich primär eine Anlagerungsverbindung der Kohlensäure an das Chlorophyll, worauf unter Aufnahme von Lichtenergie ein Peroxyd der Kohlensäure (Perkohlensäure) entsteht. Die Perkohlensäure spaltet dann unter dem Einfluß des Protoplasmas Sauerstoff ab, wobei Formaldehyd entsteht, der bereits von Baeyer als das erste Assimilationsprodukt der Kohlensäure angesprochen wurde.

Wo. Ostwald[420] nimmt hingegen in der ersten Phase der Assimilation der Kohlensäure unter Beteiligung von Lichtenergie die autoxydative Bildung eines Lipoidperoxyds an. Das Chlorophyll nimmt an diesem Assimilationsvorgang selbst nur indirekt durch Sammlung und Filtration des Lichtes Anteil, keineswegs aber in stöchiometrischen Verhältnissen, da die Symbasie zwischen Kohlensäurereduktion und Chlorophyllgehalt völlig fehlt. Hingegen ist die Mitbeteiligung der protoplasmatischen Substanz, des Stromas, erwiesen. Als Lipoide fungieren hierbei Fette, Wachsarten, Öle, Phosphatide, ferner auch Terpene, Phytosterin, Karotene u. dgl., die sehr photoautoxydabel sind und Peroxyde bilden. Eisen, Mangan und andere Schwermetalle, vor allem aber das Eisen, können nach Warburg[390] als Katalysatoren bei dieser Autoxydation angenommen werden, die sich demnach nach folgendem Schema abspielen dürfte:

$$\text{Lipoid} + O_2\,(+\,\text{Fe} + \text{Chlorophyll}) \xrightarrow{hr} \text{Lipoid} - O_2.$$

Nach Ostwald vermag das Plasmaprotein durch Bindung die Kohlensäure zu aktivieren, welche Verbindung in weiterer Teilphase mit dem Lipoidperoxyd in Reaktion tritt. Hierbei wirkt auch aktiviertes Wasser mit und lagert seine beiden H-Atome an den CO-Rest unter Bildung von Aldehyd HCHO an, während das O-Atom des Wassers das Lipoidperoxyd regeneriert. Die Reaktionsfolge ist demnach nach Ostwald folgende:

$$\text{Protein} \longleftrightarrow CO_2 + H_2O_2 = \text{Protein} + HCHO + O_2\,(\text{entweicht}) + O$$

$$\text{Lipoid} - O + O = \text{Lipoid} - O_2$$

$$\text{Lipoid} - O_2 + HOH\,(\text{aktiv}) = \text{Lipoid} - O + H_2O_2.$$

Vom chemischen Standpunkt ganz besonderes Interesse haben auch die biologischen Oxydationsprozesse erlangt. Nach allgemeiner Auffassung werden die Oxydationsprozesse im lebenden Organismus katalytisch beschleunigt. In der lebenden Zelle bestehen die wirksamen Katalysatoren aus Fermenten oder Enzymen, deren Wirkung schon Bredig[340] mit jener der von ihm untersuchten Schwermetallsolen als sehr ähnlich erkannt hat. Bredig sprach direkt von anorganischen Fermentmodellen.

Vom chemischen Standpunkt aus sind die in der lebenden Zelle vor sich gehenden Verbrennungsvorgänge nur als Erscheinungen der langsamen Oxydation aufzufassen, wobei Peroxyde und Wasserstoffperoxyd als normale Oxydationsprodukte auftreten können. Die Bildung der Peroxyde gehört daher zu einem im Leben der Zelle konstant aufscheinenden Faktor, an den sich die Zelle in bestimmter Weise anpassen muß. Diese Anpassung besteht darin, daß die Zelle mit Hilfe von Fermenten imstande ist, Wasserstoffperoxyd einerseits katalytisch zu zersetzen, anderseits aber das Wasserstoffperoxyd und die Sauerstoffübertragung zu aktivieren. Die beiden Fermente, die diese beiden Umsetzungen zu bewirken vermögen, sind die Katalase und die Peroxydase. Vergleicht man die Wirkungen dieser Fermente mit anorganischen Katalysatoren, so ist die Katalasewirkung derjenigen von Platinsol, jene der Peroxydase der aktivierenden Eigenschaft des Ferrosulfats gleichzusetzen. Die nur in Aerobionten vorkommende Katalase ist nach Wieland eine Dehydrase mit Wasserstoffperoxyd als spezifischem H-Akzeptor, die die Aufgabe hat, das für die Zelle giftige Wasserstoffperoxyd zu beseitigen. Fehlt die Katalase in Zellen, wie z. B. in Anaerobionten, so treten durch das entstehende Wasserstoffperoxyd Wachstumsverzögerungen oder gar Absterben auf.

A. Bach nahm bei der direkten biologischen Oxydation unter dem Einfluß des Sauerstoffes an, daß sich dieser vorerst an eine Zwischensubstanz als Peroxyd anlagert, das dadurch ein höheres Oxydationspotential erhält und andere Stoffe, die gegen molekularen O_2 unempfindlich sind, angreifen kann. Das System: Zwischensubstanz + Peroxyd nannte Bach Oxygenase, ohne aber für diese eine nähere Erklärung zu geben. Dann sollte ein Enzym angreifen, das die Abgabe des Peroxydsauerstoffes katalysiert, die Peroxydase.

Eine klare Auffassung über die Oxygenase von Bach wurde von O. Warburg gegeben, der diese als ein komplexes organisches Eisensystem erkannte. Die Zellstrukturen weisen nach Warburg an ihrer Oberfläche Eisenorte auf, an denen der Sauerstoff peroxydartig gebunden wird und dabei auf ein höheres Potential gebracht wird, so daß er das durch Adsorption aufgelockerte Substrat oxydierend angreifen kann. Das die Oxydation bewirkende Ferment, das die lebende Zelle zur Verbrennung der Nährstoffe unbedingt benötigt, wurde von Warburg als ein den Pyrolfarbstoffen zugehöriges Fermenthämin erkannt, das eine Stellung zwischen dem Blutfarbstoff und Chlorophyll als Phäohämin einnimmt. Nach Warburg[422] ist demnach die Aktivierung des Sauerstoffes an die Spitze der Betrachtungen des biologischen Oxydationsvorganges zu stellen, der an das Vorhandensein von Eisen in der Zelle gebunden ist.

Das krasseste Gegenteil behauptete H. Wieland[423], der die Aktivierung des Wasserstoffes in den Vordergrund stellte. Die Katalyse durch Enzyme sollte ebenso wie die Modellreaktion mit Palladiumwasserstoff gebundene paarige H-Atome lockern, so daß sich eine thermodynamisch mögliche Reaktion mit großer Geschwindigkeit abspielen kann. Das dazu nötige Energiegefälle wird dadurch erreicht, wenn ein Akzeptor, z. B. Methylenblau oder Sauerstoff, vorhanden ist, der den Wasserstoff aufnimmt und dabei mehr Energie liefert, als bei der Dehydrierung erforderlich ist. Das thermodynamische Potential, bei welchem die biologische Oxydation abzulaufen beginnt, wird „Redoxpotential" genannt, dem eine grundsätzliche Bedeutung zukommt. Der Katalysator für die Dehydrierung ist entweder Palladiumwasserstoff oder ein Enzym, die Dehydrase. Bei der biologischen Oxydation besteht der Akzeptor ganz einfach aus molekularem Sauerstoff, der in stark endothermer Reaktion den Wasserstoff aufnimmt und ihn in Wasserstoffperoxyd überführt. Dieses wird dann durch weiteren aktiven Wasserstoff endgültig zu Wasser reduziert.

Die Wielandsche Auffassung hatte für das ganze Gebiet der oxydoreduzierenden Vorgänge, bei denen also der Sauerstoff überhaupt keine Rolle spielt, allgemeine Geltung erlangt. Jedoch stieß sie bei der Erklärung der Oxydationen unter Mitwirkung des Sauerstoffes auf den stärksten Widerspruch Warburgs, der ja ausdrücklich die Aktivierung des Sauerstoffes als Grundlage der biologischen Oxydation hinstellte.

Zwischen diesen beiden sich konträr gegenüberstehenden Theorien schien sich die längste Zeit keine Brücke finden zu lassen. Jedoch hat sich in letzter Zeit eine Möglichkeit geboten, beide Auffassungen zu vereinigen, und zwar über den Begriff der Aktivierung. Warburg zeigte nämlich durch Vergiftungsversuche am Fermenthämin, daß in diesem beide Oxydationsstufen des Eisens vorhanden sein müssen. Das Substrat wird durch Fe^{III} oxydiert, dabei aber das Fermenthämin selbst zu Fe^{II} reduziert, um dann durch einen Autoxydationsvorgang mittels molekularen Sauerstoffes wieder in Fe^{III} überzugehen. Die Oxydation des Substrats durch Fe^{III} ist auch nach Warburg als Dehydrierung aufzufassen, da ja die Oxydation ohne Mitwirkung von Sauerstoff vor sich geht. Die Aktivierung besteht darin, daß das Fe^{III} im Fermenthämin mit dem Substrat eine Oberflächenverbindung eingeht, in welcher Form es oxydiert, d. h. dehydriert wird. Auch Wieland gibt für die katalytische Hydrierung durch Eisen genau die gleiche Erklärung[123], Fe^{III} wirkt auf das Substrat dehydrierend, geht dabei in Fe^{II} über, das dann durch molekularen Sauerstoff wieder zu Fe^{III} regenerierend wird[124]. Dieser Prozeß ist stets mit dem Auftreten von Wasserstoffperoxyd als Dehydrierungsprodukt des molekularen Sauerstoffes verbunden, das auch tatsächlich von Wieland bei der Autoxydation von Eisen in schwach alkalischer Lösung nachgewiesen wurde.

Die Gegensätze zwischen beiden Theorien sind demnach beseitigt, da sowohl das System unter Wirkung der Dehydrasen als auch mit Hilfe des Fementhämins nach dem gleichen Schema arbeitet. Diesem zufolge muß aber auch in der Zelle das Auftreten von Wasserstoffperoxyd nachweisbar sein. Dieser Beweis war äußerst schwierig zu führen, da in fast sämtlichen Zellen das das Wasserstoffperoxyd mit größter Geschwindigkeit zerstörende Ferment Katalase vorhanden ist. Dieser Beweis ist aber, wie bereits erwähnt wurde, Bertho[70] bei der Atmung von Milchsäurebakterien gelungen, die kein eisenhältiges Fermenthämin enthalten.

So hoch man unsere neuen Erkenntnisse auf dem Gebiete der biologischen Zelloxydation auch einschätzen muß, wie z. B. die Auffindung von Zwischenkatalysatoren (das Keilinsche Cytochrom und das „gelbe Ferment Warburgs"), sind wir heute noch weit von einer allgemeinen und endgültigen Entscheidung über diese Frage entfernt. Feststehend ist nur, daß im Haushalte der Natur die Autoxydationsvorgänge, die Bildung von Peroxyden und von Wasserstoffperoxyd von maßgebendster Bedeutung sind, da durch sie erst der molekulare Sauerstoff auf jenes höhere Oxydationspotential gebracht werden kann, in welchem er befähigt ist, auch bei gewöhnlicher Temperatur mit organischen Verbindungen unter deren Überführung in die Endprodukte der Verbrennung die für die Lebensvorgänge erforderlichen Energiequellen zu beschaffen.

Hinsichtlich weiterer Einzelheiten bezüglich der biologischen Oxydationen kann hier jedoch nur auf die ausgezeichnete Übersicht von O. Oppenheimer[425], A. Bertho[426], J. Erkama[427] sowie A. Sund[427a] verwiesen werden.

Literaturverzeichnis.

[367] Schönbein, Journ. prakt. Chem. **37,** 139, 1845; **75,** 97, 1858; **77,** 137, 1858; **86,** 65, 1862; **89,** 14, 1863; **93,** 24, 1864; **98,** 65, 257, 280, 1866; **99,** 11, 1866; **102,** 145, 155, 164, 1867. — [368] W. Ostwald, Ztschr. physikal. Chem. **22,** 306, 1897; **34,** 252, 1900. — [369] A. Bach und C. Engler, Compt. rend. Acad. Sciences **124,** 951, 1897; Moniteur scient. (4) **11, II,** 484, 1897; Chem. Ztg. **21,** 398, 436, 1897. — [370] C. Engler, Verhandl. Naturwiss. Vereines Karlsruhe **13,** 72, 1896; C. Engler und J. Weißberg, Ber. Dtsch. chem. Ges. **31,** 3046, 3055, 1898; **33,** 1097, 1900. — [371] W. Manchot, Habilitationsschrift Göttingen 1899; Liebigs Ann. **314,** 177, 1901; **316,** 318, 331, 1901; Ber. Dtsch. chem. Ges. **33,** 1742, 1900; Ztschr. anorgan. allg. Chem. **27,** 397, 420, 1901; Liebigs Ann. **325,** 105, 125, 1903. — [372] Bodländer, Über langsame Verbrennung, Ahrens Sammlung **3,** 385, 1898. — [373] F. Haber, Ztschr. physikal. Chem. **34,** 513, 1900; **35,** 81, 608, 1900; Ztschr. Elektrochem. **7,** 441, 1900; Physikal. Ztschr. **1,** 419, 1900; Ztschr. anorgan. allg. Chem. **18,** 37, 1898. — [374] v. Bayer und Villiger, Ber. Dtsch. chem. Ges. **33,** 1569, 1900. — [374a] R. S. Morell und E. O. Phillips, Paint Technol. **7,** 130—32, 1942. — [375] W. R. Dunstan, H. A. D. Jowett und E. Gulding, Proceed. chem. Soc. London **21,** 231, 1905. — [376] H. Wieland und Franke, Liebigs Ann. **469,** 259, 1929. — [377] J. R. Churchill, Trans. electrochem. Soc. **76,** Preprint 7, 15 Seiten, 1939. — [378] H. Wieland, Ber. Dtsch. chem. Ges. **45,** 484, 1912; **46,** 3327, 1913; **47,** 2085, 1914; **54,** 2353, 1921. — [379] Thunberg, Skand. Arch. Physiol. **35,** 1917; **40,** 1920. — [380] H. Wieland, Liebigs Ann. **473,** 289; **469,** 257, 1929. — [381] v. Wartenberg und Sieg, Ber. Dtsch. chem. Ges. **53,** 2192, 1920. — [382] N. A. Milas, Journ. physical. Chem. **33,** 1204, 1929. — [383] N. A. Milas, Chem. Reviews **10,** 295, 1932. — [384] H. N. Stephens, Journ. physical Chem. **37, 209,** 1933. — [385] M. Hosiv und S. Yamashita, Chem. Ztrbl. **1935 I,** 2748. — [386] Staudinger, Ber. Dtsch. chem. Ges. **46,** 3530, 1913. — [387] B. R. Kuhn und Meyer, Naturwiss. **16,** 1028, 1928. — [388] S. S. Medwedew, Acta physicochim. USSR **9,** 395—420, 1938. — [389] Ph. George, E. K. Rideal und A. Robertson, Proc. Roy. Soc. London **A 185,** 288—309; 309—36; 337—51, 1946. — [390] O. Warburg, Biochem. Ztschr. **152,** 479, 1924; H. **92,** 231, 1914. — [391] O. Warburg, Liebigs Ann. **464,** 101, 173, 1928; **475,** 1, 1929. — [392] A. Bach, Ber. Dtsch. chem. Ges. **65,** 1788, 1932. — [393] W. Manchot und H. Schmied, Ber. Dtsch. chem. Ges. **65,** 98, 1932. — [394] H. Suida, Ber. Dtsch. chem. Ges. **47,** 467, 1914. — [395] A. Windaus und Bounken, Liebigs Ann. 460, 225, 1928. — [396] G. Ciamician und P. Silber, Ber. Dtsch. chem. Ges. **46,** 1558, 1913; **47,** 640, 1914. — [397] Biochemical Journ. **18,** 255, 1924. — [398] Ch. Moureu und Ch. Dufraisse, Compt. rend. Acad. Sciences **174,** 258, 1922. — [399] Ch. Moureu, Ch. Dufraisse und M. Badoche, Compt. rend. Acad. Sciences **179,** 237, 1924. — [400] A. Milas, Chem. Ztrbl. **1929 II,** 3100. — [401] Ch. Moureu und

Ch. Dufraisse, Bull. Soc. chim. France (4) **31,** 1152, 1923. — [402] Chem. Ztrbl. **1931 II,** 5. — [403] Ch. A. Young, R. R. Vogt und I. A. Arenlend, Journ. Amer. chem. Soc. **56,** 1822, 1934. — [404] H. Hock und W. Susemihl, Ber. Dtsch. chem. Ges. **66,** 61, 1933. — [405] P. Mondain-Monval und B. Quanqin, Compt. rend. Acad. Sciences **191,** 299, 1930. — [406] E. Walter und J. Wardless, Journ. chem. Soc. London **1928,** 872. — [407] Ch. Dufraisse, Ch. Moureu und R. Chaux, Compt. rend. Acad. Sciences **184,** 413, 1927. — [408] K. I. Ivanov, V. K. Savinova und E. G. Mikhailova, C. R. Acad. Sciences USSR **25,** (N. S. 7) 34—37, 40—42, 1939. — [409] F. Taradoire, Compt. rend. Acad. Sciences **182,** 61, 1926. — [410] M. Nakamura, J. Soc. chem. Ind. Japan **40,** 206 B—212 B, 225 B—232 B, 1937. — [411] A. Helbronner und G. Bernstein, Compt. rend. Acad. Sciences **177,** 204, 1923. — [412] Ch. Dufraisse und N. Drisch, Rev. gén. Caoutchouc **8,** Nr. 71, 9, 1931; Chem. Ztrbl. **1931 II,** 3278. — [413] Geuthe, Ztschr. angew. Chem. **19,** 2087, 1906. — [414] K. Täufel und J. Müller, Ztschr. Unters. Lebensmittel **60,** 473, 1931; Chem. Ztrbl. **1931 I,** 2281; Ztschr. angew. Chem. **43,** 1108, 1930. — [415] P. E. Fierz-David, Ztschr. angew. Chem. **38,** 6, 1925. — [416] W. Ritter und Ths. Nußbaumer, Schweiz. Milchztg. **64,** 59—61, 525—26, 1938. — [417] E. Erbacher und W. Schoppmeyer, Dtsch. Molkerei-Ztg. **60,** 468, 504, 609, 1939. — [418] M. R. Coe und J. A. Le Clerc, Ind. engin. Chem. **26,** 245, 1934. — [419] M. R. Coe, Oil and Soap, **14,** 1937, 171—73. — [420] Wo. Ostwald, Kolloid-Ztg. **33,** 356, 1923. — [421] Willstädter und Stoll, Untersuchungen über die Assimilation der Kohlenwasserstoffe, S. 242, 1928; Springer, Berlin. — [422] O. Warburg, Katalytische Wirkungen der lebenden Substanz, 1928. — [423] H. Wieland, Ztschr. angew. Chem. **44,** 579, 1931. — [424] F. Haber und R. Willstädter, Ber. Dtsch. chem. Ges. **64,** 2844, 1931. — [425] O. Oppenheimer, Chem. Ztg. **50,** 991, 1926; **52,** 709, 1928; **57,** 673, 694, 1933. — [426] A. Bertho, Chem. Ztg. **59,** 953, 1935. — [427] Jorna Erkama, Oxydierende Enzyme und pflanzliche Atmung, Suomen Kemistilehti **18 A,** 134—51, 1945. — [427a] A. Lund, Einige Bemerkungen über die Autoxydation und Autoxydationshemmung, Tidskr. Kjemi, Bergves. Metallurgi **4,** 21—25, 1944.

VIII. Die Konstitution des Wasserstoffperoxyds und seiner Derivate.

H_2O_2. Beim Wasserstoffperoxyd zeigt sich die interessante Tatsache, daß, obwohl die Zusammensetzung in wäßriger Lösung durch Gefrierpunktserniedrigung und durch Siedepunktserhöhung einwandfrei zu H_2O_2 bestimmt wurde, selbst nach noch so eingehenden Untersuchungen immer noch keine allgemein anerkannte Auffassung über seine Konstitution vorhanden ist. Der hauptsächliche Grund für die zahlreichen verschiedenen Vorschläge für die Konstitution des Wasserstoffperoxyds liegt darin, daß tatsächlich nur sehr schwer eine einfache Beziehung zwischen seinen mannigfaltigen Reaktionsmöglichkeiten, wie Oxydation, Reduktion, katalytische Zersetzung, Bildung aus molekularem Sauerstoff usw., die seinem Verhalten in jeder Hinsicht Rechnung trägt, gefunden werden kann. Erst in allerjüngster Zeit und unter Aufwand der modernsten chemischen und physikalischen Hilfsmittel ist einigermaßen Klärung über seine Konstitution geschaffen worden.

Die Formeln HO_2 bzw. H_2O_4, die aufgestellt wurden, als man das Wasserstoffperoxyd noch als Oxydationsprodukt des Wassers ansah, sind schon von Traube als falsch erkannt worden. Schönbein gab ihm auf Grund seiner Ozon- und Antozontheorie die Formel $H_2O + O^+$ oder $H_2O\oplus$ bzw. $H_2O\,\overset{+}{\bigcirc}$. Carius[428] faßte das Wasserstoffperoxyd als höheres Oxydationsprodukt des Wasserstoffes auf und meinte, daß es aus zwei OH-Gruppen, $OH-OH$ oder $(OH)_2$, bestehe.

M. Traube[429] gab ihm als erstes Reduktionsprodukt des molekularen Sauerstoffes die Formeln $(O_2)H_2$, $H-\boxed{O=O}-H$ oder $H-O=O-H$ oder $2\,H\cdot(O=O)$, hielt aber stets an der konstanten Zweiwertigkeit des Sauerstoffes fest. Das Sauerstoffmolekül |O O| sollte zwei Valenzen besitzen, die es mit Wasserstoff absättigt.

Kingzett[430] schlug die Formeln $=O-\overset{III}{O}\langle^{H}_{H}$ oder $=O=\overset{IV}{O}\langle^{H}_{H}$ bzw. $H-\overset{\overset{O}{\|}}{O}-H$ mit drei- oder vierwertigem Sauerstoff vor.

C. Engler und Weißberg[19] gaben dem Wasserstoffperoxyd die Konstitutionsformel $H_2\langle^{O}_{O}|$.

Auf Grund seiner spektrometrischen Untersuchungen hielt Brühl[20] eine polyvalente Verkettung der beiden Sauerstoffatome für sehr wahrscheinlich, so daß er dem Wasserstoffperoxyd die Formel $H \cdot O{\equiv}O \cdot H$ mit vierwertigem Sauerstoff gab. Diese Auffassung sollte der Bildung aus molekularem Sauerstoff und atomarem Wasserstoff Rechnung tragen und die Reduktionswirkung durch die lockere Bindung erklärt werden. Zu dem gleichen Ergebnis gelangten J. Strecker und R. Spitaler[431], die aus den Untersuchungen der molekularen Refraktion und Dispersion von Diäthylperoxyd und von Diäthyläther den Schluß zogen, daß sowohl im Diäthylperoxyd als auch im Wasserstoffperoxyd eine dreifache Bindung zwischen den beiden O-Atomen vorliege.

Auch Spring[21, 432] entschied sich auf Grund seiner spektrometrischen Untersuchungen des Wasserstoffperoxyds für die Formel $H-O=O-H$. J. Meyer[433] nahm an, daß bei der Autoxydation eines der beiden O-Atome vierwertig auftrete, das Wasserstoffperoxyd sich daher bei der Reduktion durch atomaren Wasserstoff nach $O=O\langle + {}^{H}_{H} = O=O\langle^{H}_{H} = (O=O=H_2)$ bilde.

Die Symmetrie des Wasserstoffperoxydmoleküles. A. Baeyer und V. Villiger[434] zeigten, daß bei der Reduktion des Diäthylperoxyds mit Zinkstaub und Eisessig nicht Äther, sondern Alkohol entsteht: $\begin{matrix} C_2H_5 \cdot O & | & O \cdot C_2H_5 \\ H & | & H \end{matrix} \rightarrow 2\,C_2H_5OH$. Da auch H_2O_2 bei der Reduktion mit Zink und Eisessig nach $\begin{matrix} HO & | & OH \\ H & | & H \end{matrix} \rightarrow 2\,H_2O$, also nur Wasser ergibt, war damit zum erstenmal ein eindeutiger Beweis für eine symmetrische Konstitution des Wasserstoffperoxyds erbracht. Baeyer und Villiger sprachen sich für eine Konstitution $H \cdot O \cdot O \cdot H$ aus, denn bei einer asymmetrischen Formel mit vierwertigem Sauerstoff hätte nach $O=O\langle^{C_2H_5}_{C_2H_5} + 2\,H$ eine Verbindung, $O\langle^{CH_5}_{C_2H_5}{}^{H}_{OH}$, entstehen müssen, die weiterhin in Wasser und Äther $O\langle^{C_2H_5}_{C_2H_5}$ hätte zerfallen müssen.

In analoger Weise erhielten R. Willstädter und E. Hauenstein[435] bei gelinder Reduktion von Benzoperoxyd mit Wasserstoff bei Gegenwart von Platin quantitativ Benzoesäure $\begin{matrix} C_6H_5 \cdot CO \cdot O \\ H \,|\, H \\ C_6H_5 \cdot CO \cdot O \end{matrix}$ und nicht Benzoesäureanhydrid und Wasser: $\begin{matrix} C_6H_5 \cdot CO \\ C_6H_5 \cdot CO \end{matrix} \rangle O{=}O\langle^{H}_{H}$.

Auch die Beobachtung der dem Hydroxylradikal zugeordneten sog. Wasserbande, nicht aber des Molekular- oder Atomspektrums des Wasserstoffes im Emissionsspektrum durch Urey, Dawsey und Rice[288] sowie A. A. Frost und O. Oldenberg[436] würde für einen Zerfall des Wasserstoffperoxyds nach $H_2O_2 \rightarrow 2\,OH$ mit der Strukturformel H · O · O · H sprechen. Auf jeden Fall geht aus diesen Versuchen von Baeyer und Villiger, Willstädter und Hauenstein sowie Urey, Dawsey und Rice hervor, daß das H_2O_2 symmetrisch gebaut ist, daß bei der Reduktion die Bindung zwischen den beiden O-Atomen gesprengt wird und dabei 2 OH- oder OR-Radikale entstehen.

Der Vollständigkeit halber seien noch einige Vertreter der Ansicht einer Konstitution mit mehreren Bindungen zwischen den beiden O-Atomen angeführt. So glaubt G. A. Hagemann[437] annehmen zu können, daß im H_2O_2 der Sauerstoff als Ozon vorhanden ist. A. Rius[438] gelangt durch Einführung von Partialvalenzen zu der Formel O $\overset{H}{\underset{H}{\cdots}}$ O, die insbesondere das dem molekularen Sauerstoff überlegene Oxydationsvermögen des Wasserstoffperoxyds und seiner Derivate erklären soll. Weiters soll sie auch zum Ausdruck bringen, daß die Oxydationsfähigkeit des Wasserstoffperoxyds als eine Übertragung von zwei OH-Gruppen sich äußern kann und daß im Wasserstoffperoxyd der Sauerstoff einige seiner physikalischen Eigenschaften des molekularen Zustandes bewahrt hat.

Gegenwärtige Ansichten über die Strukturformel des Wasserstoffperoxyds. A. Rieche und E. Lederle[439] untersuchten die Ultraviolettabsorption von Wasserstoffperoxyd und einigen organischen Peroxyden und wiesen die Existenz der Ionen O_2'', $CH_3 \cdot O_2'$ und $C_2H_5 \cdot O_2'$ nach. Aus der großen DE. des H_2O_2 schlossen sie, daß dieses ein erhebliches Dipolmoment besitzen muß, wodurch eine gestreckte Anordnung des Moleküls bedingt ist, demnach die Atome nicht auf einer gemeinsamen Achse liegen können. In Analogie zu ringförmigen Kohlenwasserstoffen wurde weiterhin geschlossen, daß beim Sauerstoff O_2 die beiden Valenzen gleichfalls zueinander gewinkelt liegen und einen Winkel von 110° einschließen (s. auch K. L. Wolf[440]). Es wurde daher aus diesen Gründen für das Wasserstoffperoxyd ein Molekülmodell angenommen, bei dem die Valenzlinien von Sauerstoff zum Wasserstoff um einen Winkel von 70° von der OO-Achse abweichen und die beiden O-Kerne in gemeinsamer Elektronenhülle sitzen. Als wahrscheinlichstes Molekülmodell der Peroxyde wird R$\diagup$OO$\diagdown$R angenommen, wobei die Peroxydgruppe aus $2\,O^{6+}$ mit gemeinsamer Elektronenhülle besteht. Auf Grund chemischer Tatsachen und weil sich die Peroxydgruppe wie ein einheitlicher Chromophor verhält, halten Lederle und Rieche die Bindung der beiden O-Atome durch mehrere Elektronenpaare für wahrscheinlicher.

In neuerer Zeit ist tatsächlich das Dipolmoment des Wasserstoffperoxyds von Linton und Maaß[200] in Äther und Dioxan zu 2,06 bzw. $2{,}13 \cdot 10^{-18}$ e.-st. E. bestimmt worden. Linton und Maaß gaben auf Grund dieses hohen Dipolmoments, wegen der Größe des Parachors (unter Parachor wird die Beziehung $P' = \frac{M}{D} \cdot \gamma^{1/4}$ verstanden, wobei M das Molekulargewicht, D die Dichte und γ die Oberflächenspannung bei derselben Temperatur bedeuten; der Parachor wurde zum erstenmal von S. Sugden[441] zur Konstitutionsbestimmung herangezogen), der hohen DE. und Molekularrefraktion dem H_2O_2 die Formel $\begin{matrix}H\diagdown\\ \quad\diagup\\ H\end{matrix}$O → O mit einer koordinativen, semipolaren koovalenten Bindung, die auch die leichte Abgabe eines Sauerstoffatoms erklären sollte. Auf jeden Fall ergibt sich aber damit die Annahme von Lederle und Rieche[439] als richtig, daß die gestreckte Form des H_2O_2, H—O—O—H, oder eine symmetrische Form,

$$\underset{H}{\diagup}O{-}O\overset{H}{\diagup}$$

, von vornherein ausscheiden müssen, da nach diesen Formeln das Dipolmoment des Wasserstoffperoxyds Null oder jedenfalls sehr klein sein müßte. Es verbleiben demnach für die Konstitution noch die Möglichkeiten:

$$\underset{\text{I}}{H{\diagup}O{-}O{\diagdown}H}, \qquad \underset{\text{II}}{\begin{matrix}H\\H\end{matrix}{>}O{=}O}, \qquad \underset{\text{III}}{\begin{matrix}H\\H\end{matrix}{>}O \rightarrow O}.$$

Für die Formel H—O(H) → O mit einer koordinativen Bindung hatten sich schon Cuthbertson und Maaß[190] ausgesprochen.

Wie jedoch W. Theilacker[442] gezeigt hat, kann das hohe Dipolmoment auch in volle Übereinstimmung mit der symmetrischen Formel I gebracht werden, wenn man für das H_2O_2 in Analogie zu den entsprechenden Kohlenwasserstoffverbindungen, z. B. dem Äthan, eine freie Drehbarkeit um die —O—O—-Achse annimmt. Es berechnet sich dann das Dipolmoment des H_2O_2 in Dioxan zu $2{,}20 \cdot 10^{-18}$ e.-st. E. (gefunden $2{,}13 \cdot 10^{-18}$) und in Äther zu $1{,}98 \cdot 10^{-18}$ e.-st. E. (gefunden $2{,}06 \cdot 10^{-18}$) in ausgezeichneter Übereinstimmung zwischen Berechnung und Experiment. Auch der von Linton und Maaß[200] angeführte Parachor ist nach Theilacker nicht beweisend für die Formel III, da z. B. die Berechnung des Parachors für Formel I 74,1, für Formel III 72,5 ergibt, während 69,6 gefunden wurde, demnach die Unterschiede zu gering sind, um eine Unterscheidung zwischen den beiden Formeln zuzulassen. Im übrigen sind aber Schlüsse aus dem Parachor auf die Konstitution überhaupt mit Vorsicht aufzunehmen. Theilacker entschied sich daher für die von Baeyer und Villiger, Willstätter und Hauenstein an organischen Peroxyden nachgewiesene Formel H · O · O · H. Wie hier bemerkt sei, sind die organischen Perverbindungen für eine Konstitutionsermittlung die geeignetsten Testobjekte überhaupt, da sie am übersichtlichsten und auch gut definiert aufgebaut sind.

H. G. Penny und G. B. M. Sutherland[443] zeigten dann aber, daß bei der Formel I die Molekülenergie bei der Verdrehung der beiden OH-Gruppen um die —OO—-Achse zwei Minima bei 90° und 270° aufweist, die durch einen Energieberg voneinander getrennt sind. Das Maximum der Energie liegt bei 180° und beträgt etwa ½ e. V. oder ungefähr 6 kcal. Da aber die mittlere kinetische Energie des Moleküls bei gewöhnlicher Temperatur nur 0,3 kcal beträgt[444], so kann eine freie Drehbarkeit oder vollständige Rotation um die —O—O—-Achse beim Wasserstoffperoxyd nicht in Frage kommen. Die Formel I kann aber mit dem experimentell gefundenen Dipolmoment in Einklang gebracht werden, wenn man annimmt, daß die beiden OH-Pole einen Valenzwinkel von 110° mit der —O—O—-Achse bilden, aber um 90° aus der Ebene heraus gegeneinander verdreht sind, also der Formel IV entsprechen:

$$\overset{H}{\diagdown}O{-}O\overset{H}{\diagup} \quad \text{(IV)}.$$

Es ist demnach das H_2O_2-Molekül nicht plan gebaut, sondern die Ebenen H_1—O—O— und H_2—O—O— bilden einen Winkel von 90°. Diese Formel wurde auch durch Untersuchungen des ultraroten Absorptionsspektrums des flüssigen und dampfförmigen H_2O_2 durch C. R. Bailey und R. R. Gordon[445] bestätigt. L. R. Zumwalt und P. A. Giguère[446] erhoben gegen die Annahme eines Azimutswinkels zwischen 85 und 95° Bedenken, da eine solche Konfiguration ihrer Ansicht nach zu wenig asymmetrisch ist.

Die Bindungsenergie der O—O—.Bindung wurde von A. D. Walsh[446a] zu 64 kcal, die bei der Reaktion $H + O_2 \rightarrow HO_2$ freiwerdende Wärme zu 60 bis 70 kcal berechnet.

Die Formel III von Linton und Maaß kommt auch um so weniger für das H_2O_2 in Betracht, da S. Venkarteswaran[447] auf Grund des Raman-Spektrums des H_2O_2 nachwies, daß die beiden O-Atome im Molekül wahrscheinlich nur durch eine einfache Bindung zusammengehalten werden, da keine der O=O- oder O≡O-Bindung entsprechende Valenzschwingung 1500 bzw. 2000 cm^{-1} auftrat, sondern nur die O—O-Frequenz 875 cm^{-1} neben zwei sehr schwachen unbestimmten Linien und der Wasserbande. Venkarteswaran entschied sich daher für die Formel HO—OH (I bzw. IV).

Da Venkarteswaran aber nur wäßrige Lösungen bis zu 30% untersucht hatte, wurde von A. Simon und F. Fehér[448] auch das Raman-Spektrum des 95,5%igen H_2O_2 untersucht. Als stärkste Linie wurde die bei 877 cm^{-1} gefunden, die die O—O-Schwingung veranlaßt, jedoch keine der O=O- oder O≡O-Bindung entsprechende Valenzschwingung. Sie hielten daher die Formel IV von Penny und Sutherland für richtig, wofür auch der Umstand spricht, daß das sonst bei der freien Drehbarkeit beobachtete Auftreten von Doppelfrequenzen[449] bei H_2O_2 nicht beobachtet werden konnte.

Interessant ist noch die experimentelle Feststellung von Simon und Fehér, daß die von ihnen beobachtete Doppelfrequenz bei 1421 cm^{-1} bei Verdünnung des Wasserstoffperoxyds immer schwächer wird und bei großer Verdünnung, z. B. bei 30% noch bemerkbar, bei 3% aber bereits vollkommen verschwunden ist.

Eine dritte Bande liegt bei 3395 cm^{-1}.

Das Raman-Spektrum des Deuteriumperoxyds besteht nach F. Fehér[450] aus einer der O—O—-Schwingung entsprechenden Linie bei 877 cm^{-1} und aus zwei Banden 1009 und 2510 cm^{-1}. Das Spektrum des HDO_2 setzt sich additiv aus jenen des H_2O_2 und D_2O_2 zusammen. Die Frequenz 1009 cm^{-1} dürfte einer Deformationsschwingung des Sauerstoffvalenzwinkels, die Bande 2510 cm^{-1} der OD-Valenzschwingung entsprechen. Die OH-Frequenz und die Bande bei 1421 cm^{-1} kommt einer Deformationsschwingung, aber keiner semipolaren O—O-Bindung zu.

Konstitution des Wasserstoffperoxyds in alkalischer Lösung. Besonders merkwürdig ist das Ergebnis der Untersuchung des Raman-Effektes bei verschiedenen p_H. So verschwindet die in 3%iger Lösung noch recht gut sichtbare Linie bei 877 cm^{-1} in alkalischer Lösung überhaupt, wobei in den alkalischen Lösungen andere als die Wasserbande überhaupt nicht festgestellt werden konnten. Bei 10%igem H_2O_2, das auf 90 g H_2O_2 etwa 50 g NaOH enthielt, war die Linie 877 cm^{-1} zwar gerade noch sichtbar, nach Ansäuern trat sie aber wieder als stärkste Linie überhaupt auf. Es scheint demnach in alkalischen Lösungen nicht bloß eine Dissoziation in H- und OOH-Ionen, sondern auch eine Lockerung der —O—O—-Bindung aufzutreten. Es wäre daher auch ohne weiteres möglich, daß die Konstitution des H_2O_2 in alkalischen Lösungen eine andere ist als in sauren.

In diesem Zusammenhang sind auch frühere Untersuchungen von G. Bredig, H. L. Lehmann und W. Kuhn[451] zu erwähnen, die festgestellt hatten, daß das Wasserstoffperoxyd in neutralen und sauren Lösungen eine kurzwelligere Lichtabsorption besitzt als in alkalischen Lösungen und daß in alkalischen Lösungen eine Lockerung der Bindung vor sich geht, die mit einer Ionisation verbunden ist. Das HOO'-Ion besitzt eine gegenüber dem H_2O_2 stark gegen das Langwellige verschobene Absorption. Der Übergang in den Ionenzustand hat demnach beim H_2O_2 eine wesentliche Änderung der Bindungsverhältnisse zur Folge.

Obwohl also die Konstitutionsverhältnisse und die Ionisation des Wasserstoffperoxyds noch nicht vollständig geklärt sind, besitzt doch nach dem derzeitigen

Stand unserer Kenntnisse die Konstitutionsformel IV in neutraler oder saurer Lösung die größte Wahrscheinlichkeit. Darnach sind also die beiden OH-Gruppen um 90° räumlich voneinander verdreht und nehmen gegen die —O—O—-Achse einen Winkel von 110° ein. Eine kräftige Stütze findet diese Annahme durch die Bestimmung der Kristallstruktur des H_2O_2 von F. Fehér und K. Klötzer[452] sowie G. Natta und R. Rigamonti[453] mit Hilfe der Röntgenmethode. Dadurch ergab sich, daß das Wasserstoffperoxyd in das tetragonale System einzuordnen ist, da die Äquatorialinterferenzen gleich groß zu 4,02 Å gefunden wurden. Die Einordnung dieser Frequenzen in das tetragonale System ist ein Grund mehr für die Annahme, daß der Winkel zwischen den beiden Achsen 90° beträgt. Die Anzahl der Moleküle in der Elementarzelle ergab sich bei — 4,5° zu 3,95 Molekülen. Das H_2O_2 hat daher tetragonale Kristallstruktur mit den Achsen $c = 8{,}02$ Å und $a = b = 4{,}02$ Å.

Nach J. T. Randall[454] entspricht die Struktur des flüssigen H_2O_2 einer dichtesten Kugelpackung vom allseitig-flächenzentrierten Typ. P. A. Giguère[455] bestimmte den Abstand O—O zu 1,48 ± 0,02 Å, und O—H zu 1,01 ± 0,03 Å. Die Bindungsenergie zwischen den O—O-Atomen beträgt 1,51 e. v. (H. A. Skinner[456], G. Glocker und G. Mattack[457]).

Zwischen den beiden O-Atomen ist sehr wahrscheinlich nur eine Bindungsvalenz wirksam. Da aber doch verschiedene Anzeichen dafür sprechen, daß zwischen den beiden O-Atomen eine stärkere Bindung besteht als zwischen den H- und O-Atomen, ferner auch der Charakter des O_2-Moleküls im H_2O_2 noch stärker ausgeprägt ist als z. B. im Wasser, schließlich Reaktionen des HOOH unter Anlagerung zweier OH-Gruppen sehr selten sind, entspricht eine Formel H—OO—H, in der bloß zwischen den H- und O-Atomen Valenzen eingezeichnet sind, am besten dem tatsächlichen Verhalten.

Tautomere Formen. Es sind auch bereits Theorien aufgestellt worden, die die verschiedenen Reaktionsmöglichkeiten des Wasserstoffperoxyds nicht bloß durch eine einzige Strukturformel erklären wollen, sondern eine Strukturänderung und Ausbildung von tautomeren Formen annehmen. Zum erstenmal hat diesen Gedanken O. Mumm[458] ausgesprochen, der eine Tautomerie des H_2O_2 mit zweiwertigem Sauerstoff mit einer Struktur mit vierwertigem Sauerstoff für möglich hielt (s. auch Bose[459]). P. N. Raikow[460] hielt das Wasserstoffperoxyd für ein allotropes Gemisch, bestehend aus zwei isomeren Wasserstoffperoxyden, von denen das eine die symmetrische Struktur

$$\begin{array}{c}\mathrm{O-H}\\ |\\ \mathrm{O-H}\end{array}$$

und das andere die unsymmetrische

$$\begin{array}{l}\mathrm{O}\langle\\ :\,:\;\;\rangle\mathrm{H}\\ \mathrm{O}\langle\\ \;\;\;\;\;\;\mathrm{H}\end{array}$$

besitzen soll, die untereinander desmotrop sind. Reduzierend kann nach Raikow nur das symmetrische, oxydierend das unsymmetrische H_2O_2 wirken. Für die biologischen Reaktionen des H_2O_2 ist von Willstädter und Weber[461] eine aktive Form für möglich gehalten worden. A. Quartaroli[462] hielt gleichfalls eine Tautomerie des H_2O_2 in den beiden Formen

$$\begin{array}{c}\mathrm{O-H}\\ |\\ \mathrm{O-H}\end{array} \quad \text{und} \quad \mathrm{O{=}O}\begin{array}{l}\diagup \mathrm{H}\\ \diagdown \mathrm{H}\end{array}$$

für diskutierbar, wobei sich die Umwandlung der beiden Formen unter dem Einfluß der Änderungen der Temperatur oder der Konzentration vollziehen sollte.

Nach Absorptionsmessungen von Rieche[135] (l. c. S. 96) ist aber die Frage der Existenz zweier umwandelbarer Modifikationen des H_2O_2, die sich im Gleichgewich befinden, zu verneinen. Hingegen ist noch weiteres Material zur Klärung der Frage der Konstitution in alkalischer Lösung abzuwarten.

Zu erwähnen ist noch, daß K. H. Geib und P. Harteck[463] bei der Einwirkung von H-Atomen auf Sauerstoff ein Produkt erhielten, das nur bei sehr tiefen Temperaturen beständig ist und sich schon bei − 115° in das normale H_2O_2 umlagerte. Geib und Harteck glaubten in dem neuen Produkt, das sich vom normalen H_2O_2 durch ungleich tieferen Schmelzpunkt unterscheidet, das H_2O_2' der Formel II erhalten zu haben. Eine Bestätigung dieses Versuches steht aber noch aus.

Peroxyde. Für die echten Derivate des Wasserstoffperoxyds ist charakteristisch, daß sie das H_2O_2-Radikal —OO— aufweisen müssen. Hinsichtlich der organischen Derivate ist durch die Untersuchungen von Baeyer und Villiger[434], von Willstädter und Hauenstein[435] sowie die eingehenden Untersuchungen von A. Rieche[135] auf Grund der Bildungsweisen, des Zerfalles, der refraktometrischen und spektrometrischen Messungen anzunehmen, daß sie echte Derivate des Wasserstoffperoxyds sind.

Für die Peroxyde der einwertigen Alkalimetalle, wie Na_2O_2, K_2O_2 usw., ist im festen Zustande gleichfalls die Konstitution der echten Perverbindungen anzunehmen, also z. B. für das Na_2O_2 Na—OO—Na. Es ist zwar verschiedentlich behauptet worden, daß die Konstitution der Peroxyde eine andere sein könnte als die des H_2O_2, aber mit Ausnahme der bereits oben erwähnten Untersuchungen über das Verhalten des H_2O_2 in alkalischer wäßriger Lösung liegen darüber noch keine näheren und verläßlichen Versuchsergebnisse vor. Es scheint vielmehr, daß zumindest bei den Salzen des H_2O_2, in denen einwertige Metalle an die Stelle der H-Atome getreten sind, die Konstitution des H_2O_2 erhalten geblieben ist.

Für das Kaliumperoxyd K_2O_4 hat E. W. Neumann[464] gefunden, daß es paramagnetisch ist und eine Suszeptibilität besitzt, die der Formel KO_2 im Dreierring entspricht. Es besitzt ebenso wie RbO_2, LiO_2 und CsO_2 ein tetragonales Gitter mit zentrierten Kanten vom CaC_2-Typ; seine Struktur entspricht der des BaO_2, bzw. SrO_2 (W. Kassatotschkin und W. Kotow[465]; A. Helms und W. Klemm[466]). Die sogenannten Alkalitetroxyde sind daher als Monoalkalidioxyde mit O_2^{1-}-Ionen anzusehen. Die beiden O-Atome der einwertigen Peroxydgruppe O_2^{1-} haben nach W. Kassatotschkin[467] einen Abstand von 1,27 Å.

Die Alkalisesquioxyde Me_2O_3 wie Rb_2O_3 und Cs_2O_3 sind nach A. Helms und W. Klemm[468] als Oxyde $Rb_4(O_2)_3$ und $Cs_4(O_2)_3$ mit je einer O_2^{2-} und zwei O_2^{1-} Gruppen zu formulieren. Das entsprechende Kaliumoxyd erwies sich als ein Gemisch von K_2O_2 und KO_2.

Den Peroxyden der zweiwertigen Metalle, wie BaO_2, CaO_2, SrO_2, MgO_2, ZnO_2 usw., wird im allgemeinen die Struktur $\overset{II}{Me}\!\left\langle\begin{matrix}O\\|\\O\end{matrix}\right.$ gegeben. C. Nogareda[469] nimmt eine derartige Konstitution auch für die Oktohydrate der Peroxyde des Calciums, Strontiums und Bariums, nämlich $Me\!\left\langle\begin{matrix}O\\|\\O\end{matrix}\right. 8 \cdot H_2O$, an.

Jedoch sind gegen eine derartige Formulierung zahlreiche Bedenken aufgetaucht. So schlossen A. Baeyer und V. Villiger[470] aus der Existenz des Bariumäthylperoxyds sowie auf Grund ihrer Spannungstheorien, daß ein stabiler Ring nach $Ba\!\left\langle\begin{matrix}O\\|\\O\end{matrix}\right.$ (I) nicht bestehen könne. Sie schrieben daher trotz der großen Verschiedenheiten zwischen Bariumperoxyd und Bariumäthylperoxyd den beiden Verbindungen eine ähnliche Struktur zu:

$$Ba\!\left\langle\begin{matrix}OOC_2H_5\\ \\OOC_2H_5\end{matrix}\right. ;\quad Ba\!\left\langle\begin{matrix}O{-}O\\ \\O{-}O\end{matrix}\right\rangle\!Ba \quad (II).$$

Auch S. Piccard[471] hielt die Strukturformel I für unzulässig, da bei der Bildung von Bariumperoxyd aus BaO und O_2 für die Formel I eine Valenzbindung des O_2-Moleküls gesprengt werden müßte:

$$\mathrm{Ba{=}O + O{=}O + O{=}Ba = Ba\langle{}^{O}_{O}\rangle\!\!| + |\langle{}^{O}_{O}\rangle Ba.}$$

Zwanglos würde sich dagegen die Bildung von Bariumperoxyd der Formel II erklären nach

$$\mathrm{Ba{=}O + O{=}O + O{=}Ba = Ba\langle{}^{O-O}_{O-O}\rangle Ba.}$$

Es ist daher sehr wahrscheinlich, daß in Analogie mit organischen Verbindungen wie den recht beständigen Cyklopentan- und Cyklohexanringen und dem sehr unbeständigen Cyklopropanring sowie der außerordentlichen Unbeständigkeit der monomeren Formaldehydperoxyde $\mathrm{RHC\langle{}^{O}_{O}|}$ und $\mathrm{R_2C\langle{}^{O}_{O}|}$ gegenüber den recht beständigen, von den Ketonen sich ableitenden polymeren Alkylidendiperoxyden $\mathrm{RHC\langle{}^{OO}_{OO}\rangle CHR}$ und unter Berücksichtigung des Umstandes, daß sich das Bariumperoxyd mit maximalster Ausbeute bei etwa 500° bildet, daß dieses eine polymere Formel Ba_2O_4 mit der Struktur II besitzt. Diese Temperaturbeständigkeit findet eine weitere Analogie bei den organischen Peroxyden. Während sich z. B. die Produkte $\mathrm{RHC\langle{}^{O}_{O}|}$ schon bei Zimmertemperatur in die isomere Säure RCOOH umlagern und auch in Lösung sehr rasch zerfallen, kann man das kristalline Dibenzaldiperoxyd $\mathrm{C_6H_5 \cdot CH\langle{}^{OO}_{OO}\rangle CH \cdot C_6H_5}$ ohne weiteres bis auf die Temperatur des Schmelzpunktes von 202° erwärmen (Baeyer und Villiger[472]).

Die von F. Ephraim[473] angegebene Strukturformel der Erdalkaliperoxyde mit vierwertigem Metall, O=Me=O, scheint nicht recht wahrscheinlich zu sein.

Die Ähnlichkeit der Bildung des Peroxyds von Calcium und Strontium aus den Oxyden bei hoher Temperatur und hohem Sauerstoffdruck[474, 475] läßt schließen, daß auch bei diesen Verbindungen eine Strukturformel II, demnach eine polymere Formel Ca_2O_4 bzw. Sr_2O_4 als die wahrscheinlichere anzusehen ist. Beim Calcium glaubt Blumenthal die Existenz zweier verschiedener Modifikationen des Calciumperoxyds annehmen zu können, und zwar ein α-CaO_2, beständig bei niedrigen Temperaturen und langsam dissoziierbar, sowie ein β-CaO_2, das bei hohen Temperaturen beständig ist, aber leichter dissoziiert[476]. Möglicherweise kommt der α-Modifikation die Konstitution I, der bei hohen Temperaturen noch beständigen β-Modifikation aber die Struktur II zu.

Die gelbgefärbten sauerstoffreichsten Oxyde des Bariums und Calciums der Formel BaO_4 und CaO_4 haben nach W. Traube und W. Schulze[477] die Formel $MeO_2 \cdot O_2$.

Die sog. ozonsauren Alkalien, die bei der Einwirkung von Ozon auf Alkalihydroxyde entstehen, sind nach W. Traube[478] als Oxyhydroxyde $(KOH)_2 \cdot O_2$, also überhaupt nicht als Perverbindungen anzusprechen. Dies geht auch aus dem unterschiedlichen Verhalten gegenüber Wasser im Vergleich zum Kaliumperoxyd K_2O_4 hervor, dem Traube die Struktur $K_2O_2 \cdot O_2$ zuschreibt. Die ozonsauren Alkalien zerfallen nämlich mit Säuren unter Salzbildung und Entwicklung von nicht aktivem O_2, aber ohne gleichzeitige Bildung von H_2O_2, während die Alkali- und Erdalkalitetroxyde bei der Salzbildung mit Säuren indifferenten O_2 und H_2O_2 im molekularen Verhältnis entstehen lassen.

Für die Peroxyde des Zinks und Kadmiums wird die Konstitution $Me\langle{}^{O}_{O}|$ angenommen[479, 480]. Elber und Krause[480] konnten durch Einwirkung von wasserfreien Magnesium- und Kadmiumamid oder Kadmium-, Magnesium- und Zinkäthyl auf wasserfreie ätherische Wasserstoffperoxydlösung nach dem Schema

$$\begin{matrix} O-H \\ | \\ O-H \end{matrix} + \begin{matrix} R \\ \\ R \end{matrix}\rangle Me = 2\,RH + \begin{matrix} O \\ | \\ O \end{matrix}\rangle Me$$

einheitlich zusammengesetzte Peroxyde MgO_2 und CdO_2, sowie das Zinkperoxyd $ZnO_2 \cdot 0{,}5\ H_2O$ erhalten.

Das Raman-Spektrum der Peroxyde der aliphatischen Glyoxyme $C_2N_2O_2$ ergibt, daß alle Atome an einem sechsatomigen Kern analog dem Benzolring teilnehmen (M. Milone[481]):

$$\begin{matrix} C & - & - & C \\ | & & & | \\ N & -O- & O- & N \end{matrix}$$

Dibenzoylperoxyd hat wahrscheinlich die folgende Struktur

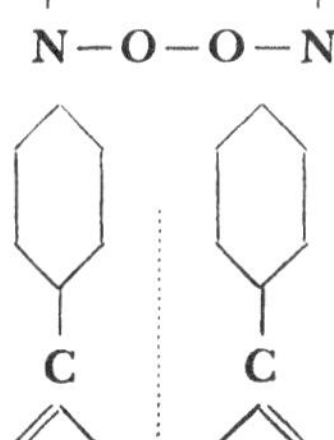

(M. Milone), wobei die punktierte Linie die zweizählige Achse der Raumgruppe darstellt.

Carosche Säure, Perschwefelsäure. Die Strukturformel für die Sulfomonopersäure H_2SO_5 und die Perschwefelsäure $H_2S_2O_8$ wurde bereits von Baeyer und Villiger[482] aufgestellt und bewiesen:

$$\begin{matrix} O & & O \\ & \rangle S \langle & \\ HO & & OOH \end{matrix} \quad \text{und} \quad \begin{matrix} O & & O\ O & & O \\ & \rangle S \langle & & \rangle S \langle & \\ HO & & OO & & OH \end{matrix}$$

Ahrle[483], Willstätter und Hauenstein[435] sowie A. Simon[484] konnten diese Strukturformel vollkommen bestätigen. Auch die schöne Synthese der Caroschen Säure und der Überschwefelsäure aus Chlorsulfonsäure und Wasserstoffperoxyd durch J. D'Ans und W. Friedrich[485] nach den allgemeinen Gleichungen:

$$1.\ \overset{\overset{O}{\|}}{R}\,\boxed{Cl + H}\,OOH = \overset{\overset{O}{\|}}{R}OOH + HCl,$$

$$2.\ \overset{\overset{O}{\|}}{R}\,\boxed{Cl + H}\,OO\,\boxed{H + Cl}\,\underset{\underset{O}{\|}}{R} = OR \cdot OO \cdot RO + 2\,HCl,$$

wobei eine oder beide H-Atome des HOOH durch Säureradikale ersetzt werden, beweist die Strukturformel von Baeyer und Villiger. Wirkt ein Mol Säurechlorid auf ein Mol HOOH, so entstehen Persäuren, bei Anwendung von 2 Molen Säurechlorid die entsprechenden Säureperoxyde. Die Sulfomonopersäure und die Überschwefelsäure stellen demnach echte Acylderivate des Wasserstoffperoxyds dar.

Perphosphorsäuren. Auch die von Schmidlin und Massini[50] sowie J. D'Ans und W. Friedrich[484] erhaltene echte Phosphormonopersäure H_3PO_5 und Überphosphorsäure $H_4P_2O_8$ entsprechen konstitutionell der Caroschen und Überschwefelsäure:

$$(HO)_2P(=O)OOH \quad \text{und} \quad (HO)_2P(=O)-OO-P(=O)(OH)_2 .$$

Metallpersäuren. Den gelben, aus sauren Lösungen entstehenden Permolybdaten H_2MoO_5 und H_2MoO_6 ist die Konstitution $O_2{=}Mo(OOH)(OH)$ und $O_2{=}Mo(OOH)_2$ zuzuschreiben[487], während die roten Permolybdate der Formel K_2MoO_8 die Struktur $(O_2)_2{=}Mo(OOK)_2$ besitzen[261]. Die gleiche Struktur kommt den aus wasserfreien Wolframaten und Wasserstoftperoxyd entstandenen Perwolframaten der Formel $K_2WO_8 \cdot 0{,}5\,H_2O$, $Rb_2WO_8 \cdot 3\,H_2O$, $Na_2WO_8 \cdot H_2O$ und $BaWO_8 \cdot 4\,H_2O$ zu[261].

Die roten Perchromate der Formel K_3CrO_8 haben die Strukturformel

$$\begin{array}{l} O{=}Cr{\equiv}(OOK)_3 \\ \quad | \\ \ (O_2) \\ \quad | \\ O{=}Cr{\equiv}(OOK)_3 \end{array}$$

die blauen Perchromate der Formel $KH_2CrO_7 = KCrO_6 \cdot H_2O$, die aus Chrompentoxyd, Kalilauge und Wasserstoffperoxyd entstehen[253] und für die die Aufstellung einer Konstitutionsformel nur unter Verdopplung des Moleküls gelingt, die Formel $KO{-}Cr(O{-}O)_2{-}OO{-}Cr(O{-}O)_2{-}OK$. Durch Umsetzung mit Kaliumpermanganat und Zusatz kleiner Mengen Molybdat, die die langsam verlaufende Reaktion beschleunigen, konnten 5 —OO—-Brücken nachgewiesen werden[216].

Percarbonate. Besonders schwierig gestaltete sich die Frage nach der Konstitutionsermittlung bei den Percarbonaten und Perboraten. Hier ist nämlich die Unterscheidung, ob ein sog. echtes Persalz, also ein Derivat des Wasserstoffperoxyds, oder nur eine Anlagerungsverbindung des H_2O_2 an einen Molekülkomplex als Kristallhydroperoxyd vorliegt, erst nach eingehenden Untersuchungen möglich. Bei den Perboraten kann in manchen Fällen auch heute noch nicht eine eindeutige Entscheidung über ihre Konstitution gegeben werden.

Die Behelfe, die zur Überprüfung der Frage, ob ein echtes Persalz oder eine Anlagerungsverbindung vorliegt, zur Verfügung stehen, sind vorläufig nur ganz kurz folgende: Echte Peroxyde lassen sich ohne Sauerstoffverlust entwässern, sie machen nach Riesenfeld und Reinhold[488] aus einer 30%igen neutralen Kaliumjodidlösung Jod frei, während Anlagerungsverbindungen unter Sauerstoffentwicklung zersetzt werden. Weiters kann man aus festen Additionsverbindungen nach Willstädter[489] das Wasserstoffperoxyd durch Erhitzen im Vakuum oder Schütteln mit Äther abspalten.

Auf Grund dieser Reaktionen hat man bei den Percarbonaten zwei Gruppen von echten Persalzen, die sich von der Perkohlensäure und dem Kohlensäureperoxyd ableiten, nämlich Na_2CO_4 und $Na_2C_2O_6$, sowie eine ganze Reihe von Anlagerungsverbindungen feststellen können. Die Existenz der Verbindung $NaHCO_4$ ist noch zweifelhaft, sie wäre aber als echtes Persalz anzusprechen. Ihm kommt als Monosubstitutionsprodukt des Wasserstoffperoxyds die Konstitution

$$C\begin{cases}OOH\\ =O\\ ONa\end{cases}$$

zu, da es aus dem den Persulfaten und Perphosphaten sehr ähnlichen $Na_2C_2O_6$ durch hydrolytische Aufspaltung entsteht:

$$O{=}C(ONa){-}OO{-}C(ONa){=}O + HOH = C(OOH)(=O)(ONa) + O{=}C(OH)(ONa)^{490}.$$

In der Verbindung Na_2CO_4 ist dann auch noch das zweite H-Atom der $-OOH-$-Gruppe durch Natrium ersetzt.

In den Additionsverbindungen des Natriumcarbonats mit Wasserstoffperoxyd (Carbonatperhydraten) ist das H_2O_2 auf Grund seiner Säurenatur an die Base Na_2CO_3 mit Restvalenzen ebenso wie das Kristallwasser gebunden. Dies gilt auch für die übrigen Anlagerungsverbindungen.

Anlagerungsverbindungen. Nach Untersuchungen von Chia-Si Lu, E. W. Hughes und P. A. Giguère[491] an der Harnstoff-Wasserstoffperoxyd-Additionsverbindung $Co(NH_2)_2 \cdot H_2O_2$ bedingen in dieser die eine Hälfte der Wasserstoffbindungen der Harnstoffmolekel die Additionsverbindung, während die andere Hälfte diese Molekel zur Bildung von Doppellagen zusammenpackt. Diese Doppellagen werden wieder durch Paare von Wasserstoffbindungen zwischen den H_2O_2-Molekeln und den Carbonylsauerstoffatomen zusammengehalten. Das H_2O_2- und Harnstoffmolekül selbst sind praktisch unverändert.

Perborate. Auf Grund der oben angegebenen Unterscheidungsreaktionen zwischen echten Perverbindungen und Anlagerungsverbindungen erwiesen sich als echte Perborate das $NH_4BO_3 \cdot H_2O$ von Tanatar[492] sowie Constam und Bennet[493], nach H. Menzel[494] aber nur mit einem halben Mol Kristallwasser $NH_4BO_3 \cdot 0{,}5\,H_2O$; das $KBO_3 \cdot 0{,}5\,H_2O$ von v. Girsewald und Wolotkin[495] sowie ein nur in gesättigter Lösung beständiges $NaBO_3$[490] mit der Konstitution

$$\overset{H_2O}{NH_4{-}OO{-}B{-}O} \text{ und } Na{-}OO{-}B{=}O.$$

Das kristallisierte Natriumperborat des Handels mit der Summenformel $NaBO_3 \cdot 4\,H_2O$ wurde von F. Foerster[496] nicht als echtes Persalz, sondern als ein Wasserstoffperoxydsalz der Formel $NaBO_2 \cdot H_2O_2 \cdot 3\,H_2O$ erkannt. Es sind daher drei Wassermoleküle und ein Wasserstoffperoxydmolekül an vier Nebenvalenzen des Bors gebunden, wie folgende Strukturformel zeigt:

$$O{=}B{-}OONa \text{ mit } H_2O,\ OH_2,\ H_2O,\ O_2H_2 \text{ (Nebenvalenzen)}.$$

Wie eingehende Untersuchungen von Le Blanc und Zellmann[490] ergeben haben, sprechen die Entwässerung, die nur bis zu 3 Molekülen Wasser leicht vor sich geht; das Verhalten bei Zimmertemperatur gegenüber 30%iger KJ-Lösung als Additionsprodukt, bei 0° aber als echtes Persalz, ohne aber wie ein solches Jodausscheidung zu geben; das Mißlingen des Nachweises von H_2O_2 im Destillat und nach dem Schütteln mit Äther eher für eine festere, komplexe und nicht bloß additive Bindung des Wasserstoffperoxyds im kristallisierten Natriumperborat des Handels. Sie schrieben ihm daher folgende Konstitutionsformel zu: $Na[BO_2 \cdot H_2O_2] \cdot 3\,H_2O$. Le Blanc und Zellmann bezeichnen diese Verbindung mit komplex gebundenem H_2O_2 als „Pseudoperverbindung", das Natriumperborat demnach als Natriumpseudoperborat.

Die Struktur des Natriumperborats des Handels ist jedoch noch nicht vollständig geklärt. So formulieren Boßhard und Zwicky[497] das Natrium- und Kaliumperborat, auf dem Boden der Constamschen[498] Anschauung stehend, als

$$\mathrm{MeO{-}B}\left\langle\begin{matrix}\mathrm{O}\\ |\\ \mathrm{O}\end{matrix}\right. \cdot \mathrm{aqua}$$

und nur mit geringerer Wahrscheinlichkeit als $MeO-O-BO$. H. Menzel[494], der feststellte, daß die Perborsäure in verdünnten Lösungen als einbasische, in konzentrierteren aber als zweibasische Säure aufzufassen ist, wodurch auch die Schwierigkeiten wegen des halben Kristallwassers des Ammoniumperborats behoben werden können[499], unterscheidet überhaupt nicht zwischen echten und „Pseudosalzen", da ihm die Kaliumjodidreaktion bei den Perboraten zu wenig eindeutig erscheint. Er gibt daher den Perboraten die Formeln $Me^{I}_2(B_2O_8 \cdot 2\,H_2O)$, wobei Me Lithium oder Natrium bedeutet und $Me^{I}_2(B_2O_6 \cdot H_2O) \cdot H_2O$, worin Me Kalium oder Ammonium bedeutet. Für die Perborate vom Typus $MeBO_3 \cdot 0{,}5\,H_2O$ (Kalium- oder Ammoniumsalz) schreibt Menzel:

$$\left[\begin{matrix}\mathrm{HOO{-}\overset{IV}{B}{-}O{-}\overset{IV}{B}{-}OOH}\\ \quad\ \ \| \qquad\quad \| \\ \quad\ \ \mathrm{O} \qquad\quad \mathrm{O}\end{matrix}\right] . \mathrm{Me_2}, \text{ vgl. } \left[\begin{matrix}\mathrm{OBO{-}\overset{IV}{B}{-}O{-}\overset{IV}{B}{-}OBO}\\ \quad\ \ \| \qquad\quad \| \\ \quad\ \ \mathrm{O} \qquad\quad \mathrm{O}\end{matrix}\right] \mathrm{K_2}; \text{ und für}$$

die Perborate $MeBO_2 \cdot H_2O_2$ bzw. $MeBO_3 \cdot H_2O$ (Lithium- oder Natriumsalz):

$$\left[\begin{matrix}\mathrm{HOO}\\ \mathrm{HO}\end{matrix}\!\!\!>\!\mathrm{B^{IV}}\!\left\langle\begin{matrix}\mathrm{O}\\ \mathrm{O}\end{matrix}\right\rangle\!\mathrm{B^{IV}}\!\left\langle\begin{matrix}\mathrm{OOH}\\ \mathrm{OH}\end{matrix}\right.\right] . \mathrm{Me_2}, \text{ vgl. } \left[\begin{matrix}\mathrm{OBO}\\ \mathrm{HO}\end{matrix}\!\!\!>\!\mathrm{B^{IV}}\!\left\langle\begin{matrix}\mathrm{O}\\ \mathrm{O}\end{matrix}\right\rangle\!\mathrm{B^{IV}}\!\left\langle\begin{matrix}\mathrm{OBO}\\ \mathrm{OH}\end{matrix}\right.\right] . \mathrm{Na_2}.$$

F. Krauß und C. Oettner[500] bestreiten hingegen die Existenz von echten Perboraten überhaupt und betrachten alle aktiven Sauerstoff enthaltenden Borverbindungen als Additionsprodukte. Sie stützen ihre Ansicht mit Debye-Scherrer-Aufnahmen von H. Menzel[494], wonach bei starker Entwässerung sowohl von nach bisheriger Auffassung echten als auch von Additionsprodukten strukturverwandte Stoffe entstehen.

Literaturverzeichnis.

[428] Carius, Liebigs Ann. **126,** 209, 1863. — [429] M. Traube, Ber. Dtsch. chem. Ges. **19,** 1111, 1886. — [430] Kingzett, Chem. News **46,** 41, 183, 1882. — [431] J. Strecker u. R. Spitaler, Ber. Dtsch. chem. Ges. **59,** 1760, 1926. — [432] Spring, Ztschr. anorgan. allg. Chem. **9,** 205, 1895. — [433] J. Meyer, Journ. prakt. Chem. **72,** 278, 1905. — [434] A. Baeyer u. V. Villiger, Ber. Dtsch. chem. Ges. **33,** 3387, 1901. — [435] R. Willstädter u. E. Hauenstein, Ber. Dtsch. chem. Ges. **42,** 1842, 1909. — [436] A. A. Frost u. O. Oldenberg, J. chem. Physics **4,** 781—84, 1936. — [437] G. A. Hagemann, Ztschr. Elektrochem. **21,** 495, 1915. — [438] A. Rius, Helv. chim. Acta **3,** 847, 1920. — [439] A. Rieche und E. Lederle, Ber. Dtsch. chem. Ges. **62,** 2573, 1929. — [440] K. L. Wolf, Ztschr. physikal. Chem. (B) **3,** 128, 1929. — [441] A. Sippel, Ztschr. angew. Chem. **42,** 849, 873, 1929. — [442] W. Theilacker, Ztschr. physikal. Chem. (B) **20,** 142, 1933. — [443] H. G. Penny u. G. M. B. Sutherland, Journ. chem. Physics **2,** 482, 1934; Trans. Faraday Soc. **30,** 898, 1934. — [444] Hand- und Jahrbuch der chemischen Physik **6** I, S. 394, Leipzig, 1935. — [445] C. R. Bailey u. R. R. Gordon, Trans. Faraday Soc. **34,** 1133—38, 1938. — [446] L. R. Zumwall u. P. A. Giguère, J. chem. Physics **9,** 458—62, 1941. — [446a] A. D. Walsh, J. chem. Soc. **1948,** 331—39. — [447] S. Venkarteswaran, Philos. Magazine (7), **15,** 263, 280, 1933; Nature **127,** 406, 1931. — [448] F. Féher, Ztschr. Elektrochem. **41,** 290, 1935. — [449] K. W. F. Kohlrausch, Naturwiss. **22,** 166, 1934; Ztschr. physikal. Chem. (B) **18,** 61, 1932. — [450] S. Féher, Z. Elektro-

chem. 43, 663–64, 1937; Ber. Dtsch. chem. Ges. 72, 1778–88, 1939. — [451] H. L. Lehmann u. W. Kuhn, Ztschr. anorgan. allg. Chem. 218, 16, 1934. — [452] F. Féher u. K. Klötzer, Z. Elektrochemie 41, 850, 1935. — [453] G. Natta u. R. Rigamonti, Gazz. chim. Ital. 66, 762–72, 1936. — [454] J. T. Randall, Proc. Roy. Soc. London, Ser. A 159, 83–92, 1937. — [455] P. A. Giguère, Ann. ACFAS 9, 88–89, 1943. — [456] Sh. A. Skinner, Trans. Faraday Soc. 41, 645–62, 1945. — [457] G. Glocker u. G. Mathack, J. chem. Physics 14, 504–05, 1946. — [458] O. Mumm, Ztschr. physikal. Chem. 59, 459, 1907. — [459] Bose, ebenda 38, 1, 1901. — [460] P. N. Raikow, Z. anorgan. allg. Chem. 168, 297, 1928. — [461] Willstädter u. Weber, Liebigs Ann. 449, 175, 1926; Ber. Dtsch. chem. Ges. 59, 1871, 1926. — [462] A. Quartaroli, Gazz. chim. Ital. 64, 243, 1934. — [463] K. H. Geib u. P. Harteck, Ber. Dtsch. chem. Ges. 65, 1551, 1932. — [464] E. W. Neumann, Journ. Chem. Physics 2, 31, 1934. — [465] W. Kassatotschkin u. W. Kotow, J. physikal. Chem. (russ.) 8, 620, 1936; J. techn. Physik (russ.) 7, 1468–75, 1927. — [466] A. Helms u. W. Klemm, Z. anorgan. allg. Chem. 241, 97–106, 1939. — [467] W. Kassatotschkin, Compt. rend. Acad. sci. URSS 47, 193–96, 1945. — [468] A. Helms u. W. Klemm, Z. anorgan. allg. Chem. 242, 201–14, 1939. — [469] C. Nogareda, An. Espan. 29, 140, 1931; Chem. Ztrbl. 1931 II 401. — [470] A. Baeyer u. V. Villiger, Ber. Dtsch. chem. Ges. 34, 743, 1901. — [471] S. Piccard, Helv. chim. Acta 6, 1036, 1923. — [472] A. Baeyer u. V. Villiger, Ber. Dtsch. chem. Ges. 33, 2484, 1900. — [473] F. Ephraim, Lehrbuch der anorganischen Chem., S. 345, 1929, Verlag Th. Steinkopf. — [474] Ztschr. anorgan. allg. Chem. 75, 10, 1912. — [475] Bergius, Nernst-Festschrift, S. 65, 1932; Ztschr. Elektrochem. 18, 660, 1912. — [476] Blumenthal, Rocznicki Chemji 12, 232, 1932; Chem. Ztrbl. 1932 II 2589. — [477] W. Traube u. W. Schulze, Ber. Dtsch. chem. Ges. 54, 1626, 1921. — [478] W. Traube, Ber. Dtsch. chem. Ges. 49, 1674, 1916. — [479] Ztschr. anorgan. allg. Chem. 90, 150, 1915. — [480] Elber u. Krause, Z. anorgan. allg. Chem. 71, 150, 1911. — [481] M. Milone, Atti R. Accad. Sci. Torino 71, I., 1936, 340–43; 72, I., 425–30, 1937. — [482] A. Baeyer u. V. Villiger, Ber. Dtsch. chem. Ges. 33, 124, 1900; 34, 853, 1910. — [483] Ahrle, Journ. prakt. Chem. 79, 129, 1909. — [484] A. Simon, Z. anorgan. allg. Chem. 242, 369–74, 1939. — [485] W. Friederich, Ber. Dtsch. chem. Ges. 43, 1880, 1910; Z. Elektrochem. 17, 849, 1911; Z. anorgan. allg. Chem. 73, 345, 1912. — [486] Schmidlin u. Massini, Ber. Dtsch. chem. Ges. 43, 1880, 1910. — [487] L. Pissarjewsky, Ztschr. anorgan. allg. Chem. 24, 119, 1900. — [488] Riesenfeld u. Reinhold, Ber. Dtsch. chem. Ges. 42, 4377, 1909. — [489] Willstädter, Ber. Dtsch. chem. Ges. 36, 1828, 1903. — [490] N. Le Blanc u. R. Zellmann, Ztschr. Elektrochem. 29, 198, 1923. — [491] Chia-Si-Lu, E. W. Hughes u. P. A. Giguère, J. Amer. chem. Soc. 63, 1507–13, 1941. — [492] Tanatar, Ztschr. physikal. Chem. 26, 132, 1898; 29, 162, 1899. — [493] Constam u. Bennet, Ztschr. anorgan. allg. Chem. 25, 265, 1900. — [494] H. Menzel, ebenda 167, 214, 1927. — [495] v. Girsewald u. Wolotkin, Ber. Dtsch. chem. Ges. 42, 865, 1909. — [496] F. Foerster, Ztschr. angew. Chem. 34, 354, 1921. — [497] Boßhard u. Zwicky, Ztschr. angew. Chem. 25, 993, 1912. — [498] Constam, Ztschr. anorgan. allg. Chem. 25, 165, 1900. — [499] H. Menzel, Ztschr. anorgan. allg. Chem. 164, 25, 1927. — [500] F. Krauß u. C. Oettner, ebenda, 218, 21, 1934.

IX. Die Darstellung von Wasserstoffperoxyd aus Wasser oder den Elementen.

Wie bereits im Abschnitt III, S. 21 ff., über die Bildung des Wasserstoffperoxyds bei der Verbrennung von Wasserstoff und Sauerstoff und bei der photochemisch eingeleiteten oder mit Quecksilber, Ammoniak, Nitrit oder Chlor sensibilisierten Knallgasreaktion gezeigt wurde, bildet sich bei allen diesen Vorgängen als erstes Einwirkungsprodukt des Wasserstoffes auf den Sauerstoff Wasserstoffperoxyd. Erst durch weitere Reaktionsfolge wird dieses Zwischenprodukt. wenn es nicht durch Abschrecken des Gleichgewichtszustandes oder rasches Entfernen aus der Reaktionszone vor Zersetzungen bewahrt wurde, in das Endprodukt der Wasserstoffverbrennung, nämlich zu Wasser, umgewandelt. Es ist begreiflich, daß man bereits frühzeitig daran dachte, diese Bildungsweise des H_2O_2 auch zu technischen Darstellungsmethoden auszuarbeiten, da ja die Synthese aus den Elementen die Verwendung anderer Rohstoffe, mit denen fast immer Fremdprodukte, also Verunreinigungen, in das Endprodukt hineingelangen, zu vermeiden gestatten würde. Auf diesem Wege wäre es daher auch leichter möglich, das Wasserstoffperoxyd unter Umständen rein und sogar in konzentrierter Form gewinnen zu können und so die kostspielige und schwierige Reinigung und Gewinnung auf dem Umwege über die Derivate umgehen zu können.

Es wäre auch vorteilhaft, den großen Aufwand an Platin und elektrischem Strom bei der Elektrolyse ersparen zu können. Mit Ausnahme der Verfahren der Darstellung von H_2O_2 durch Autoxydation sind jedoch bei den übrigen Bildungsweisen aus Wasser oder H_2 und O_2 die Gestehungskosten bisher höher gewesen als bei den elektrolytischen Prozessen.

Energieverhältnisse. Auch vom energetischen Standpunkt aus würden die Bildungsverhältnisse nicht ungünstig liegen, da nach der Grundgleichung $H_2O + + \frac{1}{2} O_2 = H_2O_2 - 23\,500$ cal für 1000 g H_2O_2 ein Energieaufwand von 691 cal oder ungefähr 0,8 kWh erforderlich wäre. Die angegebene Gleichung hat, wie bemerkt sei, auch für die Verwendung von Wasserstoff und Sauerstoff an Stelle von Wasser als Ausgangsmaterial Gültigkeit, da der zur Synthese verwendete Wasserstoff stets durch Wasserzersetzung gewonnen wurde, so daß man thermisch auf dieselbe Gleichung kommt. Die theoretische Ausbeute sollte demnach pro Kilowattstunde 1250 g H_2O_2 betragen. Wie jedoch die Praxis gezeigt hat, werden im Betriebe bei der Synthese von H_2O_2 aus den Elementen oder aus Wasserdampf nur maximale Energieausbeuten von ungefähr 10% der Theorie erhalten. Diese großen Energieverluste sind neben dem Umstande, daß die erhaltenen Wasserstoffperoxydlösungen meist nur sehr verdünnt anfallen und daher eine kostspielige und wirtschaftlich aussichtslose Konzentrierung erfordern, die Ursache dafür, daß in der Technik die meisten der im nachstehenden angeführten Verfahren zur Darstellung des Wasserstoffperoxyds aus den Elementen nicht durchgeführt werden. Sehr hinderlich sind z. B. auch bei den Verfahren der Herstellung von H_2O_2 mit Hilfe der stillen elektrischen Entladungen die geringen, mit einer Apparatur stündlich umgesetzten Mengen. Aussichtsreich sind hingegen die Autoxydationsverfahren organischer Verbindungen, die bei praktischen Erprobungen sogar wirtschaftlicher als die elektrochemischen Verfahren waren.

Bildung bei hohen Temperaturen in der Flamme. Der älteste Vorschlag zur technischen Herstellung von H_2O_2 aus H_2 und O_2 stammt von M. Traube, der im Jahre 1884 auf ein Verfahren zur Herstellung von Wasserstoffperoxyd durch Einwirkung von Wasser auf die Flamme von CO, H_2 oder einer Mischung dieser Gase, von Wassergas, Leuchtgas u. dgl., das DRP. 27 163 nahm. Das in der Flamme gebildete Wasserstoffperoxyd entgeht der Zerstörung durch die hohe Temperatur infolge der abkühlenden Wirkung des Wassers. Die Ausbeute an H_2O_2 konnte durch Einblasen von Luft in die Flamme gesteigert werden, am günstigsten waren die Ergebnisse, wenn die brennbaren Gase unter Druck aus Rohren ausströmten, an deren Mündung sie angezündet und in Wasser hineingetrieben wurden. Kleinere Flammen waren gleichfalls für eine größere Ausbeute förderlich, da die Berührungsfläche dieser Flamme im Verhältnis zu ihrem Volumen eine größere ist als bei großen Flammen. Tatsächlich erhielt Traube bei seinen Versuchen im günstigsten Falle aber nur eine 0,7%ige H_2O_2-Lösung.

Schon aus den Versuchen von Traube sowie auch Wolf[501] ist zu ersehen, daß bei der Synthese von H_2O_2 auf thermischem Wege nur sehr verdünnte Lösungen erhalten werden können, da die rasche Zerfallsgeschwindigkeit des H_2O_2 bei hohen Temperaturen das Erreichen höherer Konzentrationen sehr erschwert. Über einen gewissen Betrag der Wasserstoffperoxydkonzentrationen von etwa 1% erlaubt keines der nachstehend geschilderten Verfahren der Darstellung von H_2O_2 aus Wasser oder den Elementen hinauszugehen, da beim Überschreiten einer gewissen Grenzkonzentration durch den gleichzeitig einsetzenden Zersetzungsvorgang Bildung und Zersetzung einander die Waage halten. Sucht man aber durch einzelne Maßnahmen die Konzentration des Wasserstoffperoxyds zu erhöhen, so sinkt auf der anderen Seite die Energieausbeute so beträchtlich, daß der aufgewendete Mehrverbrauch an Energie in keinem Verhältnis zu der erreichten Konzentrationsvermehrung steht.

Nach der deutschen Patentschrift Nr. 197 023 von C. A. F. Kahlbaum (1908) sollte durch vorübergehende Erhitzung von Wasserdampf H_2O_2 dargestellt werden, wenn die Gase die Zone der Erhitzung mit genügender Geschwindigkeit, und zwar mindestens mit 1 m/sek., passieren. Da es nur auf die Relativbewegung ankam, konnten auch die Heizquellen, z. B. glühend gehaltene Stiste, elektrische Lichtbögen, Wasserstoffflammen u. dgl., bewegt werden. Da sich bei diesen Verfahren aber nur eine etwa 0,1%ige H_2O_2-Lösung gewinnen ließ, schlug G. Teichner[502] vor, nur einen Teil, und zwar etwa 10% des gegen die heißen Gegenstände geblasenen Wasserdampfes zu kondensieren, wobei etwa 50% und mehr des im ganzen Dampf enthaltenen Wasserstoffperoxyds zur Ausscheidung gelangten.

Da die Reaktion der Bildung von Wasserstoffperoxyd nach der Gleichung $H_2 + O_2 = H_2O_2 + 45\,500$ cal unter Volumabnahme vor sich geht, muß eine Erhöhung des Druckes für eine größere Ausbeute günstig sein. Es wird daher in dem Schweiz. P. 140 403 der L'Air Liquide vorgeschlagen, die Vereinigung von H_2 und O_2 bei Drücken von 300 Atm., bei möglichst hoher Temperatur und bei Gegenwart von Katalysatoren vor sich gehen zu lassen. Zur Vermeidung von Explosionen werden die Gase mit inerten Gasen oder überschüssigem Wasserstoff verdünnt. Als Katalysator dient platinierter Bimsstein, der sich in einem durch elektrische Widerstandsheizung beheizten druckfesten Apparat befindet. Man kann auch in einem gegen H_2O_2 widerstandsfähigen Apparat einen Strom von Sauerstoff unter einem Druck von 300 Atm. einleiten und in dieser Atmosphäre eine Flamme von Wasserstoff, der mit geringem Überdruck durch einen Brenner eingeführt wird, brennen lassen. Die Flamme wird sehr stark abgeschreckt und der Wasserstoffperoxyddampf kondensiert.

Da sich herausgestellt hat, daß die Verbrennungstemperaturen bei diesem Verfahren am Katalysator zu hoch sind, wodurch wieder ein großer Teil des primär gebildeten H_2O_2 zersetzt wird, werden gemäß dem DRP. 558 431 (Chem. Fabr. Coswig-Anhalt) die zur Reaktion kommenden Gase möglichst tief abgekühlt. Ein nicht explosibles Gemisch von O_2 und H_2 wird, eventuell verdünnt mit N_2, bei 100 bis 250 Atm. auf eine Temperatur bis knapp oberhalb der kritischen Temperatur bei diesem Druck gekühlt ($-80°$ bei 100 Atm. bzw. $-10°$ bei 250 Atm.) und über Platinbimsstein oder Eisenasbest geleitet. Die Reaktionsprodukte werden möglichst rasch und tief gekühlt, indem man sie in einen auf etwa $-80°$ gekühlten Strom von O_2, H_2 oder N_2 eintreten läßt. Die Verbrennung kann durch elektrische Beheizung eingeleitet werden. Auch Hochfrequenzströme sollen zur Katalyse befähigt sein. Das Wasserstoffperoxyd wird bei diesem Verfahren in fester Form vom Kühlgasstrom mitgenommen und in Absetzkammern abgeschieden. Die Abkühlung kann auch durch Entspannung der unter Hochdruck stehenden Gase vorgenommen werden. Die Ausbeute soll, auf O_2 bezogen, 90% gegenüber 54% ohne Anwendung von Druck betragen.

Im Gegensatz zu diesem Verfahren, das unter hohem Druck arbeitet, wird nach dem Österr. P. 140 189 (Österr. Chem. Werke) die Reaktion zwischen O_2 und H_2 bei normalem Druck eingeleitet und darnach in einem Vakuum von etwa 100 mm Hg fortgesetzt, indem die Flamme in das Vakuum eingezogen und an Wasser abgekühlt wird. Durch die Verbrennung im Vakuum wird die Oberfläche, an der sich die

Reaktion vollzieht, vergrößert, wodurch die Bildung von H_2O_2 begünstigt wird. Auch ist der Energieaufwand kein so großer als beim Arbeiten unter Druck. Bei der Verbrennung von Wasserstoff bei niederen Drucken (3—4 cm Hg) bei —180° C oder Explosion in mit flüssiger Luft gekühlten Gefäßen erhielten A. C. Egerton und G. J. Minkoff[502a] bis zu 30% H_2O_2.

Wegen des niedrigen Gehaltes der Reaktionsgase an Wasserstoff, der wegen der Gefahr von Explosionen eine untere Grenze einhalten muß, ist der Gehalt des Gasgemisches an H_2O_2 bei allen diesen Verfahren aber nur gering.

Technische Bedeutung besitzt ein Verfahren der N. V. De Bataafsche Petroleum Mij[503], das in der unvollständigen Verbrennung von Kohlenwasserstoffen besteht. Man leitet in eine Reaktionskammer aus V2A-Stahl bei 150° ein vorgewärmtes Gemisch von 90 vol % Propan und 10% O_2 ein, wobei die Reaktionsgase zunächst an den Wandungen entlanggeführt und danach im Innern des unter 150° gekühlten Reaktionsgefäßes zur Umsetzung gebracht werden. Die Verbrennungstemperatur steigt im Innern des Gefäßes auf 470°. Durch Kondensation des übergehenden Gasgemisches erhält man eine H_2O_2-Lösung von 20 g aktiven O/l. Nebenprodukte sind Formaldehyd und Essigsäure. Die Fraktionierung dieses Gemisches kann wegen des Vorhandenseins organischer Peroxyde zu Explosionen führen. Diese können aber durch Erhitzung der wässerigen Lösung auf etwa 70° C vermieden werden, wodurch die Peroxyde in Carboxylsäure übergeführt werden.

Stille elektrische Entladung. Die Anwendung stiller elektrischer Entladungen innerhalb eines nicht explosiblen Gemisches von H_2 mit 3 bis 4% O_2 wurde zum erstenmal von A. de Hemptinne[504] vorgeschlagen. Ein Gemisch von 95% O_2 und 5% H_2 ist zwar auch nicht explosiv, jedoch sind in diesem Falle die Ausbeuten 10mal kleiner, da sich dann zuviel Ozon bildet, das sich mit Wasserstoffperoxyd unter Freiwerden von O_2 umsetzt. Das Verfahren wird in einem gasdicht geschlossenen Gefäß ausgeführt, in dem sich eine Reihe von Entladungsröhren befindet. Die Röhren bestehen aus zwei konzentrischen Glaszylindern von etwa 10 cm Länge und einem Zwischenraum von etwa 2 mm. Mit Hilfe einer Pumpe wird das Gasgemisch durch die Entladungsröhre gesaugt. Das gebildete Wasserstoffperoxyd wird vom Gasstrom entfernt und zum Boden des Gefäßes geführt, wo es vom dort befindlichen Wasser aufgenommen wird. Die Gase zirkulieren im Kreislauf, wobei der dem Gemisch als H_2O_2 entzogene O_2 dauernd ergänzt wird.

Arbeitet man während der Durchführung der Reaktion durch stille elektrische Entladung bei einer solchen Temperatur, daß sich höchstens ein kleiner Teil des Reaktions roduktes an der Wandung des Entladungsraumes kondensieren kann[505], so wird dadurch die Durchschlagsfähigkeit der Entladungsröhre und die Energieausbeute erhöht, der Kühlwasserverbrauch vermindert und der in Wärme umgesetzte Stromanteil in Form von heißem Wasser oder Dampf gewonnen. Auch ist dadurch die Möglichkeit der Anwendung von Strömen hoher Frequenz gegeben. Es genügt aber unter Umständen, nur jenen Teil der Wandung des Reaktionsgefäßes, der die Elektrode bildet, auf dieser Temperatur zu halten[506]. Die Ausbeuten, die nach diesem Verfahren erhalten werden, sind jedoch im Hinblick auf die aufgewendeten Energiebeträge sehr gering. So wird in dem A. P. 1 890 793 von E. Noack und O. Nitzsche (I. G. Farbenindustrie A. G.), das dem Schweiz. P. 137 202 entspricht, im Ausführungsbeispiel angegeben, daß bei Verwendung einer Entladungsröhre aus Glas mit einem ringförmigen Entladungsraum, dessen Durchmesser 6 mm und deren Länge 1250 mm betrug, beim Betriebe mit Wechselstrom von 50 Perioden und 18 000 Volt und unter Durchleiten von 800 l/Stunde einer Mischung von 80% O_2 und 20% H_2 pro Stunde nur 1,52 g H_2O_2 erhalten wurden. Der Energieverbrauch betrug pro 1 kg H_2O_2 108 kWh. Vergleicht man damit den Energieverbrauch beim elektrolytischen Verfahren der Herstellung von Perschwefelsäure und deren Salzen mit nachheriger Destillation von etwa 4 bis 7 kWh/1 kg 30%igem H_2O_2, so ist die wirtschaftliche Überlegenheit des elektrolytischen Verfahrens klar ersichtlich.

In dem A. P. 2 015 040 von A. Pietsch wird die Erkenntnis ausgenutzt, daß bei der stillen elektrischen Entladung optimale Ausbeuten von H_2O_2 erhalten werden können, wenn dem Gasgemisch Wasserdampf zugesetzt wird und eine Wasserdampfkonzentration von einer Sättigungstemperatur von mindestens 40° C, z. B. 60°, eingehalten wird. Dadurch werden die Ausbeuten in einer bestimmten Apparatur von 0,098 g H_2O_2 pro Stunde auf 0,217 g H_2O_2/Stunde bei einer Feuchtigkeit von 20% erhöht. Die warmen Gase können dabei direkt zum Betriebe einer Destillationskolonne ausgenutzt werden, so daß ohne weiteren Energieaufwand höher konzentrierte Wasserstoffperoxydlösungen erhalten werden können. Durch geeignete Bemessung der Kolonne kann erreicht werden, daß direkt eine 30%ige H_2O_2-Lösung anfällt, während die abziehenden Gase nur mehr 0,5% H_2O_2 enthalten und wieder im Kreislauf nach Ergänzung des verbrauchten Wasserstoffes und Sauerstoffes der Entladungsapparatur zugeführt werden.

M. Goldon[507] berichtet über eine Anlage zur Synthese von H_2O_2 aus H_2 und O_2 durch stille elektrische Entladung. Die Gase haben einen Wasserdampfgehalt, der dem Sättigungswert bei 60° C entspricht. Die Gasmischung tritt durch einen Wärmeaustauscher in eine Ionisierungskammer, wo bei 160° zwischen parallel stehenden Quarzplatten, deren eine Seite mit Aluminium bedeckt ist, während die andere mit H_2F_2 angeätzt ist, die Entladung erfolgt. Die Spannung beträgt 12 000 Volt, die Frequenz 9 500. Die das H_2O_2 enthaltenden Dämpfe und Gase streichen durch den Wärmeaustauscher und treten in eine Rektifikationskolonne ein, wo 10%iges H_2O_2 erhalten wird. Die Anlage liefert 50 kg H_2O_2 per Stunde. Die Kosten für das gewonnene H_2O_2 sind größer als bei der Darstellung über Perschwefelsäure oder Persulfate.

Sensibilisierte Oxydation. Wasserstoffperoxyd kann man auch erhalten, wenn man H_2 und O_2 enthaltende Gase oder Dämpfe mit Metalldämpfen beladet und sie in strömendem Zustande den Strahlungen einer Metalldampflampe aussetzt. Wie bereits im Abschnitt III hervorgehoben wurde, bildet sich hierbei durch Absorption von Lichtenergie eine energiereichere Form der Quecksilberatome, die als angeregte Quecksilberatome bezeichnet werden. Derartige Atome dissoziieren das Wasserstoffmolekül in freie Wasserstoffatome, die äußerst reaktionsfähig sind und sich rasch mit Sauerstoff verbinden können. Es ist aber auch eine Wiedervereinigung zum Wasserstoffmolekül möglich, wobei große Wärmemengen frei werden. Dabei hat es sich für gute Ausbeuten an Wasserstoffperoxyd als sehr vorteilhaft erwiesen, wenn man nur eine niedrige Sauerstoffkonzentration und hohe Strömungsgeschwindigkeit wählt[508]. Die Ausbeuten können durch diese Maßnahmen auf das Hundertfache gesteigert werden. Nach dem A. P. 1 659 382 von H. St. Taylor wird zur Bestrahlung des H_2O_2-Gemisches nur die Energie der sog. Resonanzstrahlung, das ist eines Teiles des ultravioletten Lichtes, und zwar eine Quecksilberlinie mit $\lambda = 2536{,}7$ Å, verwendet. Mit dieser Strahlung wird die Strahlungsenergie zur Gänze zur Bildung von Wasserstoffperoxyd und nicht von Wasser verwendet. Die Resonanzstrahlung kann durch niedrigen Quecksilberdruck im Lichtbogensystem und durch eine gekühlte Quecksilberdampflampe erhalten werden.

Nach den A. P. 1 844 420 und 1 844 421 der General Electric Vapor Lamp Co. erfolgt die Anregung des Quecksilbers durch ein magnetisches Feld, das durch hochfrequenten Wechselstrom erzeugt wird. Beim Verfahren nach dem A. P. 1 904 101 von M. C. Taylor und Ch. N. Richardson wird ein Gemisch von 3% O_2 und 97% H_2 bei 20° mit Quecksilberdampf gesättigt und durch die sog. Koronaentladung hindurchgeschickt. Bei einer Spannungsdifferenz von 18 000 V zwischen den Elektroden und 25 Perioden pro Sekunde werden ungefähr 6% in Wasserstoffperoxyd umgewandelt, wobei 130 kWh/kg 100%iges H_2O_2 verbraucht werden. Die Produktion beträgt täglich ungefähr 8,1 g H_2O_2/l Koronavolumen, d. i. der gasgefüllte Raum, durch den die Koronaentladung stattfindet.

Die Photosynthese wäre vom theoretischen Standpunkt aus äußerst interessant, da die Lichtenergie des Streifens des Spektrums von 2636 Å nahezu quantitativ zur Bildung von H_2O_2 ausgenutzt wird. Könnte man die ganze elektrische Energie ausschließlich zur Erregung dieser optischen Frequenz nutzbar machen, so würde dieses Verfahren einen idealen Prozeß zur Herstellung von H_2O_2 bilden. Da dies aber heute noch nicht möglich ist, finden wir nur einige Bruchteile der aufgewandten Energie in Form der wirksamen Strahlungsenergie wieder.

Autoxydation. Man hat bereits versucht, die hohen Kosten der technischen Herstellungsverfahren dadurch zu umgehen, daß man sich die Bildung des Wasserstoffperoxyds bei natürlich verlaufenden Oxydationsvorgängen autoxydabler Stoffe zunutze macht. Der älteste Vorschlag dieser Art stammt von S. Rosenblum, S. Rideal und The Commercial Ozone Syndicat Ltd. aus dem Jahre 1897 (E. P. 12 274/1897), wonach auf Terpene, Polyterpene, Kampfer, Terpentin, Äther, Öle, Harze, Balsame in feinzerstäubter Form Ozon und Wasser oder Wasserdampf einwirken gelassen werden sollte. Dieses Verfahren ist ohne jede technische Bedeutung geblieben.

Ein anderer Vorschlag geht dahin, eine Lösung von Hydrazobenzol in Benzol mit Sauerstoff unter Druck zu oxydieren, wobei sich Wasserstoffperoxyd in flüssiger Form abscheidet, das dabei entstehende Azobenzol wieder zu Hydrazobenzol zu reduzieren und dieses dann von neuem für die Oxydation zu verwenden. Ähnlich wie Hydrazobenzol verhalten sich auch gewisse andere organische Verbindungen, die zwei verhältnismäßig leicht abspaltbare H-Atome enthalten, wie Indigweiß, Anthrahydrochinon, Aminohydrazoverbindungen und Oxanthrol.

Wie J. H. Walton und G. W. Filson[509] festgestellt haben, geht die Autoxydation von Hydrazobenzol unter Bildung von H_2O_2 in alkoholischer Lösung praktisch quantitativ vor sich. Die bimolekulare Reaktion erfolgt in der Lösung und nicht in der Grenzschicht Gas—Flüssigkeit. In benzoliger Lösung scheidet sich bei einem Sauerstoffdruck von 25,9 kg/cm² eine Flüssigkeit ab, die aus etwa 94%igem H_2O_2 besteht. Die Gesamtausbeute, bezogen auf Hydrabenzol, beträgt 97%.

Die I. G. Farbenindustrie A. G. hat im Jahre 1935 ein Patent (F. 790 497) auf die Herstellung von Alkaliperoxyden erteilt erhalten, bei welchem Hydrazobenzol in alkoholischer Lösung im Kreislauf oxydiert wird, das ausgefallene Peroxyd abgetrennt und das Azobenzol mittels Natriumamalgams wieder reduziert wird. Der Prozeß kann, wie folgt, dargestellt werden:

a) bei einigen Prozenten H_2O in der Lösung:

$$C_6H_5NH-NHC_6H_5 + O_2 + 2\,C_2H_5ONa + 8\,H_2O = C_6H_5NNC_6H_5 + 2\,C_2H_5OH + Na_2O_2 \cdot 8\,H_2O;$$

b) bei sehr wenig H_2O in der Lösung:

$$C_6H_5NH-NHC_6H_5 + O_2 + C_2H_5ONa = C_6H_5NNC_6H_5 + C_2H_5OH + NaOOH.$$

Die Rückgewinnung des Hydrazobenzols erfolgt nach c:

c) $C_6H_5NNC_6H_5 + 2\,C_2H_5OH + 2\,Na = C_6H_5NHNHC_6H_5 + 2\,C_2H_5ONa.$

Als Lösungsmittel können auch Gemische organischer Flüssigkeiten mit geringem Wassergehalt verwendet werden, wobei eine Komponente ein gutes Lösevermögen für Alkali besitzt[510]. Nach einem weiteren Verfahren derselben Firma[511] wird 2-Methylanthrachinon, gelöst in Benzol und Cyclohexanol mit Nickel und Wasserstoff zu 2-Methylanthrahydrochinon hydriert, das Nickel abfiltriert, die Lösung mit Sauerstoff geschüttelt und das gebildete H_2O_2 mit Wasser ausgeschüttelt. Die Ausbeute an H_2O_2 (etwa 20%ig) beträgt etwa 90%. Die Lösung wird im Kreislauf verwendet.

Die Mathieson Alkali Works[512] reduzieren Azotoluol oder 2-Amino-5-azotoluol, gelöst in Benzol, mit Natriumamalgam in Gegenwart von Wasser, das in organischen Lösungsmittel in Form einer Wasser-in-Öl-Emulsion vorhanden ist. Das Benzol löst Azo- und Hydrazotoluol, nicht aber H_2O_2. Die Oxydation erfolgt mit 97%igem Sauerstoff in alkalischer Lösung bei einer bestimmten, die Explosionsgrenze übersteigenden Temperatur.

Die Verfahren zur Synthese von H_2O_2 durch Autoxydation organischer Verbindungen sind technisch nicht ungefährlich zu handhaben, da durch Bildung instabiler organischer Peroxyde leicht Brände und Explosionen auftreten können. Ein derartiges Verfahren war aber in Deutschland in technischem Maßstabe mit Erfolg in Anwendung. Die Herstellungskosten des H_2O_2 waren wesentlich niedriger als beim elektrolytischem Verfahren.

Nach einem Vorschlage der Dupont[512a] wird 1,2- oder 1,4-Dihydrobenzol mit Sauerstoff bei 200 bis 550° C behandelt.

Nach Henckel und Cie. und W. Weber[513] läßt man O_2 oder O_2-haltige Gase unter Überdruck bei Gegenwart von Wasser auf gasförmigen H_2 unter Anwesenheit von Wasserstoffüberträgern einwirken. Als Katalysator wird Platin, Palladium oder Nickel verwendet. Man tränkt z. B. ein poröses Tonrohr mit einer Palladiumlösung und bringt das Rohr unter Wasser in ein Gefäß, welches von außen von Sauerstoff umspült wird. In den Innenraum des porösen Rohres preßt man gasförmigen Wasserstoff, der sich mit dem Sauerstoff vereinigt. Sehr ähnlich ist das Verfahren von R. Moritz[514], wonach das Palladium in Form eines Rohres, Bandes oder Drahtes mit Wasserstoff gesättigt wird, worauf eine Lösung von Sauerstoff in Wasser einwirken gelassen wird.

Kathodische Reduktion von O_2. Wie schon M. Traube[515] als sein wichtigstes Argument gegen die Autozontheorie Schönbeins hervorgehoben hat, entsteht Wasserstoffperoxyd auch an der Kathode durch Reduktion von molekularem Sauerstoff durch freiwerdenden Wasserstoff. Traube fand bereits, daß hohe Sauerstoffkonzentration im Elektrolyten an der Kathode, die Verwendung von Quecksilberkathoden sowie kleine Stromdichten für eine gute Ausbeute erforderlich sind. Er erhielt so unter Verwendung eines amalgamierten Golddrahtes als Kathode bei kathodischen Stromdichten von etwa $2 \cdot 10^{-4}$ Amp/qcm fast theoretische Ausbeuten an Wasserstoffperoxyd, die aber mit der Zeit schließlich fast bis auf 0 heruntergingen, da mit wachsender Wasserstoffperoxydkonzentration der Vorgang $H_2O_2 + 2\,H = 2\,H_2O$ immer stärker wird. Traube erhielt daher nur maximal eine 0,26%ige Wasserstoffperoxydlösung unter Verwendung von 1%iger Schwefelsäure als Elektrolyt. Ähnliche Ergebnisse erhielt F. Foerster[516].

Der Vorgang während der Elektrolyse an einer Platinelektrode ist eigentlich noch nicht recht untersucht worden. Bloß K. Bornemann[517] erhielt an Platinkathoden bei Potentialen $\varepsilon_0 = 0$ bis $-1{,}08$ V quantitave Stromausbeuten, jedoch wurden bei den von ihm angewandten Stromstärken von einigen Milliampere nur Bruchteile von Milligramm H_2O_2 gebildet.

Über die Verhältnisse an Quecksilberkathoden liegt jedoch eine sehr eingehende Arbeit von E. Tiede und A. Scheede[518] vor. An Quecksilberkathoden wird zunächst der im Elektrolyten gelöste Sauerstoff durch naszierenden Wasserstoff nach $O_2 + 2\,H = H_2O_2$ zum Wasserstoffperoxyd reduziert (a). Als Sekundärreaktion kann dessen Übergang in Wasser nach $H_2O_2 + 2\,H = 2\,H_2O$ (b) erfolgen. Für kleinere Wasserstoffperoxydkonzentrationen beansprucht nun Vorgang (a) am Quecksilber eine geringere Polarisation als Vorgang (b), so daß damit die theoretische Möglichkeit einer Wasserstoffperoxydbildung durch kathodische Reduktion gegeben ist. Da in wäßrigen Elektrolyten die Löslichkeit des Sauerstoffes nur eine geringe ist, kann man nur mit kleinen Stromdichten arbeiten. Für größere Stromstärken muß man daher große Kathodenflächen, z. B. Drahtnetze von amalgamierten Metallen, wie Silber oder Kupfer, verwenden. An solchen Amalgamdrahtnetzkathoden beträgt bei 10° bei einer Stromdichte von 0,1 bis $2{,}0 \cdot 10^{-3}$ Amp/qcm das Potential der Elektrode $\varepsilon_0 = +0{,}20$ bis $-0{,}30$ V, wenn Vorgang (a) mit theoretischer Stromausbeute vor sich geht. Die Wasserbildung nach Vorgang (b) findet an derselben Elektrode bei 10° und $2{,}0 \cdot 10^{-3}$ Amp/qcm Stromdichte für 0,23%iges Wasserstoffperoxyd bei $-0{,}60$ V, für 0,49%iges H_2O_2 bei $-0{,}50$ V und für 0,93%iges H_2O_2 bei $-0{,}36$ V statt. Mit steigender Konzentration an Wasserstoffperoxyd nähert sich also das Gleichgewichtspotential des Vorganges (b) immer mehr jenem des Prozesses der Wasserstoffperoxydbildung (a), so daß von einer Konzentration von etwa 1% H_2O_2 an eine Wiederzerstörung des nach (a) gebildeten Wasserstoffperoxyds möglich ist. Diese Konzentration soll daher beim praktischen Arbeiten im Hinblick auf gute Stromausbeuten nicht überschritten werden. Für Lösungen von etwa 0,5 bis 0,7% H_2O_2-Gehalt sind jedoch die Stromausbeuten noch recht gute.

Die hohe Stromausbeute bei der elektrochemischen Reduktion von Sauerstoff bot aber Anreiz genug, sich mit diesen Verfahren näher zu befassen. Namentlich von der Firma Henkel und Cie. sowie der Firma I. G. Farbenindustrie A. G. sind diese Verfahren ziemlich weitgehend ausgebaut und auch technisch brauchbar gestaltet worden. Eine praktische Anwendbarkeit dieser Verfahren zur Herstellung höherer Wasserstoffperoxydkonzentrationen ist jedoch derzeit noch nicht möglich, da die Konzentrierung der bei diesen Verfahren erhaltenen sehr verdünnten Wasserstoffperoxydlösungen ein technisch aussichtsloses Bemühen darstellt.

Vor allem hat man daher getrachtet, höhere Konzentrationen an Wasserstoffperoxyd zu erreichen, da nur dann das Konzentrieren der verdünnteren Lösungen wirtschaftlich ausgeführt werden kann. Da sich aus den Versuchen Traubes ergeben hatte, daß eine technische Darstellung des Wasserstoffperoxyds aus Sauerstoff bei gewöhnlichem Druck nicht möglich ist, wird nach dem DRP. 266 516 von Henkel und Cie. unter Druck elektrolysiert, indem man den Elektrolyten unter einem Druck von etwa 100 Atm. mit O_2 oder O_2-haltigen Gasen sättigt. Bei voneinander durch ein Diaphragma getrenntem Anoden- und Kathodenraum arbeitet man mit Spannungen von nur 2 V und Stromdichten von 0,05 Amp/qcm, da die Sättigung des Elektrolyten mit Sauerstoff auch die Zersetzungsspannung herabsetzt. Durch Erhöhung des Druckes wird vor allem die Konzentration des im Elektrolyten gelösten Sauerstoffes erhöht. Während bei gewöhnlichem Druck und einer Temperatur von etwa 10° bloß 50 mg O_2 im Liter Wasser löslich sind, ergibt sich, wenn man die Gültigkeit des Henryschen Verteilungssatzes auch für hohe Drücke voraussetzt, bei 100 Atm. bereits eine Konzentration des gelösten Sauerstoffes von 5 g.

Die Maßnahme der Anwendung von hohem Sauerstoffdruck bei der Elektrolyse bei Henkel stützt sich vor allem auf Versuche von F. Fischer und O. Prieß[810]. Diese erhielten in 1%iger Schwefelsäure als Elektrolyt an amalgamiertem Goldblech als Kathode und Platin als Anode unter Verwendung einer Tonzelle als Diaphragma bei 25 Atm. Sauerstoffdruck eine Ausbeute von 30%, bei 50 Atm. von 60% und bei 100 Atm. von 90%, wenn mit 2 bis 7 Amp/qdm 10 Minuten lang elektrolysiert wurde. Beim höchsten Sauerstoffdruck von 100 Atm. wurde mit 0,33 Amp innerhalb 2 Stunden 0,43 ccm H_2O_2 in 30 ccm Katholyt erzeugt. Eine 2,5%ige H_2O_2-Lösung konnte noch mit 50% Ausbeute erhalten werden, bei höheren Konzentrationen, wie 4,8% H_2O_2, waren die Ausbeuten aber schon sehr schlecht. Von Fischer und Prieß wurde weiters auch festgestellt, daß die reduzierende Wirkung der Kathode mit der Zeit nachläßt, sie also Ermüdungserscheinungen zeigt.

Die amalgamierte Golddrahtkathode T r a u b e s wird nach dem DRP. 273 269 von Henkel und Cie. durch eine Kathode aus Tantal, Wolfram, Niob oder Molybdän ersetzt, da namentlich bei der Goldkathode sehr häufig Ermüdungserscheinungen auftraten. Noch billiger als diese teuren Metalle erwiesen sich jedoch Quecksilber- oder Silber- und Kupferamalgamkathoden. Brauchbar sind auch Kathoden aus auf Hochglanz poliertem Kruppschem V2A-Stahl in 1%iger Salpetersäure[830] und aus Silberdraht in 0,7%iger Phosphorsäurelösung[831]. Mit bewegten Quecksilberkathoden arbeiteten E. M ü l l e r und K. M e h l h o r n[832], wobei sie 3%ige H_2O_2-Lösungen bei 50%iger Ausbeute erhielten. Bei Verwendung von 80 Mol.-% Methylalkohol, der 2-molar an Schwefelsäure war, wurde mit 70% Ausbeute sogar eine 5%ige Lösung gewonnen.

Wie Potentialmessungen von F. F o e r s t e r[833] ergeben haben, beträgt die Depolarisation der Wasserstoffentladung an amalgamierten Kupfer- oder Silberkathoden, wenn der Elektrolyt mit Sauerstoff unter Atmosphärendruck gesättigt ist, bei einer kathodischen Stromdichte von $2 \cdot 10^{-3}$ Amp/qcm etwa 0,9 V, während noch eine 0,5%ige Wasserstoffperoxydlösung nur um 0,6 V depolarisiert. Da sich diese Depolarisationswerte bei Sättigung des Elektrolyten mit Sauerstoff unter Druck noch bedeutend erhöhen, ist das Arbeiten bei hohem Sauerstoffdruck nur sehr vorteilhaft.

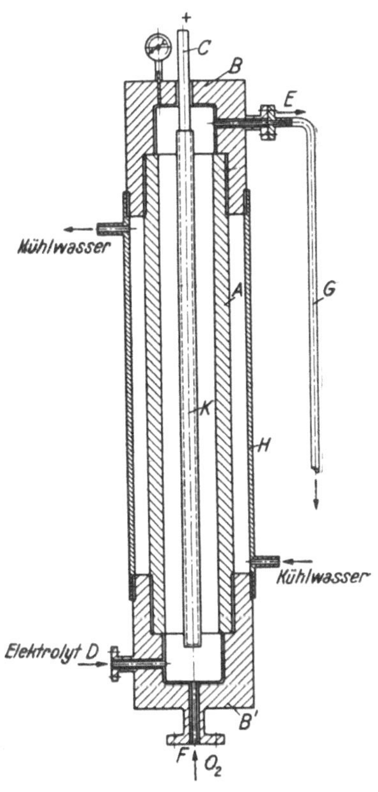

Abb. 1. Vorrichtung zur Darstellung von H_2O_2 durch kathodische Reduktion von O_2 (D.R.P. 283 957).

Zur Überwindung der apparativen Schwierigkeiten bei der Elektrolyse unter hohem Druck wird in den DRP. 276 540 und 283 957 von Henkel u. Cie. eine Vorrichtung zur kontinuierlichen Darstellung von Wasserstoffperoxyd beschrieben, die aus einem röhrenförmigen langgestreckten Hochdruckgefäß *A* besteht (Abb. 1), dessen Innenwand mit einem geeigneten Metall überzogen ist, das als Kathode dient, während die Anode *C* in der Mitte des Rohres als Stab angeordnet und mit einem Diaphragmenschlauch aus Asbestgewebe *K* versehen ist. Die Anode besteht aus Blei, das in Bleidioxyd übergeht, die Kathode aus amalgamiertem Kupfer oder Silber. Durch die Anordnung des Hochdruckgefäßes und die Anbringung der Kathode an der Innenwand des Rohres *A* kann durch Versehung des Metallrohres mit einem Kühlmantel *H* die Kathode und der Elektrolyt ohne weiteres gekühlt werden. Das 60 bis 75 mm starke Rohr *A* wird durch zwei druckfeste aufschraubbare Kappen *B* und *B'* verschlossen. Der Elektrolyt wird bei *D* in das Rohr eingepumpt und verläßt es bei *E*. Bei *F* wird Sauerstoff durch eine Düse in den Elektrolyten eingepreßt, der in feinen Bläschen in dem Rohr *A* gleichmäßig emporperlt. Durch das Rohr *G* treten Sauerstoff und Elektrolyt in eine zweite, dann in eine dritte Vorrichtung usw., bis sie schließlich am Ende der Kolonne in einem Gefäß voneinander geschieden werden. Der Elektrolyt darf mit der Anode nicht in Berührung kommen, da sonst eine sofortige Zersetzung des Wasserstoffperoxyds stattfinden würde. Der Sauerstoff geht in den Kompressor zurück, während die Wasserstoffperoxydlösung abgezogen oder zur weiteren Konzentrationserhöhung noch einmal durch die Kolonne geschickt werden kann. Als Elektrolyt dient entweder eine 1%ige Schwefelsäure oder eine verdünnte Alkalisalz-, z. B. Natriumsulfatlösung, die schwach angesäuert wird.

Bei den Versuchen von F i s c h e r und P r i e ß[519] wurde bei 100 Atm. Sauerstoffdruck bei einer Stromausbeute von 83% eine 2,7%ige Wasserstoffperoxydlösung erzielt, die Spannung betrug bei $2{,}4 \cdot 10^{-2}$ Amp/qcm nur 2,0 V. Bei der gleichen Stromdichte wurde bei einem Druck von 25 Atm. eine 2%ige Lösung, aber mit nur 34% Stromausbeute erhalten. Mit höherem Sauerstoffdruck bei der Elektrolyse steigen demnach die Ausbeuten ganz beträchtlich. Ob aber die geringen Konzentrationserhöhungen des Wasserstoffperoxyds die apparativen Schwierigkeiten der Druckerhöhung von 25 auf 100 Atm. aufwiegen, ist sehr unwahrscheinlich.

Um die Unannehmlichkeiten durch die anfallenden schwachen Konzentrationen des Wasserstoffperoxyds zu vermeiden, wird im DRP. 302 735 von Henkel und Cie., vorgeschlagen, unmittelbar feste Perverbindungen kathodisch herzustellen, wobei man sogar bei gewöhnlichem Druck arbeiten kann. Man verwendet als Elektrolyten Lösungen von Alkalien oder nicht sauren Salzen, in die man O_2 oder O_2-haltige Gase einleitet und wasserlösliche Stoffe zusetzt, die mit Wasserstoffperoxyd in Wasser unlösliche oder wenig lösliche Perverbindungen bilden, wie z. B. Perborat. Man kann auch von Haus aus nur solche Verbindungen als Elektrolyt benutzen. Zweckmäßig arbeitet man für gute Ausbeuten bei 0° und setzt noch kolloide Stoffe, wie Natronwasserglas, Stärke, Gelatine, Albumin u. dgl., zu. Man kann auf diese Weise Peroxydhydrate der Erdalkalien sowie Magnesiumperoxyd und Natriumperborat herstellen. Bei einer Stromdichte von 0,002 Amp/qcm kann man, auf H_2O_2 berechnet, eine Stromausbeute von etwa 80% und etwa 0,5%ige Wasserstoffperoxydlösungen erzielen, von welcher etwa zwei Drittel in Form von z. B. schwer löslichem Natriumperborat gewonnen werden können.

Zur Vermeidung von Korrosionen an den amalgamierten Kathoden wird in den DRP. 463 794 und 485 714 der I. G. Farbenindustrie A. G. vorgeschlagen, diese entweder dauernd mit Quecksilber zu benetzen oder die Benetzung durch elektrolytische Abscheidung von Quecksilber durch Zufügen von kleinen Mengen von Quecksilbersalzen dauernd oder zeitweise vorzunehmen. Der Elektrolyt wird dabei während der Elektrolyse an schwer löslichen Quecksilberverbindungen gesättigt erhalten, in dem diese als Bodenkörper in dem Elektrolyten zugegen sind. Der Gasraum soll im Verhältnis zum Elektrolytvolumen so groß gewählt werden, daß bei einer eventuellen plötzlichen und vollständigen Zersetzung des Wasserstoffperoxyds der zulässige Höchstdruck der Zelle nicht überschritten wird[524].

Im DRP. 485 053 der I. G. Farbenindustrie A. G. findet sich ein Vorschlag, in einem einzigen Arbeitsgang durch kathodische Reduktion von Sauerstoff konzentriertere, z. B. auch 30%ige reine Wasserstoffperoxydlösungen herzustellen. Dies soll dadurch ermöglicht werden, daß der zur Erzielung eines guten Rührens erforderliche Sauerstoffstrom zugleich zum Konzentrieren und Destillieren der im Elektrolysen befindlichen, etwa 1%igen H_2O_2-Lösung verwendet wird. Man verfährt dabei so, daß die Temperatur im Verdampfungsgefäß höher gehalten wird als im Elektrolyseur, z. B. 35° und 13°, und der Sauerstoffstrom nach dem Verlassen des Rieselturmes wieder auf 13° gekühlt oder bei gleicher Temperatur im Elektrolysier- und Verdampfungsgefäß vor Eintritt in das Konzentrations- bzw. Destillationsgefäß getrocknet wird.

Nach einem weiteren Vorschlag der I. G. Farbenindustrie A. G.[525] ist es nicht unbedingt erforderlich, mit Sauerstoff unter Druck zu elektrolysieren, sondern es genügt, wenn der Elektrolyt vorerst unter einem hohen Druck, z. B. 25 Atm., mit Sauerstoff gesättigt wurde, worauf man den Druck abblasen läßt. Man elektrolysiert dann bei Atmosphärendruck mit einer Kathode aus amalgamiertem Gold und einer Platinanode mit Stromdichten bis zu 0,04 Amp/qcm. Am besten wird die Lösung im Kreislauf durch das Sättigungsgefäß und den Elektrolyseur kontinuierlich strömen gelassen. Man soll so mit einer durchschnittlichen Stromausbeute von etwa 80% bis zu einer 3%igen H_2O_2-Lösung gelangen können.

Zur Vermeidung von störenden Konzentrationsänderungen im Anoden- oder Kathodenraum bei der Dauerelektrolyse nach dem DRP. 514 172 der I. G. Farbenindustrie A. G. wird der Anolyt und Katholyt kontinuierlich oder periodisch erneuert. Der Anolyt kann auch im Kreislauf geführt werden, wobei man ihn zwischendurch nach Bedarf mit Wasser verdünnt und eventuell gelöstes Anodenmetall, das als Zersetzungskatalysator für das Wasserstoffperoxyd im Kathodenraum schädlich wirken kann, auf elektrolytischem Wege entfernt.

Normalerweise entsteht an der Kathode bei der Elektrolyse kein Wasserstoff, so daß man den Sauerstoff ohne Bedenken im Kreislauf immer wieder verwenden kann. Wird aber infolge irgendwelcher Störungen Wasserstoff gebildet, so besteht die Gefahr, daß er sich im Sauerstoff anreichert und besonders beim Arbeiten unter Druck explosible Gasgemische entstehen können. Nach dem DRP. 547 003 der I. G. Farbenindustrie A. G. wird daher der Sauerstoff am besten selbsttätig auf Wasserstoff geprüft, z. B. durch Messung der Dichte, der Wärmeleitung oder der Wärmetönung bei der katalytischen Verbrennung. Die selbsttätig analysierende Sicherheitsvorrichtung ist dabei mit einer Alarmvorrichtung ausgestattet, die bei Erreichen einer bestimmten Wasserstoffkonzentration, welche noch unterhalb der Explosionsgrenze liegt, z. B. 1%, den Strom ausschaltet. Der Wasserstoff wird fortlaufend oder von Zeit zu Zeit, z. B. in einem Verbrennungsofen, in dem der Wasserstoff an einem Katalysator verbrannt wird, beseitigt.

Von Interesse ist noch ein Verfahren der I. G. Farbenindustrie A. G.[526], wonach sowohl der Vorgang an der Anode als auch an der Kathode zur Bildung von Perverbindungen herangezogen wird. Infolge der doppelten Ausnützung des Stromes beträgt zwar die für eine bestimmte Menge aktiven Sauerstoffes aufzuwendende Strommenge nur etwa die Hälfte der bisher notwendigen und wird auch die Apparatur viel besser ausgenützt, die Zellenspannung beträgt jedoch gleichfalls das Doppelte des Üblichen, nämlich 3,7 Volt. Man bringt in den Anodenraum einer durch Tondiaphragma getrennten Elektrolysierzelle eine mit Schwefelsäure versetzte Ammonsulfatlösung, in den Kathodenraum eine 0,5%ige Schwefelsäure, durch die man einen lebhaften Sauerstoffstrom leitet. Elektrolysiert man mit Platinanoden und amalgamierten Goldkathoden mit einer anodischen Stromdichte von 0,02 Amp/qcm und einer kathodischen Stromdichte von 0,004 Amp/qcm, so erhält man im Anodenraum Ammonpersulfat und im Kathodenraum Wasserstoffperoxyd.

Von E. Berl[527] ist ein technischer kathodischer Prozeß entwickelt worden, bei welchem durch Verwendung von hohlen Elektroden aus hochaktiver Kohle, die Sauerstoff und Wasserstoff sehr stark adsorbiert, die Anwendung von hohen Drücken vermieden wird. Die hohle Elektrode bildet die Kathode, durch die der Sauerstoff oder die Luft von innen durchgepreßt wird. Die stark katalytische Eigenschaft der Aktivkohle wird dieser durch eine Präparierung mit hydrophoben Stoffen, wie Paraffin, in sehr dünner Schicht genommen. Bei 5 Amp/qdm kathodischer Stromdichte, 2 bis 3 Volt Spannung und 5° soll sich eine bis 25%ige H_2O_2-Lösung mit 90%iger Stromausbeute herstellen lassen. Das Verfahren kann zur Erzeugung von O_2 (aus Alkalicarbonaten oder -hydroxyden), Cl_2 (aus Alkalichloriden), Persulfaten (aus Sulfaten) oder Perboraten (aus Boraten) an der Anode mit der H_2O_2-Darstellung an der Kathode vereinigt werden.

Literaturverzeichnis.

[501] Wolf, Ztschr. Elektrochem. 20, 204, 1914. — [502] G. Teichner, DRP. 205 262. — [502a] A. C. Egerton u. G. J. Minkoff, Ztschr. anorgan. allg. Chem. 223, 199, 1935. — [503] N. V. De Bataafsche Petroleum Mij., Holl. P. 52 521, 52 522, 55 114. —

[504] A. de Hemptinne, DRP. 229 573. — [505] Schweiz. P. 137 202, I. G. Farbenindustrie A. G. — [506] Schweiz. P. 141 864. — [507] M. Goldon, Ind. chimique 33, 153—54, 1946. — [508] DRP. 461 635. — [509] J. H. Walton u. G. W. Filson, Journ. Amer. chem. Soc. 54, 3228, 1932. — [510] I. G. Farbenindustrie A. G., Österr. P. 151 291. — [511] Dieselbe, E. P. 465 070, F. P. 812 404. — [512] Mathison Alkali Works, F. P. 823 334, 823 335, 823 336. — [512a] Dupont, A. P. 244 303. — [513] Henckel & Cie. u. W. Weber, DRP. 296 357. — [514] R. Moritz, E. P. 120 045. — [515] M. Traube, Sitzungsber. Preuß. Akad. Wiss. Berlin **1887**, 1041; Ber. Dtsch. chem. Ges. **15**, 2434, 1882. — [516] F. Foerster, Ztschr. angew. Chem. **34**, 354, 1921. — [517] K. Bornemann, Ztschr. anorgan. allg. Chem. **34**, 1, 1903. — [518] E. Tiede u. A. Scheede, Ber. Dtsch. chem. Ges. **46**, 698, 1913. — [519] F. Fischer u. O. Prieß, DRP. 279 073. — [520] Schweiz. P. 127 517. — [521] F. P. 636 330. — [522] E. Müller u. K. Mehlhorn, Ztschr. anorgan. allgem. Chem. **223**, 199, 1935. — [523] F. Foerster, Elektrochemie wässeriger Lösungen, 4. Aufl., S. 349, 1923. — [524] DRP. 464 288. — [525] I. G. Farbenindustrie A. G., DRP. 486 481. — [526] I. G. Farbenindustrie A. G., Schweiz. P. 126 402. — [527] E. Berl, Österr. P. 136 366; DRP. 648 964; Trans. electrochem. Soc. **76**, Preprint 23, 11 Seiten, 1939.

I. Zusammenstellung der Patentliteratur über die Darstellung von H_2O_2 aus $H_2O + O_2$ und $H_2 + O_2$.

Ö. 68 723 (D. 296 357, Schw. 63 360). Henkel u. Cie. Gasförmiger O_2 wird unter Überdruck bei Gegenwart von Wasser auf gasförmigen H_2 in Gegenwart von H_2-Überträgern, z. B. Pd, einwirken gelassen und der H_2 durch Zuleiten ergänzt, die H_2O_2-Lösungen ständig abgelassen und entsprechend Wasser zugeführt.

Ö. 140 189 (D. 576 530). Österreichische Chemische Werke G. m. b. H. Verbrennung von H_2 unter Anwendung von Vakuum, wobei die Reaktion unter normalem Druck eingeleitet und hernach in einem Vakuum fortgesetzt wird. Die Abkühlung der Verbrennungsprodukte wird durch Berührung mit Wasser unterstützt.

D. 27 163. Dr. Moritz Traube. Einwirkung von Wasser auf die Flamme von CO, H_2 oder einer Mischung dieser Gase, wie Wassergas, Leuchtgas oder dergleichen; zur Vermehrung der Ausbeute kann Luft vor oder während der Verbrennung beigemischt werden.

D. 40 690. S. Lustig. Schütteln von Zn-Amalgam mit alkoholischer Schwefelsäure und Luft.

D. 197 023. C. A. F. Kahlbaum. Wasserdampfhaltige Gase oder Wasserdampf allein und Heizquellen werden gegeneinander mit einer Geschwindigkeit von mindestens 1 m/Sek. bewegt.

D. 205 262. Dr. Gustav Teichner. Beim raschen Vorbeibewegen von Wasserdampf an einer Heizquelle wird der Wasserdampf nach Passieren der Heizzone nur teilweise zur Kondensation gebracht, während der Rest mit dem darin enthaltenen H_2O_2 einer zweiten Erhitzung mit darauffolgender partieller Kondensation unterworfen wird.

D. 228 425. Dr. Franz Fischer. Erzeugung von Ozon oder H_2O_2 durch Blasen trockener, bzw. feuchter Luft auf eine Funken- oder Lichtbogenentladung.

D. 461 635. I. G. Farbenindustrie A. G. Herstellung von H_2O_2 aus H_2 und O_2 enthaltenden, mit Metalldämpfen beladenen Gasen oder Dämpfen in strömendem Zustand durch Bestrahlung mit einer Metalldampflampe, wobei die Konzentration des O_2 in diesen Gasen kleiner als 5% oder die Strömungsgeschwindigkeit hoch gewählt oder beide Maßnahmen gleichzeitig angewendet werden.

D. 558 431. Chemische Fabrik Coswig-Anhalt G. m. b. H. Zur Vermeidung der Explosionsgefahr bei der Herstellung von H_2O_2 aus einem Gemisch von H_2 und O_2 wird dieses Gasgemisch als solches oder durch ein indifferentes Gas verdünnt und unter hohem Druck und starker Kühlung über Katalysatoren oder mit Hilfe von Frequenzströmen zur Reaktion gebracht, worauf man die Verbrennungsgase sofort in einen ebenfalls gekühlten und unter hohem Druck stehenden Kühlungsstrom bringt.

D. 630 905. I. G. Farbenindustrie A. G. Bloß eine der beiden Elektroden wird auf einer Temperatur oberhalb des Taupunktes gehalten.

Schw. 137 202 (Ö. 122 209). I. G. Farbenindustrie A. G. Bei der stillen elektrischen Entladung wird bei einer solchen Temperatur gearbeitet, daß sich höchstens ein kleiner Teil des Reaktionsproduktes an den Wandungen des Entladungsraumes kondensiert.

Schw. 140 401. I. G. Farbenindustrie A. G. Bei der stillen elektrischen Entladung wird das sich kondensierende H_2O_2 in einer gleichmäßig dicken Schicht von Wasser, dem eine geringe Menge Säure oder ein Stabilisator zugesetzt wurde, mit welchem die Wände des Entladungsraumes benetzt wurden, aufgenommen.

Schw. 140 403. L'Air Liquide Soc. Anon. Die Reaktion zwischen O_2 und H_2 wird bei hoher Temperatur und einem Druck von mindestens 25 Atm., ausgeführt.

Schw. 141 864. I. G. Farbenindustrie A. G. Zusatz zu 137 202. Es wird nur ein Teil der Wandungen des Reaktionsgefäßes, der die eine Elektrode bildet, auf einer solchen Temperatur gehalten, daß höchstens ein kleiner Teil des Reaktionsproduktes sich an dieser Wandung kondensiert.

F. 415 361 (D. 229 573). R. Hemptinne. Herstellung von H_2O_2 aus Mischungen von O_2 mit überschüssigem H_2, so daß ein nicht explosives Gemisch entsteht, durch stille elektrische Entladungen, wobei die Gase im Kreislauf bewegt und das gebildete H_2O_2 unmittelbar kondensiert wird.

F. 427 406. V. E. I. Durafort und A. E. G., Berlin. Man erzeugt in mit O_2 gesättigtem Wasser elektrische Entladungen.

F. 649 295. I. G. Farbenindustrie A. G. Ausführung photochemischer Reaktionen mit Hilfe elektrischer Entladungen, wobei das zur Reaktion zu bringende Gas bzw. Dampfgemisch mit Metalldampf beladen und der Bestrahlung ausgesetzt wird, die von einer mit Metalldampf erzeugten elektrischen Entladung emitiert wird; Kreislaufprozeß.

F. 667 349. L'Air Liquide Soc. Anon. Herstellung von H_2O_2 aus O_2 und H_2, letzterer besonders in atomisiertem Zustand, bei hohen Temperaturen und hohem Druck.

E. 12 274/1897. S. Rosenblum, D. Rideal und The Commercial Ozone Syndicate. Einführung von O_3 und einer oder mehreren organischen Verbindungen, wie Terpentinöl, im dampfförmigen Zustand in Wasser.

E. 10 881/1904. E. A. Carolan. Bestrahlung von Wasserdampf und O_2 mit einer Hg-Dampflampe.

E. 25 681/1911. I. Härdén. Elektrolytisch hergestellter H_2 und O_2 werden unter dem Einfluß von stillen elektrischen Entladungen, eines elektrischen Lichtbogens oder hoch erhitzer Drähte zu H_2O_2 vereinigt.

E. 120 045. (F. 485 476). R. Moritz. Anwendung von Pd oder einer Pd-Legierung in Form eines Rohres, Stabes oder Drahtes, dauernd gesättigt mit H_2, auf eine Lösung von O_2 in Wasser.

E. 508 081. (It. 369 968). I. G. Farbenindustrie A. G. Rückgewinnung des O_2 nach Abtrennung der organischen Peroxyde durch Behandlung, 1. mit leicht oxydierbaren (Fe- oder Mn-) Verbindungen, ferner NaOH, Na_2CO_3, $NaBO_2$; 2. katalytische Zersetzung; 3. Druckverminderung und Austreiben aus der Lösung.

Holl. 52 521. N. V. de Bataafsche Petroleum Maatsch. Unvollständige Verbrennung von Propan mit O_2 in einem unter 200° abgekühlten Gefäß, aus nichtrostendem Stahl.

Holl. 52 522. Dieselbe. Verbrennung von gasförmigen KW mit mehr als 2 C zwischen 440 und 500° im Verhältnis KW : O_2 = 7 : 1.

Holl. 55 114. Dieselbe. Die bei der Verbrennung von KW entstehenden organischen Peroxyde werden durch Erhitzen in Carboxylsäure übergeführt.

Holl. 59 737. Dieselbe. Entfernung ungesättigter KW-Stoffe aus C_3H_8.

Canad. 344 104. Mathieson Alkali Works. H_2 und O_2 im Verhältnis 96—92 und 4—8 Raumteilen werden unter Anwendung gekühlter Elektroden bei 15—70° stillen elektrischen Entladungen eines Wechselstromes von 500—3000 Perioden und 3000—4000 Volt unterworfen.

Canad. 382 467. I. G. Farbenindustrie A. G. Für die abwechselnde Oxydation und Reduktion einer organischen Verbindung wird ein solches Gemisch von Lösungsmitteln verwendet, daß eines davon ein besseres Lösungsvermögen für die zu oxydierende Verbindung bzw. für das Oxydationsprodukt hat.

A. 1 659 382. H. St. Taylor. Bestrahlung einer Mischung von H_2, O_2 und aktiviertem Hg-Dampf unter dem Einflusse der Resonanzstrahlung einer Hg-Dampflampe.

A. 1 844 420 und 1 844 421. General Electric Vapor Lamp Co. Die Gase werden in einem magnetischen Feld der Wechselstromwirkung ausgesetzt, wobei solche Stoffe anwesend sein sollen, die, wie z. B. Hg, in dem magnetischen Feld aktiviert werden.

A. 1 890 793. O. Nitzschke, E. Noack. Eine Mischung von O_2 und H_2 wird durch eine Zone stiller elektrischer Entladungen geführt und die Temperatur der Gase auf etwa 100° gehalten.

A. 1 904 101. M. E. C. Taylor. Eine Mischung von H_2, O_2 und Hg-Dampf wird der Coronaentladung ausgesetzt.

A. 2 015 040. A. Pietzsch. Stille elektrische Entladungen, wobei dem H_2-O_2-Gemisch Wasserdampf in einer Menge zugeführt wird, die mindestens der Sättigungstemperatur des Wasserdampfes von 40° C entspricht.

A. 2 035 101. E. C. Soule. Autoxydation einer aromatischen Amino-Hydrazoverbindung in Gegenwart von Wasser.

A. 2 162 996. L. H. Dawsey. Gasmischungen aus 2—8% O_2 und 92—98% H_2 werden stillen elektrischen Entladungen in Gegenwart von kunstharzartigen plastischen Niederschlägen aus ungesättigten Kohlenwasserstoffen und deren Sauerstoffverbindungen unterworfen (0,015—0,1 Watt/ccm, 0,2—0,01 Sec.).

A. 2 144 341. Mathieson Alkali Works Inc. Als Lösungsmittel für die Azo- und Hydrazoverbindungen werden α, α-Ditolyläthan, β-Diphenylpropan, Diphenylmethan usw. verwendet.

A. 2 178 640. Dieselbe. p-Azotoluol wird in 1,1-Di-p-tolyläthan gelöst, mit Na-Amalgam zu Hydrazotoluol reduziert und durch O_2 H_2O_2 gebildet.

A. 2 416 133. General Chemical Co. Gesättigte KW-Stoffe wie C_3H_8 und Luft werden bei 474—477° durch ein mit geschmolzener Borsäure ausgekleidetes Rohr geleitet.

II. Herstellung von H_2O_2 durch kathodische Reduktion von O_2.

Ö. 3611. Alf Sinding-Larsen. Wechselstromelektrolyse mit ungleich großen Stromstößen.

Ö. 67 125 (D. 276 540, Schw. 64 476, F. 457 696, E. 10 476/1913, A. 1 074 549). Henkel u. Cie. Der Elektrolyt wird in einem langgestreckten Hochdruckgefäß aus keramischer Masse unter O_2-Überdruck vom Anoden- in den Kathodenraum fließen gelassen.

Ö. 68 722. (D. 266 516, Schw. 63 359, F. 456 796, E. 8582/1913). Dieselbe. Die Zuführung des O_2 und die Elektrolyse werden unter höherem als atmosphärischem Druck vorgenommen.

Ö. 69 880 (D. 273 269, 279 073, Schw. 67 431, F. 467 223, E. 754/1914, A. 1 138 520, 1 138 519). Dieselbe. Zusatz zu 68 722. Als Kathoden werden Legierungen von Hg mit Ag (Ag-Amalgam) oder mit Cu (Cu-Amalgam), ferner Ta, W und Mo verwendet.

Ö. 70 746 (D. 283 957, E. 22 714/1914, A. 1 144/271). Zusatz zu Ö. 67 125. Die Innenwand des röhrenförmigen Hochdruckgefäßes ist mit einem Elektrodenmaterial versehen und dient als Kathode, während etwa in der Mittelachse des Gefäßes eine mit einem Diaphragmenschlauch überzogene Anode angeordnet ist.

Ö. 113 666 (D. 486 481, Schw. 128 224, E. 297 880). I. G. Farbenindustrie A. G. Übersättigte Lösungen von O_2 werden bei gewöhnlichem Druck elektrolysiert.

Ö. 116 046 (D. 485 053, E. 316 919, A. 1 847 492, F. 696 150). Dieselbe. Der bei der kathodischen Reduktion von O_2 erforderliche Gasstrom wird zugleich zum Konzentrieren bzw. Destillieren der in der Elektrolysierzelle erzeugten H_2O_2-Lösung verwendet.

Ö. 136 366 (A. 2 000 815, Schw. 167 798). E. Berl. Elektrode aus hochaktiver Kohle.

D. 48 542. M. Traube. Einwirkung von Luft und Wasser auf Zn- oder Cd-Amalgam bei Gegenwart von Baryt, Strontian oder Kali, worauf die erdalkalischen Peroxide mit Säuren zersetzt werden.

D. 302 735 (Ö. 77 772, E. 1687/1915, A. 1 169 703). Henkel u. Cie. Kathodische Darstellung von festen Peroxydverbindungen, wobei in einem alkalischen oder neutralen, O_2 enthaltenden gekühlten Elektrolyten während oder nach der Elektrolyse lösliche Verbindungen zugesetzt werden, die mit dem an der Kathode entstandenen H_2O_2 in Wasser unlösliche oder schwerlösliche Perverbindungen, z. B. Perborat, zu bilden vermögen.

D. 463 794 (E. 316 648, A. 1 792 389, Ö. 121 014, Schw. 138 309). I. G. Farbenindustrie A. G. Aktiven O_2 enthaltende Verbindungen werden an amalgamierten Kathoden in der Weise hergestellt, daß diese in kurzen Zeitabständen oder ununterbrochen mit frischem Hg benetzt werden.

D. 464 288. Dieselbe. Der Gasraum der elektrolytischem Zelle wird im Verhältnis zum Elektrolytvolumen so groß gewählt, daß bei plötzlicher vollständiger Zersetzung des gebildeten H_2O_2 der zulässige Höchstdruck der Zelle nicht überschritten wird.

D. 485 714 (E. 313 124). Dieselbe. Zusatz zu 463 794. Der Elektrolyt wird während der Elektrolyse an schwerlöslichen Hg-Verbindungen gesättigt erhalten, indem diese als Bodenkörper im Elektrolyten zugegen sind.

D. 508 091 (E. 341 847, F. 696 150). Dieselbe. Bei der Elektrolyse mit Hg-Elektroden unter Druck sind mehrere mit Hg oder Amalgam versehene Elektrodenschalen in einem gemeinsamen Druckbehälter übereinander angeordnet. Die Bewegung der Flüssigkeit erfolgt durch Gasstrahlen, die dicht über der Hg-Oberfläche in waagrechter Richtung, in den Elektrolyten eingepreßt werden.

D. 514 172 (Schw. 147 445). Getrennte, kontinuierliche oder periodische Erneuerung von Katholyt und Anolyt.

D. 528 461. E. Luther, geb. Schulze. Elektrolyt ist eine 0,01—5%ige Lösung von zwei oder mehreren Säuren, wie H_2SO_4, HNO_3, B-, P-Säure, und N-Verbindungen, die periodisch oder kontinuierlich aus dem Anoden- und Kathodenraum oder nur aus dem Kathodenraum ein- und ausläuft, und wobei der Kathodenflüssigkeit bis auf —40° gekühlter O_2, O_3 oder ozonisierte Luft zugeführt wird. Anoden aus Kohle, Kathoden aus rostbeständigen Cr-, Ni-Stahlblechen (V 2 A).

D. 547 003 (Schw. 149 687, F. 696 373). I. G. Farbenindustrie A. G. Dauernde oder periodische Prüfung des O_2. Etwa vorhandener H_2 wird fortlaufend oder zeitweise, zweckmäßig durch Verbrennung an einem Katalysator beseitigt.

Schw. 126 402 (E. 290 750, F. 633 360). Dieselbe. Gleichzeitige Herstellung von Perverbindungen, Anodenraum sowie im Kathodenraum.

Schw. 127 517 (E. 295 137). Dieselbe. Kathoden aus unedlen Metallen mit glatter Oberfläche. Im Katholyten wird die Leitfähigkeit durch solche Säuren und Salze, die bei der Elektrolyse das als Kathode verwendete Metall nicht angreifen, erzeugt.

Schw. 125 517. Kathode ist Ag oder Ag-Legierung (Ag mit Al oder Sn) in einer verdünnten H_3PO_4-Lösung. Auch Hg-Legierungen.

E. 7198/1900. W. Ph. Thompson. Pulsierende Ströme, die in einer Richtung stärkere Wirkung haben als in der anderen, z. B. Impulse von ungleich langer Dauer und Stärke.

A. 2 022 650. L. H. Dawsey. Eine Mischung von mindestens 92% H_2 mit O_2 wird bei 15—70° einer stillen elektrischen Entladung mit 500—3000 Frequenzen/Sek. ausgesetzt.

X. Die Darstellung des Wasserstoffperoxyds auf chemischem Wege.

A. Die Gewinnung von Wasserstoffperoxyd aus Bariumperoxyd.

Die Synthese des Wasserstoffperoxyds aus den Elementen ist nie in der Praxis zu industriellen Zwecken durchgeführt worden. Sämtliche technische Herstellungsmethoden beruhen vielmehr auf indirekten Verfahren, indem vorerst Zwischenverbindungen mit fixiertem aktiven Sauerstoff hergestellt und erst durch weitere Maßnahmen aus den Perverbindungen das Wasserstoffperoxyd durch Säuren oder Wasser in Freiheit gesetzt wird.

Im vorliegenden Abschnitt sollen nun jene technischen Herstellungsverfahren behandelt werden, die sich rein chemischer Methoden bedienen, wie z. B. die Darstellung aus Bariumperoxyd mit Säuren. Betriebstechnische Erfahrungen und Einzelheiten werden aber von den Erzeugerfirmen als ängstlich gehütetes Fabriksgeheimnis behandelt, so daß über die tatsächlichen Verfahrenseinzelheiten nur sehr schwierig eine Aufklärung zu erhalten ist. Da es sich bei der Verwendung von Schwefelsäure als Aufschlußsäure um ein seit langem bekanntes Verfahren handelt, existiert darüber auch so gut wie gar keine Patentliteratur.

Thénard, der ja bei der Einwirkung von Schwefelsäure auf Bariumperoxyd zum ersten Male die Bildung von Wasserstoffperoxyd beobachtete, ist der eigentliche Begründer des Verfahrens zur Gewinnung von H_2O_2 aus Peroxyden. Dieser von ihm vorgezeichnete Weg blieb durch fast ein Jahrhundert das einzige technische Darstellungsverfahren für Wasserstoffperoxyd. Dazu trug wesentlich der Umstand bei, daß diese Darstellungsmethode verhältnismäßig einfach ist und auch in kleinem Maßstabe mit guten Ausbeuten durchgeführt werden kann. Erst durch Einführung der auf elektrochemischer Grundlage arbeitenden Verfahren über die Perschwefelsäure und ihre Salze wurde die Gewinnung von Wasserstoffperoxyd aus Bariumperoxyd in eine ziemlich untergeordnete Rolle zurückgedrängt, die aber auch angesichts der diesem Verfahren und dem daraus erhaltenen Produkt damals anhaftenden Mängel leicht verständlich ist.

Es gibt heute noch eine ganze Reihe von Fabriken, die mit großer Zähigkeit an diesem Verfahren festhalten. Die Wirtschaftlichkeit des Verfahrens hängt heute vor allem mit der Frage der Absatzbeschaffung für das als Endprodukt bei der Umsetzung von Bariumperoxyd schließlich stets anfallende Bariumsulfat, dem Blanc fix, zusammen. Während in früheren Jahrzehnten, als die erzeugten Wasserstoffperoxydmengen noch gering waren, die kommerzielle Verwertung dieses Produktes noch verhältnismäßig leicht möglich war, ist heute nach dem dauernden Ansteigen der Weltproduktion an Wasserstoffperoxyd der Absatz größerer Mengen von Blanc fix schon ein schwieriges Problem. Gegenwärtig ist die Absatzfrage des Blanc fix der springendste Punkt der auf der Bariumperoxydgrundlage arbeitenden Wasserstoffperoxydfabriken. Würde die Nachfrage und der Bedarf nach Blanc fix aufhören, so wäre die Wasserstoffperoxydherstellung aus Bariumperoxyd sofort unwirtschaftlich. Man muß daher nicht nur sein Hauptaugenmerk auf das Wasserstoffperoxyd, sondern auch auf ein schönes Bariumsulfat richten.

Einer der schwerwiegendsten Nachteile der Wasserstoffperoxydfabrikation aus Bariumperoxyd besteht darin, daß das BaO_2 nur einen Gehalt von etwa 8,5% aktivem Sauerstoff aufweist, so daß bei der Behandlung mit verdünnten Säuren gewöhnlich nur 3- bis 5%ige Wasserstoffperoxydlösungen anfallen. Bei der heutigen Marktlage sind derart verdünnte Lösungen wegen der hohen Transportkosten fast nicht absetzbar, daher sie meist auch auf eine hochkonzentrierte, etwa 30%ige Ware durch Destillation gebracht werden müssen. Eine derartige Destillation, womit auch eine weitgehende Reinigung verbunden ist, ist vor allem für die Anforderungen, die an medizinisches Wasserstoffperoxyd zu stellen sind, das säure- und möglichst rückstandsfrei sein muß, erforderlich. Erst die vor etwa einem Jahrzehnt geschaffene Möglichkeit, auch aus Bariumperoxyd reines und konzentriertes Wasserstoffperoxyd herstellen zu können, hat dieser Industrie wieder neuen Auftrieb verliehen.

Ein weiterer Nachteil besteht darin, daß alle im Ausgangsmaterial vorhandenen Verunreinigungen durch dessen Auflösung in Säuren in die Wasserstoffperoxydlösung gelangen. Man muß daher an das Ausgangsmaterial die Forderung höchster Reinheit, namentlich in bezug auf Schwermetallkatalysatoren, wie Eisen und Mangan, stellen, die entweder ganz abwesend sein sollen oder nur in kaum nachweisbaren Mengen vorhanden sein dürfen. Die stets vorhandenen Metallspuren genügen aber bereits, um eine Erreichung höherer Konzentrationen beispielsweise durch bloßes Konzentrieren sehr zu erschweren. Auch die weniger stark katalytisch wirksamen Stoffe, wie Calcium-, Magnesium- oder Alkaliverbindungen, sind unerwünscht, weil sie beim Verdunsten des Wasserstoffperoxyds einen hohen Trockenrückstand ergeben, wodurch das Produkt im Werte sinkt. Die Haltbarkeit der aus Bariumperoxyd und Säuren hergestellten Lösungen war früher wegen des Vorhandenseins dieser Verunreinigungen keine besonders gute. Waren in den Ausgangsmaterialien aber Eisen- oder Manganverbindungen u. dgl. enthalten, so werden diese aus der verdünnten Wasserstoffperoxydlösung nach der Umsetzung durch Fällung beseitigt. Wegen der zu starken Verunreinigungen des natürlichen Bariumcarbonats, des Minerals Witherit, wird heute für die Bariumoxydherstellung nur mehr ein auf chemischem Weg, insbesondere aus Bariumsulfid- oder Bariumsulfhydratlösungen mittels Kohlensäure oder Alkalicarbonaten gefälltes sehr reines Präparat verwendet. Das Ausgangsmaterial für die Bariumoxydgewinnung mit dem Ziele der späteren Weiterverarbeitung auf Bariumperoxyd ist Schwerspat sowie das künstlich bei der Melasseentzuckerung anfallende Bariumcarbonat. Das Bariumhydroxyd, das gleichfalls schon zur Bariumoxyddarstellung vorgeschlagen wurde, erfordert eine Vertrocknung bei Temperaturen bis auf etwa 150°, worauf erst bei rund 1200° im Gemisch mit Kohle entwässert werden kann. Die Porosität des aus dem Hydroxyd hergestellten Bariumoxyds kann durch Zusätze, die sich unter Gasentwicklung zersetzen, verbessert werden. Der Angriff des stark ätzenden Bariumoxyds auf die Ofensohle kann durch eine Schicht von Kohle vermindert werden.

Man könnte versucht sein zu glauben, daß bei der Behandlung von Bariumperoxyd mit konzentrierteren Säuren auch die Konzentration der erhaltenen Wasserstoffperoxydlösung erhöht werden könnte. Dies ist wohl theoretisch richtig, jedoch sinken mit steigender Säurekonzentration auch die Ausbeuten der Umsetzungsreaktion ganz rapid. Verwendet man z. B. konzentriertere Schwefelsäure, so zeigt diese vor allem den Nachteil, daß sie zu langsam reagiert. Anderseits wird das ausgefällte Bariumsulfat derart schleimig, daß es schlecht zu filtrieren und auszuwaschen ist. Außerdem schließt es stets unzersetztes Bariumperoxyd ein, dessen Menge steigt, je höher die Konzentration der Säure gewählt ist. Es bilden sich dabei unlösliche Salze, die das noch nicht umgesetzte Bariumperoxyd einschließen und an einer weiteren Reaktion nicht mehr teilnehmen lassen. Konzentrierte Salz- und Salpetersäure wirken ihrerseits wieder zersetzend auf Wasserstoffperoxydlösungen ein, so daß diese Säuren gleichfalls in konzentrierterer Form nicht anzuwenden sind. Auch beim Arbeiten mit Kohlensäure sind die Ausbeuten nur beim Ansatz der Komponenten auf eine etwa 4%ige H_2O_2-Lösung befriedigend. Während man z. B. beim Arbeiten auf 4%ige Lösungen eine 75%ige Ausbeute an aktiven Sauerstoff erzielen kann, erreicht man beim Arbeiten auf 6% nur mehr 25% Ausbeute, bei der Vorausberechnung des Ansatzes auf 8%ige Lösungen zersetzt sich aber überhaupt alles Wasserstoffperoxyd. Bei der Umsetzung von Bariumperoxyd mit Säuren, wie z. B. mit Schwefelsäure, erhält man daher bloß Lösungen, die 3 bis 5% H_2O_2 enthalten. Eine höhere Konzentration wird durch die eintretende Zersetzung des Wasserstoffperoxyds in Sauerstoff und Wasser verhindert. Günstiger liegen die Verhältnisse bei der Behandlung von Natriumperoxyd mit Säuren. Hier machen sich aber wieder die ausscheidenden Salze, wie Glaubersalz, unangenehm bemerkbar, da sie das zwecks Herstellung höherer Konzentrationen mit guter Ausbeute erforderliche gute Rühren unmöglich machen. In einer Operation gelangt man höchstens zu einer etwa 10%igen Wasserstoffperoxydlösung. Höhere Konzentrationen, wie 20%, lassen sich nur so herstellen, daß man das Natriumperoxyd stufenweise in die Säure einträgt und den Niederschlag in mehreren Operationen abnutscht, worauf nach jedesmaliger Filtration abermals Natriumperoxyd eingetragen wird. Bloß mit Phosphor- oder Arsensäure lassen sich in einer einzigen Operation Konzentrationen von etwa 15% aus Bariumperoxyd gewinnen. Heute werden jedoch konzentrierte H_2O_2-Lösungen aus BaO_2 nur durch Destillation der rohen, verdünnten Lösung technisch hergestellt.

a) Die Darstellung von Bariumoxyd und Bariumperoxyd (s. a. S. 236).

Das Bariumperoxyd wird durch Überleiten von Luft bei 500 bis 600° über lockeres, poröses, wasserfreies Bariumoxyd erhalten. Die Darstellung eines gleichzeitig hochprozentigen und porösen, gut in Bariumperoxyd überführbaren Bariumoxyds aus dem Carbonat ist mit beträchtlichen Schwierigkeiten verbunden, weil unter den gewöhnlich angewandten Bedingungen die Zersetzung erst bei solchen

Temperaturen ausführbar ist, bei denen die Reaktionsmasse bereits in erheblichem Maße die Neigung besitzt, in stark gesinterten und sogar teilweise geschmolzenen Zustand überzugehen. Außerdem muß das Bariumoxyd, wie bereits angeführt, äußerst rein sein. Die Porosität des Bariumoxyds ist erforderlich, damit es bei seiner vollständigen Überführung in Bariumperoxyd bei der Behandlung mit Luft eine genügend große Oberfläche darbietet. Den hohen Prozentgehalt an Bariumperoxyd braucht man deshalb, um eine möglichst hochprozentige H_2O_2-Lösung ohne zu großen Säureverbrauch herstellen zu können.

Das poröseste und am leichtesten herstellbare Bariumoxyd wurde aus Bariumnitrat erhalten, jedoch ist diese Arbeitsweise heute viel zu teuer und gänzlich aufgegeben. Allgemein erfolgt die Darstellung des porösen Bariumoxyds heute durch Erhitzen von Bariumcarbonat. Zwecks Vermeidung des Sinterns oder Schmelzens der Reaktionsmasse und Erzielung des Bariumperoxyds in möglichst lockerer und poröser Form arbeitet man unter Zusatz verschiedener Zuschläge, am allgemeinsten mit einem solchen von Kohle oder aschefreiem Petrolkoks. Bei deren Anwesenheit entstehen auch Gase, die zur Auflockerung des Bariumoxyds beitragen. Hierdurch wird auch das System ($BaO - CO_2$) in ($BaO - 2\,CO$) umgewandelt, wodurch die Reaktionstemperatur wesentlich herabgesetzt werden kann, da die bei der thermischen Dissoziation des Bariumcarbonats nach der umkehrbaren Reaktion $BaCO_3 \rightleftarrows BaO + CO_2$ entstehende Kohlensäure sofort aus dem Gleichgewicht entfernt wird: $BaCO_3 + C = BaO + 2\,CO$. Die verstärkte Gasentwicklung trägt gleichfalls zur Erhöhung der Porosität bei. Zu diesem Zweck setzt man dem Bariumcarbonat auch noch andere leicht zersetzbare Substanzen, wie Bariumperoxyd, -nitrat, Teer, flüchtige Kohlenwasserstoffe usw., zu[528]. Man hat auch bereits im Vakuum gearbeitet, um die Zersetzungstemperatur des Bariumcarbonats zu erniedrigen[529].

Interessant ist die Tatsache, daß eine glatte Umwandlung des Bariumcarbonats in das Oxyd nur bei Abwesenheit von Feuchtigkeit glatt vor sich geht. Man soll daher keine Wasserdampf bildenden Feuergase direkt mit dem Bariumcarbonat in Berührung treten lassen und verwendet deshalb entweder geschlossene Muffeln und Generatorgas- oder neuerdings auch elektrische Heizung. Nach den Untersuchungen der Chemischen Fabrik Grünau, Landshoff und Meyer[530] ist es unbedingt erforderlich, daß die Kohlensäure der Heizgase vom Brenngut durch Anwendung von völlig gasdichtem Gefäßmaterial abgehalten wird, weshalb Gefäße aus hochschmelzenden Eisensorten, Porzellan oder Quarz verwendet werden. Auch der Wasserdampf der Feuergase wirkt sehr schädlich, da er durch Bildung von Bariumhydroxyd zu einem Schmelzen der Reaktionsmasse führt.

Die üblichste Art der Bariumoxydgewinnung erfolgt in der Weise, daß man ein aus reinem Bariumcarbonat und Kohle bestehendes Gemisch in Tiegeln, geschlossenen Kapseln oder Retorten, schließlich auch in Schachtöfen aus keramischem Material auf Temperaturen von etwa 1200° erhitzt. Dabei wird zur Verhinderung des Angriffes der Tiegel durch das Bariumoxyd die Innenwand mit Papier, Karton oder einer ähnlichen pflanzlichen Fasermasse ausgekleidet. Dadurch ist auch eine Aufnahme von Tonerde, Eisen usw. aus dem Tiegelmaterial weitgehendst unmöglich gemacht. Auch die Einwirkung des Wasserdampfes und der Kohlensäure der Heizgase wird auf diese Weise vermindert. Das aus Kohle und Bariumcarbonat und eventuellen Zusätzen bestehende Reaktionsgemisch kann auch in Formen gefüllt werden, deren äußere Umgrenzung aus starkem Papier, Karton oder einer ähnlichen pflanzlichen Masse gebildet wird, hierauf einem leichten Druck ausgesetzt und sodann samt der äußeren Umhüllung auf hohe Temperaturen erhitzt werden[531]. Die Erhitzung kann auch durch die strahlende Wärme von mittels elektrischen Stromes geheizten Widerstandsaggregaten erfolgen[532]. Auch im Drehrohr kann die Bariumoxyddarstellung vorgenommen werden. Zur Erniedrigung der Reaktionstemperatur verwendet man auch Spülgase, wie Stickstoff oder Wasserstoff, die das bei der Reaktion entstehende Kohlenmonoxyd abführen sollen[533]. Beim Brennen auf elektrothermischem Wege kann die Wärmeregulierung viel leichter und effektiver als bei den anderen Verfahren vorgenommen werden, jedoch ist die elektrische Heizung teurer.

Sehr gut bewährt haben sich Retorten aus feuerfesten Massen, welche Siliciumcarbid enthalten. Diese Massen weisen gegenüber Schamotte eine um das Mehrfache bessere Wärmeleitfähigkeit auf, so daß bei herabgesetzter Temperatur unter gleichzeitiger Schonung des Retortenmateriales die Leistung der Retorten hinsichtlich Raum und Zeit beträchtlich erhöht werden konnte. Je Retorteneinheit erzielt man eine Monatsleistung von 120—130 t Bariumoxyd. Die Retorten werden mit Generatorgas beheizt.

Je nach den bei der Bariumoxydherstellung verwendeten Ofentypen unterscheidet man vier Gruppen dieses rein thermochemischen Verfahrens: 1. Das Tiegelofenverfahren, 2. das Schachtofenverfahren, die beide mit Generatorgasheizung arbeiten, 3. das Vakuumdrehofenverfahren und 4. die elektrothermischen Verfahren.

Das Schachtofenverfahren, das im Brennen von Bariumcarbonat unter Zusatz bestimmter Stoffe in einem mit hochbasischen Steinmaterial ausgekleideten Schachtofen besteht[534], hat sich bis heute in einigen Fabriken gehalten. Das Vakuumdrehofenverfahren wird von der Chemischen Fabrik Coswig[535] in elektrisch beheizten Vakuumdrehöfen oder Rührwerksöfen durchgeführt, wobei das Bariumcarbonat unter Beimengung von reduzierend wirkenden Mitteln, wie Holzkohle, Pech oder Ruß, unter ständigem Aufrechthalten eines sehr hohen Teilvakuums in ungeschmolzenem Zustand einer fortlaufenden Umlagerung unterworfen wird. Auch Tunnel-[536] oder Ringöfen[537] sind schon zum Brennen des Bariumcarbonats vorgeschlagen worden.

Eine große Bedeutung hat bei allen Verfahren die gleichmäßige Erhitzung der Reaktionsmasse. Es darf nicht vorkommen, daß das Bariumcarbonat der Beschickung bereits außen zersetzt ist und vielleicht schon zu sintern beginnt, während es im Inneren der Stücke noch unzersetztes Carbonat enthält. Zur Verhinderung dieses Nachteiles hat man besonders geformte Tiegel, z. B. von ovalem Querschnitt[538], konstruiert, die in derartigen Reihen mit ihrer Längsrichtung zu der Richtung der Feuergase parallel stehen, daß die eine Reihe in die Zwischenräume der anderen Reihe eingeschoben ist. Auch eine bestimmte Führung der Feuergase parallel zur Achse der Kapselstöße hat man zur Erzielung einer gleichmäßigen Erhitzung des Gemisches von Bariumcarbonat und Kohle vorgeschlagen[510]. L. Lindemann[538] versuchte auch auf kontinuierlichem Wege direkt in einem Arbeitsgang aus Bariumcarbonat das Peroxyd zu gewinnen. Das Verfahren wird in einer Art Tunnelofen durchgeführt, wobei dem Reduktionsofen eine Verlängerung für die Oxydationsstufe angeschlossen ist. Das Material wird dauernd bewegt und langsam in einer gleichmäßig dünnen Schicht unter elektrischen Heizkörpern vorbeibewegt.

Geschmolzenes Bariumoxyd, das durch elektrische Lichtbogenerhitzung oder Widerstandserhitzung erhalten wurde, ist hart und nicht porös, daher für eine Sauerstoffaufnahme ungeeignet. Nach einem Vorschlage der Soc. Ital. dei Fornei Elletrici und von G. A. Barbieri[541] soll zwar die Sauerstoffaufnahme nach dem Mahlen, das mindestens einmal nach der Behandlung mit Sauerstoff bei 500° wiederholt wird, sehr gut sein, jedoch ist die Fabrik, die nach diesem Verfahren in Italien arbeitete, nach kurzer Zeit stillgelegt worden, so daß anzunehmen ist, daß bei dieser Arbeitsweise sehr große Schwierigkeiten bestehen.

Zur Erzielung eines lockeren Bariumoxyds wurde bis zum Jahre 1906 fast ausschließlich Bariumnitrat verwendet, das allein man bis dahin in ein besonders poröses Bariumoxyd überzuführen verstand. Wegen der Verwendung des teuren

Bariumnitrats bzw. der Salpetersäure, waren die Produktionskosten dieses Verfahrens aber sehr hoch, so daß nach Aufkommen des Natriumperoxyds und der elektrochemischen Verfahren zur Herstellung von Wasserstoffperoxyd das Bariumnitratverfahren nicht mehr konkurrenzfähig war. Man setzte Bariumchloridlösungen mit Salpeter um und erhielt durch einmaliges Umkristallisieren ein sehr reines Bariumnitrat, das in hessischen Tiegeln von etwa 15 bis 20 kg Fassungsvermögen mit geschlossenem Tiegel zu einem sehr lockeren Oxyd praktisch frei von Verunreinigungen geglüht war. Die nitrosen Gase gingen dabei verloren. Eine Wiedergewinnung war höchstens bis zu 30% möglich. Bloß Leo Löwenstein[542] erwähnt, daß er 90% der beim Glühprozeß entstehenden nitrosen Gase durch Darüberleiten von Luft im Vakuum über das Bariumnitrat während des Glühens zurückgewinnen konnte.

Infolge der auftretenden überaus starken Konkurrenz der elektrochemisch arbeitenden Verfahren mußte man damals auch daran denken, auch aus dem billigeren Bariumcarbonat sowie auch aus dem -sulfat, -hydroxyd und -sulfid ein poröses Bariumoxyd herstellen zu können. Die teure Darstellungsweise von Bariumoxyd aus Bariumnitrat ist heute vollständig verlassen. Gegenwärtig besitzt nur mehr das Verfahren der Herstellung aus Bariumcarbonat technische Bedeutung. Dieses Verfahren ist in letzter Zeit zu einer derart hohen Stufe ausgebildet worden, daß heute nach der Bariumperoxydmethode durch Destillation der verdünnten Lösungen eine medizinale Ware erhalten werden kann, die direkt den Vorschriften des D. A. B. VI. entspricht.

Das Bariumcarbonat, das meist durch Umsetzung von Bariumsulfid oder Bariumsulfhydratlösungen, die aus Bariumsulfat (Schwerspat) durch Reduktion mit Kohle oder Kohlenoxyd hergestellt wurden, mit sauerstofffreier Kohlensäure oder Alkalicarbonaten erhalten wird, neigt dazu, daß es Schwefelverbindungen in einer solchen Menge festhält, die es für die Herstellung von Bariumperoxyd ungeeignet machen. Durch bloße Verdünnung der Bariumsulfidlösungen kann der Schwefelgehalt des Carbonats nicht auf einen derartig niederen Betrag heruntergedrückt werden, der nicht mehr schädlich wäre. Man muß daher das gefällte Bariumcarbonat nachträglich mit wäßrigen Lösungen von Alkalilaugen oder -carbonaten in der Wärme behandeln, um die Schwefelverbindungen zu entfernen[543]. Auch das Abrösten des schwefelhaltigen Bariumcarbonats mit Alkalilaugen oder -carbonaten, wodurch die Schwefelverbindungen an Alkali gebunden und vom Bariumcarbonat durch Auslaugen getrennt werden können, wurde angewendet. Das Auslaugen nach dem Abrösten soll sich nach dem Verfahren von F. Falco[544] vermeiden lassen, wenn man dem Bariumcarbonat reduzierend wirkende Substanzen, wie Formaldehyd oder Oxalsäure, zusetzt.

Zu erwähnen ist noch eine Reihe weiterer Vorschläge zur technischen Herstellung von Bariumperoxyd, die aber nur geringere Bedeutung besitzen. Nach dem Verfahren von V. Bollo und E. Cardenaccio[545] soll dem Bariumcarbonat vor dem Erhitzen mit Kohle noch ein Metallsalz, aus welchem sich ein metallischer Katalysator bildet, wie Eisen, Kupfer, Nickel, Chrom, Kobalt oder Mangan, zugesetzt werden, wobei unmittelbare Gewinnung des Peroxyds von Barium oder Strontium aus dem Carbonat möglich sein soll. Der Wert dieses Verfahrens ist aber ein sehr zweifelhafter. Nach dem Verfahren von E. Bergius[546] löst man das Bariumoxyd in geschmolzenem Natriumhydroxyd auf und leitet in die Schmelze Luft oder Sauerstoff ein.

Auf rein chemischem Wege arbeitet A. Meyerhofer[547], indem Bariumphosphat, das bei der Herstellung von Wasserstoffperoxyd aus Bariumperoxyd und Phosphorsäure angefallen ist, mit Kieselfluorwasserstoffsäure in Bariumfluorsilicat und Phosphorsäure übergeführt wird, dieses durch Erwärmen in Bariumfluorid und

Siliziumtetrafluorid bzw. Kieselfluorwasserstoffsäure umgewandelt, das Bariumfluorid mit Calciumhydroxyd in das Bariumhydroxyd und dieses schließlich in Bariumperoxyd übergeführt wird.

Es ist schon versucht worden, über elektrolytisch abgeschiedenes Bariumperoxydhydrat Bariumperoxyd für die Wasserstoffperoxydgewinnung darzustellen[548].

Die reversible Reaktion $2\,BaO + O_2 \rightleftharpoons 2\,BaO_2$ bzw. Ba_2O_4 und die bei dieser Bildung einzuhaltenden Bedingungen von Temperatur, Druck, Feuchtigkeit, Einfluß von Katalysatoren usw. werden im Abschnitt XIX noch eingehender behandelt werden. Hier genügt es vorläufig zu sagen, daß die Überführung von Bariumoxyd in Bariumperoxyd bei Temperaturen von etwa 500 bis 600° in horizontalen, senkrecht oder schräg liegenden Öfen vorgenommen wird. Die Verwendung von Muffeln ist ungleich seltener. Der zur Peroxydbildung erforderliche Sauerstoff wird in Form von Druckluft in die Öfen eingeblasen, aber vor dem Eintritt in den Ofen mittels Ätznatrons und Kalks von Kohlensäure und Wasser befreit. Es entsteht in kurzer Zeit ein lockeres, etwa 85 bis 90%iges Bariumperoxyd von meist grünlichem Aussehen, das von den minderwertigen grauen und weißen Stücken, die auf Bariumhydroxyd weiterverarbeitet werden, aussortiert wird. Ein minderwertiges Produkt mit etwa 81% BaO_2 kann nach Ed. v. Drathen und H. Walther[549] durch Waschen mit Wasser von 30 bis 45° auf 85% BaO_2 gebracht werden. Die Herstellung des Bariumperoxyds ist ungleich einfacher als jene des dazu erforderlichen Bariumoxyds. Die Schwierigkeiten der Bariumperoxydherstellung liegen daher nur in der Gewinnung eines hochporösen Oxyds. Das grünliche Aussehen des technischen Bariumperoxyds tritt nur dann auf, wenn dieses Eisen als Verunreinigung enthält.

b) Die Umsetzung des Bariumperoxyds mit Schwefelsäure.

Aus dem erhaltenen Peroxyd wird durch Behandeln mit Säuren das Wasserstoffperoxyd in Freiheit gesetzt, wobei das Barium gleichzeitig als unlösliches Bariumsalz, wie Bariumsulfat, -phosphat, -carbonat, auch als Chlorid oder Nitrat abgeschieden wird.

Versetzt man Bariumperoxyd in der Kälte mit etwa 50%iger Schwefelsäure oder verreibt man es mit der Schwefelsäure, so findet gar keine Bildung von Wasserstoffperoxyd statt. Der Rückstand erweist sich nach dem Filtrieren als nahezu unverändertes Bariumperoxyd mit oberflächlich gebildetem Bariumsulfat. Bariumperoxydhydrat gibt mit 50%iger Schwefelsäure nur maximal 40% Ausbeute der Theorie. Im Rückstand findet sich immer noch eine erhebliche Menge von unverändertem Bariumperoxydhydrat[550].

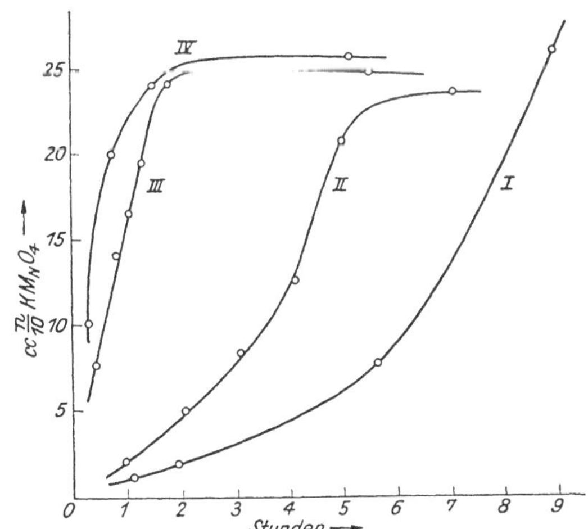

Abb. 2. Einfluß von Salzsäure auf die Umsetzung von Bariumperoxyd mit Schwefelsäure;

Kurve I: 2% HCl (25%ige H_2SO_4),
Kurve II: 2% HCl (20%ige H_2SO_4),
Kurve III: 3% HCl (20%ige H_2SO_4),
Kurve IV: 4% HCl (20%ige H_2SO_4).

Ungleich günstiger verläuft die Umsetzung mit Schwefelsäure, wenn dieser kleine Mengen von Salzsäure zugesetzt werden. Es genügen bereits ungleich geringere Mengen, als stöchiometrisch auf Grund der Reaktion $BaO_2 + 2\,HCl = BaCl_2 + H_2O_2$ erforderlich wären. Dieses Verhalten ist damit zu erklären, daß auf Grund der von W. J. Müller und mir begründeten Porentheorie der Korrosion (W. Machu[551]) die Poren der Deckschicht von Bariumsulfat auf dem Bariumperoxyd wohl durch die ungleich kleineren Chlorionen durchdrungen werden können, die dann mit dem Bariumperoxyd reagieren und die Umsetzung mit der Schwefelsäure vermitteln, nicht aber auch durch die einen erheblich größeren Anionendurchmesser aufweisenden Sulfationen.

Der Einfluß geringer Mengen Salzsäure auf die Einwirkungsgeschwindigkeit von 20%iger Schwefelsäure auf Bariumperoxyd, verglichen am Permanganatverbrauch der erhaltenen Wasserstoffperoxydlösung, geht sehr deutlich aus der Abb. 2 hervor[556]. Die prozentischen Angaben der Salzsäuremengen beziehen sich auf die Prozente der stöchiometrisch zur völligen Umwandlung des Bariumperoxyds in Bariumchlorid erforderlichen Menge Salzsäure. Wie aus dieser Abbildung hervorgeht, ist der Prozeß der Bildung des Wasserstoffperoxyds schon bei einem Gehalt der Schwefelsäure von 3 bis 4% HCl nach 1½ Stunden beendet, während er mit 2% HCl 9 Stunden dauert.

In der Technik werden daher bei der Zersetzung des Bariumperoxyds mit 20%iger Schwefelsäure dieser einige Prozente Salzsäure zugesetzt. Das Bariumperoxyd wird dabei in angefeuchtetem Zustande in die Schwefelsäure unter gutem Rühren so lange eingetragen, bis die Lösung fast neutral ist. Völlige Neutralisation wird mit Barytwasser bewirkt. Der Prozeß wird meist in mit Blei ausgeschlagenen Holzbottichen durchgeführt. Auch Glas- oder keramische Gefäße oder mit Zinn ausgeschlagene Bottiche werden verwendet. Vom Bariumsulfat wird dann in Filterpressen mit hölzernen Rahmen filtriert, abgepreßt und ausgewaschen. Man erhält eine etwa 3- bis maximal 6%ige Lösung von H_2O_2, die aber häufig noch stark verunreinigt ist. Die Destillation dieser Lösungen auf höhere Konzentration ist wegen der vorhandenen Verunreinigungen, die starke Zersetzungen bewirken können, nur unter besonderer Vorsicht durchzuführen. Jedoch ist man heute bereits durchaus in der Lage, eine von Katalysatoren nahezu freie 4%ige H_2O_2-Lösung herstellen zu können, die sich auch ohne allzu große Sauerstoffverluste konzentrieren läßt. Wegen dieses großen Wasserballastes kam ein Transport der verdünnten Lösung auf weitere Entfernungen nicht in Betracht, weshalb sich früher viele Firmen ihr Wasserstoffperoxyd selbst herstellten. Die Haltbarkeit und Reinheit der aus Bariumperoxyd erzeugten Wasserstoffperoxydlösungen ist heute wegen der Verbesserung der Herstellungs- und Reinigungsverfahren praktisch ebensogut als jene der nach der elektrochemischen Methode gewonnenen Lösungen. Konzentrierte Lösungen der gleichen Haltbarkeit und Reinheit wie die aus Überschwefelsäure und deren Salzen gewonnenen, können z. B. nicht nur durch vollständige Destillation, sondern auch ohne erhebliche Sauerstoffverluste auch durch bloßes Einengen erhalten werden. Man ist daher heute bereits imstande, auch aus dem aus Bariumperoxyd erhaltenen verdünnten und verunreinigten Wasserstoffperoxydlösungen reines und selbst für medizinische Zwecke brauchbares 30- bis 40%iges H_2O_2 herzustellen[552] (Kalichemie A. G.) (s. S. 163).

Der Umsatz des Bariumperoxyds mit Säuren wird mit zahlreichen geringfügigen Modifikationen ausgeführt. So kann man derart verfahren, daß man zunächst in verdünnter Salzsäure löst und nach und nach soviel Schwefelsäure oder Sulfat zusetzt, daß das durch die Salzsäure gelöste Barium als Bariumsulfat ausgefällt wird. Da sich aber auch bei diesem Verfahren die meisten Verunreinigungen des Bariumperoxyds, wie Eisen-, Mangan-, Aluminium-, Calciumverbindungen usw., in der Säure auflösen, setzt man dieser Lösung auch Phosphorsäure oder lösliche Phosphate in solcher Menge zu, daß die Verunreinigungen als Phosphate ausgefällt werden. Eine vollständige Ausfällung gelingt jedoch nicht, da die Wasserstoffperoxydlösung am Schluß der Operation schwach sauer sein muß, wobei aber die Phosphate etwas löslich sind.

Das Bariumperoxyd enthält häufig noch geringere Anteile, die im angesinterten oder geschmolzenen Zustande vorliegen. Das Auftreten von gesinterten oder geschmolzenen Stellen wird durch das Vorhandensein von geringen Spuren von Aluminiumoxyd oder Kieselsäure sehr stark gefördert. Selbst bei feinster Pulverisierung sind stets geringe Anteile des Bariumperoxyds auch in verdünnten Mineralsäuren nicht löslich. Da die nicht gelösten Teile immer noch geringe Mengen von unverändertem Bariumperoxyd enthalten, wird fast immer eine Hydration des Bariumperoxyds vor der Behandlung mit Säuren durch kaltes oder heißes Wasser oder verdünnter Salz- oder Phosphorsäure durchgeführt. Die Hydration ist von größter Wichtigkeit, da sie ein leicht umzusetzendes Bariumperoxydhydrat ergibt, das sich auch mit jenen Säuren glatt umsetzt, die mit Barium unlösliche Salze bilden. An Stelle der Hydratisierung mit Wasser kann man auch eine Lösung von Bariumhydroxyd verwenden. Eine verlustlose, rasche und glatte Umsetzung von Bariumperoxyd kann nach dem Vorschlage der Scheideanstalt durch Vermahlen von BaO_2 mit Wasser in einer Kugelmühle vorgenommen werden[553].

Diese Operation hat die Wirkung, daß einmal das Bariumoxyd abgelöscht und in Bariumhydroxyd übergeführt wird. Zu einem gewissen Anteile werden auch die verklinkerten Teile des Bariumperoxyds aufgeschlossen und dieses gleichzeitig in das Oktohydrat übergeführt, in welcher Form es leichter säurelöslich ist. Die Hydratation des Bariumperoxyds mit heißem Wasser muß aber sehr vorsichtig vorgenommen werden, da Bariumperoxyd in Gegenwart von Feuchtigkeit und Alkali bei hoher Temperatur leicht Sauerstoff verliert. Eine vollständige Hydratation wäre ohne beträchtliche Sauerstoffverluste nicht möglich, weshalb diese meist nur bis zu einem gewissen zulässigen Höchstbetrag durchgeführt werden kann, wobei aber die widerstandsfähigeren Teilchen durch den Hydratationsprozeß nur wenig verändert werden. Dieses hydratisierte, zum Teil noch unveränderte Bariumperoxyd wird sodann in eine Mischung von Schwefelsäure und Salzsäure, seltener von Phosphorsäure und Schwefelsäure, Salzsäure und Phosphorsäure oder Phosphorsäure allein unter ständiger Kühlung und Rührung eingetragen. Sehr wesentlich ist eine starke Rührung des Gemisches, da sich sonst Klumpen bilden, die nicht aufgeschlossenes Bariumperoxyd einschließen. Die Eintragung des Bariumperoxyds in die Schwefelsäure kann nicht mit Schaufeln o. dgl. vorgenommen werden, sondern erfolgt mittels eines Siebes, damit eine möglichst feine Verteilung erreicht wird. Man kann auch so verfahren, daß das Bariumperoxyd vorerst mit Sieben in ein kleineres Gefäß mit sehr kräftigem Rührwerk eingebracht und diese Mischung erst in einen größeren Reaktionsbottich umgeleitet wird.

Eine gute Kühlung ist notwendig, da die gesamte Neutralisationswärme frei wird und eine übermäßige Erwärmung nur unnötige Sauerstoffverluste bedingen könnte. Man trachtet im allgemeinen, die Temperatur nicht über maximal 40° ansteigen zu lassen, arbeitet jedoch vorteilhaft bei etwa 10 bis 25°.

Wie die Erfahrung gezeigt hat, muß beim Einbringen des Bariumperoxyds in die Lösung diese stets sauer reagieren, da sonst das gebildete Wasserstoffperoxyd im alkalischen Medium zersetzt werden würde. Um den Reaktionsverlauf stets genau kontrollieren zu können, werden entweder definierte Mengen BaO_2 und Säure, und zwar mehr Säure, als zur Reaktion erforderlich ist, miteinander vermischt oder abwechselnd Säure und Bariumperoxyd in den Bottich zugegeben, wobei genau mit Hilfe von Indikatoren, wie Lackmus, Phenophtalin oder Methylorange, auf stets saure Reaktion geprüft wird. Neuerdings verwendet man mit

Vorteil an Stelle der Indikationen Vorrichtungen zur Bestimmung der Wasserstoffionenkonzentration, die gegenüber den Indikatoren den Vorzug aufweisen, daß ein zu hoher Gehalt an freier Säure vermieden wird, da ja konzentriertere Säuren eine Zersetzung des H_2O_2 verursachen können. Ist man von Salzsäure oder Phosphorsäure ausgegangen, so wird durch Zusatz von Schwefelsäure oder Sulfaten das Barium ausgefällt. Im technischen Betriebe erzielt man bei der Zersetzung des Bariumperoxyds mit Säuren Ausbeuten von etwa 95%.

c) Die Umsetzung des Bariumperoxyds mit Phosphorsäure.

Neben den mit Schwefelsäure arbeitenden Verfahren haben auch jene, bei denen das Bariumperoxyd mit Phosphorsäure zersetzt und dann erst das Sulfat gefällt wird, in jüngster Zeit eine gewisse technische Bedeutung erlangt, nachdem die schwierige Regeneration des als Nebenprodukt anfallenden Bariumphosphats wirtschaftlich gelungen ist. Die Phosphorsäure bietet den Vorteil, daß man sofort höhere Konzentrationen des H_2O_2 erhalten kann. Dies wird dadurch ermöglicht, daß auch bei Verwendung von konzentrierterer Phosphorsäure eine vollständige Zersetzung des Bariumperoxyds vor sich geht. Bei der Umsetzung fällt kristallinisches und leicht filtrierbares Bariumphosphat aus, das alle Verunreinigungen, wie Eisen, Mangan, Aluminium usw., mit sich zu Boden reißt. Auch durch vorsichtiges Neutralisieren der sauren Lösung mit Bariumhydroxyd können diese Verunreinigungen als basische Phosphate gefällt werden. Die Verunreinigungen können auch durch mehrmaliges Ansäuern mit Phosphorsäure und Alkalischmachen mit Bariumhydroxyd unlöslicher gemacht werden. Man filtriert dann von dem ausgefallenen Bariumphosphat und den Verunreinigungen ab, wäscht aus und erzielt so eine ziemlich reine Wasserstoffperoxydlösung, die wegen des Gehaltes an Phosphorsäure, die zugleich als Stabilisator dient, recht beständig ist. Durch Umsetzung des Bariumphosphats mit Schwefelsäure wird dann die Phosphorsäure regeneriert und Blanc fix gewonnen. Ohne Wiedergewinnung der Phosphorsäure würden die Kosten für die Säure das Verfahren unwirtschaftlich machen.

Über die Darstellungsmethode des Wasserstoffperoxyds aus Bariumperoxyd mit Phosphorsäure gibt es bereits eine Reihe von Patentschriften. Der älteste Vorschlag dieser Art wird im DRP. 294 874 von der Bariumoxyd Ges. m. b. H. gemacht. In eine Mischung von Phosphorsäure der Dichte 1,7 mit der doppelten Menge Wasser trägt man in einem Kühlbehälter, der mit einem Rührwerk versehen ist, Bariumperoxyd unter stetigem Umrühren ein. Die Temperatur darf dabei nicht über 50 bis 70° ansteigen. Nach dem sorgfältigen Neutralisieren wird filtriert, gewaschen und der Niederschlag von Bariumphosphat mit Schwefelsäure in Phosphorsäure und Bariumsulfat umgewandelt. Man soll so Lösungen von etwa 15% H_2O_2-Gehalt erhalten können.

Bei der Arbeitsweise mit konzentrierter Phosphorsäure wird das Bariumperoxyd nur sehr unvollständig ausgenützt. Die konzentrierte Phosphorsäure weist nämlich ebenso wie die von Askenasy im DRP. 298 320 vorgeschlagene konzentrierte Arsensäure immer noch in sehr störendem Maße die Eigenschaft auf, daß ein Teil des Bariumperoxyds von unlöslichem Bariumphosphat eingehüllt und so der Reaktion entzogen wird. Dies tritt namentlich dann ein, wenn man auf die praktisch unlöslichen sekundären und tertiären Salze der Phosphorsäure, nämlich $BaHPO_4$ und $Ba_3(PO_4)_2$, hinarbeitet, also je weiter dem Ende die Neutralisation der Phosphorsäure durch das Bariumperoxyd zugeht. Es kann daher keine quantitative Ausbeute an H_2O_2 erhalten werden. Dazu kommt noch, daß im Ausmaße, als die Säure immer mehr durch das BaO_2 neutralisiert wird, die alkalische Reaktion des Bariumperoxyds in den den festen Teilchen benachbarten Teilen der Lösung zu überwiegen beginnt, wodurch ein Teil des bereits gebildeten Wasserstoffperoxyds wieder zerfällt.

Um diese Schwierigkeiten zu überwinden, wird im DRP. 428 707 der E. de Haen A. G. vorgeschlagen, dem Bariumperoxyd Bariumcarbonat zuzusetzen. Die aus dem Carbonat in Freiheit gesetzte Kohlensäure verhindert nicht nur das Alkalischwerden der Lösung, sondern sorgt auch durch kräftige Durchmischung der Flüssigkeit für rasche Nachdiffusion der Säure. Da die Störungen ja erst im vorgeschrittenen Verlaufe des Auflösungsprozesses auftreten, beginnt man mit dem Zusatz von Bariumcarbonat erst dann, wenn etwa auf 1 H_3PO_4 ½ BaO_2 eingetragen ist. Bei diesen Mengenverhältnissen ist die Reaktion in der ganzen Lösung noch sauer genug, um eine Konservierung des H_2O_2 bewirken zu können. Von da ab setzt man aber dem Bariumperoxyd steigend kleine Mengen Bariumcarbonat zu, bis schließlich die letzte Neutralisation nur mit reinem Bariumcarbonat vorgenommen wird. An Stelle von Bariumcarbonat können auch andere Carbonate, wie die von Calcium, Strontium, Magnesium, oder die Bicarbonate der Alkalien verwendet werden.

Bei der Wiedergewinnung der Phosphorsäure aus dem Bariumphosphat mit Schwefelsäure gehen alle Verunreinigungen in die regenerierte Phosphorsäure, die daher bei oftmaliger Wiederholung immer unreiner in den Kreislauf eintritt. Es fällt daher die Ausbeute an H_2O_2 ab, weshalb eine neue Phosphorsäure verwendet werden muß. Um diese Kosten zu vermeiden, wird im DRP. 535 900 von J. E. Weber, H. E. Alcock und B. Laporte Ltd. vorgeschlagen, nach der Herstellung der Lösung von Bariumphosphat, die durch Eintragen von Bariumphosphat in Phosphorsäure erhalten wurde, nicht wie bisher mit Schwefelsäure zu fällen, da sonst die Verunreinigungen wieder in die Phosphorsäure gelangen würden, sondern vor dem Zusatz der Schwefelsäure abzufiltrieren. Dabei werden auch die Kohleteilchen, die von der Bariumoxydherstellung im Peroxyd enthalten waren, gleichfalls abgetrennt, und man erhält daher bei der darauffolgenden Fällung mit Schwefelsäure ein sehr schönes, reinweißes Blanc fix.

Im Gegensatze zu diesem Vorschlag wird nach den DRP. 582 925 und 585 518 der Kalichemie A. G. das gefällte Bariumphosphat nicht mit Phosphorsäure, sondern mit flüchtigen Säuren, wie Salz- oder Salpetersäure, behandelt, beispielsweise mit 20%iger HCl. Durch weiteren Zusatz von konzentrierter Salzsäure oder Salpetersäure und Kühlen wird unlösliches Bariumchlorid bzw. -nitrat ausgeschieden. Beim Erhitzen der mit Bariumsalzen und Salzsäure verunreinigten Phosphorsäure wird die Salzsäure abgetrieben und unlösliches Bariumphosphat gebildet. Die Verunreinigungen können durch Umkristallisieren des Bariumchlorids abgetrennt werden. Die Mutterlauge, bestehend aus Bariumsalz, Salzsäure und Phosphorsäure kann auch mit Soda neutralisiert werden, bis $BaHPO_4$ ausfällt, um dann auf Na_2HPO_4 oder $(NH_4)_2HPO_4$ weiter verarbeitet zu werden. Die Salz- oder Salpetersäure kann auch in gasförmigem Zustande eingeleitet werden.

Bei fast allen der vorstehend angeführten Verfahren der Herstellung von H_2O_2 aus BaO_2 und H_3PO_4 besteht der Übelstand, daß das Barium in Form des Bariumsulfats für den Prozeß verlorengeht. Für die Herstellung hochkonzentrierter Wasserstoffperoxydlösungen muß auch die regenerierte Phosphorsäure mit einem erheblichen Kostenaufwand konzentriert werden. B o d e n s t e i n[554] trägt daher zur Vermeidung dieser Nachteile in eine verdünnte Phosphorsäurelösung unter lebhaftem Rühren und Kühlen bei etwa 15 bis 25° BaO_2 bis zur Bildung von primärem löslichen Bariumphosphat ein und setzt dieses mit Flußsäure in Phosphorsäure und Bariumfluorid um. Bis zur Entstehung einer breiigen Masse wird dann abwechselnd BaO_2 und H_2F_2 zugesetzt, das ausgefällte BaF_2 abgetrennt und eine hochkonzentrierte, schwach phosphorsaure Wasserstoffperoxydlösung erhalten. Diese

Lösung wird nunmehr mit BaO_2 völlig neutralisiert und Bariumphosphat und eine reine H_2O_2-Lösung gewonnen. Das Bariumfluorid wird sodann mit Calciumnitrat zu Bariumnitrat umgesetzt und dieses dann nach dem altbekannten Verfahren in BaO umgesetzt, während aus dem Calciumfluorid mittels Schwefelsäure die für den Prozeß benötigte Flußsäure in Freiheit gesetzt wird. Der Kreislauf des Prozesses ist geschlossen. Sehr ähnlich ist das DRP. 458 190 von Bodenstein, nur wird hier an Stelle der Flußsäure auch Kieselfluorwasserstoffsäure oder Borfluorwasserstoffsäure, beide auch in Gasform, verwendet. Die Ausbeuten der beiden Verfahren sollen nahezu 100% betragen. Ob sie aber auch wirtschaftlich sind, mag dahingestellt bleiben.

Das bei der Herstellung von Wasserstoffperoxyd aus Bariumperoxyd und Phosphorsäure anfallende Bariumphosphat kann nach dem Vorschlage der Chemischen Frabrik Coswig-Anhalt[555] mittels Kohle geglüht, der freigemachte Phosphor aufgefangen und eventuell zu Phosphorsäure weiterverarbeitet, das erhaltene Bariumcarbid dagegen mit Wasser zu Acetylen und Bariumhydroxyd umgesetzt werden.

d) Aufschluß mit Salzsäure.

Die Salzsäure wird zum Aufschluß von Bariumperoxyd nur seltener verwendet, da eine große Menge von Bariumchlorid im Wasserstoffperoxyd verbleibt, das die Konservierung namentlich von konzentrierteren Lösungen ungünstig beeinflußt. Man hat daher sogar versucht, aus diesen verdünnten Lösungen das H_2O_2 durch Äther auszuziehen[556], jedoch hat dieses Verfahren keine technische Bedeutung erlangt. Auch die Arbeitsweise der Rhenania[557], wobei konzentrierte Salzsäure, ja selbst mit Salzsäuregas bei 0° gesättigte Salzsäure mit etwa 40% HCl-Gehalt auf BaO_2 einwirken gelassen wird, dürfte wegen der Reaktion der konzentrierten Salzsäure mit dem Wasserstoffperoxyd unter dessen Zerfall nur schlechte Ausbeuten ergeben.

Durch einen Zusatz von 75%iger Phosphorsäure zu konzentrierter HCl (D 1, 19) wird jedoch die Stabilität des H_2O_2 während der Herstellung derart erhöht, daß das Verfahren sogar fabrikmäßig anwendbar ist (J. J. Cabrera[558]).

e) Die Umsetzung mit Kohlensäure.

Sehr beachtlich sind jene Vorschläge, die den Aufschluß des Bariumperoxyds mit Kohlensäure betreffen. Diese Verfahren weisen den Vorteil auf, daß das bei der Umsetzung entstehende Bariumcarbonat wieder zur Erzeugung von Bariumoxyd und -peroxyd verwendet werden könnte. Weiters hat sich auch gezeigt[559], daß das als Ausgangsmaterial verwendete Bariumperoxyd nicht derart rein zu sein braucht, als es für den Aufschluß mit anderen Säuren benötigt wird, da beim Aufschluß mit Kohlensäure die Verunreinigungen überhaupt nicht stören. Der Kreisprozeß

$$\begin{array}{ccc} BaO_2 + CO_2 + H_2O & \longrightarrow & BaCO_3 + H_2O_2 \\ \uparrow & & \downarrow \\ BaO_2 & \longleftarrow & \tfrac{1}{2}\,O_2 + BaO + CO_2 \end{array}$$

wäre an und für sich sehr verlockend, seine Durchführung hat sich aber in der Praxis bisher noch nicht einführen können, da die Herstellung eines hochkonzentrierten Produktes unter guter Ausbeute mit Kohlensäure nicht möglich ist. Bloß Lunge[560] erwähnt, daß eine Fabrik in Frankreich im Jahre 1890 aus Bariumperoxyd mit Kohlensäure unter Druck H_2O_2 hergestellt habe.

Trägt man Bariumperoxyd in Wasser ein und leitet in diese Suspension einen raschen Strom von Kohlensäure ein, so entstehen nur geringe Mengen von H_2O_2[561]. Die Umsetzung erfolgt nur sehr langsam und mit sehr schlechter Ausbeute, wofür sehr wahrscheinlich ebenso wie bei den anderen Aufschlußverfahren eine Umhüllung der Bariumperoxydteilchen durch Bariumcarbonat verantwortlich gemacht werden kann. Die Ausbeute an aktivem Sauerstoff beträgt maximal etwa 25%. Nach den Angaben des DRP. 179 771 von E. Merck soll sich aber die Ausbeute nahezu quantitativ gestalten lassen, wenn man vorerst nur langsam Kohlensäure einleitet, so daß die Lösung zunächst alkalisch bleibt und dann erst sauer wird, also erst durch Zerlegung des intermediär gebildeten Bariumpercarbonats Wasserstoffperoxyd dargestellt wird. Es setzt sich dadurch kein unlöslicher fremder Niederschlag am Bariumperoxyd an und hüllt dieses ein, sondern das ganze Bariumperoxyd geht in Bariumpercarbonat über. Bei der weiteren Einwirkung von neuen Mengen Kohlensäure tritt dann weitere Zersetzung des entstandenen Percarbonats in Bariumcarbonat und Wasserstoffperoxyd ein, wahrscheinlich unter vorheriger Bildung von Bariumbicarbonat oder aber von $Ba\begin{matrix} \diagup CO_3H \\ \diagdown OOH \end{matrix}$, das in schwach saurer Lösung äußerst rasch in $BaCO_3$ und H_2O_2 umgewandelt wird (D'Ans).

Wolffenstein und Peltner[562] geben an, daß bei der Darstellung von Bariumpercarbonat und dessen nachfolgender Überführung im Wasserstoffperoxyd das BaO_2 im Überschuß gegenüber der Kohlensäure vorhanden sein, also alkalische Reaktion herrschen müsse. Nach Merck[563] läßt sich durch bloße Einwirkung von Wasser oder einer Säure, wie Schwefelsäure, auf Bariumpercarbonat leicht Wasserstoffperoxyd darstellen.

In höheren Konzentrationen, also unter Druck, wurde die Kohlensäure das erstemal von H. E. Doerner[564] angewendet. Er leitete in auf 0° abgekühltes Wasser Kohlensäure unter einem Druck von etwa 7 Atm. ein und trug allmählich Bariumperoxyd ein, ohne aber die Lösung alkalisch werden zu lassen. Als günstigste Säurekonzentration wurde von Doerner eine solche von 0,2 n angegeben. Mehr Säure oder Alkali verursachen Zersetzungen von Wasserstoffperoxyd. Während des Eintragens wurde die Lösung stark gerührt und der Kohlensäuredruck dauernd gleich hoch gehalten. War die gewünschte Wasserstoffperoxyd konzentration erreicht, wurde die Zufuhr von Bariumperoxyd und Kohlensäure abgebrochen und noch etwa 15 Minuten bis zur völligen Umsetzung weiter gerührt. Dann wurde vom feinverteilten Bariumcarbonat abfiltriert, ausgewaschen und die in der Wasserstoffperoxydlösung verbliebene geringe Menge von Bariumbicarbonat mittels Schwefelsäure gefällt. Die Ausbeute soll 50 bis 80% der Theorie betragen haben. Das erzielte Wasserstoffperoxyd war sehr rein, es erwies sich jedoch wiederholt als sehr unbeständig, ohne daß eine Ursache für dieses Verhalten hätte festgestellt werden können.

Wie jedoch aus Versuchen von Stüssel[513, 565] hervorgeht, konnte bei der Einwirkung von Kohlensäure unter einem Druck von 5 bis 10 Atm. auf Bariumperoxyd und einer Dauer von 20 bis 150 Minuten im wäßrigen Filtrat überhaupt kein aktiver Sauerstoff nachgewiesen werden, während die Bildung von Bariumpercarbonat sehr glatt gelang.

Askenasy und Rose[550] konnten hingegen beim Arbeiten in einem Stahlautoklaven mit steigendem Druck zunehmende Ausbeuten erzielen, die bei etwa 25 Atm. einen Höchstwert von etwa 80 bis 90% erreichten, wie aus der nachstehenden Tabelle hervorgeht.

Versuchsdauer 7 Minuten; Zimmertemperatur; 12,5 g BaO_2 (86%ig).

Druck in Atm. . . .	1	3	5	10	15	20	25	30	40
Umsatz in %	76,4	81,1	81,8	88,9	86,8	86,9	88,6	87,3	89,9

Die Ausbeute sinkt mit steigender Temperatur. Am günstigsten erwies sich eine Versuchsdauer von etwa 5 bis 7 Minuten. Längeres Einleiten führte nur zu Zersetzungen des bereits gebildeten Wasserstoffperoxyds und daher zu schlechteren Ausbeuten. Auf den raschen Aufschluß von Bariumperoxyd unter einem Kohlensäuredruck von über 20 Atm. ist P. Askenasy, R. Rose und G. Hornung das DRP. 460 030 erteilt worden. Man erhält bei diesem Verfahren maximal eine etwa 6%ige Wasserstoffperoxydlösung bei einer Ausbeute von nahezu 90%. Es wurde zwar versucht, dadurch zu konzentrierteren Lösungen zu gelangen, daß man für einen neuen Aufschluß das Filtrat des vorherigen verwendete. Es ließ sich zwar so die Konzentration bis auf eine etwa 10%ige Lösung erhöhen, jedoch sank die Ausbeute auf etwa 75% ab. Hingegen war eine Steigerung des Umsatzes durch Zusatz von Säuren zu erzielen, die mit dem Barium lösliche Salze zu bilden vermögen, wie z. B. von 1% Salzsäure oder Essigsäure. Die stärkere Salzsäure erwies sich als vorteilhafter. Die Erklärung für diese Erscheinung ist darin zu suchen, daß durch die Hydrolyse des entstandenen Bariumcarbonats die Lösung lokal alkalisch wird und so Zersetzungen des Wasserstoffperoxyds hervorgerufen werden oder ebenso wie beim Zusatz von Salzsäure zur Schwefelsäure die Säuren als Lösungsvermittler wirken. Während ohne den Säurezusatz eine 4%ige Wasserstoffperoxydlösung mit 75% Ausbeute gewonnen werden konnte, konnte durch Zusatz von 1% Salzsäure eine 5,5%ige Lösung mit etwa 90% Ausbeute erhalten werden. Der Säurezusatz bewirkt auch, daß der Niederschlag nicht feinkörnig, schlammig und schlecht filtrierbar ausfällt, sondern in viel gröberer, fast sandartiger Form, die beim Filtrieren eine große Erleichterung bedeutet[566].

Als Deutung des Reaktionsverlaufes der Zersetzung von Bariumperoxyd mittels Kohlensäure nehmen Askenasy und Rose[550] im Gegensatz zu Wolffenstein und Peltner[562], Merck[563] und Stüssel[565] nicht die primäre Bildung von Bariumpercarbonat nach $BaO_2 + CO_2 = BaCO_4$ an, da sie dieses nicht nachweisen konnten, sondern glauben, daß die unter Druck gesetzte Kohlensäure in wäßriger Lösung als H_2CO_3 vorhanden sei (Wilke[567]), so daß sich die Reaktionen: $CO_2 + H_2O = H_2CO_3$ und $BaO_2 + H_2CO_3 = BaCO_3 + H_2O_2$ abspielen sollen. Die Kohlensäure würde dann ebenso wie jede andere Säure auf das Bariumperoxyd einwirken. Wie weitere Versuche von Askenasy und Rose ergeben haben, läßt sich die erhaltene verdünnte, etwa 2- bis 5%ige Wasserstoffperoxydlösung, die durch Bariumbicarbonat, Kalk und etwas Bariumphosphat, von der als Stabilisator beim Filtrieren zugesetzten Phosphorsäure herstammend, verunreinigt ist, durch Destillation im Vakuum praktisch ohne Zersetzung reinigen und konzentrieren, wobei Ausbeuten von 95 bis 100% erzielt wurden.

Der Kreisprozeß mit Kohlensäure erfordert theoretisch nur Wasser und Sauerstoff der Luft, praktisch jedoch noch Reaktionskohle und Wärme. Seine Wirtschaftlichkeit hängt von der Vollkommenheit der technischen Anlagen sowie vom Preis der Kohlensäure, Reaktionskohle und Wärme ab. Gegenwärtig arbeitet keine Wasserstoffperoxydfabrik nach dem Aufschlußverfahren mittels Kohlensäure.

B. Die Herstellung von Wasserstoffperoxyd aus Natriumperoxyd.

Das Prinzip der Wasserstoffperoxydgewinnung aus Natriumperoxyd beruht ebenso wie bei der Darstellung aus Bariumperoxyd auf der Zersetzung durch Säuren, wie Schwefelsäure, Flußsäure oder Salzsäure. Die Darstellung aus Natriumperoxyd ist mit jener aus Bariumperoxyd als technisch gleichwertig anzusehen, jedoch liegen beim Natriumperoxyd die wirtschaftlichen Verhältnisse noch ungünstiger als beim Bariumsalz. Da Natriumperoxyd nur durch Verbrennung von metallischem Natrium bei höheren Temperaturen erhalten wird, Natrium aber wieder ausschließlich durch Elektrolyse von geschmolzenem Natriumchlorid oder -hydroxyd gewonnen wird, liegen hier die ersten Anfänge einer auf elektrochemischer Grundlage beruhenden technischen Darstellung von Wasserstoffperoxyd vor.

Die Salzsäure hat sich für die Umsetzung noch am wenigsten bewährt, da das entstehende Natriumchlorid aus der Wasserstoffperoxydlösung nicht entfernt werden kann. Sie wird nur dort verwendet, wo die erhaltene Lösung sogleich ihrem Verwendungszweck zugeführt wird und wo das Natriumchlorid nicht schadet. Hingegen wird die Darstellung mit Schwefelsäure auch heute noch in kleineren Betrieben und zur Darstellung geringer Mengen Wasserstoffperoxyd, fast ausschließlich für den Eigenbedarf bestimmt, angewendet. Die Arbeitsweise ist eine sehr einfache. Man trägt unter guter Kühlung in eine verdünnte (etwa 20%ige) Schwefelsäurelösung nach und nach Natriumperoxyd ein, wobei gut gerührt wird. Die Lösung soll schließlich neutral oder gegen Lackmus noch ganz schwach sauer reagieren. Die Temperatur der Lösung soll, wenn möglich, unterhalb 10° gehalten werden, um Sauerstoffverluste zu vermeiden.

In der Praxis wendet man den Kunstgriff an, vom Glaubersalz, das einen erheblichen Teil des Wassers als Kristallwasser aufnimmt und dadurch eine Konzentrierung bewirkt, abzufiltrieren, nachdem die Säure nahezu abgestumpft war. Hierauf wird neuerlich Schwefelsäure zugegeben und wieder mit dem Eintragen einer zweiten Menge von Natriumperoxyd begonnen, was unter Umständen noch wiederholt werden kann. Auf diese Weise kann die Konzentration der H_2O_2-Lösungen bis auf etwa 15 bis 20% getrieben werden.

Als Behälter dienen entweder mit Blei ausgeschlagene Holzbottiche oder innen verbleite oder emaillierte Eisengefäße. Das Eintragen erfolgt entweder durch Streubüchsen oder aber, da diese wegen der Hygroskopizität des Natriumperoxyds leicht verstopft werden können, läßt man es nach dem Austritt aus dem Vorratsgefäß durch eine Mahlvorrichtung hindurchgehen[568]. Eine möglichst feine Zerkleinerung ist notwendig, da sonst durch übermäßige Erwärmung der Lösung in unmittelbarer Nähe des Natriumperoxydteilchens oder durch lokales Alkalischwerden Sauerstoffverluste durch Zersetzung des Wasserstoffperoxyds auftreten können.

Die erhaltene natriumsulfathaltige Lösung kann, da das Natriumperoxyd einen Gehalt von etwa 19% aktiven Sauerstoff aufweist, ziemlich konzentriert sein. Sie wird entweder sofort im Betrieb verwendet oder aber durch Destillation vom Glaubersalz befreit. Nach diesem Verfahren stellte M e r c k[569] schon im Jahre 1904 30%iges H_2O_2 her[570]. Die Ausbeute bei der Destillation war aber nicht sehr hoch, da alle Katalysatoren der Chemikalien während des ganzen Prozesses mit der Lösung in Berührung waren. Das Verfahren ließ sich daher nur so lange halten, als das Wasserstoffperoxyd nicht auf elektrolytischem Wege über die Perschwefelsäure hergestellt wurde.

Sehr interessant ist das Verhalten des Natriumperoxyds gegen Flußsäure. Durch Einwirkung von einem oder zwei Molekülen Flußsäure auf ein Molekül Natriumperoxyd kann entweder ein neutrales Salz Na_2F_2 oder aber ein saures Salz $NaF \cdot HF$ entstehen.

1. $Na_2O_2 + H_2F_2 = Na_2F_2 + H_2O_2$;

2. $Na_2O_2 + 2\,H_2F_2 = 2\,NaF \cdot HF + H_2O_2$.

Durch Regelung der zugesetzten Menge Flußsäure hat man es demnach in der Hand, neutrales oder saures Salz abzuscheiden, wobei man aber nach Gleichung 2 die doppelte Menge Flußsäure benötigt. Nach der ersten Reaktionsgleichung arbeitete P. L. H u l i n[571], indem Natriumperoxyd mit den erforderlichen Vorsichtsmaßregeln in einer Lösung von Flußsäure bei niedriger Temperatur gelöst wurde. Aus der erhaltenen natriumfluoridhaltigen Wasserstoffperoxydlösung wurde sodann durch Zusatz von Aluminiumfluorid das unlösliche Doppelfluorid des Aluminiums und Natriums, der künstliche Kryolith $Al_2F_6 \cdot 6\,NaF$ ausgefällt. Auf diese Weise wurde das Natriumchlorid samt dem größten Teil der Verunreinigungen aus der H_2O_2-Lösung entfernt und gleichzeitig ein wertvolles Nebenprodukt gewonnen, das in der Aluminiumindustrie Verwendung fand.

Auf ein saures Natriumfluorid nach Gleichung 2 arbeitete man in Aussig[572], da sich gezeigt hatte, daß nach Hulin beim Arbeiten auf konzentriertere Wasserstoffperoxydlösungen eine teilweise Zersetzung des Wasserstoffperoxyds auftrat. Die Erklärung für diese Erscheinung ergibt sich daraus, daß beim Eintragen von Natriumperoxyd in Flußäure sich zunächst das schwerlösliche saure Salz abscheidet. Daher ist bereits nach dem Eintragen der halben, zur Neutralisation der Flußsäure erforderlichen Menge von Na_2O_2 der Säuregehalt der Lösung bis auf wenige g/L verschwunden. Beim weiteren Eintragen setzt sich das saure Salz nur langsam in das neutrale um, so daß jedes Natriumperoxydkörnchen eine alkalische Flüssigkeit um sich schaffen kann. Während in verdünnteren Lösungen die Zersetzung des H_2O_2 unter diesen Umständen noch langsam verläuft, erfolgt beim Arbeiten auf konzentriertere Lösungen eine stürmische Zersetzung des in Freiheit gesetzten Wasserstoffperoxyds.

Bei der Arbeitsweise nach Reaktionsgleichung 2 ist hingegen während der ganzen Zusatzperiode von Natriumperoxyd ein hinreichend großer Säureüberschuß vorhanden, der ein lokales Alkalischwerden der Lösung mit Sicherheit verhindern kann. Da sich aber anderseits wieder durch zu hohe Flußsäurekonzentration infolge zu stürmischer Reaktion Überhitzung und eine damit verbundene Wasserstoffperoxydzersetzung einstellen kann, darf man die Konzentration der Flußsäure auf nicht mehr als 80 g/L ansteigen lassen. Die untere Grenzkonzentration beträgt 20 g H_2F_2/L. Man arbeitete daher wie folgt: In die Waschwässer des Niederschlages von $NaF \cdot HF$, die aus einer etwa 15%igen H_2O_2-Lösung bestehen, trägt man konzentrierte Flußsäure oder leitet besser gasförmige Flußsäure ein, bis die Konzentration auf 80 g H_2F_2/L gestiegen ist. Nun sättigt man die Flußsäure unter Rühren und Kühlen durch Eintragen von kleinen Portionen gepulvertem Na_2O_2 bis auf einen Gehalt von 20 g H_2F_2/L ab, setzt Flußsäure, dann wieder Natriumperoxyd zu usw. Schließlich wird der entstandene dicke Brei von $NaF \cdot HF$ abgenutscht, wobei eine etwa 20 bis 30%ige H_2O_2-Lösung erhalten wird, die noch etwas Flußsäure enthält, welche mit einer Base abgestumpft wird.

C. Die Darstellung aus anderen Perverbindungen.

Zu erwähnen wären schließlich noch jene Darstellungsverfahren für Wasserstoffperoxyd, die sich der Perborate und Percarbonate bedienen. Aus diesen wurde durch Zersetzen mit Wasser und Entfernen des entstandenen H_2O_2 durch Ausäthern vom Konsortium[573] Wasserstoffperoxyd dargestellt. Nach dem DRP. 355 866 der Scheideanstalt wird zur Zersetzung von Perborat eine Schwefelsäure mit einem Mindestgehalt von 180 g H_2SO_4/L, z. B. konzentrierte Schwefelsäure, verwendet. Selbst beim Umsetzen mit konzentrierter Schwefelsäure ist trotz starker Ausscheidung von Glaubersalzkristallen eine mechanische Durcharbeitung möglich, was vermutlich durch die ausgeschiedenen Borsäurekristalle, die gleichsam als Schmiermittel für die Glaubersalzkristalle dienen, bewirkt wird. Die Ausbeute an Wasserstoffperoxyd ist eine sehr gute. Gegenüber Natriumperoxyd braucht man nur die halbe Menge an Schwefelsäure. Die ausgeschiedene Borsäure kann wieder zur Perboratherstellung verwendet werden.

Mit Ausnahme der Herstellung von Wasserstoffperoxyd aus Bariumperoxyd mit Schwefelsäure und Salzsäure ist keines der angeführten Verfahren derzeit in Verwendung. Bloß aus Natriumperoxyd wird auch noch, aber nicht fabrikmäßig, für den sofortigen Eigenbedarf, z. B. in Bleichereien, Wasserstoffperoxyd hergestellt.

Literaturverzeichnis.

[528] Gebrüder Siemens, DRP. 158 950; M. Herzberg, DRP. 195 285. — [529] DRP. 258 593. — [530] Chemische Fabrik Landshoff & Meyer, DRP. 259 997. — [531] Rhenania, DRP. 440 382. — [532] DRP. 396 214, 431 617, 478 166. — [533] DRP. 590 854. — [534] R. Heinz, Chem. Ztg. **25**, 200, 1901. — [535] Chemische Fabrik Coswig, DRP. 396 214. — [536] E. P. 360 503. — [537] A. P. 649 202. — [538] L. Lindemann, DRP. 577 319. — [539] W. Feld, DRP. 149 803. — [540] DRP. 190 955. — [541] G. A. Barbieri, DRP. 254 314, 258 235. — [542] Leo Löwenstein, Chem. Ztg. **53**, 821, 1929. — [543] Kali-Chemie, J. Marwedel u. J. Looser, DRP. 427 223, 493 267. — [544] F. Falco, DRP. 442 135; Ztschr. anorgan. allg. Chem. **189**, 4, 10, 1930. — [545] V. Bollo u. E. Cardenaccio, DRP. 250 417. — [546] E. Bergius, DRP. 232 001. — [547] A. Meyerhofer, DRP. 426 034, 426 735. — [548] E. P. 1687/1915; DRP. 422 531, 482 344. — [549] Ed. v. Drathen u. H. Walther, Chem. Ztg. **65**, 119—120, 1941. — [550] Ztschr. anorgan. allgem. Chem. **189**, 4, 10, 1930. — [551] W. Machu, Österr. Chem. Ztg. **37**, 46, 64, 1934. — [552] Kalichemie, DRP. 587 888, 588 822. — [553] DRP. 403 116. — [554] M. Bodenstein, DRP. 458 189. — [555] Chemische Fabrik Coswig-Anhalt, DRP. 620 170. — [556] A. P. 1 364 558. — [557] Rhenania, DRP. 403 253. — [558] J. J. Cabrera, Ann. Soc. Pharmac. Chim. Sao Paulo **3**, 128—36, 1938. — [559] DRP. 460 029. — [560] Lunge, Ztschr. angew. Chem. **3**, 3, 1890. — [561] Duprey, Compt. rend. Acad. Sciences **55**, 736, 1863; Balard, ebenda **55**, 738, 1863. — [562] Wolffenstein u. Peltner, Ber. Dtsch. chem. Ges. **41**, 275, 1908. — [563] Merck, DRP. 179 826. — [564] H. E. Doerner, A. P. 1 235 664. — [565] Stüssel, Beiträge zur technischen Gewinnung von konz. H_2O_2, Dissertation, Hannover, 1924. — [566] Askenasy u. Rose, DRP. 452 266, 465 763. — [567] Wilke, Ztschr. anorgan. allg. Chem. **119**, 365, 1921. — [568] Schweiz. P. 53 582. — [569] Merck, DRP. 152 173. — [570] Kilparick, Reiff u. Rice, Journ. Amer. chem. Soc. **48**, 3019, 1926. — [571] P. L. Hulin, DRP. 132 090. — [572] Verein für chemische Produktion in Aussig, DRP. 253 284. — [573] Konsortium für elektrochemische Industrie, DRP. 195 351.

Zusammenstellung der Patentliteratur über die Herstellung von H_2O_2 auf chemischem Wege aus Peroxyden u. dgl.

D. 132 090 (Ö. 6686, E. 5240/1901, A. 692 139). P. L. Hulin. Herstellung von H_2O_2 aus Na_2O_2 unter gleichzeitiger Gewinnung von Kryolith durch Lösen des Na_2O_2 in wäßriger H_2F_2 und Ausscheidung des gebildeten Na_2F_2 mittels NH_4F.

D. 165 097. La Société H. Gauthier u. Co. Erdalkalipersalze werden mit kristallisiertem Na_2SO_4 in ausreichender Menge gemischt und dieses Gemisch in eine Säure eingetragen, welche mit dem Erdalkali ein lösliches Salz bildet und hierauf das Erdalkali in unlöslicher Form abgeschieden.

D. 179 771 (F. 387 199, E. 13 828/1906, A. 870 148). E. Merck. BaO_2 oder Ba-Peroxydhydrat werden mit CO_2 und Wasser in der Weise behandelt, daß die Lösung zuerst möglichst lange alkalisch reagiert.

D. 179 826. Derselbe. Man läßt auf Ba-Percarbonat Wasser oder eine Säure einwirken.

D. 195 351. Konsortium für Elektrochemische Industrie G. m. b. H. Percarbonate oder Perborate werden mit Wasser behandelt und das zuerst gebildete H_2O_2 in dem Maße seiner Entstehung aus der Lösung entfernt.

D. 253 284 (Ö. 53 453). Österr. Verein für Chem. u. Metallurg. Produktion. Gleichzeitige Gewinnung von hochprozentigem H_2O_2 und festem saurem $NaHF_2$ aus Na_2O_2 und H_2F_2, wobei unter Aufrechterhaltung einer Säurekonzentration von 20—80 g H_2F_2/l Na_2O_2 in direkten Gewichtsverhältnissen so aufeinander einwirken gelassen werden, daß das gesamte Alkali in das schwerlösliche $NaHF_2$ übergeführt wird.

D. 294 874 (F. 458 158, E. 10 292/1913, A. 1 210 651). Bariumoxyd G. m. b. H. Trockenes oder hydratisiertes BaO_2 wird mit konz. H_3PO_4 behandelt.

D. 298 320. P. Aschkenasi. Die Peroxyde der Erdalkalien werden mit konz. H_3PO_4 in einem solchen Überschuß zerlegt, daß vollständige oder nahezu vollständige Lösung erreicht und nach Fällung des Erdalkalis mit H_2SO_4 das freigewordene H_2O_2 abdestilliert wird.

D. 355 866 (Schw. 100 172, E. 186 871, A. 1 262 589). Scheideanstalt. Umsetzen von Alkaliperborat mit Mineralsäuren in der Weise, daß man die Menge des Perborats und die Stärke der Schwefelsäure so bemißt, daß unmittelbar eine 20%ige H_2O_2-Lösung entstehen kann.

D. 378 609. Rhenania Verein Chem. Fabriken A. G. BaO_2 oder Ba-Peroxydhydrat werden unter Kühlung in wäßriger Lösung mit CO_2 behandelt, welche Ammonsalze bzw. Salze solcher löslichen Basen enthält, die schwächer als $Ba(OH)_2$ sind und deren Anionen mit Ba-Ionen keine unlöslichen Verbindungen ergeben.

D. 403 253. Dieselbe und F. Martin. BaO_2 wird unter Kühlung mit HCl solcher Konzentration behandelt, daß ein großer Teil des bei der Reaktion gebildeten $BaCl_2$ auskristallisiert, worauf die erhaltene H_2O_2-Lösung nach Trennung von dem festen $BaCl_2$ der Destillation unterworfen wird.

D. 418 321. Dieselbe. Zusatz zu 403 253. Reinigung der erhaltenen Rohlösung von H_2O_2 mit löslichen Phosphaten und Fluoriden bzw. H_2F_2.

D. 428 707. E. de Haën A. G. Beim Zersetzen von BaO_2 mit H_3PO_4 wird dem BaO_2 $BaCO_3$ in der Weise zugesetzt, daß die Menge des Zusatzes mit dem Fortschreiten der Operation steigt, nachdem sie in deren erstem Stadium gering oder auch Null ist, zum Schluß stärker wird oder die des BaO_2 sogar völlig verdrängt.

D. 435 900 (A. 1 587 450). I. E. Weber, H. E. Alcock und B. Laporte Ltd. Das durch Behandlung von BaO_2 mit H_3PO_4 abgeschiedene $Ba_3(PO_4)_2$ wird mit H_3PO_4 behandelt, die Lösung von dem Ungelösten getrennt und gegebenenfalls mit Schwefelsäure zur Fällung von $BaSO_4$ und Freisetzung der H_3PO_4 versetzt, worauf die erhaltene H_3PO_4-Lösung zur Behandlung von weiterem BaO_2 und zur Lösung des Ba-Phosphates wieder benutzt werden kann.

D. 452 266 (E. 294 265, F. 638 090). P. Askenasy, G. Hornung und R. Rox. BaO_2 und CO_2 unter Druck in wäßriger Aufschlämmung in Gegenwart von Salzen; dem Reaktionsgemisch werden solche Säuren bzw. Salze des Ba zugesetzt, deren Ba-Salze in der Hitze in $BaCO_3$ (Ba-Oxyde) übergehen und die leicht löslich sind bzw. sich aus dem beigemengten $BaCO_3$ beim Scheiden desselben vom H_2O_2 leicht auswaschen lassen.

D. 458 189. M. Bodenstein. BaO_2 wird mit verdünnter H_3PO_4 bis zur Bildung von primären löslichen Ba-Salzen umgesetzt, dann H_2F_2 zur Ausfällung des Ba und weiterhin abwechselnd H_2F_2 und BaO_2 eingetragen. Das abfallende BaF_2, wird mit $Ca(NO_3)_2$ über $Ba(NO_3)_2$ in BaO übergeführt.

D. 458 190. Derselbe. BaO_2 wird mit H_3PO_4 oder H_3AsO_4 versetzt, mit H_2F_2, H_2SiF_6, B-Fluorwasserstoffsäure, die H_3PO_4 in Freiheit gesetzt und dann abwechselnd BaO_2 und Säuren bis zur gewünschten H_2O_2-Konzentration eingetragen.

D. 460 029 (F. 628 441). P. Askenasy und G. Hornung. H_2O_2 aus BaO_2 und CO_2 in wäßriger Suspension.

D. 460 030 (F. 628 360). P. Askenasy, R. Rose und G. Hornung. Die Umsetzung von BaO_2 und Co_2 wird sehr rasch und mindestens bei 20 Atm. vorgenommen.

D. 464 353. H. Schulz. Elektrolytisch gewonnenes Ba-, Sr- oder Ca-Peroxydhydrat wird unter 0° mit HCl, H_2SO_4 oder CO_2 behandelt oder in konz. Schwefelsäure unter Rühren und Kühlen eingetragen und die verdünnte H_2O_2-Lösung im Großoberflächenverdampfer unter gewöhnlichem Luftdruck bei etwa 70° oder unter vermindertem Druck eingedampft.

D. 465 763 (E. 294 265). Zusatz zu 452 266. Dem Reaktionsgemisch von BaO_2, CO_2 wird HCl bzw. $BaCl_2$ zugesetzt.

D. 582 925. Kali-Chemie A. G. Das anfallende Dibariumphosphat wird in einer solchen Menge HCl oder HNO_3 gelöst, daß das entsprechende Bariumsalz dieser Säuren unmittelbar ausfällt.

D. 585 518. Zusatz zu 582 925 (A. 2 031 180). Dieselbe. Das Dibariumphosphat wird in Phosphorsäure zu Monobariumphosphat gelöst, die ungelösten Bestandteile abgetrennt und die Lösung dann mit Salz- oder Salpetersäure weiterbehandelt.

D. 620 170. Chemische Fabrik Coswig-Anhalt G. m. b. H. Aufarbeitung des anfallenden Bariumphosphates durch Glühen mit Kohle und Phosphor, eventuell H_3PO_4 und Bariumcarbid, das mit H_2O in C_2H_2 und $Ba(OH)_2$ umgesetzt wird.

D. 657 291. Dieselbe. Ähnlich D. 620 170 wird sodann aus $Ba(OH)_2$ mit Alkalicarbonat $BaCO_3$ gefällt, dieses auf BaO_2 verarbeitet und daraus wieder mit H_3PO_4 H_2O_2 erzeugt.

D. 723 673. A. Beyer. Umsetzung von polymeren Metaphosphorsäuren in wäßriger Lösung mit BaO_2.

D. 723 674. A. Beyer. Umsetzung von polymeren Metaphosphorsäuren mit den Peroxyden des Ca, Mg und Mn.

Ö. 71 796. Fa. Kosek, D. Becker und I. Fiala. Eintragen von BaO_2 in H_3PO_4, wobei die entstehende Flüssigkeit mit nur so viel HNO_3 versetzt wird, daß noch unzersetztes Bariumphosphat zurückbleibt, worauf nach eventuellem Entfernen des ausgeschiedenen $Ba(NO_3)_2$ in die H_2O_2 enthaltende Flüssigkeit neue Mengen von BaO_2 eingetragen werden können.

Schw. 53 582 (F. 432 235, E. 11 839/1911, A. 1 052 626). Waschanstalt Zürich A. G. Apparat zur Einführung von Na_2O_2 in mit Säuren versetztes Wasser, bestehend aus einem gekühlten Gefäß für Wasser und Säuren und einem oberhalb dieses Gefäßes angeordneten Na_2O_2-Behälter, dessen Austrittsöffnung durch eine Ventilvorrichtung abgeschlossen ist.

Schw. 62 846. H. Treichler. Ähnlich wie vorstehend, nur sitzt der Na_2O_2-Behälter auf einem am Wassergefäß angeordneten Deckel. Die Mahlvorrichtung am Na_2O_2-Behälter wird mittels auf dem Deckel gelagerter Zahnräder angetrieben.

F. 320 495. M. de Lavèze. Aus einer Lösung von Bariumaluminat und H_2SO_4 glaubt der Anmelder H_2O_2 darstellen zu können.

F. 322 152. Soc. Jouthiere, Laurant u. Cie. In eine Säure trägt man BaO_2 und kristallisiertes Na_2SO_4 ein.

F. 343 589. Soc. Steinfelner u. Co. Man läßt eine Mischung von H_3PO_4, H_2SO_4 und NaCl auf BaO_2 einwirken.

F. 359 523. S. A. Des Etablissements Poulenc Frères. Darstellung von H_2O_2 aus BaO_2 und HNO_3 mit anschließender Vakuumdestillation. Herstellung von ZnO_2 durch Füllung einer H_2O_2-haltigen Zn-Lösung mit Alkali.

F. 7380. Zusatz zu 359 523. Dieselben. Das $Ba(NO_3)_2$ wird mit Na_2CO_3 oder Na_2SO_4 gefällt.

F. 403 294. O. Dony-Hénault. Gemeinsame Anwendung wäßriger Lösungen von Schwefelsäure und geringer Mengen Alkohol bei der Einwirkung auf Na_2O_2.

F. Zusatz 15 471 (439 566). Soc. Darrasse und M. L. Dupont Herstellung von H_2O_2 durch Einwirkung von H_2SO_4 auf Na_2O_2.

F. 833 228. A. C. Limidée. BaO_2 wird mit einem Überschuß von H_3PO_4 in 2 Stufen, u. zw. bei 0—6° C und 60—70° C umgesetzt.

F. 823 334. Mathieson Alkali Works. Reduktion einer organischen Azoverbindung, die in einem organischen Lösungsmittel gelöst ist, durch ein Alkalimetallamalgan in Gegenwart von dispergiertem Wasser.

F. 823 335 (It. 352 500). Dieselbe. Reduktion einer Azoverbindung und Oxydation der entstandenen Hydrazoverbindung in einem Lösungsmittel, das H_2O_2 nicht löst (Benzol).

F. 823 336 (It. 352 732). Dieselbe. Oxydation einer organischen Hydrozoverbindung in einem nicht entflammbaren organischen Lösungsmittel.

Holl. 19 287. Titanium Ltd., Montreal. Das entstandene Bariumphosphat wird nach dem Abtrennen der H_2O_2-Lösung in H_3PO_4 gelöst und von dem ungelösten Rest abfiltriert. Aus der Lösung wird Blanc Fix durch Zufügung von H_2SO_4 abgeschieden.

E. 21 333/1899. E. Edwards u. Co. BaO_2 wird mit einer Säure, die mit Barium unlösliche Salze bildet, unter starkem mechanischem Rühren behandelt.

E. 1771/1906 (F. 359 523). C. Poulenc. Als Rohmaterial für das BaO_2 wird $Ba(NO_3)_2$ verwendet, das bei der Zersetzung von BaO_2 mit HNO_3 angefallen ist.

E. 295 137. I. G. Farbenindustrie A. G. Verwendung von Apparaten aus Silber oder unedlen Metallen oder deren Legierungen, die frei von Hg sind, in sehr sorgfältig geglättetem und hochpoliertem Zustand.

E. 398 399 (F. 750 125, 750 592, D. 582 925). Kali-Chemie A. G. Gemeinsame Gewinnung von H_2O_2 und unlöslichen Bariumsalzen, wobei das Dibariumphosphat, das beim Versetzen von Bariumperoxyd mit H_3PO_4 erhalten wurde, mit einer flüchtigen Säure, wie HNO_3, behandelt wird.

A. 1 235 664. H. A. Doerner. Auf BaO_2 wird CO_2 unter Druck bei niederer Temperatur einwirken gelassen.

A. 1 346 558. R. Jacquelet. Man läßt auf BaO_2 eine schwache Lösung von HCl einwirken und fällt dann $Ba(NO_3)_2$ mit HNO_3.

A. 1 398 468. A. I. Schumacher. BaO_2 wird zu einer verdünnten Lösung von H_3PO_4 zugesetzt, wobei sich saures Bariumphosphat bildet. Kontinuierlich wird gekühlte Schwefelsäure zur Freimachung von H_3PO_4 und Fällung des Bariums zugesetzt.

A. 1 627 325. Q. L. Halvorsen. Na_2O_2 wird in verdünnte H_2SO_4 eingetragen, das Na_2SO_4 von der Lösung getrennt, zur Fällung des gelösten Na_2SO_4 Alkohol zugegeben und durch fraktionierte Destillation Alkohol und H_2O_2 gewonnen.

A. 1 781 859. J. B. Pierce. In eine Lösung von H_2SO_4, die etwas HNO_3 enthält, wird SrH_2 eingetragen.

A. 1 919 036. Derselbe. $SrSO_4$ wird mit Na_2CO_2 in $SrCO_3$ übergeführt, dieses über SrO in SrO_2 umgewandelt, mit Schwefelsäure H_2O_2 in Freiheit gesetzt und das $SrSO_4$ wieder verwendet.

A. 1 978 551. M. L. Reutschler. BaO_2 wird in der Kälte mit verdünnten Säuren behandelt, dann mit $Ba(OH)_2$ und H_2SO_4 und H_3PO_4 abwechselnd alkalisch und sauer gemacht und schließlich von den unlöslichen Bestandteilen durch starkes Vermahlen in einer Mühle während des Zwischenprozesses befreit.

A. 2 066 015. Barium Reduction Corp. Aus BaO_2 wird mit Wasser BaO, $Ba(OH)_2$ und $BaSiO_3$ herausgelöst.

A. 2 153 658. Co. Parisienne de Produits Chimiques. Unterbrechung der Zugabe von BaO_2 zur H_3PO_4 und Erwärmen auf 60—70° C.

XI. Die theoretischen Grundlagen der elektrolytischen Oxydation der Schwefelsäure und ihrer Salze zu Perschwefelsäure und deren Salzen.

Die direkten Methoden der elektrochemischen Darstellung des Wasserstoffperoxyds durch kathodische Reduktion von gelöstem Sauerstoff durch noch atomaren Wasserstoff haben keine technische Bedeutung erlangen können, da die Konzentration der erhaltenen Lösungen gering bleibt und die apparative Durchführung dieser Verfahren große Schwierigkeiten bereitet. Eine Weiterverarbeitung der anfallenden, sehr verdünnten, etwa 0,5- bis 1%igen Wasserstoffperoxydlösungen auf die erforderliche hohe Konzentration ist aber wirtschaftlich vollkommen aussichtslos.

Bildung von H_2O_2 an der Anode. An der Anode schien eine mengenmäßig bedeutsamere Bildung von Wasserstoffperoxyd nach $2\,OH' + 2\,\oplus \rightarrow H_2O_2$ auf Grund rein thremodynamischer Überlegungen durchaus möglich zu sein. In der Wirklichkeit ist es aber nicht möglich, beim Oxydationspotential des Wasserstoffperoxyds von $\varepsilon_0 = +\,1{,}77$ Volt an Platinanoden durch anodische Polarisierung auch nur eine Spur von H_2O_2 erzeugen zu können. Zur Erklärung für dieses Verhalten kommen nur Geschwindigkeitsphänomene in Betracht.

Das Wasserstoffperoxyd besitzt zwei charakteristische Gleichgewichtspotentiale, das Oxydationspotential $H_2O_2 + 2\,\oplus \rightarrow 2\,OH'$ mit einem Wert von $\varepsilon_0 = + + 1{,}77$ Volt [574, 198, 199] und das Reduktionspotential $H_2O_2 + 2\,\ominus \rightarrow O_2 + 2\,H^{\cdot}$ bei $+\,0{,}67$ Volt. Der Oxydationsvorgang würde der anodischen Wasserstoffperoxydbildung, der Reduktionsvorgang der Bildung durch Autoxydation entsprechen. Das für diese Vorgänge fast ausschließlich in Betracht kommende Elektrodenmaterial Platin hat nun die Eigenschaft, bei anodischer Sauerstoffbeladung ein höheres Oxyd zu bilden, das schon freiwillig unter Sauerstoffentwicklung zerfällt. G. Grube[575]). Seine Zusammensetzung dürfte am ehesten den Formeln PtO_2, PtO_3 bis PtO_4 entsprechen. Die Neigung dieser Platinoxyde zum Zerfall wird natürlich noch unterstützt, wenn Wasserstoffperoxyd, das an sich schon ein sehr leicht zersetzlicher Körper ist, mit diesem in Berührung tritt. Haber[574] und Foerster[576] nehmen an, daß die ganze Entbindung von Sauerstoff an der Platinanode indirekt über eine Wasserstoffperoxydbildung erfolgt, das als Oxydationsmittel zuerst Platinprimäroxyd erzeugt, bzw. dessen Konzentration vermehrt: $Pt + x\,H_2O_2 \rightarrow PtO_x + x\,H_2O$ (Oxydationsvorgang). Als Stoff mit einem leicht abspaltbaren O-Atom reagiert nun das H_2O_2 äußerst rasch mit den höheren Platinoxyden unter Freiwerden von molekularem Sauerstoff: $PtO_x + (x - 2)\,H_2O_2 = PtO_2 + (x - 2)\,H_2O + (x - 2)\,O_2$ (Reduktionsvorgang).

Die Geschwindigkeit des Reduktionsvorganges ist klein, so lange die Konzentrationen des PtO_x und des H_2O_2 gering sind. In diesem Falle kann sich das Wasserstoffperoxyd als Oxydationsmittel betätigen. Ein kleiner Zusatz von H_2O_2 kann daher die EMK. der Groveschen Knallgaskette sogar noch um einen geringen Betrag steigern[577]. Jedoch schon bei weiterer geringfügiger Vermehrung der Wasserstoffperoxydkonzentration fällt das Potential der Platinelektrode merklich, da der Zerfall des Wasserstoffperoxyds eine erhebliche Reaktionsgeschwindigkeit besitzt und H_2O_2 gegenüber dem Platin nur ein schwaches Oxydationsmittel ist. Es wird daher der Reduktionsvorgang den Oxydationsvorgang überwiegen und damit eine Konzentrationsverminderung des PtO_x Platz greifen. Ist daher durch eine anodische Polarisierung einer Platinanode ein beträchtlicher Gehalt an PtO_x erteilt, so wird in Berührung mit Wasserstoffperoxyd nur der Reduktionsvorgang, d. h. der Zerfall des H_2O_2 in Erscheinung treten. Die Mengen von Wasserstoffperoxyd, die die Selbstentladung einer anodisch polarisierten Platinelektrode schon stark zu beschleunigen vermögen, sind außerordentlich gering, es genügt dazu z. B. schon das an der Kathode gebildete und zur Anode diffundierte Wasserstoffperoxyd[578].

Das Auftreten von Wasserstoffperoxyd an der Platinelektrode, welche vor allen anderen Metallen derart hohe Potentiale, die zur Bildung von H_2O_2 erforderlich sind, zu erreichen gestattet, ist daher nur unter solchen Bedingungen möglich, wenn entweder der zersetzende Einfluß der Platinoxyde weitgehend ausgeschaltet werden kann oder wenn Gelegenheit zur Bildung stabilerer Derivate gegeben ist. Der erste Fall wurde verwirklicht von Riesenfeld und Reinhold[83], als sie an der Platinanode bei $-40°$ in gesättigter Kalilauge geringe Mengen von Wasserstoffperoxyd nachweisen konnten. Bei dieser niedrigen Temperatur und bei Verwendung von Kalilauge verlaufen die die Zersetzung herbeiführenden Nebenreaktionen derart langsam, daß eine nachweisbare Menge H_2O_2 an der Platinanode gebildet werden kann. In Natronlauge gelingt es jedoch unter ähnlichen Bedingungen nicht, Wasserstoffperoxyd am Platin in nachweisbaren Mengen entstehen zu lassen, da wegen der stark zersetzenden Wirkung der Natronlauge sämtliches primär entstandenes Wasserstoffperoxyd sofort wieder zersetzt wird.

Bildung von Perschwefelsäure an der Anode. Die größere Tendenz zur Zerstörung des Wasserstoffperoxyds gegenüber der Bildung kann nun vermieden werden, wenn gleichsam ein Katalysator vorhanden ist, der das Verhältnis des großen Reaktionswiderstandes der chemischen Reaktion $O + H_2O = H_2O_2$ und des geringeren des Zerfalles $H_2O_2 = 2\,H + O_2$ direkt umkehrt. Als derartige Form des Wasserstoffperoxyds kommt nun sein stabiles Derivat, die Perschwefelsäure, in Betracht. Die anodische Bildung von Perschwefelsäure, auf welcher Reaktion heute in der Technik zum überwiegenden Teil die fabrikmäßige Erzeugung von Wasserstoffperoxyd beruht, ist nur dadurch möglich, daß die Perschwefelsäure reduzierende Eigenschaften gegenüber den Platinoxyden nur in dem Ausmaße besitzt, als sie Wasserstoffperoxyd abspaltet. Die Zerstörung von Überschwefelsäure an der Platinanode erfolgt daher nur mit jener Geschwindigkeit, mit der sie in Carosche Säure bzw. Wasserstoffperoxyd und Schwefelsäure übergeht. Zur Erzielung größerer Ausbeuten an Überschwefelsäure muß man daher alle Einflüsse so weitgehend wie nur möglich ausschalten, die auf eine Verseifung der Überschwefelsäure hinarbeiten. Es wird die Aufgabe nachstehender Ausführungen sein, die Bedingungen, unter welchen dieses Ziel erreichbar ist, zu erörtern.

Die oxydierende Eigenschaft einer die Platinanode umgebenden Schwefelsäure war schon 1853 von Meidinger beobachtet worden, jedoch war es erst Berthelot[579], der erkannte, daß hier eine besondere Form der Schwefelsäure für diese Oxydationswirkungen verantwortlich zu machen sei. Er nannte diese Säure „Acide persulfurique", gab ihr schon die richtige Formel $H_2S_2O_8$ und untersuchte auch sehr eingehend ihre Eigenschaften.

Die Überführung der Schwefelsäure in wäßriger Lösung in Überschwefelsäure ist bisher nur mit Hilfe des elektrischen Stromes und Fluors möglich gewesen. Die Ursache für diese wenigen Oxydationsmöglichkeiten ist darin gelegen, daß das zur Oxydation erforderliche hohe Oxydationspotential nur an einer mit Sauerstoff polarisierten Platinanode und mit Fluor erreichbar ist. Am Platin ist das Auftreten von freiem Sauerstoff stets mit einer erheblichen Steigerung des Anodenpotentials verbunden. Besonders stark ist der Potentialanstieg am glatten Platin, so daß an diesem die stärksten Oxydationswirkungen des elektrolytischen Sauerstoffes zu erhalten sind.

Berthelot führte die Bildung der Überschwefelsäure an der Anode auf eine Oxydation durch primär entstandenes Wasserstoffperoxyd zurück:

$$2\,H_2SO_4 + H_2O_2 = H_2S_2O_8 + 2\,H_2O.$$

Diese Anschauung beruhte jedoch auf einem Irrtum, da das von Berthelot bei der Elektrolyse von konzentrierter Schwefelsäure beobachtete Auftreten von Wasserstoffperoxyd nur durch sekundäre Umsetzung der Überschwefelsäure gebildet wurde. Nach der heute allgemein geltenden Anschauung entsteht die Überschwefelsäure an der Anode durch Vereinigung zweier HSO_4'-Ionen. Richarz[580], der als erster diese Ansicht vertrat, nahm an, daß eine an der Anode durch Umladung entstandene positive HSO_4-Gruppe sich mit einer anderen noch negativen HSO_4-Gruppe zur Perschwefelsäure vereinigt.

Für die Entstehung der Überschwefelsäure aus zwei HSO_4-Gruppen spricht vor allem der Umstand, daß die Ausbeute an Überschwefelsäure, wie später noch eingehender gezeigt werden soll, in verdünnter Schwefelsäurelösung noch sehr gering ist, mit steigender Schwefelsäurekonzentration aber zunimmt. Bei großer Verdünnung der Schwefelsäure tritt eine Dissoziation in die Ionen $2\,H^{\cdot}$ und SO_4'', bei mäßiger Verdünnung aber in die Ionen $H^{\cdot}$ und HSO_4' ein. Während in verdünnter Schwefelsäure daher vor allem SO_4''-Ionen an der Anode entladen werden, die sich mit dem Wasser zu Schwefelsäure und Sauerstoff umsetzen, ist die Bildung von Perschwefelsäure in konzentrierterer Schwefelsäure nicht von den SO_4''-Ionen, sondern vielmehr von der Menge der HSO_4-Ionen abhängig. Der Streit um die Frage, ob die Überschwefelsäure einbasisch sei und ihr die Formel HSO_4, oder ob sie zweibasisch ist, daher ihr die Formel $H_2S_2O_8$ zukommt, ist durch die Untersuchungen von O. Loewenherz[581], Bredig[582] und Moeller[583] eindeutig zugunsten der doppelten Formel $H_2S_2O_8$ entschieden worden. Loewenherz berechnete auf Grund der molekularen Leitfähigkeit und Gefrierpunktserniedrigungen von verdünnten Kaliumpersulfatlösungen den van 't Hoffschen Faktor *i*, d. i. das Verhältnis der unzersetzten Moleküle plus Ionen zur ursprünglichen Molekülanzahl, der für Kaliumpersulfat $K_2S_2O_8$ ungleich geringere Abweichungen ergab (7% Abweichung) als für die Formel KSO_4 (36% Abweichung). Bredig schloß aus der Änderung der molekularen Leitfähigkeit mit der Verdünnung, Moeller aus der Gefrierpunkterniedrigung und der Zunahme der Leitfähigkeit auf die Formel $K_2S_2O_8$ bzw. $H_2S_2O_8$.

Während bei den meisten elektrolytischen Oxydationen Ladungsänderungen von Ionen, und zwar entweder Vermehrung der positiven Ladung ($Fe^{\cdot\cdot} \rightarrow Fe^{\cdot\cdot\cdot} + \ominus$) oder Verminderung der negativen Ladung ($FeCN_6'''' \rightarrow FeCN_6''' + \ominus$) auftreten, liegt bei der anodischen Oxydation der Schwefelsäure zu Überschwefelsäure der interessante Fall vor, daß unter Ladungsänderung mehrere gleichartige Ionen zu einem neuen polymeren Ion zusammentreten. Wie ein genaueres Studium dieses Oxydationsvorganges ergeben hat, läßt sich aber der Prozeß wahrscheinlich nicht einfach durch die Formel $2\,SO_4'' \rightarrow S_2O_8'' + 2\,\ominus$ beschreiben, da sich das Gleichgewichtspotential dieses Prozesses nur mit großer Unsicherheit bestimmen läßt. Vor allem spricht die große Empfindlichkeit des Platins als Elektrodenmaterial dafür, daß dem Übergang des HSO_4-Ions in das S_2O_8-Ion große Reaktionswiderstände entgegenstehen, zu deren Überwindung der primär an der Anode abgeschiedene Sauerstoff in entscheidendem Maße beiträgt. Dem tatsächlichen Reaktionsverlauf entspricht daher eher eine Formel $2\,HSO_4' + O + H_2O \rightarrow H_2S_2O_8 + 2\,OH'$[584].

Reaktionen der Überschwefel- und Caroschen Säure. Bevor noch auf die Verhältnisse bei der Elektrolyse näher eingegangen werden kann, ist es vorher noch notwendig, zum besseren Verständnis der Vorgänge bei der Elektrolyse die wichtigsten Reaktionen der Überschwefelsäure zu besprechen. Die rein wäßrige Lösung der Perschwefelsäure ist bei niedriger Temperatur ziemlich beständig, jedoch geht sie unter der Einwirkung von Wasser, ungleich schneller jedoch unter dem beschleunigenden Einfluß von starker Schwefelsäure, infolge Hydrolyse vorerst in Caro sche Säure und Schwefelsäure

$$O_2S\begin{matrix} \diagup OO \diagdown \\ \diagdown OH \quad OH \diagup \end{matrix}SO_2 + HOH \rightleftharpoons SO_2\begin{matrix} \diagup OOH \\ \diagdown OH \end{matrix} + SO_2\begin{matrix} \diagup OH \\ \diagdown OH \end{matrix}$$

und schließlich in Schwefelsäure und Wasserstoffperoxyd über:

$$O_2S\begin{matrix} \diagup OOH \\ \diagdown OH \end{matrix} + HOH \rightleftharpoons SO_2\begin{matrix} \diagup OH \\ \diagdown OH \end{matrix} + HOOH$$ [585].

Während in 40%iger Schwefelsäure diese Umwandlung in Caro sche Säure auch bei 0° noch zwei Tage benötigt, geht sie in konzentrierter Säure schon während der Elektrolyse vor sich, ebenso findet die weitere Spaltung in Schwefelsäure und Wasserstoffperoxyd wohl langsamer, aber gleichfalls in kurzer Zeit statt. Die Geschwindigkeit der Umwandlung der Perschwefelsäure in Caro sche Säure bei gewöhnlicher Temperatur und einer Konzentration der Perschwefelsäure von 12 g aktivem O/l ist etwa 40mal so groß als die Bildung von Wasserstoffperoxyd durch Verseifung der Caro schen Säure. Die Umwandlung erfolgt um so rascher, je konzentrierter die Schwefelsäure ist, auch eine Temperaturerhöhung beschleunigt die Verseifung. Wie Baeyer und Villiger[586] weiters gezeigt haben, läßt sich die ursprünglich von Caro[587] durch Einwirkung von konzentrierter Schwefelsäure auf Persulfate in der Kälte erhaltene Sulfomonopersäure auch aus Wasserstoffperoxyd und konzentrierter Schwefelsäure darstellen, so daß wir es mit den vollständig umkehrbaren Reaktionen

$2\,H_2SO_4 + H_2O_2 \rightleftharpoons H_2S_2O_8 + 2\,H_2O$;

$H_2SO_4 + H_2O_2 \rightleftharpoons H_2SO_5 + H_2O$; sowie

$H_2SO_4 + H_2SO_5 \rightleftharpoons H_2S_2O_8 + H_2O$[587]

zu tun haben. Das Gleichgewicht der Perschwefelsäurebildung aus H_2SO_4 und H_2O_2 liegt aber viel weniger stark auf der Seite der Überschwefelsäurebildung als auf der Seite der Sulfomonopersäurebildung, da Willstätter und Hauenstein[588] beim Zusammenbringen von wasserfreiem Perhydratammonsulfat mit 20,74% H_2O_2 und Schwefelsäuremonohydrat bei $-10°$ 85,7 bis 93,5% des aktiven Sauerstoffes in Form von Caroscher Säure und nur 13,5 bis 5,1% Perschwefelsäure neben bloß 0,8 bis 1,4% H_2O_2 erhielten. Ahrle[589] entging bei der Darstellung der reinen Caroschen Säure aus SO_3 und wasserfreiem Wasserstoffperoxyd die Bildung der Perschwefelsäure überhaupt.

Im Elektrolyten ist stets nur ein kleiner Betrag des aktiven Sauerstoffes in Form der Caroschen Säure vorhanden, deren Menge mit Erhöhung der Schwefelsäurekonzentration ansteigt. Bei ihrer Bildung liegt ebenso wie bei der Verseifung eines Esters ein vollkommen umkehrbares Gleichgewicht vor, so daß weder die Perschwefelsäure noch die Caro sche Säure verschwinden, so lange Schwefelsäure und Wasserstoffperoxyd in einer Lösung vorhanden sind.

Neben diesen Reaktionen, die durchwegs zur Bildung von aktiven Sauerstoff enthaltenden Verbindungen führen, gibt es in schwefelsauren Lösungen noch Vorgänge, durch welche die Perverbindungen zersetzt und daher Ausbeuteverluste hervorgerufen werden. So zersetzen sich sowohl die Perschwefelsäure als auch ihre Salze nach $R_2S_2O_8 + H_2O = 2\,RHSO_4 + O$. Diese bei gewöhnlicher Temperatur noch ziemlich langsam verlaufende Reaktion zeigt deutlich, daß wir es bei der Überschwefelsäure und ihren Salzen nur um einen durch das angewandte hohe Potential zustande gekommenen Zwangszustand zu tun haben. Dies geht auch aus der hohen Wärmetönung der Reaktion $2\,H_2SO_4 + O + 34{,}8\,\text{kcal} = H_2S_2O_8 + H_2O$ hervor. Besonders schädlich wirkt sich ein Gehalt von Caroscher Säure aus, da diese neben der Zersetzung an der Anode auch mit Wasserstoffperoxyd unter Sauerstoffentwicklung ähnlich wie andere Persäuren reagiert: $H_2SO_5 + H_2O_2 = H_2SO_4 + H_2O + O_2$. Zum Unterschiede von der Perschwefelsäure kann die Caro sche Säure ebenso wie Wasserstoffperoxyd durch anodischen Sauerstoff zerstört werden, indem sie nach $H_2SO_5 + O \rightarrow H_2SO_4 + O_2$ unter Sauerstoffentwicklung zu Schwefelsäure reduziert wird.

An der Anode gehen daher folgende Reaktionen vor sich:

1. Entwicklung von gasförmigem Sauerstoff: $4\,OH' + 4\oplus \rightarrow O_2 + 2\,H_2O$.

2 a. Entladung von OH′ : $2\,OH' + 2\oplus \rightarrow H_2O + O$ } Bildung von Perschwefelsäure durch anodische Oxydation.
2 b. $2\,HSO_4' + O + H_2O \rightarrow H_2S_2O_8 + 2\,OH'$ }

2 c. Entwicklung von gasförmigem Sauerstoff: $2\,O \rightarrow O_2$.

3. Zersetzung von Caroscher Säure durch den Anodensauerstoff:

$$SO_5'' + O \rightarrow SO_4'' + O_2.$$

Außerdem finden im Elektrolyten folgende Vorgänge statt:

4. Verseifung der Überschwefelsäure zu Sulfomonopersäure:

$$H_2S_2O_8 + HOH \rightarrow H_2SO_5 + H_2SO_4.$$

5. Bildung von Wasserstoffperoxyd: $H_2SO_5 + H_2O \rightarrow H_2SO_4 + H_2O_2$.

6. Zersetzung der Sulfomonopersäure durch Wasserstoffperoxyd:

$$H_2SO_5 + H_2O_2 \rightarrow H_2SO_4 + O_2 + H_2O.$$

7. Zersetzung der Überschwefelsäure: $H_2S_2O_8 + H_2O \rightarrow 2\,H_2SO_4 + O$ (sehr langsam).

Wie aus diesen Gleichungen hervorgeht, kann die Perschwefelsäure durch die gleiche Strommenge, die für ihre Bildung aufgewendet wurde (2 b), wieder vollständig zersetzt werden (3). Es ist daher vor allem notwendig, daß diese Zersetzung nach 3, die durch Hydrolyse der Perschwefelsäure zu Caro scher Säure nach 4 bedingt ist, duch geeignete Führung der Elektrolyse so weitgehend wie nur möglich verhindert wird. Man muß ferner trachten, die für die Bildung der Perschwefelsäure notwendigen Reaktionen 1, 2a und 2b vorherrschen zu lassen und die Geschwindigkeit der die Ausbeute verringernden Vorgänge 3 bis 7 sowohl an der Anode als auch im Elektrolyten so klein wie nur möglich zu gestalten.

Die Caro sche Säure ist unter den bei der Elektrolyse der Schwefelsäure entstehenden Perverbindungen am wenigsten beständig, weshalb man ihre Bildung möglichst unterdrücken soll. Die Caro sche Säure ist aber nicht nur wegen der durch Zersetzung hervorgerufenen Verluste an aktivem Sauerstoff schädlich, sie übt auch, wie E. Müller und Schellhaas[590] gezeigt haben, eine depolarisierende Wirkung auf die Platinanode aus, so daß wegen des auftretenden Potentialabfalls in gleichem Maße die Produktion von Perschwefelsäure herabgesetzt wird. Die Sauerstoffverluste können direkt als Funktion des Gehaltes an Caro scher Säure angesetzt werden. Auffallend ist dabei, daß schon verhältnismäßig kleine Mengen von Caro scher Säure sehr große Ausbeuteverluste verursachen. Während z. B. die Ausbeute bei der anodischen Oxydation einer mit 1% Natriumperchlorat versetzten gesättigten Natriumsulfatlösung etwa 70% beträgt, sinkt diese beim Zusatz von 1% Caro scher Säure auf etwa 45% und bei weiterer Zugabe von 1% auf etwa 30%.

Dei Bedeutsamkeit der Reaktion 1 für die Überschwefelsäurebildung liegt darin, daß der entwickelte Sauerstoff das Potential der Platinanode steigert, wodurch die Ausbeute an Perschwefelsäure durch Beschleunigung des Vorganges 2b wesentlich erhöht wird. Da das Sulfation schwerer oxydiert wird als die Sauerstoffentwicklung nach 1 erfolgt, ist die Perschwefelsäurebildung stets von einer O_2-Entwicklung begleitet. Der entwickelte Sauerstoff ist schwach ozonhältig. Da in der starken Schwefelsäure aber nur eine geringe Hydroxylionenkonzentration herrscht, hält sich die Sauerstoffentwicklung in erträglichen Grenzen.

Einfluß der Schwefelsäurekonzentration. Die Bedingungen, die die Perschwefelsäurebildung und die verschiedenen Nebenreaktionen beeinflussen, wurden ganz besonders durch die Untersuchungen von K. Elbs und O. Schönherr[591] und E. Müller und seinen Mitarbeitern geklärt. Von sehr großem Einfluß auf die Stromausbeute ist die Konzentration der Schwefelsäure. Während bis zu einem spezifischen Gewicht der Säure von 1,20 nur wenig Überschwefelsäure gebildet wird, erreicht diese bei einer Dichte von 1,30 bis 1,45 ein Maximum, um darüber hinaus wieder abzunehmen.

Stromdichte. Da die Oxydation der Sulfationen stets von einer Sauerstoffentwicklung begleitet ist, bewirkt eine Stromdichtesteigerung eine besonders kräftige Erhöhung des Anodenpotentials, da ja bei erhöhtem Potential eine stärkere Sauerstoffentwicklung, namentlich an glattem Platin, vor sich geht. Da eine Steigerung des Anodenpotentials wieder den Oxydationsvorgang gegünstigt, fördert eine Erhöhung der Stromdichte allgemein solche Anodenvorgänge, die an hohe Anodenpotentiale gebunden sind, wie z. B. die Perschwefelsäurebildung. Aus der folgenden Tabelle 9 ist der Einfluß der Schwefelsäurekonzentration und der Stromdichte auf die Ausbeute der Perschwefelsäure ersichtlich. Die Versuche stammen von Elbs und Schönherr, die in einem mit Eis gekühlten Becherglas arbeiteten. In einer Tonzelle befand sich eine Platinkathode, während die Platinanode, die aus einem frisch ausgeglühten Draht bestand, im Zwischenraum zwischen Becherglas und Tonzelle angeordnet war.

Das Maximum der Perschwefelsäurebildung weist also um so höhere Werte auf, je größer die Stromdichte ist. Es wird auch bei niederen Stromdichten erst bei

Tabelle 9.

Spez. Gew. der H_2SO_4 bei gewöhnlicher Temperatur	g H_2SO_4/L	Zur Bildung von Überschwefelsäure verwendeter Stromanteil		
		D_A = 0,05 Amp/qcm	0,5 Amp/qcm	1,0 Amp/qcm
1,15	239	—	—	7,0 %
1,20	328	—	4,4 %	20,9 %
1,25	418	—	29,3 %	43,5 %
1,30	510	1,8 %	47,2 %	51,6 %
1,35	605	3,9 %	60,5 %	71,3 %
1,40	702	23,0 %	67,7 %	75,6 %
1,45	798	32,9 %	73,1 %	78,4 %
1,50	896	52,0 %	74,5 %	71,8 %
1,55	996	59,6 %	66,7 %	65,3 %
1,60	1096	60,1 %	63,8 %	50,8 %
1,65	1292	55,8 %	52,0 %	—
1,70	1312	40,0 %	—	—

höheren Schwefelsäurekonzentrationen erreicht. Wie aus der Tabelle weiters ersichtlich ist, sind mit steigender Konzentration der Schwefelsäure bis zu einem bestimmten Werte steigende Ausbeuten an Perschwefelsäure zu erhalten. Die Schwefelsäure sollte eigentlich nach dem Massenwirkungsgesetz in einer Lösung von Perschwefelsäure deren Bildung entgegenwirken. Dieser hemmende Einfluß macht sich erst bei Konzentration über $D = 1,50$ bemerkbar, so daß von dieser Dichte ab wieder sinkende Ausbeuten erhalten werden. Die Verseifung der Überschwefelsäure zu Caroscher Säure und weiterhin zu Schwefelsäure und Wasserstoffperoxyd wird hingegen durch Erhöhung der Schwefelsäurekonzentration beschleunigt, das Verhältnis der beiden Reaktionsgeschwindigkeiten zueinander aber bleibt mit und ohne Säure das gleiche[592].

R. Matsuda[592] schloß aus der steigenden Ausbeute bei wachsender Stromdichte (welcher Einfluß um so ausgeprägter ist, je geringer die Konzentration ist), daß die an der Anode abgeschiedenen OH-Ionen von ausschlagender Bedeutung für die Persulfatbildung sind. Der Anteil der Ausbeute an Caroscher Säure an der Gesamtausbeute ist um so größer, je kleiner die Viskosität der Lösung und die Kathodenfläche ist. Durch Überlagerung des Elektrolysierstromes mit einem 60periodigen Wechselstrom von 100 V wird die Stromausbeute nicht wesentlich beeinflußt.

Stromausbeute. Die Zahlenwerte der Tabelle 9 bezogen sich nur auf die in den ersten Minuten der Elektrolyse erhaltenen Ausbeuten von Perschwefelsäure. Verfolgt man jedoch den zeitlichen Verlauf der Elektrolyse weiter, so zeigt sich, daß die Stromausbeuten nach einem Ansteigen bis zu einem Maximum, dessen Relativwerte von der Schwefelsäurekonzentration abhängig sind, mit steigender Schwefelsäurekonzentration immer steiler bis zum Nullwert absinken, um schließlich sogar negative Stromausbeuten zu ergeben. In der folgenden Abb. 3 sind diese Verhältnisse für 12 n, 15 n und 16 n H_2SO_4 wiedergegeben[594]. Die Stromausbeutekurven für noch höhere Schwefelsäurekonzentrationen liegen alle innerhalb der gezeichneten Kurven, so daß man durch Erhöhung der Schwefelsäurekonzentration nicht zu 100%iger Ausbeute an Perschwefelsäure gelangen kann. Mit vermehrtem Schwefelsäuregehalt des Elektrolyten steigt vielmehr, wie aus den punktierten Kurven 12, 15 und 16 hervorgeht, die sich immer auf die entsprechend normalen Schwefelsäurelösungen beziehen, wegen der durch die Schwefelsäure beschleunigten Umwandlung der Überschwefelsäure in Caro sche Säure auch der schädliche Gehalt an dieser. Die gestrichelten Linien zeigen das Ansteigen des gesamten vorhandenen aktiven Sauerstoffes bei der Elektrolyse. Vollkommen frei von C a r o scher Säure ist der Elektrolyt wegen der auch bei gewöhnlicher Temperatur verhältnismäßig rasch vor sich gehenden Verseifung der Überschwefelsäure demnach nie. Mit steigender Schwefelsäurekonzentration nimmt die Menge der C a r o schen Säure zu, wie deutlich aus der folgenden Tabelle 10 hervorgeht[594].

Die Versuche wurden bei 14 bis 16° mit einer Platindrahtanode bei einer Stromstärke von 3 Amp und einer Stromdichte von 2 Amp/qcm durchgeführt. Das Volumen des Anolyten betrug anfangs 110 ccm, um im Verlaufe der Versuche auf 91 bis 93 ccm zurückzugehen. Es besteht demnach, wie aus der Tabelle ersichtlich ist, für die Ausbeute an aktivem Staustoff ein Maximum in der 11 n H_2SO_4, während das Maximum der Stromausbeute bei einem Schwefelsäuregehalt von 15 n liegt. Es werden sich daher Schwefelsäurelösungen mit einem spezifischen Gewicht von 1,30 bis 1,45 am besten zur elektrolytischen Darstellung von Überschwefelsäure eignen.

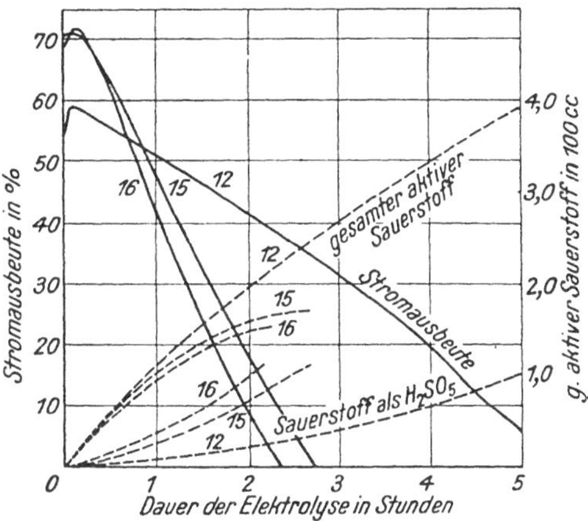

Abb. 3. Zeitlicher Verlauf der Elektrolyse von Schwefelsäure.

Zeitlicher Verlauf der Elektrolyse. Der zeitliche Verlauf einer Elektrolyse läßt sich wie folgt darstellen: Anfangs wird mit guter Ausbeute der Vorgang der potentialerhöhenden Sauerstoffentwicklung (1) vor sich gehen. Dadurch wird auch die Überschwefelsäurebildung nach 2 b beschleunigt. Mit zunehmender Überschwefelsäurekonzentration wird diese auf Grund des Massenwirkungsgesetzes immer mehr der Verseifung zu C a r o scher Säure unterliegen (4). Je mehr C a r o sche Säure vorhanden ist, um so stärker wird gleichzeitig die Stromausbeute durch anodische Zersetzung dieser Säure nach 3 sinken. Durch die C a r o sche Säure wird ferner auch das Anodenpotential heruntergedrückt,

Tabelle 10.

Konzentration der H_2SO_4 in Grammäquival./L.	8	11	12	13	14	15	16	17
Spezifisches Gewicht bei gewöhnlicher Temperatur	1,236	1,316	1,341	1,367	1,392	1,418	1,443	1,468
Maximum der Stromausbeute in Prozent	38,8	65,0	68,1	73,0	73,8	76,4	74,2	73,4
Mittlere Stromausbeute bis zum Nullwert in Prozent	18,9	28,8	32,5	33,6	33,3	33,9	32,6	28,7
Gramm aktiver O auf 100 ccm beim Nullwert der Stromausbeute	2,53	2,86	2,24	2,18	1,68	1,60	1,26	1,29
Davon als Carosche Säure g	0,91	0,90	1,09	1,14	1,14	1,14	1,05	1,07
Davon als Carosche Säure %	36,0	31,5	48,6	52,0	68,8	71,5	83,4	83,2
Als H_2O_2 in Prozent	0,0	0,0	0,0	Spur	Spur	1,0	2,5	3,7
Strommenge, aufgewandt bis zur Stromausbeute 0 in Amp. Std.	38,0	27,0	20,5	19,3	15,0	14,0	> 12	13,5

so daß dadurch ein weiterer Rückgang in der Perschwefelsäurebildung zustande kommt (E. Müller und Schellhaas[590]). Mit steigender Schwefelsäurekonzentration wird daher nicht nur die Verseifung der Überschwefelsäure beschleunigt, sondern auch der Vorgang 3 der anodischen Zersetzung der Caroschen Säure immer mehr hervortreten. Dies kann so weit gehen, daß nicht nur in der Zeiteinheit gleich viel Perschwefelsäure an der Anode gebildet wird, als gleichzeitig durch die Stromarbeit an der Anode wieder zerfällt, als zu diesem Zeitpunkte die Stromausbeute Null ist, sondern daß beim weiteren Verlauf durch Erhöhung der Konzentration der Caroschen Säure die Sauerstoffentwicklung infolge Zersetzung mehr Sauerstoff in Freiheit setzt, als an der Anode in Form von Überschwefelsäure gebunden wird. Die Stromausbeute wird in diesem Falle sogar negativ sein. Dies tritt dann ein, wenn im Momente der Stromausbeute Null die ja noch immer reichlich vorhandene Perschwefelsäure neuerlich durch Verseifung Carosche Säure nachliefert, wodurch wieder die Überschwefelsäurebildung infolge Depolarisation der Anode zurückgeht, während durch Konzentrationserhöhung der Caroschen Säure der Stromanteil für Vorgang 3 neuerlich größer wird. Auf ein vom Strome geliefertes O-Atom werden deren zwei an der Anode entwickelt. Schließlich wird aber durch das dauernde Absinken der Überschwefelsäurekonzentration auch die Nachlieferung von Caroscher Säure vermindert werden, so daß die negativen Stromausbeutewerte zurückgehen und schließlich ein stationärer Zustand sich in der Nähe des Nullwertes der Stromausbeute einstellen wird. In diesem stationären Zustand, der aber wegen der Trägheit der Ionenwanderung erst nach längerer Zeit erreicht wird, hält sich die Überschwefelsäurebildung nach 2b und die Zersetzung der Caroschen Säure nach 3 die Waage, ebenso aber die Bildung von Caroscher Säure durch Verseifung von Perschwefelsäure nach 4 mit deren Bildung nach 2b. In der Abb. 4 sind diese Verhältnisse wiedergegeben[595]. Diese Elektrolyse wurde bei 7° und in einer 14n H_2SO_4 mit $D_A = 0{,}75$ Amp/qcm und 40 Amp/L durchgeführt, wobei gegen Schluß der Elektrolyse die Schwefelsäurekonzentration auf 19,3n gestiegen war.

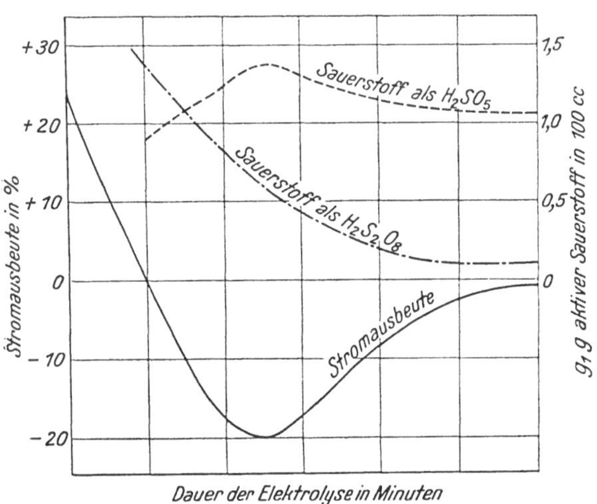

Abb. 4. Ausbildung des stationären Zustandes bei der Schwefelsäureelektrolyse.

Wie zu ersehen ist, steigt die Konzentration der Caroschen Säure selbst nach Erreichen des Nullwertes der Stromausbeute auf Kosten der Überschwefelsäurekonzentration noch weiter an, um schließlich gleichzeitig mit dem Minimum der Stromausbeutekurve wieder kleiner zu werden. Im stationären Zustand ist ungleich mehr Carosche Säure als Perschwefelsäure vorhanden. Ihre sehr weitgehende Unabhängigkeit von der Konzentration der Schwefelsäure (s. vorige Tabelle) deutet darauf hin, daß die anodische Zersetzung der Caroschen Säure mit der Schwefelsäurekonzentration primär nicht zusammenhängt. Durch Erhöhung der Schwefelsäurekonzentration wird aber der Vorgang der Perschwefelsäurebildung (2b) und die Verseifung zu Caroscher Säure (4) beschleunigt, und zwar 2b in verdünnterer Lösung mehr als 4, während in konzentrierterer Schwefelsäure das Verhältnis der Geschwindigkeiten zugunsten der H_2SO_5-Bildung verschoben ist. In sehr konzentrierter Schwefelsäure würde daher die an der Anode entstehende Überschwefelsäure äußerst rasch zu C a r o scher Säure verseift werden, dadurch aber nach 3 die Stromausbeute bis auf Null herabgesetzt werden. Die Zurückdrängung der Bildung von schädlicher C a r o scher Säure läßt sich daher am ehesten noch bei einer Dichte der Schwefelsäure von 1,30 bis 1,45 mit einer guten Stromausbeute vereinbaren.

Die bei hoher Übeschwefelsäurekonzentration verstärkte Bildung von C a r o-scher Säure ist auch die Ursache dafür, daß man mit der Stromdichte nicht bis zu extrem hohen Werten hinaufgehen kann. Wie bereits erwähnt, wäre an sich eine möglichst hohe Stromdichte wegen der damit verbundenen Erhöhung des Anodenpotentials für eine gute Überschwefelsäureausbeute förderlich. Bei zu hoher Stromdichte erfolgt jedoch durch Temperaturerhöhung des Elektrolyten sekundär eine ungünstige Beeinflussung des Prozesses. Auch würde unmittelbar an der Anode eine zu hohe Perschwefelsäurekonzentration entstehen, wobei die Abwanderung und Abdiffusion der Überschwefelsäure aber mit geringerer Geschwindigkeit erfolgen kann als ihre Verseifung zu C a r o scher Säure. Die so unmittelbar an der Anode entstehende große Menge von C a r o scher Säure würde aber sofort wieder durch den Strom nach 3 zersetzt und dadurch die Stromausbeute und das Potential der Anode erniedrigt werden. Es gibt daher auch ein Optimum der Stromdichte, das um so niedriger liegen muß, je höher die Schwefelsäurekonzentration ist. Dies geht auch aus der Tabelle 9 auf S. 130 hervor.

Einfluß der Temperatur. Da namentlich die Bildung von C a r o scher Säure die Stromausbeute an aktivem Sauerstoff herabsetzt, sind alle Einflüsse schädlich, die ihre Bildung begünstigen, und umgekehrt alle Maßnahmen förderlich, die ihre Entstehung verhindern. Eindeutig ist der Einfluß der Temperatur auf den Vorgang bei der Elektrolyse. Durch Temperaturerhöhung wird vor allem die Verseifungsgeschwindigkeit der Überschwefelsäure zu C a r o scher Säure außerordentlich beschleunigt. Die Bildung der Persulfate selbst ist von der Temperatur ziemlich unabhängig[596]. Weiters wirkt eine Temperaturerhöhung einer Potentialsteigerung entgegen, so daß bei erhöhter Temperatur auf jeden Fall nur schlechtere Ausbeuten an Überschwefelsäure zu erwarten sind. Man arbeitet daher in der Praxis stets unter guter Kühlung des Elektrolyten. Da es sich namentlich um eine gute Kühlung der Grenzschicht zwischen Anode und Flüssigkeit handelt, hat man auch schon vorgeschlagen, zur Kühlung und Abführung der durch die Stromarbeit hervorgerufenen Wärme auch gekühlte hohle Anoden zu verwenden[597] Noch wirksamer ist eine gleichzeitige Kühlung beider Elektroden, wobei die Kühlflüssigkeit einen von der Anode der einen Zelle und der Kathode der anschließenden Zelle gebildeten Hohlraum durchfließt. Die Stromausbeute bei der Perschwefelsäureelektrolyse läßt sich dadurch auf 80% erhöhen. Den günstigen Einfluß einer niederen Temperatur bei der Elektrolyse ersieht man deutlich aus der folgenden Tabelle 11[594] (l. c. S. 41, 61, 69):

T a b e l l e 11.

Art der Anode und der Kühlung	Platindraht, Kühlung der Anodenlösung mit Leitungswasser von 10°				Hohles Platinrohr; Kühlung der Anode und auch des Anodenraumes durch Eiswasser			
Konzentration der H_2SO_4	12 n, $D = 1{,}341$		15 n, $D = 1{,}418$		12 n		15 n	
D_A in Amp/qcm	2,0	2,0	2,0	2,0	0,67	2,0	0,33	0,67
Stromkonzentration in Amp/L	27,5	55,0	27,5	55,0	55,0	55,0	27,5	55,0
Temperatur in Grad . . .	15,3	11,2	14,3	16,4	3,6	9,8	3,1	4,0
Mittlere Stromausbeute in %	32,5	35,0	33,9	35,1	37,1	35,4	39,8	38,9
Gramm aktiver O in 100 ccm	2,44	3,85	1,60	1,70	4,83	3,62	2,91	3,68

Auch die Verseifung der Caroschen Säure zu Wasserstoffperoxyd nach 5 wird durch eine Temperaturerhöhung sehr stark beschleunigt. Während z. B. eine verdünnte Lösung von Caroscher Säure auch in Gegenwart von Schwefelsäure längere Zeit haltbar ist, erfolgt ihre Umwandlung in Wasserstoffperoxyd und Schwefelsäure sehr rasch bei einer Erwärmung auf 70 bis 90°. Da sich aber das zufolge 5 gebildete Wasserstoffperoxyd sehr schnell nach 6 mit der Caroschen Säure unter Sauerstoffentwicklung zersetzt, ist dieser aktive Sauerstoff verloren. Die Badtemperatur bei der Überschwefelsäureelektrolyse muß wegen der Verseifungsgefahr niedriger sein als bei der Persulfatelektrolyse, bei welcher man selbst Temperaturen von 35 bis 40° noch als zulässig ansieht.

Einfluß von Zusätzen. Man hat auch bereits versucht, durch Einführung von Reduktionsmitteln, die nur mit der Caroschen Säure reagieren, wie schwefelige Säure, Schwefelwasserstoff oder Nitrite, die Bildung von Caroscher Säure und die Depolarisation der Anode zu verhindern[590]. Man bedient sich dabei der Tatsache, daß die Carosche Säure bei gewöhnlicher Temperatur ein viel kräftigeres Oxydationsmittel ist als die Perschwefelsäure. Bei der Ammonpersulfatherstellung kann man auch Natriumbisulfit, -sulfit, Salzsäure und Natriumchlorid als Reduktionsmittel verwenden[598]. Man muß dann aber gleichfalls jenen aktiven Sauerstoff, der in Form der Caroschen Säure vorhanden ist, verloren geben.

Ungleich wichtiger sind Zusätze anderer Art, die vornehmlich zur Erhöhung des Anodenpotentials wirksam sind. Setzt man zur Schwefelsäure Flußsäure zu, so wird schon durch kleine Mengen das Potential der Sauerstoffentwicklung um einige Hunderstel- bis Zehntelvolt, je nach der Stromdichte und Temperatur, erhöht, und zwar auch um so mehr, je mehr Flußsäure verwendet wird, bis man schließlich die Werte der reinen Flußsäure erhält (E. Müller[599]). Salzsäure und Bromwasserstoffsäure wirken ähnlich, wobei hier schon sehr kleine Zusätze das Höchstausmaß der Potentialveredelung hervorrufen. Die Anwesenheit von Chlor-, Fluor-, Sulfat-, Perchlorat- und Bichromationen fördert daher alle Vorgänge, die eines besonders hohen Anodenpotentials bedürfen, wie die Perschwefelsäurebildung, ganz besonders. Als erste haben Elbs und Schönherr[600] auf diese merkwürdige Erscheinung bei der Perschwefelsäureelektrolyse hingewiesen. Sie setzten zu 50 ccm einer Schwefelsäure, die 43,9% Ausbeute an Überschwefelsäure ergab, nur einen Tropfen konzentrierte Salzsäure zu, wodurch die Ausbeute sofort auf 69% anstieg. Die Flüssigkeit roch nach Chlor und gab selbst nach einstündiger Elektrolyse noch eine Ausbeute von 67,4%, obwohl ein Chlorgeruch nicht mehr auffällig war. Die Trübung mit Silbernitrat war nach dieser Zeit schon viel schwächer, wurde aber auch nicht stärker nach Zusatz von Ferrosulfat, so daß Sauerstoffsäuren des Chlors nicht als Ursache der Ausbeuteverbesserung angesehen werden können. Ebensowenig beruht diese auf einer Veränderung der Anodenoberfläche, da beim Austausch des Elektrolyten durch reine Schwefelsäure sofort wieder die entsprechend niedrigeren Ausbeuten erhalten wurden. Die zugesetzte Salzsäuremenge betrug nur 0,03 g HCl, kann also unmöglich für einen eventuellen Fehler bei der Analyse der Perschwefelsäure bestimmend gewesen sein. Geringe Mengen von Salpetersäure sind von keinem Einfluß auf die Überschwefelsäurebildung.

Wie genauere Messungen von E. Müller und A. Scheller[601] ergeben haben, erhöhen die Zusätze von Salzsäure und Flußsäure zum Anolyten das Anodenpotential von z. B. 1,747 Volt innerhalb 7 Minuten auf 1,99 Volt, und zwar beide Ionen etwa gleich stark. Bromionen wirken schwächer, Jodionen wirken sogar eher depolarisierend. Zwischen den Chlor- und Fluorionen besteht jedoch ein für die Praxis sehr bedeutsamer Unterschied hinsichtlich der Bildung der Überschwefelsäure und der Zerstörung der Caroschen Säure. Während z. B. bei einem Versuche von E. Müller und A. Schellhaas[590] die Stromausbeute nach 6 Stunden auf 24% gesunken war, konnte durch einen Zusatz von 1 ccm 40%iger Flußsäure innerhalb 10 Minuten bei gleichzeitigem Potentialanstieg die Stromausbeute an Überschwefelsäure auf 71,2% erhöht werden. Der Gehalt an Caroscher Säure war aber nach dem Zusatz der Flußsäure von 0,37% gleichfalls auf 0,39% angestiegen, so daß die Flußsäure auf die Bildung der Caroschen Säure ohne Einfluß war. Wurde jedoch an Stelle der Flußsäure derselben Lösung Salzsäure zugesetzt, so stieg das Anodenpotential und die Stromausbeute an Überschwefelsäure in gleicher Weise wie bei der Flußsäure, der Gehalt an Caroscher Säure sank jedoch ganz beträchtlich. Die Salzsäure hat daher die spezifisch überaus günstige Eigenschaft, schon in kleiner Menge die Stromausbeuten an Überschwefelsäure sehr stark zu erhöhen, jedoch durch Zerstörung der Caroschen Säure die Sauerstoffverluste zu vermindern, so daß mit ihrer Hilfe die Ausbeute an Überschwefelsäure hoch, die Menge von Caroscher Säure aber niedrig gehalten werden kann. Tatsächlich erfolgt in der Praxis fast immer ein potentialerhöhender Zusatz von Salzsäure und/oder irgendeinem anderen der zu diesem Zwecke vorgeschlagenen Stoffe, wie Cyanverbindungen (Kaliumcyanid, Kaliumferri- und -ferrocyanid), Salzen der Cyansäure, Rhodanwasserstoffsäure oder des Cyanamids, wie z. B. Ammonrhodanid[602].

Von R. Wolffenstein und V. Makow[603] ist vorgeschlagen worden, als potentialerhöhenden Zusatz an Stelle der Salzsäure etwa 0,5% hochmolekulare organische Verbindungen, wie Gelatine, Gummi arabicum o. dgl., zuzusetzen, wodurch das Anodenpotential erhöht und gleichzeitig verhindert werden soll, daß aus dem Elektrodenmaterial Verunreinigungen in den Elektroden eintreten. Erwähnt sei noch die Annahme von A. Rius y Miro[604], der als Ursache der Wirkung dieser Zusätze, insbesondere der Fluoride, eine direkte Oxydation der oxydierbaren Stoffe durch entladenes Fluor oder über sekundär gebildete Platinperoxyde annahm.

Bei der Glimmelektrolyse setzen aber bereits 10^{-3} Mole/l HCl bei der Oxydation von 2 n HSO_4 die Ausbeute stark herab. Die Salzsäure hemmt die Reaktion: $2\,H_2SO_4 + 2\,H = H_2S_2O_8 + H_2$ (A. Klemenc und H. Kalisch[605]).

A. Rius und J. O. Garcia[605a] führen die potentialerhöhende Wirkung von Rhodaniden, Chloraten, Perchloraten usw. darauf zurück, daß diese Stoffe nach ihrer Entladung an der Anode die aktiven Zentren blockieren, so daß die Rekombination $O + O \rightarrow O_2$ erschwert wird.

Stromkonzentration. Der rein elektrochemische Vorgang der Überschwefelsäurebildung 2 b kann, wie bereits ausgeführt wurde, mit der sekundär verlaufenden rein chemischen Verseifung der Überschwefelsäure zu Caroscher Säure 4, wenn deren Geschwindigkeit von gleicher Größenordnung geworden ist, nicht mehr erfolgreich in Wettbewerb treten. Man muß daher auch trachten, die Geschwindigkeit des elektrochemischen Vorganges 2 b gegenüber dem chemischen Prozeß 4 so groß wie nur möglich zu machen. Neben einer Temperaturverminderung, die die Reaktionsgeschwindigkeit der Nebenvorgänge herabsetzt, kann man die Geschwindigkeit des elektrochemischen Vorganges bei gleicher Temperatur durch Erhöhung der Stromstärke steigern. Eine bestimmte Menge des zu oxydierenden Stoffes wird man daher wegen der erstrebten Verschiebung der Geschwindigkeiten des chemischen und elektrochemischen Vorganges mit möglichst hoher Stromstärke oxydieren. Die Konzentration des zu oxydierenden Stoffes wird man anderseits wieder aus Gründen der Erzielung einer möglichst hohen Leitfähigkeit und Stromstärke nicht zu klein wählen dürfen, obwohl dadurch auf Grund des Massenwirkungsgesetzes die Reaktionsgeschwindigkeit der Nebenreaktionen beschleunigt wird. Es ist daher notwendig, dem Elektrolytvolumen, das ja die Konzentration einer Lösung bestimmt, und der Stromstärke zur Regelung der Reaktionsgeschwindigkeit des elektrochemischen und chemischen Vorganges ein ganz bestimmtes Verhältnis Stromstärke zu Volumen der Anodenlösung zu geben, dem man nach J. Tafel[606] den Namen „Stromkonzentration" gegeben hat. Sie wird in Ampere auf einen Liter Elektrolyt ausgedrückt. Eine Stromkonzentration von 100 Amp. ist z. B. bei einer Stromstärke von 50 Amp. und einem Volumen des Anolyten von 500 ccm vorhanden. Wie E. Müller und R. Emslander[607] festgestellt haben, ist tatsächlich die bei andauernder Elektrolyse schließlich konstant werdende Konzentration der Überschwefelsäure unter sonst gleichen Bedingungen um so größer, je größer die Stromkonzentration ist.

Für die Bildung der Überschwefelsäure ist der chemische Vorgang der Bildung der Caroschen Säure der schädliche Prozeß, der durch möglichst hohe Stromkonzentration und damit rascherer Überschwefelsäurebildung zurückgedrängt werden kann. Während der kurzen Zeit der Überschwefelsäurebildung bleibt für ihre Verseifung keine Zeit über, so daß die Stromausbeute bei hohen Stromkonzentrationen günstiger ist.

Einfluß des Kations. Besonders merkwürdig ist die Erscheinung, daß bei Gegenwart mancher Metallsulfate, wie z. B. von Ammonium, Kalium und Aluminium, ungleich größere Stromausbeuten als in reiner Schwefelsäure erhalten werden. Elbs und Schönherr[608] stellten bereits fest, daß namentlich ein Zusatz von Ammonsulfat sich auf die Ausbeute von Perschwefelsäure überaus günstig auswirkt. In der nachstehenden Tabelle 12 ist eine Versuchsreihe dieser Forscher wiedergegeben, die bei einer Temperatur von 6 bis 9° und einer Dauer der Einzelversuche von je

Tabelle 12.

Je 50 ccm Anolyt mit 400 g SO_4/L	2,5 Amp, $D_A = 0{,}1$ Amp/qcm		2,5 Amp, $D_A = 0{,}50$ Amp/qcm		2,5 Amp, $D_A = 1{,}00$ Amp/qcm	
davon an NH_4 gebunden/frei	Spannung Volt	Stromausbeute	Spannung Volt	Stromausbeute	Spannung Volt	Stromausbeute
0/400	3,90	1,7%	4,25	15,3%	4,85	28,5%
80/320	4,05	5,4%	4,25	42,4%	4,85	48,5%
160/240	4,20	16,2%	4,30	55,3%	4,95	59,6%
240/160	4,25	28,4%	4,45	68,7%	5,05	69,3%
320/80	4,40	47,3%	4,55	75,3%	5,30	79,0%
400/0	4,55	53,1%	4,65	81,7%	5,50	84,9%

30 Minuten erhalten wurde. Die zu untersuchende Lösung (50 ccm mit 400 g SO_4-Jon/L) wurde in ein durch Eis gekühltes Becherglas eingefüllt, in welchem eine Tonzelle die Kathodenflüssigkeit enthielt. Als Kathode diente ein Platinblech, als Anode ein Platindraht, der die Tonzelle ringförmig umschloß.

Durch die Anwesenheit des Ammonsulfats ist demnach die Ausbeute von 28,5 auf 84,9% angestiegen.

Tabelle 13.

g H_2SO_4/L	2,5 Amp, $D_A = 0{,}5$ Amp/qcm			
	neutrales $(NH_4)_2SO_4$		freie H_2SO_4	
	Spannung Volt	Stromausbeute	Spannung Volt	Stromausbeute
80	5,50	11,1%	4,80	0,0%
160	5,05	37,2%	4,25	0,5%
240	5,00	59,1%	4,20	1,0%
320	4,90	73,8%	4,15	4,4%
400	4,95	82,2%	4,15	15,3%

Als Vergleich ist in der nachstehenden Tabelle 13 noch der Einfluß der Konzentration von freiem Ammonsulfat gegenüber der reinen Schwefelsäure angeführt, aus der ein ungemein starkes Ansteigen der Ausbeute von Überschwefelsäure mit wachsendem Ammonsulfatgehalt hervorgeht. Die Ausbeuten liegen bei gleichhoher

Ammonsulfat- und Schwefelsäurekonzentration beim ersteren ungleich höher als beim letzteren. Die Versuchsbedingungen waren die gleichen wie bei der Tabelle 12[608].

Die besten Ausbeuten ergibt demnach eine neutrale Ammonsulfatlösung, und zwar etwa 85 bis 90%. Die neutrale Lösung wird sofort nach Beginn der Elektrolyse an der Anode sauer und an der Kathode alkalisch:

$$2\,(NH_4)_2SO_4 + O = (NH_4)_2S_2O_8 + 2\,NH_3 + H_2O.$$

Die alkalische Reaktion der Kathodenlösung bietet den Nachteil, daß durch Verflüchtigung von in Freiheit gesetztem Ammoniak Verluste entstehen. Auch nehmen in alkalischer Lösung in zunehmendem Ausmaße OH-Ionen an der Ionenwanderung teil, so daß damit ein Sinken der Stromausbeute verbunden ist. An der Anode geht auch eine Oxydation des Ammoniaks zu Stickstoff vor sich, die mit steigendem Ammoniumgehalt immer stärker wird. Man läßt daher bei der Herstellung von Salzen der Überschwefelsäure, die wegen der guten Löslichkeit des Ammonsulfats und des Ammonpersulfats meist über dieses durch doppelte Umsetzung hergestellt werden, dem Elektrolyten unter starkem Umrühren konzentrierte Schwefelsäure zutropfen, um dauernd das in Freiheit gesetzte Ammoniak zu neutralisieren. Das Arbeiten in neutraler Lösung hat den großen Vorteil, daß Nebenreaktionen, wie die Bildung von C a r o scher Säure, so gut wie gar nicht auftreten, so daß leicht außerordentlich hohe Ausbeuten erhalten werden können. Da das Ammonpersulfat erheblich schwerer löslich ist als das -sulfat — bei 0° lösen sich in 100 g Lösung 100 g $(NH_4)_2SO_4$ bzw. 36,7 g $(NH_4)_2S_2O_8$ —, kristallisiert das Reaktionsprodukt rein aus der Lösung und braucht nur von Zeit zu Zeit abgenutscht zu werden. Sättigt man mit Ammonsulfat dauernd nach, so kann man beliebig große Mengen von Ammonpersulfat mit sehr hoher Stromausbeute herstellen. In neutraler Lösung finden an der Anode bei genügend hohen Stromdichten (2 Amp./qcm) und hoher Sulfatkonzentration nur zwei Elektrodenprozesse statt:

a) $2\,SO_4'' - 2\,\ominus \rightarrow S_2O_8''.$

b) $\left.\begin{array}{l} S_2O_8'' - 2\,\ominus \rightarrow S_2O_7 + \tfrac{1}{2}O_2 \\ S_2O_7 + H_2O \rightarrow S_2O_8'' + 2\,H^{\cdot} \end{array}\right\}$ Persulfatbildung.

Bei niedrigerer Stromdichte geht auch noch der Vorgang der Entladung von SO_4''-Ionen unter Sauerstoffentwicklung vor sich:

c) $SO_4'' - 2\,\ominus \rightarrow SO_3 + \tfrac{1}{2}O_2.$

$SO_3 + H_2O \rightarrow SO_4'' + 2\,H^{\cdot}.$

Man kann bei diesem Verfahren nach dem Vorschlage von E. M ü l l e r und O. F r i e d b e r g e r[609] auch ohne Diaphragma arbeiten, wenn man dem Elektrolyten etwa 0,2% Chromat zusetzt, wodurch sich an der Anode ein dünnes Häutchen von Chromhydroxyd oder -oxyd bildet, das die kathodische Reduktion des Persulfats verhindert. Das Häutchen übernimmt dann die Rolle des Diaphragmas. Da das Chromhydroxydhäutchen aber in starken Säuren löslich ist, kommt diese Arbeitsweise nur für neutrale oder ganz schwach alkalische Elektrolyte in Betracht. Die Ausbildung des Chromhydroxyddiaphragmas erfolgt nur dann, wenn das Chromat zur alkalischen Lösung zugesetzt wurde, andernfalls, z. B. wenn man von einer sauren chromathaltigen Ammonsulfatlösung ausgeht, scheidet sich nur metallisches Chrom ab. Man arbeitet daher in alkalischer Lösung und setzt tropfenweise Schwefelsäure zu, indem man Proben mit n H_2SO_4 und Lackmus als Indikator titriert. Ein

Zuviel an Säure zeigt der Elektrolyt übrigens auch selbsttätig an, indem die gelbgrüne Farbe des Ammonchromats in die rotgelbe des Bichromats übergeht. Man kann bei genauer Einhaltung der Arbeitsvorschrift Ammonpersulfat ohne Diaphragma mit guter Ausbeute (85%) herstellen. Die Ausbeute steht daher nicht sehr hinter der mit Diaphragma nach, bietet aber den Vorteil, die widerstandsvermehrenden Diaphragmen zu sparen und so die Spannung des Bades herabsetzen zu können. Das erhaltene Produkt ist zwar etwas mit Chromsalz verunreinigt, kann aber durch Waschen mit Wasser oberflächlich etwas gereinigt werden. Dieses Produkt eignet sich daher nicht zur Herstellung von Wasserstoffperoxyd, da durch das Chrom bei der Destillation sehr starke Verluste an aktivem Sauerstoff auftreten würden. An Stelle des Chromhydroxyds läßt sich jedoch mit gutem Erfolg ein um die Kathode gewickeltes Asbestdiaphragma verwenden.

Zu erwähnen wäre auch die interessante Methode der Darstellung von Ammonpersulfat von E. H. Riesenfeld und A. Solowjan[610], bei welcher mit strömendem Elektrolyten und gleichzeitiger kathodischer Reduktion des Sauerstoffes gearbeitet wird. Die Kathode ist über der Anode angebracht, so daß der an der Anode entwickelte Sauerstoff an der Kathode vorüberstreicht. Der Elektrolyt strömt zunächst an der Kathode und dann an der Anode vorbei.

Bei der Elektrolyse einer stark schwefelsauren Natriumsulfatlösung bei 10° C und Stromdichten bis rund 9 Amp/qdm, Diaphragma und Zusatz von Flußsäure erhielten D. N. Solanki und I. S. K. Kamath[610a] Stromausbeuten von 92,7%. Nach zweistündiger Elektrolyse kristallisiert aber bereits festes Natriumpersulfat aus.

Für die technische Darstellung des Wasserstoffperoxyds kommt praktisch nur die Elektrolyse der Schwefelsäure und von Ammonbisulfatlösungen in Betracht, da beim Natrium- und Kaliumsulfat nicht bloß die Löslichkeitsverhältnisse ungünstiger liegen — 100 g Lösung lösen bei 0° z. B. nur 1,72 g $K_2S_2O_8$ —, sondern auch die Stromausbeuten geringer sind als beim Ammoniumsalz. Die direkten Verfahren der elektrolytischen Herstellung von Kaliumpersulfat werden auch deshalb nicht ausgeführt, weil ihre Ausbeute schon bei Beginn der Vorgänge ungenügend ist und sich außerdem infolge der Kaliumpersulfatniederschläge an der Anode rasch verkleinert.

Berechnung der Ausbeute. Zur Berechnung der Ausbeute bei der Ammonpersulfatelektrolyse unter Verwendung einer neutralen Ammonsulfatlösung hat O. Essin[611] die Beziehung $A = \frac{c_0 - 2c_2}{c_0 - c_2} \cdot 100\%$ angegeben, wo A die Stromausbeute, c_0 die Anfangskonzentration der (gesättigten) Ammonsulfatlösung und c_2 die Konzentration des Persulfats in dem gegebenen Moment der Elektrolyse bedeuten (siehe diesbezüglich auch Anm. [610], O. Essin und E. Alfimova[612]). Die Stromausbeute ist in gesättigter Ammoniumsulfatlösung nicht mehr von der Stromdichte abhängig, wenn diese gleich oder größer als 2 Amp/qcm ist. Trägt man für eine ununterbrochene Sättigung des Elektrolyten durch Eintragen von frischen Portionen von Ammonsulfat Sorge, wie dies ja auch bei der Herstellung von Ammonpersulfat üblich ist, so kann man für Stromdichten über 2 Amp/qcm und Temperaturen zwischen 10 und 30° zur Bestimmung der Stromausbeuten die Gleichung $A = \frac{c_1}{c_1 + c_2} \cdot 100\%$ verwenden, wobei c_1 und c_2, d. s. die Konzentrationen des Sulfats und Persulfats, konstant sind entsprechend ihrer gegenseitigen Lösungsfähigkeit dieser Salze bei der Temperatur des Elektrolyten.

Für niedrigere Stromdichten als etwa 1 bis 2 Amp/qcm hatte sich zwischen den beobachteten Stromausbeuten und den berechneten keine Übereinstimmung ergeben. Essin[613] führt dies auf Entladungen von SO_4-Ionen an der Anode zurück, die entweder nach c oder nach $2\,SO_4'' \rightarrow S_2O_8'' + 2\ominus$ vor sich gehen kann. Die nach c gebildete Schwefelsäure tritt dann mit der Überschwefelsäure unter Bildung von

Caroscher Säure in Reaktion, die ihrerseits wieder unter Schwefelsäurebildung an der Anode zersetzt wird. Diese Nebenreaktionen können durch dauerndes Neutralisieren durch Zugabe von Ammoniumhydroxyd verhindert werden. Die Versuchsergebnisse stimmen dann mit der Formel $A = (c_0 - 2\,c_2/[c_0 - c_2] - k) \cdot 100\%$ überein, wobei k die Menge SO_4-Ionen darstellt, die sich an der Anode nach Schema c unter Sauerstoffentwicklung entladen, demnach keine S_2O_8-Ionen bilden.

Auf Grund der Wahrscheinlichkeitstheorie leitet Essin für die Konstante K die Beziehung $K = 1 - \int_0^{L_1} e^{-L^2} \cdot L^2\, d\,L$ ab, wo $L_1 = 1{,}9 \cdot D_A^{1/3}$ ist und die maximale Entfernung darstellt, bei der die Ionen bei der Entladung und der daraufolgenden Polymerisation in den Kreis der chemischen Wirkung gelangen und sich polymerisieren. Diese Entfernung, bei und unterhalb welcher die polymerisierenden SO_4-Ionen Persulfat bilden, wurden von O. Essin[611] zu 10^{-6} cm berechnet.

Diese beiden bisher angeführten Beziehungen Essins zur Ermittlung der Stromausbeuten haben jedoch nur für neutrale Elekrolyte Gültigkeit, in denen eine Bildung von Caroscher Säure und deren Nebenreaktionen nicht in Betracht kommt. Für saure Elektrolyte selbst von jener geringen H-Ionenkonzentration, wie sie in einer wäßrigen Natriumsulfatlösung vorliegt, leitete O. Essin und E. Alfimova[612, 615] für die Berechnung der Stromausbeuten die Beziehung $A = \frac{c_0 - 2c_8 - c_5}{c_0 - c_8} - k - k_1 \cdot \frac{c_5\,(1 - A)}{c_0 - c_8}$ ab, in der die jeweilige Konzentration der SO_4-Ionen, SO_5-Ionen und S_2O_8-Ionen mit c_4, c_5 und c_8 sowie die Anfangskonzentration der SO_4-Ionen mit c_0 bezeichnet ist. k gibt den Stromanteil an, den die SO_4-Ionen zu ihrer Entladung unter Sauerstoffentwicklung verbrauchen, während k_1 jenen Stromanteil darstellt, der infolge Zerstörung der Caroschen Säure durch anodischen Sauerstoff und der dadurch bedingten Depolarisation der Anode verloren wird. Ein Teil des Stromes A wird für die Bildung von Persulfat durch Oxydation von Sulfationen (Reaktion 2 b) bzw. von: $2\,SO_4'' + O + H_2O \rightarrow S_2O_8'' + 2\,OH'$ verbraucht, der Rest $(1 - A)$ dient zur Sauerstoffentwicklung. Der gasförmige Sauerstoff entsteht teils durch Reaktion 1 bzw. 2 a, teils durch Entladung von SO_4-Ionen unter Sauerstoffentwicklung, wofür ein Teil des Stromes $= k$ aufgewendet wird. Weitere Bildungsmöglichkeiten des Sauerstoffes sind dadurch gegeben, daß die an der Anode ankommenden SO_5- und S_2O_8-Ionen nicht weiter

Reaktionen	Kationen						
	H	Zn	Mg	Na	Al	NH_4	K
	12	18	25	40	52	60	73
1. Die schädliche Reaktion: $SO_5'' + O \rightarrow SO_4'' + O_2$ (die Größe k_1) wird von Kation zu Kation .			beschleunigt				
2. Die schädliche Reaktion: $O + O \rightarrow O_2$, die durch die begrenzte Geschwindigkeit der Reaktion $2\,SO_4'' + H_2O + O \rightarrow S_2O_8'' + 2\,OH'$ bedingt ist (d. h. die Größe k), wird mit der Vergrößerung der Kationenkonzentration	—	beschleunigt		—	beschleunigt	verzögert	—
3. Die schädliche Reaktion: $S_2O_8'' + H_2O \rightarrow H_2SO_5 + SO_4''$ wird mit der Vergrößerung der Konzentration des Kations . . .	beschleunigt			—	fast unverändert	verzögert	—

oxydiert werden können, wobei der dazu nötige Stromanteil $\frac{c_5 + c_8}{c_4 + c_5 + c_8}$ ist. Schließlich wird auch Sauerstoff durch die Zersetzung der Sulfomonopersäure an der Anode nach 3 gebildet, wofür der Stromanteil $k_1 \cdot \frac{c_5 (1 - A)}{c_4 + c_5 + c_8}$ aufzuwenden ist. k ist daher nur von den Geschwindigkeitskonstanten der Oxydation der SO_4-Ionen zu S_2O_8'' und der Entladung des gasförmigen Sauerstoffes nach $2\,O \rightarrow O_2$, k_1 von der Reaktion der SO_5'' mit dem Anodensauerstoff abhängig. Essin und Alfimova konnten diese Gleichung für verschiedene Stromdichten, Stromkonzentrationen, Flußsäurezusatz zum Elektrolyten, für die Quecksilberkathode, Platinanode, Platinkathode sowie beim Arbeiten mit und ohne Diaphragma bestätigen[616]. Bei der elektrolytischen Bildung der Persulfate des K, NH_4, Al, Na, Mg und Zn konnte gezeigt werden[617], daß die in der Lösung vorhandenen Kationen die Einzelvorgänge an der Anode und im Elektrolyten in der verschiedensten Weise beeinflussen, wodurch die merkwürdige Wirkung des Kations bei der Persulfatelektrolyse zustande kommt. Die Ergebnisse Essins und Alfimovas über den Einfluß des Kations sind in der vorstehenden Tabelle zusammengefaßt.

Die Natur des Kations übt demnach einen sehr komplizierten Einfluß auf die Geschwindigkeit aller Reaktionen aus. Essin und Alfimova ziehen aus ihren Ergebnissen folgenden Schluß: „Je mehr das Kation die Geschwindigkeit der Oxydation der SO_4'' nach $2\,SO_4'' + O + H_2O \rightarrow S_2O_8'' + 2\,OH'$ vergrößert, um so stärker verzögert es die schädliche Reaktion der Verseifung $S_2O_8'' + H_2O \rightarrow H_2SO_5 + SO_4''$, mit anderen Worten, je stabiler das Kation die S_2O_8-Ionen macht, desto stärker beschleunigt es die schädliche Wechselwirkung zwischen Caro scher Säure und Anodensauerstoff: $SO_5'' + O \rightarrow SO_4'' + O_2$."

Literaturverzeichnis.

[574] F. Haber, Ztschr. Elektrochem. **7**, 441, 1901; Ztschr. anorgan. allg. Chem. **51**, 361, 1906. — [575] G. Grube, Ztschr. Elektrochem. **16**, 627, 1910. — [576] F. Foerster, Ztschr. physikal. Chem. **69**, 254, 1909. — [577] Glaser, Ztschr. Elektrochem. **4**, 374, 1898. — [578] P. Stachelin, Dissertation Zürich, 1908. — [579] Berthelot, Compt. rend. Acad. Sciences **86**, 20, 277, 1878; **90**, 269, 331, 1880; **112**, 1669, 1893; Bull. Soc. chim. France (2), **33**, 242, 1880; Ber. Dtsch. chem. Ges. **12**, 275, 1879; **13**, 775, 1880. — [580] Richarz, Ber. Dtsch. chem. Ges. **21**, 1669, 1888. — [581] O. Löwenherz, Chem. Ztg. **1892**, 838. — [582] Bredig Ztschr. physikal. Chem. **12**, 230, 1893. — [583] Moeller, ebenda **12**, 555, 1893. — [584] A. Friessner, Ztschr. Elektrochem. **10**, 287, 1904. — [585] Baeyer und Villiger, Ber. Dtsch. chem. Ges. **34**, 856, 1901. — [586] Dieselben, Ber. Dtsch. chem. Ges. **33**, 124, 1900. — [587] Caro, Ztschr. angew. Chem. **11**, 845, 1898. — [588] Willstätter u. Hauenstein, Ber. Dtsch. chem. Ges. **42**, 1839, 1909. — [589] Ahrle, Journ. praktische Chem. (2) **79**, 129, 1909. — [590] E. Müller u. Schellhaas, Ztschr. Elektrochem. **13**, 257, 1907. — [591] K. Elbs u. O. Schönherr, ebenda **1**, 417, 468, 1894/95; **2**, 162, 245, 1895/96. — [592] T. M. Lowry u. J. H. West, Journ. chem. Soc. London **77**, 950, 1900; H. Palme, Ztschr. anorgan. allg. Chem. **112**, 97, 1920. — [593] R. Matsuda, Bull. Soc. chem. Japan **11**, 1—7, 1936; 650—59; **12**, 331—35, 425—32, 1937; **14**, 72—77, 1939. — [594] K. Anders, Dissertation Dresden, 1913, S. 41, 42. 35. — [595] H. von Ferber, Dissertation Dresden, 1913, S. 47. — [596] Levy, Ztschr. Elektrochem. **9**, 427, 1903. — [597] DRP. 237 764. — [598] DRP. 173 977. — [599] E. Müller, Ztschr. Elektrochem. **10**, 780, 1904. — [600] Elbs u. Schönherr, ebenda **2**, 250, 1895. — [601] E. Müller u. A. Scheller, Ztschr. anorgan. allg. Chem. **48**, 112, 1905. — [602] Chem. Ztrbl. **1923** III, 1249. — [603] R. Wolffenstein u. V. Makow, E. P. 226 391. — [604] A. Rius y Miro, DRP. 205 067, 205 068. — [605] A. Klemenc u. H. Kalisch Z. physikal. Chem. (A) **182**, 91—102, 1938; Monatsh. Chem. **75**, 42, 1944; **76**, 38—45, 1946. — [605a] A. Rius u. J. O. Garcia, Anales fis y quim. (Madrid) **40**, 886—910, 1944. — [606] J. Tafel, Ber. Dtsch. chem. Ges. **33**, 2212, 1900. — [607] E. Müller u. R. Emslander, Ztschr. Elektrochem. **18**, 752, 1912. — [608] Elbs u. Schönherr, ebenda **1895**, 247. — [609] E. Müller u. O. Friedberger, ebenda, **8**, 230, 1902. — [610] E. H. Riesenfeld u. A. Solowjan, Ztschr.

physikal. Chem. Bodenstein-Festband 405, 1931. — [610a] D. N. Solanki u. I. S. K. Kamath, Proc. Indian Acad. Sci. **24 A**, 305—14, 1946. — [611] O. Essin, Ztschr. Elektrochem. **32**, 267, 1926. — [612] O. Essin u. E. Alfimova, Ztschr. physikal. Chem. (A) **162**, 44, 1932. — [613] O. Essin, Ztschr. Elektrochem. **33**, 107, 1927. — [614] O. Essin, ebenda **34**, 758, 1928. — [615] O. Essin u. E. Alfimova, Ztschr. physikal. Chem. (A), **164**, 87, 1933. — [616] Dieselben, Ztschr. Elektrochem. **39**, 891, 1933. — [617] Dieselben, ebenda **41**, 261, 1935.

XII. Die technische Darstellung von Überschwefelsäure und deren Salzen.

Allgemeines. Mit der Schaffung der elektrochemischen Darstellungsmethoden für die Perschwefelsäure und ihre Salze wurde erst die Grundlage für den Aufschwung der Industrie des Wasserstoffperoxyds geschaffen, da es durch diese Methoden ermöglicht wurde, reine und dabei hochkonzentrierte Wasserstoffperoxydlösungen herstellen zu können.

Die elektrolytischen Verfahren zur Herstellung von Perschwefelsäure und ihrer Salze weisen den Vorteil auf, theoretisch nur Wasser und Strom zu verbrauchen, weshalb der Materialverbrauch hier kaum ins Gewicht fällt. Unter den heute technisch im größten Maßstabe ausgeführten Verfahren unterscheidet man im Prinzip drei verschiedene elektrochemische Fabrikationsmethoden für das Wasserstoffperoxyd:

1. Das älteste, von den Österreichisch-Chemischen Werken und der Deutschen Gold- und Silber-Scheideanstalt in Weißenstein a. d. Drau in Kärnten ausgebildete Verfahren besteht darin, daß aus Schwefelsäure elektrolytisch Überschwefelsäure hergestellt und aus diesen Lösungen das Wasserstoffperoxyd in der Wärme und im Vakuum abdestilliert wird.
2. Das etwas jüngere Verfahren der Elektrochemischen Werke in München von Dr. G. Adolph und Dr. A. Pietsch, bei welchem keine Lösungen von Schwefelsäure, sondern eine schwefelsaure Ammonsulfatlösung elektrolysiert wird, aus welcher mit Kaliumbisulfat das schwerlösliche Kaliumpersulfat ausgefällt und aus diesem mittels Schwefelsäure und Wasserdampf das Wasserstoffperoxyd durch Vakuumdestillation in Freiheit gesetzt wird.
3. Das erst 1930 in die Technik eingeführte Verfahren von Dr. Leo Löwenstein und der I. D. Riedel-E. de Haën A. G. in Berlin-Britz, ebenso jenes von Heinrich Schmidt, bei welchem die Ammonpersulfatlösung direkt, wie sie aus dem Elektrolyseur herauskommt, also ohne Überführung in das Kaliumpersulfat, der Vakuumdestillation unterworfen wird.

Bei sämtlichen diesen Verfahren kehrt der Destillationsrückstand wieder in den Prozeß zurück, so daß man es mit vollständig geschlossenen Kreisprozessen zu tun hat.

Die Bedingungen zur elektrolytischen Gewinnung von Überschwefelsäure und ihrer Salze waren durch die Arbeiten von Elbs und Schönherr[30, 600, 603], Marshall, Foster und Smith, sowie Erich Müller und seinen Mitarbeitern studiert und sehr weitgehend geklärt worden. Wie im vorhergehenden Abschnitt gezeigt wurde, erwies sich dabei der für die Herstellung der Überschwefelsäure und ihrer Salze maßgebliche Reaktionsmechanismus als ein äußerst komplizierter Prozeß sowohl chemischer als auch elektrochemischer Natur. Die große Mannigfaltigkeit der Vorgänge und ihre hohe Empfindlichkeit durch gegenseitige Beeinflussung sowie die starke Abhängigkeit und Empfindlichkeit gegenüber äußeren Einflüssen stempeln diesen Prozeß zu einem der schwierigsten der chemischen Technik überhaupt.

Es zeigte sich bald, daß die eigentlichen Schwierigkeiten weniger bei der Elektrolyse als bei der Destillation liegen. So war man ursprünglich gezwungen, trotz der geringeren Stromausbeuten bei der Perschwefelsäurebildung diese und nicht das mit besserer Ausbeute herstellbare Ammonpersulfat als Zwischenprodukt für die Aufspeicherung des aktiven Sauerstoffes zu wählen, da die Destillation von Ammonpersulfatlösungen bis vor einigen Jahren noch unüberwindliche Schwierigkeiten bereitete.

Von dem Konsortium für elektrochemische Industrie in Nürnberg wurde im Jahre 1905 vom Betriebschemiker Dr. Teichner ein Verfahren gefunden, das die Herstellung von Wasserstoffperoxyd über die Überschwefelsäure ermöglichte. Nach Ausprobierung und Durchbildung des Verfahrens in den Laboratorien und einem Versuchsbetriebe des Konsortiums wurde im Jahre 1908 von den Österreichischen Werken als Lizenznehmerin des Konsortiums in Weißenstein a. d. Drau eine Anlage zur Durchführung dieses Verfahrens errichtet, die, selbstverständlich nach entsprechenden Vergrößerungen und Verbesserungen, auch heute noch nach diesem Verfahren arbeitet.

Bevor auf die näheren Einzelheiten des Verfahrens und der Elektrolyseure eingegangen werden soll, mögen kurz einige allgemeinere Angaben über die elektrochemische Wasserstoffperoxyddarstellung gemacht werden.

Reinheit der Chemikalien. Eine der grundlegendsten Bedingungen ist angesichts der großen Empfindlichkeit des Wasserstoffperoxyds und seiner Derivate gegen Katalysatoren die weitgehendste Entfernung aller Verunreinigungen. Es ist daher für größte Reinlichkeit im Betriebe und Vermeidung des Verseuchens der Lösungen usw. mit Katalysatoren Sorge zu tragen. Die Reinlichkeit in der Betriebs- und Arbeitsweise ist eine der wichtigsten Vorbedingungen für eine gute Ausbeute. Dies gilt natürlich auch für die verwendeten Elektrolyte. Man darf nur die reinste Schwefelsäure oder Chemikalien verwenden, die durch Destillation, Umkristallisation usw. noch weiter sorgfältig gereinigt wurden. Das Wasser, das dauernd dem Elektrolyten nach der Destillation zugesetzt wird, wird entweder von der Kondensation des Wasserdampfes aus der Destillationsapparatur genommen oder aber besonders gereinigt. Die Reinigung der Reagenzien und des Wassers muß sich in diesem Falle aber auch auf die Entfernung des katalytisch äußerst wirksamen Eisens erstrecken, die durch Fällung als Berlinerblau vorgenommen wird. Die Reinheit des Wassers und der Reagenzien muß weiter getrieben werden, als innerhalb der praktischen Nachweisbarkeit liegt, da bereits äußerst geringe Spuren von Schwermetallen, von welchen besonders Eisen, Mangan, Platin und Kupfer in Betracht kommen, die Ausbeuten sowohl bei der Elektrolyse als insbesondere bei der nachfolgenden Destillation sehr ungünstig beeinflussen.

Trotz peinlichster Reinlichkeit ist es aber nicht zu vermeiden, daß sich bei der immerwährenden Wiederverwendung des Elektrolyten die Verunreinigungen immer stärker anreichern, weshalb auch der Elektrolyt von Zeit zu Zeit gereinigt werden muß. Bei der Schwefelsäureelektrolyse erfolgt die Reinigung dadurch, daß nach erfolgter Destillation der Überschwefelsäurelösung ein gewisser Betrag der regenerierten Schwefelsäure, meist etwa 20%, von der übrigen Lösung abgetrennt und durch Destillation aus Quarzgefäßen gereinigt wird. Das Eisen kann aus dem Elektrolyten in Form von schwer löslichem Ferriammoniumsulfat entfernt werden, das beim Eindampfen der Schwefelsäurelösung im Vakuum, nötigenfalls nach Zusatz von Ammonsulfat, entsteht (Noury und von der Lande N. V., Belg. P. 439 824). Die Reinigung des Ammonbisulfatelektrolyten wird in der Weise vorgenommen, daß von Zeit zu Zeit das Ammonsulfat auskristallisieren gelassen und umkristallisiert wird. Je höher die Reinheit der Chemikalien im Betriebe ist, um so größer ist die Ausbeute. Bei vielen Perverbindungen, wie z. B. den Perboraten oder Percarbonaten, ist auch die Haltbarkeit der festen Produkte eine um so bessere, je reiner die Ausgangsmaterialien waren.

Zur Verhinderung von unerwünschten Zersetzungen wird manchmal dem Elektrolyten etwas Stabilisator zugegeben, dessen Menge aber genau bemessen sein muß. Würde nämlich der Stabilisator zu wirksam sein, so würde bei der Destillation das Persulfat zu schwer hydrolysieren und das Wasserstoffperoxyd nur schwer und unter Sauerstoffverlusten wegen zu langer Erhitzung aus dem Elektrolyten auszutreiben sein.

Wegen der Möglichkeit, daß von elektrischen Kupferleitungen gelöstes Kupfer in den Elektrolyten gelangen könnte, verwendet man entweder Blei- oder Aluminiumleiter oder verbleite Kupferleiter. Schließlich kann auch eine derartige Anordnung des Kupferleiters vorgenommen werden, daß eine Verseuchung des Elektrolyten mit Kupferverbindungen nicht möglich ist.

Auf den zersetzenden Wirkungen von Katalysatoren beruht auch die eigenartige Erscheinung, daß eine neue Elektrolysenanlage auf jeden Fall schlechtere Ausbeuten ergibt, da der Elektrolyt aus den Gefäßen, Leitungen, Diaphragmen, besonders aber den Elektroden katalytisch wirkende Substanzen herauslöst. Im längeren Verlaufe der Elektrolyse und der Destillation, etwa nach ein bis zwei Wochen, hat sich an den mit dem Elektrolyten oder Wasserstoffperoxyd in Berührung kommenden Teilen der Apparatur ein praktisch stabiler Oberflächenzustand ausgebildet, so daß ohne weiteres Zutun die Ausbeuten immer besser werden und schließlich normale Werte annehmen. Die in Betracht kommenden Geräte und Apparaturteile müssen daher aus möglichst säurefesten und katlysatorfreien Materialien hergestellt sein. Auch empfiehlt es sich, sie einige Male vor der Verwendung mit verdünnter Schwefelsäure auszukochen.

Elektroden. Die Wahl der Elektroden ist von großer Bedeutung, da die Ausbeute an Perschwefelsäure um so größer ist, mit um so höherem Potential die Sauerstoffentwicklung vor sich geht. Praktisch lassen sich die für die Überschwefelsäurebildung erforderlichen hohen Potentiale nur an glattem Platin erreichen. Platiniertes Platin ergibt viel schlechtere Ausbeuten. Ein geringer Iridiumgehalt im Platin verursacht schon geringere Stromausbeuten, so daß nur möglichst reines Platin mit über 99% Platingehalt verwendet werden soll[618]. Gold- und Iridiumanoden sind ungeeignet[619]. Wegen des hohen Preises des Platins und der großen Platinmengen, die bei der Vielzahl der Zellen erforderlich sind, hat man bereits öfter versucht, das kostspielige Platin durch andere Materialien zu ersetzen, jedoch sind alle derartigen Versuche bisher erfolglos geblieben. Am besten bewährt hat sich reines, auf galvanischem Wege abgeschiedenes Platin.

Die erforderlichen hohen Stromdichten bei der elektrolytischen Oxydation der Schwefelsäure helfen der Industrie insofern sparen, als die Anoden zur Erzielung möglichst hoher Stromdichte eine kleine Oberfläche haben müssen. Die angewendete Stromdichte schwankt zwischen 0,5 bis 5 Amp/qcm, beträgt jedoch meist 0,6 bis 1 Amp/qcm. Je höher die Stromdichte gewählt wird, desto weniger Platin braucht man. Jedoch kann man diese Ersparnis nicht allzu hoch treiben, da andernfalls mit steigender Stromdichte, wie bereits ausgeführt, Stromausbeuteverluste durch zu langsame Abdiffusion der gebildeten Überschwefelsäure aus der Grenzschicht Anode—Elektrolyt auftreten würden. Es gibt daher ein Optimum der Stromdichte. Hinsichtlich der Platinmengen, die in einem Betrieb investiert werden sollen, muß man daher zwischen der Gewichtsersparnis an Platin bei sehr hoher Stromdichte oder dem Mehraufwand von Kilowattstunden bei zu hoher Stromdichte wählen.

Legierungen des Platins mit mindestens 50% Platin und Kupfer oder Nickel sind von der Scheideanstalt vorgeschlagen worden[620]. Eine etwa 70%ige Platinlegierung soll gegen die Angriffe der Lösung und des Sauerstoffes vollkommen beständig sein und keinerlei katalytische Wirkungen auf die Perverbindungen ausüben.

Selbstverständlich trachtet man aber am Platin zu sparen, so weit dies nur möglich ist. Man stellt daher nur die tatsächlich als Anode wirksamen Teile der Elektrode aus Platin her und verwendet als Stromzuführungs- und Stützungsmaterial andere, billigere Metalle, die auf die Überschwefelsäure nicht zersetzend wirken. Eine sehr praktische Lösung dieses Problems stellt die Platin-Tantal-Elektrode der Chemischen Fabrik Weißenstein[621] dar, die aus einer Kombination von wenig Platin und viel Tantal besteht. Das Tantal wird hierbei als Band von z. B. 10 mm Breite, 500 mm Länge und 0,2 mm Dicke auf die in Abb. 5 wiedergegebene Weise mit einer 8 mm breiten und gleichlangen Platinfolie von 0,0025 mm Stärke durch Auf-

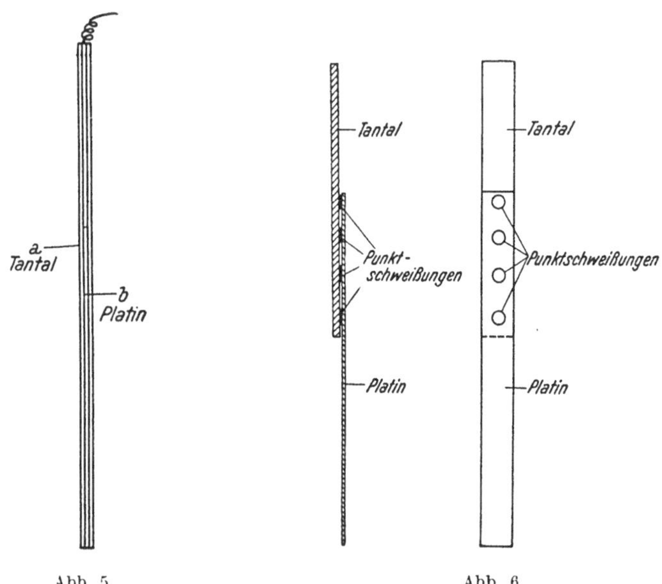

Abb. 5. Abb. 6.

schweißen, -walzen oder -hämmern vereinigt. Man erreicht auf diese Weise eine Konstruktion stabiler Platinanoden mit einem Minimum von Platin und zugleich die Erzielung hoher anodischer Stromdichten mit einem Minimum an Zersetzungsverlusten. Nach einer verbesserten Ausführungsform wird die Platinfolie nach der in Abb. 6 dargestellten Weise durch Punktschweißen auf der Tantalfolie befestigt (Länge der Tantalfolie 200 mm, Dicke 0,4 mm). Während man für eine Erzeugung von 100 t 30%igem H_2O_2 pro Monat rund 27 kg Platin benötigt, braucht man bei Verwendung von Platin-Tantal-Elektroden etwa 7 kg Platin und 192 kg Tantal. Das Tantal überzieht sich im sauren Elektrolyten, als Anode geschaltet, sofort mit einer Oxydschicht, die jeden weiteren Stromdurchgang verhindert. Die Ionenentladung findet daher nur am Platin und nicht am Tantal statt. Das Tantal dient nur als Stromzuführung für das Platin. Weder das blanke Tantal noch das mit einer Oxydhaut bedeckte wirken auf Perverbindungen zersetzend ein. In der Fabrik in Weißenstein werden nur solche Platin-Tantal-Elektroden verwendet.

Von der Kali-Chemie A. G.[622] wird als stromzuführendes und versteifendes Material für das Platin Aluminium verwendet, dessen chemische Beständigkeit durch eine anodische Polarisierung in einer gesättigten Ammonbisulfatlösung mit bis 10 V steigender Spannung während 18 Stunden erreicht wurde. Auf der Aluminiumoberfläche bildet sich eine passivierende Deckschicht aus, die seine Verwendung auch bei der Perschwefelsäure- oder Ammonpersulfatelektrolyse ermöglicht.

Praktisch bewährt haben sich auch Molybdän- und Wolframanoden, auf die das Platin aufgespritzt oder -galvanisiert wurde. Tantal-Platin-Anoden sind aber haltbarer.

Das Kathodenmaterial muß nur den Anforderungen entsprechen, gegen die Elektrolytlösungen wie Schwefelsäure oder Überschwefelsäure beständig zu sein. Es spielt im allgemeinen nur dann eine spezifische Rolle, wenn ohne Diaphragma gearbeitet wird, welche Arbeitsweise aber im Hinblick auf die Vermeidung der Reduktion der Überschwefelsäure an der Kathode viel seltener angewendet wird. Das häufigste Kathodenmaterial ist das Blei, das meist in Form von Bleischlangen, die von Kühlwasser durchflossen werden und daher gleichzeitig als Kühlung dienen, verwendet wird. Nach Blumer[623] soll die Ausbeute bei Verwendung von Kupfer- oder Nickelkathoden zwar steigen, eine praktische Verwendung dieser Metalle kommt aber für den technischen Betrieb nicht in Betracht.

Diaphragmen. Das Diaphragma, dessen Nachteil einmal in den höheren Anlage- und Betriebskosten sowie im erhöhten Badwiderstand und einer damit verbundenen höheren Zellenspannung besteht, hat man vielfach zu umgehen versucht. Als störend wird auch bei der Verwendung von Diaphragmen die Teilung des Elektrolytraumes in zwei voneinander getrennte Abteilungen empfunden. Das Verfahren mit einem Chromatzusatz von Müller und Friedberger[624] bei der Elektrolyse einer neutralen oder schwach ammoniakalischen Ammonsulfatlösung ohne Diaphragma bei Temperaturen von 7 bis 8° ergab jedoch in der Praxis, daß bei den üblichen Temperaturen von 18 bis 20° die Ausbildung der Chromhydroxydschicht nur sehr mangelhaft und unsicher erfolgt.

Das Konsortium für elektrochemische Industrie[625] hat nun festgestellt, daß in saurer Lösung durch Erhöhung des kathodischen Stroms auf mindestens 20 Amp/qdm auch ohne Diaphragma die kathodische Reduktion verhindert werden kann. Während bei einer kathodischen Stromdichte von 10 Amp/qcm in saurer Ammonsulfatlösung die Stromausbeute etwa 25% beträgt, ist sie bei 300 Amp/qdm schon auf etwa 70% des Stromäquivalents gestiegen. Von Pietsch und Adolph ist auch vorgeschlagen worden[626], Graphitkathoden ohne Diaphragmen zu verwenden und die Kathode mit einem Asbestgewebe zu umgeben, das als Diaphragma wirkt. Dadurch wird eine Unterteilung des Elektrodenraumes in zwei Teile vermieden und eine gute Durchmischung des Elektrolyten ermöglicht, eine Diffusion zur Kathode und Reduktion an derselben aber hinreichend vermieden.

Von den Farbenfabriken vorm. Friedrich Bayer & Co.[627] sind als Kathodenmateralien bei der Elektrolyse von Schwefelsäure ohne Verwendung eines Diaphragmas Zinn oder Aluminium, bei jener von Bisulfaten Legierungen des Zinns mit Aluminium oder Legierungen dieser Metalle mit Magnesium, Zink, Kadmium oder Silizium, eventuell auch mit Schwermetallen, wie Kupfer oder Mangan, in Vorschlag gebracht worden. Siemens und Halske[628] verwenden als Kathodenmaterial Gold. Alle diese Metalle weisen die Eigenschaft auf, eine sehr geringe Überspannung für den Wasserstoff zu besitzen, so daß die Wasserstoffentwicklung sehr leicht und ohne Aufwand von überschüssiger Energie vonstatten geht. Die Arbeitsweise mit Bleikathoden und Diaphragmen ist jedoch die in der Technik fast ausnahmslos übliche.

An der Kathode erfolgt eine sehr lebhafte Entwicklung von Wasserstoff. Da durch eine eventuell auftretende Funkenbildung unter Umständen eine Knallgasexplosion auftreten könnte, ist es notwendig, den Wasserstoffgehalt der Luft über dem Elektrolyseur dauernd derartig gering zu halten, daß kein explosives Wasserstoff-Luft-Gemisch vorliegt. Dies wird meist dadurch erreicht, daß man mit Hilfe eines sehr kräftigen Ventilators die Luft über dem Elektrolyseur ständig erneuert. Im Elektrolysenraum ist eine Alarmvorrichtung angebracht, die dem Arbeiter sofort ein eventuelles Nichtfunktionieren des Ventilators anzeigt. Der Ventilator hat auch noch den Vorteil, daß die von den Gasbläschen mitgerissenen Säurenebel, die ansonsten das Arbeiten im Elektrolysenraum ungesund machen würden, ins Freie befördert werden. Die Gewinnung des Wasserstoffes ist apparativ sehr schwer durchzuführen und wird daher auch nur sehr selten vorgenommen, z. B. in einer Fabrik an den Niagarafällen, wo der Wasserstoff zur Gewinnung von Cyanamiden verwendet wird.

Das Diaphragma besteht aus einem porösen Körper, der die Aufgabe zu erfüllen hat, die Diffusion der Anoden- zur Kathodenflüssigkeit zu erschweren, da sonst die in den hindurchdiffundierten Teilen des Anolyten enthaltenen Anodenprodukte, wie die Perschwefelsäure, an der Kathode zerstört würden. Das Diaphragma soll einen möglichst geringen elektrischen Widerstand und eine möglichst große Dichtigkeit in bezug auf den Flüssigkeitsdurchlaß besitzen. Meist bestehen die Diaphragmen aus porösem keramischen Material, wie unglasiertem Porzellan oder Ton. Auch Kieselgurdiaphragmen (Gurocel), Glasfäden- oder Kunstharzgewebe, um die Kathoden gewickelte Asbestschnüre u. dgl. haben sich gut bewährt, da sie chemisch recht beständig sind und einen sehr guten Porositätsgrad aufweisen.

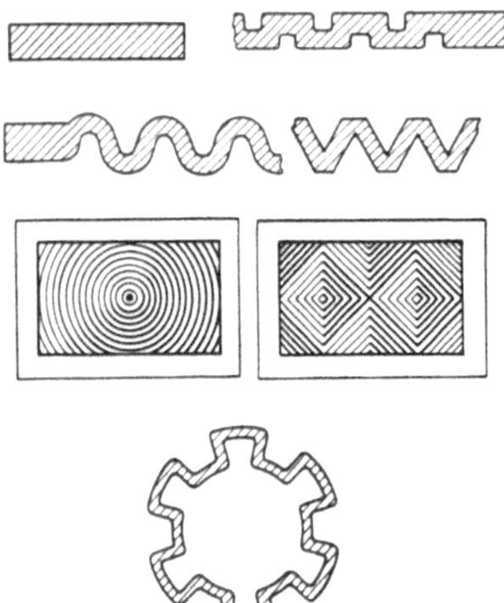

Abb. 7 bis 12. Diaphragmenquerschnitte (DRP. 320316).

Zur Verminderung des Widerstandes des Diaphragmas haben die Chemische Fabrik Weißenstein und R. Walter[629] vorgeschlagen, die Wandstärke dadurch so gering als möglich zu bemessen, daß an Stelle der Diaphragmenplatten mit vollem Wandquerschnitt (Abb. 7) zahlreiche Aussparungen vorgesehen werden, die ihm einen wellenförmigen Verlauf geben (Abb. 8 bis 11). Dadurch wird erreicht, daß die durch die Platte gehenden Stromlinien nach allen Richtungen eine gleichmäßig verringerte Wandstärke passieren müssen. Durch die Wellenform hat die Diaphragmenwand bei gleicher Außendimension auch eine größere Oberfläche, wodurch eine weitere Verringerung des elektrischen Widerstandes bedingt ist. Vorteilhaft wirkt sich die Vergrößerung der Diaphragmenoberfläche bei runden Zellen aus (Abb. 12), wenn, wie bei der Perschwefelsäurebildung, eine möglichst hohe Stromdichte, aber kleines Elektrolytvolumen, also hohe Stromkonzentration, eingehalten werden sollen. Die gegenwärtig in Verwendung stehenden Diaphragmen haben jedoch fast alle rein zylindrischen Querschnitt.

Stromkonzentration. Bei der praktischen Ausführung der Elektrolyse von verdünnten Schwefelsäurelösungen mit Platinanoden und Bleikathoden mit porösem Diaphragma hat sich jedoch in der Technik eine Reihe von Schwierigkeiten ergeben, die ursprünglich nur geringe Ausbeuten von etwa 40 bis 50% zu erreichen gestatteten. Übermäßige Erwärmung des Elektrolyten durch die Stromwärme infolge des verhältnismäßig hohen inneren Widerstandes und damit verbundene Zersetzungs- und Nebenreaktionen; zu niedrige Stromdichten, wenn man die Erwärmung nicht verhindern wollte; Verunreinigungen des Elektrolyten; zu lange zeitliche Ausdehnung der Elektrolyse, Polarisationen der Anode usw. ließen selbst bei Verwendung eines gekühlten Elektrolyten und gekühlter Anoden im technischen Betriebe keine höheren Ausbeuten erzielen. Von den Österreichischen Chemischen Werken und Gustav Baum[630] wurde nun gefunden, daß bei einer Erhöhung der Stromkonzentration über die in der Technik bis dahin üblichen Grenzen von etwa 50 bis maximal 100 Amp/l nicht nur eine kontinuierliche Steigerung der Stromausbeute, sondern von einem Werte von etwa 200 Amp/l an ein ausgesprochen sprunghafter Anstieg der Stromausbeute auftritt. Hält man z. B. die Stromkonzentration auf einem Werte von etwa 400 Amp/l, so wird die Geschwindigkeit der Bildung der Überschwefelsäure derart gesteigert, daß die Verseifung der Überschwefelsäure zu Caroscher Säure äußerst gering wird und dementsprechend auch die Reduktion von Caroscher Säure an der Anode praktisch unterbleibt. Dabei ist die Anwendbarkeit dieser hohen Stromkonzentration nicht an die Verwendung gekühlter Anoden gebunden, sondern läßt sich auch bei Temperaturen von etwa 20 bis 25° durchführen. Nur derart hohe Stromkonzentrationen führen bei Temperaturen von etwa 20° zu der für Überschwefelsäure großen Stromausbeute von etwa 70%. Dies ist insofern von größter technischer Bedeutung, da laboratoriumsmäßig eine nachteilige Wirkung einer Temperaturerhöhung durch sehr gute Kühlung des Elektrolyten und der Anode wohl auf ein brauchbares Maß eingeschränkt werden kann, nicht aber ohne weiteres im technischen Betriebe.

Für die Erreichung derartig hoher Stromkonzentrationen ist die Verwendung von Diaphragmen mit möglichst geringem elektrischen Widerstand sehr vorteilhaft. Die Österreichischen Chemischen Werke und G. Baum[631] haben gefunden, daß Zersetzungen und Nebenreaktionen bei der Elektrolyse von Schwefelsäure oder deren Salzen in einer Zelle mit einer hohen Stromkonzentration und sehr niedrigem inneren Widerstand am besten dann vermieden werden können, wenn die Menge des Anolyten zwischen der Anode und dem Diaphragma so gering wie nur möglich gehalten wird. Der Anolyt soll nur ein dünnes Blatt oder einen dünnen Film bilden, wobei dieser Flüssigkeitsfilm ständig zirkulieren muß, um erstens die in hoher Konzentration gebildete Überschwefelsäure aus der unmittelbaren Grenzschicht Anode—Elektrolyt so schnell, wie sie gebildet wird, wieder herauszuführen, zweitens die Wärme abzuleiten und drittens die Tendenz zur Polarisation herabzudrücken. Sowohl der Anolyt als auch der Katholyt werden gekühlt, wobei Temperaturen von etwa 10 bis 15° eingehalten werden.

Beschreibung der Elektrolyseure beim Weißensteiner-Verfahren. Das Verfahren wird in einer Vielzahl von Zellen ausgeführt, in welchen der Anolyt, das Diaphragma, der Katholyt und die Kathode konzentrisch um die im Zentrum der Zelle angebrachte Anode gelagert sind, weil dadurch die gesamte Oberfläche und das Volumen auf ein Mindestmaß herabgedrückt werden. Der kathodenseitig vom Diaphragma begrenzte Anodenraum besitzt die Form eines senkrecht zur Richtung der Stromlinien verlaufenden sehr schmalen Kanals, dessen Breite nur etwa 3 mm beträgt. In einer vom Diaphragma abgegrenzten Mittelkammer ist ein den Vertikalquerschnitt dieser Kammer fast vollständig ausfüllender Tauchkörper von annähernd gleicher Gestalt so eingebaut, daß ein konzentrischer enger Zwischenraum für den Durchfluß des Anolyten entsteht. Der Tauchkörper ist von einem Rohr zur Zuführung des Anolyten durchsetzt und in der zylindrischen Diaphragmazelle derart eingebaut, daß das Zuflußrohr mit dem engen ringförmigen Zwischenraum zwischen Tauchkörper und Diaphragma kommuniziert.

Bei anderen Anlagen zur Herstellung von Perschwefelsäure oder Lösungen von Persulfaten in hoher Konzentration war die Elektrolyse fast immer in einem Elektrolyseur mit verhältnismäßig großem Volumen ausgeführt worden. Diese Anordnung verhinderte eine rasche Diffusion der Perschwefelsäure von den Anoden und gab Anlaß zu Überhitzungen und Zersetzungen. Bei der Zelle der Österreichischen Chemischen Werke ist hingegen das Volumen des Anolyten pro Anodenoberfläche einer einzelnen Zelle zur Erzielung einer sehr hohen Stromkonzentration auf einen geringen Betrag herabgesetzt. Um hohe Perschwefelsäurekonzentrationen zu erzielen, ist die Anordnung der Zellen derart getroffen, daß diese in der Wasserstoffperoxydfabrik in Weißenstein in Kaskadenform aufgestellt sind, wobei der Elektrolyt nur durch bloße Schwerkraft von einer Zelle zur anderen fließt. Der Umlauf des Elektrolyten durch die einzelnen Zellen kann aber auch durch Druckluft bewirkt werden, wie dies z. B. in der Anlage an den Niagarafällen der Fall ist. Der Anolyt bewegt sich bei Durchführung der Elektrolyse in dünner Schicht mit großer Durchflußgeschwindigkeit durch die Zellen, während die Ausgangsschwefelsäure an der anderen Seite des Diaphragmas als gekühlte Flüssigkeitssäule sich langsam durch den Kathodenraum bewegt. Die hohe Durchflußgeschwindigkeit des Anolyten wirkt mit der Kühlung des Diaphragmas durch die langsam bewegte Ausgangslösung zusammen, um eine schädliche Wärmekonzentration zu vermeiden. Die konzentrische Anordnung der Platinanode im Zentrum erlaubt es auch, mit verhältnismäßig wenig Platin das Auslangen zu finden. An Stelle der kaskadenförmigen Anordnung kann man den Elektrolyten in einer Elektrolyseneinheit im Kreislauf zirkulieren lassen. Bei der Zirkulation des Katholyten, der aus dem Anolyten der letzten Zelle nach erfolgter Destillation besteht, werden durch kathodische Wirkungen auf die regenerierte Schwefelsäure Stoffe, wie die Carosche Säure, entfernt, die ansonsten im Anodenraum auf die Platinanode depolarisierend wirken würden. Da die Schwefelsäure aber vor ihrem Eintritt in den Anodenraum alle Kathodenräume durchlaufen hat, sind dort bereits alle schädlichen Stoffe aus ihr entfernt.

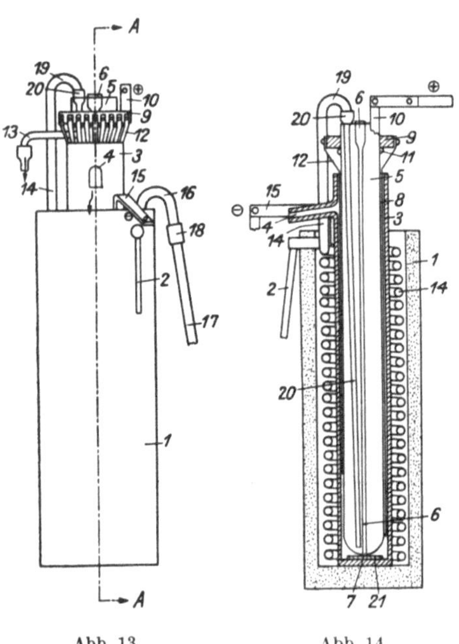

Abb. 13. Abb. 14.

Vorderansicht und Schnitt durch die Weißensteiner-Zelle (DRP. 567542).

Im folgenden soll nun an Hand des DRP. 567 542 eine genaue Beschreibung eines Elektrolyseurs gegeben werden (Abb. 13 bis 17), wie er derzeit in Weißenstein in Verwendung steht.

Abb. 13 ist die Vorderansicht einer Zelle, Abb. 14 ein vertikaler Schnitt nach der Linie $A-A$ der Abb. 13, aus welchen die Gesamtanordnung aller Teile ersichtlich ist. Abb. 15 zeigt stufenförmig angeordnete Zellen in Reihenschaltung. Die Abb. 16 und 17 veranschaulichen Einzelheiten der Anodenzelle, und zwar Abb. 16 die Einführungsart der Anode in die Anodenräume und Abb. 17 eine Stützplatte. Eine Streifenanode wurde bereits in den Abb. 5 und 6 dargestellt.

1 ist der äußere Behälter, der aus einem gegen den Elektrolyten beständigen Material hergestellt oder mit einem solchen ausgekleidet ist, z. B. mit Blei oder einer Bleilegierung oder mit einer Harzmasse. Am oberen Ende des Gefäßes oder nahe demselben ist ein Überlauf *2* vorgesehen. Der dargestellte Behälter hat quadratischen Querschnitt, er könnte aber auch kreisrund oder oval sein. In der Mitte ist ein zylindrisches Diaphragma *3* aus dünnem porösem Material eingesetzt, das unten geschlossen ist und aus unglasiertem Ton oder Porzellan besteht. Der Raum zwischen dieser Diaphragmenzelle und der Behälterwand bildet die Kathodenkammer, welche eine als Kathode dienende Bleischlange *14* aufnimmt. Die Diaphragmenzelle *3* ist nahe an ihrem oberen Ende und oberhalb des äußeren Behälters *1* mit einem Überlauf *4* versehen. In diese Diaphragmenzelle ist ein ihren Vertikalquerschnitt fast völlig ausfüllendes rohrförmiges Glasgefäß *5* eingesetzt, das durch Füllung mit einem flüssigen Medium entsprechend beschwert ist. Der Boden dieses Tauchkörpers ist von einem Glasrohr *6* durchsetzt, das bei 7 mit dem Anodenraum kommuniziert. Nahe dem oberen Ende des Gefäßes *5* ist ein Überlauf *13* vorgesehen, der über den Rand des Diaphragmas *3* hinweggeführt ist. Der Durchmesser des Tauchkörpers *5* wird so gewählt, daß zwischen ihm und dem Diaphragma *3* ein schmaler Abstand (etwa 3 mm) verbleibt. Es entsteht so ein enger ringförmiger Zwischenraum *8*, der die Anodenkammer bildet. Der Tauchkörper *5* ruht auf einer mit einem entsprechenden Ausschnitt versehenen Stützplatte *21* (Abb. 14).

Die in der Anodenkammer *8* angeordnete Anode ist wie folgt ausgeführt: Ein Bleiring *9* mit einem Stromzuführungsorgan *10* ist auf das Glasgefäß *5* aufgeschoben und ruht auf einem ringförmigen Ansatz *11* desselben auf. Am Umfang des Ringes *9* sind Streifen *12* aus Platin befestigt, die so lang sind, daß sie in die Anodenkammer tief hineinragen. Durch Variation der Länge und Anzahl dieser Streifen kann die Anodenoberfläche auf das gewünschte Ausmaß gebracht werden. Die Anodenstreifen *17* bestehen aus der in Abb. 5 und 6 samt zugehörigen Text beschriebenen Kombination Tantal mit Platin. Die Streifen sind mit dem Bleiring *9* durch Nieten oder Schrauben befestigt oder auf diesen aufgelötet. Der Bleiring *9* wird zum Schutze gegen elektrolytische Angriffe allenfalls mit einem Hartgummiüberzug versehen, der auch die Anodenstreifen zum Teil belegen kann.

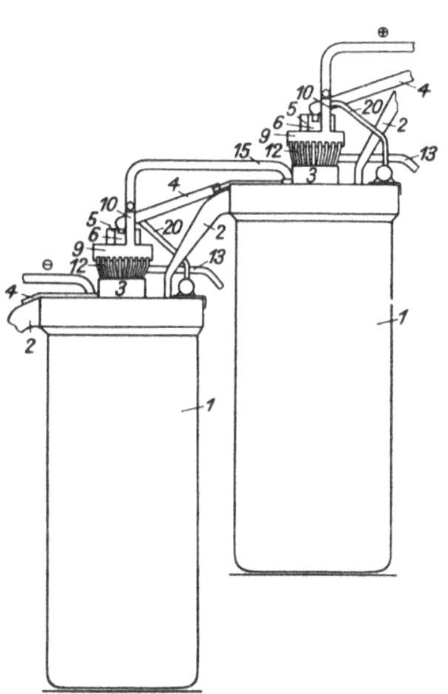

Abb. 15. Kaskadenschaltung.

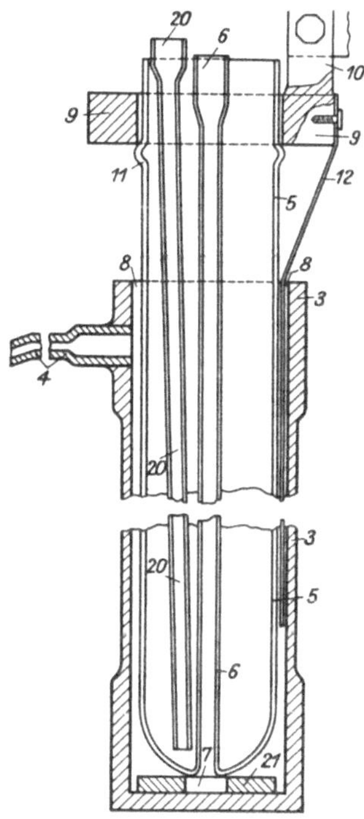

Abb. 16. Einführung der Anode in den Anodenraum.

Die als Kathode dienende Bleischlange *14*, die mit einem Stromanschlußorgan *15* versehen ist, ist am unteren Ende aufwärts gebogen und geht als Krümmer *16* über die Kante des Behälters *1* hinweg (Abb. 13). Dieser Krümmer ist durch eine Muffel *18* aus Kautschuk oder sonstigem nicht leitenden Werkstoff mit einem Zuflußrohr *17* verbunden. Das obere Ende der Schlange *14* ist als Krümmer *19* ausgebildet, der oberhalb des Gefäßes *5* ausmündet und mit einem Rohr *20* verbunden ist, das im Gefäß *5*, mit der unteren Kante nahe bis zum Boden reichend, untergebracht ist. Das Zuflußrohr *17* dient zur Zuleitung von Kühlwasser zu der Kathodenschlange *14*, aus welcher sich das Wasser hernach bei der dargestellten Anordnung durch den Krümmer *19* und das Rohr *20* in das Gefäß *5* entleert, um in diesem nach oben zu steigen und schließlich durch den Überlauf *13* abzufließen (Abb. 13). In dieser Weise wird gleichzeitig der Katholyt durch die Berührung mit der Schlange *14* und der Anolyt durch die Berührung mit der Außenseite des Glaskörpers *5* gekühlt.

Beim Betriebe fließt der Anolyt durch das mittlere Rohr *6* zum Boden des zylindrischen Diaphragmas und steigt dann im schmalen Raum *8* in Berührung mit der Anode auf, um schließlich bei *4* überzufließen. Der Katholyt fließt aus dem Kathodenraum durch Überlauf *2* ab.

Dieser Elektrolyseur zeichnet sich vor allem auch dadurch aus, daß er nur wenig Raum einnimmt und dank seiner Bauart auch gegen Beschädigungen durch äußere Einflüsse sehr unempfindlich ist. Ferner weist die Apparatur einen sehr hohen Grad von Betriebssicherheit auf. Die Konstruktion der Zelle ermöglicht es weiter, Diaphragmen zu verwenden, deren innerer Widerstand gering ist. Das Diaphragma kann sehr dünn ausgeführt werden, weil es kein Gewicht zu tragen hat und nur Drücken ausgesetzt ist, die sich gegenseitig aufheben. Man kann daher erreichen, daß der durch das poröse Diaphragma verursachte Spannungsabfall weniger als 0,5 Volt beträgt. Die Bedeutung dieses Wertes kann daraus ersehen werden, daß bei anderen Zellen der Diaphragmenwiderstand meist 0,8 bis 1,0 Volt beträgt.

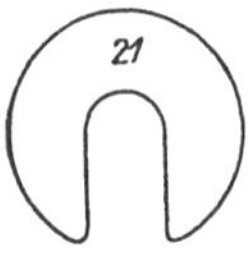

Abb. 17. Stützplatte

Wenn solche Zellen in Kaskadenschaltung verwendet werden, so kann man sozusagen eine beliebige Anzahl von Zellen (je nach der zur Verfügung stehenden Spannung), wie z. B. 20, hintereinanderschalten, weil der Spannungsabfall von Zelle zu Zelle verhältnismäßig gering ist. Der Anolyt wird im Rohr *6* der obersten Zelle zugeführt (Abb. 15), strömt durch den Anodenraum und fließt durch den Überlauf in das Rohr *6* der nächsten Zelle über. Der Katholyt wird gleichfalls der obersten Zelle zugespeist und fließt durch Überlauf *2* von Kathodenraum zu Kathodenraum.

Zur Erhöhung der Kapazität sind mehrere solcher Reihen von Zellen elektrisch parallelgeschaltet. Man kann auf diese Weise eine Anzahl von Anodendiaphragmenzellen in einer gemeinsamen Kathodenzelle unterbringen und mit einer gemeinsamen schlangenförmigen Kathode umgeben. Dabei sind die einzelnen Anodensysteme untereinander und mit der vorhergehenden Zelle leitend verbunden, so daß sich in dieser Weise eine Reihenparallelschaltung ergibt. Der Anolyt fließt bei dieser Anordnung von einer Anodeneinheit in die entsprechende Anodeneinheit des nächsten Satzes, der Katholyt aus einer Kathodenkammer in die nächste.

Für die Darstellung von Überschwefelsäure oder Persulfaten durch elektrolytische Oxydation von Schwefelsäure ist die Anodenfläche so gewählt, daß die anodische Stromdichte weniger als 2 Amp/qcm, und zwar ungefähr 0,6 bis 0,8 Amp/qcm beträgt. Wenn der Anodenraum einen mittleren Durchmesser von etwa 5 cm, eine Höhe von 50 cm und eine Breite von 0,2 bis 0,3 cm besitzt, beträgt der Fassungsraum 0,18 bis 0,23 l. Werden 80 bis 100 Amp hindurchgeschickt, so liegt demnach die erreichte Stromkonzentration zwischen 300 bis 550 Amp/l Anolyt. Die Strömungsgeschwindigkeit des Anolyten kann innerhalb weiterer Grenzen schwanken. Für Zellen der oben angegebenen Ausmaße wurde das Verhältnis von ungefähr 3,25 ccm pro Ampere und Minute als zweckmäßig gefunden. Werden 20 solcher Zellen vereinigt, so beträgt das Gesamtvolumen der Anodenräume 3,4 bis 4,6 l. Der Elektrolyt bleibt in diesem Falle der Anodenwirkung insgesamt 10 bis 15 Minuten ausgesetzt. Bei Speisung eines Anolyten vom spezifischen Gewicht 1,285 ergaben sich unter diesen Bedingungen Überschwefelsäurelösungen von 25 bis 30% bei einer Stromausbeute von mehr als 70%.

Der Betrieb des Elektrolyseurs erfordert selbstverständlich ständige Überwachung. Es muß die Stromausbeute sämtlicher Zellen von Zeit zu Zeit nachkontrolliert werden, da sich nur so Fehlerquellen, wie z. B. der Bruch eines Diaphragmas u. dgl., feststellen lassen.

Um das Überlaufen von Elektrolyten oder das Undichtwerden einer Zelle feststellen zu können, wobei der Elektrolyt in das Kühlwasser gelangen würde, sind in dieses auf dem Leitfähigkeitsprinzip beruhende Alarmvorrichtungen eingebaut, die sofort einen Säuregehalt im Kühlwasser anzeigen.

Der zwecks Erhöhung des Potentials erforderliche Zusatz von Salzsäure, Ammonrhodanid u. dgl. erfolgt in Form von konzentrierten Lösungen in der obersten Stufe der Kaskade bei Übertritt der Schwefelsäure in den ersten Anodenraum. Die Lösungen werden langsam und dauernd in solchen Mengen zutropfen gelassen, daß stets eine geringe Menge davon im Elektrolyten unzersetzt vorhanden ist.

Da die Stromkonzentration durch das Volumen und die Strömungsgeschwindigkeit gemessen wird, müssen diese genau bestimmt werden, was durch automatische Zuflußregler erfolgt.

Die Konstruktion dieser Zelle weist noch den großen Vorteil auf, daß sie bei einer eventuellen Reinigung oder beim Ersatz einer Anode oder einem Bruch eines Diaphragmas sehr leicht auseinandergenommen und wieder zusammengesetzt werden kann, da sie aus drei, bzw. aus vier Teilen besteht, die einfach der Reihe nach herauszuheben sind, nämlich 1. der Ring mit den Anoden, der am inneren Glasansatz sitzt und mit diesem mit einem Griff herauszunehmen ist: 2. das Diaphragma kann nach dem Herausheben des inneren Kühleinsatzes mit den Anodenstreifen gleichfalls einfach herausgenommen werden; 3. nach Entfernung des Diaphragmas ist auch die Bleischlange ohne weiteres herausnehmbar; 4. schließlich bleibt nur mehr das Außengefäß übrig, das gegebenenfalls leicht gereinigt werden kann.

Die Spannung beträgt pro Zelle 5 bis 6 V. Die Zelle hat sich in jahrelangem Betrieb außerordentlich gut bewährt. Nachteilig ist nur die verhältnismäßig geringe Kapazität der Zellen, die im Vergleich zu den Zellen von Pietzsch und Adolph als klein anzusprechen sind (etwa 3 bis 5 l gegenüber rund 300 bis 500 l).

Die übrigen elektrolytischen Verfahren zur Herstellung von Perschwefelsäure oder Persulfaten. Nach dieser ausführlichen Schilderung des Elektrolyseurs der Österreichischen Chemischen Werke können die übrigen elektrolytischen Oxydationsverfahren der Schwefelsäure oder deren Salze zu Perschwefelsäure oder Persulfaten kürzer behandelt werden, zumal sie im wesentlichen nicht sehr verschieden sind. Auch finden sich in der Literatur über andere Zellenkonstruktionen keine derartig detaillierten Angaben wie über die beschriebene Zelle.

Beim Verfahren von L. Löwenstein und der J. D. Riedel-E. de Haën A. G. wird als Elektrolyt eine schwefelsaure, etwa 20- bis 30%ige Ammonbisulfatlösung verwendet. Nach dem französischen Patent 634 195 sollen Lösungen mit mehr als einem Mol Schwefelsäure auf ein Mol Ammonsulfat und Ammonpersulfat, z. B. solche von 1,5 Molen Ammonsulfat und 2,1 Molen Schwefelsäure verwendet werden, die bei der Elektrolyse eine höhere Ausbeute ergeben als die reine Schwefelsäure. Die anwesende Schwefelsäure muß hinreichend stark genug sein, um das Ammoniakalischwerden des Elektrolyten zu verhindern, aber anderseits zu schwach sein, um die Bildung wesentlicher Mengen von Caroscher Säure zu ermöglichen. Der Elektrolyt muß auch nach Verlassen der letzten Zelle noch stark sauer reagieren. Das Arbeiten in saurer Ammonsulfatlösung hat gegenüber jenem in neutraler Lösung, in welcher sogar noch etwas höhere Stromausbeuten zu erzielen wären, den Vorzug, daß der Prozeß keine dauernde Überwachung erfordert. Das Optimum der Säurekonzentration für die Elektrolyse liegt beim Ammoniumbisulfat, jedoch muß man im Hinblick auf den störungsfreien Betrieb der Destillation etwa 1,3 Moleküle Schwefelsäure auf ein Mol Persulfat wählen, wobei die anwesenden Sulfate durch einen weiteren Säureüberschuß in die Bisulfate übergeführt sein müssen. Bei diesem Verfahren erzielt man eine Stromausbeute von etwa 85 bis 90%. Es werden Bleikathoden und Platinanoden verwendet, die durch ein poröses Diaphragma u. dgl. voneinander getrennt sind. Die Bleikathode ist als Bleischlange ausgebildet und dient gleichzeitig zur Kühlung des Elektrolyten. Die Elektrolyse kann wegen der nur geringen anwesenden Mengen von Caroscher Säure selbst noch bei Temperaturen von etwa 30° vorgenommen werden. Dadurch wird ermöglicht, daß man wegen der besseren Leitfähigkeit bei höherer Temperatur eine etwas geringere Zellenspannung aufzubringen hat. Die Elektrolyseure können hintereinander oder aber auch in Kaskadenform aufgestellt werden, wobei sowohl Anolyt als auch Katholyt die Zellen ziemlich rasch durchfließen. Der Anolyt der ersten Zelle fließt durch einen Überlauf in den Anodenraum der folgenden Zelle, während der Katholyt von Kathodenraum zu Kathodenraum der einzelnen Zellen strömt. Am Ende der Zellenreihe hat der Elektrolyt einen Gehalt von etwa 25% Ammonpersulfat (= etwa 16 g aktiver Sauerstoff pro Liter) und gelangt nunmehr zur Destillation. Wesentlich höhere Konzentrationen von Ammonpersulfat werden nicht angestrebt, da dieses sonst auskristallisieren würde. Krebs (F. P. 782 102) verwendet einen Elektrolyten, der etwa 5 Grammoleküle NH_4HSO_4/l (330 g $(NH_4)_2SO_4$ + 245 g H_2SO_4) enthält, oxydiert aber nur bis 10 g aktiven Sauerstoff pro Liter.

Bei der Elektrolyse von Kaliumsulfat- oder Kaliumbisulfatlösungen tritt wegen der geringen Löslichkeit des Kaliumpersulfats bald eine Übersättigung des Elektrolyten mit diesem Salz ein, so daß sich der Elektrolyt schon während der Elektrolyse durch auskristallisiertes Kaliumpersulfat trübt. Dieses Ausfallen im Elektrolyseur selbst ist aber mit dem Nachteil verbunden, daß man die Zellen öfters auseinandernehmen und reinigen muß. Man stellt sich daher viel besser das leicht darstellbare Ammonpersulfat her und setzt dieses dann mit Kaliumsulfat oder -bisulfat zum Kaliumpersulfat um, das wegen seiner Schwerlöslichkeit ausfällt. Dieses Verfahren wird in größtem Maßstabe von Pietsch und Adolph bei den Elektrochemischen Werken in München, Höllriegelskreuth, ausgeführt. Über dieses Verfahren wird in einem gesonderten Abschnitt noch näher berichtet werden (Abschn. XIV, S. 186).

Natriumpersulfat wird auf direktem elektrolytischem Wege kaum hergestellt, da es einerseits bei der Elektrolyse nur mit sehr schlechter Ausbeute dargestellt werden kann, anderseits die Abscheidung des Salzes aus dem Elektrolyten sehr schwierig ist. Durch Zusätze, wie Fluß- oder Salzsäure, kann zwar die Ausbeute bei der Elektrolyse erhöht werden[632] und noch mehr dadurch, daß man eine gesättigte Lösung von Natriumsulfat mit starker Schwefelsäure elektrolysiert[633], wobei man Ausbeuten von etwa 75% erhält. Jedoch scheidet sich aus der sauren Lösung das Natriumpersulfat derartig fein verteilt aus, daß eine vollkommene Abtrennung von der Mutterlauge fast nicht möglich ist.

Nach dem Filterpressensystem ist die Zelle von Kratky[634] konstruiert. Die einzelnen Zellen, etwa 36 an der Zahl, deren jede 6 V aufnimmt, werden filterpressenartig zu einem Bauelement vereint. Jede Zelle besteht aus einer kastenförmigen hohlen Kathode zur Aufnahme des Kühlwassers, einem rahmenförmigen Gefäß aus Porzellan, Hartgummi oder Glas, einem Diaphragma und einer Anodenplatte. Der Katholyt befindet sich in einem Hohlraum zwischen Diaphragma und Kathode, der Anolyt dagegen zwischen Anodenplatte und Diaphragma. Die Anode wird durch Anpressen an die Kathode der nächstfolgenden Zelle kühl gehalten. Der Elektrolyt wird in der Richtung Kathode—Diaphragma durch die Zelle geschickt. Es soll sich bei einer Anlage in Brooklyn in Amerika nach einer Privatmitteilung von A. Kratky bei Anodenplatten von 30 mal 40 cm und einer anodischen Stromdichte von 0,7 Amp/qcm eine 28%ige Überschwefelsäurelösung mit 70%iger Ausbeute darstellen gelassen haben.

Die ganze Vorrichtung nimmt wohl nur sehr wenig Raum ein, weist aber den Nachteil aller Filterpressenanlagen auf, wonach bei einem eventuellen Undichtwerden einer Dichtung zwischen zwei Zellen, die aus einer mit Asphalt od. dgl. imprägnierten Schnur besteht, die ganze Batterie auseinandergenommen, wieder zusammengesetzt und gedichtet werden muß, wozu ein Zeitaufwand von ungefähr einer Woche erforderlich ist.

Von F. Krauß und A. Köpke[635] wird als Elektrolyt eine sehr stark saure Ammonsulfatlösung verwendet, die bei der Destillation keines Zusatzes von Schwefelsäure mehr bedarf. Zwei ineinander gestellte, zylindrische und sich nach unten zu konisch verjüngende Gefäße bilden die Anode und die Kathode, in deren Zwischenraum der Elektrolyt zirkuliert. Es wird ohne Diaphragma, aber mit sehr kleiner Kathodenfläche, daher sehr hoher kathodischer Stromdichte gearbeitet, indem große Teile der Kathodenoberfläche mit nicht leitendem Material, wie Glas, Porzellan od. dgl., abgedeckt sind.

Von der Eckelt G. m. b. H. in Berlin ist unter der Mitwirkung von Zotos ein Verfahren ausgebildet worden, bei welchem eine Ammonsulfatlösung ohne eigentliches Diaphragma, sondern unter Zuhilfenahme eines Gitters aus sehr dünnen Glasplatten mit kapillaren Zwischenräumen elektrolysiert wird. Die Mutterlauge wird rasch mittels einer Schicht von hoch erhitztem Paraffinöl unmittelbar nach der Elektrolyse im Vakuum abdestilliert. Die Wasserstoffperoxyddämpfe sollen durch bloße Stoßionisation niedergeschlagen werden.

Von C. C. Downie[636] ist eine Anlage zur Darstellung von H_2O_2 beschrieben worden, bei welcher mittels Tantalanoden Kaliumbisulfat unter hohem Druck in Persulfat übergeführt wird. Aus diesem wird dann durch Vakuumdestillation H_2O_2 gewonnen.

Literaturverzeichnis.

[618] A. Pietsch u. G. Adolph, E. P. 23 252/1910. — [619] J. Salauce, Bull. Soc. chim. France (4), **33**, 1738, 1923. — [620] DRP. 405 711. — [621] Chemische Fabrik Weissenstein, DRP. 386 514. — [622] Kali-Chemie A. G., DRP. 591 263. — [623] Blumer, Ztschr. Elektrochem. **17**, 965, 1911. — [624] E. Müller u. O. Friedberger, ebenda, **8**, 230, 1902. — [625] Konsortium für elektrochemische Industrie, DRP. 195 811. — [626] Pietsch u. Adolph, DRP. 257 276. — [627] Farbenfabriken vorm. Friedr. Baeyer & Co., DRP. 271 642, 276 985. — [628] Siemens & Halske, F. P. 603 043. — [629] Chem. Fabrik Weissenstein u. R. Walter, DRP. 320 316. — [630] Österr. Chem. Werke u. G. Baum, DRP. 560 583. — [631] Dieselben, DRP. 567 542. — [632] DRP. 155 805, 170 311. — [633] DRP. 172 508. — [634] Kratky, DRP. 580 849. — [635] F. Krauß u. A. Köpke, F. P. 781 506. — [636] C. C. Downie, Silk and Rayon **13**, 62, 1939.

Patentliteraturzusammenstellung über die technische Darstellung von Lösungen der Überschwefelsäure und deren Salzen durch elektrolytische Oxydation der Schwefelsäure und deren Salzen.

Ö. 155 137. Henkel u. Cie. Die Ammonpersulfatlösung wird vor der Destillation einem Kristallisationsverfahren unterworfen und die Kristalle abgetrennt.

D. 81 404 (E. 16 014/1894). R. Loewenherz. Bei der Herstellung von $Na_2S_2O_8$ wird der Anolyt zeitweise mittels eines festen Natriumsalzes, dessen Säure schwächer ist als die Schwefelsäure, neutralisiert.

D. 105 008. Fr. Deissler. Über die Anodenflüssigkeit wird die spezifisch leichtere Kathodenflüssigkeit geschichtet und dieser Unterschied während der Elektrolyse dauernd aufrechterhalten.

D. 155 805. Konsortium für Elektrochemische Industrie G. m. b. H. und E. Müller. Zusatz von Verbindungen des F bei der Elektrolyse von Sulfaten.

D. 170 311 (Ö. 32 286, F. 351 613). Dieselben. Zusatz zu D. 155 805. Es werden solche Verbindungen zugesetzt, welche durch Verzögerung der elektrolytischen O_2-Entwicklung das Anodenpotential über normale Werte ansteigen lassen (HCl, $NaClO_4$).

D. 172 508. Dieselben. Natriumpersulfat aus einer gesättigten Lösung von Natriumsulfat, die mit konz. H_2SO_4 versetzt ist.

D. 173 977. Dieselben. Die im Elektrolyten entstehende Carosche Säure wird in dem Maße ihrer Bildung durch Zufügen geeigneter Substanzen zerstört.

D. 195 811. Dieselben. Ammonpersulfat aus einer sauer reagierenden Ammonsulfatlösung ohne Diaphragma und ohne Zusatz von Chromverbindungen mit einer kathodischen Stromdichte von mindestens 20 Amp./qcm.

D. 205 067 (Ö. 40 076, Schw. 40 186). Vereinigte Chemische Werke Allg. Ges. Zusatz von einfachen oder zusammengesetzten Cyaniden bei der Elektrolyse von Bisulfaten.

D. 205 068 (Ö. 40 077, Schw. 40 274, 40 275). Dieselbe. Zusatz zu 205 067. Zusätze sind Salze der Cyansäure, Rhodanwasserstoffsäure oder des Cyanamids.

D. 205 069 (Ö. 40 078, Schw. 50 044). Dieselbe. Natriumpersulfat aus Natriumbisulfat unter Zusatz einer geringen Menge Kalisalz.

D. 217 538 (F. 358 806). Konsortium für Elektrochemische Industrie G. m. b. H. Das anodisch in Lösung gegangene Platin wird durch eine gesonderte Elektrolyse während der Hauptelektrolyse oder mittels eines in die Lösung eingeführten Aluminiumstabes aus der Lösung entfernt.

D. 237 764 (Ö. 53 534. F. 421 328, E. 23 548/1910, A. 981 900). Dieselbe. Verwendung gekühlter Anoden.

D. 271 642 (Ö. 69 733). Farbenfabriken vorm. Friedrich Bayer & Co. Elektrolyse ohne Diaphragma unter Verwendung von Zinn- oder Aluminiumkathoden.

D. 276 985 (Ö. 69 734). Dieselbe. Zusatz zu D. 271 642. Kathoden aus Legierungen des Zinns mit Aluminium oder von Sn und Al mit Mg, Zn, Cd oder Si mit oder ohne Zusatz von geringen Mengen von Schwermetallen, wie Cu oder Mn.

D. 306 194 (Schw. 75 875). O. Neher u. Co. und O. Nydegger. Für die Kaliumpersulfatherstellung werden Kaliumbisulfatlösungen verwendet, die erhebliche Mengen von Sulfaten oder Bisulfaten des Natriums oder Ammoniums oder beider gleichzeitig enthalten.

D. 320 316 (E. 112 446, A. 1 399 531). Chemische Fabrik Weissenstein und R. Walter. Die Wandung des Diaphragmas weist auf den Außenseiten gegeneinander versetzte Aussparungen und Rillen auf.

D. 360 239. Siemens & Halske. Elektroden aus Wolframbronze.

D. 386 514 (Ö. 100 689, Schw. 100 171, E. 198 246, F. 552 982, A. 1 477 099). Chemische Fabrik Weissenstein. Anode aus Tantal, dessen Oberfläche nur zum Teil mit einem Platinüberzug versehen ist.

D. 405 711. Scheideanstalt. Anode aus Platin und Nickel mit mehr als 50% Pt.

D. 439 885 (Ö. 101 641, Schw. 106 770). Siemens & Halske. Die eine Elektrode bildet die innere Wandung eines Gefäßes, das nach außen isoliert und mit einer Öffnung für den Stromdurchgang zu der anderen, außerhalb liegenden Elektrode versehen ist. Der Elektrolyt wird an der Eintrittsstelle des Stromes in ständiger Bewegung erhalten.

D. 560 583 (Ö. 110 535, E. 265 141, A. 1 837 177). Österreichische Chemische Werke G. m. b. H. Stromkonzentrationen von über 200 Amp/l Anolyt.

D. 567 542 (Ö. 121 750, E. 362 579, A. 1 837 177, 1 937 621). Dieselbe. Der Anodenraum besitzt die Form eines in der Richtung der Stromlinien schmalen Kanales, der vom Anolyten in dünner Schicht mit großer Durchflußgeschwindigkeit durchflossen wird, während sich der Katholyt als gekühlte Flüssigkeitssäule langsam durch den Kathodenraum bewegt.

D. 580 849 (Schw. 173 725). A. Kratky. Ein rahmenartiges Gefäß ist durch ein Diaphragma in einen Anoden- und Kathodenraum getrennt, wobei die Kathode als gekühlte Kammer ausgebaut ist, wodurch die die Anode bildende Platte der benachbarten Zelle gleichzeitig gekühlt wird.

D. 591 263. Kali-Chemie A. G. Bei der durch Aluminium versteiften Platinanode ist das Aluminium einer anodischen Behandlung unterworfen worden.

D. 686 756. Österr. Chem. Werke G. m. b. H. Filterpressenzelle, bei der eine Kühlflüssigkeit einen von der Anode einer Zelle und der Kathode einer anschließenden Zelle gebildeten Hohlraum durchfließt.

D. 709 020. Degussa. Das Platin ist auf den Tantalanoden konzentrisch zu der übrigen Anodenfläche angeordnet.

D. 703 564. H. Schmidt. Die Kathode ist mit einem Diaphragma aus keramischem Material überzogen. Im Diaphragma sind Bohrungen und in der Kathode Spülschlitze angeordnet, die einen Umlauf des Elektrolyten ermöglichen.

Schw. 145 436. N. V. Electrochemische Ind. Die Kathode besteht aus V_2A-Stahl oder einer Ag-Al-Legierung, Ni-Sn-Legierung, Sn-Au- oder Ni-Cr-Legierung.

F. 421 165 (E. 23 252/1910). A. Pietsch und G. Adolph. Als Anodenmaterial wird technisches Platin mit mehr als 99% Pt verwendet.

F. 603 043. Siemens & Halske. Der mit dem Elektrolyten in Berührung kommende Teil der Kathode besteht aus Au oder Pb, Al oder deren Legierungen mit einem Überzug aus Au.

F. P. 815 314 (It. P. 346 793). N. V. Ind. Maatsch. vh. Noury u. van der Lande. Elektrolyse in dünnen, mit Raschigringen gefüllten Röhren.

Iug. P. 13 110. H. Schmidt. Entfernung der Verunreinigungen durch Kristallisation (Übersättigung und Unterkühlung).

It. P. 328 622 (Belg. P. 407 978). S. A. Fabbrica Aqua Ossigenata e Derivati. Ammonsulfat wird bis auf 10 g/l aktiven O_2 elektrolysiert, mit dem gleichen Volumen Wasser verdünnt und destilliert.

F. 828 957. G. Adolph und M. E. Bretschger. Elektrode aus einem die Pt-Elektrode tragenden Leiter und einem beide verbindenden Zwischenstück aus Tantal.

F. 836 834. Dupont. Die Lösung wird innerhalb der Zelle durch ein durchbrochenes Diaphragma vom Kathoden- zum Anodenraum geführt.

F. 848 739. Giesler u. Trinius. Elektrolyse einer Ammonsulfatlösung mit mehr als 1000 Amp/l, 2,5—5 mm Elektrodenabstand, mit Glas- oder Schlackenwolle umwickelte Kathoden.

F. 864 245. Soc. des Produits Peroxydis. Filterpressenbauart mit monopolaren Elektroden, wobei jede 3. Zelle zur Zirkulation des Kühlwassers dient.

E. 434 488 (F. 781 506). F. Krauß. Kontinuierliches Verfahren zur Elektrolyse einer Ammonbisulfatlösung ohne Diaphragma, wobei die Destillation der Ammonpersulfatlösung durch Fließen über erhitzte Flächen ohne Einwirkung von Dampf stattfindet.

E. 24 507/1905. G. Teichner. Überführung von Perschwefelsäure in H_2O_2 und Entfernung des H_2O_2 entweder durch Ätherextraktion oder durch Destillation.

E. 2823/1906 (A. 880 599). G. Teichner und P. Askenasy. Zeitweises Zerstören der Caroschen Säure durch Zugabe von geeigneten Reduktionsmitteln.

E. 226 391. R. Wolffenstein und V. Makow. Zugabe von hochmolekularen organischen Verbindungen zum Elektrolyten.

E. 295 137. I. G. Farbenindustrie A. G. Apparate aus Silber oder unedlen Massen, die frei von Hg sind, in sehr sorgfältig glattem und poliertem Zustande.

E. 508 524. R. Ch. Cooper, O. H. Walters und Imperial Chemical Industries Ltd. Schmale, lange, trogartige Anodenräume, deren Längsseiten als Diaphragmen ausgebildet sind. Der Katholyt wird in den dazwischenliegenden schmalen Kathodenräumen im Gegenstrom geführt. Seine Zusammensetzung wird durch Zugabe von Bisulfat oder H_2SO_4 konstant gehalten.

Canad. 333 014. J. v. Loon. Kathode aus einer Legierung aus mehreren der Metalle Ni, Cr, Fe, Ag, Al, Sn.

Russ. 2280. I. G. Tscherbakow. Anodische Oxydation bzw. Polymerisation von Alkalisalzen mit Quecksilberkathoden. Das Alkalimetall wird ununterbrochen als Amalgam abgeführt. Gleichzeitige Darstellung von Persulfaten und Percarbonaten.

Russ. 29 835. Derselbe. Elektrolyse unter Anwendung von Anodengefäßen, die auf einer flüssigen Metallkathode schwimmen und deren Boden aus porösem Gewebe besteht. Auf den Geweben lagert eine Schicht aus nicht leitendem pulverförmigem Stoff, wie Quarz, Sand usw., aber auch Stoffen, die selbst an der Elektrolyse beteiligt sind, wie z. B. K_2SO_4 bei der elektrochemischen Darstellung von Persulfat.

Russ. 42 048. S. J. Dobilow, S. N. Lurje und R. N. Dumow. Elektrode aus einem Rahmen aus nicht rostendem Stahl, in welchem die Platindrahtanoden isoliert und beweglich sind.

A. 1 861 573. J. Bene u. Sons. Der Elektrolyt enthält in wäßriger Lösung Schwefelsäure zusammen mit Ammonsulfat, Cersulfat und Kaliumbichromat.

A. 1 861 578. A. Kratky. Elektrolyt aus Schwefelsäure, Kalium- und Ammoniumsulfat, Kaliumbichromat und Cersulfat.

A. 1 937 621. E. I. Dupont de Nemours. Am Umfange eines Bleiringes befinden sich nach unten gerichtete Metallbänder, deren oberer Teil aus Tantal und deren unterer aus Platin besteht (Anode).

A. 2 093 989. Mathieson Alkali Works. Elektrolyse einer sauren NaCl-Lösung mit Kathoden aus aktiver Kohle.

A. 2 094 384. Dupont. Elektrolyt. Zelle mit Anoden und Kathoden aus Bleispiralröhren, die durch Diaphragmen voneinander getrennt sind.

XIII. Die Gewinnung von konzentriertem Wasserstoffperoxyd durch Konzentration und Destillation.

A. Die Darstellung konzentrierten Wasserstoffperoxyds aus den verdünnten Lösungen, die aus Peroxyden durch Umsetzung mit Säuren erhalten werden.

a) Allgemeines, Siedekurve, Rektifikation usw.

Wie bereits ausgeführt wurde, fällt bei der Zersetzung von Bariumperoxyd mit Säuren nur eine 3- bis 5%ige Wasserstoffperoxydlösung an, die noch mit Säureresten und mit sämtlichen Katalysatoren der Ausgangsmaterialien verunreinigt ist. Die Nachteile der niedrigen Konzentration und der geringen Haltbarkeit machten sich aber bei der Einführung des Wasserstoffperoxyds in die Technik derart unangenehm bemerkbar, daß bald nach Wegen gesucht wurde, aus den verdünnteren Lösungen hochprozentige und reinere zu erhalten. Man muß sich ja nur die Ersparnisse beim Transport vor Augen halten, die sich z. B. im Ersatz von 10 Ballons 3%iger Wasserstoffperoxydlösung durch nur einen einzigen, gleichviel aktiven Sauerstoff enthaltenden Ballon mit 30%iger Ware ergeben. Weiters zeigte sich, daß für eine längere Haltbarkeit auch der verdünnten Lösungen die Entfernung der Katalysatoren erforderlich ist, was aber nur durch Destillation mit durchgreifender Wirksamkeit erfolgen kann.

Bevor aber noch auf die einzelnen Verfahren näher eingegangen wird, sollen vorerst noch kurz die Siedeverhältnisse des Wasserstoffperoxyds besprochen werden. Nach Maaß und Hiebert[179] beträgt der Siedepunkt des Wasserstoffperoxyds bei einem Druck von 0,55 mm Hg 4,65°, und steigt dann mit größer werdendem Druck bis 72,3 mm Hg auf 90,3° C. Bei 90° beginnt sich das Wasserstoffperoxyd beim Sieden auch unter vermindertem Druck zu zersetzen, weshalb eine Destillation nur bei stark vermindertem Druck und bei Temperaturen von etwa 60 bis 80° vorgenommen wird.

Wie aus der folgenden Abb. 18 hervorgeht, in welcher die Siedepunkte von Wasserstoffperoxyd nach Maaß und Hiebert[179] (s. S. 32), und von Wasser nach Landolt-Börnstein[637] in Abhängigkeit vom Druck wiedergegeben sind, weist das Wasserstoffperoxyd bei jedem Druck einen erheblich höheren Siedepunkt als das Wasser auf. Es wird demnach beim Erhitzen einer wäßrigen Lösung von Wasserstoffperoxyd vorerst das Wasser verdampfen und die Wasserstoffperoxydlösung sich dauernd ankonzentrieren. Es ist daher möglich, wegen der Verschiedenheit der beiden Siede- und damit auch Kondensationspunkte von Wasser und Wasserstoffperoxyd eine ziemlich weitgehende Trennung beider Komponenten vorzunehmen. Eine vollständige Zerlegung ist jedoch durch bloße Erhitzung und Verdampfung eines Teiles der Lösung nicht möglich, weil nach Erreichung einer gewissen Konzentration der Wasserstoffperoxydlösung neben dem Wasser auf Grund des immer erheblichere Werte erreichenden Partialdruckes des Wasserstoffperoxyddampfes unter gleichzeitigem Ansteigen des Siedepunktes der Lösung auch immer reichlichere Mengen H_2O_2 in das Destillat übergehen, bei der Kondensation aber umgekehrt immer auch Wasser mitkondensiert wird.

Will man aus einer Wasserstoffperoxydlösung beliebigen Ursprunges mit hinreichender Geschwindigkeit auch dieses austreiben, so muß man die Lösung auf eine Temperatur erhitzen, die höher liegt als der Siedepunkt des reinen Wasserstoffperoxyds bei der betreffenden Temperatur. Kühlt man die erhaltenen Dämpfe, die, wenn sie z. B. aus einer 5%igen Lösung durch Verdampfen erhalten wurden, bis unterhalb der Kondensationstemperatur auch des Wasserdampfes ab, so wird das ganze Dampfgemisch verdichtet und man erhält in der flüssigen Phase die Konzentration der Ausgangslösung. In der Technik will man aber gerade aus verdünnten Lösungen konzentrierte gewinnen, und zwar einer genau bestimmten, gewollten Konzentration. Es besteht daher das Problem, aus einem Gemisch von Wasserstoffperoxyd- und Wasserdampf bloß den ersteren in überwiegendem Ausmaße niederzuschlagen. Dieses Ziel kann man aber nur erreichen, wenn man über das Verhalten des Wasserstoffperoxyd-Wasserdampf-Gemisches bei der Kondensation und über die Siedekurve der wäßrigen Wasserstoffperoxydlösungen unterrichtet ist. Obwohl die Industrie tatsächlich nur auf dem Wege der Destillation und Kondensation reine und konzentrierte Wasserstoffperoxydlösungen herstellt, daher diese Verhältnisse beherrschen muß, finden sich in der Literatur darüber nur sehr spärliche Angaben.

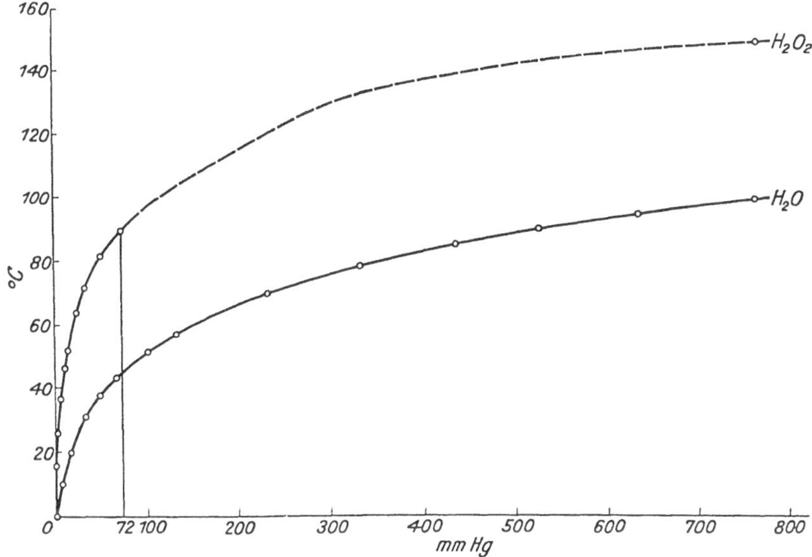

Abb. 18. Siedepunktskurve von Wasser und Wasserstoffperoxyd.

So stellte sich H. S i d e r s k y[638] durch Verdünnen von Perhydrol Merck eine 5%ige Wasserstoffperoxydlösung her, brachte diese in einem Kolben bei einem Druck von 17 und 30 mm Hg zum Sieden und ermittelte nach bestimmten Zeiten genau die Siedetemperatur sowie die Konzentration des Rückstandes und des Destillats. In den folgenden Tabellen 14 und 15 sind diese Versuchsergebnisse zusammengestellt.

In den Abb. 19 und 20 ist der graphische Verlauf der Destillation bei 17 und 30 mm Hg wiedergegeben. Einem bestimmten Wasserstoffperoxydgehalt der Lösung entspricht daher ein ganz bestimmter H_2O_2-Gehalt im abziehenden Dampfgemisch, wenn der Druck konstant gehalten wird. So sind z. B. bei einer unter 17 mm Hg siedenden 30%igen Wasserstoffperoxydlösung in der Dampfphase nur 2% H_2O_2 vorhanden, während bei einer 35%igen Lösung im Dampf schon 4% H_2O_2 enthalten sind. Mit steigender Konzentration des siedenden Wasserstoffperoxyds gehen daher immer größere Mengen H_2O_2 in das Destillat über. Für die Konzentrierung durch bloßes Einengen liegen die Verhältnisse bis etwa 30% daher besonders günstig.

Weiters ergibt sich aus diesen Schaubildern, daß z. B. bei einem Druck von 17 mm zu einem Dampf mit 8% H_2O_2 eine flüssige Phase von 45% gehört. Will man daher hochprozentige Wasserstoffperoxydlösungen aus der Dampfphase erhalten, so braucht

Tabelle 14. 17 mm Hg Vakuum.

Siedetemperatur °C	Konzentration des Rückstandes in Gew.-%	Konzentration des Destillates in Gew.-%
21,0	5,5	0,21
23,0	5,7	0,22
25,5	6,85	0,23
26,6	8,0	0,34
28,5	9,8	0,45
30,8	14,2	0,58
33,3	19,2	1,05
35,5	24,5	1,3
38,2	32,0	2,9
40,5	48,8	10,4

Tabelle 15. 30 mm Hg Vakuum.

Siedetemperatur °C	Konzentration des Rückstandes in Gew.-%	Konzentration des Destillates in Gew.-%
30,8	7,25	0,24
32,0	10,4	0,30
33,8	16,0	0,45
34,9	24,0	1,15
36,9	32,5	2,0
39,8	45,5	4,80
42,5	56,5	9,6

man zu diesem Zwecke die Dämpfe nur fraktioniert zu kondensieren und die Kondensationstemperatur derart einzustellen, daß diese niedriger als der Siedepunkt des Wasserstoffperoxyds, aber höher als derjenige des Wassers bei dem betreffenden Druck liegt. Durch beliebige Veränderung der Kondensationstemperatur ist man in der Lage, aus dem Dampfgemisch den Wasserstoffperoxyddampf in jeder gewünschten Konzentration zu kondensieren.

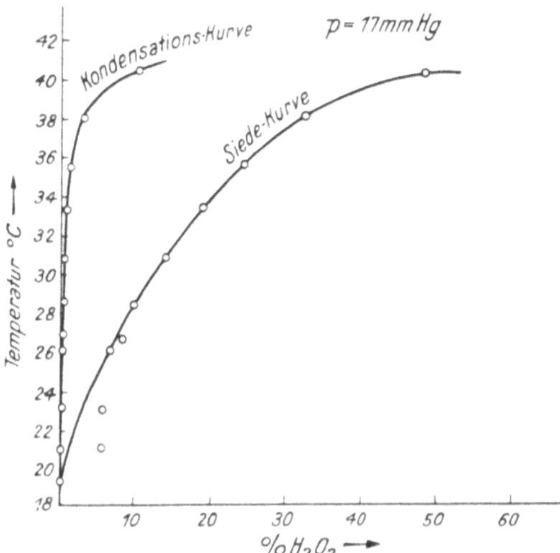

Abb. 19. Siede- und Kondensationskurven von H_2O-H_2O_2-Gemischen.

So gelingt selbst die Darstellung von 99%igem H_2O_2 aus 35%igem H_2O_2 durch zweistufige fraktionierte Destillation ohne nennenswerte Zerfallsverluste (H. Regnault und R. Le Noir de Carlan[639]).

Im Kriege wurden in Deutschland in größtem Ausmaße 80- und 85%iges H_2O_2 durch zweistufige Destillation und Rektifikation aus 35%igem H_2O_2 hergestellt (siehe S. 178).

Die Dampfdrucke und Siedepunkte binärer Mischungen von H_2O_2 und H_2O wurden auch von P. A. Giguère und O. Maass[640] eingehend untersucht. Abgesehen von verdünnteren Lösungen stimmten die ermittelten Partialdruckwerte mit den nach der Duhem-Margulesschen Regel berechneten überein. Das binäre Gemisch besitzt kein Tiefsiedegemisch, zeigt aber große Abweichungen vom Raoultschen Gesetz.

Bei der fraktionierten Kühlung von Dämpfen im Vakuum besteht die größte Schwierigkeit darin, die Temperatur der Kühlflüssigkeit im Kondensator der jeweiligen Kondensationstemperatur des zu kondensierenden Dampfes anzupassen. Diese Temperatur hängt nämlich insbesondere von dem gerade herrschenden Druck ab, der sich im Betriebe rasch ändert. Diese Schwierigkeiten lassen sich überwinden, wenn man nach dem Vorschlage der Österreichischen Chemischen Werke und von L. Löwenstein im DRP. 208 038 zur Kühlung der Dämpfe siedende Flüssigkeiten verwendet, die unter demselben Druck stehen wie die Dämpfe, da sie pneumatisch mit diesen verbunden sind. Die zu destillierende Flüssigkeit und die Kühlflüssigkeit sieden dann unter demselben Vakuum, so daß sich bei einer Druckänderung die Kondensations- und Siedetemperatur in derselben Weise und gleichschnell ändern. Die Dämpfe des Wasserstoffperoxyd-Wasser-Gemisches unterhalten dabei allein das Kochen der Kühlflüssigkeit im Kühler. Es kondensiert dann im Kühler fast alles Wasserstoffperoxyd mit nur wenig Wasser, während fast alles Wasser und nur sehr wenig Wasserstoffperoxyd in einem zweiten Kühler niedergeschlagen werden.

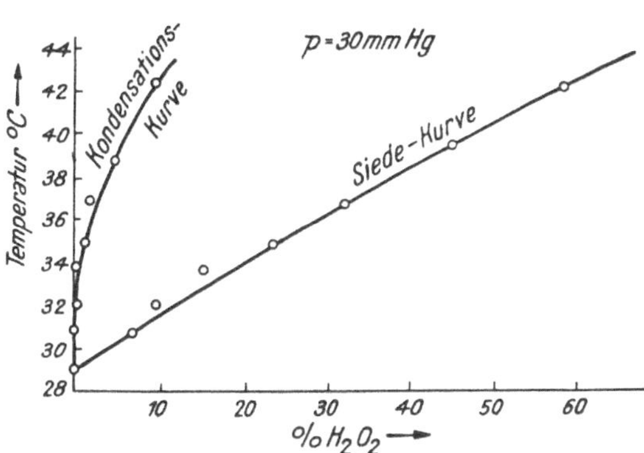

Abb. 20. Siede- und Kondensationskurven von H_2O-H_2O_2-Gemischen.

In der Technik löst man die Aufgabe, aus dem aus verdünnten Wasserstoffperoxydlösungen oder beim Erhitzen von Überschwefelsäurelösungen erhaltenen Dampfgemisch, das etwa 6—7% H_2O_2-Dampf enthält, eine z. B. 30%ige Wasserstoffperoxydlösung zu kondensieren, in der Weise, daß man mit Hilfe einer Kolonne, die an ihrem oberen Ende einen Dephlegmator, z. B. aus Aluminium enthält, die fraktionierte Kondensation der Dämpfe vornimmt. Wegen des Arbeitens im Vakuum und den zu verarbeitenden großen Dampfmengen haben die Dephlegmatoren meist verhältnismäßig große Querschnitte und Abmessungen. Als Kühlflüssigkeit dient Wasser, die Temperaturregelung des Kühlwassers wird durch Beschränkung der Wassermenge vorgenommen. Man schlägt das Wasserstoffperoxyd meist als 35%ige Lösung nieder, obwohl auch die Gewinnung z. B. der 60%igen Wasserstoffperoxydlösung keine Schwierigkeit bereitet.

Praktisch bewährt ist auch die fraktionierte Kondensation von Gemischen der Dämpfe von H_2O und H_2O_2 durch Einspritzen von fein verteiltem Wasser (F. P. 797 656). Das Verfahren arbeitet ohne Dephlegmator unter Anwendung eines mit Raschigringen gefüllten Turmes oder einer Kolonne. Die Wassermenge wird dabei derart bemessen, daß praktisch nur das Wasserstoffperoxyd aus dem Dampfgemisch herausgewaschen wird und gerade die gewünschte Konzentration der H_2O_2-Lösung anfällt. Der Wirkungsgrad der Kondensation beträgt 97%. Im kondensierten Wasser ist nur 0,1 bis 0,2% H_2O_2 enthalten.

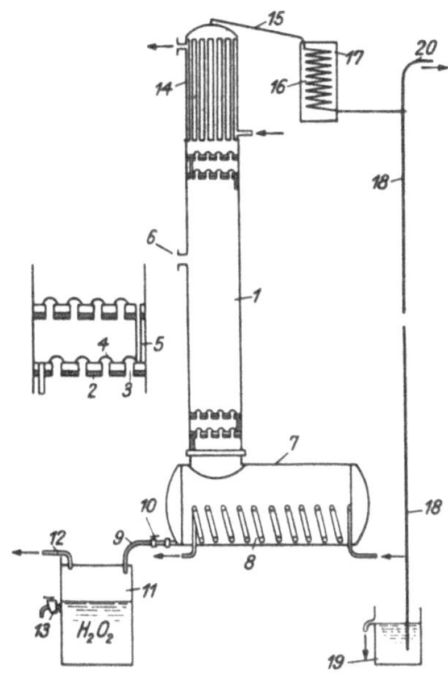

Abb. 21. Anlage zur Rektifikation von verdünnten H_2O_2-Lösungen (F. P. 563 908).

Man kann natürlich auch eine Trennung der Wasserstoffperoxyddämpfe aus dem Gemisch mit dem Wasserdampf nach den üblichen Prinzipien der Rektifikation vornehmen. So ist z. B. ein Verfahren von M. Jaubert[611] bekannt, nach welchem verdünnte Wasserstoffperoxydlösungen in einem Kessel *7* (Abb. 21), durch eine Dampfschlange *8* erhitzt und die entweichenden Dämpfe von H_2O_2 und H_2O durch eine Rektifikationskolonne *1* mit den üblichen Böden *2* geführt werden. Die aufsteigenden Dämpfe treffen auf den Böden mit einer in der Mitte der Kolonne bei *6* aufgegebenen verdünnten Wasserstoffperoxydlösung, die über die Böden nach abwärts rieselt, zusammen, geben die schwerer siedenden Wasserstoffperoxydanteile an die Flüssigkeit ab, während aus der Lösung Wasserdampf aufgenommen wird. Die letzte Trennung des Dampfgemisches wird in einem am oberen Ende der Rektifikationskolonne angebrachten Rückflußkühler *14* vorgenommen. Der Wasserdampf wird durch einen Schlangenkühler *16* kondensiert und durch ein barometrisches Fallrohr *18* abgeführt. Sobald in dem unter der Kolonne angebrachten Kessel 7 die Wasserstoffperoxydlösung die gewünschte Konzentration von etwa 30% erreicht hat, wird diese nach *11* abgelassen. Das Verfahren kann kontinuierlich durchgeführt werden. Um eine Verunreinigung der konzentrierten Lösung durch die bei *6* aufgegebene, Fremdstoffe enthaltende verdünnte Wasserstoffperoxydlösung zu vermeiden, werden an deren Stelle die Dämpfe von Wasserstoffperoxyd und Wasser in der Mitte der Kolonne eingeleitet, die entweder aus verdünnter Wasserstoffperoxydlösung entwickelt oder durch Destillation von Überschwefelsäure oder Persulfatlösungen erhalten wurden. Die Kolonne und die Böden bestehen aus keramischem Material.

Reinigung der Ausgangsmaterialien. Die Destillation wird mit um so größerer Ausbeute vor sich gehen, je reiner die verwendete Ausgangslösung war. Es ist daher zur Vermeidung von unerwünschten Sauerstoffverlusten während der Destillation erforderlich, die in der Lösung vorhandenen, katalytisch zersetzend wirkenden Basen und Säuren, Metalloxyde, Silicate usw. vorher zu entfernen. Von der Rhenania und F. Martin[642] wird zu diesem Zwecke vorgeschlagen, zur Reinigung der Rohlösung lösliche Phosphate und Fluoride zu verwenden. Man setzt der sauren Rohlösung eine kleine Menge Natriumphosphat, fest oder gelöst, zu und neutralisiert dann mit Bariumcarbonat. Nach einige Stunden langem Stehenlassen in der Kälte wird filtriert und nunmehr etwas saures oder neutrales Natriumfluorid unter schwachem Ansäuern zugefügt. Nach einigem Stehen kann die Lösung entweder nach abermaliger Filtration oder direkt mit neutraler oder schwach saurer Reaktion destilliert werden. An Stelle der sauren Fluoride kann auch Flußsäure verwendet werden. Ist freie Salzsäure vorhanden, so wird diese mit Alkali in Natriumchlorid übergeführt. Freies Alkali darf die Lösung jedoch nicht enthalten, da dieses sehr stark zersetzend wirkt. Über weitere Reinigungsverfahren wird im Abschnitt XVII, S. 208 ff., über die besondere Art der Reinigung auf dem Prinzip der Elektroosmose auf S. 210 ff. berichtet werden.

Die Wirksamkeit metallischer Katalysatoren, wie Spuren von Eisen, Platin u. dgl., kann nach dem Vorschlage der Österreichischen Chemischen Werke und L. Löwenstein[643] durch geringe Mengen (etwa 0,2%) eines Cyanids oder Blausäure, Cyanwasserstoffsäure oder deren Salzen gelähmt werden.

b) Baumaterialien der Destillationsapparate.

Die Lösung der Materialfrage beim Konzentrieren und Destillieren ist nicht leicht. Geeignet sind Tonwaren, Steinzeug, Porzellan, Havog, Glas, Quarz, technisches Silizium, Graphit u. dgl., die aber nur schlechte Wärmeleiter sind, gegen höhere Drücke nicht standhalten und außerdem noch den Mißstand einer leichten Zerbrechlichkeit zeigen. Durch die Verwendung von Metallen als Baustoff ist natürlich apparativ eine viel vorteilhaftere Anpassung an die chemischen und thermischen Verhältnisse möglich als bei keramischen Materialien. Bei Metallen ist nämlich wegen der ungleich besseren Wärmeleitung eine raschere Verdampfung des Wasserstoffperoxyds aus der meist nur sehr dünnen Flüssigkeitsschicht möglich.

Die edlen Metalle, wie Gold oder Platin, sind wohl beständig, aber zu teuer. Die erste Voraussetzung für die erfolgreiche Verwendung metallischer Heizflächen zur Gewinnung von Wasserstoffperoxyd durch Destillation von Perschwefelsäure oder Persulfatlösungen besteht darin, daß die mit kalter, wasserstoffperoxydhaltiger Flüssigkeit und mit Wasserstoffperoxyddämpfen in Berührung kommenden Teile der Apparatur aus gegen Perschwefelsäure bzw. Persulfatlösungen und gegen Wasserstoffperoxyddampf indifferentem Material bestehen. Man darf daher nur die Heizfläche, nicht aber auch die Kondensationseinrichtung aus metallischem Material herstellen. Die Heizkörper, deren Flächen von der zu destillierenden oder zu konzentrierenden Flüssigkeit bedeckt oder berieselt werden, können aus Materialien hergestellt werden, welche zwar auf Perschwefelsäure bzw. Persulfat und Wasserstoffperoxyd katalytisch einwirken, hingegen von der Rückstandslauge, wie konz. Schwefelsäure, konz. Sulfatlösungen, nicht merklich angegriffen werden. Dabei ist aber immer noch die zwingende Bedingung zu erfüllen, daß die Metallflächen stets von einer geschlossenen Flüssigkeitsschicht überzogen sind, welche die Wasserstoffperoxyddämpfe von der metallischen Oberfläche sicher und ständig fernhält. Diese Erkenntnisse sind vor etwa 10 Jahren in Weißenstein auf Grund eingehender Untersuchungen gewonnen worden[644].

Von der Chemischen Fabrik Weißenstein[645] wurde gefunden, daß das Tantal das Wasserstoffperoxyd weder in freier noch in latenter Form, und zwar auch nicht bei hoher Temperatur katalytisch beeinflußt. Es könnte daher ohne weiteres zur Herstellung von Destillations-, Kondensations- und Konzentrationsgefäßen, wie Röhren, Retorten oder Kühlern, verwendet werden, wenn es nicht ein derart teures und seltenes Metall wäre.

Von A. L. Halvorsen[646] werden als Materialien für die Verdampfungs- und Kondensationsapparatur Zinn, Antimon, oder gegen das Wasserstoffperoxyd beständige Legierungen, wie Britanniametall, frei von Blei und Zink, vorgeschlagen. In dieser Patentschrift ist auch die fraktionierte Kondensation von Wasserstoffperoxyd in mehr als zwei Fraktionen beschrieben.

In dem F. P. 634 195 der J. D. Riedel A. G. werden auch noch Silizium-Eisen-Legierungen als geeignete Materialien zum Bau von Destillationsapparaturen angeführt. Chrom-Nickel-Eisen-Legierungen, wie z. B. der V2A-Stahl, sind nur bis zu einem Gehalt von 0,05 bis 0,1% aktivem Sauerstoff unangreifbar. Besser verhalten sich reine Chrom-Nickel-Legierungen, die nach dem Vakuumschmelzverfahren hergestellt sind und die geringere Eisenmengen enthalten. Auch Aluminium, Blei und Bleilegierungen (Blei-Zinn-, Blei-Antimon-, Blei-Silber-Legierungen) sind von den Österreichischen Chemischen Werken vorgeschlagen worden[647]. Das Aluminium und seine Legierungen kommen nur dort in Betracht, wo es sich nur um eine kurzdauernde Berührung der wasserstoffperoxydhaltigen Lösungen mit den Gefäßwandungen handelt, wie z. B. für Kühler, Sammelgefäße, Rohrleitungen für Destillationseinrichtungen usw. Der Vorschlag, solche Teile der Apparatur, die längere Zeit mit den Lösungen bei erhöhter Temperatur in Berührung sind, aus Chromstahl herzustellen[648], hat in der Praxis aber keinen Eingang finden können, weil beim Arbeiten mit Chromstahlrohren die saure Rückstandsflüssigkeit Katalysatoren aufnimmt, die ihre Wiederverwendung verhindern. Das billigste und heute weitgehend als Material für die Heizrohre verwendete Metall ist das Blei. Blei wird von Überschwefelsäure und Caroscher Säure nur dann angegriffen, wenn diese Lösungen Wasserstoffperoxyd enthalten. Durch eine sehr hohe Strömungsgeschwindigkeit kann aber der Angriff des Bleies auch durch wasserstoffperoxydhaltige Säuren oder Dämpfe sehr gering gehalten werden.

Ebenso ist Steinzeug ein brauchbares und häufig verwendetes Baumaterial für Destillationsapparate. Es ist heute möglich, mehrere Meter hohe Apparate und Kolonnen aus Steinzeug einwandfrei herzustellen, die allen Anforderungen genügen.

c) Konzentrierung, Ausätherung.

Die ersten Versuche zur Konzentrierung von verdünnten Wasserstoffperoxydlösungen wurden von Houzeau angestellt, der sich die Eigenschaft zunutze machte, daß aus wäßrigen Lösungen bei starkem Abkühlen vorerst das Wasser ausfriert, demnach auf diese Weise eine Anreicherung des Wasserstoffperoxyds möglich ist. Auf diesem Wege stellten auch Ahrle[589] und Staedel[649] hochprozentiges Wasserstoffperoxyd her.

Hanriot[650] engte verdünnte, vermutlich katalysatorhaltige und nicht ausreichend stabilisierte Wasserstoffperoxydlösungen vorerst auf dem Wasserbade bis zu einer Konzentration von etwa 15 Vol.-% ein, worauf diese Lösung dann durch wiederholtes Ausfrieren und weiteres Erwärmen im Vakuum bis auf etwa 65% gebracht wurde. Eine weitere Einengung ließ sich aber nicht mehr erzielen, denn bei Fortsetzung der Konzentrierungsversuche begann sich das Wasserstoffperoxyd unter Sauerstoffentwicklung derart stark zu zersetzen, daß ein Vakuum überhaupt nicht mehr zu halten war. Ein nicht viel günstigeres Ergebnis erreichten Talbot und Moody[651].

Bei dieser Arbeitsweise blieben sämtliche Verunreinigungen der Ausgangslösung auch in der konzentrierten Wasserstoffperoxydlösung zurück, die daher nur wenig haltbar war.

Zum erstenmal wurde der Weg der Herstellung von reinen Wasserstoffperoxydlösungen durch Destillation von R. Wolffenstein[27, 652] beschritten. Er hatte vorerst festgestellt, daß eine 4,5%ige Wasserstoffperoxydlösung durch Erwärmen auf dem Wasserbad bei 75° auf ein 8,7%iges H_2O_2 mit 89,7% Ausbeute, auf 50,7%iges mit 64,1% und auf 66,6%iges mit nur 28,3% Ausbeute eingeengt werden kann. Die Ausbeute nimmt daher bei einer weiteren Konzentrierung der eingeengten Wasserstoffperoxydlösung unverhältnismäßig rasch im Verhältnis zur erzielten Gehaltserhöhung ab. Bei reinen Wasserstoffperoxydlösungen sind die niedrigen Ausbeuten aber weniger durch eine Zersetzung als durch unveränderte Verdampfung von Wasserstoffperoxyd bedingt, das sich größtenteils im Destillat vorfindet.

Die Methode, durch bloßes Konzentrieren von verdünnten Wasserstoffperoxydlösungen hochprozentige zu erhalten, hat sich daher recht bald als nicht rationell erwiesen. Man muß fast das ganze Wasserstoffperoxyd in Form einer niedrigprozentigen Lösung verdampfen und kondensieren, um zwar einen sehr hochprozentigen Rückstand, aber nur in sehr geringer Menge zu erhalten, der noch dazu alle Verunreinigungen enthält.

Um noch konzentriertere als 50 bis 60%ige Wasserstoffperoxydlösungen herzustellen, bediente sich Wolffenstein der Methode des Ausätherns, wodurch die Lösung auch von unlöslichen Verunreinigungen weitgehend befreit werden konnte. So ergab eine 45%ige Wasserstoffperoxydlösung nach der Extraktion mit Äther und dessen Verdunstenlassen eine 73,5%ige Lösung, die bei der Vakuumdestillation mit 90,2% Ausbeute eine erste Fraktion von 44,4%iger Lösung und eine Restfraktion von 90,5%igem H_2O_2 ergab. Aus dieser Lösung konnte durch nochmalige Vakuumdestillation ein 99,1%iges reines Wasserstoffperoxyd erhalten werden.

Die Ätherextraktionsmethode ist jedoch nicht ohne eine gewisse Gefährlichkeit durchzuführen, da bisweilen bei auf diesem Wege hergestellten hochprozentigen Wasserstoffperoxydlösungen äußerst heftige Explosionen auftraten. So berichten W. Spring[653] und J. W. Brühl[654], daß der bei der Vakuumdestillation im Glasgefäß verbliebene Rückstand schon bei der bloßen Berührung mit einem scharfkantigen Glasstab mit äußerster Gewalt detonierte. Als Ursache dieser Explosion ist aber nicht eine besonders leichte Zersetzlichkeit des hochprozentigen Wasserstoffperoxyds anzusehen, vielmehr ist dafür ein Gehalt an organischen Peroxyden, die aus dem Äther stammten, verantwortlich zu machen. Brühl stellte daher das für seine Untersuchungen der physikalischen Eigenschaften benötigte wasserfreie reine Wasserstoffperoxyd durch bloße Vakuumdestillation unter oftmalig wiederholter Fraktionierung her, wobei er gewöhnliche Vakuumkolben verwendete. Das von organischen Peroxyden freie, durch bloße Vakuumdestillation erhaltene konzentrierte Wasserstoffperoxyd läßt sich dabei ohne Gefahr mit guter Ausbeute destillieren.

Wasserfreies H_2O_2 kann nach dem Vorschlage der Buffalo Electrochemical Co., Inc. (A. P. 2 386 484) als alkoholische Lösung durch Reaktion einer wäßrigen H_2O_2-Lösung mit einem Borester in stöchiometrischen Mengen in Bezug auf das Wasser nach Abtrennung der unlöslichen H_3BO_3 erhalten werden. Dazu ist aber zu bemerken, daß höchstkonzentriertes oder wasserfreies H_2O_2 mit Alkohol leicht explodierbare Gemische bildet.

d) Destillationsverfahren.

Das wertvollste Ergebnis der Arbeiten Wolffensteins, Springs und Brühls war, daß sie gezeigt haben, daß ein konzentriertes und absolut chemisch reines und infolgedessen auch haltbares Wasserstoffperoxyd nur durch Destillation herstellbar ist.

Wie bereits erwähnt, stellte die Firma Merck[569] reines 30%iges H_2O_2 längere Zeit durch Destillation einer aus Natriumperoxyd und Schwefelsäure erhaltenen Wasserstoffperoxydlösung her. Bei der Vakuumdestillation schieden sich bei zunehmender Konzentration Natriumsulfatkristalle ab, die aber entgegen der Ansicht Wolffensteins[27, 652] unschädlich sind und das Wasserstoffperoxyd nicht zersetzen. Aus wirtschaftlichen Gründen wurde dieses Verfahren aber bald aufgegeben (s. S. 117).

Die Chemische Fabrik Flörsheim Dr. H. Noerdlinger (DRP. 219 154) führte die Destillation von Wasserstoffperoxydlösungen unter gewöhnlichem Druck bei Temperaturen unterhalb 85° unter Hindurchleiten eines kräftigen Luftstromes durch. Die Verfahren zur Konzentration und Destillation von verdünnten Wasserstoffperoxydlösungen, wie sie aus Peroxyden, namentlich Bariumperoxyd, durch Umsetzung mit Säuren erhalten wurden, sind später noch derart verbessert worden, daß heute schon den auf elektrochemischem Wege erhaltenen konzentrierten und reinen Wasserstoffperoxydlösungen gleichwertige Produkte hergestellt werden können. So führt die Peroxydwerk Siesel A. G.[655] die Destillation von etwa 4%igen Wasserstoffperoxydlösungen in der Weise durch, daß diese Lösung portionenweise in das Destillationsgefäß eingebracht und mit der Zugabe eines neuen Teiles so lange gewartet wird, bis die vorher zugesetzte Lösung abdestilliert ist. Dadurch wird vermieden, daß die zu destillierende Lösung unnötig lange der Einwirkung der Wärme ausgesetzt ist, wodurch Sauerstoffverluste durch Zersetzung bedingt sind. Es werden in einen Vakuumdestillationskessel von etwa 40 l Inhalt immer nur 4 bis 5 l der verdünnten Wasserstoffperoxydlösung eingetragen. Der Destillationskessel ist mit derartigen Heizvorrichtungen versehen, daß das Wasserstoffperoxyd aus der Lösung sehr rasch verdampft. Die Temperatur beträgt etwa 70 bis 80° bei einem Druck von 60 mm. Im Kessel verbleiben nur die anorganischen Verunreinigungen, während das Wasser und das Wasserstoffperoxyd gleichzeitig verdampfen. Eine noch schnellere Verdampfung und feinere Verteilung kann erzielt werden, wenn die verdünnte Wasserstoffperoxydlösung mit einer Streudüse aus unangreifbarem Material, wie Hartgummi, Glas oder Hartblei, in den Destillationskessel eingeblasen wird. Auf diese Weise können von einem Quadratmeter Heizfläche in einer Stunde 60 bis 80 l 3%ige Wasserstoffperoxydlösung verdampft werden. In der Kondensationsanlage wird das Wasserstoffperoxyd zum allergrößten Teil als 30%ige Lösung vor dem Wasserdampf niedergeschlagen, der weitergeführt und gesondert kondensiert wird, wobei auch die Reste des Wasserstoffperoxyds niedergeschlagen werden. Aus 1000 kg 4%iger Wasserstoffperoxydlösung mit 0,5% Säuregehalt wurden z. B. als erste Fraktion 120 kg 30%iges H_2O_2, also mit einer fast 90%igen Ausbeute, und als zweite Fraktion 870 kg einer nur 0,1- bis 0,2%igen Lösung erhalten.

Eine Apparatur zur Konzentration von verdünnten Wasserstoffperoxydlösungen, wobei die Konzentration durch fraktionierte Destillation von verflüchtigten niederprozentigen, etwa 0,1% Säure enthaltenden Lösungen im hohen Vakuum erfolgt, ist von der Peroxydwerk Siesel A. G.[655] beschrieben worden. Die niederprozentige Wasserstoffperoxydlösung wird der Apparatur mittels Streudüsen in fein vernebelter Form und nur in der Menge zugeführt, die der Verdampfungsmöglichkeit entspricht, also auf dem Grundsatz des oben erörterten Verfahrens[655] beruht. Die Apparatur[656] besteht aus einem mit heizbaren Wandungen ausgestatteten Verdampfersystem, das unter Zwischenschaltung eines Abscheiders mit einem Kondensatorsystem verbunden ist und durch eine gemeinschaftliche Vakuumpumpe unter Vakuum gehalten wird. Zur getrennten Aufnahme des Wasserstoffperoxyds und zur Aufnahme des ausgeschiedenen Wassers sind Vorlagen angeordnet. Weitere wesentliche Bestandteile der Vorrichtung sind am Boden der Verdampfer angebrachte Streudüsen, mittels welcher das niedrigprozentige Wasserstoffperoxyd unter Verwendung eines mit Preßluft arbeitenden Druckautomaten zugeführt wird.

Die Abb. 22 und 23 geben die Gesamtanordnung der Apparatur im Aufriß und Grundriß wieder, während die Abb. 24 und 25 einzelne Teile der Apparatur darstellen. Die Verdampfer *1* werden aus senkrecht angeordneten zylindrischen Gefäßen von verhältnismäßig großer Höhe und geringem Durchmesser gebildet, die an ihrem unteren Ende Streudüsen *2* für den Eintritt der Wasserstoffperoxydlösung und an ihrem oberen Ende Krümmer *3* besitzen, welche die Dämpfe einem Sammler *4* zuführen. Die Zuführung des Ausgangsmaterials, das einem Vorratsbehälter *5* entnommen wird, zu den Streudüsen *2* erfolgt mittels eines Druckautomaten *6*, der von einem Kompressor mit Druckluft versorgt wird.

Die zur Verflüchtung des Wasserstoffperoxyds nötige Wärme wird den Verdampfern durch mit Dampf geheizte Mäntel zugeführt. Die Anordnung der Dampfmäntel kann so getroffen werden, daß entweder jeder einzelne Verdampfer mit einem eigenen Dampfmantel umgeben ist (Abb. 24) oder daß die Verdampfer zusammen in einem gleichachsig angeordneten, gemeinschaftlichen, mit Dampf geheizten Kessel untergebracht sind (Abb. 25).

An die Sammelleitung *4* für die Dämpfe ist zunächst ein Säureabscheider *7* angeschlossen, von dem aus die Dämpfe in die Raschig-Kolonne *8* übertreten, während die abgeschiedene Säure in einem senkrecht unter dem Säureabscheider angeordneten Säuresammler *9* aufgefangen wird, der auch das etwa in den Verdampfern *1* nicht verdampfte, ihm durch die Sammelleitung *10* zugeführte Wasserstoffperoxyd aufnimmt.

Senkrecht über der Raschig-Kolonne *8* ist ein Kondensator *11* angeschlossen, aus dem der noch nicht kondensierte Wasserdampf durch einen Doppelkrümmer *12* in den Wasserdampfkondensator *13* übergeleitet wird, während das kondensierte und konzentrierte Wasserstoffperoxyd der senkrecht unter der Raschig-Kolonne *8* aufgestellten Vorlage *14* zufließt. Ebenso ist senkrecht unter dem Kondensator für den Wasserdampf eine Vorlage *15* für das Kondenswasser vorgesehen. Die beiden Vorlagen *14* und *15* sind durch eine in ihrem oberen Teil einmündende Verbindungsleitung *16* miteinander und durch die Leitung *17* mit einer Vakuumpumpe verbunden, durch welche unmittelbar die Luft aus den Kondensatoren abgesaugt und dadurch gleichzeitig die gesamte Vorrichtung unter Vakuum gehalten wird.

Die konstruktive Ausbildung der Verdampfer ist in den Abb. 24 und 25 besonders dargestellt. Die beiden Ausführungsformen unterscheiden sich lediglich dadurch, daß im ersten Falle jeder Verdampfungszylinder *1a* mit einem eigenen, mit Dampf geheizten Mantel *1b* umgeben ist, während im zweiten Falle (Abb. 25) mehrere, beispielsweise acht

Verdampfungszylinder *1a* in einem gemeinschaftlichen, mit Dampf geheizten Kessel *1c* untergebracht sind. Die Vorrichtung wird noch ergänzt durch die Dampfzuführung und Kondenswasserabteilung für die Heizmäntel der Verdampfer und die Kühlwasserzu- und -ableitung für die Kondensatoren, die in der für Kondensationsanlagen üblichen Weise ausgebildet sind. Die Aufstellung der Apparatur erfolgt in der Weise, daß die Mäntel der Verdampfer und Kondensatoren mit Tragflanschen ausgestattet werden, mit denen sie auf einer aus Profileisen hergestellten Tragkonstruktion ruhen, während die Vorlage sowie der Druckautomat und der Säureabscheider auf Fundamenten aufgesetzt sind.

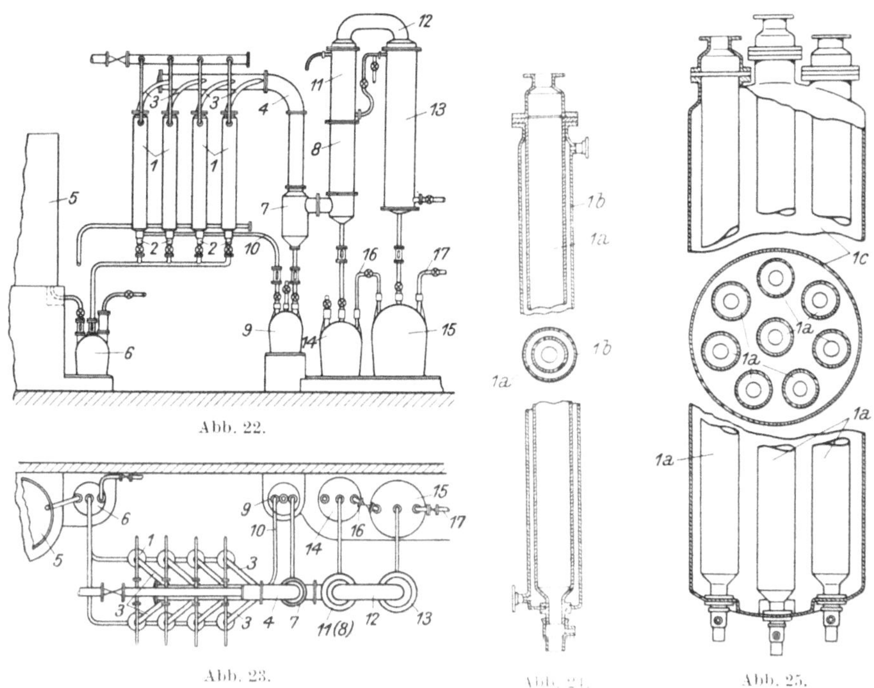

Abb. 22 u. 23. Apparatur zur Konzentration von verdünnten H_2O_2-Lösungen durch fraktionierte Destillation im Auf- und Grundriß. Abb. 24. Verdampfer mit gesondertem Heizmantel. Abb. 25. Mehrere Verdampfer in einem einzigen Heizkessel (DRP. 525 923).

Zur Entfernung der Verunreinigungen und zum Zwecke der unmittelbaren Herstellung von reinen, auch für medizinische Zwecke geeigneten konzentrierten Wasserstoffperoxydlösungen aus verdünnten, verunreinigten Rohlösungen in einem einzigen Arbeitsgang werden nach dem Vorschlage der Kali-Chemie A. G.[553] die bei der Destillation entstehenden Dämpfe einer Reinigung in der Art unterworfen, daß alle nebel- und tropfenförmigen Bestandteile aus dem Dampfgemisch entfernt werden, bevor man dasselbe der Kondensation zuführt. Das Verfahren beruht auf der Feststellung, daß die Verunreinigung der Destillate bei der Herstellung von Wasserstoffperoxyd darauf zurückzuführen ist, daß aus dem Ausgangsmaterial Nebel oder Tropfen der Verunreinigungen mitgerissen werden, die bis zur Kondensation und demnach in das Destillat gelangen.

Man bedient sich dazu entweder eines Turmes von Raschig-Ringen, wo rund 10% des Wasserstoffperoxyds, stark verunreinigt durch Chlor, anfallen, während 80 bis 85% des Wasserstoffperoxyds in einer gesonderten Kolonne fraktioniert kondensiert und frei von Verunreinigungen, namentlich von Chlor, erhalten werden. An Stelle der Raschig-Ringe kann man auch eine elektrostatische Entnebelungsvorrichtung verwenden, die aus einem Glasgefäß mit einem dicht passenden dünnen Aluminiumblechzylinder besteht, der geerdet ist, und einem mittleren Aluminiumdraht, der durch einen eingeschliffenen Porzellanstöpsel hochspannungssicher und vakuumdicht eingeführt ist. Die vorstehend beschriebenen Destillationsanlagen[552, 655, 656] arbeiten mit einem Wirkungsfaktor von etwa 90 bis 95%. Die Entnebelungsvorrichtung aus Raschig-Ringen u. dgl. zur Reinigung von Wasserstoffperoxyd- und Wasserdampfgemischen kann auch zur Reinigung der Dämpfe beliebiger Herkunft verwendet werden, z. B. auch von solchen, die sich bei der Destillation von Überschwefelsäure und Persulfatlösungen entwickeln. Erst diese Verfahren haben der Industrie zur Verarbeitung von BaO_2 auf H_2O_2 wieder neuen Auftrieb gegeben.

Während bei den vorstehend beschriebenen Konzentrierungseinrichtungen die Verdampfung der verdünnten Wasserstoffperoxydlösung durch Zerstäubung vorgenommen wird, wird nach dem Vorschlage der I. G. Farbenindustrie A. G.[657] die Wasserstoffperoxydlösung durch vertikal oder schräg geführte Rohre, welche von außen auf etwa 70° erhitzt werden, fein zerstäubt herabfallen oder an der Rohrwand entlang fließen gelassen, während von unten nach oben ein vorgewärmter getrockneter und von katalytisch wirkenden Verunreinigungen, wie Staub u. dgl., befreiter Luftstrom oder Lösung entgegengeschickt wird. Man kann auch durch Heizschlangen erwärmte Rieseltürme verwenden, welche Glockenböden von geringer Tellerhöhe oder Glas- oder Porzellankugeln als Füllkörper enthalten. Die warme Luft nimmt aus der Wasserstoffperoxydlösung das Wasser auf und konzentriert diese dadurch. Man kann dieses Verfahren auch in der Weise ausführen, daß man zwei Rieseltürme hintereinander oder aufeinander anordnet, von denen im ersten durch Einhalten einer bestimmten Temperatur und durch Einstellen einer bestimmten Geschwindigkeit der zufließenden Lösung und des entgegengeschickten Gasstromes die verdünnte Wasserstoffperoxydlösung auf eine derart hohe Konzentration gebracht wird, daß diese Lösung bei der nachfolgenden Destillation im zweiten Turm eine reine Wasserstoffperoxydlösung der gewünschten Konzentration ergibt.

Erwähnenswert ist noch ein Destillationsverfahren von Ch. D. Hurd und M. P. Puterbaugh[659], bei welchem aber nicht das Wasserstoffperoxyd, sondern das Wasser abdestilliert wird. Es handelt sich also um eine umgekehrte Wasserdampfdestillation, wobei nach Zusatz von Kohlenwasserstoffen, wie Xylol oder Cymol, das Wasser mit diesen übergeht und das angereicherte Wasserstoffperoxyd sich im Rückstand befindet. Mit Cymol kann man auf diese Weise bis zu 90%igen Lösungen gelangen, die Verluste betragen 2 bis 9%, wenn keine höhere Destillation als bis auf etwa 57% durchgeführt wird.

B. Destillation des Wasserstoffperoxyds aus Lösungen von Perschwefelsäure und Persulfaten.

a) Destillation aus Perschwefelsäurelösungen.

Entwicklung der Kreislaufprozesse; Theorie. Während es sich bei der bisher besprochenen Art der Gewinnung von konzentrierten Wasserstoffperoxydlösungen nur um die Konzentration oder Destillation von solchen Lösungen gehandelt hat, die Wasserstoffperoxyd bereits in vorgebildetem Zustand enthalten hatten, liegt dieses in den Lösungen der Perschwefelsäure oder der Persulfate nur in gebundener Form vor. Es besteht daher bei der Herstellung des Wasserstoffperoxyds über die Überschwefelsäure oder deren Salze die Aufgabe, diese Perverbindungen möglichst ohne wesentliche Verluste an aktivem Sauerstoff in Wasserstoffperoxyd überzuführen und dieses dann aus den schwefelsäurehaltigen Lösungen auszutreiben.

Wie aus den Ausführungen auf S. 127 hervorgegangen ist, sind die Reaktionen

1. $H_2S_2O_8 + H_2O \rightleftharpoons H_2SO_5 + H_2SO_4$ und

2. $H_2SO_5 + H_2O \rightleftharpoons H_2SO_4 + H_2O_2$

vollständig umkehrbar, so daß das Gleichgewicht von beiden Seiten erreicht werden kann. Die Lösung der Perschwefelsäure kann daher nach den Gleichungen 1 oder 2, namentlich leicht beim Erhitzen und beschleunigt durch die Konzentration der Schwefelsäure, wieder in Schwefelsäure und Wasserstoffperoxyd übergehen. Wie die Untersuchung der Reaktionsgeschwindigkeiten dieser beiden Reaktionen durch Reichel[658] bei Zimmertemperatur ergeben hat, verläuft die Hydrolyse der Überschwefelsäure zu Caroscher Säure und Schwefelsäure sehr schnell, jene der Caroschen Säure in Schwefelsäure und Wasserstoffperoxyd aber viel langsamer. Erst wenn sich Carosche Säure in einer Menge von etwa 80 bis 90% gebildet hat, tritt auch Wasserstoffperoxyd auf. Da ganz allgemein der Verlauf einer chemischen Reaktion, die in Zwischenstufen vor sich geht, durch die Geschwindigkeit des am langsamsten vor sich gehenden Prozesses beherrscht wird, ist für die Bildung des Wasserstoffperoxyds aus Perschwefelsäure vorwiegend die Umwandlung der Caroschen Säure in Wasserstoffperoxyd und Schwefelsäure von maßgeblicher Bedeutung.

Bei der Destillation von Überschwefelsäurelösungen wird demnach zunächst die Überschwefelsäure in Carosche Säure umgewandelt, ohne daß sich vorerst Wasserstoffperoxyd bilden würde. Es destilliert daher zu Anfang nur Wasser ab und findet eine Konzentrierung auf etwa die Hälfte des Ausgangsvolumens statt. Erst wenn fast die ganze Überschwefelsäure in Carosche Säure übergegangen ist, setzt die Wasserstoffperoxydbildung ein. Eine 100%ige Umwandlung in Wasserstoffperoxyd tritt aber selbst bei der bestgeführten Destillation nie ein, sondern stets bleiben geringe Reste (etwa 1 bis 3%) aktiver Sauerstoff in Form von Caroscher Säure in der abfließenden Schwefelsäure zurück. Diese zersetzt sich teilweise im Absatzbehälter für das Bleisulfat, zur Gänze wird sie aber beim Durchfließenlassen des Elektrolyten durch die Kathodenräume zerstört. Werden Persulfatlösungen destilliert, so muß immer hinreichend freie Schwefelsäure vorhanden sein, um die Bildung der freien Perschwefelsäure und der Caroschen Säure ermöglichen zu können.

Die Umwandlung der Überschwefelsäure in Wasserstoffperoxyd bei Zimmertemperatur verläuft außerordentlich langsam und unter beträchtlichem Sauerstoffverlusten, während beim Erwärmen zwar die Umwandlungsgeschwindigkeit erhöht, gleichzeitig aber auch die Zersetzungsgeschwindigkeit so sehr beschleunigt wird, daß eine sehr lebhafte Sauerstoffentwicklung zu beobachten ist.

Diese große Zersetzlichkeit ist darauf zurückzuführen, daß das Wasserstoffperoxyd, wie schon Friend und Price[660] festgestellt haben, sowohl mit der Schwefelsäure als auch der Caroschen Säure leicht unter Sauerstoffentwicklung in Reaktion treten:

3. $H_2S_2O_8 + H_2O_2 = 2\,H_2SO_4 + O_2$.

4. $H_2SO_5 + H_2O_2 = H_2SO_4 + H_2O + O_2$.

Außerdem geht auch noch die Reaktion

5. $2\,H_2S_2O_8 + H_2O = 4\,H_2SO_4 + O_2$

vor sich, die gleichfalls zu einem Sauerstoffverlust führt. Ist durch die Verdampfung von Wasser und Wasserstoffperoxyd die Konzentration des Schwefelsäuregemisches sehr stark angestiegen, so kann auch, wenn das Wasserstoffperoxyd nicht sofort abdestilliert wird und daher längere Zeit mit der Schwefelsäure in Berührung steht, die Reaktion

6. $H_2SO_4 + H_2O_2 = H_2O + H_2SO_5$,

also die umgekehrte Reaktion 2, vor sich gehen. Sämtliche dieser Reaktionen werden sowohl durch Wärme als auch durch Katalysatoren stark beschleunigt.

Die technische Darstellung von Wasserstoffperoxyd aus den Lösungen der Perschwefelsäure ist demnach ein äußerst schwierig zu lösendes Problem. Es schien anfangs nahezu aussichtslos, bei den verwickelten Reaktionsverhältnissen die Umwandlung der Überschwefelsäure in Wasserstoffperoxyd vollständig und ohne allzu große Sauerstoffverluste durchführen und reines Wasserstoffperoxyd mit guter Ausbeute gewinnen zu können. Das Verdienst, diese Schwierigkeiten das erstemal gemeistert zu haben, gebührt Dr. Gustav Teichner, der im Jahre 1905 gemeinsam mit dem Konsortium für elektrochemische Industrie in Nürnberg ein Verfahren ausarbeitete[661], nach welchem auch aus Perschwefelsäurelösungen das Wasserstoffperoxyd mit guter Ausbeute abdestilliert werden konnte.

Das Prinzip des Verfahrens beruhte auf der Feststellung Teichners, daß ähnlich wie Wolffenstein die Durchführbarkeit der Destillation von Wasserstoffperoxydlösungen an sich an die Bedingung der vollständigen Reinheit knüpfte, die Sauerstoffverluste auch bei der Umwandlung der Perschwefelsäure in Wasserstoffperoxyd an die Anwesenheit von Katalysatoren gebunden seien. Hält man die Katalysatoren aus dem System ferne, so ist es möglich, die Lösungen im Vakuum zum Sieden zu erhitzen, das erhaltene Wasserstoffperoxyd abzudestillieren und durch die Entfernung des Reaktionsproduktes die Umsetzung zu Ende zu führen, d. h. also, das Wasserstoffperoxyd aus den Überschwefelsäurelösungen mit guter Ausbeute in reiner und konzentrierter Form gewinnen zu können. Durch die Möglichkeit, die Perschwefelsäurelösungen erhitzen zu können, konnte auch die Reaktionsgeschwindigkeit der Reaktion 2 derart beschleunigt werden, daß die zur Umwandlung erforderliche Zeit ganz außerordentlich verkürzt werden konnte, ohne größere Sauerstoffverluste in Form von nicht umgesetzter Perschwefel- oder Caroscher Säure befürchten zu müssen[662]. Es ist daher nicht nur äußerste Reinheit der Reagenzien, sondern auch peinlichste Reinlichkeit und Sauberkeit der Apparatur erforderlich. Die Platinelektroden dürfen daher auch aus diesem Grund keine irgendwelche anodisch lösliche Metalle enthalten, sondern müssen aus reinstem Platin bestehen.

Die Überschwefelsäure und Carosche Säure wandeln sich noch während der Destillation in Wasserstoffperoxyd um, das in dem Maße, wie es entsteht, aus der Lösung heraus destilliert. Die Umsetzung verläuft in der Wärme außerordentlich rasch, so daß die Komponenten keine Zeit haben, untereinander unter Sauerstoffentwicklung und Zersetzung reagieren zu können. Bei genügend rascher Destillation und hinreichend reinen Lösungen gelingt es daher in kurzer Zeit, nahezu das ganze Wasserstoffperoxyd in reiner Form zur Kondensation zu treiben. Ein hohes Vakuum begünstigt die schnelle Abführung des Wasserstoffperoxyds durch Erniedrigung des Siedepunktes der Lösung. Eine hohe Destillationsgeschwindigkeit ist namentlich bei der Destillation von Lösungen der Perschwefelsäure oder ihrer Salze für eine gute Ausbeute auch aus dem Grunde notwendig, da diese Lösungen mit allen Verunreinigungen zur Destillation gelangen. Durch die kurze Einwirkungsdauer der Katalysatoren kann ihr schädlicher Einfluß sehr stark eingeschränkt werden. Immerhin sind aber die Sauerstoffverluste bei der Destillation von Lösungen der Perschwefelsäure um einige Prozente größer als bei der Gewinnung von H_2O_2 aus festem $K_2S_2O_8$ durch Destillation.

Da nunmehr die Möglichkeit gegeben war, aus Überschwefelsäurelösungen das Wasserstoffperoxyd gewinnen zu können, war damit der erste technische Kreisprozeß der elektrolytischen Wasserstoffperoxydherstellung geschaffen worden, da die nach der Destillation erhaltene Schwefelsäurelösung nach Verdünnung mit Wasser ohne weiteres wieder in den Elektrolyseur zurückgebracht werden kann. Tatsächlich konnte nunmehr mit dem Bau der ersten Anlage nach diesem Verfahren in Weißenstein an der Drau durch die Österreichischen Chemischen Werke als Lizenznehmerin des Konsortiums für elektrochemische Industrie im Jahre 1908 begonnen werden.

Destillationsverfahren. Von den Österreichischen Chemischen Werken und L. Löwenstein wurde in Fortsetzung dieser Arbeiten eine Destillationsapparatur geschaffen[963], die auf dem Prinzip der „Rieseldestillation" in senkrecht oder geneigt stehenden Rohren beruhte. Bei diesem Destillationsverfahren strömte die Überschwefelsäure kontinuierlich zu und Schwefelsäure kontinuierlich ab, wobei das Hauptaugenmerk auf eine möglichste Destillationsbeschleunigung gelenkt wurde, um das labile Wasserstoffperoxyd rasch und mit guter Ausbeute abdampfen zu können. Dabei soll auch der den Apparat durchströmende Elektrolyt in möglichst vielen, voneinander verschiedenen Portionen nacheinander destilliert werden und die höheren Konzentrationen nicht zu den niedrigeren zurückgelangen können. Diese Destillationsapparatur bestand im wesentlichen aus vertikal stehenden Rohren *A* (Abb. 26), die von einem Dampfmantel *B* umgeben waren. Die zu destillierende Überschwefelsäure wurde bei *c* oben eingeführt und floß in äußerst dünner Schicht über eine große Heizfläche bei starker Wärmezufuhr auf dem ganzen inneren Rohrmantel von oben nach unten. Es stellte sich daher von oben nach unten ein Konzentrationsgefälle mit sehr vielen Konzentrationsstufen ein. Diese Art der Destillation bot auch den Vorteil, daß das Verhältnis von Heizfläche zur Flüssigkeitsmenge das größtmögliche war, daher die Wärmezufuhr und die Verdampfungsgeschwindigkeit sehr groß waren. Das Wasserstoffperoxyd destillierte bei *b* ab, während die Schwefelsäure in das Gefäß *C* abfloß.

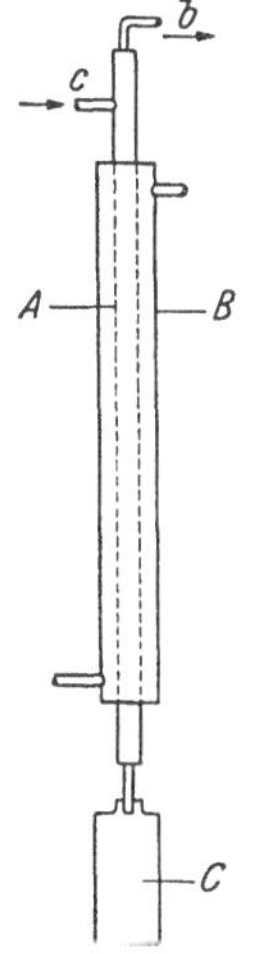

Abb. 26. Apparatur nach dem Prinzipe der „Rieseldestillation" (DRP. 249893).

Nach diesem Verfahren, das bei der Destillation Ausbeuten bis zu etwa 85% ergibt, wurde sehr lange Zeit in Weißenstein gearbeitet. Bei dieser Destillationsweise besteht aber die Gefahr, daß die erzeugten Wasserstoffperoxyddämpfe beim Aufsteigen im Heizrohr durch die Berührung mit der an den Wänden herabfließenden, oben noch kalten Lösung, die, je weiter die Dämpfe zum oberen Ende des Rohres gelangen, immer reicher an aktivem Sauerstoff sind, in Wechselwirkung treten können. Durch diese unvermeidliche Rückflußkondensation wird nicht nur die Ausbeute vermindert, sondern bei Verwendung von metallischen Heizrohren deren Angriff sehr stark begünstigt.

Das überraschendste Merkmal dieses Verfahrens bestand aber darin, daß man infolge der großen Destillationsgeschwindigkeit auch katalysatorhaltige Elektrolyte verarbeiten konnte, demnach die von Teichner geforderte überaus hohe Reinheit, die den technischen Betrieb nur sehr erschwert, nicht notwendig ist. Dieses Verfahren war von grundlegender Bedeutung für die Gewinnung des Wasserstoffperoxyds aus Perschwefelsäurelösungen. Das wesentlichste Merkmal, die Destillation der Perschwefelsäure in fließender dünner Schicht über eine große Heizfläche unter rascher Verdampfung auszuführen, findet man in fast allen Patentschriften, die die Destillation von Überschwefelsäure zum Gegenstand haben, der nächsten zwei Jahrzehnte wieder.

Auch beim Verfahren von H. Schmidt fließt die stark schwefelsaure Ammonpersulfatlösung an der Innenwand von etwa 5 m langen, senkrecht stehenden Glasrohren, die von außen mit Dampf beheizt werden, herab. Die H_2O_2-Dämpfe können sowohl vom unteren Ende als auch von der Spitze der Rohre abgesaugt werden (DRP. 687 292). Von H. Schmidt stammt auch der Vorschlag (DRP. 670 965), die zu destillierende, H_2O_2 abgebende Lösung mit O_2, der stabilisierend wirkt, unter einen Druck bis zu 50 Atm. zu setzen und unmittelbar in einen evakuierten Raum einzustäuben, wodurch eine spontane restlose Verdampfung des Peroxyds sofort im Zeitpunkte seines Entstehens stattfindet. Die Zerstäubung kann auch mit dem überhitzten Destillationsrückstand vorgenommen werden (H. Schmidt, DRP. 688 634).

Über die Frage, wem das größte Verdienst an der technischen Durchführbarkeit des Kreislaufprozesses mit Perschwefelsäure und die Urheberschaft der Erfindung des Rieselverfahrens zukommt, fand im Anschluß an einen Aufsatz von G. Zotos[664] ein längerer Meinungsaustausch zwischen Löwenstein und Teichner statt[665]. Soweit sich aus der Patent- und Fachliteratur ersehen läßt, können beide Erfinder ungefähr gleiche Verdienste an der wirtschaftlichen Durchführbarkeit zur Gewinnung von Wasserstoffperoxyd über die Perschwefelsäure für sich in Anspruch nehmen. Während Teichner allgemein, auch von Löwenstein[666], als der Urheber des Kreisprozesses für die industrielle Herstellung von Wasserstoffperoxyd aus elektrolytisch hergestellter Perschwefelsäure angesehen wird, kann Löwenstein das Verdienst für sich in Anspruch nehmen, eine Destillationsapparatur erfunden zu haben, die aus Perschwefelsäurelösungen in kontinuierlichem Betriebe Wasserstoffperoxyd mit guten Ausbeuten zu gewinnen gestattete. In Amerika, wo der Erfinder als Patentinhaber aufscheint, lautet das Patent 916 900, das den Kreisprozeß mit Perschwefelsäure betrifft, auf Dr. Gustav Teichner, die Destillationsapparatur nach Patent 1 013 791 auf Löwenstein.

Nach der Veröffentlichung der Verfahren der Österreichischen Chemischen Werke[551] wurden A. Hempel auf ein Destillationsverfahren die französische Patentschrift 445 096 und Zusatzpatent 17 505 erteilt. Die Lösung der Perschwefelsäure sollte durch flach liegende Destillationsrohre, z. B. ein in horizontaler Ebene gewickeltes Schlangenrohr, hindurchgeschickt werden, wobei die Wasserstoffperoxyddämpfe durch eine Mehrzahl von Flüssigkeitsauslässen, die in der Richtung des Flüssigkeitsweges aufeinanderfolgend angeordnet waren, aus dem Heizrohr im Augenblick ihrer Entstehung an verschiedenen Stellen gleichzeitig herausgeschafft werden sollten. Nach dem F. P. 17 505 von Hempel sollten stehende oder geneigte Rohre zur Ausführung der Destillation verwendet werden, welche von außen geheizt und an ihrem oberen Ende mit Rohrschlangen ausgestattet sind, um die Wasserstoffperoxyddämpfe sofort nach ihrer Bildung im Vakuum zu entfernen. Dadurch sollte eine Berührung der Dämpfe weder mit der Ausgangslösung noch der erschöpften Rückstandslauge in Berührung kommen können.

Verdampfer. Einen wesentlichen Fortschritt in der Destillation von Überschwefelsäurelösungen bedeutete das Verfahren von D. Levin und L. A. Molin[667]. Diese schlugen vor, als Material für die Heizrohre an Stelle von Gold oder Platin, die sich zwar gut bewährt hatten, aus Billigkeitsgründen auch einfachere und billigere Metalle, wie z. B. das Blei, zu verwenden. Die Lösung der Perschwefelsäure wurde am oberen Ende eines senkrecht stehenden Bleirohres, das von einem eisernen Dampfheizmantel umgeben war, aufgegeben, wobei diese an der großen Innenfläche des Bleirohres als dünner Flüssigkeitsfilm herabfließen gelassen wurde. Der Flüssigkeitsfilm sollte die Fläche der Rohre vor der Einwirkung der Wasserstoffperoxyddämpfe bewahren, wenn diese Dämpfe schnell aus dem Erhitzungsbereich herausgeschafft und kondensiert werden, so daß die Destillationsgeschwindigkeit größer ist als die Zersetzungsgeschwindigkeit. Es wurden daher Bleirohre von verhältnismäßig großer lichter Weite und verhältnismäßig geringer, eine rasche Wärmeübertragung gestattender Wandstärke gewählt. Bei Anwendung des Bleies als Baustoff für die Destillationsapparate ist demnach die Destillationsgeschwindigkeit größer als die Zerfallsgeschwindigkeit des Wasserstoffperoxyds am Blei. Dieses Verfahren konnte sich aber nicht in die Technik einführen, weil die Bleirohre namentlich an der Eintrittsstelle der Perschwefelsäurelösung rascher Zerstörung anheimfallen und die Ausbeuten bei der Destillation auch nicht über etwa 70% hinausgingen. Zu dieser geringen Ausbeute trug auch der Umstand bei, daß Levin und Molin auch die Krümmer zur Ableitung der Dämpfe aus dem Destillationsrohr und den Kühler für die Wasserstoffperoxyddämpfe aus Blei herstellten, das aber bei Anwesenheit von freiem Wasserstoffperoxyd und Fehlen von Schwefelsäure leicht zerstört wird.

Die Erhitzung der Perschwefelsäure hat daher nicht nur ihre Umwandlung in Wasserstoffperoxyd, sondern gleichzeitig auch dessen rasche Verdampfung zu bewirken. Dabei muß die Erhitzungsdauer derart gewählt sein, daß nicht nur die Umwandlung der Perschwefelsäure in Wasserstoffperoxyd beendet ist, sondern auch im gleichen Zeitraum das letztere abdestilliert ist. Würde die Zeit der Erhitzung nicht ganz genau geregelt sein, würden sofort Verluste an aktivem Sauerstoff entweder durch ungenügende Bildung von Wasserstoffperoxyd oder durch einen zu hohen Gehalt der abfließenden Schwefelsäure an aktivem Sauerstoff auftreten. Eines der wichtigsten Probleme bei der Destillation des Wasserstoffperoxyds aus Perverbindungen ist daher die Art und Geschwindigkeit der Wärmeübertragung an die Flüssigkeit und die Schnelligkeit, mit der das Wasserstoffperoxyd aus der Lösung ausgetrieben wird. Man stellt daher bei allen Destillationsverfahren die Durchflußgeschwindigkeit so ein, daß die Summe aus Zersetzungsverlust und dem durch ungenügende Verwertung des aktiven Sauerstoffes eintretenden Verlust möglichst gering ist, d. h. also, man läßt, da man die Erhitzungsdauer wegen der Gefahr einer Zersetzung nicht zu groß wählen kann, einen gewissen Teil der Perschwefelsäurelösung, und zwar in Form der Caroschen Säure, das Heizrohr unzersetzt passieren. Praktisch fallen diese Verluste, die etwa 1 bis 3% betragen, nicht sehr ins Gewicht.

Erwähnenswert ist der Vorschlag von J. Patek gewesen[668], der die Verdampfung des Wasserstoffperoxyds aus verdünnten Perschwefelsäure- oder Persulfatlösungen in der Weise vornahm, daß er diese in Form eines Sprühregens auf ein Bad von Schwefelsäure oder einer Schmelze von Natriumbisulfat brachte. Die Abführung Wasserstoffperoxyds wurde durch Einblasen eines Luftstromes in die erhitzte Flüssigkeit unterstützt. Ähnlich ist das Destillationsverfahren von F. Krauß (E. P. 434 488), der die Ammonpersulfatlösungen ohne Dampfzufuhr über erhitzte Flächen fließen läßt.

Die elektrische Erhitzungsart ist gleichfalls schon vorgeschlagen worden, jedoch scheint der hohe Preis des elektrischen Stromes gegenüber dem Dampf mit wirtschaftlichen Nachteilen verbunden zu sein. So schlugen z. B. die Österreichischen Chemischen Werke vor[669], eine direkte Flüssigkeitserhitzung mit Wachselstrom für die Destillation der Perschwefelsäure und ihrer Salze anzuwenden. Bei Verwendung von Platinelektroden ist eine Wechselzahl von mindestens 500 Perioden pro Sekunde erforderlich, mit Kohlenelektroden genügt aber eine Wechselzahl von nur 50 Perioden pro Sekunde. Die größere Zahl der Frequenzen an Platinelektroden ist zur Vermeidung von elektrischen Zersetzungen notwendig, die an Kohlenelektroden wegen der geringeren Geschwindigkeit der Erreichung des Abscheidungspotentials nicht eintreten. Die Kohlenelektroden werden vor Gebrauch mit Überschwefelsäurelösung ausgelaugt. Die Stromstärke soll unter 1 Amp/qcm liegen.

Die Chemische Fabrik Colwig-Anhalt[670] verwendete zur Beheizung der Überschwefelsäurelösung dünne Heizdrähte oder Heizgitter aus Tantal, die zwischen starken Blechen aus Tantal als Stromzu- und Abführungsleiter tief in das Bad hineingelegt wurden. Die Tantaldrähte wurden durch elektrischen Strom auf Temperaturen über 100° erhitzt und übertrugen ihre Wärme direkt auf das Wasserstoffperoxyd, das destilliert oder konzentriert werden sollte. Der elektrische Heizwiderstand konnte schließlich auch von den metallischen Gefäßwänden selbst gebildet werden.

Nach dem Vorschlage der Deberag[671] werden Persulfatlösungen derart destilliert, daß die entstandenen Gase oder Dämpfe unmittelbar nach dem Augenblick ihrer Entstehung von der Flüssigkeit getrennt werden und verhindert wird, daß von dem Flüssigkeitsrest Tröpfchen in die Dampfphase gelangen. Zur Durchführung der Destillation wird eine Art Zentrifuge verwendet, deren Trommel geheizt ist. Die zu destillierende Flüssigkeit gelangt durch die Welle der Drehtrommel in das Innere derselben, wobei sie sich je nach der Drehgeschwindigkeit der Trommel auf ein Umdrehungsparaboloid einstellt. Man wählt die Geschwindigkeit so groß, daß sich die Flüssigkeit in gleichmäßig dünner Schicht an der Innenwand der Trommel befindet. Die Flüssigkeit wird durch die Zentrifugalwirkung an die Innenwand der Trommel gepreßt, während die Dämpfe von Wasserstoffperoxyd und Wasser durch das von oben wirkende Vakuum abgesaugt werden. Der Zufluß zur Flüssigkeit wird so geregelt, daß beim Überlaufen der Flüssigkeit an der oberen Kante der Drehtrommel das Wasserstoffperoxyd restlos herausdestilliert ist.

G. Zotos schlug Destillationsapparate aus anodisch in saurer Lösung gereinigtem Silizium, Graphit[672], gesintertem Quarz oder Porzellan[673] vor.

Man hat sich auch sehr bemüht, den nach der Destillation in der hochkonzentrierten Rückstandssäure enthaltenen Aktivsauerstoff noch zu gewinnen. Eine stärkere Erhitzung der Säure ist kaum möglich, weil weder Blei noch auch keramische Materialien den erforderlichen hohen Heizdampfdrucken standhalten. Hingegen versuchte z. B. Henkel u. Cie. (DRP. 687 292) bei stufenweiser Destillation eine Verdünnung der zur weiteren Destillation gelangenden Lösung mit Salz- oder Säurelösung. G. Adolph und M. E. Bretschger (E. P. 493 034) halten die Konzentration der Säure beim Destillieren durch ständige Zufuhr frischer Lösung konstant. H. Schmidt (F. P. 807 440) unterbricht vor Erreichen der Höchstkonzentration der Rückstandssäure die Destillation und bringt den restlichen Aktivsauerstoff in Form einer Perverbindung zur Kristallisation. Die I. C. I. (E. P. 524 686) destilliert stufenweise und leitet den aus der 1. Stufe austretenden reinen Wasserdampf wieder in die konzentrierte Rückstandssäure zu deren Verdünnung ein.

Zulauf. Die gleichmäßige Zuführung der zu destillierenden Flüssigkeit ist von wesentlicher Bedeutung, aber schwierig durchzuführen, da ja stets mehrere Verdampfungsapparate gleichzeitig im Betriebe sind. Nach einem Vorschlag der Deberag[674] erfolgt die automatische Regelung der Zufuhr der Destillationsflüssigkeit in der Weise, daß deren Zuleitung mit der Dampfzuleitung und Vakuumpumpe gekuppelt wird. Die Destillationsflüssigkeit wird einer Zentrifugalwirkung in rotierenden geheizten Destillationsröhren ausgesetzt, in welchen die zu destillierende Lösung mit Hilfe von Streudüsen zerstäubt wird. Durch die Rotation des Heizrohres wird die Flüssigkeit stets von neuem an die Wandungen geworfen und dadurch äußerst schnell mit dem Heizdampf in Berührung gebracht. Die Apparatur bedarf nach einmaliger Einstellung keiner besonderen Wartung mehr, da Schwankungen des Druckes oder in der Zufuhr der Wärme oder der Destillationsflüssigkeit automatisch ausgeglichen werden. Die Steuerung des Flüssigkeitszulaufes erfolgt durch einen Hahn mit zwei Küken, deren Bewegung gegenläufig ist. Das eine Küken ist an die Dampfleitung, das andere an die Vakuumleitung angeschlossen, wobei jedes Küken durch einen in einem Zylinder hin und her gehenden Kolben, der vom Dampfdruck bzw. dem Vakuum beeinflußt ist, gesteuert wird. Bei höchstem

Dampfdruck bzw. höchstem Vakuum gibt das Küken den Durchgang für die Flüssigkeit ganz frei, während bei fallendem Dampfdruck bzw. Vakuum der freie Durchgangsquerschnitt verkleinert wird. Da beide Küken gegenläufig arbeiten, wird der Durchgang durch die Flüssigkeit stets entsprechend dem im Augenblicke herrschenden Dampfdruck und Vakuum eingestellt. Dadurch wird vermieden, daß sich in dem röhrenförmigen Destillationsapparat mehr oder weniger Destillationsflüssigkeit ansammelt, wodurch zum Schaden für die Ausbeute ein Teil der Apparatur für die Überführung des Destillationsgutes in den dampfförmigen Zustand ausgeschaltet wird.

Nach einer weiteren Verbesserung der Deberag[675] kann die Wirkung dieser Vorrichtung noch vergrößert werden, wenn man die Destillationsflüssigkeit vor Einführung in den Verdampfungskörper mittels eines Wasserbades auf eine Temperatur erwärmt, bei der die Hydrolyse der Überschwefelsäure in Caro sche Säure und Wasserstoffperoxyd stattfindet. Dadurch soll vermieden werden, daß die Wasserstoffperoxyd enthaltende Flüssigkeit längere Zeit mit den als Heizrohr dienenden Bleirohren in Berührung steht, da diese von der Flüssigkeit sonst leicht zerstört werden.

Beheizung. Die Größe der Heizflächen und damit der zugeführten Wärmemenge stehen in einem bestimmten Verhältnis zu der Menge der zur Destillation kommenden Flüssigkeit, also zum Querschnitt der Destillationsrohre. Bei Rohren von kleinem Querschnitt ist das Verhältnis vom Umfang zum Querschnitt am günstigsten. Dieses Verhältnis verschlechtert sich aber mit zunehmendem Durchmesser der Rohre. Um auch die Verwendung von Rohren mit größeren Querschnitten zu ermöglichen, sollen diese[676] nach einem Vorschlage der Deberag nicht mehr zylindrisch, sondern mit gewellter Oberfläche ausgebildet werden. Dadurch besitzen diese bei gleichbleibendem Durchmesser gegenüber den zylindrischen Rohren eine vergrößerte Heizfläche. Neben der Vergrößerung der Oberfläche bewirkt die Anordnung der Wellen auch eine Erhöhung der Widerstandsfähigkeit der Bleirohre gegen die Wirkung des Vakuums, so daß eine Deformation ziemlich weitgehend vermieden werden kann.

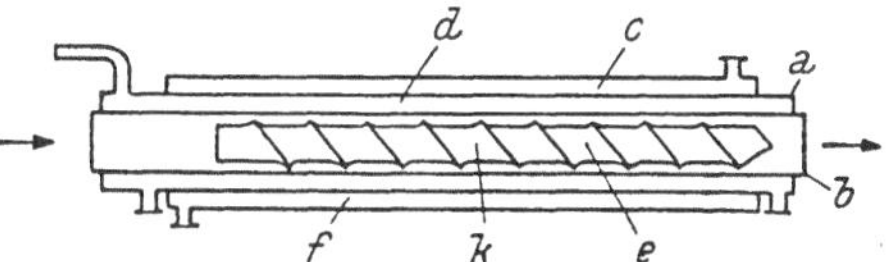

Abb. 27. Röhrenverdampfer mit Innen- und Außenbeheizung (Schw. P. 174343).

Neben einer Beheizung der Destillationsrohre nur von außen hat man auch schon vorgeschlagen, auch eine Innenheizung oder beide Heizungen gemeinsam vorzunehmen[677, 678, 679]. Man kann auch den Destillationsrohren eine kontinuierliche oder diskontinuierliche konische Form geben[680], wobei sich das Rohr in der Richtung der entweichenden Dämpfe erweitert. Dadurch kann der sich entwickelnde Dampf immer schnell genug entweichen, so daß das Auftreten eines hohen Druckes verhindert wird, welcher die Durchflußgeschwindigkeit und damit die Leistung des Rohres vermindern würde.

Horizontale Verdampfungsrohre, durch die die zu destillierende Flüssigkeit geleitet wird und die von innen bzw. von innen und außen mit Dampf beheizt werden, sind gleichfalls bekannt[681]. In Abb. 27 ist ein derartiger Röhrenverdampfer dargestellt. Er besteht aus einem horizontal liegenden Destillationsrohr *a*, einem in dem Destillationsrohr angeordneten Heizrohr *d* und einem das Destillationsrohr *a* abschließenden Außenrohr *c*. Der ringförmige Destillationsraum *d* ist also durch einen inneren Heizraum und einen äußeren Heizraum *f* begrenzt. Die zu destillierende Flüssigkeit strömt durch den Ringraum *d*, wobei die Verdampfung hauptsächlich durch die Innenbeheizung bewirkt wird. Das Heizrohr *b* besteht aus Blei oder einer Bleilegierung, während das Destillationsrohr *a* entweder ebenfalls aus Blei oder zur Vermeidung des Zusammendrückens durch den hohen Dampfdruck aus einer keramischen Masse, wie Porzellan, Steinzeug oder Havog, bestehen kann. An

Stelle der Bleirohre kann man auch Eisen- oder Kupferrohre verwenden, die an jenen Stellen, wo sie mit der sauren Flüssigkeit und Wasserstoffperoxyd in Berührung kommen, durch homogene Verbleiung geschützt sind. Diese Rohre können durch den Dampfdruck dann nicht mehr zusammengedrückt werden.

Das innere Heizrohr kann auch exzentrisch angeordnet sein, so daß der Teil, in welchem das exzentrische innere Heizrohr liegt, mit Flüssigkeit gefüllt ist, während der darüber liegende Raum für die Destillationsgase freigehalten ist. Zur Erzielung einer möglichst weitgehenden Dampfausnützung wird in das innere Heizrohr ein eventuell schraubenförmig ausgebildeter Füllkörper *k* gelegt. Bei der praktischen Durchführung sind mehrere Horizontalverdampfer derart hintereinandergeschaltet, daß die Flüssigkeit nach Durchströmen des ersten Verdampfers durch einen zweiten, von diesem in einen dritten usw. tritt. Dabei können die Verdampfer auch treppenförmig oder übereinander angeordnet sein.

In der Abb. 28 sind vier hintereinandergeschaltete, übereinandergelagerte Röhrenverdampfer zu einem solchen System zusammengeschaltet. Die zu destillierende Flüssigkeit tritt durch *g* in den Destillationsraum *d* des Verdampfers *I* ein und durchströmt das Verdampfersystem unter dem Einfluß des Vakuums. Vom Verdampfer *I* fließt die Flüssigkeit durch die Leitung g_1 in den Verdampfer *II*, durch Leitung g_2 in Verdampfer *III*, durch Leitung g_3 in Verdampfer *IV* und verläßt den letzteren durch Leitung g_4. Das abziehende Gemisch von Wasserstoffperoxyd- und Wasserdampf verläßt die Verdampferräume durch die Leitungen *h* und h_1, die dieselben zu dem Kondensator führen. Kondensiert man die in den einzelnen Verdampfern entstehenden Dämpfe nicht gemeinsam, sondern getrennt, so gewinnt man Wasserstoffperoxyd von hoher Konzentration ohne Anwendung der üblichen fraktionierten Kondensation. Da der Wasserstoffperoxydgehalt des Dampfes mit fortschreitender Destillation zunimmt, so wird das aus Rohr *IV* und eventuell auch das aus Rohr *III* abgehende Dampfgemisch durch direkte Kühlung kondensiert und dabei Wasserstoffperoxyd hoher Konzentration gewonnen. Das aus den ersten Rohren, insbesondere Rohr *I*, abziehende, verhältnismäßig wasserstoffperoxydarme Dampfgemisch kann dann durch fraktionierte Kondensation auf höhere Konzentration gebracht werden.

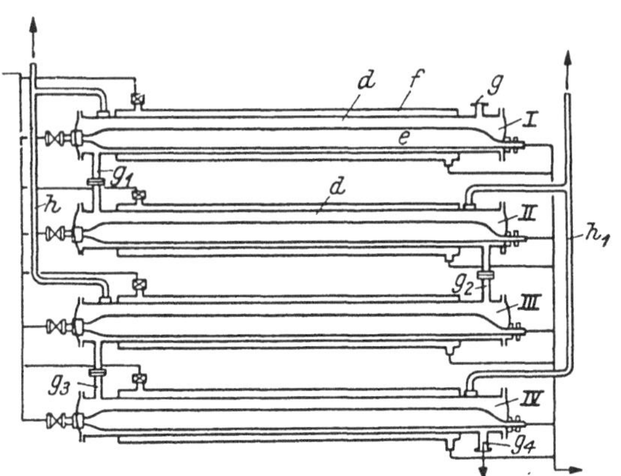

Abb. 28. Hintereinandergeschaltete, übereinandergelagerte Röhrenverdampfer (Schw. P. 174343).

Nach einem Vorschlage der N. V. Ind. Maatsch. V. H. Noury & van der Lande[682] wird die Destillation von sauren Ammonpersulfatlösungen bei vermindertem Druck mit auf 300 bis 600° C überhitztem Dampf vorgenommen, z. B. durch Zerstäubung. Dadurch verläuft die Hydrolyse sehr schnell, so daß nur ein kleiner Reaktionsraum benötigt wird. Die erforderliche Wärmemenge wird auch durch nur kleine Dampfmengen zugeführt, wodurch hochkonzentrierte H_2O_2-Lösungen gewonnen werden können.

Beschreibung der Destillationsanlage in Weißenstein. Von besonderem Interesse ist die moderne Anlage der Österreichischen Chemischen Werke in Weißenstein[683]. Dieser Firma ist es durch Anstellung sorgfältiger Versuche gelungen, die Bedingungen zu ermitteln, die es ermöglichen, das billige Blei, das wie alle Schwermetalle auf Wasserstoffperoxyd katalytisch einwirkt und auch selbst von diesem angegriffen wird, sich aber gegen die Rückstandslauge indifferent verhält, für die Destillation von Wasserstoffperoxyd liefernden Lösungen im praktischen Betriebe ohne baldige Zerstörung heranziehen zu können. Man erreicht dies dadurch, daß die Flüssigkeit in engen Heizrohren auf langem geschlossenem Wege mit den Wasserstoffperoxyddämpfen im Gleichstrom mit hoher Durchflußgeschwindigkeit fortbewegt wird. Unter diesen Beingungen treiben die Dämpfe die Flüssigkeit mit außerordentlich hoher Geschwindigkeit vor sich her. Es ist anzunehmen, daß hierdurch die Mutterlauge in ununterbrochener dünner Schicht auf der Rohrwandung verteilt wird, und zwar auch in Rohrteilen, die nicht senkrecht oder annähernd senkrecht stehen, so daß sie die Rohrwand vor der Berührung mit Wasserstoffperoxyddämpfen sicher schützt. Offenbar wirkt ferner die erreichbare außerordentlich hohe Geschwindigkeit auch an sich schon der Gefahr einer gegenseitigen schädlichen Beeinflussung von Bestandteilen des Reaktionsgemisches und des Rohrmaterials entgegen. Auch ist in der ersten Strecke des sehr langen Heizrohres nur Schwefelsäure neben Caroscher Säure und Perschwefelsäure, aber noch kein Wasserstoffperoxyd vorhanden, das Bleirohr daher noch nicht gefährdet. Erst wenn die ganze Perschwefelsäure in Carosche Säure übergegangen ist, setzt die Wasserstoffperoxydbildung ein, in welchem Zeitpunkte aber in den engen Heizrohren schon eine derart hohe Strömungsgeschwindigkeit erreicht ist, daß eine gegenseitige Beeinflussung des Bleies und der Wasserstoffperoxyddämpfe nicht eintritt. Die Strömungsgeschwindigkeit der Lösung und der Dämpfe beträgt in den engen Bleirohren bis zu 200 km pro Stunde.

Dank der Vergrößerung der Heizfläche besteht auch die Möglichkeit, dicke Bleirohre zu verwenden, um die Gefahr von Deformationen zu vermeiden, die dadurch droht, daß die Rohre von außen dem hohen Druck des Heizdampfes ausgesetzt sind, während im Innern der Rohre Unterdruck herrscht. Die Größe der Heizfläche ist auch für eine gute Ausbeute maßgebend, da sie trotz wesentlicher Steigerung der Durchflußgeschwindigkeit eine praktisch völlige Umwandlung der Ausgangslösung und Abtrennung des Wasserstoffperoxyds schon vor dem Austritt der Lauge aus dem Destillationsrohr ermöglicht.

Die Heizfläche kann man aus Blei herstellen, nicht aber die von kalter wasserstoffperoxydhaltiger Flüssigkeit und die von den Wasserstoffperoxyddämpfen berührten Teile. Diese müssen aus keramischen Materialien verfertigt werden.

Die Strömungsgeschwindigkeit ist dem Querschnitt des Destillationsrohres verkehrt proportional, d. h. sie nimmt mit abnehmendem Querschnitt proportional zu. Hingegen steigt die Geschwindigkeit proportional mit dem Durchsatz. Durch Wahl eines entsprechenden Verhältnisses von Rohrlänge und Querschnitt wird die Strömungsgeschwindigkeit der Dämpfe derart gesteigert (bis zu 300 m/sek.), daß auch in sehr langen Rohren eine Zersetzung des Wasserstoffperoxyds vermieden wird. Wegen dieser hohen Geschwindigkeit werden nämlich die durch Hydrolyse entstandenen Wasserstoffperoxyddämpfe nur Bruchteile einer Sekunde erhitzt. Man muß nur durch einfaches Ausprobieren trachten, Rohrlänge, Rohrbreite, Durchflußgeschwindigkeit usw. in ein solches Verhältnis zu bringen, daß trotz sehr großer Durchsatzgeschwindigkeit eine vollständige Austreibung des Wasserstoffperoxyds unter Vermeidung von Zersetzungen erreicht wird. Für Rohre, deren Länge 30 bis 60 m beträgt, beträgt die lichte Weite etwa 75 mm. Aus Gründen der Raumersparnis wird den Rohren Spiralform gegeben. In Form von Spiralrohren von stetig schwacher Neigung bietet sich auch noch der große Vorteil, daß die Flüssigkeits- und Gasströmung gleichmäßiger ist.

Das überraschend Neue an diesem Verfahren ist die Tatsache, daß in Bleirohren, die auf Wasserstoffperoxyd katalytisch zersetzend wirken, das Wasserstoffperoxyd auf derartig langem Wege ohne Zersetzungsverluste destilliert werden kann. Bei den übrigen Destillationsverfahren war man bis dahin stets bestrebt gewesen, zur Vermeidung von Zersetzungsverlusten den Weg der zu destillierenden Lösung und der Dämpfe möglichst abzukürzen, d. h. man verwendete bloß Rohre von 1½ bis höchstens 2½ bis 3 m Länge. Die technische Durchführbarkeit dieses Destillationsverfahrens ist nur dadurch möglich geworden, daß eben eine derart hohe Durchflußgeschwindigkeit eingehalten wurde. Wie sich im praktischen Betriebe in Weißenstein gezeigt hat, werden die Bleirohre tatsächlich fast gar nicht angegriffen, so daß sie leicht 1 bis 2 Jahre in Verwendung stehen können. Diese lange Lebensdauer wird auch dadurch bedingt, daß die langen Bleirohre mit einem geringeren Heizdampfdruck erhitzt werden können.

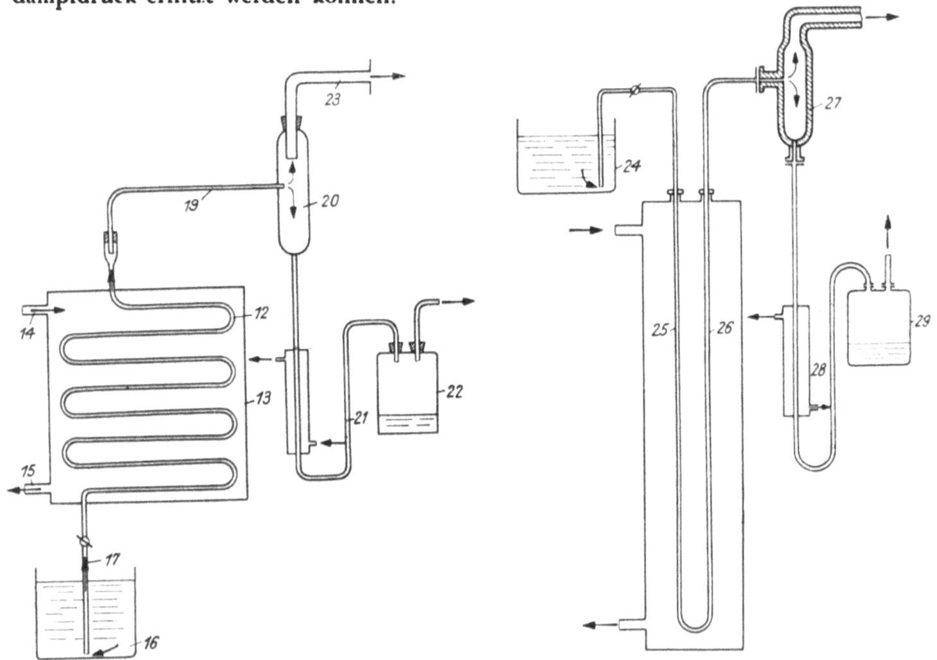

Abb. 29 u. 30. Schema eines Strömungsverdampfers.

In Abb. 29 ist schematisch ein solcher Strömungsverdampfer wiedergegeben, dessen Heizrohr als Schlangenrohr ausgebildet ist. Das metallische Schlangenrohr *12* ist von einem Behälter *13* umgeben. Der Heizdampf wird durch den Rohrstutzen *14* eingeleitet und durch den Rohrstutzen *15* abgeführt. Die zu behandelnde Flüssigkeit tritt aus dem Behälter *16* durch das Anschlußstück *17* in das metallische Rohr *12* ein. Behälter *16* und Rohrstück *17* sowie vor allem der anschließende, zur Trennung von Dampf und flüssigem Rückstand bestimmte Teil der Apparatur bestehen aus keramischem Material, wie z. B. Glas oder Steinzeug. Die Flüssigkeit und die Gasblasen verlassen das metallische Destillationsrohr durch die Leitung *19*, welche das Gemisch zu dem Abscheideraum *20* führt, in dem das gasförmige Wasserstoffperoxyd von der mitgerissenen Flüssigkeit abgesondert wird. Diese letztere fließt durch das gekühlte U-Rohr *21* in den Rückstandsbehälter *22*, der mit der Vakuumpumpe verbunden ist. Der von der mitgerissenen Flüssigkeit befreite Dampf wird durch das Knierohr *23* abgeführt. Die Flüssigkeit wird an der Wandung des Rohres aufwärtsbewegt, wobei die an den Heizflächen anliegenden Teile bei genügend schneller Verdampfung des Wasserstoffperoxyds aus konzentrierter Schwefelsäure oder konzentrierter Persulfatlösung bestehen, gegen die sich das Blei oder sonstige metallische Materialien indifferent verhalten. Die Flüssigkeit und die Gasblasen verlassen das metallische Destillationsrohr *12* am Austrittsende bei stärkerem Zufluß in Form eines Sprühregens. Die Ausbeute an aktivem Sauerstoff beträgt beim Ausgehen von einem Elektrolysenprodukt, das 280 g Perschwefelsäure pro Liter enthält, etwa 95%, der Rest befindet sich in der Rückstandslauge.

Eine andere Ausführungsform ist in Abb. 30 im vertikalen Schnitt wiedergegeben. Die zu behandelnde Flüssigkeit wird aus dem Behälter *24* in ununterbrochenem Strome in das metallische U-Rohr *25*, *26* eingebracht, das annähernd in senkrechter Richtung ab- und aufwärts geführt ist. Aus dem aufwärtsgerichteten Schenkel *26* gelangt das Destillationsgemisch (Flüssigkeit und Gasblasen) in den Abscheideraum *27*, aus welchem die Flüssigkeit durch einen Kühler *28* hindurch in den Rückstandsbehälter *29* gebracht wird. Das Gefäß *24*, das Abscheidegefäß *27* und die nicht gezeichnete Kondensationseinrichtung müssen aus indifferentem, z. B. keramischem Material hergestellt sein.

Die tatsächlich in Weißenstein in Verwendung stehende Apparatur (Erfinder J. Müller) wird aber durch Abb. 31 veranschaulicht. Innerhalb eines Dampfmantels *1* befindet sich das in Form einer Spirale gewundene Heizrohr 2. Das Heizrohr besteht aus einem 75 mm dicken, starkwandigen Bleirohr von 20 bis 60 m Länge, das etwa 15 bis 25 Windungen aufweist. Durch das Rohr *4* wird Dampf zugeleitet und das Kondenswasser durch das Rohr *4'* abgezogen. Die zu destillierende Überschwefelsäurelösung wird am oberen Ende der Spirale aufgegeben und fließt von oben nach unten durch das lange Bleirohr. Unmittelbar nach dem Austritt des Bleirohres aus dem Dampfmantel wird dieses sofort in den Rohrstutzen aus indifferentem keramischem Material eingeführt. Das Gemisch von Flüssigkeit und Dampf gelangt dann in den Säurescheider, in welchem diese voneinander getrennt werden. Im Steinzeugrohr sind Siebplatten aus Porzellan angebracht, die zum Zurückhalten und zum Trennen der Säure von den Wasserstoffperoxyd- und Wasserdämpfen dienen. Durch diese Schlangen werden pro Stunde ungefähr 200 bis 250 l überschwefelsäurehaltige Schwefelsäure (25% $H_2S_2O_8$) durchgesaugt. Das Vakuum beträgt etwa 60 bis 100 mm. Bei der Destillation wird für 1 kg 30%ige Ware etwa 5 kg Dampf verbraucht. Der Dampf muß zur Vermeidung von Zersetzungen eine Geschwindigkeit von mehreren Hundert m/Sek haben. Die Flüssigkeit strömt, nur als dünner Film gleichmäßig verteilt, ungleich langsamer. Die Ausbeute an H_2O_2 beträgt bei der Destillation 80 bis 85%, der tatsächliche Verlust aber viel weniger, da der größte Teil des aktiven Restsauerstoffes sich unzersetzt in der Rückstandssäure vorfindet.

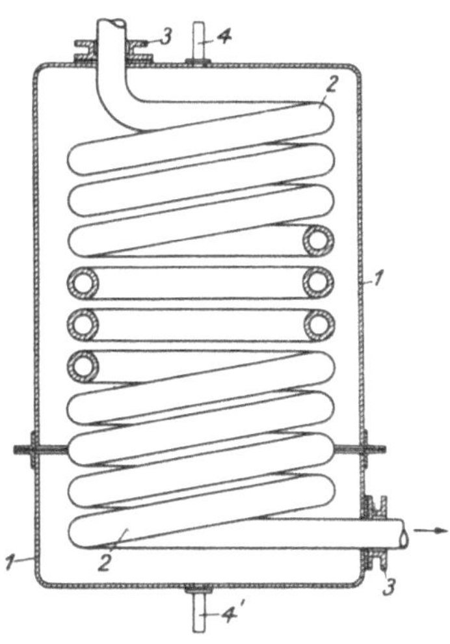

Abb. 31. Bleischlange mit Dampfmantel.

Nach dem Verlassen des Säureabscheiders gelangt das Gemisch von Wasserstoffperoxyd und Wasserdampf in die Kondensationstürme. Diese bestehen aus keramischem Material, weisen eine Höhe von etwa 3 bis 4 m, einen Durchmesser von etwa 1 m auf und sind mit Füllkörpern, wie Porzellankugeln, Raschig-Ringen u. dgl., gefüllt. Aus den Dämpfen, die einen Gehalt von etwa 5% H_2O_2 haben, wird dieses in zwei Fraktionen kondensiert, wobei schließlich eine 35%ige Lösung erhalten wird. Die Kondensation der H_2O_2-Dämpfe erfolgt durch Einspritzen der gewünschten Menge von kaltem, fein verteiltem Wasser. Die Wasserdämpfe werden in einem eigenen Turm ebenfalls durch Einspritzen von kaltem Wasser kondensiert, das anfallende Kondenswasser enthält nur mehr 0,1 bis 0,2% H_2O_2 und dient zum Verdünnen der von der Destillation kommenden sehr konzentrierten Schwefelsäure (56° Bé) auf die für die Elektrolyse erforderliche Konzentration von etwa 23° Bé.

Weitere Destillationsverfahren, Wasserdampfdestillation. Während bei den bisher beschriebenen Verfahren während der Destillation auch eine weitere Konzentration der Lösung vor sich ging und die Verhältnisse derart gewählt waren, daß die Hydrolyse der Lösung und Bildung des Wasserstoffperoxyds beendet war, sobald die Lösung die Heizrohre passiert hatte, wird nach dem Vorschlage der B. Laporte Ltd.[894] die Hydrolyse der Perschwefelsäure oder Persulfatlösung in den Rohren auf höchstens 50% begrenzt und durch eine Wasserdampfdestillation beendet, wodurch eine weitere Konzentration vermieden wird. die Zersetzungsverluste verursachen könnte. Das wesentlichste Merkmal dieses Verfahrens liegt demnach in einer Dampfdestillation in einer mit Füllmaterial beschickten Kolonne. Die Wasserstoffperoxyd liefernde Flüssigkeit wird vor Erreichung der Destillationsvorrichtung vorgewärmt und diese Vorwärmung bedingt eine Hydrolyse, die aber so niedrig als möglich gehalten wird, da das erzeugte Wasserstoffperoxyd in der Flüssigkeit bleibt und sich daher leicht bei vollkommener Hydrolyse zersetzen könnte. Man unterbricht daher die Konzentrierung, wenn mehr als 50% der Perschwefelsäure oder des Persulfats hydrolysiert sind, und unterwirft die konzentrierte Lösung der Wasserdampfkonzentration ohne weitere Verdampfung des Wassers.

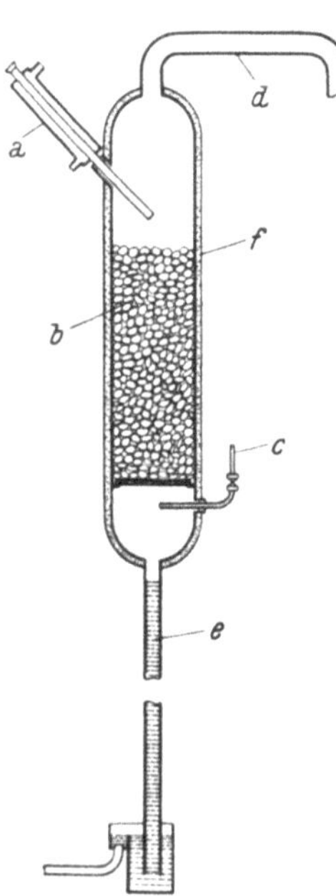

Abb. 32. Apparat zur „Wasserdampfdestillation" (Ö. P. 141 472).

Der Destillationsapparat hat die Form einer mit Skrubbermasse, z. B. Raschig-Ringen, gefüllten Kolonne. In der Abb. 32 ist eine Anlage zur Durchführung des Verfahrens dargestellt. In eine Batterie *a* aus mit Heizmänteln versehenen Vakuumröhren wird die Persulfatlösung durch eine Speisevorrichtung, die aus einem Kapillarrohr zum Ansaugen bestimmter kleiner Flüssigkeitsmengen besteht (nach Art des E. P. 358 654), eingebracht und verdampft. Die konzentrierte Lösung verläßt das Rohr *a* und fließt abwärts durch eine Kolonne *d*, die mit Raschig-Ringen oder anderem Skrubbermaterial gefüllt ist und einen Mantel *f* aus wärmeisolierenden Stoffen besitzt. Bei *c* angesaugter Wasserdampf steigt in der Kolonne nach oben und verläßt sie mit dem Wasserstoffperoxyddampf durch das Rohr *d*, um in einen Kondensator oder, wenn konzentrierteres Wasserstoffperoxyd erwünscht ist, in eine Rektifizierkolonne einzutreten. Der Bisulfatrückstand tritt aus dem Boden der Hydrolysierkolonne *b* über ein unter Flüssigkeitsverschluß stehendes Rohr *e* aus. Die gesamte Vorrichtung steht unter vermindertem Druck. Die erzielte Ausbeute an Wasserstoffperoxyd soll 97% des theoretischen Wertes betragen.

Hochkonzentriertes Wasserstoffperoxyd. Die Erzeugung von 80- bis 85%igem H_2O_2 erfolgte erstmalig in Deutschland aus dem 30- bis 35%igen Produkt, das nach einem der bekannten Verfahren, namentlich nach Pietsch und Adolph über Kaliumpersulfat, erhalten worden war. Zur Verminderung des Schwefelsäuregehaltes wurden diese verdünnteren Lösungen mit Ammoniak behandelt und vor der Destillation mit Phosphorsäure oder Natriumpyrophosphat stabilisiert. Durch zweistufige Vakuumdestillation bei 66° und 75° C und 60 mm Druck erfolgte dann die Konzentration auf 80 bis 85%. Bei mehr als 87% H_2O_2 machte sich bereits spontaner Selbstzerfall bei der Destillation bemerkbar, so daß eine Konzentration von 85% durch Destillation im technischen Betriebe scheinbar kaum überschritten werden kann.

Jede Destillationseinheit bestand aus einer mit Dampf beheizten Retorte, einem mit Raschig-Ringen beschickten Separator, einer Raschig-Ring-Rektifikationskolonne, einem Oberflächenkondensator, einer Vakuumpumpe und einem barometrischen Kondensator. Das schließlich erhaltene 80- bis 85%ige H_2O_2 war sehr rein und hatte in günstigsten Fällen nur einen Glührückstand von 6 bis 8 mg/l. Dieses wegen seiner Reinheit bereits genügend stabile Produkt wurde noch mit Phosphorsäure, 8-Oxychinolin oder Natriumpyrophosphat stabilisiert.

Bei der Destillation der 35%igen H_2O_2-Lösung konnten auch Rieselverdampfer oder Röhrenverdampfer, in denen die zu erhitzende Flüssigkeit in dünner Schicht herabfloß, verwendet werden. Zur Vermeidung von Sauerstoffverlusten erwies es sich als notwendig, die Verunreinigungen aus der 1. Retorte alle Wochen zu entfernen. Die Gesamtausbeute bei der Destillation betrug 98%. Die Heizkörper und Dephlegmatoren bestanden meist aus rostfreiem Chrom-Nickel-Stahl. Die Aufbewahrung des 85%igen H_2O_2 erfolgte in Gefäßen aus Reinaluminium, Zinn, Steinzeug, Porzellan, Pyrexglas, Mipolam oder Vinidur (Polyvinylchlorid) R. A. Cooley[685], J. Mc Auley, D. B. Clapp, V. W. Slater, K. A. Cooper und W. H. Gormley[686], J. Zawadzki[686a]).

b) Die Destillation von Ammonpersulfatlösungen.

Zur Herstellung von Wasserstoffperoxyd durch unmittelbare Destillation aus Lösungen von Perverbindungen war man bis zum Jahre 1924 gezwungen, von Lösungen der Überschwefelsäure auszugehen. Aus den Persulfaten, die man in ausgezeichneter Stromausbeute elektrolytisch darstellen konnte, war bis dahin nur das von Pietsch und Adolph angegebene Verfahren über das feste Kaliumpersulfat als Zwischenprodukt bekanntgeworden. Aus der wäßrigen Lösung des Ammonpersulfats konnte man jedoch nicht in praktisch brauchbarer Ausbeute Wasserstoffperoxyd abdestillieren, was wahrscheinlich darauf zurückzuführen ist, daß während der Destillation an verschiedenen Stellen der Apparatur kristallinische Massen abgeschieden werden, die die Ausbeute herabsetzen. Man war daher gezwungen, aus den Ammonpersulfatlösungen vorerst durch Umsetzung mit Kaliumbisulfat das Kaliumpersulfat abzuscheiden und aus diesen dann mit Schwefelsäure und Dampf das Wasserstoffperoxyd auszutreiben. Von L. Löwenstein[687] wurde nun gefunden, daß sich auch Ammonpersulfatlösungen mit sehr guter Ausbeute unmittelbar nach dem Verlassen des Elektrolyseurs destillieren lassen, wenn eine schwefelsaure Ammonpersulfatlösung in ein enges, aufrecht stehendes, von außen beheiztes und am oberen Ende mit dem Vakuum in Verbindung stehendes Rohr an dessen unterem Ende eingesogen wird. Die Flüssigkeit steigt dann in dem Rohr vermischt mit Dampf von unten nach oben. Das Verfahren beruht demnach in der Anwendung des Prinzips der Kastnerschen Kletterverdampfer auf die Destillation von Wasserstoffperoxyd aus Ammonpersulfatlösungen. Während nun die angesammelten Dämpfe von Wasserstoffperoxyd und Wasser der Kondensationseinrichtung zugeführt werden, fließt der Rückstand oben ab. Man erhält auf diese Weise selbst aus katalysatorhaltigen Persulfatlösungen noch bei guter Ausbeute Wasserstoffperoxyd.

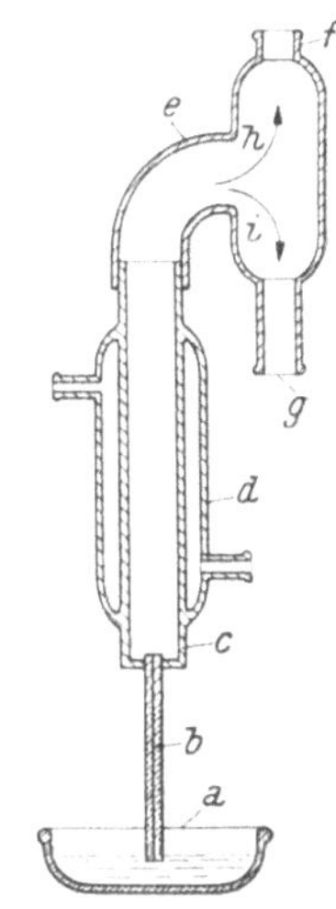

Abb. 33. Apparatur zur Destillation von Ammonpersulfatlösungen (DRP. 510064).

Der Destillationsapparat besteht aus gegen die vorliegenden Lösungen beständigen Schwermetallen, wie Edelmetalle, Eisensiliziumlegierungen oder keramischem Material. Für eine regelmäßige Zuführung der Destillationsflüssigkeit in die einzelnen Destillationsapparate ist Sorge zu tragen, was durch Verwendung von Kapillaren ermöglicht wird, die den einzelnen Apparaturen vorgeschaltet werden. Die Flüssigkeit wird dabei selbsttätig durch die Wirkung der Luftleere eingesaugt. Auch bei etwaigen Schwankungen des Vakuums bleibt der Zufluß der zu destillierenden Lösung durch eine mehrere Zentimeter lange Kapillare praktisch konstant.

Wie aus der Abb. 33 hervorgeht, kann die zu destillierende, Wasserstoffperoxyd liefernde Lösung in einer Schale oder einem Vorratsbottich *a* enthalten sein. Die Lösung wird durch ein Kapillarrohr *d* in ein Rohr *c* hinausgesaugt, das von einem Heizmantel *d* umgeben ist.

Die Flüssigkeitsmenge, die pro Stunde in einen Verdampfungsapparat eingesaugt wird, beträgt etwa 20 bis 25 l. Am oberen Ende ist das Rohr *c* mit einer Vorlage *e* verbunden, die zwei Rohrstutzen *f* und *g* trägt, von denen der eine mit der Luftpumpe in Verbindung steht, während der andere so angeordnet ist, daß er den Destillationsrückstand abführt. Der Pfeil *h* bezeichnet den Weg der Dämpfe zur Kondensationsanlage, der Pfeil *i* den Weg des Destillationsrückstandes, der schwefelsauren Ammonbisulfatlösung, die nur mehr sehr wenig aktiven Sauerstoff enthält.

Nach einer Ausgestaltung dieses Verfahrens durch die J. D. Riedel-E. de Haën A. G.[688] ist es für die Erzielung guter Ausbeuten wichtig, daß die ansonsten unerläßlich genaue Regelung der Geschwindigkeit des Durchflusses der Lösungen durch die Destillationsrohre nicht sehr streng gehandhabt zu werden braucht. Eine vollständige Austreibung des gesamten vorhandenen Wasserstoffperoxyds wäre in normaler Weise wohl bei sehr niedriger Durchflußgeschwindigkeit möglich, kann

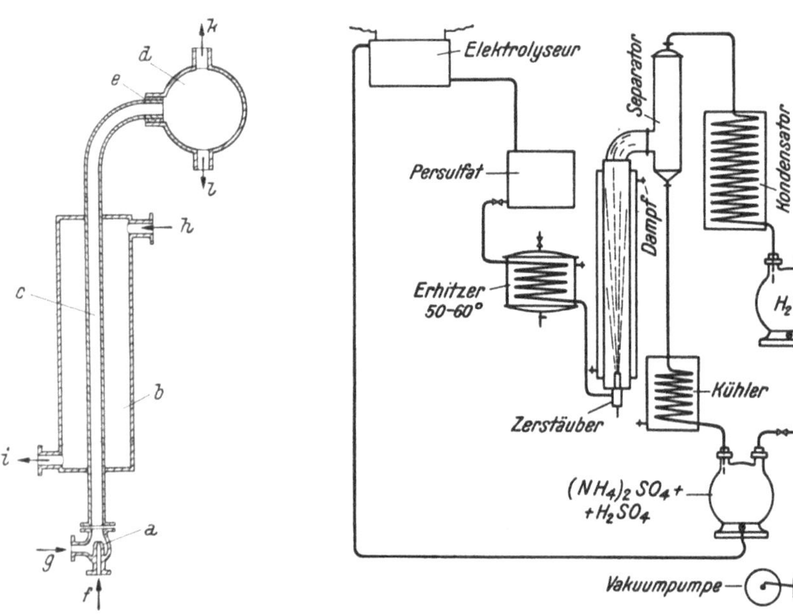

Abb. 34. Destillationsapparate für Ammonpersulfatlösungen mit Zerstäuber.

Abb. 35. Schema einer mit Zerstäuber arbeitenden Destillationsanlage für Ammonpersulfatlösungen (F. P. 733201).

aber im Hinblick auf die leichte Zersetzlichkeit des Wasserstoffperoxyds bei zu lang andauernder Einwirkung der hohen Heiztemperatur nicht eingehalten werden. Um Schwankungen im Betriebe, Unachtsamkeiten der Arbeiter usw. bei der genauen Einstellung und Beobachtung der Durchflußgeschwindigkeit zu vermeiden, wird der Durchfluß von vornherein höher als dem Optimum entsprechend gewählt und der Destillationsrückstand, der noch erhebliche Mengen an aktivem Sauerstoff enthält, in einem anschließenden zweiten Arbeitsgang einer erneuten Destillation in einem zweiten Rohr des Destillationsaggregats unterworfen, dessen unteres Ende jedoch etwas tiefer angebracht ist als das des ersteren. Vor der zweiten Destillation wird der Rückstand noch mit Wasser, z. B. durch Einleiten von Wasserdampf, verdünnt. Durch die Unterteilung des Destillationsprozesses und das Verdünnen mit Wasser erhält man eine Ausbeutesteigerung, die dadurch zu erklären ist, daß gegen Schluß der Destillation infolge hoher Konzentration der Lösung ihre Siedetemperatur und damit die Gefahr einer Zersetzung sehr stark ansteigt, daß aber schon durch verhältnismäßig geringe Mengen Wasser die Konzentration und Temperatur unter der für die Zersetzung kritischen Grenze gehalten werden können. Die Ausbeuten bei der Destillation von Ammonpersulfatlösungen nach dem Löwenstein-E. de Haën A. G.-Verfahren betragen im praktischen Betriebe etwa 90%.

Die gleiche stufenweise Destillation, wobei zwischen jeder neuerlichen Destillation ebenfalls eine Verdünnung mit Wasser vorgenommen wird, ist für die Perschwefelsäureverarbeitung von der E. I. Dupont de Nemours[669] beschrieben worden.

Nach einem weiteren Vorschlage der J. D. Riedel-E. de Haën A. G. erfolgt die Erhitzung der zu destillierenden Persulfatlösung dadurch, daß man diese mit überhitztem Wasserdampf unter Anwendung einer Düse in einem mit dem Vakuum in Verbindung stehenden Rohr zerstäubt. Das Rohr wird gleichzeitig durch einen Dampfmantel geheizt, wodurch die Ausbeuten nach dem Verfahren des DRP. 510064[671] noch um etwa 5% erhöht werden, so daß sie nahe an die theoretischen heranreichen.

Das Verfahren wird in einer Apparatur durchgeführt, wie sie in der Abb. 34 schematisch wiedergegeben ist. Die von der Elektrolyse kommende Ammonpersulfatlösung mit etwa 20% $(NH_4)_2S_2O_8$, etwa 10% Schwefelsäure neben etwas Ammonsulfat, wird bei *g* unter Einwirkung des Vakuums (30 bis 40 mm) eingesaugt, in der Düse *a* durch den bei *f* eintretenden überhitzten Wasserdampf von 220° und 5 Atm. Überdruck zerstäubt und durch das aus gegen Schwefelsäure beständigem Material bestehende Rohr *c* befördert, welches von einem Dampfmantel *b* mit den Dampfanschlüssen *h* und *i* umgeben ist. Aus dem Destillationsrohr, das aus Blei besteht und eine Länge von etwa 2,75 m sowie einen lichten Durchmesser von 20 mm aufweist, tritt das heiße Dampfgemisch und der Rückstand in die Glocke *d* aus keramischem Material, in welcher der Wasserstoffperoxyd- und Wasserdampf von der Rückstandslauge getrennt werden. Die Dämpfe werden durch die Leitung *k* zu den mittels einer Luftpumpe evakuierten Kondensatoren geführt, während die Lauge durch *l* in den Rückstandsbehälter abfließt. Pro Stunde treten bei einem Vakuum von 50 mm etwa 20 l Ammonpersulfatlösung in den Apparat ein. In Abb. 35 ist eine Gesamtanlage zur Durchführung dieses Verfahrens wiedergegeben (F. P. 733201).

Nach einem Verfahren der Dupont wird die Entsäuerung der H_2O_2-Dämpfe vor ihrer Kondensation in einem mit Quarzkörnern beschickten Turm vorgenommen. Die Quarzkörner haben einen Durchmesser von 6 bis 20 mm, ihre Schichthöhe beträgt 35 bis 40 cm.

Literaturverzeichnis.

[637] Landolt-Börnstein, Physikal. Chem. Tabellen II, 1316, 1923. — [638] H. Sidersky, Dissertation, Techn. Hochschule Berlin, 1934, 14—17. — [639] H. Regnault und R. Le Noir de Carlan, Congr. Chim. ind. Nancy 18, II, 766—71, 1938. — [640] P. A. Giguère und O. Maass, Canad. J. Res., Sect. B. 18, 181—93, 1940. — [641] M. Jaubert, F. P. 563908. — [642] F. Martin, DRP. 418321. — [643] Österr. Chem. Werke und O. Löwenstein, Österr. P. 42809. — [644] Österr. Chem. Werke, Österr. P. 131083. — [645] Dieselbe, DRP. 374975. — [646] A. L. Halvorsen, A. P. 1536213. — [647] Österr. Chem. Werke, DRP. 572801. — [648] DRP. 439834. — [649] Staedel, Ztschr. angew. Chem. 15, 642, 1902. — [650] Hanriot, Compt. rend. Acad. Sciences, 100, 57, 172, 1885. — [651] Talbot und Moody, Journ. Analytic and Applied Chem. Amer. 1892, 650. — [652] R. Wolffenstein, DRP. 85802. — [653] W. Spring, Ztschr. anorgan. allg. Chem. 8, 424, 1895; 9, 205, 1895. — [654] J. W. Brühl, Ber. Dtsch. chem. Ges. 28, 2847, 1895. — [655] Peroxydwerk Siesel A. G., DRP. 482725. — [656] Dieselbe, DRP. 525923. — [657] I. G. Farbenindustrie A. G., Schweiz. P. 126577. — [658] Reichel, Dissertation, Techn. Hochschule München, 1912. — [659] Ch. D. Hurd und M. P. Puterbaugh, Journ. Amer. chem. Soc. 52, 950, 1930. — [660] Friend und Price, Journ. chem. Soc. London, 85, 1526, 1533. — [661] Konsortium für elektrochem. Industrie, DRP. 199958. — [662] DRP. 217539. — [663] Österr. Chem. Werke und O. Löwenstein, DRP. 249893. — [664] G. Zotos, Chem. Ztg. 54, 665, 686, 1930. — [665] Löwenstein und Teichner, Chem. Ztg. 55, 402, 784, 876, 1931; 56, 32, 108, 248, 1932. — [666] Löwenstein, Ztschr. Elektrochem. 34, 784, 1928; Engelhardt Handbuch Techn.

Elektrochem. II, 2. Teil, S. 153, 1933. — [667] D. Levin und L. A. Molin, A. P. 1 323 075. — [668] J. Patek, E. P. 186 840. — [669] Österr. Chem. Werke, DRP. 402 151. — [670] Chem. Fabrik Coswig-Anhalt, DRP. 441 259. — [671] Deberag, DRP. 553 274. — [672] G. Zotos, DRP. 663 206. — [673] G. Zotos, E. P. 473 294. — [674] Deberag, DRP. 567 601. — [675] Deberag, DRP. 572 112. — [676] DRP. 572 615. — [677] D. Levin, A. P. 1 299 485. — [678] J. D. Riedel-E. de Haen A. G., F. P. 634 195. — [679] A. Kratky, Schweiz. P. 172 357. — [680] J. D. Riedel-E. de Haen A. G., Österr. P. 143 313. — [681] Scheideanstalt, Schweiz. P. 174 343. — [682] V. H. Noury und van der Lande, Österr. P. 153 167. — [683] Österr. Chem. Werke, DRP. 572 801, 573 906. — [684] B. Laporte Ltd., Österr. P. 141 472. — [685] R. A. Cooley, Chem. Industries 58, 957—61, 1946. — [686] J. McAuley, D. B. Clapp, V. W. Slater, K. A. Cooper und W. H. Gormley, Chimie et Ind. 55, 431—34, 1946. — [686a] J. Zawadzki, Przemysl Chem. 3, 7—10, 1947. — [687] O. Löwenstein, DRP. 510 064. — [688] J. D. Riedel-E. de Haen A. G., DRP. 567 602. — [689] E. I. Dupont de Nemours & Co., E. P. 442 029. — [690] Dieselbe, Österr. P. 153 482.

Patentliteraturzusammenstellung über die Destillation von H_2O_2 oder dieses abgebenden Stoffen oder Lösungen.

Ö. 42 024 (D. 208 038). Österreichische Chemische Werke G. m. b. H. und L. Löwenstein. Bei der fraktionierten Kondensation von H_2O_2-Dämpfen durch Kühlung mittels siedender Kühlflüssigkeiten sind diese mit den zu kondensierenden Dämpfen pneumatisch verbunden, um beide unter dem gleichen Druck zu halten.

Ö. 34 775 (D. 199 958; A. 916 900). Konsortium für Elektrochemische Industrie G. m. b. H. Verwendung einer von Katalysatoren, wie Pt, Fe und anderen Metallverbindungen vollkommen freie Lösung. Das H_2O_2 wird den Lösungen nach der Umwandlung der Perschwefelsäure durch Extraktion mit geeigneten Lösungsmitteln oder durch Destillation entzogen.

Ö. 42 809. Österreichische Chemische Werke G. m. b. H. Zusatz von Cyanwasserstoffsäure oder Sulfocyanwasserstoffsäure oder deren Salzen (als Antikatalysatoren).

Ö. 48 156 (D. 249 893). Dieselbe und L. Löwenstein. Die Rohlaugen werden in fließender dünner Schicht bei starker Wärmezufuhr der Destillation unterworfen.

Ö. 97 132 (D. 402 151, A. 1 577 201). Österreichische Chemische Werke G. m. b. H. Direkte Flüssigkeitserhitzung mit Wechselstrom geringerer Wechselzahl als 500 Perioden/Sekunde.

Ö. 128 078 (D. 510 064, E. 354 520, D. 567 602). J. D. Riedel-E. de Haën A. G. Die zu destillierende Lösung wird durch ein von innen oder außen erhitztes Rohr unter Vakuum von unten nach oben durchgesaugt.

Ö. 131 083 (D. 572 801). Österreichische Chemische Werke G. m. b. H. Destillation in langen engen Röhren aus Blei, wobei die Flüssigkeit auf langem geschlossenem Wege im Gleichstrom mit den H_2O_2-Dämpfen mit hoher Durchflußgeschwindigkeit fortbewegt wird.

Ö. 135 653 (D. 574 272, F. 733 201, E. 354 520). J. D. Riedel-E. de Haën A. G. Die Lösungen werden durch überhitzten Wasserdampf in von außen erhitzten Gefäßen zerstäubt.

Ö. 138 731 (D. 573 906, Schw. 149 084). Österreichische Werke G. m. b. H. Zusatz zu Ö. 131 083. Bleirohre von 20—60 m Länge vorzugsweise als spiralig gewundenes Schlangenrohr.

Ö. 139 817 (D. 587 888, 588 822, Poln. 18 297). Kali-Chemie A. G. Die H_2O_2-Dämpfe werden durch eine Schicht von Raschig-Ringen geführt, wodurch sie vor der Kondensation von nebel- oder tropfenförmigen Bestandteilen befreit werden.

Ö. 141 472 (F. 773 790, D. 628 426). B. Laporte Ltd., J. E. Weber und V. W. Slater. Vorwärmen der Lösungen vor der Vakuumdestillation, wobei höchstens die Hälfte des Persulfats oder der Perschwefelsäure hydrolysiert. Die Hydrolyse wird durch Wasserdampfdestillation in einer mit geeignetem Füllmaterial beschickten Kolonne oder in einer Plattenkolonne unter vermindertem Druck vollendet.

Ö. 143 313 (F. 782 103). J. D. Riedel-E. de Haën A. G. Destillationsrohre von kontinuierlich oder diskontinuierlich konischer Form.

Ö. 153 482. Dupont. Entsäuerung der H_2O_2-Dämpfe in einem mit Quarzkörnern beschickten Turm.

Ö. 153 496 (F. 824 905; Holl. 44 855.) N. V. Ind. Maatsch. V. H. Noury & van der Lande. Erhitzung in dünner Schicht in einer den Strom nicht leitenden Apparatur mittels hochfrequenten Strömen (1200 V, 100 Millionen Perioden).

Ö. 153 693. Henkel & Cie. G. m. b. H. Ein Teil des Elektrolyten wird der Kristallisation unterworfen, nach Abtrennung der Kristalle mit dem Destillationsrückstand des anderen Teiles vereinigt und erneut der Elektrolyse zugeführt.

D. 85 802. R. Wolffenstein. Destillation bei Verwendung von absolut reinen Ausgangslösungen.

Ö. 152 173. E. Merck. Direkte Destillation des aus Na_2O_2 und Schwefelsäure erhaltenen rohen H_2O_2 ohne vorherige Entfernung des gelösten Natriumsulfats.

D. 217 539. Konsortium für Elektrochemische Industrie G. m. b. H. H_2O_2 aus Lösungen, die neben H_2O_2 noch Schwefelsäure, Überschwefelsäure oder Sulfomonopersäure enthalten, durch Destillation dieser Lösungen im Vakuum.

D. 219 154. Chemische Fabrik Flörsheim Dr. H. Noerdlinger. H_2O_2-Lösungen werden unter Hindurchblasen eines kräftigen Stromes eines indifferenten Gases, wie Luft, bei Temperaturen unter 85° destilliert.

D. 374 975 (Ö. 94 197, Schw. 98 790, E. 184 153, A. 1 511 494). Chemische Fabrik Weißenstein. Destillieren oder Konzentrieren von H_2O_2 in Gefäßen aus Tantal.

D. 418 321. Rhenania Verein Chem. Fabriken A. G. und Dr. F. Martin. Zusatz zu D. 403 253. Reinigung der nach dem Aufschluß von BaO_2 mit konz. HCl erhaltenen Rohlösungen von H_2O_2 durch lösliche Phosphate und Fluoride bzw. Flußsäure.

D. 441 259. Chemische Fabrik Coswig-Anhalt G. m. b. H. und Dr. E. von Drathen. Destillation oder Konzentration von H_2O_2 in Gefäßen von Quarz, Porzellan oder Steingut mit in diesen Behältern an der Wand gut isolierten Heizdrähten oder Heizgittern aus Tantal.

D. 525 923 (E. 366 417). Peroxydwerk Siesel A. G. Das H_2O_2 wird am Boden der Verdampfer durch Zerstäubungsdüsen eingesprüht und die Dämpfe durch einen Säureabscheider mit einer Raschig-Kolonne in das Kondensatorsystem geführt.

D. 553 274. Deberag. Es wird eine Überlaufzentrifuge mit bestimmter Winkelgeschwindigkeit verwendet, deren geheizte Trommelwand so geformt ist, daß sie sich dem bei der gewählten Geschwindigkeit entstehenden Umdrehungsparaboloid anpaßt.

D. 567 601 (F. 747 148). Dieselbe. Die Zuleitung der Destillationsflüssigkeit ist mit der Dampfzuleitung und Vakuumleitung gekuppelt. Die Destillationsflüssigkeit kann auch in rotierenden geheizten Destillationsröhren einer Zentrifugalwirkung ausgesetzt werden, wobei in den Röhren die zu destillierende Lösung mit Hilfe von Streudüsen zerstäubt wird.

D. 567 602. J. D. Riedel-E. de Haën A. G. Zusatz zu D. 510 064. Der nach der Trennung von den H_2O_2-Dämpfen anfallende Destillationsrückstand wird nach der Verdünnung mit Wasser oder nach dem Einleiten von Wasserdampf, am besten im gleichen Arbeitsgange, einer erneuten Destillation unterworfen.

D. 572 112. Deberag. Zusatz zu 567 601. Die zugeführte Destillationsflüssigkeit wird im Zuleitungsrohr, also vor deren Einführung in den Destillationsraum, auf eine Temperatur erhitzt, die wenig unter der Temperatur liegt, bei der sich H_2O_2 bei den im Zuführungsrohr herrschenden Bedingungen bilden würde.

D. 572 615. Dieselbe. Zusatz zu 567 601. Die Destillationsrohre besitzen eine gewellte Oberfläche.

D. 663 206. G. Zotos. Apparatur aus techn. Si oder Graphit.

D. 676 849. Degussa. Rohre mit Innen- und Außenbeheizung.

D. 687 292. Henkel u. Cie. Destillation aus an der Innenwand in dünner Schicht in geheizten Röhren herabfließenden Lösung; Absaugung der H_2O_2-Dämpfe von oben und unten.

D. 670 965. H. Schmidt. Der Elektrolyt wird durch O_2 unter einen Druck bis zu 50 Atm. gesetzt, überhitzt und in ein Vakuum verstäubt.

D. 703 563. H. Schmidt. Die unter Überdruck stehenden Lösungen werden zur Abtreibung des H_2O_2 zerstäubt.

Schw. 95 839 (D. 482 725, E. 187 516). W. Mau. Eine verdünnte Lösung wird durch Streudüsen nur in solchen Mengen in das Destillationsgefäß gebracht, als durch Vakuumdestillation abgeführt wird.

Schw. 126 577. I. G. Farbenindustrie A. G. Die H_2O_2-Lösungen werden in feiner Verteilung mit einem Gasstrom in Berührung gebracht und in Form einer dünnen Schicht durch vertikal oder schräg stehende Rohre, die von außen erhitzt werden, an der Rohrwand herabfließen gelassen.

Schw. 172 367. A. Kratky. Die Lösungen werden durch den sehr eng gehaltenen Raum zwischen zwei ineinandergeschobenen Röhren rasch durchgeleitet. Verdampfer aus einer Blei-Tellur-Legierung. Zum Schutz gegen katalytische Einwirkungen können die Metallteile negativ aufgeladen sein.

Schw. 174 343 (F. 769 762, Ö. 144 895). Scheideanstalt. Die Flüssigkeit wird durch horizontal liegende Verdampferrohre geleitet, die von innen mit Dampf beheizt werden.

Schw. 213 243. H. Schmidt. Das Dampfgemisch von H_2O_2 und H_2O wird durch Kühlung oder Zuführung kühler Gase oder Lösungen gereinigt.

It. 346 556. P. Depase. Erwärmung einer sauren Alkalipersulfatlösung in zwei Wärmeaustauschern, von denen der 1. mit dem Destillationsrückstand, der 2. mit einer Heizflüssigkeit gespeist wird.

Belg. 428 511. A. C. Semidei. Vom Eintritt des Dampfgemisches zum Austritt der H_2O_2-Dämpfe hin wird die Kühlfläche vergrößert oder die Lösungsmenge verringert.

Belg. 430 773. G. Adolph und E. Bretschger. Trennung von Säure und Salz im Destillationsrückstand durch Kristallisation. Die wäßrige Lösung des Salzes wird elektrolysiert und dieser Lösung vor der Destillation die abgetrennte Säure zugesetzt.

Belg. 439 136 (F. 867 213). Buffalo Electro-Chemical Co. Inc. Angesäuerte Persulfatlösung wird auf die für die Hydrolyse günstigste Konzentration (750—1050 g H_2SO_4/L) konzentriert und die dabei entwickelten Dämpfe im Gegenstrom mit der bereits konzentrierten Lösung in Berührung gebracht.

F. 371 043. Urbasch. Destillation in Plattentürmen im Vakuum.

F. 439 566. Soc. Darrasse Frères Co. und L. Dupont. Destillation von verdünnten, verunreinigten H_2O_2-Lösungen in Gegenwart von Schwefel- oder Phosphorsäure.

F. 445 096. A. Hempel. Einführung der Lösungen in dünner Schicht oder in Form eines Sprühregens in horizontale Apparate, die von außen beheizt sind.

F. 17 505. Zusatz zu F. 445 096. Derselbe. Die Apparate sind mit Vorkehrungen versehen, die eine Berührung der entstehenden H_2O_2-Dämpfe sowohl mit der Überschwefelsäure als auch mit der abziehenden Schwefelsäure verhindern.

F. 478 167. L'Air Liquide Soc. Anon. Bei der Destillation von unreinen H_2O_2-Lösungen wird diesen starke konzentriertere, bereits gereinigte H_2O_2-Lösung und destilliertes Wasser zugegeben.

F. 563 908. G. F. Jaubert. Eine an H_2O_2 arme Lösung wird im Vakuum kontinuierlich unter Rektifikation destilliert.

F. 634 195. J. D. Riedel. Auf jedes Molekül Persulfat und Ammonsulfat kommt bei der Elektrolyse mehr als 1 Molekül Schwefelsäure.

F. 42 600. Zusatz zu F. 733 201 (Ö. 135 653). Soc. Electrochimie. Die Flüssigkeit wird mit Wasserdampf zerstäubt, der in die Lösung in derselben Richtung eingeblasen wird, in der der Dampf mit der zerstäubten Flüssigkeit einströmt.

F. 782 102. Krebs & Co. Eine Ammonbisulfatlösung wird nur bis zu einem Gehalt von nicht mehr als 10 g aktiven O/l zu Ammonpersulfat elektrolysiert und dann destilliert.

F. 785 876. Ges. zur Verwertung chem. techn. Verfahren. Die eingeführte Persulfatlösung geht vorerst durch einen Behälter, der mit dem Destillationsraum sowohl durch die Flüssigkeit als auch mit dem Dampfraum in Verbindung steht.

F. 790 401. J. Mercier. Alle Teile der Destillationsapparatur und der Zuführung werden unter einem und demselben Vakuum gehalten. Die Zirkulation der zu destillierenden Flüssigkeit wird nur durch die Beheizung einer einzigen Röhre vorgenommen, die mit der anderen nach Art der kommunizierenden Röhren verbunden ist.

F. 797 656. Soc. D'Électrochimie, D'Électrometallurgie, et des Acieries Électriques D'Ugine. Fraktionierte Kondensation von Gemischen von H_2O- und H_2O_2-Dämpfen, wobei aus diesem Gemisch in einem mit Raschig-Ringen gefüllten Turm oder in einer Kolonne durch Einspritzen von fein verteiltem Wasser ohne Anwendung eines Dephlegmators das H_2O_2 herausgewaschen wird. Die Wassermengen sind derart geregelt, daß gerade die gewünschte Konzentration der Wasserstoffperoxydlösung anfällt. Dem eingespritzten Wasser können auch Stabilisatoren beigemengt sein.

F. 804 844 (E. 454 209; Ö. 153 167). N. V. Ind. Maatsch. vh. Noury und van der Lande. H_2O_2 abgebende Lösungen werden im Vakuum mit direktem Dampf oder Luft, O_2 oder N_2 von 300 bis 600° C behandelt oder zerstäubt.

F. 807 439. H. Schmidt. Die Destillation erfolgt in senkrechten Heizröhren unter Leiten der fein verteilten Flüssigkeit von oben nach unten, wobei die Dämpfe an beiden Enden der Röhren durch Vakuum abgesaugt werden.

F. 807 440. H. Schmidt. Die Destillation wird vor Erreichen der Höchstkonzentration der Rückstandslösung abgebrochen und diese zur Kristallisation gebracht.

F. 833 884. S. A. L'air liquide ect. G. Claude. Ausfällung der Peroxye in Destillationsrückständen durch Ketone, z. B. Aceton.

F. 840 136. G. Adolph und M. E. Bretschger. Die Lösung wird in das senkrechte Destillationsrohr zwischen der oberen und unteren Öffnung eingebracht.

F. 836 493. Henkel u. Cie. Entfernung der Verunreinigungen des Destillationsrückstandes in Reinigungszellen (0,01 bis 0,02 A/qcm Kathode, 1,0 A/qcm Anode, 20°).

F. 877 966. Kali-Chemie A. G. Destillation in vertikalen Rohren mit verschiedenen Unterdrucken derart, daß am oberen Ende lediglich reiner Wasserdampf abgeführt wird.

E. 24 507/1905. Eine elektrolytisch gewonnene Lösung von Perschwefelsäure wird der Destillation unterworfen.

E. 22 019/1909. Ph. Middleton Justice. Destillation einer Perschwefelsäure mit einem kleinen Zusatz von HCl.

E. 186 840 (A. 1 234 380). J. Patek. Die das H_2O_2 abgebende Lösung wird auf die Oberfläche von heißer Schwefelsäure oder einer Schmelze von Natriumbisulfat aufgesprüht.

E. 264 535. I. G. Farbenindustrie A. G. Die H_2O_2-Lösung wird in Form von dünnen Schichten einem starken Gasstrom bei gewöhnlichem oder vermindertem Druck ausgesetzt und dadurch konzentriert und destilliert.

E. 358 654. B. Laporte Ltd. Die Kapillare zum Einführen von Lösungen von Überschwefelsäure in die Destillationsapparatur besteht aus Chrom-Nickelstahl. Die Kapillare ist mit der Destillationsapparatur durch einen Gummischlauch verbunden.

E. 434 488. F. Krauß. Aus sehr stark schwefelsauren Ammonpersulfatlösungen wird das H_2O_2 ohne Dampfzufuhr durch Leiten über erhitzte Flächen abdestilliert.

E. 442 029 (A. 2 028 481). E. I. Dupont de Nemours. Destillation von Perschwefelsäure oder Persulfatlösungen bei 120° und einem Druck von 120 bis 200 mm in zwei oder mehreren Stufen, wobei zwischen jeder Stufe Wasser oder Dampf zugeführt wird.

E. 473 294. G. Zotos. An der einen Seite von Röhren aus porösem Glas, Graphit, Porzellan oder gesintertem Quarz wird überhitzter Dampf, an der anderen konzentrierter Elektrolyt mit höchstens 20% Wasser vorbeifließen gelassen.

E. 473 342. G. Zotos. Die nach der Abdestillation des H_2O_2 zurückbleibende Lösung wird bei 400° C in vertikalen Röhren in dünner Schicht einer Destillation zwecks Wiedergewinnung von NH_3 und H_2SO_4 unterworfen.

E. 473 343, 473 344. G. Zotos. Destillation des Elektrolyten in mehreren Stufen unter steigendem Vakuum in Röhren aus Quarz, Graphit oder Siliciumcarbid.

E. 493 034. G. Adolph und M. E. Bretschger. Die Perschwefelsäurelösung mit 750 bis 1050 g/l H_2SO_4 wird unter Konstanthaltung der Konzentration des H_2SO_4 durch eine Erhitzungszone geleitet.

E. 502 459 (D. 688 634). H. Schmidt. Zerstäubung des Elektrolyten mit dem überhitzten Destillationsrückstand.

E. 519 276. H. Schmidt. H_2O_2 enthaltende Dampfgemische werden mit stabilisierten, 4- bis 6%igen H_2O_2-Lösungen im Gegenstrom kondensiert.

E. 524 686. P. Harrower. R. Ch. Cooper, O. H. Walter und Imperial Chemical Industries Ltd. Die Lösung des Persulfats wird konzentriert, der H_2O_2-Dampf abgetrennt und in einer 2. Stufe mit der weiter konzentrierten Flüssigkeit in Berührung gebracht.

Can. 434 211 (E. 571 144). Mathieson Alkali Works. Eine verunreinigte H_2O_2-Lösung wird bei solchem Druck und Temperatur destilliert, die bei 23 mm Hg einer geringeren Konzentration des Destillats als von 45% H_2O_2 entspricht. Ein Teil wird bei konstanter Temperatur zur Ausgangskonzentration kondensiert, ein weiterer Teil des restlichen Dampfes bei niedrigerer Temperatur kondensiert und zur Ausgangslösung gegeben. Der nichtkondensierte Rückstand wird abgezogen.

A. 1 195 560. F. Cobellis. Eine Lösung von Ammonpersulfat wird unter Wärme und Druck gesetzt und das gebildete H_2O_2 im Vakuum abdestilliert.

A. 1 299 485. D. Levin. Die Lösung wird vor der Destillation durch Filtration durch poröse Tonfilter von den katalytisch wirkenden Verunreinigungen befreit.

A. 1 323 075. D. L. und L. A. Molin. Die H_2O_2 abgebende Lösung wird über eine erhitzte, säurebeständige Metalloberfläche fließen gelassen.

A. 1 536 213. A. L. Halvorsen. Die Verdampfungs- und Kondensationsanlage ist mit Zinn ausgekleidet.

A. 1 854 327. Niagara Electrochemical Corp. Eine Persulfatlösung wird in dünner Schicht über eine erhitzte Oberfläche eines Metalles geleitet, das dauernd vollständig von der Flüssigkeit bedeckt und gegen die Lösung beständig sein muß.

XIV. Die Gewinnung von Wasserstoffperoxyd aus festem Kaliumpersulfat.

Wie bereits ausgeführt, war in den Jahren 1905 bis 1908 vom Konsortium für elektrochemische Industrie ein Kreisprozeß zur Herstellung von Wasserstoffperoxyd über die Überschwefelsäure geschaffen worden. Dieses Verfahren wurde dann von den Österreichischen Chemischen Werken in der Anlage in Weißenstein in großtechnischem Maßstabe in Betrieb genommen und ist nach manchen Verbesserungen auch heute noch eines unserer wichtigsten technischen Herstellungsverfahren für das Wasserstoffperoxyd.

Im Jahre 1909 und 1910 gingen nun A. Pietsch und G. Adolph in München daran, auch über die Salze der Perschwefelsäure, die ja mit ungleich höherer Stromausbeute und niedrigeren Spannungen dargestellt werden können als die reine Perschwefelsäure, Wasserstoffperoxyd herzustellen. Pietsch und Adolph ist es gelungen, dieses Verfahren auch in einem Kreisprozeß ausführen zu können. Dieser Prozeß ist nur an die Namen dieser beiden Erfinder geknüpft. Auch heute noch wird im Prinzip genau so wie vor 40 Jahren gearbeitet und sind bessere Verfahren zur Herstellung von Wasserstoffperoxyd aus Kaliumsulfat nicht bekanntgeworden.

Der erste brauchbare Weg zur Verwirklichung dieses Zieles findet sich im DRP. 241 702. Da es sich gezeigt hatte, daß die Darstellung von Wasserstoffperoxyd aus festen Persulfaten nur über das Kaliumpersulfat möglich ist, mußte vorerst eine wirtschaftliche Darstellungsart für dieses Salz gefunden werden. Zu diesem Zwecke wurde von dem elektrolytisch leicht mit guter Ausbeute herstellbaren Ammonpersulfat ausgegangen. Nach dem DRP. 243 366 von A. Pietsch und G. Adolph erfolgt die Darstellung von Kaliumpersulfat aus der vom Elektrolyseur kommenden Ammonpersulfatlauge durch Umsetzung mit Kaliumbisulfat nach $(NH_4)_2S_2O_8 + 2\,KHSO_4 = K_2S_2O_8 + 2\,(NH_4)HSO_4$, also unter Regenerierung der für die Elektrolyse erforderlichen Ammonbisulfatlösung, die direkt oder nach Zusatz von Schwefelsäure auf elektrolytischem Wege wieder in das Persulfat umgewandelt wird.

Bei der praktischen Darstellung des Kaliumpersulfats wird der Elektrolyt mit der berechneten Menge von Kaliumbisulfat unter kräftigem Rühren und gelindem Erwärmen umgesetzt. Das Kaliumpersulfat scheidet sich sofort in Form feiner Kristallplättchen aus und wird durch Abnutschen gewonnen. Diese Art der Darstellung des Kaliumpersulfats ist von besonderem Vorteil, da es durch die Kristallisation von den schädlichen Verunreinigungen, wie Platin, befreit wird, die während der Elektrolyse in die Ammonpersulfatlösung hineingelangt sind. An den Kristallen bleibt nur sehr wenig Elektrolyt haften, so daß man nicht einmal von besonders vorgereinigter Schwefelsäure ausgehen muß, sondern gewöhnliche, chemisch reine, bleifreie Schwefelsäure verwenden kann.

Aus dem so erhaltenen Kaliumpersulfat kann man nun, wie sich gezeigt hat[691], direkt durch Einwirkung von Schwefelsäure in der Wärme konzentrierte Lösungen von Wasserstoffperoxyd erhalten. Die bei der Einwirkung der Säure auf das Kaliumpersulfat sich abspielenden Reaktionen sind folgende:

1. $K_2S_2O_8 + H_2SO_4 = K_2S_2O_7 + H_2SO_5$.
2. $H_2SO_5 + H_2O = H_2SO_4 + H_2O_2$.
3. $K_2S_2O_7 + H_2O = 2\,KHSO_4$ (fest).

Freie Perschwefelsäure tritt merkwürdigerweise bei der Umsetzung höchstens nur als sehr rasch verschwindendes Zwischenprodukt auf, da sie während des ganzen Reaktionsverlaufes praktisch nicht nachweisbar ist. Wichtig ist ferner, daß bei der Umsetzung keine Schwefelsäure frei wird, denn die aus dem Persulfat gebildete Schwefelsäure wird sofort in das unlösliche Kaliumbisulfat übergeführt, so daß sich also die Konzentration der freien Säure nicht ändert. Die praktische Abwesenheit von Überschwefelsäure ist auch für die Ausbeuten an aktivem Sauerstoff sehr wesentlich, da die Reaktion $H_2S_2O_8 + H_2O_2 = 2\,H_2SO_4 + O_2$ nicht auftreten kann. Es gelingt auf diese Weise, auch 30%ige Wasserstoffperoxydlösungen mit guter Ausbeute herstellen zu können. Die angewandte Schwefelsäure hat ein spezifisches Gewicht von 1,40, die Temperatur der Säure, in welche das Kaliumpersulfat unter ständigem Rühren eingetragen wird, beträgt 50 bis 55°. Man trennt von dem ausgefallenen Kaliumbisulfat durch Abnutschen und erhält so auf direktem Wege ohne Destillation eine etwa 30%ige Lösung von Wasserstoffperoxyd, die nur wenig freie Schwefelsäure enthält. Die Konzentration der Wasserstoffperoxydlösung kann dadurch eingestellt werden, daß man in eine bestimmte Menge von Schwefelsäure mehr oder weniger Kaliumpersulfat einträgt. Diese Abart des Verfahrens wird aber heute nicht mehr ausgeübt.

Mit viel besserem Erfolg unterwirft man das Gemisch von Kaliumpersulfat und Schwefelsäure der Destillation[692], wobei der aktive Sauerstoff des Persulfats mit fast theoretischer Ausbeute als Wasserstoffperoxyd abdestilliert und das angewendete Salz als Bisulfat zurückbleibt, das, von der Schwefelsäure durch Zentrifugieren getrennt, erneut zur Umsetzung mit der Ammonpersulfatlösung Verwendung findet, womit das Wasserstoffperoxyd in vollständig geschlossenem Kreislauf ohne Verbrauch an Chemikalien hergestellt wird. Es ist dazu nur erforderlich, die Einwirkung der Schwefelsäure auf das Kaliumpersulfat unter Vakuum und Wärmezufuhr vorzunehmen, wobei mit der Bildung des Wasserstoffperoxyds zugleich durch Destillation dessen Isolierung von den Chemikalien bewirkt wird. Bei der Destillation wird der Schwefelsäure das in Wasserstoffperoxyd umgewandelte Wasser entzogen. Es wird daher das verdampfte Wasser durch ständigen Zusatz von Wasser in Form von Wasserdampf während der Destillation ergänzt.

Nach der Auffassung von Pietsch und Adolph geht die Wasserstoffperoxydbildung bei diesem Prozeß durch Oxydation des Wassers vor sich. Es ist dies die einzig bekannte Reaktion, wo sehr wahrscheinlich die älteste Anschauung über die Bildung des Wasserstoffperoxyds verwirklicht ist. Bei der Umsetzung dürften folgende Reaktionen vor sich gehen:

$$K_2S_2O_8 + H_2O + (H_2SO_4) = KHSO_5 + KHSO_4 + (H_2SO_4);$$
$$KHSO_5 + H_2O + (H_2SO_4) = KHSO_4 + H_2O_2 + (H_2SO_4).$$

Darnach wäre die Schwefelsäure nur der Katalysator zur Übertragung des Persulfatsauerstoffes auf das Wasser. Die Schwefelsäure tritt auf der linken und rechten Seite der Gleichung in gleichen Mengen auf, hebt sich daher heraus.

Der Vorgang geht so vor sich, daß zu Beginn des Prozesses während des Anwärmens in der Mischung von Persulfat, Schwefelsäure und Wasser Wasserstoffperoxyd gebildet wird und dieses dann durch weitere Wärmezufuhr verdampft wird. Während des Verdampfens bleibt erstens die Schwefelsäurekonzentration durch Zuführung von Wasser erhalten und zweitens wird durch neue Bildung von Wasserstoffperoxyd aus dem Persulfat dafür gesorgt, daß ständig im Destillationsgefäß eine möglichst konzentrierte Wasserstoffperoxydlösung vorhanden ist. Auf diese Weise werden auch konzentriertere Dämpfe von Wasserstoffperoxyd erhalten, als bei den anderen Destillationsverfahren aus Lösungen von Perschwefelsäure oder Persulfaten, die dann beim Kondensieren reine, sehr konzentrierte Lösungen ergeben. Das Wasser wird während der Destillation in die Retorte in Dampfform in einer derartigen Menge zugeführt, als das Wasserstoffperoxyd abdestilliert, wobei auch dafür Sorge getragen wird, daß die ursprüngliche Konzentration der Schwefelsäure konstant gehalten wird. Der eingeblasene Wasserdampf stellt die einzige Wärmequelle dar. Er verläßt die Retorte als Wasserstoffperoxyddampf wieder.

Wegen des höheren Gehaltes des abziehenden Dampfgemisches an Wasserstoffperoxyddampf (er beträgt während des größten Teiles der Destillation mehr als 8 bis 10%!) ist die Kondensation dieser Dämpfe auch mit kleineren Dephlegmatoren und leichter durchzuführen als jene von Dämpfen, die aus Perschwefelsäure- oder Persulfatlösungen durch Destillation abgetrieben werden. Man braucht auch nur geringere Dampfmengen zum Übertreiben des Wasserstoffperoxyds als nach dem Flüssigkeitsverfahren. Die Wasserstoffperoxyddämpfe werden in zwei Fraktionen niedergeschlagen, wobei in einem einzigen Arbeitsgang eine 40- bis 60%ige Wasserstoffperoxydlösung gewonnen wird.

Die Ausbeuten bei diesem Destillationsverfahren betragen etwa 95%, da das gebildete Wasserstoffperoxyd fast momentan aus der Retorte entfernt wird, ohne mit Caroscher Säure oder Perschwefelsäure nennenswert in Berührung getreten zu sein, und das durch Kristallisation erhaltene Kaliumpersulfat äußerst rein ist. Der Prozeß ist daher auch gegen hohe Temperaturen sehr widerstandsfähig. Man kann also selbst katalysatorhaltige Lösungen ohne Schaden bis selbst auf 95° erwärmen. Im praktischen Betriebe wird im Vakuum eine Temperatur von etwa 65 bis 85° eingehalten. Die Schwefelsäure spielt im Grunde genommen nur die Rolle eine Katalysators, da nach den oben angegebenen Gleichungen die Schwefelsäure selbst während des Prozesses keine Veränderung erfährt. Es ist ganz gleichgültig, von welcher Konzentration der Schwefelsäure man ausgeht. Man kann daher auch ohne weiteres höhere Konzentrationen als vom spez. Gewicht 1,4 verwenden. Das ist aber insofern wichtig, als man es dadurch in der Hand hat, Wasserstoffperoxyd von jeder gewünschten Konzentration herzustellen, da dieses nämlich mit um so höherer Konzentration abdestilliert, je höher das spez. Gewicht der angewendeten Schwefelsäure war. So geht z. B. aus Schwefelsäure vom spez. Gewicht 1,4 Wasserstoffperoxyd von 10%, aus solcher vom spez. Gewicht 1,7 von 25% über. Im allgemeinen kann die Konzentration der Schwefelsäure von 1,3 bis 1,7 schwanken. Die Menge der Schwefelsäure ist verhältnismäßig gering. Man kann ohne weiteres das in die Schwefelsäure eingetragene Salz mit dieser einen dünnen Brei bilden lassen, so daß z. B. auf 1 kg Schwefelsäure bis zu 2 kg und mehr Kaliumpersulfat in die Retorte gegeben werden können.

Man kann den Prozeß auch kontinuierlich durchführen, indem man an der Retorte einen Salzseparator anbringt, aus dem das ausgeschiedene Bisulfat entnommen wird, während in der Retorte entsprechend viel neues Persulfat zugegeben wird, so daß also mit einer bestimmten Menge Schwefelsäure beliebig große Mengen Persulfat in Wasserstoffperoxyd umgewandelt werden können. Die Retorten brauchen daher verhältnismäßig nur klein gehalten werden. So kann man z. B. mit einer Retorte von 200 l Inhalt bei 10stündiger Arbeitszeit 600 kg Wasserstoffperoxyd von 25% herstellen.

Vollständig glatt gelingt die Destillation von Wasserstoffperoxyd aus Kaliumpersulfat und Schwefelsäure, wenn man das Persulfat eben nur mit verdünnter Schwefelsäure anfeuchtet, so daß an der Oberfläche der Kristallmasse ein Brei entsteht und sodann über oder durch diese Masse im Vakuum Wasserdampf geblasen wird[693]. Dieses Verfahren ist die eleganteste Lösung des Problems der Darstellung von Wasserstoffperoxyd und wird auch in dieser Form im größten Maßstabe in der Wasserstoffperoxydfabrik der Elektrochemischen Werke in Höllriegelskreuth bei München durchgeführt. Das nach Pietsch und Adolph erhaltene Wasserstoffperoxyd ist äußerst rein. Da keine Lösungen verdampft werden und die Destillationsretorte auch nur aus Steinzeug besteht, ist die H_2O_2-Lösung nahezu säure- und rückstandsfrei.

Nach einem Vorschlage von Henkel u. Cie.[694] soll Kaliumpersulfat und konzentrierte H_2SO_4 gemischt in mehreren gleichartigen, in fallender Richtung in hintereinander geschalteten, durch Überläufer miteinander verbundenen keramischen Verdampfungsgefäßen von oben nach unten durchfließend destilliert werden. Die Ausbeute soll 95% betragen.

Literaturverzeichnis.

[691] A. Pietsch und G. Adolph, DRP. 241 702. — [692] Dieselben, DRP. 256 148. — [693] Dieselben, DRP. 293 087. — [694] Henkel & Cie., DRP. 645 290.

Zusammenstellung der Patentliteratur über die Gewinnung von H_2O_2 aus $K_2S_2O_8$.

D. 241 702 (Ö. 67 175, Schw. 53 246, E. 23 158/1910, A. 1 063 383). A. Pietsch und G. Adolph. Gereinigte feste, überschwefelsaure Alkalisalze werden in der Wärme mit Schwefelsäure behandelt.

D. 243 366 (Schw. 53 584, F. 421 168, E. 23 157/1910, A. 1 059 809). Dieselben. Kaliumpersulfat aus Ammoniumpersulfat durch Umsetzung mit schwefelsauren Salzen des Kaliums.

D. 256 148 (Schw. 54 071, F. 421 164, E. 23 660/1910). Dieselben. Ein Gemisch von festem Persulfat und Schwefelsäure wird der Destillation unterworfen.

D. 257 276 (Ö. 62 280, Schw. 61 418, F. 448 677, A. 1 083 132, E. 22 028/1912). Dieselben. Die kathodische Reduktion bei der Elektrolyse einer Ammonbisulfatlösung ohne Diaphragma wird dadurch verhindert, daß die Kohlekathode dicht mit porösen Fäden aus nicht leitender, chemisch nicht angreifbarer Faser umwickelt ist.

D. 293 087 (Ö. 87 661, E. 13 544/1913, A. 1 083 888). Dieselben. Über ein Gemisch von Persulfat und Schwefelsäure wird Wasserdampf geblasen.

D. 645 290. Henkel u. Cie. Stufenweise Destillation eines Gemisches von $K_2S_2O_8$ und H_2SO_4 in mehreren hintereinandergeschalteten, übereinander angeordneten Verdampfungsgefäßen.

Schw. 53 886 (E. 23 551/1910). Dieselben. Zusatz zu Schw. 53 584. Kaliumpersulfat aus Ammonpersulfat, wobei dieses bei seiner Entstehung durch Elektrolyse einer Ammonbisulfatlösung mit festem schwefelsaurem Kaliumsalz umgesetzt wird.

F. 476 816 (E. 141 758, Canad. 234 061). L'Air Liquide Soc. Anon. Gleichzeitige Einwirkung von Wasserdampf, Wärme und Vakuum auf die getrockneten Persulfate der Alkalien.

F. 811 615 (Schw. 96 322). M. Salleras. Zu $K_2S_2O_8$ wird die doppelte Menge 50%iger H_2SO_4 zugesetzt, eine Suspension erzeugt und diese durch Vakuumzug in ein erhitztes Rohr eingesaugt.

XV. Die technologisch wichtigsten Kreisprozesse auf elektrochemischer Grundlage zur technischen Darstellung von Wasserstoffperoxydlösung*.

Der weitaus größte Teil der Weltproduktion von Wasserstoffperoxyd, und zwar mehr als 80%, wird auf elektrochemischem Wege nach dem Verfahren von Weißenstein, Pietsch und Adolph, Löwenstein-J. D. Riedel-E. de Haën A. G., sowie Heinrich Schmidt hergestellt. Die übrigen in Verwendung stehenden Verfahren unterscheiden sich nur geringfügig von diesen grundlegenden Methoden und haben auch ungleich geringere Bedeutung.

Das älteste, das Weißensteiner-Verfahren des Konsortiums für elektrochemische Industrie, beruht auf der elektrolytischen Oxydation einer Schwefelsäurelösung von einer Dichte von 1,3 bis 1,4. Die Badtemperatur beträgt 15 bis 20°, die Spannung 5 bis 6 Volt, die Stromkonzentration etwa 500 Amp/l und die Ausbeute bei der Elektrolyse 70%. Jede Zellenreihe von etwa 20 Zellen nimmt etwa 1000 Amp auf. Unmittelbar an die Elektrolyse anschließend erfolgt die Destillation der Überschwefelsäurelösung, die etwa 250 bis 300 g Perschwefelsäurelösung pro Liter enthält, mit einer Bleischlange von etwa 25 bis 30 m Länge und einem Vakuum von etwa 50 bis 70 mm. In der darauffolgenden fraktionierten Kondensation, die in zwei Stufen vorgenommen wird, wird eine 37%ige Wasserstoffperoxydlösung niedergeschlagen. Bei der Destillation wird, wenn man auch den in der Rückstandssäure enthaltenen, unzersetzten aktiven Sauerstoff berücksichtigt, eine Ausbeute von etwa 90 bis 95% erzielt. Die den Destillationsapparat verlassende Schwefelsäure von etwa 55° Bé wird mit dem im Kondensator niedergeschlagenen Wasser verdünnt und in die Absatzbehälter für das Bleisulfat geführt. Nach der Klärung, die auch durch Filtration bewirkt werden kann, und einer eventuellen Reinigung der Lösung tritt diese von neuem in den Kreisprozeß ein. Für diesen ergibt sich daher folgendes Schema:

$$\begin{array}{ccccc}
 & & \text{Elektrolyse} & & \\
 & & \uparrow H_2 & & \\
2\,H_2SO_4 & \xrightarrow{+\,2\oplus} & H_2S_2O_8 & \longleftarrow & +\,2\,H_2O \\
\uparrow & & \downarrow & & \\
2\,H_2SO_4 & \longleftarrow & H_2S_2O_8 + 2\,H_2O & \xrightarrow{\text{Destillation}} & H_2O_2
\end{array}$$

Der Kreisprozeß liefert Wasserstoffperoxyd und Wasserstoff, verbraucht aber außer elektrischer Energie theoretisch nur Wasser. In der Abb. 36 ist übersichtlich die Aneinanderreihung der einzelnen Phasen des Kreisprozesses dargestellt.

Das zweitälteste Verfahren von Pietsch und Adolph, wonach Wasserstoffperoxyd über Ammonpersulfat und festes Kaliumpersulfat hergestellt wird, wurde zum erstenmal im Jahre 1910 in Höllriegelskreuth bei München technisch durchgeführt. Im 2. Weltkriege arbeitete die größte Wasserstoffperoxydfabrik der Welt in Bad Lauterberg im Harz gleichfalls nach dem Verfahren von Pietsch und Adolph. Eine Ammonbisulfatlösung mit etwa 2 bis 10% freier Schwefelsäure, die außerdem noch etwas Kaliumbisulfat enthält, da sich das Ammonpersulfat nicht quantitativ zu Kaliumpersulfat umsetzt, wird ohne Diaphragma mit Hilfe von mit Asbestschnüren umwickelten Kohlenkathoden und Platinanoden bis auf einen Gehalt von ungefähr 15 g aktiven Sauerstoff pro Liter elektrolytisch oxydiert. Aus dieser Lösung wird in einem ersten Kreisprozeß mit Kaliumbisulfat festes Kaliumpersulfat

* Einzelheiten der Kreisprozesse siehe die Abschnitte XII bis XIV.

ausgefällt und der Elektrolyt regeneriert. In einem zweiten Kreisprozeß wird das abgenutschte Kaliumpersulfat mit Schwefelsäure angeteigt und durch Überleiten von Wasserdampf im Vakuum das Wasserstoffperoxyd abdestilliert. Eine äußere Erhitzung ist nicht notwendig, da die Reaktionswärme und die im Dampf enthaltene Wärme genügen, um die für die Destillation erforderliche Temperatur aufrecht zu erhalten. Die Umsetzung kann daher in Steinzeugretorten vorgenommen werden. Die Destillation verläuft vollkommen automatisch und ist weniger heikel auszuführen als beim Weißensteiner Verfahren. Die Wasserstoffperoxyddämpfe werden gleichfalls

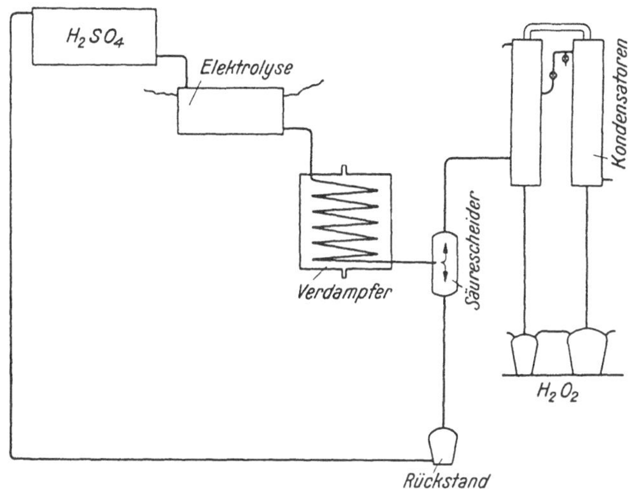

Abb. 36. Schema des Weißensteiner-Verfahrens.

fraktioniert zu 40- bis 60%iger Wasserstoffperoxydlösung kondensiert. Das von der Destillation kommende feste Kaliumbisulfat wird von der Schwefelsäure durch Zentrifugieren getrennt und diese auf diese Weise für eine neue Umsetzung wieder zurückgewonnen. Die Elektrolyse hat eine Ausbeute von etwa 85 bis 90%, die Destillation von etwa 95%. Der Arbeitsaufwand ist größer als bei der Verarbeitung von Perschwefelsäure oder Ammonpersulfat.

Das Verfahren von Pietsch und Adolph besteht demnach aus zwei ineinandergreifenden Kreisprozessen, die wie folgt schematisch dargestellt werden können:

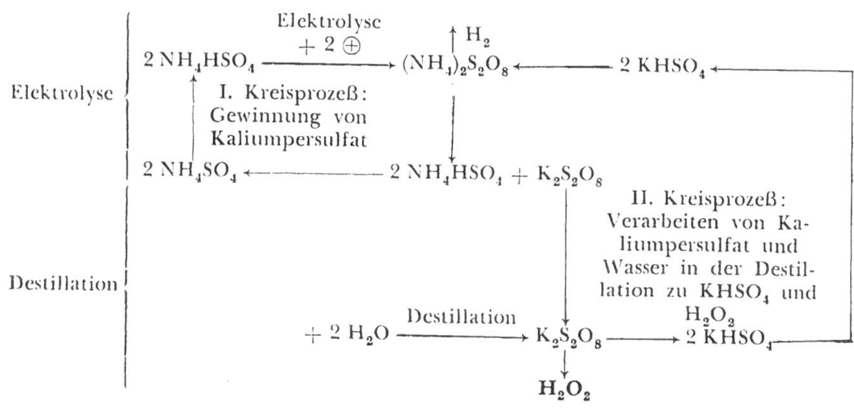

Die verschiedenen Maßnahmen des Kreisprozesses in ihrem Zusammenwirken sind aus der folgenden Abb. 37 zu entnehmen.

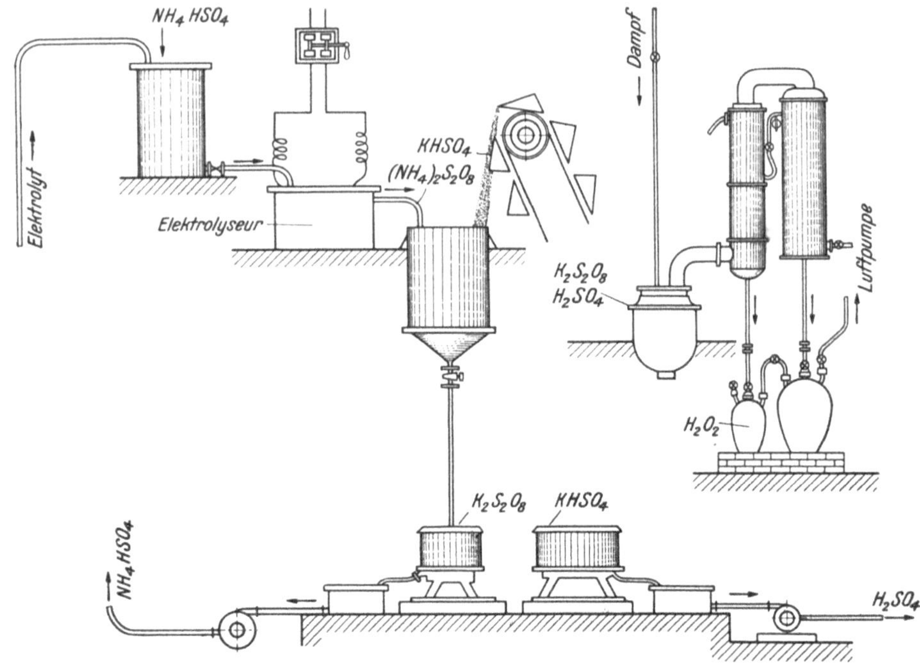

Abb. 37. Schema des Kreislaufprozesses mit Kaliumpersulfat (Verfahren von Pietsch und Adolph).

Der Kreisprozeß von L ö w e n s t e i n und J. D. Riedel-E. de Haën A. G. ist im Jahre 1927 in einer der Soc. d'Electro-Chimie gehörenden Versuchsanlage in Villers-Saint-Sépulcre (Oise) in die Technik eingeführt worden. Dieses Verfahren beruht auf der Elektrolyse einer schwefelsauren Ammonbisulfatlösung, die nach der elektrolytischen Oxydation ohne Überführung in das feste Kaliumpersulfat unmittelbar in aufrecht stehenden Röhren von unten nach oben durch das Vakuum angesaugt wird, wobei durch Erwärmen das Wasserstoffperoxyd in Freiheit gesetzt und abdestilliert wird. Die bei der Elektrolyse entstehende Ammonpersulfatlösung wird in die Rohre unten eingeleitet; ein mit dem oberen Ende in Verbindung stehender Abscheider trennt das Dampfgemisch vom sauren Rückstand. Der den Hauptverdampfer verlassende Elektrolyt wird mit Wasser verdünnt, um bei wei-

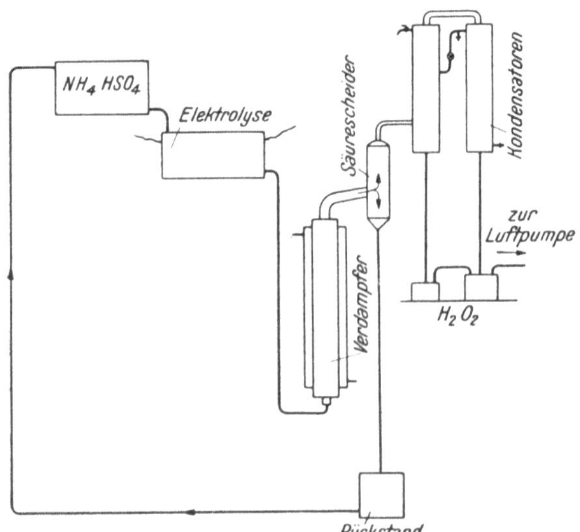

Abb. 38. Graphische Darstellung des Löwenstein-Riedel-Verfahrens.

terer Verdampfung eine Salzausscheidung zu vermeiden. Die Lösung gelangt sodann in einen konstruktiv gleichartigen (in Abb. 38 nicht gezeichneten) Nachverdampfer, in welchem das restliche H_2O_2 ausdestilliert wird. Der Dampf wird dann in horizontal liegenden Gefäßen, in welche sämtliche Verdampferrohre einmünden, vom Elektrolyten getrennt. Dieser wandert in die Elektrolyse zurück, während das Wasserstoffperoxyd aus dem Dampfgemisch durch fraktionierte Kondensation als 35%ige Lösung abgeschieden wird. Bei der Elektrolyse kann eine Ausbeute von 85 bis 90%, bei der Destillation eine solche bis etwa 95% erreicht werden.

Der Kreisprozeß kann durch folgendes Schema veranschaulicht werden:

$$\begin{array}{ccccc}
2\,NH_4HSO_4 & \xrightarrow[\text{}]{\text{Elektrolyse}\ +2\oplus} & (NH_4)_2S_2O_8 \ (\uparrow H_2) & & \\
\uparrow & & \downarrow & & \\
2\,NH_4HSO_4 & \longleftarrow & (NH_4)_2S_2O_8 + 2\,H_2O & \xrightarrow{\text{Destillation}} & H_2O_2.
\end{array}$$

Er ähnelt demnach in seinem Chemismus dem Weißensteiner Prozeß, nur daß an Stelle von Schwefelsäure eine Lösung von Ammonbisulfat elektrolytisch oxydiert und statt einer Überschwefelsäurelösung eine schwefelsaure Lösung von Ammonpersulfat destilliert wird. Die Abb. 38 gibt eine graphische Veranschaulichung des Kreisprozesses wieder.

Das jüngste technisch in größerem Maßstabe arbeitende Verfahren von Heinrich Schmidt mit Anlagen in Düsseldorf, Finnland, Jugoslawien, England (Babkock) und Amerika verwendet als Elektrolyt eine stark saure Ammonsulfatlösung. Zufolge des hohen Schwefelsäuregehaltes liegt die Spannung bei der Elektrolyse um etwa 1 Volt niedriger als bei der Arbeitsweise von Pietsch und Adolph sowie Löwenstein. Dies bedeutet für den praktischen Betrieb einen nicht zu unterschätzenden Vorteil. Die Ammonpersulfatlösung wird in verhältnismäßig recht kleinen Zellen mit getrennten Anoden- und Kathodenräumen hergestellt und auf elektrolytischem Wege gereinigt. Der Elektrolyt wird sodann in etwa 5 m langen, aufrecht stehenden, von außen beheizten Glasrohren destilliert, wobei die Flüssigkeit an der Innenwand der Rohre in dünner Schicht herunterfließt. Da festes Salz nicht befördert werden muß, ist die Bedienung einfach und kann die ganze Anlage von nur wenigen Arbeitern betreut werden. Die gesamte Ausbeute beträgt etwa 75 bis 80%.

Vergleicht man diese vier Kreisprozesse miteinander, so ergibt sich folgendes: Bei allen Prozessen erhält man bei der Destillation eine Ausbeute bis zu etwa 95%. Das Weißensteiner-Verfahren arbeitet ausschließlich mit Lösungen, die leicht zu und von der Elektrolyse und Destillation vollkommen automatisch ohne besonders großen Arbeitsaufwand bewegt werden können. Der Kreisprozeß Elektrolyse — Destillation — Kondensation erfordert daher nur geringen Aufwand von Arbeit. Nachteilig ist die am Ammonpersulfat gemessene geringere Ausbeute des Stromes bei der Elektrolyse von etwa 70%. Insgesamt ergibt sich demnach eine totale Energieausbeute von rund 67%.

Bei der Ammonpersulfatelektrolyse, wie sie bei Pietsch und Adolph sowie von Löwenstein-J. D. Riedel-E. de Haën A. G. durchgeführt wird, kann eine mittlere Stromausbeute von etwa 85% erzielt werden. Die Destillation von Wasserstoffperoxyd aus festem Kaliumpersulfat oder Ammonpersulfatlösungen ergibt eine Ausbeute von etwa 95%, so daß die gesamte Energieausbeute insgesamt zu rund 73% veranschlagt werden kann. Die Elektrolyse kann demnach bei diesen Verfahren in besserer Ausbeute und auch weniger heikel durchgeführt werden als beim Weißensteiner-Verfahren. Jedoch bedingt das Arbeiten beim Verfahren mit festem Kaliumpersulfat in zwei ineinandergreifenden Kreisprozessen mit zwei verschiedenen Salzen, nämlich Ammonbisulfat und Kaliumpersulfat, von denen das eine eine flüssige Lösung, das andere aber fest ist, eine Komplizierung der Apparatur, Vermehrung der Manipulationen und daher auch einen größeren Aufwand von Arbeitslöhnen. Der Dampfverbrauch bei der Destillation ist aber beim Verfahren von Pietsch und Adolph kleiner als bei den Flüssigkeitsverfahren.

Als besonderer Vorzug des Verfahrens von Pietsch und Adolph ist jedoch die ungleich größere Kapazität der Zellen bei der Elektrolyse der Ammonbisulfatlösung anzusehen, die jene der Weißensteiner-Zellen um ein Mehrfaches übertreffen. Der Vorteil des Verfahrens von Schmidt liegt in der besonders niedrigen Spannung bei der Elektrolyse, die den Betrieb einer größeren Anzahl von Zellen bei gegebener Spannung der Stromquelle ermöglicht.

Beim Löwenstein-J. D. Riedel-E. de Haën A. G.-Verfahren macht man sich gleichfalls die gute Stromausbeute bei der Elektrolyse einer Ammonbisulfatlösung von rund 85% zunutze, arbeitet aber nicht wie Pietsch und Adolph in zwei ineinandergreifenden Kreisprozessen, sondern wie beim Weißensteiner-Verfahren in einem einzigen Kreisprozeß. Da die Destillationsausbeute wie bei den beiden anderen Verfahren etwa 95% beträgt, würde sich für das Löwenstein-J. D. Riedel-E. de Haën A. G.-Verfahren ebenso wie für das Verfahren von Pietsch und Adolph eine durchschnittliche Energieausbeute von etwa 83% berechnen, ohne aber die Nachteile der Arbeitsweise mit einem festen und flüssigen Körper in Kauf nehmen müssen. Das Weißensteiner-Verfahren und das Verfahren von Pietsch und Adolph dürften in der Gesamtbilanz einander ebenbürtig sein, während die Verfahren von Löwenstein-J. D. Riedel-E. de Haën A. G. sowie von Heinrich Schmidt nach den bisher vorhandenen Literaturangaben noch etwas günstigere Ausbeuten liefern dürften.

Der gesamte Kraftaufwand beträgt für 1 kg 30%iges Wasserstoffperoxyd bei allen drei Verfahren etwa 4 bis 5 kWh. Der Chemikalienverbrauch ist nur sehr gering, jedoch spielt der unvermeidliche Platinverbrauch wirtschaftlich eine große Rolle. Nach den Untersuchungen von Tafel und Emmertz[695] wird in schwefelsaurer Lösung von den Platinanoden in 84 Stunden bei einer Stromdichte von 1,2 Amp ca. 0,8 mg Platin aufgelöst. Nach einer privaten Mitteilung von J. Müller beträgt der Platinverlust in schwefelsaurer Elektrolyse bei einer Stromdichte von 0,5 bis 1,0 Amp/cm^2 $1{,}2 \cdot 10^{-6}$ g/Amp/Stde. Da in einem größeren Betriebe zahlreiche Platinelektroden vorhanden sind und die Elektrolyse kontinuierlich geführt wird, können bei einer größeren Tagesleistung von Wasserstoffperoxyd erhebliche Platinmengen in Lösung gehen. Für eine Tagesproduktion von 100 kg 30%iges Wasserstoffperoxyd rechnet man ja etwa 600 bis 800 g Platin, es können sich daher in größeren Anlagen jährliche Verluste von mehreren Kilogramm Platin ergeben. Es ist zwar bereits vorgeschlagen worden[696], zur Vermeidung der Anreicherung des Elektrolyten mit Platin, das dann ja auch katalytische Zersetzungen hervorrufen würde, durch eine gesonderte Elektrolyse oder durch Einhängen einer Hilfskathode in den Anodenraum oder mit Hilfe eines in die Lösung eingeführten Aluminiumstabes das in Lösung gegangene Platin zu entfernen, jedoch scheint dieses Verfahren wegen des kolloidalen Zustandes des Platins nicht allzu große Aussichten auf Erfolg zu haben. Über die tatsächliche Art der Wiedergewinnung des Platins bewahren die Firmen strengstes Schweigen. Die ganze Platinmenge kann natürlich nicht wiedergewonnen werden, jedoch werden etwa 30 bis 50% des gelösten Platins im Absitzbottich für das Bleisulfat im Bleisulfatschlamm zurückgewonnen. Pro 1 t 30%iges H_2O_2 ist mit einem Verlust von 1 g Platin zu rechnen.

In der folgenden Übersicht sind für die 3 großen technischen Kreislaufprozesse die Verbrauchszahlen einander gegenübergestellt. Wie sich aus dieser Zusammenstellung ergibt, sind die Verbrauchszahlen bei allen Verfahren fast gleich groß. Die besseren Energie- und Destillationsausbeuten und einfachere Arbeitsweise beim

Riedel-Löwenstein-Verfahren werden hier durch den größeren Dampfverbrauch ausgeglichen, der durch die zu verdampfenden größeren Flüssigkeitsmengen verursacht wird.

Verbrauchszahlen, bezogen auf 1 kg 100%iges H_2O_2 in Form von 35%iger Ware.

	Weißensteiner-Verfahren	Pietsch-Adolph-Verfahren	Löwenstein-Riedel-Verfahren
Gleichstrom für Elektrolyse	15,9 kWh	13,2 kWh	13,0 kWh
Primärstrom für Elektrolyse	17,1 kWh	14,2 kWh	14,0 kWh
Wechselstrom für H_2SO_4-reinigung	0,475 kWh		
Wechselstrom für Motoren, Vacuum- und Wasserpumpen	1,425 kWh	2,9 kWh	
Gesamter Primärstrom . .	19,0 kWh	17,6 kWh	
Gesamter Dampf	28,6 kg	25,0 kg	43—45 kg
Stromausbeute	70—75%	85%	85%
Destillationsausbeute . . .	90—92%	90—95%	90—95%
Frischwasser		2,4 m³	
Frischwasser + Zirkulationswasser		4,8 m³	
Platinverlust	1.20 · 10—6 g/Amp. h.	1,0 · 10—6 g/Amp. h.	
Gesamtausbeute	67%	72—73%	72—75%

Literaturverzeichnis.

[695] Tafel und Emmertz, Ztschr. physikal. Chem. 52, 357, 1905. — [696] Konsortium, DRP. 217 538.

XVI. Das Haltbarmachen oder Stabilisieren von Wasserstoffperoxydlösungen oder dessen Derivaten.

Das Wasserstoffperoxyd läßt sich trotz sorgfältigster Einhaltung von allen möglichen Vorsichtsmaßnahmen und peinlichster Sauberkeit im Betriebe nicht im vollkommen katalysatorenfreien Zustande herstellen. Dies gilt insbesondere für die Lösungen, die auf chemischem Wege aus Bariumperoxyd hergestellt wurden, da alle Verunreinigungen des Ausgangsmaterials, wie Eisen-, Mangan-, Aluminium- und Siliziumverbindungen usw., in das Endprodukt hineingelangen. Aber auch die durch Destillation gewonnenen Wasserstoffperoxydlösungen enthalten immer noch Spuren von Katalysatoren oder nehmen solche bei der Lagerung auf, so daß sie für längere Zeiträume nicht ohne erhebliche Verluste an aktivem Sauerstoff aufbewahrt werden können. Würde man das Wasserstoffperoxyd vollständig katalysatorfrei herstellen und aufbewahren können, so wäre dieser Reinheitsgrad die beste Gewähr für eine gute Haltbarkeit des Wasserstoffperoxyds. Die Bedeutung der Stabilisatoren ist aber angesichts des ungleich höheren Reinheitsgrades der durch Destillation erhaltenen Wasserstoffperoxydlösungen erheblich zurückgegangen. So bedarf z. B. das aus festem Kaliumpersulfat gewonnene, sehr reine H_2O_2 nur mehr sehr geringer Konservierungsmethoden. Wichtiger ist die Stabilisierung bei den aus Perschwefelsäure oder ihren Salzen erhaltenen H_2O_2-Lösungen, da hier ja bei der Destillation Blei verwendet wird.

Wie sich nun gezeigt hat, gelingt es, durch gewisse Zusätze zur Wasserstoffperoxydlösung oder den festen, aktiven Sauerstoff enthaltenden Produkten ihre Haltbarkeit und Beständigkeit derart zu erhöhen, daß sie heute als praktisch stabil bezeichnet werden müssen. Dabei haben manche der als Stabilisatoren verwendeten Stoffe noch die angenehme Eigenschaft, daß sie eine antikatalytische Wirkung gegen zersetzende Einflüsse von Metallen aufweisen.

Unter „Stabilität" versteht man jene Eigenschaft des Wasserstoffperoxyds, seinen aktiven Sauerstoff längere Zeit unverändert bewahren zu können. Eine stabilisierte Lösung darf unter normalen Umständen monatelang ihren aktiven Sauerstoff nicht einbüßen, sie muß ihren Titer vielmehr unverändert beibehalten.

Bei vielen Anwendungen des Wasserstoffperoxyds oder seiner Derivate treten oft notwendigerweise Bedingungen auf, unter welchen der Zerfall begünstigt ist, wie z. B. beim Bleichen, das in schwach alkalischer Lösung und bei erhöhter Temperatur vorgenommen wird. Auch in den Sauerstoff abgebenden Waschmitteln, die meist Natriumperborat enthalten, sind ungünstige Beeinflussungen durch andere Komponenten des Waschmittels, wie Seife oder Natriumcarbonat, nicht zu vermeiden. Da auch nicht nur eine zu rasche und frühzeitige Sauerstoffentwicklung in alkalischer Lösung bei erhöhter Temperatur die Flotte zu rasch verbrauchen, sondern auch Faserschädigungen bewirken würde, muß man auch den Bleichbädern Stoffe zusetzen, die die Abgabe des Sauerstoffes verzögern und regeln. Das gleiche gilt für die aktiven Sauerstoff enthaltenden Waschmittel, die zwecks Erreichung der Lagerbeständigkeit stabilisierende Zusätze erhalten. Die Stabilisatoren sind daher für die technische Brauchbarkeit des Wasserstoffperoxyds und seiner Derivate äußerst wichtige Stoffe.

Von einem guten Stabilisator verlangt man, daß er schon in geringer Konzentration und sehr lange wirksam ist, diese Wirksamkeit auch bei erhöhter Temperatur in erheblichem Maße beibehält und wenn möglich nicht nur in saurer und neutraler, sondern auch in alkalischer Lösung brauchbar ist. Für gewisse Verwendungszwecke, wie in der Medizin und Kosmetik, ist es auch erwünscht, daß er keinen unangenehmen Geruch oder Geschmack aufweist, zu keinen unlöslichen Ausscheidungen führt, ungiftig und nicht ätzend ist. Zur Vermeidung von Verlusten an aktivem Sauerstoff ist fast jede Wasserstoffperoxydlösung des Handels oder die diese liefernden Produkte mit Stabilisatoren versehen.

Vollkommen reine Wasserstoffperoxydlösungen sind auch ohne Stabilisator ausreichend beständig. Da aber derartig reine Lösungen nicht nur äußerst schwierig herstellbar sind, sondern auch kaum im erforderlichen Reinheitsgrad aufbewahrt werden können, spielen die Stabilisatoren bei der Herstellung und Lagerung von H_2O_2 und Perverbindungen eine wichtige Rolle. Sehr interessant ist auch die Tatsache, daß jeder Stabilisator nur für einen oder mehrere bestimmte Katalysatoren stabilisierend wirkt, so daß ein und derselbe Stabilisator für Wasserstoffperoxyd verschiedener Herkunft eine ungleiche Stabilisierungswirkung besitzt. Diese ist daher spezifisch. Die Wirkungsdauer eines Stabilisators hängt von dem Alter, der Temperatur und Sauerstoffkonzentration der H_2O_2-Lösung ab.

Die zuzusetzende Menge des Stabilisators richtet sich nach seiner Wirksamkeit. Sehr stark wirksame Konservierungsmittel, wie z. B. Methyl-p-oxybenzoat, Phosphorsäure, 8-Oxychinolin, Natriumpyrophosphat, Phenacetin, Acetanilid, Natriumbenzoat, Benzoesäure, Tannin, Harnsäure u. a., sind schon in einer Menge von nur 0,1‰ ausreichend, um den Titer einer verdünnten Wasserstoffperoxydlösung während eines Jahres fast konstant zu halten. Bei konzentrierteren Wasserstoffperoxydlösungen ist wegen der Oxydation des organischen Stabilisators die Konservierung nicht so lange anhaltend. Von anderen Stabilisatoren genügt meist eine Menge von 0,1 bis 0,5%, von mancher aber, wie z. B. Alkohol, sind mindestens 10% erforderlich.

Bei der großen Anzahl von Faktoren, die die Zersetzung des Wasserstoffperoxyds katalytisch zu beschleunigen vermögen, ist es nicht allzu verwunderlich, wenn zur Verhinderung dieser Zersetzungen bereits eine Unzahl Mittel vorgeschlagen wurden. Sie lassen sich in drei größere Gruppen einteilen, und zwar in Körper saurer Natur sowie in neutral oder alkalisch reagierende, anorganische oder organische Substanzen.

Stabilisieren mit Säuren. Das Wasserstoffperoxyd als schwache Säure ist vorwiegend in die Ionen H˙ und OOH′ dissoziiert. Es hat sich nun herausgestellt, daß man einen beträchtlichen Grad von Beständigkeit erreichen kann, wenn man die Wasserstoffperoxydlösungen durch Zusatz von Säuren oder sauer reagierenden Stoffen, namentlich Phosphorsäure, Pyrophosphorsäure, Schwefelsäure, Salzsäure, Oxalsäure u. dgl., sauer hält. Die Bereiche der Wasserstoffionenkonzentration liegen normalerweise zwischen $p_H = 1$ bis 3. Durch den Zusatz dieser starken Säuren wird die Dissoziation des Wasserstoffperoxyds zurückgedrängt, wodurch sehr wahrscheinlich die Beständigkeit bewirkt wird. Es hat sich aber überraschenderweise herausgestellt, daß nicht alle Säuren befähigt sind, eine Konservierungswirkung auf das Wasserstoffperoxyd auszuüben. Vielmehr kommen nur gewisse Säuren für diesen Zweck in Betracht, so daß die Zurückdrängung der Dissoziation des Wasserstoffperoxyds allein nicht die Ursache der Stabilität sein dürfte. Essigsäure z. B. vermag die Zersetzung nur in sehr hoher Konzentration etwas zu verringern. Bei Phosphorsäure und Benzoesäure scheint die besonders große Wirkung auf Verbindungsbildung mit dem Wasserstoffperoxyd zu beruhen.

Durch den Zusatz derart starker Säuren wird die Anwendbarkeit des Wasserstoffperoxyds aber etwas eingeschränkt. So sind z. B. die Mineralsäuren für die Zwecke der Medizin und der Zahnpflege unanwendbar. Man hat daher auch andere und weniger schädliche Säuren, wie Borsäure oder organische Säuren, als Konservierungsmittel vorgeschlagen. Die Mineralsäuren werden demnach nur für technische Zwecke, die organischen Säuren aber für die medizinische Ware und für die Kosmetik als Stabilisatoren verwendet. Geeignete sauer reagierende organische Substanzen sind Gerbsäuren, wie Gallussäure oder Pyrogallussäuren*, Harnsäure, Barbitursäure, Zitronensäure, Salicylsäure. Weiters kann man auch Kalium- und Natriumbisulfat, die sauren Salze der Phosphor- und Borsäure, wie Mononatriumphosphat, Natriummetaphosphat oder saures Natriumpyrophosphat, Benzoesäure sowie Sulfanilsäure verwenden.

An Stelle der Schwefelsäure lassen sich mit gleichem Erfolg auch die Verbindungen der Schwefelsäure mit aromatischen Kohlenwasserstoffen verwenden, die sog. aromatischen Sulfonsäuren. Obwohl diese bedeutend weniger dissoziiert sind als die freie Schwefelsäure, eignen sie sich doch sehr gut als Konservierungsmittel für wäßrige Wasserstoffperoxydlösungen. Derartige aromatische Sulfonsäuren sind Benzolsulfonsäure, Naphthalin- und Anthrazensulfonsäuren, desgleichen die entsprechenden Disulfonsäuren. Auch Milchsäure und Hippursäure sind als Konservierungsmittel für Wasserstoffperoxydlösungen oder feste Produkte vorgeschlagen worden.

Stabilisierung mit anorganischen Stoffen. Rein anorganische Körper neutraler, ja selbst alkalischer Reaktion sind bereits verschiedentlich als Konservierungsmittel für Wasserstoffperoxydlösungen oder feste Produkte vorgeschlagen worden. Diese Stoffe weisen gegenüber den Säurezugaben unter Umständen den Vorteil auf, daß bei einer Verwendung des Wasserstoffperoxyds in alkalischer Lösung, wie für Bleichereizwecke, die Säure unwirksam ist, daher viel Sauerstoff unausgenützt entweichen würde. Für diesen Zweck hat sich ein Zusatz von Tonerde oder einem basischen Tonerdesalz, z. B. Tonerdesilicat in feiner Verteilung, Natriumsilicat, Magnesiumverbindungen, als viel geeigneter erwiesen.

* Patentnummer und Patentinhaber siehe Patentliteraturzusammenstellung.

Sehr gute Konservierungsmittel sind die Salze der Phosphorsäure, wie namentlich das Natriumpyrophosphat, Natriumhypophosphit und -metaphosphat sowie verschiedene Polyphosphate der Formel $Na_9P_5O_{17}$, $Na_5P_3O_{10}$, $Na_6P_4O_{13}$ oder $Na_{12}P_{10}O_{31}$. Natriumchlorid konserviert nur in stark konzentrierten Lösungen.

Die interessante Erscheinung, daß zwei Katalysatoren gemeinsam stärker wirken, als die Summenwirkung beider Katalysatoren einzeln ausmachen würde (s. S. 62), treffen wir auch bei den Stabilisatoren an. Dies geht z. B. deutlich aus der Tabelle 16 hervor[697], in welcher die Ergebnisse von Kochversuchen mit nicht stabilisiertem H_2O_2 sowie mit Natriummetaphosphat und Phenazetin allein und sodann beiden gemeinsam wiedergegeben ist.

Tabelle 16.

	Anfangskonzentration in Vol. akt. O	Vol. akt. O nach 6 Std. Kochen	Verluste an Vol. akt. O in %
Unstabilisiertes H_2O_2	104,6	22,4	78,6
Unstabilisiertes H_2O_2 + 0,01% Natriummetaphosphat	104,6	93,5	10,6
Unstabilisiertes H_2O_2 + 0,01% Phenacetin .	104,6	73,7	29,5
Unstabilisiertes H_2O_2 + 0,01% Natriummetaphosphat + 0,01% Phenacetin	104,6	101,9	2,6
Unstabilisiertes H_2O_2 + 0,01% Natriummetaphosphat + 0,01% Natriumsalicylat . . .	104,6	101,4	3,1

Die Kochprobe wird derart vorgenommen, daß eine bestimmte Menge Wasserstoffperoxydlösung in einem gut ausgekochten Glaskolben einige Stunden auf dem Wasserbade gekocht wird, das verdampfte Wasser genau ergänzt und der Titer der Lösung wieder geprüft wird. Eine andere Prüfungsart auf die Brauchbarkeit eines Stabilisators besteht darin, daß man eine bestimmte Menge Wasserstoffperoxydlösung auf dem Wasserbade zwei Stunden lang bei 70° oder 24 Stunden bei 96° erhitzt, das verdampfte Wasser wieder nachfüllt und den Verlust an aktivem Sauerstoff durch Analyse ermittelt. Bei dieser Probe darf nicht mehr als 1% der Anfangskonzentration des aktiven Sauerstoffes verlorengehen.

Aus obigen Versuchsergebnissen mit Natriummetaphosphat und Phenacetin ist zu ersehen, daß sich eine mit diesen Stoffen stabilisierte Wasserstoffperoxydlösung selbst für den Transport in die Tropen eignen würde, wo ja die Temperaturverhältnisse die Lagerung sehr ungünstig beeinflussen.

Andere Stabilisatoren auf Grundlage der Phosphorsäure sind die löslichen Salze der Pyrophosphorsäureester oder höher molekularen aliphatischen Alkohole. Diese Stoffe sind noch bessere Stabilisatoren als z. B. Natriumpyrophosphat, wobei sie wegen ihrer starken Oberflächenaktivität die Berührung des aktiven Sauerstoffes in Bleichflotten mit dem Bleichgut beschleunigen. Derartige Ester sind z. B. die Natriumsalze des Dodekanolpyrophosphorsäureesters oder des Laurinalkohol-, Myristin-, Oleyl-, Ricinolalkoholpyrophosphorsäureesters[698].

Auf dem gleichen Prinzip der gemeinsamen Verwendung zweier Stabilisatoren beruht die Konservierung nach dem E. P. 405 532. Sie bestehen aus einem Gemisch von Salzen der Pyrophosphorsäure mit Säuren von Aminen der aromatischen Reihe, bez. deren Salzen oder von sulfonsauren Erdalkalisalzen. Diese Stoffe können auch stark alkalische Bäder noch gut stabilisieren, was aus der nachstehenden Tabelle 17 ersichtlich ist, in welcher die Sauerstoffverluste einer Lösung von 1,2 ccm 30%igem H_2O_2 in 150 ccm Wasser mit 1,2 ccm n Natronlauge und 0,5 g Stabilisator nach dem Erhitzen auf 95° wiedergegeben sind ($p_H = 9,4$).

Tabelle 17.

Stabilisator	Aktiver Sauerstoff			
	zu Beginn	nach ½ Std.	nach 1½ Std.	nach 3½ Std.
Neutralisiertes Na-pyrophosphat	100 %	85 %	59 %	27 %
Na-1 : 4-acetylaminobenzolsulfonat	100 %	13 %	–	–
Eine Mischung beider im Verhältnis 4 : 1	100 %	88 %	72 %	58 %
Na-pyrophosphat	100 %	76,5 %	59,5 %	36 %
Na-sulfanilat	100 %	26 %	7,6 %	–
Eine Mischung beider im Verhältnis 4 : 1	100 %	87 %	74 %	58 %

Abermals ist die Wirkung der Mischung beider Stabilisatoren gemeinsam ungleich größer als die Summe beider Einzelwirkungen. In ähnlicher Weise wirken Mischungen von neutralisiertem Natriumpyrophosphat mit benzylaminosulfosaurem Natrium, Na-metanilat, K-diäthylmetanilat, Na-äthylbenzylanilinsulfonat, die in einer Menge von 0,5 g und im Verhältnis von 9 Teilen Pyrophosphat zu 1 Teil Sulfonat nach 5 Stunden langem Erhitzen der Wasserstoffperoxydlösung auf 95° noch 65 bis 69% des ursprünglich vorhandenen aktiven Sauerstoffes erhalten. Neutralisiertes Na-pyrophosphat im Verhältnis 10 : 1 mit Na-meta- oder orthoaminobenzoat sowie Na-2,5-aminonaphtalinsulfonat stabilisiert bei 95° und 3 Stunden langem Erhitzen 86 bis 89%, nach 7 Stunden 73 bis 77% des aktiven Sauerstoffes.

Der Stabilisator, bestehend aus Verbindungen Pyrophosphorsäure und Zinn[699], der aus Zinnchlorür und Orthophosphorsäure hergestellt wird, vermag in einer Menge von 0,2 g $H_4P_2O_7$ und 0,5 mg Sn pro Liter Wasserstoffperoxydlösung bei einem p_H von 3,5 in einer 100 Vol. aktiven Sauerstoff enthaltenden Wasserstoffperoxydlösung den Sauerstoffverlust beim 30tägigen Lagern von 6,0% auf 0,2% herabzudrücken. Eine Verbindung aus 0,5 g $H_4P_2O_7$ und 5 mg Zinn ergibt für eine Wasserstoffperoxydlösung von 160 bis 170 Vol. Stärke nach 16stündiger Lagerung bei 100° nur einen Sauerstoffverlust von 2% des Anfangswertes.

Ein ausgezeichneter Stabilisator für alkalische Wasserstoffperoxydlösungen ist das Natriumsilicat (Wasserglas), das einen ständigen Zusatz zu Bleichflotten darstellt. Vordem wurde bei der Sauerstoffbleiche mit Natriumperoxyd das Alkali mit freier Säure oder einem Neutralsalz, wie Magnesiumchlorid oder -sulfat oder Calciumchlorid, ganz oder vollständig neutralisiert. Diese nachteilige Arbeitsweise, die teils eine das Bleichen verteuernde Säure erforderte, teils zur Bildung verschlammender Magnesium- oder Calciumniederschläge führte, braucht man heute nicht mehr anzuwenden, da im Natriumsilicat und den Magnesiumverbindungen, insbesondere dem Magnesiumsilicat, Stabilisatoren gefunden worden sind[700], die den zersetzenden Einfluß des Alkalis bereits in geringen Mengen, und zwar auch in der Wärme, in erheblichem Maße auszuschalten vermögen. Am wirksamsten hat sich eine möglichst weitgehende Verteilung der Antikatalysatoren, z. B. in kolloidaler Form, in der Bleichflotte, erwiesen. Dieser Umstand deutet darauf hin, daß für die antikatalytische Wirksamkeit Adsorptionserscheinungen in Frage kommen. Man versetzt entweder die alkalische Wasserstoffperoxydlösung mit den betreffenden Kolloiden (Natrium- oder Magnesiumsilicat), oder man erzeugt eine kolloide Fällung in der Flüssigkeit selbst aus Wasserglas und Magnesiumchlorid, vorteilhaft bei einem unter 2,5 liegenden p_H Wert der Bleichflotte. Mit derartig stabilisierten Sauerstoffbleichbädern kann unter Verwendung von Natriumperoxyd Baumwolle und Stroh mit sehr gutem Erfolg gebleicht werden.

Die Mischungen von Alkalisilicaten und einer in Wasser löslichen oder schwer löslichen Magnesiumverbindung vermögen auch Perborat-Seifenpulver gut zu stabilisieren[701]. Man muß nur für eine genügend feine Verteilung der Bestandteile mit dem Seifenpulver Sorge tragen. Dies kann z. B. dadurch erreicht werden, daß man die Bestandteile gelöst, bzw. suspendiert mit der Seife vermischt und das Perborat zur Vermeidung von Verlusten an aktivem Sauerstoff erst zuletzt zusetzt.

Weitere Stabilisierungsmittel für Wasch-, Reinigungs- und Weichmittel sind wasserlösliche Salze organischer Aminosäuren, wie z. B. Imidodiessig-, Imidodibernsteinsäure und Magnesiumsilicat, ferner wasserlösliche Salze der Unterphosphorsäure, Phenolderivate, Thio- und Phenylharnstoff, Uretane, Ketone, höhere aliphatische Alkohole, Natriumpyrophosphat mit Natriumsulfanilat, ein Derivat der Caroschen Säure und des Naphthalins u. dgl.

Erdalkali-, Magnesium- und Aluminiumsalze der Sulfonierungsprodukte von höheren gesättigten oder ungesättigten höheren Fettsäurealkoholen werden nach dem Vorschlage der H. Th. Böhme A. G.[702] als Stabilisatoren, namentlich für alkalische Sauerstoffbleichbäder verwendet. Die betreffenden Produkte werden durch Einwirkung von Chlorsulfonsäure auf eine Mischung von Oleylalkohol und die Alkohole, die bei der Reduktion der Fettsäuren von Kokosnußöl erhalten werden, und Bindung z. B. an Magnesium dargestellt. Sie sind alkalibeständig, bilden keine störenden festen Niederschläge und sind zufolge ihrer kolloidalen Beschaffenheit in Lösung sehr wirksam. Die Anwendung in der Bleichflotte erfolgt gemeinsam mit Wasserglas.

Nach einem Vorschlage der Scheideanstalt[703] wird den Wasserstoffperoxyd enthaltenden sauren, alkalischen oder neutralen Lösungen eine unlösliche Aluminium- oder Zinnverbindung zugesetzt, um sie zu stabilisieren. Die Haltbarmachung gelingt auf diese Weise zwar sehr gut, aber die erhaltenen Lösungen sind undurchsichtig und trüb, so daß sie ein unerwünschtes Aussehen haben und für manche Anwendungszwecke, wie z. B. das Bleichen von Mehl oder Lezithin, unbrauchbar sind. Die unlösliche Aluminium- oder Zinnverbindung wird entweder in der haltbar zu machenden Lösung durch Fällung selbst erzeugt oder man setzt diese im festen Zustande, wie z. B. als frisch gefällte Zinnsäure oder Metazinnsäure, Zinnphosphat o. dgl., zu.

Nach einer Verbesserung dieses Verfahrens[704] werden zwar auch Zinnverbindungen zum Stabilisieren verwendet, diese aber in löslicher Form, z. B. als Natriumstannat, der Lösung zugesetzt und die Ausfällung unlöslicher Zinnverbindungen dadurch vermieden, daß man die Lösung in p_H-Bereichen zwischen 3,5 bis 6, vorzugsweise zwischen 4 und 5, hält. Die Bedeutung des p_H-Wertes geht aus der folgenden Tabelle 18 hervor, in welcher der Sauerstoffverlust verschiedener Proben von 30,4 vol.-%iger Wasserstoffperoxydlösung, die durch Auflösung von einer bestimm-

Tabelle 18.

Muster	Zusatz von n H_2SO_4 oder n NaOH in ccm/l	p_H nach Zusatz des Stannats	Zustand der Lösung	Verlust an entwickelbarem O in %
1	562 ccm H_2SO_4	—	trüb	2,0
2	188 „ „	—	„	2,0
3	94 „ „	—	„	3,1
4	3,0 „ „	2,0	„	1,9
5	0,5 „ „	3,5	klar	0,1
6	0,0 „ „	4,1	„	0,2
7	0,5 „ NaOH	4,9	„	0,06
8	1,0 „ „	6,0	„	0,1
9	mehr als 1,0 „ „	7,6	„	2,2

ten Menge Natriumstannat stabilisiert war, angegeben ist. Die Menge von Natriumstannat entspricht 50 mg Zinn pro Liter. Jede Probe wurde drei Monate auf 32° gehalten und das Ausmaß der Sauerstoffentwicklung bestimmt. Das p_H wurde durch Zusatz von n Schwefelsäure oder n Natronlauge auf verschiedene Werte eingestellt.

Zwei Proben 30%ige Wasserstoffperoxydlösung mit 10 mg Sn/l als Natriumstannat stabilisiert, ergaben nach 10 Monate langer Aufbewahrung in säurebeständigen Glasbehältern bei 32° Sauerstoffverluste von 0,8 bzw. 0,9%.

Die Stabilisierungswirkung des Natriumstannats kann dadurch noch erhöht werden, daß eine teilweise Hydrolyse der Zinnverbindung, z. B. durch mehrtägiges Stehenlassen, Erhitzen, Zusatz von Natriumbicarbonat oder Einleiten von Kohlensäure hervorgerufen wird. Diese schwache Trübung beeinflußt in keiner Weise die Klarheit der Wasserstoffperoxydlösung, wenn das Stannat in der üblichen Menge von 5 bis 100 mg Sn/l der Wasserstoffperoxydlösung zugesetzt wird. Eine geringe Zugabe von Pyrophosphat verhindert die Ausfällung des Zinns auch bei Gegenwart koagulierend wirkender mehrwertiger positiver Ionen, wie Aluminium- oder Nickelionen, die mitunter als Verunreinigungen von Wasserstoffperoxydlösungen vorkommen.

Wäßrige Lösungen von H_2O_2 und Eisensalzen, die beim Bleichen von Pelzen eine Rolle spielen, können durch Alkalifluoride, -bifluoride oder Flußsäure beständiger gemacht werden (H. I. Eisenmann[705]).

Erwähnt seien ferner noch die Versuche, mit Natriumchlorid, -acetat, Strontiumhydroxyd, Zinkchlorid u. dgl. das Wasserstoffperoxyd zu stabilisieren, die aber keinerlei technische Bedeutung haben.

Stabilisierung mit organischen Stoffen. Sehr zahlreich sind die Vorschläge gewesen, durch Zusätze organischer Verbindungen die Zersetzung des Wasserstoffperoxyds zu verhindern. Derartige Stoffe sind Phenol, Salicylsäure, Thymol, schwefelsaures Chinin, Formaldehyd, Paraformaldehyd, Alkohol, Acetamid, Benzamid, Succinimid, Phthalimid, Acetylxylidid, Acetanilid, Acetphenetidin (Phenazetin), Laktylphenetidin (Laktophenin), Thymacetin, Toluolsulfphenetidid, Phenylharnstoff, Stilben, Gummi arabicum, Methylurazil, Harnsäure, Barbitursäure, Benzoesäure, Napththalin, Oxalsäure, Paraacetylamidophenol, Eikonogen (Natriumsalz einer Amidonaphtolsulfosäure), Marseillerseife, Monopolseife, lösliche Acylester von Aminooxycarbonsäure, wie α-Benzoyloxy-β-Dimethylaminoisobuttersäure, Benzoylecgonin, α-Benzoyl-β-Piperidopropionsäure, Amylose, Dextrin, Glykogen, trockene Weizenstärke, Phenoläther, wie z. B. Guajakol, Kresol, Orzinmonomethyläther, Resorzin, hydrierte Kohlenwasserstoffe oder deren Sauerstoff- oder Halogenabkömmlinge, Traubenzucker, Anilin, Phosphornatriumsalicylat der Formel $\left[C_6H_4\begin{matrix}\diagup OH \\ \diagdown COONa\end{matrix} + C_6H_4\begin{matrix}\diagup OH \\ \diagdown COO(PO)\end{matrix}\right]$, komplexe Salze der Salicylsäure mit Borax, eine Lösung von oxychinolinschwefelsaurem Kalium in Formaldehyd, Gelatine, Tragant, aus Hühnergelb hergestellte Lezithinextrakte, Phosphatide, wasserlösliche Verbindungen mit ätherartig gebundenem Sauerstoff ohne Anwesenheit phenolischen Hydroxyls, Diäthyläther und seine Homologen, Alkyläther mit Oxygruppen, einfach und mehrfach alkylierte oder arylierte höhere und mehrwertige Alkohole, welche auch acyliert sein können, wie die Äther des Glykols, Acetylglykols, Glyzerins und der Kohlehydrate, besonders Aryläther der mehrwertigen Alkohole, sowie Kohlehydrate mit oder ohne aliphatische oder olefinische Seitengruppen oder Alkoxygruppen oder Halogen in aromatischem Rest, wie z. B. Glyzerinphenyläther und seine Alkoxy- bzw. Halogensubstitutionsprodukte, Glyzerin- oder Glykoläther des Oxyallylbenzols; ringförmige Äther mit einem oder mehreren Sauerstoffatomen im Ring, wie z. B. Dioxan, Isoamyläther,

Äthylglykol, Monoacetylglykoläther, Resorzindiglyzerinäther, Methylzellulose, Methoxyphenylglyzerinäther, Chlorphenylglyzerinäther; saures benzolsulfosaures Natrium; Proteine, wie Leim, Casein, Keratin, Glutenin, Gliadin, Albumin; Succinsäure, Benzoesäure, Sulfanilsäure, Hippursäure, Weinsäure, Phthalsäure; Lavendelöl, Fichten- und Thymianöl; Antipyrin; Cinchonidin, Harnstoff, Thiocarbamid und seine Derivate, Hexamethyltetramin, Hydrochinon, Chlor- und Bromhydrochinon, Hydroxyhydrochinon, Hexahydroxybenzol, Antifebrin, Aspirin, Luminal, Nipagin[706] (Paraoxybenzoesäuremethylester), Natriumbenzoat, Oleinsäurebutylester, Igepon T, p-Aminobenzoesäure, Sulfonierungsprodukte von Imidazolen, Nipagin, Phenazon, Hexamin, Zelluloseabbauprodukte kolloider Natur, Polyvinylalkohol, Acridin, Chinolin, α- bzw β-Naphthochinolin, γ-Oxychinolin, Glukose usw.

Alle diese organischen Verbindungen sind mehr oder weniger wirksam in Bezug auf die Stabilisierung von Peroxydlösungen für verhältnismäßig kurze Zeiträume, jedoch für längere Dauer, wie z. B. 6 Monate oder länger, sind sie nicht vollkommen zufriedenstellend. Der Grund dafür liegt darin, daß das Peroxyd die organischen Stabilisatoren oxydiert und sie allmählich im Laufe der Zeit vollkommen zerstört. Auch bringt diese Oxydation in der Lösung mitunter eine gelbliche Farbe und einen unerwünschten Geruch hervor. Den idealen Stabilisator, der eine Zersetzungsmöglichkeit des Wasserstoffperoxyds überhaupt vollkommen ausschaltet, hat man noch nicht gefunden. Man muß sich vielmehr mit einem Optimum begnügen, das allerdings für die besten Vertreter der Stabilisatoren bereits bei etwa 1% Sauerstoffverlust innerhalb einer Lagerung von einem Jahre liegt, optimale Lagerungsverhältnisse vorausgesetzt. Diese Stabilität ist aber als praktisch vollkommen ausreichend zu bezeichnen.

Stabilisierung von festen Verbindungen, die aktiven Sauerstoff enthalten. Die Verfahren, das Wasserstoffperoxyd durch Überführung in eine feste Form, wie z. B. Auflösen in Gelatine unter mäßiger Erwärmung, Glyzerinzusatz bei Auflösen und Erstarrenlassen[707] oder als Träger für das Wasserstoffperoxyd Stärkekleister, Pflanzenschleime, wie Tragant, zu verwenden[708], haben keine länger dauernde Haltbarkeit bewirken können.

Viel besser haltbar sind die festen Präparate aus Wasserstoffperoxyd und Harnstoff (Carbamid), das sog. feste Wasserstoffperoxyd des Handels, aus Hexamethylentetramin usw., die eine erhebliche technische Bedeutung besitzen. Jedoch bedürfen alle diese Verbindungen noch gesonderter stabilisierender Zusätze, um ihre Beständigkeit sicherstellen zu können. Die dazu benutzten Verbindungen sind vorwiegend schwach saurer Natur, die die Aufgabe haben, schädliches Alkali zu binden. Die Stabilisatoren werden in geringer Menge entweder dem fertigen Produkt zugesetzt, oder aber die alkalibindenden Stoffe werden vor der Abscheidung der Doppelverbindung bereits der wäßrigen Lösung ihrer Bestandteile einverleibt. Die zuzusetzende Menge Stabilisator kann dabei bis zu 10% der angewandten Menge Harnstoff betragen. Derartige Stoffe sind Zitronensäure, Gerbsäure, Borsäure, Kalium- und Natriumbisulfat, die sauren Salze der Phosphorsäure, wie z. B. Mononatriumphosphat, Natriummetaphosphat, saures Natriumpyrophosphat, Stärke oder stärkeähnliche Substanzen, wie Amylose, Dextrin oder Glykogen, Verbindungen mit ätherartig gebundenem Sauerstoff, wie Phenylglyzerinäther, o-Methoxyphenylglyzerinäther, Benzyloxäthyläther, Acetanilid und andere.

Einige dieser Körper, wie z. B. der Phenylglyzerinäther, sind imstande, den Zerfall von Carbamidperhydrat derart zu verlangsamen, daß dieses auch in feuchter Luft bei erhöhter Temperatur längere Zeit unzersetzt bleibt. Durch die Stabilisierung wird der Anwendungsbereich des Wasserstoffperoxyds in Form seiner festen Verbindungen wesentlich erweitert. Ein Vorteil für die Konservierung der festen Wasserstoffperoxydverbindungen ist ferner der Umstand, daß es vollkommen gleichgültig ist, ob wasserlösliche oder wasserunlösliche Stabilisatoren verwendet werden, weil diese Verbindungen ohnehin in Form von undurchsichtigen Salzen vorliegen.

Die Zersetzung von Magnesiumperoxyd kann durch einen Zusatz von Luminal, Urotropin, Coffein, Zitronensäure, Anthrazen und Brucin verzögert werden. Man setzt diese Stoffe in einer Menge von 0,02% bei der Herstellung des Magnesiumperoxyds aus Magnesiumhydroxyd und 30%igem Wasserstoffperoxyd zu[710].

Peroxyde der Aldehyde oder Ketone können durch Zugabe von 10 bis 50% an flüssigen Kohlenwasserstoffen (Kp $>$ 100°), die die Oberfläche der Peroxyde benetzen, stabilisiert werden[709].

Erdalkaliperoxyde können durch Behandlung mit Ammoncaseinat oder -stearat gegen die Einwirkung von H_2O und CO_2 beständig gemacht werden (A. P. 2 393 891).

Die Wirkungsweise der Stabilisatoren. Eine einwandfreie Erklärung der Stabilisierungswirkung der zahlreichen anorganischen und organischen Konservierungsmittel für das Wasserstoffperoxyd läßt sich heute noch nicht geben. Dafür mag vielleicht auch das bisher nur spärlich vorliegende wissenschaftliche Versuchsmaterial maßgebend sein. Derartige Untersuchungen sind sehr schwierig durchzuführen, weil die Wirksamkeit der Katalysatoren noch weit unter ihrer analytischen Nachweisbarkeit vorhanden ist. Bei den Säuren kann man eine Zurückdrängung der Dissoziation des Wasserstoffperoxyds, bei manchen anderen Stoffen die Bildung von gegen die Zersetzung besonders widerstandsfähigen Absorptions- oder Perverbindungen annehmen, wie z. B. beim Natriumsilicat, der Zinnsäure, bei der Phosphorsäure und ihren Salzen, der Benzoesäure u. dgl. Einige Stoffe sind als ausgesprochene Katalysatorengifte bekannt, wie z. B. Anilin, andere wieder sind bekannte Schutzkolloide. Für viele Körper aber sind all diese Erklärungen nicht anwendbar.

Es ist bereits versucht worden, als Ursache für die Konservierung eine Verminderung der Oberflächenspannung verantwortlich zu machen[711].

V. Kubelka und J. Wagner[712] führen die hemmende Wirkung der Kolloide, wie Leim, Gelatine, Stärke, oder von Zucker auf eine Viskositätserhöhung oder Änderung der Oberflächenbeschaffenheit, vor allem aber auf die Bildung einer Absorptionsverbindung von Wasserstoffperoxyd an Gelatine, die einen größeren Widerstand gegen die Zersetzung aufweisen soll als das gelöste Wasserstoffperoxyd, zurück.

S. N. Lurje und N. I. Koblin[713] nehmen an, daß Phenazetin und andere kapillaraktive Stoffe an der Gefäßwand eine dünne, die Zersetzung des H_2O_2 verhindernde Haut bilden. H. J. Henk[714] führt die Hemmung des H_2O_2-Zerfalles durch Metallkatalysatoren auf die Bildung dünner unlöslicher Schichten der Reaktionsprodukte von Katalysatorgift mit den metallischen Katalysatoren an deren Oberfläche zurück.

E. Bauer[715] ist der Anschauung, daß die Wirkung der Inhibitoren auf einem reversiblen Oxydations- und Reduktionsvorgang beruht.

Die Meinungen über die Wirkungsweise der Stabilisatoren sind demnach weit auseinandergehend. Aus den bisherigen experimentellen Befunden geht nur das eine mit Sicherheit hervor, daß die negativen Katalysatoren und Stabilisatoren das chemische Gleichgewicht der Wasserstoffperoxydzersetzung nicht verschieben. Die Reaktion wird zwar gehemmt, ohne daß aber ihr monomolekularer Charakter verändert werden würde.

Wahrscheinlich vermögen die negativen Katalysatoren und Stabilisatoren die Bildung sog. „aktivierter“ Moleküle zu verhindern. Man wird zu dieser Annahme auf Grund der weitgehenden Übereinstimmung geführt, die die Erscheinungen der Autoxydation, Fluoreszenz und photochemischen Reaktionen bei einer Einwirkung reaktionshemmender Fremdstoffe zeigen. Da als Träger für photochemische Reaktionen „angeregte Moleküle“ als sichergestellt gelten können, kann man aus Analogiegründen annehmen, daß die Inhibitoren, wie die Fremdstoffe oder Stabilisatoren auch genannt werden, die aktivierten Moleküle wieder desaktivieren oder ihre Bildung überhaupt von vornherein verhindern.

Von V. Henry und R. Wurmser[716] sowie von W. Th. Anderson jun. und H. St. Taylor[717] ist die Verhinderung der photochemischen Zersetzung des Wasserstoffperoxyds durch eine Reihe organischer und anorganischer Stoffe mit bekanntem Ultraviolettabsorptionsspektrum untersucht worden. Nach diesen Versuchen ließ sich eine strenge Gesetzmäßigkeit zwischen dem Verzögerungsvermögen der Wasserstoffperoxydzersetzung und dem Lichtabsorptionsvermögen für Benzol, Ester, Säuren, Amide, Ketone und Alkaloide feststellen, nicht aber für Amine und Alkohol, was vermutlich mit dem Salzbildungsvermögen des Wasserstoffperoxyds mit den Aminen bzw. mit einer Esterbildung mit den Alkoholen zusammenhängen dürfte. Jedenfalls sind diese Versuche eine Stütze für die Annahme, daß die Hemmungsstoffe entweder die Lichtenergie selbst oder die Aktivierungsenergie angeregter Moleküle aufnehmen, ohne diese wieder auf andere Substratmoleküle übertragen zu können (s. auch K. Bodendorf[718]). Damit gewinnt auch die Möglichkeit, die Kettenreaktionstheorie von Christiansen[719] und von H. L. J. Bäckström[720] auf die Verhinderung der Zersetzung des Wasserstoffperoxyds anwenden zu können, sehr an Wahrscheinlichkeit. Die Inhibitor- oder Stabilisatorwirkung würde darnach in einem frühzeitigen Abbrechen von Reaktionsketten durch Verlöschen angeregter Moleküle bestehen.

Hinweise für die Kettenreaktion der Wasserstoffperoxydspaltung sind in der Literatur bereits vorhanden. So erklärt D. Richter[721] die katalytische Wasserstoffperoxydspaltung mit Kettenreakionen, welche an sich nach den Untersuchungen von G. M. Schwab, D. Rosenfeld und L. Rudolph[722] als sehr wahrscheinlich anzusehen ist. Es scheint demnach die Theorie der Verhinderung der Bildung angeregter Moleküle und die Kettenabbruchstheorie die Wirkung der Stabilisatoren am besten wiedergeben zu können, jedoch liegt eine völlige Klärung der Ansichten noch nicht vor. Insbesondere fehlt noch jeder Hinweis für die spezifische Wirkung bestimmter Stabilisatoren gegen bestimmte Katalysatoren. Die spezifische Wirkung bestimmter Stabilisatoren läßt auf eine zumindest oberflächliche Verbindungsbildung mit der Katalysatorsubstanz schließen.

Literaturverzeichnis.

[697] E. P. 435 401. — [698] DRP. 594 806. — [699] E. P. 433 470. — [700] Österr. P. 88 372. — [701] Österr. P. 140 048. — [702] H. Th. Böhme A. G., E. P. 403 035. — [703] Scheideanstalt, Österr. P. 65 734. — [704] Dieselbe, DRP. 610 185. — [705] H. I. Eisenmann, A. P. 2 086 123. — [706] G. Tellera, Bull. chim. Pharmac. **68,** 773, 1929; Pharmazeut. Zentralhalle **70,** 727, 1929. — [707] DRP. 185 597. — [708] DRP. 196 700. — [709] M. Katz, Chem. Ztrbl. 1931 I, 3710. — [710] A. P. 2 133 733. — [711] A. Lisievici-Dragenescu, Bull. Soc. Chim. România **6,** 42, 1924; Chem. Ztrbl. 1924 II 16. — [712] V. Kubelka und J. Wagner, Kolloidchem. Beih. **22,** 102, 1926. — [713] S. N. Lurje und N. I. Koblin, Z. chem. Ind. (russ.) **14,** 1937, 157—61. — [714] H. J. Henk, Seifensiederztg. **67,** 75—76, 1940. — [715] E. Bauer, Helv. chim. Acta **1,** 186, 1918; Ztschr. physikal. Chem. (B) **16,** 465, 1932. — [716] V. Henry und R. Wurmser, Compt. rend. Acad. Sciences **156,** 1012, 1913; **157,** 284, 1913. — [717] W. Th. Anderson jun. und H. St. Taylor, Journ. Amer. chem. Soc. **45,** 650, 1210, 1923. — [718] K. Bodendorf, Ber. Dtsch. chem. Ges. **1933,** 18. — [719] Christiansen, Journ. Amer. chem. Soc. **28,** 145, 1924. — [720] H. J. L. Bäckström, Trans. Faraday Soc. **24,** 601, 1928. — [721] D. Richter, Nature **129,** 870, 1932. — [722] G. M. Schwab, D. Rosenfeld und L. Rudolph, Ber. Dtsch. chem. Ges. **1933,** 661.

Zusammenstellung der Patentliteratur über Stabilisatoren.

D. 91 285. C. Raspe. Als Stabilisator dient Carbolsäure, Thymol, Menthol, Kampfer, β-Naphthol, schwefelsaures Chinin, Glyzerin, $ZnCl_2$, Formaldehyd, eventuell unter Mitverwendung von Alkohol.

D. 174 190 (Ö. 28 204, F. 356 880, F. Zusatz 6458, E. 16 151/1905, 16 612/1906, A. 825 883, 876 179). W. Heinrici. Neutral reagierende Stoffe aus der Klasse der Acylamide. Acylimide, der Acylderivate der aromatischen Basen und der Acyl-Harnstoffe.

D. 185 597. R. Böhm und H. Leyden. Überführung des H_2O_2 in eine feste haltbare Form mit Gelatine unter Zusatz von Glyzerin, Erwärmen und Erstarrenlassen.

D. 196 370 (Ö. 37 908, Schw. 42 512, F. Zusatzpt. 38 875, E. 6919/1908, A. 946 529). J. Arndts. Substanzen aus der Gruppe der Gerbsäure oder von Gallussäure oder von Pyrogallussäure.

D. 196 700 (Ö. 36 197, F. 381 924, E. 20 906/1907, A. 959 605). A. Queisser. Als Träger für das H_2O_2 wird Stärkekleister neben Phosphorsäure benutzt.

D. 196 701 (Ö. 36 198). Derselbe. Zusatz zu D. 196 700. Als Träger dienen schleimige Lösungen von Tragant.

D. 203 019. E. Merck. Zusatz geringer Mengen von Harnsäure.

D. 216 263. Derselbe. Zusatz zu D. 203 010 (Ö. 46 414). Zusatz von Barbitursäure.

D. 232 703. C. J. Hoepner. Perborate werden mit einer Alkalisulfatlösung vermischt, das Alkali mit einer Säure neutralisiert, wodurch das Perborat mit Kieselsäuregallerte umhüllt wird.

D. 238 329 (E. 48 025). Aussiger Produktion. Zusatz von mindestens 10% Alkohol.

D. 242 324 (Ö. 53 016, F. 435 572, E. 29 282/1910, A. 992 265). M. Schlangk. Zusatz von Paraacetylaminophenol.

D. 250 522. Zusatz zu 243 368. Chemische Werke vorm. H. Byk. Die Entwässerung der Perborate, Percarbonate usw. wird durch Zusatz von wasserentziehenden Substanzen bewirkt.

D. 258 393. Dieselbe. In Mischungen von Perboraten und Seife werden zwecks Haltbarmachung Salze des Mg, der alkalischen Erden und des Zn zugesetzt.

D. 259 826 (Ö. 56 829, Schw. 57 049, F. 431 338, 424 082, E. 26 960/1911, A. 1 045 451). Chemische Fabrik G. Richter. Der Harnstoff-H_2O_2-Anlagerungsverbindung setzt man organische Säuren oder deren saure Salze zu.

D. 263 243. Scheideanstalt. Die H_2O_2-Lösung wird mit Tonerde oder einem unlöslichen Tonerdesalz, z. B. Tonerdesilicat, versetzt.

D. 263 650 (A. 1 109 791). Dieselbe. Zusatz von Seife.

D. 275 440 (Schw. 68 664, F. 467 103, E. 8022/1914, Canad. 233 708, A. 1 134 323). A. Farago und H. Gonda. Die H_2O_2-Lösungen werden mit O_2 gesättigt und hierauf in luftdicht geschlossenen Räumen mittels O_2 unter hohen Druck gesetzt.

D. 275 499 (Ö. 65 383, Schw. 63 361). E. Merck. Zusatz von neutral reagierenden Acylestern von Aminooxykarbonsäuren.

D. 281 083 (Ö. 66 195, E. 14 502/1911, A. 1 035 756). Zusatz zu D. 259 826. Chemische Fabrik G. Richter. Der in feinster Form isolierten Verbindung von H_2O_2 mit Harnstoff werden anorganische Säuren oder saure Salze hinzugefügt.

D. 284 761. Scheideanstalt. Den alkalischen H_2O_2-haltigen Bleichlösungen werden Magnesiumverbindungen oder kolloidale Reaktionsprodukte von Kieselsäure oder Silikaten mit Magnesiumverbindungen zugesetzt.

D. 291 490 (Ö. 71 750, E. 20 242/1911). Chemische Werke vorm. H. Byk. Die Doppelverbindung von H_2O_2 mit Harnstoff wird mit alkalibindenden Stoffen von schwachsaurem Charakter vor der Abscheidung der Doppelverbindung aus der wäßrigen Lösung ihrer Bestandteile versetzt.

D. 293 125 (Schw. 54 687, F. 436 095, F. Zusatz 15 839, E. 1555/1911, A. 1 052 762). Farbenfabriken vorm. Friedrich Bayer & Co. Haltbare Verbindung aus H_2O_2 und Carbamid durch Behandlung von Carbamid mit H_2O_2 bei niedriger Temperatur.

D. 294 725 (Ö. 70 992, Schw. 59 311, F. Zusatz 16 086). Zusatz zu D. 293 125. Dieselbe. Dem Perhydratcarbamid werden Stärke oder stärkeähnliche Substanzen zugesetzt.

D. 297 335 (A. 1 152 066). A. Wolff. Zusatz von 0,7 bis 0,8% Kochsalz, Sättigung der Lösung bei 0 bis 2° mit O_2 und hierauf Sättigung mit O_3.

D. 299 247. A. B. Astra, Apotekarnas Kemika Fabriker. Zusatz hydroxylhaltiger aromatischer Verbindungen, wie Phenolester, z. B. Guajakol, und Derivaten der Phenolester.

D. 313 541. Grünau, Landshoff u. Meyer A. G. und A. Nöldeke. Bleichen mit Perborat und Aluminiumsalzen oder Albuminaten als Stabilisator.

D. 318 134. M. Sarason. Zusatz von Strontiumhydroxyd.

D. 318 135. Derselbe. Zusatz von Traubenzucker.

D. 318 220. Derselbe. Zusatz von Anilin.

D. 321 616. A. Queissner. Zusatz wasserlöslicher komplexer Salze der Salicylsäure.

D. 325 861. M. Sarason. Zusatz von Hypophosphit, z. B. Na-hypophosphit.

D. 334 868. H. E. Bergmann. Peroxyde werden durch Überkrusten mit Gelatine oder Leim haltbar gemacht.

D. 458 889 (Belg. 351 646). A. Rittershofer. Man löst oxychinolinschwefelsaures Kalium in 40%igem Formalin und setzt diese Mischung einer 30%igen H_2O_2-Lösung zu.

D. 509 702. Grünau, Landshoff u. Meyer A. G. Zusatz von phosphatid-, insbesondere lezithinhaltiger Emulsion.

D. 518 402 (E. 277 628). Österreichische Chemische Werke G. m. b. H. Zusatz von Alkalipyrophosphat und einem Alkalichlorid oder Alkalichlorid und -silikat gemeinsam.

D. 560 124 (Ö. 140 552, F. 748 282). A. Rieche. Zusatz von wasserlöslichen Verbindungen, die frei von aromatisch gebundenem Hydroxyl sind und ätherartig gebundenen Sauerstoff enthalten.

D. 561 603. Oranienburger Chemische Fabrik A. G. Haltbarmachen von Peroxydlösungen, insbesondere für Bleichereizwecke durch Zusatz von hydrierten Kohlenwasserstoffen (Benzol, Toluol, Xylol, Naphthalin) oder deren Sauerstoff- oder Halogenabkömmlingen.

D. 576 962. Zusatz zu D. 560 124. A. Rieche. Anwendung auf feste Verbindungen des H_2O_2.

D. 594 806 (E. 421 843). H. Th. Böhme A. G. Zusatz von löslichen Salzen der sauren Pyrophosphorsäureester von höhermolekularen aliphatischen Alkoholen oder von in wäßriger Lösung bei hoher Temperatur gewonnenen Umsetzungsprodukten von sauren Schwefelsäureestern der genannten Alkohole mit Natriumpyrophosphat.

D. 610 185 (Ö. 140 199, E. 409 361, A. 1 958 204). Scheideanstalt. Zusatz löslicher Sn-Verbindungen, wie Na-stannat, in wäßriger Lösung, wobei die H_2O_2-Lösung in p_H-Bereichen zwischen 3,5 und 6 gehalten wird.

Ö. 31 842. Zusatz zu Ö. 28 204. W. Heinrici. Erhöhte Konservierung saurer H_2O_2-Lösungen durch Zusatz von Stoffen nach D. 174 190.

Ö. 65 734 (Schw. 61 912). Scheideanstalt. Zusatz unlöslicher Verbindungen von Al oder Sn.

Ö. 66 195. Chemische Fabrik G. Richter. Zusatz zu Ö. 56 829. Außer den festen organischen Säuren wird dem Perhydrocarbamid auch eine kleine Menge organischer wie auch anorganischer Säuren oder deren sauren Salzen zugesetzt.

Ö. 70 938. Zusatz zu Ö. 56 829. Dieselbe. Derivate von organischen Säuren, welche bei Gegenwart von Alkali unter Bindung des Alkalis durch den Säurerest zersetzt werden.

Ö. 88 372 (Schw. 67 584, D. 284 761, Schw. 68 917, F. 460 959, E. 196 839, A. 1 181 410). Scheideanstalt. Haltbarmachung von ätzalkalischen H_2O_2-Lösungen durch Zusatz von löslichen Magnesiumsalzen eventuell unter Zusatz von Kieselsäure oder Silikaten.

Ö. 130 791. G. Schoenberg. Herstellung haltbarer Gemische von therapeutisch wirkenden organischen Verbindungen, insbesondere der Terpenreihe mit Perhydratphosphaten, bei welchen auf 1 Mol H_2O_2 etwa 1 Mol Dinatriumphosphat oder etwa ½ Mol Pyrophosphat entfällt.

Ö. 140 048. Lever Brothers Ltd. Stabilisieren von perborathaltigen Seifenpulvern durch Einverleiben einer geringen Menge einer in Wasser löslichen oder schwer löslichen Magnesiumverbindung.

Schw. 113 733 (A. 1 669 997). F. Noll. Lagerbeständige Persalze. Man setzt Alkalisilikat oder ein ähnlich wirkendes Füllmittel, welches die eine katalytische Wirkung zeigenden Körper in leicht zu entfernende Verbindungen überführt, der Lösung des Ausgangsmaterials bereits längere Zeit vor Beginn der Umsetzung mit H_2O_2 zu.

Schw. 132 007. Österreichische Chemische Werke G. m. b. H. Lösungen von leicht zersetzbaren Sauerstoffträgern werden mindestens zwei Stoffe zugesetzt, die in Gemeinschaft stabilisierend und aktivierend wirken.

Schw. 171 355 (D. 631 162, E. 405 532). J. R. Geigy A. G. Gemisch von Salzen der Pyrophosphorsäure mit Säuren von Aminen der aromatischen Reihe bzw. deren Salzen, wie z. B. der Aminosulfonsäure oder Aminokarbonsäure.

Schw. 178 200. H. Th. Böhme A. G. Waschmittel mit Zusatz des Umsetzungsproduktes eines sauren Fettalkohol-Schwefelsäureesters und von mit Wasser angerührtem Na-Pyrophosphat, das mit einer Perverbindung vermischt wurde.

Schweiz. 197 839. Ges. f. chem. Industrie in Basel. Alkalischen Peroxydbädern werden Sulfonierungsprodukte von Imidazolen zugesetzt.

Schweiz. 199 419. Du Pont de Nemours u. Co. Das zur Stabilisierung von alkalischen Peroxydbleichbädern verwendete Mg-silikat wird bei $p_H < 2,5$ erzeugt.

F. 782 933. Etabl. Gattefossé und Ph. Contant. Lösliche Metallsalze, insbesondere Chloride (NaCl, KCl, $MgCl_2$, $MnCl_2$!) und ein antiseptisch wirkendes Öl (Lavendel-, Fichten-, Thymianöl).

F. 874 026. Henkel u. Cie. Lösungen von Erdalkali-, Mg-, oder Al-Salzen in Wasserglaslösung.

F. 875 602. F. Vollmer. Organische Basen mit pyridinartig gebundenem Stickstoff.

Belg. 305 201. A. Rittershofer. Man löst zuerst in einer Formaldehydlösung ein Chinolinderivat und setzt dieses Gemisch einer H_2O_2-Lösung zu.

Ungar. 104 996. Chemische Fabrik G. Richter. Die mit Stabilisator, wie organischen oder anorganischen Säuren, sauren Salzen u. dgl., versetzte organische H_2O_2-Verbindung wird nach einer Verweilzeit abermals mit Stabilisator behandelt. Die Zugabe von Stabilisator kann öfters wiederholt werden.

It. G. Vender. Alkylester hochmolekularer alifatischer Fettsäuren, z. B. Oleinsäurebutylester.

E. 23 676/1908 (F. 409 108). L. Sarason. Zusatz von Alkalipyrophosphaten.

E. 12 008/1911. A. Klages. Teilweise entwässertes Perborat mit einem sauren Salz der Sulfobenzoesäure.

E. 10 916/1915. A. Wade. Na_2O_2 wird beim Bleichen mit Na-Silikat, $MgCl_2$ und Monopolseife stabilisiert.

E. 264 969. F. B. Dehn. NH_4Cl als Stabilisator beim Bleichen von Fellen mit H_2O_2.

E. 265 417. Derselbe. Zusatz von saurem Natriumpyrophosphat.

E. 289 156 (A. 1 754 163). Th. und A. Benckiser, A. Reimann, F. Traisbach. Stabilisieren mit Natriumpyrophosphat, wobei das p_H im warmen Zustande bei Abwesenheit von Seife 7—8,5 und bei Gegenwart von Seife 7—10 beträgt.

E. 29 373/1912 (A. 1 063 679). Diamalt A.G. Haltbares festes Produkt aus Hexamethylentetramin und H_2O_2.

E. 305 472 (F. 668 882). N. V. Electrochemische Ind. Alkalische H_2O_2-Lösungen werden durch Zusatz von Proteinsubstanzen stabilisiert.

E. 403 035. H. Th. Böhme A.G. Zusatz von Erdalkali-, Mo- oder Al-Salzen von sulfonierten höheren gesättigten oder ungesättigten aliphatischen Alkoholen.

E. 433 470 (A. 2 004 809). E. I. Dupont de Nemours. Stabilisierung konzentrierter saurer H_2O_2-Lösungen mit einer Verbindung von Sn mit Pyrophosphorsäure.

E. 435 401. B. Laporte Ltd. Zusatz von Metaphosphorsäure zusammen mit einem organischen Stabilisator.

E. 436 235. W. J. Tennant. Den Perverbindungen enthaltenden Bleich- und Waschmitteln werden Salze von Perphosphorsäure mit weniger Wasser als Orthophosphorsäure, alkalisch reagierende Substanzen und Aluminiumhydroxyd zugesetzt.

E. 465 275. I. C. I. Natriumperboratlösung wird mit Silicagel behandelt.

E. 571 224. M. Baker und L. Freedman. Zusatz einer Emulsion eines sulfurierten Öles, z. B. Türkischrotöl.

A. 632 096. G. T. Burckmann. Stabilisator ist CO_2.

A. 768 561. A. M. Clover. H_2O_2 in Mischung mit Succinanhydrid.

A. 1 002 854. O. Liebknecht. Zusatz von Benzoesäure.

A. 1 025 948. Derselbe. Zusatz von Sulfanilsäure.

A. 1 051 926. F. E. Stockelbach. Feste Perverbindung, bestehend aus H_2O_2, Harnstoff und Acetanilid als Stabilisator.

A. 1 058 070. O. Liebknecht. Zusatz von Benzolsulfonsäure.

A. 1 128 637. J. A. Trimble. Zusatz von Cinchonidin.

A. 1 139 774. J. J. Knox. Ein antiseptisches Wundbehandlungsmittel, bestehend aus konzentriertem H_2O_2 in Form von fein verteilten Kügelchen, in Paraffin eingebettet.

A. 1 153 985. F. H. Weber. Perhydrocarbamid mit einem Extrakt von Carrageenmoos.

A. 1 155 101, 1 155 102, 1 155 103. F. L. Schmidt. Zusatz von Zn-, Erdkali-, Mg-Verbindungen zu Lösungen von Perboraten.

A. 1 181 409. A. Schaidhauf. Zusatz einer löslichen Mg-Verbindung zur Bleichlösung, eventuell auch noch Na-Silikat.

A. 1 210 570. F. W. Weber. Hippursäure zu Perhydrocarbamid.

A. 1 758 920 (D. 518 402, Schw. 132 007). G. Baum. Zusatz von Natriumpyrophosphat und NaCl, eventuell noch von Na-Silikat, Türkischrotöl und Seife.

A. 1 559 600. V. Vintsch. Zusatz von löslichem Na-Pyrophosphatsalicylat.

A. 1 866 412. G. van der Lee. Verminderung der Katalasewirkung auf H_2O_2 durch Zusatz von Chloraten, Perchloraten. Bromaten, Jodaten, Perjodaten, Persultaten, Nitraten, Percarbonaten, Chromaten, Bichromaten und den entsprechenden freien Säuren, Fe-, Ni-Salzen und Schwefelsäure.

A. 1 914 311. K. Vieweg. Mischung von organischen Verbindungen, wie Alkohol, Aldehyde und Ketone, mit Perphosphaten.

A. 1 995 063. Ch. R. Harris und J. L. Faks. Zusatz einer Parahydroxybenzolverbindung, wie Hydrochinon.

A. 2 012 462. C. A. Agthe und R. Blaser. Die H_2O_2-Lösung wird bei 95° mit Natriumpyrophosphat und einem substituierten aromatischen Amin der allgemeinen Formel

$$\begin{matrix} X \\ Y \end{matrix}\!\!>\!N{-}Ar{-}R,$$

worin X und Y H, Alkyl oder Aralkylradikal, Ar ein Radikal der Benzol- oder Naphthalinreihe und R ein die Lösung vermittelndes Radikal mit freiem H oder Alkali- oder Erdalkalimetall als Kation repräsentieren.

A. 2 022 860. A. Kunz. Antipyrin als Stabilisator für H_2O_2.

A. 2 027 838. J. S. Reichert. Pyrophosphorsäure bei einem p_H zwischen 1 und 7 als Stabilisator.

A. 2 091 178. Du Pont de Nemours. Pyrophosphorsäure und eine Zinnverbindung.

A. 2 071 043. E. R. Squibb & Sons. Natriumperborat mit 2% $Mg(OH)_2$.

A. 2 120 430. Winthrop Chemical Co. Tränkung fester H_2O_2-Präparate mit indifferenten organischen Substanzen, wie Paraffin, Fetten, Wachsen, höheren Fettsäuren oder Alkoholen sowie Vermischen mit Zucker als Verdünnungsmittel.

A. 2 222 830. Monsanto Chemical Co. Perverbindungen enthaltende Präparate werden mit nichtseifenartigen Netzmitteln besprüht.

A. 2 380 620. I. C. I. Natriumpercarbonat, stabilisiert mit Diphenylguanidin und Wasserglas, Mg-salzen oder Gummi arabicum.

A. 2 393 891. Buffalo Electrochemical Co. Feste Erdalkaliperoxyde mit Ammonsalzen von Fettsäuren.

A. 2 426 154. Dupont. Zusatz von Adipinsäure als Puffer zum Gemisch von $Na_4P_2O_7$ und Na_2SnO_3.

XVII. Die Reinigung von technischen Wasserstoffperoxydlösungen.

Die Beständigkeit der Wasserstoffperoxydlösungen hängt in beträchtlichem Maße von ihrer Reinheit ab. Gewisse Verunreinigungen. wie z. B. Oxyde oder Salze von Schwermetallverbindungen, die gelöst oder in Suspension vorhanden sein können, können katalytische Zersetzungen hervorrufen. Auch Säuren, von der Fabrikation herstammend, sind stets in kleinerer oder größerer Menge vorhanden. Die Reinigung derartiger technischer Wasserstoffperoxydlösungen wird meist durch Destillation in Vakuum vorgenommen. So wird z. B. das Perhydrol durch zweimalige Destillation von konzentrierten Wasserstoffperoxydlösungen im Vakuum aus Quarzgefäßen gewonnen. Es ist aber nicht zu verleugnen, daß die Vakuumdestillation auch einige Nachteile aufweist; sie erfordert kostspielige Apparaturen, die im Betriebe verhältnismäßig teuer sind, ferner sind Sauerstoffverluste infolge des Gehaltes der Lösungen an Verunreinigungen nicht zu vermeiden. Schließlich liefert die Vakuumdestillation, wenn die Ausgangsmaterialien flüchtige Verunreinigungen, wie z. B Salzsäure, enthielten, nur bei Anwendung von besonderen Entnebelungsvorrichtungen[147 a] ein Produkt höchster Reinheit. Aber auch die Lösungen, die durch Destillation von Überschwefelsäure- oder Ammonpersulfatlösungen gewonnen wurden, enthalten stets noch einen Säureüberschuß, der über das für medizinische Zwecke zulässige Ausmaß hinausgeht, sowie Spuren katalytisch wirkender Verunreinigungen.

Für medizinische oder analytische Zwecke kann das technische H_2O_2 auch einer Redestillation im Vakuum bei Temperaturen unter 90° C in dampfbeheizten Rohrschlangen aus Edelstahl unterworfen werden. Das neutralisierte und stabilisierte H_2O_2 wird bis auf einen kleinen Rest vollständig verdampft und wieder kondensiert. Der Dampfverbrauch beträgt pro 1 kg 100% H_2O_2 etwa 1,1 kg, der Sauerstoffverlust rund 2%.

Man trachtet nicht nur aus Gründen der Vermeidung von Zersetzungen, sondern auch wegen der Werterhöhung des technischen Produktes, eine weitere Reinigung der erhaltenen Wasserstoffperoxydlösungen vorzunehmen. Durch Überschreitung eines bestimmten Säuregehaltes sowie durch einen Gehalt größerer Mengen von Schwermetallionen oder -verbindungen in kolloidaler Form wird der Verkaufswert von Wasserstoffperoxydlösungen erheblich beeinträchtigt. Das reinste, konzentrierte Wasserstoffperoxyd des Handels, das Perhydrol, ist absolut säurefrei, daher für medizinische Zwecke geeignet.

Eine Beseitigung des Säureüberschusses durch Behandlung mit alkalischen Lösungen oder Substanzen, wie Natriumperoxyd oder Natriumcarbonat, ist zwar versucht worden, jedoch wird bei diesen Verfahren ein lösliches Metallsalz, wie z. B. Natriumsulfat, gebildet, das sich nur schwer aus den Peroxydlösungen entfernen läßt. Ein derartiges Produkt wird aber entweder abgelehnt oder wesentlich geringer bewertet, wenn bei Prüfung durch Eindampfung einer Probe zur Trockene und Bestimmung des Gehaltes an nicht flüchtigen Resten unerwünschte Mengen solcher ermittelt wurden. Selbstverständlich werden auch Lösungen, die unerwünschte Reste an katalytischen Verunreinigungen enthalten, beanstandet. Es herrscht daher das größte Interesse, nicht nur die aus Bariumperoxyd hergestellten Wasserstoffperoxydlösungen, sondern auch die aus Überschwefelsäure durch Destillation erhaltenen konzentrierteren Lösungen auf einfache und billige Weise zu reinigen. Man hat dazu entweder rein chemische Reinigungsverfahren oder solche auf elektrochemischer Grundlage vorgeschlagen.

A. Chemische Reinigungsmethoden.

Einer der ältesten Vorschläge bestand darin, daß man die Schwermetallverunreinigungen dadurch aus den Wasserstoffperoxydlösungen zu entfernen versuchte, daß man in diesen Zinnhydroxyd ausfällte. Dies geschah beispielsweise in der Art, daß man nach Zugabe eines Zinnsalzes oder Alkalistannats die Lösung ansäuerte und der Niederschlag von Zinnhydroxyd durch Dekantieren oder Filtrieren entfernt wurde. Das kolloidale Zinnhydroxyd spielte dabei die Rolle eines Adsorptionsmittels, das zufolge seiner großen Oberflächenaktivität die Schwermetalle aus der Lösung aufnimmt und sie so zur Abscheidung bringt. Wie sich jedoch herausgestellt hat[723], ist das Ergebnis der Reinigung von Wasserstoffperoxydlösungen mittels Fällungen von Zinnhydroxyd durch den Säuregrad der Lösung während der Fällung bedingt. Bei einem p_H-Wert von 1,4 oder weniger ist die Menge der Verunreinigungen, die sich durch das Zinnhydroxyd entfernen lassen, erheblich geringer als bei einem p_H-Wert von mehr als 1,4. Bei Überschreitung dieses Wertes läßt sich praktisch der gesamte Gehalt an Verunreinigungen mittels einer einzigen Fällung und mit Hilfe einer geringen Menge von Zinnhydroxyd entfernen. Eine Peptisierung des Zinnhydroxydniederschlages durch gewisse in der Lösung eventuell vorhandene Stoffe kann durch Zusatz von polyvalenten positiven Ionen, wie z. B. Aluminium-

oder Bariumionen, verhindert werden. Bei der Durchführung des Reinigungsprozesses setzt man der zu behandelnden Wasserstoffperoxydlösung eine lösliche Zinnverbindung, wie z. B. Zinnchlorid oder Natriumstannat, in einer Menge von 20 bis 400 mg Sn/L zu, gibt hierauf Schwefelsäure zu, um einen p_H-Wert über 1,4 vorzugsweise zwischen 2,0 und 3,5 einzustellen, erwärmt unter Umständen zur Begünstigung der Fällung auf 80° und dekantiert oder filtriert. Die Beständigkeit einer 30%igen Wasserstoffperoxydlösung, die nach diesem Verfahren behandelt war, kann daraus ersehen werden, daß der Verlust an Wasserstoffperoxyd, in Gewichtsprozenten ausgedrückt, nach 30tägiger Lagerung bei 32° bei einem p_H-Wert von weniger als 1,2 nach Zusatz des Natriumstannats 1,66% betrug, während beim p_H-Wert von 3,8 nach Zusatz des Natriumstannats der Gewichtsverlust nur mehr 0,0024% ausmachte.

Die Entfernung der Schwefelsäurereste und anderer Verunreinigungen in konzentrierten Wasserstoffperoxydlösungen, die aus Perschwefelsäurelösungen durch Destillation gewonnen wurden, wird nach dem Vorschlage der Dupont de Nemours Cie.[724] durch Fällung mit Hilfe von Bariumhydroxydlösungen vorgenommen. Dabei wird darauf geachtet, daß ein Überschuß von Bariumionen vermieden wird, so daß das p_H nach der Fällung einen Wert von 1.5 bis 2,5 aufweist. Sind nur geringe Mengen katalytisch wirkender Verunreinigungen vorhanden, so werden sie durch die Fällung von Bariumsulfat vollkommen entfernt.

Der Niederschlag wird in Edelstahlzentrifugen entfernt und das Filtrat, das nur mehr Spuren von Schwefelsäure enthält, mit einer Stannatlösung nochmals gefällt. Größere Mengen werden durch gleichzeitigen Zusatz von kolloidaler Zinnsäure oder von Aluminiumhydroxyd in einer Menge von etwa 0,1 bis 1,2 g SnO_2/l-Lösung beseitigt. Die Menge der Zinnsäure richtet sich nach dem Grade der vorhandenen katalytisch wirkenden Verunreinigungen. Am geeignetsten erwies sich die Verwendung eines Zinnsäuresols, das durch Peptisation einer frisch gefällten Zinnsäure mit Ammoniak oder Natronlauge hergestellt worden war. An Stelle einer gesättigten Bariumhydroxydlösung kann man auch festes, fein verteiltes Bariumhydroxyd, Bariumoxyd, Bariumperoxyd oder Bariumcarbonat zur Fällung des Bariumsulfats benützen. Das nach dieser Reinigungsmethode erhaltene Wasserstoffperoxyd weist eine zufriedenstellende Azidität auf, ist praktisch frei von Verunreinigungen und enthält ein Minimum von nicht flüchtigen Substanzen.

Das Verfahren wird in Amerika in größerem Umfange ausgeübt.

Die Fa. E. I. du Pont de Nemours u. Co. empfiehlt[725], die sauren Wasserstoffperoxydbäder zum Bleichen von Wolle durch adsorbierendes zellulosehaltiges Material zu filtrieren, wodurch Fe, Cu, Ni usw. vom Filter zurückgehalten werden sollen.

Die Reinigung des technischen H_2O_2 kann auch durch Redestillation aus Gefäßen aus Edelstahl erfolgen. Die Wasserstoffperoxydlösung wird fast zur Gänze im Vakuum verdampft. Man benötigt etwa 0,35 kg Dampf pro 1 kg 30%iges H_2O_2. Die Ausbeute bei der Destillation beträgt 98%.

B. Reinigung auf elektrochemischem Wege.

Sehr interessant ist das Reinigungsverfahren der Kali Chemie A. G.[726], nach welchem Wasserstoffperoxydlösungen, namentlich solche, die nach dem Bariumperoxydverfahren hergestellt wurden, auf dem Wege der Elektroosmose gereinigt werden. Derartige Lösungen enthalten, von der Fabrikation herstammend, als Verunreinigungen in der Hauptsache Natriumchlorid und eine geringe Menge Natriumphosphat. Die Tatsache, daß sich Wasserstoffperoxydlösungen nach dem Verfahren der Elektroosmose reinigen lassen, muß an sich schon als überraschend angesehen werden, da auf Grund der Konstitution und dem Säurecharakter des Wasserstoffperoxyds eigentlich anzunehmen wäre, daß es sich wie ein Elektrolyt verhält. Ein derartiges Verhalten des Wasserstoffperoxyds würde aber durch die geringsten Verluste an Wasserstoffperoxyd, die bei der Elektroosmose in die Kathoden- oder Anodenzellen eintreten würden, das Reinigungsverfahren unbrauchbar machen, da Verluste an Wasserstoffperoxyd wegen des hohen Wertes des Wasserstoffperoxyds untragbar wären. Tatsächlich wirkt aber das Wasserstoffperoxyd als Nichtelektrolyt und kommt hinsichtlich seiner Fähigkeit, gelöste Salze zu dissozieren, dem Wasser gleich, weshalb es einer osmotischen Behandlung nach Art der Wasserreinigungsverfahren unterworfen werden kann. Die Reinigung der Wasserstoffperoxydlösung findet dabei zu Beginn des Prozesses durch die infolge der Einwirkung des elektrischen Stromes bewirkte Ionenwanderung statt. Später treten dann auch rein elektroosmotische Erscheinungen hinzu.

Bei der praktischen Durchführung des Verfahrens verwendet man dreizellige Elektrolyseure. Die beiden äußeren Zellen nehmen die Elektroden auf und werden mit Wasser gespeist. Die mittlere Zelle, die von den beiden äußeren durch poröse Diaphragmen aus keramischem Material getrennt ist, enthält die zu reinigende Wasserstoffperoxydlösung. Die Verunreinigungen wandern unter dem Einfluß des Spannungsgefälles durch die Diaphragmen in den Anoden- bzw. in den Kathodenraum und werden von dort mit dem durchströmenden Wasser entfernt. Mehrere Zellen sind zu einer Einheit vereinigt, wobei an die einzelnen Zellengruppen steigende Spannungen angelegt werden, beispielsweise bis 90 Volt. Durch die Elektroosmose werden aus den Wasserstoffperoxydlösungen die Verunreinigungen, wie Natriumchlorid, Natriumphosphat, Eisen- und Aluminiumverbindungen, kolloidale Kieselsäure, Reste von Schwefelsäure usw., entfernt, so daß die Lösungen bei der Verarbeitung auf konzentrierte Wasserstoffperoxydlösungen ohne größere Verluste destilliert werden können oder sogar nur konzentriert zu werden brauchen. Auch konzentrierte Wasserstoffperoxydlösungen lassen sich auf diese Weise von den von der Destillation herrührenden Verunreinigungen, wie Katalysatoren oder Schwefelsäurereste, befreien.

Die Reinigung und Entsäuerung von technischen Wasserstoffperoxydlösungen wird nach einem Vorschlage der Österreichischen Chemischen Werke (Erfinder J. Müller)[727] auf sehr ähnliche Weise vorgenommen, obwohl in der Patentschrift angegeben wird, daß die Reinigung der Wasserstoffperoxydlösungen in einer Elektrolyse bestehe. Die technischen Wasserstoffperoxydlösungen werden in einer Diaphragmenzelle als Anoden- oder als Kathodenflüssigkeit der Elektrolyse unterworfen, wobei die Verunreinigungen, die zur Kathode wandern, wie Metallionen, bei der Behandlung der Lösung als Anodenflüssigkeit, Anionen wie Säurereste hingegen bei der Behandlung als Kathodenflüssigkeit entfernt werden. Durch aufeinanderfolgende anodische und kathodische Behandlung können sowohl die Verunreinigungen elektronegativer als auch elektropositiver Natur aus den Lösungen entfernt werden. Die so behandelten Lösungen sind sehr rein und auch für medizinische Zwecke brauchbar.

Wenn die zu reinigende Wasserstoffperoxydlösung die Kathodenflüssigkeit bildet, so kann als Anodenflüssigkeit angesäuertes destilliertes Wasser verwendet werden. Zur Vermeidung von Konzentrationsverlusten durch Diffusion kann auch als Anodenflüssigkeit eine Wasserstoffperoxydlösung gleicher Konzentration gewählt werden. Wird die Wasserstoffperoxydlösung anodisch gereinigt, so bildet in diesem Falle ein mit Natronlauge leitend gemachtes destilliertes Wasser die Kathodenflüssigkeit. Die Strömungsgeschwindigkeit wird so eingestellt, daß die gebildete Lösung bei einer Anzahl von Zellen in Serienschaltung, die sie kontinuierlich hintereinander durchfließt, die letzte Zelle in gereinigtem Zustand verläßt.

Eine Vorrichtung zur elektrolytischen Reinigung von Wasserstoffperoxyd von Säuren und metallischen Verunreinigungen, bei welcher die zu reinigende Lösung unmittelbar an den Elektroden behandelt wird, wird in den Abb. 39 und 40 dargestellt[728]. Sie besteht aus einer Reihe von Zellen mit durch Diaphragmen getrennten Elektrodenräumen, die die Form schmaler Kanäle aufweisen. Die innere Elektrode ist durch den Einsatz eines seinen Vertikalquerschnitt fast ganz ausfüllenden Tauchkörpers sehr verengt. Die Zelle ist mit je einer Zuführungsvorrichtung für die im inneren Elektrodenraum und im äußeren Elektrodenraum zu behandelnde Flüssigkeit und mit Abläufen ausgestattet. Die Abb. 39 zeigt einen Querschnitt durch eine Zelle, die Abb. 40 die Schaltung mehrerer Zellen.

In den aus einem gegen den Elektrolyten widerstandsfähigen Material, z. B. Ton, hergestellten oder mit einem widerstandsfähigen Belag ausgekleideten Behälter *a* ist das Diaphragma *d* und in dieses der Tauchkörper *c*, der aus einem hohlen Glaskörper besteht, eingesetzt. Das Diaphragma besteht aus dünnem porösem Material, wie aus glasiertem Porzellan, Ton, Gurocel oder Kunstharzgewebe. Diaphragma und Tauchkörper werden in ihrer Lage durch Stützplatten *d* festgehalten. Die Größenverhältnisse sind derart gewählt, daß zwischen der Diaphragmenwand und der Behälterwand einerseits und zwischen der Wand des Tauchkörpers und der Diaphragmenwand anderseits Kanäle entstehen, nämlich der innere Elektrodenraum *e* und der äußere Elektrodenraum *f*. *Die* Breite der die Elektrodenräume bildenden Kanäle beträgt 5 bis 20 mm. Im inneren Elektrodenraum ist die Kathode *g* angeordnet, und zwar in Form von ringförmig angeordneten Graphitstäben, die durch einen Metallring *h* aus Aluminium untereinander und mit der Stromquelle leitend verbunden sind. Im äußeren Elektrodenraum befindet sich die Anode *i*, die aus Platin-Tantal-Streifen besteht.

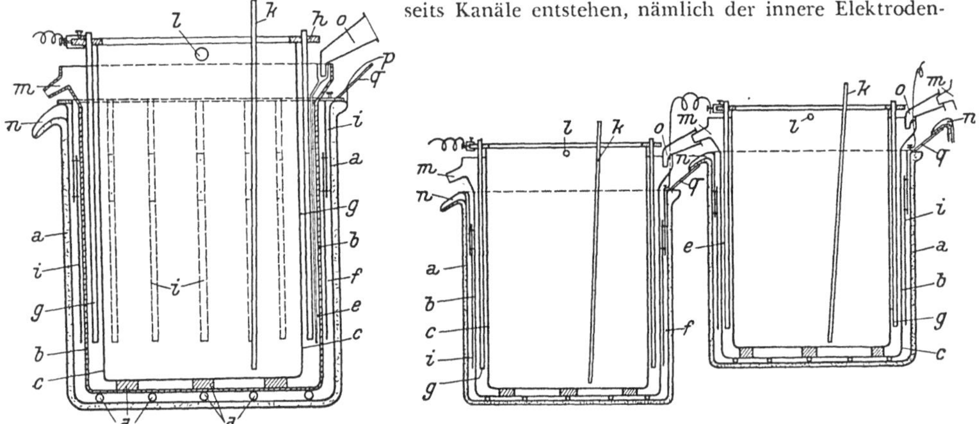

Abb. 39 und 40. Vorrichtung zur elektrochemischen Reinigung von Wasserstoffperoxyd-Rohlösungen (DRP. 588267).

Im Tauchkörper *c* wird Kühlwasser durch ein bis fast zum Boden reichendes Rohr *k* zugeführt. Durch den Ablauf *l* wird das Kühlwasser abgeführt. Die Zuführung des Elektrolyten zum inneren Elektrodenraum *e* erfolgt bei *o*, die des äußeren Elektrolyten bei g. *m* ist der Ablauf für den inneren, *n* für den äußeren Elektrodenraum.

Beim Betriebe werden die beiden Elektrodenräume mit den betreffenden Flüssigkeiten gefüllt, und zwar dient als Kathodenflüssigkeit verdünnte Phosphorsäure oder die Lösung eines Phosphats oder Pyrophosphats und als Anodenflüssigkeit eine technische Wasserstoffperoxydlösung. Mehrere Zellen sind kaskadenförmig geschaltet, wobei die Flüssigkeit von innerem zu innerem Elektrodenraum durch die Abläufe m, während die Flüssigkeit in den äußeren Elektrodenräumen vom Ablauf *n* über die Leitrinnen *q* in den äußeren Elektrodenraum abtropft. Der Katholyt verläßt mit etwa 15% Säure die Anlage.

Mit Hilfe dieser Vorrichtung wird z. B. in der Wasserstoffperoxydfabrik in Weißenstein aus den technischen konzentrierten Wasserstoffperoxydlösungen, wie sie durch Destillation aus einer Perschwefelsäurelösung gewonnen wurden, reinstes und säurefreies konzentriertes Wasserstoffperoxyd für medizinische Zwecke hergestellt. Der Strombedarf (0,03 kWh/1 kg 30%iges H_2O_2) ist nur gering, die Sauerstoffverluste betragen nur etwa 2%, so daß die Reinigung mit 98%iger Ausbeute an aktivem Sauerstoff durchgeführt wird.

Literaturverzeichnis.

[723] Scheideanstalt, Österr. P. 141484. — [724] Dupont de Nemours & Cie., Schweiz. P. 175020. — [725] Dieselbe, A. P. 2091186. — [726] Kali Chemie A. G., DRP. 534283. — [727] Österr. Chem. Werke, DRP. 588267. — [728] Dieselbe (Erfinder: J. Müller), DRP. 548366.

Zusammenstellung der Patentliteratur über das Reinigen von H_2O_2-Lösungen.

Ö. 123168 (D. 588267, Schw. 154804, E. 364457, A. 1966102, F. 721507). Österreichische Chemische Werke G. m. b. H. Reinigung von H_2O_2-Lösungen durch Elektrolyse in einer Diaphragmenzelle als Kathoden- oder Anodenflüssigkeit.

Ö. 124895 (D. 548366, E. 368556). Österreichische Chemische Werke G. m. b. H. Elektrolytische Reinigung von H_2O_2-Lösungen, bestehend aus Zellen mit durch Diaphragmen getrennten Elektrodenräumen, bei welchen beide Elektrodenräume die Form von nur 5 bis 20 mm breiten Kanälen besitzen und der innere Elektrodenraum durch Einsatz eines seinen Vertikalschnitt fast vollständig ausfüllenden Tauchkörpers verengt ist.

Ö. 138364 (D. 534283, E. 349771, A. 1966103, F. 696871). Kali-Chemie A. G. Reinigung von H_2O_2-Lösungen durch elektroosmotische Behandlung nach Art der Wasserreinigungsverfahren.

Ö. 141484 (Schw. 174640, E. 432915, A. 2027839, 2027840). Scheideanstalt. Reinigung von H_2O_2-Lösungen durch Ausfällung und Entfernung von Zinnhydroxyd, wobei die Fällung in saurem Medium bei p_H-Werten von mehr als 1,4 z. B. 2,0—2,5 vorgenommen wird.

Schw. 175020 (Ö. 145180). E. I. Dupont de Nemours. Reinigung von H_2O_2-Lösungen durch basische Bariumverbindungen, wobei für die Vermeidung eines 0,2 g Bariummion/L wesentlich überschreitenden Überschusses Sorge getragen wird.

F. 7380. Zusatz zu F. 359523. S. A. Des Etablissements Poulenc Frères. Entfernung von Bariumnitrat aus verdünnten H_2O_2-Lösungen durch Fällung mit Na-Carbonat oder -Sulfat.

E. 282302 (F. 637393). Henkel u. Cie. Reinigung von Chemikalien, die als Ausgangsmaterial für die Herstellung von Persalzen oder anderen Perverbindungen dienen sollen, durch Behandlung der Lösungen der Chemikalien mit Silikagel.

E. 438886. E. I. Dupont de Nemours. Reinigung durch Fällung in der Lösung von H_2O_2 von Zinnhydroxyd durch Zugabe eines kolloidalen Sols, wobei die H_2O_2-Lösung ein p_H von 1,4 bis 3,5 aufweist.

Can. 367172. Canadian Industries Ltd. Entsäuern durch $Ba(OH)_2$ und wenig SnO_2-Sol.

It. 374274. Degussa. Der Elektrolyt wird durch Abkühlen und Kristallisation gereinigt.

XVIII. Lagerung, Transport und Versand von Wasserstoffperoxydlösungen und dessen Derivaten.

Bei der Lagerung und dem Versand von Wasserstoffperoxydlösungen oder festen Perverbindungen hat man sich immer vor Augen zu halten, daß alle aktiven Sauerstoff enthaltenden Verbindungen unter ungünstigen Verhältnissen sehr leicht zersetzliche Körper darstellen. Ganz abgesehen davon, daß derartige Zersetzungen zu einer Wertverminderung oder vollständigen Zerstörung des Produktes führen, kann die starke Oxydationskraft, die den konzentrierten Produkten innewohnt, im Falle des Zusammentreffens mit organischen oxydablen Körpern unter Umständen zu Bränden führen.

Wegen des bekannten stark beschleunigenden Einflusses von Verunreinigungen, Alkalien, Staub, rauhen Oberflächen, Schwermetallverbindungen u. dgl. auf die

Zersetzung des Wasserstoffperoxyds ist das wichtigste Erfordernis der Apparate und Gefäße, in denen dieses aufbewahrt oder verwendet werden soll, daß sie selbst nicht auf das Wasserstoffperoxyd zersetzend einwirken oder katalytisch wirkende Substanzen bilden. Anderseits darf wieder das Wasserstoffperoxyd das Material des Behälters nicht derart stark angreifen, daß es zerstört wird.

Den Anforderungen, die an das Material der Aufbewahrungsgefäße für Wasserstoffperoxyd oder Lösungen von dessen Derivaten gestellt werden, genügen am vollkommensten keramische Materialien, wie Glas, Ton, Steinzeug, Porzellan, Quarz, das R-Glas u. dgl. Nach den Untersuchungen von P. B. Place[729] verhalten sich die Apparategläser von Jena und Murano gegenüber dem Wasserstoffperoxyd am günstigsten. Im Quarzglas können geringe Prozente der Kieselsäure durch Titanoxyd, Zirkonoxyd oder andere saure Oxyde ersetzt werden[730]. Zur Verhinderung der Zersetzung durch das Licht wird das Wasserstoffperoxyd häufig entweder im Dunkeln aufbewahrt oder in braunen Flaschen vor den Einwirkungen der Strahlen geschützt, jedoch ist die Gefahr der Zersetzung durch Licht nur gering, weshalb die Aufbewahrung im Dunkeln oder in braunen Flaschen nicht unbedingt erforderlich ist. Eine kühle Lagerung wirkt sich aber auf jeden Fall günstig aus.

Die Aufbewahrung in Glas- oder aber auch Metallgefäßen kann durch einen inneren Überzug mit einer Paraffinschicht besonders günstig gestaltet werden. Schon Brühl[654] hatte festgestellt, daß Paraffin von Wasserstoffperoxydlösungen nicht benetzt wird und sich gegen dieses vollkommen indifferent verhält. Der Gefahr, daß das Wasserstoffperoxyd aus der Glaswand Alkali herauslöst, von denen schon sehr geringe Mengen zu einer starken Beschleunigung des Zersetzungsvorganges führen, wird durch einen Säurezusatz und Zugabe eines Stabilisators entgegengearbeitet. Konzentriertes 30%iges Wasserstoffperoxyd, das für medizinische Zwecke bestimmt ist und daher säurefrei sein muß, wurde in kleineren Packungen früher nur in paraffinierten Flaschen verschickt, heute erfolgt jedoch der Versand in gewöhnlichen Glasgefäßen.

Da im Falle einer unvorhergesehenen Zersetzung des Wasserstoffperoxyds durch Katalysatoren große Mengen Sauerstoff frei werden, sind die Aufbewahrungs- und Versandgefäße für Wasserstoffperoxydmengen über 200 g nicht vollkommen geschlossen, damit nicht durch zu großes Ansteigen des Druckes die Aufbewahrungsgefäße zertrümmert werden. Wasserstoffperoxydmengen bis zu 200 g können auch in vollkommen verschlossenen Glasgefäßen verschickt werden, jedoch muß dann das Volumen des Glasgefäßes 300 ccm betragen, so daß mehr als ein Drittel der Füllung aus einem Gasraum besteht.

Durch die Herstellung konzentrierter und haltbarer Wasserstoffperoxydlösungen ist heute der Versand sogar in überseeische Länder und in die Tropen möglich geworden. Die Haltbarkeit der heute fast ausnahmslos durch Destillation erhaltenen konzentrierten und reinen Wasserstoffperoxydlösungen ist dabei eine derart gute, daß Sauerstoffverluste nicht zu befürchten sind. Wegen des tiefen Gefrierpunktes von 30%igem Wasserstoffperoxyd bei -30° C kann die Ware auch bei strenger Winterkälte gefahrlos offen versandt werden.

Zum Versand der Wasserstoffperoxydlösungen werden entweder Glasballons oder für größere Mengen Steinzeuggefäße verwendet. Die Glasballons haben einen Inhalt von 25 bis 50 l und sind zur Vermeidung von Brüchen in Weidenkörben verpackt. Die Glasballons werden vor der Füllung sorgfältig mit einer kräftig wirkenden Wasserbrause von innen ausgewaschen. Das 30%ige Wasserstoffperoxyd wird aus dem bei der Kondensation erhaltenen 35%igen durch Verdünnen mit der berechneten Menge Wasser eingestellt, wobei die meisten Firmen zur Vermeidung von eventuellen Reklamationen den Titer etwas höher als 30% einstellen. Verschlossen sind die Ballons mit einem eingeschliffenen Glasstöpsel, der in seinem Inneren mit einer rechtwinkeligen Bohrung versehen ist, so daß das Innere des Glasballons mit der Außenatmosphäre in Verbindung steht. Zur Vermeidung des Verstaubens des Wasserstoffperoxyds wird über den Glasstöpsel noch eine mit Nitrozellulose imprägnierte Pergament- oder Papierkappe darübergestülpt.

Größere Mengen von Wasserstoffperoxydlösungen werden in Steinzeuggefäßen verschickt oder aufbewahrt, die in Größen von 500, 750, 1000 und 2000 l verwendet werden. Da diese großen Steinzeugflaschen auf offenen Waggons zur Verwendung gelangen, sind sie der Sonnenbestrahlung direkt ausgesetzt. Da aber die Zersetzungsgeschwindigkeit des Wasserstoffperoxyds mit der Temperatur ansteigt, werden die Steinzeuggefäße zur Wärmerückstrahlung sehr häufig mit einem Aluminiumanstrich versehen, da sich gezeigt hat, daß in einem mit Aluminiumfarbe gestrichenen Aluminiumbehälter das Wasserstoffperoxyd im Sonnenlicht eine bis 20° niedrigere Temperatur aufweisen kann als ohne einen Aluminiumanstrich. Auch Sonnendächer über den Behältern werden angebracht.

Das reine, 99- bis 100%ige Wasserstoffperoxyd ist nicht transportfähig, da es sich schon beim bloßen Schütteln unter Sauerstoffentwicklung zu zersetzen beginnt. Das feste reine Wasserstoffperoxyd würde zwar den Eisenbahntransport vertragen, jedoch ist wegen des tiefen Schmelzpunktes von Wasserstoffperoxydlösungen ein Transport nicht wirtschaftlich. Stabilisiertes, reines 85%iges Wasserstoffperoxyd kann aber bereits gefahrlos versandt, gepumpt, gelagert usw. werden. Sauerstoffverluste treten bei dieser Konzentration beim Schütteln, Pumpen, Lagern usw. nicht auf, vorausgesetzt, daß für vollkommene Reinheit der Apparaturen und Behälter gesorgt wird. Die nach dem internationalen Gütertarif höchst zulässige transportierbare Konzentration beträgt 60%.

Die Baustoffe für Apparate und Gefäße der Wasserstoffperoxydtechnik aus keramischem Material sind wohl chemisch gegen die Wasserstoffperoxydlösungen beständig und wirken auf diese auch kaum zersetzend ein, sind aber nicht vollkommen mechanisch widerstandsfähig genug, was besonders für eine größere Dimension der Behälter und Apparate gilt. Ein eventueller Bruch oder nur Sprung eines Glasballons, der z. B. mit einer 30%igen Wasserstoffperoxydlösung gefüllt ist, kann unter Umständen ziemlich gefährlich werden. Durch die Verdunstung des Wassers wird nämlich die ausgetretene Wasserstoffperoxydlösung immer konzentrierter, wobei schließlich sogar derart hohe Konzentrationen erreicht werden können, die organische Substanzen, wie Holz, Stroh, Papier od. dgl., namentlich wenn Katalysatoren, wie Staub, Sand, Eisenverbindungen usw., anwesend sind, mit solcher Heftigkeit oxydieren, daß die Oxydation unter dauernder Selbstbeschleunigung schließlich unter Flammenerscheinung vor sich geht. Feuergefährlich wird aber das Wasserstoffperoxyd erst von Konzentrationen von etwa über 60%, das 30%ige ist ganz ungefährlich.

Man hat daher auch schon Metallgefäße zur Aufbewahrung von Wasserstoffperoxydlösungen vorgeschlagen. Blei- und Zinngefäße wurden bereits benützt, jedoch werden sie von Lösungen des Wasserstoffperoxyds, Perborats, Percarbonats, Natriumperoxyds u. dgl. stark angegriffen. Außerdem wirkt das Blei zersetzend ein, da es zu Bleidioxyd oxydiert wird, das dann ein sehr starker Zersetzungskatalysator ist.

Das Aluminium bietet die Möglichkeit zum Versand größerer Mengen von Wasserstoffperoxyd in Kesselwagen, wobei die Gefäßwände innen poliert oder durch eine chemische Behandlung widerstandsfest gemacht werden, da sich an glatten Wänden eine geringere Zersetzung zeigt[731]. Durch Zusatz von etwa 0,1 bis 1 g Ammonnitrat oder Salpetersäure zur konzentrierten H_2O_2-Lösung kann bei einem p_H der Lösung von 3,5 bis 6 die Korrosion des Aluminiums verhindert werden. Die mit den H_2O_2-Dämpfen in Berührung kommenden Teile des Aluminiumbehälters können durch Behandeln mit starker Salpetersäure inaktiviert werden[732].

Sehr vorteilhaft wirkt sich auch eine Paraffinschicht auf Reinaluminium aus. Höchstkonzentriertes H_2O_2 von 80 bis 85% kann praktisch verlustlos in Reinaluminiumtanks mit Paraffinauskleidung gelagert und versandt werden.

Für ätzalkalische Wasserstoffperoxydlösungen, wie für Bleichbäder, kann das Aluminium als Behältermaterial verwendet werden, wenn man den Lösungen einen Alkalisilikatzusatz macht[608]. Noch günstiger als Reinaluminiumbehälter verhalten sich solche aus Aluminium-Magnesium-Legierungen. Namentlich in Amerika ist das Aluminium als Baustoff für Kesselwagen für den Transport von Wasserstoffperoxydlösungen stark in Verwendung. In Amerika gibt es Zisternenwagen aus einer Aluminium-Mangan-Kupfer-Legierung von 36 t Inhalt, die samt dem Chassis ein Gewicht von etwa 55 t haben (Abb. 41).

Abb. 41. Kesselwagen der E. J. Dupont de Nemours aus Aluminium, für den Transport von Wasserstoffperoxydlösungen.

Korrosionen an Aluminium und Al-Legierungen durch saure H_2O_2-Lösungen ($p_H = 3,5$ bis 6) lassen sich durch Eloxierung des Leichtmetalls in H_2SO_4 (20 bis 75%) und Paraffinierung verhindern (Dupont).

Eine korrosionslose und bezüglich des Sauerstoffgehaltes der Lösung verlustlose Lagerung läßt sich auch in Behältern aus Mg-Legierungen erzielen (Degussa).

Das Tantal wäre an sich als Material für Aufbewahrungsgefäße, Destillationsanlagen usw. wegen seiner guten Beständigkeit und dem Umstand, daß es die Zersetzung von Wasserstoffperoxyd in freier oder latenter Form nicht beeinflußt, geeignet[645], jedoch steht seiner ausgedehnteren Verwendung sein hoher Preis entgegen.

Von G. Schmidt wurde die Beobachtung gemacht[733], daß Chromstähle, insbesondere die Kruppschen V2A-Stähle (18 bis 40% Chrom und 5 bis 20% Nickel) und V1M (10 bis 15% Chrom und geringer Nickelgehalt) u. a. keinerlei zersetzende Wirkung auf neutrale, saure oder alkalische Wasserstoffperoxydlösungen, auf Lösungen von Perborat, Alkaliperoxyden usw. ausüben. Sie können daher nach dem Vorschlage von Schmidt als Baustoffe für Aufbewahrungsgefäße und Versandbehälter verwendet werden. Auch in Amerika haben sich nach R. S. Ericsson[734] nichtrostende Stähle und andere korrosionsfeste Legierungen zur Lagerung, Leitung und Messung von konzentrierten Wasserstoffperoxydlösungen bewährt.

Nach dem Österr. P. 124 524 der I. G. Farbenindustrie A. G. sollen sich auch alle Metalle der 4. Gruppe des periodischen Systems der Elemente sowie Kupfer und Zink sowie deren Legierungen zum gleichen Zwecke eignen, wenn nur die mit den Lösungen oder den Dämpfen in Berührung kommenden Teile der Apparatur oder der Aufbewahrungsgefäße eine Oberfläche auf Hochglanz besitzen.

Ob sich die Nickel-Aluminium-Legierungen der Österreichischen Chemischen Werke[735] als brauchbar erwiesen haben, muß als sehr zweifelhaft angesehen werden, da diese Legierungen sehr schlecht bearbeitbar sind.

Günstig wirkt sich eine Behandlung der Lager- oder Versandbehälter mit Lösungen oder Dämpfen von Perverbindungen aus (H. Schmidt[736]).

Von organischen Materialien haben sich nur sehr wenige gegen H_2O_2, insbesondere solche höherer Konzentration, als beständig erwiesen. Brauchbar für Lagergefäße, Rohrleitungen, Dichtungen u. dgl. erwiesen sich Kororeal, Polyäthylen (F. Bellinger, H. B. Friedmann, W. H. Bauer, J. W. Eastes und W. C. Bull[737]), ferner Mipolam, Vinidur (Polyvinylchlorid), Perbunan S. Als Schmiermittel sind Silicone geeignet.

Sehr originell ist der Vorschlag von W. J. Knoxe[738], der das Wasserstoffperoxyd in Paraffinkügelchen einschmelzen will. Aber dieses Verfahren dürfte sich kaum in die Praxis eingeführt haben, zumindest nicht in Europa.

Die I. G. Farbenindustrie A. G. schlägt zur Herstellung, Verarbeitung und Aufbewahrung von Wasserstoffperoxydlösungen Apparate aus emaillierten Metallen vor, wobei das Email säurebeständig sein soll[739]. Sehr ähnlich ist das Verfahren des F. P. 718 576, wonach die Wandungen der für die Peroxydbleiche bestimmten Metallgefäße mit einer dünnen Schicht von Kalk und Zement überzogen werden. Nach dem Austrocknen dieser Masse werden die Behälter mit einer Lösung von 1.5% Wasserglas und 0,75% Natriumcarbonat ausgekocht.

Die festen anorganischen Perverbindungen, wie Bariumperoxyd oder Natriumperoxyd, können gleichfalls in Berührung mit organischen Substanzen, namentlich bei Reibung, zu Oxydation unter Entflammung führen. So machen B. Müller[740] und C. P. Beistle[741] auf einen Schiffsbrand aufmerksam, dessen Ursache Selbstentzündung von Bariumperoxyd in Berührung mit Säcken war. Diese Stoffe dürfen daher nicht in innen paraffinierten Holzfässern, sondern müssen in eisernen (Blech-) Behältern verschickt werden. Für die Persulfate, wie Kalium- und Ammoniumpersulfat, ist nach den Untersuchungen von G. Agde und E. Alberti[742] über deren Explosions- und Feuergefährlichkeit das Verpacken und Verschiffen in innen mit einer Paraffinschicht ausgekleideten Holzfässern als gefahrlos anzusehen. Nach diesen Untersuchungen erfolgt die Zersetzung des Kalium- und Ammoniumpersulfats bei einer Temperatursteigerung von 1° und von 20°/Minute mit und ohne Zusatz von 10% organischen Substanzen zwischen 160 bis 196°. Ein Fallgewicht von 10 kg von 1 m Höhe brachte die Persulfate nicht zum Verpuffen. Bei diesen besteht daher auch in Berührung mit organischen Substanzen keine Explosions- oder Feuersgefahr.

Versandbestimmungen nach dem internationalen Eisenbahngütertarif (IGT).

Klasse V. Ätzende Stoffe. 450 (11). Für wäßrige Wasserstoffperoxydlösungen mit mehr als 6%, aber höchstens 35% H_2O_2 der Ziffer 7 a müssen starke Glas- oder Tongefäße oder von den zuständigen Behörden anerkannte Gefäße aus anderen Werkstoffen verwendet werden, die das H_2O_2 nicht zersetzen und nicht völlig luftdicht verschlossen sind oder auf andere Weise die Entstehung eines inneren Überdruckes verhindern. Ballons, Flaschen und Kruken (Anmerkung: Krüge) müssen in starke, mit guten Handhaben versehene Kisten oder unverpackt in Körben, die mit einer Schutzabdeckung gut abgedeckt sind, gut verpackt sein.

Wegen Beförderung in Behälterwagen (Topfwagen) siehe Randziffer 472.

451. (12) Wäßrige Wasserstoffperoxydlösungen mit einem Gehalt von mehr als 35%, aber höchstens 45% H_2O_2 der Ziffer 7 b sind zu verpacken:

a) Bei Mengen bis zu 200 g in festen Glasflaschen mit mindestens 300 ccm Rauminhalt, die unter Verwendung von Kieselgur als Füllmaterial in dichte Blechbüchsen einzusetzen sind. Die Büchsen müssen in starken Holzkisten eingesetzt sein.

b) Bei Mengen von mehr als 200 g in Glasbehälter, bei denen das Rohgewicht eines Versandstückes 75 kg nicht übersteigen darf. Die Behälter müssen mit einer Vorrichtung (Ventil) versehen sein, die einen Druckausgleich gestattet. Die einzelnen Behälter müssen mit festem Geflecht vollständig eingeflochten und in starke, gut passende Weiden- oder Eisenkörbe mit Schutzabdeckungen (Überkörbe) fest eingesetzt sein. Eisenkörbe müssen einen Schutzanstrich aus Lackfarbe haben. Packstroh und Holzwolle dürfen zur Verpackung nicht verwendet werden.

Statt der vorbezeichneten Verpackung sind auch Gefäße aus anderen Werkstoffen, die das H_2O_2 nicht zersetzen und auch selbst nicht angegriffen werden, zulässig, sofern diese Gefäße von der zuständigen Behörde anerkannt sind. Bezüglich des Verschlusses siehe Randziffer 452, Absatz a.

452. (13) Wäßrige H_2O_2-Lösungen mit mehr als 45%, aber höchstens 60% H_2O_2 der Ziffer 7 c sind zu verpacken:

a) In Glasgefäße. Jedes Glasgefäß ist in einen dichten, geteerten eisernen Blechvollmantelkorb einzusetzen. Der Zwischenraum zwischen Glasgefäß und Mantelkorb ist mit einer unverbrennbaren Schutzmasse auszufüllen, die derart beschaffen sein muß, daß sie die Flüssigkeit aufsaugt. Der Mantelkorb selbst ist in eine Überkiste mit Pultdach einzusetzen. Der Verschluß der Glasgefäße ist so auszuführen, daß er Druckausgleich gestattet, gleichzeitig aber auch Sicherheit gegen ein Ausfließen von Flüssigkeit bietet.

b) In Gefäße aus anderen Werkstoffen, die das H_2O_2 nicht zersetzen und auch selbst nicht angegriffen werden, sofern diese Gefäße von der zuständigen Behörde anerkannt sind. Bezüglich des Verschlusses siehe Absatz a.

472. b) Für Behälterwagen (Topfwagen) zur Beförderung von wäßrigen H_2O_2-Lösungen gelten auch die in Randziffer 452, Absatz a gegebenen Vorschriften, welche die Entstehung eines Überdruckes verhindern.

Literaturverzeichnis.

[729] P. B. Place, Glashütte **60**, 39, 1930. — [730] DRP. 278 589. — [731] DRP. 570 468. — [732] A. P. 2 008 726. — [733] G. Schmidt, DRP. 439 834. — [734] R. L. Ericsson, Amer. Dystuff Reporter **29**, 343—45, 1940. — [735] E. P. 386 293. — [736] H. Schmidt, DRP. 688.861. — [737] F. Bellinger, H. B. Friedmann, W. H. Bauer, J. W. Eastes und W. C. Bull, Ind. Engng. Chem. **38**, 310—320, 1946. — [738] W. J. Knoxe, A. P. 1 139 774. — [739] I. G. Farbenindustrie A. G., F. P. 695 498. — [740] B. Müller, Chem. Ztg. **49**, 488, 1925. — [741] C. P. Beistle, Chem. Trade Journ. **65**, 245, 1919. — [742] E. Alberti, Chem. Ztg. **52**, 229, 1928.

Zusammenstellung der Patentliteratur über Aufbewahrung und Lagerung von Perverbindungen.

Ö. 40 164. L. Neumann und K. L. Hirschfeld. Aufbewahrung in hermetisch verschlossenen, mit einem Steig- und Abflußrohr sowie Ventil und Druckvorrichtung versehenem Gefäß unter komprimiertem Sauerstoff.

Ö. 54 515 (D. 233 856, Schw. 56 256, F. 430 538, E. 13 187/1911). A. Pietsch und G. Adolph. Gefäße zur Herstellung und Aufbewahrung von H_2O_2 aus Al oder seinen Legierungen.

Ö. 94 197 (D. 374 975, Schw. 98 790, E. 184 153, A. 1 511 494). Chemische Fabrik Weißenstein. Anlage und Gefäße aus Tantal.

Ö. 107 163 (D. 439 834). G. Schmidt. Metallgefäße und Apparate aus Chromstahl mit 18—40% Cr, 2—20% Ni oder 10—15% Cr und geringen Prozenten Ni, z. B. den von Krupp hergestellten Stählen V 2 A und V 1 M.

Ö. 124 524 (Schw. 137 736). I. G. Farbenindustrie A. G. Apparate aus den unedlen Metallen der IV.—VIII. Gruppe des periodischen Systems oder Cu, Zn oder Legierungen dieser Metalle mit anderen Metallen als Hg, wobei die mit den Lösungen oder Dämpfen in Berührung kommenden Teile der Apparatur eine Oberfläche mit Hochglanz besitzen.

D. 278 589. Zirkonglas G. m. b. H. Gefäße aus Quarzglas oder anderen hochsauren Gläsern.

D. 515 596. Elektrochemische Werke München A. G. Apparat aus Al oder seinen Legierungen.

D. 570 468. Dieselbe. Verhinderung des Angriffs von Al durch ätzalkalische H_2O_2-Lösung durch einen Zusatz von Alkalisilikat.

D. 688 861. H. Schmidt. Behandlung der Metallbehälter mit Lösungen oder Dämpfen von Perverbindungen.

F. 695 598. Die Apparate und Behälter für H_2O_2 bestehen aus emailliertem Metall.

F. 718 576. Soc. des Produits Peroxydés. Die metallischen Behälter für die H_2O_2-Bleichbäder bestehen aus Metall mit einem dünnen Überzug aus Kalk und Zement.

F. 715 668. Dieselbe. Die Apparatur und Behälter für H_2O_2 bestehen aus einer Al-Ni-Legierung mit 53,36% Ni, 34,77% Al, 8,29% Fe und 3,43% Cr.

F.778 694. Fonderies et Forges de Cran. Al oder Al-Legierungen als Material für Bleichapparate, wobei das Al eloxiert oder sonstwie oxydiert ist.

F. 853 074. Dupont. Verhinderung der Korrosion von Al durch saure Lösungen von H_2O_2 ($p_H = 3{,}5–6$) durch anodische Oxydation des Al und Paraffinierung.

F. 873 513. Degussa. Behälter aus Mg oder Mg-Legierungen.

E. 386 293. Österreichische Chemische Werke G. m. b. H. Teile von Apparaturen und Aufbewahrungsgefäßen, die mit H_2O_2-Lösungen in Berührung kommen, werden aus Al-Ni-Legierungen vom Typus Ni-Al hergestellt.

A. 1 200 719. F. Hoyler und A. L. Gardner. Bei einem Gefäß zur Aufbewahrung von H_2O_2 ist eine Öffnung mit einem Kapillarröhrchen vorgesehen, um die freie Abführung des entwickelten O_2 zu gestatten.

A. 2 008 716 (Can. 367 171). E. I. Dupont de Nemours. Den H_2O_2-Lösungen wird zur Verhinderung des Angriffes auf Al Salpetersäure oder ein Nitrat zugesetzt und das Al selbst mit Salpetersäure vorher abgebeizt.

A. 2 219 293. Buffalo Electro-Chemical Co. Behandeln der Al-Behälter mit nichtoxydierenden Säuren.

A. 2 219 294. Dieselbe. Behandeln der Al-Behälter mit 50%iger H_2SO_4.

Canad. 344 540. Dieselbe. Metallbehälter werden innen mit einem Überzug von Paraffin versehen.

XIX. Die Derivate des Wasserstoffperoxyds (Peroxyde, Persäuren und Persalze).

Vom Wasserstoffperoxyd leiten sich als Ursubstanz die unter dem Sammelnamen „Perverbindungen" bezeichneten sauerstoffreichen Körper ab, die den Sauerstoff in einer besonders wirksamen „aktiven" Form enthalten. Auf Grund seiner Säurenatur ist das Wasserstoffperoxyd befähigt, eines oder beide seiner Wasserstoffatome durch Metalle, Säurereste oder sonstige Radikale zu ersetzen, wodurch die Peroxyde, Persäuren, Säureperoxyde, d. s. also wahre Salze der Wasserstoffperoxydsäure oder Persalze, entstehen. Unter den Perverbindungen haben namentlich die anorganischen erhebliche technische Bedeutung erlangt. Sie stellen feste Produkte mit einem hohen Gehalt an aktivem Sauerstoff dar, die auch mit guter Haltbarkeit hergestellt werden können. Die organischen Perverbindungen sind der Zahl nach den anorganischen wohl beträchtlich überlegen, mit Ausnahme des Carbamidperhydrats und des Benzoylperoxyds hat sich jedoch keine andere organische Verbindung mit aktivem Sauerstoff dauernden Eingang in die Technik verschaffen können.

Unter den festen anorganischen Verbindungen mit aktivem Sauerstoff ist das Perborat der wichtigste Vertreter, unter den Peroxyden das Barium- und Natriumperoxyd. Vor einigen Jahrzehnten spielten diese auf dem Gebiete der Perverbindungen noch eine führende Rolle, das Natriumperoxyd vornehmlich wegen seines hohen Gehaltes an aktivem Sauerstoff von fast 20%, das Bariumperoxyd als das einzige Ausgangsmaterial für die technische Wasserstoffperoxydherstellung. Die Bedeutung beider Peroxyde ist aber heute sehr zurückgegangen, da die Perborate, Percarbonate und Perphosphate das Natriumperoxyd wegen ihrer höheren Beständigkeit an der Atmosphäre, ihrer nicht so stark ätzenden Eigenschaften und dem geringeren Angriff auf organische Substanzen übertreffen. Heute hat auch die Herstellung des Wasserstoffperoxyds über die Perschwefelsäure und ihre Salze wegen der größeren Reinheit und Konzentration des so erhaltenen Produktes die Gewinnung aus Bariumperoxyd weit überholt.

1. Die anorganischen Peroxyde.

Durch Ersatz eines oder beider Wasserstoffatome im Wasserstoffperoxyd durch Metalle entstehen die Peroxyde. Alle Elemente der 1. und 2. Gruppe des periodischen Systems der Elemente bilden Peroxyde der Formel $Me^{I}_2O_2$ bzw. $Me^{II}O_2$, nur beim Gold und Beryllium ist keine sichere Peroxydbildung bekannt. Zu ihrer Herstellung lassen sich im allgemeinen je nach der Art des Peroxyds folgende Methoden verwenden:

1. Verbrennung des Metalles in Sauerstoff oder in Luft;
2. Synthese aus dem Metall in flüssigem Ammoniak und Sauerstoff;
3. Einwirkung von Wasserstoffperoxyd auf die Hydroxyde oder andere Salze der betreffenden Metalle (meist in alkalischer Lösung).

Die Explosivität und Zersetzlichkeit der Peroxyde nimmt in der Reihe Na, Li, Ba, Mg, Zn, Cd, Cu und Hg mit Abnahme der Elektroaffinität ihrer Metalle ebenso zu wie bei den Aziden dieser Metalle (G. Bredig[743]). Ebenso wie man die Alkaliazide in festem Zustande ziemlich hoch erhitzen kann, ohne daß Explosion eintritt, kann dies auch mit den Alkaliperoxyden geschehen.

A. Die Peroxyde der Alkalien.

Von den Alkalimetallen sind bisher folgende Peroxyde bekanntgeworden:

Li_2O_2	—	—
Na_2O_2	—	—
K_2O_2	—	KO_2
Rb_2O_2	$Rb_4(O_2)_3$	RbO_2
Cs_2O_2	$Cs_4(O_2)_3$	CsO_2

Die Oxyde Li_2O_2, Na_2O_2, KO_2, RbO_2 und CsO_2 stellen die Endprodukte der Verbrennung der Metalle mit überschüssigem Sauerstoff dar. Die Hydroxyde des Kaliums, Rubidiums und Cäsiums, nicht aber von Lithium und Natrium, bilden im elektrischen Druckofen bei Gegenwart von Sauerstoff in einem mit dem Atomgewichte steigenden Maße Peroxyde[744]. Mit ansteigendem Atomgewicht findet eine Farbvertiefung statt. Lithiumperoxyd ist rein weiß, Natriumperoxyd schwach gelblich, Kaliumperoxyd orangerot, Rubidiumperoxyd dunkelbraun. Beim Erhitzen findet ein Schmelzen, eine Dissociation oder Zersetzung, meist aber erst oberhalb des Schmelzpunktes statt. Die Alkalisesquioxyde Me_2O_3 sind richtiger als Oxyde $Rb_4(O_2)_3$ und $Cs_4(O_2)_3$ zu formulieren. Das entsprechende Kaliumperoxyd besteht aus einem Gemisch von K_2O_2 und KO_2. Die Alkalitetroxyde Me_2O_4 stellen eigentlich Monoalkalidioxyde MeO_2 mit den Ionen O_2^{1-} dar (s. S. 228). Alle Peroxyde wirken, namentlich in geschmolzenem Zustande, als sehr kräftige Oxydationsmittel.

a) Das Natriumperoxyd Na_2O_2 (s. auch S. 232).

Das Natriumperoxyd ist eines der ältesten bekannten Peroxyde, da es bereits im Jahre 1811 von Gay-Lussac und Thénard[745] durch Verbrennen von metallischem Natrium in einem Überschuß von Sauerstoff dargestellt wurde. Diese Methode ist auch bis heute im Prinzip beibehalten worden und bildet die Grundlage nahezu aller technischen Darstellungsverfahren. Die Vorschläge in der Patentliteratur aus Natriumnitrat oder Natriumnitrit durch Mischung mit Calcium- oder Magnesiumoxyd sowie Natriumhydroxyd, Erhitzen und Behandeln der Mischung mit Luft sowie aus Natriumcarbonat, Eisenoxyd und Kohle, führen teils nicht bis zum Natriumperoxyd, teils nur zu sehr geringen Konzentrationen an aktivem Sauerstoff, so daß sie keine technische Bedeutung erlangt haben.

Bildung. Die Einwirkung des Sauerstoffes auf das Natrium beginnt bei etwa 200° C, wobei aber der Sauerstoff nicht vollkommen trocken sein darf[746]. Das metallische Natrium fängt bei der Einwirkung des mäßig trockenen Sauerstoffes vorerst bei etwa 180° Feuer, wobei es zum Natriummonoxyd Na_2O verbrennt, das dann durch Einwirkung eines weiteren Überschusses von Sauerstoff in der Hitze in Natriumperoxyd umgewandelt wird. Die für die Einwirkung des Sauerstoffes günstigste Temperatur liegt zwischen 300 und 400° C.

Eine Lösung von Natrium in flüssigem Ammoniak gibt beim Durchleiten von Luft oder Sauerstoff je nach deren Menge entweder Na_2O oder bei einem Überschuß von Sauerstoff Na_2O_2 oder gar Na_2O_3, dessen Existenz jedoch noch nicht sichergestellt ist (Joannis[747, 748, 749]).

Im dampfförmigen Zustande wirkt der Sauerstoff auf Natriumdampf in einer Argon-, Helium- oder Stickstoffatmosphäre (einige Millimeter) augenblicklich ein, und zwar nach einer Dreierstoßreaktion: $Na + O_2 + M = NaO_2 + M$ (M ist ein beliebiges Molekül, das aus der Stoßreaktion unverändert wieder hervorgeht). Die Natriumoxydation entspricht daher der von Engler, Bach und Wild[19] entwickelten Autoxydationstheorie, indem sich zuerst das unbeständige „Moloxyd" NaO_2 bildet[750]. Das Moloxyd reagiert dann mit einem zweiten Natriumatom nach $NaO_2 + Na = 2\,NaO$, worauf schließlich 2 Moleküle NaO sich zu Na_2O_2 kondensieren.

Eigenschaften. Das Natriumperoxyd ist bei gewöhnlicher Temperatur eine feste Substanz von etwa 90 bis 95% reinem Na_2O_2-Gehalt, was etwa 19 bis 20% aktivem Sauerstoff entspricht. Es bildet ein gelblich-weißes Pulver. bei sehr großer Mahlfeinheit ist es nahezu rein weiß, größere Stücke haben immer ein gelbliches Aussehen. Eine rein weiße Farbe auch größerer Stücke deutet auf eine Verunreinigung mit Natriumcarbonat hin. Natriumperoxyd ist nicht amorph, sondern seine Teilchen zeigen bei einer mikroskopischen Untersuchung semikristalline Formen[751]. Beim Erhitzen wird das pulverige Natriumperoxyd ähnlich wie Zinkoxyd erst dunkelgelb, später dunkelbraun, um nach dem Abkühlen die ursprünglich gelblich-weiße Farbe wieder anzunehmen. Es schmilzt unzersetzt, wobei der Schmelzpunkt bei 460° liegt. Die thermische Dissoziation des Natriumperoxyds beginnt erst oberhalb des Schmelzpunktes. Die Dissoziationswärme beträgt 37,7 cal[752]. Bei Rotglut findet Zersetzung unter Sauerstoffentwicklung statt. Die Bildungswärme beträgt nach M. Centnerszwer und M. Blumenthal[753] 190,8 kcal, die vollkommen mit der von de Forcrand[754] aus den Lösungswärmen von Natriumperoxyd in verdünnter Salzsäure berechneten übereinstimmt: $Na_{2\,fest} + O_{2\,gasförmig} = Na_2O_{fest} + 119{,}79$ kcal; $Na_2O_{fest} + \frac{1}{2}O_{2\,gasförmig} = Na_2O_{2\,fest} + 19{,}03$ kcal. Die Dichte des pulverfömigen Produktes beträgt etwa 1,25, nach dem Abkühlen und Schmelzen ungefähr 1,6.

Das Natriumperoxyd ist ein sehr reaktionsfähiger Stoff. Mit metallischem Natrium setzt es sich zu Na_2O um. Äquimolekulare Mischungen von Magnesium-

und Natriumperoxyd explodieren beim Befeuchten mit Wasser. Ähnlich heftig reagieren Aluminiumpulver, Ammonrhodanid, Arsentrioxyd und Antimontrichlorid beim Zutritt von Wasser mit Natriumperoxyd. Kupfer, Eisen, Nickel, Zinn, Gold, Silber, Platin, Ruthenium, Palladium usw. werden namentlich bei erhöhter Temperatur sehr stark angegriffen. Neben einem Befeuchten mit Wasser wirkt auch die Kohlensäure in vielen Fällen reaktionsbeschleunigend.

Wasser und Kohlensäure werden an der Luft begierig aufgenommen, wobei sich Natriumcarbonat und -hydroxyd bilden. Im Handelsprodukt sind daher stets diese Verunreinigungen vorhanden. Das Natriumperoxyd kann an der Luft in 24 Stunden bis zu einem Fünftel seines Gewichtes zunehmen. Ein Zerfließen des Produktes findet aber nicht statt, da das sich bildende Natriumhydroxyd durch die Kohlensäure der Luft weiter in das Carbonat umgewandelt wird.

Würde man das feste Natriumperoxyd bei gewöhnlicher Temperatur in Wasser eintragen, so würde unter starker Erwärmung des Wassers eine sehr weitgehende Zersetzung stattfinden. Durch Erniedrigung der Temperatur des Wassers bis auf 0° und sehr langsames Eintragen kann die Zersetzung und Sauerstoffentwicklung fast vollständig vermieden werden, wobei sich eine alkalische Lösung von Wasserstoffperoxyd bildet. In verdünnten Säuren, namentlich unter Kühlung, löst sich das Natriumperoxyd gleichfalls ohne Sauerstoffentwicklung auf. Eine wäßrige alkalische Lösung des Wasserstoffperoxyds zersetzt sich, wie bereits angeführt, beim Erwärmen sehr rasch, wobei Schwermetallverbindungen, wie Eisen, Kupfer, Mangan und Silbersalze u. a., beschleunigend wirken.

Mit gepulverter Holzkohle reagiert Natriumperoxyd beim Erhitzen auf 300° unter heftigem Erglühen nach der Gleichung $3\,Na_2O_2 + 2\,C = 2\,Na_2CO_3 + Na_2$[755]. Kohlenmonoxyd und -dioxyd bilden unter sehr lebhafter Reaktion Natriumcarbonat: $Na_2O_2 + CO = Na_2CO_3 + 123{\cdot}33$ kcal und $Na_2O_2 + CO_2 = Na_2CO_3 +$ $+ O + 55{\cdot}25$ kcal, namentlich schnell bei erhöhter Temperatur[756]. Mit vielen organischen Verbindungen erfolgt die Reaktion derart heftig, daß sie unter Feuererscheinung vor sich geht, wie z. B. mit Eisessig, Glyzerin, Paraformaldehyd, Zuckerarten, Milchsäure, Äther, Bittermandelöl. Mischungen von Sägespänen, Wolle, Baumwolle, Schwefel usw. mit Natriumperoxyd explodieren beim Befeuchten mit Wasser heftig[757]. Gepulvertes Eisen verbrennt lebhaft unter Bildung von Natriumferrat Na_2FeO_4[758]. Schwefelwasserstoff kann durch Natriumperoxyd bei starkem Luftzutritt unter Explosion zu Sulfat und Schwefel oxydiert werden[759]. Phosphortrichlorid und Aluminiumnitrit reagieren unter Feuererscheinung. Die Trisulfide des Arsens, Antimons und Zinns werden zu den Natriumsalzen der entsprechenden fünfwertigen Säuren oxydiert Manganoverbindungen werden zu hydratisiertem Mangandioxyd, Fe^{II}-, Co^{II}- und Cr^{III}-Salze werden zu den Fe^{III}- und Co^{III}-Hydroxyden sowie Chromaten oxydiert, Silber-, Gold und Quecksilberverbindungen bis zu Metall reduziert. Durch Schlag, Stoß oder Erhitzen in der freien Flamme kann das Natriumperoxyd nicht zur Explosion oder Entzündung gebracht werden.

Darstellung. Das älteste und bekannteste der technisch durchgeführten Darstellungsverfahren für das Natriumperoxyd besteht in der Oxydation von Natrium mit Luft in großen Tunnelöfen nach dem Gegenstromprinzip (H. Y. C a s t n e r[760]). Das Natrium wurde hierbei in kontinuierlichem Betrieb in Aluminiumwägelchen allmählich der oxydierenden Wirkung eines immer sauerstoffreicheren Gemisches von Sauerstoff und Stickstoff und schließlich reiner Luft bei einer Temperatur von 300 bis 350° C unterworfen. Obwohl die sich abspielenden Reaktionen stark exotherm verlaufen, kann die Reaktion nicht die erforderliche Temperatur von 350° aufrechterhalten, so daß die Reaktionsgefäße von außen erhitzt werden mußten.

Die kleinen fahrbaren Aluminiumwägelchen wurden beim C a s t n e r schen Verfahren in ein von außen in einem Ofen erhitztes Eisenrohr eingeführt und in diesem die ganze Länge des Ofens entlang gefahren. Während dieses Durchwanderns durch den Ofen wurde das Natrium der Einwirkung der Luft, die von Feuchtigkeit und Kohlensäure weitgehend befreit war, derart ausgesetzt, daß die mit frischem Metall beschickten Behälter mit der sauerstoffärmsten, gegen den Austritt aus dem Ofen zu aber mit der frischen Luft behandelt wurden. Dabei ging das Natrium bei der Oxydation mit der sauerstoffarmen Luft vorerst in das Natriummonoxyd über. Die Überführung in das Peroxyd erfolgte erst im letzten Teile des Apparates an der Ausstoßseite bei der Berührung mit der frischen Luft. Die erforderliche Luft wurde durch Staubfilter nach vollkommener Trocknung mittels Gebläses in den Ofen eingesaugt. Die Trocknung erfolgte meist durch Lungetürme, die mit Schwefelsäure berieselt waren.

Dieses Verfahren wies eine Reihe von Nachteilen auf. Wegen der nur sehr langsam vor sich gehenden Oxydation erforderte es eine Ausbreitung des Natriums in dünner Schicht, daher ausgedehnte und teure Apparaturen, die wieder mit großen Arbeitslöhnen verbunden waren. Zur Vornahme einer Zerkleinerung der Reaktionsmasse mußte das Verfahren auch öfters unterbrochen werden.

Wie hier gleich erwähnt sei, hat man schon alle Variationen hinsichtlich des Sauerstoffes vorgeschlagen, so Ozon, reinen Sauerstoff, Luft, Luft mit einem höheren oder niedrigeren Sauerstoffgehalt als normal, z. B. eine Mischung von nur 5 bis 10% Sauerstoff mit 90 bis 95% Stickstoff. Da alle diese Vorschläge mit Ausnahme des Ozons, das zu einer Zersetzung des Natriumperoxyds führt, Natriumperoxyd ergeben, folgt daraus, daß für die Oxydation als solche der Sauerstoffgehalt der Reaktionsgase nicht maßgebend ist. Mit steigendem Sauerstoffgehalt nimmt die Reaktionsgeschwindigkeit zu.

Dem Prinzip nach unterscheiden sich alle übrigen bekannten Verfahren nur wenig von der Castnerschen Arbeitsweise. Sie betreffen meist nur Abänderungen apparativer Natur. So wurde nach dem Vorschlage von H. Neuendorf[761] das Natrium nicht in einem Tunnelofen, sondern in einer Art Ringofen in einem System von flachen gußeisernen Kästen oxydiert. In einem zweietagigen Ofen, in welchem sich horizontal liegende Retorten aus Stahl oder Gußeisen befanden, wurde nach dem Verfahren der Soc. Électrochimie und P. L. Hulin[762] gearbeitet. Die untere Retorte, die von außen beheizt wurde, wurde mit Aluminiumschiffchen mit metallischem Natrium beschickt und mit Luft oxydiert. Nach Verlauf von gewöhnlich 4 Stunden wurde das Schiffchen aus dem Ofen herausgenommen und das gebildete Reaktionsprodukt an der freien Luft mit eisernen Schaufeln umgerührt, wobei auch auf ein sorgfältiges Abkratzen der am Boden und an den Wänden befindlichen Krusten geachtet wurde. Dieses tüchtige Umrühren der Reaktionsmasse ist aus mehreren Gründen erforderlich. Bei der Reaktionstemperatur von etwa 350° schmilzt das Natrium und bedeckt sich bei der Oxydation schnell mit einer Kruste des höher schmelzenden Peroxyds, unter dem sich ein weißliches, noch nicht völlig peroxydiertes Produkt befindet, das auch noch Teilchen von metallischem Natrium einschließt. An den Stellen, wo das meiste Natrium vorhanden ist, entzündet sich dieses bei der Berührung mit der Luft, wenn die oberflächliche Kruste zerstört wird. Je unregelmäßiger die Durcharbeitung des Produktes ist, desto höher ist der Gehalt an Natriummonoxyd und Natriummetall, da die Luft nur schwer den Überzug von Natriumperoxyd durchdringen kann.

Bei Durchführung des Zerkleinerungsvorganges, der im praktischen Betriebe an offener Luft vorgenommen wurde, wurde auch ein nicht unerheblicher Teil des Natriumoxyds infolge der Luftfeuchtigkeit in Natriumhydroxyd übergeführt und dadurch der weiteren Oxydation entzogen. Man erhielt daher nicht mehr den Höchstgehalt an aktivem Sauerstoff.

E. Marguet[763] strebte daher eine mechanische Durcharbeitung und Bewegung der Reaktionsmasse an. Der Apparat besaß einen doppelten Schaber, der zwei gerade und zwei gebogene, am äußersten Ende einer Welle befestigte Rahmen aufwies, welche die das Produkt in der Pfanne bedeckende Kruste zerstörten. Der Apparat konnte sich aber wegen seiner Kompliziertheit nicht in die Technik einführen. Er stellte tatsächlich keine Vereinfachung des Prozesses dar, obwohl es erwiesen ist, daß die Oxydation des Natriums im bewegten Zustande schneller und leichter vor sich geht als im ruhenden.

Andere Vorschläge bezogen sich auf das Material der Apparatur. Das Aluminium ist nämlich im Betriebe sehr leicht Zerstörungen ausgesetzt. Ist die Erhitzung des Natriums eine zu lebhafte, so wird das Aluminium bei der Berührung mit dem Peroxyd mit Heftigkeit angegriffen. Die Verbesserungsvorschläge bewährten sich jedoch nicht. So konnten eiserne Behälter, die mit einem Kreideüberzug versehen waren, selbst bei sorgfältigster Ausführung des Überzuges die Berührung des Natriummetalls oder des Peroxyds mit den Wänden des Behälters nicht verhindern. Die Folge davon war ein eisenhältiges Peroxyd, das aber einen verringerten Verkaufswert besitzt. Auch das Überziehen von Eisenbehältern mit Graphit, der mit Wasserglas als Bindemittel aufgetragen wurde, hat sich nicht bewährt[764].

Das Verfahren des Vereins für Chemische und Metallurgische Produktion[765] ermöglichte die Herstellung eines eisenfreien Peroxyds auch in eisernen Gefäßen, da durch geeignete Zufuhr der Reaktionswärme die Temperatur im Verbrennungsraum des Natriums derart geregelt wird, daß keine Sinterung des Natriummonoxyds vor sich gehen kann und ein lockeres, poröses Oxyd entsteht, das in einfacher Weise und vollständig zum Peroxyd oxydierbar ist. Der Oxydationsraum besteht aus einer einfachen schmiedeeisernen Schale von etwa 170 mm Durchmesser, in welche z. B. 8 kg Natrium infolge des stark gedrosselten Luftzutrittes innerhalb 20 Stunden zum Natriummonoxyd oxydiert wurden. Durch die langsame Führung des Verbrennungsvorganges wird die im Verbrennungsraum herrschende Temperatur verhältnismäßig niedrig gehalten.

Diese Zerlegung des Oxydationsprozesses in zwei Stufen finden wir auch beim Verfahren von Rößler-Haßlacher[766], das der im größten Maßstabe durchgeführten Arbeitsweise der Scheideanstalt in Rheinfelden entspricht[767]. Man stellt sich vorerst in einer Voroxydation ein nur im wesentlichen aus Alkalioxyd bestehendes Produkt her und oxydiert diese pulverige Substanz in einem rotierenden Drehofen. Das Natriumoxyd wird nur als festes Verdünnungsmittel verwendet und metallisches Natrium nur in einer Menge von 1 bis 2% in bezug auf das Natriumoxyd zugegeben[768]. Die Oxydationstemperatur beträgt dabei nur 120 bis 200°. Bei der Durchführung des Verfahrens wird das Natriumoxyd von einem früheren Ansatz her genommen und dauernd in Bewegung gehalten. Die Luftzufuhr wird so geregelt, daß immer nur beschränkte Mengen von Luft zur Einwirkung auf das Gut gelangen. Die Oxydation wird derart geleitet, daß der Zusatz von frischem Natriummetall erst dann erfolgt, wenn das vorhandene Alkalimetall völlig in das Oxyd übergeführt ist. Die Herstellung des Oxyds wird gleichfalls am besten in einem Drehofen vorgenommen. Auf diese Weise erhält man ein pulverförmiges Natriummonoxyd, das zum Zwecke der weiteren Oxydation nicht mehr zerkleinert zu werden braucht. Es wird bloß in den Drehofen eingetragen, der auf etwa 200 bis 250° erwärmt ist.

Das Na_2O kann auch in Form von Körnern oder Kugeln, deren Anwachsen mit Hilfe der Umlaufgeschwindigkeit des Drehrohres geregelt werden kann, vorgelegt werden[769].

Die Oxydation kann bei diesem Verfahren in zwei hintereinander geschalteten Drehrohröfen oder am besten derart durchgeführt werden, daß in einem einzigen Ofen die Voroxydation und Fertigoxydation gleichzeitig durchgeführt wird, wobei der obere Teil des Drehrohres zur Voroxydation benützt und entsprechend betrieben wird, während im anschließenden Rohrteil fertigoxydiert wird.

Bei der Herstellung des Natriumperoxyds wird nach diesem Verfahren trockene und kohlensäurefreie Luft, die mit Sauerstoff angereichert ist, oder reiner Sauerstoff verwendet. Es hat sich nämlich gezeigt, daß durch Erhöhung der Sauerstoffkonzentration im oxydierend wirkenden Gas durch Verminderung der Oxydationsdauer auch der Angriff auf das Ofenmaterial herabgesetzt werden kann. Dieses besteht entweder aus Eisen oder vorteilhafter aus Nickel oder Nickellegierungen, wobei beständigere Peroxyde als in eisernen Drehrohröfen erhalten werden. Weiters ist mit höherer Sauerstoffkonzentration ein reineres und höherprozentiges Peroxyd zu erhalten. Infolge der Beschleunigung des Reaktionsvorganges wird auch die Kapazität der Apparatur besser ausgenützt und weniger Zeit zur Überführung des Natriumoxyds in das Peroxyd benötigt, wodurch auch die Herstellungskosten und Arbeitslöhne verringert werden.

In Abb. 42 ist ein Drehrohrofen zur Durchführung des eben beschriebenen Verfahrens wiedergegeben. *1* ist ein Drehrohr aus Eisen oder mit Nickel plattiertem Eisen, das an beiden Enden von Lagern *2* getragen wird. Das Drehrohr ist etwa 4 m lang und hat einen Durchmesser von etwa 2 m. Der Gaseintritt befindet sich bei *3*, der Austritt bei *4*. *5* stellt die Füllung des Apparates mit pulverigem Natriumoxyd dar. Das Natrium wird intermittierend durch das Mannloch *6* eingeführt, das nach Drehung um 180° gleichzeitig als Entleerungsöffnung dient. *9* ist ein metallisches Gehäuse, welches die Retorte *1* völlig umschließt und mit einer Öffnung *8* versehen ist. Durch nicht gezeichnete Einrichtungen kann das Gehäuse sowohl geheizt als auch gekühlt werden, je nachdem es der Prozeß erfordert. Das Erhitzen wird z. B. durch Gasflammen, die unmittelbar in dem Gehäuse untergebracht sind, oder durch heiße Gase, die von einer außen liegenden Heizquelle herstammen, vorgenommen. Wenn das Mannloch *6* geöffnet werden soll, wird vorher nur der Deckel *7* abgehoben. Das Kühlen kann durch Einblasen eines kalten Luftstromes in den Zwischenraum zwischen Retorte und äußerem Gehäuse vorgenommen werden.

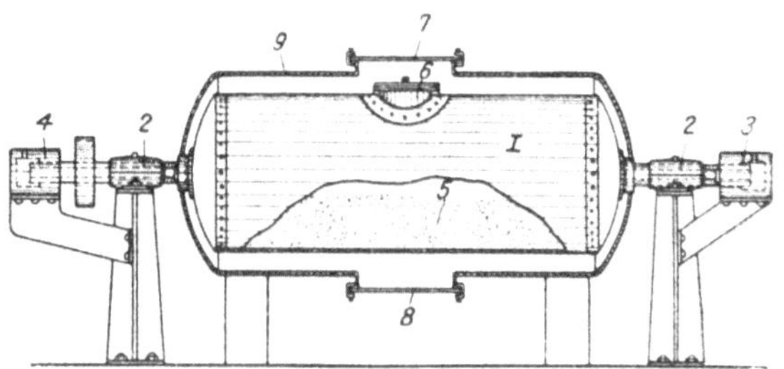

Abb. 42. Drehrohrofen zur Herstellung von Natriumperoxyd (E. P. 265124).

Bei Ingangsetzung des Verfahrens wird die Retorte *1* zu einem Drittel bis zur Hälfte mit fein verteiltem gepulvertem Natriumoxyd gefüllt und bis oberhalb des Schmelzpunktes von Natrium erhitzt. Hierauf wird metallisches Natrium in einer solchen Menge zugegeben, daß stets nicht mehr als 10% flüssiges Metall in der Mischung von Natriumoxyd und Natrium vorhanden sind. Die Retorte wird hierauf in Umdrehung versetzt, worauf bei *3* eine trockene Mischung von Sauerstoff und Stickstoff mit weniger Sauerstoff, als in atmosphärischer Luft enthalten ist, eingeleitet wird. Die Oxydation des Natriums zu Natriumoxyd beginnt sofort. Dieser Oxydationsvorgang wird so lange fortgesetzt, bis die ganze Masse *5* in Natriumoxyd übergeführt ist. Während dieser Voroxydation wird hinreichend kalte Luft in den Zwischenraum zwischen dem Gehäuse *9* und der Retorte *1* eintreten gelassen, um die Temperatur in der Retorte nicht über 250° ansteigen zu lassen. Nach beendeter Voroxydation wird das Natriumoxyd zum Peroxyd weiteroxydiert, welche Operation entweder in einem anderen oder im gleichen Drehrohrofen vorgenommen wird. Die Bildung des Peroxyds erfolgt unter Temperaturerhöhung auf etwa 350° C und Einleiten von reinem Sauerstoff oder trockener, mit Sauerstoff angereicherter Luft. Die kontinuierliche Überführung des Natriumoxyds in das Peroxyd ist die vorteilhaftere Arbeitsweise, da durch einen Materialfluß auf Grund der Schwerkraft Arbeitskraft erspart und auch die schädliche Berührung des Natriumoxyds mit der Atmosphäre vermieden werden kann.

In Rheinfelden konnten durch den Übergang von den Castnerschen Kanalöfen auf die Arbeitsweise in Drehrohröfen sehr große Raum-, Energie- und Arbeitsersparnisse erzielt werden. Während früher 72 Kanalöfen in Verwendung standen, deren Bedienung hundert Arbeiter erforderte, sind für das gleiche Produktionsquantum nur 6 Drehrohröfen mit 24 Mann Bedienung notwendig. Ein Drehrohrofen von 5 m Länge und 2,5 m Durchmesser liefert in 24 Stunden bis zu 9 t 97- bis 98%iges Na_2O_2 mit weniger als 0,001% Fe_2O_3.

Von der Scheideanstalt ist noch ein Verfahren bekanntgegeben worden[770], nach welchem der geringe Durchsatz pro Apparateeinheit dieses vorstehend beschriebenen Verfahrens noch verbessert wird. Bei diesem werden ja tatsächlich nur 10% frisches Ausgangsmaterial eingetragen, während die übrigen 90% lediglich als festes Verdünnungsmittel wirksam sind. Zur Vermeidung dieser unökonomischen Arbeitsweise wird die Oxydation des Natriums zum Peroxyd in einer Misch- und Knetmaschine vorgenommen. In diesen Apparaten tritt das in der Technik sehr gefürchtete Zwischenstadium des Zusammenbackens und der Klumpenbildung bei den Zwischenstufen nicht ein. Das Verfahren wird derart ausgeführt, daß man auf das in einer Misch- oder Knettrommel befindliche Natriummetall einen von Kohlensäure und Feuchtigkeit befreiten Luftstrom einwirken läßt. Das Metall entzündet sich nach kurzer Zeit an mehreren Stellen und reagiert bald an der ganzen Oberfläche unter Feuererscheinung. Die an der Oberfläche befindlichen Stellen heftigster Reaktion werden aber durch das Mischen der weiteren Einwirkung des Sauerstoffes bald wieder entzogen. Dadurch tritt eine Milderung des Vorganges und dessen gleichmäßige Verteilung durch die ganze Masse ein. Die flüssige Schmelze wird allmählich immer zäher, bis schließlich bei einem Oxydationsgrad, der etwa 3 Na auf 1 O entspricht, das Maximum der Zähigkeit erreicht ist, ohne daß es jedoch zur Bildung von Krusten kommt, die noch unangegriffenes Natrium umgeben. Dieser Zeitpunkt ist nach etwa 5 Stunden erreicht. Die weitere Sauerstoffaufnahme verläuft bei der kräftigen Durchmischung und Durcharbeitung auch in diesem pastenförmigen Zustande glatt, während bei anderen Verfahren eine weitere Oxydation nur sehr schwierig vor sich gehen würde. Das Reaktionsgut verwandelt sich dann in eine bröckelige, später fast pulverförmige Masse, die zur Hauptsache aus Natriumoxyd besteht. Diese Stufe ist nach etwa 10 Stunden überschritten. Eine äußere Heizung ist bei dieser Arbeitsweise nicht nötig, eher ist sogar ein Kühlen der gebrauchten und rund geführten Oxydationsluft notwendig. Die Oxydation verläuft gegen Ende unter geringerer Wärmeabgabe und wird zuletzt noch durch Heizung und Anwendung höheren Sauerstoffpartialdruckes, und zwar durch Verwendung des Abgases aus der Natriumelektrolyse unterstützt. Das erhaltene Natriumperoxyd ist bei 95%iger Ausbeute 97- bis 98%ig.

Das Natriumperoxyd stellt als Ersatz des Wasserstoffperoxyds gleichsam ein festes konzentriertes Wasserstoffperoxyd dar. Auf der Bildung von Wasserstoffperoxyd und Alkali beruht seine Hauptanwendung in der Bleicherei, in Bleichpulvern, Waschmitteln, als Mittel zur Regenerierung der Atemluft, zur Entwicklung von Sauerstoff in den Atmungsapparaten der Feuerwehrleute und Taucher, als Zwischenprodukt zur Herstellung anderer Perverbindungen, in der Analyse als Oxydationsmittel, zur Entwicklung gewisser Schwefelfarben, zur Oxydation von Küpenfarbstoffen, zur Herstellung von Anilinschwarz, zur Hydrolyse von Stärke zwecks Herstellung von Appreturen, zum Wolligmachen von Jute u. dgl.

Das Natriumhydroperoxyd NaOOH stellt ein weißes kristallines Pulver dar, das sich schon bei gewöhnlicher Temperatur langsam, bei höherer stürmisch zersetzt. Es löst sich in Wasser unter geringer Wärmeentwicklung ohne Sauerstoffverlust auf. Auch in Methylalkohol ist es etwas löslich, weniger in Äthylalkohol (J. D'Ans und W. Friedrich[485]).

Das Natriumhydroperoxyd wurde zum erstenmal von T a f e l[771] aus Natriumperoxyd und einem eiskalten Gemisch von Alkohol und konzentrierter Salz-, Salpeter- oder Schwefelsäure erhalten. T a f e l nannte das Produkt Natrylhydroxyd, A n t h r o p o f f[772] Natriumhydroxat. Die Annahme T a f e l s sowie von W o l f f e n s t e i n und P e l t n e r[48], daß es ein Derivat des dreiwertigen Natriums mit der Konstitution O=Na−OH darstelle, wurde durch D'A n s und F r i e d e r i c h[485] durch den Ersatz eines Wasserstoffatoms im Wasserstoffperoxyd in ätherischer Lösung durch Natriummetall als irrig nachgewiesen. Das Natriumhydroperoxyd ist demnach das echte Derivat des Wasserstoffperoxyds der Formel Na−OOH mit einwertigem Natrium.

2 NaOOH · H_2O_2 = NaOOH · 0,5 H_2O_2. Nach Versuchen von D'A n s und F r i e d e r i c h[485] zeigt das Natriumhydroperoxyd große Neigung, sich mit Kristallhydroperoxyd zu verbinden. Es nimmt z. B. bei der Behandlung mit einer ätherischen Wasserstoffperoxydlösung H_2O_2 auf. Auch in rein alkoholischer Lösung scheint das Natriumhydroperoxyd metastabil gegenüber der kristallhydroperoxydhaltigen Verbindung NaOOH · 0,5 H_2O_2 zu sein, so daß es z. B. nach der von W o l f f e n s t e i n und P e l t n e r[48] angewandten Methode der Herstellung von Natriumhydroperoxyd aus Natriumperoxyd durch bloßes Schütteln mit absolutem Alkohol entsteht. Es ist ein gelblich gefärbtes Produkt, das in feuchtem Zustande nur wenig beständig ist, sehr hygroskopisch ist, Kohlensäure anzieht und sich bei 62° stürmisch zersetzt.

2 NaOOH · H_2O_2 · 4 H_2O = NaOOH · 0,5 H_2O_2 · 2 H_2O. Diese Verbindung stellt farblose, anfangs durchsichtige, sich aber sehr rasch trübende Kristalle dar, die in Wasser sehr leicht löslich sind. Über Schwefelsäure verliert sie sämtliches Kristallwasser und verwittert schon an der Luft. Sie ensteht nach S c h ö n e[773] beim Eindunsten einer Lösung von 1 Äquivalent NaOH mit 3,5 bis 4 Äquivalenten H_2O_2 im Vakuum und im Dunkeln.

Hydrate des Natriumperoxyds. Mit Wasser bildet das Natriumperoxyd bestimmt zusammengesetzte Hydrate. Das wichtigste ist das Natriumperoxydoctohydrat Na_2O_2 · · 8 H_2O. Es entsteht beim Eindunsten einer ohne Sauerstoffverlust hergestellten wäßrigen Natriumperoxydlösung oder bei der Aufnahme von Wasserdampf durch festes Natriumperoxyd[774]. Es kristallisiert in reinem Zustand in Form von durchsichtigen, glimmerartigen, rein weißen Tafeln, die sich spalten lassen. In Wasser löst es sich unter Abkühlung und spaltet mit Säuren Wasserstoffperoxyd unter Salzbildung ab. Die Lösungswärme von Na_2O_2 · 8 H_2O in 4000 g Wasser beträgt nach d e F o r c r a n d[775] bei 12° − 14 848 cal. Die Kristalle schmelzen bei 30° im eigenen Kristallwasser, worauf bei 40° die Zersetzung der alkalischen Lösung beginnt.

Durch eine teilweise Entwässerung des Octohydrats oder aus Natriumperoxyd und sehr wenig Wasser oder Wasserdampf bei tiefen Temperaturen erhält man das Dihydrat Na_2O_2 · 2 H_2O[756, 776]. Auch ein Monohydrat Na_2O_2 · H_2O ist bekannt geworden[780].

Die Peroxydhydrate besitzen ebensowenig wie die Kristallhydroperoxyde eine technische Bedeutung, da sie nicht hinreichend beständig sind. Sie sind zwar nicht mehr hygroskopisch, enthalten auch weniger Alkali als das gewöhnliche Peroxyd, weshalb man auch bei der Lösung in Wasser, die unter Abkühlung vor sich geht, keine Sauerstoffverluste zu befürchten hat, können aber trotz dieser Vorteile gegenüber dem Natriumperoxyd dieses nicht ersetzen.

Nach M. B a u e r[777] wird das Octohydrat aus dem Peroxyd durch Vermischen mit gehacktem Eis oder Schnee hergestellt. Gemäß einem Vorschlage der I. G. Farbenindustrie A. G.[778] wird es beim Versetzen von 3%iger Wasserstoffperoxydlösung mit Natronlauge bzw. Ätznatron im Überschuß erhalten. Das in schönen, perlmutterartigen Kristallen ausfallende Octohydrat wird abgenutscht und auf porösen Tonplatten durch Stehen über Schwefelsäure in trockenem Luftstrom getrocknet.

Das Drägerwerk[779] vermischt die erforderliche Menge der Komponenten Natriumperoxyd und Wasser in einem mit Wasser oder einer wäßrigen Flüssigkeit nicht mischbaren und auf die Reaktionskomponenten ohne Einfluß bleibenden Flüssigkeitsmedium, wie z. B. Petroleum, Tetrachlorkohlenstoff, Perchloräthylen u. dgl. Man verreibt das Natriumperoxyd unter Kühlung mit z. B. Perchloräthylen und läßt langsam Wasser zufließen. Dann wird abfiltriert und mit Filterpapier abgepreßt. Auf diese Weise kann außer dem Octo- auch das Dihydrat hergestellt werden.

Definierte Hydrate des Natriumperoxyds mit 1, 2 oder 8 Molekülen Wasser werden nach dem Verfahren des Drägerwerkes[780] dadurch erhalten, daß eine isotherme Destillation in der Weise durchgeführt wird, daß die Ausgangsstoffe in eine Atmosphäre gebracht werden, deren Wasserdampfteildruck bestimmt ist durch solche Gemische, wie z. B. Schwefelsäure-Wasser, Phosphorsäure-Wasser oder dergleichen, deren Wasserdampfdruck sich mit der Konzentration kontinuierlich ändert. Man kann auf diese Weise entweder ausgehend vom Anhydrid oder den niedrigeren Hydraten, wenn man sie in einen Raum mit dem dem gewünschten Hydrate entsprechenden Wasserdampfdruck bringt, das höhere Hydrat herstellen. Oder man geht von einem höheren Hydrat aus und bringt dieses in einen Raum mit einem Wasserdampfdruck, der dem niedrigeren Hydrat entspricht. Nach vollständiger Umwandlung in das gewünschte Hydrat findet keine weitere Wasserabgabe bzw. -aufnahme mehr statt, weil das System im Gleichgewichte ist. Der Wasseraustausch wird dabei am besten im hohen Vakuum vorgenommen. Die Umwandlung dauert 24 Stunden.

Das Natriumperoxyd bildet mit Natriumnitrat eine Doppelverbindung $NaNO_3 \cdot Na_2O_2 \cdot 8\,H_2O$, die aus alkalischer Natriumnitrat- und Wasserstoffperoxydlösung durch Fällung mit Alkohol erhalten wird[781].

b) Die Kaliumperoxyde.

Beim Kalium sind im Gegensatz zum Natrium die beiden Peroxyde K_2O_2 und KO_2 schon seit langer Zeit bekannt. Technische Bedeutung hat jedoch keines dieser Peroxyde, da das Kalium teurer ist als das Natrium und wegen des höheren Atomgewichtes auch einen geringeren Gehalt an aktivem Sauerstoff aufweist als das Natriumperoxyd. Das normale und wichtigste Peroxyd des Kaliums ist das Dioxyd KO_2, welches das Endprodukt der Einwirkung von Sauerstoff auf metallisches Kalium darstellt. Die Darstellungsweisen der Kaliumperoxyde lehnen sich stark an jene des Natriums an und sind in den meisten Fällen mit diesen identisch. Körper von der Zusammensetzung K_2O_3, K_8O_5, K_6O_4, K_4O_3 oder K_4O haben sich als keine chemischen Verbindungen, sondern als Mischungen herausgestellt.

K_2O_2, Kaliumdioxyperoxyd entsteht aus Kaliummetall beim Erhitzen in einer zur völligen Oxydation nicht ausreichenden Menge Stickoxyd[782] oder beim Durchleiten von Sauerstoff durch eine Lösung von Kalium in flüssigem Ammoniak bei $-50°$, bis eben Entfärbung der Lösung eingetreten ist[747]. Auch durch Oxydation an der Luft, die man in der berechneten Menge auf Kalium bei 300° einwirken läßt, bildet sich das schwefelgelbe, an der Luft zerfließliche K_2O_2. Eine weitere Oxydation findet bei gewöhnlicher Temperatur an der Luft nicht mehr statt. Der Schmelzpunkt von K_2O_2 beträgt 490°, die Bildungswärme 118,1 kcal[753]. Die thermische Dissoziation von K_2O_2 ist von M. Blumenthal[783] untersucht worden, wobei folgende Werte gefunden wurden: $p = 2$ mm, $t = 513{,}5°$; $p = 23$ mm, $t = 546{,}5°$; $p = 115$ mm, $t = 625°$.

Eine definierte Verbindung **Kaliumtrioxyperoxyd** der Formel K_2O_3 gibt es nicht. Das nach verschiedenen Verfahren (Methode von Joannis[747]: aus der Lösung des Kaliums in Ammoniak bei $-50°$ durch Einleiten von Sauerstoff bis zur ziegelroten

Färbung des Niederschlages; Erhitzen des Kaliums mit überschüssigem NO[746]; nach Gay-Lussac und Thénard durch Erhitzen von Kaliumhydroxyd mit Salpeter; aus KO_3 durch Erhitzen bei 1 mm Druck auf 480°[784]; Oxydation einer Legierung des Kaliums mit Blei, Zinn oder Natrium durch mäßiges Erwärmen bei langsamer Luftzufuhr nach S. F. Jambert[785]) erhaltene Produkt stellt nämlich nur ein Gemisch von K_2O_2 und KO_2 dar (s. S. 85). So konnten auch S. I. Raichstein und I. A. Kasarnowskii[785a] bei der Untersuchung der thermischen Zersetzung von KO_2 zu K_2O_2 am stetigen Verlauf der Kurve des Dissoziationsdruckes kein K_2O_3 nachweisen.

Das der Zusammensetzung K_2O_3 entsprechende Gemisch von K_2O_2 und KO_2 ist eine deutlich kristalline Masse, die in der Hitze braun, in der Kälte gelb gefärbt ist. Mit Wasser wird es zu KOH, H_2O_2 und $\frac{1}{2}O_2$ zersetzt. Es ist sehr unbeständig, da es sich schon an der Luft unter starkem Erwärmen in KO_2 umwandelt. K_2O_2 kann durch Einwirkung von Wasserdampf auf das in flüssigem Ammoniak suspendierte Peroxyd das Hydrat $K_2O_2 \cdot H_2O$ bilden, nicht aber auch $KO_2 \cdot H_2O$[786].

KO_2, Kaliumperoxyd, Monokaliumdioxyd. Die Darstellung kann ebenfalls nach der Methode von Joannis vorgenommen werden[747]. Man leitet bei $-50°$ so lange in die Lösung von Kalium in flüssigem Ammoniak Sauerstoff ein, bis der Niederschlag über Hellrosa und Ziegelrot in Chromgelb übergegangen ist. Durch Erwärmung von Kalium in Sauerstoff oder Luft entzündet sich dieses schon bei 60 bis 80° und verbrennt mit blendend rotem oder weißem Feuer zu KO_2. Das Kalium reagiert also mit Sauerstoff rascher und heftiger als Natrium. Auch durch Schmelzen von Kalium mit Kaliumnitrat bei Luftzutritt entsteht das Kaliumperoxyd[787]. Aus den niedrigeren Peroxyden entsteht es durch Erhitzen an der Luft oder in Sauerstoff. Ein verunreinigtes Kaliumperoxyd bildet sich auch beim Durchleiten von Luft durch ein Gemisch von Kaliumnitrat und Calcium- oder Magnesiumoxyd bei 300 bis 500° [788]. Nach G. F. Jaubert[789] wird das Kaliumperoxyd oder andere höhere Oxyde des Kaliums unter einer Schutzschicht unter einer Substanz hergestellt, deren Oxyde Wasser aufnehmen, wie z. B. das Natrium, das nach seiner Oxydation zum Natriumperoxyd mit dem Kaliumoxyd in Berührung bleibt. Man erhält ein poröses Kaliumperoxyd, das in Atmungsapparaten Verwendung findet. Die Oxydation wird in Gefäßen aus Aluminium und in einem Tunnelofen vorgenommen. Cu, Ni, Co, Mn, Fe und Cr wirken zersetzend auf die Kaliumperoxyde.

Das Kaliumperoxyd stellt eine chromgelbe Masse vom Schmelzpunkt 380° dar. Es zieht an feuchter Luft rasch Wasser an und entwickelt dabei Sauerstoff. Wasser zerlegt es unter stürmischer Sauerstoffentwicklung zu KOH neben reichlichen Mengen von Wasserstoffperoxyd. Mit Kohlenstoff bildet es unter heftigem Erglühen Kaliumcarbonat, ähnlich wirken Holz, Harze und Eiweiß. Kohlenmono- und -dioxyd ergeben bei einer nur wenig über 100° liegenden Temperatur gleichfalls Kaliumcarbonat und Sauerstoff.

Das Kaliumozonat von Baeyer und Villiger[790], das diese aus Ozon und geschmolzenem Kaliumhydroxyd erhielten und das tieforangebraun gefärbt ist, ist nicht identisch mit dem KO_2, sondern stellt ein Oxyhydroxyd $(KOH)_2 \cdot O_2$ dar (S. 85). Die Versuche, durch vorsichtigen Zusatz von Säuren zu den höheren Oxyden des Kaliums die freien Säuren, also höhere Oxyde des Wasserstoffes, wie H_2O_3 bzw. H_2O_4, darzustellen, sind bisher nicht von Erfolg begleitet gewesen[791].

Beim Erhitzen dissoziiert das Kaliumperoxyd, wobei die Dissoziation oberhalb 702° gemäß $2\,KO_2 = K_2O_2 + O_2 + 32\,\text{kcal}$ verläuft. Bis zu diesem Zerfall des Kaliumperoxyds in K_2O_2 und O_2 findet jedoch auch schon eine teilweise Dissoziation statt, die aber erst oberhalb des Schmelzpunktes von 380° beginnt. Beim K_2O_2 geht jedoch auch schon im festen Zustande bei der Erwärmung eine Dissoziation vor sich. Die thermische Dissoziation des KO_2 zeigt folgende Wertepaare: $p = 30$ mm, $t = 198°$;

p = 111 mm, t = 279°; p = 323 mm, t = 461°; p = 441 mm, t = 539,5°. Aus der Extrapolation der Funktion log = $f(1/T)$ hat sich ergeben, daß bei einer Temperatur von 702° und einem Druck von p = 890 mm der Sauerstoff im Gleichgewicht mit den Phasen K_2O_2, KO_2 und O_2 stehen muß[782]. Die Bildungsenthalpie von KO_2 beträgt −13,5 kcal/Mol.

Das Kaliumhydroperoxyd mit 1,5 Kristallhydroperoxyden $KOOH \cdot 1,5\,H_2O_2$ wurde von J. D'Ans und W. Friedrich[792] durch Einwirkung von Kaliummetall auf Wasserstoffperoxyd in ätherischer Lösung unter Kühlung erhalten. Es stellt eine weiße, stark hygroskopische Masse dar, die sich in Eiswasser ohne nennenswerte Gasentwicklung auflöst. Die von Schöne[792] durch Eindampfen bis zur Trockene einer stark wasserstoffperoxydhaltigen Kalilauge erhaltene und von ihm als $K_2H_4O_6$ ($K_2O_2 \cdot 2\,H_2O_2$) angesehene Verbindung wurde von D'Ans und Friederich[485] als $2\,KOOH \cdot H_2O_2$ erkannt. Diese stellten es durch Vermischen von gleichen Teilen von kalten Lösungen von Kalilauge und Wasserstoffperoxyd in absolutem Alkohol dar. Es trat vorerst eine milchige Trübung ein, nach Ablauf von einigen Stunden kristallisierte jedoch in feinen Nadeln das Kaliumhydroperoxydperhydrat. Beide Kristallhydroperoxyde werden an der Luft infolge der Bildung von gelbem KO_2 in kurzer Zeit gelb gefärbt. Sie entwickeln dann beim Lösen Sauerstoff.

c) Die Peroxyde von Lithium, Rubidium und Caesium.

Die Darstellungsmethode von Peroxyden durch Erhitzung der Alkalimetalle an der Luft oder durch Einleiten von Sauerstoff in eine Lösung der Alkalimetalle in flüssigen Ammoniak läßt sich auch auf Rubidium und Caesium, mit gewissen Einschränkungen aber auf das Lithium anwenden. Bekannt sind die Peroxyde Li_2O_2, Rb_2O_2, Rb_2O_3, Rb_2O_4, Cs_2O_2, Cs_2O_3 und Cs_2O_4.

Li_2O_2, Lithiumperoxyd, entsteht in geringen Mengen bei der Einwirkung von Sauerstoff auf Lithium in der Wärme[793] oder aus Lithiumhydroxyd, gelöst in Alkohol durch Fällung mit 30%igem Wasserstoffperoxyd und nachherigem Trocknen des Niederschlages[783]. Es ist nicht hygroskopisch. Die Bildungswärme beträgt 144,8 kcal, die thermische Dissoziation in Abhängigkeit vom Druck wird durch folgende Wertepaare wiedergegeben: t = 43°, p = 5 mm; t = 54°, p = 12 mm; t = 87°, p = 47 mm; t = 116°, p = 122 mm; t = 148°, p = 271 mm; t = 181°, p = 497 mm; t = 198°, p = 790 mm. Die Dissoziationswärme beträgt 13,6 kcal[654 a].

Die Verbindung $Li_2O_2 \cdot H_2O_2 \cdot 3\,H_2O$ entsteht beim Zusatz von viel Alkohol zu einer Lösung von Lithiumhydroxyd und Wasserstoffperoxyd in Form kleiner farbloser Kristalle (De Forcrand[794]). Durch längeres Stehen über Phosphorpentoxyd im Vakuum bleibt Li_2O_2 mit einem geringen Wassergehalt zurück.

Das Rubidium bildet die Peroxyde Rb_2O_2, Rb_2O_3 und Rb_2O_4. Sie können entweder durch langsame Zugabe von Sauerstoff zu Rubidium oder nach Joannis[747] mit Hilfe einer Lösung des Rubidiums in flüssigem Ammoniak und Durchleiten von Sauerstoff dargestellt werden. Blumenthal und Centerszwer[753] gingen vom Rubidiumsulfat aus, das sie mit Calcium im Vakuum zum Metall reduzierten, worauf dieses durch langsame Sauerstoffzugabe oxydiert wurde.

Rb_2O_2, F. = 570°; Bildungswärme = 118,1 kcal; Dissoziationswärme Q = 46,4 kcal.

Rb_2O_3 oder **$Rb_4(O_2)_3$** mit je einer O_2^{2-}- und einer O_2^{1-}-Gruppe, F. = 489°; Bildungswärme = 126,0 kcal; Dissoziationswärme Q = 30,9 kcal.

Rb_2O_4 = RbO_2, F. = 412°; Bildungswärme = 137,6 kcal; Dissoziationswärme Q = = 19,7 kcal[795]. Es bildet sich schon beim Darüberleiten von Luft oder Sauerstoff über das Metall bei gewöhnlicher Temperatur, wobei sich das Metall sehr stark erhitzt, unter Umständen sogar entzündet. Es stellt dunkelbraune Platten dar, die beim Erhitzen noch dunkler werden, leicht schmelzen und durchaus beständig sind.

RbO_2 ist das Endprodukt der Verbrennung von Rubidium und das beständigste Rubidiumperoxyd. Es zieht an der Luft Wasser und Kohlensäure an und zersetzt sich unter Sauerstoffentwicklung. In Wasser löst es sich unter Bildung von Rubidiumhydroxyd, Wasserstoffperoxyd und Sauerstoff (Erdmann und Köthner[796]).

Eine Verbindung $RbOOH \cdot H_2O_2$ wurde von E. Peltner[797] aus einer Lösung von Rubidiumhydroxyd in absolutem Alkohol und 30%igem Wasserstoffperoxyd in Form von schneeweißen Kristallen erhalten. Bei Temperaturen über 0° geht der weiße Körper in das gelb bis braun gefärbte RbO_2 über.

Caesium bildet die Peroxyde Cs_2O_2, Cs_2O_3 und Cs_2O_4. Die Darstellung erfolgt analog den entsprechenden Rubidiumverbindungen.

Cs_2O_2, F. = 594°; Bildungswärme = 120,5 kcal; Dissoziationswärme Q = 41,1 kcal.

Cs_2O_3 oder richtiger **$Cs_4(O_2)_3$**, F. = 502°; Bildungswärme = 126 kcal; Dissoziationswärme Q = 29,7 kcal.

Cs_2O_4 = CsO_2, F. = 432°; Bildungswärme = 141 kcal; Dissoziationswärme Q = = 25,6 kcal[664].

d) Ammoniumperoxyde.

Die Darstellung von reinem Ammoniumperoxyd ist J. D'Ans und O. Wedig[798] gelungen. Beim Einleiten von trockenem Ammoniakgas in eine absolut ätherische Lösung von etwa 98%igem H_2O_2, welche auf etwa −10° abgekühlt ist, scheiden sich schöne, klare Kristalle von der Zusammensetzung $NH_4 \cdot OOH$ (Ammoniumhydroperoxyd) ab. Die Substanz schmilzt bei + 14°. Melikoff und Pissarjewski[799], die diese Verbindung schon früher rein darstellten, geben einen Schmelzpunkt von −20° an.

Beim weiteren Einleiten von Ammoniak schmelzen die Kristalle von Ammoniumhydroperoxyd, worauf sich eine schwere ölige Schicht abscheidet, die bei etwa −40° gefriert[798]. Diese Masse besteht aus dem Ammoniumperoxyd $(NH_4)_2O_2$. Wird das Ammoniak in kräftigem Strom in die ätherische Wasserstoffperoxydlösung eingeleitet, so entsteht das Peroxyd sofort. Es gibt leicht Ammoniak ab, und zwar schon bei −10°. Im Äther ist es unzersetzt löslich.

Literaturverzeichnis.

[743] G. Bredig, Ztschr. Elektrochem. **32**, 581, 1906. — [744] F. Fischer und H. Plötze, Ztschr. anorgan. allg. Chem. **75**, 1, 1912. — [745] Gay-Lussac und Thénard, Recherches physico-chimiques **1811**, I, 151. — [746] Holt und Sims, Journ. chem. Soc. London **65**, 441, 1894. — [747] Joannis, Compt. rend. Acad. Sciences **116**, 1370, 1893. — [748] De Forcrand, ebenda **127**, 364, 1898. — [749] Ch. A. Kraus, und E. F. White, Journ. Amer. chem. Soc. **48**, 1786, 1926. — [750] F. Haber und H. Sachsel, Ztschr. physikal. Chem., Bodenstein-Festband **1931**, 831. — [751] J. Scott, Chem. Trade Journ. **65**, 383, 1920. — [752] M. Blumenthal, Roczniki Chemji **11**, 865, 1931; Chem. Ztrbl. **1932** I, 2419. — [753] M. Centnerszwer und M. Blumenthal, Bull. Int. Acad. Polon. Sciences Lettres, Serie A, 1933; Chem. Ztrbl. 1934 I, 2729. — [754] De Forcrand, Compt. rend. Acad. Sciences **127**, 364, 1898; **158**, 994, 1914. — [755] M. Bamberger, Ber. Dtsch. chem. Ges. **31**, 451, 1898. — [756] Harcourt, Quarterly Journ. Indian chem. Soc. **14**, 283, 1862. — [757] Duprès, Journ. Soc. chem. Ind. **13**, 198, 1894. — [758] C. Cengelis und St. Horsch, Compt. rend. Acad. Sciences **163**, 388, 1917. — [759] Dieselben, ebenda **163**, 440, 1917. — [760] H. Y. Castner, DRP. 67 094. — [761] H. Neuendorf, DRP. 95 063. — [762] P. L. Hulin, DRP. 224 480. — [763] E. Marguet, DRP. 273 666. — [764] J. Moltke-Hansen, DRP. 376 543. — [765] Verein für Chemische und Metallurgische Produktion, DRP. 459 075. — [766] Rößler-Haßlacher, E. P. 265 124. — [767] DRP. 453 751. — [768] DRP. 473 832. — [769] DRP. 672 055. — [770] Scheideanstalt, DRP. 557 904. — [771] Tafel, Ber. Dtsch. chem. Ges. **27**, 817, 1894. — [772] Anthropoff, Chem. Ztg. **35**, 670, 1911. — [773] Schöne, Liebigs Ann. **193**, 257, 1878. — [774] G. F. Jaubert, DRP. 120 136. — [775] De Forcrand, Compt. rend. Acad. Sciences **129**, 1246, 1899. — [776] Ebenda, **132**, 86, 1901. — [777] M. Bauer,

F. P. 320 321. — [778] I. G. Farbenindustrie A. G., DRP. 219 780. — [779] Drägerwerk, DRP. 310 671. — [780] Drägerwerk, DRP. 546 117. — [781] Tanatar, Ztschr. anorgan. allg. Chem. 28, 256, 1901. — [782] Holt und Sims, Journ. chem. Soc. London 65, 439, 1894. — [783] M. Blumenthal, Roczniki Chemji 12, 119, 232, 1932; 13, 5, 1933; Chem. Ztrbl. 1932 II 2589; 1933 II 1583. — [784] De Forcrand, Compt. rend Acad. Sciences 158, 991, 1914. — [785] G. F. Jaubert, DRP. 189 822. — [785a] A. I. A. Kazarnovskii und S. I. Raichstein, J. Phys. Chem. URSS 21, 245—55, 1947. — [786] Joannis, Chem. Ztrbl. 1935 I 1840. — [787] DRP. 143 216. — [788] DRP. 82 982. — [789] G. F. Jaubert, F. P. 738 418. — [790] Baeyer und Villiger, Ber. Dtsch. chem. Ges. 35, 3424, 1902. — [791] H. Hawley und H. J. S. Land, Journ. chem. Soc. London 123, 2891, 1923. — [792] J. D'Ans und W. Friederich, Liebigs Ann. 193, 276, 1878. — [793] Troost, Ann. Chim. Phys. (3) 51, 114, 1857. — [794] De Forcrand, Compt. rend. Acad. Sciences 130, 1465, 1900. — [795] M. Blumenthal, Roczniki Chemji 14, 233, 1934; Chem. Ztrbl. 1934 II 1996. — [796] Erdmann und Köthner, Liebigs Ann. 294, 63, 1857. — [797] E. Peltner, Ber. Dtsch. chem. Ges. 42, 1777, 1909. — [798] J. D'Ans und O. Wedig, Ber. Dtsch. chem. Ges. 46, 3075, 1913. — [799] Melikoff und Pissarjewski, Ber. Dtsch. chem. Ges. 30, 3146, 1897; 31, 446, 1898; Ztschr. anorgan. allg. Chem. 18, 89, 1898.

Zusammenstellung der Patentliteratur über Alkaliperoxyde.

D. 67 094. H. Y. Castner. Das Alkalimetall wird in einem Rohr von außen erhitzt und einem Luftstrom entgegengeführt.

D. 82 982. J. D. Riedel-E. de Haën A. G. Erhitzen von Alkalinitrat oder -nitrit mit CaO oder MgO zur Rotglut und nachfolgende Oxydation mit Luft.

D. 86 095 (A. 587 830). L. P. Hulin. Eine Legierung von Schwermetall mit Alkali- oder Erdalkalimetall wird durch Berührung mit Luft bei erhöhter Temperatur oxydiert, wonach die erhaltene Verbindung in ihre Komponenten zerlegt wird.

D. 93 314. N. Bergmann. Desinfektionsmittel, bestehend aus Alkaliperoxyden mit indifferenten Substanzen ($CaCO_3$, Talkum, gesättigte Kohlenwasserstoffe, Paraffin) und einer zur Bindung der dem Peroxyd entsprechenden Base gerade hinreichenden Menge Säure, wie Borsäure, bzw. sauren Salzen, wie Weinstein.

D. 95 063. H. Neuendorf. Zur Aufnahme des Na dienen flache Kammern, die mit einer Heizanlage versehen sind und mit einer Luftleitung in Verbindung stehen. Die Kammern können zyklisch vertauscht werden (Ringofen).

D. 120 136 (Ö. 28 165, E. 9461/1900). G. F. Jaubert. Darstellung von Natriumperoxydhydraten, wobei das feste Na_2O_2 in einer feuchtgehaltenen Kammer so lange bei 15° gelassen wird, bis es die dem gewünschten Hydrat entsprechende Menge Wasser aufgenommen hat.

D. 140 574. Derselbe. Entwicklung von O_2 durch Einwirkung von Wasser auf eine gepreßte Mischung von Na_2O_2 und Chlorkalk.

D. 189 822 (Ö. 36 442, F. 377 709, E. 7641/1907, A. 892 842, 897 980). Derselbe. Eine Legierung von K mit Pb, Sn oder Na wird bei langsamer Luftzufuhr erwärmt und K_2O nach seiner Abtrennung weiter oxydiert.

D. 143 216. Badische Anilin- u. Sodafabrik. KO_2 durch Schmelzen von K mit Salpeter bei Luftzutritt bei Temperaturen unterhalb der Sauerstoffentwicklung des Salpeters.

D. 190 140 (Ö. 35 684, Schw. 40 169, F. 358 167, E. 9458/1907). M. Haase. Alkaliperoxydpatrone, bestehend aus einem mit Alkaliperoxyd beschickten luft- und wasserdicht verschlossenen Hohlkörper aus Stearin.

D. 191 878. Zusatz zu 190 140. Derselbe. An Stelle von Stearin wird Paraffin, Ceresin oder Wachs verwendet.

D. 191 887. Zusatz zu D. 190 140. Derselbe. Im Innern eines Stückes Seife wird eine Aushöhlung mit Stearin, Paraffin, Ceresin od. dgl. ausgekleidet, mit Alkaliperoxyd gefüllt und durch einen mit Stearin od. dgl. an der unteren Fläche überzogenen Seifenstöpsel verschlossen.

D. 193 560. H. Försterling und H. Philipp. Sauerstoffentwickelndes Präparat aus geschmolzenem und erstarrtem Peroxyd.

D. 193 738. Zusatz zu D. 190 140. M. Haase. Alkaliperoxydpatrone. Eine aus Blech, Glas od. dgl. bestehende Hülse wird durch einen Stöpsel aus Stearin, Paraffin, Wachs od. dgl. verschlossen.

D. 193 739. Zusatz zu D. 190 140. Derselbe. An Stelle von Stearin werden mit dem Alkali seifenbildende Stoffe, wie Harze, verwendet.

D. 196 369. R. Wolffenstein. Alkalihydroperoxyd aus Alkoholaten der Alkalien oder Erdalkalien mit H_2O_2.

D. 200 052. C. Kampmann. Behälter zur Aufnahme von Waschpulver aus Alkaliperoxyd, dessen Abteile durch verschiebbare, in einem rohrartigen Körper eingesetzte Böden gebildet werden.

D. 200 817. Zusatz zu D. 190 140. M. Haase. Persaure Salze werden in einer aus Stearin, Harz od. dgl. hergestellten Patrone luft- und wasserdicht abgeschlossen aufbewahrt.

D. 216 898 (Ö. 40 454). F. Gonner. Haltbares Wasch- und Bleichmittel aus Na_2O_2 mit einer Schutzschicht von Chlorsubstitutionsprodukten der Paraffinreihe.

D. 219 042. Zusatz zu D. 216 898. Derselbe. Na_2O_2 wird mit einer Schutzschicht von Chlorsubstitutionsprodukten der Olefinreihe versehen.

D. 218 257. M. Bamberger, F. Böck und W. Wanz. Gemische der Peroxyde mit wasser- oder CO_2-abgebenden Stoffen, wie Gips, $NaHCO_3$, Natronkalk und Borsäure, werden an einer Stelle auf etwa 80° erwärmt, wodurch sich die Reaktion durch die ganze Masse fortsetzt.

D. 219 790. Farbenfabriken vorm. Friedrich Bayer & Co. Herstellung von Na_2O_2 bzw. -hydrat aus H_2O_2-Lösungen und Natronlauge im Überschuß.

D. 224 480 (Ö. 44 293, Schw. 44 684, F. 391 931). Soc. Electrochimie und P. L. Hulin. Eine in einer Kammer befindliche Retorte ist durch eine horizontale Scheidewand in zwei Kammern geteilt, die an einem Ende in Verbindung stehen, am oberen Ende eine Eintrittsöffnung für die oxydierende Luft und oberhalb der Retorte angeordnet einen elektrischen Heizkörper aufweisen.

D. 273 666 (Schw. 68 988, E. 11 174/1913). E. Marguet. Einwirkung von Luft auf erhitzte Alkalimetalle in fortlaufender Ausführung aller Phasen des Herstellungsverfahrens auf mechanischem Wege im Inneren des Oxydationsapparates.

D. 310 193. W. Trumpp. Peroxyde werden in Gegenwart von Wasser mit Salzen, deren Säuren mit den Basen der Peroxyde lösliche Verbindungen geben können, behandelt und das wasserhaltige Gemisch getrocknet.

D. 310 671. Drägerwerk H. und B. Dräger. Die dem gewünschten Hydratationsgrad entsprechenden Wassermengen werden auf Alkaliperoxyd in Gegenwart von Petroleum, Tetrachlorkohlenstoff, Perchloräthylen u. dgl. einwirken gelassen.

D. 376 543. J. J. Moltke-Hansen. Die Eisenbehälter oder Apparateteile bei der Herstellung von H_2O_2 werden mit einem Graphitüberzug versehen.

D. 453 751 (Ö. 113 309, Schw. 123 329). Scheideanstalt. Alkalioxyd wird im Drehrohrofen bis zur Bildung von Alkaliperoxyd mit oxydierend wirkenden Gasen behandelt.

D. 459 075 (Schw. 112 963). Aussiger Produktion. Durch Regelung des Luftzutrittes wird ein Ansteigen der Temperatur im Verbrennungsraum auf die Sinterungstemperatur der Reaktionsmasse verhindert, worauf das poröse Na_2O in einem zweiten Raum zu Na_2O_2 oxydiert wird.

D. 546 117. Drägerwerk H. u. B. Dräger. Definierte Hydrate der Alkaliperoxyde werden durch isotherme Destillation in der Weise hergestellt, daß die Ausgangsstoffe in eine Atmosphäre gebracht werden, deren Wasserdampfteildruck bestimmt ist durch Lösungsgemische, wie Schwefelsäure-Wasser oder Phosphorsäure-Wasser.

D. 557 904 (Schw. 161 562). Scheideanstalt. Alkalimetall wird in einer Knetmaschine der kontinuierlichen Oxydation bis zum Peroxyd unterworfen.

D. 608 830 (Ö. 140 836, Schw. 165 153, E. 399 040, A. 1 950 320). Österreichische Chemische Werke G. m. b. H. Trockene Metalloxyde oder wasserfreie Salze werden mit derart begrenzten Mengen der H_2O_2-Lösung und in solcher Menge vermischt, daß eine feuchte Mischung auch vorübergehend nicht entsteht.

D. 610 611. Zusatz zu D. 608 830. Dieselbe. Ein und derselbe Anteil von festem Ausgangsstoff wird in mehreren anschließend aufeinanderfolgenden Teilprozessen mit zusätzlichen Anteilen von H_2O_2-Lösung umgesetzt, wobei das Umsetzungsprodukt des vorhergehenden Teilprozesses vor der Fortsetzung der Behandlung jedesmal so weit entwässert wird, daß es weitere H_2O_2-Mengen aufzunehmen vermag.

Ö. 5196 (A. 709 490). G. F. Jaubert. Na_2O_2 in Form von dichten harten Pastillen durch Pressen in Eisenformen unter hohem Druck.

Ö. 46 615. Chemische Werke Kirchhoff u. Neirath. Eine durch Auflösen von Na_2O_2 in einer starken anorganischen oder organischen Säure erhaltene H_2O_2-Lösung wird zur Herstellung von Metallperoxyden verwendet.

Ö. 140 553. Österreichische Chemische Werke G. m. b. H. Ein Flüssigkeitsfilm von H_2O_2, der auf einer Unterlage aufgetragen ist, wird mit dem pulverförmigen Material zusammengebracht und unter einem Winkel geneigt, der größer ist als der Böschungswinkel des pulverförmigen Materials, so daß überschüssiges Pulver abfällt, während des benetzte Pulver durch Adhäsion an der Unterlage bleibt und von dieser als fertiges Gemisch aufgenommen wird.

Ö. 144 363 (F. 790 497, E. 449 360). I. G. Farbenindustrie A. G. Darstellung von Alkaliperoxyden durch Autoxydation von Hydrazobenzol im Kreislauf.

Schw. 50 539. A. G. vorm. Stolz & Kambli. In eine geschmolzene, anorganische, leicht schmelzbare wasserfreie Verbindung, wie Nitrate, werden Alkaliperoxyde eingetragen und das Ganze erstarren gelassen.

Schw. 92 682 (F. 491 386, E. 101 709). G. F. Jaubert. Poröses Alkaliperoxyd durch Einwirkung von Luft oder O_2 auf ein auf 300° erhitztes Alkalimetall mit einer solchen Geschwindigkeit, daß sich auf dem Metall brüchige und poröse Ausblühungen bilden.

Schw. 134 680 (D. 491 626). L. Hackspill und E. Rinck. Flüssige Legierung von Na und K für die Fabrikation von Peroxyden durch Einwirkung von geschmolzenem KCl auf Na.

F. 320 321. M. Bauer. Peroxydhydrat aus Peroxyd und Eis oder Schnee.

F. 359 912. Compagnie Générale de Phonographes, Cinématographes et Appareils de Précision. Schutz von Na_2O_2 gegen Feuchtigkeit durch einen Paraffinüberzug.

F. 366 526. The Roessler u. Hasslacher Chemical Co. Eine in Gegenwart von Feuchtigkeit O_2 abgebende Mischung, bestehend aus Na_2O_2 und einem Metalloxyd, wie CuO, MnO_2, NiO, Fe_2O_3.

F. 398 293 (E. 1150/1909, A. 965 016). F. Gruner. Vorbereitung des Na_2O_2 für die Wäscherei und Bleicherei durch Vermischen des gepulverten Peroxyds mit Tetrachlorkohlenstoff zu einer Paste.

F. 398 448 (E. 711/1909). E. Hermann. Der mit leicht löslichen Substanzen verschlossene Behälter für das Na_2O_2 befindet sich innerhalb einer Soda- oder Seifenmischung.

F. 408 476 (E. 23 188/1909, A. 909 017, 935 542). D. E. Parker. Austreiben der CO_2 aus Na_2O_2 durch elektrische Erhitzung und Überführung in Brikettform.

F. 420 293 (E. 3992/1911). V. Bollo und E. Cadenaccio. Peroxyde der Alkalien durch Mischen der entsprechenden Carbonate mit Katalysatoren, wie Ferro- oder Ferrisalzen, Kohle, Trocknen und Erhitzen.

F. 429 269 (E. 15 188/1911). Zusatz zu 15 487. S. A. des Usines de Rioupéreux. Zur Oxydation der Alkalimetalle wird ein Gemisch von Luft und Sauerstoff verwendet.

F. 429 306 (E. 15 189/1911). Dieselbe. Oxydation mit reinem O_2.

F. 440 588. Dieselbe. Oxydation der Alkalimetalle mit Ozon.

F. 441 034. Dieselbe. Das Alkalimetall befindet sich bei der Oxydation in fein pulverisiertem Zustande.

F. 713 136. S. A. de la Blanchisserie de Grenoble. Na_2O_2 wird in dünner Schicht auf etagenförmigen Blechen in einem geschlossenen Behälter mit Wasserdampf behandelt, der Boden des Behälters befindet sich in Wasser von 40°.

F. 738 418. F. P. Jaubert. Oxydation von K in einer Mischung mit Na, dessen Oxyde Wasser aufnehmen und daher als Schutzschicht für die K-Oxyde wirken.

F. 772 007 (E. 439 232). Derselbe. Darstellung von Na_2O_2 geringen spezifischen Gewichtes für Atmungsgeräte durch langsame Oxydation von Na.

F. 776 249. R. Gerson. Bildung von Peroxydhydraten durch Mischung von gepulvertem Na_2O_2 mit wasserabgebenden Stoffen und Erwärmen. Für Gasmaskenfüllungen.

F. 840 285. Soc. D'Électrochimie, d'Électrométallurgie et des Aciéries Électriques d'Ugine. Körniges Na_2O_2 durch Zusatz von 2% Na zu Na_2O bei 180 bis 220°, trockener Luftstrom.

E. 17 461/1900. G. F. Jaubert. Na_2O_2 in Form von Pastillen, eventuell mit Salzen vermischt.

E. 19 809/1905. W. Ph. Thompson. Ein Waschpulver mit Na_2O_2 wird derart verpackt, daß sich die Bestandteile erst beim Öffnen mischen.

E. 11 981/1906. G. F. Brindley. Na_2O_2 zum Regenerieren von Sauerstoff in geschmolzener Form, gemischt mit CuO.

E. 10 066/1910. L. Sarason. Als Katalysator zur Entwicklung von O_2 aus Peroxyden dient kolloidales Mangandioxyd.

E. 30 185/1910. E. Thoman. Alkaliperoxyde durch Schmelzen von Kaliumnitrat mit Alkalioxyden unter beständigem Umrühren.

E. 130 840. J. B. Pierce. SrO_2 aus SrO und O_2 unter Druck in der Hitze.

E. 265 124 (A. 1 796 241). The Roessler u. Hasslacher Chemical Co. Na_2O_2 durch Oxydation von Na in einer sauerstoffärmeren Atmosphäre als Luft zu Na_2O und weiterer Oxydation zu Na_2O_2 in einer sauerstoffreicheren Atmosphäre als Luft.

E. 280 554. Scheideanstalt. Sauerstoffentwickelnde Mischung aus Alkaliperoxyd und Katalysatoren, wobei auf 100 Teile Peroxyd nicht mehr als 9 Teile Wasser zur Einwirkung gelangen.

E. 320 985. Zusatz zu E. 280 554. Dieselbe. Behandlung mit 6 bis 7 Teilen Wasser auf 100 Teile Peroxyd unter Rühren und Kühlen.

E. 414 210 (F. 764 141). G. Gerson. Sauerstoffabgebende Präparate zur Luftgenerierung, wobei die Alkaliperoxyde in Mischung mit Peroxydhydraten mit einer Schutzhülle von Tetrachlorkohlenstoff versehen werden.

E. 503 382. Degussa. Mit Ni platierte eiserne Drehrohröfen.

E. 506 451. G. Parizot. Leicht lösliche Natriumperoxydtabletten, bestehend aus 2 Teilen Na_2O_2 und 3 Teilen NaCl.

A. 739 375. Ch. E. Baker und A. W. Burwell. Na wird geschmolzen und in die Schmelze Luft eingeblasen.

A. 879 452. H. Försterling. Die Reaktionswärme der Oxydation von Na mit O_2 wird zum Schmelzen des Na_2O_2 ausgenützt.

A. 909 017. D. E. Parker. Elektrischer Ofen zur Herstellung von geschmolzenem Na_2O_2.

A. 910 498. C. F. Carrier. Zu einer Schmelze von NaOH und $NaNO_3$ wird Na in Form einer Pb-Na-Legierung zugegeben und elektrolysiert, wobei die Pb-Na-Legierung als Anode dient. Es soll Na_2O_2 entstehen.

A. 1 000 701. E. Thomann. Wasch- und Bleichmittel, bestehend aus einer geschmolzenen und erstarrten Mischung von Na_2O_2 und $NaNO_3$.

A. 1 028 857. G. F. Brindley. Elektrischer Ofen zur Herstellung von geschmolzenem Na_2O_2.

B. Die Peroxyde der Erdalkalimetalle.

Die Metalle Calcium, Strontium und Barium sowie Magnesium und Beryllium können folgende Oxyde bzw. Peroxyde bilden:

CaO	SrO	BaO	MgO	BeO
CaO_2	SrO_2	BaO_2	$(MgO_2 \cdot xH_2O)$	—
CaO_4	(SrO_4)	BaO_4	—	—

Von Magnesium sind wohl Peroxydhydrate bekannt, nicht aber ein hydratfreies Magnesiumperoxyd, von Beryllium aber nicht einmal Peroxydhydrate. Die ausgeprägteste Neigung zur Bildung von Peroxyden finden wir beim Barium, das von obigen Metallen das elektronegativste ist, wie aus der folgenden Zusammenstellung hervorgeht: $Ba/Ba^{\cdot\cdot} = -2{,}96$ V; $Sr/Sr^{\cdot\cdot} = -2{,}95$ V; $Ca/Ca^{\cdot\cdot} = -2{,}8$ V; $Mg/Mg^{\cdot\cdot} = -2{,}35$ V; $Be/Be^{\cdot\cdot} = -1{,}67$ V. Die Bildungsmöglichkeit von Peroxyden nimmt daher mit der Stellung eines Metalles in der Spannungsreihe nach positiveren Normalpotentialen hin ab, d. h. die Affinität eines Metalles zum Sauerstoff sinkt mit dem Edlerwerden des Metallpotentials. Schon aus dieser Zusammenstellung geht hervor, daß nach dem Bariumperoxyd das Strontiumperoxyd am leichtesten darstellbar ist. Das Beryllium mit dem am wenigsten negativen Metallpotential vermag anscheinend keine Peroxyde mehr zu bilden.

a) Das Bariumperoxyd BaO_2 (s. auch S. 102, 369 und 372).

Das Bariumperoxyd hat heute noch eine ziemlich große technische Bedeutung, wenngleich es von seiner früheren dominierenden Stellung als wichtigstes Ausgangsmaterial für die Gewinnung von Wasserstoffperoxyd fast vollständig verdrängt ist. Es ist die älteste bekannte Perverbindung überhaupt, da es schon im Jahre 1799 von A. von Humboldt[1] erwähnt wird.

Chemische und physikalische Eigenschaften. Im reinen Zustand ist es ein rein weißes, lockeres Pulver, das im trockenen Zustande sehr beständig ist. Das technische Produkt des Handels, das 80 bis 90% BaO_2 enthält, war früher meist schwach grünlich gefärbt, welche Farbe von einer Verunreinigung durch Eisenverbindungen herrührte. Heute ist es nur mehr schwach gelblich gefärbt, da es mit einem nur sehr geringen Eisengehalt hergestellt werden kann. Die Gewinnung eines etwa 98%igen Bariumperoxyds ist auf die in der Technik üblichen Arbeitsweise nicht möglich. Dazu muß man vielmehr von einer reinen Bariumhydroxydlösung ausgehen, die mit starkem Wasserstoffperoxyd gefällt wird. Der Niederschlag wird sorgfältigst in einen mit Chlorcalcium gefüllten, von außen geheizten Vakuumexsiccator bei vermindertem Druck vorgetrocknet und dann über Phosphorpentoxyd im Vakuum bei 100° vollständig entwässert. Dieses reine Bariumperoxyd setzt sich mit Schwefelsäure ohne Salzsäurezusatz mit einer Ausbeute von über 96% um, was wohl im Gegensatz zum technischen Produkt auf die ungleich feinere Verteilung zurückzuführen ist[550].

Ein 100%iges Bariumperoxyd stellte W. Becker[800] durch Trocknen und Entwässern von Bariumperoxydhydrat bei 95° im Vakuum und unmittelbar darauffolgendem Behandeln des lockeren, porösen, reinen Bariumoxyds bei 500° mit Sauerstoff von 1 Atm., der mit Schwefelsäure getrocknet war, in einem Porzellanrohr her. Beide Methoden kommen wohl nur für laboratoriumsmäßige, aber nicht für technische Zwecke in Betracht.

Das spezifische Gewicht von BaO_2 beträgt 4,958, das aus dem Molvolumen des Octohydrats von 136,8 bestimmte Molvolumen des wasserfreien Bariumperoxyds etwa 30,0[469]. Bariumperoxyd ist paramagnetisch, die magnetische Suszeptibilität errechnet sich nach St. Meyer[801] zu $0{,}21 \cdot 10^{-6}$ bzw. $0{,}17 \cdot 10^{-6}$ bei 18°, bezogen auf die Masseneinheit. Die DE. wurde von A. Günther-Schulze und F. Keller[802] zu 10,7 bestimmt.

Bariumperoxyd kann elektrochemisch mit Kohle beim Erhitzen als Depolarisator wirken, so daß es in einem Element BaO_2-Kohle eine Spannung von 1 V geben kann. Der stromliefernde Vorgang besteht in der Reaktion $2\,BaO_2 + C = 2\,BaO + CO_2$. Die Spannung läßt erst nach, wenn das ganze Bariumperoxyd verbraucht ist. In der Kälte wird die Spannung des Elementes geringer[803].

Im geschlossenen Gefäß hält sich Bariumperoxyd sehr lange unzersetzt, an der Luft zieht es jedoch Feuchtigkeit und Kohlensäure an.

Die Bildungswärme des Bariumperoxyds ergibt sich aus den Gleichungen $Ba_{\text{fest}} + O_{2\,\text{gasförmig}} = BaO_{2\,\text{fest}} + 144{,}21$ kcal und $BaO_{\text{fest}} + \frac{1}{2} O_{2\,\text{gasförmig}} = BaO_{2\,\text{fest}} + 18{,}36$ kcal[804].

Ein genauer Schmelzpunkt des Bariumperoxyds ist nicht bekannt. Bei etwa 800° geht es in eine teigige Masse über, die unter Brodeln Sauerstoff abspaltet. Bei heller Rotglut ist es leichtflüssig. Unterhalb des Schmelzpunktes erfährt es vorerst eine starke Volumskontraktion[805]. Sehr wichtig ist das Verhalten des Bariumperoxyds beim Erhitzen. Die Reaktion des Bariumoxyds mit dem Sauerstoff ist nämlich reversibel: $2\,BaO + O_2 \rightleftharpoons 2\,BaO_2$, so daß beim Erhitzen die Reaktion von rechts nach links unter Sauerstoffabgabe verläuft. Drucksteigerung fördert die Oxydation, während eine Druckverminderung den Zerfall des Bariumperoxyds einleitet.

Vollkommen wasserfreies Peroxyd zersetzt sich ebensowenig wie es aus dem gänzlich wasserfreien Oxyd entsteht. Wasser oder vielmehr Bariumhydroxyd ist demnach für die Reaktion $2\,BaO + O_2 \rightleftharpoons 2\,BaO_2$ ein wichtiger Katalysator.

Die von J. Hildebrand[806] bei 710, 754 und 794° in Gegenwart von Wasser aufgenommenen Kurven des isothermen Sauerstoffabbaues von BaO_2, welche die von 1 g BaO_2 abgegebenen Kubikzentimeter O_2 angeben, zeigen, daß zu Beginn der Zersetzung sehr wahrscheinlich ein divariantes Gleichgewicht vorliegt, das eine feste Lösung von BaO in BaO_2 vermuten läßt. Das Gleichgewicht wird sodann univariant, da beim weiteren Verlauf der Zersetzung der Druck bei abnehmendem Sauerstoffgehalt konstant bleibt. Gegen Ende des Zersetzungsvorganges liegt wieder ein divariantes Gleichgewicht vor. Hildebrand erklärt das Konstantwerden des Druckes damit, daß im univarianten Gebiet die für die betreffende Temperatur an BaO gesättigten Lösungen von BaO_2 und die an BaO_2 gesättigten Lösungen von BaO koexistieren, während Lewis und Randall[108] (l. c. S. 459) annehmen, daß die Erscheinungen, welche Hildebrand der Bildung einer festen Lösung zuschreibt, in weitem Maße durch das Auftreten von Bariumhydroxyd verursacht sind und daß sich BaO und BaO_2 in einem univarianten System nahezu wie reine Stoffe verhalten.

In der nachstehenden Tabelle 19 sind die für das univariante System von Hildebrand gemessenen Drücke der Summe $p_{O_2+H_2O}$ und die Partialdrucke p_{O_2} nach Abzug des Partialdruckes p_{H_2O}, gemessen am Zersetzungsdruck des anwesenden Bariumhydroxyds, in mm Hg wiedergegeben.

Tabelle 19.

Temperatur °C	540	618	655	697	737	794	835	853	868
$p_{O_2+H_2O}$	2	18	41	91	193	479	871	1128	1401
p_{O_2}	—	11,3	26,8	65,4	141	378	718	937	1166

Die gemessenen Drücke können durch die Formel $\log p_{O_2} = -6850/T + 1{,}75\,T + 3{,}807$ wiedergegeben werden. Aus Hildebrands Sauerstoffdrucken errechnete Lewis und Randall[108] (l. c. S. 459) die freie Bildungsenergie für $BaO_{2\,\text{fest}}$ aus $BaO_{\text{fest}} + \frac{1}{2}\,O_{2\,\text{gasförmig}}$ zu 13,2 kcal pro Mol bei 25°.

Bei einer Temperatur von 840° beträgt der Sauerstoffdruck 1 Atm., bei $^1/_5$ Atm. Zersetzungsdruck, wie er zu Beginn der Zersetzung an der Luft herrscht, beträgt diese Temperatur etwa 740°. Die Bestimmung der thermischen Dissoziation durch Blumenthal[807] nach der Differentialmethode ergab folgende Werte: $t = 300°$, $p = 235$ mm; $t = 340°$, $p = 327$ mm; $t = 410°$, $p = 507$ mm; $t = 441°$, $p = 616$ mm; $t = 465°$, $p = 690$ mm; $t = 480°$, $p = 760$ mm.

Die Dissoziation der Erdalkaliperoxyde kommt bei niedrigen Drücken und Temperaturen zum Stillstande, was auf die Bildung fester Lösungen der Peroxyde im Oxyd zurückzuführen ist (Blumenthal[808]). Bei Beginn der Zersetzung tritt eine Induktionsperiode, dann die Erscheinung der vorübergehenden Assoziation des O_2 auf. Spuren von Wasserdampf begünstigen die thermische Zersetzung von BaO_2, besonders bei höheren Drücken. In besonders stark getrocknetem O_2 beginnt die Dissoziation erst oberhalb 600° und bei Drücken von 230 Atm. (C. B. Holtermann[809]).

Die Dissoziationswärme wurde nach Nernst zu 16,96 kcal berechnet (kalorimetrisch bestimmt 21,6 kcal). Bis zu etwa 700° liegt demnach das Gleichgewicht der Reaktion $BaO + \frac{1}{2}\,O_2 \rightleftharpoons BaO_2$ beim Erhitzen von Bariumoxyd an der Luft praktisch vollkommen auf der Seite der Peroxydbildung, während oberhalb 700° Zersetzung des Bariumoxyds unter Sauerstoffabspaltung vor sich geht. Bei vermindertem Druck findet die Zersetzung schon bei Temperaturen von 500 bis 600° statt. Diese Reaktion wurde früher in Verbindung mit der Oxydation des BaO zu BaO_2 bei gewöhnlichem oder erhöhtem Druck zur Darstellung von Sauerstoff verwendet, ist aber heute vollständig durch die Gewinnung des Sauerstoffes aus flüssiger Luft durch Rektifikation verdrängt worden.

Durch Zusatz verschiedener Stoffe, namentlich von Oxyden oder Metallstaub, erfährt das Gleichgewicht $BaO + \frac{1}{2} O_2 \rightleftarrows BaO_2$ eine starke katalytische Beeinflussung. Die Fremdstoffe bewirken in fast allen Fällen eine deutliche Erniedrigung der Zersetzungstemperatur. Von J. K. Kendall und F. J. Fuchs[810], von welchen diese Erscheinungen näher untersucht wurden, wird als Erklärung das Entstehen unbeständiger Verbindungen zwischen dem Bariumperoxyd und den Oxyden angenommen, die bei manchen Gemengen, in denen die Komplexe relativ beständig sind, nachgewiesen werden konnten.

Die Erniedrigung der Dissoziationstemperatur des Bariumperoxyds unter dem Einflusse gewisser Oxyde geht aus folgender Zusammenstellung von Kendall und Fuchs hervor, in welcher die reversible Zersetzungstemperatur des Gemisches bei einem Sauerstoffdruck von 1 Atm. wiedergegeben ist.

% BaO_2	HgO	MnO_2	Fe_2O_3	CuO	Ag_2O
10 . . .	280°	333° (?)	358° (?)	329°	201°
50 . . .	277°	324°	345°	322°	199°
90 . . .	283°	342°	323°	318°	226°

Von J. A. Hedvall, N. v. Zweigbergk und L. Hillert[811, 811a] ist eine Reihe weiterer Oxyde in ihrer Wirkung auf das Bariumperoxyd beim Erhitzen mit Hilfe von Erhitzungskurven untersucht worden. Nach diesen Ergebnissen sind diese Vorgänge derart aufzufassen, daß die Oxyde das Bariumperoxyd katalytisch zersetzen. Das gebildete BaO besitzt in statu nascendi ein sehr beträchtliches Reaktionsvermögen, so daß es mit sehr vielen Oxyden Verbindungen eingeht. Eine Verbindung zwischen BaO und den angeführten Oxydationsstufen wurde beim Erhitzen der folgenden Elemente beobachtet: Zn^{II}, Al, Ti^{IV}, Pb^{IV}, V^{V}, As^{V}, Sb^{V}, Ta^{V}, Cr^{VI}, Mo^{VI}, W^{VI}, U^{VI}, Mn^{VI}, Te^{VI}, Ni^{IV} (?), Co^{IV} (?). Eine Oxydation des zusammen mit dem Bariumperoxyd erhitzten Oxydes ohne Reaktion mit BaO fand bei CuO und Bi_2O_3 statt, während As_2O_3, Sb_2O_3, Sb_2O_4, Cr_2O_3, U_3O_8, MnO, Mn_2O_3, Mn_3O_4, Mn_2O_3, Fe_2O_3 und die Oxyde von Ni und Co (?) oxydiert wurden und Verbindungen mit BaO gaben. CuO, MgO, CaO, La_2O_3 (?) und CeO_2 wirken nur rein katalytisch. Ganz ohne Einwirkung waren nur SnO, SnO_2, ZrO_2. Besonders heftig ist die Einwirkung von Cu_2O, V_2O_5, Sb_2O_3, Cr_2O_3, MoO_3 und MnO, mit welchen bei etwa 200 bis 300° die Reaktion beinahe explosionsartig verläuft. Im nachstehenden sind in Tabelle 20 die Temperaturen, bei denen deutliche Sauerstoffentwicklung beobachtet wurde, meist bei einem Mischungsverhältnis von BaO_2 : Oxyd von 1 : 1, wiedergegeben.

Tabelle 20.

Temperatur in °C	Oxyde
130—140 . . .	AuO, Mn_3O_4
150—170 . . .	NiO, Al_2O_3, CdO
200—250 . . .	TiO_2, ZnO, CuO, SiO_2, MgO, V_2O_5, Sb_2O_3, Sb_2O_4, Bi_2O_3, Cr_2O_3, MoO, (MnO), Fe_2O_3
250—300 . . .	WO_3, U_3O_8, UO_3, Mn_2O_3
300—375 . . .	CaO, La_2O_3, Ta_2O_5, CoO, Co_3O_4, MnO_2
465, 490, 500 .	As_2O_3, CeO_2, PbO

Je reiner demnach das Bariumoxyd ist, desto besser wird es sich zur technischen Herstellung von BaO_2 eignen. Auf die Reaktion $BaO + \frac{1}{2}O_2 \rightleftarrows BaO_2$ ist ein geringer

Wassergehalt von großer Bedeutung, da, wie W. Becker[800] feststellte, vollkommen trockener Sauerstoff reines BaO nicht zu oxydieren vermag. Am günstigsten erwies sich nach Becker ein Feuchtigkeitsgehalt von 0,001 g Wasser/l Luft, der sich dann einstellt, wenn das Gas durch konzentrierte Schwefelsäure gewaschen wurde. Sowohl niedrigere als auch höhere Wassergehalte vermindern die Peroxydbildung, wahrscheinlich zufolge einer Verminderung der Reaktionsgeschwindigkeit. In der folgenden Tabelle sind Versuche von Becker (l. c. S. 14) über die Bildung von BaO_2 bei gleichen Zeit- und Druckverhältnissen mit dem günstigsten Wassergehalt des Sauerstoffs wiedergegeben. Sie lassen erkennen, daß eine Peroxydbildung bei 180° erst spurenweise beginnt und bei 950° nicht mehr erfolgt. Das Optimum der Bariumperoxydbildung liegt bei Temperaturen zwischen 500 und 600°.

Temp. °C .	180	200	250	300	350	400	500	600	700	750	800	900
% BaO_2 . .	Spur	3,4	9,3	16,3	71,7	95,6	99,8	100,0	95,7	61,4	18,9	0,8

Becker konnte eine Reaktionsbeschleunigung in dem für die Peroxydbildung sehr ungünstigen Temperaturbereich bis etwa 180° auch bei einem Sauerstoffüberdruck von 50 bis 60 Atm. nicht beobachten. Hingegen fanden Askenasy und Rose[550], daß bei einer Einwirkung von strömendem Sauerstoff unter Überdruck die Reaktion derart beschleunigt wird, daß auch unterhalb 500° innerhalb weniger Minuten hochwertiges Bariumperoxyd erhalten wird.

Der starke Einfluß des Feuchtigkeitsgehaltes des Sauerstoffes auf die Bildung von Bariumperoxyd läßt Rückschlüsse auf den Reaktionsverlauf zu. Die Bildung und Zersetzung des BaO_2 über Sauerstoffatome nach G. Bodländer[812] nach $BaO + O = BaO_2$ ist wohl kaum richtig, da nicht einzusehen ist, weshalb eine Dissoziation des Sauerstoffmoleküls eintreten soll. Mehr Wahrscheinlichkeit besitzt die Auffassung von C. Engler und J. Weißberg[813], wonach die Reaktion folgendermaßen verlaufen soll: $Ba\langle{}^{OH}_{OH} + O_2 = Ba\langle{}^{O}_{O}| + H_2O_2$, genauer nach C. Engler[814] über folgende Zwischenstufen. $BaO + H_2O = Ba(OH)_2$ und $Ba(OH)_2 + O_2 = BaO_2 + H_2O_2$; $H_2O_2 = H_2O + \frac{1}{2}O_2$. Eine Dissoziation des Sauerstoffes findet also nicht statt, die Bariumperoxydbildung vollzieht sich daher über die Sauerstoffmoleküle. Sehr viel Wahrscheinlichkeit besitzt jedoch die bereits auf S. 85 angegebene Bildungsweise unter Verdopplung des Moleküls, da dann die Bindungsverhältnisse einem stabileren Sechserring an Stelle eines instabilen Dreierringes entsprechen würden.

Wie N. Sasaki[815] zeigen konnte, ist für die Oxydationsgeschwindigkeit nicht die sehr schnell verlaufende Oxydation $2\,BaO + O_2 \rightleftharpoons 2\,BaO_2$, sondern die überlagerte Erscheinung des Transportes von Sauerstoff innerhalb der festen Phase maßgebend.

Weitere Bildungsweisen. Außer den bereits angeführten Bildungsweisen gibt es noch eine Reihe weiterer, die jedoch nur rein wissenschaftliches Interesse besitzen. So entsteht Bariumperoxyd beim Verbrennen von metallischem Barium an der Luft[816]. Bariumamalgam, das in einer flachen Porzellanschale ausgebreitet im Autoklaven bei 15° 10 Stunden lang einem Sauerstoffdruck von 60 Atm. ausgesetzt war, gibt die Reaktion auf Bariumperoxyd. Bariumoxyd und -hydroxyd oxydieren sich unter diesen Bedingungen im Amalgam nicht (W. Becker[800], S. 42 bis 44). Bei höherer Temperatur, z. B. 100°, wird das gebildete Peroxyd durch Barium sehr rasch zum Oxyd reduziert, so daß in diesem Fall der Nachweis von Bariumperoxyd nicht gelingt.

Aus Bariumammoniat erhält man beim Einleiten von Sauerstoff in das flüssige

Ammoniak ein Produkt mit 7,5% BaO_2 neben hauptsächlich BaO[817]. Genügend hoch erhitztes Bariumoxyd vermag nicht nur mit dem Sauerstoff der Luft, sondern auch mit sauerstoffreichen Verbindungen unter Bildung von Peroxyd zu reagieren. So entsteht beim Aufstreuen von Kaliumchlorat auf glühendes Bariumoxyd Bariumperoxyd, das nach dem Erkalten und Auslaugen des Kaliumchlorids mit Wasser als Bariumperoxydhydrat gewonnen wird[818].

Die Peroxydhydrate und Hydroperoxyde lassen sich beim vorsichtigen Trocknen in wasserfreies, sehr reines Peroxyd überführen. Jedoch setzen die letzten Wasserreste der Entwässerung einen großen Widerstand entgegen. Durch isothermen Abbau gelingt z. B. beim Octohydrat die Entfernung von 7,5 Molekülen Wasser verhältnismäßig leicht, während das letzte halbe Molekül sich erst oberhalb 200° entfernen läßt[819, 469].

BaO_2 als Oxydationsmittel. Ebenso wie die Alkaliperoxyde wirkt auch das Bariumperoxyd beim Erhitzen als kräftiges Oxydationsmittel. Schon bloße Berührung oder Reibung mit organischen Stoffen, wie Holz, Geweben o. dgl., oder Schlag kann Explosionen oder Brände verursachen. Wasserstoff wird in der Hitze unter Funkensprühen und Bildung von Bariumhydroxyd aufgenommen. Mit Schwefelblumen entsteht beim Erhitzen Schwefeldioxyd. Dieses reagiert mit trockenem erhitztem Bariumperoxyd unter Feuererscheinung und Bildung von Bariumsulfat. Auch in der Kälte erfolgt mit Schwefeldioxyd unter starker Erwärmung Bariumsulfatbildung. Stickoxyd und Stickoxydul bilden in der Hitze Bariumnitrat. Trockener Chlorwasserstoff wird unter Entwicklung von Cl_2, Cl_2O, unter Umständen auch O_3 zersetzt. Jod reagiert im Überschuß bei leichtem Erwärmen unter Bildung von Bariumjodid und einem Bariumperoxyd, das O. Rammelsberg[820] für BaO_3 hielt. Kohlenstoff auch in Form von Carbid wirkt auf Bariumperoxyd unter sehr starker Wärmeentwicklung ein. Bringt man an einer Stelle durch leichtes Erwärmen die Reaktion in Gang, so pflanzt sich diese von selbst durch die ganze Masse fort. Auch mit Kohlenoxyd findet eine heftige Reaktion statt, die in einem schnellen Strome des Gases erhitztes Bariumperoxyd bis zur Weißglut bringen kann, wobei auch Flammenerscheinungen auftreten. Kohlensäure zersetzt Bariumperoxyd unter starker Wärmeentwicklung und unter Sauerstoffabspaltung. Fein gepulvertes Silizium reagiert explosionsartig mit Bariumperoxyd. Die große Reaktionswärme kann zum Reduzieren von Metalloxyden ähnlich dem Goldschmidtschen aluminothermischen Verfahren ausgenützt werden[821]. Metalle wirken in der Hitze auf Bariumperoxyd zersetzend ein.

Einwirkung von Wasser und Säuren. In Wasser ist Bariumperoxyd nur wenig löslich. Es bildet sich mit diesem unter geringer Wärmeentwicklung Bariumperoxydoctohydrat, nach längerer Einwirkung Wasserstoffperoxyd und Bariumhydroxyd. Zufolge der alkalischen Reaktion von Bariumhydroxyd findet dann auch Zersetzung des Wasserstoffperoxyds statt. Wegen dieses Verhaltens wirkt das Gemisch von Bariumperoxyd und Wasser ebenso wie eine alkalische Lösung von Wasserstoffperoxyd.

Mit verdünnten Säuren, wie Salz-, Schwefel-, Phosphor-, Fluß-, Kohlen- und Kieselfluorwasserstoffsäure, gibt das Bariumperoxyd Wasserstoffperoxyd, die älteste Darstellungsart für das Wasserstoffperoxyd in der Technik. Konzentrierte Salzsäure wird nach $3\,BaO_2 + 8\,HCl = 3\,BaCl_2 + 4\,H_2O + Cl_2 + O_2$ zersetzt, sie ist demnach zur Gewinnung von konzentrierteren Wasserstoffperoxydlösungen aus Bariumperoxyd ungeeignet. Konzentrierte Schwefelsäure reagiert mit BaO_2 unter Sauerstoffentwicklung, der meist ozonhältig ist, sehr heftig. Im Reaktionsgemisch ist jedoch kein Wasserstoffperoxyd nachweisbar. Kohlensäure reagiert in wäßriger Lösung bei erhöhtem Druck ähnlich wie eine andere Säure unter Wasserstoffperoxydabscheidung[550]. Die Einwirkung der Säuren erfolgt am schnellsten, wenn das Bariumperoxyd hydratisiert ist (Näheres siehe die technische Darstellung S. 107 ff.).

Mit Lösungen von Salzen bildet sich zunächst Wasserstoffperoxyd, das dann weitere Reaktionen ausführen kann. Alkalicarbonat- oder -sulfatlösungen bilden Bariumcarbonat bzw. -sulfat und alkalische Lösungen von Wasserstoffperoxyd. Hypochlorite wirken unter Zersetzung und Sauerstoffentwicklung ein.

Bei der Einwirkung von Wasserstoffperoxyd auf schwach alkalische Bariumsalzlösungen unterhalb 30° oder aus dem Octohydrat und Wasserstoffperoxyd, und zwar am günstigsten bei etwa 0°, entsteht die Additionsverbindung $BaO_2 \cdot 2\,H_2O_2$[822]. Sie bildet weiße Kristalle, die in wäßriger Lösung langsam, bei höherer Temperatur rascher in das Octohydrat übergehen. Zwischen 30 und 60° C entsteht das $BaO_2 \cdot H_2O_2$[722].

Hydrat. Mit Wasser bildet das Bariumperoxyd nur ein Octohydrat $BaO_2 \cdot 8\,H_2O$. Das von Berthelot[823] vermutete Dekahydrat $BaO_2 \cdot 10\,H_2O$ hat sich als ein nicht genügend entwässertes Octohydrat erwiesen. Dieses entsteht direkt aus gesättigten Bariumhydroxydlösungen mit etwa 3%igen Wasserstoffperoxydlösungen[824, 822, 469] oder durch umgekehrte Fällung von Wasserstoffperoxydlösungen mit Bariumhydroxyd[559]. Der nach letzterer Arbeitsweise erhaltene Niederschlag enthält aber nicht das reine Octohydrat, sondern neben $n\,H_2O$ auch m Moleküle H_2O_2, wobei aber $m + n = 8$ ist. Meist wird aber derart vorgegangen, daß man das Bariumperoxyd in einer Säure, z. B. Salzsäure, löst und aus dieser Lösung mit Bariumhydroxyd das Bariumperoxydhydrat ausfällt.

Aus allen Bariumsalzlösungen fällt Natriumperoxyd gleichfalls das Bariumperoxydoctohydrat[822]. Aus Erdalkalisulfidlösungen wird von G. F. Jaubert[825] Erdalkaliperoxydhydrat gefällt. Die Firma E. Merck[826] stellte es durch Einwirkenlassen von Bariumhydroxydlösungen auf festes Bariumperoxyd her. E. Henkel und Co. und H. Wade[827, 828] erzeugten die Peroxydhydrate von Barium, Calcium und Strontium durch Elektrolyse einer 3%igen Erdalkalihydroxydlösung, die 1,5% Kaliumcarbonat enthält, wobei bei 0° unter kräftigem Rühren Sauerstoff eingeleitet wird. Ähnlich arbeitete H. Schulze[829] sowie E. Luther[830].

Das Bariumperoxydoctohydrat $BaO_2 \cdot 8\,H_2O$ stellt schöne kleine, glänzend weiße, perlmutterartig glänzende Kristalle dar, deren Dichte 2,292 beträgt. Es ist in kaltem Wasser nur wenig löslich (100 Teile Wasser lösen bei Raumtemperatur etwa 0,168 Teile Peroxydoctohydrat), wobei aber Zersetzung in Bariumhydroxyd und Wasserstoffperoxyd erfolgt, da die Lösung alkalisch reagiert. In organischen Lösungsmitteln ist es unlöslich, absoluter Alkohol wirkt entwässernd, Glyzerin zersetzend. An der Luft verwittert es, ebenso in gut geschlossenen Gefäßen, wobei die Kristalle ihr rein weißes glänzendes Aussehen verlieren und opak werden. Von der Kohlensäure der Luft wird es unter Bariumcarbonatbildung angegriffen. Gegen dehydratisierende Einflüsse ist es sehr empfindlich. Wird es langsam entwässert, so kann die Entwässerung bis zu etwa $BaO_2 \cdot 0{,}5\,H_2O$ verhältnismäßig glatt vorgenommen werden, bei weiterer Entwässerung über 200° tritt aber Zersetzung unter Sauerstoffabgabe ein. Bei rascher Erhitzung entweicht neben dem Wasser auch Sauerstoff, während Bariumhydroxyd zurückbleibt. Die große Empfindlichkeit der Peroxydhydrate gegen Entwässerung ist die Ursache dafür, daß sich bei ihrer Untersuchung derart große Unterschiede bei der Bestimmung des Hydratwassers ergeben haben. Die in der Literatur beschriebenen Bariumperoxydhydrate mit 10, 7, 6, 2 oder 1 Molekülen Wasser sind auf Untersuchungsfehler zurückzuführen. Der Verlauf der Entwässerungskurve läßt nämlich keine Rückschlüsse auf die Existenz anderer Hydrate als das Octohydrat zu (Nogareda[469]).

Verwendung. Bariumperoxyd wird zur Herstellung von Wasserstoffperoxyd und Sauerstoff, als Bleich- und Desinfektionsmittel und zur Erzeugung der Zündkirschen beim Goldschmidtschen Thermitschweißverfahren verwendet. Diese besteht aus einem Gemisch von 1 g Magnesiumpulver und 7 g BaO_2 und wird z. B. durch einen auf elektrischem Wege zum Glühen gebrachten Eisendraht zur Reaktion gebracht.

Höhere Bariumperoxyde. Die Existenz von höheren Bariumperoxyden ist wohl in der Literatur behauptet worden, jedoch ist nur das BaO_4 mit Sicherheit nachgewiesen. Marg. Carlton[831] beschreibt ein Bariumperoxyd der vermutlichen Formel BaO_3, das sie durch Fällung von Bariumhydroxyd mit überschüssigem 30%igem H_2O_2 bei 15°, Waschen des Niederschlages mit kaltem Wasser und kurzes Trocknen mit Phosphorpentoxyd als gelbliches, nicht kristallinisches Pulver erhielt. Beim Stehenlassen wurde es dunkler und ging allmählich in BaO_2 über. Es enthielt weder freies noch gebundenes H_2O_2. Mit salpetersaurer Kaliumjodid- oder -bromidlösung oder starker Salzsäure reagierte es viel lebhafter als Bariumperoxyd, beim Erhitzen mit Schwefelblumen entstand kein SO_2. Die analytische Untersuchung ergab annähernd die Zusammensetzung BaO_3.

BaO_4. Von E. Schöne[832] wurde beobachtet, daß das von ihm entdeckte farblose $BaO_2 \cdot H_2O_2$ allmählich gelb wird, diese Gelbfärbung aber nach Erreichung einer gewissen Intensität wieder verliert. Zwischen der farblosen und der gelben Substanz bestand der Unterschied, daß sich nur das gelbgefärbte Produkt in Säuren unter Sauerstoffentwicklung löste. Schöne führte diese Erscheinung auf die Existenz eines sauerstoffreichen Bariumperoxyds, nämlich BaO_4, zurück.

Durch Bestimmung der Sauerstoffmengen, die sich aus zu verschiedenen Zeitpunkten entnommenen Proben eines und desselben $BaO_2 \cdot H_2O_2$ mit Säuren entwickeln, stellten dann W. Traube und W. Schulze fest[833], daß das entwickelte Sauerstoffvolumen parallel geht mit der Intensität der Gelbfärbung. Aus der Menge des beim Lösen entwickelten Sauerstoffes berechneten sie, daß das untersuchte Präparat einen Gehalt von etwa 8% BaO_4 enthielt. Seine Entstehung wurde auf die gleichzeitig nebeneinander verlaufenden Vorgänge $2\,BaO_2 \cdot H_2O_2 = 2\,BaO_2 + 2\,H_2O + O_2$; $BaO_2 + O_2 = BaO_4$, also durch Vereinigung eines Sauerstoffmoleküls mit einem Molekül Peroxyd zurückgeführt. Eine Bestrahlung mit ultraviolettem Licht beschleunigte die Bildung von BaO_4.

Ein sepiabraunes Bariumozonid soll beim Einleiten von Ozon in eine Lösung von Barium in flüssigem Ammoniak entstehen[834]. Es ist äußerst unbeständig, da es schon beim Verdunstenlassen des Ammoniaks zerfällt.

b) Das Strontiumperoxyd SrO_2 (s. auch S. 249).

Beim Strontium erfolgt die Peroxydbildung nicht mehr so leicht wie beim Barium, so daß es aus diesem Grunde nahezu keine technische Bedeutung besitzt. Strontiumoxyd gibt auch beim Erhitzen mit Sauerstoff kein Peroxyd, selbst wenn man den Sauerstoffdruck auf 12 Atm. erhöht[835]. Erst bei einem Sauerstoffdruck von 100 Atm. entsteht es aus dem Oxyd in einer Ausbeute von 15 bis 16%, wobei die optimale Temperatur 400° beträgt[836]. Wie widerspruchsvoll die Angaben in der Literatur auf dem Gebiete der Perverbindungen sind, kann z. B. daraus ersehen werden, daß in dem A. P. 1 325 043 von J. B. Pierce angegeben ist, daß unter ähnlichen Bedingungen ein 85%iges Strontiumperoxyd gebildet wird.

Bergius[837] schlägt vor, Barium-, Strontium- oder Calciumoxyd in einer indifferenten Schmelze, z. B. in Alkalihydroxyden, zu lösen, wodurch jedes kleinste Teilchen des Oxyds bei der Oxydation dem eingeleiteten Sauerstoff zugängig gemacht werden kann. Nach der Abkühlung soll die Schmelze mit Alkohol behandelt werden, um das Ätznatron zu lösen, während das Peroxyd zurückbleibt. Der Alkohol wird durch Destillation vom Natriumhydroxyd getrennt und beide Substanzen wieder verwendet.

Im Gegensatz zu Bariumperoxyd kann wasserfreies Strontiumperoxyd durch Fällung einer sehr konzentrierten Strontiumsalzlösung mit Wasserstoffperoxyd in der

Wärme erhalten werden, z. B. in der Lösung des Nitrats in 30%igem Wasserstoffperoxyd bei 55° nach Zusatz von konzentriertem Ammoniak[822]. Das wasserfreie Strontiumperoxyd wird auch aus dem Hydrat durch Entwässern gewonnen. In geringer Menge entsteht es beim schwachen Glühen von Strontiumcarbonat im Platintiegel, auch beim Durchleiten von Sauerstoff durch eine Lösung von Strontium in flüssigem Ammoniak oder bei der Behandlung von Strontiumamalgam mit Sauerstoff von 60 Atm. Druck (Becker[700], l. c. S. 42, 46). Beim Verbrennen von Strontiummetall und Sauerstoff entsteht nur das Oxyd.

Das Strontiumperoxyd stellt eine mikrokristallinische weiße Substanz dar, die in Wasser sehr wenig löslich ist, wobei keine Sauerstoffentwicklung erfolgt. Von Säuren und Ammonchloridlösungen wird es leicht gelöst, in organischen Lösungsmitteln ist es unlöslich.

Die Bildungswärme ergibt sich aus $SrO_{fest} + \frac{1}{2} O_{2\,gasförmig} = SrO_{2\,fest} + 108{,}75$ kcal, aus $Sr_{fest} + O_{2\,gasförmig} = SrO_{2\,fest} + 151{,}71$ kcal[803]. Das Molvolumen beträgt 28,3. Beim starken Erhitzen zerfällt es unter Sauerstoffabgabe in das Oxyd. Von M. Blumenthal[783] wurden für verschiedene Temperaturen folgende Zersetzungsspannungen in mm Hg gemessen:

Temperatur °C . . .	33	121	152	172	181	194	200	209	215
mm Hg	8	106	189	280	375	488	592	648	750

Für höhere Temperaturen gibt C. B. Holtermann (l. c. [809, 677a]) folgende Wertepaare an: 1 at bei 356°, 32 ± 5 at bei 515 bis 520° und 105 ± 10 at bei 590 bis 600°.

Die Wärmetönung berechnet sich nach Nernst zu 13,5 kcal, während der kalorimetrisch bestimmte Wert 21,6 kcal ergab. Bei reinen Produkten soll die Zersetzungsgeschwindigkeit bei 232° eine plötzliche Steigerung erfahren[827].

Das Strontiumperoxyd bildet ebenso wie das Bariumperoxyd ein Octohydrat $SrO_2 \cdot 8\,H_2O$. Das von Forcrand[806] beschriebene Hydrat mit 9 Wasser ist wahrscheinlich auf ungenügende Entwässerung zurückzuführen. Das Octohydrat entsteht aus Strontiumsalzen in schwach alkalischer Lösung bei gewöhnlicher Temperatur durch Fällen mit Wasserstoffperoxyd oder mit Natriumperoxyd[469, 822].

Elektrolytische Darstellungsverfahren sind bereits bei der Gewinnung von Bariumperoxydoctohydrat besprochen worden[828, 829, 830]. Die Octohydrate der Erdalkaliperoxyde sind in ihrem Aussehen und Verhalten sehr ähnlich. Das Strontiumperoxydoctohydrat stellt glänzend weiße, perlmutterglänzende Schuppen von einer Dichte 1,951 und einem Molvolumen von 135,1 dar, die an der Luft allmählich verwittern und opak werden. 12 500 Teile Wasser vermögen bei 20° nur einen Teil Strontiumperoxydhydrat zu lösen[807]. In organischen Lösungsmitteln ist es unlöslich, absoluter Alkohol entwässert, Glyzerin wirkt zersetzend. Vom Wasser wird es hydrolysiert.

Bei der Entwässerung verhält es sich vollkommen gleichartig wie das Bariumperoxydoctohydrat. Die Wasserabgabe beginnt schon bei oberhalb 60°, das letzte ½ Molekül Wasser wird aber erst oberhalb 200° unter gleichzeitigem Sauerstoffverlust des Peroxyds abgegeben.

Aus Sr_2Cl_2-Lösungen mit H_2O_2-Lösungen gefälltes $SrO_2 \cdot 8\,H_2O$ kann nur bei 90 bis 100° und einem Druck von 140 bis 160 Atm. im Verlaufe von 30 Stunden ohne Zersetzung getrocknet werden. Bei niedrigeren Temperaturen verläuft die Zersetzung schneller als die Trocknung (C. B. Holtermann, l. c. [809, 677a]).

Strontiumperoxyd bildet ähnlich wie das Bariumperoxyd mit H_2O_2 bei niedriger Temperatur eine Anlagerungsverbindung $SrO_2 \cdot 2\,H_2O_2$[822], die ein gelblich-weißes Pulver darstellt und in wäßriger Lösung in das Strontiumperoxydoctohydrat übergeht.

c) Calciumperoxyd, Calcium peroxydatum, CaO_2 (s. auch S. 249).

Durch Erhitzen von Calciumoxyd mit Luft oder Sauerstoff, auch unter Druck, oder Schmelzen mit Kaliumchlorat konnte bisher keine Calciumperoxydbildung beobachtet werden[800] (Becker, S. 35 bis 36). Die Ursache ist darin gelegen, daß man nach Riesenfeld und Nottebohm[838] bei 200 bis 300° gar nicht so hohe Sauerstoffdrucke erreichen kann, als zur Calciumperoxydbildung notwendig wären. Bloß Struwe[839] erwähnt, daß völlig eisenfreies Calciumcarbonat bei Rotglut nachweisbare Mengen von Calciumperoxyd ergibt. F. Hundshagen[840] fand in Glühprodukten von bariumfreiem Kalk in Sauerstoff sowie in lange feucht gebliebenem Gipsverputz Peroxydsauerstoff.

W. Becker[800] (S. 40) stellte Calciumperoxyd aus einer Lösung von Calcium in flüssigem Ammoniak und Durchleiten von Sauerstoff her. Die beste erzielte Ausbeute betrug jedoch nur 2,8% CaO_2. Auch beim Calciumamalgam konnte bei Behandlung mit feuchter Luft oder Sauerstoff deutliche Peroxydbildung nachgewiesen werden. Beim Verbrennen von Calciummetall in Sauerstoff oder Luft entsteht jedoch nur CaO.

Nach M. Blumenthal[783] kommt Calciumperoxyd in zwei Modifikationen vor: α-CaO_2, beständig bei niedrigen Temperaturen und langsam dissoziierend, und β-CaO_2, beständig bei höheren Temperaturen und leicht dissoziierbar. Das α-CaO_2 entsteht durch Fällung. Die thermische Dissoziationsspannung des CaO_2 nach der Kompensationsmethode ergab für verschiedene Temperaturen folgende Werte:

Temperatur °C	68	81	93	97	102
mm Hg	163	348	562	731	750

Unterhalb einer Temperatur von 220° ist die Dissoziation des Calciumperoxyds sehr langsam, weil das α-Caciumperoxyd dissoziiert. Oberhalb von 220° findet die Umwandlung des α-CaO_2 in das β-CaO_2 statt, und die Dissoziationsgeschwindigkeit nimmt plötzlich zu. Die Reaktion $2\,CaO_2 \rightleftharpoons 2\,CaO + O_2$ ist umkehrbar, aber die Geschwindigkeit der Assoziation ist viel kleiner als die der Dissoziation. (Über die wahrscheinliche Konstitution des α-CaO_2 und β-CaO_2 siehe S. 86.)

Die Wärmetönung ergibt sich aus der Reaktionsgleichung $Ca + O_2 = CaO_2 +$ $+ 157{,}33$ kcal[841] und $CaO_{fest} + \frac{1}{2} O_{2\,gasförmig} = CaO_{2\,fest} + 5{,}43$ kcal. Die Hydratationswärme ergibt sich aus der Reaktionsgleichung $CaO_{2\,fest} + 8\,H_2O_{flüssig} =$ $= CaO_2 \cdot 8\,H_2O_{fest} + 15{,}636$ kcal, bzw. $CaO_{2\,fest} + 8\,H_2O_{fest} = CaO_2 \cdot 8\,H_2O_{fest} +$ $+ 4{,}196$ kcal[842].

Beim Eintragen von CaO_2 in Wasser soll sich ein Dihydrat $CaO_2 \cdot 2\,H_2O$ bilden[835]. Nach den Untersuchungen Nogaredas[460] ist aber nur die Existenz eines Octohydrats anzunehmen. Dieses bildet sich aus Calciumchlorid in ammoniakalischer Lösung mit Wasserstoffperoxyd oder Zusatz von wäßrigem Calciumhydroxyd zu einer Lösung von Wasserstoffperoxyd. Weiters kann es auch durch Fällung von Calciumsalzen mit Natriumperoxyd erhalten werden.

Die technische Darstellung kann gleichfalls aus Kalkmilch und Wasserstoffperoxyd erfolgen[837]. Andere Darstellungsverfahren für das Peroxyd sind bereits beim Barium- bzw. Strontiumperoxyd besprochen worden[825, 829, 830]. G. F. Jaubert[837] preßt ein Gemisch von gleichen Molen Calciumhydroxyd und wasserfreiem Natriumperoxyd zusammen, wobei eine harte, porzellanähnliche Masse entsteht, die beim Einwerfen in kaltes Wasser sich fast mit theoretischer Ausbeute zu Calciumperoxydhydrat umsetzt. An Stelle von Calciumhydroxyd kann man auch mit gleich gutem Erfolg Barium-, Strontium- oder Magnesiumhydroxyd verwenden. Auch Natriumperoxydhydrat läßt sich mit gelöschtem Kalk beim Behandeln mit geringen Wassermengen in Calciumperoxydhydrat überführen[843]. Diese Umsetzung kann auch durch feuchte Luft bei einer trockenen Mischung von Natriumperoxydhydrat und trockenem Calciumhydroxyd bewirkt werden[844]. Nach O. Liebknecht[845] wird Calciumperoxydhydrat aus einer Calciumchloridlösung mit ammoniakalischem Wasserstoffperoxyd, das aus Natriumperoxyd, Wasser und Ammonchlorid gewonnen wurde, dargestellt.

Das Calciumperoxydoctohydrat stellt einen rein weißen, schuppigen Körper dar. Das chemische Verhalten und die Entwässerung entsprechen vollkommen den bereits behandelten Barium- und Strontiumperoxydoctohydraten. Schöne[846] und De Forcrand[847] berichten über eine Anlagerungsverbindung $CaO_2 \cdot H_2O_2$.

Das Calciumperoxydpräparat, das nach dem DRP. 222 401 der Chemischen Werke Kirchhoff und Neirath aus einem Calciumsalz und einer alkalischen Wasserstoffperoxydlösung erhalten wurde, enthält 60% CaO_2 mit 13,5% aktivem O bzw. 80%igem CaO_2 mit 17,8% aktivem Sauerstoff[807].

Das Calciumperoxyd wird für hygienische und kosmetische Zwecke verwendet. Es bildet ein gelbes kristallinisches Pulver und schmeckt adstringierend. Nach Sensbery[848] findet es als Sauerstoff abgebendes Mittel in Mischung mit sauren Salzen in Zahnpasten Verwendung. Auch für Bleichereizwecke soll es benützt werden können. Baumwollsamen werden nach Zusatz von Schwefelsäure schnell gebleicht und ranziges Öl wird gebrauchsfähig gemacht. Frischer Apfelsaft wird durch Calcium- und Magnesiumperoxyd konserviert. Für medizinische Zwecke wurde es als „Gorit“ in den Handel gebracht.

Das Calcium bildet auch ein höheres Peroxyd CaO_4[833, 849, 850]. Traube und Schulze[833] erhielten es aus Calciumperoxydoctohydrat durch Einwirkung von 30%igem Wasserstoffperoxyd in der 5- bis 6fachen Menge und in der Wärme auf dem Wasserbad bis zum Auftreten lebhafter Sauerstoffentwicklung, Abfiltrieren und Trocknen des Niederschlages. Die Verbindung ist erbsengelb gefärbt und spaltet bei der Einwirkung von Säuren Sauerstoff ab.

Literaturverzeichnis.

[800] W. Becker, Dissertation der Badischen Hochschule Karlsruhe, 1909. — [801] St. Meyer, Monatsh. f. Chem. **20**, 809, 1899. — [802] A. Günther-Schulze und F. Keller, Ztschr. physikal. Chem. **75**, 78, 1932. — [803] D. Korda, Compt. rend. Acad. Sciences **120**, 615, 1895. — [804] De Forcrand, Ann. Chim. Phys. (8) **15**, 464, 1908. — [805] J. A. Hedvall, Ztschr. anorgan. allg. Chem. **104**, 164, 1918. — [806] J. H. Hildebrand, Journ. Amer. chem. Soc. **34**, 250, 1912. — [807] M. Blumenthal, Roczniki Chemji **13**, 5, 1933; Chem. Ztrbl. 1934 I 3166. — [808] M. Blumenthal, J. Chim.-physique **34**, 627—40, 1937. — [809] C. B. Holtermann, Ann. Chimie (11) **14**, 121—206, 1940. — [810] J. K. Kendall u. F. J. Fuchs, Journ. Amer. chem. Soc. **43**, 2017, 1921. — [811] J. A. Hedvall u. N. von Zweigberg, Ztschr. anorgan. allg. Chem. **108**, 119, 1929. — [811a] J. A. Hedvall u. L. Hillert, Arkiv Kemi, Mineral., Geol. A **19**, No. 15, 9 Seiten, 1944. — [812] G. Bodländer, Über langsame Verbrennung; in F. B. Ahrens, 1899, Bd. 3, S. 340. — [813] C. Engler u. J. Weißberg, Ber. Dtsch. chem. Ges. **33**, 1106, 1900. — [814] C. Engler, Ztschr. Elektrochem. **18**, 946, 1912. — [815] N. Sasaki, Memoirs Coll. Science, Kyoto Imp. Univ. **5**, Nr. 1, 1921; Chem. Ztrbl. 1922 III 20. — [816] J. J. Berzelius, Lehrbuch der Chemie, 5. Aufl. 1856, Bd. 2, S. 134. — [817] R. C. Mentzel, Compt. rend. Acad. Sciences **135**, 740, 1902; Bull. Soc. chim. France (3) **29**, 585, 1903. — [818] Liebig u. Wöhler, Pogg. Ann. **24**, 172, 1832. — [819] E. P. 3261/1872; Ber. Dtsch. chem. Ges. **7**, 1029, 1874. — [820] O. Rammelsberg, Journ. prakt. Chem. 107, 364, 1869. — [821] Askenasy u. Ponnaz, Ztschr. Elektrochem. **14**, 810, 1908. — [822] E. Ch. Riesenfeld u. N. Nottebohm, Ztschr. anorg. allg. Chem. **89**, 406, 1914. — [823] Berthelot, Compt. rend. Acad. Sciences **90**, 1880, 335. — [824] Schöne, Ber. Dtsch. chem. Ges. **6**, 1173, 1873. — [825] G. F. Jaubert, DRP. 128 418. — [826] E. Merck, DRP. 170 351. — [827] E. Henkel & Cie., Chem. Ztrbl. 1935 II 797. — [828] H. Wade, E. P. 1687/1915. — [829] H. Schulze, DRP. 422 351. — [830] E. Luther, DRP. 482 344. — [831] Marg. Carlton, Journ. chem. Soc. London **127**,

2180, 1925. — [832] E. Schöne, Liebigs Ann. **192,** 275, 283, 1878. — [833] W. Traube u. W. Schulze, Ber. Dtsch. chem. Ges. 54, 634, 1921. — [834] W. Strecker u. H. Thienemann, Ber. Dtsch. chem. Ges. 53, 2097, 1920. — [835] Foregger u. Philipp, Journ. Soc. chem. Ind. **25,** 298, 461, 1906; Chem. Ztrbl. 1906 I 1598; 1906 II 207. — [836] Thénard, Ann. Chim. Phys. **8,** 313, 1818. — [837] Mond, E. P. 1683/1883. — [838] Riesenfeld u. Nottebohm, Ztschr. anorgan. allg. Chem. **90,** 371, 1915. — [839] Struwe, Ztschr. analyt. Chem. **11,** 22, 1872. — [840] F. Hundshagen, Chem. Ztg. **62,** 328—29, 1938. — [841] Compt. rend. Acad. Sciences **146,** 217, 1908. — [842] Ebenda **130,** 1308, 1900. — [843] DRP. 132 706. — [844] A. P. 729 767. — [845] O. Liebknecht, A. P. 847 670. — [846] Schöne, Liebigs Ann. **192,** 281, 1878. — [847] De Forcrand, Compt. rend. Acad. Sciences **130,** 1250, 1900. — [848] Sensbery, DRP. 191 210. — [849] Conroy, Ber. Dtsch. chem. Ges. **6,** 769, 1873. — [850] Riesenfeld u. Nottebohm, Ztschr. anorgan. allg. Chem. **89,** 405, 1914.

Zusammenstellung der Patentliteratur über die Herstellung von Bariumoxyd, insbesondere für die Bariumperoxydherstellung.

D. 64 349. Ch. Dienheim. Überführung von $BaCO_3$ in BaO durch Erhitzen mit Kohle unter Einblasen von reinen heißen Gasen in die Retorte.

D. 101 734 (E. 13 519/1897). W. Field. Erhitzung des $BaCO_3$ in einem Schachtofen mit Gasen unter Ausschluß von Feuchtigkeit.

D. 104 171. Bonnet, Ramel, Savigny, Giraud und Marnas. $BaCO_3$ und Kohlestaub werden in Schmelztiegeln, die im Inneren mit Papier, Karton oder einer ähnlichen pflanzlichen Fasermasse ausgekleidet sind, erhitzt.

D. 108 255. Dieselben. Wasserhaltiges BaO wird bei 150 bis 200° getrocknet, gepulvert, mit Kohle vermischt und in mit Kohle ausgekleideten Ton- und Graphittiegeln auf 1000 bis 1200° erhitzt.

D. 108 599 (Ö. 1155, F. 335 677, E. 21 392/1903, A. 870 691). H. Schulze. $BaCO_3$ bzw. $SrCO_3$ wird in einem elektrischen Ofen geschmolzen.

D. 111 667. Ch. Schenck, Bradley und Ch. D. Jacobs. $BaSO_4$ wird mit Kohlenstoff im elektrischen Ofen erhitzt.

D. 128 500 (Schw. 23 548). P. Martin. Bei der Überführung von $Ba(NO_3)_2$ in BaO ist der Boden zusammenliegender Muffeln mit einer eingeschobenen wasserdichten Scheidewand versehen, welche eine sehr starke Erhitzung ohne Durchsickern gestattet.

D. 135 330. A. R. Franck. $BaCO_3$ und $SrCO_3$ werden der Einwirkung der Karbidverbindung derselben Base unterworfen.

D. 142 051. Ch. Schenck, Bradley und Ch. B. Jacobs. Bariumkarbid und Ba-Hydroxyd werden in molekularem Verhältnis gemischt und erhitzt.

D. 149 803. W. Feld. $BaCO_3$ und Kohle werden in Kapseln von ovalem Querschnitt erhitzt.

D. 158 950 (E. 4217/1904, Ö. 21 308, F. 341 200, A. 779 210). Gebr. Siemens & Co. Dem $BaCO_3$ wird beim Erhitzen Kohle und Bariumnitrat zugemischt.

D. 172 070. H. Schulze. Nicht poröses BaO wird mit Kohle und Bariumnitrat gemischt und der Einwirkung strahlender Wärme elektrischer Lichtbögen oder von Generatorgas ausgesetzt.

D. 190 955. Badische Anilin- u. Sodafabrik. Zur Erzielung einer gleichmäßigen Erhitzung des Gemisches von $BaCO_3$ und Kohle wird dieses in diskontinuierlich geheizten Kapselstößen oder Retorten gebrannt, indem die Flammengase parallel zu deren Achse geführt werden.

D. 195 287. N. Herzberg. Zusatz von BaO_2 zum $BaCO_3$ beim Glühen.

D. 198 861. K. Puls, K. Krug und Norddeutsche Chemische Fabrik. Ba- und Sr-Nitrat durch Einwirkung einer wäßrigen Lösung von Ca-Nitrat auf die Carbonate von Ba und Sr.

D. 200 987. Gebr. Siemens & Co. Zusatz zu D. 158 950. Das durch Bindemittel plastisch gemachte und in Stäbe oder Stränge gepreßte Gemenge von BaO oder $BaCO_3$ mit $Ba(NO_3)_2$ wird allmählich in den Reaktionsraum eingeführt.

D. 204 476. Traine und Hellmers. Ba- und Sr-Nitrat wird aus Ba- bzw. Sr-Oxalat oder Phosphat und wäßrigem Ca-Nitrat hergestellt.

D. 205 167. Dieselben. Die Sulfide des Ba und Sr werden mit Ca-Nitrat in der Wärme umgesetzt.

D. 231 645 (Schw. 43 473). H. Schulze. $BaCO_3$ und Kohle werden direkt elektrothermisch mit gleichzeitigen elektrolytischen Wirkungen zersetzt.

D. 240 267 (Ö. 40 418). Derselbe. Beim Erhitzen von $BaCO_3$ und Kohle wird an den Seiten des Behälters ein Raum freigelassen.

D. 242 243. Chemische Werke vorm. H. Byk. Ba-Nitrat durch doppelte Umsetzung von $BaCO_3$ mit Kalksalpeter in der Schmelze.

D. 248 524. A. G. für Chemische Industrie und H. Kühne. Ba-Nitrat wird aus einer Schmelze von Ba-Sulfat und Ca-Nitrat, plötzlichem Abkühlen und Auslaugen mit Wasser hergestellt.

D. 249 489. Chemische Fabrik vorm. H. Byk. Zusatz zu D. 198 861. Umsetzung zwischen $BaCO_3$ und Ca-Nitrat in Wasser bei gewöhnlicher Temperatur.

D. 258 593. Chemische Fabrik Coswig-Anhalt G. m. b. H. $BaCO_3$ und Kohle werden unter vermindertem Druck reagieren gelassen, wobei indirekte elektrische Widerstandsheizung und gasundurchlässige Ofenwände verwendet werden.

D. 259 626 (Ö. 53 879, Schw. 55 372, F. 405 638, E. 30 323/1909, A. 1 008 070). Ch. Rollin und The Hedworth Barium Co. Zwischen der Charge, bestehend aus entwässertem Ba-Hydroxyd, und der Ofensohle ist eine Schutzschicht aus losem BaO, BaO_2 oder Ba-Nitrat vorgesehen.

D. 259 997 (F. 441 565, E. 6176/1912, A. 1 047 077). Chemische Fabrik Grünau, Landshoff u. Meyer A. G. und W. Kirchner. $BaCO_3$ wird unter Fernhalten des CO_2 der Heizgase in völlig gasdichten Gefäßen geglüht.

D. 268 532 (Ö. 62 012, Schw. 50 074, F. 408 677, E. 27 587/1908, A. 1 015 345). Ch. Rollin und The Hedworth Barium Co. Bariumhydrat wird in 5 bis 8 cm hohen Schichten bei 160 bis 200° in einem Vakuum von etwa 457 bis 508 mm Hg-Säule entwässert.

D. 269 239 (Ö. 46 380, Schw. 49 904, F. 423 644, E. 26 140/1909, A. 974 921). Dieselben. Ein Gemisch von wasserfreiem Bariumhydrat wird mit BaO_2 oder Ba-Nitrat auf einer Unterlage von ungeschmolzenem BaO in einem Muffelofen schnell auf 600 bis 1000° erhitzt.

D. 276 621 (Schw. 55 371, F. 421 355, E. 26 696/1909, A. 974 993, 1 017 593). Dieselben. Kristallisiertes Bariumhydrat wird bei einer Temperatur von wenig über 100° geschmolzen, unter allmählichem Steigen der Temperatur bis 220° der Einwirkung eines Stromes eines heißen inerten Gases zur Verdampfung des Wassers ausgesetzt, die Krusten gebrochen und weiter entwässert.

D. 290 445. W. Lampe. Anwendung eines mit flammenloser Verbrennung arbeitenden Glühofens mit heb- und senkbarem Flammenfilter.

D. 339 002. L. Löwenstein. Das erhitzte Gemisch von $BaCO_3$ und Kohle wird während des Durchleitens eines indifferenten Gases gleichzeitig umgelagert.

D. 395 433. Rhenania Verein Chem. Fabriken A. G. und J. Looser. Die Erhitzung von $BaCO_3$ und Kohle wird in Gegenwart von temperaturerniedrigenden Kontaktkörpern, wie Oxydverbindungen des Eisens, vorgenommen.

D. 396 214 (Ö. 65 065, Schw. 98 556, F. 448 158, E. 191 215). Chemische Fabrik Coswig-Anhalt G. m. b. H. und W. Dieterich. $BaCO_3$ und Kohle wird in elektrischen Vakuumdrehöfen unter Aufrechterhaltung eines hohen Teilvakuums einer fortwährenden Umlagerung unterworfen.

D. 417 019. Dieselben. Anwendung des vorigen Verfahrens auf die Herstellung von hochprozentigem SrO.

D. 427 223. Kali-Chemie A. G., J. Marwedel und J. Looser. Ausfällung des $BaCO_3$ aus Bariumsulfidlösungen mit CO_2 unter Zusatz von Alkalicarbonat.

D. 431 617. H. Schulze. $BaCO_3$ und Kohle wird in Ruhe der strahlenden Hitze von elektrischen Heizquellen von zwei oder allen Seiten gleichzeitig ausgesetzt.

D. 440 382. Rhenania Verein Chem. Fabriken A. G. Das Gemisch von $BaCO_3$ und Kohle wird in Formen gefüllt, deren äußere Umgrenzung aus Papier od. dgl. besteht, hierauf einem leichten Druck ausgesetzt und samt der äußeren Umhüllung gebrannt.

D. 441 736 (A. 1 673 985). Dieselbe. Technisches Ba-Hydroxyd wird zur Gewinnung von reinem $BaCO_3$ mit kohlensauren Alkalien behandelt.

D. 442 135 (E. 270 559, A. 1 640 652). F. Falco. Schwefelfreies Bariumcarbonat wird durch Zusatz von Oxalsäure oder Ameisensäure zu dem aus Ba-Sulfidlösungen gefällten Carbonat und Erhitzen hergestellt.

D. 443 237. P. Askenasy und R. Rose. Das mit großem Überschuß von Kohle versehene Ba-Carbonat wird während oder nach dem Glühen mit Luft oder O_2 behandelt.

D. 444 122. Zusatz zu D. 443 237. Dieselben. Verbrennung der überschüssigen Kohle mit Wasserdampf.

D. 446 863 (A. 1 615 515). Rhenania Verein Chem. Fabriken A. G. Schwerspat wird mit CO-haltigen Gasen bei hoher Temperatur reduziert und das gelöste BaS mit den CO_2-haltigen Abgasen des Reduktionsprozesses behandelt.

D. 478 166. Zusatz zu D. 431 617. Chemische Fabrik Siesel. Es wird dauernd ein geringer Unterdruck aufrechterhalten.

D. 493 267. Kali-Chemie A. G., J. Marwedel und J. Looser. Zusatz zu D. 427 223. Das gefällte $BaCO_3$ wird in Gegenwart von Na_2CO_3 unter Druck erhitzt und mit Wasser die S-Verbindung ausgewaschen.

D. 505 111. P. Askenasy und R. Rose. Röhrenförmiger Ofen zur Gewinnung von BaO aus $BaCO_3$ und Kohle, der in zwei Abteilungen geteilt ist, zwischen denen sich eine Öffnung in der Ofenwand befindet.

D. 565 232 (E. 334 709). B. Laporte Ltd., G. E. Weber und V. W. Slater. Bariumcarbonat aus BaS, $Ba(SH)_2$ oder anderen Ba-Schwefelverbindungen durch Zusatz zu einer Lösung von Kohlensäure oder einer Lösung von Ba-Carbonat in solcher Menge, daß stets CO_2 oder Ba-Bicarbonat anwesend ist.

D. 590 854. Kali-Chemie A. G. Die Gase, die über das Gemisch von Ba-Carbonat und Kohle beim Erhitzen darüberstreichen, werden vom Wasser, CO_2 und oxydierenden Stoffen befreit.

D. 610 098 (E. 411 402). Dieselbe. Apparat aus Siliziumkarbid oder dieses enthaltenden feuerfesten Stoffen.

F. 331 438. W. Feld. Die Mischung von $BaCO_3$ und Kohle wird von einer Kohlehülle umgeben.

F. 333 724. A. N. Helouis, L. Manclaire und E. Meyer. Ba-Sulfat wird mit Kohle und Holzzellulose zu Bariumsulfid reduziert, ausgelaugt, mit CO_2 gefällt und geglüht.

F. 354 419. P. Seurre. Ba-Sulfat wird durch doppelte Umsetzung mit $CaCl_2$ in $BaCl_2$ und dieses durch doppelte Umsetzung mit Ammoncarbonat in Ba-Carbonat übergeführt.

F. 375 386. C. Limb und F. Louis. Die nitrosen Gase von der BaO-Herstellung aus Ba-Nitrat werden durch elektrische Funkenstrecken wieder in NO_2 übergeführt.

E. 151/1885. L. A. und A. Birn. Herstellung von wasser-, kohlensäure- und nitratfreiem BaO durch Erhitzen von Ba-Nitrat und Erkaltenlassen im Vakuum.

E. 7867/1885. A. Birn. Herstellung von BaO aus Ba-Hydroxyd durch Erhitzen im Vakuum, Überführung in BaO_2.

E. 19 470/1898. W. R. Lake. Ba-Hydroxyd wird mit Kohle gemischt, vorerst auf 150° zur Entwässerung und dann in einem mit Kohle ausgefütterten Ofen sehr stark erhitzt.

E. 135 285 (A. 1 305 618). J. B. Pierce. $BaCO_3$ wird ohne Zusatz eines Reduktionsmittels in sehr hohem Vakuum erhitzt.

E. 259 395. B. P. Hill. BaO aus $BaCO_3$ durch dessen Erhitzung in fein verteiltem Zustande.

E. 331 878. G. Th. Shine. Eine Mischung von $BaCO_3$ und Kohle wird in einer Retorte erhitzt, wobei kalte Luft über die Einfüllöffnung geleitet wird.

E. 357 795. I. G. Farbenindustrie A. G. Die Erdalkalicarbonate werden mit Zusatz von Kohle auf eine Temperatur von 700° in einer Wasserstoffatmosphäre erhitzt.

E. 360 503. Ch. H. Thomson, H. E. Alcock und G. Th. Shine. $BaCO_3$ und Kohle werden in einem Tunnelofen erhitzt.

E. 363 299. E. L. Rinan. $BaCO_3$ und Kohle werden mit der äquivalenten Menge $CaCO_3$ bei 1400° gebrannt.

A. 649 202. W. Feld. Brennen von $BaCO_3$ und Kohle in einem Ringofen.

A. 886 607. Ch. B. Jacobs. $BaCO_3$ wird in einem Überschuß von Kohle fein verteilt und erhitzt.

A. 1 041 583. H. Bornemann. $BaCO_3$ und Kohle wird in einem schwachen Vakuum erhitzt.

A. 1 067 595. A. W. Ekstron. $BaCO_3$ wird ohne Kohlezusatz in Gegenwart von Kohlenwasserstoffgasen erhitzt.

A. 1 133 392. Sb. B. Newbery und H. N. Barredt. Ba-Sulfat wird mit BaO gemischt und unter Umrühren auf 1300° erhitzt.

A. 1 243 190. I. G. Farbenindustrie A. G. und Kremers. $BaCO_3$ wird mit Kohle zu Briketts geformt und in einem Muffelofen in BaO und CO übergeführt.

A. 1 250 642. B. Peacock. $BaCO_3$ wird mit einem inerten Material, wie CaO, gemischt, mit Wasser, Ba-Hydrat ausgezogen und der Rückstand wieder für einen neuen Ansatz verwendet.

A. 1 326 332. H. Fleck. $BaCO_3$ wird mit Kohle gemischt, in eine Holzschachtel gegeben, mit hochschmelzendem losem Material umgeben, in ein Gefäß aus hochschmelzendem Material eingepackt und erhitzt.

A. 1 358 327. P. Reecke. Eine Retorte befindet sich in einem Drehrohr zum Brennen von $CaCO_2$.

A. 1 634 338. J. B. Pierce. Eine Ba-Sulfidlösung wird mit CO_2 behandelt und dabei das Ausfällen von Oxyschwefelverbindungen verhindert.

A. 1 697 722. C. Deguide. Ba wird von Ba-Silicaten als $BaCO_3$ durch deren Behandlung mit CO_2 und Entfernung der gelatinösen SiO_2 durch kaustische Alkalien gewonnen.

A. 1 799 989. F. Rüsberg. Ba-Silikat wird mit Wasser bei erhöhter Temperatur behandelt und so Ba-Hydroxyd gewonnen.

A. 1 861 892. S. Wittouck. Die mit der Kohle eingeführte Kieselsäure wird durch Alkalicarbonatlösungen entfernt.

A. 1 913 289. M. J. Rentschler. $BaCO_3$ wird mit Kohle vermischt und in eine Kapsel aus Ton und Kohle eingepackt und auf 800 bis 1300° erhitzt.

Zusammenstellung der Patentliteratur über Barium-, Strontium- und Calciumperoxyd und deren Hydrate.

D. 31 358. P. Degener und J. Lach. Knochenkohle wird in angefeuchtetem Zustande unter öfterem Umwenden den Sonnenstrahlen ausgesetzt und das gebildete H_2O_2 zur Erzeugung von Peroxyden der Alkalien und Erdalkalien verwendet (?).

D. 82 982. J. D. Riedel-E. de Haën A. G. Ein Gemisch von $NaNO_3$ wird mit einem großen Überschuß von CaO oder MgO erhitzt und die poröse Masse dann mit Luft oxydiert.

D. 128 418 (E. 2504/1901). G. F. Jaubert. Erdalkaliperoxydhydrate durch Einwirkung von Erdalkalisulfidlösungen auf eine Alkaliperoxydhydratlösung.

D. 128 617 (Ö. 10 327). Derselbe. Peroxyde der Erdalkalien und Erdmetalle, insbesondere von CaO_2 durch Zusammenpressen von Na_2O_2 mit dem Hydrat dieser Metalle und Einwerfen in Eiswasser.

D. 132 706 (Ö. 10 398, E. 17 460/1900, A. 733 047). Derselbe. Eine Mischung von gelöschtem Kalk und Natriumperoxydhydrat mit wenig Wasser oder Kalkmilch wird mit einer Lösung von Na-Peroxydhydrat behandelt und die sich bildende Lösung von NaOH abfiltriert.

D. 170 351. E. Merck. Ba-Peroxydhydrat durch Einwirkenlassen von Ba-Hydroxyd auf BaO_2.

D. 232 001 (Ö. 52 619, F. 427 866, E. 8503/1911, A. 1 015 286). F. Bergius. Die Überführung der Erdalkalioxyde in die Peroxyde erfolgt in einer indifferenten Schmelze von Alkali und Durchleiten von Luft oder Sauerstoff unter Druck.

D. 249 072 (E. 24 817/1910, F. 420 470). V. Bollo und E. Cadenaccio. Ba-, Sr,. K- und Na-Peroxyd werden durch Erhitzen des Carbonats in Gegenwart einer geringen Menge metallischen, in statu nascendi befindlichen Eisens hergestellt.

D. 250 417. Zusatz zu D. 249 072 (E. 40 270/1911, F. Zusatzpt. 13 296). Dieselben. An Stelle von Fe werden Mn, Ni, Co, Cu, Cr oder Gemische dieser Metalle verwendet.

D. 254 314. Soc. Italiana dei Forni Elettrici und G. A. Barbieri. Im elektrischen Ofen hergestelltes BaO wird fein gemahlen und bei erhöhter Temperatur mit O_2 oder Luft behandelt, gemahlen und nochmals unter Erhitzen auf Rotglut einer weiteren Oxydation unterworfen.

D. 258 235. Dieselben. Der O_2 oder die Luft werden unter allmählich gesteigertem Druck zur Einwirkung gebracht.

D. 403 116. Scheideanstalt. Bariumperoxydhydrat durch Vermahlen von BaO_2 mit Wasser.

D. 422 531. H. Schulze. Ba-, Sr- und Ca-Peroxyd durch Elektrolyse einer warmen oder heißen Erdalkalisulfid- oder -hydroxydlösung in einem geschlossenen Anodenbehälter mit Eisenanoden und Kohlekathoden.

D. 426 034 (Schw. 118 961). A. F. Meyerhofer. Ba-Phosphat wird mit H_2SiF_6 umgesetzt, das gefällte $BaSiF_6$ von der Phosphorsäure getrennt, durch Wärme in BaF_2 und SiF_4 zerlegt, dieses zur Rückgewinnung der H_2SiF_6 benutzt, das BaF_2 mit Ca-Hydroxyd in Bariumhydroxyd und dieses in BaO_2 übergeführt.

D. 426 735. Zusatz zu D. 426 034. Derselbe. Das BaF_2 wird mit Nitraten solcher Metalle, die schwerlösliche Fluoride bilden, wie Ca, zu den Fluoriden dieser Metalle und Ba-Nitrat umgesetzt, dieses in BaO und weiter in BaO_2 übergeführt.

D. 482 344. E. Luther. Ba-, Sr- und Ca-Peroxydhydrat werden durch kontinuierliche Elektrolyse einer auf unter 0 bis 12° C gekühlten Erdalkalisulfid- oder -hydroxydlösung im Vakuum hergestellt, das Peroxyd dauernd abfiltriert und der Lauge außerhalb des Kathodenraumes CO_2 freie Luft, O_2 oder O_3 zugeführt.

D. 577 319. L. Lindemann. Das Gemisch von $BaCO_3$ und Ruß wird kontinuierlich in gleichmäßiger Schicht unter Erneuerung seiner Oberfläche an der Heizquelle vorbeigeführt und das poröse, noch heiße BaO in einer mit dem Reduktionsofen gasdicht verbundenen Oxydationskammer mit Luft behandelt.

D. 738 196. J. Stepanek. Anlagern von O_2 an CaO_2 durch mindestens 100-stündiges Glühen von CaO_2 in Gegenwart von $(CaK)_2Pt_2(CN)_{10}$ in einer O_2-Atm. bei 500 bis 2000° und 2 bis 100 Atm.

E. 1683/1883. Mond. Fällung von Ca-Peroxydhydrat aus Kalkmilch und H_2O_2.

E. 13 411/1892. H. Y. Castner. Einwirkung von Na_2O_2 auf Erdalkali- oder Mg-Verbindungen.

E. 10 630/1900. G. F. Jaubert. Verwendung von Ca-Peroxydhydrat zum Bleichen.

E. 14 489/1906. A. J. Hoxam. Mg-, Zn- und Ca-Peroxyd oder Benzoyl- und Succinylperoxyd werden durch Einwirkung von Säuren auf das Oxyd und Zugabe von Na_2O_2 zur sauren Lösung hergestellt.

E. 1687/1915. Henkel u. Cie. und H. Wade. Darstellung von Peroxydhydraten von Ba, Sr und Ca durch Elektrolyse einer 3%igen Erdalkalihydroxydlösung, die 1,5% K_2CO_3 enthält, mit Diaphragma und Einblasen von Luft zur Kathode.

E. 217 988. R. Stewart und B. Laporte Ltd. Durch eine Schmelze von Ba-Hydroxyd wird Luft oder O_2 geblasen und zeitweise oder kontinuierlich die Kristalle von BaO_2 aus der Schmelze entfernt.

E. 315 151. B. Laporte Ltd., I. E. Weber und V. W. Slater. Zu Bariumcarbonat wird etwas Alkalisalz zugegeben und diese Mischung dann in BaO_2 übergeführt.

A. 650 518. C. Savigny. Kristallisiertes Ba-Hydroxyd wird vorerst auf 100 bis 150° in einem eisernen Ofen und dann in einem mit Kohle ausgekleideten Ofen auf 1000 bis 1200° erhitzt.

A. 729 767. G. F. Jaubert. Ca-Peroxydhydrat wird aus gepulvertem, gelöschtem Kalk und Na-Peroxydhydrat durch Einwirkung von feuchter Luft hergestellt.

A. 847 670. Ca-Peroxyd aus einer Lösung von H_2O_2 und eines Ca-Salzes in ammoniakalischer Lösung.

A. 1 325 043. J. B. Pierce. SrO_2 aus SrO und O_2 unter Druck in der Hitze.

A. 1 349 417. A. Fleck. BaO wird während der Einwirkung von komprimierter Luft in einem rotierenden Zylinder gemahlen.

A. 1 438 377. A. J. Jewell. Hydratisiertes Ba-Hydroxyd wird in fein verteilter Form in eine erhitzte senkrecht stehende Kolonne eingespritzt, wobei das Kristallwasser verdampft und schließlich unter Einwirkung von O_2 BaO_2 erhalten wird.

A. 2 357 655. Hummel Chemical Co. Gesättigte $Sr(NO_3)_2$-Lösung wird mit Na_2O_2 unterhalb 57° C versetzt, H_2O und $NaNO_2$ entfernt, SrO in $Sr(OH)_2$ übergeführt und vom SrO_2 abgetrennt.

C. Magnesiumperoxyd MgO_2 (Magnesiumperhydrol, Magnesium peroxydatum)

Während die Peroxydhydrate von Barium, Strontium und Calcium durch Einwirkung von wäßrigem Wasserstoffperoxyd auf die betreffenden Metallsalze unter Zusatz eines Alkali oder auch durch direkte Einwirkung von Natriumperoxyd entstehen, verhält sich das Magnesiumperoxyd vollkommen verschieden. Läßt man z. B. auf die Lösung eines Magnesiumsalzes Natriumperoxyd einwirken, so bilden sich gleichfalls peroxydhaltige Verbindungen, die aber nicht aus kristallwasserhaltigem Magnesiumperoxyd bestehen, sondern Verbindungen des Peroxydhydrats mit Magnesiumhydroxyd in wechselnder Zusammensetzung darstellen. Diese magnesiumoxydhaltigen Produkte sind in feuchtem, frisch gefälltem Zustand sehr leicht durch Wasser zersetzlich, einmal getrocknet jedoch gut haltbar.

Die meisten Darstellungsmethoden des Magnesiumperoxyds gehen daher darauf hinaus, den zersetzenden Einfluß des Wassers möglichst weitgehend auszuschalten. Magnesiumperoxyd entsteht in Spuren bei der Verbrennung von Magnesium. Setzt man ein Gemisch von Bleisulfat und Magnesium einer Teslaentladung aus, so bildet es sich gleichfalls nach $PbSO_4 + 2\,Mg = PbS + 2\,MgO_2$[851]. Durch Einwirkung von fast wasserfreiem Wasserstoffperoxyd in ätherischer Lösung auf frisch geglühtes Magnesiumoxyd erhielt O. Carrara[852] Verbindungen der Formel $2\,MgO \cdot 2\,MgO_2 \cdot 3\,H_2O$; $3\,MgO \cdot 2\,MgO_2 \cdot 3\,H_2O$, $4\,MgO \cdot 2\,MgO_2 \cdot 3\,H_2O$, $5\,MgO \cdot 2\,MgO_2 \cdot 3\,H_2O$.

Unter Umgehung der Darstellung aus einer wäßrigen Lösung schlug R. Wagnitz[853] vor, pulverförmiges Magnesiumhydroxyd oder basische kohlensaure Magnesia mit trockenem Natriumperoxyd zu mischen und in einem anderen Teil des Magnesiumhydroxydpulvers das zur Zersetzung des Natriumperoxyds erforderliche Wasser fein zu verteilen. Beide Pulver wurden gemischt, worauf sich unter Erhitzung bis zu 80° in dem Gemisch Magnesiumperoxyd bildete. A. Krause[854] verhinderte die leichte Zersetzlichkeit des Magnesiumperoxyds in Wasser entweder durch Zusatz von Alkohol nach beendeter Reaktion, oder nach Zusatz des Alkohols wurde das Produkt möglichst schnell filtriert und dann ohne auszuwaschen getrocknet. Hierauf wurde erst das vollkommen trockene salzhaltige Peroxyd ausgewaschen. Zur weiteren Erhöhung des Peroxydgehaltes wurde auch empfohlen, dem Reaktionsgemisch noch Ammoniumsalze zuzufügen, die noch überschüssiges Wasser entziehen und durch Lösung von gefälltem Magnesiumhydroxyd den Magnesiumperoxydgehalt steigern.

Nach G. F. Jaubert[855] werden aus Natriumperoxyd und Magnesiumhydroxyd Zylinder gepreßt und diese mit Eiswasser behandelt, worauf gewaschen und getrocknet wird.

Die Firma E. Merck[856] behandelt die trockenen wasserfreien Oxyde des Magnesiums oder Zinks mit chemisch reinem Wasserstoffperoxyd. Die erhaltenen Produkte sind sehr rein und brauchen daher nicht mehr gewaschen zu werden, wodurch Sauerstoffverluste vermieden werden. Nach dem Vermischen läßt man die Oxyde nur einen Tag lang stehen und erhält eine Suspension der Peroxyde in reinem Wasser, von dem leicht abgeschleudert werden kann. Das Magnesiumperoxyd enthält maximal 30% MgO_2, das aus Zinkoxyd erhaltene Produkt höchstens 60% wirksames ZnO_2. Beide Produkte erscheinen unter dem Namen Magnesium- bzw. Zinkperhydrol im Handel.

Ruff und Geisel[857] erhielten aus einer wäßrigen alkalischen Lösung von Magnesiumsulfat in 30%igem Wasserstoffperoxyd ein Produkt der Zusammensetzung $MgO \cdot MgO_2$. Beim Trocknen bei nur 25 bis 37° geht jedoch der aktive Sauerstoff bis auf eine ungefähre Zusammensetzung $3\,MgO \cdot MgO_2$ zurück. Beim fortwährenden Auswaschen mit kaltem Wasser hinterbleibt nur Magnesiumhydroxyd. F. Elias[858] ließ auf hydratisiertes Bariumperoxyd eine angesäuerte Lösung eines Magnesiumsalzes einwirken.

F. Hinz[859] bringt in den Anodenraum einer elektrolytischen Zelle eine 20%ige Magnesiumchloridlösung, in den Kathodenraum eine Wasserstoffperoxydlösung, die etwa die gleiche Menge Magnesiumchlorid gelöst enthält. Die Kathode besteht aus Platin, die Anode aus Kohle. Man elektrolysiert bei 6 bis 7 V Spannung, wobei sich an der Kathode Magnesiumperoxyd ausscheidet. Dieser Niederschlag wird filtriert, gewaschen und getrocknet. Bei der Herstellung von Zinkperoxyd wird bloß bei 2,5 bis 3 V elektrolysiert, sonst aber vollkommen gleichartig verfahren. Von Hinz wurde zur Ausschaltung des zersetzenden Einflusses des Wassers auch noch vorgeschlagen[860], zur Auflösung der Magnesiumsalze an Stelle von Wasser eine Wasserstoffperoxydlösung zu verwenden. Aus dieser Lösung wird sodann unter starkem Umrühren und unter Kühlung mit Natriumperoxyd gefällt, eine Stunde stehen gelassen und der Niederschlag abgesaugt. Die Darstellung von Zinkperoxyd wird vollkommen analog vorgenommen. Das nach dem Verfahren von Hinz hergestellte Magnesiumperoxyd wurde unter dem Namen „Novozon" in den Handel gebracht.

Gemäß dem Verfahren der Chemischen Werke Kirchhoff und Neirath[861] wird zunächst Natriumperoxyd mit einer starken anorganischen oder organischen Säure durch allmähliches Eintragen umgesetzt und die erhaltene hochprozentige, meist natriumchloridhaltige Wasserstoffperoxydlösung auf Metallsalze unter Zusatz eines Alkalis, z. B. von Ammoniak, einwirken gelassen. Auf diese Weise werden feinkörnige und gut filtrierbare Niederschläge ohne große Sauerstoffverluste erhalten. Zur Gewinnung von Magnesiumperoxyd läßt man auf Natriumperoxyd unter Kühlung eine verdünnte Salzsäure einwirken, fügt eine gesättigte Magnesiumchloridlösung hinzu und läßt darauf unter Abkühlung allmählich 25%iges Ammoniak einfließen. Man läßt eine Stunde stehen, filtriert, wäscht und trocknet vorsichtig, worauf nochmals gänzlich ausgewaschen und getrocknet wird. Zur Darstellung von Zinkperoxyd wird an Stelle der Magnesiumchloridlösung eine konzentrierte Zinkchloridlösung verwendet. Auch Calciumperoxyd kann nach diesem Verfahren gewonnen werden, indem man Natriumperoxyd und Salzsäure unter Kühlung in Wasser einträgt, Kalkmilch und gesättigte Calciumchloridlösung zusetzt und schließlich mit Ammoniak alkalisch macht. Diese magnesiumperoxydhaltigen Präparate erschienen unter dem Markennamen „Hopogan" mit etwa 15 bis 30% MgO_2 im Handel.

Das Verfahren von W. Mau und dem Peroxydwerk Erlenwein und Holler[862] besteht darin, daß Magnesiumoxyd oder -hydroxyd mit Wasserstoffperoxydlösungen versetzt und im Vakuum eingedampft werden. Zur Verminderung von Sauerstoffverlusten kann man Schutzstoffe, wie Agar-Agar, Gelatine, Harnstoff, Paraamidophenol usw., zusetzen. Das abgeschiedene und getrocknete Produkt enthielt etwa 25% MgO_2.

Die Mathieson Alkaliworks[863] stellen vorerst durch kathodische Reduktion von Sauerstoff, der von einer Kathode mit aktivierter Kohle absorbiert ist, durch den an dieser Kathode entwickelten H_2 H_2O_2 her und setzen den Katholyten dann mit einer Magnesiumverbindung um.

Das Magnesiumperoxyd bildet ein weißes, voluminöses, amorphes Pulver. Sein Gehalt an aktivem Sauerstoff sollte theoretisch etwa 27% betragen. Praktisch enthält das Handelsprodukt jedoch nur etwa 8% aktiven Sauerstoff, besteht demnach aus nur maximal 30% MgO_2, der Rest ist MgO und Mg $(OH)_2$. Der Gehalt des offizinellen MgO_2 geht beim Aufbewahren, besonders beim Zutreten von Luft, dauernd langsam zurück. Beim Erwärmen tritt schon bei etwa 160° deutliche Zersetzung auf. Ein Teil Magnesiumperoxyd löst sich in 14 550 Teilen Wasser von 20°. In der wäßrigen Lösung zerfällt es schwieriger als Strontium- und Bariumperoxyd, aber leichter als Zinkperoxyd. Da das entstehende Magnesiumhydroxyd unlöslicher ist als Strontium- und Bariumhydroxyd und nur äußerst schwach alkalisch reagiert, bietet es gegenüber diesen Peroxyden gewisse Vorteile, so namentlich hinsichtlich seiner Verwendbarkeit in der Medizin. Dort dient es als inertes Desinfektionsmittel, z. B. bei der Wundbehandlung in Form von Salben oder als inneres Darmdesinfektionsmittel. Von der Firma E. Merck wird es unter der Schutzmarke „Magnesiumperhydrol" mit 15 bis 25% MgO_2, das letztere auch in Form von Magnesiumperhydroltabletten zu 0,5 g, in den Handel gebracht. Eine andere Handelsbezeichnung ist „Ozovit" mit 25 bis 28% MgO_2. Es wird in den Qualitäten schwer, mittelschwer, leicht und federleicht gehandelt.

Verwendung. Nach den Untersuchungen von C. Dienst[864] üben Wasserstoffperoxyd und Magnesiumperoxyd auf die Magensekretion eine stark säureherabsetzende Wirkung aus, die bei einer Konzentration von 0,1% beginnt und bei 0,5% die freie Salzsäure zum Verschwinden bringt. Die Wirkung des Wasserstoffperoxyds oder Magnesiumperoxyds dürfte entweder in einem hemmenden Einfluß auf die Drüsenzellen oder auf einer gesteigerten Schleimsekretion beruhen. Die nach dem Einnehmen von Magnesia usta auftretende sekundäre Steigerung der Säurewerte über die normalen bleiben nach Magnesiumperoxyd aus. Magnesiumperoxyd wird daher innerlich bei Hyperazidität, Verdauungsstörungen, abnormalen Gärungsvorgängen in Magen und Darm, Blähungen, Flatulenz, Meteorismus, Angina pectoris dyspeptica, Stoffwechselerkrankungen, Diabetes, Acidose, Ketonuria, ferner bei Obstipation, Antiintoxikationserscheinungen vom Darm aus, besonders bei nervösen Verstimmungen, Abgeschlagenheit, Mattigkeit, Schwindel und Appetitmangel genommen. Die Dosis ist für Erwachsene ein halber bis 1 Teelöffel voll oder 1 bis 2 Tabletten, in Wasser angerührt[865]. Bei Leuchtgasvergiftungen ist es innerlich mit Erfolg verabreicht worden[866]. Für Bleichereizwecke wird es sehr selten verwendet.

Hydrate. Das Magnesiumperoxyd bildet mit Wasser Hydrate, wie $MgO_2 \cdot H_2O$ oder $MgO_2 \cdot 2\,H_2O$. Es wurden auch die Verbindungen $MgO_2 \cdot MgO \cdot H_2O$ und $4\,(MgO_2 \cdot 2\,H_2O) \cdot MgO$ isoliert[867]. Die erstgenannte Substanz zersetzt sich bei Abwesenheit von Wasser unter Sauerstoffabgabe zu einem Gemisch sehr schwer definierbarer Körper ähnlich denen, die durch Einwirkung von Wasserstoffperoxyd auf trockenes Magnesiumhydroxyd entstehen. Das Monohydrat ist eine hygroskopische Substanz, die durch Wasseraufnahme in das Dihydrat übergeht.

Literaturverzeichnis.

851 Chem. Ztrbl. 1928 II 197. — 852 O. Carrara, Gazz. chim. Ital. **39**, II, 47, 1909; Chem. Ztrbl. 1909 II 1043. — 853 R. Wagnitz, DRP. 107 231. — 854 A. Krause, DRP. 168 271. — 855 G. F. Jaubert, DRP. 128 617. — 856 E. Merck, DRP. 171 372. — 857 Ruff u. Geisel, Ber. Dtsch. chem. Ges. **37**, 3683, 1904. — 858 F. Elias, A. P. 709 086. — 859 F. Hinz, DRP. 151 129. — 860 F. Hinz, Österr. P. 43 321. — 861 Chemische Werke Kirchhoff & Neirath, DRP. 222 401. — 862 W. Mau & Peroxydwerk Erlenwein u. Holler, DRP. 386 515. — 863 Mathieson Alkaliworks, APP. 2 091 129, 2 091 130. — 864 C. Dienst, Arch. Verdauungskrankh. **38**, 325, 1926; Chem. Ztrbl. 1927 II 102. — 865 Mercks Index, 5. Aufl. 1927. — 866 S. Kottek, Münch. med. Wochenschr. **68**, 1396, 1921; Chem. Ztrbl. 1922 I 301. — 867 Chem. Ztrbl. 1927 I 2404.

D. Zinkperoxyd, Zinkperhydrol, Zincum peroxydatum, ZnO_2.

Über die Peroxyde des Zinkes liegt eine Reihe älterer Arbeiten vor, aus denen aber nicht mit zweifelloser Sicherheit zu entnehmen ist, ob es sich um Gemische, chemische Individuen, echte Peroxyde oder Anlagerungsverbindungen gehandelt hat.

Dies gilt z. B. für die Darstellungsmethode von Thénard[868], der dem Produkt, das er durch Einwirkung von Wasserstoffperoxyd auf frisch gefälltes Zinkhydroxyd oder von Alkalilaugen auf eine Lösung eines Zinksalzes und Wasserstoffperoxyd erhielt, die Formel Zn_2O_3 gab. H a a s[869] beschrieb wasserhaltige Produkte der Zusammensetzung Zn_3O_5 und Zn_5O_8. K u r i l o f f[870] erhielt durch wiederholtes Eindampfen von Zinkhydroxyd mit Wasserstoffperoxyd Produkte, denen er die Zusammensetzung Zn_2O_3, $Zn_{10}O_{17}$ und Zn_5O_9 gab. Als chemische Verbindung sprach er aber nur die hydratisierte Doppelverbindung $ZnO_2 \cdot Zn(OH)_2$ an. D e F o r c r a n d[871] hielt alle diese erwähnten Produkte nur für Gemische.

Bei der Elektrolyse einer sehr verdünnten Wasserstoffperoxydlösung mit einer Zinkanode entsteht nach P. Ch. E. M e y e r[872] intermediär ein Zinkperoxyd Zn_5O_8.

Bei Einwirkung von 30%igem Wasserstoffperoxyd auf eine ammoniakalische Zinksulfatlösung erhielt E i j k m a n[873] ein Peroxyd $3\,ZnO_2 \cdot Zn(OH)_2$, während dem auf die gleiche Weise erhaltenen Produkt von T e l e t o w[874] die Formel $8\,ZnO_2 \cdot$ $\cdot\, 4\,ZnO \cdot 7\,H_2O$ gegeben wurde. Von K a s a n e t z k y[875] wurde ein Peroxyd der Formel $Zn\!\left\langle\begin{matrix} O \\ | \\ O \end{matrix}\right. \cdot 2\,Zn : O : 3\,H_2O$ beschrieben, das er durch Behandeln von Natrium-, Kalium- oder Ammoniumzinkat mit 30%igem H_2O_2 dargestellt hatte.

Aus allen diesen Arbeiten kann man keinen Schluß auf ein einheitlich zusammengesetztes Zinkperoxyd ziehen. Die Darstellung eines solchen Peroxyds gelang vielmehr erst E. E b l e r und R. L. K r a u s e[876], die durch Einwirkung einer ätherischen Wasserstoffperoxydlösung auf wasserfreies Zinkäthyl und Zinkamid ein echtes Peroxyd der Formel $ZnO_2 \cdot 0{,}5\,H_2O$ darstellen konnten: $2\,Zn(C_2H_5)_2 + 3\,H_2O_2 =$ $= 4\,C_2H_6 + \frac{1}{2}\,O_2 + 2\,ZnO_2 + H_2O$. Vollkommen rein war jedoch auch dieses Zinkperoxyd nicht, da für das Verhältnis $ZnO : O$ nicht wie notwendig 100 : 100, sondern nur 100 : 86 gefunden wurde. Auf die gleiche Weise konnten Magnesium- und Kadmiumperoxyd dargestellt werden.

Von R i e s e n f e l d und N o t t e b o h m[877] konnte durch Lösen von Zinknitrat in konzentriertem Ammoniak, Abkühlen der Lösung auf $-4°$ und Zufügen von konzentriertem Wasserstoffperoxyd ein Zinkperoxyd erhalten werden, das einen größeren Gehalt an aktivem Sauerstoff als an Wasser aufwies, obwohl im Gegensatz zu E b l e r und K r a u s e in wäßriger Lösung gearbeitet worden war. Reine Produkte konnten jedoch ebensowenig erhalten werden. Da eine vollständige Trocknung des gewonnenen Produktes nicht möglich war, konnte nicht entschieden werden, ob das zurückgehaltene Wasser nur mechanisch oder aber konstitutionell gebunden ist. Wahrscheinlich dürfte dem Zinkperoxyd die Formel $ZnO_2 \cdot 0{,}5\,H_2O$ zukommen.

Die sauerstoffreichsten Zinkperoxyde erhielt S j ö s t r ö m durch Einwirkung von Wasserstoffperoxyd auf Zinkoxyd plus Zinkcarbonat bei $-10°$ und einstündigem Trocknen über Natronkalk mit bis zu 13% aktivem Sauerstoff, wenn ein großer H_2O_2-Überschuß verwendet wurde. S j ö s t r ö m faßte seine Produkte als Gemische basischer Zinkhydroperoxyde der Formel $Zn\!\left\langle\begin{matrix} OOH \\ OH \end{matrix}\right.$ oder $Zn_2O\!\left\langle\begin{matrix} OOH \\ OH \end{matrix}\right.$ und $Zn_2O\!\left\langle\begin{matrix} OOH \\ OOH \end{matrix}\right.$ auf.

Bei der Einwirkung von Wasserstoffperoxyd auf Fällungen von Zinksalzen mit Natriummetasilikat entstehen Produkte, deren Zusammensetzung je nach der Konzentration des Wasserstoffperoxyds schwankt[878]. Wie die Untersuchungen ergeben haben, handelt es sich um Gemische von Zinkperoxyd mit Kieselsäure, verunreinigt durch Zinksilikat.

Die technischen Darstellungsmethoden sind ähnlich denen des Magnesiumperoxyds. So können die Verfahren von H i n z[859, 860], M e r c k[856] sowie K i r c h h o f f und N e i r a t h[861] auch für die Herstellung von Zinkoxyd angewendet werden.

Von R. Wolffenstein wird vorgeschlagen[879], Zinkperoxyd auf Tonerde niederzuschlagen. F. Elias[880] ließ hydratisiertes Bariumperoxyd in fein verteilter Form auf eine gekühlte konzentrierte Zinksalzlösung einwirken. Nach all diesen Verfahren erhält man etwa ein 50 bis 60%iges Zinkperoxyd[881].

Eigenschaften. Zinkperoxyd ist ein schwach gelblich gefärbtes, sich fettig anfühlendes, amorphes Pulver, das pseudoradioaktiv ist[882]. Es zersetzt sich in der Wärme äußerst lebhaft, über 200° sogar unter Verpuffen. Im Vakuum verliert es in 24 Stunden etwa 10% seines aktiven O_2. Es ist nicht hygroskopisch. Gegen Wasser ist es recht beständig und wird nur wenig hydrolytisch gespalten, während es durch verdünnte Säuren in Zinksalz- und Wasserstoffperoxydlösung zerlegt wird. Verdünnte Natronlauge löst es unter Sauerstoffentwicklung.

Im Handel erscheint es von der Firma Merck unter dem Namen Zinkperhydrol mit etwa 50 bis 60% ZnO_2[859] oder als Zinkonal[883]. Von der Firma Kirchhoff und Neurath[861] wurde es als 20- bis 60%iges ZnO_2 unter dem Namen „Ektogan" in den Verkehr gebracht.

Verwendung. Sein Hauptverwendungsgebiet ist die Medizin, wo es namentlich in der Chirurgie als Antiseptikum und Adstringens bei der Wundbehandlung, als unschädliches, reizloses Wundmittel bei infizierten und nicht infizierten Wunden dient, sodann bei Quetschungen, Phlegmonen, Karbunkeln, Malum perforans, Panaritien, Abszessen, Brandwunden, venerischen Geschwüren, Unterschenkelgeschwüren, Dermatitiden, akuten Ausbrüchen chronischer Hautentzündungen, als Therapeutikum bei Mundinfektionen, in der Mundchirurgie, bei mikroaterophilen Infektionen, zur prophylaktischen und aktiven Behandlung von Mundfäule und bei Halsinfektionen, Ulcera mollia usw., in Substanz oder in Mischung mit Talk (5 : 45) als Streupulver, in Salben u. dgl. Calcium-, Magnesium- und Zinkperoxyd werden auch zur Trinkwassersterilisation verwendet. Bekannt ist auch die Verwendung bei Darmerkrankungen. Von der Scheideanstalt[884] wurde auch eine 5 bis 10% Zinkperoxyd haltige Seife für dermatologische und kosmetische Zwecke empfohlen. Man gebraucht es schließlich zur Bereitung von Sauerstoff oder naszierendem Sauerstoff in der Medizin, zur Bekämpfung von Pflanzenkrankheiten, als Entfarbungspulver und für Toilettecremes.

Literaturverzeichnis.

[868] Thénard, Ann. Chim. Phys. (2) **9**, 55, 1818. — [869] Haas, Ber. Dtsch. chem. Ges. **17**, 2249, 1884. — [870] Kuriloff, Ann. Chim. Phys. (6) **23**, 429, 1891; Compt. rend. Acad. Sciences **137**, 618, 1903. — [871] De Forcrand, Ann. Chim. Phys. (7) **27**, 65, 1902. — [872] P. Ch. E. Meyer, DRP. 177 297. — [873] Eijkmann, Chem. Weekbl. **2**, 295, 1905; Chem. Ztrbl. 1905 I 1628. — [874] Teletow, Chem. Ztrbl. 1911 I 1799. — [875] Kasanetzky, Chem. Ztrbl. 1911 I 631. — [876] E. Ebler u. R. L. Krause, Ztschr. anorgan. allg. Chem. **71**, 150, 1911. — [877] Riesenfeld u. Nottebohm, Ztschr. anorgan. allg. Chem. **90**, 150, 1915. — [878] A. H. Erdenbrecher, Ztschr. anorgan. allg. Chem. **131**, 119, 1923. — [879] R. Wolffenstein. DRP. 141 821. — [880] F. Elias, A. P. 740 832. — [881] Homeyer, Apothek. Ztg. **17**, 697, 1902. — [882] Ebler, Ztschr. angew. Chem. **22**, 1633, 1909. — [883] Pharmaz. Ztg. **51**, 438, 1906. — [884] Scheideanstalt, DRP. 157 737.

Zusammenstellung der Patentliteratur über MgO_2 und ZnO_2.

D. 107 231 (Ö. 2090, E. 11 534/1899, A. 650 023). R. Wagnitz. Na_2O_2 wird mit gepulvertem Mg-Hydroxyd gemischt und in Mg-Hydroxyd fein verteiltes Wasser zugefügt.

D. 151 129 (Ö. 16 955, F. 337 285, E. 24 806/1903, A. 759 887). F. Hinz. MgO_2 und ZnO_2 auf elektrolytischem Wege durch Verwendung von wäßrigen Mg-Chlorid- oder Zinkchloridlösungen als Anolyt, von gleichen Lösungen mit einem Zusatz von H_2O_2 als Katholyt unter Verwendung eines Diaphragmas und Neutralhalten des Katholyten.

D. 168 271 (Ö. 9949, F. 318 097, E. 2743/1902). A. Krause. Das aus gelösten Mg-Salzen und Na_2O_2 erhaltene MgO_2 wird schnell filtriert, so schnell wie möglich getrocknet und dann erst ausgewaschen.

D. 171 372 (Ö. 16 019). E. Merck. MgO und ZnO werden mit der berechneten Menge von reinem H_2O_2 angerührt und das Gemenge einige Zeit stehengelassen.

D. 179 781. A. Krause. Auf die Lösung eines Mg-Salzes, das ein Ammonsalz enthält, wird Na_2O_2 einwirken gelassen.

D. 222 401. Chemische Werke Kirchhoff u. Neirath. Metallperoxyde aus Lösungen der Metallsalze und einer alkalischen H_2O_2-Lösung.

D. 386 515. W. Mau und Peroxydwerk Erlenwein u. Holler. MgO, $Mg(OH)_2$ oder dieselben bildende Mischungen von Mg-Salzen und Alkalihydroxyden werden mit geringprozentigen H_2O_2-Lösungen bis zur Bildung von MgO_2 im Vakuum eingedampft.

Ö. 43 321 (F. 364 825, E. 9491/1906). F. Hinz. Man läßt Na_2O_2 auf wasserlösliche Mg- oder Zn-Salze in Gegenwart von H_2O_2 einwirken.

Schw. 81 312. W. Trumpp. Na_2O_2 und Mg-Sulfat werden in möglichst wenig Wasser eingetragen und das wasserhaltige Gemisch schnell getrocknet.

E. 754/1901. R. Wolffenstein. Eine alkalische H_2O_2-Lösung wird auf Mg- oder Zn-Salze einwirken gelassen.

A. 698 399. F. Fuhrmann. Ein wasserlösliches Mg-Salz, ein Ammonsalz und Na_2O_2 werden gemischt und nach der Reaktion Alkohol zur Fällung des MgO_2 zugegeben.

A. 709 086. F. Elias. Auf BaO_2 wird eine schwach angesäuerte Mg-Salzlösung einwirken gelassen, filtriert, gewaschen und getrocknet.

A. 740 832. Derselbe. Auf Ba-Peroxydhydrat wird ein wäßriges Zn-Salz mit einem ein wasserlösliches Ba-Salz bildendes Anion einwirken gelassen.

A. 861 826. F. Fuhrmann. Na_2O_2 wird in einer stark sauren Lösung gelöst und die Lösung auf MgO, ZnO oder CaO einwirken gelassen.

A. 2 091 129, 2 091 130. Mathieson Alkali-Works Inc. Herstellung von H_2O_2 durch kathodische Reduktion von O_2, der von einer Kathode aus Aktivkohle absorbiert ist, und Umsetzung mit einer Mg-Verbindung.

E. Andere Metallperoxyde.

Eine ganze Reihe weiterer Metalle ist gleichfalls befähigt, mit Wasserstoffperoxyd Peroxyde, Perhydrate oder Peroxydhydrate zu bilden, jedoch besitzen diese Verbindungen nur ein rein wissenschaftliches Interesse. Ihre Reindarstellung gelingt in den seltensten Fällen. Meist liegen sie in Form von Peroxydhydraten vor. Sehr wahrscheinlich sind alle Metalle, und zwar auch jene, die selbst katalytisch die Zersetzung des Wasserstoffperoxyds zu beschleunigen vermögen, mehr oder weniger befähigt, mit Wasserstoffperoxyd oder Natriumperoxyd usw. echte Peroxyde oder Peroxydhydrate zu bilden, Wenn diese manchmal noch nicht dargestellt werden konnten, so ist dies damit begründet, daß die Zersetzungsgeschwindigkeit mancher Peroxyde häufig derart groß ist, daß sie die Bildungsgeschwindigkeit oft um das Vielfache übertrifft (s. z. B. S. 42 u. S. 70).

So bilden sich ähnlich wie beim Zink durch Fällung wasserstoffperoxydhaltiger Kadmiumsalzlösungen mit Ammoniak oder durch unmittelbare Einwirkung von Wasserstoffperoxyd auf Kadmiumhydroxyd peroxydhaltige Körper, denen nach Haas[869] die Zusammensetzung Cd_3O_5, Cd_4O_7 und Cd_5O_8 zukommen soll. Krüß[885] faßte diese Körper jedoch als Gemische von

Kadmiumoxyd mit Kadmiumperoxyd auf, welche Anschauung wahrscheinlich richtiger ist. Von Kuriloff[870] wurde durch wiederholtes Eindampfen von Kadmiumhydroxyd mit verdünnten Wasserstoffperoxydlösungen auf dem Wasserbad die Verbindung $CdO_2 \cdot Cd(OH)_2$ als gelbes, fein kristallinisches Pulver erhalten. In der Wärme erfolgt Zersetzung.

Eijkmann[873] erhielt beim Kochen von Kadmiumhydroxyd mit 30%igem Wasserstoffperoxyd einen Niederschlag der Zusammensetzung $(CdO_2)_4 \cdot Cd(OH)_2$.

Dieser gelb gefärbte Körper ist lichtempfindlich und geht am Licht unter Dunklerwerden in Kadmiumoxyd über. Bei Eiskühlung entstehen bei der Einwirkung von konzentriertem Wasserstoffperoxyd auf eine ammoniakalische Kadmiumsulfatlösung kadmiumperoxydhaltige Körper, deren Zusammensetzung aber noch nicht feststeht[874].

Von **Kupfer** ist zwar kein wasserfreies Peroxyd CuO_2, aber ein $CuO_2 \cdot xH_2O$ bekannt. Wahrscheinlich handelt es sich um Gemische von CuO und CuO_2. Ein Kupferperoxyd beschreibt schon Thénard[868], das er durch Schütteln von sehr verdünntem Wasserstoffperoxyd mit Kupferhydroxyd bei 0° oder durch Zusatz von Wasserstoffperoxyd zu einer Kupfersulfatlösung und nachheriger Fällung mit Kalilauge erhielt. Hingegen sind alle Angaben, die in alkalischen Lösungen ein Kupferperoxyd oder ganz allgemein die Darstellung eines Peroxyds durch Oxydation mit Chlor, Brom, Hyperchlorit usw. betreffen, als unsicher anzusehen.

Von Weltzien[886] wurde festgestellt, daß das Einwirkungsprodukt von Wasserstoffperoxyd auf Kupferhydroxyd tatsächlich beim Versetzen mit verdünnter Salzsäure H_2O_2 frei macht und in Kuprisalz übergeht, demnach ein echtes Persalz darstellt. Es bildet eine grünliche, mit wachsender Menge von Wasserstoffperoxyd gelbgrüne bis bräunliche Verbindung. Auch mit Hilfe von hydratisiertem Natriumperoxyd entsteht bei Eiskühlung der grüne Körper[885]. Nach dem Trocknen ist der Niederschlag braun bis schwarz und mikrokristallinisch. Auch im trockenen Zustande zersetzt sich das Kupferperoxyd langsam unter Sauerstoffabgabe sofort bei 100°. Auf Grund seines dem Wasserstoffperoxyd sehr ähnlichen Verhaltens gab ihm H. Wieland[887] die Konstitutionsformel HO · Cu · OO · Cu · OH.

Ein olivgrünes Kupferperoxyd HO · O · Cu · OO · Cu · O · OH stellten H. Wieland und E. Stein[888] durch Behandeln von alkoholischen Kupfersalzlösungen mit 30%igem H_2O_2 bei − 60° und Fällung mit alkoholischer KOH dar. Beim Waschen mit Alkohol oder Äther wird die Verbindung schwarz.

Durch Einwirkung von 30%igem H_2O_2 auf Kupferammoniaklösungen konnte J. S. Teletow und A. D. Weleschinetz ein Produkt darstellen, dessen Zusammensetzung demjenigen von CuO_2 nahekommt. Feuchtigkeit zersetzt das Peroxyd und führt es in ein Gemisch von CuO und CuO_2 mit wechselndem Wassergehalt über. Bei Verwendung verdünnter Ammoniakate entstehen kolloide Kupferperoxydlösungen.

Nach V. Kohlschütter[889] gibt Kupferhydroxyd mit Wasserstoffperoxyd einen peroxydartigen Körper $Cu\langle{OH \atop OOH}$, der sich aber unter Erhaltung der äußeren Form leicht wieder zu Kupferhydroxyd zersetzt.

Silberperoxyd Ag_2O_2 entsteht bei der Einwirkung von Ozon auf metallisches Silber. Die Einwirkung erfolgt nur mit feuchtem Ozon und mit erheblicher Geschwindigkeit auch nur bei erhöhter Temperatur. Das Optimum der Reaktion liegt bei 240°, Metallkatalysatoren, wie Eisenoxyd, Spuren von anderen Oxyden, ferner Ruthenium, Palladium und Platin wirken als Sauerstoffüberträger und veranlassen schon bei niedriger Temperatur einen rascheren Reaktionsverlauf[890]. Auch eine Lösung von Ozon in flüssigem Sauerstoff vermag in einem Silbertiegel in wenigen Minuten Peroxyd zu bilden[891]. Aus Lösungen von Silbernitrat oder -sulfat fällt beim Einleiten von Ozon gleichfalls ein bläulich-schwarzer Niederschlag von Peroxyd aus[892]. Außer Ozon können auch andere energische Oxydationsmittel aus Silbernitratlösungen Peroxyd fällen, wie z. B. Kalium- oder Ammonpersulfat. Vorerst bildet sich Silberpersulfat, das sich mit Wasser allmählich nach $Ag_2S_2O_8 + 2\,H_2O = Ag_2O_2 + 2\,H_2SO_4$ zersetzt[893, 894]. Auch Kaliumpermanganat vermag in geringem Grade Silberoxyd in alkalischem Medium zum Peroxyd zu oxydieren, und zwar in der Wärme leichter als in der Kälte.

Silberperoxyd stellt eine wohldefinierte Verbindung dar. Es bildet ein grauschwarzes Pulver, das ohne Zersetzung auf 100° erhitzt werden kann. Bei höherer Temperatur zerfällt es in Silber und Sauerstoff. In Salpetersäure löst es sich zu einer tiefbraunen Flüssigkeit, die beim Verdünnen mit viel Wasser wieder Silberperoxyd ausscheidet. Von heißer verdünnter Schwefelsäure wird es unter Sauerstoffentwicklung und Silbersulfatbildung zersetzt. Auf Wasserstoffperoxyd wirkt es äußerst stark katalytisch zersetzend ein. Organische Verbindungen werden heftig oxydiert. Silberperoxyd bildet sich auch beim Erhitzen Ag_2O_3-haltiger Produkte auf höchstens 100°: $2\,Ag_2O_3 = 2\,Ag_2O_2 + O_2$[895].

Bei der anodischen Oxydation entsteht zunächst quantitativ Silberoxyd, das dann ebenfalls quantitativ in das Peroxyd übergeführt wird[896]. Das Potential Ag_2O_2/Ag_2O beträgt nach diesen Untersuchungen bei 25° in n KOH 0,59 Volt. Die Beobachtung der Bildung von Silberperoxyd an der Anode ist übrigens schon sehr alt, da schon im Jahre 1804 Ritter[897] das bei der Elektrolyse von konzentrierter Silbernitratlösung auftretende Produkt als „Silberhyperoxyd" bezeichnete. Die Zusammensetzung dieser Verbindung wurde später mehrmals zu Ag_7NO_{11} bestimmt. Es bildet spröde, eisenschwarze Oktaeder, die sich schon an der Luft zersetzen und beim Erhitzen verpuffen. Auch Wasser zersetzt langsam. Als Konstitutionsformel kommen von den zahlreichen Vorschlägen vor allem jene von Tanatar[898]: $2\,Ag_3O_4 \cdot AgNO_3$ und die von Mulder[899] in Betracht: $3\,Ag_2O_2 \cdot AgNO_5$.

Von Fr. Fichter und A. Goldach[900] wurde ein vollkommen ähnlich zusammengesetztes Produkt der Formel Ag_7NO_{11} bei der Einwirkung von Fluor auf eine konzentrierte Lösung von Silbernitrat erhalten.

Silberoxyd spielt eine wichtige Rolle beim Alkaliakkummulator, da an der Silberanode folgende Reaktionen vor sich gehen: $Ag_2O_2 \underset{\text{Ladung}}{\overset{\text{Entladung}}{\rightleftarrows}} Ag_2O + O_{2/2} \underset{\text{Ladung}}{\overset{\text{Entladung}}{\rightleftarrows}} 2\,Ag + O_{2/2}$ (K. Kinoshita[901]). Eine Primarzelle aus Silberperoxyd und Zink mit einem alkalischen Elektrolyten behält selbst bei einer Belastung mit 31 Amp/qdm längere Zeit ihr Potential von 1,5 V bei (I. A. Denison[902]).

Quecksilber kann zufolge seines Auftretens in zwei Wertigkeitsstufen zwei verschiedene Peroxyde bilden, und zwar das Merkuroperoxyd Hg_2O_2 und das Merkuriperoxyd Hg_2O_2. Die Existenz des sehr unbeständigen Merkuroperoxyds ist noch nicht sicher erwiesen, bloß O. Brunck[903] und A. v. Anthropoff[904] nehmen sie für gegeben an, letzterer bei der pulsierenden Katalyse des Wasserstoffperoxyds durch metallisches Quecksilber.

Das Merkuriperoxyd entsteht schon beim Durchperlen von 30%igem Wasserstoffperoxyd durch eine 10 cm dicke Quecksilberschicht oder durch Einwirkenlassen von Wasserstoffperoxyd auf rotes HgO oder auf basisches Quecksilbernitrat[904]. Auch aus einer alkoholischen, auf 0° abgekühlten Lösung von Merkurichlorid kann es nach Zusatz von 30%igem Wasserstoffperoxyd und Fällen mit Kalilauge erhalten werden[905]. Es stellt eine ziegelrote, amorphe Masse vom Aussehen des roten Phosphors dar. Schon an der Luft wird es innerhalb einer Stunde in rotes HgO umgewandelt. Durch Schlag, Reibung oder schnelle Erwärmung explodiert es. In Wasser wird schon bei Zimmertemperatur lebhaft Sauerstoff entwickelt, daneben entsteht aber auch Wasserstoffperoxyd und gelbes Merkurioxyd HgO. Merkuriperoxyd ist das am leichtesten zersetzliche, im festen Zustande darstellbare bekannte anorganische Peroxyd eines Schwermetalles.

Wasserfreie **Zirkonperoxyde** sind nicht bekannt, jedoch existiert ein Hydrat der Formel $ZrO_3 \cdot nH_2O$, während das Vorkommen der Verbindungen $Zr_2O_5 \cdot nH_2O$ noch nicht feststeht. Die letzteren, die bei der Einwirkung von 30%igem H_2O_2 auf eine saure Zirkonsulfatlösung entstehen sollen[906], dürften nur das Zersetzungsprodukt des Zirkonperoxyds $ZrO_3 \cdot nH_2O$ darstellen und aus wasserhaltigem Zirkondioxyd bestehen.

Die Verbindung $ZrO_3 \cdot nH_2O$ (n sehr wahrscheinlich gleich 2) entsteht durch Fällung einer Zirkonsulfatlösung mit Ammoniak und Wasserstoffperoxyd[907, 908], aus alkalitartrathaltiger Lösung mit Wasserstoffperoxyd[909, 910] oder durch Einwirkung von Wasserstoffperoxyd auf $ZrO_2 \cdot H_2O$ als gelatinöser, schon beim Stehen zersetzlicher Niederschlag. Gewaschen und getrocknet stellt $ZrO_3 \cdot 2\,H_2O$ einen weißen Körper mit einem Stich ins Grünliche dar. Bei der Umsetzung mit verdünnter Schwefelsäure entsteht Wasserstoffperoxyd, es stellt demnach ein echtes Peroxyd dar. Mit Alkali bilden sich lösliche Perzirkonate. Mit flüssigem Ammoniak bildet Zirkonperoxyd ein Monoamin $3\,ZrO_3 \cdot 6\,H_2O \cdot NH_3$[53]. Aus sauren Zirkonsulfatlösungen und Wasserstoffperoxyd entsteht bei 0° ein weißer Niederschlag eines Zirkonperoxosulfats $Zr_2O_6SO_4 \cdot 8\,H_2O$ mit der Konstitutionsformel

O   OO   O
| >Zr<   >Zr< |
O SO_4 O [53].

Hafnium wird ebenso wie sämtliche vierwertigen Metalle der Titangruppe des periodischen Systems der Elemente Titan, Zirkon. Hafnium, Thorium einschließlich des vierwertigen Cers durch Wasserstoffperoxyd in alkalischer oder ammoniakalischer Lösung gefällt. Mit Hafniumsalzlösungen entsteht $HfO_3 \cdot 2\,H_2O$ als weißer Körper[53].

Dem Vorschlag von W. Böttger[911] folgend, sind Zirkon, Hafnium, Thorium- und Cerperoxyd und andere derartige Körper als Salze des Wasserstoffperoxyds der Formel $Me^{IV}(OOH)_4$ aufzufassen, die aber sehr leicht hydrolisiert werden: $Me(OOH)_4 + H_2O = Me(OOH)_3OH + H_2O_2$; $Me(OOH)_4 + 2\,H_2O = Me(OOH)_2(OH)_2 + 2\,H_2O_2$ usw. Das Zirkonperoxydhydrat $ZrO_3 \cdot 2\,H_2O$ ist daher als $Zr(OOH) \cdot (OH)_3$ aufzufassen, ebenso $HfO_3 \cdot 2\,H_2O$ als $Hf(OOH)(OH)_3$. Die Hydrolyse des wahrscheinlich primär gebildeten $Zr(OOH)_4$ erfolgt hier nach der Gleichung $Zr(OOH)_4 + 3\,H_2O = Zr(OOH)(OH)_3 + 3\,H_2O_2$ (P. Pissarjewsky[912]). Die Peroxydhydrate von Titan, Zirkon, Hafnium, Thorium und Cer sind daher eigentlich als Peroxyorthotitan-, -zirkon-, -hafnium-, -thorium- und- cersäuren und nicht als Peroxyde zu formulieren. Ihre Beständigkeit nimmt mit steigendem Atomgewicht der Elemente zu.

Das wasserhaltige $ThO_3 \cdot 2\,H_2O$ [entspricht $Th(OOH)(OH)_3$] wird durch Fällen einer Thoriumnitratlösung in 30%igem Wasserstoffperoxyd als weißer gelatinöser Niederschlag gewonnen[912]. Der ursprünglich in der Zusammensetzung $Th_2O_7 \cdot nH_2O$ ausfallende Niederschlag, der wahrscheinlich aus einem Gemisch von $Th(OOH)_2(OH)_2$ und $Th(OOH)(OH)_3$ besteht, geht nach zwei Tage langem Stehen in $Th(OOH)(OH)_3$ über. Auch durch Elektrolyse einer alkalischen Natriumchloridlösung, die Thoriumhydroxyd enthält, kann es erhalten werden. Mit verdünnter Schwefelsäure gibt es Wasserstoffperoxyd, mit konzentrierter ozonhaltigen Sauerstoff[912].

Das Thoriumperoxydhydrat mit höherem Sauerstoffgehalt Th_2O_7 entsteht außer der bereits angegebenen Bildungsweise auch bei der Behandlung von Thoriumhydroxyd mit Wasserstoffperoxyd oder beim Fällen von Thoriumsalzlösungen mit Ammoniak und Wasserstoffperoxyd. Das $Th(OOH)_2(OH)_2$ bildet einen gelatinösen Niederschlag, der weniger beständig ist als $Th(OOH)(OH)_3$. Mit verdünnter Schwefelsäure entsteht Wasserstoffperoxyd.

Schwarz und Giese[53] schreiben dem Thoriumperoxyd, das auf einen Thoriumsauerstoff 1,5 Peroxydsauerstoffe enthält, die Zusammensetzung $Th_2O_7 \cdot 4\,H_2O$ mit der Konstitutionsformel

O   OO   O
| >Th<   >Th< |
O   O   O zu.

Das hydrathaltige **Titanperoxyd** $TiO_3 \cdot 2\,H_2O$ entsteht bei der Einwirkung von neutralem Wasserstoffperoxyd auf frisch gefälltes Titanhydroxyd oder durch partielle

Fällung einer mit Wasserstoffperoxyd versetzten Lösung von Titandioxyd und Schwefelsäure mit Ammoniak[913, 914]. Classen[915] fällt Lösungen von Titantetrachlorid und Wasserstoffperoxyd mit konzentrierter Natronlauge, Ammoncarbonat oder Ammoniumhydroxyd. Schwarz und Giese[53] erhielten durch Fällung von Titansulfatlösungen in alkalischem oder ammoniakalischem Medium, Trocknen des Niederschlages mit Aceton oder flüssigem Ammoniak eine Verbindung, die Oxyd, aktiven Sauerstoff und Wasser im Verhältnis 1 : 1 : 2 enthielt ($TiO_3 \cdot 2\,H_2O$). Dieses stellt ein schwach hygroskopisches Pulver von zitronengelber Farbe dar, das in Wasser Sauerstoff entwickelt, sich aber in verdünnter Schwefelsäure leicht ohne Zersetzung und unter Farbvertiefung löst. Die Lösung gibt alle Reaktionen des Wasserstoffperoxyds. Das Titanperoxyd erteilt schon in äußerst geringer Konzentration einer wäßrigen Lösung eine intensive Gelbfärbung, weshalb es sich besonders gut zum qualitativen Nachweis von Wasserstoffperoxyd und Titanverbindungen eignet.

M. E. Rumpf[916] gibt der Pertitansaure auf Grund des Absorptionsspektrums die Formel $H_2[Ti(OH)_5OOH]$.

Titan- und Zirkonperoxydhydrat liefern mit Alkalien Pertitanate bzw. Perzirkonate, Hafnium und Thorium aber nicht.

$TiCl_4$ gibt mit wasserfreiem H_2O_2 in wasserfreiem Äthylacetat als Lösungsmittel ein weißes unlösliches Additionsprodukt des H_2O_2 an $TiCl_4$, das sich erst bei längerem Stehen oder nach Zusatz von Wasser in gelbes Pertitanat umwandelt (D. G. Nicholson[917]).

Wasserhaltiges **Cerperoxyd** $CeO_3 \cdot 2\,H_2O$ entsteht als dunkelrotbrauner Niederschlag bei der Fällung von Cersulfatlösungen mit Ammoniak und Wasserstoffperoxyd. Es ist sehr leicht zersetzlich[53]. Diese Reaktion wird zur Trennung des Cers vom Lanthan und Didym verwendet.

Aluminium bildet kein Peroxyd, sondern nur Peraluminate. Die Versuche zur Darstellung von **Berylliumperoxyd** sind bisher vergeblich geblieben[918]. Nach A. Komarowsky[919] soll bei der Einwirkung von Wasserstoffperoxyd auf frisch gefälltes Berylliumhydroxyd bzw. basisches Berylliumcarbonat die Verbindung $3\,BeO \cdot 4\,H_2O_2 \cdot 8\,H_2O$ bzw. $2\,BeO_2 \cdot 3\,BeO \cdot 8{,}5\,H_2O$ entstehen. Haas[869] konnte jedoch keine Einwirkung des Wasserstoffperoxyds auf Berylliumhydroxyd feststellen.

Ein Derivat von höheren **Zinnperoxyden,** wie z. B. $H_2Sn_2O_7$ wird durch Behandeln einer gesättigten, wäßrigen salzsauren Lösung von Zinnchlorür mit Bariumperoxyd und Trennung vom Bariumchlorid durch Dyalyse erhalten[920] (Tanatar). Zinnperoxyde entstehen auch bei der anodischen Oxydation von konzentrierten Stannatlösungen bei tiefer Temperatur, einer Stromdichte bis zu 100 Amp/qdm mit einer Stromausbeute bis zu 6%[921].

Höhere **Bleioxyde** als PbO_2 oder eine Perbleisäure, wie Pb_2O_5 bzw. PbO_3, sollen sich nach S. Glasstone[922] in chemisch nicht nachweisbaren Spuren in frisch elektrolysiertem, aus einer salpetersäurehaltigen Bleinitratlösung niedergeschlagenem Bleidioxyd vorfinden, wo es die Ursache des anfänglich viel höheren Potentials als das normale sein soll. Fraglich ist noch, ob es sich bei diesen Verbindungen aber um echte Perverbindungen handelt.

Ein **Stickstoffperoxyd** soll bei der Einwirkung dunkler elektrischer Entladungen auf ein Gemisch von Stickstoffdioxyd und Sauerstoff entstehen, jedoch nur sehr kurze Zeit beständig sein. Ein äußerst labiles Stickstoffprimäroxyd NO_3 soll sich auch bei der Reaktion zwischen Stickoxyden und Sauerstoff bilden. Etwas beständiger ist das Stickstoffheptoxyd N_2O_7, das bei der thermischen Zersetzung von Stickstoffdioxyd erhalten wird (Raschig[923]).

Aus Phosphorpentoxyd entsteht beim Überhitzen von Sauerstoff und Behandlung mit elektrischen Entladungen bei höheren Temperaturen ein violett gefärbtes

Phosphorperoxyd P_2O_6, das als das Anhydrid der Peroxyphosphorsäure H_2O_3P-OO- $-PO_3H_2$ aufzufassen ist (P. W. Schenk und H. Rehaag[924]).

Die Metalle der V. und VI. Nebengruppe des periodischen Systems der Elemente, wie die Metalle V, Nb, Ta, Cr, Mo, W und U, bilden keine Peroxyde, sondern Metallpersäuren, die jenen der IV. Nebengruppe Ti, Zr, Hf und Th sehr ähnlich sind. Nur von Uran und Chrom sind Tetroxyde UO_4 und CrO_4 in wasserhaltigem Zustand bekannt, jedoch scheint es sich hier nicht um Peroxyde, sondern um die freien Persäuren zu handeln. Vom CrO_4 sind Salze bekannt, z. B. $CrO_4 \cdot 3\,NH_3$[925].

Vom **As, Sb und Bi** existieren nur die Oxyde $Me^{III}_2O_3$, $Me^{IV}_2O_4$ und $Me^{V}_2O_5$ mit 3-, 4- und 5wertigem Metall, doch sind keine Peroxyde bekannt.

Schwefel bildet ein labiles Peroxyd SO_4 bzw. S_2O_7, die öfters als die Anhydride der Caroschen bzw. Überschwefelsäure angesehen werden. Das Schwefelheptoxyd S_2O_7 wurde erstmalig von Berthelot[29, 926] durch die Behandlung von Gemischen, bestehend aus Schwefeldioxyd und Sauerstoff durch Einwirkung dunkler elektrischer Entladungen nach $2\,SO_2 + 2\,O_2 = S_2O_7 + \frac{1}{2}O_2$ dargestellt. Es bildet bei gewöhnlicher Temperatur eine zähflüssige Masse, die bei 0° zu opaken, dünnen, oft mehrere Zentimeter langen Nadeln erstarrt. An der Luft zersetzt es sich nach einigen Tagen zu Schwefeltrioxyd und Sauerstoff, beim Erwärmen aber sofort. In Wasser bildet S_2O_7 Überschwefelsäure $H_2S_2O_8$, kann aber aus dieser nicht gewonnen werden. Sehr wahrscheinlich liegt aber in dem Schwefelperoxyd Berthelots kein einheitlicher Körper, sondern ein Gemisch mehrerer Substanzen vor. Mit großer Wahrscheinlichkeit enthält es das von Baeyer und Villiger[585, 566] in diesen Gemengen vermutete Anhydrid der Caroschen Säure $(SO_4)_x$. Nach F. R. Meyer, G. Bailleul und G. Henkel[927] ist es noch nicht feststehend, ob im S_2O_7 nur ein Gemenge von SO_4 mit der festen Modifikation des Schwefeltrioxyds, dem β-SO_3, oder tatsächlich eine Verbindung S_2O_7 vorliegt. Die größere Wahrscheinlichkeit spricht aber dafür, daß nur ein Gemenge vorliegt, da beim Neutralisieren der wäßrigen Lösung mit Basen nur teilweise Persulfat, zum größten Teil jedoch Sulfat und Sauerstoff entsteht.

Das Schwefelperoxyd SO_4 wurde von F. Fichter und W. Bladergroen[98] durch Einwirkung von Fluor auf Schwefelsäure bei tiefen Temperaturen oder aus Kaliumbisulfat, Kaliumsulfat, Natriumbisulfat und Natriumsulfat erhalten: $H_2SO_4 + F_2 = SO_4 + H_2F_2$. Es stellt ein äußerst starkes Oxydationsmittel dar, das imstande ist, eine verdünnte Mangansulfatlösung in der Kälte sofort zu Permangansäure zu oxydieren und aus einer Silbernitratlösung augenblicklich Silberperoxyd zu fällen. Vollkommen ungewiß ist es noch, ob die Formel SO_4 nicht zu verdoppeln ist und es daher S_2O_8 heißen müßte.

Von J. und W. Noddack[928] wurde ein echtes **Rheniumperoxyd** des siebenwertigen Rheniums Re_2O_8 ($O_3Re-OO-ReO_3$) beschrieben, das beim Erhitzen von Rheniumpulver in einem raschen Sauerstoffstrom als weiße Masse entsteht. Die Perrheniumsäure $HReO_4$ leitet sich von dem gelben Re_2O_7 ab: $Re_2O_7 + H_2O =$ $= 2\,HReO_4$. H. Hagen und A. Sieverts[929] vermuten jedoch, daß es sich beim weißen Rheniumoxyd nur um eine andere Modifikation des Rheniumheptoxyds, also um kein Peroxyd, handelt.

Die Darstellung des **Eisenperoxydes** Fe_2O_6 ist H. Wieland und E. Stern gelungen (S. 42). Ein Eisenperoxyd der ungefähren Zusammensetzung FeO_2 wurde von G. Pellini und D. Meneghini[930] durch Einwirkung von Wasserstoffperoxyd bei $-60°$ auf in Alkohol suspendiertes Ferrohydroxyd oder in diesem gelöstes Ferrochlorid oder Ferrichlorid dargestellt. FeO_2 bildet eine rote wasserhaltige Substanz, die alle Reaktionen eines Peroxyds gibt.

Die Bildung von Fe_2O_5 als Reaktionszwischenprodukt stellte zuerst W. Manchot und O. Wilhelms[231, 232, 931] durch den Sauerstoffverbrauch bei der Oxydation von Ferroeisen durch Wasserstoffperoxyd, Kaliumpermanganat oder Chromsäure bei Gegenwart von Akzeptoren fest. Von Manchot stammte auch der Ausdruck „Primäroxyd" für die Zwischenprodukte von Oxydationsvorgängen mit Peroxydcharakter (s. auch S. 41).

FeO_3 wird als Primäroxyd nach Manchot und Wilhelms[231, 232, 931] bei der Einwirkung von unterchloriger Säure auf Ferrosalze gebildet. Über ein Eisenperoxyd FeO_4(?) berichtet D. K. Garalewitsch[932].

Von L. Losana[933] wurde durch Einwirkung von fein verteiltem, aufgeschlämmtem Bariumferrat ($BaFeO_4$) auf eine Ferronitratlösung Ferroferrat $Fe(FeO_4)$, auf eine Ferrinitratlösung Ferriferrat $Fe_2(FeO_4)_3$ erhalten. Über Alkaliderivate von Eisenperoxyden berichten W. H. Schramm[934] und A. Boca[935].

Die intermediäre Bildung eines **Kobaltperoxyds** $CoO_2 \cdot x\,H_2O$ nimmt E. Hüttner[936] bei der Einwirkung von überschüssigem Natriumhypochlorit und Natriumsulfatlösungen auf verdünnte Kobaltsulfatlösungen an. Nach O. Rh. Howell[937] soll ein Kobaltperoxyd durch Fällung von wäßrigen Kobaltsulfatlösungen mit alkalifreien Hypochloriten entstehen.

Durch Einwirkung von Wasserstoffperoxyd sowohl auf freies als auch auf ein aus alkoholischer Nickelchloridlösung mit Kalilauge frisch gefälltes Nickelhydroxyd erhielten Pellini und Meneghini[938] ein echtes **Nickelperoxyd** $NiO_2 \cdot x\,H_2O$ von grüner Farbe, das von dem schwarzen Nickeldioxyd $Ni\langle{}^{O}_{O}$ verschieden, aber diesem isomer ist. J. H. Křepelka und M. Blabolil[939] erhielten aber nur ein Nickelperoxyd mit maximal 60,6% aktivem O. Tanatar[940] hielt dieses Nickelperoxyd für eine Molekülverbindung von Nickelhydroxyd mit Wasserstoffperoxyd.

Literaturverzeichnis.

[885] Krüß, Ber. Dtsch. chem. Ges. **17**, 2595, 1884. — [886] Weltzien, Liebigs Ann. **140**, 208, 1866. — [887] H. Wieland, Liebigs Ann. **434**, 185, 1923. — [888] H. Wieland und E. Stein, Z. anorg. allg. Chem. **236**, 361—68, 1938. — [889] V. Kohlschütter, Helv. Chim. Acta. **14**, 1215, 1931; Chem. Ztrbl. 1932 I 1048. — [890] W. Manchot und W. Kampschulte, Ber. Dtsch. chem. Ges. **40**, 2871, 1907. — [891] H. Erdmann, Ber. Dtsch. chem. Ges. **37**, 4739, 1904. — [892] Mailfert, Compt. rend. Acad. Sciences **94**, 860, 1882. — [893] H. Marshall, Journ. chem. Soc. London **59**, 775, 1891. — [894] Lüppo-Cramer, Ztschr. chem. Ind. Kolloide **2**, 171, 1907. — [895] Chem. Ztrbl. 1929 II 714. — [896] R. Luther u. F. Pokorny, Ztschr. anorgan. allg. Chem. **57**, 309, 1908. — [897] Ritter, Neues allg. Journ. d. Chem. von A. F. Gehlen ,**3**, 561, 1804. — [898] Tanatar, Ztschr. anorgan. allg. Chem. **28**, 346, 1901. — [899] Mulder, Rec. Trav. chim. Pays-Bas **22**, 405, 1903. — [900] Fr. Fichter u. A. Goldach, Helv. chim. Acta **13**, 99, 1930. — [901] K. Kinoshita, Bull. chem. Soc. Japan **12**, 1937, 164—172, 366—376. — [902] I. A. Denison, Trans. Electrochem. Soc. **90**, Preprint, 16 Seiten, 1946. — [903] O. Brunck, Ztschr. anorgan. allg. Chem. **10**, 243, 1895. — [904] A. v. Anthropoff, Journ. prakt. Chemie (2) **77**, 319, 1908; Ztschr. physikal. Chem. **62**, 513, 1908. — [905] G. Pellini, Atti R. Acad. Lincei (Roma), Rend. (5). **16**, 409, 1907; Gazz. chim. Ital. **38**, I, 71, 1908. — [906] Bayley, Chem. News **53**, 55, 287, 1886; Journ. chem. Soc. London **49**, 481, 1886. — [907] Clève, Bull. Soc. chim. France (2), **43**, 453, 1884. — [908] Bayley, Chem. News **60**, 17, 1889. — [909] Wedekind, Ztschr. anorgan. allg. Chem. **33**, 83, 1903. — [910] Hauser, Ebenda **45**, 190, 1905. — [911] W. Böttger, Grundriß der qualitativen Analyse vom Standpunkte der Lehre von den Jonen, S. 299, 1902. — [912] P. Pissarjewsky, Ztschr. anorg. allg. Chem. **25**, 378, 1900. — [913] Weller, Ber. Dtsch. chem. Ges. **15**, 2599, 1882. — [914] Piccini, Ber. Dtsch. chem. Ges. **21**, 1391, 1888. — [915] Ber. Dtsch. chem. Ges. **21**, 370, 1519, 1888. — [916] M. E. Rumpf, Ann. Chim. (11) **8**, 456—527, 1937. — [917] D. G. Nicholson, Trans. Illinois State Acad. Sci. **29**, 97, 1936. — [918] T. R. Perkins, Journ. chem. Soc. London **1929**, 1687. — [919] A. Komarowsky, Chem. Ztrbl. 1913 II 1368. — [920] Tanatar, Ber. Dtsch. chem. Ges. **38**, 1184, 1905. — [921] A. Coppadoro, Gazz. chim. Ital. **38**, I, 489, 1908; Chem. Ztrbl. 1908 II 490. — [922] S. Glasstone, Journ. chem. Soc. London **121**,

2098, 1922. — [923] R a s c h i g, Schwefel- und Stickstoffstudien, S. 25. — [924] P. W. S c h e n k u. H. R e h a a g, Z. anorgan. allg. Chem. **233**, 403–410, 1937. — [925] E. H. R i e s e n f e l d, Ber. Dtsch. chem. Ges. **41**, 3536, 1910. — [926] B e r t h e l o t, Ber. Dtsch. chem. Ges. **13**, 775, 1880. — [927] F. R. M e y e r, G. B a i l l e u l und G. H e n k e l, Ber. Dtsch. chem. Ges. **55**, 2928, 1922. — [928] J. und W. N o d d a c k, Ztschr. anorgan. allg. Chem. **181**, 1, 1929. — [929] H. H a g e n und A. S i e v e r t s, ebenda **208**, 367, 1932. — [930] G. P e l l i n i und D. M e n g h i n i, ebenda **62**, 208, 1909. — [931] W. M a n c h o t und O. W i l h e l m s, Liebigs Ann. **325**, 105, 1902. — [932] D. K. G a r a l e w i t s c h, Journ. Russ. phys.-chem. Ges. (russ.) **58**, 1155, 1926. — [933] L. L o s a n a, Gazz. chim. Ital. **55**, 487, 490, 1925. — [934] W. H. S c h r a m m, Chem.-Ztg. **43**, 69, 1919. — [935] A. B o c a, Chem. Ztrbl. 1933 II 1167. — [936] E. H ü t t n e r, Ztschr. anorgan. allg. Chem. **27**, 105, 1901. — [937] O. Rh. H o w e l l, Journ. chem. Soc. London **123**, 65, 1923. — [938] P e l l i n i und M e n g h i n i, Ztschr. anorgan. allg. Chem. **60**, 178, 1908. — [939] J. H. K r e p e l k a und M. B l a b o l i l, Chem. Ztrbl. 1938 I 678. — [940] T a n a t a r, Ber. Dtsch. chem. Ges. **42**, 1516, 1909.

2. Persäuren, Säureperoxyde und deren Salze.

In vollkommen gleicher Weise, wie man sich vom Wasser durch Ersatz eines Wasserstoffatoms durch einen Säurerest, z. B. $-SO_3H$, eine Säure, wie Schwefelsäure, ableiten kann, leiten sich vom Wasserstoffperoxyd durch Ersatz eines H-Atoms durch einen Säurerest die echten P e r s ä u r e n her. Ersetzt man beide Wasserstoffatome des Wasserstoffperoxyds durch Säurereste, so entstehen die Säureperoxyde, denen in Analogie die Pyrosäuren entsprechen. Theoretisch und fast immer auch praktisch kann jede Säure Persäuren bilden. Durch Ersatz eines Wasserstoffatoms des Wasserstoffperoxyds durch Säurereste von Schwermetallsäuren entstehen die M e t a l l p e r s ä u r e n, die aber sehr häufig nur in Form ihrer Alkaliverbindungen bekannt sind. Auch die hydratisierten Peroxyde der Nebengruppe der IV. Gruppe des periodischen Systems (Ti, Zr, Hf und Th) sowie des Cers sind, wie bereits erwähnt, eigentlich als Persäuren aufzufassen. Alle Metallpersäuren bzw. Säureperoxyde können durch Ersatz eines oder beider Wasserstoffatome des Säurerestes Salze bilden, die ungleich beständiger sind als die freien Säuren. Diese Verbindungen werden als P e r s a l z e bezeichnet. Viele Persäuren und Säureperoxyde sind nur in Form ihrer Salze, aber nicht in freiem Zustande bekannt.

Besonders stark ist das Bestreben zur Bildung von Persäuren bei den Metallen der IV. bis VI. Gruppe des periodischen Systems ausgeprägt (C, Ti, Zr, Hf, Th; Si, Ge, Sn, Pb(?); V, Nb, Ta, N, P; Cr, Mo, W, U, S, Se), die befähigt sind, eine OH-Gruppe gegen das Radikal $-OOH$, häufig im umkehrbaren Gleichgewicht $X \cdot OH + HOOH \rightleftharpoons XOOH + H_2O$ auszutauschen. Obwohl der Sauerstoffgehalt des Metalles, das meist in Form einer Metallsäure vorliegt, erhöht wird, findet dabei doch keine Wertigkeitserhöhung des Metalles statt, ausgenommen vielleicht das Chrom, bei welchem man manchmal bei der Bildung der Perchromsäure siebenwertiges Chrom annimmt. Es ist aber auch ohne weiteres eine Formulierung mit sechswertigem Cr möglich, wie aus S. 88 hervorgeht. Die Darstellung reiner Produkte ist häufig sehr schwierig, in vielen Fällen auch noch gar nicht gelungen, da nicht nur die Trocknung der gefällten Niederschläge ohne Sauerstoffverlust sehr schwierig ist, sondern auch noch häufig rein mechanisch anhaftendes Wasserstoffperoxyd zu Untersuchungsfehlern Anlaß gibt.

Vom technischen Standpunkt wichtig sind nur die Persäuren bzw. Säureperoxyde des Schwefels, Kohlenstoffes und Phosphors, deren Bedeutsamkeit in der angegebenen Reihenfolge abnimmt. Das Natriumperborat des Handels, die wichtigste feste Perverbindung überhaupt, stellt kein echtes Persalz, sondern eine Additionsverbindung dar, wie denn überhaupt eine exakte Unterscheidung zwischen echten Persalzen, bei welchen die charakteristische OO-Brücke sich im Molekül der Verbindung selbst befindet und den Anlagerungsverbindungen, bei denen an das unveränderte Molekül Wasserstoffperoxyd in Form von Kristallhydroperoxyd angelagert ist, gelegentlich recht schwierig ist. Sehr häufig findet man in der Literatur die echten Perverbindungen und die Anlagerungsverbindungen ganz zu Unrecht als Perverbindungen zusammengefaßt.

Zwei- oder *n*-basische Säuren können natürlich zwei oder *n* Reihen von Persäuren bilden. Eine zweibasische Säure z. B. kann dann wieder von jeder Säure je ein normales und zwei saure Salze bilden. Im Falle der Kohlensäure z. B. sind theoretisch folgende Verbindungen möglich:

$$CO\langle{}^{OH}_{OH}, \quad CO\langle{}^{OOH}_{OH}, \quad CO\langle{}^{OOH}_{OOH}, \quad \text{Persäuren;}$$

$$CO\langle{}^{OONa}_{ONa}, \quad CO\langle{}^{OONa}_{OONa}, \quad \text{normale Salze;}$$

$$CO\langle{}^{OONa}_{OH}, \quad CO\langle{}^{OOH}_{ONa}, \quad CO\langle{}^{OOH}_{OONa}, \quad \text{saure Salze.}$$

Wie schon daraus zu ersehen ist, sind zahlreiche Variationsmöglichkeiten von Persäuren und deren Salzen gegeben, ohne daß aber tatsächlich alle diese Verbindungen bekannt sind. Eine eindeutige Identifizierung ist nicht immer möglich, da es an scharfen Unterscheidungsreaktionen vielfach noch fehlt. Viele Metalle sind auch noch gar nicht hinreichend genau auf ihre Verbindungsmöglichkeiten mit dem Hydroperoxydradikal — OO — untersucht worden. Über die Nomenklatur gibt Abschn. II, über die Konstitution Abschn. VIII Aufschluß.

a) Perschwefelsäure, Überschwefelsäure, Schwefelsäureperoxyd, $H_2S_2O_8$.

Die wichtigste Persäure überhaupt ist die Perschwefelsäure, da auf ihr fast zur Gänze die heutige Wasserstoffperoxydindustrie beruht. Außer der Bildungsweise aus S_2O_7 und Wasser kommt vor allem die elektrolytische Oxydation der Schwefelsäure und ihrer Salze in Betracht, über welche bereits eingehend im Kap. XII berichtet wurde. Auch durch vorsichtigen Zusatz von Wasserstoffperoxyd zu einer nicht mehr als 1 Äquivalent Wasser enthaltenden konzentrierten Schwefelsäure entsteht die freie Persäure[29, 926]. In reinster Form wurde die Perschwefelsäure von D'Ans und Friederich[985] durch Einwirkung von Chlor- oder Fluorsulfonsäure auf Wasserstoffperoxyd erhalten (S. 87).

Interessant ist auch der Versuch von F. Haber[941] über die Bildung von Caroscher und Perschwefelsäure beim Stromdurchgang durch die Grenzschicht des Gasraumes gegen den Elektrolyten (45%ige H_2SO_4). Perschwefelsäure neben Caroscher Säure entsteht auch bei der Einwirkung von Fluor auf die Bisulfate von Kalium und Ammonium[942].

Über die Eigenschaften der Überschwefelsäure herrscht namentlich in den älteren Arbeiten große Unsicherheit, da erst durch die Untersuchungen von Baeyer und Villiger[585, 586] gezeigt wurde, daß die Perschwefelsäure insbesondere in schwefelsaurer Lösung sehr leicht durch Hydrolyse in die Carosche Säure übergeht. Die freie Säure bildet in reinem Zustande kleine weiße Kristalle, die unter Zersetzung bei 65° schmelzen. Durch Umschmelzen und Abschleudern der Mutterlauge kann man die Überschwefelsäure reinigen. Sie ist sehr hygroskopisch und zischt beim Eintragen in Wasser auf. Vollkommen rein und trocken ist die Säure längere Zeit haltbar, die wäßrige Lösung aber ist nicht sehr beständig. In den Abschnitten XI bis XIII sind bereits ausführlich die Reaktionen und Bedingungen bei der elektrolytischen Gewinnung der Perschwefelsäure beschrieben worden, so daß hier nur auf diese Abschnitte verwiesen zu werden braucht (s. S. 124 und 156).

Zum Unterschied von Wasserstoffperoxyd geben weder Caro sche noch Perschwefelsäure die Reaktionen auf Metallpersäuren (Titanschwefelsäurereaktion, Chromsäurereaktion und Reduktion der Übermangansäure). Perschwefelsäure vermag auch nicht wie die Caro sche Säure aus Lösungen von Jodiden sofort Jod auszuscheiden oder Anilin in Nitrosobenzol überzuführen. Überschwefelsäure und ihre Salze wirken stark oxydierend. So wird Fe^{II} zu Fe^{III}, Chromi- bzw. Mangansalze zu Chromaten bzw. Mangandioxyd oxydiert. Organische Farbstoffe werden gebleicht, Alkohol zu Aldehyd oxydiert. Mit schwefelsaurem Anilinsulfat tritt Anilinschwarzbildung ein.

b) Die Salze der Perschwefelsäure, die Persulfate.

Ammoniumpersulfat. Das am leichtesten darstellbare Persulfat ist das Ammonpersulfat, dessen Gewinnung ausschließlich auf elektrolytischem Weg erfolgt (s. S. 136, 151). Als Elektrolyt kommt entweder eine neutrale Ammonsulfat- oder häufiger eine Ammonbisulfatlösung in Betracht. Im festen Zustand bildet es weiße monokline Kristalle, die im trockenen Zustand recht beständig sind. Bei Zimmertemperatur löst sich ein Teil Ammonpersulfat in 65 Teilen Wasser, bei 0° in 58 Teilen. Eine Reinigung des Handelsproduktes kann durch schnelles Lösen in warmem Wasser, Neutralisieren, Filtrieren und Ausfällen des Salzes aus der Lösung mit Alkohol erfolgen.

Natriumpersulfat. Die Darstellung des Natriumpersulfats erfolgt entweder durch Elektrolyse einer schwefelsauren Natriumsulfatlösung als Anolyt und verdünnter Schwefelsäure als Katholyt[943] oder häufiger über Ammonpersulfat. Die direkte elektrolytische Darstellung ist mit großen Schwierigkeiten verbunden, da einerseits die Stromausbeute nicht allzu groß ist, anderseits die Löslichkeit des Natriumpersulfats eine recht beträchtliche ist. Aus festem Ammonpersulfat erhält man es durch dessen Eintragen in konzentrierte Natronlauge und Eindampfen der Lösung im Vakuum oder durch Zusammenreiben mit Kristallsoda[493]. Nach der Schweiz. Patentschrift 53887 von Pietsch und Adolph wird Natriumpersulfat aus Ammonpersulfatlösungen durch Umsetzung mit Natriumsulfat erhalten. Man elektrolysiert eine Lösung von Ammonsulfat und Natriumsulfat oder der Bisulfate, wobei sich das entstehende Ammonpersulfat sofort mit dem Natriumsulfat umsetzt.

Die Elektrolyse kann ohne Diaphragma leichter ausgeführt werden als mit Diaphragma. Erwähnenswert ist hier das Verfahren von Deißler[944], welches das Diaphragma dadurch entbehrlich macht, daß man die spezifisch schwerere gesättigte Anodenlösung mit der leichteren, nur halb gesättigten Kathodenflüssigkeit überschichtet. Durch Zusatz von Flußsäure, Salzsäure, Natriumperchlorat[632], Cyaniden, Ferrocyaniden, Chromaten zur Bildung einer schützenden Chromhydroxydschicht an der Kathode, Rhodaniden, Cyanaten des Kaliums und Natriumcyanamid[602] kann die Stromausbeute verbessert werden. Für die Elektrolyse von Natriumsulfat-Schwefelsäuregemischen gelten im allgemeinen die gleichen Gesichtspunkte wie für jene von Persulfaten im allgemeinen. Die große Löslichkeit des Natriumpersulfats kann bei Verwendung eines Elektrolyten, der aus einem Gemisch von 150 g Glaubersalz und 70 g konzentrierter Schwefelsäure besteht, bis auf 6% herabgedrückt werden. Das Natriumpersulfat setzt sich aber meist als fein verteilter Schlamm ab, der sich sehr schwer filtrieren und auswaschen läßt. Durch die Anwesenheit von Kaliumsalzen, die am besten in Form von Cyanverbindungen angewendet werden, wird der Niederschlag körniger[945]. Eine technische Bedeutung kommt dem Natriumpersulfat nicht zu. Das Natriumpersulfat bildet weiße, in Wasser sehr leicht lösliche Kristalle. Es kristallisiert wasserfrei (s. auch S. 152).

Das Kaliumpersulfat. Dieses wird am besten durch doppelte Umsetzung von Kaliumsulfat oder Kaliumbisulfat mit einer Ammonpersulfatlösung dargestellt (s. S. 152, 186). Die elektrolytische Gewinnung ist weniger günstig, da das von allen Persulfaten am schwersten lösliche Kaliumpersulfat schon sehr bald ausfällt und die Elektrolyseure verunreinigt. Die alte Methode von Loewenherz[943] durch Umsetzung von festem Ammonpersulfat mit konzentrierter Kaliumcarbonatlösung ist gänzlich verlassen worden. An Stelle des Carbonats kann auch mit Vorteil das Alkalihydroxyd verwendet werden. Bei der Elektrolyse wirken sich potentialerhöhende Zusätze, hohe Stromdichte usw. ebenso wie bei der anodischen Oxydation der Schwefelsäure günstig aus. Nach einem Vorschlage von Neher & Co. sowie O. Nydegger[946] wird eine Lösung elektrolysiert, die neben Kaliumbisulfat erhebliche Mengen von Sulfaten oder Bisulfaten des Natriums oder Ammoniums enthält. Die B. Laporte Ltd. (E. P. 506 213) elektrolysieren eine gesättigte Kaliumsulfatlösung, die auf 3 Mole K_2SO_4 5 Mole H_2SO_4 enthält, bei 20° und einer Stromdichte von 0,5 Amp/qdm. Kaliumpersulfat entsteht auch bei der Einwirkung von Fluor auf eine wäßrige Lösung von Kaliumbisulfat[947].

Kaliumpersulfat kristallisiert in Tafeln oder langen Prismen. Bei 0° lösen 100 Teile Wasser 1,76 Teile Salz, bei 20° etwa 5 Teile.

Persulfate wurden auch noch von den Metallen Rubidium, Cäsium, Lithium, Zink, Silber, Kupfer, Lanthan, Magnesium usw., die ohne Kristallwasser, und von Blei und Barium, die mit Kristallwasser kristallisieren, dargestellt. Das Bariumpersulfat ist im Gegensatz zum schwerlöslichen Bariumsulfat wasserlöslich, so daß auf Grund dieser verschiedenen Löslichkeiten eine Trennung von Perschwefelsäure von Schwefelsäure vorgenommen werden kann. Ein wasserunlösliches Salz der Überschwefelsäure gibt es überhaupt nicht. Die Löslichkeit nimmt in der Reihe K, Rb, Cs, Tl mit steigendem Atomgewicht zu.

Die meisten dieser Persulfate kann man durch elektrolytische Oxydation der Sulfate in schwefelsaurer Lösung darstellen, jedoch verläuft die Persulfatbildung oft nur recht unvollkommen.

Während die wasserfreien Persulfate, trocken aufbewahrt, dauernd haltbar sind, zersetzt sich z. B. das wasserhaltige Bariumsalz schon innerhalb einiger Wochen. Zinkpersulfat ist derart hygroskopisch, daß es an der Luft zerfließt. Beim Erhitzen zersetzen sich die Persulfate nach $K_2S_2O_8 = K_2SO_4 + SO_3 + \frac{1}{2}\, O_2$. Ammonpersulfat gibt beim Erhitzen auf etwa 190° unter lebhaftem Aufschäumen Ammonpyrosulfat. Persulfate zersetzen Acetate katalytisch zu Methan und Kohlensäure. Die wäßrige Lösung der Persulfate in nicht völlig reinem Zustand zeigt eine bläuliche Fluoreszenz. Die Lösungen zerfallen in der Wärme rascher als in der Kälte in Sulfat, Schwefelsäure und Sauerstoff: $K_2S_2O_8 + H_2O = 2\, KHSO_4 + \frac{1}{2}\, O_2$. Beim Kochen mit Schwefelsäure entweicht Ozon, und zwar um so mehr, je stärker die Säurekonzentration war. Ist ein oxydierbares Metall anwesend, so wird dieses bis zum Peroxyd oxydiert: $2\, AgNO_3 + K_2S_2O_8 + 2\, H_2O = 2\, KHSO_4 + 2\, HNO_3 + Ag_2O_2$. Außerdem bilden sich Salze des 2- und 3wertigen Silbers. Durch Wasserstoffperoxyd wird Kaliumpersulfat in Caro sche Säure umgewandelt. Platinsol zersetzt Persulfate nicht, hingegen beschleunigen Persulfate die Zersetzung von Wasserstoffperoxyd durch Platinsol[948]. Durch Platinschwarz wird die Zersetzung der Persulfate auch bei gewöhnlicher Temperatur beschleunigt.

Die photochemische Zersetzung verläuft nach derselben Reaktionsgleichung wie die thermische Zersetzung. Die Reaktion verläuft in sehr verdünnten wäßrigen Lösungen monomolekular, in 0,1 molarer Lösung jedoch nach der nullten Ordnung. Festes Kaliumpersulfat zersetzt sich unter dem Einfluß der Lichtstrahlen[949]. Die Quantenausbeute bei der Zersetzung beträgt eins. Der Vorgang dürfte wahrscheinlich unter Dissoziation und Reaktion der Dissoziationsprodukte mit Wasser oder Bildung angeregter Ionen verlaufen[950]. Nach Bhattercharga und Dar[951] steigt die Quantenausbeute mit der Tempertur und der Frequenz der einfallenden Strahlung.

Die Persulfate sind namentlich in schwefelsaurer Lösung starke Oxydationsmittel. Eisen, Zink, Aluminium, Kadmium, Magnesium, Kobalt, Kupfer und Quecksilber werden von neutralen Persulfatlösungen unter Bildung von Sulfaten gelöst, Silber bildet vorerst Silbersulfat, dann Silberperoxyd. Bei der Einwirkung auf Zink z. B. entstehen nach $(KO \cdot SO_2 \cdot O)_2 + Zn = KO \cdot SO_2 \cdot O \cdot Zn \cdot O \cdot SO_2 \cdot KO$ Doppelsalze vom Typus $R_2^{\cdot} \cdot R''(SO_4)_2$ oder anders geschrieben $R^{\cdot}O \cdot SO_4 \cdot O \cdot R'' \cdot O \cdot SO_2 \cdot$ $\cdot OR^{\cdot}$[952]. Mit Quecksilber entsteht in Gegenwart von konzentriertem Ammoniak ein kristallinisches Komplexsalz $[Hg^{II}(NH_3)_4]S_2O_8$ in Form von durchsichtigen Nadeln, die an der Luft Ammoniak verlieren und matt werden[953]. Kupfer wird besonders rasch von ammoniakalischer Persulfatlösung gelöst, welche Fähigkeit sich auch vorzüglich zum Ätzen von Kupfer eignet. Auch Eisen und Silber werden von ammoniakalischer Persulfatlösung gelöst.

Mit manchen Alkaloiden bilden die Persulfate kristallisierte Niederschläge, wie z. B. das Strychninsalz $K_2S_2O_8 \cdot (C_{21}H_{22}O_2N_2)_2 \cdot H_2O$[954]. Ammoniak wird in alkalischen Lösungen auch bei Abwesenheit von Katalysatoren glatt zu Nitrat, bei Gegenwart von Silbersulfat in ammoniakalischer Lösung bis zu Stickstoff oxydiert[955]. Die Persulfate geben charakteristische Reaktionen mit p-Phenylendiamin, p-Amidophenol und 2,4-Diaminophenol[956] sowie Verbindungen mit Ammoniak, Pyridin und Hexamethylentetramin[957]. α-Naphthol liefert in alkalischer Lösung eine dunkelviolette, β-Naphthol eine gelbe Färbung. Mit 2%iger Anilinsulfatlösung entsteht in neutraler Lösung ein kristallinischer orangefarbener Niederschlag, der sich in verdünnter Salzsäure mit gelber Farbe löst und beim Erhitzen violett wird.

In physiologischer Hinsicht wirken die Persulfate ähnlich günstig auf den Stoffwechsel ein, regen den Appetit an und heben die Kräfte des Kranken wie die Arsenite und Vanadate, sind aber weniger toxisch[958]. Die antiseptische Wirkung ist gering. In größerer Dosis wirken Persulfate tödlich, in geringerer verursachen sie nur Erbrechen.

Die Persulfate werden auf Grund ihrer Oxydationskraft für Bleichereizwecke, zur Entfernung des Fixiernatrons und als Abschwächer in der Photographie, als Depolarisator in Akkumulatoren, als Absäuerungsmittel in der Wäscherei, zur Herstellung von Stärkelösungen, als Katalysatoren bei der Erzeugung von Emulsionen von Polymerisationsprodukten, im Gemisch mit Hydrazinen zur Plastifizierung von Kautschuk, sowie in der analytischen Chemie verwendet. In den Handel selbst kommt nur ein geringer Bruchteil der auf elektrochemischem Wege hergestellten Persulfate, der überwiegende Teil wird auf Wasserstoffperoxyd weiter verarbeitet (s. Abschn. XIV und S. 179).

c) H_2SO_5, Carosche Säure oder Sulfomonopersäure.

Die von Caro[587] durch Einwirkung von konzentrierter Schwefelsäure auf feste Persulfate erhaltene Carosche- oder Sulfomonopersäure H_2SO_5 kann auch aus starker Schwefelsäure und Perschwefelsäurelösung erhalten werden (Baeyer und Villiger[585, 586]). Diese Methoden liegen auch den Verfahren der DRP. 105 857 und 110 249 der Badischen Anilin- und Sodafabrik zugrunde. Nach diesen Patentschriften soll auch die Darstellung durch Elektrolyse einer konzentrierten Schwefelsäure möglich sein. Die Bildungsgeschwindigkeit beim Verdünnen und Stehenlassen entspricht einer monomolekularen Reaktion[959]. Die besten Ausbeuten werden nach R. H. Vallence[960] erhalten, wenn man 20 g gepulvertes Kaliumpersulfat mit 13 ccm konzentrierter Schwefelsäure in einer durch eine Kältemischung gekühlten Schale während 15 Minuten zerreibt. Nach 50 Minuten gießt man dann die Mischung auf 50 g frisch zerkleinertes Eis und neutralisiert im Verlaufe von 30 Minuten mit Kaliumcarbonatlösung. Sodann wird die Mischung filtriert und im Vakuum über Schwefelsäure auf 50 ccm eingeengt. Durchschnittlich läßt sich auf diese Weise eine Carosche Säure in der Konzentration von 100 bis 110 g/l erzielen. Bei größeren Mengen sind die Ausbeuten schlechter.

Die Verseifung der Caroschen Säure mit Wasser zu Schwefelsäure und Wasserstoffperoxyd ist eine vollständig umkehrbare Reaktion, weshalb man die Sulfomonopersäure auch aus konzentrierter Schwefelsäure und Wasserstoffperoxyd herstellen kann[585, 586]. Die Reindarstellung ist auch nach der eleganten Methode von J. D'Ans und L. Friederich[485] aus einem Mol Chlorsulfonsäure und einem Mol Wasserstoffperoxyd möglich.

Die reine Säure stellt eine kristallisierbare Substanz dar, die in mehreren Zentimeter langen durchsichtigen Prismen kristallisieren kann. Die Kristalle schmelzen unzersetzt bei 45°, sind sehr hygroskopisch und lösen sich in Wasser, Alkohol und Äther sehr leicht. Über die wesentlichen Reaktionen der Caroschen Säure mit Schwefelsäure, Perschwefelsäure, Wasser und Wasserstoffperoxyd und ihren schädlichen Einfluß bei der Perschwefelsäureelektrolyse ist bereits eingehend in den Abschnitten XI bis XIII berichtet worden. Mit Kalium bildet sie ein leicht lösliches Salz[961], mit Stickstoffwasserstoffsäure HN_3 Peroxymonoschwefelsäureamid NH_2OSO_3H.

Die Carosche Säure ist ein äußerst starkes Oxydationsmittel. Zum Unterschied von Wasserstoffperoxyd und Perschwefelsäure wird aus Kaliumjodidlösung sofort Jod ausgeschieden, Anilin in Nitrosobenzol, Nitrobenzol oder in Phenylhydroylamin verwandelt. Sie gibt aber nicht die Gelbfärbung mit Titanschwefelsäure und die Blaufärbung mit Chromschwefelsäure. Permanganat wird nicht reduziert. Aceton wird in das Acetonperoxyd, Ketone werden in Laktone (Baeyer und Villiger[962], Jodbenzol in Jodobenzol, Benzaldoxym in Benzylhydroxamsäure und Phenylnitromethan, Dimethylanilin in Dimethylanilinoxyd übergeführt (M. Bamberger und Mitarbeiter[963]).

Literaturverzeichnis.

[941] F. Haber, Ztschr. Elektrochem. **20**, 845, 1913. — [942] F. Fichter und Humpert, Helv. chim. Acta **9**, 467, 602, 1926. — [943] DRP. 77 340. — [944] Deißler, Pietsch und Adolph, DRP. 105 008. — [945] Dieselben, DRP. 205 069. — [946] Neher & Co. und O. Nydegger, DRP. 306 194. — [947] Fichter und Humpert, Helv. chim. Acta **6**, 640, 1923. — [948] Price, Ber. Dtsch. chem. Ges. **35**, 291, 1902; Ztschr. physikal. Chem. **46**, 39, 1903. — [949] J. L. R. Morgan und R. H. Christ, Journ. Amer. **49**, 16, 338, 960, 1927. — [950] Dieselben, ebenda **54**, 39, 1932. — [951] Bhattercharga u. Dar, Ztschr. anorgan. allg. Chem. **175**, 357, 1928; **176**, 372, 1928. — [952] O. Aschan, Finska Kemistsamfundets Medd. **37**, 40, 1928; Chem. Ztrbl. 1928 II 1867. — [953] F. Fichter und S. Stern, Helv. chim. Acta **11**, 754, 1928. — [954] Vitali, Boll. chim. farmac. **42**, 273, 311, 1903; Chem. Ztrbl. 1903 II 312. — [955] Kempf, Ber. Dtsch. chem. Ges. **38**, 3972, 1905. — [956] L'Orosi, Chem. Ztrbl. 1900 II 806. — [957] G. A. Barbieri und F. Caltolari, Ztschr. anorgan. allg. Chem. **71**, 347, 1911. — [958] Moreau, Apothek. Ztg. **16**, 383, 1901. — [959] Mugdan, Ztschr. Elektrochem. **9**, 719, 980, 1903. — [960] R. H. Vallence, Journ. Soc. chem. Ind. **45**, I, 66, 1926. — [961] DRP. 105 857. — [962] Baeyer und Villiger, Ber. Dtsch. chem. Ges. **32**, 3625, 1899; **33**, 124, 1900. — [963] M. Bamberger und Mitarbeiter, ebenda, **32**, 1676, 1899; **33**, 534, 1781, 1900; **34**, 2023, 1901; **35**, 1082, 1902.

Zusammenstellung der Patentliteratur über Persulfate.

D. 77 340. R. Loewenherz. Herstellung von festem, überschwefelsaurem Natrium durch Behandlung von festem Ammonpersulfat mit einer konzentrierten Lösung von NaOH oder Na_2CO_3. Weiter siehe D. 81 404, 155 805, 172 508, 173 977, 205 067, 205 068, 205 069, 306 194, S. 153, Russ. 29 835, S. 155, D. 243 366, S. 189, D. 228 665, 236 768, S. 299.

Ö. 42 544. Österreichische Chemische Werke G. m. b. H. und L. Löwenstein. Ba-Persulfat durch Bindung von SO_3 an BaO_2.

Ö. 153 694. Henkel & Cie. G. m. b. H. Zur vollständigen Auskristallisation von Ammonpersulfat wird zu der Lösung die Schwefelsäure zuletzt zugegeben.

Schw. 53 887. A. Pietsch und G. Adolph. Na-Persulfat durch Umsetzung von Ammonpersulfat mit einem festen schwefelsauren Salz des Na.

D.'724 945 (F. 871 432). Degussa. Ammonpersulfat aus Perschwefelsäure und wäßrigem NaOH, deren Wassergehalt zur Lösung des Persulfats nicht ausreicht sowie Methanol zur Ausfällung des Persulfats.

E. 25 081/1899 (A. 659 820). B. J. Mills. Na-Persulfat aus Ba-Persulfat durch Umsetzung einer konzentrierten Lösung von Ba-Persulfat mit Na-Sulfat, Na-Carbonat oder -Bicarbonat und Nachbehandlung mit Schwefelsäure. Die Lösung des Na-Persulfats wird im Vakuum eingedampft.

E. 503 625. B. Laporte Ltd. Umsetzung von Ammonpersulfaten mit Alkalihydroxyden zu Alkalipersulfaten.

E. 506 213. B. Laporte Ltd. Elektrolyse einer gesättigten K_2SO_4-Lösung, die auf 3 Mol K_2SO_4 5 Mol H_2SO_4 enthält, bei 0,5 A/qcm und 20 bis 22°.

A. 1 530 714. D. M. Crist. Perschwefelsäure durch Einwirkung von Ozon auf Schwefelsäure.

A. 1 861 573. A. Kratky. Elektrolyt für die Herstellung von Alkalipersulfaten, bestehend aus einer wäßrigen Lösung eines schwefelsauren Alkalisalzes, einem Ammonsalz, Cersalz und Alkalichromat.

F. Die echten Percarbonate

Wie auf S. 12 und 264 bereits ausgeführt wurde, leiten sich von der zweibasischen Kohlensäure eine ganze Reihe von Persäuren ab, die alle durch Ersatz eines Wasserstoffatoms im H_2O_2 durch einen Karboxylrest $CO\langle^{OH}_{\diagdown}$ entstanden zu denken sind. Weiters besteht noch die Möglichkeit, daß ähnlich wie bei der Perschwefelsäure auch eine Peroxydkohlensäure durch Austausch beider H-Atome des H_2O_2 durch Kohlensäurereste gebildet wird:

$$O{=}C\begin{matrix} \diagup OH & HO \diagdown \\ \diagdown & \diagup \\ & OO \end{matrix}C{=}O.$$

Die freien Säuren konnten bisher nicht dargestellt werden, sondern nur die Alkali- und Erdalkalisalze, da beim Versetzen der Salze beider Persäuren mit starken Säuren die in Freiheit gesetzten Persäuren sofort zu Wasserstoffperoxyd und einem oder zwei Molekülen Kohlensäure zerfallen.

Mit dem Namen „Percarbonat“ faßte man früher fälschlich alle Carbonate zusammen, die aktiven Sauerstoff enthalten, ohne darauf Rücksicht zu nehmen, daß diese Stoffe Verbindungen von sehr verschiedener Konstitution sein können. Während die „echten Percarbonate“, die allein im vorliegenden Kapitel behandelt werden sollen, die —OO—-Brücke wenigstens an einen Kohlensäurerest gebunden enthalten, gibt es eine ganze Reihe von anderen aktiven Sauerstoff enthaltenden Carbonaten, die diesen bloß in Form von als Kristallhydroperoxyd gebundenem Wasserstoffperoxyd aufweisen. Erst durch die Schaffung der charakteristischen Unterscheidungsreaktionen von Riesenfeld und Reinhold[488], Willstädter[489] und Le Blanc und Zellmann[490] ist es möglich gewesen, die Unklarheiten auf diesem komplizierten Gebiete fast zur Gänze zu beseitigen und zwischen echten Percarbonaten und Anlagerungsverbindungen unterscheiden zu können (s. S. 305 ff.).

Auf Grund dieser Reaktionen kennen wir die echten Perverbindungen Na_2CO_4, $Na_2C_2O_6$, $Rb_2C_2O_6$, $K_2C_2O_6$ und $(NH_4)_2C_2O_6$. Die Verbindung Na_2CO_5 stellt nur ein Gemisch von $Na_2CO_4 \cdot H_2O_2$ und $Na_2C_2O_6 \cdot H_2O_2$ dar[964], die Existenz von $NaHCO_4$ ist noch ungewiß.

Die Percarbonate stellen eines der kompliziertesten Gebiete der anorganischen Chemie dar. Ohne eingehende Untersuchung der Konstitution ist die Feststellung, ob eine Per- oder eine Anlagerungsverbindung vorliegt, nicht immer möglich. In der Patentliteratur findet sich meist keinerlei Hinweis dafür, ob echte Perverbindungen oder Perhydratverbindungen bei den betreffenden Verfahren entstehen. Das Percarbonat der Technik ist ein Natrium-Perdicarbonat mit Kristallhydroperoxyd der Formel $Na_2C_2O_6 \cdot nH_2O_2$, das auf elektrolytischem Wege hergestellt wird.

Für die Darstellung der echten Percarbonate gibt es im Prinzip vier chemische Methoden:

a) Die elektrolytische Methode;
b) aus Natriumperoxydhydrat oder BaO_2 und Kohlensäure;
c) aus Natriumhydroperoxyd und Kohlensäure;
d) aus Natriumperoxyd und Phosgen.

Das älteste bekannte Percarbonat ist das von Constam und Hansen[965] schon 1896 erhaltene $K_2C_2O_6$. Es wurde durch Elektrolyse einer gesättigten Kaliumcarbonatlösung bei $-15°$ durch Polymerisation zweier KCO_3'-Ionen erhalten. Die Struktur dieses Peroxydcarbonats ist daher KO—CO—OO—CO—OK. Auch Ammonium- und andere Alkalicarbonate ließen sich auf diese Weise darstellen. Die Elektrolyse wurde mit einem aus einer Tonzelle bestehenden Diaphragma, einer Platindrahtanode und Platin- oder Nickelblechkathode, einer anodischen Stromdichte bis 300 Amp/qdm und etwa 5 V Spannung durchgeführt. Die Ausbeute betrug bei $-10°$ 70%, bei 0° nur 30%. Bei Gegenwart von Hydroxylionen wurden schlechtere Ausbeuten erhalten, weil diese das Potential der Platinanode herabsetzen.

Das in feuchtem Zustande schwach bläulich gefärbte Peroxydkohlensäurekalium ist in Berührung mit Wasser sehr leicht zersetzlich und muß daher sofort filtriert und getrocknet werden. Gut getrocknet ist das Salz gut haltbar. Da es aber an der Luft ähnlich wie Kaliumcarbonat Feuchtigkeit anzieht, wird es bald zersetzt. In der Wärme zerfällt es nach $K_2C_2O_6 = K_2CO_3 + CO_2 + O$, doch ist die Zersetzung in kurzer Zeit erst bei 200 bis 300° vollständig. Das Salz wurde einige Zeitlang von der Aluminiumindustrie A. G. Neuhausen in Form von Tabletten zur Zerstörung von Thiosulfatresten in photographischen Platten in den Handel gebracht, bewährte sich aber wegen zu geringer Haltbarkeit nicht. In Eiswasser ist es fast ohne Zersetzung löslich, in Wasser von Zimmertemperatur löst es sich nur unter Zersetzung. Kalium-Percarbonat ergibt beim Destillieren über PbO_2 Formaldehyd (Thunberg[966]; E. Baur[967]). Die Reaktion geht aber auch bereits in der Kälte vor sich, wenn statt PbO_2 Peroxydase verwendet wird.

Das peroxydkohlensaure Rubidium $Rb_2C_2O_6$ wird auf ähnliche Weise wie das Kaliumsalz erhalten[965]. Es stellt ein weißes, äußerst hygroskopisches Pulver dar.

Fichter und Bladergroen[97] erhielten bei der Einwirkung von Fluorgas auf Lösungen von Natrium-, Kalium- oder Rubidiumcarbonat Percarbonate. Die maximalsten Ausbeuten ergeben sich bei mittleren Konzentrationen, wie 2molar und -13 bis $-16°$ unter periodischem Zusatz von Kalilauge. Sie steigen in der Reihe Natrium, Kalium und Rubidium. Die Percarbonatbildung erfolgt nach $2\,KHCO_3 + F_2 = K_2C_2O_6 + 2\,HF$, bzw. $K_2CO_3 + F_2 = K_2C_2O_6 + 2\,KF$.

Außer dem Natrium-, Kalium- und Rubidiumsalz der Peroxydkohlensäure ist noch kein anderes Salz dieser Säure mit Sicherheit bekannt geworden. Ungleich wichtiger sind jene echten Perverbindungen der Kohlensäure, in welchen nur eine Bindung der —OO—-Brücke an Kohlensäure, die andere aber an ein Kation gebunden ist. Vorwiegend handelt es sich um die Verbindungen Na_2CO_4 und $Na_2C_2O_6$, denen die Konstitution $CO\langle{}^{OONa}_{ONa}$ und $CO\langle{}^{O}_{OONa\ NaO}\rangle CO$ zukommt[968].

Diese Verbindungen sind daher als Monoperoxynatriumcarbonat und Monoperoxynatriumdicarbonat anzusprechen. Sie entstehen nach $Na_2O_2 + CO_2 = Na_2CO_4$ und durch weiteres Einleiten von Kohlensäure nach $Na_2CO_4 + CO_2 = Na_2C_2O_6$. Bei der Reaktion wird aus dem Peroxydhydrat Wasser frei. Das Perdicarbonat scheint in zwei isomeren Formen zu existieren. Für das Kaliumsalz werden die folgenden Formeln angegeben:

```
      O                O
      ‖                ‖
O—C—OK          O—C
|          und  |
O—C—OK          C—O—OK.
      ‖          ‖
      O          O
```

Zum ersten Male wurden Perverbindungen dieser Art von B a u e r[969] durch Einwirkung von flüssigem oder festem Kohlensäureanhydrid auf kristallisiertes Natriumperoxydhydrat erhalten. Im wasserfreien Zustande enthält das $Na_2C_2O_6$ 10%, das Na_2CO_4 13% aktiven Sauerstoff. Trockenes Natriumperoxyd wird von der Kohlensäure nicht angegriffen. Von dieser muß auch ein kleiner Überschuß zur Sicherung der exothermischen Reaktion vorhanden sein. Unter lebhafter Reaktion bildet sich rasch eine teigartige, sofort kristallisierbare Masse, die vom Reaktionswasser getrennt und getrocknet wird. Die Ausbeuten betragen bei diesem Verfahren, auf aktiven Sauerstoff gerechnet, 50 bis 60%. Auch eignet sich dieses Verfahren nicht für die Darstellung größerer Mengen, wie es die Technik erfordern würde, da das frei werdende Wasser unter dem Einfluß des Kohlensäureschnees gefriert und zur Klumpenbildung Anlaß gibt, die eine gleichmäßige Durchmischung erschwert.

Mit gasförmiger Kohlensäure arbeitete die Firma E. Merck[970]. Das Natriumperoxyd wurde zuerst durch Zufügung von Eis in das reaktionsfähige Hydrat übergeführt und mit der 1½fachen Menge Kohlensäure unter Kühlen und Rühren zur Reaktion gebracht. Nach den angestellten Analysen lag ein „saures Percarbonat" der Formel $4\,Na_2CO_4 \cdot H_2CO_3$ vor.

Von R. W o l f f e n s t e i n und E. P e l t n e r[48] wurde Natriumperoxyd durch vorsichtiges Zerreiben mit Eis hydratisiert, dann unter Rühren mit einem Glasstab in die Masse Kohlensäure eingeleitet und in dem Maße, als Wasser frei und die Masse feucht wurde, noch weiteres Natriumperoxyd zugefügt. Beim Einleiten von 1 Mol Kohlensäure wurde das Na_2CO_4, durch Einwirkung von 2 Molekülen Kohlensäure das $Na_2C_2O_6$ erhalten. Das letztere ist beständiger als das erstere. Beide können sehr leicht Wasserstoffperoxyd addieren.

A. B l a n k a r t[971] verwendete nur 1 Mol Wasser auf 1 Mol Natriumperoxyd, da die Percarbonate sich in feuchtem Zustande sehr rasch zersetzen. Er ging entweder von Natriumperoxydmonohydrat aus, oder stellte dieses nach dem DRP. 120 136 oder 219 700 mit Wasserdampf oder Vermischen mit Glaubersalz, Natriumpyrophosphat, Soda oder bestimmten Mengen von Natriumperoxydoctohydrat her. Dadurch kann man bis zu 90% Ausbeute erhalten. Die Haltbarkeit der nach dieser Methode hergestellten Percarbonate ist jedoch viel geringer als jene der aus dem Octohydrat gewonnenen.

Die Firma Merck stellte auch durch Einwirkung von Kohlensäure auf Bariumperoxydhydrat ein Bariumpercarbonat $BaCO_4$ her[972]. Man schwemmt Bariumperoxyd in Wasser auf, leitet weniger als 1 Mol Kohlensäure ein, filtriert ab, wäscht mit Wasser und trocknet. Das Bariumpercarbonat zersetzt sich auch in trockenem Zustand und geht allmählich in Bariumcarbonat über.

Die Herstellung von Percarbonaten aus Natriumhydroperoxyd NaOOH erwähnte zuerst R. Wolffenstein[973]. Riesenfeld und Mau[964] leiteten Kohlensäure in eine Suspension von Natriumperoxyd in Alkohol und gelangten zu den Percarbonaten Na_2CO_4 und $Na_2C_2O_6$. Auf genau dieselbe Arbeitsweise wurde L. Schwedes einige Jahre später ein DRP. 324 869 erteilt. Es wird in auf $-5°$ gekühlten Alkohol Natriumperoxyd sorgsam eingetragen, wobei die Temperatur nicht über 10 bis 12° steigen darf, dann unter ständigem Umrühren Kohlensäure eingeleitet, der Brei von flockigem Percarbonat abgesaugt und getrocknet. Durch den Wegfall des Wassers ist nicht nur die Hydrolisierung vermieden, sondern sind auch die starken Sauerstoffverluste beim Trocknen ausgeschaltet. Bei einer Ausbeute von 90% ist das fertige Produkt sehr stark mit Natriumcarbonat infolge ungenügender Umsetzung verunreinigt. Beim weiteren Einleiten von Kohlensäure wird das Produkt wohl reicher an Percarbonat, die Ausbeute sinkt jedoch auf 75%. Das Verfahren ist auch nicht ungefährlich, da durch Überhitzung eine Entzündung oder Explosion des Alkohols vorkommen kann.

Die von A. Blankart (l. c. S. 22, S. 23) beschriebene Darstellung aus Phosgen und Natriumperoxyd verläuft nach der Gleichung

$$COCl_2 + 2\,Na{-}OO{-}Na = 2\,NaCl + CO\begin{cases} OO{-}Na \\ ONa \end{cases} + \frac{O_2}{2}.$$

Diese Darstellung besitzt jedoch nur rein theoretisches Interesse, da sie in Analogie zur Bildung von Caroscher und Perschwefelsäure aus Chlorsulfonsäure und Wasserstoffperoxyd Aufschluß über die Konstitution des Percarbonats gibt.

Die Percarbonate sind von nur geringer Haltbarkeit, sie verlieren ohne Stabilisatoren innerhalb einiger Monate rund 50% ihres aktiven Sauerstoffes. Wie Riesenfeld und Mau[964] sowie Blankart[971] (l. c. S. 36 bis 38) festgestellt haben, gehen die Percarbonate bei ihrem Zerfall zunächst in Carbonatperhydrate über, wie sich aus dem Verlauf der Zersetzungskurve und den Reaktionen auf Additionsverbindungen zeigt. Von Wasser und Feuchtigkeit der Luft werden sie zersetzt, welche Erscheinung durch Temperaturerhöhung um 10° auf das Doppelte beschleunigt wird.

Sehr wesentlich ist für die Herstellung von Percarbonaten wie allgemein für viele feste Perverbindungen (Perborate, -phosphate) die Reinheit der Ausgangsmaterialien. Selbst sehr geringe Mengen von Verunreinigungen, die durch katalytische Einwirkung zersetzend wirken, vermindern die Ausbeute und darüber hinaus die Haltbarkeit ganz beträchtlich. Im allgemeinen wird diesem Umstande durch Umkristallisieren der Ausgangsstoffe Rechnung getragen. Jedoch sind bereits Mengen von Katalysatoren, namentlich von Schwermetallen, schädlich, die unterhalb der analytischen Nachweisbarkeit liegen. Vor allem handelt es sich um die Verbindungen des Eisens, Mangans, Kupfers, Bleies und eventuell bei der Herstellung von Wasserstoffperoxyd, Persulfat, -borat und -phosphat um Spuren von Platin. Nach dem Verfahren der Scheideanstalt[974] wird die schädliche Wirkung der in der Soda enthaltenen Verunreinigungen durch Glühen der Soda vor der Verwendung oder durch Zusatz von Antikatalysatoren, wie Natriumsilikat, Magnesiumchlorid, Natrium-Magnesiumsilikat, oder beider gemeinsam ausgeschaltet. Auch der Zusatz von Gummi arabicum wurde für diesen Zweck schon vorgeschlagen[975]. F. Noll[976] gibt den Lösungen der Ausgangsstoffe bereits mehrere Tage vor Vornahme der Reaktion einen Zusatz von Fällungsmitteln für Schwermetalle, wie Alkalisilikate, wobei das Alkalisilikat besonders wirksam sein soll.

Die stabilisierende Wirkung von Wasserglas, Magnesiumsalzen, Gummi arabicum u. dgl. wird nach den Beobachtungen von O. H. Walters[977] durch Diphenylguanidin verstärkt.

Sehr interessant ist das Verfahren von Henkel u. Cie.[978], wonach die geringen Katalysatorenmengen durch Adsorption mit Silikagel entfernt werden. Dabei wird so vorgegangen, daß man die Soda- oder Boraxlösung, die zur Herstellung von Perverbindungen dienen soll, vor der Kristallisation mit dem Silikagel unter Rühren aufkocht. Es genügen 2 kg Silikagel für 1 cbm Lösung. In der Kälte dauert der Adsorptionsprozeß wesentlich länger. Das gebrauchte Silikagel läßt sich durch Auswaschen, Säurebehandlung und nachfolgende Erhitzung regenerieren.

Von A. Blankart[971] (l. c. S. 45 bis 52) wurde festgestellt, daß Tannin Percarbonate gut zu stabilisieren vermag, aber auch nur dann, wenn es nicht durch nachträgliche Zumischung, sondern durch innige Vermischung während des Herstellungsganges in die Perverbindung eingebracht wurde. Jedoch auch auf diese Weise ließ sich bei den Percarbonaten die Haltbarkeit nur verdoppeln, da noch immer 10% Verlust des Anfangsgehaltes des aktiven Sauerstoffes in einem Monat gegenüber 20 bis 25% im nicht stabilisierten Zustande gefunden wurden. Die echten Percarbonate sind daher wegen ungenügender Beständigkeit für technische Zwecke nur wenig geeignet. Ungleich wichtiger sind die Perhydratcarbonate, die auch wesentlich haltbarer sind. Diese könnten in Zukunft, falls ihre Haltbarkeit noch weiter verbessert werden könnte, recht aussichtsreich werden, da sie billiger sind als z. B. Perborat (s. S. 307).

Die Percarbonate dienen in alkalischer Lösung zum Bleichen vegetabilischer Fasern, in saurer für Wolle, ferner als Antichlor, als Oxydationsmittel für Küpenleukofarbstoffe, als Wasch- und Abkochmittel. Die Abspaltung des O_2 aus Percarbonaten läßt sich in üblicher Weise beschleunigen oder verzögern.

Literaturverzeichnis.

[964] Ber. Dtsch. chem. Ges. **44**, 3595, 1914. — [965] Constam und Hansen, DRP. 91 612. — [966] Thunberg, Z. physikal. Chem. **106**, 305, 1923. — [967] E. Bauer, Helv. chim. Acta **20**, 398—401, 1937; **21**, 433—37, 1938. — [968] Ber. Dtsch. chem. Ges. **41**, 280, 1911. — [969] Bauer, DRP. 145 746. — [970] E. Merck, DRP. 188 569. — [971] A. Blankart, Dissertation Techn. Hochschule Zürich, 1922. — [972] E. Merck, DRP. 171 019. — [973] R. Wolffenstein, Ber. Dtsch. chem. Ges. **41**, 280, 1911; DRP. 198 369. — [974] Scheideanstalt, DRP. 347 693. — [975] DRP. 425 598. — [976] F. Noll, DRP. 423 754. — [977] O. H. Walters, A. P. 2 380 620. — [978] Henkel & Cie., DRP. 485 121.

Zusammenstellung der Patentliteratur über echte Percarbonate.

D. 91 612 (E. 19 218/1896). E. J. Constam und A. Hansen und Aluminium-Industrie Neuhausen A. G. Elektrolysieren von Lösungen der Carbonate der Alkalienmetalle und des Ammoniaks bei niedriger Temperatur.

D. 145 746 (F. 331 937). D. Bauer. Unmittelbare Herstellung von festem überkohlensauren Natrium durch Vermischen von flüssigem oder festem CO_2 mit kristallisiertem Na-Peroxydhydrat.

D. 178 019. E. Merck. Ba-Percarbonat durch allmähliche Einwirkung von 1 Mol BaO_2 auf 1 Mol CO_2.

D. 188 569. Derselbe. Saures Na-Percarbonat durch Wechselwirkung von 1 Mol Na-Peroxydhydrat mit mehr als 1 Mol CO_2 bei niederer Temperatur.

D. 324 869. L. Schwedes. In eine Aufschlemmung von Na_2O_2 in Alkohol wird CO_2 eingeleitet.

E. 347 693 (Ö. 88 474, Schw. 91 864, A. 1 225 722). Scheideanstalt. Vor der Einwirkung von H_2O_2 auf das Alkalicarbonat wird dieses zuvor geglüht oder man arbeitet bei Gegenwart von Antikatalysatoren, wie Na-Silikat, Mg-Chlorid, oder wendet beide Maßnahmen gleichzeitig an.

E. 423 754. F. Noll. Längere Zeit vor Beginn der Reaktion werden den Lösungen Stoffe, wie Silikate, zugesetzt, die die Katalysatoren ausfällen.

D. 425 598 (Schw. 89 554, E. 131 930, A. 1 225 872). Scheideanstalt. Den Alkalipercarbonaten werden geringe Mengen von Stoffen zugesetzt, welche wie Alkalisilikate oder Mg-Silikate befähigt sind, das Alkalipercarbonat gegen Zersetzung zu schützen.

D. 557 949. M. Schaidhauf. Herstellung haltbarer Bleichlaugen durch Elektrolyse von Alkalicarbonatlösungen, denen NaOH zugesetzt wird.

D. 649 884. H. Anderson. Entzug des mit dem H_2O_2 zugeführten Wassers durch wasserfreies Na_2SO_4 und Verdunstung.

G. Die echten Perphosphorsäuren und Perphosphate.

Es gibt echte Perphosphorsäuren, die sich von der Ortho-, bzw. Pyrophosphorsäure und vom Wasserstoffperoxyd ableiten, nämlich die Phosphormonopersäure H_3PO_5 und die Perphosphorsäure $H_4P_2O_8$, die vollkommen analog der Sulfomonopersäure und Perschwefelsäure konstituiert ist[50, 486] (s. S. 88). Eine perphosphorige Säure erwähnten Gleu und Hubold[979].

Neben diesen echten Perphosphorsäuren und ihren Salzen, den Perphosphaten, kennt man auch noch eine ganze Reihe von aktiven Sauerstoff enthaltenden Phosphaten, die bloß Kristallhydroperoxyd enthalten, also als Phosphatperhydrate zu bezeichnen sind. Beide Arten von Verbindungen werden häufig trotz ihrer großen Unterschiede zu Unrecht unter dem Begriff „Perphosphate" zusammengefaßt, im vorliegenden Kapitel sollen jedoch nur die echten Perphosphate behandelt werden. Diese sind durch die unmittelbare Bindung der —OO—-Brücke an einen oder zwei Phosphorsäurereste charakterisiert. Die Überphosphorsäure erhält man in geringen Mengen aus Pyrophosphorsäure durch Einrühren von 30%igem Wasserstoffperoxyd, die Phosphormonopersäure durch vorsichtige Behandlung von Phosphorpentoxyd mit 30%igem Wasserstoffperoxyd nach der Gleichung $P_2O_5 + 2\,H_2O_2 = H_2O + + 2\,H_3PO_5$.

Zur Milderung der heftigen Reaktion löst bzw. suspendiert G. Toennies[980] die Reaktionspartner P_2O_5 und H_2O_2 in einem indifferenten Lösungsmittel wie Acetonitril.

Fr. Fichter und J. Müller[981] versuchten die Darstellung der echten Perphosphate durch elektrolytische Oxydation. In ganz ähnlicher Weise wie bei der Persulfatbildung verwendeten sie Kalium- oder Ammoniumphosphatlösungen als Elektrolyten, Platinanoden und Bleikathoden und setzten zur Erhöhung der Stromausbeute Fluoride sowie zur Verminderung der kathodischen Reduktion Chromat zu. Aus konzentrierten Lösungen von K_2HPO_4 wurden auf diese Weise an der Anode, an welcher während der Elektrolyse dauernd Ozon entwich, Verbindungen erhalten, welche die für die echten Perphosphate von Schmiedlin und Massini angegebenen charakteristischen Reaktionen gaben: Bildung von Übermangansäure aus Mangansulfat, Auftreten des Geruches von Nitroso- oder Nitrobenzol beim Schütteln mit Anilinwasser in saurer Lösung und Fällung eines vorerst schwarzen, dann gelb werdenden Niederschlages mit Silbernitratlösung. Die in der Lösung enthaltenen

Salze der Phosphormonopersäure und der Überphosphorsäure sind von verschiedener Beständigkeit. Während die Lösung der Salze der Phosphormonopersäure bei Zimmertemperatur sich dauernd unter Sauerstoffentwicklung zersetzt und innerhalb 24 Stunden ihren aktiven Sauerstoff vollkommen verliert, bewahrt die nach diesem Zerfall zurückbleibende Lösung, das Kaliumperphosphat, ihren Oxydationswert bei Zimmertemperatur wochenlang unverändert bei. Die günstigste Zusammensetzung des Elektrolyten lag bei einer 2molaren Lösung von K_2HPO_4 (348 g/l) und einem Zusatz von 232,4 g Kaliumfluorid/l und 0,32 g K_2CrO_4/l. Für die Darstellung von Ammoniumperphosphaten wurde als günstigste Badzusammensetzung eine solche zwischen $(NH_4)_2HPO_4$ und $(NH_4)_3PO_4$ gefunden. Die Ausbeuten waren aber ungleich geringer als beim Kaliumsalz. Noch schlechter sind sie beim Natrium, wozu noch die geringe Löslichkeit vom Natriumfluorid und Na_2HPO_4 in kaltem Wasser kommt. Hingegen verlief ein Versuch mit Dirubidiumphosphat sehr gut. Eine freie Phosphorsäure ergab nach Zusatz von Flußsäure Ozongeruch an der Anode, aber die Lösung schied nach beendeter Elektrolyse kein Jod aus Kaliumjodidlösung aus.

Nach weiteren Untersuchungen von F. Fichter und A. Rius y Miro[982] muß für eine gute Ausbeute an Perphosphat bei der Elektrolyse in konzentrierten Lösungen ein Verhältnis von mindestens zwei Äquivalenten Base auf ein Molekül Phosphorsäure vorhanden sein. Der Anteil an Phosphormonopersäure wächst mit steigender Stromdichte mit abnehmender Gesamtkonzentration und mit abnehmender Alkalität. Im günstigsten Fall wurde eine 64%ige Stoffausbeute erhalten, wovon 7% auf das Salz der Phosphormonopersäure kamen. Im Verlaufe der Elektrolyse sinkt die Stromausbeute. Weiters wurde durch Potentialmessungen einer arbeitenden Elektrode gefunden, daß der Zusatz von Kaliumfluorid nur bei Stromdichten über 0,05 Amp/qcm potentialerhöhend wirkt, während bei der praktisch angewendeten Stromdichte von 0,02 bis 0,03 Amp/qcm im Gegenteil eine Potentialerniedrigung stattfindet. Beim Eindampfen der perphosphatreichen Lösung wird $K_4P_2O_8$ Tetrakaliumperphosphat in Form von Kriställchen erhalten, die beim Lösen in Wasser alkalisch reagieren, aber aus Kaliumjodiden kein Jod ausscheiden. Eine Jodausscheidung erfolgt auch nach dem Ansäuern selbst beim Erwärmen nur sehr langsam. Die alkalische Lösung des Kaliumperphosphats fällt aus den Lösungen von Mangan-, Kobalt-, Nickel- und Bleisalzen die entsprechenden höheren Oxyde. Angesäuertes Anilinwasser gibt den Geruch von Nitroso- oder Nitrobenzol, Indigolösung wird entfärbt, jedoch tritt keine der Reaktionen des Wasserstoffperoxyds mit Chrom-, Titan- und Übermangansäure auf. Ebensowenig wird Magnesiamixtur gefällt. Dagegen entsteht in einer stark schwefelsauren, verdünnten Mangansulfatlösung nach einigen Stunden eine violette Färbung. Diese Reaktion wird durch Eisen-, Nickel- und Bleisalze beschleunigt. Das feste Kaliumperphosphat $K_4P_2O_8$ ist sehr beständig. Es eignet sich aber viel weniger zur Durchführung von Oxydationen als ein Persulfat. In stark saurer Lösung verwandelt sich Perphosphorsäure freiwillig im Verlaufe von etwa 2 Tagen analog zur Perschwefelsäure in Phosphormonopersäure und Phosphorsäure. Die Phosphormonopersäure zerfällt in saurer Lösung ebenfalls, aber langsamer als in alkalischer Lösung, in Phosphorsäure und Wasserstoffperoxyd.

Zur Erklärung der Bildung von Perphosphaten nehmen Fichter und E. Gutzwiller[983] an, daß sie nach Art der Persulfatbildung als eine Oxydation durch den anodischen Sauerstoff aufzufassen ist:

$$2\,K_2HPO_4 + O = K_4P_2O_8 + H_2O, \text{ bzw. } 2\,PO_4''' + 2\,\oplus = P_2O_8''''.$$

Die Hydrolyse der Perphosphate verläuft leichter als jene der Persulfate. Die Bildung von Perphosphaten aus Pyrophosphaten an der Anode mit Fluor wird am einfachsten als Oxydation, verlaufend nach $K_4P_2O_7 + O = K_4P_2O_8$, parallel der Bildung von

Persulfaten durch Oxydation von Pyrosulfaten und der Oxydation von Pyroschwefelsäure durch Ozon erklärt.

Perphosphate entstehen weiters bei der Einwirkung von Fluor auf wäßrige Lösungen von Dinatriumphosphat und Natriumpyrophosphat[984]. Perphosphorsäure wird auch bei der Reaktion von $POCl_3$ mit 30%igem Wasserstoffperoxyd bei 0° gebildet[985].

Die Elektrolyse von Phosphorsäure, Lithium-, Natrium- oder Talliumphosphat führt nicht zu Perphosphaten, hingegen schon jene von K_2HPO_4, Rb_2HPO_4, Cs_2HPO_4 und $(NH_4)_2HPO_4$. Bei der Einwirkung von Wasserstoffperoxyd auf die meisten Alkali- und Erdalkaliphosphate entstehen keine Perphosphate, sondern definierte, kristallisierte, wasserstoffperoxydhaltige Phosphatperhydrate, die in einem gesonderten Kapitel behandelt werden (s. S. 330).

$K_4P_2O_8$ wird beim vorsichtigen Eindampfen einer elektrolytisch erhaltenen Perphosphatlösung erhalten.

Zur Ausführung der Elektrolyse können konzentrierte Lösungen in Zellen ohne Diaphragmen mit Platinanode und V_2A-Stahlkathode unter Zusatz kleiner Mengen von Chromaten bei etwa 0,05 A/qcm und 4 V bei 20° behandelt werden. Die Lösung wird zur Zersetzung von Ammoniummonoperphosphat 12 bis 15 Stunden stehengelassen und mit $(NH_4)_3PO_4$ ausgefällt. Beim Eindampfen im Vakuum oder Kühlen unter 0° wird festes Ammonperphosphat gewonnen (D e g u s s a[986]).

Festes Ammonperphosphat $(NH_4)_2P_2O_8 \cdot 2\,H_2O$ kann auch durch doppelte Umsetzung einer kalt gesättigten Lösung von Kaliumperphosphat durch langsamen Zusatz heiß gesättigter Ammonchloratlösung, Filtration vom $KClO_3$ und Fällung bei möglichst niedriger Temperatur mit Methylalkohol dargestellt werden (D e g u s s a[987]).

Ammonperphosphat ist sehr unbeständig und erleidet leicht einen inneren Zerfall, indem das NH_4-Ion oder das elektrolytisch abgespaltene NH_3 durch das Peroxyd oxydiert wird. Es entstehen Ozon, Sauerstoff und Diammoniumphosphatkristalle. Enthält die zerfallende Lösung überschüssiges Ammoniak, so bildet sich reichlich Nitrit und wenig Nitrat, ist sie ammoniumarm, so wird mehr Nitrat als Nitrit nachgewiesen.

Alkalisalze der Perpyrophosphorsäure werden zur Bereitung von Stärke-Appretierlösungen, von Schmelzkäse usw., verwendet.

$Ba_2P_2O_8 \cdot 4\,H_2O$. B a r i u m p e r p h o s p h a t. Aus Kaliumperphosphatlösungen und Bariumchloridlösungen. Weißer, mikrokristalliner Niederschlag, wenig löslich in Wasser, leichter löslich in Essigsäure und leicht löslich in Salpeter- und Salzsäure.

$Zn_2P_2O_8 \cdot 4\,H_2O$. Das Zinkperphosphat entsteht aus Kaliumperphosphat und Zinksulfat. Weißer, mikrokristalliner Niederschlag, wenig löslich in Wasser.

$Pb_2P_2O_8$. B l e i p e r p h o s p h a t. Aus Kaliumperphosphat und Bleinitrat. Schwerer, weißer, mikrokristalliner Niederschlag, sehr wenig löslich in Wasser, leicht löslich in heißer, verdünnter Salpetersäure.

$Ag_4P_2O_8$. S i l b e r p e r p h o s p h a t. Entsteht durch Fällung einer ½normalen Kaliumperphosphatlösung mit einer zirka ½normalen Silbernitratlösung bei −15 bis −18° unter Verwendung einer gesättigten Ammonnitratlösung statt Wasser als Lösungsmittel. Hell graubrauner Niederschlag, nur ganz kurze Zeit haltbar. Es zersetzt sich schon bei −9° nach der Gleichung

$$6\,Ag_4P_2O_8 + 6\,H_2O = 8\,Ag_3PO_4 + 4\,H_3PO_4 + 3\,O_2.$$

Aus einer Ammoniumperphosphat- und Silbernitratlösung entsteht ein schwarzer Niederschlag, der sich sofort unter Sauerstoffentwicklung verfärbt und bald rein gelb wird. Weder die Perphosphorsäuren noch die Perphosphate besitzen technisch eine Bedeutung.

Literaturverzeichnis.

[979] Gleu u. Hubold, Ztschr. anorgan. allg. Chem. 223, 305, 1935. — [980] G. Toemies, J. Amer. chem. Soc. 59, 555—57, 1937. — [981] Fr. Fichter und J. Müller, Helv. chim. Acta I, 297, 1919. — [982] F. Fichter und A. Rius y Miro, Helv. chim. Acta 2, 3, 1919. — [983] F. Fichter und E. Gutzwiller, Helv. chim. Acta 11, 323, 1928. — [984] Ebenda 10, 551, 1927. — [985] Sved Husain und J. R. Partington, Trans. Faraday Soc. 24, 235, 1928. — [986] Degussa, A. P. 2 135 545; DRP. 672 299. — [987] Degussa, DRP. 648 715.

H. Andere echte Persäuren und Persalze.

Wie bereits erwähnt, kommt besonders den Metallen der IV. bis VI. Gruppe des periodischen Systems der Elemente die Fähigkeit zu, mit Wasserstoffperoxyd Persäuren zu bilden, die ihrerseits wieder Salze zu bilden vermögen. Sie besitzen durchgehends nur ein rein wissenschaftliches Interesse. Einige von ihnen zeichnen sich durch besonders charakteristische Färbungen aus, so daß sie sich sehr gut zum Nachweis von Wasserstoffperoxyd oder der Metalle selbst eignen.

Eine freie Perborsäure konnte noch nicht dargestellt werden. Nach Pissarjewski[988] scheint sie nur in ätherischer Lösung existenzfähig zu sein. Auf Grund von Verteilungsversuchen von Perboratlösungen gegen Amylalkohol konnte K. Menzel[989] die scheinbare Dissoziationskonstante der Perborsäure zu etwa $1{,}7 \cdot 10^{-8}$ ermitteln, die demnach eine stärkere Säure als die Borsäure selbst sein dürfte. Ihre Salze, die echten Perborate, besitzen im Gegensatz zu den Perhydratboraten keine technische Bedeutung. Bekannt ist das durch Alkoholfällung erhaltene Ammoniumperborat $NH_4BO_3 \cdot H_2O$ von Constam und Bennet[493], das ohne Zersetzung in wasserfreiem Zustand erhalten werden konnte. Menzel[494] hält jedoch eine Zusammensetzung $NH_4BO_3 \cdot 0{,}5\ H_2O$ für wahrscheinlicher. Girsewald und Wolokitin[495] stellten ein echtes Kaliumperborat $KBO_3 \cdot 0{,}5\ H_2O$ und $KBO_3 \cdot 0{,}5\ H_2O_2$ aus 6%iger wasserstoffperoxydhaltiger Kaliummetaboratlösung durch Alkoholfällung her. Von Le Blanc und Zellmann[490] ist auch ein echtes Perborat des Natriums, $NaBO_3$ durch Verreiben von Natriumhydroperoxyd $NaOOH$ mit Borsäure dargestellt worden. Diese Verbindungen machen aus Kaliumjodidlösungen kein Jod frei.

Peraluminate der Alkalien und Erdalkalien der Formel $K_2O \cdot O \cdot Al_2O_3 \cdot 8\ H_2O$; $K_2O \cdot 2\ O \cdot Al_2O_3 \cdot 8\ H_2O$; $Na_2O \cdot O \cdot Al_2O_3 \cdot 8\ H_2O$; $Na_2O \cdot 2\ O \cdot Al_2O_3 \cdot 8\ H_2O$ sollen von J. Prasek[990] durch Zusatz von Wasserstoffperoxyd zu Alkalialuminatlösungen erhalten werden. Die Verbindungen $LiO_2 \cdot 2\ O \cdot 2\ Al_2O_3 \cdot 28\ H_2O$; $LiO_2 \cdot 4\ O \cdot 4\ Al_2O_3 \cdot 25\ H_2O$; $MgO \cdot 2\ O \cdot Al_2O_3 \cdot 10\ H_2O$; $CaO \cdot 2\ O \cdot Al_2O_3 \cdot 10\ H_2O$; $SrO \cdot 2\ O \cdot Al_2O_3 \cdot 10\ H_2O$; $BaO \cdot 2\ O \cdot Al_2O_3 \cdot 20\ H_2O$ sollen durch Mischen einer Lösung, die Metallchlorid und Wasserstoffperoxyd enthält, mit einer Erdalkalialuminatlösung gewonnen werden können. Die Verbindungen $4\ CaO \cdot 2\ O \cdot Al_2O_3 \cdot 15\ H_2O$, $3\ SrO \cdot 2\ O \cdot Al_2O_3 \cdot 20\ H_2O$, $3\ BaO \cdot 2O \cdot Al_2O_3 \cdot 20\ H_2O$ sollen durch Schütteln der Peroxyde mit Wasser dargestellt werden können, das mit den entsprechenden Oxyden der Erdalkalimetalle gesättigt war. Sie sollen weiße amorphe, in Wasser lösliche Pulver darstellen, ausgenommen das Lithiumperaluminat. Durch Wasser werden sie zu den Peroxydhydraten und Aluminiumhydroxyd hydrolisiert. A. Terni[991] erhielt jedoch bei seinen Versuchen zur Darstellung von Peraluminaten keine analysereinen Produkte, so daß die Formulierung der von Prasek[990] erhaltenen Produkte als definierte Verbindungen nicht wahrscheinlich ist.

Aluminiumoxydhydrat, das mit Ammoniak in Gegenwart von H_2O_2 gefällt wurde, enthält bis zur Zusammensetzung $Al_2O_6H_4$ aktiven Sauerstoff (F. Hundshagen[992]).

Daß die Peroxydhydrate des Titans, Zirkons, Hafniums und Thoriums (IV. Nebengruppe des periodischen Systems) sowie des Cers eigentlich als

Persäuren aufzufassen sind, ist bereits auf S. 259 erwähnt worden. Tatsächlich geben Titan- und Zirkonperoxydhydrat mit Alkalien und überschüssigem Wasserstoffperoxyd Alkali-, z. B. Kaliumpertitanat, bzw. -perzirkonat (Melikoff und Pissarjewski[993]). Diesen Verbindungen kommen nach Schwarz und Giese[52, 998] die Formeln $K_4TiO_8 \cdot 6\,H_2O$ bzw. $K_4ZrO_8 \cdot 6\,H_2O$ zu. Sie stellen die Kalisalze einer Tetraperoxytitan- bzw. -zirkonsäure $Me(OOK)_4 \cdot 6\,H_2O$ dar. Von Hafnium und Thorium sind keine derartigen Salze bekannt. Die freien Säuren sind meist nur in Form einer Monoperoxysäure $Me(OOH)\,(OH)_3$ beständig, wie solche bereits vom Titan, Zirkon, Hafnium und Cer auf S. 259 beschrieben sind. Das Thorium bildet ein sauerstoffreicheres Produkt, wahrscheinlich von der Zusammensetzung $Th_2O_7 \cdot 4\,H_2O$, dessen Konstitution auf S. 259 angegeben ist.

Die Übertitansäure bildet auch mit organischen Basen, wie Aminen, Salze, die meist gelb gefärbt sind und sehr zersetzliche Pulver darstellen[994]. Salze eines zwischen ThO_2 und ThO_7 liegenden unbestimmten Peroxyds werden nach T. Droßbach[995] aus Auflösungen von Th_2O_7 in Säuren und Eindampfen erhalten. Das beim Glühen hinterbleibende Thoriumoxyd eignet sich besonders gut für Glühkörper.

Von den Elementen der IV. Hauptgruppe des Periodischen Systems ist außer dem Kohlenstoff die Darstellung von echten Persalzen beim Silizium bisher noch nicht gelungen.

Die von Spring[996] dargestellte, als $H_2Sn_2O_7$ bezeichnete Verbindung sowie die von Tanatar[997] erhaltene Perzinnsäure $H_2Sn_2O_7 \cdot 3\,H_2O$ wurden durch Einwirkung von 30%igem Wasserstoffperoxyd auf frisch gefällte abgepreßte Zinnsäure dargestellt. Die von Tanatar fernerhin beschriebenen Verbindungen $KSnO_4 \cdot 2\,H_2O$ bzw. $NaSnO_4$, die als Kalium- bzw. Natriumperstannat bezeichnet wurden und welche durch Einwirkung von Wasserstoffperoxyd auf Kalium- bzw. Natriummetastannat entstanden sind, entsprechen nicht dieser Zusammensetzung, sondern haben nach R. Schwarz und H. Giese[998] die Formel $K_2Sn_2O_7 \cdot 3\,H_2O$ bzw. $Na_2Sn_2O_7 \cdot 3\,H_2O$.

Ohne besondere Schwierigkeiten gelingt beim Germanium die Darstellung definierter Persalze. So fällt beim Versetzen einer konzentrierten Lösung von Kaliummetagermanat bei 0° mit 30%igem H_2O_2 ein weißer, fein kristallinischer Niederschlag der Zusammensetzung $K_2Ge_2O_7 \cdot 4\,H_2O$ aus, dessen Konstitution einer Peroxydigermaniumsäure entspricht:

$$\begin{array}{l} O{=}Ge{=}OOH \\ \quad\;\; \rangle O \\ O{=}Ge{-}OOH \end{array}$$

[998]. Das Natriumsalz wird auf ähnliche Weise gewonnen, es ist aber nicht so gut kristallisiert. Aus dem Filtrat der Natriumpergermanate kann durch Alkohol ein Salz $Na_2Ge_2O_5 \cdot 4\,H_2O$ erhalten werden, das man sich durch Hydrolyse des ursprünglich verwendeten Natriumgermanats nach $2\,Na_2GeO_3 + H_2O = Na_2Ge_2O_5 + 2\,NaOH$ entstanden denken kann. Die Zusammensetzung des Natriumpergermanats entspricht der Pergermaniumsäure

$$O{=}Ge\langle\begin{array}{l} OOH \\ OOH \end{array}$$

, also einer Diperoxygermaniumsäure.

Beim Blei gelingt die Darstellung von den Pergermanaten und Perstannaten ähnlichen Verbindungen nicht.

Auf die für analytische Zwecke in Betracht kommende Bildung von Pervanadinsäure ist bereits auf S. 49 eingegangen worden. Von Niob sind Alkalisalze R_3NbO_8 bekannt, die durch Zusatz von überschüssigem Wasserstoffperoxyd zu alkalischen Niobatlösungen. Zusatz des gleichen Volumens Alkohol, Filtrieren und Waschen mit Alkohol und Äther als weiße Pulver erhalten werden[999]. Beim Versetzen von $K_4Nb_2O_{11} \cdot 3\,H_2O$ mit verdünnter Schwefelsäure entsteht die freie Perniobsäure $HNbO_4 \cdot n\,H_2O$, die ein gelbes amorphes Pulver darstellt (Melikoff und Pissarjewski[1000]). A. Sieverts und E. L. Müller[1001] schreiben aber dem Kalisalz der Perniobsäure die Zusammensetzung $K_3NbO_8 \cdot 0{,}5\,H_2O$ zu. Durch allmählichen Zusatz von Säuren unter Kühlung und nachfolgender Dyalyse kann die aus dem Kalisalz in Freiheit gesetzte Perniobsäure auch in kolloidaler Form erhalten werden. Die gelben Niobsäuren $Nb(OH)_6$, bzw. $Nb_2O_5 \cdot H_2O_2 \cdot 5\,H_2O$ werden durch Zersetzung von Kaliumniobperoxyfluorid mit Schwefelsäure erhalten und stellen Anlagerungsverbindungen dar[1002].

Tantal bildet die Pertantalate K_3TaO_8 und $K_3TaO_8 \cdot 0{,}5\,H_2O$, aus welchen durch Zusatz von verdünnter Schwefelsäure oder aber auch durch Versetzen von Tantalsäure mit 30%igem H_2O_2 die Pertantalsäure als weiße, feinpulverige Substanz gewonnen werden kann[847].

Die Gewinnung von primären Perarseniaten der alkalischen Erden durch Verdampfen der Lösungen ihrer Peroxyde in überschüssiger konzentrierter Arsensäure im Vakuum und gelindem Erwärmen beschreibt S. Askenasy[1003], jedoch scheint die Bildung von Perarsenaten noch fraglich zu sein.

Über die Metallpersäuren des Chroms, Molybdäns, Wolframs und Urans ist bereits eingehend in Abschn. V, S. 48, 49, berichtet worden. Diese Ausführungen wären noch durch den Hinweis auf Versuche von S. A. Raynolds und J. H. Reedy[1004] zu ergänzen, die durch Einwirkung von 30%igem H_2O_2 auf eine gesättigte Calciumchromatlösung ein rotes Calciumperchromat der Formel $Ca_3Cr_2O_{12} \cdot 12\,H_2O$ erhielten.

Das Natriumsalz der Perchromsäure $Na_6Cr_2O_{16} \cdot 28\,H_2O$ kann durch Einwirkung von Natriumperoxyd auf eine Paste von Chromhydroxyd gewonnen werden. Wird die Lösung von Chromsäure in Methyläther bei $-30°$ mit 97%iger Wasserstoffperoxydlösung behandelt, so scheiden sich blaue Kristalle aus, die vermutlich Perchromsäure darstellen[1005].

Beim Einleiten von Fluor in eine Lösung von Ammoniummolybdat wird mit maximal 14%iger Ausbeute Permolybdänsäure gebildet[90]. Nach Erreichung einer gewissen Konzentration beginnt bei der weiteren Einwirkung von Fluor wieder Zersetzung. Bei der Bildung von Pervanadinsäure durch Reaktion von Fluor mit einer Lösung von Ammoniummetavanadat in Schwefelsäure sind die Ausbeuten noch schlechter. Beim Versetzen einer nahezu gesättigten Lösung von Na_2MoO_4 mit 30%igem H_2O_2 bei 0° und Verdunstenlassen entsteht Na_2MoO_8. Bei Zimmertemperatur zerfällt dieses langsam, wobei die Zerfallsgeschwindigkeit erst wieder Null wird, wenn das rote Salz gelb geworden ist und die Zusammensetzung Na_2MoO_6 vorliegt[1006].

Beim Vermischen einer wäßrigen Nitritlösung mit angesäuertem Wasserstoffperoxyd entsteht die Persalpetersäure HNO_4 (Raschig[1007]). J. D'Ans[1008] stellte sie in wasserfreier Form aus 100%igem H_2O_2 und N_2O_5 als intensiv nach Chlorkalk riechende, sehr explosive und zersetzliche Substanz her. Sie ist bisher nur in Form der freien Säure bekannt geworden. F. Fichter und E. Brunner[1009] konnten die Persalpetersäure auch durch Behandeln einer eisgekühlten, 2%igen Natriumnitritlösung mit Fluorgas erhalten. Sie vermag augenblicklich aus einer Kaliumbromidlösung Brom in Freiheit zu setzen und gibt mit einem Tropfen Anilin eine dunkelbraune Fällung. Aus salpetersaurer Lösung erzeugte Fluor Dinitrylperoxyd $O_2N \cdot OO \cdot NO_2 = N_2O_6$, das durch Wasser in zwei Reaktionsstufen zu Salpetersäure und Wasserstoffperoxyd hydrolysiert wird. Auf diesen Reaktionsmechanismus wies bereits I. Trifonow[1010] hin, wonach die Bildung der Persalpetersäure aus Nitrit und Wasserstoffperoxyd nach der Gleichung $2\,HNO_2 + + 3\,H_2O_2 + (n-1)\,H_2O = N_2O_6 \cdot n\,H_2O + 3\,H_2O$ verläuft. Die Persalpetersäure soll sich also von einer Dipersäure ableiten, wobei folgendes Strukturschema für die Bildung in Betracht kommen könnte:

$$\begin{array}{lllll} O—H & HO—NO & & O—NO(H_2O_2) & & O—NO_2 \\ | \quad + & & \rightarrow & | & \rightarrow & | \\ O—H & HO—NO & & O—NO(H_2O_2) & & O—NO_2 \end{array}$$

In wäßriger Lösung zerfällt dann N_2O_6 hydrolytisch nach

$$\begin{array}{lll} O—NO_2 & H & \\ | & + & = HO \cdot NO_2 + HO \cdot O \cdot NO_2, \\ O—NO_2 & OH & \end{array}$$

so daß sich erst sekundär die Säure mit der Raschigschen Formel HNO_4 bildet, die dann weiter der Hydrolyse unterliegt: $HOO \cdot NO_2 + HOH = H_2O_2 + HNO_3$. Benzol bildet mit Persalpetersäure o-Nitrophenol.

Nach E. Gleu und E. Roell[1011] soll bei der Einwirkung von Ozon auf Alkaliazide persalpetrige Säure der wahrscheinlichen Formel $O = N-OOH$, die der Salpetersäure isomer ist, entstehen. K. Gleu und R. Hubold[979] hielten auch die Persalpetersäure Raschigs für persalpetrige Säure.

Zur Erklärung der Reduktion von Kaliumpermanganat in saurer Lösung mit Wasserstoffperoxyd ist auch angenommen worden, daß sich als intermediäres Zwischenprodukt eine sehr labile, noch höhere Per-Permangansäure bildet, die dann äußerst rasch in Mangansulfat und Sauerstoff zerfällt.

Eine freie Perselensäure konnte noch nicht dargestellt werden. R. Le. Geyt Worsley und H. D. Baker[1012] berichten, daß Selentrioxyd und Chlorselensäure $HClSeO_3$ mit Wasserstoffperoxyd unter Bildung eines Perselenates zu reagieren scheine, das mit alkoholischer Benzidinlösung blaue Färbungen ergibt. Ein Kaliumsalz der Perselensäure ist von Dennis und Brown[1013] dargestellt worden.

Literaturverzeichnis.

[988] Pissarjewski, Ztschr. physikal. Chem. **43**, 170, 1903. — [989] K. Menzel, ebenda **105**, 405, 421, 431, 1923. — [990] J. Prasek, Chem. Ztrbl. 1931 I 1423. — [991] A. Terni, Chem. Ztrbl. 1912 II 806. — [992] F. Hundshagen, Chem. Ztg. **62**, 328–29, 1938. — [993] Melikoff und Pissarjewski, Chem. Ztrbl. 1898 I 1161; 1901 I, 86. — [994] E. Kurowski und L. Nissenmann, Ber. Dtsch. chem. Ges. **44**, 224, 1911. — [995] T. Droßbach, DRP. 117 755. — [996] Spring, Bull. Soc. chim. France (3), **1**, 180, 781, 1889. — [997] Tanatar, Ber. Dtsch. chem. Ges. **38**, 1185, 1905. — [998] Schwarz und Giese, Ber. Dtsch. chem. Ges. **63**, 781, 1930. — [999] C. W. Balke und E. F. Smith, Journ. Amer. chem. Soc. **30**, 1656, 1908. — [1000] Melkoff und Pissarjewski, Ztschr. anorgan. allg. Chem. **20**, 341, 1899. — [1001] E. L. Müller, ebenda **173**, 297, 1928. — [1002] R. D. Hall und E. F. Smith, Proceed. Amer. Phyl. Soc. **14**, 209, 1905; Journ. Amer. chem. Soc. **27**, 1400, 1905. — [1003] S. Askenasy, DRP. 296 796, 299 300. — [1004] S. A. Raynolds und J. H. Reedy, Journ. Amer. chem. Soc. **52**, 1851, 1930. — [1005] T. N. Ridley, Chem. News **127**, 81, 1923. — [1006] N. J. Kobesow und N. N. Sokelow, Ztschr. anorgan. allg. Chem. **214**, 321, 1934. — [1007] Raschig, Ber. Dtsch. chem. Ges. **40**, 4585, 1907; Ztschr. anorgan. allg. Chem. **20**, 694, 1899. — [1008] J. D'Ans, Ztschr. Elektrochem. **17**, 850, 1911. — [1009] F. Fichter und E. Brunner, Helv. chim. Acta **12**, 305, 1929. — [1010] I. Trifonow, Ztschr. anorgan. allg. Chem. **124**, 123, 1922. — [1011] E. Gleu und E. Roell, ebenda **179**, 233, 1929. — [1012] R. Le Geyt Worsley und H. D. Baker, Journ. chem. Soc. London **123**, 2870, 1923. — [1013] Dennis und Brown, Journ. Amer. chem. Soc. **23**, 358, 1901.

XX. Organische Perverbindungen.

Die große Mannigfaltigkeit der organischen Verbindungen spiegelt sich deutlich auch in jenen Körpern wider, die in ihrem Molekül das Hydroperoxydradikal —OO— eingebaut enthalten. Sie leiten sich also ebenso wie die anorganischen Perverbindungen vom Stammkörper, dem Wasserstoffperoxyd ab, aus welchem sie durch Ersatz eines oder beider Wasserstoffatome hervorgehen. Durch Austausch eines H-Atoms durch einen Alkyl- oder Arylrest entstehen die Alkyl- bzw. Arylhydroperoxyde, durch weitere Radikaleinführung die entsprechenden Peroxyde. Das gleiche gilt hinsichtlich der Oxyalkyl-, Oxyaryl-, Äthylen-, Alkylen-, Arylen-, Ketonhydroperoxyde oder Peroxyde usw. Die Persäuren werden wie die anorganischen Persäuren durch Austausch eines H-Atoms des H_2O_2 durch einen Acylrest R · CO · OOH, die Acylperoxyde durch Ersatz beider H-Atome des HOOH durch Säurereste erhalten: RCO · OO · COR.

Die organischen Perverbindungen sind den anorganischen an Zahl wohl weit überlegen, erreichen aber nicht im entferntesten deren technische oder praktische Bedeutung. Vom wissenschaftlichen Standpunkte aus sind sie besonders wegen ihrer Beziehungen zu biologischen Oxydationsvorgängen von Interesse, da sowohl die Assimilationsprozesse als auch die Dissimilationsvorgänge mit größter Wahrscheinlichkeit über primär gebildete, sehr labile Perverbindungen, namentlich Peroxyde, verlaufen dürften. Die leichte Zersetzlichkeit der organischen Perverbindungen ist häufig einer eingehenderen Untersuchung hinderlich. Das Gebiet ist eigentlich noch nicht hinreichend ausführlich untersucht. An einschlägiger Literatur ist das Buch von A. Rieche, „Alkylperoxyde und Ozonide", 1931, Dresden[135], und das Kapitel über Peroxyde in Houbens Methoden der organischen Chemie, 1923, III. Bd., S. 250, bearbeitet von Dr. A. Sonn, erschienen.

Die Darstellung der organischen Perverbindungen erfolgt ausnahmslos nur auf rein chemischem Wege mit Hilfe von Barium-, Natriumperoxyd und deren Hydraten, Wasserstoffperoxyd, Caroscher Säure, Ozon oder Sauerstoff. Zu Alkylperoxyden führen folgende Reaktionen:

1. Alkylierung von Wasserstoffperoxyd,
2. Anlagerung von Alkylradikalen an Sauerstoff,
3. Addition von Sauerstoff, Ozon, atomarem Sauerstoff O, Wasserstoffperoxyd, bzw. Derivaten desselben an ungesättigte Verbindungen, Äthylenderivate, Aldehyde, Ketone.
4. Anlagerung von O, O_2 oder Ozon an ROH oder ROR und Umlagerung der „Moloxyde", bzw. „Molozonide",
5. Dehydrierung von R—OH-Verbindungen,
6. Spaltung von Ozoniden[1014],
7. Thermische Zersetzung von Oxalaten (P. Jüntler).

Die für die anorganischen Perverbindungen ungleich wichtigere elektrolytische Darstellung durch anodische Oxydation ist nicht anwendbar, da, wie schon H. Kolbe im Jahre 1849[1015] beobachtete, bei der Elektrolyse von Salzen organischer Säuren, wie Kaliumazetat, an der Platinanode nicht Persäuren, sondern Äthan neben Kohlensäure entsteht.

F. Fichter und E. Krummenacker[1016] nehmen an, daß an der Anode primär Peroxyde, bzw. Persäuren der organischen Säuren als Zwischenprodukte entstehen, die erst sekundär weiter zerfallen:

$$RCOOH + O \rightarrow (RCOO)_2 + H_2O \text{ oder}$$
$$RCOOH + O \rightarrow RCOOOH,$$

worauf der Zerfall nach den Gleichungen

$$(RCOO)_2 \rightarrow R \cdot R + 2\,CO_2 \text{ bzw.} \rightarrow RCOOR + CO_2 \text{ bzw. } RCOOOH \rightarrow ROH + CO_2,$$

bei ungesättigten Kohlenwasserstoffen

$$C_nH_{2n+1}\cdot CO\cdot OOH \rightarrow C_nH_{2n} + CO_2 + H_2O$$

vor sich geht. Die Elektrolyse von Salzen gesättigter Fettsäuren führt also zur Kohlenwasserstoffsynthese. Eine Stütze für diese Ansicht ist der bereits mehrmals gelungene qualitative Nachweis von Wasserstoffperoxyd bzw. Persäuren an der Anode. So fand C. Schall[1017] bei der Elektrolyse von Kaliummalonat 5 bis 20 mg H_2O_2. F. Fichter konnte bei der Elektrolyse von Kaliumcapronat mit sehr viel Capronsäure Dicapronylperoxyd und Capronpersäure an der Anode isolieren, wobei Fichter annimmt, daß die Capronpersäure aus dem Dicapronylperoxyd durch Verseifung hervorgegangen ist. F. Fichter und Lindenmayer[1018] konnten an tief gekühlten Platinanoden und mit Ammoniumacetat und -capronat als Elektrolyt durch das Auftreten von Acetamid indirekt die intermediäre Bildung von Diacetylperoxyd nachweisen. Die Bildung von Peressigsäure konnte von H. Erlenmayer[1019] an der Bildung von CH_3J bei der Verwendung von Kaliumacetat und Jodlösung als Elektrolyt nachgewiesen werden, da Peressigsäure mit Natriumbromid oder -jodid unter Bildung von Alkylbromid reagiert: $CH_3COOOH + HX$ ($X =$ = Halogen) $\rightarrow CH_3X + CO_2 + H_2O$. G. Hallie[1020] erhielt bei der Elektrolyse von Acetaten oder Capronaten mit strömender Flüssigkeit 0,1 bis 0,5% Peroxyde. Auch bei der Bestrahlung von wasserfreien Alkoholen, z. B. Isoprophylalkohol mit UV-Licht entstehen organische Peroxyde[1021].

A. Alkylperoxyde.

Monomethylhydroperoxyd $CH_3 \cdot OOH$. Das einfachste organische Peroxyd stellt das Methylhydroperoxyd CH_3OOH dar (Baeyer und Villiger[1023], Rieche[1022, 1024]), das durch Eintropfenlassen von Kalilauge in Wasserstoffperoxyd und Dimethylsulfat unter Rühren und Kühlen erhalten wird. Die Reindarstellung gelingt durch Ausäthern. Es gibt die typischen Peroxydreaktionen mit Kaliumjodid und Titansulfat, jedoch stehen die Oxydationswirkungen hinter denen des Wasserstoffperoxyds zurück. Barium- und Calciumhydroxyd lösen sich in einer konzentrierten wäßrigen Lösung des Monomethylhydroperoxyds glatt auf. Aus der Lösung kann mit Alkohol Bariummethylperoxyd $Ba(OOCH_3)_2$, ein ähnlich stark explosiver Körper als das Quecksilberazid, abgeschieden werden. Bekannt ist auch ein Terephthal-dipersäure-dimethylester $C_6H_4(CO-OO-CH_3)_2$, der die schwach saure Natur des Methylhydroperoxyds erkennen läßt.

Monoäthylhydroperoxyd $C_2H_5 \cdot OOH$, wurde zuerst von Baeyer und Villiger[867] aus Diäthylsulfat und Alkali mit einem Überschuß von Wasserstoffperoxyd dargestellt (s. auch Rieche und Hitz[135, 1025], l. c. S. 23). Es bildet eine farblose, stechend riechende Flüssigkeit, die unter 55 mm Druck bei 41 bis 42° siedet. Sie explodiert nicht mehr so heftig als Monomethylhydroperoxyd. Die Reaktionen mit Kaliumjodid und Titanchlorid verlaufen nicht mehr quantitativ.

E. Kurowski und L. Nissenmann[1026] stellten durch Vermischen einer stark gekühlten Lösung von Wasserstoffperoxyd mit Prophylamin ein Alkylperoxyd dar, dem sie die Formel $C_3H_7 \cdot NH_3 \cdot OOH$ gaben. Weitere Alkylhydroperoxyde sind bisher anscheinend nicht bekannt geworden.

Dimethylperoxyd $CH_3 \cdot OO \cdot CH_3$. Schon Baeyer und Villiger[1023] stellten fest, daß es bei Raumtemperatur ein Gas sein muß. A. Rieche und

W. Brunshagen[1027] erhielten es dann durch Eintropfen von 40%iger Kalilauge in die Mischung von Dimethylsulfat und Wasserstoffperoxyd. Das Gas sowie die Flüssigkeit sind äußerst explosiv und sehr empfindlich gegen Schlag und Stoß. Der Schmelzpunkt liegt zwischen — 100 und — 105°, der Siedepunkt bei 740 mm bei 13,5°. Es zeigt wie alle Dialkylperverbindungen nur mehr auffallend schwache Oxydationswirkungen. Aus angesäuerter Kaliumjodidlösung wird z. B. nur mehr sehr wenig Jod frei gemacht.

Diese geringere Oxydationswirkung, die sehr häufig bei disubstituierten Perverbindungen zu beobachten ist, beruht aber wahrscheinlich nicht auf einer kleineren Oxydationskraft des Peroxydradikals in diesen Körpern, sondern viel eher auf einer geringeren Reaktionsgeschwindigkeit der Oxydationsreaktion, stellt demnach ein reines Geschwindigkeitsphänomen dar.

Methyläthylperoxyd $CH_3 \cdot OO \cdot C_2H_5$ ist von A. Rieche und Hitz[1028] durch Methylierung von Äthylhydroperoxyd dargestellt worden. Es ist verhältnismäßig leicht rein herzustellen. Es stellt eine farblose, leicht bewegliche Flüssigkeit dar, die bei 740 mm bei 40° siedet. Die Flüssigkeit ist stoßempfindlich und explosiv.

Diäthylperoxyd $C_2H_5 \cdot OO \cdot C_2H_5$ wurde ebenfalls von Baeyer und Villiger[1029] erstmalig durch Schütteln einer Lösung von Wasserstoffperoxyd in Kalilauge mit Diäthylsulfat hergestellt. Ähnliche Darstellungsweisen verwendeten auch Strecker[1030] und Rieche und Hitz[1031]. Es bildet eine farblose Flüssigkeit von ätherischem Geruch, die bei 740 mm bei 64° siedet. Chemisch ist es bereits derart indifferent, daß es z. B. mit Permanganat, Natrium, Natriumamalgam u. dgl. nicht mehr reagiert. Die Annahme, daß es durch Einwirkung von Licht und Sauerstoff auf Äther entstehe und die Ursache der Explosivität alten Äthers sei, ist unzutreffend, da dafür vielmehr andere explosive Körper, wie namentlich das Dioxyäthylperoxyd, verantwortlich zu machen sind (H. Wieland[1032, 1033]).

Peroxyde in Äther können durch Zusatz von Natriumamalgam zerstört werden.

Das bekannteste arylsubstituierte Dialkylperoxyd ist das Triphenylperoxyd $(C_6H_5)_3{=}C{-}OO{-}C{=}(C_6H_5)_3$, das von Gomberg aus Triphenylmethyl und Luftsauerstoff oder aus Triphenylchlormethan und Natriumperoxyd erhalten wurde. Die beste Darstellungsart ist die durch Lufteinleiten in eine Lösung von Triphenylchlormethan in Benzol bei Gegenwart von Zinkstaub (Gomberg[1034]). Es stellt einen auch in organischen Lösungsmitteln schwer löslichen kristallinischen Körper vom Schmelzpunkt 185 bis 186° dar. Über andere alkylierte Triphenylperoxyde, die in analoger Weise aus den Radikalen und Sauerstoff entstanden sind, berichtete J. Schmiedlin ausführlich[1035].

Bei der Einwirkung von äquimolekularen Mengen von Aldehyden in ätherischer Lösung auf Wasserstoffperoxyd entstehen als schön kristallisierte Produkte Oxyalkylhydroperoxyde. Auf diese Weise wurden alle Peroxyde vom α-Oxyheptylhydroperoxyd $C_6H_{13} \cdot CHOH \cdot OOH$ angefangen bis zum α-Oxyduodecylperoxyd $C_{11}H_{23} \cdot$ $\cdot CHOH \cdot OOH$ dargestellt. Sie stellen schön kristallisierte Blättchen vom Schmelzpunkt 40 bis 67° dar, die nur wenig in Wasser, in Alkohol und Äther aber leicht löslich sind[135] (l. c. S. 36 bis 40).

Ein Oxymethylhydroperoxyd $OH \cdot CH_2 \cdot OOH$ erhielten A. Rieche und R. Meister[1036] durch Einwirkung von ätherischer Wasserstoffperoxydlösung auf ätherische Formaldehydlösung und Abdunstenlassen des Äthers im Vakuum als nicht stechend riechende Flüssigkeit.

Von H. King[1037] wurde festgestellt, daß die Peroxyde des Äthers hauptsächlich als α-Oxyäthylhydroperoxyde vorliegen.

Die Oxyalkylhydroperoxyde können zwar deutlich oxydierend wirken, da nur ein Wasserstoffatom des HOOH besetzt ist, jedoch sind die Reaktionen mit Kaliumjodid und Titanchlorid gleichfalls nicht mehr quantitativ.

Monooxydialkylperoxyde entstehen bei der Reaktion von Alkylhydroperoxyden mit Aldehyden in äquimolekularen Mengen, vorteilhaft in ätherischer Lösung.

Monooxydimethylperoxyd $CH_2OH \cdot OO \cdot CH_3$ wird z. B. bei einen Tag langem Stehenlassen einer 5%igen absolut ätherischen Lösung von Formaldehyd und einer etwa 5%igen ätherischen Methylhydroperoxydlösung nach dem Abdunsten des Äthers als farblose Flüssigkeit, im Geruch an Formaldehyd erinnernd, erhalten[135] (l. c. S. 43). Der Siedepunkt beträgt bei 17 mm 45°. Es zersetzt sich bei Zimmertemperatur dauernd, äußerst heftig nach einem Zusatz von Alkali.

Oxymethyläthylperoxyd $CH_2OH \cdot OO \cdot C_2H_5$ wird aus Äthylhydroperoxyd und Formaldehyd in Äther als farbloses dünnflüssiges Öl von ätherartigem Geruch erhalten[135, 1038] (l. c. S. 45). Es zeigt nur schwache Oxydationswirkungen.

α-Oxyäthylmethylperoxyd $CH_3 \cdot CHOH \cdot OO \cdot CH_3$ wurde von A. Rieche[1039] aus Methylhydroperoxyd und Acetaldehyd in Form eines schwach stechend riechenden Öles erhalten.

Monooxydiäthylperoxyd $Ch_3 \cdot CHOH \cdot OO \cdot C_2H_5$ wird aus Acetaldehyd in ätherischer Lösung mit äquivalenten Mengen von Äthylhydroperoxyd dargestellt. Es ist ein nur schwach explosives, ätherartig riechendes Öl, das in Wasser schon wenig löslich ist.

Vollkommen analog entstehen höhere Oxydialkylperoxyde durch Einwirkung höherer Aldehyde auf Monomethyl-, bzw. Äthylhydroperoxyd, und zwar mit letzterem leichter als mit der Methylverbindung. Dargestellt wurden auf diese Weise Oxyheptylmethylperoxyd und Oxyheptyläthylperoxyd[135] (l. c. S. 48).

Dioxydialkylperoxyde werden am leichtesten durch Einwirkung von zwei Molen Aldehyd auf 1 Mol Wasserstoffperoxyd in ätherischer Lösung erhalten. Die älteste bekannte derartige Verbindung ist das Dioxymethylperoxyd $CH_2OH \cdot OO \cdot CH_2OH$ (Legler[1040], Nef[1041], Baeyer und Villiger[1042], Wieland und Wingler bzw. Sutter[1043]). Aus Äther oder Chloroform umkristallisiert stellt es lange Prismen von einem Schmelzpunkt von 62 bis 64° dar. Im festen Zustand ist es recht beständig, in neutraler, saurer und alkalischer Lösung zerfällt es aber in zwei Moleküle Ameisensäure und Wasserstoff. Es dürfte auch bei der Elektrolyse von Formaldehyd in alkalischer Lösung eine Rolle spielen (E. Müller[1044]).

Ammoniak bildet mit Dioxymethylperoxyd einen sehr brisanten kristallinen Körper[1040], der von v. Girsewald und Siegens[1045] als Hexamethylentriperoxyddiamin $(CH_2 \cdot OO \cdot CH_2)_3N_2$ mit der Konstitutionsformel

$$\begin{array}{l} O{-}CH_2 \\ | \\ O{-}CH_2 \end{array}\!\!\!\!\!\!\!\!\!\!\! \begin{array}{c} \diagdown \\ \diagup \end{array} N{-}CH_2{-}OO{-}CH_2{-}N \begin{array}{c} \diagup \\ \diagdown \end{array} \begin{array}{r} CH_2{-}O \\ | \\ CH_2{-}O \end{array}$$

identifiziert wurde. Nach diesen Autoren erhält man im allgemeinen bei der Einwirkung von Stickstoffbasen und Lösungen von Wasserstoffperoxyd und Aldehyden stickstoffhaltige Peroxyde[1046], z. B. Trimethylenperoxydazin $CH_2{=}N{-}N\begin{array}{c} \diagup \\ \diagdown \end{array}\begin{array}{l} CH_2{-}O \\ \quad\;\; | \\ CH_2{-}O \end{array}$ aus Hydrazinsulfat durch Erwärmen einer verdünnten Wasserstoffperoxydlösung mit Formaldehyd. Dimethylenperoxydäthylamin wird aus Äthylamin und wäßriger Wasserstoffperoxydlösung dargestellt: $C_2H_5N\begin{array}{c} \diagup \\ \diagdown \end{array}\begin{array}{l} CH_2{-}O \\ \quad\;\; | \\ CH_2{-}O \end{array}$, Tetramethylendiperoxyddicarbamid aus Harnstoff, Wasserstoffperoxyd, Formaldehyd und Versetzen mit Salpetersäure:

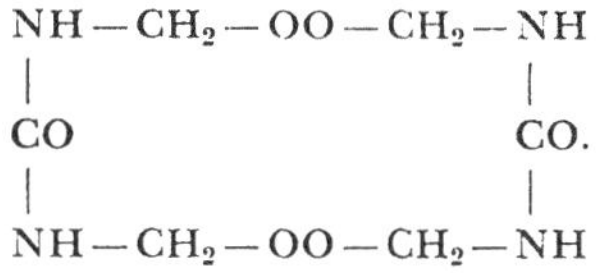

$$\begin{array}{ccc} NH-CH_2-OO-CH_2-NH \\ \begin{array}{lcr} | & \qquad\qquad\qquad & | \\ CO & & CO. \\ | & & | \end{array} \\ NH-CH_2-OO-CH_2-NH \end{array}$$

Dimethylenperoxydcarbamid entsteht aus Harnstoff, Formaldehyd und Wasserstoffperoxyd: $H_2N \cdot CO \cdot N\!\!\left\langle\begin{array}{l} CH_2-O \\ \qquad\; | \\ CH_2-O \end{array}\right.$.

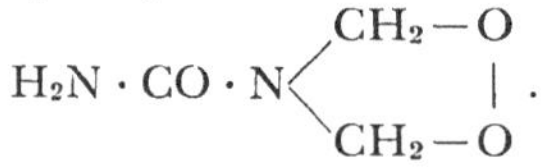

Durch weitere Anlagerung von 2 Molekülen Formaldehyd an Dioxymethylperoxyd in ätherischer Lösung entsteht die Dimethylolverbindung des Dioxymethylperoxyds $C_4H_{10}O_6 = O\!\left\langle\begin{array}{l} CH_2—OO—CH_2 \\ CH_2OH \;\; HOCH_2 \end{array}\right\rangle\! O$ (A. Rieche und R. Meister[1047]) als nicht besonders explosives Öl, das in Wasser leicht löslich ist. Durch Einwirkung von Phosphorpentoxyd bildet sich Pertrioxymethylen,

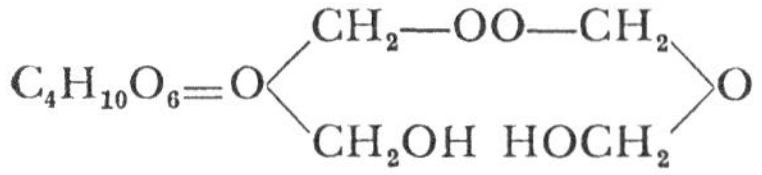

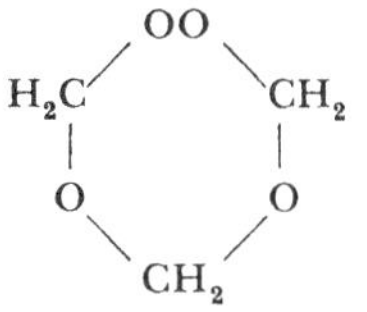

$$\begin{array}{ccc} & OO & \\ H_2C\diagup & & \diagdown CH_2 \\ | & & | \\ O & & O \\ & \diagdown CH_2 \diagup & \end{array}$$

das recht explosiv ist. Kp = 35 bis 36°, unlöslich in Wasser. Bei intensiverer Einwirkung von Phosphorpentoxyd auf eine ätherische Lösung von Dioxymethylperoxyd entsteht Tetraoxymethylendiperoxyd $C_4H_8O_6$,

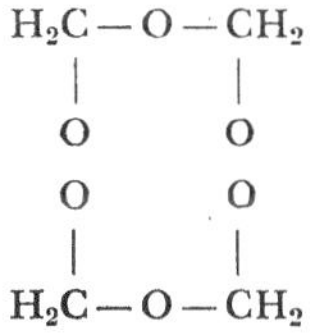

$$\begin{array}{ccc} H_2C & -O- & CH_2 \\ | & & | \\ O & & O \\ O & & O \\ | & & | \\ H_2C & -O- & CH_2 \end{array}$$

das äußerst explosiv ist.

Das Dioxyäthylperoxyd $CH_3 \cdot CHOH \cdot OO \cdot CHOH \cdot CH_3$, wurde von Wieland und Wingler[1048] aus 2 Molekülen Acetaldehyd durch 1 Mol Wasserstoffperoxyd in ätherischer Lösung und Abdunstenlassen des Äthers rein dargestellt. Es bildet ein dünnflüssiges Öl, das beim Erwärmen explodiert, da es dann in das brisante Diäthylidenperoxyd übergeht. Durch Wasser wird es zu Acetaldehyd und Wasserstoffperoxyd hydrolysiert, in Gegenwart von Metallen, wie Silber, aber entsteht CH_3OOH und Wasserstoff (Wieland und Rau[1049]).

Bei der Einwirkung von Phosphorpentoxyd auf eine ätherische Lösung von Dioxyäthylperoxyd entsteht neben monomerem auch dimeres Butylenozonid

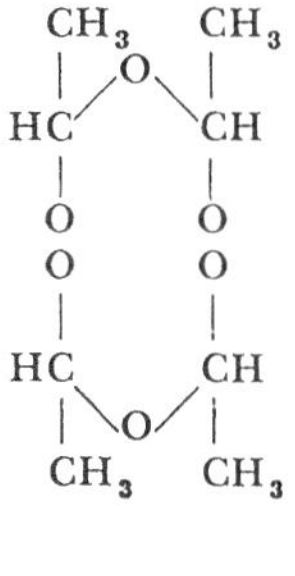

$$\begin{array}{ccc} CH_3 & & CH_3 \\ | & \diagup O \diagdown & | \\ HC & & CH \\ | & & | \\ O & & O \\ O & & O \\ | & & | \\ HC & & CH \\ | & \diagdown O \diagup & | \\ CH_3 & & CH_3 \end{array}$$

Tabelle 21.

Name	Formel	Molekular-gewicht	Schmelzpunkt	dargestellt aus
Dioxypropylperoxyd	$C_2H_5 \cdot CHOH \cdot OO \cdot CHOH \cdot C_2H_5$	150,1	ölartig	Propylaldehyd
Dioxybutylperoxyd	$C_3H_7 \cdot CHOH \cdot OO \cdot CHOH \cdot C_3H_7$	178,1	ziemlich dickflüssiges Öl	Butylaldehyd
Dioxyvalerylperoxyd	$C_4H_9 \cdot CHOH \cdot OO \cdot CHOH \cdot C_4H_9$	206,1	dickes Öl	Valerylaldehyd
Dioxyheptylperoxyd	$C_6H_{13} \cdot CHOH \cdot OO \cdot CHOH \cdot C_6H_{13}$	262,2	69°	Oenanthol, umkristallisiert aus Petroläther
Dioxyoctylperoxyd	$C_7H_{15} \cdot CHOH \cdot OO \cdot CHOH \cdot C_7H_{15}$	280,3	72°	Octylaldehyd
Dioxynonylperoxyd	$C_8H_{17} \cdot CHOH \cdot OO \cdot CHOH \cdot C_8H_{17}$	318,4	74°	Nonylaldehyd oder Spaltung des Ölsäureozonids
Dioxydecylperoxyd	$C_9H_{19} \cdot CHOH \cdot OO \cdot CHOH \cdot C_9H_{19}$	346,4	82°	Decylaldehyd
Dioxyundecylperoxyd	$C_{10} \cdot H_{21} \cdot CHOH \cdot OO \cdot CHOH \cdot C_{10}H_{21}$	374,5	84°	Undecylaldehyd
Dioxyduodecylperoxyd	$C_{11}H_{23} \cdot CHOH \cdot OO \cdot CHOH \cdot C_{11}H_{23}$	402,6	84°	Duodecylaldehyd
Di-o-chlorphenyloxymethylperoxyd	$C_6H_4Cl \cdot CHOH \cdot OO \cdot CHOH \cdot C_6H_4Cl$	315,1	80°	o-Chlorbenzaldehyd, umkristallisiert aus Benzol

als dünnflüssiges Öl, das beim Erwärmen auf 90° in Äthylidenperoxyd übergeht. Beim Erhitzen im Vakuum erleidet die Verbindung eine Spaltung, es bildet sich Monoperparaldehyd $C_6H_{12}O_4$

```
        H      /OO\      H
        |     /    \     |
 CH3—C<     H      >C—CH3.
        \O   |   O/
          \  |  /
            C
            |
           CH3
```

mit einem Schmelzpunkt von 45° (A. Rieche und R. Meister[1050]).

Chloral und Carosche Säure oder eine ätherische Wasserstoffperoxydlösung liefern das Dichloralperoxydhydrat von Baeyer und Villiger[1051], das richtiger als Ditrichloroxyäthylperoxyd $CH_3 \cdot C \cdot CHOH \cdot OO \cdot CHOH \cdot CCl_3$, Tafeln vom Schmelzpunkt 122°, bezeichnet wird.

Wie A. Rieche[135] (l. c. S. 55) festgestellt hat, sind nahezu alle anderen Aldehyde fähig, an Wasserstoffperoxyd angelagert zu werden, wie insbesondere die höheren aliphatischen Aldehyde oder substituierten Benzaldehyde, wenn 2 Moleküle Aldehyd auf ein Molekül Wasserstoffperoxyd in ätherischer Lösung einwirken. Durch Verdunstenlassen des Äthers kann das betreffende höhere Dioxyalkylperoxyd rein erhalten werden. Die schwerer löslichen Aldehyde von C_7 aufwärts löst man in Eisessig und versetzt diese Lösung mit Wasserstoffperoxyd, wobei die Reaktion durch Erwärmung in Gang gebracht wird. Beim Abkühlen kristallisiert dann das ziemlich beständige Dioxyalkylperoxyd aus. Rieche stellte auf diese Weise alle Dioxyalkylperoxyde vom Dioxypropylperoxyd bis zum Dioxyduodecylperoxyd her. Die Löslichkeit und das Oxydationsvermögen nimmt mit der Länge der

Kohlenstoffkette ab, die niederen Glieder sind in Äther, Benzol und Eisessig leicht löslich, alle in Alkohol, in Wasser jedoch nur die einfachsten. Durch Alkali werden sie leicht in die Ausgangsaldehyde und Wasserstoffperoxyd gespalten. Auch Dioxyalkylperoxyde aromatischer Aldehyde, z. B. von Chlor- und Nitrobenzaldehyd, können leicht gewonnen werden. Vorstehend ist eine tabellarische Übersicht über die von Rieche[135] (l. c. S. 55 bis 60) dargestellten Dioxyalkylperoxyde der Formel R—CHOH—OO—CHOH—R wiedergegeben, erhalten aus dem betreffenden Aldehyd und Wasserstoffperoxyd in ätherischer Lösung (Tabelle 21).

Durch Einwirkung von H_2O_2 auf Fettalkoholpyrophosphorsäureester, wie z. B. von Cetyl- oder Stearinalkohol, erhält man etwa 5% aktiven O enthaltende Verbindungen, die in Wasser gelöst gutes Wasch- und Bleichvermögen besitzen (Böhme, Fettchemie-Ges. m. b. H.[1052]). Cyclanperoxyde entstehen bei der Einwirkung von H_2O_2 in wasserfreien Äther auf eine Anzahl cyclischer Ketone (N. A. Milas, S. A. Harries und P. C. Panagiotakos[1053]).

Keton- und Aldehydperoxyde (0,5 bis 1%) verbessern die Cetenzahl von Dieselölen (Shell, A. P. 2 218 135). Tetralin-, Naphthalin-, Triacetonperoxyd (0,1 bis 0,5%) usw. vermindern den Angriff von Mineralschmierölen auf Kupfer (Standard Oil Dev. Co., F. P. 861 065).

Organische Peroxyde beschleunigen bei alkylierten Benzolkohlenwasserstoffen die Chlorierung, ohne jedoch einen Einfluß auf den Eintrittsort des Chloratoms auszuüben (M. S. Kharasch und M. G. Berkman[1054]).

B. Alkylenperoxyde.

Äthylenperoxyde.

Ungesättigte Kohlenwasserstoffe zeigen gegenüber dem Sauerstoff ein ähnliches Verhalten, wie wir dies bereits bei den autoxydablen Stoffen gesehen haben. Der Sauerstoff lagert sich dabei sehr wahrscheinlich unter Aufspaltung der Doppelbindung zwischen zwei Kohlenstoffatomen an diese unter Bildung von echten Peroxyden an. Während es sich bei den labilen Moloxyden meist nur um intermediäre Zwischenprodukte handelt, entstehen aus den ungesättigten Kohlenwasserstoffen Peroxyde, die unter Umständen recht beständige Produkte darstellen können. Im allgemeinen zerfallen sie aber leicht in zwei Moleküle Aldehyd bzw. Keton. So gibt Amylen schon nach kurzer Zeit bei Berührung mit der Luft und Belichtung eine starke Peroxydreaktion[1055], wobei unter Aufnahme von 1 Mol Sauerstoff ein Peroxyd der wahrscheinlichen Zusammensetzung $(CH_3)_2-\overset{|}{C}-\overset{|}{CH}-CH_3$ (O—O-Brücke zwischen C und CH) entsteht, das eine sirupartige Masse von stechendem ätherisch kampferartigem Geruch darstellt.

Reines Trimethyläthylen, Hexylen, Styrol, Cyclopentadien, Allylverbindungen, wie Diallyläther, Benzylallyläther zeigen ein ganz ähnliches Verhalten gegenüber Sauerstoff, indem sie unter Addierung von O_2 primär Peroxyde bilden, die dann in weitere Oxydationsprodukte, wie z. B. Wasserstoffperoxyd, übergehen können[1055].

Auch die von J. Thiele[1056] entdeckten Fulvene mit drei ungesättigten Kohlenstoffgruppen $\begin{matrix} CH=CH \\ | \\ CH=CH \end{matrix}\!\!>C=CH_2$ nehmen teilweise begierig unter Erhitzung Sauerstoff auf, für welche Erscheinung nach den Feststellungen von C. Engler und Frankenstein[1057] die Bildung eines Diperoxyds infolge Sauerstoffaufnahme durch das Dimethylfulven anzunehmen ist. Dieses Diperoxyd bildet eine farblose, hochexplosive Masse, die aber nur schwache Peroxydreaktionen gibt. Methylphenyl- und Methyläthylfulven liefern mit Sauerstoff gleichfalls Peroxyde.

Diphenyläthylenperoxyd wird beim Einleiten von Sauerstoff in Diphenyläthylen bei gleichzeitiger Belichtung als amorpher, weißer, schwach explosiver und hoch polymerer Körper erhalten (Staudinger[1058]). Mit Wasser erhitzt, liefert es quantitativ Benzophenon und Formaldehyd. Von Staudinger wurden auch die explosiven und sehr zersetzlichen Ketonperoxyde der Formel

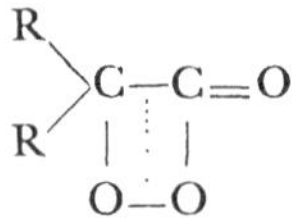

$$\begin{matrix} R \\ R' \end{matrix}\!\!>\!C-C=O \quad (C-O-O-C\text{ ring})$$

erhalten, wie z. B. Dimethyl-, Diäthyl- und Phenylketonperoxyd, die leicht in Keton (Aceton) und Kohlendioxyd zerfallen.

N. D. Zelinskij und P. P. Borissow[1059] beschrieben ein Cyclohexenperoxyd $C_6H_{10}O_2$ mit der Konstitutionsformel

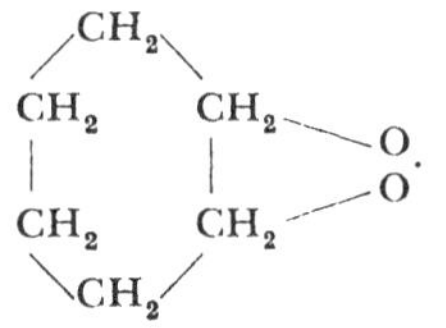

$$\begin{matrix} & CH_2 & & \\ CH_2 & & CH_2 & -O \\ | & & | & \;\;| \\ CH_2 & & CH_2 & -O \\ & CH_2 & & \end{matrix}$$

A. Schönberg und O. Kraemer[1060], Schönberg und W. Malchow[1061] und Schönberg und W. Bleiberg[1062] berichteten über farblose Pseudobenzyle, die sich von der Peroxydform des Benzyls ableiten. Es wurde angenommen, daß bei den festen farblosen Benzylen, die sich schwach gelblich auflösen, ein Gleichgewicht zwischen dem eigentlichen Benzyl I und dem Pseudobenzyl II vorliegt, wie am Beispiel des o,o'-Dimethyloxybenzyls gezeigt sei:

$$\text{I}\quad \begin{matrix} C_6H_4-OCH_3 \\ | \\ C=O \\ | \\ C=O \\ | \\ C_6H_4-OCH_3 \end{matrix} \quad \rightleftarrows \quad \begin{matrix} C_6H_4-OCH_3 \\ | \\ C-O \\ \| \quad | \\ C-O \\ | \\ C_6H_4-OCH_3 \end{matrix}\quad \text{II}$$

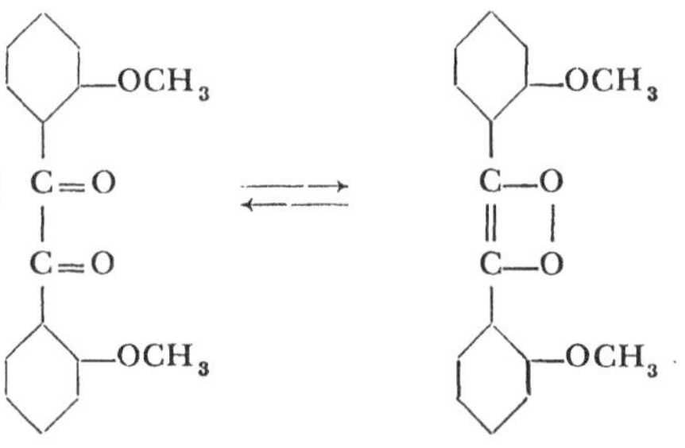

Bei den m- und p-disubstituierten Produkten konnte die ketoide Form der Peroxydform des Benzyls getrennt zur Abscheidung gebracht werden. A. Sippel[1063] hält es jedoch für zweifelhaft, ob die Peroxydform der Benzyle überhaupt existiert.

Butadien bildet bei längerem Lagern polymere Peroxyde, die beim Erhitzen oder Schütteln zu Explosionen führen können. Die Peroxyde können durch Zusatz von Antioxydationsmitteln oder Waschen des Butadiens mit starker NaOH zerstört werden (D. A. Scott[1064]).

C. Alkylidenperoxyde.

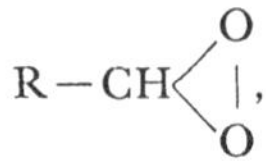

Diese entstehen bei der Einwirkung von Ozon auf Aldehyde bei möglichst tiefer Temperatur als sehr unbeständige feste Körper der Formel $R-CH\!<\!\begin{matrix} O \\ | \\ O \end{matrix}$, die sich aber leicht in die isomeren Säuren unter Wärmeentwicklung umlagern (Harries und Koetschau[1065]). Während Formaldehyd sich nur zu Trioxymethylen polymerisiert, ergeben die höheren Aldehyde bis zum Valerylaldehyd ölige Produkte, um schließlich mit steigender Kohlenstoffzahl feste Peroxyde zu liefern. Harries hielt diese Körper für Abkömmlinge des Isomeren des Wasserstoffperoxyds, $\begin{matrix}H\\H\end{matrix}{>}O=O$, jedoch konnte A. Rieche[135] (l. c. S. 78) auf Grund der Ultraviolettabsorption feststellen, daß es sich um Derivate des normalen symmetrisch gebauten Wasserstoffperoxyds handelt.

Im Gegensatz zu den sehr unbeständigen monomolekularen Aldehydperoxyden sind die polymeren (di-, tri- usw.) Aldehydperoxyde wesentlich beständiger. Das sich beim Erwärmen des Dioxyäthylperoxyds bildende Diäthylidenperoxyd $CH_3-CH{<}\begin{matrix}OO\\OO\end{matrix}{>}CH-CH_3$ (Wieland und Wingler[1066]) ist jedoch ein äußerst explosives Öl. Beständiger ist das von Baeyer und Villiger erhaltene Dibenzaldiperoxyd $C_6H_5-CH{<}\begin{matrix}OO\\OO\end{matrix}{>}CH-C_6H_5$, ein bei 202° schmelzender kristalliner Körper[1068].

Am bequemsten wird Äthylidenperoxyd aus α-Oxyäthylhydroperoxyd in ätherischer Lösung durch Wasserabspaltung mit Phosphorpentoxyd erhalten (A. Rieche[1067]). Beim Aufbewahren wird es immer dickflüssiger. Es kommt je nach der Art seines Entstehens in verschiedenen Polymerisationsstufen von $\left(CH_3\cdot CH{<}\begin{matrix}OO\\ \end{matrix}{\setminus}\right)_4$ bis $\left(CH_3\cdot CH{<}\begin{matrix}OO\\ \end{matrix}{\setminus}\right)_8$ vor. Die Alkylidenperoxyde stellen also Ringe verschiedener Größe dar.

Ketonperoxyde erhielten zum erstenmal Baeyer und Villiger[1068, 1069] bei der Einwirkung von Caroscher Säure auf Aceton, Diäthyl- oder Dipropylketon. Über Ketonperoxyde berichtete auch Pastureau[1070]. Die einfachen Ketonperoxyde gehen jedoch sehr leicht in die polymeren Peroxyde über. Außer mit Caroscher Säure kann man das dimere Acetonperoxyd auch bei der Spaltung von Ozoniden, wie z. B. aus Mesityloxyd, Mesitylheptenon u. dgl. erhalten (Harries und Türk[1071]). Der Schmelzpunkt beträgt 132°, jedoch ist es auch bei gewöhnlicher Temperatur sehr flüchtig. Baeyer und Villiger[1072] gaben ihm die Formel

$$\begin{matrix}CH_3\\CH_3\end{matrix}{>}C{<}\begin{matrix}OO\\OO\end{matrix}{>}C{<}\begin{matrix}CH_3\\CH_3\end{matrix}.$$

Das trimolekulare Acetonperoxyd $[(CH_3)_2COO]_3$ wurde von R. Wolffenstein[1073] durch sehr langes Stehenlassen von Wasserstoffperoxyd mit wäßrigem Aceton, von Baeyer und Villiger[1072] durch Versetzen einer gekühlten Lösung von konzentriertem Aceton und Wasserstoffperoxyd mit Salzsäure dargestellt. Es bildet feste Kristalle, die nach dem Umkristallisieren aus Alkohol bei 98° schmelzen. Durch Erwärmen mit Säuren zerfällt es wieder in Aceton und Wasserstoffperoxyd. Die Verbindung ist, wie A. Rieche[1074] nach der ebulioskopischen Mikromethode nachwies, trimolekular. Die Kristalle zeigen die gleichen Eigenschaften wie das Wasserstoffperoxyd[1075].

Über gemischte Ketonperoxyde wie über das Dimethyläthylketonperoxyd, Methyläthylperoxyd berichtete auch Pastureau[1070, 1076].

Suberon (Cycloheptanon) gibt mit Caroscher Säure ein Suberonperoxyd, das nach dem Umkristallisieren aus Äther rhombische Plättchen vom Schmelzpunkt 99 bis 100° darstellt (Baeyer und Villiger[1077]).

Ketone mit benachbarten aromatischen Kernen geben keine Peroxyde, sondern sofort das α-Oxyketon.

Das ungesättigte Keton Mesityloxyd $(CH_3)_2 = CH \cdot CO \cdot CH_3$ kann zwei Arten von Peroxyden liefern, indem es entweder an der Doppelbindung, wie bei den Äthylenperoxyden, oder an der Ketongruppe wie bei den Ketonperoxyden Sauerstoff aufnehmen kann. Für die zuerst von Wolffenstein[1078] dargestellte Perverbindung schlugen Pastureau und Lannay[1079] unter der Annahme, daß die Sauerstoffanlagerung an der Doppelbindung erfolgt, folgende Konstitutionsformel vor:

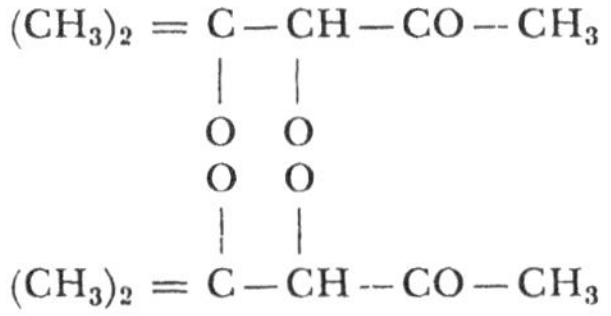

```
(CH3)2 = C — CH — CO — CH3
         |    |
         O    O
         O    O
         |    |
(CH3)2 = C — CH — CO — CH3
```

Wie jedoch A. Rieche[135] (l. c. S. 89 bis 91) durch jodometrische Titration, durch Molekulargewichtsbestimmungen sowie durch Ultraviolettabsorption nachwies, müssen drei Peroxydgruppen im Doppelmolekül vorhanden sein, weshalb dem Mesityloxydperoxyd folgende Strukturformeln zukommen dürften:

```
    (CH3)2 = C — CH2 — C — CH3                (CH3)2 = CH — CH — C — CH3
             |        / \                                  |   / \
             O       O   O                                 O  O   O
I            O       O   O          oder II                O  O   O
             |        \ /                                  |   \ /
    (CH3)2 = C — CH2 — C — CH3                (CH3)2 = CH — CH — C — CH3
```

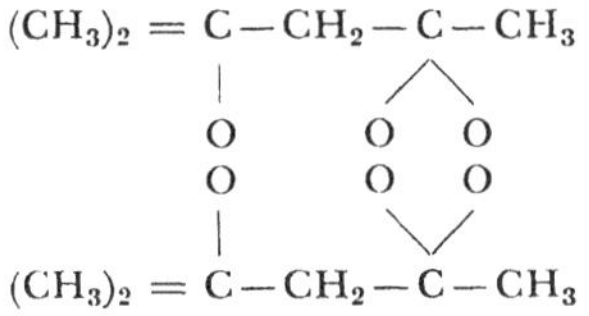

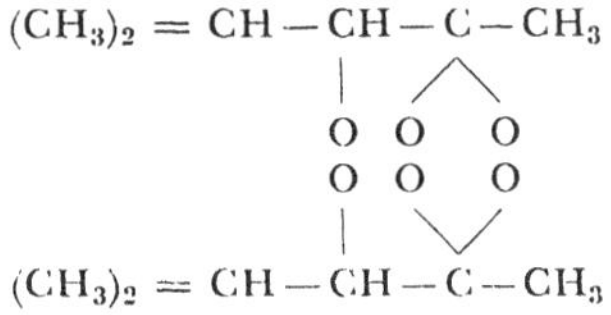

Zu erwähnen ist noch das Peroxyd der Lävulinsäure $CH_3 \cdot CO \cdot CH_2 \cdot CH_2 \cdot COOH$, das von C. Harries[1080] beim Abbau des Parakautschuks durch Ozon erhalten wurde. Es stellt nach Pummerer, Gerlach und Ebermayer[1081] eine Peroxydicarbonsäure dar:

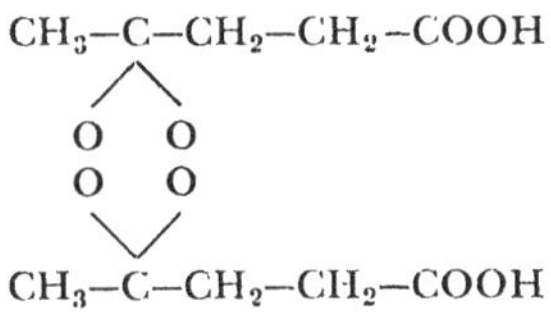

```
CH3—C—CH2—CH2—COOH
   / \
  O   O
  O   O
   \ /
CH3—C—CH2—CH2—COOH
```

D. Arylperoxyde.

Über die aromatischen Peroxyde ist eigentlich nicht viel bekannt. R. Pummerer und F. Frankfurter[1082] erhielten bei der Oxydation von Phenolen, und zwar beim Schütteln der Benzollösung des Dehydro-Oxy-Binaphthylenoxyds mit Luft ein hell ockergelbes Peroxyd, das durch Addition eines Moleküls Sauerstoff entstanden ist. Ihm kann vielleicht folgende Konstitutionsformel zukommen:

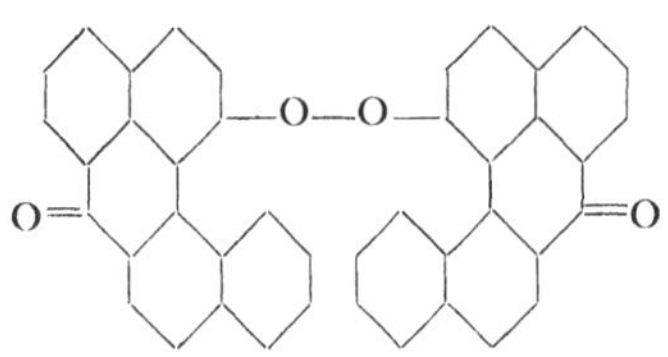

Es ist sehr unbeständig, entfärbt aber Permanganatlösung innerhalb einiger Sekunden. Das Peroxyd soll durch Dissoziation in zwei Radikale mit einwertigem

Sauerstoff zerfallen können. Ein ähnliches Peroxyd beschreiben St. Goldschmidt und W. Schmidt[1083], welche bei der Oxydation des Methyl- und Äthyläthers des Phenantrenhydrochinons farblose Körper mit Peroxydcharakter erhielten, die in Lösung zu gelb gefärbten Radikalen mit einwertigem Sauerstoff dissoziieren können:

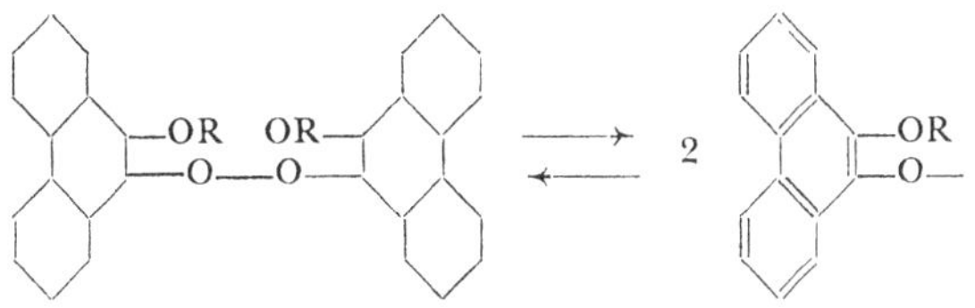

In Benzollösung wird acetonisches Permanganat sofort entfärbt. Über Aroylperoxyde mit einwertigem Sauerstoff berichten noch St. Goldschmidt und Ch. Steigerwald[1084] sowie St. Goldschmidt, A. Vogt und N. A. Bredig[1085].

R. Pummerer und F. Frankfurter[1086] ist auch die Darstellung eines β-Peroxyds aus festem Dehydro-Oxy-Binaphthylenoxyd mittels Benzoylperoxyd, gelöst in Benzol, gelungen, das im Gegensatz zum α-Peroxyd, das mit Hilfe von Sauerstoff erhalten wird (Pummerer und Frankfurter[1087]), folgende Konstitution besitzt:

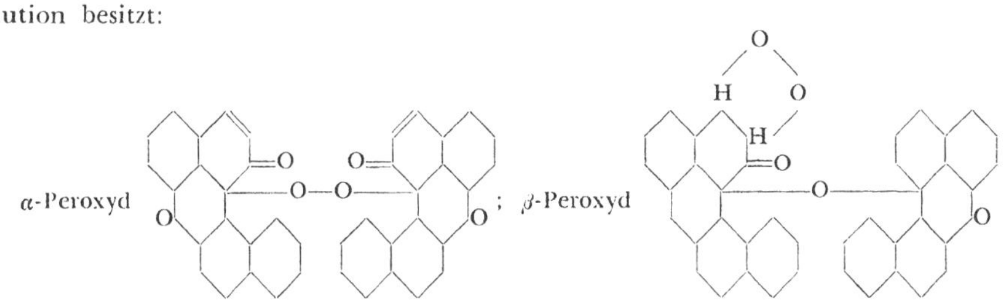

α-Peroxyd ; β-Peroxyd

Beide Peroxyde zersetzen sich unter Umständen unter Bildung eines violetten Radikals, das sehr zersetzliche α-Derivat schon in kaltem Benzol, das β-Derivat erst beim Kochen in Eisessig. Hingegen ist das β-Peroxyd gegen Permanganat in Pyridinlösung beständig und zeigt wie alle Sauerstoffderivate des Oxy-Binaphthylenoxyds intensiv zitronengelbe Farbe zum Unterschied von dem nur blaß bräunlich gefärbten α-Peroxyd.

R. Pummerer und A. Rieche[1088] berichteten über ein gemischtes farbloses aromatisches Binaphthyl-bis-Peroxyd-Binaphthylenoxyd, das aus einer ätzalkalischen Lösung von β-Binaphthol, Überschichten mit viel Äther und Oxydation bei -5° unter starkem Rühren mit drei Molekülen Kaliumferricyanid dargestellt wurde. Die Konstitution wird von Pummerer und Rieche[1088] und Pummerer und F. Luther[1089] wie folgt angegeben:

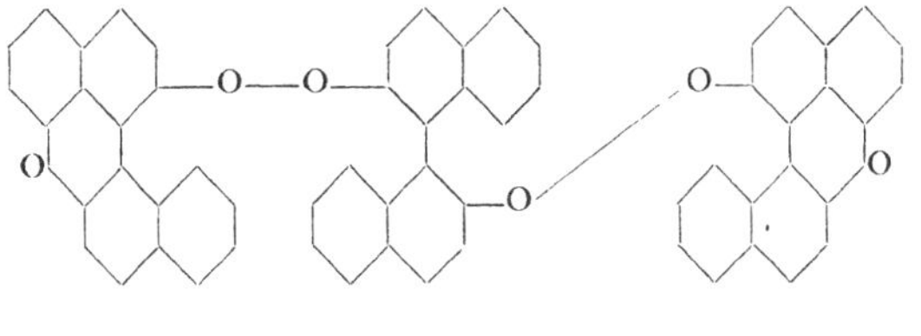

Von größerem Interesse ist noch das Rubren- und Ergosterinperoxyd, die beide als sehr schön kristallisierte Verbindungen durch bloße Autoxydation erhalten werden. Das von Windaus und Brunken[1090] entdeckte Ergosterinperoxyd entsteht bei der Belichtung von Ergosterin ($C_{27}H_{42}O$ mit drei C-Doppelbindungen) unter der Mitwirkung von sensibilisierenden Farbstoffen unter Aufnahme eines Moleküls Sauerstoff ($F_p = 187°$).

Das von Ch. Moureu, Ch. Dufraisse und P. Marshall[1091] beschriebene orangerot gefärbte Rubren

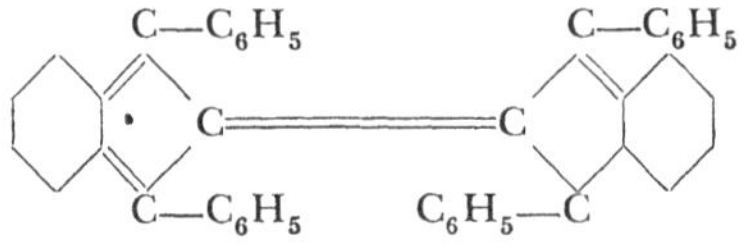

C—C_6H_5 C—C_6H_5
C═══C
C—C_6H_5 C_6H_5—C

oxydiert sich in Benzollösung durch Luft unter gleichzeitiger Belichtung mit Sonnenlicht sehr leicht, wobei eine farblose Lösung von Rubrenperoxyd $C_{42}H_{28}O_2$ erhalten wird, das beim Verdunsten des Benzols in schönen Nadeln auskristallisiert. Schmelzpunkt 190°. Das Verhalten des Rubrenperoxyds beim Erwärmen ist sehr interessant, da es bei Temperaturen über 100° wieder den Sauerstoff abgibt und unter Ausstrahlung eines gelbgrünen Lichtes und unter Rotfärbung wieder in Rubren und Sauerstoff dissoziiert. Ch. Dufraisse[1092] und A. Schönberg[1093] versuchten für diesen Dissoziationsvorgang einen Reaktionsverlauf mit Hilfe der Konstitutionsformel anzugeben. Es erinnert bei der Dissoziation an das Hämoglobin, das ebenfalls ein Peroxyd bildet (Oxyhämoglobin), welches glatt wieder in seine Ausgangsstoffe zerfallen kann.

Erwähnenswert ist weiter das interessante Ascarindol, das einzige mit Sicherheit nachgewiesene, natürlich vorkommende und dabei ungesättigte Peroxyd der Konstitution O O (s. Abschnitt III, S. 18). Von K. Bodendorff[1094] wurde das α-Terpinenperoxyd $(C_{10}H_{16}O_2)_x$ durch Schütteln von $\alpha + \gamma$-Terpinen mit Sauerstoff und Erwärmen des Produktes im hohen Vakuum dargestellt. Es besteht wahrscheinlich aus einem Gemisch von Polymeren mit —OO—-Brücken, die die einzelnen Moleküle verbinden:

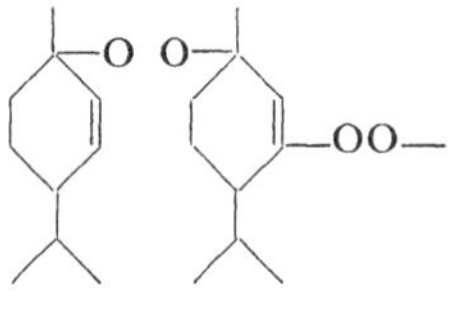

—O O—
—OO—

Phellandren gibt auf die gleiche Weise ein α-Phellandrenperoxyd $(C_{10}H_{16}O_2)_x$, ein gebliches Harz, das beim Destillieren auch im hohen Vakuum explodiert.

Durch Autoxydation mit Luft kann ein Tetrahydronaphthalinhydroperoxyd $C_{10}H_{12}O_2$

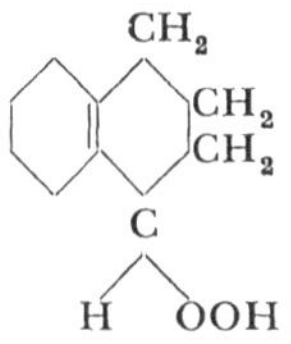

CH_2
CH_2
CH_2
C
H OOH

mit einem Schmelzpunkt von 56° erhalten werden (H. Hock und W. Susemihl[1095]). Auf seiner Anwesenheit beruht die Verfärbung von Tetralin an der Luft. In Lauge ist es unter Bildung von $C_{10}H_{11}O_2Na \cdot 2\,H_2O$ löslich. Ein Oxymethylperoxyd des Tetrahydronaphthalins kann aus diesem, H_2O_2 und Formaldehyd erhalten werden[1096]. Bekannt sind auch dimere und trimere Peroxyde aus Dialkyl-, Alkylaryl- und Diarylketonen.

E. Acylperoxyde.

Schon im Jahre 1863 wurden von B. C. Brodie[1097] Säureester des Wasserstoffperoxyds oder Acylperoxyde entdeckt, die er durch Einwirkung von Chloriden oder Anhydriden der Essig- oder Benzoesäurereihe auf Bariumperoxyd erhalten hatte. H. v. Pechmann und L. Vanino[1098] konnten Benzoylperoxyd auch durch Schütteln einer verdünnten Wasserstoffperoxydlösung mit Natronlauge und Benzoylchlorid unter Kühlung herstellen. Nach dem Umkristallisieren erhielten sie farblose Prismen vom Schmelzpunkt 103,5°. Diese Darstellungsarten sind im Grunde genommen auch heute noch die üblichen Methoden zur Gewinnung von Acylperoxyden. An Stelle von Bariumperoxyd kann man mit Vorteil auch Bariumperoxydhydrat oder Natriumperoxydhydrat, in Eiswasser oder 10%iger Natriumacetatlösung gelöst, verwenden. Auf diese Weise erhielten Pechmann und Vanino[1098] aus Phthalylchlorid mit äquimolekularen Mengen Natriumperoxydhydrat durch Schütteln das Phthalylperoxyd als schön kristallisierte Masse. Wie alle Acylperoxyde macht es aus Kaliumjodid Jod frei, entfärbt Indigo und Permanganatlösung und oxydiert Manganosalzlösungen. Mit Alkalien werden Acylperoxyde sehr rasch zu den Säuren, bzw. deren Salzen und Wasserstoffperoxyd verseift. L. Vanino und E. Thiele[1099] stellten auf ganz die gleiche Weise noch eine Reihe weiterer Acylperoxyde, wie das Succinyl-, Fumaryl-, Phenylessigsäure-, Acetyl-, Kampfersäure-, Toluylsäure und Terephthalylperoxyd, dar. Diacetylperoxyd entsteht auch bei der Einwirkung von Fluor auf Acetate, wobei Fichter und Humpert[1100] eine Explosion unter Feuererscheinung beobachteten. Die entwickelten Gase enthielten Äthan und Kohlendioxyd neben wenig Äthylen, Sauerstoff und Kohlenoxyd, ähnlich wie bei der Kolbeschen Synthese (S. 281). Die thermische Zersetzung von Dicaetylperoxyd wurde noch eingehend von H. Wieland und G. Rasuwarjew[1101], O. J. Walker[1102] und F. Fichter und H. Erlenmayer[1103] untersucht.

Die Acylperoxyde bilden meist ziemlich schwer lösliche feste Pulver, die außer den bereits angegebenen Reaktionen noch aus Thiosulfatlösungen Schwefel abscheiden, mit Anilin oder konzentrierter Schwefelsäure heftige Explosionen geben und aus Phenylhydrazidlösungen Stickstoff entwickeln.

Die technischen Darstellungsmethoden für organische Acylperoxyde (siehe Patentliteraturzusammenstellung S. 299) beruhen gleichfalls auf der Umsetzung von Säurechloriden oder Säureanhydriden mit anorganischen Peroxyden, Peroxydhydraten oder Wasserstoffperoxyd, wobei im letzteren Falle die freiwerdende Säure durch Zusatz von Basen, Pufferlösungen, wie Dinatriumphosphat u. dgl. abgestumpft wird. Durch Verwendung von gemischten Säurechloriden können auch gemischte Acylperoxyde erhalten werden: $R_1CO \cdot OO \cdot CO \cdot R_2$[1104]. Durch Lichteinwirkung, Zusatz von Schwermetallverbindungen, wie Kobalt- oder Nickelacetat, oder organischen Basen, wie Pyridin, kann die Peroxydbildung beschleunigt werden. Die Temperatur wird meist zwischen 5 bis 20° C gehalten. Die Reaktion ist meist nach 5 bis 10 Minuten langem Rühren beendet, was aus dem verschwindenden Geruch des Säurechlorides erkannt werden kann. Aus der wäßrigen Lösung scheiden sich die Peroxyde nach dem Ansäuern wegen ihrer Schwerlöslichkeit aus und können leicht abfiltriert werden. Aliphatische Fettsäurechloride, wie Laurinsäure- oder Kokosnußsäurechlorid, können ebenfalls in Fettsäureperoxyde übergeführt werden[1105]. Für technische Verwendungszwecke, wie z. B. das Bleichen von Mehl, Fett, Ölen usw., wofür anorganische Peroxyde nicht recht geeignet sind, werden die Peroxyde zwecks feinerer Verteilung unter Zusatz von Wasser und indifferenten Verdünnungsmitteln, wie Calciumcarbonat- oder -phosphat, gemahlen. Dadurch wird die Neigung dieser Stoffe zum Explodieren oder Verpuffen sowie ein zu großer Sauerstoffverlust vermieden.

Bekannt sind weiters noch die Acylperoxyde Cinnamoylperoxyd, Oenanthylaldehydperoxyd, Propionylperoxyd[1106], Acetylsalicylsäureperoxyd (aus Acetylsalicylsäurechlorid, Wasserstoffperoxyd und Pyridin dargestellt[1107]); Acetylbenzoylperoxyd $C_6H_5CO \cdot OO \cdot COCH_3$ (bei 2- bis 4tägigem Stehen einer Mischung von 1 Mol Benzaldehyd und 1 bis 2 Molen Eissigsäureanhydrid in Schalen an der Luft[1108] oder aus Benzopersäure- und Essigsäureanhydrid[1109], geruchlose Nadeln mit F = 37 bis 39°; es findet unter dem Namen „Benzozon" wegen seiner keimtötenden Eigenschaften Verwendung); Butyrilperoxyd[1097], Valerylperoxyd[1097]; Furanperoxyd (entsteht bei der Autoxydation von Furfurol[1110]), Difurylacryloylperoxyd der Formel

$$\text{(Furyl)}-CH=CH-CO-OO-CO-CH=CH-\text{(Furyl)}$$

(aus Natriumperoxyd und Furylacryloylchlorid).

Das Dibenzoylperoxyd $C_6H_5CO \cdot OO \cdot CO \cdot C_6H_5$ entsteht auch bei der Oxydation von Benzaldehyd an der Luft im Sonnenlicht[1111]. Es bildet geruchlose Kristalle, die in Wasser nur spurenweise, in Alkohol und Ligroin schwer löslich sind. Beim Erhitzen verpufft es, ebenso beim Berühren mit konzentrierter Schwefelsäure. Mit konzentrierter Salpetersäure gibt Benzoylperoxyd Bis-(3-nitro-benzoyl-)-Peroxyd $(O_2N \cdot C_6H_4 \cdot CO \cdot O)_2$[1112]. Benzoylperoxyd wird von Natronlauge selbst beim Sieden nur langsam verändert. Es wirkt anästhetisierend und desinfizierend[1113]. Auch als Mehl-, Fett- und Ölbleichmittel wurde es unter dem Namen „Lucidol" verwendet[1114]. Mit aromatischen Kohlenwasserstoffen erfolgt Reaktion unter vorheriger Anlagerung des Peroxydmoleküls, das sich unter Abgabe von 1 CO_2 in zwei Teile spaltet und zwei verschiedene Reaktionen ergibt[1115]. Organische Peroxyde, wie Benzoylperoxyd, erzielen im Kautschuk ebenso wie Kaliumpersulfat auch bei Abwesenheit von Schwefel- und Metalloxyden Vulkanisationseffekte. Die Vulkanisation mit organischen Peroxyden ermöglicht sogar die Einhaltung niedrigerer Temperaturen und kürzerer Erhitzungszeiten als mit Schwefelverbindungen. Mit Kaliumpersulfat sind die Vulkanisate porös und daher nur von geringem Wert[1116].

Acetylperoxyd bildet flache, durchsichtige Kristalle von scharfem, stechendem Geruch und ist sehr explosiv. Es wirkt auch auf die photographische Platte ein.

Durch Wasser werden die Acylperoxyde nach der Gleichung

$$\begin{matrix} R \cdot CO \cdot O & & H & & R \cdot COOH & \text{(Säure)} \\ | & + & | & = & + & \\ R \cdot CO \cdot O & & OH & & R \cdot CO \cdot OOH & \text{(Persäure)} \end{matrix}$$

hydrolisiert[1117]. Die Persäuren können weiterhin in Säure und Wasserstoffperoxyd gespalten werden: $RCO \cdot OOH + HOH = RCOOH + HOOH$. Der erste Vorgang verläuft schneller als der zweite. Eine Persäurebildung kann auch aus den Acylperoxyden nach der Gleichung

$$\begin{matrix} R \cdot CO \cdot O & & OH & \\ | & + & | & = 2\,RCO \cdot OOH \\ R \cdot CO \cdot O & & OH & \end{matrix}$$ [1118]

erfolgen.

F. Organische Persäuren.

J. D'Ans und W. Frey[1119] stellten reine organische Persäuren mit Hilfe von Wasserstoffperoxyd und einem Katalysator aus den organischen Säuren her. Die Umsetzung $R \cdot COOH + H_2O_2 \rightleftharpoons R \cdot CO \cdot OOH + H_2O$ führt zu einem Gleichgewichtszustand zwischen den vier an der Reaktion beteiligten Molekülgattungen, so daß eine vollständige Umsetzung des Wasserstoffperoxyds zu Persäure auch bei einem großen Überschuß der Säure nicht auftreten kann. Die Gleichgewichtseinstellung braucht normalerweise etwa 12 bis 16 Stunden, bei Ameisensäure aber nur 2 Stunden. Durch einen Zusatz von Schwefel-, Salpeter-, Fluß- oder Phosphorsäure, Kaliumnitrat, Ammonsulfat, Natriumbisulfat, Natriummetaphosphat oder Bariumnitrat kann jedoch das Gleichgewicht schon in wesentlich kürzerer Zeit erreicht werden.

Hochkonzentrierte Lösungen von Persäuren konnten aus Säureanhydriden mit reinem Wasserstoffperoxyd erhalten werden, wobei sie unter starker Erwärmung quantitativ im Sinne der Gleichung $R \cdot CO \cdot O \cdot CO \cdot R + HOOH = R \cdot CO \cdot \cdot OOH + R \cdot COOH$ reagieren. Überraschenderweise entstehen auf diese Weise keine nachweisbaren Mengen von Säureperoxyden. Durch Zusatz eines weiteren Moleküls von Wasserstoffperoxyd und etwas Schwefelsäure als Katalysator geht die Persäurebildung noch weiter. Eine größere Menge von Schwefelsäure verschiebt das Gleichgewicht sehr zugunsten der Persäure. Wird das Gemisch der Destillation unterworfen, so kann man direkt Persäuren mit einem sehr hohen Persäuregehalt erhalten. Aus den Destillaten gewinnt man schließlich durch Ausfrieren und Ausschleudern die reinen Persäuren. D'Ans und Frey konnten die Perameisensäure, Peressigsäure, Perpropionsäure und Perbuttersäure darstellen sowie den Nachweis der Existenz einer Perpalmitinsäure erbringen.

Von D'Ans und Frey[1119] wurde Peressigsäure auch aus Borsäure, Essigsäureanhydrid und Wasserstoffperoxyd nach

$$B(OCOCH_3)_3 + 3\, H_2O_2 = 3\, CH_3 \cdot COOOH + B(OH)_3$$

in glatter und einfacher Reaktion dargestellt. Die Peressigsäure wird im Vakuum abdestilliert, wobei die Ausbeute etwa 80% der Theorie beträgt. Die Persäure konnte in einer Reinheit von 94,85% dargestellt werden.

Auch Keton reagiert mit Wasserstoffperoxyd unter Bildung von Peressigsäure: $CH_2CO + H_2O_2 = CH_3 \cdot CO \cdot OOH$, es findet aber eine weitere Reaktion der entstandenen Peressigsäure mit Keton unter Bildung von Diacetylperoxyd statt: $CH_3 \cdot CO \cdot OOH + CH_2CO = CH_3 \cdot CO \cdot OO \cdot CO \cdot CH_3$, so daß diese Reaktion nicht sehr gut zur Peressigsäuredarstellung herangezogen werden kann[1119]. Von J. D'Ans und W. Friederich[186] wurde Peressigsäure mit einem Gehalt von wenig Diacetylperoxyd auch bei der Einwirkung von 60%igem festem Wasserstoffperoxyd auf Acetylchlorid erhalten. Sie entsteht auch bei der Bestrahlung von gasförmigem Acetaldehyd mit ultraviolettem Licht mit großer Geschwindigkeit[1120].

Peressigsäure ist eine wasserklare Flüssigkeit, die bei 0,1° schmilzt, äußerst explosiv ist und sich glatt in Wasser, Alkohol, Äther oder Schwefelsäure löst. In wäßriger Lösung ist sie in reinem Zustande sehr gut haltbar. Salze, Säuren und Alkalien beschleunigen die Hydrolyse zu Essigsäure und Wasserstoffperoxyd. Sie greift Kork, Kautschuk und die Epidermis sehr stark an. Das Oxydationsvermögen ist sehr groß, Anilin wird zu Nitrosobenzol, saure Manganosalzlösung schon in der Kälte zu Permanganat oxydiert, welche Reaktion aber nur dann eintritt, wenn sie durch einen kleinen Zusatz von Kaliumpermanganat eingeleitet wird. Sie wurde für Desinfektionszwecke und zur Beschleunigung des Polymerisationseinsatzes von Vinylchlorid empfohlen.

Die Perameisensäure (J. D'Ans und Kneip[1121]) ist sehr zersetzlich, die wäßrige Lösung geht schon bei Zimmertemperatur in Kohlensäure über. Die Perpropionsäure weist ähnliche Eigenschaften wie die Peressigsäure auf, ist aber nicht so explosiv. Beim Überhitzen findet bloß Verpuffung statt. Sie schmilzt bei $-13{,}5^\circ$[1119]. Sie entsteht auch bei der photochemischen Oxydation von Ameisensäure mittels molekularen Sauerstoffs, ähnlich wie Peressig-, Perpropion-, Perbutter-, Perisovalerisansäure, Peraceton, Perfructose usw. (R. Cantieni[1129]). Diperoxalsäure wurde von N. A. Milas und P. C. Panagiotakos (I. Am. Chem. Soc. 68, 534, 1946) dargestellt.

Die Perbuttersäure verpufft noch schwächer als die Perpropionsäure, wobei teilweise Verkohlung eintritt. Der Schmelzpunkt liegt bei $-10{,}5^\circ$[1119]. Die Perbenzoesäure (Benzopersäure) wurde von Baeyer und Villiger[1123] durch Aufspaltung des Dibenzoylperoxyds mit der berechneten Menge Natriumäthylat dargestellt:

$$C_6H_5 \cdot CO \cdot OO \cdot CO \cdot C_6H_5 + C_2H_5ONa = C_6H_4 \cdot CO \cdot OONa + C_6H_5CO \cdot OC_2H_5.$$

Diese Arbeitsweise läßt sich aber vereinfachen, wenn man statt Natriumäthylat eine Lösung von Natriumhydroxyd in 96%igem Alkohol verwendet[1124]. Nach M. Bergmann und Ch. Witte[1125] kann Perbenzoesäure auch aus einem Molekül Natriumperoxyd oder eines ähnlichen Peroxyds oder der entsprechenden Menge von Wasserstoffperoxyd in alkalischer Lösung auf weniger als zwei Moleküle eines in Alkohol und Äther gelösten Benzoylchlorids in Gegenwart von Wasser erhalten werden. An Stelle von Benzoylchlorid kann für die Darstellung anderer Persäuren irgendein beliebiges anderes Säurehalogenid verwendet werden. Die Persäuren werden in Äther oder Essigester aufgenommen.

Peressigsäure und Perbenzoesäure bilden mit ungesättigten Verbindungen Oxyde. Die Reaktionen gehen quantitativ vor sich, so daß sich beide Persäuren zur Bestimmung der Ungesättigtheit und der Doppelbindungen in Ölen und Fetten eignen:

$$C_6H_5 \cdot CO \cdot OOH + \rangle C{=}C\langle \rightarrow C_6H_5COOH + \rangle C\overset{O}{—}C\langle .$$

(Prileschajew[1126], Lippmann[1127], D'Ans und Kneip[1128], Nametkin und Abakumovskaja[1129], Boeseken und Gelber[1130], Boeseken und Schneider[1131] und W. C. Smit[1132]). Eine Carboxylgruppe in unmittelbarer Nähe einer Doppelbindung verhindert aber deren Oxydation durch Benzoepersäure (Boeseke[1133]). Die Wirkung der Persäure besteht zunächst in einer einfachen Addition an die Doppelbindung der ungesättigten Substanz. Kautschuk wird von Benzoepersäure, gelöst in Chloroform, bei 0° in ein zähes unlösliches Kautschukoxyd $(C_5H_8O)_x$ verwandelt[1134].

Bei manchen Oxydationswirkungen zeigen sich jedoch Unterschiede zwischen Peressig- und Perbenzoesäure. So erhält man bei der Einwirkung von Peressigsäure auf organische Jodverbindungen Jodosoverbindungen R—JO, meist in Form der Acetate $RJ(OCOCH_3)_2$, mit Perbenzoesäure aber meist die Jodoverbindungen R—JO_2. Perbenzoesäure oxydiert organische Sulfide mit Leichtigkeit zu Sulfonen oder Sulfoxyden[1135], und zwar auch dort, wo andere Oxydationsmethoden versagen. Die Lösung von Benzoepersäure in Chloroform oder Äther ist gänzlich ungefährlich. Sie ist aber weniger haltbar als die Lösung von Peressigsäure in Essigsäure. Das Natriumsalz der Benzoepersäure ist sehr unbeständig. Etwas beständiger ist das Bariumsalz[1136].

Die Phthalmonopersäure wurde von Baeyer und Villiger[1137] durch Schütteln von Wasserstoffperoxyd, Natriumhydroxyd mit Phthalsäureanhydrid unter

Eiskühlung dargestellt. Perzimtsäure wurde von K. Bodendorff[1138] aus Dicinamoylperoxyd mit Natrium erhalten. N. A. Milas und A. McAlevy[1139] stellten Kampferpersäuren aus Kampfersäureanhydrid in ätherischer Lösung mit Natriumperoxyd her. Sie enthält die COOOH-Gruppe am sekundären Kohlenstoffatom. Der Schmelzpunkt beträgt 49 bis 60°.

```
CH2―――――CH―C―OOH
|         |  ‖
|         |  O
|         |
|    CH3―C―CH3
|         |
CH2―――――C―COOH
          |
          CH3
```

Organische Persulfosäuren vom Typus $R \cdot SO_2 \cdot OOMe$ werden aus organischen Sulfochloriden mit Peroxyden erhalten[1140]. Dargestellt wurden die Natriumsalze der p-Toluolpersulfonsäure $CH_3 \cdot C_6H_4 \cdot SO_2 \cdot OONa$ als weiße, in Wasser leicht lösliche Pulver mit 6,5% aktivem Sauerstoff und Pernaphtalin-β-Persulfonsäure mit 5,5% aktivem Sauerstoff. Silberperoxyd gibt mit Naphtalinsulfochlorid das Silbersalz der Naphtalinpersulfonsäure als grauweißes Pulver. Die Salze der Persulfonsäure sollen für Bleich-, Netz-, Emulgier- und Desinfektionsmittel Verwendung finden. Auch die freien Sulfonsäuren selbst, bzw. die Peroxyde organischer Sulfonsäuren $R \cdot SO_2 \cdot OO \cdot SO_2 \cdot R$ und $R \cdot SO_2 \cdot OO \cdot SO_2 \cdot R'$ lassen sich mit Peroxyden zu organischen Persulfonsäureverbindungen umsetzen. Schließlich werden organische Sulfopersäureverbindungen auch durch Einwirkung von Wasserstoffperoxyd auf die Metallsalze von organischen Sulfonsäuren erhalten, z. B. aus Naphthalinsulfonsäure, suspendiert in einer wäßrigen Lösung von Natriumpyrophosphat und unter Kühlung, mit Natriumperoxyd und 35%igem H_2O_2. Nach dem Verdampfen gewinnt man das Natriumsalz der Naphthalinpersulfonsäure. Zum Entbasten von Rohseide soll sich neben Seife das octadecylpersulfonsaure Natrium eignen. o-Phenanthrolin bildet mit Silbersalz und Ammonpersulfat oxydiert, ein auch in sehr stark saurer Lösung beständiges Silbersalz, in welchem das Silber zweiwertig vorliegt

$$\left[Ag \left(\text{o-Phenanthrolin (N, N)} \right)_2 \right] S_2O_8$$

(W. Hieber und F. Mühlbauer).

Literaturverzeichnis.

[1014] P. Günther und H. Rehaag, Ber. Dtsch. chem. Ges. **71**, 1771—77, 1938. — [1015] H. Kolbe, Liebigs Ann. **69**, 279, 1849; Kolbe und Kämpf, Journ. prakt. Chem. **1**, 46, 1871. — [1016] F. Fichter und E. Krummenacker, Helv. chim. Acta **1**, 146, 1918. — [1017] C. Schall, Z. Elektrochem. **22**, 422, 1917. — [1018] F. Fichter und W. Lindenmayer, Helv. chim. Acta **12**, 559, 1929. — [1019] H. Erlenmayer, ebenda **8**, 792, 1925. — [1020] G. Hallie, Recueil Trav. chim. Pays-Bas **57**, 152—54, 1938. — [1021] A. P. 2 115 206, 2 115 207. — [1022] A. Rieche, Ztschr. angew. Chem. **45**, 422, 1932. — [1023] Baeyer und

Villiger, Ber. Dtsch. chem. Ges. **34,** 738, 1901. — [1024] A. Rieche, Ber. Dtsch. chem. Ges. **62,** 2460, 1929. — [1025] A. Rieche und Hitz, Ber. Dtsch. chem. Ges. **62,** 2473, 1929. — [1026] E. Kurowski und L. Nissenmann, Chem. Ztrbl. 1911 II 269. — [1027] A. Rieche und W. Brunshagen, Ber. Dtsch. chem. Ges. **61,** 951, 1928. — [1028] A. Rieche und Hitz, Ber. Dtsch. chem. Ges. **62,** 218, 1929. — [1029] Baeyer und Villiger, Ber. Dtsch. chem. Ges. **33,** 3387, 1900. — [1030] Strecker, Ber. Dtsch. chem. Ges. **59,** 1754, 1926. — [1031] A. Rieche und Hitz, Ber. Dtsch. chem. Ges. **62,** 221, 225, 1929. — [1032] H. Wieland, Liebigs Ann. **431,** 326, 1923. — [1033] H. Wieland, Ber. Dtsch. chem. Ges. **33,** 3154, 1900; **35,** 1226, 1902; **37,** 3538, 1904. — [1034] Gomberg, Ber. Dtsch. chem. Ges. **34,** 2731, 1901. — [1035] J. Schmiedlin, Das Triphenylmethyl, Stuttgart, Verlag Enke, 1914. — [1036] A. Rieche und R. Meister, Ber. Dtsch. chem. Ges. **68,** 1465, 1935. — [1037] H. King, Journ. chem. Soc. London **1929,** 738. — [1038] A. Rieche, Ber. Dtsch. chem. Ges. **62,** 2458, 1929. — [1039] A. Rieche, Ber. Dtsch. chem. Ges. **63,** 2642, 1930. — [1040] Legler, Ber. Dtsch. chem. Ges. **14,** 602, 1881; **18,** 3343, 1885. — [1041] Nef, Liebigs Ann. **298,** 262, 328, 1897. — [1042] Baeyer und Villiger, Ber. Dtsch. chem. Ges. **33,** 2485, 1900. — [1043] Wieland U. Suttner, bzw. Wingler, Ber. Dtsch. chem. Ges. **55,** 3560, 1922; **63,** 74, 1930. — [1044] E. Müller, Ztschr. Elektrochem. **20,** 367, 1914. — [1045] Siegens, Ber. Dtsch. chem. Ges. **45,** 2571, 1912; **47,** 2464, 1914; **54,** 492, 1921. — [1046] Ber. Dtsch. chem. Ges. **54,** 492, 1921. — [1047] A. Rieche und R. Meister, Ber. Dtsch. chem. Ges. **66,** 718, 1933. — [1048] Wieland und Wingler, Liebigs Ann. **431,** 311, 1923. — [1049] Wieland und Rau, Liebigs Ann. **436,** 259, 1923. — [1050] A. Rieche und R. Meister, Ber. Dtsch. chem. Ges. **65,** 1274, 1932. — [1051] Baeyer und Villiger, Ber. Dtsch. chem. Ges. **33,** 2481, 1900. — [1052] Böhme Fettchemie Ges. m. b. H., Schweiz. P. 192 017, 192 018, 192 019; DRP. 649 322. — [1053] N. A. Milas, S. A. Harries und P. C. Panagiotakas, J. Amer. chem. Soc. **61,** 810—17, 1941. — [1054] M. S. Kharasch und M. G. Berkman, Journ. organ. Chemistry **6,** 810—17, 1941. — [1055] C. Engler, Ber. Dtsch. chem. Ges. **33,** 1094, 1900. — [1056] J. Thiele, Ber. Dtsch. chem. Ges. **33,** 666, 1900. — [1057] C. Engler u. Frankenstein, Ber. Dtsch. chem. Ges. **34,** 2933, 1901. — [1058] Staudinger, Ber. Dtsch. chem. Ges. **58,** 1075, 1925. — [1059] N. D. Zelinskij u. P. P. Borissow, Ber. Dtsch. chem. Ges. **63,** 2362, 1930. — [1060] O. Kraemer, Ber. Dtsch. chem. Ges. **55,** 1174, 1922. — [1061] Schönberg u. W. Malchow, Ber. Dtsch. chem. Ges. **55,** 3746, 1922. — [1062] Schönberg u. W. Bleiberg, Ber. Dtsch. chem. Ges. **55,** 3753, 1922. — [1063] A. Sippel, Ztschr. angew. Chem. **42,** 873, 1929. — [1064] D. A. Scott, J. Inst. Petrol. **26,** 272, 1940. — [1065] Harries u. Koetschau, Liebigs Ann. **374,** 321, 1910. — [1066] Wieland u. Wingler, Liebigs Ann. **431,** 315, 1923. — [1067] A. Rieche, Ber. Dtsch. chem. Ges. **64,** 2335, 1931. — [1068] Baeyer u. Villiger, Ber. Dtsch. chem. Ges. **33,** 2484, 1900. — [1069] Dieselben, Ber. Dtsch. chem. Ges. **33,** 125, 1900; **32,** 3627, 1899. — [1070] Pastureau, Ber. Dtsch. chem. Ges. **33,** 2481, 1900. — [1071] Harries u. Türk, Liebigs Ann. **374,** 338, 1910. — [1072] Baeyer u. Villiger, Ber. Dtsch. chem. Ges. **33,** 860, 1900. — [1073] R. Wolffenstein, Ber. Dtsch. chem. Ges. **28,** 2265, 1895. — [1074] A. Rieche, Ber. Dtsch. chem. Ges. **59,** 2181, 1926; Chem. Ztg. **55,** 923, 1928. — [1075] A. Rieche, Chem. Ztrbl. 1929 II 1650. — [1076] Pastureau, Compt. rend. Acad. Sciences **140,** 1591, 1905; **144,** 90, 1907. — [1077] Baeyer u. Villiger, Ber. Dtsch. chem. Ges. **33,** 863, 1900. — [1078] Wolffenstein, Ber. Dtsch. chem. Ges. **28,** 2265, 1895. — [1079] Pastureau u. Lannay, Chem. Ztrbl. 1921 I 401. — [1080] C. Harries, Ber. Dtsch. chem. Ges. **38,** 1195, 1905. — [1081] A. Rieche, Alkylperoxyde, S. 290. — [1082] R. Pummerer u. F. Frankfurter, Ber. Dtsch. chem. Ges. **47,** 1479, 1914. — [1083] St. Goldschmidt u. W. Schmidt, Ber. Dtsch. chem. Ges. **55,** 3197, 1922. — [1084] St. Goldschmidt u. Ch. Steigerwald, Liebigs Ann. **438,** 202, 1924. — [1085] A. Vogt u. N. A. Bredig, Liebigs Ann. **445,** 123, 1925. — [1086] R. Pummerer u. F. Frankfurter, Ber. Dtsch. chem. Ges. **52,** 1407, 1416, 1919. — [1087] Dieselben, Ber. Dtsch. chem. Ges. **47,** 1472, 1914. — [1088] R. Pummerer u. A. Rieche, Ber. Dtsch. chem. Ges. 59, 2161, 1926. — [1089] R. Pummerer u. F. Luther, Ber. Dtsch. chem. Ges. **61,** 1102, 1928. — [1090] Windaus u. Brunken, Liebigs Ann. **460,** 225, 1928. — [1091] Ch. Moureu, Ch. Dufraisse u. P. Marshall, Compt. rend. Acad. Sciences **182,** 1584, 1926; Chem. Ztrbl. 1926 II 1145; 1929 II 2783. — [1092] Ch. Dufraisse, Ber. Dtsch. chem. Ges. **67,** 1021, 1934. — [1093] A. Schönberg, Ber. Dtsch. chem. Ges. **67,** 633, 1934. — [1094] K. Bodendorff, Chem. Ztrbl. 1933 I 1774. — [1095] H. Hock u. W. Susemihl, Ber. Dtsch. chem. Ges. **66,** 61, 1933. — [1096] Chem.

Ztrbl. 1938 II 3080. — [1097] B. C. Brodie, Liebigs Ann. 3, Suppl. 200, 1864. — [1098] Pechmann u. Vanino, Ber. Dtsch. chem. Ges. 27, 1511, 1894. — [1099] L. Vanino u. E. Thiele, Ber. Dtsch. chem. Ges. 29, 1724, 1896. — [1100] Fichter u. Humpert, Helv. Chim. Acta 9, 692, 1926. — [1101] H. Wieland u. G. Rasuwarjew, Liebigs Ann. 480, 157, 1930. — [1102] O. J. Walker, Journ. chem. Soc. London, 1928, 2040. — [1103] F. Fichter u. H. Erlenmayer, Helv. chim. Acta, 9, 144, 1926. — [1104] E. P. 309 118. — [1105] DRP. 540 588; A. P. 1 718 609. — [1106] Clover u. Richmond, Journ. Amer. chem. Soc. 29, 191, 1903. — [1107] Vanino u. Herzer, Arch. Pharmaz. z. Ber. Dtsch. pharmaz. Ges. 202, 441, 1903. — [1108] Liebigs Ann. 298, 284, 1897. — [1109] Ber. Dtsch. chem. Ges. 33, 1581, 1900. — [1110] Chem. Ztrbl. 1933 I 2460; Journ. Amer. chem. Soc. 56, 1219, 1934. — [1111] Chem. Ztrbl. 1926 I 2686. — [1112] Vanino, Ber. Dtsch. chem. Ges. 30, 2003, 1897. — [1113] Loewenhart, Chem. Ztrbl. 1905 II 785. — [1114] Lüdecke, Chem. Ztrbl. 1908 II 1301. — [1115] G. Lissen und Hermanns, Ber. Dtsch. chem. Ges. 58, 285, 764, 984, 1925. — [1116] Chem. Ztrbl. 1930 II 149; 1916 I 787. — [1117] Clover und Richmond, Journ. Amer. chem. Soc. 20, 181, 1903. — [1118] Clover und Houghton, ebenda 32, 60, 1904. — [1119] J. D'Ans und Frey, Ber. Dtsch. chem. Ges. 45, 1845, 1912. — [1120] Bowen und Tietz, Nature 124, 914, 1929. — [1121] B. D'Ans und Kneip, Ber. Dtsch. chem. Ges. 48, 1137, 1915. — [1122] R. Cantieni, Ber. Dtsch. chem. Ges. 69, 2282–85, 2286–88; Helv. chim. Acta 19, 1153–56, 1937; Z. wiss. Photogr., Photophysik, Photochem. 36, 90–95, 1937; 116–18, 119–20. [1123] Baeyer und Villiger, Ber. Dtsch. chem. Ges. 33, 1569, 1900. — [1124] C. Smit, chem. Ztrbl. 1930 II 1061. — [1125] M. Bergmann und Ch. Witte, DRP. 409 779. — [1126] Prileschajew, Ber. Dtsch. chem. Ges. 42, 4811, 1909; 43, 959, 1910. — [1127] Lipmann, Ber. Dtsch. chem. Ges. 43, 464, 1910. — [1128] D'Ans und Kneip, Ber. Dtsch. chem. Ges. 48, 42, 1918. — [1129] Nametkin und Abakumovskaja, Chem. Ztrbl. 1927 I 830, 2381. — [1130] Boeseken und Gelber, Chem. Ztrbl. 1927 I 2453; 1929 II 2451. — [1131] Boeseken und Schneider, Chem. Ztrbl. 1928 II 145; 1929 I 1400; II 716; 1931 I 773; 1931 II 2591; 1934 I 3452. — [1132] W. C. Smit, Chem. Ztrbl. 1930 II 1062, 1063. — [1133] Boeseke, Chem. Ztrbl. 1927 I 725. — [1134] Ber. Dtsch. chem. Ges. 55 3458, 1923. — [1135] Chem. Ztrbl. 1930 II 2119. — [1136] Ber. Dtsch. chem. Ges. 33, 1578, 1900. — [1137] Baeyer und Villiger, Ber. Dtsch. chem. Ges. 34, 763, 1901. — [1138] K. Bodendorff, Ber. Dtsch. chem. Ges. 66, 165, 1933. — [1139] N. A. Milas und A. McAlevy, Journ. Amer. chem. Soc. 55, 352, 1933. — [1140] I. G. Farbenindustrie A. G., DRP. 561 521.

Zusammenstellung der Patentliteratur über organische Perverbindungen.

D. 156 998. Parke, Davis u. Co. Peressigsäure aus Acetylbenzoylchlorid durch Einwirkung von Wasser. Für Desinfektionszwecke.

D. 228 665. J. D'Ans. Persäuren und Peroxyde durch Wechselwirkung von H_2O_2 mit Säurehalogeniden bei Ausschluß von halogenwasserstoffbindenden Mitteln.

D. 229 572 (Ö. 39 107, A. 1 047 645, F. 399 720). G. F. Jaubert. Sauerstoffreiche Persalze in fester Form durch Einwirkung der Peroxyde der Alkalimetalle, des Natriumhydroperoxyds, der Peroxyde der Metalle der alkalischen Erden, kurz aller zur Gewinnung von H_2O_2 verwendbaren Peroxyde auf eine Säure oder einen Ester unter völligem Ausschluß von jedem Lösungsmittel für H_2O_2. Es werden die Stoffe $Na_2O_2 \cdot 2\,HCl$; $Na_2O_2 \cdot 2\,CH_2O_2$; $Na_2O_2 \cdot$ $\cdot\, 2\,C_6H_5COOH$ oder Na_2O_2 und Fettsäuren hergestellt.

D. 236 768. J. D'Ans und W. Friedrich. Persäuren durch Wechselwirkung von Peroxyden mit H_2O_2 in hochprozentiger oder wasserfreier Form.

D. 251 802. J. D'Ans. Organische Persäuren durch Behandlung organischer Säuren mit H_2O_2 unter Zusatz eines Beschleunigers, wie Schwefelsäure oder anderen Mineralsäuren.

D. 263 459. v. Girsewald. Hexamethylentriperoxyddiamin durch Einwirkung von konz. H_2O_2 auf Salze des Hexamethylendiamins mit organischen oder anorganischen Säuren. Sprengstoff.

D. 269 937. Konsortium für Elektrochemische Industrie G. m. b. H. Persäuren durch Behandlung von wasserfreiem Aldehyd mit O_2 oder sauerstoffabgebenden Gasmischungen, wobei durch Abkühlung und Fernhaltung schädlicher Verunreinigungen die Reduktion der gebildeten Persäure durch den Aldehyd gehemmt wird.

D. 272 738. Zusatz zu D. 269 937. Dieselbe. Als Katalysatoren werden Metallverbindungen, wie Co-Acetat, oder andere Verbindungen des Cr, Co, Fe, U oder V verwendet.

D. 281 045. Zusatz zu D. 263 459. v. Girsewald. Harnstoff und Formaldehyd werden in Gegenwart von Säuren auf H_2O_2 einwirken gelassen. Desinfektionsmittel.

D. 321 567. C. Harries. Aldehyde und Ketone durch Behandlung von Ozoniden mit Reduktionsmitteln, wie K-Ferrocyanid.

D. 324 663. C. Harries, R. Koetschan und E. Albrecht. Fettsäuren und Aldehyde durch Spaltung der Ozonide der Teerprodukte von Braunkohle, Schiefer, Torf und bituminösem Asphalt mit Wasserdampf, Alkalilauge und Schwefelsäure.

D. 393 449. Verwendung des Äthylesters und des Na-Salzes der Peressigsäure als Bekämpfungsmittel gegen Insekten.

D. 409 779. M. Bergmann. Organische Persäuren, wie Perbenzoesäure, werden durch Einwirkung von 1 Mol Na_2O_2 oder eines ähnlichen Peroxydes oder der entsprechenden Menge eines Gemisches von H_2O_2 mit geeigneten Basen auf weniger als 2 Mole eines organischen Säurehalogenides und geeigneten Lösungsmitteln für die Säurehalogenide hergestellt.

D. 411 105 (Schw. 104 787). N. V. Vereenigde Fabrieken van Chemische Produkten. Alkylperoxyde, insbesondere Benzoylperoxyd in fein verteiltem Zustande durch Zerkleinerung in Gegenwart von Wasser oder anderen Flüssigkeiten.

D. 441 808. N. V. Internat. Oxygenium Maatschappij „Novadel". Acylperoxyde, insbesondere von Benzoylperoxyd in feiner Verteilung durch Umsetzung der Chloride, z. B. Benzoylchlorid mit Peroxyd oder H_2O_2 in Gegenwart von indifferenten, zerkleinerten, kristallinen Stoffen, wie feingemahlenem Quarz, Kieselgur, Ca-Hydroxyd oder Carbonat, in Wasser unlöslichen Phosphaten oder Silikaten und anderen Stoffen mikrokristalliner Struktur.

D. 404 174. Konsortium für Elektrochemische Industrie G. m. b. H. Zur Darstellung von Acylperoxyden wird Acetaldehyd bei Abwesenheit schädlicher Verunreinigungen in Gegenwart von Anhydriden, wie Essigsäureanhydrid, mit O_2 oder O_2-haltigen Gasen bei einer 40° nicht übersteigenden Temperatur oxydiert. Katalysator gelöstes Co- oder Ni-Acetat sowie Pyridin.

D. 429 855. Chemische Werke Herkules. Wasch- und Bleichmittel aus organischen Peroxyden oder Ozoniden mit alkaliabgebenden Stoffen.

D. 454 070. N. V. Ind. Maatsch. Vorheen. Noury und van der Lande. Haltbare Präparate aus organischen Perverbindungen in Mischung mit festen indifferenten Stoffen, wie Oxyden oder Salzen.

D. 461 371. Ölwerke Nury und van der Lande. Nasses Benzoylperoxyd wird auf pulverförmige Oxyde der Erdalkalien und MgO in feiner Verteilung einwirken gelassen.

D. 495 021. Chemische Fabrik v. Heyden. Herstellung von O-aktiven Aceton mit ozonisiertem O_2 oder ozonisierter Luft. Zur Unterscheidung von roher oder gekochter Milch mit Hilfe der Guajakreaktion (Blaufärbung bei roher Milch).

D. 540 588 (E. 171 725). R. H. McKee. Peroxyde organischer Säuren aus alkalischen H_2O_2-Lösungen bei niederer Temperatur und den Säurechloriden unter Verwendung einer Pufferlösung, wie Dinatriumphosphat, die das p_H zwischen 6—9 hält.

D. 552 380. C. Böhler. Harte unlösliche und unschmelzbare Oxydationsprodukte durch Erhitzen von Zucker oder zuckerähnlichen Kohlehydraten mit Persulfaten.

D. 561 521 (F. 726 140). Farb- und Gerbstoffwerke C. Flesch jun. Organische Sulfopersäureverbindungen vom Typus $R \cdot SO_2 \cdot OO \cdot Me$ durch Umsetzung von organischen Sulfochloriden mit Peroxyden.

Schwed. 104 292. Dupont. Organische Persäuren und deren Salze aus organischen Säureanhydriden und H_2O_2 bei $p_H > 10$.

Holl. 61 522. C. I. D. Paymans. Ozonide, Perozonide und Peroxyde werden mit O_2 versprüht und stillen elektrischen Entladungen (10 000 V, 50 Perioden) ausgesetzt.

F. 821 747. A. G. Oosterhuis. Bessere Verteilung der Säurechloride durch Dispersionsmittel.

F. 823 845. J. G. Zusatz von wasserlöslichen organischen Dispergierungsmitteln.

F. 862 070. N. V. De Bataafsche Petroleum Mij. Gemische alifatischer Ketone werden mittels H_2O_2 in heteropolymere Peroxyde übergeführt.

F. 862 974. Dieselbe. Alifatische Ketone werden mit H_2O_2 oxydiert. Die Ketonperoxyde verbessern die Zündeigenschaften von Treibstoffen.

Russ. 50 990, 51 180. M. B. Neumann und B. W. Aiwasow. Erhitzung von Kohlenwasserstoff in Mischung mit O_2 auf 200 bis 400° und rasche Abkühlung.

A. 1 787 402. W. B. Staddard. Feuchtes Benzoylperoxyd wird mit wasserfreiem Natriumsulfat gemischt.

A. 1 754 914. Derselbe. Organische Peroxyde werden in nicht wäßrigen Lösungsmitteln, wie mineralischen Ölen, gelöst und zum Bleichen verwendet.

E. 200 508 (Schw. 104 787, F. 568 212). N. V. Vereenigde Fabrieken van Chemische Produkten. Organische Peroxyde in fein verteiltem Zustande durch Zerkleinerung in Gegenwart von Flüssigkeiten in einem rotierenden Holzgefäß mit Porzellankugeln.

E. 234 163. N. V. Ind. Maatsch. Vorheen. van der Lande und J. Ch. Lebuinus van der Lande. Organische Peroxyde und andere organische Perverbindungen werden innig mit einem oder mehreren indifferenten Stoffen vermischt und so in eine nicht explodierende Form übergeführt.

E. 271 725. R. H. McKee. Organische Persäuren aus dem betreffenden Säurechlorid und einer H_2O_2-Lösung, wobei das p_H der Lösung durch Zusatz von Pufferstoffen nahezu neutral gehalten wird, d. h. etwa 7,5 beträgt.

E. 273 832. A. S. Ramage. Ozonide aus Kohlenwasserstoffen, insbesondere Petroleumfraktionen von Kp. = 125—200° mit ozonhaltiger Luft mit Stahlspänen als Kontaktsubstanz. Dienen als Sikkative.

E. 309 118 (F. 669 486). J. Straub. Mischungen organischer Peroxyde, vornehmlich zum Bleichen von Mehl und Müllereiprodukten, durch Einwirkung von anorganischen Peroxyden, wie H_2O_2, Na_2O_2, BaO_2, und basischen Mitteln, wie NaOH und Pyridin, auf ein Gemisch von Säurechloriden.

E. 358 349 (F. 707 182). N. V. Ind. Maatsch. Vorheen. Noury und van der Lande. Organische Peroxyde, wie Benzoylperoxyd, können zerrieben werden, wenn man sie mit festen, nicht hygroskopischen Stoffen mischt, die gegen die Peroxyde indifferent sind und die nicht wesentlich geringere Härte besitzen als Di- oder Tricalciumphosphat und NaCl.

A. 1 718 690. Pilot Laboratory Inc. Fettsäureperoxyde aus Fettsäurechloriden und Alkaliperoxyden oder H_2O_2 in alkalischer Lösung unterhalb 50°.

A. 2 223 807. Research Corp. Verbindungen der Formel $R—O—SO_3H$ (R = alifatisches Radikal) werden mit H_2O_2 behandelt und das Reaktionsprodukt neutralisiert.

XXI. Ozonide.

Ebenso wie sich der Sauerstoff an die Doppelbindung von Alkylenen unter Bildung von Peroxyden anlagern kann, vermag sich auch das nahe verwandte, aber reaktionsfähigere Ozon beim Arbeiten in wasserfreien Lösungsmitteln mit Olefinen rascher und intensiver zu Ozoniden zu verbinden:

$$C_nH_{2n+1}\cdot CH{=}CH\cdot C_mH_{2m+1} + O_3 \rightarrow C_nH_{2n+1}\cdot \underset{\diagdown\ O_3\ \diagup}{CH{-}CH}\cdot C_mH_{2m+1} +$$

$$+ H_2O \rightarrow C_nH_{2n+1}CHO + OHC\cdot C_mH_{2m+1} + H_2O_2.$$

Durch kochendes Wasser werden sie sehr leicht in Wasserstoffperoxyd und Aldehyd oder Keton oder aber auch ohne Bildung von Wasserstoffperoxyd in die den Aldehyden oder Ketonen entsprechenden Peroxyde oder Säuren gespalten, welche Reaktion von C. D. Harries[1112] zur Konstitutionsbestimmung kompliziert gebauter ungesättigter organischer Verbindungen, wie z, B. des Kautschuks oder der Guttapercha, ausgenützt wurde. Aus der Art der Spaltungsstücke ist es möglich, die Lage der Doppelbindung im Molekül zu ermitteln. Auch zur Darstellung schwierig herstellbarer organischer Verbindungen ist die Ozonisierung bereits mit Erfolg benützt worden. Die Ozonidbildung verläuft quantitativ. Die Spaltung der Ozonide kann außer durch Wasser auch mit Eisessig, Alkohol oder Alkalien, quantitativ und oxydativ mit einer 90 bis 95° heißen, alkalischen Suspension von Ag_2O (F. Asinger), erfolgen, wobei im allgemeinen die gleichen Produkte entstehen. Außer dem bereits erwähnten Werk von Harries[1142] wären von zusammenfassenden Abhandlungen über Ozonide noch die von M. Moeller[1143], Fonrobert[1144, 1145], L. Song jr.[1146] und Rieche[135] anzuführen.

Die isolierten Ozonide sind in der Regel Sekundärprodukte, die sich durch Umlagerung eines primären unbeständigen Anlagerungsproduktes, eines Molozonides, gebildet haben. Diese Umwandlung ist vollkommen analog der von Baeyer und Villiger[1141] bei den Peroxyden beobachteten Umlagerung in Ester bzw. Lactone oder Ketonalkohole.

Für die monomolekularen Ozonide können verschiedene Möglichkeiten der Formulierung in Betracht kommen:

```
O—O—O              O——O=O             /OO\                     /OO\
|     |            |    |            /    \                   /    \
R—C - - - CH—R,    R—CH—CH—R,      R—CH      CH—R   und   R—CH———————COH—R
                                     \    /
                                      \O/

I                    II               III                        IV
Harriessche Formel   Molozonid        Isoozonid: Acetal
Glykolderivat
```

Die größte Wahrscheinlichkeit besitzt die Formel III, die von Staudinger[1147] auf Grund der Spaltung der Ozonide in Aldehyde und Säuren und des Fehlens von Glykolen vorgeschlagen wurde. Diese Annahme wurde durch die Untersuchungen von A. Rieche[1148] wesentlich gestützt, da die Ozonide optisch und chemisch das gleiche Verhalten wie die Peroxyde zeigen. Es ist nur eine —OO—-Gruppe vorhanden, wie auch aus der Bestimmung des aktiven Sauerstoffes hervorgeht. Die Formeln I und II sind daher unzutreffend. Wie sich aus Bestimmungen der Ultraviolettabsorption und des Parachors ergibt, liegt bei den reinen Ozoniden ein Vierer- oder Fünferring vor. Staudinger schlug für die umgelagerten Ozonide die Bezeichnung „Isoozonide" vor, da dadurch wohl die Bildung dieser Verbindungen zum Ausdruck kommt, hingegen die Bezeichnung „Ozonid" für die Körper der Formulierung III, die eigentlich als zyklische Acetale zweier Carbonylverbindungen mit einer Peroxydbindung aufzufassen sind, nicht mehr ganz richtig ist.

Acetylenderivate werden durch Ozon meist an der Stelle der C≡C-Bindung gespalten. Eine befriedigende Formel ließ sich bisher für die Ozonide der Acetylen-Kohlenwasserstoffe nicht aufstellen (H. Paillard und C. Wieland[1149]).

Neben den monomeren Isoozoniden existieren noch dimere und polymere Ozonide. Die Molozonide können sich ebenso wie die Moloxyde polymerisieren, die unlösliche oder nur gelatinös quellbare oder schließlich kolloidal lösliche Polyozonide ergeben. Diese können nach Staudinger[1147] wie folgt formuliert werden:

```
⎡R₂C—CR₂  ⎤       R₂C - - CR₂      ⎡R₂C - - CR₂  ⎤      R₂C—— CR₂
⎢ |   |   ⎥  →     |      |        ⎢ |       |   ⎥       |     |
⎣ O—O=O   ⎦x      O=O O————————    ⎣——O=O O——————⎦x - -  O=O O
```

Die Polymerisation tritt vornehmlich dort ein, wo die Umlagerung schwer erfolgt, wie bei Cyclopenten, -hexen-, -hepten usw.

Außer der Bildung von Ozoniden mit ungesättigten Verbindungen kann Ozon auch bei vielen anderen organischen Körpern, und zwar nur sauerstoffhaltigen, meistens solchen mit einer Carbonylgruppe, wie Aldehyden oder Ketonen, Oxydationswirkungen ausüben, wobei organische Peroxyde gebildet werden. Bei dieser Reaktion wird ein Sauerstoffatom des Ozons an der Stelle aufgenommen, wo sich bereits das vorhandene Sauerstoffatom befindet.

Die Ozonisierung z. B. der Ester der Maleinsäure, Fumarsäure in organischen Lösungsmitteln liefert beständige Ozonide, die sich unter Verteilung der angelagerten 3 O-Atome auf eine Säure und einen Aldehyd oder ein Keton spalten.

Die Isoozonide stellen meist ölige, teilweise auch feste oder kristalline, gut charakterisierte Produkte dar, die im Gegensatz zu den äußerst explosiven Molozoniden schon verhältnismäßig beständig sind. Die Ozonide niedrig molekularer Körper lassen sich z. B. schon im Vakuum destillieren. Diese Ozonide sind auch bei gewöhnlicher Temperatur flüchtig. Fast alle Ozonide sind äußerst zersetzliche Körper, die oft schon beim bloßen Stehen ohne äußeren Anlaß explodieren. Bei ihrer Untersuchung ist es daher angezeigt, sich vorerst bloß etwa 1 bis 2 g des Ozonids herzustellen und dieses auf seine Explosionsfähigkeit zu prüfen, um nicht zu Schaden zu kommen.

In Wasser sind alle Ozonide unlöslich, leicht löslich sind sie in organischen Lösungsmitteln. Mit Wasser tritt baldige Spaltung auf, wobei aber nur geringe Mengen von H_2O_2 gebildet werden. Alle Ozonide machen aus Kaliumjodid sofort Jod frei und entfärben Indigo- und Permanganatlösung. Durch Reduktionsmittel, wie schwefelige Säure, Aluminiumamalgam, oder Zinkstaub, werden sie in dieselben Produkte übergeführt, die bei der Spaltung mit Wasser entstehen. Durch Katalysatoren, wie Eisen oder Platin, können die Ozonide eine Zersetzung erleiden, die nach Art einer intramolekularen Disproportionierung vor sich geht, wobei direkt Säuren und Aldehyde erhalten werden:

$$R-CH\langle{}^{OO}_{O}\rangle CH-R \rightarrow RCHO + RCOOH.$$

Dabei ist es noch nicht feststehend, ob diese Zersetzung ähnlich wie bei den Oxydialkylperoxyden[1150] innerhalb eines Moleküls oder wie beim Diäthylperoxyd zwischen zwei Molekülen vor sich geht[1151]. Raney-Nickel kann Ozonide in Aldehyde oder Ketone überführen, wobei das Nickel in Oxyd übergeht (N. C. Cook und F. C. Withmore[1152]).

Die Darstellung von Ozoniden erfolgt gewöhnlich in der Weise, daß die zu ozonisierende Substanz in Kohlenwasserstoffen oder deren Chlorierungsprodukten, Chloroform, Tetrachlorkohlenstoff, Methylchlorid, Äthylchlorid, Hexan, Hexahydrotoluol, oder wasserfreier Ameisensäure, Eisessig, Aceton, oder Essigester gelöst und bei Zimmertemperatur oder Kühlung mit gasförmigem Ozon behandelt wird. Wegen der Spaltungsgefahr der Ozonide durch Wasser ist auf vollkommene Abwesenheit von Wasser, wäßrigen verdünnten Alkalien oder Säuren zu achten. Man gelangt zu um so reineren Ozoniden, wenn man nicht allzu konzentriertes Ozon verwendet. Man kann, je nach der Art des angewandten Lösungsmittels, zu verschiedenen Produkten kommen. So erhielten z. B. G. Wagner und Harries[1153] aus Cyclopenten in Chloräthyl ein polymeres, in Hexan hingegen das monomere Ozonid. Durch Abdampfen des Lösungsmittels im Vakuum bei Temperaturen von etwa 20° kann dann das Ozonid gewonnen werden, das entweder (bei Ozoniden niedrig molekularer Verbindungen wie jenen des Äthylens, Butylens usw.) durch Destillation oder aber auf die von Harries angegebene Methode des Umfällens aus Essigester mit Petroläther gereinigt werden kann[1154].

Auf die Beschreibung der Darstellung und Eigenschaften der unzähligen bekannten Ozonide, die den Rahmen des vorliegenden Buches weit übersteigen würde, kann hier jedoch nicht eingegangen werden und muß bloß auf die angeführte zusammenfassende Speziallitcratur[135, 1027, 1142, 1143, 1146] verwiesen werden, die durch nachstehende Angaben ergänzt wird[1155—1165].

Literaturverzeichnis.

[1141] Baeyer und Villiger, Ber. Dtsch. chem. Ges. **32**, 3625, 1899; **33**, 858, 1900. — [1142] C. D. Harries, Untersuchungen über Ozon und seine Einwirkungen auf organische Verbindungen, Berlin; J. Springer, 1916. — [1143] M. Moeller, Das Ozon, Braunschweig, 1921. — [1144] Fonrobert, Das Ozon, Stuttgart, 1916. — [1145] Fonrobert, Über „Ozonide" in Houbens Methoden der organischen Chemie 2. Aufl., Bd. III, S. 271—315. — [1146] L. Long jr., Die Ozonisierungsreaktion, Chem. Reviews **27**, 437—93, 1940. — [1147] Staudinger, Ber. Dtsch. chem. Ges. **58**, 1088, 1925. — [1148] A. Rieche, Ztschr. angew. Chem. **43**, 628, 1930. — [1149] H. Paillard und C. Wieland, Helv. chim. Acta **21**, 1356—66, 1938. — [1150] A. Rieche, Ber. Dtsch. chem. Ges. **63**, 2647, 1930. — [1151] H. Wieland und Chrometzka, Ber. Dtsch. chem. Ges. **63**, 1028, 1930. — [1152] N. C. Cook und F. C. Withmore, Journ. Amer. chem. Soc. **63**, 3540, 1941. — [1153] B. G. Wagner und C. Harries, Liebigs Ann. **410**, 29, 1915. — [1154] C. Harries, Ber. Dtsch. chem. Ges. **38**, 1195, 1905. — [1155] R. Koetschan, Über Erdölozonide, Ztschr. angew. Chem. **35**, 509, 1922. — [1156] L. Ostromysslenski, Neue Methoden zur Vulkanisation von Kautschuk mit O_2 und O_3 oder Ozoniden, Chem. Ztrbl. 1916 I 955. — [1157] J. Tausz, H. Görlacher und H. Drael, Das Auftreten von Ozoniden im Brennstoffmotor, Forsch. Gebiet Ing.-Wissenschf. (A) **3**, 247, 1932; Chem. Ztrbl. **1932**, 2937. — [1158] J. M. Gallert, Anodische Bildung von Oxoperoxyden, Anales Soc. Española Fisica Quim. **30**, 922, 1932; Chem. Ztrbl. 1933 I 3687. — [1159] E. Briner, M. Mottier und H. Paillard, Über den Energiewert der Ozonidbildung, Helv. chim. Acta **13**, 1030, 1930. — [1160] V. J. Vaidyanathan, Indian Journ. Physics **2**, 421, 1928. — [1161] A. Verleg, Über die Umlagerung der Ozonide, Bull. Soc. chim. France (4), **43**, 854, 1928. — [1162] E. Briner und O. Schnorf, Untersuchungen über die Ozonisierung der ungesättigten gasförmigen Kohlenwasserstoffe, Helv. chim. Acta **12**, 154, 529, 1931. — [1163] F. G. Fischer und Düll, Über die Einwirkung von Ozon auf Aldehyde, Liebigs Ann. **476**, 233, 1929; **486**, 80, 1931. — [1164] R. C. Houtz und H. Adkins, Über die katalytische Wirkung der Ozonide auf Polymerisationsvorgänge, Journ. Amer. chem. Soc. **53**, 1058, 1931. — [1165] G. Bons und G. Peyresblonques, Über die Bindung von Ozon durch ungesättigte, benzolische und acetylenische Verbindungen, Compt. rend. Acad. Sciences **190**, 501, 685, 1930.

XXII. Die Oxozonide.

Bei der Einwirkung von hochkonzentriertem Ozon auf ungesättigte Verbindungen werden statt der Ozonide Oxozonide, also Produkte gebildet, bei denen mit einer Äthyldoppelbindung 4 O-Atome in Reaktion getreten sind. Ursprünglich nahm Harries, der diese Verbindungen bei vielen Ozonisierungen erhalten hatte, an, daß sie durch Anlagerung von Oxozon O_4 entstanden seien. Diese Ansicht trifft aber nicht zu, da E. H. Riesenfeld und G. M. Schwab[1166] nachgewiesen haben, daß ein solches Oxozon nicht existiert. Die Oxozonide sind vielmehr als sekundäre Oxydationsprodukte der Ozonide aufzufassen, die als monomere und höherpolymere Verbindungen auftreten (Staudinger[1147]). Ihre Entstehung beruht auf der Aufnahme von einem Sauerstoffatom durch die primären Molozonide, wobei sich die entstehenden labilen Oxozonide dann sekundär eventuell in die Iso-oxozonide, Acetale mit zwei Peroxydbindungen, umlagern:

$$\begin{array}{c} R_2C{-}CR_2 \\ |\quad\ | \\ O{-}O{=}O \end{array} \longrightarrow \begin{array}{c} R_2C{-}CR_2 \\ |\quad\ | \\ O{=}O{-}O{=}O \end{array} \longrightarrow R_2C\begin{array}{c} OO \\ \\ OO \end{array}CR_2 \longleftarrow R_2C\begin{array}{c} OO \\ \\ O \end{array}CR_2$$

Molozonid II — Ox-ozonid — VI Iso-oxozonid — Isoozonid III

$$\downarrow$$

$$\left[\begin{array}{c} R_2C{-}CR_2 \\ |\quad\ | \\ O\quad O{=}O \end{array}\right]_x \xrightarrow{\text{Polymerisation}} \left[\begin{array}{c} R_2C{-}CR_2 \\ |\quad\ | \\ O{=}O{-}O{=}O \end{array}\right]_x$$

VII, polymeres Oxozonid

Die Annahme des Überganges der Isoozonide durch Sauerstoffaufnahme in die Isooxozonide ist nicht sehr wahrscheinlich.

Die Eigenschaften der Isooxozonide sind nur wenig von denen der Ozonide verschieden. Sie sind bloß etwas leichter zersetzlich und besitzen einen höheren Oxydationswert. Jedoch sind auch Ausnahmen bekannt, wie z. B. beim Propylenozonid, wo das Isoozonid zersetzlicher als das Isooxozonid ist (Harries und Heffner[1167]). Im allgemeinen sind aber die Oxozonide noch recht wenig durchforschte Körper.

Literaturverzeichnis.

1166 E. H. Riesenfeld und G. M. Schwab, Ber. Dtsch. chem. Ges. 55, 2088, 1922. — 1167 Harries und Heffner, Liebigs Ann. 374, 330, 1910.

XXIII. Anlagerungs- oder Perhydratverbindungen.

Bei der eingehenden Überprüfung der Eigenschaften von vielen chemischen Verbindungen, die durch Einwirkung von Wasserstoffperoxyd oder dessen Derivaten entstanden sind, hat sich gezeigt, daß sich nicht alle Verbindungen, die aktiven Sauerstoff enthalten, gleichartig verhalten, sondern daß man vielmehr zwischen zwei großen Gruppen von aktiven Sauerstoffverbindungen unterscheiden muß. Es sind dies die sog. „echten Perverbindungen" als wahre Substitutionsprodukte des Wasserstoffperoxyds, also die Salze des Wasserstoffperoxyds, und die Additionsverbindungen mit Kristallwasserstoffperoxyd, die „Perhydratverbindungen" oder „Anlagerungsverbindungen". Letztere enthalten die aktive —OO—-Gruppe nicht mehr als Baustein des Moleküls selbst, sondern nur infolge Anlagerung von unverändertem Wasserstoffperoxyd, das vom Molekül neben oder an Stelle von Kristallwasser additiv aufgenommen wurde. Sie entstehen stets durch direkte oder indirekte Einwirkung von Wasserstoffperoxyd auf nicht weiter oxydierbare Sauerstoffsalze. Sie stehen mit dem Wasserstoffperoxyd in Lösung im Gleichgewicht, geben dieses daher in Lösung sehr leicht ab.

Durch die quantitative Analyse ist zwischen beiden Arten von Verbindungen meist nicht zu unterscheiden, da ja bei einer wasserhaltigen Substanz nicht feststellbar ist, ob der aktive Sauerstoff, der ja immer nur in Lösung bestimmt werden kann, durch Hydrolyse der Perverbindung oder aus dem Wasserstoffperoxyd der Anlagerungsverbindung stammt. Eindeutig ist das Ergebnis der quantitativen Untersuchung nur dann, wenn vollkommen wasserfreie Verbindungen vorliegen. Gerade aber bei jenen Verbindungen, die zur Bildung von Perhydratverbindungen befähigt sind, sind die letzten Wasserreste nur sehr schwer und meist nur mit Sauerstoffverlusten zu entfernen. Häufig kann man schon aus dem Verhalten bei der Entwässerung auf die Zugehörigkeit einer Verbindung schließen, da sich echte Perverbindungen meist ohne Sauerstoffverluste entwässern lassen, während bei den Anlagerungsverbindungen dies meist nicht der Fall ist.

Man muß daher zu qualitativen Untersuchungsmethoden Zuflucht nehmen. Eine der bekanntesten dieser Reaktionen ist die Probe von Riesenfeld und Reinhold[488], die „Riesenfeldsche Reaktion", die von diesen Forschern erfolgreich zur Charakterisierung der echten Percarbonate von den Carbonatperhydraten angewendet wurde. Das Wesen der Reaktion besteht darin, daß die Anlagerungsverbindungen in wäßriger Lösung sofort wie die Lösung des betreffenden Grundkörpers und Wasserstoffperoxyd reagieren, während die echten Perverbindungen mit Ausnahme der sehr leicht hydrolysierbaren Alkaliperoxyde erst nach gewisser Zeit Wasserstoffperoxyd abspalten. Es setzen daher nur echte Perverbindungen aus einer neutralen, 30%igen Kaliumjodidlösung schon in der Kälte Jod in Freiheit, während Additionsverbindungen kein Jod frei machen, sondern unter Sauerstoffentwicklung zersetzt werden.

Es muß darauf geachtet werden, daß die zu untersuchende Lösung neutral oder bicarbonatalkalisch reagiert, da im sauren Medium auch Wasserstoffperoxyd Jod frei macht. Die Reaktion wird undeutlich, wenn sehr viel Soda zugegen ist, und sie bleibt ganz aus, wenn Ätzkalien oder Natriumperoxyd vorhanden ist. Die Unsicherheit der Riesenfeld-Probe hinsichtlich des Wasserstoffionengehaltes läßt sich beseitigen, wenn man nach H. H. Liebhafsky[1168] der zu untersuchenden Lösung als Pufferung Phosphat zusetzt. Die Reaktion wird in der Weise ausgeführt, daß zu einem Überschuß von neutraler Kaliumjodidlösung (etwa 10 ccm) etwas feste Substanz (0,1 bis 0,3 g) gegeben wird. Tritt augenblickliche starke Braunfärbung auf, so liegt eine echte Perverbindung vor. Eine langsame Jodausscheidung kann auch von Perhydratverbindungen wie von Boratperhydrat, aber auch von Persulfat verursacht werden.

Gegen die Brauchbarkeit der Riesenfeld-Reaktion, die von der Hydrolysegeschwindigkeit der zu untersuchenden Verbindungen ungünstig beeinflußt werden kann, sind schon mehrmals Einwände erhoben worden, so von Tanatar[1169], H. Menzel[494] und F. Kraus und C. Öttner[500]. Denn mitunter bestehen zwischen der Jodausscheidung und Sauerstoffentwicklung nur graduelle Unterschiede und gehen häufig beide Reaktionen mehr oder weniger stark gleichzeitig nebeneinander vor sich. Kraus und Öttner hielten daher nicht die Jodausscheidung, sondern die Sauerstoffentwicklung für das sicherere Kriterium bei der Riesenfeldschen Reaktion.

Wenn es auch feststeht, daß bei der Probe von Riesenfeld mit neutraler Kaliumjodidlösung mitunter nicht genügend eindeutige Ergebnisse erhalten werden, so läßt sie sich derzeit doch noch nicht entbehren, da eine bessere chemische Reaktion vorderhand noch nicht zur Verfügung steht. Riesenfeld und Reinhold[1170] sowie Le Blanc und R. Zellmann[1171] konnten auch die Einwände gegen die Kaliumjodidprobe mit Erfolg widerlegen.

Ein weiteres Hilfsmittel zur Unterscheidung zwischen Per- und Anlagerungsverbindungen ist das von Willstädter[489] festgestellte Verhalten von festen Additionsverbindungen, durch Schütteln mit Äther oder durch Behandeln im Vakuum und schwacher Erwärmung Wasserstoffperoxyd abzugeben, das dann im Äther oder im Destillat nachweisbar ist. Auch die Entwässerung von aktiven Sauerstoffverbindungen kann häufig zur Entscheidung über ihren Aufbau herangezogen werden.

Le Blanc und Zellmann[490] benützten die Dissoziationsspannung des Wasserstoffperoxyds in Additionsverbindungen und die elektrische Leitfähigkeit der Salze, H. Menzel[989] den Einfluß eines Wasserstoffperoxydzusatzes auf das scheinbare äquivalente Leitvermögen, auf kryoskopische Messungen der mit Wasserstoffperoxyd versetzten Lösungen von Boraten sowie Verteilungsversuche in Amylalkohol, um Schlüsse auf die Konstitution von Anlagerungsverbindungen ziehen zu können.

Auf Grund dieser Reaktionen haben sich viele der auf rein chemischem Wege dargestellten Percarbonate, die auf nicht elektrolytischem Wege gewonnenen Perphosphate sowie das Perborat des Handels als Anlagerungsverbindungen erwiesen. Weiters existieren noch eine ganze Reihe organischer und anorganischer Verbindungen, in welchen das Wasserstoffperoxyd Kristallwasser zu substituieren vermag oder in welchen es neben diesem gebunden ist.

Die Bindung des Wasserstoffperoxydmoleküles ist in solchen Verbindungen lockerer als jene des Wassers, da bei einer Entwässerung im Vakuum das H_2O_2 leichter abgegeben wird als das Wasser.

F. Münzberg[1172] nimmt als Erklärung für dieses Verhalten des Wasserstoffperoxyds an, daß Stoffe hoher DE. mit Dipolcharakter am positiven und negativen Ende des Dipols von den entgegengesetzt geladenen Gitterionen angezogen werden, wobei die Gitterkräfte auf die Dipolmomente ausrichtend wirken. Das Dipolmolekül kann sich auf diese Weise zwischen den Gitterionen einschalten. An den Dipolmolekülen tritt demnach eine besondere Art von Valenzkräften auf, die die Bildung gewisser Komplexe innerhalb des Gitters herbeiführt. Da das Wasserstoffperoxyd eine besonders hohe DE. besitzt, ist es besonders zur Bildung von Additionsverbindungen befähigt.

A. Die Boratperhydrate.

Von echten Perboraten sind nur die Verbindungen $KBO_3 \cdot 0{,}5\,H_2O$, $NH_4BO_3 \cdot 0{,}5\,H_2O$ und das $NaBO_3$ von Le Blanc und Zellmann aus Natriumhydroperoxyd und Borsäure bekannt (S. 277), während von den übrigen aktiven Sauerstoff enthaltenden Verbindungen des Bors trotz den häufig widerspruchsvollen Angaben in der Fachliteratur zumindestens das eine feststeht, daß sie keine normalen Substitutionsprodukte des H_2O_2 darstellen. Da die überwiegende Mehrzahl der Forscher sich aber für die Auffassung der Perborate, namentlich hinsichtlich ihres wichtigsten Vertreters, des Natriumperborats des Handels, als Anlagerungsverbindung entschieden hat, sollen die aktiven Sauerstoffverbindungen des Bors im vorliegenden Abschnitt behandelt werden.

Nachstehende Perhydratborate sind bekannt: $NaBO_2 \cdot H_2O_2 \cdot 3\,H_2O$, das Natriumperborat des Handels und die wichtigste feste Perverbindung überhaupt. Es wurde erstmalig von Tanatar[1173] und nahezu gleichzeitig von Melikoff und Pissarjewski[1174] beschrieben, die es aber noch fälschlich als echte Perverbindung $NaBO_3 \cdot 4\,H_2O$ auffaßten. Weiters der „Perborax" $Na_2B_4O_8 \cdot 10\,H_2O$[1175] und $Na_2B_4O_{11} \cdot 6\,H_2O$[1176]: $LiBO_2 \cdot H_2O_2 \cdot H_2O$ und $LiBO_2 \cdot H_2O_2$ (H. Menzel[194]); ferner Boratperhydrate des Kaliums und Ammoniums sowie Perhydratborate der Erdalkalien, Calcium, Magnesium und Barium und schließlich von Zink und Kadmium. Über die Konstitution der Boratperhydrate s. S. 89.

a) Natrium-metaborat-perhydrat (das Natriumperborat des Handels $NaBO_2 \cdot H_2O_2 \cdot 3\,H_2O$).

α) Darstellung auf chemischem Wege.

Die Darstellung des Natriumperhydratborats (im folgenden kurz immer als Natriumperborat bezeichnet) erfolgt entweder 1. auf rein chemischem Wege durch Einwirkung von Wasserstoffperoxyd oder Natriumperoxyd in alkalischer Lösung auf Borsäure oder Borate, oder 2. durch elektrolytische Oxydation einer alkalischen Boratlösung, wobei in beiden Fällen im wesentlichen Natriummetaborat als Ausgangsmaterial vorliegt. Das normale Handelsprodukt enthält theoretisch 10,38% aktiven Sauerstoff. Durch weitere Verdrängung von Wasser durch Wasserstoffperoxyd kann der Gehalt an aktivem Sauerstoff zwar bis auf etwa 30% gebracht werden, jedoch sind Produkte mit mehr als 10% O nicht gut haltbar. Die durch Entwässerung erhaltenen höherprozentigen Perborate sind aber bis zu etwa 20% akt. O beständig.

Der Borax wird immer bei der Herstellung durch Zusatz von Natronlauge in Natriummetaborat übergeführt:

$$Na_2B_4O_7 + 2\,NaOH = 4\,NaBO_2 + H_2O$$
$$NaBO_2 + H_2O_2 + 3\,H_2O = NaBO_2 \cdot H_2O_2 \cdot 3\,H_2O.$$

Das gut kristallisierende schwer lösliche Perborat kristallisiert aus, wird filtriert und mit kaltem Wasser gewaschen. Bariumperoxyd gibt auch in hydratisiertem Zustande nur unvollständige Umsetzungen. Für die Perboratbildung günstig sind möglichst hohe Metaboratkonzentration, tiefe Temperatur, ein geringer Alkaliüberschuß und eventuelle Anwesenheit von aussalzend wirkenden Mitteln wie Natriumchlorid. Die Ausbeute beim chemischen Prozeß beträgt etwa 90 bis 95% des aktiven Sauerstoffes. In der Mutterlauge verbleiben bei guter Kühlung etwa 1,1% Natriumperborat, 0,8% Borax in Form von Natriummetaborat und alle Verunreinigungen. Ihre Wiederverwendung für die Perboratherstellung ist nur nach einer besonderen Reinigung möglich, weshalb man bereits versucht hat, sie auf magnesiumperborathaltige Massen aufzuarbeiten[1177]. Man trachtet ein möglichst grob kristallisiertes Perborat zu erhalten, da ein fein pulvriges oder gar schlammig ausfallendes Produkt nur wenig haltbar ist. Durch Schmelzen und Auspressen der Schmelze in eine wäßrige Natriumperboratlösung erhält man gleichfalls ein dichtes Perborat. Im Handel wird ein Gehalt von mindestens 10% aktivem Sauerstoff im Natriumperborat verlangt.

Gasförmiges Fluor vermag bei der Einwirkung auf eine Lösung von Borax und Soda Perborat zu bilden, wobei vorerst Percarbonat entsteht, das mit Wasser Wasserstoffperoxyd liefert, welches schließlich mit Metaborat Perborat ergibt[97].

Die älteste Darstellungsart von Tanatar[1173] sowie Melikoff und Pissarjewski[1174] bestand in der Einwirkung von Wasserstoffperoxyd auf eine ätzalkalische Lösung von Borax. Nach der Vorschrift von O. T. Christensen[1178] löst man 120 g pulverisierten Borax in 150 ccm warmem Wasser und versetzt mit einer Lösung von 24 g reinem Natriumhydroxyd in 200 ccm Wasser, kühlt auf 20° und setzt 75 ccm reines 30%iges H_2O_2 zu. Wegen der Schwerlöslichkeit des Natriumperborats scheiden sich dessen Kristalle beim Rühren ab, die dann mit kaltem Wasser und Alkohol gewaschen werden. Die Ausbeute beträgt 114 g.

Die Herstellung aus Borsäure geht nach folgender Reaktion vor sich:

$$H_3BO_3 + H_2O_2 + NaOH + H_2O = NaBO_2 \cdot H_2O_2 \cdot 3\,H_2O.$$

Man versetzt eine Lösung von 40 g reinem Natriumhydroxyd in 200 ccm Wasser mit 60 g kristallisierter Borsäure und dann entweder 700 ccm 3%iger und dann 50 ccm 30%iger oder auf einmal 120 ccm 30%iger Wasserstoffperoxydlösung. Die Ausbeute beträgt mindestens 70 g[1013]. Freie Borsäure bindet in wäßriger Lösung kein Wasserstoffperoxyd.

Wie bei der Herstellung aller Perverbindungen ist für eine gute Ausbeute und Haltbarkeit die größte Reinheit der Ausgangsmaterialien und peinlichste Sauberkeit im Betriebe Sorge zu tragen. Die Reinigungsmethoden der Ausgangsmaterialien sind bereits auf S. 272 behandelt worden.

Durch bloßes Eindampfen einer mit Wasserstoffperoxyd versetzten Natriummetaboratlösung bei stark vermindertem Druck will Askenasy Natriumperborat darstellen[1179], wobei durch stufenweisen Zusatz von verdünnter Wasserstoffperoxydlösung Produkte mit bis 20% aktivem Sauerstoff erhältlich sein sollen[1180]. An Stelle des verdünnten Wasserstoffperoxyds läßt sich auch ein hochkonzentriertes verwenden, wobei die borsauren Salze direkt in festem Zustand behandelt werden[1181]. Man kann auf diese Weise zu Perhydratboraten mit bis zu 29% aktivem Sauerstoff gelangen, jedoch darf man zwecks Herstellung eines haltbaren Produktes nicht über 23% aktiven O hinausgehen[1182]. Wegen dieser Verfahren wurde zwischen Askenasy und Fuhrmann ein längerer Meinungsaustausch abgehalten[1183].

Durch Eindampfen von Borax mit etwa 4 Molen 30%igem H_2O_2 unterhalb 60° bei vermindertem Druck in Gefäßen aus Glas, Quarz, Zinn u. dgl. bis zur Trockene erhält man nach dem Vorschlag der Scheideanstalt[1184] ein saures Perhydratborat der Zusammensetzung

$$\left\{\begin{matrix} Na\,(BO_2 \cdot H_2O_2) \\ H\,(BO_2 \cdot H_2O_2) \end{matrix}\right\}$$

mit 18% aktivem Sauerstoff. Als Stabilisator kann gleich beim Eindampfen Magnesiumsilikat zugesetzt werden. Das Salz ist nur schwach hygroskopisch, nicht zerfließlich und außerordentlich haltbar. Da es nur sehr geringe Alkalinität aufweist, übt es keinerlei Reizwirkung auf die Haut oder Schleimhäute aus.

Gasförmiges Wasserstoffperoxyd verwendete Hempel[1185], das durch Destillation von Persäuren erhalten wurde und direkt in die Lösung von Boraten oder die Mutterlaugen von der Borsäure- oder Boraxfabrikation eingeleitet wurde. Großmann und Schwed[1186] ließen gasförmiges, wasserfreies Wasserstoffperoxyd im Vakuum unmittelbar auf feste Borate einwirken. Diese Verfahren haben aber keinerlei technische Bedeutung erlangen können.

Von Natriummetaboratlösungen geht von Girsewald aus[1187]. Borax wird mit überschüssigem Natriumhydroxyd in Wasser gelöst und mit Wasserstoffperoxyd oder einer Lösung von Wasserstoffperoxyd und Natriumperoxyd versetzt, worauf zur Erhöhung der Ausbeute entweder sofort oder nach dem Auskristallisieren der Hauptmenge des Perborats eine konzentrierte Kochsalzlösung zugefügt wird. Das auskristallisierte Perborat ist praktisch chlorfrei. Man wendet einen Überschuß von etwa 20% freiem Alkali, bezogen auf Borsäure an, da das Alkali eine grobkristalline Form, welche die beständigste Modifikation darstellt, und eine hohe Ausbeute günstig beeinflußt. Dieses Verfahren hat sich technisch recht gut bewährt.

Ziemlich verschieden ist dagegen die Arbeitsweise von Askenasy[1188], der Borax in 35%ige überschüssige heiße Natronlauge einträgt und die Schmelze aufkocht, das erhaltene sirupöse Produkt, aber erst nach dem Erkalten mit konzentriertem Wasserstoffperoxyd versetzt und zur Trockene bringt. Alle durch Schmelzen erhaltenen Perborate enthalten alle Verunreinigungen der Ausgangsmaterialien, sind daher wenig haltbar.

Der Gehalt des Perborats an aktivem Sauerstoff läßt sich auf etwa 35% erhöhen, wenn man nach dem Vorschlage der Chem. Werke vorm. Byk[1189] das fertige Perborat in konzentriertem (30%igem) Wasserstoffperoxyd auflöst und die Lösung bei möglichst niedriger Temperatur eindampft, zur Kristallisation bringt oder mit Alkohol fällt. Man kann aber auch von Borax oder Perborax ausgehen und auf die gleiche Weise in Produkte mit hohem Gehalt an aktivem Sauerstoff überführen. In diesen Körpern liegen aber sehr wahrscheinlich nicht Mono-, sondern Di-, Tri- oder Tetraperhydratmetaborate mit bis zu 4 angelagerten Molekülen Wasserstoffperoxyd vor.

Zur Herstellung der haltbaren, grobkristallinen Modifikation des Perborats unterschichtet man nach dem Vorschlage der Chemischen Fabrik Coswig-Anhalt[1190] eine Wasserstoffperoxydlösung beliebiger Konzentration (etwa 6%), die auch aus Natriumperoxyd oder Carbamidperhydrat erhalten worden sein kann, mit einer spezifisch schwereren alkalischen Metaboratlösung mit der Dichte von etwa 1,3 und läßt unter Kühlung bei Temperaturen von 8 bis 9° aber ohne Rührung die Reaktion ganz allmählich verlaufen. Nach etwa 12 bis 16 Stunden erhält man in guter Ausbeute grob kristallines und außerordentlich haltbares Perborat.

Obwohl Soda für eine Metaboratbildung aus Borax nicht herangezogen werden kann, kann doch aus einer Borax- und Sodalösung nach Zusatz von verdünnter Wasserstoffperoxydlösung Perborat erhalten werden, wobei die Kohlensäure allmählich entweicht und sich Perborat ausscheidet[1191].

Gemäß dem Verfahren von Rößler und Haßlacher[1192] wendet man zur Oxydation des Borax vorerst nur ein Mol Natriumperoxyd an, womit gleichzeitig das für die Perboratbildung erforderliche Natrium in den Prozeß eingeführt wird (Temperatur 15°), worauf die weitere Oxydation in einer zweiten Stufe des Prozesses mit Hilfe von etwa 3 Molen Wasserstoffperoxyd erfolgt (Temperatur 10°):

$$Na_2B_4O_7 \cdot 10\,H_2O + Na_2O_2 = 3/2\,(Na_2B_2O_4 \cdot 4\,H_2O) + NaBO_3 \cdot H_2O;$$
$$3/2\,(Na_2B_2O_4 \cdot 4\,H_2O) + 3\,H_2O_2 + 3\,H_2O = 3\,(NaBO_2 \cdot H_2O_2 \cdot 3\,H_2O).$$

Da fremde, störende Nebenprodukte nicht in den Prozeß eingeführt werden, kann die Mutterlauge öfters wieder verwendet werden. Die Kristallisation wird durch Abkühlung unterstützt. Selbst nach 10maliger Verwendung der Mutterlauge erhält man Ausbeuten von etwa 95% an aktivem Sauerstoff.

Perborathaltige Massen, aber kein reines Perborat, werden gemäß dem Verfahren der Chem. Werke vorm. Dr. H. Byk[1193] durch Schmelzen von Mischungen von Borax, Borsäure und Natriumperoxyd bei etwa 60 bis 70°, Zusatz von Wasser, sowie Erstarrenlassen und Vermahlen des Kristallkuchens erhalten. An Stelle von Natriumperoxyd kann auch Natriumperborat mit Borax bei 50 bis 60° geschmolzen werden. Man erhält mit guter Ausbeute Produkte nach Art des Perborats[1193]. Das Perborat kann auch an Stelle von Borax mit Borsäure[1194], mit Salzen, wie Kristallsoda, Natriumsulfat, -silikat oder -phosphat, in wechselnden Mengenverhältnissen zum Schmelzen gebracht und Produkte mit etwa 4,5% aktivem Sauerstoff erhalten werden[1195]. Auch Seife kann beim Verschmelzen von Borsäure, Borax unter Zusatz von anderen Salzen, wie Natriumsilikat und Natriumperoxyd, mitverwendet werden[1196].

Ähnliche Produkte werden nach dem Verfahren der Berliner Chemischen Fabrik[1197] durch Vermischen von Borax mit trockenem Perborat oder unter Befeuchtung, bzw. durch gemeinsames Auskristallisierenlassen gewonnen. Die auf dem Schmelzweg erhaltenen Perborate stellen jedoch technisch nur wenig brauchbare Produkte dar.

Auf der Verwendung von Borsäure als Ausgangsmaterial beruht das Verfahren von G. F. Jaubert[1198], auf welche Alkaliperoxyde einwirken gelassen werden. Die trockenen Pulver werden gemischt und allmählich in Wasser eingetragen, wobei gekühlt wird. Das abfiltrierte Produkt wurde bei 50 bis 60° getrocknet. Die Ausbeute betrug 75 bis 80%. Das erhaltene Produkt, der „Perborax", ist zum Unterschied von dem in Platten kristallisiertem Perborat feinpulvrig und auch leichter löslich. Bei 1° lösen sich 42 g, bei 22° 71 g, und bei 32° 138 g in einem Liter Wasser. Der Gehalt an aktivem Sauerstoff beträgt nur etwa 4%. Wahrscheinlich kommt dem Perborax aber nicht die Formel $Na_2B_4O_8 \cdot H_2O$ zu, sondern er besteht aus einem Gemenge von Tanatarschem Perborat und Natriumborat. Durch Zusatz von Mineralsäuren, wie Schwefel- oder Salzsäure zur Borsäurelösung, in welche Natriumperoxyd allmählich eingetragen wird[1199], und Ersatz eines Teiles von Natriumperoxyd durch Wasserstoffperoxyd erhält man wieder das normale Perborat mit einem höheren Gehalt an aktivem Sauerstoff. Ähnliche Verbindungen entstehen durch Umsetzung von Magnesium-, Calcium- oder Bariumsalzen mit der Lösung von Perborax.

Von dem Verfahren J a u b e r t s unterscheidet sich jenes der Chemischen Fabrik Reisholz[1200] nur dadurch, daß man ohne Lösungsmittel arbeitet. Borsäure wird mit fein gestoßenem Eis gemischt, und, nachdem die Temperatur auf unter 0° gesunken ist, vorsichtig Natriumperoxyd zugefügt. Die Kristallisationswärme des Perborats wird durch Kühlung abgeführt. Je nach den Mengenverhältnissen von Borsäure zu Natriumperoxyd erhält man Perborax, Perborat oder ein leicht lösliches Doppelsalz der angeblichen Zusammensetzung

$$Na_2B_4O_7 \cdot 2\,NaBO_3 \cdot 10\,H_2O \;(?).$$

Die gleiche Verbindung wird auch nach F. F r i t s c h e[1201] durch Einwirkung von Natriumperoxyd auf Borsäure im Molekularverhältnis 1 : 3 erhalten.

Eine peroxydierte Tetraborsäure (Pertetraborsäure) stellte J. A u e r[1202] durch Behandeln von Tetra-(Pyro-)Borsäure (durch Glühen von Borsäure erhalten) mit Wasserstoffperoxyd und eventuell Natriumperoxyd oder anderen Peroxyden her. Für sie wird von A u e r die Formel $H_2B_4O_{11}$ angegeben (?):

$$H_2B_4O_7 + 4\,H_2O_2 = H_2B_4O_{11} + 4\,H_2O.$$

Durch Einwirkung von Natriumperoxyd bei 0° wird ein von A u e r als Natriumpertetraborat bezeichnetes Salz neben Wasserstoffperoxyd erhalten:

$$H_2B_4O_{11} + Na_2O_2 = Na_2B_4O_{11} + H_2O_2.$$

Beide Prozesse können in einem vereinigt werden:

$$H_2B_4O_7 + Na_2O_2 + 3\,H_2O_2 = Na_2B_4O_{11} + 3\,H_2O.$$

Die Natriumverbindung $Na_2B_4O_{11} \cdot 6\,H_2O$ ist ein weißes, kristallinisches, in Wasser lösliches Salz, das beim Kochen oder durch Einwirkung von Säuren unter Sauerstoffabgabe zerfällt. Theoretisch würde es 17,11% aktiven Sauerstoff enthalten, tatsächlich enthält es aber nur 16,7%. A u e r gibt dem Salz unter Berücksichtigung der Arbeiten von Z u l k o w s k i[1203] die Formel

$$NaO-B\langle{}^{OO}_{OO}\rangle B-O-B\langle{}^{OO}_{OO}\rangle B-ONa + 6\,H_2O \;(?).$$

Aus den Lösungen löslicher Pertetraborate sollen durch Schwermetallsalze die betreffenden Persalze gefällt werden können.

Alkaliperborate erhält man nach einem Verfahren der D u p o n t[1204] aus Borsäure, Bortrioxyd oder Alkaliboraten mit Alkaliperoxyden in Gegenwart von H_2O_2, wobei der Gesamtwasserüberschuß nicht mehr als 8% über die für das hydratisierte Endprodukt erforderliche Wassermenge betragen soll.

Natriumperborat mit einem Schüttgewicht von nur 100 bis 200 g/l gewinnt man beim Zusetzen einer wäßrigen Lösung von 40 g/l NaOH zu einer wäßrigen Lösung von Borax und H_2O_2 unterhalb 30° C (DRP. 711 425). In der Dampfphase stellt Henkel u. Cie aus H_2O_2-Dampf und vernebelten Metaboratlösungen Perborat her.

Auf dem Umweg über Natriumpercarbonat stellt die Scheideanstalt[1205] Perborat her. Dieses wird entweder direkt mit Alkaliboraten zur Umsetzung gebracht oder man stellt es sich vorerst durch Eintragen von Natriumperoxyd in Wasser und

Einleiten von staubfreien, kohlensäurehaltigen Abgasen her. Zu dieser Lösung wird dann eine konzentrierte Lösung von Natriummetaborat zugefügt, wobei durch Zugabe von Eis die Temperatur auf etwa 20° gehalten wird. Das schwer lösliche Perborat fällt aus, wird abgetrennt und getrocknet. Die Mutterlauge besteht aus einer gesättigten Sodalösung. Sehr ähnlich ist das Verfahren des DRP. 218 569 der Scheideanstalt, wonach in eine Lösung von Natriumperoxyd in Eiswasser Borsäure eingetragen und in diese Lösung Kohlensäure aus SO_2-freien Rauchgasen eingeleitet wird. An Stelle von Kohlensäure kann auch Alkalibicarbonat angewendet werden.

Nach einem weiteren Vorschlage der Scheideanstalt[1206] läßt man mehr Kohlensäure absorbieren als zur Bildung von Soda aus dem für die Perboratbildung nicht erforderlichen Alkali gebraucht wird (2,5 Äquivalente CO_2 auf 2 Äquivalente Na_2O_2) und führt das hierdurch in der Lauge gebildete Bicarbonat durch Zufügung entsprechender Mengen von Borsäure oder Alkalicarbonat und von Natriumperoxyd in Perborat über. Es wird dadurch nicht nur die Perboratausbeute erhöht, sondern auch die mit Bicarbonat verunreinigte Sodalauge für eine weitere Perboratgewinnung ausgenützt. Man kann dabei sogar zusätzlich noch Bicarbonat in die Lauge einbringen und auch dieses durch Zusatz von Borsäure oder Boraten und von Natriumperoxyd zur Perboratherstellung verwenden. Beim Einleiten der Kohlensäure muß die Temperatur auf 0° gehalten werden, später kann sie auf 7 bis 10° steigen, damit sich die gebildete Soda leicht lösen kann. Durch Zusatz von Stabilisatoren, wie Erdalkalisilikaten, Magnesiumsilikat, Phenolen oder Kresol kann eine Verminderung der Ausbeute infolge Zersetzung von Perborat verhindert werden. Durch diese Zusätze wird auch die Haltbarkeit des Perborats erhöht, so daß es selbst in feuchtem Zustande versendbar sein soll. Läßt man um etwa 20% mehr Kohlensäure absorbieren als zur Überführung des für die Perboratbildung nicht benötigten Alkalis in Na_2CO_3 erforderlich ist, so kann man Ausbeuten bis zu etwa 90% erzielen[1207].

Nimmt man die Umsetzung zwischen Borax oder Boraten mit Natriumperoxyd oder Wasserstoffperoxyd in Gegenwart geringer Mengen von löslichen Salzen der Erdalkalimetalle, des Zinks oder Magnesiums vor, so wird dadurch nicht nur das spezifische Gewicht des abgeschiedenen Perborats verringert, sondern auch besonders die Haltbarkeit in wäßriger Lösung bei höherer Temperatur verbessert[1208].

F. Bergius oxydierte mit molekularem Sauerstoff[1209], indem er Borax oder Borsäure in einem möglichst niedrig schmelzenden Gemisch von Natrium- und Kaliumhydroxyd löste und bei etwa 200° in einem druckfesten Eisengefäß komprimierten Sauerstoff von etwa 90 Atm. einleitete. Die Ätzalkalien sollten nach dem Abkühlen mit Alkohol herausgelöst werden. Als Katalysator sollten Eisen-, Mangan- oder Vanadinverbindungen dienen. Durch Autoxydation von amalgamiertem Aluminium oder Zink in gesättigter Boraxlösung mit etwas Calciumhydroxyd mit Sauerstoff unter Druck soll nach einem Verfahren von Henkel u. Cie[1210] ein Calcium-Aluminiumperborat mit etwa 3,5% aktivem Sauerstoff erhalten werden. Mit Harnstoff bildet Alkaliperborat eine Additionsverbindung.

β) Die Herstellung von Natriumperborat auf elektrolytischem Wege.

Es erscheint auf den ersten Blick etwas merkwürdig, daß man eine Anlagerungsverbindung mit Wasserstoffperoxyd außer auf chemischem Weg auch durch Elektrolyse herstellen kann. Dieser Widerspruch ist jedoch nur ein scheinbarer. Denn bisher sind alle Versuche, das Perborat durch direkte anodische Oxydation einer reinen Alkaliborat- oder Borsäurelösung herzustellen, mißlungen. Die Überprüfung der gegenteiligen Angaben von Tanatar[1173], von Bruhat und Dubois[1211], ferner von Poulenc[1212] und Beltzer[1213] durch Constam und Bennet[1214] sowie W. C. Polack[1215] hat nämlich ergeben, daß bei der Elektrolyse von konzentrierten Boraxlösungen überhaupt kein Perborat, bei der Verwendung von schwach alkalischen Boraxlösungen aber höchstens Spuren von Perborat gebildet wurden.

Auch die Versuche von E. Bürgin[1216] und Bürgin gemeinsam mit der Bariumoxyd G. m. b. H.[1217] sowie von S. Bodforss und A. Arstal[1218], aus schwach alkalischen oder neutralen Lösungen mit Natriummetaborat durch mit Wechselstrom überlagertem Gleichstrom an der Zinkanode Perborat herzustellen, führten wegen der nur sehr geringen Ausbeuten zu keinem praktischen Ergebnis.

Die für die elektrolytische Perboratdarstellung grundlegenden Versuche gehen auf F. Salzer[1219] zurück, der die Vorgänge bei der Elektrolyse von Sodalösungen näher untersuchte. Das Verdienst, die Perboratelektrolyse jedoch technisch ausgearbeitet zu haben, kommt O. Liebknecht zu, der in mehreren Patenten die Grundlage für die elektrolytische Gewinnung von Natriumperborat bei der Deutschen Gold- und Silberscheideanstalt[1220] gelegt hat.

Von Kurt Arndt wurde beobachtet, daß nur bei Anwesenheit von milden Alkalien, wie löslichen Carbonaten, in der Boratlösung die Darstellung von Perborat mit befriedigender Ausbeute gelingt[1221]. Arndt verwendete als Anode ein weitmaschiges Platindrahtnetz aus glattem Platin, während als Kathode ein zickzackförmig gewundenes Zinnrohr diente, das gleichzeitig als Kühlschlange ausgebildet war. Die Ausscheidung des gebildeten Perborats wurde durch Impfen und mäßiges Rühren unterstützt. Durch Zugabe von 0,1 g Chromat und 1 Tropfen Türkischrotöl konnte bei einer Strombelastung von 20 Amp. die kathodische Reduktion auf bloß 3% heruntergedrückt werden. An der Anode entwickelt sich Sauerstoff, der aus der anodischen Entladung von Hydroxylionen nach der Gleichung $4\,OH' + 4 \oplus =$ $= 2\,H_2O + O_2$ und dem Zerfall von Persalz stammt. Durch Einreiben der Anode mit Vaselin konnte die Ausbeute an Persalz noch höher getrieben werden[1222].

Bei weiterem Studium des Prozesses durch K. Arndt und E. Hantge[1223] wurde als die günstigste Zusammensetzung des Elektrolyten 120 g/l Na_2CO_3 und 30 g/l Borax gefunden. Die Stromausbeute betrug bei einer Stromdichte von 10 Amp. und einer Badtemperatur von 14° in der ersten halben Stunde etwa 60%, nach 75 Minuten nur noch 41%, wobei ein Gehalt von 14,6 g/l Perborat erreicht war. Wurde die Elektrolyse noch weiter fortgesetzt, so nahm der Perboratgehalt nicht mehr weiter zu, so daß die Stromausbeute immer schlechter wurde.

Diese Erscheinung beruht darauf, daß, wie schon Tanatar festgestellt hat, der elektrische Strom das Perborat zersetzt. Die Erzielung höherer Perboratkonzentrationen findet durch Einstellung eines Gleichgewichtszustandes eine obere Grenze, indem schließlich nach Erreichung einer gewissen Konzentration ebensoviel Perborat zerstört als gebildet wird.

Nach dem DRP. 349 792 arbeitet man am besten bei hoher anodischer und kathodischer Stromdichte, und zwar etwa 40 Amp/dm² an der Anode und etwa 10 Amp/dm² an der Kathode.

Für 1 kg Perborat werden rund 7 kWh verbraucht. Die Stromausbeute steigt zwar mit sinkender Temperatur, jedoch kann man schwerlich unter 14° herabgehen, weil sonst das erhaltene Perborat durch ausfallendes Natriumcarbonat und Borax verunreinigt werden würde. Durch zu starke Hydroxylionenkonzentration wird das Anodenpotential und damit die Ausbeute erniedrigt, so daß nur innerhalb gewisser p_H-Grenzen mit guter Stromausbeute Perborat erhalten werden kann. Verunreinigungen, wie Platin und Eisen, setzen die Stromausbeute sehr stark herab.

Bemerkt sei noch, daß unabhängig von O. Liebknecht auch T. Valeur[1224] in Norwegen die Darstellungsmethode von Perborat auf elektrolytischem Weg aus Soda- und Boraxlösungen fand.

Aus Stromspannungskurven schlossen Arndt und Hantge, daß der bei etwa 1,7 Volt auftretende Knick bei Verwendung einer Borax-Sodalösung auf die Gegenwart eines höheren Platinoxyds zurückzuführen sei (s. Grube und Dulk[1225]), dem sie die Rolle des Zwischenstoffes bei der Oxydation des Metaborats zuschrieben. Nach F. Foerster[1226] soll aber an der Anode Percarbonat entstehen, welches zufolge seiner teilweisen Hydrolyse das zur Perboratbildung erforderliche Wasserstoffperoxyd liefert. Wahrscheinlich dürfte sich der Vorgang eher im Sinne der Auffassung von Foerster abspielen, wenngleich eine eindeutige Entscheidung für eine der beiden Anschauungen noch nicht gegeben werden kann. Feststehend ist bloß, daß die Perboratbildung durch den elektrischen Strom nur eine sekundäre Reaktion ist.

Für die Annahme der Perboratbildung über das Percarbonat spricht auch der Umstand, daß tatsächlich diese Reaktion ja praktisch ausführbar ist, wie aus den Verfahren der DRP. 193 722, 218 569, 408 861 und 408 862 hervorgeht. Auch das Verfahren der Scheideanstalt nach dem DRP. 347 366 beruht auf der Herstellung von Perborat durch Umsetzung von Na-metaborat mit Percarbonat. Wenn die Bildung des Perborats durch Oxydation durch das Platinprimäroxyd erfolgen würde, so ist auch nicht einzusehen, warum diese Oxydation nicht auch bei der anodischen Behandlung von reinen Boratlösungen auftritt, sondern immer nur an die Anwesenheit von löslichen Carbonaten gebunden ist.

Heute ist die elektrische Darstellung das wichtigste Verfahren zur Gewinnung von Perborat, das in größtem Maßstabe von der Scheideanstalt in Rheinfelden durchgeführt wird.

Wie sich gezeigt hat, verbindet sich die während der Elektrolyse frei werdende Kohlensäure mit der Soda zu Bicarbonat, das nach Überschreiten einer Konzentration von etwa 70 bis 75 g/l ausfallen, das Perborat verunreinigen und dabei auch dessen Haltbarkeit herabsetzen würde:

$$Na_2B_4O_7 + 2\,Na_2CO_3 + 4\,O + 17\,H_2O = 4\,NaBO_2 \cdot H_2O_2 \cdot 3\,H_2O + 2\,NaHCO_3.$$

Es ist daher notwendig, das unerwünschte Ansteigen des Bicarbonatgehaltes im Elektrolyten zu verhindern, was entweder durch Zusatz von freiem Alkali oder Metaborat sowie durch Kaustifizierung der Mutterlauge vor ihrer Verwendung erfolgen kann[1227]. An Stelle von Ätznatron und Kalk wird, nach der Schweiz. Patentschrift 86 188 die Überführung des Bicarbonats in Natriumcarbonat mittels Natriumperoxyd vorgenommen:

$$6\,NaHCO_3 + 4\,Na_2O_2 + Na_2B_4O_7 + 13\,H_2O = 4\,NaBO_2 \cdot H_2O_2 \cdot 3\,H_2O + 6\,Na_2CO_3.$$

Es wird dabei auch noch etwas mehr Perborat gebildet.

Suspendiert man in einer gesättigten Borax-Sodalösung gemahlenen Borax, so kann der Borax direkt in Perborat übergeführt werden [1228] (Scheideanstalt). Unterbricht man die Elektrolyse früher, so kann man Mischungen von Borax und Perborat (Perborax) erhalten. Ein Zusatz von Natriumperborat oder Natriumcarbonat beschleunigt die Überführung des Borax in Perborat.

Die schädlichen Katalysatoren, wie z. B. Eisenverbindungen aus der Soda, können entweder durch Auskochen der Sodalösung vor ihrer Verwendung oder durch Zusatz von Schutzstoffen, wie Zinnsäure oder Magnesiumsilikat[1229], unwirksam gemacht werden. In gewissem Sinn wirkt auch die Abscheidung der Schwermetalle an der Kathode reinigend auf die Lösung ein, jedoch ist bis zum Eintritt der Ausscheidung der Katalysatoren die Energieausbeute vermindert, so daß diese Art der Elektrolytreinigung nicht mehr vorteilhaft ist.

Da die dauernde Sättigung des Elektrolyten an Soda für eine gute Ausbeute notwendig ist, ist dafür Sorge zu tragen, daß außer Borax auch Soda ständig als Bodenkörper vorhanden ist[1230] (Scheideanstalt).

Ebenso wie bei der Persulfatelektrolyse läßt sich durch einen Zusatz von Chromsäure und ihren Salzen, wie Alkali-, Erdalkali-, Aluminium- oder Magnesiumchromaten zum Elektrolyten die kathodische Reduktion vermindern, weshalb auch ohne Diaphragma gearbeitet werden kann[1231]. Nach Versuchen von R. Matsuda[1232] vermindert aber Kaliumchromat die Stromausbeute, ebenso Kaliumsulfat, während Kaliumchlorid enthaltende Lösungen zwar eine gute Stromausbeute zeigen, aber die Platinanoden angreifen. In gleichem Sinne wie bei der Bisulfatoxydation wirkt auch bei der Perboratherstellung ein Zusatz von Fluoriden oder Perchlorat durch Erhöhung des Anodenpotentials auf die Ausbeute steigernd ein[1233] (Scheideanstalt). Ebenso übt ein Zusatz von Natriumcyanid auf die Katalysatoren einen lähmenden Einfluß aus[1234]. Der Zusatz von Chromsäure oder ihrer Verbindungen ist auch dann von großem Vorteil, wenn angreifbare Kathoden, wie solche aus Zink, Aluminium oder Zinn, verwendet werden[1235] (Scheideanstalt). Da die Lösungsprodukte solcher Kathoden auch katalytisch zersetzend auf die Perboratlösungen einwirken, können diese Kathodenmaterialien nur nach einem Chromsäurezusatz verwendet werden. Durch die Ausbildung eines Schutzüberzuges aus Chromverbindungen an der Kathode wird die Haltbarkeit dieser Kathoden verbessert, eine gute Stromausbeute gesichert und ein metallfreies, rein weißes Endprodukt erhalten[1236]. Andere geeignete Kathodenmaterialien sind Blei, Eisen, Kupfer, Nickel oder Kohle[1237].

Die nicht oder ungenügend elektrolytisch wirksamen Teile der Kathode werden entweder durch einen Lacküberzug oder durch Befestigung von Stücken aus unangreifbarem Stoff, wie Hartgummi, geschützt. Sehr wichtig ist auch der Schutz der Kathode an der Eintrittsstelle in den Elektrolyten, wo sie gleichzeitig der Einwirkung der Luft und der Flüssigkeit ausgesetzt ist. Als besonders geeignet hat sich ein Nickelüberzug erwiesen[1238] (Scheideanstalt). Als Kathodenmaterialien wurden auch schon Chromstähle, wie z. B. V2A Stahl, vorgeschlagen[1239]. Als Anodenmaterial kommt wegen der hohen erforderlichen Überspannung nur glattes Platin in Betracht. Um an diesem teuren Metall zu sparen, trachtet man das Platingewicht so niedrig wie möglich zu machen und verwendet daher häufig Netzelektroden. Die Befestigung dieser Elektroden und die Stromzuführung wird dabei derart vorgenommen, daß andere stromleitende und vom Elektrolyten schwer angreifbare Metalle zur Versteifung des Drahtnetzes und zur Stromzuführung verwendet werden. So wird im DRP. 295 178 für diesen Zweck Aluminium, im DRP. 358 699 Zink und im DRP. 360 037 Legierungen des Zinks mit Kadmium. Zinn oder Aluminium, im russischen Patent 42 048 nicht rostender Stahl vorgeschlagen. Die Verwendung des Zinns oder seiner Legierungen bietet den Vorteil, daß man nicht wie beim Aluminium die Verbindung mit dem Platin durch Schweißen, sondern durch Pressen herbeiführen kann.

Wie aus den Abb. 43 und 44 ersichtlich ist, ist das Platindrahtnetz *a* in einem aus zwei Teilen bestehenden Zinkrahmen *b* und b_1 durch Schrauben *d* eingeklemmt. Auch die Stromzuführung *e* besteht aus Zink. Notwendig ist aber, daß die ganze Anode ständig vom Elektrolyten bedeckt ist. Auch Legierungen des Platins mit Kupfer oder Nickel mit etwa 50% Platin sind als Anodenmaterial geeignet[1240] (Scheideanstalt), selbstverständlich auch die bei der Perschwefelsäureelektrolyse gebräuchlichen Platinelektroden auf Tantalstreifen[1241].

Die Zellen bestehen aus Steinzeug, mit Ebonit bekleidetem Blecheisen, emailliertem Gußeisen, Kautschuk, Balata oder chloriertem Kautschuk.

Durch kathodische Reduktion von Sauerstoff in einem Elektrolyten von Natriumhydroxyd, Borax, Natriumsulfat und $Na_2HPO_4 \cdot 12\,H_2O$ stellt die Firma Henkel[1241] Wasserstoffperoxyd her, das dann reines Perborat zur Abscheidung bringt. Als Anode dient Platin oder Blei, als Kathode amalgamiertes Silber, die durch einen Diaphragmenschlauch voneinander getrennt sind. Die Stromdichte an der Kathode beträgt 0,2 Amp/dm².

Bei der technischen Ausführung der Perboratherstellung auf elektrolytischem Wege werden Soda und Borax bei der dauernden Wiederverwendung des Elektrolyten im Kreislauf fortlaufend ergänzt. Wie sich jedoch gezeigt hat, stehen einer dauernden Verwendung des Elektrolyten Schwierigkeiten entgegen, die sich in einem allmählichen Sinken der Stromausbeute äußern. Die Ursache der Stromausbeuteverminderung beruht auf der Anreicherung von Katalysatoren in außerordentlich feiner Verteilung, die auf den aktiven Sauerstoff zersetzend einwirken. Um zu vermeiden, daß mit einer neu bereiteten Elektrolytlösung weitergearbeitet werden muß, werden nach einem Vorschlage von H e n k e l[1242] die Lösungen vor einer erneuten Elektrolyse mit feinkörnigem Silicagel (etwa 2 g/l Lösung) aufgekocht, wodurch die Katalysatoren vom Silicagel absorbiert und aus der Lösung herausgenommen werden. Das Aufkochen erfolgt dabei bei einem Überdruck von etwa 3 Atm. und guter Aufwirbelung des Gels durch Rühren, Luft- oder Dampfeinleiten. Die Kochdauer beträgt etwa 1 Stunde. Unterwirft man den Elektrolyten in geeigneten Zeitabständen der Behandlung mit Silicagel, so kann man ohne weitere Schwierigkeiten im Dauerbetrieb Ausbeuten von 60 bis 65% erzielen. Das auf elektrolytischem Wege hergestellte Perborat ist 99 bis 100% rein. Die Möglichkeit der Wiederverwendung der Restlauge bietet einen wesentlichen Vorteil der elektrolytischen Darstellungsmethode gegenüber der rein chemischen Herstellung.

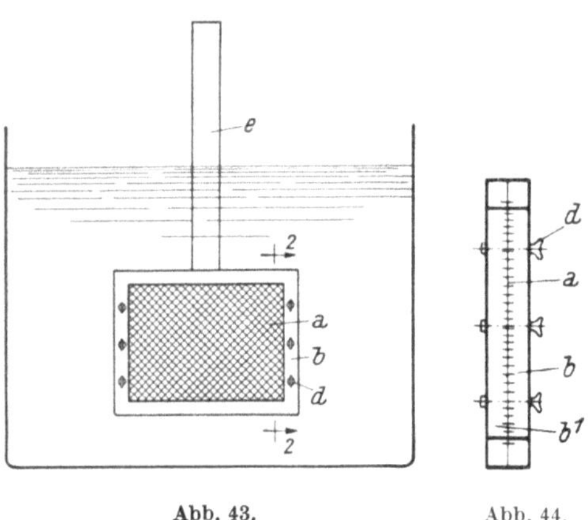

Abb. 43. Abb. 44.

Platindrahtnetzanode mit Zinkrahmen für die Perboratelektrolyse (DRP. 358699).

Nach P. G. A a l s g a r d[1243] benötigt man bei 40%iger Ausbeute für 1 t Perborat 700 kg Borax mit 200 kg Soda. Für die Herstellung von 1 t Perborat / Tag und 330 Arbeitstage pro Jahr sind 450 PS, 7 kg Platin und zirka 10 Arbeiter erforderlich.

In der größten Perboratfabrik der Welt, der Anlage der Scheideanstalt in Rheinfelden, wird nach dem Verfahren von O. L i e b k n e c h t gearbeitet. Eine Lösung von 30 g Borax und 120 g Soda im Liter, die noch 1 g/l Chromat enthält, wird in großen, mehrere 100 l fassenden Bottichen an gekühlten Platinanoden oxydiert. Die Kathoden bestehen aus wassergekühlten Zinnrohren. Die Temperatur beträgt 10 bis 15°, die anodische Stromdichte 10 bis 20 Amp/dm², die Stromausbeute anfänglich 60%, später etwas weniger. Gute Kühlung und starke Rührung sind Grundbedingungen für das gute Gelingen des Prozesses. Aus dem schließlich mit Perborat übersättigten Elektrolyten fällt dieses in fester Form aus, die Kristalle werden in unter den Elektrolysenbottichen befindlichen Zentrifugen abgedeckt, ausgeschleudert und gelangen schließlich direkt in Fässer. Der Betrieb ist vollständig automatisiert. Er erstreckt sich über 3 Etagen, nämlich Elektrolyse, Zentrifugen und Verpackung. Der Elektrolyt kann immer wieder regeneriert oder auf chemischem Weg auf Perborat aufgearbeitet werden.

In der Fabrik in Largorello (Toskana) benützt man nach Sborgi und Lenz[1234] einen Elektrolyten mit 23% $Na_2CO_3 \cdot 10\,H_2O$, 3,3% $Na_2B_4O_7 \cdot 10\,H_2O$, 1,5% $NaHCO_3$ und 0,05% CrO_3, dem noch einige Hundertstel Prozente negativer Katalysatoren sowie während der Elektrolyse Borax und Soda in gepulvertem Zustand zugegeben werden. Das Bad bleibt 18 Stunden bei 10 bis 12 Volt und 250 Amp in Betrieb. Die Ausbeute beträgt 40%, der Energieaufwand als 8,7 kWh/1 kg Perborat.

Wasserentzug. Der Gehalt an aktivem Sauerstoff von theoretisch 10,4% läßt sich noch erhöhen, wenn dem Produkt Wasser entzogen wird. So verliert Perborat über konzentrierter Schwefelsäure oder Phosphorpentoxyd schon bei gewöhnlicher Temperatur leicht 3 Moleküle Wasser[1211]. Hierbei bildet sich ein Produkt der ungefähren Zusammensetzung des Monoperhydratmetaborat $NaBO_2 \cdot H_2O_2$ mit 16% aktivem Sauerstoff. Eine völlige Entwässerung läßt sich aber nicht erzielen, da bei einer weiteren Entwässerung Sauerstoffverluste auftreten und das Produkt eine tiefgreifende Veränderung erfährt. Der Rückstand ist gelblich gefärbt und hat die Fähigkeit verloren, mit Wasser oder verdünnten Säuren Wasserstoffperoxyd abzuspalten, vielmehr zerfällt er in Berührung mit Wasser unter spontaner Sauerstoffentwicklung. Foerster[496] schrieb dem Entwässerungsprodukt die Zusammensetzung eines Gemisches aus $NaBO_2 \cdot H_2O_2$, $NaBO_2 \cdot x\,H_2O$ und einem assoziierten Komplex der Formel $[(NaBO_2)_2O_2]$ zu, der mit Wasser stürmisch nach der Gleichung $[(NaBO_2)_2O_2] + 2\,H_2O = 2\,[NaBO_2 \cdot H_2O] + O_2$ reagiert.

T. J. Taylor und G. G. Taylor[1245] fanden für den Dampfdruck von $NaBO_2 \cdot H_2O_2 \cdot 3\,H_2O$ die Formel $\log p = 12{,}19 - (3286/T)$. Die Entwässerungswärme zwischen 25 und 45° wurde für die 3 Moleküle Wasser zu 13,530 cal berechnet. Für die Entwässerung im Vakuum wurde eine Beziehung $\log u = 13{,}86 - (4409/T)$ gefunden, wobei u die Fortpflanzungsgeschwindigkeit bedeutet. Die Lösungswärme bei 25° in 500 Molen Wasser ändert sich bei der Entwässerung bei 140° in 3 Stunden allmählich von $-$ 11 920 cal auf 8 170 cal.

Wie Debye-Scherrer-Aufnahmen und Röntgenogramme der verschiedenen Entwässerungsstufen von Perboraten durch H. Menzel gezeigt haben[494], ändern sich bis Entwässerungstemperaturen von 50 bis 55° bis zur Abgabe von 3 Molekülen Wasser die Gitter merklich, sie bleiben aber selbst bei Entwässerungstemperaturen bis zu 120° strukturverwandt. Das bei 120° erhaltene Reaktionsprodukt gibt nach dem schwachen Glühen zu nahezu anhydrischem Monoborat ein vollkommen verändertes Bild, so daß erst dadurch das Perboratgitter vollständig zusammenbricht.

Zur Erhöhung des Sauerstoffgehaltes des Perborats sind in der Technik außer dem Verfahren des Ersatzes von Wasser durch Wasserstoffperoxyd auch noch eine Reihe weiterer Verfahren bekannt, die auf der Entwässerung des Natriumperborats beruhen. Außer einem höheren Gehalt an aktivem Sauerstoff sind die entwässerten Perborate auch von längerer Haltbarkeit beim Lagern, während jene durch weitere Anlagerung von Kristallhydroperoxyd ungleich geringere Haltbarkeit aufweisen. Die Entwässerung kann nach dem Vorschlage von Byk[1246] im Vakuum unter ständiger Abführung des Wassers bei Temperaturen von etwa 50° vorgenommen werden. Auch eine Behandlung mit wasserfreiem Methyl- oder Äthylalkohol ist wirksam[1247] (Scheideanstalt). Der Aussiger-Verein[1218] führt das Perborat auf laufendem Band durch mehrere Trockenkammern, deren Temperatur von 40 bis 100° stufenweise ansteigt. Beim Trocknen über 100° und im Vakuum erhält man schon Produkte, die sich zur Herstellung von Sauerstoff im gasförmigen Zustand eignen und bis zu 17% entwickelbaren Sauerstoff enthalten (Scheideanstalt)[1249]. Dabei muß aber bei milderen Temperaturen, etwa 40°, mit der Entwässerung begonnen werden, da sonst das Produkt schmilzt und klumpig wird. Getrocknet wird in einem Drehrohrofen aus Aluminium. Die Firma Henkel[1250] setzt die fein verteilten Perborate kurze Zeit einem auf 5 Atm. verdichteten Luftstrom oder überhitzten Wasserdampf bei 220 bis 250° aus, in dem das Perborat in einem Turm heruntergefallen gelassen wird. Durch diese Behandlung sinkt das ursprünglich vorhandene Volumsgewicht von 760 g/l auf 412 g/l.

Die Entwässerung bietet außer der Gehaltserhöhung an aktivem Sauerstoff noch eine Reihe von weiteren Vorteilen. So läßt sich wasserhaltiges Perborat, zu Tabletten gepreßt, nicht verwenden, weil es seinen aktiven Sauerstoff namentlich bei höheren Temperaturen, wie in den Tropen, leicht abgibt. Entwässertes Perborat gibt hingegen sehr lagerbeständige Tabletten[1251]. Weiters ist es wegen der Schwerlöslichkeit des Perborats, das daher in Wasser bei Raumtemperatur nur sehr langsam hydrolisieren und Wasserstoffperoxyd bilden kann, manchmal erwünscht, durch Zusatz von festen Säuren oder sauer reagierenden Stoffen eine raschere Wasserstoffperoxydbildung zu ermöglichen. Während sich aber die Mischung des festen, trockenen Perborats mit 3 Molekülen Kristallwasser mit festen pulverförmigen Säuren schon beim Mischen unter teilweiser Verflüssigung umsetzt, gelingt die innige Vermischung des bis auf 1 bis 2 Moleküle Wasser entwässerten Perborats mit einem halben Molekül freier organischer Säure, wie Wein- oder Zitronensäure, ohne weiteres. Setzt man dieser Mischung Katalyte, wie Eisen-, Mangan-, Kobalt- oder Kupferverbindungen zu, so geben sie bei Berührung mit Wasser nicht Wasserstoffperoxyd, sondern Sauerstoff ab. Auch Desinfektionsmittel oder Adstringentia, wie Salicylsäure oder tanninsaure Salze von Aluminium, Magnesium, Silber, Wismut oder Zink, sowie andere Salze dieser Metalle können mit dem teilweise entwässerten Perborat ohne Gefahr einer Zersetzung gemischt werden (B y k)[1252]. Die Produkte sind aber an der Luft zerfließlich und müssen in verschlossenen Gefäßen aufbewahrt werden. An Stelle der festen Wein- oder Zitronensäure kann man auch deren konzentrierte, stark gekühlte wäßrige Lösungen mit dem Perborat mischen und im Vakuum zur Trockene bringen[1253].

Durch die Zugabe der sauren Substanzen, wie z. B. Natriumbisulfat, wird auch die Sauerstoffabgabe von Perborat in wäßriger Lösung bei erhöhter Temperatur, wie dies beim Waschen und Bleichen üblich ist, geregelt (B y k)[1254]. Ein anderes Mittel zur Erhöhung der Dissoziation des Perborats in wäßriger Lösung ist ein Zusatz von äquivalenten Mengen konzentrierter Phosphor- oder Schwefelsäure in der Kälte. Es entsteht dabei ein klebriger Salzbrei, der nach einigen Tagen an der Luft vollständig hart und trocken wird. Nach dem Zerreiben zu einem feinen Pulver ist dieses an der Luft haltbar und nicht zerfließlich. Diese Produkte enthalten aber nur mehr etwa 6% aktiven Sauerstoff[1255].

Sulfobenzoesaures Natrium kann mit normalem, nicht entwässertem Perborat in festem Zustand in äquivalenten Mengen gemischt werden[1256]. Komplexe saure Salze, die befähigt sind, mit Boraten komplexe Salze zu bilden, wie die neutralen löslichen Alkali-, Erdalkali- und Erdmetallsalze der Essigsäure, Weinsäure, Zitronensäure und Milchsäure, oder lösliche Borotartrate, -zitrate, -aceticotartrate oder -phospholactate der Alkali-, Erdalkali- oder Erdmetalle geben, mit Perborat gemischt, leicht lösliche, haltbare Perboratpräparate[1257]. Die Herstellung dieser Mischungen erfolgt durch Befeuchten der Gemische mit Alkohol unter guter Durchmischung und Trocknung bei niedriger Temperatur. Werden sie auf dem Wasserbade erhitzt, so schmelzen sie, um nach dem Erkalten wieder fest zu werden. Ein Sauerstoffverlust findet dabei nicht statt[1258]. Die Haltbarkeit von Gemischen von Natriumperborat mit Säuren oder sauren Salzen kann durch einen Zusatz von Natriumbicarbonat, namentlich wenn sie zu Tabletten gepreßt werden sollen, verbessert werden[1259]. Durch Umhüllen mit einer Schicht von Wasserglaslösungen, die auf zerstäubtes Perborat aufgesprüht wird, und Entgegenblasen eines warmen, trockenen Luftstromes auf das in einem Turm herabfallende Produkt wird nach dem Verfahren der A. Patentschrift 1 564 156 ein trockenes haltbares Produkt gewonnen. Ähnlich ist die Haltbarmachung durch Überziehen mit kolloidaler Kieselsäure, die durch Behandeln des Perborats mit Wasserglas und darauf mit Salzsäure erhalten wurde[1260].

Durch einen Zusatz von 4 bis 10% Magnesiumbenzoat oder -oxyd kann das Zusammenbacken bei der Lagerung verhindet werden (D u p o n t).

Eine wasserbeständige Emulsion von Perborat wird aus den Mutterlaugen der Perboratfabrikation durch Zusatz von Fettsäuren, wie Stearin-, Palmitin- oder Ölsäure und Zusätzen, welche die Emulgierung fördern, wie Ammonchlorid, -stearat, -oleat, Ammonium- und guajacolsulfosaure Salze und Harze, erhalten[1261].

Eigenschaften. Die Löslichkeit des Natriumperborats in Wasser ist nur gering. In 100 ccm Wasser lösen sich bei gewöhnlicher Temperatur 1,17 g[1171]. Die Lösungswärme in Wasser beträgt bei 16,1° 11 654 cal. Mit steigendem Gehalt an Alkali, Metaborat, Zusatz an Magnesium- oder Ammonsulfat wird die Löslichkeit begünstigt. Die Lösung reagiert zufolge Hydrolyse schwach alkalisch und gibt alle Reaktionen des Wasserstoffperoxyds. Beim Erwärmen der Lösung beginnt bei 50 bis 60° langsame Sauerstoffentwicklung, die bei 100° stürmisch wird. Mit verdünnten Säuren wird Wasserstoffperoxyd gebildet, von konzentrierter Schwefelsäure wird es aber unter starker Sauerstoff- und Ozonentwicklung zersetzt. Bleidioxyd, Mangandioxyd, Kaliumpermanganat, Kobaltoxyd, Kupferoxyd, Silbernitrat, Ammonsulfid, Platinschwarz, Gold und Kupfer wirken zersetzend. Die Haltbarkeit in trockenem Zustand ist eine ganz hervorragende. Nach von G i r s e w a l d verliert es nach 12 Monaten in offenen Gefäßen nur 0,1%, nach 2 Jahren nur 0,22% des aktiven Sauerstoffes. Die Aufbewahrung erfolgt am besten an einem kühlen und trockenen Ort.

Natriumperborat in Zahnpasten kann eine Hyperkeratose der Zunge verursachen. Seine ätzende Wirkung auf die Mundschleimhäute verschwindet in Mischungen, die 30% Natriumperborat, 25 bis 45% Monocalciumphosphat und restlichem Tricalciumphosphat enthalten.

Natriumperborat findet ausgedehnte Verwendung zur Herstellung von Wasch- und Bleichmitteln, desinfizierend wirkenden Tabletten und zum Herstellen von Sauerstoffbädern. Es kommt unter dem Namen „Enka IV" von den Chemischen Werken Kirchhoff und Neirath, „Peroxydol" und anderen in den Handel.

b) L i t h i u m-, R u b i d i u m- u n d C a e s i u m b o r a t p e r h y d r a t.

Während von Kalium und Ammonium nur die bereits erwähnten echten Perborate $KBO_3 \cdot 0{,}5\ H_2O$ und $NH_4BO_3 \cdot 0{,}5\ H_2O$ bekannt sind, konnte H. M e n z e l[495] durch Auflösen von Lithiummonoboratoctohydrat (20 g) mit Perhydrol (17 g) in Wasser (120 g), Kühlen und Fällen mit dem doppelten Volumen von auf 0° abgekühltem Alkohol eine zähflüssige Bodenphase abscheiden, die sich nach einem mehrtägigen Verweilen unter Alkohol verfestigte. Das Produkt hatte die Zusammensetzung $LiBO_2 \cdot H_2O_2 \cdot H_2O$ und ließ sich im Phosphorpentoxydexsikkator oder durch Trocknung bei 50° in das stabile $LiBO_2 \cdot H_2O_2$ überführen. In Wasser bildet nur dieses die stabile Phase. Durch Trocknung bei 120° entsteht in Analogie mit dem Natriumperborat ein Gemisch von $LiBO_2 \cdot x\ H_2O_2$, $LiBO_2 \cdot H_2O_2$ und $(LiBO_2)_2 \cdot O_2$. Das von R. B e c z n e r - L o w y beschriebene $Li_2B_2O_5 \cdot 2{,}5\ H_2O$ existiert nicht[495].

Rubidiumperborat $RbBO_3 \cdot H_2O$(?), wahrscheinlich $RbBO_2 \cdot H_2O_2$ und Caesiumperborat $CsBO_3 \cdot H_2O$(?), wahrscheinlich $CsBO_2 \cdot H_2O_2$, wurden von C h r i s t e n s e n[1262] aus Rubidium- bzw. Caesiumhydroxyd, Borsäure und Wasserstoffperoxyd dargestellt.

B. Erdalkali-, Magnesium-, Zink- und Aluminiumboratperhydrate.

Wie schon Melikoff und Pissarjewski[1174] sowie Bruhat und Dubois[1211] festgestellt haben, entstehen bei der Einwirkung von Lösungen von Natriumperborat auf die Lösungen von Magnesium-, Calcium-, Barium- oder Strontiumsalzen weiße, wenig lösliche Perborate dieser Metalle.

Für die technische Darstellung der Erdalkalimetall- und anderen Metallboratperhydraten sind bisher ausschließlich rein chemische Methoden angewandt worden. Aus Natriumperoxyd oder Na-peroxydhydrat, Magnesiumchlorid und Borsäure stellte die Scheideanstalt Magnesiumperborat her. Dieses wird auch bei der Einwirkung von Magnesiumperoxydhydrat auf Borsäure gebildet[1263]. Verwendet man an Stelle der Magnesiumsalze Zinksalze, so entsteht das entsprechende Zinkperborat[1264].

Magnesiumperborat ist ein weißer amorpher Körper. Beim längeren Behandeln mit Wasser geht das saure Magnesiumperborat in Lösung unter Hinterlassung von basischem Magnesiumperborat, so daß man allein durch Wasser ein mehr oder weniger basisches, d. h. ein wechselnde Mengen von Borsäure und aktiven Sauerstoff enthaltendes Produkt erhält[1265]. Es ist weniger löslich als Natriumperborat und für pharmazeutische Zwecke wegen seiner guten Haltbarkeit, geringen Alkalinität, seines hohen Sauerstoffgehaltes sowie des Fehlens jeglichen Geschmacks besonders geeignet. Es kann auch als Zahnputzmittel verwendet werden (Girsewald)[1266].

Über die Konstitution und die Frage, ob echte Per- oder Anlagerungsverbindungen bei dieser Klasse von Perboraten vorliegen, läßt sich mangels Angaben und eingehender genauer Untersuchungen in der Literatur nichts Näheres aussagen. Auf Grund ihrer Herstellungsweise ist aber die Annahme gerechtfertigt, daß keine echten Perborate, sondern Anlagerungsverbindungen vorliegen.

Zinkperborat stellt ein amorphes lockeres Pulver mit 9,5% aktivem Sauerstoff dar, das beim Auswaschen Borsäure an die Waschflüssigkeit abgibt, wozu auch geringe Mengen aktiven Sauerstoffes treten. Es findet in der Medizin, namentlich der Dermatologie, Verwendung, wozu es wegen seiner geringen Alkalität besser geeignet ist als das Natriumperborat.

Durch Schmelzen von Magnesiumsulfat mit Natriumperborat oder mit Natriumperoxyd, Borax und Borsäure zur Absättigung des überschüssigen Alkalis stellt Henkel Magnesiumperborat her[1267]. Ersetzt man die Magnesiumsalze durch Zinksalze, so erhält man Zinkperborat[1268]. Die auf dem Schmelzweg erhaltenen Magnesium- und Zinkperborate sind beständiger als die auf nassem Wege gewonnenen. Weiters entsteht Magnesiumperborat beim Zerreiben von Natriumperporat mit einem Magnesiumsalz, jedoch sind dabei die Sauerstoffverluste ziemlich groß. Auch durch Eindampfen der Mutterlauge der Natriumperboratherstellung mit Magnesiumsulfat erhält man ein magnesiumperborathältiges Produkt mit 2 bis 3% aktivem Sauerstoff[1269]. O. Liebknecht gelangte zu Magnesiumperborat aus einer Lösung von Borax in wäßriger Natronlauge und Wasserstoffperoxyd sowie einem Zusatz von Magnesiumchlorid[1270].

Calciumperborat entsteht bei der Umsetzung von Natriumperborat in wäßriger Lösung mit Calciumsalzen[1271]. Das Salz ist aber sehr zersetzlich. Arbeitet man jedoch nur bei Gegenwart von sehr wenig Wasser, z. B. nur mit dem Kristallwasser allein, so erhält man festes Calciumperborat, das gegen Wasser nicht mehr so empfindlich ist. Man kann auch von Wasserstoffperoxyd und Alkaliborat oder Natriumperoxyd, Borsäure und Mineralsäuren ausgehen[1272]. Die Zurückdrängung der Hydrolyse läßt sich auch durch Verwendung derart stark konzentrierter Wasserstoffperoxydlösungen erhalten, daß diese auch nach Zutritt des Lösungswassers noch immer mindestens 10% H_2O_2 beträgt[1273]. Ähnlich wie Calciumperborat können auch Zink- und Magnesiumperborat dargestellt werden.

Ein Natrium- oder Kaliumaluminiumperborat wird durch Einwirkung von Borsäure und Alkali auf Aluminiumverbindungen (Natriumaluminat) bei Gegenwart von Wasserstoffperoxyd dargestellt[1274]. Die Erfinderin Chem. Fabrik Coswig-Anhalt gab dem Produkt die Formel $Al_2Na_2B_2O_9 \cdot 5\,H_2O$. Es stellt ein weißes, ungiftiges, nicht ätzendes Pulver mit 7 bis 9% aktivem Sauerstoff dar, das allmählich hydrolytisch gespalten wird. Noch weniger alkalisch ist ein Calciumaluminiumperborat[1275], das durch Lösen von Aluminiumchlorid und Borsäure in Wasserstoffperoxyd und Fällung des Doppelborates mit Ätzkalk erhalten wird. Es stellt ein gelblichweißes lockeres Pulver mit 5% aktivem Sauerstoff dar.

Calcium-, Magnesium- und Zinkperborat können auch durch Fällung einer H_2O_2 enthaltenden Lösung des betreffenden Metallsalzes mit Natriummetaborat erhalten werden[1276].

Über ein Uranylperborat UBO_4 (?), das aus Perborat und UO_2 als sehr beständiges gelbes Salz erhalten wird, berichten Bruhat und Dubois[1275]. Das von diesen Forschern dargestellte Bariumperborat soll die Zusammensetzung $Ba(BO_3)_2 \cdot 7\,H_2O$ (?) aufweisen. $BaB_2O_5 \cdot 3\,H_2O$ (?) soll als unlöslicher Niederschlag beim Übergießen von Bariumperoxydhydrat mit Lösungen von Bor- und Weinsäure entstehen[1277].

Literaturverzeichnis.

[1168] H. A. Liebhafsky, Ztschr. anorgan. allg. Chem. **221**, 25, 1934. — [1169] Tanatar, Ber. Dtsch. chem. Ges. **43**, 127, 1910. — [1170] Le Blanc und Zellmann, Ber. Dtsch. chem. Ges. **43**, 566, 2524, 1910. — [1171] Dieselben, Ztschr. anorgan. allg. Chem. **180**, 127, 1929. — [1172] F. Münzberg, Lotos **76**, 351, 1928; Chem. Ztrbl. 1931 I 2302. — [1173] Tanatar, Ztschr. physikal. Chem. **26**, 132, 1898; **29**, 162, 1899. — [1174] Melikoff und Pissarjewski, Ber. Dtsch. chem. Ges. **31**, 678, 1898. — [1175] DRP. 193 559. — [1176] DRP. 193 559. — [1177] DRP. 253 169. — [1178] O. T. Christensen, Danske Selsk Forh. **1904**, 401. — [1179] Askenasy, DRP. 299 300. — [1180] DRP. 316 997. — [1181] DRP. 318 219. — [1182] DRP. 329 845. — [1183] Askenasy und Fuhrmann, Chem. Ztg. **45**, 437, 639, 851, 1921. — [1184] Scheideanstalt, DRP. 548 432. — [1185] Hempel, DRP. 274 437. — [1186] Großmann und Schwed, Österr. P. 68 854. — [1187] Girsewald, DRP. 204 279; 229 675. — [1188] Askenasy, DRP. 337 058. — [1189] Chem. Werke vorm. Byk, DRP. 256 920. — [1190] Chemische Fabrik Coswig-Anhalt, DRP. 461 183. — [1191] DRP. 237 608. — [1192] Rößler und Haßlacher, DRP. 507 522. — [1193] Chem. Werke vorm. Dr. H. Byk, DRP. 236 881. — [1194] DRP. 238 104. — [1195] DRP. 238 338. — [1196] DRP. 250 331. — [1197] Berliner Chem Fabrik, DRP. 250 262. — [1198] G. F. Jaubert, DRP. 193 559. — [1199] DRP. 207 580. — [1200] Chemische Fabrik Reisholz, DRP. 262 144. — [1201] F. Fritsche, A. P. 903 967. — [1202] J. Auer, DRP. 281 134. — [1203] Zulkowski, Chemische Ind. **23**, 108, 1910. — [1204] Du Pont, A. P. 2 067 227. — [1205] Scheideanstalt, DRP. 193 522. — [1206] Scheideanstalt, DRP. 408 861. — [1207] DRP. 408 862. — [1208] E. P. 434 991. — [1209] F. Bergius, DRP. 243 948. — [1210] Henkel & Cie., DRP. 283 894. — [1211] Bruhat und Dubois, Compt. rend. Acad. Sciences **140**, 506, 1905. — [1212] Poulenc, F. P. 411 258. — [1213] Beltzer, Rev. Electrochem. **5**, 1, 1911; Moniteur scient. **74**, 10, 1911. — [1214] Constam und Bennet, Ztschr. anorgan. allg. Chem. **25**, 265, 1900; **26**, 451, 1901. — [1215] W. C. Polack, Ztschr. Elektrochem. **21**, 253, 1915. — [1216] E. Bürgin, Dissertation, Berlin 1911. — [1217] Bürgin und Bariumoxyd GmbH., DRP. 245 531. — [1218] S. Bodforss und A. Arstal, Ztschr. Elektrochem. **31**, 1, 1925. — [1219] F. Salzer, Z. Elektrochem. **49**, 893—902, 1902. — [1220] Degussa (Erfinder: O. Liebknecht), A. PP. 1 235 904, 1 235 905, 1 235 060, 1 235 061, 1 268 369, 1 281 983, 1 395 684, 1 395 685. — [1221] DRP. 297 223. — [1222] K. Arndt, Ztschr. Elektrochem. **22**, 63, 1916. — [1223] K. Arndt und E. Hantge, Ztschr. Elektrochem. **28**, 263, 1922. — [1224] T. Valeur, Tidskr. Kemi Fumaci og Terapis **1916**, Nr. 17, 18. — [1225] Grube und Dulk, Ztschr. Elektrochem. **24**, 237, 1918. — [1226] F. Foerster, Ztschr. angew. Chem. **1921**, 254. — [1227] DRP. 347 368. — [1228] Scheideanstalt, DRP. 347 602. — [1229] Schweiz. P. 75 522, 76 326. — [1230] Scheideanstalt, DRP. 348 148. — [1231] Scheideanstalt, Schweiz.

P. 75 612, 75 615. — [1232] R. Matsuda, Bull. Soc. chem. Japan **11**, 456–64, 1936. — [1233] Scheideanstalt, DRP. 350 986. — [1234] Österr. P. 91 009. — [1235] Österr. P. 87 422. — [1236] DRP. 424 297. — [1237] DRP. 378 891. — [1238] Scheideanstalt, DRP. 381 421. — [1239] DRP. 566 423. — [1240] Scheideanstalt, DRP. 405 711. — [1241] Henkel & Cie., DRP. 302 735. — [1242] Henkel & Cie., DRP. 431 075, 451 344. — [1243] P. G. Aalsgard, Trans. Amer. electrochem. Soc. **40**, 139, 1921 — [1244] Sborgi und Lenzi, Giorn. chim. ind. appl. **8**, 423, 1926; Chem. Ztrbl. 1926 II 2471. — [1245] T. J. Taylor und G. G. Taylor, Ind. engin. Chem. **27**, 672, 1935. — [1246] Byk, DRP. 268 814. — [1247] Scheideanstalt, DRP. 286 545. — [1248] Aussiger Verein, DRP. 299 410. — [1249] Scheideanstalt, DRP. 528 873. — [1250] Henkel & Cie., F. P. 775 351. — [1251] DRP. 246 713. — [1252] Byk, DRP. 243 368, 245 221. — [1253] DRP. 283 981. — [1254] Byk, DRP. 249 325. — [1255] DRP. 272 077. — [1256] DRP. 257 808. — [1257] DRP. 261 633. — [1258] DRP. 271 194. — [1259] DRP. 268 401. — [1260] Poln. P. 16 050. — [1261] DRP. 253 169. — [1262] Christensen, Danske Vidensk. Selsk. Forh. **1904**, Nr. 6. — [1263] DRP. 165 279. — [1264] DRP. 165 278. — [1265] DRP. 227 907. — [1266] Girsewald, in Dammer, Handbuch der anorgan. Chemie, Bd. III, S. 76; Bd. IV, S. 668. — [1267] Henkel & Cie., DRP. 278 868, 282 226. — [1268] DRP. 282 986. — [1269] DRP. 244 879. — [1270] O. Liebknecht, A. P. 1 185 216. — [1271] Ber. Dtsch. chem. Ges. **31**, 954, 1898. — [1272] DRP. 248 683. — [1273] DRP. 266 517. — [1274] DRP. 235 050. — [1275] DRP. 250 074. — [1276] DRP. 237 096. — [1277] A. Étard, Compt. rend. Acad. Sciences **91**, 932, 1880.

Zusammenstellung der Patentliteratur über die Herstellung von Perboraten auf chemischem Wege.

D. 165 278 (Ö. 21 600, F. 348 456, 350 388, E. 22 004/1904, 26 790/1904, 6585/1905, A. 788 780, 824 798). Scheideanstalt. Zinkperborat durch Einwirkung von Na_2O_2 oder Na-Peroxydhydrat und Borsäure oder Na-Perborat auf Zn-Salze oder von Zn-Peroxydhydrat auf Borsäure.

D. 165 279 (A. 816 925). Zusatz zu D. 165 278. Dieselbe. An Stelle der Zn-Salze werden Mg-Salze verwendet.

D. 193 722 (Ö. 36 447). Dieselbe. Einwirkung von Alkalipercarbonat auf Alkaliborate.

D. 204 279. v. Girsewald. Einwirkung von H_2O_2 auf Na-Metaborat in Gegenwart von NaOH und aussalzender Mittel, wie NaCl.

D. 207 580 (Ö. 40 656, F. Zusatzpt. 2900). G. F. Jaubert. Zusatz zu D. 193 559. Es wird gleichzeitig Borsäure und eine Mineralsäure oder Borsäure und H_2O_2 auf das Alkaliperoxyd einwirken gelassen.

D. 218 569 (Ö. 43 836, E. 503/1906, A. 842 470, 842 471, 842 472, 842 473). Scheideanstalt. Natriumperborat aus Borsäure, Boraten, Na_2O_2 und CO_2 oder $NaHCO_3$.

D. 226 090 (Schw. 50 072). L. Sarason. Regelung der Sauerstoffabgabe aus Perboraten durch Mischung mit pyrophosphorsauren Alkalisalzen.

D. 229 675. Zusatz zu D. 204 279. v. Girsewald. Ein Teil des H_2O_2 und NaOH wird durch Na_2O_2 ersetzt.

D. 235 050 (Ö. 48 159). Chemische Fabrik Coswig-Anhalt G. m. b. H. Borsäure und Alkalien werden bei Gegenwart von H_2O_2 oder Na_2O_2 auf Al-Salzlösungen einwirken gelassen.

D. 236 881 (Ö. 45 299, F. 406 974, Schw. 48 594). Chemische Werke vorm. H. Byk. Borax und Na_2O_2 oder Natriumperborat werden bis zum Schmelzen erhitzt oder Na_2O_2 im geschmolzenen Borax aufgelöst.

D. 237 096. Chemische Fabrik Grünau, Landshoff u. Meyer A. G. und A. Bräuer. Die H_2O_2 enthaltende Lösung von Ca-, Mg- oder Zn-Salz wird mit Natriummetaborat behandelt.

D. 237 608 (F. 431 595). Konsortium für Elektrochemische Industrie G. m. b. H. H_2O_2 wird auf ein Gemisch von Borax und Soda einwirken gelassen.

D. 238 104 (E. 19 755/1909). Zusatz zu D. 236 881. Chemische Werke vorm. H. Byk. Na_2O_2 oder Na-Perborat wird mit Borsäure geschmolzen.

D. 238 338. Zusatz zu D. 236 881. Dieselbe. Na-Perborat wird mit Kristallsoda, Na-Sulfat, Na-Silikat, Na-Phosphat geschmolzen.

D. 243 368 (Ö. 48 784, F. 401 911, E. 7495/1909, A. 975 129, 975 354). Dieselbe. Haltbares Gemisch aus Na-Perborat mit weniger als 2 Molekülen Kristallwasser und festen sauren Verbindungen, wie Weinsäure, Zitronensäure u. dgl.

D. 243 948. Zusatz zu D. 232 001. F. Bergius. Borverbindungen werden in einer indifferenten Schmelze, z. B. Alkalischmelze gelöst und Sauerstoff unter Druck eingeleitet.

D. 244 879 (A. 1 046 594). Chemische Werke vorm. H. Byk. Die Mutterlaugen der Persalzdarstellung von Perborat werden mit geringen Mengen einer Mg-Verbindung zur Trockene eingedampft.

D. 245 221 (F. 13 110, E. 475/1910). Zusatz zu D. 243 368. Dieselbe. Man verwendet andere Perborate, wie von K, Ammonium, Ca und Mg, denen man einen Teil ihres Kristallwassers entzogen hat.

D. 246 713 (E. 19 562/1910). Dieselbe. Tabletten aus Perborat, dem das Kristallwasser entzogen worden ist oder wird.

D. 248 683 (Ö. 55 652, E. 1 626/1911, A. 999 497). Ca-Perborat aus Ca-Salzen und Alkaliperborat in Gegenwart einer zur vollständigen Lösung der beiden Fällungskomponenten nicht genügenden Menge Wassers oder bloß in Gegenwart des Kristallwassers.

D. 249 325. Chemische Werke vorm. H. Byk. Perborate werden mit sauren Substanzen in solchen Mengenverhältnissen gemischt, daß das Gemisch von lackmusalkalischer Reaktion bleibt.

D. 250 074. Chemische Fabrik Grünau, Landshoff u. Meyer A. G. und A. Bräuer. Al-Chlorid und Borsäure werden in H_2O_2 gelöst und das Doppelborat mit Ätzkalk gefällt.

D. 250 262. Berliner Chemische Fabrik. Zusatz von Borax zum Perborat.

D. 250 331. Zusatz zu D. 236 881. Chemische Werke vorm. H. Byk. Zusatz von Seifen an Stelle der Salze beim Schmelzen von Na_2O_2 und Borsäure oder Boraten.

D. 250 522. Dieselbe. In Mischungen von festen, haltbaren Perboraten wird das Kristallwasser nicht vorher, sondern durch Zumischung anderer Kristallwasser entziehender Substanzen, wie z. B. von wasserfreiem Na-Azetat oder Ca-Chlorid, entzogen.

D. 253 169. Chemische Fabrik Grünau, Landshoff u. Meyer A. G., E. Franke und R. May. Den Perboratmutterlaugen wird zur Haltbarmachung Stearin-, Palmitin- oder Oleinsäure zugesetzt.

D. 256 920. Chemische Werke vorm. H. Byk. Na-Salze der Perborsäure werden in konzentriertem H_2O_2 gelöst und die Lösungen zur Kristallisation gebracht, eingedampft oder mit einem Fällungsmittel versetzt.

D. 257 808 (Ö. 51 805, F. 425 958, A. 996 773). Saccharinfabrik A. G. vorm. Fahlberg, List & Co. Kristallisiertes Na-Perborat wird mit den sauren Salzen der Sulfobenzoesäure in äquivalenten Mengen gemischt.

D. 261 633. Vereinigte Fabriken für Laboratoriumsbedarf. Perborate werden mit neutralen Salzen solcher organischer Säuren gemischt, die befähigt sind, mit Boraten komplexe Salze zu bilden, wie Al-Tartrat, Al-Na-Tartrat, Na-Borotartrat, Na-Borocitrat, Mg-Borocitrat oder Al-Borocitrat.

D. 262 144. Chemische Fabrik Reisholz. Borsäure wird mit der zur Hydratation erforderlichen Menge Eis gemischt und dann Alkaliperoxyd zugesetzt.

D. 266 517. Zusatz zu D. 248 683. Chemische Werke vorm. H. Byk. Es wird so starkes H_2O_2 verwendet, daß seine Konzentration auch nach Zutritt des Lösungswassers mindestens über 10% beträgt.

D. 268 401 (Ö. 60 106, F. 445 172, A. 1 105 739). Pearson & Co. Der Mischung von 2 bis 4 Molekülen Kristallwasser enthaltendem Perborat und Säuren oder sauren Salzen wird $NaHCO_3$ zugesetzt.

D. 268 814 (Ö. 49 229). Chemische Werke vorm H. Byk. Entwässern von Perboraten durch Erhitzen auf Temperaturen von etwa 50° unter sofortiger Abführung des Wassers, am besten im Vakuum unter Durchsaugen von Luft.

D. 271 194. Zusatz zu D. 261 633. Verwendung von sauren Salzen an Stelle der neutralen, wobei nur die Hälfte des in den Perboraten vorhandenen Alkalis oder der Metallbase abgesättigt wird.

D. 272 077. Saccharinfabrik A. G. vorm Fahlberg, List & Co. Na-Perborat wird mit flüssigen konzentrierten anorganischen Säuren, wie Schwefel- oder Phosphorsäure, in der Kälte gemischt und die zähe Masse an der Luft oder im Vakuum getrocknet.

D. 274 347. G. A. Hempel. Boratlösungen werden mit gasförmigem H_2O_2 behandelt.

D. 278 868 (Ö. 70 593, Schw. 67 108, F. 468 293, E. 3388/1914). Henkel u. Cie. Mg-Salze, deren Anionen mit Alkali kristallwasserhaltige Salze zu bilden vermögen, wie Mg-Sulfat, werden mit Alkaliperborat zusammengeschmolzen.

D. 281 134 (Ö. 65 892). J. Auer. H_2O_2 bzw. Metallperoxyde werden auf Tetraborsäure unter 0° einwirken gelassen.

D. 282 226 (Schw. 68 595, F. 468 293, E. 3 476/1914, A. 1 124 081). Zusatz zu D. 278 868. Henkel u. Cie. Mg-Salze werden mit Alkaliperoxyd, Borax und entsprechenden Mengen von zur Absättigung des überschüssigen Alkali geeigneten Körpern gemischt, die Mischung etwa 25% Wasser aufnehmen gelassen und sodann geschmolzen.

D. 282 986 (Ö. 70 594, Schw. 68 918, F. 468 293, E. 3 477/1914, A. 1 121 428). Zusatz zu D. 278 868. Dieselbe. Zn-Salze werden mit Alkaliperborat zusammengeschmolzen.

D. 283 894. Dieselbe. Amalgamiertes Al oder Zn wird in wäßriger Lösung von Borsäure oder borsauren Alkalisalzen bei Gegenwart von Erdalkalihydroxyden durch Zufuhr von Sauerstoff unter Druck der Autoxydation unterworfen.

D. 283 981. Chemische Werke Kirchhoff u. Neirath. Eine konzentrierte, stark gekühlte Wein- und Zitronensäurelösung oder ein saures Salz derselben wird mit kristallisiertem oder mehr oder weniger entwässertem Na-Perborat gemischt und im Vakuum bei niedriger Temperatur eingedampft.

D. 286 545 (Ö. 71 586, Schw. 69 949, A. 1 098 740). Scheideanstalt. Feuchte Perborate werden mit Alkohol behandelt.

D. 296 888. Aschkenasy. Im Vakuum vorgetrocknetes Salz wird bis 100° erhitzt.

D. 299 300. Derselbe. Eine Lösung von Borat in verdünntem H_2O_2 wird unter vermindertem Druck und schwachem Erwärmen eingedampft.

D. 299 410. Österr. Verein für Chem. u. Metallurg. Produktion. Feuchtes Perborat wird dem Wassergehalte entsprechend allmählich höher werdenden Temperaturen ausgesetzt, indem es durch mehrere hintereinander gelegene Kammern verschiedener Temperatur geführt wird.

D. 318 219 (Ö. 106 971, Schw. 90 696, E. 156 713). Aschkenasy. Perborat und Di-Na-Phosphat werden mit hochprozentigem H_2O_2 unter vermindertem Druck und mäßigem Erwärmen eingedampft.

D. 329 845 (Schw. 95 231, E. 156 714). Derselbe. Die Perhydratisierung wird nach einem der bekannten Verfahren nicht wesentlich über einen Gehalt von 23% aktivem Sauerstoff ausgeführt.

D. 337 058 (Ö. 97 106). Derselbe. Gepulverter kristallisierter Borax wird in erhitzte konzentrierte Natronlauge eingetragen, nach dem Erkalten mit konz. H_2O_2 vermischt und entweder durch Stehenlassen an der Luft, Behandlung mit bewegter erwärmter Luft oder im Vakuum durch mäßiges Erwärmen getrocknet.

D. 408 861 (Schw. 108 700). Scheideanstalt. Man läßt die Mischung aus Alkaliperoxyd und Borsäure mehr CO_2 absorbieren, als zur Überführung des Alkali in Soda erforderlich ist, und führt das Bicarbonat durch Zusatz von Borsäure und Alkaliperoxyd in Perborat über.

D. 408 862 (E. 231 945). Dieselbe. Die Mischung von Alkaliperoxyd, Borsäure und Alkaliborat wird mehr als 20% CO_2 über die zur Überführung des für die Perboratbildung nicht benötigten Alkalis in Soda absorbieren gelassen.

D. 461 183. Chemische Fabrik Coswig-Anhalt G. m. b. H. H_2O_2 oder Na_2O_2 wird mit einer Lösung von Na-Metaborat unterschichtet und durch Kühlung für eine allmähliche Reaktion der Komponenten Sorge getragen.

D. 503 027. Scheideanstalt. Ungefähr molekulare Mengen von Borsäure und H_2O_2 werden mit solchen Mengen überschüssigen Ammoniaks zur Umsetzung gebracht, daß das gebildete Ammoniumperborat aus der Lösung ausgeschieden wird.

D. 507 522 (Schw. 139 797, E. 297 777, A. 1 716 874). The Roessler und Hasslacher Chemical Co. Eine Lösung von 1 Mol Borax wird mit 1 Mol Na_2O_2 in Metaborat und Perborat übergeführt, worauf etwa 3 Mole H_2O_2 in den Prozeß eingeführt werden.

D. 528 873 (E. 312 664, F. 675 020). Scheideanstalt. Die Entwässerung von Perborat wird im Vakuum unter Bewegung des Gutes unter allmählicher Steigerung der Temperatur auf 100° unter Vermeidung des Schmelzens vorgenommen und sodann bei einer Temperatur über 100° bei einer Dampftension unter 40 mm weiter entwässert.

D. 548 432 (A. 1 978 953). Dieselbe. Borax wird mit etwa 3 bis 5 Molen H_2O_2 unter Zugabe eines Stabilisators wie Mg-Silikat bei Unterdruck zur Trockenen eingedampft.

D. 675 615. Degussa. Die Reaktion zwischen H_3BO_3, H_2O_2 und Alkali oder Alkaliperoxyd wird bei 40 bis 50° und einem nur bis 8% betragenden Wasserüberschuß über die zur völligen Hydratisierung des Perborats erforderlichen Menge vorgenommen.

D. 686 446. Henkel u. Cie. Natriumperborat wird aus H_2O_2-haltigen Dämpfen und vernebelten Metaboratlösungen gewonnen.

Ö. 68 854. A. Großmann und K. Schwed. Gasförmiges H_2O_2 wird auf feste getrocknete Borate einwirken gelassen.

F. 384 967 (E. 1352/1908, A. 903 967). Stolle und Kopke. Man läßt 1 Mol Na_2O_2 auf 3 Moleküle Borsäure in Wasser einwirken.

F. 390 520. P. Dame. Getrockneter Borax oder ähnliche anhydrische wasserfreie Salze werden mit H_2O_2 zum Kristallisieren gebracht.

F. 775 351. Henkel u. Cie. Die fein verteilten Perborate werden kurze Zeit einem warmen Luftstrom von 220 bis 250° ausgesetzt.

F. 776 485 (E. 434 991, Schw. 179 076). N. V. Ind. Maatsch. Vorheen. Noury und van der Lande. Herstellung von Alkaliperboraten in Gegenwart von löslichen Salzen der Erdalkalien, des Mg, Al, Cd oder Zn.

F. 859 401. Soc. des Produits Peroxydes. Zusatz von wäßriger NaOH zur Lösung von Borax und H_2O_2 unter Rühren bei Temperatur unter 30°.

Poln. 16 050. S. Jantzschak. Erhöhung der Beständigkeit von Perboraten, indem man auf den Kristallen einen Überzug von kolloidaler Kieselsäure durch Vermischen des Perborats mit Wasserglas und Behandeln des Gemisches mit Salzsäure erzeugt.

A. 975 353. R. Grüter und H. Pohl. Eine haltbare Mischung, bestehend aus teilweise entwässertem Perborat, festen sauren Stoffen, wie Citronensäure, und Zucker.

A. 1 006 798. F. L. Schmidt. Schmelzen von Borax und Borsäure mit Na_2O_2 bei etwa 60°.

A. 1 076 039. Ch. B. Jacobs. Wasserfreies Na-Metaborat und Na_2O_2 werden gemischt.

A. 1 185 216. O. Liebknecht. Mischung aus Na- und Mg-Perborat.

A. 1 200 739. Derselbe. Mischung aus Na-Perborat und $MgCO_3$.

A. 1 222 640. Derselbe. Mischung aus Na-Perborat und $ZnCO_3$.

A. 1 271 611. P. Pickl. Eine Säure wird mit einem Persalz in trockenem Zustand vermischt und zu Tabletten geformt.

A. 1 546 156. A. Welter. Überziehen von kristallisiertem Na-Perborat durch Aufstäuben von Wasserglaslösungen und Verdampfen des überschüssigen Wassers durch einen Luftstrom.

A. 1 633 213. J. F. King. Eine Mischung von 300 Teilen Na-Perborat, 50 Teilen Kornstärke, 30 Teilen Na_3PO_4, 25 Teilen Al-Sulfat, 75 Teilen Mg-Sulfat, 20 Teilen denaturiertem Alkohol.

A. 1 929 121. R. Seng. Ammonperboratherstellung durch Zusatz von Borsäure in molekularer Menge zu einer konzentrierten 30%igen H_2O_2-Lösung und Einleiten von Ammoniakgas.

A. 2 035 267. Ph. Fleischmann. Eine Mischung von Perborat, aromatischen Ölen, überzogen mit Stearat sowie von Weinsäure, überzogen mit kolloidalem Ton.

A. 2 155 717. Dupont. Additionsprodukt von Alkaliperborat und Harnstoff in äquimolekularen Mengen.

A. 2 159 999. Dupont. Verbesserung der Lagerfähigkeit von Perborat durch 4 bis 10% Magnesiumbenzoat.

A. 2 218 031. Dupont. Verhindern des Zusammenbackens durch Mischen mit 4 bis 10 Gew. % MgO.

A. 2 257 461. Dupont. Dichtes Natriumperborattetrahydrat durch dessen Schmelzen und Pressen der Schmelze durch eine Düse in eine wäßrige Lösung von Natriumperborat.

Zusammenstellung der Patentliteratur über die Herstellung von Perboraten auf elektrochemischem Wege.

D. 245 531. Bariumoxyd G. m. b. H. und E. Bürgin. Herstellung von Percarbonaten, Perboraten, Persilikaten, Perphosphaten und Peroxyden, wobei die entsprechenden neutralen, schwach alkalischen oder ammoniakalischen oder mit Alkali versetzten Salzlösungen der Alkalien oder Erdalkalien mit überlagertem Gleich- oder Wechselstrom elektrolysiert werden.

D. 295 178. Chemische Fabrik Grünau, Landshoff u. Meyer A. G. und M. Bürgin. Pt-Elektrode mit Stromzuführung und Versteifung aus Aluminium oder anderen Metallen mit einem Bakelitüberzug.

D. 297 223 (Ö. 63 697, F. 458 550, E. 126 336/1913, A. 1 081 191). Dieselbe. Dauernde elektrolytische Bildung und Abscheidung von Na-Perborat aus einer Lösung von Na-Carbonat und Borax.

D. 347 366 (Ö. 88 161, E. 14 292/1915). Scheideanstalt. Na-Perborat durch Umsetzung von Na-Percarbonat mit Na-Borat, wobei das Percarbonat in einem Lösungsgemisch von Soda und Natriumborat in Gegenwart von festem Na-Perborat elektrolytisch hergestellt wird.

D. 367 367 (Ö. 87 421, E. 101 620, A. 1 253 061). Dieselbe. Dem aus Alkaliborat und -carbonat bestehenden Elektrolyten werden Chromsäure oder deren Salze zugesetzt.

D. 367 368 (Ö. 88 163, Schw. 74 628, 91 772, E. 102 359, A. 1 395 685). Dieselbe. Das unerwünschte Ansteigen des Dicarbonatgehaltes des Elektrolyten wird durch Zusatz von freiem Alkali und Borax oder Metaborat verhindert.

D. 347 602 (Schw. 75 613, 82 726, E. 10 153, A. 1 235 905, 1 268 369). Dieselbe. Bei der Elektrolyse von Na-Carbonatlösungen in Gegenwart eines Borates wird eine Carbonatlösung verwendet, die festen Borax enthält.

D. 348 148 (Schw. 75 614, 82 727, E. 100 154). Dieselbe. Man trägt für dauernde Anwesenheit einer mit Alkalicarbonat gesättigten Lösung Sorge.

D. 349 792 (E. 100 778, A. 1 253 060). Dieselbe. Erhöhung der Stromausbeute bei der Elektrolyse nach den Patenten 347 602 und 347 366 durch Arbeiten mit hoher anodischer und kathodischer Stromdichte.

D. 350 986. Dieselbe. Dem Elektrolyten werden das Anodenpotential erhöhende Stoffe, wie Fluoride oder Perchlorate, zugesetzt.

D. 358 699 (Ö. 88 482, Schw. 82 599, E. 179 636, A. 1 470 577). Dieselbe. Pt-Anode mit Zn als Stromzuführungs- und Versteifungsmaterial.

D. 360 037. Dieselbe. Pt-Anode mit Legierungen von Zn mit Cd, Sn, Al od. dgl. als Versteifungs- und Stromzuführungsmaterial.

D. 378 891 (Ö. 87 314, A. 1 281 983). Dieselbe. Es werden Kathoden aus Pb, Fe, Ni, Cu oder Kohle verwendet, die an der Flüssigkeitsgrenze einen Schutzüberzug erhalten.

D. 381 421 (E. 102 089). Dieselbe. Die Kathode besteht nur an der Eintauchstelle aus Ni.

D. 424 297 (E. 106 460, A. 1 395 684). Dieselbe. Zusatz von Chromsäure oder chromsauren Salzen, die die Fähigkeit haben, die Angreifbarkeit der Kathode zu vermindern.

D. 431 075. Henkel u. Cie. Regenerieren der bei der elektrolytischen Herstellung von Na-Perborat im Kreislauf verwendeten Elektrolytlösung durch Aufkochen mit Silikagel in geeigneten Zeiträumen.

D. 451 344. Zusatz zu D. 431 075. Dieselbe. Die Lösungen werden mit dem Silikagel bei Überdruck aufgekocht und für die Aufwirbelung des Gels in der kochenden Lösung gesorgt.

D. 485 121 (A. 1 722 871). Dieselbe. Die Chemikalien werden mit Silikagel gereinigt.

D. 566 423 (Ö. 127 160, Schw. 145 436, E. 318 154). N. V. Electrochemische Ind. Kathode aus Chromstahl, z. B. V 2 A-Stahl oder einer ähnlichen Legierung.

Ö. 145 193. N. V. Ind. Maatsch. Vorheen. Noury und van der Lande. Die Zellenwände bestehen ganz oder teilweise aus Kautschuk.

Schw. 75 448. Scheideanstalt. Elektrolyse in Gegenwart reaktionsbegünstigender Stoffe, wie Mg-Silikat, Sn-Säure, Alkalibicarbonat.

Schw. 75 522, 75 617. Zusatz zu Schw. 74 227. Dieselbe. Elektrolyse in Gegenwart von festem Na-Perborat und reaktionsbegünstigenden Stoffen, wie Mg-Silikat, Zinnsäure, Alkalicarbonat.

Schw. 75 612. Chemische Fabrik Grünau, Landshoff u. Meyer A. G. und K. Arndt. Eine ein lösliches kohlensaures Salz enthaltende Na-Boratlösung wird in Gegenwart von festem Perborat, Borax und Soda als Bodenkörper elektrolysiert.

Schw. 75 615. Zusatz zu Schw. 74 227. Scheideanstalt. Eine Verarmung der Lösung an Na-Borat und Alkaliborat wird verhütet, indem für ständige Anwesenheit beider Stoffe als Bodenkörper Sorge getragen wird.

Schw. 76 326. Dieselbe. Elektrolyse in Abwesenheit von Schwermetallverbindungen.

Schw. 86 188 (E. 139 753, A. 1 408 364). Frederiksstad Elektrokemiske Fabriker A .S. Nach stattgefundener Elektrolyse wird die Lösung mit Na_2O_2 versetzt.

F. 411 258. E. A. Pouzenc. Eine Lösung von Borsäure oder von Boraten wird durch einen Elektrolyseur fließen gelassen, in dem sich zwei gegenüberstehende Elektroden befinden, die durch ein poröses Diaphragma getrennt sind.

Ungar. 95 430. L. Putnoky. Herstellung von Persäuren oder persauren Salzen durch anodische Oxydation einer flußsäurehaltigen Salzlösung unter Verwendung eines Diaphragmas.

A. 1 235 904. O. Liebknecht. Während der Elektrolyse wird das verbrauchte Alkalicarbonat in dem Verhältnis wieder ergänzt, als es verbraucht wurde.

C. Die Carbonatperhydrate.

Die Carbonatperhydrate, die haltbarer und daher technologisch bedeutsamer als die echten Percarbonate sind, wurden erstmalig von Tanatar[1278] aus Wasserstoffperoxyd und Natriumcarbonat durch Fällung mit Alkohol erhalten, aber irrtümlich als echte Perverbindungen angesehen. Erst R. Willstädter[489] und Riesenfeld und Reinhold[488] erkannten die wahre Natur dieser Verbindungen als Anlagerungsverbindungen.

Man kennt die Additionsverbindungen $Na_2CO_3 \cdot 1{,}5\ H_2O_2$[1278], $Na_2CO_3 \cdot H_2O_2 \cdot H_2O$, $(Na_2CO_3 \cdot H_2O)_2 \cdot 3\ H_2O_2$, $(Na_2CO_3 \cdot H_2O) \cdot 2\ H_2O_2$ und $(Na_2CO_3 \cdot H_2O)_2 \cdot 5\ H_2O_2$ (DRP. 560 460).

Versetzt man eine gesättigte Sodalösung mit einer 30%igen Wasserstoffperoxydlösung, fällt aber nicht mit Alkohol, sondern salzt mit so viel Natriumchlorid aus, als in der angewandten Menge Wasser löslich ist, so erhält man Produkte der Formel $Na_2CO_3 \cdot 1{,}5\ H_2O_2$ (Blankart[971], l. c. S. 28). Das von Tanatar beschriebene Salz $Na_2CO_3 \cdot H_2O_2 \cdot 0{,}5\ H_2O$ gibt es überhaupt nicht.

Für die Darstellung von Natriumcarbonatperhydraten braucht man nicht von Sodalösungen auszugehen, sondern kann das wasserfreie Natriumcarbonat mit dem Wasserstoffperoxyd verkneten oder es in dieses eintragen[1279]. Man braucht daher nicht auszusalzen oder auszufällen und erhält auch bessere Ausbeuten, die bis zu 80% bei Verwendung einer 30%igen Wasserstoffperoxydlösung betragen. In verdünnten Lösungen sind die Ausbeuten schlechter, jedoch kann man nach dem Vorschlage der Scheideanstalt[1280] der verdünnten, etwa 10%igen Wasserstoffperoxydlösung von Anfang an Natriumchlorid zusetzen, wodurch die Ausbeuten wieder auf etwa 80% ansteigen. Durch einen Zusatz von Stabilisatoren, wie Magnesiumsilicat, kann sie sogar bis auf 88% erhöht werden. Kühlung ist günstig.

Henkel u. Cie.[1281] wenden nicht weniger als 3 Moleküle Wasserstoffperoxyd auf 2 Moleküle Natriumcarbonat an, wobei in eine 10%ige Wasserstoffperoxydlösung unter Rühren Natriumbicarbonat und hierauf nach und nach Natriumperoxyd oder bloß Soda eingetragen wird. Es entsteht die Verbindung $2\ Na_2CO_3 \cdot 3\ H_2O_2$ ($Na_2CO_3 \cdot 1{,}5\ H_2O_2$). Die Arbeitsweise des Vermischens von Soda mit der Wasserstoffperoxydlösung ist die einfachste und sicherste Methode zur Herstellung von Natriumcarbonatperhydrat.

Eine andere Darstellungsart beruht auf der Reaktion zwischen Natriumperoxydhydrat und Natriumbicarbonat, die am besten durch bloßes Mischen herbeigeführt werden kann:

$$\begin{matrix} O-Na \\ | \\ O-Na \end{matrix} + \begin{matrix} HO-CO-ONa \\ \\ HO-CO-ONa \end{matrix} = \begin{matrix} OH \\ | \\ OH \end{matrix} + \begin{matrix} NaO-CO-ONa \\ \\ NaO-CO-ONa \end{matrix}$$

$Na_2CO_3 + H_2O_2 = Na_2CO_3 \cdot H_2O_2$[1282] (Scheideanstalt). Die Reaktion ist mit einer geringen Wärmeentwicklung verbunden. Ein Zusatz von Schutzstoffen, wie Alkali- oder Magnesiumsilikaten, verbessert sowohl die Ausbeute als auch die Haltbarkeit des erhaltenen Produktes. Die Reaktion kann auch in konzentrierter wäßriger

Lösung durchgeführt werden. Ohne Sauerstoffverluste kann bis zur Entfernung von Kristallwasser getrocknet werden, wobei unmittelbar feste Carbonatperhydrate entstehen. Das Produkt enthält wegen der Anwesenheit eines zweiten Moleküls Natriumcarbonat nur etwa 4% aktiven Sauerstoff. H. Anderson[1283] entzieht dem durch Umsetzung von H_2O_2 (36%ig) mit wasserfreiem Natriumcarbonat entstandenen Reaktionsgemisch das Wasser durch einen Zusatz von wasserfreiem Natriumsulfat und trocknet dann vorsichtig.

An Stelle von Natriumperoxyd läßt sich auch Bariumperoxyd oder dessen Hydrat mit Natriumbicarbonat zur Umsetzung bringen (E. Merck[1284]). Die Umsetzung geht aber langsamer vor sich als mit Natriumperoxydhydrat. Die Ausbeuten übersteigen auch nicht 15%. Das sehr ähnliche Verfahren der Scheideanstalt[1285] betrifft gleichfalls die Herstellung von Carbonatperhydrat aus Natriumbicarbonat mit den Peroxyden der Erdalkalimetalle Calcium, Magnesium, Strontium und Barium oder deren Hydraten. Die Peroxyde oder -hydrate werden in Wasser von 0° suspendiert, Natriumbicarbonat eingetragen, von Erdalkalicarbonat abfiltriert und aus der Lösung das Carbonatperhydrat entweder durch Aussalzen oder durch vorsichtiges Einengen gewonnen.

Wohldefinierte Carbonatperhydrate werden nach dem Vorschlage von F. Schlotterbeck[1286] dadurch erhalten, daß man zu einer gut gekühlten, etwa 30%igen Wasserstoffperoxydlösung Natriumcarbonatmonohydrat $Na_2CO_3 \cdot H_2O$ in Kristallen zugibt und 12 bis 14 Stunden stehen läßt, wobei sich das Wasserstoffperoxyd quantitativ an das Natriumsalz addiert und je nach den Mengen Wasserstoffperoxyd folgende Produkte bilden kann:

1.	$Na_2CO_3 \cdot H_2O \cdot H_2O_2$	enthält	21,7%	H_2O_2	und	10,0%	aktiven Sauerstoff.
2.	$(Na_2CO_3 \cdot H_2O)_2 \cdot 3\,H_2O_2$,	„	29,1%	H_2O_2	„	13,7%	„ „ .
3.	$(Na_2CO_3 \cdot H_2O) \cdot 2\,H_2O_2$,	„	35,4%	H_2O_2	„	16,6%	„ „ .
4.	$(Na_2CO_3 \cdot H_2O)_2 \cdot 5\,H_2O_2$,	„	40,6%	H_2O_2	„	19,1%	„ „ .

Die Produkte 3 und 4 werden am besten aus 1 und 2 durch Zugabe der berechneten Menge Wasserstoffperoxyd dargestellt. Sie sind in Wasser leicht löslich und gut haltbar.

Beim Aufsprühen von Wasser und H_2O_2 bei 0 bis 10° auf Na_2O_2 und Einwirkung von CO_2 erhält man gleichfalls Carbonatperhydrate (Dupont[1288]).

Zu erwähnen wäre noch ein Verfahren von Byk[1287], nach welchem kristallisiertes Natriumcarbonatperhydrat durch Erwärmen auf etwa 45° und Abführung des entbundenen Wassers im Vakuum bis auf 5 bis 15% Wasser entwässert werden kann. Durch Zumischen von säurebindenden Stoffen, wie Natriumbitartrat, können haltbare Mischungen erzeugt werden, die nach dem Auflösen in Wasser neutral reagieren.

Aus trockener Soda und H_2O_2 beliebiger Konzentration unter 10° C erhält man nach Trocknung, Zerkleinerung und Entwässerung im Vakuum ein trockenes Produkt mit 10,6% aktivem Sauerstoff, für das die Formel $Na_2CO_3 \cdot H_2O_2 + 0{,}5\,H_2O$ (?) angegeben wird (F. PP. 869 103 und 869 104; DRP. 742 649).

V. W. Slater, Wm. S. Wood und B. Laporte Ltd.[1288a] geben abwechselnd Soda und H_2O_2 in kleinen Mengen gemäß der Formel $2\,Na_2CO_3 \cdot 3\,H_2O_2$ zu der Mutterlauge einer vorhergehenden Fällung zu. Zur leichteren Ausfällung des Carbonatperhydrates kann ein Überschuß von 40 bis 60 g/l Soda, 200 bis 280 g/l NaCl ode $NaPO_3$ verwendet werden. Als Stabilisator dient Natriumsilikat.

Die Haltbarkeit des festen Natriumcarbonatperhydrats wird durch vorhandenes Natriumperoxydhydrat, Natriumcarbonat, -bicarbonat oder -chlorid verringert. Gegen Wasser sind sie weniger empfindlich als die echten Percarbonate. Bei 20° beträgt der Verlust an aktivem Sauerstoff pro Monat, auf den Anfangsgehalt gleich 100%

bezogen, etwa 4%. Durch Zusatz von Stabilisatoren, wie $MgCl_2$, Magnesiumsilikat, Wasserglas od. dgl., kann jedoch die Beständigkeit wesentlich verbessert werden. Ein derart behandeltes Präparat verlor nach einem Jahre 7%, ein anderes 6% des anfänglichen Sauerstoffgehaltes. Waschpulver aus Seife und stabilisiertem Natriumcarbonatperhydrat ergeben im Monat Gehaltsabnahmen von etwa 2%. In Wasser zerfällt Carbonatperhydrat in Natriumcarbonat und Wasserstoffperoxyd, wobei die alkalische Lösung gleichfalls durch Magnesiumsalze stabilisiert werden kann, deren Wirkung sogar noch bei Siedehitze anhält.

Wie sich aus Beständigkeitsversuchen in Mischung mit Seifenpulvern ergeben hat, ist das stabilisierte Salz ebenso beständig als das Perborat, so daß es ohne weiteres zur Herstellung von Waschpulvern verwendet werden kann. Da Carbonatperhydrat kann ohne weiteres an Stelle des Perborats in Waschmitteln verwendet werden. Das Carbonatperhydrat erlaubt aber wegen seiner stark alkalischen Reaktion keine weitere Anwendungsmöglichkeit. Wegen seiner einfachen und billigen Herstellungsart scheint es aber in der Zukunft noch recht gute Aussichten zu haben, namentlich wenn seine Haltbarkeit noch verbessert wird.

E. Peltner[1289] stellte Rubidiumcarbonatperhydrate aus Rubidiumcarbonat und 30%igem Wasserstoffperoxyd her, denen er folgende Formeln zuschrieb: $Rb_2CO_4 \cdot 2\,H_2O_2 \cdot H_2O_2$, $Rb_2CO_4 \cdot H_2O_2 \cdot H_2O$ und $Rb_2CO_4 \cdot 2{,}5\,H_2O$. Ob es sich hier aber um echte Percarbonate gehandelt hat, muß bezweifelt werden. Die Verbindungen stellen äußerst hygroskopische und nur im Exsikkator einigermaßen beständige Körper dar.

Literaturverzeichnis.

[1278] Tanatar, Ber. Dtsch. chem. Ges. **32**, 1544, 1899. — [1279] Klopfer, DRP. 297 797. — [1280] Scheideanstalt, DRP. 342 046. — [1281] Henkel & Cie., DRP. 303 556. — [1282] Scheideanstalt, DRP. 482 998; Schweiz. P. 80 094. — [1283] H. Anderson, DRP. 649 884. — [1284] E. Merck, DRP. 213 457. — [1285] Scheideanstalt, Schweiz. P. 79 801. — [1286] DRP. 560 460. — [1287] Byk, DRP. 247 988. — [1288] Du Pont, A. P. 2 167 997. — [1289] E. Peltner, Ber. Dtsch. chem. Ges. **42**, 1777, 1909.

Zusammenstellung der Patentliteratur über Carbonatperhydrate.

D. 213 457. E. Merck. Darstellung von aktiven Sauerstoff enthaltenden Verbindungen durch Wechselwirkung der Peroxyde oder Peroxydhydrate der Erdalkalien mit sauren Carbonaten oder Sulfaten von Alkalien.

D. 247 988. Chemische Werke vorm. H. Byk. Kristallisiertem Carbonatperhydrat wird teilweise das Kristallwasser entzogen und dieses Produkt mit sauren festen Substanzen vermischt.

D. 297 797. F. A. V. Klopfer. Man behandelt ein Carbonat, das einen Teil seines Kristallwassers verloren hat, mit H_2O_2.

D. 303 556 (Ö. 84 746, Schw. 72 958, A. 1 237 128). Henkel u. Cie. Auf 2 Mole Na-Carbonat werden nicht weniger als 3 Mole H_2O_2 in wäßriger Lösung einwirken gelassen.

D. 342 046 (Ö. 88 477, Schw. 90 295, A. 1 263 258, E. 152 366). Scheideanstalt. Die Reaktion zwischen H_2O_2 und Alkalicarbonat wird in Gegenwart aussalzender Mittel, z. B. NaCl, ausgeführt.

D. 357 957. Zusatz zu D. 357 956. Dieselbe. Der Mischung von Na_2O_2 und $NaHCO_3$ wird H_2O_2 zugesetzt.

D. 482 998 (Ö. 91 368, E. 152 366, A. 1 225 822, Schw. 89 218, F. 518 110). Dieselbe. Alkaliperoxydhydrat und Alkalibicarbonat werden trocken oder in Gegenwart beschränkter Wassermengen gemischt, so daß feste oder flüssige, nach einiger Zeit erstarrende Produkte erhalten werden.

D. 560 460. F. Schlotterbeck. Na-Carbonatmonohydrat wird unter Kühlung auf 30%iges H_2O_2 einwirken gelassen.

D. 649 884. H. Anderson. Umsetzung von Na_2CO_3, H_2O_2 und wasserfreiem Natriumsulfat.

D. 730 994. Zschimmer u. Schwarz, Chem. Fabrik Dölau. Beim Umsatz von Na_2CO_3 bzw. $NaHCO_3$ und Na_2O_2 mit H_2O_2-Lösung dienen chlorierte Kohlenwasserstoffe als indifferente Verdünnungsmittel.

Schw. 79 801 (E. 116 903). Scheideanstalt. $NaHCO_3$ wird mit Erdalkaliperoxyden gemischt und den so gewonnenen Lösungen ein aussalzendes Mittel zugesetzt.

Schw. 80 094 (E. 117 085, D. 357 956). Dieselbe. Na_2O_2 und $NaHCO_3$ werden bei Gegenwart von Wasser aufeinander einwirken gelassen.

Belg. 428 894 (E. 502 319). Degussa. In eine NaCl enthaltende H_2O_2-Lösung wird unter 10° C allmählich Alkaliperoxyd und -bicarbonat unter Zusatz von Magnesiumsilikat eingetragen.

Belg. 440 437. Dieselbe. Ausfällung von $^1/_3$ des Percarbonates aus dem aus Alkaliperoxyd, Bicarbonat, Stabilisatoren und Impfsalz bestehenden Rk.-Gemisch durch Zusatz von NaCl.

Belg. 440 437 (Schw. 225 354). Dieselbe. Abtrennung von Percarbonat aus dem aus NaCl, Percarbonat, Stabilisatoren und H_2O_2 bestehenden Gemisch durch Zusatz von Soda.

E. 565 653. O. H. Walters und I. C. I. Einwirkung einer kalten wäßrigen Lösung von H_2O_2 auf Alkalicarbonat in Gegenwart von Diphenylguanidin und Gummi arabicum, Natriumsilikat, oder einem Mg-Salz.

E. 568 574. V. W. Slater, Wm. S. Wood und B. Laporte Ltd. Zusatz kleiner Mengen von Na_2CO_3 und H_2O_2 im Verhältnis $2\,Na_2CO_3 \cdot 3\,H_2O_2$ zur Mutterlauge einer vorhergehenden Fällung.

D. Phosphatperhydrate.

Wie bereits auf den S. 274 f. ausgeführt wurde, entstehen bei der anodischen Oxydation von Phosphaten Abkömmlinge der Perphosphorsäure $H_4P_2O_8$ und der Phosphormonopersäure H_3PO_5, die allein echte Perphosphate darstellen. Hingegen sind alle Einwirkungsprodukte des Wasserstoffperoxyds auf Phosphate der Alkalien oder Erdalkalien keine echten Perverbindungen, sondern Anlagerungsprodukte. Es sind folgende Phosphatperhydrate bekannt:

$Na_3PO_5 \cdot 6{,}5\,H_2O$ (?), von P. Trenko[1290] dargestellt, von Rudenko[1291] aber gedeutet als $Na_3PO_4 \cdot 2\,H_2O_2 \cdot 4{,}5\,H_2O$; $Na_2HPO_4 \cdot 0{,}5\,H_2O_2 \cdot 6\,H_2O$; $Na_2HPO_4 \cdot H_2O_2$; $Na_4P_2O_7 \cdot 2{,}5\,H_2O_2$[1291]; $Na_2HPO_4 \cdot 2\,H_2O_2$; $3\,(Na_2HPO_4 \cdot H_2O_2) \cdot (Na_2HPO_4 \cdot 2\,H_2O_2)$ (Dissert: Vach, Prag); $Na_3PO_4 \cdot 2\,H_2O_2$ (DRP. 316 997); $Na_4P_2O_7 \cdot 3\,H_2O_2$ (DRP. 293 786); $K_2HPO_4 \cdot H_2O_2$ (DRP. 287 588); $K_4P_2O_7 \cdot 3{,}5\,H_2O_2$ (H. Menzel und C. Gaibler[1292]); $KH_2PO_4 \cdot 1{,}25\,H_2O_2$[1293] bzw. $KH_2PO_4 \cdot H_2O_2$; $K_2HPO_4 \cdot 2{,}5\,H_2O_2$[1292, 1293]; $NaNH_4HPO_4 \cdot 0{,}75\,H_2O_2$; $K_4P_2O_7 \cdot 3\,H_2O_2$[1294]. Der Charakter dieser Verbindungen als Additionsverbindungen ist an ihrem Verhalten gegenüber Äther und bei der Vakuumdestillation einwandfrei nachgewiesen worden. Primäres Lithium-, Ammonium-, Calcium- und Chromphosphat und die Thalliumphosphate reagieren nicht mit Wasserstoffperoxyd, hingegen schon die sekundären und tertiären Phosphate des Lithiums, Bleis, Cäsiums, Ammoniums und manche Erdalkaliphosphate[1293].

Wie Messungen von Gefrierpunktserniedrigungen in wäßrigen Lösungen von primären oder sekundären Natrium- oder Kaliumphosphaten sowie von Natrium- oder Kaliumpyrophosphat ohne oder mit einem Zusatz von Wasserstoffperoxyd sowie Versuche über die Gleichgewichte der Verteilung von Wasserstoffperoxyd zwischen Phosphatlösungen und Amylalkohol ergeben haben, nimmt die Bindungsfähigkeit der Phosphatlösungen für Wasserstoffperoxyd einmal in der Reihenfolge primäres, sekundäres, tertiäres und Pyrophosphat, anderseits von Natrium nach Kalium zu. Die gleiche Regelmäßigkeit liegt in den festen Phosphatperhydraten vor[1295]. In Lösung ist aber der absolute Betrag der Bindung sehr viel geringer als in festem Zustande. Auf der relativ starken Wasserstoffperoxydbindung an sekundäre und Pyrophosphate dürfte sehr wahrscheinlich die bekannte stabilisierende Wirkung dieser Salze beruhen[1294]. Auch aus der Zunahme der Löslichkeit von Phosphaten nach Zusatz von Wasserstoffperoxyd kann auf die Bindung mit diesem geschlossen werden[1295]. Ungeklärt ist noch die Frage, ob das Wasserstoffperoxyd an das Anion, an das Kation oder beide gebunden ist.

Die Darstellung der Phosphatperhydrate ist in allen Fällen mehr oder weniger gleich. Man versetzt die betreffende Phosphatlösung unter Rührung mit der Wasserstoffperoxydlösung, und zwar meist einer 30%igen Lösung, und fällt entweder mit Alkohol oder engt durch vorsichtiges Erwärmen auf dem Wasserbade oder Stehenlassen im Vakuum bei gewöhnlicher oder schwach erhöhter Temperatur ein, worauf der Rückstand mit Alkohol und Äther ausgewaschen werden kann. Auch unter Verwendung von Natrium- oder Bariumperoxyd kann man Phosphatperhydrate darstellen[1296].

Die Stabilität der durch Eindampfen erhaltenen Phosphatperhydrate kann noch bedeutend erhöht werden, wenn sie einer vollständigen Entwässerung durch eine weitere Erwärmung im Vakuum unterworfen werden. Das zumeist zusammengebackene Trockenprodukt wird dabei durch Zerstoßen, Mahlen oder dgl. zerkleinert.

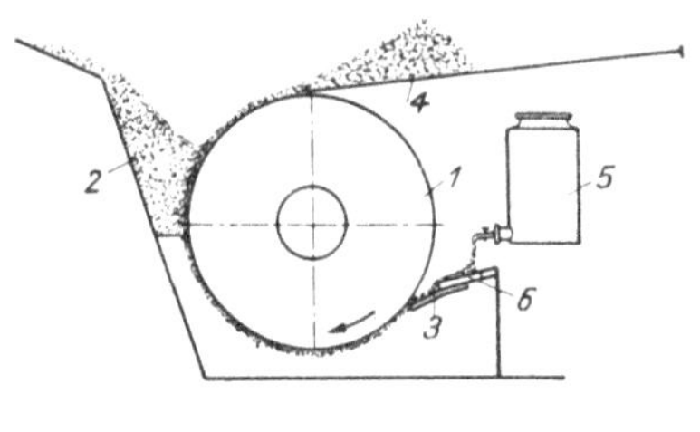

Abb. 45.

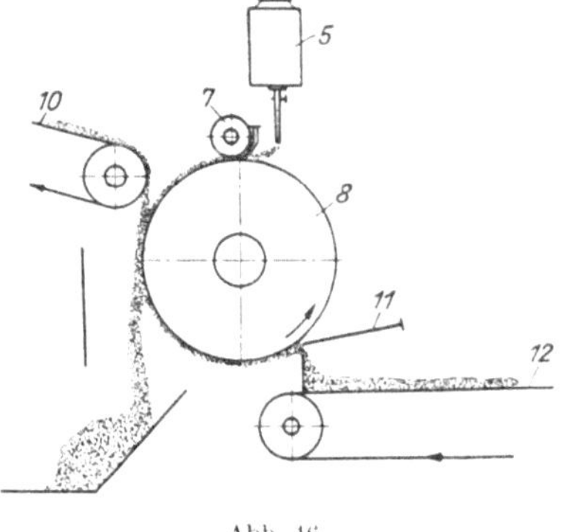

Abb. 46.

Apparatur zur Herstellung von Anlagerungsverbindungen (Österr. P. 140 553).

Besonders stabil sind die Verbindungen, die auf 1 Molekül Alkalipyrophosphat etwa 2 Mole Wasserstoffperoxyd oder auf 1 Mol Dialkaliphosphat etwa 1 Mol Wasserstoffperoxyd enthalten[1297].

Hochprozentige Perverbindungen ganz allgemein sind mit Vorrichtungen herstellbar, bei welchen die Wasserstoffperoxydlösung in zerstäubter Form auf den festen Ausgangsstoff einwirkt, z. B. Ströme von zerstäubtem pulverförmigem Material und zerstäubtem Wasserstoffperoxyd in einer Mischkammer zusammentreffen. Es muß aber für eine gute Überwachung des Prozesses gesorgt werden.

Eine Vereinfachung des Prozesses der Herstellung hochprozentiger Peroxyde oder Persalze ist von den Österreichischen Chemischen Werken (Erfinder J. Müller) angegeben worden[1298]. Dieses Verfahren besteht darin, daß ein Flüssigkeitsfilm aus Wasserstoffperoxyd auf einer Walze *1* (Abb. 45), die mit einem Teil ihres Mantels eine Wand für den Behälter *2* bildet, in dem der pulverförmige Körper untergebracht ist, mit diesem Stoff zusammengebracht und gleichzeitig oder hernach unter einem Winkel geneigt wird, der größer als der Böschungswinkel des pulverförmigen Materials ist, so daß überschüssiges Pulver abfällt, während das benetzte Pulver durch Adhäsion an der Unterlage haften bleibt und als fertiges Gemisch von der Unterlage abgenommen wird. Die aus dem Behälter *5* austretende Wasserstoffperoxydlösung fällt auf ein Verteilungsblech *6* und fließt hier dem Walzenmantel zu. Durch den Abstreifer *3* wird die Flüssigkeit auf den Mantel zu einem dünnen Film verteilt. Beim Durchgang des Filmes durch das im Behälter *2* lose aufgeschüttete feste Material wird eine dünne, am Walzenmantel anliegende Schicht benetzt und von der Walze durch Adhäsion mitgenommen. Das vom Walzenmantel mitgenommene Gemisch wird durch die Schaber *4* abgestrichen.

Bei der in Abb. 46 dargestellten Vorrichtung wird die Flüssigkeit durch eine Walze *7* verteilt, die mit verstellbarem Druck auf der Walze *8* aufsitzt, um die Dicke der Flüssigkeitsschicht regeln zu können. Das pulverförmige Material wird durch das Transportband *10* zugeführt. Auch hier trifft das auf die Walze fallende Pulver auf eine Stelle, die unter einem Winkel geneigt ist, der größer ist als der Böschungswinkel. Das am Walzenmantel haftende Gemisch wird durch einen Schaber *11* abgestrichen und fällt auf ein Transportband *12*, das durch eine Trockenkammer hindurchgeführt wird. Auf diese Weise können Carbamidperhydrat aus Harnstoff und Wasserstoffperoxyd, Hexamethylentetraminperhydrat aus Hexamethylentetramin und Wasserstoffperoxyd oder Phosphatperhydrate aus Ortho- oder Pyrophosphaten und Wasserstoffperoxyd dargestellt werden.

Von der Erkenntnis ausgehend, daß bei der Herstellung von Perhydrat- oder Perverbindungen aus wäßriger Lösung beim nachfolgenden Entwässerungsvorgang erhebliche Sauerstoffverluste unvermeidlich sind, werden nach einem weiteren Verfahren der Österreichischen Chemischen Werke[1299] nach Art einer Trockenumsetzung die trockenen Metalloxyde oder wasserfreien Salze mit derart begrenzten Mengen der Wasserstoffperoxydlösung bei ganz gleichmäßiger Verteilung gemischt, daß das Erzeugnis unmittelbar in fester Form gewonnen wird und auch vorübergehend eine feuchte Mischung nicht entsteht. Die wechselseitige Einwirkung der Komponenten wird dabei in Gegenwart von Stabilisatoren derart vor sich gehen gelassen, daß man Paare von Stabilisatoren verwendet, wobei von den im folgenden angeführten der erste Bestandteil dem festen Stoff, der zweite der Flüssigkeit zuzusetzen ist; Magnesiumchlorid—Wasserglas, Stannat—Schwefelsäure; Stannat—Phosphorsäure, Stannat—Flußsäure oder Zinnfluorid—Phosphorsäure. Carbonatperhydrat kann auf diese Weise mit Ausbeuten von 95%, Calciumperoxyd mit 75% und Magnesiumperoxyd von 90% hergestellt werden.

Die Konzentrationserhöhung des Erzeugnisses an Wasserstoffperoxyd kann dabei derart erfolgen, daß ein und derselbe Anteil von festem Ausgangstoff in mehreren anschließend aufeinanderfolgenden Teilprozessen mit zusätzlichen Mengen von Wasserstoffperoxyd behandelt wird, wobei das Umsetzungsprodukt des vorhergehenden Teilprozesses vor der Behandlung jedesmal so weit entwässert wird, daß es weitere Mengen von Wasserstoffperoxyd aufzunehmen vermag. Am besten wird die Wasserstoffperoxydlösung in zerstäubter Form auf das Metalloxyd oder feste Salze einwirken gelassen, indem diese nach Art des Humphries-Verfahrens zur Veredelung von Mehl durch ein Sieb, das in waagrechter Ebene eine Rüttelbewegung erfährt, als feines Gut durchfällt und vom Wasserstoffperoxydsprühregen oder -nebel getroffen wird. Das äußerlich schon trocken aussehende Mischprodukt kann noch in Kanaltrocknern oder in Bühler-Apparaten mit angewärmter Preßluft getrocknet werden. Die Sauerstoffausbeute beträgt nach dieser Arbeitsweise bei der Behandlung von wasserfreiem Natriumcarbonat 96%, von wasserfreiem Natriumpyrophosphat 98% und von Harnstoff 100%. Die hergestellten Verbindungen besitzen eine hervorragende Haltbarkeit.

Die wäßrige Lösung der Phosphatperhydrate reagiert wie eine alkalische Wasserstoffperoxydlösung, nur mit dem Unterschiede, daß besonders natriumphosphathaltige Lösungen auch in der Wärme nur langsam ihren Sauerstoff verlieren. Besonders stark tritt diese Erscheinung in hartem Wasser und in Seifenlösungen zutage. Vermischt mit anorganischen oder organischen Stoffen ist ihre Haltbarkeit aber nicht besonders gut. Perphosphatwaschpulver sind nach den Untersuchungen durch P. Ammann[1300] praktisch nicht haltbar.

Literaturverzeichnis.

[1290] P. Trenko, Journ. Russ. phys.-chem. Ges. (russ.) **34**, 204, 1902. — [1291] Rudenko, ebenda **44**, 1209, 1912. — [1292] H. Menzel und C. Gaibler, Ztschr. anorgan. allg. Chem. **177**, 187, 1929. — [1293] Husain und Partington, Trans. Faraday Soc. **83**, 1928, Vol. 24,

Part. 4, 235. — [1294] Husain, E. P. 300 946. — [1295] Chem. Ztrbl. 1928 II 136. — [1296] DRP. 296 796, 299 300. — [1297] DRP. 555 055. — [1298] Österr. Chem. Werke, Österr. P. 140 553. — [1299] Österr. Chem. Werke, Österr. P. 140 836, 143 281. — [1300] P. Ammann, Dissertation, Zürich 1920.

Zusammenstellung der Patentliteratur über Phosphatperhydrate.

D. 287 588 (Ö. 63 288). Chemische Werke vorm. H. Byk. Nichtalkalische phosphorsaure Salze werden mit H_2O_2 behandelt.

D. 293 786 (F. 482 785, E. 15 749/1915). Ges. für Chemische Industrie. Auf 1 Molekül $Na_4P_2O_7$ werden rund 3 Moleküle H_2O_2 angewendet und das Gemisch möglichst rasch bei einer Temperatur unterhalb des Siedepunktes des H_2O_2 im Vakuum zur Trockene eingedampft.

D. 296 796. S. Aschkenasy. Gewinnung von primären Perphosphaten und Perarsenaten der alkalischen Erden durch Verdampfen der Lösungen ihrer Peroxyde in überschüssiger konzentrierter Phosphor- oder Arsensäure unter Druckverminderung und möglichst gelinder Erwärmung, wobei der Säureüberschuß zwecks Bildung der primären Salze vor dem Verdampfen mit den entsprechenden Hydroxyden in berechneter Menge abgestumpft wird.

D. 296 888 (E. 156 713). Derselbe. Im Vakuum hergestellte und vorgetrocknete perborsaure oder perphosphorsaure Salze oder Persalzgemische werden bei gewöhnlichem Luftdruck auf dem Wasserbad bei 100° erhitzt.

D. 299 300. Derselbe. Mono-, Di- und Trialkaliperphosphate und Perarsenate durch Fällung der wäßrigen Lösung von BaO_2 in Arsen- bzw. Phosphorsäure durch Zusatz der berechneten äquivalenten Menge Alkaliphosphat bzw. -arsenat, Filtration und Verdampfen bei vermindertem Druck.

D. 316 997. Zusatz zu D. 299 300. Derselbe. Der aktive Sauerstoff wird durch wiederholtes Eindampfen mit neuen H_2O_2-Mengen an die Salze stufenweise angelagert.

D. 325 155. M. Sarason. Herstellung von übersättigten Sauerstofflösungen aus Perhydratphosphaten und Katalysatoren.

D. 555 055 (Ö. 140 185, E. 355 016, A. 1 914 312). Scheideanstalt. Das Eindampfungsprodukt von Phosphaten und H_2O_2 wird in zerkleinertem Zustande durch Erwärmen im Vakuum bis zur Bildung eines stabilen Produktes entwässert.

F. 700 132. G. Schönberg. Stabiles Phosphatperhydrat durch Eindampfen von Phosphaten mit 30%igem H_2O_2 im Vakuum.

E. 300 946. S. Husain und R. J. Partington. Phosphatperhydrate durch Verdampfen einer Lösung eines Ortophosphates und eines Peroxydes oder von H_2O_2 bei Raumtemperatur unter vermindertem Druck und über einem Wasserabsorptionsmittel, bis sich eine feste Masse ergibt.

E. Silikatperhydrate.

Die Darstellung von wohldefinierten Silikatperhydraten in reinem Zustand ist erst in jüngster Zeit gelungen. Echte Persilikate konnten bisher überhaupt nicht in reinem Zustand dargestellt werden, denn auch das von R. Schwarz und H. Giese[998] erwähnte Persilikat mit der vermutlichen Formel K_2SiO_4 wurde nur in sehr unreiner Form erhalten.

A. Komarowski[1301] erhielt beim Eindampfen von Kieselsäuregel mit einem Überschuß von Perhydrol eine glasartige amorphe Masse, die die Reaktionen des Wasserstoffperoxyds gab und von ihm als $H_2SiO_4 \cdot 1{,}5\,H_2O$ oder $H_2SiO_3 \cdot H_2O_2 \cdot$ $\cdot\, 0{,}5\,H_2O$ aufgefaßt wurde. Auch das Hydrosol der Kieselsäure koagulierte nach Zusatz von Wasserstoffperoxyd und hinterließ nach dem Trocknen im Exsikkator glasartige Schuppen, welche alle Reaktionen der Peroxyde zeigten. Aller Wahrscheinlichkeit nach hat es sich aber nur um bloß rein mechanisch anhaftendes oder absorbiertes Wasserstoffperoxyd gehandelt.

Zu erwähnen wäre auch das DRP. 245 531 der Bariumoxyd G. m. b. H., wonach auf elektrolytischem Wege ähnlich wie Perborat durch Gleichstrom, der mit Wechselstrom überlagert ist, auch Persilikat darstellbar sein soll.

E. Jordis[1302] konnte nur aus der Aufnahme von Wasserstoffperoxyd durch Kieselsäuresol oder Gel sowie aus einem Sauerstoffverbrauch bei der Elektrolyse von Alkalisilikatlösungen an der Anode auf die Anwesenheit von Persilikaten schließen, diese aber nicht rein erhalten. Die Bemerkung von Jordis, daß Natriumsilikatlösungen nach einige Monate langem Stehenlassen an der Luft durch Autoxydation Peroxydreaktionen geben, beruht anscheinend auf einem Irrtum.

A. H. Erdenbrecher[1303] löste $Na_2SiO_3 \cdot 9\,H_2O$ in 30%igem Wasserstoffperoxyd, konnte aber keine aktiven Sauerstoff enthaltenden Verbindungen zum Auskristallisieren bringen. Erst bei der Einwirkung von 82%iger Wasserstoffperoxydlösung auf entwässertes Natriumsilikat konnten nur mikroskopisch kleine Präparate mit bis zu 15,5% aktivem Sauerstoff dargestellt werden. Die neue Substanz beschrieb Erdenbrecher als nicht luftbeständig, da sie sogar in zugeschmolzenen Röhren unter Sauerstoffabgabe zerfiel.

F. Krauß[1304] scheint erstmalig die Darstellung reiner aktiven Sauerstoff enthaltenden Siliziumverbindungen gelungen zu sein. Er brachte frisch bereitetes Natriummetasilikat und 30%iges Wasserstoffperoxyd zusammen und unterwarf die Mischung der Vakuumdestillation, wobei nur das Wasser, aber nicht das Wasserstoffperoxyd entfernt wurde. Die erhaltenen Kristalle entsprachen etwa der Zusammensetzung $Na_2SiO_3 \cdot H_2O \cdot 2\,H_2O_2$.

Auch aus Lösungen von Natriummetasilikaten mit reinem Wasserstoffperoxyd kann beim längeren Stehen bei 0°, beschleunigt durch Zusatz von Natriumcarbonat oder -bicarbonat, ein Silikatperhydrat zum Auskristallisieren gebracht werden.

Krauß und Oettner[1305] stellten aus Metasilikaten und Wasserstoffperoxyd folgende Silikatperhydrate her: $Na_2SiO_3 \cdot H_2O_2 \cdot H_2O$; $Li_2SiO_3 \cdot H_2O_2 \cdot H_2O$. Ein Kaliumsilikatperhydrat konnte nicht erhalten werden. Weiters wurden in reinem Zustande auch Silikatperhydrate $BaSi_2O_5 \cdot 2\,H_2O_2 \cdot 3\,H_2O$ und $CaSiO_5 \cdot 2\,H_2O_2 \cdot$ $\cdot\,4\,H_2O$ dargestellt, während die Diperhydratsilikate von Natrium, Kalium, Magnesium und Zink nicht beständig waren. Eine Entwässerung der Silikatperhydrate war ohne Zersetzung nicht möglich. Durch Anlagerung von Wasserstoffperoxyd an hydratisierte Kieselsäure gelang auch die Darstellung der „Perkieselsäure" $SiO_2 \cdot H_2O_2 \cdot$ $\cdot\,2\,H_2O$ und aus dieser durch Entwässerung von $SiO_2 \cdot H_2O_2 \cdot H_2O$ und $SiO_2 \cdot H_2O_2$. Durch einen weiteren Abbau konnte auch eine Verbindung $2\,SiO_2 \cdot H_2O_2$ wahrscheinlich gemacht werden. Bei allen diesen Verbindungen handelt es sich um Anlagerungs- und nicht um echte Perverbindungen.

Irgendeine technische oder praktische Bedeutung kommt jedoch den Silikatperhydraten nicht zu.

Literaturverzeichnis.

1301 A. Komarowski, Chem. Ztg. 38, 121, 1914. — 1302 E. Jordis, Chem. Ztg. 38, 221, 1914. — 1303 A. H. Erdenbrecher, Chem. Ztg. 48, 210, 1924. — 1304 F. Krauß, Ztschr. anorgan. allg. Chem. 204, 318, 1932; DRP. 542 157. — 1305 Krauß und Oettner, Ztschr. anorgan. allg. Chem. 222, 345, 1935.

F. Sonstige Anlagerungsverbindungen des Wasserstoffperoxyds.

Das Wasserstoffperoxyd ist befähigt, mit einer ganzen Reihe weiterer anorganischer und organischer Stoffe Additionsverbindungen zu liefern, denen, wie z. B. dem Carbamidperhydrat, eine erhebliche Bedeutung zukommt, da dieses das Wasserstoffperoxyd in fester und haltbarer Form und hoher Konzentration enthält. Die Addition des Wasserstoffperoxyds kann dabei auch an Verbindungen stattfinden, welche an sich ohne Kristallwasser kristallisieren. Sie werden entweder durch Verdampfung auf dem Wasserbade oder unter dem Exsikkator aus der Lösung des betreffenden Stoffes in mehr oder weniger konzentriertem Wasserstoffperoxyd, eventuell durch Kristallisieren unter Kühlung, gewonnen.

S. Tanatar[1306] stellte Additionsverbindungen des Wasserstoffperoxyds mit Kaliumfluorid KFH_2O_2 und Natriumsulfat $Na_2SO_4 \cdot 9\,H_2O \cdot H_2O_2$ dar. R. Willstätter[1307] vergrößerte die Zahl derartiger Verbindungen durch die Anlagerung von Wasserstoffperoxyd an Ammoniumsulfat, Kalialaun, Borax, Aluminiumsulfat und Natriumazetat.

Tanatar[1308] stellte erstmalig auch organische Anlagerungsverbindungen dar. Beim Zusatz von 30%igem H_2O_2 zu einer wäßrigen Lösung von Harnstoff erhielt er nach dem Konzentrieren auf dem Wasserbade bei 60 bis 70° und Abkühlung mit Eis Kristalle der Zusammensetzung $CO(NH_2)_2 \cdot H_2O_2$, die etwa 35% H_2O_2 enthielten. In ähnlicher Weise wurden Additionsverbindungen mit Acetamid, Urethan, Succinimid $\begin{matrix} CH_2-CO \\ | \\ CH_2-CO \end{matrix}\!\!\!>\!NH \cdot H_2O_2$ (25,65% H_2O_2), Asparagin $COOH-CONH_2-$ $-CH_2-CONH_2 \cdot H_2O_2$ (20,48% H_2O_2); Erythrit $C_6H_4(OH)_4 \cdot H_2O_2$ (4% H_2O_2, wenig beständige kristalline Verbindung); Mannit $C_6H_8(OH)_6 \cdot H_2O_2$ (15,7% H_2O_2, ziemlich unbeständig; Pinakon $(CH_3)_2{=}COH-COH-(CH_3)_2 \cdot H_2O_2$ (22,36% H_2O_2), sirupartige Lösung, die nicht zum Kristallisieren gebracht werden konnte), gewonnen. Mit Parabansäure und saurem oxalsaurem Ammonium wurden zwar mehr oder weniger gut kristallisierte Substanzen erhalten, der Gehalt an Wasserstoffperoxyd schwankte jedoch bedeutend. Mit Rohrzucker wurden keine Anlagerungsverbindungen erhalten.

Ein Strychninhydratperhydrat stellten Max und Michael Polonowsky[1309] dar: $C_{21}H_{22}O_3N_2 \cdot 2{,}5\,H_2O \cdot 0{,}75\,H_2O_2$.

Aus ätherischer Lösung erhielten O. Maass und G. L. Matheson[180] die Anlagerungsverbindungen $NH_3 \cdot H_2O_2$; $C_2H_5NH_2 \cdot 2\,H_2O_2$; $C_3H_7 \cdot NH_2 \cdot 2\,H_2O_2$; $C_4H_9 \cdot NH_2 \cdot 2\,H_2O_2$; normales und tertiäres Pyridin $(C_2H_5)_2NH \cdot 3\,H_2O_2$; $(C_2H_5)_3N \cdot$ $\cdot 4\,H_2O_2$ her, wobei die Zahl der angelagerten H_2O_2-Moleküle offenbar mit der Stärke der Base ansteigt. Aus den Gefrierpunkten von Gemischen bestehend aus $KCl + H_2O_2$ bzw. $K_2SO_4 + H_2O_2$ sowie $Na_2F_2 + H_2O_2$ ergaben sich Eutektika bei $-32{,}2°$ bzw. $-27{,}5°$ bzw. $-15{,}2°$, die auf eine Verbindung beider Körper schließen lassen. Die Untersuchung von $H_2O_2 + NaCl$ sowie $H_2O_2 + NaNO_3$ ergab keine Verbindungsbildung. Mit Natriumsulfat wurde die Additionsverbindung $Na_2SO_4 \cdot 2\,H_2O_2$ dargestellt (Maass und Hatcher[181]).

Recht kompliziert scheinen die Verhältnisse zwischen SO_2 und H_2O_2 zu sein. Zwischen 19,5 und 47,2% H_2O_2 erstarrt die Lösung unter 25° zu einer glasigen Masse, wobei aus dem Verlauf der Kurvenäste nichts Bestimmtes geschlossen werden kann[180].

Über ein Natriumarsenatperhydrat berichtete P. Trenko[1310], dem Rudenko die Formel $3\,Na_3AsO_4 \cdot 5\,H_2O_2 \cdot 16\,H_2O$ zuschrieb. Sie entstehen ebenso wie die Perphosphate durch Einwirkung von Peroxyden aus Arsenate. Ob ein echtes Natriumperarsenat $NaAsO_4$ existiert[1312], ist zu bezweifeln[1311].

Die wichtigste organische Anlagerungsverbindung des Wasserstoffperoxyds ist jene mit Harnstoff, das Carbamidperhydrat $CO(NH_2)_2 \cdot H_2O_2$, das durch starke Abkühlung einer Lösung von Harnstoff in 30%igem Wasserstoffperoxyd bis auf $-5°$ hergestellt wird. Durch Zusatz geringer Mengen sauer reagierender Substanzen, wie Zitronensäure, Salicylsäure, Tannin[1313], Borsäure, Natriumbisulfat[1314] oder saurem Natriumphosphat[1315], kann die Haltbarkeit durch Absättigung von alkalisch reagierenden Anteilen durch Säure verbessert werden. Die Firma Merck verwendet an Stelle der üblichen 30%igen Wasserstoffperoxydlösung nur eine 3%ige und dampft vorsichtig im Vakuum ein. Die Substanz kammt mit 34 bis 36% H_2O_2 als festes Wasserstoffperoxyd, Percarbamid, Hyperol, Ortizon (I. G. Farbenindustrie A. G.) oder Perhydrit (Merck) in Form von Tabletten (Neozontabletten), Stäbchen, Kugeln oder Pulver in den Handel und wird vorwiegend als unschädliches Antiseptikum und Desinfektionsmittel in der Wundbehandlung und in der Zahnheilkunde zu Spülungen und Gurgelungen (Mundwasserkugeln) usw. verwendet. Mit Amylum wird es in die Form von Wundstiften gebracht. Ein Teil Perhydrit löst sich in 2,5 Teilen Wasser unter Abspaltung von Wasserstoffperoxyd. Eine Lösung von 10 g Perhydrit in 100 ccm Wasser entspricht etwa der offizinellen 3%igen Wasserstoffperoxydlösung.

Von J. H. Křepelka und R. Buksa[1316] wurden Additionsverbindungen des H_2O_2 mit Hexamethylentetramin, Diacetylhydrazin, Bernsteinsäuredihydrazid, Malonsäuredihydrazid, Natriumformiat, Natrium-α-Chlorpropionat, Chininchlorhydrat, saurem Chininsulfat und Aminoessigsäure dargestellt.

Literaturverzeichnis.

[1306] S. Tanatar, Ztschr. anorg. allg. Chem. **28**, 255, 1901. — [1307] R. Willstädter, Ber. Dtsch. chem. Ges. **36**, 1323, 1903. — [1308] S. Tanatar, Journ. Russ. phys.-chem. Ges. (russ.) **40**, I, 376, 1908. — [1309] M. u. M. Polonowski, Bull. Soc. chim. France (4) 39, 1147, 1926. — [1310] P. Trenko, Chem. Ztrbl. 1902 II 95. — [1311] Chem. Ztrbl. 1912 II 1893. — [1312] Alwarez, Chem. News **94**, 269, 1906. — [1313] DRP. 259 826. — [1314] DRP. 281 083. — [1315] DRP. 291 490. — [1316] J. H. Krepelka u. R. Buksa, Chem. Ztrbl. 1938 I 1583.

Zusammenstellung der Patentliteratur über sonstige Additionsverbindungen des Wasserstoffperoxyds.

D. 303 680. E. Merck. Neutrale anorganische oder organische Stoffe (Harnstoff) werden mit schwachen technischen H_2O_2-Lösungen vorsichtig eingedampft.

D. 333 111. Zusatz zu D. 303 680. Derselbe. Es werden die mit den Konservierungsmitteln gemäß D. 174 190, 203 019, 216 263 haltbar gemachten Wasserstoffperoxydlösungen mit neutralen, anorganischen oder organischen Trägern eingedampft.

D. 535 065 (Schw. 147 147, E. 339 332). I. G. Farbenindustrie A. G. Durch stille elektrische Entladung hergestelltes H_2O_2-Gas wird durch wasserfreies Natriumsulfat oder kristallisierten Harnstoff durchgeleitet.

D. 580 710. A. Rieche. H_2O_2 wird auf Harnstoffderivate von Zuckern oder Harnstoff unter gleichzeitigem Zusatz von Harnstoffderivaten von Zuckern einwirken gelassen.

D. 681 205. I. G. Farbenindustrie A. G. H_2O_2-Harnstoff wird mit wasserabstoßenden Mitteln, wie Fetten oder Wachsen imprägniert.

D. 687 217. Zusatz zu N. 681 205. Dieselbe. Zusatz von Netzmitteln nach F. 693 620.

Schw. 54 687. I. G. Farbenindustrie A. G. H_2O_2 wird auf Carbamid einwirken gelassen.

Schw. 59 562. Zusatz zu Schw. 54 678. Dieselbe. Carbamid wird mit H_2O_2 in Gegenwart von Säure behandelt.

A. 970 898. A. Eklund. Herstellung einer Additionsverbindung von Kaliumnitrat und H_2O_2 durch Auskristallisierenlassen. — Siehe auch D. 293 125, 294 725, E. 29 373/1912, A. 768 561, D. 259 826, 291 490 (S. 205 und 207).

XXIV. Die Anwendung und Verwendung von Wasserstoffperoxyd und seinen Derivaten.

Voraussetzungen. Die große Umwälzung, die vor etwa drei Jahrzehnten durch die Umstellung der Wasserstoffperoxydindustrie von der rein chemischen Darstellung aus Bariumperoxyd auf eine überwiegend elektrochemische Grundlage erfolgte, ist eigentlich erst der große Impuls gewesen, der eine ausgedehntere und allgemeinere

Verwendung des Wasserstoffperoxds in der Technik, Medizin, Haushalt, Kosmetik usw. ermöglichte. Denn die niedrige Konzentration der aus Bariumperoxyd erhaltenen Lösungen von nur 3 bis 4%, deren geringe Haltbarkeit, womit wieder ein ungleichmäßiger Ausfall des Bleichens zusammenhing, sowie die hohen Transportkosten waren für eine ausgedehntere Anwendungsmöglichkeit sehr hinderlich gewesen. Lediglich auf dem Gebiete der Strohbleiche, wo der mit Wasserstoffperoxyd erreichte Bleicheffekt mit anderen Bleichmitteln nicht erreichbar war, hatte es sich weitgehend Eingang verschafft. Das Bleichen von Federn, Elfenbein, Spitzen usw. mit Wasserstoffperoxyd, bei welchen an sich teuren Materialien gleichfalls hervorragende Bleichwirkungen zu erzielen waren, spielte der seinerzeitige hohe Preis der Sauerstoffbleiche im Vergleich zur Chlorbleiche keine Rolle, jedoch fiel der Verbrauch dieser Industrie nicht sehr ins Gewicht. Obwohl man damals schon erkannt hatte, daß die Sauerstoffbleiche gegenüber der damals fast ausschließlich angewendeten Chlorbleiche mit Chlorkalk oder Natriumhypochlorit einige wesentliche Vorteile aufweist, konnte man aus obigen Gründen mit der Chlorbleiche nicht konkurrenzieren.

Einen wesentlichen Fortschritt bedeutete die Erzeugung der festen Derivate des Wasserstoffperoxyds, die den aktiven Sauerstoff schon in konzentrierterer und haltbarerer Form enthielten. Allein erst durch die Herstellung von Wasserstoffperoxyd auf elektrochemischem Wege wurde ein Produkt geschaffen, das allen Anforderungen der Technik gerecht werden konnte. Infolge der Gewinnung durch Destillation enthält das Wasserstoffperoxyd von heute schädliche Verunreinigungen nur mehr in äußerst geringen Spuren, so daß seine Haltbarkeit selbst bei monatelanger Aufbewahrung eine ganz hervorragende ist. Da es auch ohne technische Schwierigkeiten bei der Kondensation in Form einer hochprozentigen Lösung gewonnen werden kann, verursacht der Versand auch ungleich geringere Kosten. Selbstverständlich gelten diese günstigen Eigenschaften auch für jenes viel später hergestellte hochprozentige Wasserstoffperoxyd, das derzeit aus den aus Bariumperoxyd erhaltenen verdünnten Lösungen durch Destillation gewonnen wird. Nachdem der Preis des Wasserstoffperoxyds durch Vervollkommnung seiner Herstellungsverfahren auch billiger geworden ist, hat es sich, namentlich für das Bleichen, wegen seiner Vorzüge immer mehr und mehr eingeführt, so daß es heute nicht nur für feinere, sondern auch für billigere Textilfasern pflanzlicher oder tierischer Natur Verwendung findet.

Durch die Möglichkeit der großindustriellen Herstellung von 80- bis 85%igem H_2O_2 werden dem Wasserstoffperoxyd in Hinkunft noch eine Reihe neuer und technisch sehr wichtiger Anwendungsmöglichkeiten erstehen, die die Bedeutung des H_2O_2 für die Technik noch wesentlich erhöhen werden. Es sei nur beispielsweise auf die Verwendung als reines, hochaktives Oxydationsmittel, Brennstoffkomponente, Bleichmittel, Polymerisationskatalysator, Hydroxylierungsmittel usw. hingewiesen.

Die Anwendungsmöglichkeit des Wasserstoffperoxyds beruht auf seinem Zerfall nach $H_2O_2 \rightarrow H_2O + O$, wobei der aktive Sauerstoff zur Ausführung von Oxydationsreaktionen in Freiheit gesetzt wird. Als Rückstand dieses Zerfalles hinterbleibt nur Wasser, weshalb dieses Oxydationsmittel gegenüber anderen den einzigartigen Vorteil besitzt, nach Abspaltung des aktiven Sauerstoffes keinen anderen Rückstand als Wasser im behandelten Gut zurückzulassen. Ja selbst wenn tatsächlich geringe Mengen von überschüssigem Wasserstoffperoxyd im Behandlungsgut zurückgeblieben wären, so würde dies nicht schaden, da es bei der Trocknung in Berührung mit dem meist organischen Körper zerfallen würde. Dieser Umstand spielt auch dann eine wesentliche Rolle, wenn z. B. wie bei der Verwendung als Konservierungsmittel für Nahrungsmittel oder in der Medizin, äußerste Reinhaltung erforderlich ist und Fremdstoffe im behandelten Gegenstand nicht zurückbleiben sollen.

Auf der oxydierenden Kraft des aktiven Sauerstoffatoms beruht die wichtigste

Anwendung des Wasserstoffperoxyds als Bleichmittel und Kosmetikum, auf seiner keimtötenden Wirkung seine Verwendung als Konservierungsmittel und für medizinische, hygienische sowie sonstige kosmetische Zwecke. Selbstverständlich sind damit die Anwendungsgebiete des Wasserstoffperoxyds und seiner Derivate keineswegs erschöpfend aufgezählt, sondern nur die wichtigsten herausgegriffen. Angesichts der Unzahl der Anwendungsmöglichkeiten soll im folgenden nur ein allgemeiner Überblick gegeben werden, eine zusammenfassende Behandlung der Anwendungen des aktiven Sauerstoffes aber einer späteren gesonderten Behandlung vorbehalten bleiben.

Ein weiterer ganz besonderer Vorteil des Wasserstoffperoxyds besteht darin, daß es auf Grund seines hohen Oxydationspotentials und der großen frei werdenden Energiemenge beim Zerfall alle übrigen Oxydationsmittel an Oxydationskraft bedeutend übertrifft, wie aus Tab. 22 hervorgeht, in welcher für verschiedene Oxydationsmittel die in gleichen Zeiten von 1-g-Atom aktivem Sauerstoff entwickelte Energie angegeben ist[323]:

Tabelle 22.

Oxydationsmittel	Reaktion	Reaktionsbedingungen	Kalorien pro 1-g-Atom aktiven O
H_2O_2	$H_2O_2 \rightarrow H_2O + O$	unter allen Bedingungen	23,0
Ozon	$O_3 \rightarrow O_2 + O$	in gasförmigem Zustand	14,8
$KMnO_4$	$2\,KMnO_4 + H_2O = 2\,MnO_2 + 2\,KOH + 3\,O$	in alkalischer Lösung	3,3
$Na_2Cr_2O_7$	$Na_2Cr_2O_7 + 4\,H_2SO_4 = Cr_2(SO_4)_3 + Na_2SO_4 + H_2O + 3\,O$	in saurer Lösung	3,25
Eau de Javelle	$NaOCl = NaCl + O$	in alkalischer Lösung	12,0
Chlorkalk	$Ca(OCl)_2 + CaCl_2 = 2\,CaCl_2 + 2\,O$	in alkalischer Lösung	12,0
Bleidioxyd	$PbO_2 = PbO + O$	in saurer Lösung	13,0
Kaliumchlorat	$KClO_3 = KCl + 3\,O$	in trockenem Zustand	6,0

Die Oxydationswirkung ist daher beim Wasserstoffperoxyd am stärksten. Demzufolge ist seine Bleichkraft auch besonders groß, das mit Wasserstoffperoxyd erzielte Weiß besonders rein und die Dauerhaftigkeit der Bleichung auch außerordentlich gut. Es ist kaum anzunehmen, daß in absehbarer Zeit ein wirksameres Bleichmittel als der aktive Sauerstoff gefunden werden könne.

Für die Auswahl der Bleichmittel ist neben dem Preis vor allem der Gehalt an aktivem Sauerstoff maßgeblich. Aus den nachstehend angeführten Bleichmitteln vermag 1 kg folgende Mengen aktiven Sauerstoff in Freiheit zu setzen:

1 kg	85%iges H_2O_2	liefert 400 g	aktiven Sauerstoff
1 „	30%iges H_2O_2	„ 141 „	„ „
1 „	Na_2O_2, 95%ig	„ 195 „	„ „
1 „	Perborat, 10%ig	„ 100 „	„ „
1 „	Chlorkalk, 35%ig	„ 79 „	„ „
1 „	$KMnO_4$ (in saurer Lösung)	„ 218 „	„ „

Das Arbeiten mit Wasserstoffperoxyd als Oxydationsmittel und Bleichmittel ist sehr bequem und einfach, da es keine gesundheitsschädlichen Gase entwickelt und daher die Arbeiter nicht belästigt. Eine Anreicherung von Salzen im Behandlungsbad ist nicht möglich, da ja nach der Verzehrung des aktiven Sauerstoffes nur Wasser als Rückstand verbleibt. Durch genaue Einstellung der Temperatur, der Alkalinität und der Konzentration des aktiven Sauerstoffes ist es leicht und genau möglich, einen gewünschten Bleicheffekt zu erreichen.

Bleichschäden können aber bei einem Eisen-, Kupfer- oder Manganoxydgehalt der Fasern auftreten.

Bleichapparaturen. Beim Bleichen ist besondere Sorgfalt auf die Auswahl des Apparatebaustoffes zu verwenden. Dieser soll nämlich gegen die Bleichflüssigkeit vollkommen beständig sein, anderseits darf aber weder das Metall selbst, noch seine Lösungsprodukte auf das Wasserstoffperoxyd zersetzend einwirken. Für kleinere Mengen verwendet man Bottiche oder Kufen aus weißem Hartholz, Zement oder Steinzeug. Eisen und Kupfer kommen in ungeschütztem Zustand als Baustoffe nicht in Betracht. Auch einzelne Apparateteile, wie Schrauben oder Bolzen, dürfen nicht aus derartigen Metallen bestehen, da ein Verunreinigung der Bleichflotte sonst zu leicht möglich wäre. Monelmetall und Nickel zersetzen aber mit Natriumsilikat stabilisiertes H_2O_2 nicht stärker als Glas, so daß sie in den Bleichapparaturen verwendet werden können. Die Holzbottiche werden mit Blei, Nickel oder Schiefer ausgeschlagen. Steinzeug verhält sich als Werkstoff in der Bleicherei vollkommen indifferent.

Eiserne Kufen lassen sich verwenden, wenn das Eisen emailliert oder noch besser mit einem Zementüberzug versehen wurde. Das Aufbringen des Zementes kann durch Zerstäuben oder Anstrich erfolgen, wobei man dem Zement auch Wasserglas oder Ceresin zusetzen kann[1316]. Auch mit Zement-Kalk- oder Zement-Magnesia-Mischungen ausgekleidete eiserne Gefäße können verwendet werden, wobei diese vor Gebrauch noch mit einer Lösung von Alkalisilikat und -carbonat ausgekocht werden[1317]. In der Praxis wiederholt man die Aufbringung der Zementschicht und das Auskochen mit einer Wasserglaslösung dreimal, so daß die Zementschicht schließlich etwa 1 mm stark wird. Diese Auskleidungen schützen die innere Oberfläche von Kochkesseln vor der Berührung mit der alkalischen Wasserstoffperoxydlösung, so daß man ohne Anschaffung neuer Apparaturen auch in den meist bereits vorhandenen Eisengefäßen bleichen kann.

Nach dem Vorschlage der Elektrochemischen Werke München[1318] sind auch Apparate aus Aluminium oder dessen Legierungen zur Aufbewahrung und zum Bleichen mit alkalischen Wasserstoffperoxydlösungen geeignet. Farbanstriche haben sich auf Eisen für Bleichapparate als nicht genügend haltbar erwiesen, da sie leicht abspringen. Für das Arbeiten unter Druck haben sich verbleite Eisengefäße gut bewährt.

Da das Bleichen meist bei erhöhter Temperatur erfolgt, muß die Bleichapparatur auch mit Heizeinrichtungen versehen sein. Eine direkte Dampfheizung kann aber nicht angewendet werden, weil der direkte Heizdampf Rostteilchen in das Bleichbad einbringen könnte. Man verwendet daher nur indirekte Dampfheizung und baut die Heizschlangen aus Nickel[1319], Hartblei, Bronze oder nicht rostendem Stahl, wie Kruppschen V2A- und V4A-Stahl.

Die Pumpen und Rohrleitungen zum Transport und zur Zirkulation der Bleichflüssigkeit werden ebenfalls aus eisenarmiertem Steinzeug, Nickel oder nicht rostendem Stahl angefertigt. Mittels der Pumpe wird auch die Bleichflotte aus dem Ansatzgefäß in den Bleichbottich und zurück gepumpt. Das Arbeiten mit zirkulierender Bleichflüssigkeit weist den Vorteil auf, daß man mit erheblich kürzeren Flotten, d. h. mit weniger Bleichflüssigkeit auf 1 kg Bleichgut, beispielsweise mit einem Flottenverhältnis 1 : 6 bis 1 : 10 auskommt, während in der Kufe sehr lange Flotten, etwa

1 : 15 bis 1 : 20 und mehr notwendig sind. Beim Bleichen im Zirkulationsapparat befindet sich die Ware in Ruhe, während die Flüssigkeit umgepumpt wird, hingegen befindet sich in der Kufe die Flüssigkeit in Ruhe und wird das Garn auf Stöcken in die Flotte eingehändigt und von Zeit zu Zeit umgezogen. Für Stückware ist die Bewegung mit Hilfe von Haspeln am geeignetsten.

Stabilisatoren. Bei der Sauerstoffbleiche mit Perverbindungen ist auf eine ganz besondere Reinheit des Bleichgutes und der Bleichlösung zu achten. Es muß nicht nur für eine gründliche Reinigung von Fett- und Seifenrückständen gesorgt werden, weil sonst an solchen Stellen nur eine ungenügende Bleichwirkung erzielt werden könnte, sondern auch rein mechanisch anhaftende Teilchen, namentlich von Rost, müssen vom Bleichgut entfernt werden. Denn an diesen Stellen würde die Sauerstoffentwicklung aus dem Wasserstoffperoxyd derartig stark werden, daß auch Faserbeschädigungen eintreten könnten. Auch die unnütz entweichenden Sauerstoffmengen und die Aufbrauchung des Bleichbades würden in diesem Falle zu groß sein. Eine Gefahr der Verseuchung der Bleichflotte besteht auch durch die Verwendung einer Ware, die noch Kobalt- oder Mangansikkative eines trocknenden Öles enthält. Tatsächlich sind in gut geleiteten Betrieben, wo nur sorgfältig gereinigte Stücke zum Bleichen kommen, die Bäder unter täglicher Zugabe der notwendigen Verstärkung ungleich länger haltbar, während beim Bleichen von weniger reinen, d. h. katalysatorhaltigen Garnen oder loser Wolle, die Bäder öfters angesetzt werden müssen. Je reiner das Arbeiten ist, desto geringer sind die Sauerstoffverluste und desto billiger auch der erreichte Bleicheffekt.

Gebleicht wird stets in der Wärme und in schwach alkalischer Lösung, also unter Bedingungen, unter denen das Wasserstoffperoxyd nicht besonders beständig ist. Das Bleichbad würde daher auch an jenen Stellen Sauerstoff verlieren, wo es nicht mit der Ware in Berührung kommt. Da aber gasförmig entwickelter Sauerstoff nicht mehr bleicht, wird der Wirkungsgrad einer Bleiche um so ungünstiger, je mehr Sauerstoff nutzlos entweicht. Man muß daher durch Zusatz geeigneter Stabilisatoren die Beständigkeit des Wasserstoffperoxyds in alkalischer Lösung erhöhen. Derartige Stoffe sollen auch die Sauerstoffabgabe derart regeln, daß bei hoher Temperatur die Abspaltung des naszierenden Sauerstoffes nicht zu stürmisch erfolgt, wodurch auch Schädigungen der Ware hervorgerufen werden könnten. Als derartige Verbindungen haben sich besonders Wasserglas, Magnesiumverbindungen, Pyrophosphat und andere Phosphate als geeignet erwiesen[1320]. Erfahrungsgemäß wird der Stabilisator fast gar nicht verbraucht. Manchmal werden auch der „Stabilisator C", ein Gemisch von Natriumpyrophosphat und -oxalat oder Netzmittel, wie Gardinol, Igepon oder sulfonierte Fettalkohole, Sulfonierungsprodukte von Imidazolen, ferner Stärke, Benzol, Xylol, aromatische Amine u. dgl., dem Bleichbad zugesetzt.

Erforderlich ist selbstverständlich ein reines, metallfreies Wasser, das insbesondere Eisen nicht enthalten darf. Auch reinstes, durch Destillation erhaltenes Wasserstoffperoxyd ist für einen gleichmäßig ausfallenden Bleicheffekt notwendig, da nur ein solches Produkt immer mit dem gleichen Titer zum Ansetzen gelangt.

Sauerstoffverluste können auch durch Schimmelpilze auftreten, insbesondere bei Wasser, das mit Oxalsäure enthärtet wurde. Die Metallsalzkatalyse kann durch Alkohole, Ketone, Urethane, Eiweißverbindungen u. dgl. gehemmt werden. Die Aufbewahrung alter Bleichbäder erfolgt nach Filtration und Ansäuerung, um Sauerstoffverluste zu vermeiden.

Die oben bereits angeführten Verbindungen, wie Natriumsilikat, reagieren bereits selbst alkalisch, so daß nur mehr wenig weiteres Alkali zugesetzt werden muß. Eine alkalische Reaktion ist für das Bleichen erforderlich, da ein kräftiger Bleicheffekt mit Wasserstoffperoxyd nur in alkalischer Lösung zu erzielen ist. Da beim Bleichen auch manchmal Säure frei wird, muß etwas überschüssiges Alkali auch zu dessen Abstumpfung in der Bleichflotte vorhanden sein. Der Alkaliüberschuß ist jedoch stets auf ein Mindestmaß einzuschränken. Es genügt aber nicht, daß bloß mit Lackmuspapier auf alkalische Reaktion des Bades geprüft wird, sondern es muß ein je nach der Art der zu bleichenden Ware bestimmter, genau festgestellter Alkaliüberschuß vorhanden sein. Meist bringt man das Bleichbad auf ein $p_H = 8$. Da Alkali auf das Wasserstoffperoxyd zersetzend wirkt, so wird das Bleichbad, wenn es nicht in Gebrauch steht, schwach angesäuert.

Bleichpreis. Aus Gründen der Wirtschaftlichkeit trachtet man natürlich, mit möglichst wenig Wasserstoffperoxyd auszukommen. Für einen gleichmäßigen Ausfall der Bleiche ist es am zweckmäßigsten, stets frische Bleichbäder zu verwenden, da die durch das Bleichgut verunreinigte Bleichlösung in ihrer Wirkung nicht immer gleichmäßig bleibt. Bestimmend auf die anzuwendende Wasserstoffperoxydkonzentration ist der Bleichpreis und der Bleichprozeß. Der Bleichpreis bestimmt die obere Grenze des Wasserstoffperoxydgehaltes, der Bleichprozeß die untere, da eine Fertigbleiche nur bei Einhaltung einer bestimmten Mindestkonzentration an Wasserstoffperoxyd überhaupt zu erreichen ist. Der Bleichpreis läßt, wenn man die Bleichlösung nur einmal verwendet, eine Höchstmenge an H_2O_2 zu. Meist wird ein Bleichbad nur zum geringen Teil ausgebraucht, man hat daher nur in vielen Fällen den Verbrauch durch Analyse festzustellen und kann nach Ergänzung des Wasserstoffperoxyds auf seine ursprüngliche Stärke das Bad neuerlich verwenden.

Temperatur. Für jeden Bleichprozeß ist auch eine Mindesttemperatur einzuhalten. Je höher die Bleichtemperatur ist, desto rascher und vollkommener ist die Bleichung. Da mit steigender Temperatur aber auch die Zersetzlichkeit des Wasserstoffperoxyds steigt, sind für die Temperatur Höchstgrenzen vorhanden. Meist wird die Bleiche bei Temperaturen von 80° durchgeführt, es gibt aber auch Bleichbäder, die noch bei 100° rasch und sicher arbeiten. Für gewisse Fälle ist dabei auch noch zu beachten, daß durch Wasserverdampfung bei der stark erhöhten Temperatur allmählich eine Konzentrierung des Bades und damit auch an Wasserstoffperoxyd auftreten kann, die bei empfindlichen Waren zu Schädigungen führen kann. Dies gilt z. B. für Pflanzenfasern, bei denen die Gefahr der Bildung von Oxyzellulose besteht, die zu einer beträchtlichen Verminderung der Festigkeit der Faser und Zerstörung der Faser führen kann. Hat man z. B. das Bleichgut nur mit der Bleichlösung getränkt, so ist für eine Vermeidung der Verdunstung des Wassers durch Einpacken oder Einhängen in Kästen Sorge zu tragen. Eine ungleichmäßige Temperatur ist gleichfalls schädlich, da sie zu einer ungleichmäßig gebleichten, fleckigen Ware führt.

Bleichen von Wolle. Ein Großabnehmer für das Wasserstoffperoxyd wurde die Wollindustrie, wo die früher übliche Schwefelbleiche mit Schwefeldioxyd, Natriumbisulfit- oder -hyposulfit vollständig verdrängt wurde. Die Schwefelbleiche beruhte nur auf der Reduktion der in der Wolle vorhandenen Farbstoffe zu farblosen Verbindungen. Unter der Einwirkung von Licht und Luft trat jedoch infolge Rückoxydation allmählich das gefürchtete Vergilben und Gelbwerden der Wolle ein. Die verwendete schwefelige Säure ließ sich auch nie vollständig aus der Wolle herauswaschen, weshalb eine Verwendung von derartig gebleichter Wolle für die Buntfärberei unmöglich war. Es mußten daher auf jeden Fall die letzten Reste des Schwefeldioxyds mit Wasserstoffperoxyd zu Schwefelsäure oxydiert und ausgewaschen werden. Durch die Wasserstoffperoxydbleiche wird jedoch der Farbstoff nicht reduziert, sondern zerstört, weshalb das erzielte Weiß sehr beständig ist. Die Wolle kann in jedem beliebigen Fabrikationsstadium gebleicht werden, und zwar entweder als lose Wolle, Kammzeug, Garn, Trikot oder Strickware.

Wolle kann wie folgt gebleicht werden: Nachdem sie gründlich mit Seife, sulfonierten Fettalkoholen nebst einem Zusatz von Ammoniak gewaschen wurde, wird sie in einen Bleichbottich eingepackt und bei etwa 45° einige Stunden mit einer durch Wasserglas, Ammoniak oder Phosphat schwach alkalisch gemachten Wasserstoffperoxydlösung gebleicht. Sehr gut soll sich auch ein Zusatz von Metaborat oder Borsäure zum Phosphat bewährt haben. Je nach der Ware und dem angestrebten Bleicheffekt wird die Bleichdauer und die Stärke der Bleichflotte eingestellt. Geeignet ist z. B. eine 0,3%ige Lösung von H_2O_2. Manchmal wird noch mit Hydrosulfit oder in der Kammer mit SO_2 nachgebleicht, aber nicht zur Erhöhung des Bleicheffektes, sondern um der Wolle mehr Glanz zu geben. Lose Wolle kann auch nach dem sog. „Kontinueverfahren" gebleicht werden, indem sie im Anschluß an den Waschprozeß im Leviathan mit der Wasserstoffperoxydlösung imprägniert, ausgequetscht und zur Trocknung gebracht wird, wobei das Bleichen während des Trockenprozesses vor sich geht. Garne können auch auf Spulen gebleicht werden. Bei der Bleiche durch Imprägnierung ist die Wasserstoffperoxydlösung etwas stärker zu nehmen und besonders genau auf Stärke, Alkalinität und Temperatur einzustellen, da nachträgliche Verbesserungen nicht möglich sind.

Ein Beispiel zur Erzielung eines schönen Weiß bei Wolle ist folgende Arbeitsweise: Vorerst wird 4 Stunden bei 40 bis 45° in einem Bade aus 1 g Seife, 0,5 g Netzmittel, 0,5 g Ammoniak von 22° Bé und 5 ccm 30%iges Wasserstoffperoxyd pro Liter Flüssigkeit behandelt, mit warmem Wasser gewaschen, sodann bei 40 bis 45° mit einer Lösung von 20 ccm 30%iger Wasserstoffperoxydlösung, 1 g Borax und 1 g Natriumpyrophosphat pro Liter gebleicht, wieder mit warmem Wasser gewaschen und schließlich 2 Stunden bei gewöhnlicher Temperatur mit einer Lösung von 2 g Natriumhypophosphit pro Liter fertiggestellt, mit kaltem Wasser gewaschen und endlich getrocknet[265]. Bei diesem Beispiel braucht man bei einem Flottenverhältnis von 1 : 12 beim erstmaligen Ansetzen auf 100 kg Wolle 24 kg 30%iges H_2O_2, von dem aber nur maximal $^1/_3$ verbraucht wird. Für die zweite Verwendung braucht man nur die verbrauchte Menge nachzugeben und kann wieder von neuem bleichen. Auf diese Weise verbraucht man z. B. zum Bleichen von 600 kg Wollfäden nur etwa 50 kg 30%ige Wasserstoffperoxydlösung.

Die Konzentration von 100 vol.%igem H_2O_2 darf 1 bis 1,5 Vol.%, die Temperatur nicht 70° (am besten etwa 50° C), das p_H 8,5 nicht überschreiten, da sonst Schädigungen der Wolle auftreten. Diese äußern sich in einer erhöhten Abbaufähigkeit und Alkalilöslichkeit der Wolle (L. Armand[1321]).

Die Filz- und Walkfähigkeit von Wolle kann durch Beizen mit H_2SO_4, H_2O_2 und einem Katalysator verbessert werden. Das Eingehen ist um 30 bis 50% stärker als bei unbehandeltem Gut (R. Brauckmeyer und H. Rouette; J. Anderson[1321a]).

Wolle kann mit Wasserstoffperoxyd unter Anlagerung von O-Atomen an die Disulfidgruppen reagieren, wobei diese saure Eigenschaften erhalten und das Säurebindungsvermögen der Fasern herabsetzen (H. A. Rutherford und M. Harris[1322]). Bei stärkerer Einwirkung des Oxydationsmittels wird ein großer Teil der Wollproteine abgebaut. Die Festigkeitsabnahme geht parallel mit der Cysteinabnahme, hängt aber doch in erster Linie von der Zahl der intakten Peptidbindungen ab (E. Elöd, H. Nowotny und H. Zahn[1323]).

Bleichen von Fellen, Pelzen, Rauchwerk. Unentbehrlich ist das Wasserstoffperoxyd für das Bleichen von Fellen, Pelzen und Rauchwerk aller Art. Die Pelze können dabei entweder wie Wolle in einer Bleichflotte durch bloßes Imprägnieren oder durch Behandlung mit gasförmigem H_2O_2 gebleicht werden. Bei der ersteren Art der Bleichung von Fellen oder Pelzen werden diese in ein ziemlich starkes Bleichbad (etwa 150 ccm 30 Vol.-% H_2O_2, 2 ccm konz. NH_4OH und 2 g $Na_2P_4O_7$/l) eingetaucht und durch Beschwerung dafür Sorge getragen, daß das Bleichgut während der ganzen Bleichdauer von der Flüssigkeit bedeckt bleibt. Die Wasserstoffperoxydlösung kann man auch mit der Bürste auf die Felle aufstreichen, bis diese ordentlich naß sind. Dann werden die behandelten Stücke zwecks Einwirkung des Bleichmittels und schließlich behufs Trocknung sich selbst überlassen.

Um eine lange Bleichdauer, die unter Umständen zu einer Schädigung der Fasern und der Haut führen kann, zu vermeiden, wird von der Scheideanstalt[1324] vorgeschlagen, das Bleichgut unter Vermeidung jeder Nässung der Haut mit der Bleichflüssigkeit nur zu benetzen, wobei das Bleichgut zwischen den mehrmaligen Benetzungen jedesmal getrocknet wird. Sehr geeignet ist eine 3%ige Wasserstoffperoxydlösung, die auf 50 ccm je 5 ccm konz. NH_4OH und 5 ccm 96%igen Alkohol mit weiteren Zusätzen von 0,25 g $Na_4P_2O_7 \cdot 10\,H_2O$ und 0,25 bis 0,5 ccm Türkischrotöl enthält.

Besonders schonend ist eine Behandlung mit verdampftem Wasserstoffperoxyd. Das zu bleichende empfindliche Gut, wie Haare, Felle oder Pelze, wird in einen geschlossenen Raum gebracht, in welchem sich ein offener Kessel mit zirka 30%iger Wasserstoffperoxydlösung befindet. Die Bleichkammer wird auf etwa 50° geheizt. Bei Fellen wird das Leder durch Behandeln mit Fetten vor der Einwirkung der Wasserstoffperoxyddämpfe geschützt[1325].

Die Bleichmethoden für Pelze sind bereits derart weitgehend ausgebildet, daß nach einer Wasserstoffperoxydbleiche selbst auf sehr dunklen Ausgangsmaterialien sehr helle Farben aufgebracht werden können. Minderwertige Pelze können in ihrem Aussehen derart veredelt werden, daß sie Luxuspelzen sehr ähnlich sehen. In der Pelzindustrie findet das Wasserstoffperoxyd auch Anwendung zum sog. „Töten", wodurch die Spitzen der Haare für Farbstoffe aufnahmsfähig gemacht werden. Auch die zur Verwendung kommenden Küpenfarbstoffe werden durch Wasserstoffperoxyd sehr schön entwickelt.

Bleichen von Haaren. Auf die gleiche Art können auch andere hoch empfindliche Materialien, wie Menschenhaare, Tierhaare, wie Kaninchen-, Roß- oder Kuhhaare, Federn, Borsten, Hufe oder Horn, gebleicht werden. Diese bieten der Bleiche mehr oder weniger große Schwierigkeiten, weil sie bei höherer Temperatur nicht hinreichend widerstandsfähig sind und teilweise auch besonders schwer zerstörbare Farbstoffe enthalten. Beim Bleichen mit gewöhnlichen schwach ammoniakalischen Bleichbädern ist der Wasserstoffperoxydverbrauch ein ziemlich großer. Man kann daher die Bleichung auch derart vornehmen, daß das mit verdünnter Wasserstoffperoxydlösung getränkte Bleichgut ausgequetscht und sodann in einen mit Ammoniakdämpfen erfüllten Raum gebracht wird. Das Gut bleibt so lange in diesem Raum, bis der gesamte aktive Sauerstoff in Wirksamkeit getreten ist und im Bleichgut kein H_2O_2 mehr vorhanden ist. Das Freiwerden des Sauerstoffes findet dabei in und auf der Faser statt, so daß seine volle Ausnützung gewährleistet und ein ungenütztes Entweichen nicht mehr möglich ist[1326]. Anderseits erfordert die Anwesenheit von Farbstoffen, die mit alkalischer Wasserstoffperoxydlösung nicht oder nur mangelhaft gebleicht werden, die Verwendung besonderer Bleichbäder. So schlagen G. Adolph und A. Pietsch[1327] vor, als Bleichbad Wasserstoffperoxyd zusammen mit solchen Perverbindungen zu verwenden, die in Berührung mit Wasser selbst kein Wasserstoffperoxyd abspalten, wie z. B. Persulfate oder Benzoylperoxyd. Mit diesen Bädern tritt eine besonders starke Bleichwirkung ein, so daß bereits in wenigen Stunden in der Kälte Haare oder Federn hell gebleicht werden können. Das Bleichbad hat z. B. die Zusammensetzung 100 g 30%iges H_2O_2, 1000 g Wasser, 20 bis 30 g 96%iger Alkohol und 30 g Ammonpersulfat.

Die Sauerstoffabgabe kann auch durch Zusatz von Katalysatoren derart geregelt werden, daß sowohl in der Alkalität als auch mit der Bleichtemperatur heruntergegangen werden kann[1328], wodurch die Federn, Pelze, Haare u. dgl. mehr geschont werden. Durch die Verwendung von stärkeren als etwa 3%igen Wasserstoffperoxydlösungen beim Bleichen von Haaren können schädliche Wirkungen, insbesondere Zerstörungen des Keratins, auftreten.

Ein anderes Bleichverfahren der Österr. Chem. Werke beruht auf der Feststellung, daß dunkle Hutstumpen aus Hasenhaar, die zum Zwecke des Walkfähigmachens der tierischen Faser mit Quecksilbersalzen oder Nitraten gebeizt worden waren und daher besondere Schwierigkeiten beim Bleichen machen, mit einer sauren, aluminiumsalzhaltigen Wasserstoffperoxydlösung behandelt werden, wobei eine gute Bleichwirkung erzielt werden kann[1320]. Legt man z. B. dunkle, gebeizte Hasenhaarstumpen in eine 1%ige Wasserstoffperoxydlösung, die 1% Kalialaun enthält, wobei diese Bleichlösung schwach saure Reaktion zeigt, so erfahren die Haare nach 24stündiger Behandlung bei 30° eine sehr starke Aufhellung, ohne in der Qualität Schaden zu leiden. Der weiche Griff der Rohware bleibt erhalten und der erzielte Farbeffekt ist gleichmäßig und schön. Der Badverbrauch beträgt etwa 10 bis 20% des ursprünglich vorhandenen H_2O_2. Dunkle Bettfedern können in einem Bad aus 0,5% H_2O_2, 0,25% Alaun und 0,25% Natrium-Aluminiumchlorid durch 24stündige Behandlung bei 30° gebleicht werden.

Beim Beizen von Haaren, um sie walkfähig zu machen, hat sich gezeigt, daß die bisher allgemein übliche Behandlung mit Salpetersäure und dem giftigen Quecksilbernitrat durch Beizbäder ersetzt werden kann, deren Oxydationsmittel aus Wasserstoffperoxyd bestehen. Zur leichteren Übertragung des aktiven Sauerstoffes auf die Faser wird noch ein wasserlösliches Schwermetallsalz zugesetzt. Beispielsweise werden Felle mit einer Lösung von 6 bis 10% H_2O_2 und 1 bis 2% eines Wismut-, Kobalt-, Cer-, Wolfram- oder Molybdänsalzes bestrichen und dann bei 70 bis 100° getrocknet. Abgeschnittene Haare werden in eine Lösung von 0,25 bis 1% HNO_3, 0,05 bis 0,2% HCl, 0,25 bis 1% H_2O_2 eingelegt, durch Abquetschen von der überschüssigen Lösung befreit und bei 70 bis 100° getrocknet. Ein Zusatz von 0,05 bis 0,2% von Kupfer, Kobalt, Nickel, Mangan, Blei, Eisen u. dgl. in Form eines wasserlöslichen Salzes erhöht die Beizwirkung beträchtlich (Erich Böhm[1330]). Auch mit wäßrigen Lösungen von Ammonsulfat, die Schwefelsäure und Chromsäure oder ein Bichromat enthalten[1331], lassen sich Haare und Wolle beizen, um sie walkfähig zu machen. Beide Mittel sind unter dem Namen Aurofelt und Argyrofelt im Handel, wobei letzteres die Herstellung von schneeweißem Hutstoff ermöglicht, was früher unmöglich war.

Knochen, Elfenbein, Beinknöpfe, Fischbein, Steinnußknöpfe, Darmsaiten usw. sind leicht mit Wasserstoffperoxyd zu bleichen. Man braucht nur für eine schwach alkalische Reaktion Sorge zu tragen. Häufig geht der Bleichvorgang schon bei mäßiger Temperatur ziemlich rasch vor sich. Auch gewisse Ledersorten, wie Sämischleder, können gut mit Wasserstoffperoxyd gebleicht werden. Zuckersäfte können durch einen Zusatz von H_2O_2 oder CaO_2 mehr oder weniger in ihrer Farbe verbessert werden, jedoch wird auch der Zucker angegriffen und bilden sich reduzierend wirkende, farbbildende Substanzen (O. Spengler, St. Böttger und W. Dörfeldt[1332], Du Pont[1333]). Gewisse Holzsorten, wie Tasmanische Eiche können rein weiß gebleicht werden. Tabak läßt sich durch Besprühen mit H_2O_2-Lösung und anschließende Behandlung mit Ammoniak bleichen.

Seide. Ein weiteres Material tierischen Ursprungs, das fast ausschließlich mit Wasserstoffperoxyd gebleicht wird, ist die Naturseide. Dies gilt besonders für Stückware, die in einem Flüssigkeitsbad gebleicht werden muß, während im Strang mitunter noch geschwefelt wird. Die Seide wird gut abgekocht, bei 30 bis 40° mit einem neuen Seifenbad behandelt und leicht ausgeschwungen. Mit dieser Seide geht man nun in ein Wasserstoffperoxydbad, das etwa 0,6 bis 0,8% H_2O_2 enthält und mit Ammoniak schwach alkalisch gemacht wurde. Weiters setzt man dem Bleichbade Wasserglas zu und erwärmt auf 40 bis 50° C. Die Bleiche erfolgt am besten in

Standbädern, da das ohnehin nur schwach gefärbte und reine Produkt nur wenig Wasserstoffperoxyd verbraucht und dieses auch nicht verunreinigt, weshalb die Bleichbäder öfters verwendet werden können. Die Länge der Flotte richtet sich je nach der Natur der Ware. Die Seide wird mehrmals umgezogen und schließlich etwa 7 bis 8 Stunden eingesteckt, nach Beendigung des Kreisprozesses herausgenommen, mit verdünnter Schwefel- oder Ameisensäure abgesäuert und mit Wasser gut ausgespült. Außer der sogenannten realen Seide (grège) wird auch Abfallseide (Chappe, Bourette) mit Wasserstoffperoxyd gebleicht. Wildseide, z. B. Tussahseide, ist zumeist schwerer bleichbar als echte Seide.

Wie hier erwähnt sei, kann man selbstverständlich an Stelle des Wasserstoffperoxyds auch dessen Derivate zum Bleichen verwenden, die in wäßriger Lösung Wasserstoffperoxyd abspalten, wie z. B. Natriumperoxyd oder Perborat. Wird Natriumperoxyd verwendet, so versetzt man z. B. zum Bleichen von Seide 100 l Wasser mit einem halben Liter konzentrierter Schwefelsäure und trägt vorsichtig entweder mit der Hand oder mit besonderen Streuvorrichtungen 500 g Na_2O_2 in die verdünnte Schwefelsäure ein. Ist alles Natriumperoxyd gelöst, so wird mit Ammoniak schwach alkalisch gemacht, auf etwa 50° erwärmt und die Seide eingeweicht. Oder man löst in 100 l Wasser 30 kg kristallisiertes Magnesiumsulfat auf, säuert mit 200 ccm Schwefelsäure an, zieht die Seide einmal um und wirft sie dann auf. Hierauf wird vorsichtig ½ bis 1 kg Natriumperoxyd eingestreut, mit Ammoniak ganz schwach alkalisch gemacht und gebleicht.

Beim Bleichen von Seide mit Perborat wird z. B. wie folgt vorgegangen[1334]: Man löst in 100 l Wasser 1 bis 1½ kg Perborat auf und säuert durch Zusatz von $^1/_3$ der angewendeten Menge Perborat mit konzentrierter Schwefelsäure an. Dann wird die Seide eingetragen, 400 g Wasserglas zugegeben, eine halbe Stunde lang kalt umgezogen, die Seide aufgeworfen, das Bad auf 60° erwärmt, mit der Seide wieder eingegangen und etwa 4 bis 6 Stunden gebleicht. Dann wird ausgeschleudert, gewaschen und getrocknet.

Für Tussahseide ist auch eine Bleichung mit Bariumperoxyd gebräuchlich. Die Wildseide wird etwa 1 Stunde bei 30° in einem salzsauren Bad umgezogen, das 0,32 g HCl in einem Liter enthält, ausgewrungen und 1 Stunde in mit 10% Bariumperoxyd vom Gewicht der Tussahseide beschicktem Bade bei 60° behandelt.

Baumwolle. Unsere wichtigste Textilfaser nach der Wolle ist die Baumwolle. Auf dem Gebiete des Bleichens der Baumwolle hatte das Wasserstoffperoxyd einen erbitterten Kampf mit dem seit langem als Bleichmittel verwendeten Chlor auszufechten, bei dem sich aber das Wasserstoffperoxyd trotz des etwas höheren Preises der Sauerstoffbleiche wegen der vielen Vorzüge dieser Arbeitsweise immer mehr und mehr die Oberhand zu verschaffen weiß. Bis zum Aufkommen der Sauerstoffbleiche wurde die Baumwolle ausnahmslos mit Chlor gebleicht. In der Regel wurde die in Form von loser Baumwolle, Kardenband, Garn oder Stückware vorliegende Baumwolle einem Reinigungsprozeß, dem sogenannten Beuchen, unterzogen, das in einem Kochen der Baumwolle mit Alkalien, wie Natronlauge, Ätzkalk oder Soda, bestand. Dadurch wurden die Baumwollsamenschalen zerstört und die Wachs-, Fett- und Eiweißstoffe entfernt. Sehr häufig wurde die Beuche in eisernen Kesseln und unter Anwendung von Überdruck vorgenommen. Zur Verbesserung der Reinigungswirkung wurden auch häufig Netzmittel, Seife, Fettlöser u. dgl. bei der Beuche mit verwendet. Gewebte und bereits geschlichtete Stücke mußten vorher durch heißes Wasser, mit Hilfe von Diastasepräparaten oder Fermenten entschlichtet werden. Nach einer Spülung mit warmem und kaltem Wasser und eventueller Säuerung erfolgte die Bleichung gewöhnlich in sogenannten Zirkulationsapparaten mit einer aus Natriumhypochlorit oder Chlorkalk bereiteten Bleichlauge in der Stärke von $^1/_2$ bis $^3/_4$ Grad Bé. Stückware wurde mit der Bleichlauge imprägniert und in besonderen Imprägniermaschinen (Clapots) einige Zeit feucht liegen gelassen, bis die gewünschte Bleichwirkung erzielt worden war. Kleinere Partien bleichte man in Kufen unter ständigem Umziehen der Ware. Das Chloren erfolgte kalt oder nur bei mäßiger Temperatur. Sehr häufig war bei der Chlorbleiche noch eine zweite gesonderte Behandlung mit Säure oder Antichlor (Natriumthiosulfat) oder Ammoniak erforderlich, da die letzten Chlorreste durch bloßes Waschen mit Wasser aus der Baumwollfaser nicht zu entfernen waren. Nach dieser Behandlung wurde wieder gründlich gewaschen.

Trotz hoher Entwicklung der Chlorbleiche wies diese eine Reihe von Nachteilen auf, die in der chemischen Natur der Chlorbleichlaugen begründet waren. Unter ungünstigen Bedingungen trat nämlich ein Angriff auf die Zellulose der Faser ein, der nicht nur zu hohen Gewichtsverlusten, sondern auch zu einer starken Faserschwächung führte. Die Faser wird bei diesem Angriff an den geschädigten Stellen in die brüchige Oxyzellulose umgewandelt, was durch die Kupferzahlprobe oder die Viskositätsverminderung der Zellulose nachgewiesen werden kann. Derartige Schäden können verhältnismäßig leicht entstehen, da die Gefährlichkeit von Hypochloritlaugen von vielen Umständen, wie der Temperatur des Wassers, von dem während der Bleiche veränderlichen Alkaligehalt der Flotte, von der Anwesenheit katalytischer Stoffe usw. abhängig ist. Sind auch nur sehr geringe Chlorreste in der Baumwolle nach der Bleiche zurückgeblieben, so können noch nachträgliche Schädigungen der Faser durch Nachgilben oder Faserschwächung auftreten. Ist nicht gründlich gebeucht worden, so sind die letzten Chlorreste besonders schwierig zu entfernen, da die zurückgebliebenen Eiweißstoffe der Baumwolle mit dem Chlor Chloramine bilden, die beim Säuern und Waschen zum Teil in der Faser verbleiben und zu den Schädigungen des Vergilbens und der Festigkeitsverminderung führen können. Zur Verringerung der Gefahrenmomente ist nicht nur ein gründliches Arbeiten, sondern auch viel Zeit und ein großer Wasseraufwand erforderlich.

Die ersten Versuche, die Nachteile der Chlorbleiche zu vermeiden, bestanden darin, daß zur Entfernung der letzten Chlorreste der Baumwolle nicht Natriumthiosulfat oder Natriumbisulfit, sondern eine 0,2%ige Wasserstoffperoxydlösung verwendet wurde. Das Wasserstoffperoxyd reagiert quantitativ mit den Hypochloriten, so daß es kein Nachgilben und keine Faserschädigung mehr geben kann. Gleichzeitig wird der Bleichgrad wesentlich verbessert. Wurde die Wasserstoffperoxydbleiche heiß mit oder ohne Druck unter Mitverwendung von Natronlauge ausgeführt, so werden auch die Baumwollsamenschalen beseitigt. Dies ist von Wichtigkeit bei Stoffen, die, wie Trikotwaren oder Buntware, nicht gekocht werden können, weiters auch für die Bleiche von Stückware und im Jigger, die nicht gefaltet und im Strang gebeucht und gebleicht werden können, bei Velvet, Kragenstoffen, Schußstoffen usw. Man erhält dabei mit Wasserstoffperoxyd ein Weiß, das ohne dieses an nicht gebeuchter Ware überhaupt nicht zu erreichen ist.

Bald ging man auch zur reinen Wasserstoffperoxydbleiche für Baumwolle über. Die Baumwolle wird so wie beim Chloren mit Alkali gebeucht, worauf sich die Wasserstoffperoxydbleiche anschließt, die keine Schwierigkeiten bietet. Bei jenen eben angeführten Waren, die keine Beuche vertragen, wird sofort mit Natriumperoxyd gebleicht. Die Wasserstoffperoxydbäder werden mit Wasserglas, Ätznatron od. dgl. alkalisch gemacht und bei Temperaturen über 80° angewendet. Man braucht etwa 2 bis 5% vom Warengewicht an 30%iger Wasserstoffperoxydlösung. Das Wasserglas hat dabei die Aufgabe zu erfüllen, die Abgabe des aktiven Sauerstoffes bei dieser hohen Temperatur zu regeln. Gebleicht wird meist mit zirkulierender Flotte. Die Bleichung kann beispielsweise[1335] mit einem sauerstoffarmen und alkalireichen Bad als Vorbleiche und einem sauerstoffreichen und alkaliarmen Bad als Hauptbleichbad durchgeführt werden. Die Zusammensetzung des ersten Bades entspricht etwa 0,1% H_2O_2, 3 g NaOH und 3 ccm Wasserglas von 35° Bé/l, wobei die Behandlungsdauer 3 Stunden und die Temperatur 80 bis 90° beträgt. Nachher wird gewaschen und in das zweite Bad, enthaltend 0,5% H_2O_2, 1,5 g NaOH und 2,5 ccm Wasserglas/l, bei einer Behandlungsdauer von 3 bis 4 Stunden und einer Temperatur von 60 bis 75° eingetragen und gebleicht. Für 100 kg Baumwolle werden nach diesem Verfahren etwa 2,5 bis 3,5 kg 30%iges H_2O_2 verbraucht.

Kunstseide enthaltende Gewebe bleicht man am besten unter Vermeidung einer Kochbeuche, durch die die Fasern geschädigt würden.

Die Wasserstoffperoxydbleiche kann auch mit einer Chlorbleiche in der Weise kombiniert werden, daß man zwischen die beiden Wasserstoffperoxydbehälter ein Chloren einschaltet. Das Chlor verstärkt die Wirkung des Wasserstoffperoxyds wesentlich, so daß man nur schwächere Bäder braucht. Beispielsweise besteht das erste Bad aus einer 0,1%igen H_2O_2-Lösung, die pro Liter 2 g NaOH und 2,5 ccm Wasserglas enthält; die Behandlungsdauer beträgt 2 Stunden, die Temperatur 80 bis 90°. Hierauf wird mit warmem und kaltem Wasser gewaschen und in ein zweites Bad, das 2 g aktives Chlor/l enthält, gebracht und darin 2 Stunden gelassen. Nach-

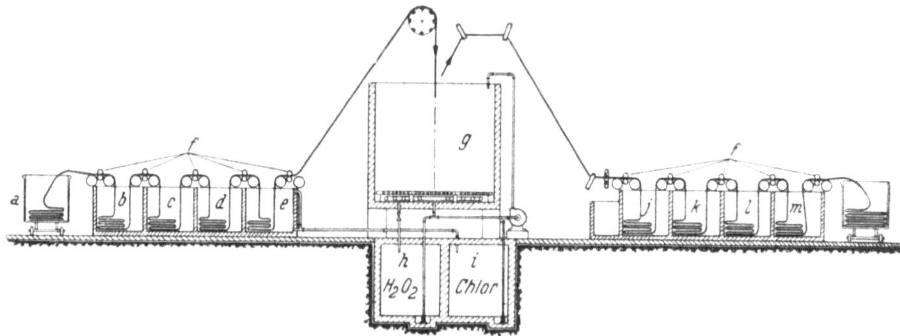

Abb. 47. Bleichanlage zum kontinuierlichen Bleichen nach dem Chlor-Sauerstoffbleichverfahren (H. Th. Böhme A. G.).

dem mit Wasser gründlich gewaschen wurde, wird in ein drittes Bad eingegangen, bestehend aus einer 0,2%igen H_2O_2-Lösung mit 1,0 g NaOH und 2,5 ccm Wasserglas/l. Der Wasserstoffperoxydverbrauch beträgt etwa 1,5 bis 2 kg 30%iges H_2O_2 für 100 kg Baumwolle[1336].

Eine Bleichanlage zum kontinuierlichen Bleichen nach dem kombinierten Chlor-Sauerstoffbleichverfahren (Ce-Es-Bleiche) der Fa. H. Th. Böhme A. G. zeigt die Abb. 47. Aus *a* gelangt das Rohmaterial in ein Vornetzbad *b* mit Avirol (60° C) und nach den Kaltspülbädern *c* und *d* in ein Chlorbad. Die Chlorflotte (300 bis 500 l für 250 bis 3000 kg Tagesleistung) wird ständig umgepumpt und gleichzeitig verstärkt, damit ihre Konzentration ständig auf gleicher Höhe bleibt. Im Zirkulationsgefäß *g* wird das gechlorte Material mit einer H_2O_2-Lösung behandelt; *h* und *i* sind Vorratsgefäße für die Peroxyd-, bzw. Chlorflotte. Als Antichlor wirkt das H_2O_2 selbst. Nach dem Bleichen wird in den Spülbädern *j* bis *m* gewaschen, wobei die Flüssigkeit stets durch Quetschwalzenpaare *f* abgequetscht wird. Sämtliche Behälter sind aus Steinzeug.

Nach dem Verfahren der Elektrochemischen Werke München[1337] kann roher entschlichteter Baumwollstoff auch mit einer Lösung von 0,2% H_2O_2, die mit Wasserglas und Ätznatron alkalisch gemacht wurde, bei 80° getränkt, in einen Kasten fest eingepackt, mit der restlichen Bleichlösung übergossen und etwa 4 Stunden der Bleichwirkung ausgesetzt werden. Die Ware wird dann gründlich durchgewaschen und mit einer zweiten Lösung von etwa 0,3% H_2O_2 getränkt und 2 bis 3 Stunden fest verpackt der Bleichwirkung ausgesetzt. Aus dieser Lösung wird der Stoff unter Abquetschen herausgenommen und nach gründlichem Auswaschen fertig behandelt.

Baumwolle kann auch in der Weise im Dauerbetrieb gebleicht werden, daß das Gewebe mit einer 25- bis 30%igen H_2O_2-Lösung benetzt und noch feucht mit NH_3-Dämpfen behandelt wird (R. H. Comey Brooklyn Co. Inc.[1338]).

Verwendet man für Baumwolle Natriumperoxyd, eventuell im Gemisch mit Metaborsäure oder Natriumphosphaten, als Bleichmittel, so kann man, ohne gebeucht zu haben, das Beuchen und Bleichen in einem Prozeß durchführen (Scheideanstalt[1339]). Die Baumwolle wird dabei bei 55 bis 75° mit einer Lösung von 2,5 bis 3 kg Na_2O_2/100 l Wasser gebleicht, man kann aber auch bis zu Temperaturen von 90 bis 95° gehen und unter Zirkulation bleichen, wenn man stabilisierende und die Sauerstoffabgabe derart regelnde Zusätze macht, daß eine volle Ausnützung des zur Entwicklung kommenden Sauerstoffes gewährleistet ist. Von der Scheideanstalt ist auch ein Kaltbleichverfahren für ungebeuchte Baumwolle ausgearbeitet worden[1340], bei welchem die Baumwolle nach dem Entschlichten mit kontinuierlich oder intermittierend zirkulierender Ablauge aus der Hauptsauerstoffbleiche bei Temperaturen von etwa 30 bis 40° etwa 24 Stunden behandelt wird. Hierauf wird das Gut, nachdem es ausgewaschen wurde, einer leichten Chlorung, z. B. durch Behandeln mit einer Lauge, die 2 g Chlor/l enthält, unterworfen. Das vom Chlor befreite Gut wird dann in das eigentliche Sauerstoffbleichgefäß eingesetzt und wieder 24 Stunden bei einer Temperatur von etwa 40° mit einer zirkulierenden Lauge behandelt, die auf je 100 Gewichtsteile Bleichgut 0,5 Gewichtsteile Na_2O_2, gelöst in etwa 300 bis 500 l Wasser, und 5½ Gewichtsteile Wasserglas enthält.

Die Sauerstoffbleiche weist eine ganze Reihe von Vorteilen gegenüber der Chlorbleiche auf. Sie ist bei richtiger Durchführung vollkommen ungefährlich, ergibt einen hohen Bleichgrad, sehr gute jahrelange Lagerbeständigkeit, keine nachträglichen Bleichschäden, um mindestens 2% geringere Faserverluste, eine kleinere Festigkeitsverminderung und ist einfach durchzuführen. Der Gewichtsverlust spielt bei Baumwollgarn und loser Baumwolle eine besondere Rolle, da diese nach Gewicht verkauft werden. Bei Trikotagen, wo ein besonders weicher Griff erfordert wird, oder wenn die Baumwolle mit Küpenfarbstoffen bedruckt ist, ist die Wasserstoffperoxydbleiche unentbehrlich, da die Farbstoffe nur schwierig vor dem Angriff des Chlors geschützt werden können, während sie vom Wasserstoffperoxyd nur noch lebhafter entwickelt werden. Bei der Baumwoll- und Leinenbleiche erhält man mit Peroxyd Ergebnisse, die von keinem anderen Bleichverfahren erreicht werden (W. J. Mac Nab[1340a]).

Die Überlegenheit der Sauerstoffbleiche gegenüber der Chlorbleiche geht am deutlichsten aus bisher unveröffentlichten Untersuchungen von J. Müller hervor. Müller stellte fest, daß Faserschädigungen beim Bleichen weniger gut durch Festigkeitsbestimmungen als vielmehr am Abbau der Zellulose ermittelt werden können. Dieser wird im Höppler-Viskosimeter nach Auflösung der Zellulose in einer Kupferoxyd-Ammoniak-Lösung bestimmt. Die folgende Tab. 23 gibt die Viskositäten verschieden gebleichter Baumwolle nach J. Müller wieder. Festigkeitsunterschiede an den gebleichten Fasern waren erst unter 100 C. P. vorhanden.

Leinen. Einen wesentlichen Fortschritt brachte die Einführung des Wasserstoffperoxyds bei der Bleiche von Leinen. Bei diesem werden verschiedene Bleichgrade unterschieden, und zwar ¼-, ½-, ¾- und 4/4-Weiß, wobei z. B. ein „Rundgang", d. h. ein Beuchen, ein Chloren, ein Säuern mit den erforderlichen dazwischengeschalteten Waschungen ein ¼-Weiß, 2 Rundgänge ein ½-Weiß ergeben. Für den dritten und vierten Rundgang, also für die höheren Bleichgrade, kommt die Rasenbleiche hinzu, wobei die Garne und Gewebe entweder auf Rasen ausgebreitet oder auf Pfählen aufgehängt werden. Nach allgemeiner Ansicht nimmt man bei der Rasenbleiche als bleichenden Faktor Wasserstoffperoxyd und eventuell Ozon an, die unter dem Einfluß des Lichtes auf der Faser aus Wasser und Luftsauerstoff gebildet worden waren. Für diese Annahme spricht der Umstand, daß ein Feuchtigkeitsgehalt und Besprengen mit Wasser den Bleichvorgang begünstigt und alkalische, d. h. nach dem Beuchen nur ungenügend ausgewaschene Ware, rascher gebleicht wird. Die Rasenbleiche dauert aber stets einige Wochen, wobei namentlich bei alkalisch gehaltener Ware starke Faserschwächungen bis zu 25% beobachtet wurden. Es ist daher naheliegend gewesen, die zeitraubende und viel Handarbeit erfordernde Operation der Rasenbleiche durch die Sauerstoffbleiche zu ersetzen. Es beruhen daher die heute üblichen Bleichverfahren für Leinen auf der Einwirkung von alkalischen Kochungen von Chlorlaugen und Wasserstoffperoxydbädern. Da der Flachs empfindlicher ist als die Baumwolle, bewirken schärfere Laugen große Gewichtsverluste. Es darf daher nicht so stark und nicht so heiß gekocht werden als wie bei Baumwolle. Man beucht daher bei gewöhnlichem oder nur ganz schwachem Druck mit Soda, der man bis 10% vom Sodagewicht Natriumhydroxyd zugibt, um die strohigen Verunreinigungen besser zu erweichen. Für Leinengewebe kommt auch Ätzkalk zur Verwendung. Da die Kochung nur wenig Vorarbeit leistet, müssen die Wasserstoffperoxydbäder konzentrierter sein als bei der Baumwollbleiche. Das Bleichen von Leinengarn wird meist in Bleichpartien von 550 kg oder 1200 englischen Pfund oder einem Vielfachen davon vorgenommen. Die Kochung erfolgt in eisernen Kesseln, die Chlor- und Wasserstoffperoxydbleiche in besonders stark ausgeführten Zirkulationsapparaten. Zur Entfernung der strohigen Anteile muß man die Garnstränge nach dem Kochen abpressen und dann in bestimmter Art mit der Hand ausschlagen. Leinengewebe werden ähnlich wie Garn gebleicht. Zur Erzielung eines Vollweiß wendet man meist mehrmals aufeinanderfolgende Peroxyd- und alkalische Hypochloritbäder an.

Tabelle 23.
Viskosität gebleichter Baumwolle.

Bleichverfahren	Viskosität in Centipoise
ungebleichte Rohbaumwolle	ca. 1500
reine Sauerstoffbleiche, Zweibadverfahren	ca. 1000
kombinierte Brüh-Chlor-Sauerstoffbleiche	ca. 100
alte Koch-Chlorbleiche	ca. 10

Die Bleichung von Leinengespinsten hängt vornehmlich von der Entfernung des Lignins und der Wachsbegleitstoffe ab, die die Fasern vor der Einwirkung der Lauge und der Oxydationsmittel schützen. Es empfiehlt sich daher vor der H_2O_2-Bleichung eine Emulsionsbehandlung und Hypochloritbleiche.

Bleicht man mit Natriumperoxyd allein[1341], so braucht man für eine Doppelpartie (1100 kg Rohgarn) 5 cbm Bleichflotte, 20 kg Na_2O_2, 21 kg reine Schwefelsäure und 30 kg Wasserglas, Alkali zum Einstellen der Alkalinität und Magnesiumsalze zum Stabilisieren. Es wird bei 6- bis 8stündiger Bleichdauer mit zirkulierender Bleichflotte bei 80° gebleicht. Ein $^3/_4$- oder Vollweiß wird durch einen neuerlichen Rundgang mit abgeschwächter Flotte erhalten.

Die Wirkung der Sauerstoffbäder läßt sich nach der Scheideanstalt[1342] dadurch verbessern, daß zwischen die einzelnen Sauerstoffbleichen eine Behandlung des Leinens mit reduzierend wirkenden Stoffen, wie Hydrosulfiten, eingeschaltet wird. Außer diesen Zwischenbehandlungen können auch noch andere Zwischenbehandlungen mit Hypochloriten oder Soda erfolgen. Beispielsweise kann ein Vollweiß beim Bleichen von Leinen durch Aneinanderreihung folgender Operationen erreicht werden: 1. Sodakochung; 2. Chloren; 3. Peroxydbad; 4. Chloren; 5. Peroxydbad;

6. Hydrosulfitbehandlung; 7. Peroxydbad. Oder 1. Sodakochung; 2. Chloren; 3. Peroxydbad; 4. Sodakochung; 5. Peroxydbad; 6. Soda-Natriumhydrosulfitkochung: 7. Peroxydbad. Durch die Behandlung mit diesen verschiedenen Mitteln wird die Faser mehr geschont als durch eine Dauerbehandlung mit einer Mehrzahl von Sauerstoffbädern.

Eine Reihe abwechselnder Behandlungen von Leinen, Hanf u. dgl. sieht auch das Verfahren der I. G. Farbenindustrie A. G.[1343] vor, wobei die Reihenfolge der Bäder folgende ist: 1. Peroxydbad; 2. Chlorbleiche mit einer Azidität entsprechend einem p_H-Wert kleiner als 5; 3. Zwischenwaschung durch Brühen mit Sodalösung; 4. Chloren (alkalisch bis neutral, nur bei besonders schwer bleichbarer Faser wieder in saurer Lösung mit Wiederholung des Brühens mit Sodalösung) und 5. Peroxydbad. Die Ware kann gebeucht oder ungebeucht bis auf Vollweiß gebleicht werden.

Jute, Ramie, Hanf, Holz und andere pflanzliche Fasern können auf ähnliche Weise wie Baumwolle oder Leinen gebleicht werden. Zellstoff ergibt, in Breiform bei einer Konzentration über 10% mit Perverbindungen oder H_2O_2 in der Wärme ½ bis 2 Stunden gebleicht, Fasern, die 2- bis 3mal so hohe Viscositätszahlen als mit Chlor behandelter Stoff aufweisen (D e g u s s a[1344]). Das Bleichen von Papierbrei mit H_2O_2 ist aber aus wirtschaftlichen Gründen nur in Sonderfällen empfehlenswert (O. K a u f m a n n[1344a]). Hingegen scheint das Bleichen einer Mischung von Holzschliff und Sulfitzellulose und unmittelbare Zuführung des gebleichten Materials der Papiermaschine aussichtsreich zu sein (I. A. L e e[1344b]; L. P a l l a n[1344c]).

Stroh. Das stark gefärbte und inkrustierte Stroh wird schon seit langem mit Wasserstoffperoxyd gebleicht. Es wird entweder in Form von Geflechten oder Hutstumpen zur Bleiche gebracht. Der Bleichprozeß erfordert einige Tage, wobei die beste Bleiche mit einer abwechselnden Behandlung mit Bisulfit, Wasserstoffperoxyd, Hydrosulfit und Oxalsäure erfolgt. Die wichtigste Bleicharbeit leistet das Wasserstoffperoxyd, das in Form von heißen, mehr oder weniger alkalischen Lösungen angewendet wird. Das Wasserstoffperoxydbad kann aber auch schwach sauer und in der Kälte verwendet werden, wobei die Konzentration auf 4 bis 6% gehalten wird. Auf ähnliche Weise können Geflechte aus Holz, Bast, Manilahanf, Kokosfasern, Peddigrohr. Rattans und verschiedene andere pflanzliche Fasern gebleicht werden. Furnierholz wird entweder in ein ammoniakalisches, 3%iges Wasserstoffperoxydbleichbad eingelegt oder mit dieser Lösung bestrichen, um eine Aufhellung zu erzielen. Strohhüte können auch mit 1- bis 5%iger Peressigsäure bei p_H 3 bis 7 und 50 bis 65° gebleicht werden (D u p o n t[1345]).

Kunstseide. Die durch Zersetzung des Zellulosexanthogenats und der Kupfer-Ammoniakzelluloselösung erhaltenen Gebilde aus regenerierter Zellulose, wie Fäden. Filme, Bändchen, künstliches Stroh, sowie die aus Zelluloseazetat gewonnene Kunstseide und Filme, müssen im Herstellungsgang einem Bleichprozeß unterworfen werden, da sie stets einen schwach gelblich gefärbten Ton aufweisen. Neben der Chlorbleiche wird heute bereits in immer stärkerem Ausmaß auch in der Kunstseidenindustrie das Wasserstoffperoxyd verwendet, das in schwach alkalischer Lösung bei etwa 60 bis 70° C angewendet wird. Mit der Bleichung kann bei der Viskoseseide gleichzeitig auch eine Entschwefelung vorgenommen werden. Als stabilisierender Zusatz wird Wasserglas verwendet[1346, 1347]. Man kann in einer einzigen Operation einen beliebig hohen Bleichgrad erreichen, der von keinem anderen Bleichverfahren überboten wird, während mit der Chlorbleiche mehrere Operationen erforderlich sind. Auch die in neuerer Zeit stark in den Vordergrund gerückten Mischgewebe und Mischgarne aus Wolle und Kunstseide werden am besten mit Wasserstoffperoxyd gebleicht. Auch Acetatseide läßt sich entgegen anders lautenden Angaben ohne Faserschwächung einwandfrei bleichen[1348]. Um aber eine möglichst schonende Behandlung der empfindlichen Kunstfasern zu ermöglichen, arbeitet man bei möglichst niedriger Temperatur, dem gerade erforderlichen Sauerstoffgehalt in der Bleichflotte und nicht übermäßig langer Bleichdauer. Die bei Kupferseide gefürchteten Katalyseschäden sind auch mit einer Wasserstoffperoxydbleiche keineswegs größer als bei anderen Bleichverfahren. Am besten ist die am stärksten verbreitete Viskoseseide für die Wasserstoffperoxydbleiche geeignet, selbstverständlich auch die aus ihr bestehende Stapelfaser, wie Vistra. Gebleicht wird entweder, namentlich für niedrige Titer, in einem einzigen Bade, während schwerere Qualitäten besser mit zwei Bädern behandelt werden. Das erste Bad dient zum Netzen und Bleichen der Ware und besteht aus dem gebrauchten Wasserstoffperoxydhauptbad, worauf kurz gespült und in das eigentliche Hauptbad eingegangen wird. Man braucht auch nicht so viel Spülwasser als wie bei der Chlorbleiche, da die Kunstseide namentlich gegen Chlor sehr empfindlich ist. Es ist auch möglich, schwach vorzuchloren und in einem Wasserstoffperoxydbad ohne Antichlorieren und Absäuern nachzubleichen. Man kann auch das Textilgut nur mit der schwach alkalischen, verdünnten H_2O_2-Lösung tränken, abquetschen und bei 100° dämpfen (Degussa[1349]). Die Wasserstoffperoxydbleiche bietet auch in der Kunstseideindustrie eine Reihe derartiger Vorzüge, so daß anzunehmen ist, daß sich in Hinkunft die Kunstseidefabrikation immer mehr auf die Wasserstoffperoxydbleiche umstellen wird.

Badeschwämme können entweder mit einer schwach ammoniakalischen verdünnten Wasserstoffperoxydlösung (20 g konz. NH_4OH/l Flüssigkeit) gebleicht werden, nachdem sie vorher 12 bis 24 Stunden in eine 5% konz. HCl enthaltende verdünnte Salzsäure zur Entfernung des Eisens und Calciumcarbonats eingelegt worden waren. Auch eine kombinierte Kaliumpermanganat-Wasserstoffperoxydbleiche ist anwendbar.

Der gelbe Stich oder die bräunlichen Flecken auf Perlmutterknöpfen oder anderen Perlmutterwaren kann mit Wasserstoffperoxyd beseitigt werden. Die chemische Behandlung pflegt dabei mit einer Politur Hand in Hand zu gehen, damit das Material den erwünschten Glanz erhält.

Fette und Öle. In der Industrie der Fette und Öle gibt es zahlreiche Fälle, wo die technischen Fette gebleicht werden müssen, z. B. für die Anforderungen der Seifen- und Textilindustrie. Meist wird dieses Bleichen mit sog. Bleicherden durch Absorption durchgeführt. Wenn aber diese Methode nicht zum Erfolg führt, muß zu energischeren Mitteln, und zwar zur chemischen Bleiche gegriffen werden, wobei die Sauerstoffbleiche immer wachsendere Bedeutung gewinnt. Seitdem die hochprozentigen Wasserstoffperoxydlösungen im Handel sind, können diese mit Vorteil zur Fettbleiche verwendet werden, da sie einen höheren Oxydationswert als die früher gebräuchlicheren verdünnten 3%igen Lösungen aufweisen und auch viel weniger Wasser in das Produkt einführen. Während mit anderen chemisch wirkenden Bleichmitteln, wie Natriumhydrosulfit oder Chlorkalk, im Öl ein fester Rückstand verbleibt, ist dies beim Wasserstoffperoxyd nicht möglich. Als vorteilhaft hat sich eine Vorbehandlung der Fette mit etwa 1% einer 70%igen Schwefelsäure erwiesen, wodurch sich der Wasserstoffperoxydverbrauch vermindert. Nach der Behandlung mit Schwefelsäure muß gut gewaschen werden, weil die Säure die Oxydation verzögert. Eisen- und Kupfergefäße sind für den Prozeß ungünstig, hingegen sind Aluminiumgefäße, zementierte Eisengefäße oder verbleite Holzgefäße gut geeignet. Wie praktische Erfahrungen gezeigt haben, lassen sich im allgemeinen tierische Fette besser bleichen als pflanzliche Fette. Es kommt auch nicht so sehr auf die Konzentration der verwendeten Wasserstoffperoxydlösung an, sondern nur auf dessen Mengen. Die Bleichung wird mit etwa ½ bis 2% des 35- oder 60%igen H_2O_2 bei Temperaturen von etwa 60 bis 65° vorgenommen. Wichtig ist ein gutes mechanisches Rühren und Emulgieren, was mitunter durch Einblasen von Luft erreicht wird. Bei vielen Ölen und Fetten muß eine Vorreinigung oder eine Entschleimung vorgenommen werden. Zum Bleichen von Knochenfett und Knochenleim hat sich 30%iges H_2O_2 am günstigsten erwiesen. Vor zu hoher Temperatur beim Bleichen muß man sich wegen der Gefahr der sog. Überoxydation hüten[1350]. Im allgemeinen verhalten sich die verschiedenen Öle oder Fette nicht gleichartig und muß fast jedes Fett und Öl individuell behandelt werden. In manchen Fällen hat sich auch eine kombinierte Bleiche mit Absorptionsstoffen und Wasserstoffperoxyd als günstig erwiesen.

Bleichen mit Benzoylperoxyd. Auch das Benzoylperoxyd oder andere Peroxyde können zum Bleichen von Ölen, Fetten, Seifen oder Wachsen verwendet werden[1351]. Beim Bleichen mit Benzoylperoxyd ist zunächst die günstigste Reaktionsmenge (meist 0,05 bis 0,2%), die Bleichdauer (20 Minuten) und Bleichtemperatur (80 bis 90%) zu ermitteln, ehe der Großversuch durchgeführt wird. Hierzu wird das Peroxyd mit etwas Öl zu einer Paste angerührt. Während des Bleichens muß fest gerührt werden. Als Rückstand des Benzoylperoxyds entsteht nur Benzoesäure, die sich zum größten Teil schon bei der Bleichung, restlos aber bei einer späteren Dämpfung des Öles verflüchtigt[1352]. Die Scheideanstalt bleicht stufenweise, einmal in emulgiertem Zustand mit Hypochlorit oder Natriumperoxyd in alkalischen Medien, dann in geschmolzenem Zustande mit Wasserstoffperoxyd in neutralem Medium[1353]. Nach dem Vorschlag von J. E. Rutzler[1354] lassen sich dunklere Fette auf helle Seifen verarbeiten, wenn die Verseifung mit überschüssiger starker Lauge in Gegenwart von Peroxyden vorgenommen wird. Vorzugsweise wird dabei der Ölansatz mit Wasserstoffperoxyd emulgiert, dann verseift, die Seife in der Wärme einige Stunden stehen gelassen und darauf nochmals mit alkalischer Wasserstoffperoxydlösung behandelt.

Kaliumpersulfat, das im Handel unter dem Namen „Peroxol", „Palydol" usw. erscheint, eignet sich besonders für die Bleichung von Schmier- und Kernseifen. Es wird kurz vor dem Ende des Siedeprozesses zugesetzt. Seine Reaktionsprodukte sind in der Schmierseife als nicht störende Füllmittel, bei den Kernseifen im Leimniederschlag bzw. in der Unterlauge vorhanden. Für 1 kg 40%ige Schmierseife genügen 4 g Peroxol, das mit Kalilauge neutralisiert oder schwach alkalisch gemacht wurde. Die Bleichung ist in 20 Minuten beendet. Kernseifen werden mit höchstens 1% Peroxol nach der Fettverseifung gebleicht, das Sieden 2 Stunden fortgesetzt und abgerichtet. Bei der Kernseife wird das Kaliumpersulfat mit Natronlauge aufgeschwemmt. Die besten Ergebnisse werden erzielt, wenn die Bleichung bei 70 bis 80° eingeleitet und für einen Überschuß der Lauge gesorgt wird[1355]. Sind in der Seife noch Spuren von Kaliumpersulfat zurückgeblieben, so geht der Bleicheffekt in kurzer Zeit zurück, und zwar wahrscheinlich durch die entstandene Schwefelsäure. Um dies zu vermeiden, schlägt H. Nast[1356] vor, die Seife auszusalzen, wodurch die Verunreinigungen entfernt werden und dann mit Reduktionsmitteln nachzubleichen. Ein Zusatz von nur 0,1% eines Metalloxyds wie ZnO oder MgO befördert die Bleichung. Mittels dieser Oxyde lassen sich auch harzhaltige Seifen bleichen. Auch die hellgelben bis hellbraunen Küchenabfallfette können mit Kaliumpersulfat gut gebleicht werden, wenn die fertig abgesalzene und stark abgerichtete Seife bei 80 bis 85° gebleicht wird. Das Kaliumpersulfat wird in der 5fachen Wassermenge gelöst angewendet[1357].

Auch **Bienenwachs** sowie andere tierische und pflanzliche Wachse können mit Wasserstoffperoxyd in geschmolzenem Zustande bei Temperaturen unterhalb 100° gebleicht werden. In manchen Fällen ist es vorteilhaft, in zwei oder mehreren Stufen zu bleichen, und zwar teils in saurem, teils in alkalischem Medium. Sehr bewährt hat sich auch eine mit Bleicherden kombinierte Bleichung.

Bei der Bleiche von **Leim, Gelatine, Dextrin und Hausenblase** werden das Wasserstoffperoxyd oder Persulfate wegen ihrer Geruchlosigkeit und günstigen Bleichwirkung anderen Bleichmitteln vorgezogen. Gegenüber Schwefeldioxyd weisen sie den Vorteil auf, daß die Bleiche in neutraler oder schwach alkalischer Lösung vor sich geht. Gebleicht wird meist in der Brühe, manchmal wird auch das geklärte Rohmaterial vor der weiteren Verarbeitung gebleicht.

Stärke wird durch Wasserstoffperoxyd in die lösliche Form übergeführt, was z. B. bei der Appretur von Textilien oder bei der Verwendung als Entschlichtungsmittel eine Rolle spielt.

Ein Bad zum Entschlichten von Baumwolle hat beispielsweise folgende Zusammensetzung: 2 g/l $K_2S_2O_8$, 15 ccm NaOH (40° Bé), 1 g Fettalkoholsulfonat, 2 g Seife; 80 bis 90° (J. Rière[1358]).

Saatgutbeize. Interessant ist auch ein neueres Anwendungsgebiet des Wasserstoffperoxyds, nämlich das der Saatgutbeize. Man behandelt das Saatgut zum Zwecke der Bekämpfung von Pflanzenschädlingen, der Erhöhung der Keimfähigkeit, der Beschleunigung des Keimens und Lagerbeständigkeit der Saat sowie zur Förderung der Entwicklung der Pflanzen mit Wasserstoffperoxyd, Peroxyden oder Persalzen, und zwar mit Lösungen, deren H_2O_2-Gehalt etwa 10 bis 40% entspricht[1359] oder gemeinsam mit halogenisierten aromatischen Kohlenwasserstoffen[1360].

Über die Brauchbarkeit der Saatgutbeizen müssen natürlich noch Erfahrungen gesammelt werden, da z. B. E. Demoussy[1361] bei Gartenkresse eine erhebliche, bis zu 40% betragende Vermehrung der Keimfähigkeit feststellte, während anderseits von Pichler[1362] sowie E. Aberg und C. Ljungdahl[1363] behauptet wird, daß das Wasserstoffperoxyd gegen Weizensteinbrand als Saatgutbeize unbrauchbar sei. Von C. Becker[1364] wurde wieder gefunden, daß die Keimfähigkeit von schlecht keimender Gerste durch eine Behandlung mit bloß 1%iger Wasserstoffperoxydlösung wesentlich gesteigert werden konnte. Eine günstige Wirkung auf die Vermehrung der Keimfähigkeit scheint demnach unbedingt zu bestehen.

Auf der starken Oxydationskraft des Wasserstoffperoxyds beruht z. B. auch seine Anwendbarkeit in der Toxikologie zur Zerstörung von organischer Substanz[1365], eventuell gemeinsam mit Salpetersäure[1366] oder in Form einer schwefelsauren Ammonpersulfatlösung[1367].

Anwendung in der Färberei und Druckerei. In der Färberei und Druckerei wird Wasserstoffperoxyd zur Entwicklung von Färbungen und Drucken mit Küpen- und Schwefelfarbstoffen sowie von Buntatzdrucken mit basischen Farbstoffen verwendet. Häufig werden mit Wasserstoffperoxyd vollere und lebhaftere Farben als beim einfachen Vergrünen durch Luft, Spülen, Absäuern usw. erhalten. Nach A. T. Harkins[1368] soll sich Ammonpersulfat zur Entwicklung von Küpenfarben besonders gut eignen. Es oxydiert schneller als Perborat, die Baumwolle bekommt auch keinen schleimigen Griff, sie läßt sich gut kardieren und die Färbungen rußen nicht ab.

Analyse. In der chemischen Analyse finden Wasserstoffperoxyd, Natriumperoxyd und die Persulfate vielseitigste Verwendung als reine und kräftige Oxydationsmittel.

Waschmittel. Eine überaus wichtige und verbreitete Verwendung haben die Perverbindungen, namentlich das Perborat, bei der Herstellung von Waschmitteln erlangt. Diese bestehen aus trockener feingepulverter Seife oder Seifenflocken und pulverförmigen Persalzen unter eventueller Zugabe weiterer Waschmittel, wie Soda od. dgl. Sie haben die Eigenschaft, sowohl die Reinigung der Wäsche zu bewirken als auch eine Bleichung der Gewebe herbeizuführen. Die Wäsche braucht nur in stark verdünnten Lösungen mit dem perborat- oder auch manchmal natriumperoxydhaltigen Waschmitteln gekocht zu werden, wobei das Bleichen neben, meist aber auch schon vor dem Waschen stattfindet, da das aus der Seife und der Soda abgegebene Alkali auf die Zersetzung des Wasserstoffperoxyds beschleunigend einwirkt.

Über die Frage der Schädlichkeit der perborathaltigen Waschmittel hat lange Zeit ein Kampf hin und her gewogt, aber wie die Praxis und die heute schon allgemein übliche Verwendung derartiger Waschmittel in jedem Haushalt gezeigt hat, ist bei richtiger Anwendung die Schädigung der Faser keinesfalls größer als bei früheren Waschmethoden durch Bürsten, Reiben und stundenlanges Kochen der Wäsche.

Die Bezeichnung „Selbsttätiges Waschmittel“ ist jedoch unzutreffend, da ja das Perborat nur bleichend, aber nicht auch als Emulgierungs- und Netzmittel wirkt.

Die Herstellung wirklich haltbarer Waschmittel ist nicht leicht und nur durch Einhalten verschiedener Bedingungen möglich. Vor allem dürfen nur wirklich einwandfreie, technisch reine Fette und Öle als Rohstoffe für die Fabrikation der verwendeten Seife gebraucht werden, trocknende und halbtrocknende Öle sowie Harze und Abfallfette sind zur Mitverwendung untauglich. Am besten haben sich Talg, eventuell auch Schmalz sowie Palmkernöl, Palmöl und Kokosöl sowie deren Fettsäure bewährt. Wurde Neutralfett zur Seifenherstellung verwendet, so muß man den Seifenkern unbedingt zweimal absalzen, weil der zur Herstellung von perborathaltigen Waschmitteln verwendete Kern vollkommen glyzerinfrei sein muß, da dieses auf Perborat stark zersetzend einwirkt. Vorteilhaft ist auch die Verwendung eines Gemisches von tierischen und pflanzlichen Fettrohstoffen. Meist wird der Fettansatz auf halbwarmem Wege verseift. Nachdem man zweimal abgesalzen hat und die zweite Unterlauge möglichst restlos entfernt hat, kann man gleich im Siedekessel Wasser, Wasserglas und Soda zusetzen, worauf auf Seifenpulver verarbeitet wird. Durch Einblasen von Luft kann die Seifenmasse sehr schaumig gemacht werden. Die fertig vermischte Waschpulvermasse muß getrocknet werden, wobei auch noch der Zusatz von kalzinierter Soda erfolgt. Meist enthält das fertige, perborathaltige Waschmittel 40% Fettsäure, 10% Perborat und 5 bis 6% Wasserglas von 36 bis 38° Bé. Die freie, überschüssige, etwa 7 bis 10% betragende Soda hat den Zweck, bei der Lagerung die Feuchtigkeit an sich zu ziehen und ein Zerfließen des Perborats unmöglich zu machen. Die Feuchtigkeitsaufnahme wird auch durch entsprechend luftundurchlässige und luftdicht verklebte Packungen — Faltschachtel mit Schutzbeutel — zu verhindern versucht. Als sehr vorteilhaft hat es sich auch erwiesen, das fertige Seifenpulver mit einer Wasserglasschutzschicht zu versehen, was z. B. die Firma Henkel mit Hilfe eines Krause-Zerstäubers ausführt, aber auch durch bloßes Vermischen mit etwa 3 bis 4% Wasserglaslösung erreicht werden kann.

Für 1000 kg Waschpulvergemisch benötigt man etwa 720 kg doppelt abgesalzene Kernseife, 60 kg Wasserglas von 36 bis 38° Bé, 70 l Wasser und 190 bis 200 kg kalzinierte Soda. Das trocknende Pulver wird wiederholt umgearbeitet, um ein gleichmäßiges Trocknen zu erreichen. Das Perborat kann dem gemahlenen Pulver erst nach 2 bis 3 Tagen zugemischt werden, weil dieses erst nach dieser Zeit völlig abgekühlt und der Kristallisationsprozeß in der Masse zum Stillstand gekommen ist. Zu 90 Teilen Pulvermasse mischt man 10 Teile Natiumperborat und erhält so ein Präparat mit 40% Fettsäuregehalt[1369]. Es sind aber auch Seifenpulver mit 25% Natriumperborat bekannt geworden[1370].

Besonders wichtig ist es natürlich, daß der dem Waschmittel einverleibte aktive Sauerstoff in diesem auch erhalten bleibt. Als geeignete Stabilisatoren haben sich Wasserglas, Magnesium-, Zinn- und Titanverbindungen[1371, 1372], protalbin- und lysalbinsaure Salze[1373], β-Naphthol, Acetanilid, Borax[1374] und Phosphate[1375] erwiesen, die gleichzeitig auch die Sauerstoffabgabe bei erhöhter Temperatur regulieren. Umgekehrt ist wieder vorgeschlagen worden, durch Zusatz von Katalysatoren wie Manganverbindungen oder Enzymen die quantitative Entwicklung des Sauerstoffes zu gewährleisten[1376] Die perborathaltigen Waschmittel sind unter den Namen Persil, Ozonil, Rapil, Pergal, Pergolin, Bleichin, Standart, Dallix usw. im Handel. Sie ergeben beim Waschen einen viel weißeren Grund als Seife oder gute Seifenpulver allein und erfordern dabei noch einen geringeren Aufwand an Zeit, Arbeit und Kohle. Wichtig ist es auch, das Waschwasser vor der Zugabe des perborathaltigen Waschpulvers durch Zusatz von Soda zu enthärten. Das Perborat wirkt auch gleichzeitig als Desinfektionsmittel. Faserschädigungen können nur bei unsachgemäßer Ausführung auftreten.

Seifen. Gepreßte, aktiven Sauerstoff enthaltende Seifen werden nach dem Vorschlage der Scheideanstalt[1377] in der Weise hergestellt, daß man entwässerte, zerkleinerte Seife, z. B. Seifenmehl, mit Perborat oder Percarbonat mischt und die Mischung einem derart hohen Druck aussetzt, daß die Seifenteile zu einem festen Seifenkörper zusammenschmelzen. Ähnlich ist das Verfahren von E. Möhring[1378], der ein Gemisch von wasserfreiem Alkalicarbonat und Natriumperoxyd mit der zur Neutralisation des Alkalis, das aus letzterem bei der Einwirkung von Wasser entsteht, erforderlichen Menge wasserfreien Magnesiumchlorids verpreßt.

Der Zusatz von sauerstoffabgebenden Stoffen zu Spiritusseifen ist von G. Piorkowski[1379] vorgeschlagen worden. Seifenflocken mit Perborat werden nach dem Vorschlage von E. Flammer und L. C. Kelber[1380] in der Weise hergestellt, daß wasserarme Seife mit einem Gehalt von etwa 8 bis 14% Wasser mit pulverförmigen Persalzen innig gemischt, das Gemisch durch Walzmaschinen dünn ausgewalzt und dann durch Schneidmaschinen in kleine, flockenförmige Plättchen übergeführt wird. Benzinhaltige Seifen mit aktiven Sauerstoffverbindungen werden nach A. Imhausen[1381] in der Weise hergestellt, daß dem Gemisch zur Verhütung von Explosionen Alkalicarbonat und eine äquivalente Menge Zitronensäure, Weinsäure oder Ammonchlorid zugesetzt wird.

Eine andere Art der Herstellung von haltbaren sauerstoffabgebenden Präparaten besteht darin, daß die einzelnen Bestandteile nicht miteinander vermischt, sondern unter Zwischenlegung einer aus einem indifferenten Pulver bestehenden Isolierschicht, wie z. B. Natriumcarbonat, schichtweise verpackt werden[1382].

Auch in der Wäscherei hat sich das Wasserstoffperoxyd mit Vorteil an Stelle des Chlors anwenden lassen, da die bekannten Schädigungen der Wäsche damit vermieden werden können. Es wird entweder nur als Mittel zur Entfernung der Chlorreste gebraucht oder überhaupt an Stelle des Chlors verwendet. Trotzdem die Wäsche meist in rotierenden Trommeln durchgeführt wird, besteht bei der Verwendung der fast immer nur sehr verdünnten Wasserstoffperoxydlösung keine Gefahr einer katalytischen Zersetzung.

Neben der Verwendung des Perborats als Bleichmittel in Waschmitteln haben seine anderen Anwendungsgebiete nur eine wesentlich geringere Bedeutung. In der Bleicherei findet es Verwendung zum Bleichen von Wolle, Seide, von Schwämmen, Leder, Samt, Plüsch, bestimmten Sorten von Seiden, zarten Spitzen aus Leinengarn, die mit einer etwa 1%igen Perboratlösung gut gebleicht werden können. Auch zur Oxydation von Färbungen mit Schwefel-, Algol- und Indanthrenfarben, zur Fleckentfernung und zum Entschlichten von Textilien kann es gebraucht werden. Wegen ihres geringeren Alkaligehaltes wirken die Perborate als sehr milde Bleichmittel, wobei auch die vorhandene Borsäure dem Bleichgut einen Glanz erteilt. In Form des Magnesiumperborats ist es ebenfalls für Bleichzwecke in Vorschlag gebracht worden, wobei keine schädigenden Magnesiumniederschläge auftreten[1383]. Gelegentlich wird es auch als Antichlor verwendet, jedoch wird es wegen seines höheren Preises in der Bleicherei vom Wasserstoffperoxyd ganz wesentlich in der Bedeutung übertroffen.

Zur **Regenerierung der Atemluft** haben sich die Atmungsapparate mit Alkaliperoxyden gegenüber jenen mit komprimiertem Sauerstoff in Flaschen und Patronen von Soda oder Natriumhydroxyd als vorteilhafter erwiesen. Aus dem Natriumperoxyd wird durch die Exspirationsprodukte je ½ Mol CO_2 und H_2O frei gemacht. Die Apparate enthalten Schichten oder Patronen von granuliertem oder gepreßtem wasserfreiem Alkaliperoxyd. Zur Verwendung geeignet sind nach G. F. Jaubert[1384] Na_2O_2 („Oxylith S"), $KNaO_3$ („Oxylithe PS"), K_2NaO_5 („Oxylithe PPS"). Praktisch gelangt vor allem letzteres zur Verwendung. 181 g liefert 216 l O_2. Es zeichnet sich durch die relativ große Menge verfügbaren Sauerstoffes bei geringem Gewicht und durch seine physikalischen Eigenschaften aus, die erlauben, in regelmäßigem Strome vergiftete Luft zu regenerieren und selbst durch dichte Schichten verhältnismäßig leicht Luft hindurchtreten zu lassen. Patronen von wasserfreiem Peroxyd sind unbegrenzt haltbar. Wegen ihrer starken Oxydationsfähigkeit sind leicht brennbare Stoffe sorgfältig vor ihnen zu schützen. Ob aber tatsächlich der Sauerstoffbedarf eines Menschen auf diesem Wege vollkommen gedeckt werden kann, ist zweifelhaft[1385].

Ein Verfahren zur Herstellung derartiger Luftreinigungsmassen beschreibt die E. I. Dupont de Nemours[1386], wobei aus einer Mischung von Alkalitrioxyperoxyd und Kaliumhydroxyd unter Zusatz eines Katalysators, wie z. B. Braunstein, die Masse hergestellt wird. C, Clementi[1387] schlägt dafür die Alkaliperoxydhydrate, Ch. Leu[1388] ein Gemisch von Na_2O_2, $CuSO_4$, einem porösem granuliertem Stoff und Kristallsoda, V. M. Gablack[1388a] Briquettes aus 60 Teilen Chlorkalk, 27 Teilen Ätzkalk, 8 Teilen Na_2O_2 und 5 Katalysatoren (Co_2O_3) vor. R. Seitz[1389] bestäubt die auf die nötige Korngröße gebrachten Alkaliperoxyde mit einem fein gepulverten Katalysator, z. B. Alkalimanganat.

Kosmetika. In Kosmetika oder Antiseptika, wie in Zahnpasten, Zahnpulvern, Hautpflegemitteln, Schweißpudern, Mitteln zur Behandlung von Mitessern oder Sommersprossen, werden Wasserstoffperoxyd, Natriumperborat, Natriumperoxyd, Zinkperoxyd, Magnesiumperoxyd, Calciumperoxyd, Persulfat, Carbamidperhydrat, Laurylperoxyd, Butyryl-, Capryl- oder Stearylperoxyd verwendet. Kopfwaschmittel enthalten auch häufig Wasserstoffperoxyd oder Perborat in stabilisiertem Zustande. Sehr bekannt ist die Bleichung der menschlichen Haare mittels schwach ammoniakalischen verdünnten Wasserstoffperoxyd- oder Perboratlösungen.

Außer zum Bleichen von Fetten und Ölen werden organische Peroxyde, insbesondere Benzoylperoxyd oder Cinnamoylperoxyd, auch häufig zum Bleichen von Mehl oder anderen Müllereiprodukten verwendet. Man setzt dem Mehl eine geringe Menge, entweder in kristallisiertem Zustande oder in Form einer flüssigen Mischung, des Benzoylperoxyds, zu, welches dem Mehl keinen merklichen Geschmack erteilt. Die Verteilung kann auch durch Zersprühen einer Emulsion der flüssigen Peroxyde in Schutzkolloiden oder in Mischungen mit Stärke erfolgen[1390]. Für diesen Zweck ist das Benzoylperoxyd unter dem Namen „Novadelox" im Handel. Auch zur Faserstoffbleiche hat man bereits organische Persäuren, wie Peressigsäure, und organische Peroxyde, wie Benzoylperoxyd, vorgeschlagen, namentlich für Kunstseidefasern[1391].

Backhilfsmittel. Als chemische Backhilfsmittel bewirken Ammonpersulfat, Kaliumpersulfat und Natriumperborat eine Steigerung der Backfähigkeit von Weizenmehl und des Gebäckvolumens, wobei die Lagerdauer des Mehles verringert werden kann. Die Salze wirken aber nur auf weniger helles Mehl bleichend. Wasserstoffperoxyd, Natriumperoxyd oder Kaliumpersulfat bewirken auch eine starke Steigerung der plastischen Eigenschaften von Mehlteigen. Auch als Treibmittel an Stelle von Backpulvern kann das Wasserstoffperoxyd verwendet werden[1392, 1393].

Desinfektion. Wasserstoffperoxyd vermag auch eine beachtenswerte desinfizierende Wirkung auszuüben. In einer 1,75%igen Lösung werden Staphylokokken und Diphtheriebazillen schon innerhalb 5 Minuten getötet. Bei Körpertemperatur können auch sehr schwer abzutötende Bakterien in verhältnismäßig schwacher Konzentration vollständig vernichtet werden. Empfindlichen Keimen gegenüber legt es noch in Konzentrationen von 1 : 300 bis 1 : 500 innerhalb 5 Minuten absolut keimtötende Kraft an den Tag[1394]. Eine 3%ige Wasserstoffperoxydlösung wirkt ebenso antiseptisch wie eine Sublimatlösung 1 : 1000, weist aber gegenüber dieser den Vorteil der absoluten Ungiftigkeit aus. Das Wasserstoffperoxyd ist daher nicht nur zur Konservierung, sondern auch zur Desinfektion geeignet. Setzt man z. B. der Milch

1,5 ccm einer 10%igen H_2O_2-Lösung zu, so wird dadurch das Wachstum pathogener Keime und der Milchsäurebildner verhindert. 0,8 ccm dieser Lösung verhindern noch die Entwicklung pathogener Mikroorganismen. Bei 0,3 ccm H_2O_2-Lösung pro Liter Milch wachsen außer Dysenteriekeimen alle pathogenen und nichtpathogenen Keime bei 22° schon nach 24 Stunden gut, während dieselbe Menge Wasserstoffperoxyd aber genügt, um die spontane Gerinnung innerhalb dieser Zeit zu verhindern[1395]. Ungekochte Milch wirkt auf Grund ihres Katalasegehaltes selbstverständlich sehr stark zersetzend ein, so daß die Wirkung des Wasserstoffperoxyds nach einigen Stunden nachläßt und nach etwa 1 bis 2 Tagen überhaupt nicht mehr nachweisbar ist. Trotzdem bleibt aber die mit Wasserstoffperoxyd behandelte Milch viel länger frisch als eine nicht behandelte. In der Milch- und Molkereiindustrie wird das Wasserstoffperoxyd auch zum Waschen der Geräte und Gefäße verwendet.

Wird die Katalyse z. B. durch ein halbstündiges Erhitzen auf etwa 70° inaktiviert, so vermag ein Gehalt von 0,1 bis 0,15‰ H_2O_2 selbst bei hoher Temperatur die Milch 3 bis 7 Tage frisch zu halten, ohne merklich den Geschmack zu verändern[1396]. Die Reaktion auf Wasserstoffperoxyd in der Milch wird direkt als eine Probe darauf angestellt, ob eine Milch schon pasteurisiert oder einmal gekocht wurde oder nicht, da in ersterem Falle die Katalase unwirksam ist. Mit Wasserstoffperoxyd konservierte Milch ist zum Versand auch in entferntere Gegenden geeignet.

Sterilisierung. Wasserstoffperoxyd, Magnesiumperoxyd und Zinkperoxyd haben sich auch zur Sterilisierung von Trinkwasser bei epidemisch auftretenden Krankheiten, wie Typhus oder Cholera, sehr bewährt. Die Sterilisation mit H_2O_2 kann auch mit einer olygodynamischen Sterilisation kombiniert werden. 1 g Calciumperoxyd, in 10 l Wasser verteilt, vermag dieses in 4 Stunden vollständig zu desinfizieren. Durch Zusatz von wenig Natriumperoxyd zum künstlichen Mineralwasser gelingt es, dieses restlos zu entkeimen. Die entstehende kleine Menge Natriumhydroxyd kann durch Zusatz von Salzsäure oder Fruchtsäften oder auch durch Imprägnierung mit Kohlensäure restlos unschädlich gemacht werden. In Frage kommt auch der Zusatz von Natriumperoxyd zu Brauselimonaden[1397].

Von Bedeutung ist auch die antiseptische und desinfizierende Wirkung von Perverbindungen als Zusatz zu Zahn- und Mundpflegemitteln. Magnesiumperoxyd und Calciumperoxyd haben wegen ihrer Ungiftigkeit vielfach Verwendung als Magen- und Darmantiseptica gefunden. Wasserstoffperoxyd wird auch zum Imprägnieren von Verbandwatte und zur Herstellung saugfähigen Verbandmaterials verwendet. In der Medizin wird auch eine 3%ige Wasserstoffperoxydlösung benützt, die einige Kubikzentimeter einer frisch bereiteten 5%igen alkoholischen Jodlösung enthält.

Konservierung. Milch läßt sich in geschlossenen Behältern unter einem geringen Überdruck von Sauerstoff mit 0,1% H_2O_2 für 1 bis 2 Tage oder 0,3% H_2O_2 für 30 bis 40 Tage konservieren. (B. Romani, Chimica e industria 26, 134—36, 1944). Außer Milch lassen sich auch Fleisch und Fische durch Zusatz von Wasserstoffperoxyd über die normale Zeit hinaus frisch erhalten. So bedient man sich in der Hochseefischerei eines Wasserstoffperoxyd enthaltenden Eises zur Konservierung frisch gefangener Fische. Dem Eise kann auch etwas Bisulfat zur Einstellung eines p_H-Werte von 3 bis 5 zugesetzt werden. Das beim Schmelzen des Eises freiwerdende Wasserstoffperoxyd leistet bei der Frischhaltung gute Dienste. Bei Fischdauerwaren läßt sich z. B. bei Geleeware eine Konservierung mit 0,15% H_2O_2, bei Kaltmarinaden schon mit 0,05% H_2O_2 erzielen. Nach A. Docessen[1398] können frische Seefische dadurch konserviert werden, daß die Hauptgräte freigelegt und der Länge nach mit Wasserstoffperoxyd bestrichen wird.

Bei der Fischkonservierung mit H_2O_2 ist jedoch zu beachten, daß dadurch auch nicht mehr einwandfreie Fische sich so schönen lassen, daß dadurch alle Anzeichen des Verderbens, mit Ausnahme der eingesunkenen Augen, beseitigt werden

Interessant ist ein Vorschlag von E. A m m e[1396], Feldfrüchte gegen Insekten durch Zusatz geringer Mengen eines organischen Peroxyds zu schützen. Frische Schnittblumen sollen sich in sehr verdünnten Wasserstoffperoxydlösungen besonders frisch halten[1400]. M. B e r g m a n n setzt zwecks Konservierung von tierischen Häuten dem Häutesalz farblose Peroxyde oder Salze von Persäuren zu, die in Berührung mit der Haut genügende Beständigkeit aufweisen, wie insbesondere solche der schwer löslichen Erdalkalien oder des Zinks[1401]. Lebensmittel können durch Zusatz organischer Peroxyde oder Ozonide konserviert werden[1402].

Sauerstoffbäder. In der Medizin finden auch sogenannte Sauerstoffbäder Gebrauch, die aus Perborat, eventuell auch Persulfat, Perphosphaten, Percarbonaten, ja sogar Natriumperoxyd mit $NaHSO_4$ oder NaCl, bestehen und einen Zusatz verschiedener Katalysatoren, wie Manganverbindungen, z. B. Braunstein, Kaliumpermanganat sowie Chrom-, Vanadin-, Wolfram-, Molybdänverbindungen oder Katalase, Hefepulver, Hefepulverextrakt, Pepsin, Bauchspeicheldrüse und Oxydase enthalten und in Tabletten- oder Brikettform hergestellt sind. Sie entwickeln in Berührung mit Bade- oder Waschwasser Sauerstoff[1403]. Die Katalysatoren regeln die Sauerstoffabgabe derart, daß bei einer Badetemperatur von etwa 40° der gesamte Sauerstoff in etwa 20 Minuten entwickelt wird. Ein Zusatz von Gips fördert seine Abgabe in Form kleinster Bläschen, da er die Gaskeime vermehrt. Diese Präparate sind unter den Namen Biox, Ozet, Leitholfs Sauerstoffbad, Zeozon u. dgl. im Handel. Durch regulierbares Einsenken eines Katalysators, z. B. platiniertes Nickelblech, in eine 30%ige H_2O_2-Lösung läßt sich im Laboratorium sehr reiner Sauerstoff darstellen.

Peroxyde, wie Bariumperoxyd, dienen in der Aluminothermie zum Ansetzen von Zündkirschen, für Leuchtraketen, Blitzlichtmischungen u. dgl.

Sonstige Anwendungsgebiete. Die Fähigkeit des Wasserstoffperoxyds, bei seiner Zersetzung gasförmigen Sauerstoff abzugeben, wird auch zur Herstellung von Leichtbauplatten, wie Porenbeton und Porengips, ausgenützt. Die Herstellung dieser Bauplatten erfolgt in der üblichen Weise, nur werden dem Anmachwasser Wasserstoffperoxyd und Katalysatoren, wie Metallsalze, oder chemisch wirksame Stoffe, wie Chlorkalk, Hypochloriten des Kaliums, Natriums oder Aluminiums zugesetzt. Die Sauerstoffentwicklung und die damit verbundene Treibwirkung beginnt schon bald, nachdem die Masse in die Form gegossen wurde und führt zu einer großen Volumsvermehrung. Die Entformung kann bei Porenbeton erst nach 24 Stunden, bei Porengips nach etwa 15 bis 20 Minuten vorgenommen werden. Die Volumszunahme kann bis auf ein Volumsgewicht von 500 kg für einen Kubikmeter gebracht werden. Während Porengips vorwiegend für schallisolierende Zwischenwände verwendet wird, dient Porenbeton auch zur Errichtung von tragenden Bauwerken, die sich durch geringes spezifisches Gewicht, gute Isoliereigenschaften, Schalldämpfung und günstige Gestehungskosten auszeichnen.

Magnesium und seine Legierungen können durch die Dämpfe von Wasserstoffperoxyd raffiniert werden, die gemeinsam mit Wasserstoff in das flüssige Metall eingeleitet werden (P. B r i s k e, V. P r o h l und A. L u s c h n o w s k y[1404]). Eine 3%ige H_2O_2-Lösung soll sich auch als Silierungsmittel für saftiges Grünfutter eignen[1405]. Ein Zusatz von nur 0,01% H_2O_2 bei der Filtermassewäsche erhält diese länger gebrauchsfähig. Organische Verbindungen, wie Acrylsäure, Methacrylsäure u. dgl. lassen sich mit Gemischen von Benzoylperoxyd und H_2O_2 ohne Verfärbung polymerisieren (D u p o n t[1406]), ebenso Vinylchlorid, wobei als Polymerisationsbeschleuniger Gemische von H_2O_2 mit organischen Persäuren dienen (I. G. Farbenindustrie A. G.[1407]). Wasserstoffperoxyd kann ebenso wie Aktivkohle zur Entfärbung von Klären verwendet werden. Fermentierter Tabak wird durch Bestäuben mit ammoniakalischer Wasserstoffperoxydlösung im Geruch und Geschmack verbessert (D u p o n t[1408]).

Verwendung von höchstkonzentriertem H_2O_2. Im 2. Weltkriege wurde in Deutschland 80 bis 85% H_2O_2 großtechnisch hergestellt und als sauerstoffliefernde Komponente in äußerst energiereichen Verbrennungssystemen verwendet. Es diente sowohl zum Antriebe von spurfreien Torpedos, äußerst rasch unter Wasser fahrenden Unterseebooten (Geschwindigkeit 26 bis 30 Meilen/Std.) als auch als Kraftquelle für motorlose Aeroplane und Raketen (J. Mc. A u l e y, D. B. C l a p p, V. W. S l a t e r, K. A. C o o p e r und W. H. G o r m l e y[1409]; E. B u r g e s s[1410]; W. G. A. P e r r i n g[1411]; R. S i m a r d[1411a]). Die Brennstoffe bestanden teils aus Tetrahydronaphthalin oder einem Gemisch von Methylalkohol oder Äthylalkohol und Hydrazinhydrat. Katalysatoren sorgten für eine verzögerungsfreie Zündung. Eine Verwendung derart hochkonzentrierten Wasserstoffperoxyds in Chemie und Technik oder für industrielle Zwecke wäre sehr aussichtsreich, ist aber noch nicht näher untersucht worden.

Diese Zusammenstellung erhebt selbstverständlich keinen Anspruch auf Vollständigkeit, sondern will nur einen allgemeinen Überblick über die zahlreichen Anwendungsmöglichkeiten des Wasserstoffperoxyds und seiner Derivate geben. In den Laboratorien der Großfirmen ist man unausgesetzt bemüht, für das Wasserstoffperoxyd neue Anwendungs- und daher auch Absatzgebiete zu schaffen, so daß in Zukunft mit einer immer stärkeren Verwendung des aktiven Sauerstoffes im praktischen Leben zu rechnen sein wird.

Literaturverzeichnis.

[1316a] F. P. 656 816. — [1317] DRP. 527 032. — [1318] E l e k t r o c h e m. W e r k e M ü n c h e n, 515 596. — [1319] DRP. 411 149. — [1320] DRP. 284 761; F. P. 226 90, 473 581; Österr. P. 119 036. — [1321] L. A r m a n d, Rev. gén. Teinture Impress., Blanchiment, Apprêt **15**, 5—11, 1937. — [1321a] J. A n d e r s o n, Nature **158**, 554, 1946. — [1322] H. A. R u t h e r f o r d und M. H a r r i s, Amer. Dyestuff Reporter **27**, 173—4, 1938. — [1323] E. E l ö d, H. N o w o t n y und H. Z a h n, Melliands Textilber. **23**, 313—16, 1942. — [1324] S c h e i d e a n s t a l t, Österr. P 117 281. — [1325] DRP. 516 531. — [1326] DRP. 256 997 — [1327] G. A d o l p h und A. P i e t s c h, Österr. P. 112 968. — [1328] Österr. P. 128 242, 137 535. — [1329] Österr. P. 126 118. — [1330] E. B ö h m, Österr. P. 118 442. — [1331] Österr. P. 129 574. — [1332] O. S p e n g l e r, H. B ö t t g e r und W. D ö r f e l d t, Z. W i r t s c h a f t s g r u p p e Z u c k e r i n d. **87**, 155—84, 1937. — [1333] Du Pont, A. P. 2 082 656. — [1334] Melliands Textilber, **1923**, 488. — [1335] U l l m a n n, Enzyklopädie der techn. Chemie, 2. Aufl., 2. Bd., 1928, S. 481. — [1336] S c h r a m e k und S c h u b e r t, Monatsh. Textilind. **1931**, 313; K o s t e, ebenda, **1931**, 342. — [1337] E l e k t r o c h e m. W e r k e M ü n c h e n, DRP. 248 761. — [1338] R. H. C o m e y B r o o k l y n C o. I n c., A. P. 2 037 119. — [1339] Melliands Textilber. **18**, 222—24, 1937. — [1340] DRP. 507 759. — [1340a] W. J. M a c N a b, Fibres, Fabrics & Cordage **12**, 487, 489, 491, 509, 1945; **13**, 16—19, 1946. — [1341] DRP. 284 761. — [1342] S c h e i d e a n s t a l t, DRP. 508 386. — [1343] I. G. F a r b e n i n d u s t r i e A. G., Österr. P. 121 537, 125 682. — [1344] D e g u s s a, Ital. P. 385 395. — [1344a] O. K a u f m a n n, Paper Trade J. **121**, No. 19, 33—38, 1945. — [1344b] J. A. L e e, Chem. Engg. Oct. 1947. — [1344c] L. P a l l a n, Mitt. Chem. Forschungsinst. Ind. Österr. **3**, 2. Heft, 12—14, 1949. — [1345] D u p o n t, F. P. 860 112. — [1346] E. P. 349 367. — [1347] Österr. Patent 138 007. — [1348] F. O h l, Melliands Textilber. **15**, No. 12, 1934. — [1349] D e g u s s a, F. P. 841 513. — [1350] O. U h l, Kunstdünger und Leim-Ind., **26**, 255, 1929. — [1351] P i l o t L a b o r a t o r y I n c o r p., APP. 1 687 803, 1 687 804, 1 687 805. — [1352] Chem. Ztrbl. **1928 II** 829. — [1353] S c h e i d e a n s t a l t, DRP. 595 126. — [1354] J. E. R u t z l e r, A. PP. 1 813 512, 1 890 121. — [1355] K. B r a u n, Seifensieder-Ztg. **52**, 43, 1926. — [1356] H. N a s t, ebenda **52**, 149, 493, 559, 1925. — [1357] K. B r a u n und H. W a b e r, Seifensieder-Ztg. **54**, 430, 1926. — [1358] J. R i è r e, Teintex **6**, 130—33, 1941. — [1359] Österr. P. 137 327; E. P. 413 907. — [1360] I. G. F a r b e n i n d u s t r i e A. G., DRP. 547 396. — [1361] E. D e m o u s s y, Compt. rend. Acad. Sciences **162**, 435, 1916. — [1362] P i c h l e r, Phytopatholog. Ztschr. 1935, Bd. 8, S. 245. — [1363] E. A b e r g und C. L j u n g d a h l, Lantbruks-Högskolans Ann. **4**, 113—30,

1937. — [1364] C. Becker, Ztschr. ges. Brauwesen 49, 65, 1926. — [1365] G. Magnin, Journ. Pharmac. Chim. (8) 1, 333, 1925. — [1366] P. Janasch, Ber. Dtsch. chem. Ges. 45, 605, 1912. — [1367] P. Duret, Compt. rend. Acad. Scinces 167, 129, 1919. — [1368] A. T. Harkins, Chem. Ztrbl. 1928 I 976. — [1369] R. Krings, Seifensieder-Ztg. 60, 754, 772, 1933. — [1370] A. P. 1 628 015. — [1371] Byk, DRP. 258 393, 271 155. — [1372] Österr. P. 140 048. — [1373] DRP. 344 590. — [1374] Ukrain. chem. J. 11, 253—59, 1936; Chem. Ztrbl. 1937 I 3568. — [1375] E. P. 273 414. — [1376] E. P. 273 711. — [1377] DRP. 297 164. — [1378] E. Möhring. DRP. 316 753. — [1379] G. Piorkowski, DRP. 425 178. — [1380] E. Flammer und L. C. Kelber, DRP. 428 878. — [1381] A. Imhausen, Österr. P. 79 815. — [1382] DRP. 298 677. — [1383] DRP. 250 341. — [1384] G. F. Jaubert, Compt. rend. Acad. Sciences 197, 484, 1933. — [1385] Ztschr. angew. Chem. 46, 45, 1933. — [1386] E. I. Dupont de Nemours, A. P. 1 922 187. — [1387] C. Clementi, DRP. 305 066. — [1388] Ch. Leu, Schweiz. P. 183 561. — [1388a] V. M. Gablak, Z. angew. Chem. URSS (russ.) 19, 1233—44, 1946. — [1389] R. Seitz, DRP. 320 810. — [1390] DRP. 325 031; E. P. 309 119; F. P. 609 057, 672 627, 681 329. — [1391] A. P. 1 767 543. — [1392] Schröder, Arbeiten aus dem Reichsgesundheitsamt 57, 598, 1926. — [1393] F. P. 778 210. — [1394] E. Ungermann, Hygien. Rundschau 23, 1137, 1913. — [1395] G. Singer, Arch. Hygiene 86, 263, 1917. — [1396] A. Müller, Milchwirtschaftl. Ztrbl. 51, 25, 37, 49, 61, 1922. — [1397] A. Lütje, Chem. Ztrbl. 1931 I 3494; Gabbano. Chem. Ztrbl. 1930 II 1592. — [1398] A. Docessen, DRP. 506 597. — [1399] E. Ammc, DRP. 393 449. — [1400] E. P. 406 737. — [1401] M. Bergmann, DRP. 617 166. — [1402] Austr. P. 24 155/1935. — [1403] DRP. 296 312, 425 905, 284 003, 269 852, 244 783. — [1404] P. Briske, V. Pohl und A. Luschnowsky, E. P. 434 335, Ital. P. 333 326, Tsch. P. 55 114. — [1405] DRP. 648 908. — [1406] Dupont, A. P. 2 109 595. — [1407] I. G. Farbenindustrie A. G., DRP. 662 121. — [1408] Dupont, F. P. 870 468. — [1409] J. Mc. Auley, D. B. Clapp, V. W. Slater, K. A. Cooper und W. H. Gormley, Chimie et Industrie 55, 431—34. 1946. — [1410] E. Burgess, J. Amer. Rocket Soc. Nr. 65, 18—19, 23, 1946. — [1411] W. G. A. Perring, ebenda Nr. 65, 1—17, 1946. — [1411a] R. Simard, Eng. J. (Canada) 31, 219—25, 1948.

XXV. Qualitativer Nachweis und quantitative Bestimmung des Wasserstoffperoxyds und seiner Derivate.

A. Das Wasserstoffperoxyd.

a) Qualitativer Nachweis.

Die zum Nachweis des Wasserstoffperoxyds vorgeschlagenen qualitativen Reaktionen sind sehr zahlreich, so daß hier nur die empfindlichsten und charakteristischesten angeführt werden können. Als die empfindlichste Reaktion auf Wasserstoffperoxyd ist jene mit alkoholischer Guajaktinktur und Malzauszug anzusprechen, welche schon von Osann[1412] erwähnt und von Schönbein[1413] näher untersucht wurde. Man versetzt die wasserstoffperoxydhaltige Flüssigkeit mit einer 1- bis 2%igen Lösung von Guajakharz in 90- bis 98%igem Alkohol bis zur milchigen Trübung und hierauf mit einigen Tropfen eines kalt bereiteten Malzauszuges (Diastase), worauf sofort eine sehr deutliche Blaufärbung eintritt. Wesentlich ist jedoch, daß das zur Untersuchung verwendete Stück Harz aus der Mitte eines größeren Stückchens genommen wird, da sich die äußeren Schichten des Harzes unter dem Einfluß des Lichtes verändern und unempfindlich werden. Auch die alkoholische Lösung des Harzes wird durch Licht und Luft verändert, so daß man sich stets nur einer frisch hergestellten Guajaklösung bedienen soll. Die Empfindlichkeit der Reaktion ist eine außerordentlich große. Man kann noch einen Teil H_2O_2 in

50 Millionen Teilen Wasser nachweisen, so daß dieses Reagens besonders zum Nachweis des Wasserstoffperoxyds in atmosphärischen Niederschlägen geeignet ist. Freie salpetrige Säure, Chlor und Ozon färben zum Unterschied von Wasserstoffperoxyd die Guajaktinktur bereits ohne Zusatz von Diastase.

Ein sehr charakteristischer Nachweis des Wasserstoffperoxyds wie auch von Perborat, Natrium-, Barium-, Magnesium- und Zinkperoxyd ist die Reaktion mit Kaliumchromat und Schwefelsäure. Versetzt man einen Kubikzentimeter der mit einigen Tropfen verdünnter Schwefelsäure angesäuerten, auf Wasserstoffperoxyd zu prüfenden Lösung mit 2 ccm Äther und einigen Tropfen einer verdünnten (10%) Kaliumbichromatlösung und schüttelt, so entsteht unter intensiver Blaufärbung die Überchromsäure $HCrO_5$, die vom Äther mit lasurblauer Farbe aufgenommen wird. Ein Überschuß von Chromsäure ist zu vermeiden, da sonst die Überchromsäure zu rasch bis zur Chromistufe reduziert wird. Die Färbung verschwindet auf jeden Fall ziemlich schnell. Ist die Abwesenheit von Ozon festgestellt, so ist dieser Nachweis für Wasserstoffperoxyd charakteristisch. An Empfindlichkeit wird die Chromsäurereaktion jedoch von vielen anderen qualitativen Reaktionen auf H_2O_2 übertroffen. Es lassen sich nach dieser Methode noch 0,2 mg H_2O_2 sicher nachweisen (in einer Konzentration über 0,001%).

Sehr brauchbar hat sich auch der Nachweis mit Kaliumjodid und Weinsäure erwiesen, wobei zur Beschleunigung der Reaktion Ferrosulfat zugefügt wird. Zu 2 ccm einer 5%igen Weinsäure fügt man 2 Tropfen 5%iger Lösung von $FeSO_4 \cdot (NH_4)_2SO_4$ zu. Nach der Vermischung mit der Wasserstoffperoxydlösung werden noch 5 bis 6 Tropfen Natronlaugelösung zugegeben, wobei Violettfärbung auftritt. Es kann noch ein Teil H_2O_2 in 25 Millionen Teilen Wasser nachgewiesen werden.

Eine gleichfalls sehr zuverlässige und charakteristische Reaktion auf Wasserstoffperoxyd ist die von Schöne[1414] beobachtete, augenblicklich auftretende gelbrote Färbung von Titansäurelösung bei Gegenwart von Wasserstoffperoxyd. Die Titansäurelösung wird durch Schmelzen von einem Teil TiO_2 mit 15 bis 20 Teilen Kaliumpyrosulfat und Lösen der Schmelze nach dem Erkalten in verdünnter kalter Schwefelsäure oder durch Kochen von TiO_2 mit starker Schwefelsäure, Verdünnen, Filtrieren, Fällen mit Ammoniak und Lösen des gut ausgewaschenen Niederschlages in kalter, verdünnter Schwefelsäure hergestellt. Man gibt in ein Reagensglas, am besten mittels eines Glasstabes, etwa 1 Tropfen der Titansäurelösung, verbreitet diesen durch Schwenken auf eine größere Fläche des Glases, gibt die zu untersuchende Flüssigkeit schnell zu und schüttelt um. Es läßt sich mit dieser Reaktion noch 0,001% H_2O_2 in einer Verdünnung von 1 : 1 800 000 sicher nachweisen. Diese Methode ist auch sehr gut geeignet, um H_2O_2 in organischen Flüssigkeiten, wie Milch, Urin usw. in Verdünnungen von 1 bis zu 700 000 aufzufinden. Von Vorteil ist auch, daß die Gelbfärbung tagelang bestehen bleibt.

Sehr empfindlich sind auch die mikrochemischen Tüpfelreaktionen. So empfiehlt Kempf[1415] als Reagens auf H_2O_2 Bleisulfid, das auf photographisches Gelatinepapier nach dem Ausfixieren, Tränken mit 0,05%iger Bleiazetatlösung und Eintauchen in gesättigtes Schwefelwasserstoffwasser erhalten wurde. Wasserstoffperoxyd oder Peroxyde bewirken eine Aufhellung oder Entfärbung. Es lassen sich noch 0,5 γ H_2O_2 nachweisen ($1\,\gamma = 10^{-6}$ g).

Über einige weitere mikrochemische Tüpfelreaktionen auf H_2O_2 berichten F. Feigl und E. Fränkel[1416]. Auf der Bildung von Berlinerblau beruht der Nachweis bei der Einwirkung von H_2O_2 auf eine Mischung gleicher Volumina 0,4%iger Ferrichloridlösung und 0,8%iger Kaliumferricyanidlösung. Die Erfassungsgrenze beträgt 0,08 γ H_2O_2, die Grenzkonzentration 1 : 800 000. Auch durch Entfärbung oder Aufhellung höherer Nickeloxyde, die in Form einer Ni_2O_3-$BaSO_4$-Paste angewendet werden, können noch 0,01 γ H_2O_2 bei einer Grenzkonzentration von

1 : 5 000 000 erfaßt werden. Durch Reduktion von Goldsalzen, deren Lösungen durch H_2O_2 durch kolloid ausgeschiedenes Gold rötlich oder bläulich gefärbt werden, läßt sich noch 0,07 γ H_2O_2 bei einer Grenzkonzentration von 1 : 714 000 nachweisen.

Charakteristisch für Wasserstoffperoxyd und Verbindungen, die dieses abspalten, ist auch der mikrochemische Nachweis mit Vanillin. Die zu überprüfende Lösung wird auf einem mit Hohlschliff versehenen Objektträger mit einem Tropfen einer 1%igen Vanillin-Salzsäure-Lösung versetzt (0,1 g Vanillin, 1 ccm Alkohol, 9 ccm 25%ige HCl). Nach 5 bis 10 Minuten tritt eine rötlichbraune Färbung auf. Beim allmählichen Verdunsten scheiden sich stahlblaue, zum Teil ästig verzweigte Kristalle ab. Die Erfassungsgrenze beträgt 25 γ H_2O_2[1417].

Sehr empfindlich ist die Tropfenreaktion mit o-Toluidin (L. Kuhlberg und L. Matwejew[1417]). Ein Tropfen 1%ig alkoholischer o-Toluidinlösung wird mit einer Capillare auf das Filterpapier gebracht und darauf 1 Tropfen Azetatpuffer ($p_H = 4$), 1%ige $FeSO_4$-Lösung und zuletzt die zu prüfende Lösung aufgetragen. Es entsteht eine Blaufärbung (Empfindlichkeit 0,025 g H_2O_2).

Eine sehr empfindliche Reaktion auf H_2O_2 ist die bei der Oxydation von 3-Amino-phthalsäurehydrazid (Luminol) mit H_2O_2 auftretende violette Chemilumineszenz, womit noch 0,012 g H_2O_2 nachgewiesen werden können (W. Langenbeck und U. Runge[1418]; H. Druckrey und R. Richter[1419]). Mit dem durch Reduktion von Phenolphthalein erhaltenem Phenolphthalin läßt sich H_2O_2 bis zu einer Verdünnung von 1 : 10^8 nachweisen (O. Schales[1420]).

Ein empfindliches Reagenz auf H_2O_2 wird durch Schütteln von 5 bis 6 Tropfen 3%iger $AgNO_3$-Lösung mit 2 ccm 7 n NH_3 (etwa 120 g NH_3/l) und Zusatz von 2 Tropfen 6%iger $K_3Fe(CN)_6$-Lösung bereitet. Es entsteht eine weiße Trübung von $Ag_4Fe(CN)_6$ (G. Denigès[1421]).

Mit 1 Tropfen einer Lösung von 0,1 g Luminol (3-Amino-phthalhydrazid), auf ein Kupferblech aufgebracht und mit 1 Tropfen der Probelösung entsteht bei Anwesenheit von H_2O_2 eine mehrere Sekunden anhaltende Lumineszenz. Die Erfassungsgrenze beträgt 0,05 γ (A. Steigmann[1421a]).

Benzoylperoxyd kann im Mehl durch Betupfen mit Dimethyl-p-phenylendiamin-chlorhydrat nachgewiesen werden.

b) Reinheitsprüfung.

Die Handelssorten des Wasserstoffperoxyds enthalten häufig anorganische oder organische Salze, die beim Eindampfen und Glühen einen der Menge nach schwankenden Rückstand ergeben, ferner freie Säuren, wie Schwefelsäure, Salzsäure, Phosphorsäure, Flußsäure, Oxalsäure, organische Stabilisatoren usw. Die Reinheitsprüfung erstreckt sich nach dem deutschen Arzneibuch VI auf diese hauptsächlichen Verunreinigungen.

Bei Wasserstoffperoxyd für medizinische Zwecke darf der Eindampfrückstand von 10 ccm 30%iger Lösung nicht mehr als 0,03 g, der Glührückstand nur 0,005 g betragen.

Die Prüfung auf Bariumsalz (1 ccm konz. H_2O_2, 30%ig, + 9 ccm Wasser mit verdünnter Schwefelsäure versetzt) darf innerhalb 10 Minuten keine Veränderung der Lösung ergeben.

Auf Oxalsäure wird am besten, wie Lunge festgestellt hat, nach Derlin[1422] geprüft. Man versetzt 10 ccm Wasserstoffperoxydlösung mit 0,5 ccm Natriumacetatlösung und 0,5 ccm Calciumchloridlösung und säuert mit 1 ccm Essigsäure an. Es darf keine Trübung entstehen.

Auf freie Säure wird nach Zusatz von 1 ccm Phenolphthtalein zu 5 ccm H_2O_2 30%ig mit 45 ccm Wasser mittels 0,1 n KOH geprüft. Es dürfen nicht mehr als 2 ccm 0,1 n KOH verbraucht werden.

Zur Prüfung auf Arsen werden 5 ccm konz. H_2O_2-Lösung in einem Porzellantiegel am Wasserbade zur Trockene eingedampft, der Rückstand mit 2 ccm Natriumhypophosphitlösung übergossen und ¼ Stunde lang bei aufgelegtem Uhrglas auf dem Wasserbade erhitzt. Dabei darf keine bräunliche Färbung auftreten.

Das reinste und auch säurefreieste Wasserstoffperoxyd ist das unter dem Schutznamen „Perhydrol" von der Firma Merck in den Handel gebrachte 30gewichtsprozentige H_2O_2. Das Tropenperhydrol enthält geringe Mengen eines organischen Stabilisators, so daß es auch in nicht paraffinierten Flaschen versandt werden kann. Zu seiner Reinheitsprüfung gibt Merck (Prüfung der chemischen Reagenzien auf Reinheit) folgende Vorschriften an:

Säurefreiheit: 10 ccm Perhydrol werden mit 100 ccm Wasser verdünnt und zur Zersetzung des Wasserstoffperoxyds mit einigen Körnchen Platinmohr oder Mangandioxyd versetzt. Man läßt unter häufigem Umschütteln bis zum Aufhören der Sauerstoffentwicklung stehen und filtriert. Das Filtrat soll nach Zusatz von Phenophtalein durch einen Tropfen n/10 KOH gerötet werden. 10 ccm Perhydrol dürfen keinen wägbaren Rückstand ergeben.

Salzsäure: 1 ccm Perhydrol in 20 ccm Wasser darf nach dem Ansäuern mit Salpetersäure und Zusatz von Silbernitrat keine Veränderung ergeben.

Schwefelsäure: 1 ccm Perhydrol in 20 ccm Wasser mit Salpetersäure angesäuert, darf mit Bariumchloridlösung nach 15 Stunden langem Stehen keine Abscheidung von Bariumsulfat zeigen.

Phosphorsäure: 5 ccm Perhydrol werden auf dem Wasserbade verdampft, ein eventuell vorhandener Rückstand mit 3 ccm Wasser aufgenommen, mit 1 ccm Magnesiamischung und 3 ccm konz. Ammoniak (spez. Gew. 0,96) versetzt. Es darf nach 15 Stunden kein sichtbarer Niederschlag auftreten.

Flußsäure: 10 ccm Perhydrol werden nach Zusatz von 0,1 g Magnesiumoxyd auf ein kleines Volumen eingedampft, die Mischung auf ein Uhrglas gebracht, zur Trockene eingedampft und der Rückstand mit Schwefelsäure übergossen. Nach 2- bis 3stündigem Stehen darf das Uhrglas keine Ätzung zeigen.

In Peroxydlösungen kann der p_H-Wert sowohl potentiometrisch mit der Glaselektrode als auch kolorimetrisch bestimmt werden. Für die p_H-Werte von 10 bis 12,5 bei der Glaselektrodenmethode ist eine Korrektur von 0,2 bis 0,4 nötig (J. S. Reichert und H. G. Hull[1423]).

c) Quantitative Bestimmungsmethoden.

α) *Maßanalytisch.*

Mittels Kaliumpermanganatlösung. Diese Bestimmung erfolgt auf Grund der Reaktion

$$2\,KMnO_4 + 5\,H_2O_2 + 3\,H_2SO_4 = K_2SO_4 + 2\,MnSO_4 + 8\,H_2O + 5\,O_2.$$

Die Titration erfolgt in ziemlich stark saurer Lösung. Ist die Lösung salzsauer, so wird etwas Mangansulfat zugesetzt, um die Oxydation der Salzsäure durch Kaliumpermanganat zu Chlor zu verhindern. Die Permanganatmethode ist die bewährteste und gibt sowohl mit verdünnten als auch konzentrierteren Lösungen genaue Resultate. Organische Stoffe oder Stoffe mit reduzierenden Eigenschaften müssen fehlen. Zur Ausführung der Bestimmung verdünnt man 10 ccm 30%iges H_2O_2 in einem Meßkolben auf 100 ccm, verdünnt davon wieder 10 ccm auf 100 ccm, nimmt davon 20 ccm und titriert nach dem Ansäuern mit verdünnter Schwefelsäure mit 0,1 n $KMnO_4$ bis zur bleibenden schwachen Rosafärbung. Es sollen mindestens 35,4 ccm Permanganatlösung verbraucht werden. Verschwindet anfangs bei der sog. Induktionsperiode die Rotfärbung nicht sofort, so wird die Lösung erwärmt und nach dem Erblassen weiter titriert. Ein vorheriger Zusatz von Mangansulfat läßt jedoch die Induktionsperiode vermeiden.

$$1 \text{ ccm } 0{,}1 \text{ n } KMnO_4 = 0{,}001701 \ (\log = 0{,}23070 - 3) \text{ g } H_2O_2.$$

Die Anzahl der verbrauchten Kubikzentimeter 0,1 n Permanganatlösung mit 1,7 multipliziert ergibt daher den Prozentgehalt der ursprünglichen Wasserstoffperoxydlösung.

Auf der Reaktion zwischen saurer Kaliumpermanganatlösung und Wasserstoffperoxyd beruht auch eine quantitative Bestimmungsmethode sehr kleiner Wasserstoffperoxydmengen[1424]. Die Kaliumpermanganatlösung soll geringe Mengen Magnesiumsulfat enthalten. Die zu untersuchende Lösung wird mit *Standards* bekannten Wasserstoffperoxydgehaltes verglichen. Es gelingt auf diese Weise, noch einen Teil H_2O_2 in 10 Millionen Teilen Lösung quantitativ zu bestimmen.

Mittels angesäuerter Kaliumjodidlösung. Diese Methode ist weniger genau als die Permanganatmethode, aber bei Anwesenheit von organischen Substanzen vorzuziehen. Man titriert das auf Grund der Reaktionsgleichung

$$H_2O_2 + 2\,KJ + H_2SO_4 = J_2 + K_2SO_4 + 2\,H_2O$$

ausgeschiedene freie Jod mit n/10 Thiosulfatlösung. Selbst in saurer Lösung braucht die vollständige Umsetzung aber längere Zeit, so daß man die Lösung mindestens ½ Stunde lang in geschlossenen Gefäßen, wenn möglich im Dunklen, stehen lassen muß. Nach dem DAB wird die Bestimmung wie folgt vorgenommen: 1 ccm konzentriertes 30%iges H_2O_2 wird in einem Meßkolben genau abgewogen und auf 100 ccm aufgefüllt oder 10 ccm 3%iges H_2O_2 mit Wasser auf 100 ccm verdünnt. Von dieser Lösung werden 10 ccm zur Titration mit 5 ccm Schwefelsäure 1 : 4 und 10 ccm 10%iger Kaliumjodidlösung oder 1 g Kaliumjodid versetzt. Nach ½ Stunde wird mit n/10 Thiosulfatlösung, meist ohne Zusatz von Stärke als Indikator, titriert.

$$1 \text{ ccm n/10 } Na_2S_2O_3 = 0{,}001701 \ (\log = 0{,}23070 - 3) \text{ g } H_2O_2.$$

Um die störende Ausscheidung von Jod durch den Luftsauerstoff beim Stehenlassen zu vermeiden, kann man der verwendeten Schwefelsäure 0,5 g Pyrogallol zusetzen[1425]. Dieses Verfahren eignet sich auch zur Bestimmung von H_2O_2 in Gegenwart von Peroxydase.

Nach Rupp und Milk[1426] läßt sich die Titration rascher ausführen, wenn man sich die sehr rasch verlaufende Reaktion zwischen Hypojodit und Wasserstoffperoxyd zunutze macht:

$$H_2O_2 + NaJO = O_2 + H_2O + NaJ;$$
$$NaJO + NaJ + 2\,HCl = 2\,NaCl + H_2O + J_2.$$

Man verdünnt die Wasserstoffperoxydlösung vorher auf einen Gehalt von etwa 0,05 bis 0,2 Gewichtsprozent, spült 25 bis 10 ccm dieser Lösung in eine Flasche und macht durch Zusatz von etwa 5 ccm 15%iger NaOH alkalisch. Dann setzt man unter Umschwenken 25 ccm n/10 Jodlösung zu, die sich mit der Lauge nach $2\,NaOH + J_2 = NaJO + NaJ + H_2O$ umsetzt. Man schwenkt zur Entwicklung des Sauerstoffes um, säuert mit etwa 10 ccm Salzsäure 1 : 4 an und titriert das überschüssige Jod mit n/10 Thiosulfat zurück.

Nach einem Vorschlage der Röhm & Haas A. G.[1427] kann man die Konzentrationsabnahme einer Wasserstoffperoxydlösung durch einen Zusatz von Stärke und Verfolgung des Stärkeabbaues mit Jod ermitteln.

Die Bestimmung mittels Titantrichloridlösung. Diese von E. Knecht und E. Hibbert[1428] angegebene Methode beruht auf folgenden, in zwei Phasen verlaufenden Reaktionen:

1. $Ti_2O_3 + 3\,H_2O_2 = 2\,TiO_3 + 3\,H_2O$ (Bildung von Pertitansäure).
2. $2\,TiO_3 + 2\,Ti_2O_3 = 6\,TiO_2$ (Reduktion der Pertitansäure zu Titandioxyd).

Man läßt eine verdünnte Lösung von Titantrichlorid in eine saure Wasserstoffperoxydlösung einfließen, wobei sich die Lösung zunächst gelb, dann tieforange färbt, um schließlich vollständig wieder entfärbt zu werden. Vor der Entfärbung wird die gelbe Farbe mit jedem Tropfen der Titantrichloridlösung heller und heller, und es entstehen an der Einfallsstelle der Tropfen farblose Stellen, so daß das Ende der herannahenden Entfärbung gut erkannt werden kann. Die vollständige Entfärbung zeigt das Ende der Reaktion an. Die Titantrichloridtiterlösung wird aus der im Handel erhältlichen konzentrierten Titantrichloridlösung durch Versetzen mit dem gleichen Volumen konzentrierter Salzsäure, Aufkochen zum Zwecke der Vertreibung von eventuell vorhandenem Schwefelwasserstoff und Verdünnung mit dem 10fachen Volumen ausgekochten Wassers hergestellt. Die Lösung soll eisenfrei sein.

Die Titerstellung erfolgt mit einer Ferrisalzlösung bekannten Eisengehaltes, zu der die Titantrichloridlösung fast bis zum Verschwinden der Geldbfärbung zugefügt wird, dann erfolgt Zusatz eines Tropfens einer Kaliumrhodanidlösung und Weitertitration bis zur vollständigen Entfärbung der rotgefärbten Lösung. Der Titer muß vor jeder Untersuchung wegen der Veränderlichkeit der Titantrichloridlösung gegen die Ferrichloridlösung frisch gestellt werden. Zur Aufbewahrung der Titerlösung dient eine Flasche, die mit einer Füllbürette in Verbindung steht und die unter Wasserstoff- oder Kohlensäuredruck gesetzt ist.

Zur Ausführung der Wasserstoffperoxydbestimmung werden 10 ccm einer 3%igen H_2O_2-Lösung auf 250 ccm verdünnt und 25 ccm dieser Lösung mit der frischgestellten Titantrichloridlösung bis zur vollständigen Entfärbung titriert. Verbraucht 1 ccm H_2O_2-Lösung *a* ccm $TiCl_3$ Lösung (1 ccm — *b* g Fe), so berechnet sich der Prozentgehalt der H_2O_2-Lösung zu $30{,}46 \cdot a \cdot b$. Die Titantrichloridmethode hat besonders für solche Wasserstoffperoxydlösungen Bedeutung, die außerdem noch organische Substanzen enthalten.

Potentiometrisch kann Wasserstoffperoxyd mit Natriumsulfit mit einem Zusatz von Kaliumjodid in saurer Lösung titriert werden[1429].

Die polarographische Methode erlaubt bis $2{,}5 \cdot 10^{-8}$ g H_2O_2, 10^{-7} bis 10^{-8} g Diäthylperoxyd usw. zu bestimmen (A. A. Dobriuskaja und M. B. Neumann[1430]). Am besten arbeitet man in 0,01 n HCl, wobei das Reduktionspotential des H_2O_2 — 0,8 V beträgt. Die Stufenhöhe *h* und Empfindlichkeit *s* des Galvanometers hängen linear von der Konzentration des H_2O_2 ab: $\frac{h}{s} = A \cdot C_{H_2O_2}$ (A = Apparatkonstante). Die elektrolytische Reduktion von H_2O_2 in saurer Lösung bei $-0{,}8$ V in einer Natriumacetat-Essigsäurepufferlösung mit einem p_H von 4,3 erlaubt bei der polarographischen Methode noch die Bestimmung von $2 \cdot 10^{-5}$% H_2O_2[1431].

Auf nephelometrischem Wege lassen sich auch noch sehr geringe Mengen H_2O_2 durch die Bildung eines weißen Niederschlages von $Ag_4Fe(CN)_6$ bestimmen (G. Denigès[1431a]). 6 Tropfen einer 3%igen $AgNO_3$-Lösung werden mit 2 ccm 7 n-NH_4OH und nach kräftigem Schütteln mit 2 Tropfen 6%iger $K_3Fe(CN)_6$-Lösung versetzt. Auf Zusatz der H_2O_2-haltigen Probelösung zu einem großen Überschuß der Reagenslösung (diese ist nur einige Stunden haltbar) entsteht nach kurzer Zeit eine weiße Trübung.

β) *Gasvolumetrische Methoden.*

Mittels Kaliumpermanganat. Bei der Wechselwirkung von Kaliumpermanganatlöung und von H_2O_2 in saurer Lösung wird, wie aus der bereits angegebenen Reaktionsgleichung hervorgeht, pro Mol H_2O_2 auch ein Mol Sauerstoff in Freiheit gesetzt. Der entwickelte Sauerstoff wird entweder in dem von Knop vorgeschlagenen und von P. Wagner und F. von Soxhlet[1432] verbesserten Azotometer oder einfacher mit dem von Lunge[1433] beschriebenen Gasvolumeter bestimmt. 1 ccm O_2 entspricht bei 0° und 760 mm Druck 1,5194 mg H_2O_2. 2,5 ccm 3%iges H_2O_2 entwickeln etwa 50 ccm O_2.

Die gasvolumetrische Bestimmung des Wasserstoffperoxyds mittels $KMnO_4$ kommt der maßanalytischen an Genauigkeit gleich, übertrifft diese aber an Bequemlichkeit, da es weder einer Wägung noch einer Titrierung bedarf. Färbungen, Trübungen sowie ein Gehalt an organischen Stoffen stören nicht. Alle gasvolumetrischen Methoden für H_2O_2 besitzen aber den Nachteil, daß in der zu untersuchenden Lösung auch Sauerstoff löslich ist, wodurch eine mit Sauerstoff übersättigte Lösung erhalten wird. Durch Auskochen dieser Lösung kann dieser Fehler aber zur Gänze behoben werden. Bei eventueller Anwesenheit von Carbonaten muß die entwickelte Kohlensäure mittels Lauge absorbiert werden.

Mittels unterbromig-, unterjodig- und unterchlorigsauren Salzen. Bei Verwendung von Hypobromit verläuft die Zersetzung des H_2O_2 und die gasvolumetrische Bestimmung nach $H_2O_2 + NaBrO = NaBr + H_2O + O_2$. Ähnlich verlaufen die Reaktionen mit Hypojodit und mit Chlorkalk. Die letztere Methode wurde von W. Fehre[1434] zur Bestimmung des H_2O_2 in oxalathältigen Bleichbädern vorgeschlagen. Zur Zersetzung dient eine Chlorkalklösung, die im Liter 25 bis 35 g Chlorkalk mit 20 bis 30% aktivem Chlor enthält. Als Sperrflüssigkeit für den Sauerstoff dient eine 6- bis 8%ige Natronlauge.

Mittels Katalysatoren. Diese Methode beruht auf ganz anderen Reaktionen als jene mit Hilfe von Oxydationsmitteln. Es wird bei ihnen auch nur halb soviel Sauerstoff entwickelt. Zur Zersetzung des Wasserstoffperoxyds nach $2\,H_2O_2 = 2\,H_2O + O_2$ bedient man sich Katalysatoren, wie Braunstein, Platinmohr, kolloidaler Platinlösungen, Blutfibrin usw., die den gesamten Sauerstoff in etwa 10 bis 15 Minuten in Freiheit setzen. Diese Methoden können auch bei Anwesenheit von organischen Substanzen angewendet werden.

Die Anlagerungsverbindung des Wasserstoffperoxyds mit Harnstoff (Perhydrit oder Ortizon) wird ähnlich wie das Wasserstoffperoxyd selbst untersucht. Die qualitativen Erkennungsproben sind die gleichen wie die des reinen H_2O_2. Beim vorsichtigen Erhitzen entweicht neben Sauerstoff auch Ammoniak.

Die Prüfung auf Reinheit wird am besten nach Mercks Prüfungsvorschriften für pharmazeutische Spezialpräparate durchgeführt. 1 g Perhydrit in 20 ccm Wasser wird durch einen Tropfen Methylorange gerötet, 1 Tropfen n/2 NaOH soll die Farbe nach Gelb umschlagen lassen. Auf Chlor- und Sulfationen wird ebenso wie beim Wasserstoffperoxyd in der wäßrigen Lösung 1 : 20, die mit Salpetersäure angesäuert wurde, mit Silbernitrat und Bariumchlorid geprüft. Die Prüfung auf Oxalsäure wird in der wäßrigen Lösung 1 : 20 nach Zusatz von 5 Tropfen Natriumazetatlösung 1 : 20 und von Calciumchloridlösung vorgenommen. Es darf keine Trübung auftreten. 1 g Perhydrit soll sich in konzentrierter Schwefelsäure farblos lösen. 0,5 g Perhydrit dürfen beim starken Erhitzen keinen wägbaren Rückstand ergeben. Die quantitative Bestimmung des H_2O_2-Gehaltes kann in schwefelsaurer Lösung mit n/10 Permanganatlösung erfolgen. 0,2 g Perhydrit sollen nicht weniger als 40 ccm Permanganat verbrauchen.

B. Analyse von Bariumperoxyd.

Allen Methoden, bei denen das Bariumperoxyd durch Säuren zersetzt wird, ist der Nachteil gemeinsam, daß infolge von Sauerstoffverlusten zu niedrige und schwankende Resultate erhalten werden. Als beste Methode hat sich diejenige von Merck erwiesen. In einem Meßkolben von 250 ccm Inhalt wird unmittelbar vor dem Gebrauch eine Lösung von 5 g Kaliumjodid in 50 ccm Wasser mit einer Lösung von 5 g Weinsäure in 50 ccm Wasser gemischt. In diese Mischung wird 1 g BaO_2 eingetragen, 5 Minuten gut umgeschwenkt, 10 ccm 25%ige Salzsäure zugesetzt und weiter umgeschwenkt, bis sich der Niederschlag gelöst hat. Nach einem halbstündigen Stehenlassen im Dunkeln wird mit n/10 Thiosulfat titriert.

$$1 \text{ ccm n/10 } Na_2S_2O_3 = 0{,}0084685 \text{ (log} = 0{,}92780 \quad 3) \text{ g } BaO_2.$$

Nach C. E. Wagner[1435] ist auch die Bestimmung mittels Kaliumpermanganat und Zersetzung des Bariumperoxyds mit Salzsäure oder Phosphorsäure sehr gut brauchbar, wobei sogar gegenüber der jodometrischen Bestimmung höhere Werte erhalten werden: Ausführung: 0,25 bis 0,3 g BaO_2 werden in einem 400 ccm Becherglas mit 5 bis 50 ccm Wasser übergossen und mit 200 ccm Titrationslösung versetzt. Als Titrationslösungen dienen: a) 50 ccm konz. HCl, 1 ccm 10%ige $MnCl_2 \cdot 6\,H_2O$-Lösung, auf 1 l gelöst; oder b) 25 ccm konz. HCl, 10 ccm 85%ige Phosphorsäure, 1 ccm Manganchloridlösung, zu 1 l gelöst, oder c) 50 ccm 85%ige Phosphorsäure, 1 ccm 10%ige Manganchloridlösung, auf 1 l gelöst. Die besten Resultate werden mit der Phosphorsäurelösung erhalten.

Gasvolumetrische Bestimmungsmethoden für Bariumperoxyd haben Quincke[1436] und Chwala[1437] vorgeschlagen.

C. Analyse von Natriumperoxyd.

Die Reinheitsprüfung von Natriumperoxyd für analytische Zwecke wird am besten nach den Vorschriften von Merck vorgenommen.

Sulfat: Man trägt 5 g Na_2O_2 in kleinen Mengen in eine Mischung von 25 ccm 25%iger HCl und 100 ccm Wasser ein. Nach Zusatz von Bariumchloridlösung darf innerhalb 15 Stunden keine Bariumsulfatausscheidung auftreten.

Chlorid: 3 g Na_2O_2 trägt man in kleinen Mengen in eine Mischung von 20 ccm 25%iger Salpetersäure und 100 ccm Wasser ein. Nach Zusatz von Silbernitrat darf höchstens eine schwache Opaleszenz auftreten.

Phosphat: 2,5 g Na_2O_2 werden in kleinen Mengen in 20 ccm 25%iger Salpetersäure und 100 ccm Wasser eingetragen, auf dem Wasserbade zur Trockene eingedampft, der Abdampfungsrückstand in 100 ccm Wasser gelöst und mit salpetersaurer Ammonmolybdatlösung versetzt. Innerhalb 2 Stunden darf sich bei 30 bis 40° kein gelber Niederschlag abscheiden.

Stickstoff: Man vermischt unter größter Vorsicht in einem Nickeltiegel 1 g Na_2O_2 mit 0,3 g reinstem Traubenzucker und bringt durch vorsichtiges Erwärmen des Tiegelbodens bei bedecktem Tiegel zum Verpuffen. Der erkaltete Verpuffungsrückstand wird in 5 ccm kaltem Wasser gelöst, mit 10 ccm verdünnter Schwefelsäure angesäuert und einige Kubikzentimeter dieser Lösung über 5 ccm Diphenylaminschwefelsäure geschichtet. Es darf an der Berührungsfläche keine Blaufärbung eintreten.

Schwermetalle: 5 g Na_2O_2 werden in 100 ccm Wasser vorsichtig eingetragen, wobei eine völlig klare und farblose Lösung entstehen soll. 40 ccm dieser Lösung dürfen nach Versetzen mit einigen Tropfen Ammonsulfidlösung weder grün noch braun gefärbt werden, noch darf Abscheidung eines Niederschlages auftreten. Die gleiche Menge der alkalischen Lösung darf nach Ansäuerung mit 10 ccm 25%iger Salzsäure durch Schwefelwasserstoffwasser nicht verändert werden.

Die quantitative Bestimmung des Natriumperoxyds bietet einige Schwierigkeiten, da festes Na_2O_2 bei Berührung mit Wasser sich tief orange färbt und unter starker Erwärmung lebhaft Sauerstoff entwickelt. Die verläßlichsten Ergebnisse werden daher auf gasvolumetrischem Weg erhalten. Archputt[1438] bringt 0,5 g Na_2O_2 in den äußeren Raum eines Zersetzungsgefäßes eines Lungeschen Nitrometers und in den inneren Raum des Anhängefläschchens 15 ccm Schwefelsäure mit einigen Tropfen einer gesättigten Kobaltnitratlösung. Durch Neigen des Fläschchens läßt man die Schwefelsäure zum Natriumperoxyd fließen, wodurch dieses zersetzt und Sauerstoff in Freiheit gesetzt wird.

1 ccm O_2 bei 0° und 760 mm = 0,006967 (log = 0,84300 – 3) g Na_2O_2. Vorhandene Kohlensäure kann durch 10 Minuten langes Stehen über Kalilauge (3 : 2) bestimmt werden. Das Resultat ist eventuell durch Spuren Wasserstoff, von metallischem Natrium herrührend, etwas zu hoch.

Eine sehr gute maßanalytische Methode stammt von Milbauer[1439]. Man trägt unter gutem Rühren in ein Gemisch von 100 ccm Wasser, 5 g Borsäure und 5 ccm reiner konz. Schwefelsäure 0,5 g Na_2O_2 vorsichtig ein und titriert mittels Kaliumpermanganatlösung.

Auf der Überführung des Peroxyds in das Hydrat beruht die Methode von E. Furrer[1440]. Man verreibt in einer Porzellanschale von 300 bis 400 ccm Inhalt 0,2 bis 0,4 g Na_2O_2 mit 3 bis 5 g fester, feinpulverisierter Orthoborsäure, Alaun oder Borax, wodurch das Natriumperoxyd durch das Kristallwasser der Zusatzstoffe ohne Sauerstoffverlust hydratisiert wird. Da sich das Hydrat in Wasser oder Säure ohne Erwärmung und Sauerstoffverlust löst, kann das feste Gemisch ohne weiteres mit 100 ccm Wasser und 10 ccm verdünnter Schwefelsäure (1 : 5) übergossen werden, worauf gleich in der Reibschale mit n/10 Kaliumpermanganatlösung titriert wird.

Bei der Untersuchung von Natriumperoxyd und ähnlichen Peroxyden, die zu Gasschutzgeräten verwendet werden sollen, kommt nur die gasvolumetrische Bestimmung in Frage, da es hier nur auf die Menge des gelieferten Sauerstoffes ankommt. Die Zersetzung wird am besten mit Schwefelsäure 1 : 4 vorgenommen.

D. Magnesium- und Zinkperoxyd.

Die Reinheitsprüfung wird, wie bereits für Wasserstoff-, Barium- und Natriumperoxyd beschrieben, auf Chlorid, Sulfat, Calcium und Eisen vorgenommen. Auf Alkalien wird geprüft, indem man 0,2 g Magnesium- oder Zinkperoxyd mit 10 ccm Wasser schüttelt und filtriert. Das Filtrat darf höchstens ganz schwach alkalisch reagieren und nach dem Abdampfen nur einen unbedeutenden Rückstand ergeben.

E. Natriumperborat.

a) Qualitative Reaktionen.

Natriumperborat gibt in salzsaurer Lösung mit Curcumapapier die bekannte Borsäurereaktion und alle Reaktionen des Wasserstoffperoxyds. In Mehl, dem man zu Bleichzwecken manchmal etwas Perborat zusetzt, kann es nach L. Pap[1441] neben Borat durch Erhitzen des Mehles auf 100° nachgewiesen werden, wobei das Perborat in seinem Kristallwasser schmilzt. Gießt man nun auf eine solche Pekar-Probe Phenolphthalein, so reagieren die Punkte mit Perborat und Borat alkalisch. Zur Verdünnung des Mehles beigemengtes Magnesiumoxyd kann stören. Bringt man daher auf einige rote Punkte einen Tropfen einer angesäuerten Jodkalistärkelösung, so werden bei Gegenwart von Kaliumperborat die roten Punkte schwarz und nehmen an Ausdehnung zu.

Zum Unterschiede von Boraten, die mit Silbernitrat einen weißen, beständigen Niederschlag ergeben, erfolgt mit Lösungen von Perboraten nach Silbernitratzusatz Abscheidung eines gelblichen Niederschlages, dessen Farbe innerhalb weniger Minuten unter lebhafter Sauerstoffentwicklung in Schwarz übergeht.

b) Reinheitsprüfung.

Natriumperoxydhaltiges Perborat kann für medizinische Zwecke nicht verwendet werden. Auf Natriumperoxyd wird durch Titration und Bestimmung des Glühverlustes, der bei einem normalen Präparat mit 10,4% aktivem Sauerstoff 56 bis 57% betagen soll, und Ausführung der alkalimetrischen und jodometrischen Titration geprüft. Wird die Lösung von 1 g Perborat in 100 ccm Wasser mit Methylorange als Indikator mit n HCl titriert, so soll bis zum Umschlag von Gelb in Rot 6,4 bis 6,5 ccm verbraucht werden. Zur Bestimmung des Borats wird nach dem Neutralisieren gegen Methylorange und Auskochen der Kohlensäure nach Zusatz von Phenolphthalein in Gegenwart von Glyzerin mit n/2 NaOH titriert. Im Natriumperborat für medizinische Zwecke sollen Chlorid, Sulfat, Calcium und Barium fehlen.

c) Gehaltsbestimmung.

Die Gehaltsbestimmung erfolgt entweder mit Kaliumpermanganat in schwefelsaurer Lösung bei Zimmertemperatur oder jodometrisch durch Zugabe des Perborats zu einer Mischung von Kaliumjodidlösung und verdünnter Schwefelsäure und Titration mit n/10 Thiosulfat nach 15 bis 30 Minuten.

$$1\ \text{ccm n/10}\ Na_2S_2O_3 = 0{,}007703\ (\log = 0{,}88666 - 3)\ \text{g}\ NaBO_2 \cdot H_2O_2 \cdot 3\ H_2O.$$

Auch mit Hypojodit kann das Perborat ebenso wie Wasserstoffperoxyd bestimmt werden.

Bei Anwesenheit von organischen Substanzen, wie in Waschmitteln, geht bei der Titrationsmethode selbst nach Abscheidung der Fettsäuren oder in Chloroformlösung Perborat verloren[1442]. Anderseits würden wieder die ungesättigten Fettsäuren selbst Permanganat und Jod verbrauchen. In diesem Falle kann eine gasvolumetrische Bestimmung durch Zersetzung mit Braunstein als Katalysator in schwefelsaurer Lösung vorgenommen werden. Die in Waschmitteln aus der vorhandenen Soda entwickelte Kohlensäure muß durch Verwendung von Natronlauge als Sperrflüssigkeit absorbiert werden. Der Prozentgehalt an aktivem Sauerstoff ergibt sich zu 0,731 · ccm O_2 (0°, 760 mm): g Einwaage.

Zur Bestimmung von Natriumperborat allein oder in Mischung mit Waschmitteln hat A. Ringbom[1443] vorgeschlagen, 0,1 g Natriumperborat in 100 ccm Wasser zu lösen, die Lösung in 100 ccm 2 n Schwefelsäure, die etwa 1 g $Fe(NH_4)_2(SO_4)_2$ enthält, zu lösen, mit 10 ccm 10%iger Kaliumrhodanidlösung zu versetzen und mit 0,05 n Titantrichloridlösung auf farblos zu titrieren. Während des Titrierens ist portionenweise Natriumbicarbonat zuzugeben. Ausgeschiedene Fettsäuren stören nicht merklich, sie können aber durch Zusatz von Tetrachlorkohlenstoff in Lösung gehalten werden. Die Ergebnisse sind etwas zu hoch, weil auch die Seifensubstanz geringe Mengen oxydierend wirkender Stoffe enthält, jedoch sollen die Resultate genauer als die auf gasvolumetrischem Weg erhalten sein.

F. Percarbonate und Carbonatperhydrate.

Da sowohl die Percarbonate als auch die Carbonatperhydrate in wäßriger Lösung in Wasserstoffperoxyd und Natriumcarbonat zerfallen, ergeben diese die qualitativen Reaktionen des Wasserstoffperoxyds. Zur Unterscheidung der festen Percarbonate von den kristallhydroperoxydhaltigen Carbonatperhydraten können die auf Seite 305 angeführten Methoden angewendet werden. Da die wäßrige Lösung stark alkalisch reagiert, können leicht Verluste an aktivem Sauerstoff durch Zersetzung des Wasserstoffperoxyds eintreten. Man trägt daher die abgewogenen Proben in einen Überschuß von verdünnter Schwefelsäure ein und titriert mit Kaliumpermanganlösung. Sind organische Substanzen, wie Seife, Salicylsäure od. dgl., in der Probe vorhanden, so kann entweder die Titantrichloridmethode[1441] (S. 361), die jodometrische Methode von Rupp[1444], die im Eintragen von 0,3 g der Probe in eine abgekühlte Lösung von 1 g Kaliumjodid in 20 ccm Wasser und 5 ccm verdünnter Schwefelsäure besteht, oder die gasvolumetrische Methode von A. Blankart[971] (S. 366) verwendet werden, wobei die in einem Zersetzungskölbchen eingewogene Probe in 20 ccm 2 n Schwefelsäure eingetragen wird, worauf zur Entfernung des okkludierten Sauerstoffes evakuiert und die Zersetzung durch Braunstein herbeigeführt wird.

Eine 0,5%ige salzsaure Lösung von o-Toluidin in 50%igem Alkohol ergibt mit Percarbonaten eine grünblaue Färbung, welche Reaktion zum Nachweis von Percarbonaten in Mehlen vorgeschlagen wurde.

G. Perphosphate und Phosphatperhydrate.

Über die qualitativen Reaktionen der echten Perphosphate wurde bereits auf S. 305 berichtet. Die Phosphatperhydrate geben in wäßriger Lösung die Reaktionen des Wasserstoffperoxyds. Für die quantitative Analyse gilt das für Wasserstoffperoxyd und die Percarbonate Gesagte.

H. Persulfate.

Die wichtigsten Persulfate des Handels sind Kalium- und Ammoniumpersulfat. Über ihre qualitativen Reaktionen s. S. 265. Als deutliches Reagens auf Persulfate empfehlen J. Schmidt und W. Hinderer[1445] 2,7 Diaminofluorenchlorhydrat, das mit Persulfaten in einer Verdünnung von 1 : 1 000 000 nach 5 Minuten Blaufärbung ergibt. Auch die Peroxydase des Blutes gibt diese Reaktion. Nach G. Spacu[1446] gibt eine wäßrige Lösung von Persulfat mit Kupferpyridinkomplex ein blaues, schwer lösliches Salz. Zu 15 ccm der zu untersuchenden Lösung werden 10 bis 15 Tropfen einer 20%igen Kupfersulfatlösung und Pyridin bis zur Blaufärbung gegeben. 0,16 g Persulfat pro Liter sollen noch nachweisbar sein.

Qualitativ kann man Kalium- von Ammonpersulfat an ihrem Verhalten gegenüber Silbernitratlösung unterscheiden. Während Kaliumpersulfat eine schwarze Fällung von Silberperoxyd ergibt, wird aus einer konzentrierten, mit Ammoniak und wenig Silbenitrat versetzten Probe unter Erwärmung Stickstoff entwickelt.

Die Reinheitsprüfung für Persulfate, die im Laboratorium verwendet werden sollen, soll für Chlorid negativ ausfallen. Es darf höchstens schwache Opaleszenz bei Zusatz von 3 bis 5 Tropfen n/20 Silbernitratlösung zu einer Lösung des Persulfats 1 : 50 auftreten. Auch der Glührückstand von Ammonpersulfat soll nicht größer sein als 0,1%. Zur Untersuchung auf Schwermetalle werden 4 g Ammon- oder Kaliumpersulfat in 50 ccm 6%iger schwefeliger Säure gelöst und eingedampft. Der Trockenrückstand wird in 40 ccm Wasser gelöst, wobei 20 ccm dieser Lösung mit Schwefelwasserstoffwasser oder nach dem Alkalischmachen mit Ammoniak keine Veränderung ergeben dürfen. Die ammoniakalische Lösung darf mit einigen Tropfen Ammonsulfidlösung höchstens zufolge eines Eisengehaltes eine grüne Färbung zeigen.

Die quantitative Bestimmung des aktiven Sauerstoffes erfolgt bei Kaliumpersulfat meist jodometrisch nach R u p p[1414] auf Grund der Reaktion.

$$K_2S_2O_8 + 2\,KJ + H_2SO_4 = J_2 + 4\,KHSO_4.$$

1 g Kaliumpersulfat wird in einem Meßkölbchen von 100 ccm Inhalt in einer Lösung von 5 g Kaliumjodid in 50 ccm Wasser gelöst, sodann 10 ccm 25%ige Schwefelsäure zugesetzt, 3 Stunden eventuell im Dunklen stehen gelassen, auf 100 ccm aufgefüllt und mit n/10 Thiosulfatlösung titriert.

$$1\text{ ccm n/10 } Na_2S_2O_3 = 0{,}013516\ (\log = 0{,}13083 - 2)\text{ g } K_2S_2O_8.$$

Wird die Lösung nach der Titration wieder gelb, so wurde zu früh mit der Titration begonnen. Die Umsetzung zwischen dem Persulfation und der Jodwasserstoffsäure kann nach E. M ü l l e r und F e r b e r[1447] durch Zusatz von Ferrosulfat sehr stark beschleunigt werden, so daß man schon nach 5 Minuten titrieren kann. Die Titration ist bis auf 0,1% genau.

Nach M o n d o l f o[1448] ist eine Erwärmung der Lösung in einer Stöpselflasche auf 60 bis 80° vorteilhaft. Das teure Kaliumjodid kann man auch teilweise durch Kaliumchlorid ersetzen. Kaliumpersulfat kann auch mittels Hypojodit nach E. M ü l l e r[1449] auf Grund der Reaktion

$$3\,K_2S_2O_8 + KJ + 6\,KOH = 6\,K_2SO_4 + KJO_3 + 3\,H_2O$$

bestimmt werden, worauf nach dem Ansäuern mit Schwefelsäure nach

$$KJO_3 + 5\,KJ + H_2SO_4 = 3\,K_2SO_4 + 3\,J_2 + 3\,H_2O$$

Jod frei gemacht wird. Es entspricht daher der Reaktionsverlauf der Bruttoformel

$$K_2S_2O_8 + 2\,KJ = 2\,K_2SO_4 + J_2.$$

Man löst 2 g Kaliumjodid in 25 ccm 2 n NaOH, setzt 0,5 g $K_2S_2O_8$, gelöst in 20 ccm Wasser zu und kocht 3 Minuten lang unter Umschwenken auf einer Asbestplatte. Nach dem Abkühlen säuert man mit verdünnter Schwefelsäure an und titriert mit n/10 Thiosulfatlösung. Die jodometrische Methode ist am geeignetsten, um in Gemischen von Wasserstoffperoxyd und Überschwefelsäure den gesamten aktiven Sauerstoff zu ermitteln.

Da die jodometrische Bestimmung von Ammonpersulfat wegen Störungen durch das Ammonium nicht vollkommen richtige Resultate ergibt, ist es empfehlenswert, das Ammoniumpersulfat nach einer der nachstehenden Methoden zu bestimmen, die selbstverständlich auch für Kaliumpersulfat anwendbar sind. Die Methode nach L e B l a n c und E c k h a r d[1450] beruht auf der Rücktitration einer angesäuerten überschüssigen Ferrosulfatlösung mit Kaliumpermanganat:

$$(NH_4)_2S_2O_8 + 2\,FeSO_4 = Fe_2(SO_4)_3 + (NH_4)_2SO_4.$$

Man löst etwa 0,3 g Persulfat in etwa 10 ccm Wasser, versetzt mit 5 ccm 25%iger Schwefelsäure sowie mit einer gewissen Menge Ferroammonsulfatlösung (etwa 30 g/l), wobei der Permanganatverbrauch nach der Umsetzung mit dem Persulfat wenigstens 10 ccm betragen sall, fügt etwa 100 ccm erwärmtes Wasser von 70 bis 80° zu und titriert sofort zurück.

1 ccm n/10 $KMnO_4$ = 0,01141 (log = 0,05729 − 2) g $(NH_4)_2S_2O_8$ oder
1 ccm n/10 $KMnO_4$ = 0,013516 (log = 0,13083 − 2) g $K_2S_2O_8$.

An Stelle von Ferrosulfat kann man auch nach Kempf[1451] die Bestimmung des Persulfats mit Oxalsäure vornehmen:

$$H_2S_2O_8 + C_2O_4H_2 = 2\,H_2SO_4 + 2\,CO_2.$$

Die Reaktion wird durch Silbersulfat (0,2 g) als Katalysator beschleunigt. Man arbeitet in schwefelsaurer Lösung und in der Wärme. 0,5 g Persulfat werden mit 15 ccm n/10 Oxalsäure, 0,2 g Silbersulfat und 20 ccm 25%iger Schwefelsäure 15 bis 20 Minuten erhitzt, mit Wasser von etwa 40° auf 1000 ccm verdünnt und der Überschuß der Oxalsäure mit n/10 Permanganatlösung zurücktitriert.

Auch mit Titantrichlorid kann das Persulfat durch Rücktitration einer überschüssigen, vollkommen eisenfreien titrierten Titantrichloridlösung mit Ferrisalzlösung unter Kohlensäureatmosphäre bestimmt werden. Schließlich kann man auch die im Persulfat enthaltene Schwefelsäure nach Zerstörung der Perverbindung durch Erhitzen azidimetrisch bestimmen. Da aber beim Ammonpersulfat neben dem Zerfall in Ammonbisulfat und Sauerstoff auch eine teilweise Oxydation des Ammoniaks zu Stickstoff eintritt, wodurch sich bei der Titration mit Natronlauge zu hohe Werte ergeben würden, setzt man zur Vermeidung dieser Nebenreaktion einen Überschuß von Wasserstoffperoxyd und eventuell auch Silbernitratlösung zu. Die beim langsamen Kochen der Lösung zur Zerstörung des Persulfats auftretende Ausfällung von Silberperoxyd kann durch Fällung des Silbernitrats mit Natriumchlorid oder Zusatz von Ammonnitrat oder -sulfat nach Zersetzung des Persulfats verhindert werden. Mangansalze befördern die zerstörende Wirkung der Silbersalze. 1 g Persulfat wird mit 20 ccm n H_2O_2, 5 ccm n/10 $AgNO_3$, 2 ccm 2%iger Mangansulfatlösung versetzt und bis zum Aufhören der Sauerstoffentwicklung auf dem Wasserbad erhitzt. Nach dem Abkühlen setzt man 2 g Ammonnitrat oder -sulfat zu und titriert mit 0,5 n NaOH unter Verwendung von Methylorange als Indikator auf Gelb.

I. Trennungen.

Bestimmung von Wasserstoffperoxyd neben Persulfat:

Obwohl Persulfat auf Kaliumpermanganat nicht einwirkt, kann man doch nicht direkt das Wasserstoffperoxyd mit Kaliumpermanganat titrieren, da das Wasserstoffperoxyd mit dem Persulfat während der Reaktion reagieren würde. Man bestimmt daher zuerst den gesamten wirksamen Sauerstoff mit Ferrosulfat und Kaliumpermanganat, titriert in einer anderen Probe mit Kaliumpermanganat das Wasserstoffperoxyd und bestimmt in dieser Lösung dann das Persulfat mit Ferrosulfat und Kaliumpermanganat[1452]. Aus diesen drei Bestimmungen läßt sich dann die Konzentration des H_2O_2 berechnen. Man kann auch in schwach alkalischer Lösung (0,002 n NaOH) mit 5 Tropfen Osmiumsäure (0,5 g/l OsO_4) das H_2O_2 katalytisch zersetzen und dann das Persulfat nach der Ferro-Permanganatmethode bestimmen (J. H. van der Meulen[1453]).

Bestimmung von Wasserstoffperoxyd neben Caroscher Säure und Perschwefelsäure:

Nach R. Wolffenstein und V. Makow[1454] titriert man zunächst das Wasserstoffperoxyd in schwefelsaurer Lösung mit Kaliumpermanganat, dann wird diese Lösung mit Natriumacetat essigsauer gemacht und die Caro sche Säure mit Natriumsulfit titriert. Schließlich wird die Überschwefelsäure mit Ferrosulfat und Kaliumpermanganat bestimmt. Die Haltbarkeit des Natriumsulfittiters kann durch Zusatz von 2% Alkohol auf 48 Stunden erhöht werden.

A. Rius[1455] titriert das Wasserstoffperoxyd wie oben mit Permanganat, dann wird die Summe von Caro scher Säure und Wasserstoffperoxyd mit Natriumsulfit elektrometrisch und die Perschwefelsäure aus der Differenz des gesamten Oxydationswertes und der Summe von Wasserstoffperoxyd und Caro scher Säure ermittelt. Da der Permanganatverbrauch mit zunehmender Titrationsgeschwindigkeit steigt, sind mehrere Titrationen hintereinander mit dem Zusatz des Kaliumpermanganats auf einmal auszuführen. Gleu[1456], T. Ishida und M. Yukawa[1457] sowie Je. I. Denissow[1458] titrierten potentiometrisch mit bimetallischen W-Pt-Elektroden die Caro sche Säure mit Na_3AsO_3-Lösung, H_2O_2 mit $KMnO_4$-Lösung, Persulfat nach Zusatz eines bekannten Überschusses von As_2O_3 mit $KBrO_3$-Lösung. Auch mit $NaNO_2$ kann H_2O_2 potentiometrisch bestimmt werden.

J. Untersuchung organischer Perverbindungen.

Während die anorganischen Perverbindungen mit Kaliumpermanganat, Titantrichlorid und Kaliumjodid unter bestimmten Reaktionsbedingungen, wenn auch manchmal erst nach gewisser Zeit, quantitativ reagieren, ist dies nicht bei allen organischen Perverbindungen der Fall. Namentlich Alkylperoxyde geben auf diese Weise oft nicht mehr als etwa 80% ihres aktiven Sauerstoffes ab.

Die meisten organischen Persäuren, wie z. B. Peressigsäure, reagieren in einem beträchtlichen Verdünnungsbereich mit Kaliumjodid sofort unter Freimachung der äquivalenten Menge Jod. Sie können sogar auf Grund dieses Verhaltens in verdünnter Lösung neben Wasserstoffperoxyd bestimmt werden. Man muß nur durch entsprechende Verdünnung dafür sorgen, daß die Wasserstoffionenkonzentration nicht zu groß ist, so daß eine rasche Einwirkung des Wasserstoffperoxyds auf das Kaliumjodid verhindert werden kann[1459]. Umgekehrt kann Wasserstoffperoxyd neben der Peressigsäure durch Titration mit Kaliumpermanganat bestimmt werden, da in sehr verdünnten, mit Schwefelsäure angesäuerten Lösungen die Peressigsäure nicht mit Kaliumpermanganat reagiert.

Vanino und von Pechmann[1253] lösen eine abgewogene Menge des organischen Peroxyds in einer Kohlensäureatmosphäre unter Erwärmen in einem gewissen Volumen einer titrierten sauren Zinnchlorürlösung, worauf das nicht verbrauchte Zinnchlorür mit Jodlösung zurücktitriert wird.

Baeyer und Villiger[1254] bestimmten den aktiven Sauerstoff organischer Verbindungen aus der Differenz des aus einer abgewogenen Zinkmenge durch Essigsäure frei gemachten und berechneten Wasserstoffes.

Organische Peroxyde neben Hydroperoxyden und Wasserstoffperoxyd kann man nach Clover und Houghton[1255] bestimmen. Das Wasserstoffperoxyd wird in einer 1,5 bis 2 n Schwefelsäure in großer Verdünnung mit Kaliumpermanganat, das Hydroperoxyd in einer neutralen Lösung mit Kaliumjodid und Thiosulfat titriert, während das Peroxyd aus der Summe des gesamten aktiven Sauerstoffes errechnet wird.

Peroxyde im Äther oder in Kraftstoffen kann man durch Schütteln des Äthers mit einer schwefelsauren Lösung von Ferrosulfat und Ammonrhodanid und Titration des roten Ferrithiocyanats mit 0,1 n Titantrichloridlösung bestimmen[1460]. Auch andere organische Perverbindungen lassen sich durch Vorlegen einer bestimmten

Menge Ferrosulfatlösung und Rücktitration mit Kaliumpermanganat bestimmen. Von R. Strohecker, R. Vaubel und A. Tenner[1461] wurde die Titanreaktion zur Bestimmung des aktiven Sauerstoffes in Fetten angewendet. Peroxyde in Gegenwart ungesättigter Verbindungen wie in Spaltbenzinen können in schwefelsaurer Lösung und alkoholischer KJ-Lösung bestimmt werden (C 1940 I 2624). Die Anreicherungsgeschwindigkeit von Peroxyden in Ölen ist besser als die Mackey-Probe zur Beurteilung von Textilölen geeignet (W. Garner und M. Elsworth[1462]).

Ist die organische Substanz im Wasser nicht löslich, so kann man Essigsäure, Aceton, Äther u. dgl. als Lösungsmittel versuchen. So schlagen H. Gelissen und P. H. Hermanns[1463] zur jodometrischen Bestimmung von Benzoylperoxyd vor, 0,2 g der Substanz in 10 ccm reinem Aceton zu lösen, mit 3 ccm einer konzentrierten, eventuell schwach angesäuerten Kaliumjodidlösung zu versetzen und nach dem Verdünnen mit Wasser das ausgeschiedene Jod sofort zu titrieren.

Ist die Reaktion einer organischen Perverbindung gegen Kaliumjodid nur schwach, so kann sie durch Erhöhung der Essigsäurekonzentration, und zwar bis zu 80%, oder Zusatz von Ferrosulfat aktiviert werden (H. Wieland)[1464].

Auch Kochen der Lösung kann von Vorteil sein. Versagen alle Untersuchungsmethoden, dann bleibt als einziges Kriterium nur mehr die Elementaranalyse übrig. Eine Anleitung zur Analyse flüchtiger explosiver organischer Perverbindungen hat A. Rieche[135] (l. c. S. 28 bis 29) gegeben.

Literaturverzeichnis.

[1412] Osann, Pogg. Ann. **67**, 373, 1846. — [1413] Schönbein, Journ. prakt. Chem. **105**, 219, 1867. — [1414] Schöne, Ztschr. analyt. Chem. **9**, 41, 330, 1870. — [1415] Kempf, Ztschr. analyt. Chem. **89**, 88, 1932. — [1416] F. Feigel und E. Fränkel, Mikrochemie **12**, 305, 1933. — [1417] C. Griebel, Mikrochemie **9**, 313, 1931. — [1417a] L. Kuhlberg und L. Matwejew, Chem. Ztrbl. 1937 I 1484. — [1418] W. Langenbeck und U. Ruge, Ber. Dtsch. chem. Ges. **70**, 367—69, 1937. — [1419] H. Druckrey und R. Richter, Naturwiss. **29**, 28—29, 1941. — [1420] O. Schales, Ber. Dtsch. chem. Ges. **71**, 447—60, 1938. — [1421] G. Denigès, Compt. rend. hebd. Séances Acad. Sci. **211**, 197—99, 1940. — [1421a] A. Steigmann, I. Soc. chem. Ind. **61**, 36, 1942. — [1422] Lunge, Apoth.-Ztg. **1912**, 806. — [1423] J. S. Reichert und H. G. Hull, Ind. Engng. Chem., Analyt. Edit. **11**, 311—14, 1939. — [1424] N. Allan, Ind. engng. Chem., Analyt. Edit. **2**, 55. 1930. — [1425] A. K. Balls und W. S. Hall, Journ. Assoc. official. agricult. Chemists **16**, 393, 1933. — [1426] Rupp und Milk, Arch. Pharmaz. u. Ber. Dtsch. pharmaz. Ges. **245**, 6, 1907. — [1427] Röhm und Haas A. G., DRP. 655 978. — [1428] E. Knecht und E. Hibbert, Ber. Dtsch. chem. Ges. **38**, 3324, 1905. — [1429] J. Indian chem. Soc. **14**, 435—39, 1937. — [1430] A. A. Dobrinskaja und M. B. Neumann, Acta physicochimica URSS **10**, 297—306, 1939. — [1431] Chem. Ztrbl. **1941 I** 1851. — [1431a] G. Denigès, Bull. Trav. chim. Pays-Bas **58**, 553—58, 1939. — [1432] P. Wagner und F. von Soxhlet, Ztschr. analyt. Chem. **31**, 2, 1892; **45**, 604, 1906. — [1433] Lunge, Chemische Ind. **8**, 161, 1885. — [1434] W. Fehre, Ztschr. analyt. Chem. **87**, 185, 1932. — [1435] C. E. Wagner, Ind. engin. Chem. **17**, 972, 1925. — [1436] Quincke, Ztschr. analyt. Chem. **31**, 28, 1892. — [1437] Chwala, Ztschr. angew. Chem. **21**, 589, 1908. — [1438] Archputt, Analyst **20**, 3, 1895. — [1439] Milbauer, Journ. prakt. Chem. **98**, 1, 1918. — [1440] E. Furer Dissertation, Zürich, 1921, S. 26. — [1441] L. Pap, Mühle **69**, Nr. 17, 25, 1932. — [1442] Fuhrmann, Seifensieder-Ztg. **1909**, 122. — [1443] A. Ringbom, Ztschr. analyt. Chem. **92**, 95, 1933. — [1444] Rupp, Arch. Pharmaz. u. Ber. Dtsch. pharmaz. Ges. **238**, 157, 1900. — [1445] J. Schmidt und W. Hinderer, Ber. Dtsch. chem. Ges. **65**, 87, 1932. — [1446] G. Spacu, Chem. Ztrbl. **1923 IV** 183. — [1447] E. Müller und Ferber, Ztschr. analyt. Chem. **52**, 195, 1913. — [1448] Mondolfo, Chem. Ztg. **23**, 699, 1899. — [1449] E. Müller, Ztschr. analyt. Chem. **52**, 299, 1913. — [1450] Le Blanc und Eckhardt, Ztschr. Elektrochem. **5**, 355, 1899. — [1451] Kempf, Ber. Dtsch. chem. Ges. **38**, 3965, 1905. — [1452] Chem. Ztrbl. **1932 I** 258. — [1453] J. H. van der Meulen, Receuil Trav. chim. Pays-Bas **58**, 553—58, 1939. — [1454] R. Wolffenstein und V. Makow, Ber. Dtsch. chem. Ges. **56**, 1768, 1923. — [1455] A. Rius,

Chem. Ztrbl. **1928 II** 2491. — [1456] Gleu, Ztschr. anorgan. allg. Chem. **195,** 61, 1931. — [1457] T. Ishida und M. Yukawa, J. chem. Soc. Ind. Japan, suppl. Bind. **43,** 46 B, 1940; Chem. Ztrbl. **1941 I** 1071. — [1458] Je I. Denissow, Chem. Ztrbl. **1937 II** 2561. — [1459] W. H. Hatcher und G. W. Holden, Chem. Ztrbl. **1928 I** 1929. — [1460] Chem. Ztrbl. **1928 I** 2635. — [1461] R. Strohecker, R. Vaubel und A. Tenner, Fette und Seifen **44,** 246—50, 1937. — [1462] W. Garner und W. Elsworth, Analyst **65,** 347—51, 1940. — [1463] H. Gelissen und P. H. Hermanns, Ber. Dtsch. chem. Ges. **27,** 1510, 1894. — [1464] H. Wieland, Liebigs Ann. **469,** 304, 1929. — [1467] Clover und Houghton, Amer. Journ. **32,** 55, 1904.

XXVI. Wirtschaftliches, Produktion und Preis.

Die Wasserstoffperoxydlösungen gelangen mit einem Gehalt von 3, 6, 9, 12, 15, 18, 24, 30, 35, 40, 45 und 60% in den Handel. Es gibt technische Sorten und solche, welche im Laboratorium und in der Medizin Verwendung finden sollen, daher besonders rein sein müssen. Die wichtigsten Handelsformen sind die 30- und 40vol.-%igen technischen und 30- und 35gew.-%igen medizinischen Wasserstoffperoxydlösungen. Neben den wäßrigen Wasserstoffperoxydlösungen sind noch wichtige Handelsprodukte das Natriumperborat, das Natriumperoxyd, Natriumpercarbonat, Bariumperoxyd, Ammoniumpersulfat, Kaliumpersulfat, Magnesiumperoxyd, Zinkperoxyd, Calciumperoxyd, Carbamidperhydrat und Benzoylperoxyd.

Über die tatsächlichen Produktionsverhältnisse bewahren die Erzeugerfirmen ebenso wie über die in ihren Werken durchgeführten tatsächlichen Verfahren strengste Geheimhaltung. Da sich auch in der Fachliteratur, ja selbst in Handelsregistern nur sehr mangelhafte Angaben finden, ist eine genaue Zahl der derzeitigen Produktion nur schwer zu geben. Durch den Krieg ist eine riesige Verschiebung der Produktionsverhältnisse eingetreten, die sich derzeit noch nicht recht überblicken lassen. Beispielsweise konnten in der größten Wasserstoffperoxydfabrik der Welt, dem Betriebe von Otto Schickert u. Co. in Bad Lauterberg im Harz mehr als die doppelte Friedensproduktion an H_2O_2 auf der ganzen Welt erzeugt werden. Dieses Werk wurde jedoch nach dem Kriege wieder abgebrochen.

Auf der ganzen Welt dürfte es heute etwa 50 bedeutendere Wasserstoffperoxydfabriken, die eine Gesamtjahreskapazität von etwa 50 000 Tonnen H_2O_2 30%ig besitzen. Insgesamt stehen zur Herstellung von Wasserstoffperoxydlösungen 8 elektrolytische, das rein chemische Verfahren aus Bariumperoxyd sowie eine synthetische Arbeitsweise aus den Elementen H_2 und O_2 in Gebrauch. Das Verhältnis zwischen dem auf elektrolytischem Wege gewonnenen Wasserstoffperoxyd und den aus Bariumperoxyd erhaltenen dürfte derzeit etwa 9 : 1 betragen. In Deutschland werden nur mehr etwa 7% des gesamten Wasserstoffperoxyds auf chemischem Wege dargestellt. In England und Amerika ist der Anteil des aus Bariumperoxyd hergestellten H_2O_2 aber größer als in Deutschland (etwa 12 bis 13%). In USA. wurden 1939 21 487 968 Pfund 30%iges H_2O à 15,6 cts sowie für 936 824 Dollar Perverbindungen erzeugt.

Nach dem Weißensteiner Verfahren über die Perschwefelsäure arbeiten unter anderem die Fabriken in Weißenstein an der Drau in Kärnten, in Rheinfelden im Deutschen Reich, in Amerika von der Niagara Electro-Chemical Co. Soc. und eine Fabrik in Frankreich. Der Menge nach wird über die Überschwefelsäure von allen ausgeführten Verfahren der größte Anteil des Wasserstoffperoxyds hergestellt.

Nach dem Verfahren von Pietsch und Adolph über das feste Kaliumpersulfat wird von den Elektrochemischen Werken in Höllriegelskreuth in München, von Henkel u. Cie. in Düsseldorf, von der Elfa Elektrochem. Fabrik Aarau in der Schweiz, in Frankreich und der Buffalo Electro-Chemical Co. in Buffalo, U. S. A., gearbeitet.

Das Verfahren von Löwenstein und Riedel-de Haen wird in Deutschland, Österreich (Elchemie A. G. in Schaftenau bei Kufstein), Belgien, Polen, Frankreich (Lyon, Villiers St. Sépulcre), Japan und Nordamerika ausgeübt.

Nach dem Verfahren von Heinrich Schmidt arbeiten Fabriken mit je 10 Tonnen Monatserzeugung von 30- bis 35%igem H_2O_2 in Düsseldorf (Henkel u. Cie), Finnland, Jugoslawien, England und Amerika.

Die jährliche Weltproduktion an Natriumperborat dürfte gegenwärtig über 12 000 Tonnen betragen, das fast ausschließlich zum Waschen verwendet wird. Der wichtigste Erzeuger für Perborat war Deutschland, und zwar die Scheideanstalt, die in ihrer Anlage in Rheinfelden auf elektrolytischem Weg allein etwa 10 000 Tonnen herstellte[1468]. Frankreich, England und Amerika erzeugen ungleich geringere Mengen Perborat. In Deutschland wurde außer in Rheinfelden noch vom Peroxydwerk Erlenwein und Holler in Köln-Delbrück, der Chemischen Fabrik Grünau, Landshoff und Meyer, der Chemischen Fabrik Coswig-Anhalt G. m. b. H., der Nitritfabrik in Berlin-Köpenik, sowie von den Chemischen Fabriken Oker und Braunschweig in Oker am Harz, Perborat hergestellt (W. Mau[1469]). Natriumperoxyd wird in größtem Maßstab von der Scheideanstalt in Rheinfelden gewonnen. Die wichtigsten Produzenten für Bariumperoxyd sind Deutschland, Frankreich, England und Amerika. Während im Jahre 1915 noch 10 000 Tonnen Bariumperoxyd hergestellt wurden, ging die Erzeugung nach Aufkommen der elektrolytischen Verfahren sehr stark zurück. Erst als es gelang, aus den verdünnten 3%igen Lösungen auch höhere Konzentrationen, z. B. 30%ige Lösungen, herstellen zu können, stieg die Erzeugung wieder an. In Europa wurden 1926 etwa 6000 Tonnen, in Amerika etwa 1500 Tonnen Bariumoxyd, und zwar überwiegend für den Eigenbedarf und die Herstellung von Wasserstoffperoxyd, gewonnen. Die derzeitige Produktion dürfte sich ungefähr auf gleicher Höhe bewegen (W. Mau[1469]).

Von den übrigen industriell hergestellten, oben angeführten Perverbindungen sind überhaupt keine Produktionsziffern bekannt geworden.

Über die ungefähren Preisverhältnisse gibt die nachstehende Tabelle 24 Auskunft, die aber nur ganz allgemeine Richtlinien enthält.

Tabelle 24

Gegenstand	Molekulargewicht	Preis in S	Das Präparat enthält % aktiven Sauerstoff	1 kg aktiver Sauerstoff kostet S
H_2O_2 techn. 40% . . .	34,016	100 kg . . . 550.—	18,8 %	29,25
„ medizin. 35% . . .	34,016	100 „ . . . 600.—	16,47 %	36,43
Perhydrit	94,06	1 „ . . . 60.—	17,0 %	3510,0
Perborat	153,9	100 „ . . . 700.—	10,4 %	67,3
Na_2O_2, 95%ig	78,00	100 „ . . . 1200.—	19,5 %	61,5
BaO_2, 85%ig	169,4	100 „ . . . 135.—	8,1 %	16,6
$K_2S_2O_8$	270,34	100 „ . . . 630.—	5,9 %	106,8
$(NH_4)_2S_2O_8$	228,22	100 „ . . . 840.—	7,0 %	120,6

Literaturverzeichnis.

1468 Arndt, Elektrotechn. Ztschr. 13, 405, 1931. — 1469 Ulmann, Enzyklopädie der techn. Chemie, 2. Aufl., 2. Bd., S. 567, 1928.

Benützte Buchliteratur.

Bräuer-D'Ans: Fortschrittsberichte der anorganischen Großindustrie.
A. Ammann: Über Perphosphate. Dissertation. Zürich. 1919.
W. Becker: Zur Frage der Erdalkaliperoxydbildung. Dissertation. 1909.
A. Blankart: Über Percarbonate und ihre technische Verwendbarkeit. Dissert. 1932.
v. Girsewald: Anorganische Peroxyde und Persalze. 1914.
A. Rieche: Alkylperoxyde und Ozonide. 1931.
A. Rieche: Organische Peroxyde. 1936.
Ullmann: Enzyklopädie der technischen Chemie, 2. Aufl.
H. Sidersky. Über die Gewinnung von Wasserstoffperoxyd aus Persulfat. Dissert. 1934.
F. Foerster: Elektrochemie wässeriger Lösungen.
H. Wieland: Über den Verlauf von Oxydationsvorgängen. 1933.
L. Vanino: Das Natriumsuperoxyd. 1909.
H. K. Zwicky: Über Perborate. Dissertation. 1911.
L. Birckenbach: Die Untersuchungsmethoden des Wasserstoffperoxyds. 1909.
Lunge-Berl: Chemisch-Technische Untersuchungsmethoden.
Chemisches Zentralblatt, 1900—1945.
Chemical Abstracts, 1946—1949.

Namenverzeichnis.

Sachverzeichnis.

Carl Ueberreuter in Wien.

Zeitfracht Medien GmbH
Ferdinand-Jühlke-Straße 7
99095 Erfurt, Deutschland
produktsicherheit@kolibri360.de